AF771903

Grundriß

der

Physik und Meteorologie.

Holzstiche
aus dem xylographischen Atelier
von Friedrich Vieweg und Sohn
in Braunschweig.

Papier
aus der mechanischen Papier-Fabrik
der Gebrüder Vieweg zu Wendhausen
bei Braunschweig.

Grundriß

der

Physik und Meteorologie.

Für

Lyceen, Gymnasien, Gewerbe- und Realschulen,

sowie zum

Selbstunterrichte.

Von

Dr. Joh. Müller,

Großh. badisch. Hofrath und Ritter des Zähringer Löwenordens, Professor der Physik an der Universität zu Freiburg im Breisgau, der schweizerischen naturforschenden Gesellschaft Ehrenmitglied und correspondirendes Mitglied mehrer anderer gelehrten Gesellschaften.

Zehnte vermehrte und verbesserte Auflage.

Mit 576 in den Text eingedruckten Holzstichen und einer Spectraltafel in Farbendruck.

Springer Fachmedien Wiesbaden GmbH
1869.

ISBN 978-3-663-19839-0 ISBN 978-3-663-20174-8 (eBook)
DOI 10.1007/978-3-663-20174-8
Softcover reprint of the hardcover 10th edition 1869

Vorrede.

Die erste Auflage des vorliegenden „Grundrisses der Physik und Meteorologie“ erschien im Frühjahr 1846. Wenn nun jetzt, nach dreiundzwanzig Jahren, bereits eine zehnte Auflage desselben nöthig geworden ist, so dürfte darin wohl ein Beweis liegen, daß das Werk gerade in dieser Form, bei dieser Behandlungsweise des Gegenstandes seinem Zweck entspricht.

Es ist die Aufgabe eines elementaren Lehrbuchs der Naturlehre, die Fundamentalgesetze, mit Beseitigung aller Verwickelungen, welche die Orientirung verwirren, mit Uebergehung aller Specialitäten, welche die Klarheit und Uebersichtlichkeit der Elemente stören könnten, möglichst leicht faßlich, ich möchte sagen, plastisch hinzustellen. Dabei dürfen dem Schüler die physikalischen Wahrheiten durchaus nicht in dogmatisirender Manier als fertige Resultate vorgetragen werden, sondern überall muß ihm die Ableitung der Gesetze klar gemacht werden, er muß den Zusammenhang kennen lernen zwischen den Thatsachen und den aus einer logischen Combination der Thatsachen hervorgegangenen Vorstellungen über die Ursachen und den Zusammenhang der Erscheinungen; kurz der Schüler muß auch im elementaren Unterricht in die physikalische Denk- und Schlußweise eingeführt, mit dem Wesen der inductiven Methode vertraut gemacht werden.

Es ist dies freilich eine schwierige Aufgabe, und ich weiß wohl, daß ich dieselbe in dem vorliegenden Buche nur unvollkommen gelöst habe. Bei der Ausarbeitung jeder folgenden Auflage war ich aber bemüht, mich dem vorgesteckten Ziele mehr und mehr zu nähern, und so ist denn jede folgende Auflage dieses Grundrisses im Vergleich mit der vorhergehenden eine wesentlich verbesserte. Namentlich war ich bemüht, die Ausdrucksweise möglichst zu vollenden und abzurunden, wobei aber mein Bestreben vor allen Dingen auf Klarheit und Verständlichkeit gerichtet war.

Vorzugsweise gilt dies aber für die drei letzten Auflagen, welche, ohne über den Standpunkt des Werkes hinaus zu gehen, weit mehr mathematisch gehalten worden sind, als dies bei den früheren Auflagen der Fall war, und dadurch gerade hat die Uebersichtlichkeit der vorgetragenen Gesetze wesentlich gewonnen. Die allgemeine Verständlichkeit ist dadurch nicht beeinträchtigt worden, denn die eingeführten Formeln sind, wo irgend möglich, abgeleitet, ihre Bedeutung aber stets genügend erläutert worden. Ferner ist unser Grundriß durch diese mehr mathematische Behandlungsweise in eine innigere Beziehung zu dem mathematischen Supplementband getreten, dessen erste Auflage gleichzeitig mit der siebenten und dessen zweite Auflage gleichzeitig mit der neunten des Grundrisses erschienen ist.

In diesem mathematischen Supplementbande sind einzelne wichtigere Abschnitte der Physik einer eingehenderen mathematischen Behandlung unterworfen worden, und dadurch bildet derselbe nach dieser Seite hin eine Ergänzung des Grundrisses für solche Lehranstalten, welche die mathematischen Disciplinen in ausgedehnterem Maaße cultiviren können.

Eine wesentliche Umgestaltung hat bereits in der achten Auflage die Theorie der Volta'schen Säule erfahren, indem als Sitz der elektromotorischen Kraft nur noch die Berührungsstelle der Metalle mit der erregenden Flüssigkeit bezeichnet wird. Dadurch wird die Theorie der Säule weit einfacher, als sie es nach der in den früheren Auflagen des Grundrisses gegebenen Darstellung war.

In der neunten Auflage ist vorzugsweise die Akustik umgearbeitet worden. In der vorliegenden zehnten Auflage erstrecken sich die Verbesserungen und Bereicherungen ziemlich gleichförmig über alle Capitel. Der Abschnitt von den thermo-elektrischen Strömen ist gänzlich umgearbeitet. Eine ganz besondere Berücksichtigung hat aber diesmal die Wärmelehre gefunden, in welcher, soweit es in einem elementaren Werke möglich ist, auch die mechanische Wärmetheorie besprochen wurde.

Obgleich der Inhalt des Buches nicht unerheblich bereichert wurde, blieb doch der Umfang desselben ziemlich unverändert, weil ich eifrigst bemüht war, durch möglichst präcise Darstellung einerseits Raum zu gewinnen und andererseits die Uebersichtlichkeit zu erhöhen.

Einen großen Vorzug glaube ich auch der neuen Auflage durch die Beigabe einer Sammlung von Aufgaben gesichert zu haben, welche sich den in den einzelnen Paragraphen des Grundrisses vorgetragenen Lehren enge anschließen, und sowohl beim Schulunterricht als auch beim Selbststudium zur Erläuterung und Einübung derselben wesentlich beitragen. Diese Aufgaben, welche sich möglichst gleichförmig über alle Theile der Physik verbreiten, sind zum großen Theil denjenigen Aufgaben des Supplementbandes entnommen, welche sich nur auf das im Grundriß selbst vorgetragene Material beziehen.

Auch durch eine erhebliche Anzahl neugestochener Figuren ist die neue Auflage bereichert worden, und zwar nicht etwa Figuren, welche nur zur Ausschmückung des Werkes dienen, sondern solche, welche in der innigsten Beziehung zum Texte stehen und zur Kenntniß der Apparate und zum Verständniß der vorgetragenen Materien wesentlich beitragen.

Freiburg, im August 1869.

J. Müller.

Inhaltsverzeichniß.

Einleitung.

Erstes Buch.

Mechanik oder die Gesetze des Gleichgewichts und der Bewegung.

Erstes Capitel.

Gleichgewicht der Kräfte an einfachen Maschinen.

Zweites Capitel.

Gleichgewicht der Theile fester Körper unter einander.

Drittes Capitel.

Hydrostatik oder die Lehre vom Gleichgewicht der Flüssigkeiten.

Viertes Capitel.

Molekularwirkungen zwischen festen und flüssigen Körpern, sowie zwischen den einzelnen Theilchen der Flüssigkeit selbst.

Fünftes Capitel.

Aërostatik oder die Lehre vom Gleichgewicht der Gase.

Neuntes Capitel.

Bewegung der Gase.

Zweites Buch.

Akustik oder die Lehre vom Schall.

Erstes Capitel.

Fortschreitende und stehende Luftwellen.

Zweites Capitel.

Gesetze der Schwingungen und Töne fester Körper.

Drittes Capitel.

Die musikalischen Instrumente, das Stimm- und das Gehörorgan.

Drittes Buch.

Optik oder die Lehre vom Licht.

Erstes Capitel.

Verbreitung des Lichtes.

Zweites Capitel.

Katoptrik oder die Lehre von der Reflexion des Lichtes.

Drittes Capitel.

Dioptrik oder Brechung des Lichtes.

Viertes Capitel.

Die Farbenlehre.

Fünftes Capitel.

Vom Auge und den optischen Instrumenten.

Sechstes Capitel.

Interferenzerscheinungen.

Siebentes Capitel.

Chemische Wirkungen des Lichtes.

Viertes Buch.

Die elektrischen Erscheinungen.

Erstes Capitel.

Vom Magnetismus.

Zweites Capitel.

Von der Reibungselektricität.

Drittes Capitel.

Vom Galvanismus.

Viertes Capitel.

Inductionserscheinungen.

Fünftes Capitel.

Thermo-elektrische Ströme und thierische Elektricität.

Fünftes Buch.
Von der Wärme.

Erstes Capitel.
Ausdehnung.

Zweites Capitel.
Veränderung des Aggregatzustandes.

Drittes Capitel.
Specifische Wärme der Körper.

Viertes Capitel.
Fortpflanzung der Wärme.

Fünftes Capitel.

Quellen der Wärme.

Sechstes Buch.

Meteorologie.

Erstes Capitel.

Vertheilung der Wärme auf der Erdoberfläche.

Zweites Capitel.

Die Atmosphäre, ihr Druck und ihre Strömungen.

Drittes Capitel.

Von der atmosphärischen Feuchtigkeit.

Viertes Capitel.

Optische Erscheinungen der Atmosphäre.

Fünftes Capitel.

Von der atmosphärischen Elektricität und dem Erdmagnetismus.

Anhang.

Einleitung.

Begriff. Die großartigen Schauspiele, welche uns die Natur täglich darbietet, regen unsere Wißbegierde so mächtig an, daß wir uns unwillkürlich hingezogen fühlen, über die Gesammtheit der Ursachen nachzudenken, welche diese wunderbaren Wirkungen hervorbringen. Es ist nun die Aufgabe der Naturwissenschaften, sich mit diesen Fragen zu beschäftigen, den Zusammenhang zwischen den verschiedenen Naturerscheinungen zu ermitteln und sie, so weit es möglich ist, auf ihre Ursachen zurückzuführen. 1

Die gesammten Naturwissenschaften haben es mit Körpern zu thun; hier ist aber das Wort „Körper" nicht in dem Sinne des Mathematikers zu nehmen, der nur die Raumverhältnisse betrachtet und nicht nach dem Stoffe fragt, welcher den Raum erfüllt; der Naturforscher betrachtet gerade die Eigenschaften der den Raum erfüllenden Materie.

Das innere Wesen der Körper ist uns verschlossen, sie sind uns nur durch die äußere Erscheinung bekannt, d. h. wir wissen von ihnen zunächst nur das, was wir durch die Vermittelung unserer Sinne von ihnen erfahren. Ein Körper außer Zusammenhang mit unseren Sinnen ist für uns so gut wie nicht vorhanden. Es ist möglich, ja wahrscheinlich, daß noch Manches in der Natur um uns her vorgeht, wovon wir keine Ahnung haben, weil uns dafür gewissermaßen ein Sinn fehlt.

Die Naturwissenschaften haben nun zwischen den durch Vermittelung der Sinne zum Bewußtsein gebrachten Erscheinungen einen Zusammenhang auszumitteln und sie so zusammenzustellen, wie sie sich einander erläutern und bedingen. Ist man im Stande, eine Erscheinung auf ihren Zusammenhang mit anderen zurückzuführen, so ist diese Erscheinung erklärt, und man kennt ein Naturgesetz, sobald man die unveränderliche Zusammenhangsart von Naturerscheinungen kennt, wenn uns auch die letzten Ursachen unbekannt bleiben.

Eintheilung. Das große Gebiet der Naturwissenschaften zerfällt zunächst in zwei große Abtheilungen, die Naturbeschreibung und die Naturlehre. Die Naturbeschreibung, gewöhnlich Naturgeschichte genannt, lehrt 2 uns die Beschaffenheit einzelner Gegenstände kennen und ordnet sie nach ihrer Aehnlichkeit in Systeme; die Naturlehre will dagegen die Gesetze zur Einsicht bringen, nach welchen die Veränderungen in der Natur vor sich gehen und nach welchen die verschiedenen Körper auf einander einwirken.

Die Physik ist derjenige Theil der Naturlehre, welcher es mit den Gesetzen derjenigen Erscheinungen der leblosen Natur zu thun hat, die nicht auf einer Veränderung der Bestandtheile der Körper beruhen; denn damit beschäftigt sich die Chemie.

Begreiflicher Weise läßt sich das Feld dieser beiden Wissenschaften nicht immer scharf trennen, und viele Erscheinungen müssen sowohl in der einen wie auch in der anderen besprochen werden. Beide Wissenschaften, Physik und Chemie, sind aufs Innigste mit einander verwandt, ja sie bilden gewissermaßen ein Ganzes, welches nur deshalb äußerlich getrennt erscheint, weil die Masse des zu untersuchenden Materials zu sehr angewachsen ist.

3 **Methode.** Es handelt sich nun zunächst darum, den Weg zu bezeichnen, auf welchem man zur Erkenntniß der Naturgesetze gelangen kann und auf welchem in der That alles bis jetzt Erkannte gefunden worden ist. Die Erkenntnißquelle sowohl als auch der Weg zur Erkenntniß ist nicht und kann nicht für alle Wissenschaften derselbe sein. Der Mathematiker kann, von selbstgeschaffenen Begriffen ausgehend, aus sich heraus seine ganze Wissenschaft entwickeln, ja es wäre denkbar, daß ein Mensch in seinen vier Wänden, abgeschlossen von aller Naturanschauung, die ganze Mathematik aus den Begriffen des Raumes und der Zahl construirte. In dieser Beziehung ist die Mathematik eine rein speculative Wissenschaft, was die Naturwissenschaften durchaus nicht sind und nicht sein können, da sie Dinge behandeln, welche einzig und allein durch sinnliche Wahrnehmung, also auf dem Wege der Erfahrung, zu unserem Bewußtsein kommen.

Den Alten war eine auf Erfahrung sich stützende Naturforschung in unserem Sinne gänzlich unbekannt; wir finden bei ihnen nur philosophische Speculationen über die Welt überhaupt, über die Entstehung und das Urwesen aller Dinge, und es kann uns nicht wundern, wenn die auf diesem Wege entwickelten Vorstellungen über die Natur der Dinge oft nichtssagend sind, oder sogar mit der Erfahrung in directem Widerspruche stehen.

Auch im Mittelalter wurden die Naturwissenschaften nur wenig weiter entwickelt, theils weil die ganze geistige Thätigkeit jener Zeit anderen Interessen zugewandt war, theils weil die Aristotelische Philosophie in so hohem Ansehen stand, daß dadurch jede weitere Prüfung der in derselben ausgesprochenen Naturansichten und also auch jeder Fortschritt abgeschnitten war.

Erst Galiläi schlug den Weg der Erfahrung ein und Baco von Verulam zeigte, daß es nur auf diese Weise möglich sei, zur Kenntniß der Naturgesetze zu gelangen.

Die einzige Quelle unserer Naturerkenntniß ist die sinnliche Wahrnehmung, die Erfahrung, die Beobachtung. Aus dieser Quelle schöpfen wir das Material, welches durch unser geistiges Zuthun zur Wissenschaft verarbeitet und vereinigt werden soll.

Die wissenschaftlichen Wahrnehmungen machen wir entweder an Veränderungen, die uns die Natur selbst darbietet, oder wir nehmen mit den Körpern verschiedene Operationen vor, durch welche sie genöthigt werden, gewisse Erscheinungen hervorzubringen. Im ersten Falle machen wir eine Beobachtung, im zweiten stellen wir einen Versuch an.

Durch gute Beobachtungen und zweckmäßig angestellte Versuche lernen wir den äußeren Zusammenhang der Erscheinungen kennen. Dieser Zusammenhang ist es, was wir ein Naturgesetz nennen.

Auf dem Wege der Erfahrung können wir zur Kenntniß dieser Gesetze gelangen, wenn uns auch der innere Zusammenhang, die Natur der Kräfte, das Wesen der Dinge, ganz und gar unbekannt ist. Das Gesetz der Brechung des Lichtes war lange schon bekannt, ehe man über die Natur des Lichtes im Reinen war; ebenso kennen wir die Gesetze der elektrischen Vertheilung, obgleich wir über das Wesen der Elektricität selbst so gut wie nichts wissen.

Nur der äußere, nicht der innere Zusammenhang kann durch die Erfahrung gefunden werden. Ueber die inneren Ursachen der Erscheinungen, über das Wesen der Kräfte, welche sie hervorbringen, können wir nur Hypothesen aufstellen. Die Hypothesen sind gleichsam Fragen, die man an die Natur stellt, worauf sie aber nicht mit Ja und Nein antwortet, sondern: es kann so sein, oder: es kann nicht so sein.

Aus einer Hypothese, die man über die Ursache mehrerer zusammenhängender Erscheinungen aufgestellt hat, lassen sich meistens weitere Folgerungen ziehen, welche durch fernere Beobachtungen entweder bestätigt oder als unzulässig erkannt werden. Je mehr Thatsachen sich mit Hülfe einer Hypothese erklären lassen, je mehr sie durch neue Beobachtungen bestätigt wird, desto mehr Wahrscheinlichkeit gewinnt sie.

In allen Zweigen der Physik finden wir Beispiele und Belege für die Richtigkeit der eben ausgesprochenen Ansichten.

Allgemeine Eigenschaften der Körper. Da sich die Physik 4
mit Körpern beschäftigt, so ist es vor allen Dingen wichtig, daß man sich eine Vorstellung von dem Wesen dieser Körper bildet, und dazu gelangt man zunächst durch die Betrachtung der allgemeinen Eigenschaften, d. h. derjenigen Eigenschaften, welche wir an allen Körpern beobachten, so verschieden sie auch sonst sein mögen.

Zum Wesen eines Körpers ist nothwendig, daß er einen begränzten Raum einnimmt, daß er also eine Ausdehnung hat, und daß in demselben Raume nicht zu gleicher Zeit zwei Körper vorhanden sein können, was man mit dem Namen der Undurchdringlichkeit bezeichnet. Außer diesen beiden Eigenschaften, ohne welche die Materie gar nicht denkbar ist, beobachtet man aber noch andere allgemeine Eigenschaften, nämlich Trägheit, Schwere, Theilbarkeit und Veränderlichkeit des Volumens.

5 **Trägheit.** In der ganzen Natur kann keine Veränderung in dem Zustande der Dinge vorgehen, ohne daß sie von einer besonderen Ursache veranlaßt wird; was für Veränderungen also ein Körper auch erleiden mag, seien es nun Veränderungen im Zustande der Ruhe oder der Bewegung, seien es Veränderungen seines Aggregatzustandes u. s. w., immer ist, um eine solche Veränderung hervorzubringen, eine Kraft nöthig. Ist ein Körper in Ruhe, so ist eine Kraft nöthig, um ihn in Bewegung zu setzen; ist er in Bewegung, so ist eine Kraft nöthig, um ihn in Ruhe zu bringen; ein Körper, der einmal in Bewegung ist, wird seine Bewegung mit unveränderlicher Geschwindigkeit in unveränderter Richtung fortsetzen, bis sie durch äußere Hindernisse aufgehoben wird. Man bezeichnet die eben besprochene Eigenschaft der Körper mit dem Namen der Trägheit oder des Beharrungsvermögens.

Schon im alltäglichen Leben finden wir zahlreiche Erscheinungen, welche sich durch das Gesetz der Trägheit erklären lassen. Das Schwungrad einer Maschine läuft noch eine Weile fort, wenn auch die Kraft, welche die Maschine treibt, zu wirken aufgehört hat; es würde ewig fortlaufen, wenn die Reibung die Bewegung nicht fortwährend verzögerte.

Wenn man stark läuft, kann man nicht plötzlich einhalten, und wenn man in einem Nachen steht, fällt man mit dem Oberkörper rückwärts, wenn der Nachen rasch vom Lande abstößt, vorwärts, wenn er anstößt. Wir werden später Gelegenheit haben, den Einfluß der Trägheit auf die Bewegungserscheinungen noch genauer nachzuweisen.

Dem Gesetze der Trägheit zufolge muß ein Körper jeder Kraft einen Widerstand entgegensetzen, welche ihn aus dem Zustande der Ruhe in Bewegung zu setzen, oder welche, wenn einmal der Körper in Bewegung ist, seine Bewegung zu beschleunigen oder zu verzögern strebt.

Wir wollen diese Art des Widerstandes als Beschleunigungswiderstand bezeichnen, um ihn von den Bewegungswiderständen (entgegenwirkende Kräfte, Reibung, Luftwiderstand u. s. w.) zu unterscheiden, welche ganz anderer Natur sind und welche später noch besprochen werden sollen.

Die Masse eines Körpers, d. h. die Quantität der Materie (des Stoffes), aus welcher er besteht, ist dem Beschleunigungswiderstand proportional, welchen er irgend einer Kraft entgegensetzt, die seinen Bewegungszustand zu ändern strebt.

Die Begriffe von Trägheit und Masse werden erst durch Späteres, namentlich durch die Lehre von der Schwerkraft und durch die Bewegungsgesetze, recht klar und geläufig werden.

6 **Schwere.** Wenn man einen Stein, ein Stück Holz u. s. w. vom Boden entfernt und dann sich selbst überläßt, so fallen sie, bis sie den Boden oder irgend einen anderen Körper treffen, welcher sie aufhält. Da die Materie träge ist, so kann sie nicht von selbst aus dem Zustande der Ruhe in den der Bewegung übergehen. Wenn wir also sehen, daß ein ruhender Körper in demselben Momente sich zu bewegen beginnt, in welchem wir ihm seine Unterstützung

entziehen, so müssen wir dies einer Kraft zuschreiben, und diese Kraft nennen wir Schwere.

Fig. 1.

Die Richtung der Schwerkraft ist die des Bleiloths, Fig. 1, d. h. die Richtung eines in seiner Ruhelage befindlichen biegsamen Fadens, an welchem irgend ein schwerer Körper, etwa eine Bleikugel, angehängt ist.

Die Richtung des Bleiloths wird auch als senkrechte oder verticale Richtung bezeichnet.

Das Bleiloth ist stets gegen den Mittelpunkt der Erde gerichtet.

Wenn ein Körper durch irgend eine Unterlage am Fallen verhindert ist, so hört deshalb die Wirkung der Schwere nicht auf, sie äußert sich in diesem Falle durch einen Druck, welcher auf die Unterlage ausgeübt wird.

Die Schwere ist eine allgemeine Eigenschaft der Körper, d. h. sie ist nicht allein eine Eigenschaft der festen Körper, sondern sie kommt auch den Flüssigkeiten und den Gasen zu. Das Fallen der Regentropfen beweist schon die Schwere der Flüssigkeiten; daß aber auch die Gase Schwere besitzen, daß also die ganze Luftmasse, welche unseren Erdball umgiebt, auf die Erdoberfläche drückt, dafür werden wir später noch Beweise finden.

Die Schwere eines Körpers ist das Resultat einer Anziehung, welche die Erdkugel auf denselben ausübt. Diese anziehende Kraft der Erde wirkt aber nicht allein auf alle Körper, welche sich auf ihrer Oberfläche befinden, sie wirkt auch noch über die Erdatmosphäre hinaus bis zum Mond, denn die Schwere ist die Centripetalkraft, welche den Mond in seiner Bahn um die Erde erhält.

In gleicher Weise wird auch die Erde und ebenso werden alle Planeten von der Sonne angezogen.

Diese Anziehung ist aber durchaus gegenseitig. Die Sonne zieht die Erde und die Erde zieht die Sonne an. Daß die Erde um die Sonne kreist, und nicht umgekehrt die Sonne um die Erde, hat nur darin seinen Grund, daß die Masse der Sonne weitaus überwiegend ist.

Jeder Planet wird ferner auch von allen übrigen Planeten angezogen. Daß diese gegenseitige Planetenanziehung die Regelmäßigkeit der Planetenbahnen nur unbedeutend stört, hat darin seinen Grund, daß die Masse der Planeten sehr unbedeutend ist im Vergleich zur Masse der Sonne.

Diese unser ganzes Planetensystem beherrschende gegenseitige Anziehung der Himmelskörper wird mit dem Namen der allgemeinen Schwere oder der Gravitation bezeichnet.

Das Gesetz der allgemeinen Schwere läßt sich kurz so ausdrücken:

Je zwei materielle Körper ziehen einander an, und zwar mit einer Kraft, welche direct proportional ist der Masse der beiden Körper, und umgekehrt proportional dem Quadrat ihrer Entfernung.

Dieses Gesetz wird ausgedrückt durch die Gleichung:

$$K = f\,\frac{M.m}{r^2},$$

wenn K die Größe der gegenseitigen Anziehung, M die Masse des einen, m die Masse des andern, r aber die Entfernung der beiden Körper bezeichnet. f ist ein constanter Factor, dessen Werth davon abhängt, welche Einheiten man für K, M, m und r wählt.

7 **Gewicht.** Die Größe des Druckes, welchen ein Körper auf seine Unterlage ausübt, heißt sein Gewicht; dieser Druck wächst nun mit der Anzahl seiner materiellen Theilchen. Um das Gewicht verschiedener Körper mit einander zu vergleichen, bedienen wir uns der Wage, deren Anwendung allgemein bekannt ist, deren Einrichtung aber später noch beschrieben werden soll.

In Frankreich ist das Gramm gesetzlich als Einheit des Gewichts bestimmt; aber auch in anderen Ländern wird diese Gewichtseinheit fast ausschließlich bei wissenschaftlichen Untersuchungen angewandt. Das Gramm ist das Gewicht eines Cubikcentimeters reinen Wassers im Zustande seiner größten Dichtigkeit.

Das französische Gewichtssystem hat den großen Vorzug vor anderen, daß die Einheit des Gewichtes und des Raummaaßes in einer einfachen Beziehung stehen, so daß man leicht vom Volumen auf das Gewicht und umgekehrt schließen kann *), weshalb es für die Behandlung vieler physikalischer Fragen von der größten Bequemlichkeit ist.

---

*) Ein Maaß ist nur dann ein- für allemal als unveränderlich bestimmt zu betrachten, wenn es einer unveränderlichen Größe der Natur entnommen ist, und dies ist bei dem neuen französischen Maaßsysteme der Fall. Alle übrigen Maaßsysteme haben erst durch die Vergleichung mit den französischen Maaßen eine feste Bestimmung erhalten.

Die unveränderliche Größe, welcher das französische Längenmaaß entnommen ist, ist der Erdmeridian, d. h. der Umfang eines größten Kreises der Erdkugel, welcher durch die beiden Pole geht. Der 40millionste Theil dieses Umfangs ist ein Meter.

Die Länge eines Erdmeridians wurde durch eine Reihe mit der größten Sorgfalt angestellter Gradmessungen ermittelt, und bei dieser Messung die ältere französische Längeneinheit, die Toise, zu Grunde gelegt; man erfuhr auf diese Weise also zunächst, wie viel solcher Toisen der Erdmeridian enthalte, und somit war eigentlich schon die Länge der Toise fest bestimmt; da man aber nun ein ganz neues Maaßsystem schaffen wollte, so nahm man den 40millionsten Theil des in Toisen ausgedrückten Erdmeridians zur neuen Längeneinheit, kurz man bestimmte nun genau das Verhältniß des Meters zur Toise.

Das Meter wird in 10 Decimeter, in 100 Centimeter, in 1000 Millimeter eingetheilt; der beigedruckte kleine Maaßstab stellt ein Decimeter mit seinen Unterabtheilungen so genau dar, als es auf diese Weise möglich ist.

Fig. 2.

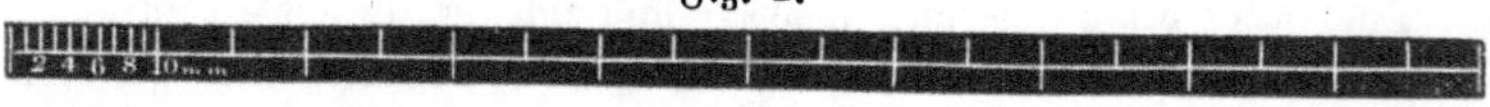

Das Verhältniß der wichtigsten Längenmaaße zum Meter ist in folgender Tabelle gegeben.

Masse. Die Definition der Masse ist bereits in §. 5 gegeben worden; 8
ein bequemes Mittel, sie zu messen, liefert uns aber erst die Schwere.

Die Masse eines Körpers ist stets seinem Gewichte proportional. Dieser Zusammenhang zwischen Masse und Gewicht wird uns überall durch den Versuch nachgewiesen, obgleich er dem Begriff nach nicht durchaus nöthig ist; d. h. es wäre denkbar, daß es in der Natur Körper gebe, auf welche die Schwere gar nicht wirkt, obgleich sie deshalb nicht aufhören, träge Massen zu sein. Es wäre ferner denkbar, daß die Schwerkraft ungleich auf die Theilchen verschiedener Substanzen wirke, daß eine Bleikugel z. B. nur deshalb schwerer wäre als eine gleich große Kugel von Holz, weil eben die Schwere auf die Theilchen des Bleies vorzugsweise wirkte, ohne daß deshalb die Masse der Bleikugel größer wäre als die der Holzkugel. Denken wir uns, um die Sache recht klar zu machen, zwei gleich große Kugeln, eine von Holz, die andere von Blei und nehmen wir einmal an, die Masse beider, d. h. ihr Beharrungsvermögen, ihr Beschleunigungswiderstand, sei gleich, so müßte offenbar die Bleikugel schneller fallen, da bei gleichem Widerstande die größere Kraft eine größere Geschwindigkeit hervorbringen muß. Nun aber fällt die Bleikugel nicht schneller als die Holzkugel (wenigstens im leeren Raume), und daraus geht hervor, daß die 12mal größere Kraft, welche die Bleikugel zur Erde zieht, auch eine 12mal so große träge Masse in Bewegung zu setzen hat, daß also die träge Masse der Bleikugel 12mal so groß ist als die Masse der Holzkugel.

Da nun die Fallgeschwindigkeit für alle Körper dieselbe ist (im leeren Raume), so schließen wir auf dieselbe Weise, daß die Masse eines Körpers stets seinem Gewichte proportional sei, daß also das Gewicht eines Köpers ein Maaß für seine Masse ist.

---

1 rheinländischer oder preußischer Fuß	=	313,85	Millimeter
1 englischer Fuß	=	304,79	"
1 Wiener Fuß	=	316,10	"
1 Pariser Fuß	=	324,84	"
1 Toise = 6 Pariser Fuß	=	1,94904	Meter
1 deutsche oder geographische Meile	=	7407	"
1 englische Seemeile = 1 italienische Meile	=	1852	"

Das gewöhnliche Körpermaaß sowohl wie das Flüssigkeitsmaaß und das Gewicht ist bei dem französischen Maaßsystem vom Längenmaaß abgeleitet. Die Einheit des Flüssigkeitsmaaßes ist das Liter = 1000 Cubikcentimeter.

Ein Cubikcentimeter Wasser wiegt 1 Gramm. 1000 Gramm machen 1 Kilogramm aus. 1 Liter Wasser wiegt also 1 Kilogramm.

1 Gramm ist = 10 Decigramm = 100 Centigramm = 1000 Milligramm.

Das Pfundgewicht der verschiedenen Länder ist sehr ungleich, doch ist das Pfund in der Regel ziemlich nahe gleich 1/2 Kilogramm. Das neue preußische, das badische und schweizerische Pfund ist genau 1/2 Kilogramm.

1 altes preußisches Pfund	=	467,711	Gramm
1 Londoner Pfund (Troy-pound)	=	373,202	"
1 Wiener Pfund (Handelsgewicht)	=	572,880	"
1 altes französisches Pfund	=	489,506	"

9 **Specifisches Gewicht.** Das specifische Gewicht eines Körpers ist die Zahl, welche angiebt, wie viel mal ein Körper schwerer ist, als ein gleiches Volumen Wasser. Ein Cubikcentimeter Eisen wiegt 7,8, ein Cubikcentimeter Gold 19,258 Gramm, während ein gleiches Volumen Wasser nur 1 Gramm wiegt; also ist 7,8 das specifische Gewicht des Eisens, 19,258 das specifische Gewicht des Goldes. Man findet allgemein das specifische Gewicht eines Körpers, wenn man sein absolutes Gewicht durch das Gewicht eines gleichen Volumens Wasser dividirt.

Bezeichnen wir das specifische Gewicht eines Körpers mit S, sein absolutes Gewicht mit P und das Gewicht eines gleichen Volumens Wasser mit p, so ist also

$$S = \frac{P}{p} \quad . \; . \; . \; . \; . \; . \; . \; . \; . \; . \; . \; . \quad 1)$$

Die Data also, welche man durch den Versuch bestimmen muß, um aus denselben das specifische Gewicht eines Körpers zu berechnen, sind das absolute Gewicht desselben und das Gewicht eines gleichen Wasservolumens.

Am leichtesten ist es, diese Data für Flüssigkeiten auszumitteln. Man fülle ein Gefäß, am besten ein solches, welches oben in einen engen Hals mündet, bis zu einer bezeichneten Höhe (bis zu einem am Halse markirten Striche), einmal mit Wasser, dann mit der zu bestimmenden Flüssigkeit, und ermittele jedesmal mit Hülfe der Wage das Gewicht des Flascheninhaltes.

Es wiege z. B. das Vitriolöl, welches einen Glaskolben bis zu einer Marke am Halse ausfüllt, 1534 Gramm, während das Wasser, welches dasselbe Gefäß gleichfalls bis zur Marke füllt, nur 830 Gramm wiegt, so ist das specifische Gewicht des Vitriolöls $\frac{1534}{830} = 1{,}848$.

Wenn man nicht so große Massen der zu bestimmenden Flüssigkeit hat, wie in dem eben angeführten Beispiele, so kann man geeignete kleinere Gefäße anwenden, etwa ein solches wie Fig. 3, welches mit einem eingeriebenen Stöpsel versehen ist (Pyknometer).

Um das specifische Gewicht fester Substanzen zu bestimmen, kann man sich aus demselben einen Körper von regulärer Gestalt formen, etwa einen Würfel, eine Kugel u. s. w., so daß es leicht ist, den cubischen Inhalt der zu untersuchenden Stücke zu berechnen. Das absolute Gewicht solcher Körper findet man durch die Wage; das Gewicht eines gleichen Volumens Wasser ist durch das bekannte Volumen der Körper gegeben. Ein Würfel von Marmor z. B. wiege 21,6 Gr. Wenn nun jede Seite dieses Würfels 2 Centimeter beträgt, so ist der cubische Inhalt desselben 8 Cubikcentimeter; ein gleich großer Würfel von Wasser wird also 8 Gr. wiegen, folglich ist das specifische Gewicht des Marmors $\frac{21{,}6}{8} = 2{,}7$.

Fig. 3.

Nicht von jeder Substanz hat man solche Massen, um daraus solche reguläre Körper bilden zu können; außerdem aber ist es ungemein schwierig, ja fast unmöglich, reguläre Körper genau genug zu arbeiten. Man muß deshalb nach anderen Methoden sich umsehen, um das specifische Gewicht fester Körper zu bestimmen. Die meisten dieser Methoden beruhen auf hydrostatischen Gesetzen, welche wir erst später werden kennen lernen.

Ist V das Volumen des Körpers, n das Gewicht der Volumeneinheit Wasser, so ist $p = Vn$. Es ist also

$$S = \frac{P}{V.n} \quad \text{. . . . . 2)}$$

Wählt man z. B. für die Raumeinheit den preußischen Cubikfuß, für die Gewichtseinheit das (alte) preußische Pfund, so hat man $n = 66$ zu setzen, weil ein preußischer Cubikfuß Wasser 66 Pfund wiegt. Wählt man ein Maßsystem, bei welchem, wie beim neueren französischen, das Gewicht der Raumeinheit Wasser zur Gewichtseinheit genommen ist (1 Cubikcentimeter Wasser wiegt 1 Gramm), so ist $n = 1$ und die Gleichung 2) reducirt sich auf

$$S = \frac{P}{V} \quad \text{. . . . . 3)}$$

woraus

$$V = \frac{P}{S} \quad \text{. . . . . 4)}$$

und

$$P = VS \quad \text{. . . . . 5)}$$

Gleichbedeutend mit „specifischem Gewicht" wird auch oft der Ausdruck „Dichtigkeit" gebraucht, welcher jedoch eine Hypothese über die Constitution der Materie einschließt, und deshalb leicht Mißverständnisse veranlassen kann.

In den folgenden Tabellen ist das specifische Gewicht verschiedener Substanzen zusammengestellt.

Tabelle

der specifischen Gewichte einiger festen Körper bei 0 Grad.

Platin	gemünzt	22,000
	geschmolzen	20,857
Gold	gemünzt	19,325
	geschmolzen	19,253
Iridium		18,600
Wolfram		17,600
Blei, gegossen		11,352
Palladium		11,300
Silber		10,474
Wismuth		9,822
Kupfer	gehämmert	8,878
	gegossen	7,788
	zu Draht gezogen	8,780
Kadmium		8,694
Molybdän		8,611
Messing		8,395
Arsenik		8,308
Nickel		8,279
Uran		8,100
Stahl		7,816
Kobalt		7,812
Eisen	geschmiedet	7,788
	gegossen	7,207
Zinn		7,291
Antimon		6,712
Tellur		6,115
Chrom		5,900
Jod		4,948
Schwerspath		4,926
Selen		4,320
Diamant		3,520
Flintglas		3,78 bis 3,20
Flußspath		3,15
Aluminium		2,67
Bouteillenglas		2,600
Spiegelglas		2,370
Turmalin (grün)		3,155
Marmor		2,837
Smaragd		2,775
Bergkrystall		2,683
Porzellan		2,49 bis 2,14
Gyps (krystallisirt)		2,311
Schwefel (natürlich)		2,033
Elfenbein		1,917
Alabaster		1,874
Anthracit		1,800
Phosphor		1,770
Bernstein		1,078
Ebenholz		1,226
Eichenholz (alt)		1,170
Buxbaum		1,330
Mahagonyholz		1,060
Wachs, weißes		0,969
Eis		0,950
Natrium		0,972
Kalium		0,865
Lithium		0,590
Ahornholz	frisch	0,904
	trocken	0,659
Buchenholz	frisch	0,982
	trocken	0,590
Edeltanne	frisch	0,890
	trocken	0,450
Erlenholz	frisch	0,857
	trocken	0,500
Eschenholz	frisch	0,904
	trocken	0,644
Hainbuchenholz	frisch	0,945
	trocken	0,769
Lindenholz	frisch	0,817
	trocken	0,439
Nußbaumholz		0,677
Cypressenholz		0,598
Cedernholz		0,561
Pappelholz		0,383
Kork		0,240

Specifisches Gewicht einiger Flüssigkeiten

(bei 0⁰, wo nichts weiter bemerkt ist).

Destillirtes Wasser	1,000	50 Proc. Säure	1,265
Quecksilber	13,598	60 " "	1,348
Brom	2,966	70 " "	1,398
Schwefelsäure (englische)	1,848	80 " "	1,438
Verdünnte Schwefelsäure nach Delezenne bei 15⁰ C.:		90 " "	1,473
		100 " "	1,500
10 Proc. Säure	1,066	Schwefelkohlenstoff	1,272
20 " "	1,138	Glycerin	1,260
30 " "	1,215	Milch	1,030
40 " "	1,297	Meerwasser	1,026
50 " "	1,387	Wein: Malaga-	1,022
60 " "	1,486	" Rhein-	0,999
70 " "	1,595	Oel: Citronenöl	0,852
80 " "	1,709	" Leinöl	0,953
90 " "	1,805	" Mohnöl	0,929
100 " "	1,848	" Olivenöl	0,915
Verdünnte Salpetersäure:		" Terpentinöl	0,872
10 Proc. Säure	1,054	Benzol	0,868
20 " "	1,111	Alkohol, absoluter	0,793
30 " "	1,171	Schwefeläther	0,715
40 " "	1,234	Valyl (C_3H_9)	0,694

Der Vollständigkeit wegen folgt hier noch eine Tabelle, welche die specifischen Gewichte einiger Gasarten enthält, obgleich die Methoden zur Bestimmung dieser Zahlen erst später besprochen werden können.

Specifisches Gewicht einiger Gase

(bei 0⁰ und 760mm Barometerstand).

Atmosphärische Luft	0,001293	Chlor	0,00321
Sauerstoff	0,001432	Kohlensäure	0,00198
Stickstoff	0,001267	Stickoxydulgas	0,00197
Wasserstoff	0,000089	Leuchtgas	0,00082

10 **Theilbarkeit.** So weit unsere Erfahrung reicht, sind alle Körper theilbar, d. h. man kann sie in kleinere und immer kleinere Partikelchen zerlegen.

Wie weit aber geht diese Theilbarkeit? Kommen wir bei fortgesetzter Verkleinerung wohl zu Theilchen, die noch sinnlich wahrnehmbar, aber doch nicht weiter theilbar sind? So weit unsere Erfahrung reicht, geht die Theilbarkeit stets über die Gränzen der sinnlichen Wahrnehmung hinaus. Als Beispiel außerordentlicher Theilbarkeit führt man gewöhnlich den Moschus an, welcher Jahre lang ein ganzes Zimmer mit einem intensiven Geruch erfüllen kann, ohne merklich an Gewicht abzunehmen.

Am besten beweisen uns alle chemisch zusammengesetzten Körper, daß die Theilbarkeit über die Gränzen der sinnlichen Wahrnehmung hinausgeht. Der Zinnober z. B. ist aus Quecksilber und Schwefel zusammengesetzt, und man kann ihn leicht in diese beiden Bestandtheile zerlegen; man ist aber nicht im Stande, die kleinen Theilchen von Schwefel und Quecksilber einzeln für sich zu unterscheiden; selbst durch das beste Mikroskop betrachtet, erscheint der Zinnober doch immer noch als eine vollkommen homogene (gleichartige) Masse.

Obgleich nun die Theilbarkeit der Körper weit über die Gränzen der sinnlichen Unterscheidung hinausgeht, so nehmen die Physiker doch aus verschiedenen, namentlich der Chemie entnommenen Gründen an, daß die Theilbarkeit nicht ins Unendliche fortgehe, sondern daß alle Körper aus kleinen, nicht weiter theilbaren, unveränderlichen Urtheilchen bestehen, welche man Atome nennt.

Diese Grundansicht von der Constitution der Körper wird mit dem Namen der atomistischen Theorie bezeichnet.

Wenn man überhaupt von kleinen Theilchen redet, ohne gerade diese Urtheilchen, die Atome, bezeichnen zu wollen, so bedient man sich gewöhnlich des Wortes Molekül, welches mit Massentheilchen gleichbedeutend ist.

11 **Veränderlichkeit des Volumens.** Eine weitere allgemeine Eigenschaft ist die Ausdehnbarkeit und die damit zusammenhängende Zusammendrückbarkeit. Ein und derselbe Körper nimmt nicht immer genau dasselbe Volumen ein; er kann durch Druck und Erkaltung verkleinert, durch Spannung und Erwärmung vergrößert werden. Nehmen wir nun an, daß die Atome ein- für allemal unveränderlich sind, so läßt sich die Ausdehnbarkeit nur durch die Annahme erklären, daß die Atome nicht in unmittelbarer Berührung stehen, sondern durch Zwischenräume getrennt sind, durch deren Vergrößerung oder Verkleinerung das Volumen der Körper zu- oder abnimmt.

12 **Porosität.** Die Zwischenräume, welche sich zwischen den verschiedenen Theilchen der Körper befinden, nennt man Poren. Bezeichnet man mit diesem Namen auch die Zwischenräume zwischen den Atomen der Körper, so ist dem eben Gesagten zufolge jeder Körper porös, die Porosität also eine allgemeine Eigenschaft. Im gewöhnlichen Leben versteht man aber unter Poren nur solche Zwischenräume, welche groß genug sind, um Flüssigkeiten und Gase durchzu-

lassen. In diesem Sinne ist die Porosität freilich keine allgemeine Eigenschaft. Ein Schwamm, alle künstlichen Gewebe, Kreide, Bimsstein u. s. w. sind porös im engeren Sinne des Wortes.

Verschiedene Natur der Atome. Nachdem wir durch die Betrachtung der Theilbarkeit und Ausdehnbarkeit die Grundidee der atomistischen Theorie entwickelt haben, wollen wir zunächst sehen, wie sich die verschiedenen Körper aus Atomen construiren lassen. 13

Wir finden in der Natur eine Menge von Körpern, deren Eigenschaften so verschieden sind, daß wir nothwendig annehmen müssen, daß schon die Atome, aus denen sie zusammengesetzt sind, eine verschiedene Natur haben. Betrachten wir z. B. Schwefel und Blei; das Verhalten dieser beiden Körper ist außerordentlich verschieden, und wir können diese Verschiedenheit nur dadurch erklären, daß die Atome des Schwefels nicht von derselben Art sind wie die des Bleis.

Die meisten Körper sind nicht aus gleichartigen, sondern aus verschiedenartigen Atomen zusammengesetzt, wenn sie auch dem Ansehen nach ganz gleichartig sind, wie wir dies beim Zinnober schon angeführt haben, der aus Schwefelatomen und aus Quecksilberatomen zusammengesetzt ist; so ist auch das Wasser aus Sauerstoff und Wasserstoff, das Kochsalz aus Chlor und Natrium zusammengesetzt u. s. w. Solche Körper heißen *chemisch zusammengesetzte*, im Gegensatz zu denen, die sich nicht weiter in verschiedenartige Bestandtheile zerlegen lassen, und welche man deshalb auch *einfache Körper*, *Grundstoffe* oder *Elemente* nennt. Man kennt 62 solcher Elemente, d. h. Stoffe, die man bis jetzt wenigstens nicht weiter in verschiedenartige Bestandtheile zu zerlegen im Stande war.

Die verschiedenen Elemente verbinden sich immer nur in bestimmten Gewichtsverhältnissen mit einander, und gerade dieser Umstand ist eine der bedeutendsten Stützen für die atomistische Theorie. Die Grundgesetze der *chemischen Aequivalente* sind im *Supplementbande* entwickelt. Eine genauere Erörterung derselben sowie überhaupt die Erforschung der Gesetze, nach welchen die Elemente sich zu zusammengesetzten Körpern verbinden, ist der Gegenstand, mit welchem sich die *Chemie* zu beschäftigen hat.

Aggregatzustände. Wir beobachten an den Körpern außer den eben besprochenen noch andere Verschiedenheiten, die nicht von der Verschiedenheit der Bestandtheile, sondern von der verschiedenen Art und Weise herrühren, wie die Theilchen verbunden sind, ja ein und derselbe Stoff kann uns in sehr verschiedenen Formen erscheinen, wie das Wasser, welches als Eis *fest*, als Wasser *flüssig*, als Dampf aber *gasförmig* ist; ohne die Zusammensetzung zu ändern, können wir das Wasser in Eis und das Eis in Wasser verwandeln, wir können das Wasser verdampfen und den Dampf wieder zu Wasser verdichten. 14

Alle Körper, welche wir kennen, befinden sich in einem der drei beim Wasser erwähnten Zustände, sie sind entweder *fest*, *flüssig* oder *gasförmig* (luftförmig).

Die festen Körper haben, die geringen Veränderungen abgerechnet, welche durch die Wärme hervorgebracht werden, ein unveränderliches Volumen und eine selbständige Gestalt; ferner gehört eine mehr oder weniger bedeutende Kraft dazu, um einen festen Körper zu zertheilen. Es ist z. B. unmöglich, ein Stück Eisen auf die Hälfte, auf den dritten Theil seines Volumens zusammenzupressen, oder zu machen, daß es den doppelten, dreifachen Raum einnimmt; nur mit großer Gewalt sind wir im Stande, seine Gestalt zu ändern oder es zu theilen.

Die Flüssigkeiten haben in demselben Sinne wie die festen Körper ein unveränderliches Volumen, d. h. wenn wir sie durch einen starken Druck auch ein klein wenig zusammendrücken können, wenn sie sich auch durch Erwärmung etwas ausdehnen, so sind diese Volumenveränderungen doch immer nur sehr unbedeutend; wir können das Wasser, welches eine Flasche ausfüllt, nicht in ein halb so großes Gefäß hineinpressen, und wenn wir es in ein doppelt so großes Gefäß hineingießen, so füllt es dieses nur zur Hälfte aus. Die Flüssigkeiten haben aber keine selbständige Gestalt, wie die festen Körper, sondern die Gestalt des Raumes, den sie einnehmen, ist von der Form der sie einschließenden festen Körper, also von der Form der Gefäße abhängig; wenn eine Flüssigkeit ein Gefäß nicht ganz ausfüllt, so ist sie oben durch eine horizontale Oberfläche begränzt. Endlich unterscheiden sich die flüssigen Körper von den festen noch dadurch, daß schon die geringste Kraft hinreicht, um ihre Theilchen von einander zu trennen.

Die gasförmigen Körper haben weder eine selbständige Form noch ein bestimmtes Volumen; der Raum, den sie einnehmen, hängt nur von dem äußeren Druck ab. Man kann eine gegebene Luftmasse leicht auf $1/_2$, $1/_4 \ldots 1/_{10}$ ihres Volumens zusammenpressen, und umgekehrt, wenn sie in einen 2, 4 ... 10 mal größeren leeren Raum bringt, so füllt sie auch diesen vollständig aus, wie wir später noch ausführlicher sehen werden; die Gase haben also ein Bestreben, sich so viel wie möglich auszudehnen. Die leichte Theilbarkeit haben sie mit den Flüssigkeiten gemein.

Nach der atomistischen Theorie sind die drei Aggregatzustände in folgender Weise zu erklären:

Bei den festen Körpern befinden sich die Atome nicht allein in einer bestimmten Entfernung von einander, sondern auch in einer bestimmten gegenseitigen Lage.

Bei den flüssigen Körpern bleiben die Atome zwar auch in bestimmter Entfernung von einander, sie sind aber leicht gegen einander verschiebbar.

Bei den gasförmigen Körpern ist endlich auch der Abstand der Atome von einander veränderlich.

15 **Kräfte und Imponderabilien.** Alle Erscheinungen, welche wir in der Natur wahrnehmen, beweisen uns, daß eine beständige Wechselwirkung sowohl zwischen den verschiedenen Körpern als auch zwischen den einzelnen Theilchen eines und desselben Körpers stattfindet.

Die unsichtbaren Ursachen dieser Wechselwirkung nennen wir Kräfte.

Die Kräfte können nie Gegenstand einer unmittelbaren Wahrnehmung sein. Die Vorstellungen, die wir uns von diesen Kräften machen, sind immer nur Hypothesen, die wir so construiren und modificiren, wie wir sie eben zur Erklärung der Thatsachen bedürfen.

Im Allgemeinen ist in der Physik von Kräften zweierlei Art die Rede, von solchen nämlich, welche in die Ferne wirken, wie die Schwere, die magnetischen und elektrischen Anziehungs- und Abstoßungskräfte u. s. w., und von solchen, welche nur in die kleinsten Entfernungen wirken, also nur bei fast unmittelbarer Berührung der Körpertheilchen in Thätigkeit treten und welche deshalb den Namen der Molekularkräfte führen. Diese letzteren Kräfte sind es, welchen wir die Erhaltung der verschiedenen Aggregatzustände und der chemischen Verbindungen zuschreiben.

Um die allgemeine Schwere zu erklären, muß man annehmen, daß alle Körperatome sich auf die größten Entfernungen hin nach dem bereits in §. 6 besprochenen Gesetze anziehen, und zwar hängt diese Anziehung nur von den Massen und Entfernungen, aber nicht von der chemischen Natur der Körper ab.

Was nun die Molekularkräfte betrifft, so haben wir anziehende und abstoßende Kräfte zu unterscheiden. Zunächst wirkt zwischen den einzelnen Theilchen eines festen Körpers eine Kraft, welche der Trennung derselben entgegenwirkt und welche man als Cohäsionskraft bezeichnet. Man erklärt die Cohäsionskraft durch die Annahme, daß die Körperatome sich in nächster Nähe mit einer Kraft anziehen, welche schon verschwindend klein wird, wenn die Atome sich in der dem gasförmigen Zustande entsprechenden Entfernung befinden. Außerdem unterscheidet sich diese Molekularattraction von der Anziehung, welche die allgemeine Schwere bedingt, dadurch, daß sie von der chemischen Verschiedenheit der Körper abhängt; so ist z. B. die Cohäsion des Eisens bedeutend größer als die des Bleis, die Molekularanziehung der Eisentheilchen muß also auch bedeutend größer sein als die der Bleitheilchen.

Wenn nur die bisher besprochenen Anziehungskräfte thätig wären, so könnte die Körperwelt nicht in der Form bestehen, welche sie wirklich hat, alle Materie müßte sich zu einer großen Masse zusammenballen. Es wird dies nur dadurch verhindert, daß zwischen den Körpertheilchen auch abstoßende Kräfte thätig sind, welche man als Expansionskräfte bezeichnet.

Diese Expansionskräfte sind es, welche der Compression fester und flüssiger Körper entgegenwirken und welche das Streben der gasförmigen Körper, sich möglichst auszudehnen, bedingen.

Um nun zu erklären, wie gleichsam von demselben Mittelpunkte aus Anziehung und Abstoßung ausgehen, nimmt man an, daß jedes Körperatom von einer Aetherhülle umgeben ist. Die Aetherhülle besteht aus Aetheratomen, welche man als unendlich viel kleiner annehmen muß als die Körperatome; man hat sich also ein mit seiner Aetheratmosphäre umgebenes Körperatom ungefähr so vorzustellen, wie es Fig. 4 (a. f. S.) anschaulich macht.

Um nun die Erscheinungen zu erklären, muß man annehmen,

1) daß die Körperatome sich gegenseitig anziehen;

2) daß die Aetheratome sich gegenseitig abstoßen, weshalb sich der Aether durch alle Himmelsräume verbreitet.

3) daß die Körperatome anziehend auf die Aetheratome wirken,

weshalb jedes Körperatom sich mit einer Aetheratmosphäre umgiebt und die Zwischenräume zwischen den Körperatomen mit verdichtetem Aether erfüllt sind. Die Anziehung zwischen Körper- und Aetheratomen wirkt aber nicht auf größere Entfernungen, der Aether ist der allgemeinen Schwere nicht unterworfen, er ist imponderabel.

Fig. 4.

Durch Vibrationsbewegungen der Aetheratome wird die Fortpflanzung des Lichtes und der strahlenden Wärme erklärt, während die fühlbare Wärme als ein Bewegungsphänomen der Körperatome aufgefaßt wird. Wir werden auf diesen Gegenstand später, namentlich im Supplementbande, zurückkommen.

Die mechanische Erklärung der Wärmephänomene ist neueren Ursprungs; früher erklärte man sie durch die ruhende Gegenwart eines imponderabeln Fluidums, welches, die Körperatome einhüllend, das repulsive Princip in ähnlicher Weise darstellte, wie man es jetzt von dem Aether annimmt. Die Erwärmung eines Körpers wurde nach dieser Anschauung als eine Vermehrung, die Erkaltung als eine Verminderung des in ihm enthaltenen Wärmefluidums betrachtet.

In ähnlicher Weise nahm man auch die Existenz besonderer imponderabeln Fluida zur Erklärung der magnetischen und elektrischen Erscheinungen an, und auf diesem Felde läßt sich bis jetzt wenigstens eine solche Hypothese noch nicht entbehren, obgleich es keinem Zweifel unterliegt, daß es über kurz oder lang gelingen wird, auch die Erklärung der Elektricität und des Magnetismus auf mechanische Principien zurückzuführen.

Erstes Buch.

Mechanik

oder die

Gesetze des Gleichgewichts

und der

Bewegung.

Erstes Capitel.

Gleichgewicht der Kräfte an einfachen Maschinen.

Das Parallelogramm der Kräfte. Sobald auf irgend einen Körper eine beschleunigende Kraft einwirkt, so wird dieselbe nothwendig seinen Bewegungszustand verändern, wenn nicht gleichzeitig andere Kräfte vorhanden sind, welche den Effect dieser ersteren aufheben. Ist also ein Körper in Ruhe, so wird jede beschleunigende Kraft, die auf ihn wirkt, ihn auch in Bewegung setzen, es sei denn, daß andere auf denselben Körper einwirkende Kräfte diese Bewegung hindern und also den Körper in Ruhe erhalten. In diesem letzteren Falle sagt man, daß die verschiedenen auf den Körper einwirkenden Kräfte sich einander das Gleichgewicht halten. 16

Hängt man z. B. eine Bleikugel an einem Faden auf, so wird die Wirkung der Schwerkraft, unter deren alleinigen Einfluß die Kugel fallen würde, durch den Widerstand des Fadens aufgehoben.

Die Statik beschäftigt sich damit, die Bedingungen des Gleichgewichts auszumitteln, die Dynamik dagegen untersucht die Gesetze der Bewegungen, welche entstehen, wenn den Bedingungen des Gleichgewichts nicht genügt ist.

Um Kräfte zu messen, muß man irgend eine beliebige Kraft als Einheit annehmen.

Zwei Kräfte sind gleich, wenn sie nach entgegengesetzten Richtungen, auf einen Punkt wirkend, sich das Gleichgewicht halten. Zwei gleiche Kräfte, die nach derselben Richtung wirken, sind der doppelten Kraft gleichzusetzen. Man würde eine dreifache Kraft haben, wenn man drei gleiche Kräfte nach derselben Richtung wirken ließe u. s. w.

Wie viele Kräfte auch auf einen materiellen Punkt wirken mögen, welches auch ihre Richtung sein mag, so werden sie ihm doch nur eine einzige Bewegung in einer bestimmten Richtung mittheilen. Es läßt sich demnach eine Kraft denken, welche für sich allein dieselbe Wirkung hervorzubringen im Stande ist, welche also das ganze System jener Kräfte ersetzen kann. Sie führt den Namen der **Resultirenden.** Wenn z. B. ein Schiff durch die gleichzeitige Wirkung des Stromes, der Ruder und des Windes getrieben wird, so bewegt es sich nach einer bestimmten Richtung; wenn die Wirkungen des Stromes, der Ruder und des Windes aufhörten, so könnte man doch offenbar dem Schiffe dieselbe Bewegung dadurch wieder ertheilen, daß man an einem Seile, welches am Schiffe befestigt ist, eine bestimmte Kraft nach jener Richtung ziehen ließe. Dies ist die Resultirende der drei Kräfte.

Die Gesammtheit von Kräften, welche auf einen Punkt zusammenwirken, nennt man ein **System von Kräften.** In Beziehung auf die **Resultirende**, welche die Gesammtheit der Kräfte ersetzen kann, nennt man diese auch die **Seitenkräfte, Composanten.** Es ist klar, daß, wenn man einem Systeme von Kräften eine neue Kraft hinzufügt, welche der Resultirenden des Systems gleich und entgegengesetzt ist, sich alsdann alle zusammenwirkenden Kräfte das Gleichgewicht halten müssen.

Hätte man z. B., um bei dem oben angeführten Beispiele stehen zu bleiben, an einem am Schiffe befestigten Seile eine Kraft wirken lassen, welche der Resultirenden des Stromes, des Windes und der Ruder gleich, aber entgegengesetzt ist, so würde diese neu angebrachte Kraft Gleichgewicht hervorbringen; das Schiff würde stillstehen müssen.

Wenn zwei oder mehrere Kräfte nach derselben Richtung hin wirken, so ist ihre Resultirende gleich der Summe der einzelnen Kräfte. — Wenn zwei Kräfte gerade in entgegengesetzter Richtung auf einen Punkt einwirken, so ist die Resultirende gleich der Differenz der beiden und sie wirkt in der Richtung der größeren.

Wenn die Richtungen zweier Kräfte, welche auf einen materiellen Punkt wirken, einen Winkel mit einander machen, so findet man die Resultirende nach einem Gesetze, welches unter dem Namen des **Parallelogramms der Kräfte** bekannt ist. Man gelangt zu diesem Gesetze durch folgende einfache Betrachtung.

Fig. 5.

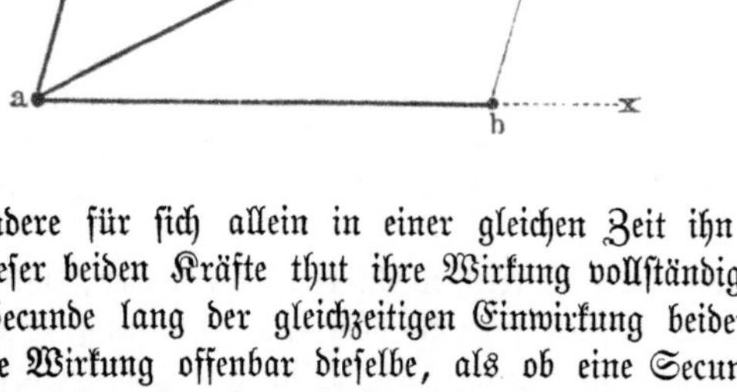

Auf den Punkt a, Fig. 5, sollen zwei Kräfte gleichzeitig einwirken, die eine nach der Richtung ax, die andere nach der Richtung ay. Die eine Kraft mag von der Art sein, daß sie für sich allein in einem bestimmten Zeittheilchen, etwa einer Secunde, den Punkt von a nach b bewegen würde, während die andere für sich allein in einer gleichen Zeit ihn von a nach c treibt. Jede dieser beiden Kräfte thut ihre Wirkung vollständig; wenn also der Punkt eine Secunde lang der gleichzeitigen Einwirkung beider Kräfte ausgesetzt ist, so ist die Wirkung offenbar dieselbe, als ob eine Secunde lang der Punkt nur der Einwirkung der einen, in der folgenden Secunde aber nur der Einwirkung der anderen Kraft unterworfen wäre. Die eine Kraft allein treibt den Punkt in einer Secunde von *a* nach *b*. Hörte nun in dem Moment, in welchem er in *b* ankommt, alle Wirkung dieser Kraft auf, während der Punkt von nun an nur der Einwirkung der zweiten Kraft folgt, so würde er in der folgenden Secunde den Weg *bd* (gleich und parallel *ac*) zurücklegen, also am Ende der zweiten Secunde in *d* anlangen. In demselben Punkte *d* muß also auch der Punkt *a* nach einer Secunde ankommen, wenn beide Kräfte gleichzeitig wirken.

Ein Beispiel wird es anschaulicher machen. Von dem Punkte *A*, Fig. 6, an dem Ufer eines Flusses, fährt ein Schiff ab, auf welches gleichzeitig zwei Kräfte, der Strom und der Wind, einwirken. Nehmen wir an, das Schiff werde durch

Fig. 6.

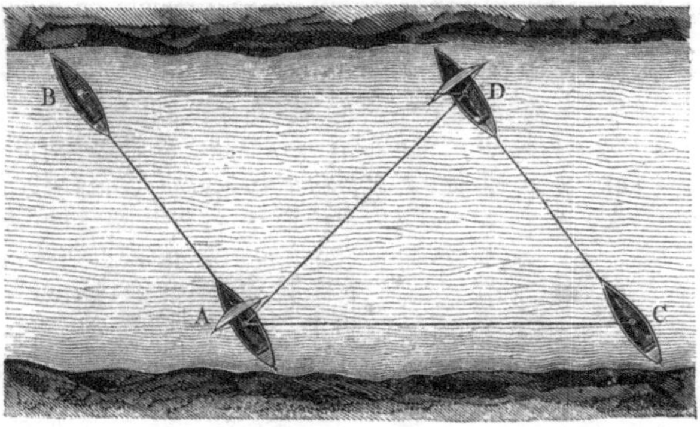

den Wind allein in einer bestimmten Zeit, etwa in einer Viertelstunde, quer über den Fluß, von *A* nach *B*, getrieben, durch den Strom allein aber würde es, wenn gar kein Wind ginge, in derselben Zeit von *A* nach *C* gelangen, so muß es, wenn Strom und Wind gleichzeitig wirken, in einer Viertelstunde den Weg von *A* bis *D* zurücklegen, d. h. es muß nach einer Viertelstunde unter gleichzeitiger Wirkung beider Kräfte in demselben Punkte *D* ankommen, als ob eine Viertelstunde lang der Wind alleinwirkend das Schiff von *A* bis *B* getrieben hätte, und es alsdann in der folgenden Viertelstunde durch den Strom allein von *B* bis *D* geführt worden wäre.

Die Linie *ad*, Fig. 5, ist die Diagonale des Parallelogramms *abcd*; das durch unsere Betrachtung gefundene Gesetz kann demnach folgendermaßen ausgedrückt werden:

„Die Resultirende zweier Kräfte, welche gleichzeitig unter irgend einem Winkel auf einen materiellen Punkt einwirken, ist von der Art, daß sie den Punkt durch die Diagonale des Parallelogramms zu bewegen strebt, welches man aus den Bahnen construiren kann, welche den Seitenkräften entsprechen."

Da die Bahn, welche ein Körper in einer gegebenen Zeit durchläuft, der Kraft proportional ist, welche ihn treibt, da es sich ferner bei Bestimmung der Resultirenden nur darum handelt, ihre Richtung und ihr Größenverhältniß zu den beiden Seitenkräften zu ermitteln, so ergiebt sich folgendes Verfahren, um durch Construction die Resultirende zweier auf einen Punkt wirkender Kräfte zu finden, deren Größe und Richtung gegeben ist:

„Man ziehe durch den Angriffspunkt zwei gerade Linien in der Richtung der gegebenen Seitenkräfte und schneide auf jeder derselben eine der entsprechenden Kraft proportionale Länge ab, so stellt die Diagonale des Parallelogramms, welches durch diese beiden Linien bestimmt ist, sowohl der Größe als auch der Richtung nach die Resultirende der beiden Kräfte dar."

Nehmen wir z. B. an, daß auf einen Punkt a zwei Kräfte wirken, welche sich verhalten wie P zu Q (z. B. wie 2 zu 3) und deren Richtungen einen Winkel x (z. B. einen Winkel von 75°) mit einander machen, so ziehe man durch den Punkt a, Fig. 7, zwei Linien am und an, welche den gegebenen Winkel mit einander machen, und schneide nach einem beliebigen Maßstab auf der einen die Länge P, auf der anderen die Länge Q ab (für unser Beispiel also mache man $ac = 2$ und $ab = 3$). Vollendet man nun das Parallelogramm, welches durch die unter dem Winkel x zusammentreffenden Linien ab und ac bestimmt ist, so stellt die Diagonale da desselben der Größe und Richtung nach die gesuchte Resultirende dar, welche wir mit R bezeichnen wollen.

Fig. 7.

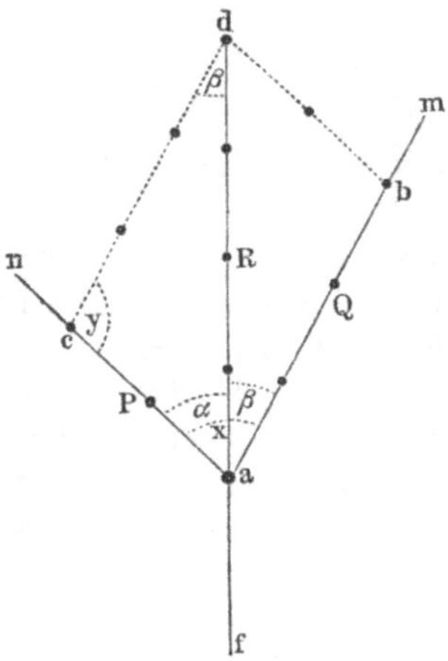

In unserem Beispiel ergiebt sich $R = 4$.

Die Berechnung der Resultirenden ist im Supplementband besprochen.

Bringt man in dem Punkte a eine Kraft an, welche der Resultirenden der beiden Seitenkräfte gleich und entgegengesetzt ist, welche also von a aus in der Richtung af, Fig. 7, wirkt, so muß zwischen den beiden Seitenkräften P und Q und der nach der Richtung af wirkenden Kraft R Gleichgewicht stattfinden.

Man kann dies benutzen, um das Gesetz vom Parallelogramm der Kräfte einer experimentellen Prüfung zu unterwerfen, wie dies Fig. 8 angedeutet ist. Wenn das Gewicht $P = 2$ Loth, $Q = 3$ Loth und $R = 4$ Loth ist, so findet Gleichgewicht statt, wenn der Winkel gok gleich 75 Grad ist.

Die Resultirende R, Fig. 7, macht mit der Seitenkraft P einen Winkel α, mit Q einen Winkel β. Es ist aber $\alpha > \beta$, wenn $Q > P$; denn da in jedem Dreieck zur größeren Seite der größere Winkel gegenübersteht*), so muß

*) Siehe meine „Elemente der ebenen Geometrie und Stereometrie", 2 Aufl. Braunschweig, Friedrich Vieweg und Sohn. 1859. Seite 24.

im Dreieck cda $\alpha > \beta$ sein, wenn $cd > ca$. Die Resultirende theilt also den Winkel x, welchen die beiden Seitenkräfte mit einander machen, so, daß derjenige Winkel der kleinere ist, welchen sie mit der größeren Seitenkraft macht.

Wenn die beiden Seitenkräfte gleich sind, so wird der Winkel, den sie mit einander bilden, durch die Resultirende halbirt.

Fig. 8.

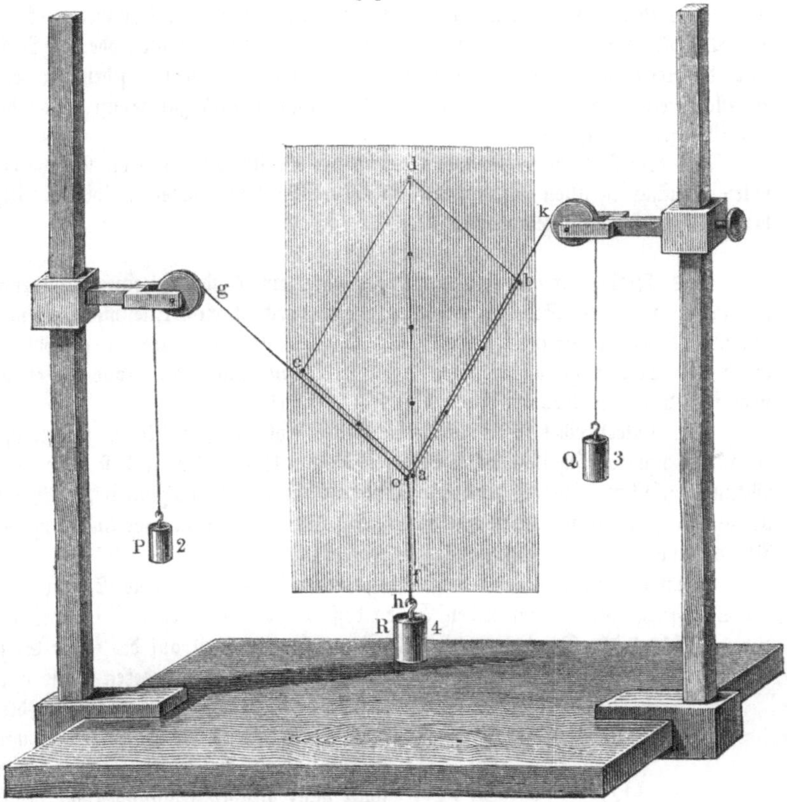

Mit Hülfe der durch Fig. 7 erläuterten Construction läßt sich leicht nachweisen, daß die Resultirende zweier Kräfte P und Q größer wird, wenn der Winkel abnimmt, welchen diese Seitenkräfte mit einander machen.

Für $x = 0$ wird: $R = P + Q$.

Für $x = 180$ wird: $R = Q - P$,

also $R = 0$, wenn $P = Q$. Bei Gleichheit der Seitenkräfte P und Q wird die Resultirende R verhältnißmäßig sehr klein, wenn der Winkel x nur wenig von 180^0 abweicht (das Knie, siehe im Supplementband).

Da man die Resultirende zweier Kräfte, die auf einen Punkt wirken, finden kann, so findet man auch leicht die Resultirende einer beliebigen Anzahl von Kräften; man sucht nämlich nur die Resultirende der beiden ersten Kräfte, alsdann sucht man die Resultirende der eben gefundenen mit der dritten Kraft, verbindet diese Resultirende wieder mit der vierten Kraft u. s. w.

Weil zwei Kräfte durch eine einzige ersetzt werden können, so kann man umgekehrt für eine Kraft auch zwei andere substituiren. Man sieht ferner auch leicht ein, daß unzählig viele verschiedene Systeme zweier Kräfte dieselbe Resultirende haben können, daß also auch umgekehrt eine Kraft auf unzählig viele verschiedene Arten durch ein System von zwei Kräften ersetzt werden kann. Die Aufgabe ist erst bestimmt, wenn die Größe beider Seitenkräfte, oder die Richtung derselben, oder endlich die Größe und Richtung der einen gegeben ist; denn in allen diesen Fällen sind die nöthigen Bestimmungsstücke zur Construction des Parallelogramms gegeben.

Aus dem Satze vom Parallelogramm der Kräfte lassen sich die Gesetze des Gleichgewichts an allen sogenannten einfachen Maschinen ableiten, die wir jetzt der Reihe nach betrachten wollen.

17 **Die Rolle** ist eine runde, nicht gar dicke, am Rande mit einer ringförmigen Rinne versehene Scheibe, welche um eine durch ihren Mittelpunkt gehende, auf ihrer Ebene rechtwinklig stehende Axe drehbar ist; diese Axe ist gewöhnlich durch eine Scheere getragen, deren Arme zu beiden Seiten der Rolle bis etwas über ihre Mitte reichen, wie man dies Fig. 10 sieht.

Man unterscheidet feste und bewegliche Rollen. Feste Rollen sind solche, deren Axe unbeweglich ist wie die Axe der Rolle A, Fig. 10, so daß keine Verrückung derselben, sondern nur eine Drehung um dieselbe möglich ist, während bei den beweglichen Rollen wie bei B, Fig. 10, auch eine Ortsveränderung der Axe möglich ist.

Wenn um einen Theil des Umfangs einer festen Rolle eine Schnur oder ein Seil gelegt ist, und an beiden Enden desselben Kräfte wirken, so findet nur dann Gleichgewicht Statt, wenn die Kraft, welche das Seil auf der einen Seite spannt, der auf der anderen Seite wirkenden Kraft gleich ist. Es läßt sich dies leicht von vornherein einsehen, wenn man bedenkt, daß die beiden Kräfte unter sonst ganz gleichen Umständen die Rolle nach entgegengesetzten Richtungen zu drehen streben: man konnte deshalb beim Apparat Fig. 8 schon die Rolle in Anwendung bringen, ohne daß es nöthig gewesen wäre, eine Betrachtung über das Gleichgewicht der Kräfte an der Rolle vorauszuschicken. Uebrigens läßt sich das Gleichgewicht der Kräfte an der Rolle auch vom Parallelogramm der Kräfte ableiten, und von diesem Gesichtspunkte

Fig. 9.

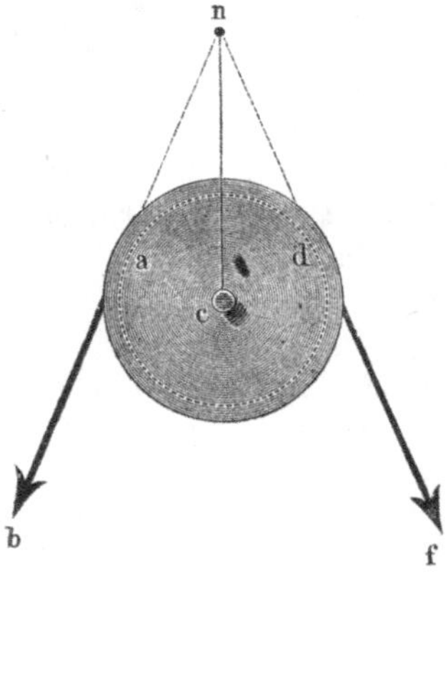

aus wollen wir die Rolle hier näher betrachten. Fig. 9 stellt eine um ihren festen Mittelpunkt *c* drehbare Rolle vor; das um dieselbe geschlungene Seil sei durch Kräfte gespannt, welche nach den Richtungen *ab* und *df* wirken. Denken wir uns die Linien *df* und *ab* bis zu ihrem Durchschnittspunkte *n* verlängert, so ist klar, daß, wenn *n* ein mit der Rolle fest verbundener Punkt wäre, man, ohne in der Wirkung etwas zu ändern, die Angriffspunkte der beiden Kräfte von *a* und *d* nach *n* verlegen könnte, und so hätte man dann zwei in einem Punkte *n* angreifende Kräfte, die nur dann im Gleichgewicht sein können, wenn ihrer Resultirenden das Gleichgewicht gehalten wird. Wenn die beiden in *n* angreifenden, nach den Richtungen *nb* und *nf* wirkenden Kräfte gleich sind, so wird ihre Resultirende den Winkel *bnf* halbiren, die Richtung dieser Resultirenden geht alsdann durch den festen Mittelpunkt *c*, und mithin findet Gleichgewicht Statt. Wäre eine der beiden Kräfte größer als die andere, so würde die Resultirende nicht mehr durch diesen festen Punkt gehen, es könnte also auch kein Gleichgewicht mehr stattfinden.

Der Druck, den die Axe der Rolle auszuhalten hat, ist offenbar der Resultirenden der beiden Kräfte gleich, und wenn die Richtungen der beiden Kräfte

Fig. 10.

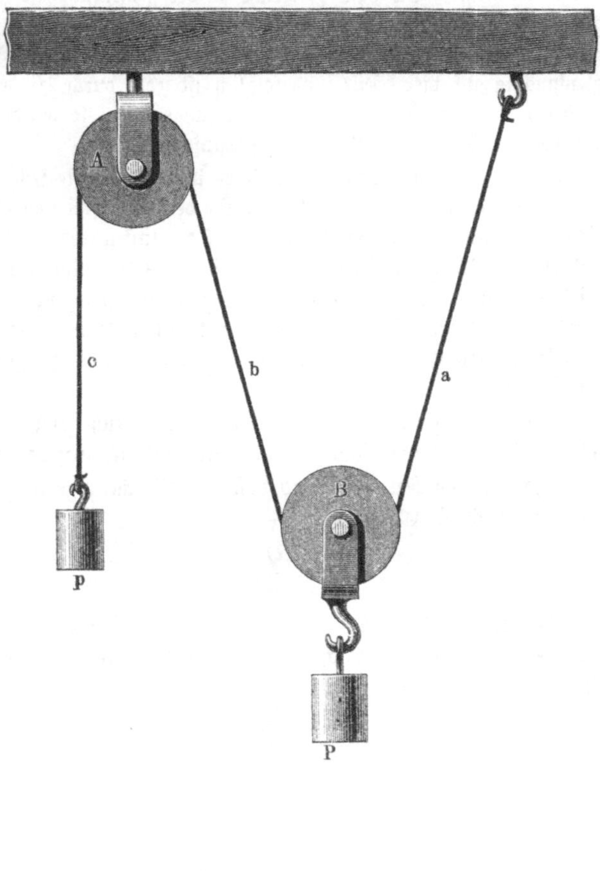

parallel sind, so ist der Druck auf die Axe gleich der Summe der beiden Kräfte (wozu noch das Gewicht der Rolle selbst zu rechnen ist).

Auch an einer beweglichen Rolle kann nur dann Gleichgewicht stattfinden, wenn die beiden Stücke *a* und *b*, Fig. 10, des Seils, welches um die Rolle geschlungen sind, gleich stark gespannt sind, denn nur in diesem Falle geht ihre Resultirende durch den Mittelpunkt der Scheibe; die Wirkung dieser Resultirenden wird aber hier nicht dadurch aufgehoben, daß der Mittelpunkt der Rolle fest ist, sondern dadurch, daß in diesem Mittelpunkte eine dritte Kraft *P* wirkt, welche an einem Haken der Scheere hängt.

Wenn die beiden Enden des um die bewegliche Rolle geschlungenen Seils einander parallel sind, so ist klar, daß die Kraft, mit welcher jedes Seilende gespannt wird, halb so groß ist als die Last, welche an der Scheere hängt.

Wenn zwei oder mehrere Rollen in einem Gehäuse sich befinden, wenn sie also gleichsam eine gemeinschaftliche Scheere haben, so nennt man eine solche Zusammensetzung eine Flasche. Wenn zwei Flaschen, von denen die eine fest, die andere beweglich ist, durch ein Seil so verbunden werden, daß es abwechselnd von einer festen auf eine bewegliche Rolle geht, so erhält man einen Flaschenzug.

Fig. 11 stellt einen Flaschenzug dar, welcher aus zwei festen und zwei beweglichen Rollen besteht. Die Last *Q*, welche an der gemeinschaftlichen Scheere der beweglichen Flasche hängt, wird offenbar durch die vier Seile getragen, welche die oberen und unteren Rollen mit einander verbinden, die Last vertheilt sich also gleichmäßig auf vier Seile, und folglich ist jedes durch $1/4$ der Last *Q* gespannt; wäre z. B. eine Last von 100 Pfund angehängt, so würde jedes der vier Seile durch eine Kraft von 25 Pfund gespannt sein.

Betrachten wir nun das Seilstück, welches über die oberste feste Rolle geschlungen ist und welches auf der rechten Seite derselben frei ausgeht. Soll Gleichgewicht stattfinden, so muß das Seilstück auf der linken und auf der rechten Seite der obersten Rolle gleich stark gespannt sein; das Seilstück links ist aber, wie wir gesehen haben, durch $1/4\ Q$ gespannt; folglich muß man, um das Gleichgewicht zu erhalten, an dem Seilende (außer der Kraft, welche dem Gewicht der beweglichen Flasche das Gleichgewicht hält), mit einer Kraft gezogen werden, welche gleich $1/4\ Q$ ist.

Bei dem Flaschenzuge Fig. 12 sind alle Rollen gleich groß und die zu einer Flasche vereinigten Rollen sind auf einer Axe nebeneinander gestellt.

Das Verhältniß zwischen Kraft und Last am Flaschenzuge ist ganz allgemein ausgedrückt durch die Gleichung:

$$P = \frac{Q}{n},$$

in welcher *P* die Kraft, *Q* die Last und *n* die Zahl der Rollen, also auch die Zahl der Seile bezeichnet, an welchen die Last hängt. Für den Flaschenzug Fig. 12 ist also

$$P = \frac{Q}{6}.$$

Fig. 11.

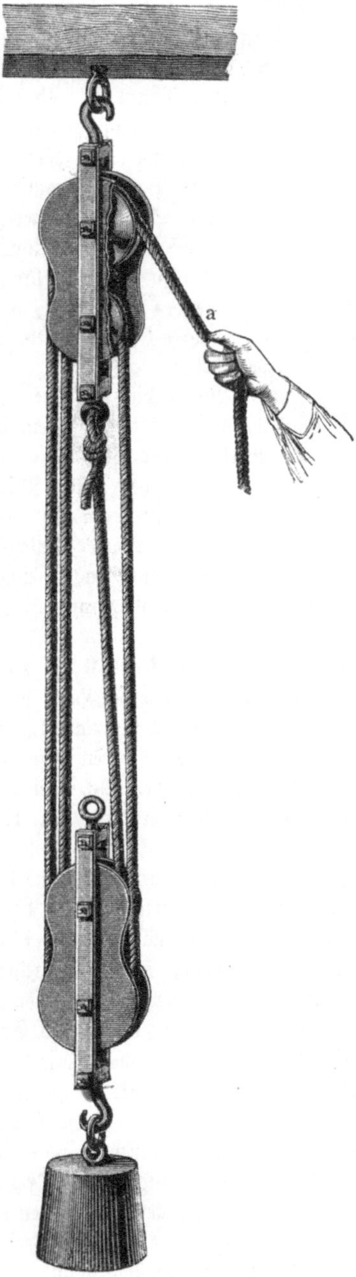

Fig. 12.

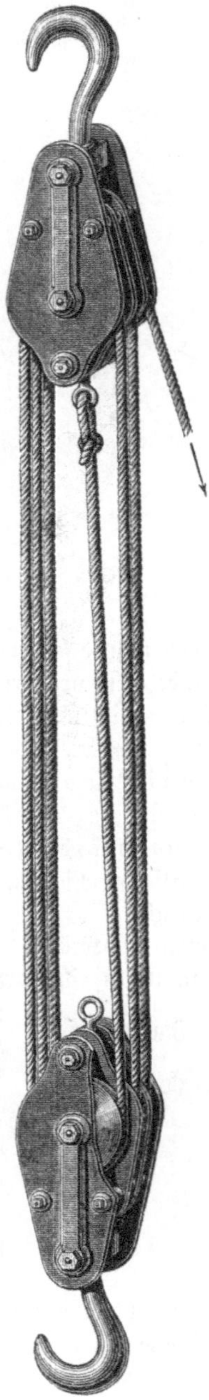

18 **Der Hebel.** Um eine feste Rolle, Fig. 13, sei eine Schnur geschlungen, und an das eine Ende derselben ein Gewicht p gehängt, während auf der anderen Seite die Schnur in der Richtung ab mit einer dem Gewicht p gleichen Kraft gespannt ist. Nun aber kann man die in a angreifende, in der Richtung $a\,b$ wirkende Kraft nach der Lehre vom Parallelogramm der Kräfte in zwei Seitenkräfte zerlegen, von denen die eine in der Richtung von a nach d, also in der Verlängerung des Halbmessers ma, wirkt, während die Richtung af der anderen Seitenkraft parallel mit gp ist.

Fig. 13.

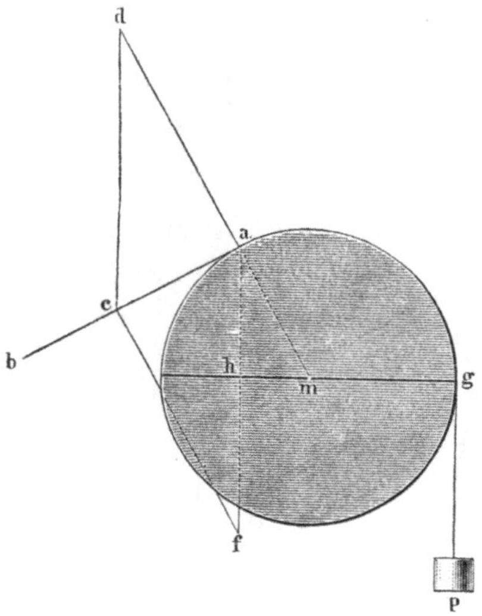

Wenn die Rolle eine feste ist, wie wir hier voraussetzen, so wird die Wirkung der Kraft ad durch den Widerstand des festen Mittelpunktes m aufgehoben; man kann demnach die nach ad wirkende Seitenkraft ganz weglassen, ohne das Gleichgewicht zu stören, man kann also ohne Weiteres die nach ab wirkende Kraft durch ihre nach af wirkende Seitenkraft ersetzen.

Stellen wir durch die Länge ac die nach ab wirkende Kraft p dar, so ist die Linie af die Größe der Seitenkraft P, und ohne vor der Hand das Größenverhältniß zwischen ac und af oder p und P genauer zu ermitteln, sieht man doch leicht ein, daß P größer sein muß als p. Wir können also die in der Richtung ab wirkende Kraft p durch eine andere ebenfalls in a angreifende, aber in verticaler Richtung wirkende größere Kraft P ersetzen, ohne das Gleichgewicht zu stören.

Anstatt die Kraft P in a angreifen zu lassen, kann man, ohne das Gleichgewicht zu stören, ihren Angriffspunkt in jeden beliebigen Punkt der Linie af verlegen; wir können also auch die Kraft P im Punkte h angreifen lassen, welcher auf dem Durchschnitte der Linie af mit der Verlängerung des Halbmessers gm liegt, und somit haben wir zwei an den Enden einer um m, Fig. 14, drehbaren geraden Linie hg wirkende, rechtwinklig zu hg angreifende Kräfte, p und P, welche sich das Gleichgewicht halten. Diese beiden Kräfte sind ungleich, ihre Angriffspunkte h und g liegen aber auch in ungleichen Entfernungen vom Drehpunkte m.

Fig. 14.

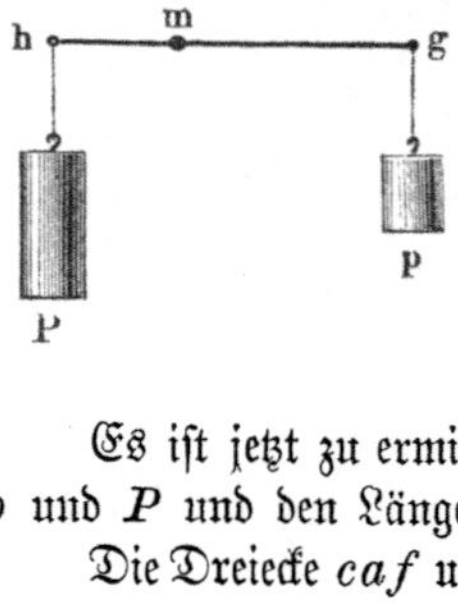

Es ist jetzt zu ermitteln, welches Verhältniß zwischen den Größen der Kräfte p und P und den Längen hm und gm besteht.

Die Dreiecke caf und ahm, Fig. 13, sind einander ähnlich und daraus folgt:

$$ac : af = hm : am.$$

Nun aber verhalten sich ja die Längen ac und af wie die Kräfte p und P, wir haben also:

$$p : P = hm : am,$$

und da $am = gm$:

$$p : P = hm : gm,$$

oder

$$p : P = L : l \quad . \quad . \quad . \quad . \quad . \quad . \quad . \quad . \quad . \quad . \quad . \quad . \quad 1)$$

wenn wir die Länge $hm = L$ und $gm = l$ setzen. Das heißt mit Worten, die Kräfte P und p verhalten sich umgekehrt wie die Entfernungen ihrer Angriffspunkte vom Drehpunkte m.

Eine gerade unbiegsame Linie, welche um einen festen Punkt drehbar ist, wird ein Hebel genannt. Wenn nun in zwei verschiedenen Punkten eines Hebels rechtwinklig zu seiner Richtung zwei Kräfte angreifen, die ihn nach entgegengesetzten Richtungen zu drehen streben, so findet Gleichgewicht zwischen ihnen Statt, wenn die eben ausgesprochene Bedingung erfüllt ist. Die Entfernung des Angriffspunktes einer Kraft von dem Drehpunkte (dem Hypomochlion) wird der Hebelarm der Kraft genannt; wir können demnach die Bedingung des Gleichgewichts am Hebel auch so ausdrücken: Zwei Kräfte, welche den Hebel nach entgegengesetzten Seiten zu drehen streben, halten sich das Gleichgewicht, wenn sie den entsprechenden Hebelarmen umgekehrt proportional sind.

Wäre z. B. der Hebelarm hm in Fig. 14 halb so groß als gm, so müßte P doppelt so groß sein als p. Eine Kraft p kann an einem Hebel einer 100fachen Last P das Gleichgewicht halten, wenn nur der Hebelarm mg auch 100mal so groß ist als der Hebelarm hm.

Aus der Proportion bei 1) folgt $PL = pl$, d. h. wenn sich zwei Kräfte an einem Hebel das Gleichgewicht halten sollen, so muß das Product, welches man erhält, wenn man jede Kraft mit ihrem Hebelarme multiplicirt, für die beiden Kräfte gleich sein.

Das Product, welches man erhält, wenn man die an einem Hebel wirkende Kraft mit ihrem Hebelarm multiplicirt, wird das statische Moment der Kraft genannt. Man könnte auch sagen, das statische Moment einer Kraft ist diejenige Kraft, welche man statt ihrer an den Hebelarm 1 anbringen muß, wenn durch diese Vertauschung der Gleichgewichtszustand nicht gestört werden soll.

In Fig. 15 sei die Kraft rechts $= 6$, ihr Hebelarm $= 5$, so ist das statische Moment dieser Kraft gleich $5 \times 6 = 30$; soll ihr die Kraft links das Gleichgewicht halten, so muß das statische Moment beider gleich sein; die an dem Hebelarme 3 auf der linken Seite wirkende Kraft muß also den Werth 10 haben. Anstatt die Kraft 6 an dem Hebelarme 5 wirken zu lassen, könnte man aber, ohne das Gleichgewicht zu stören, die Kraft 30 im Punkte n, also an dem Hebelarme 1 anbringen.

Fig. 15.

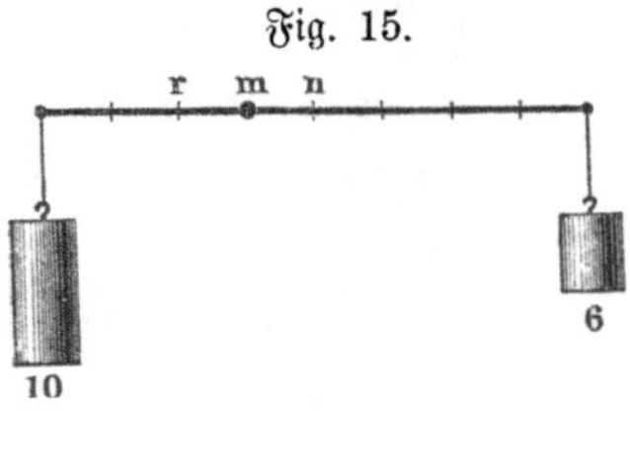

Wenn auf jeder Seite des Drehpunktes nicht eine, sondern mehrere Kräfte wirken, so findet Gleichgewicht Statt, wenn die Summe der statischen Momente auf der einen Seite gleich ist der Summe der statischen Momente auf der anderen, wie dies bei dem Fig. 16 dargestellten Beispiele der Fall ist, wo die Summe der statischen Momente auf der rechten Seite 5.2 + 2.4 + 4.6 = 42, für die linke Seite aber 10.3 + 3.4, also ebenfalls 42 ist.

Fig. 16.

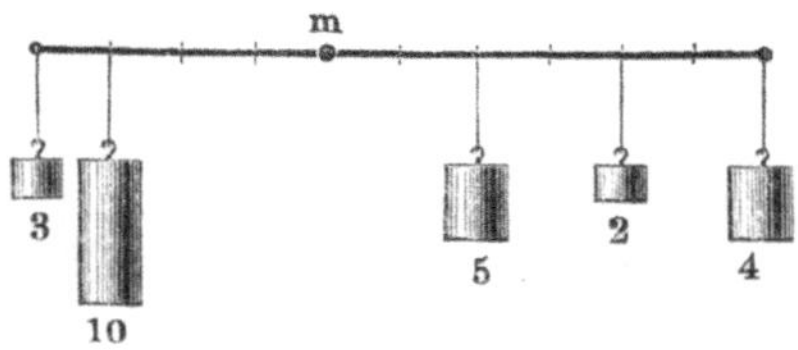

Solche Hebel, bei welchen der Drehpunkt *m*, wie bei den bisher betrachteten, zwischen den Angriffspunkten der bei den nach gleicher Richtung wirkenden Kräfte liegt, werden **zweiarmige Hebel** genannt.

Fig. 17.

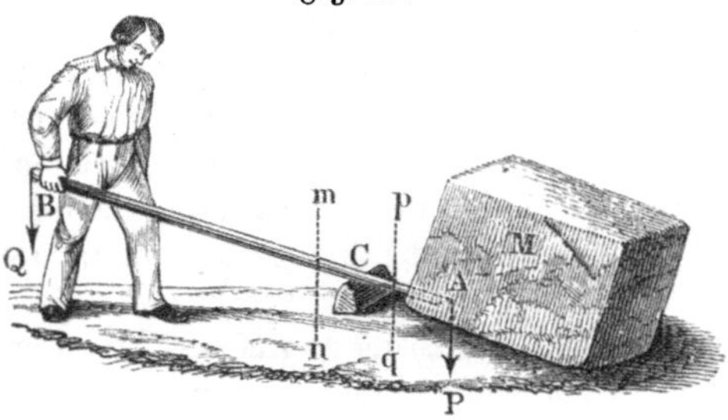

Es ist bisher vom Hebel nur als von einer starren gewichtlosen Linie die Rede gewesen. Ein solcher **idealer** oder **mathematischer** Hebel ist aber nur ein Gegenstand der Abstraction, man kann einen solchen nicht herstellen, mit einem solchen nicht experimentiren. Solche Stäbe und Stangen von Holz, Metall u. s. w. aber, an welchen in verschiedenen Abständen vom Drehpunkte Kräfte angreifen, werden **materielle**, **physische** Hebel genannt. Die Wirkung der Kräfte, welche den materiellen Hebel zu drehen streben, folgt ganz den

Fig. 18.

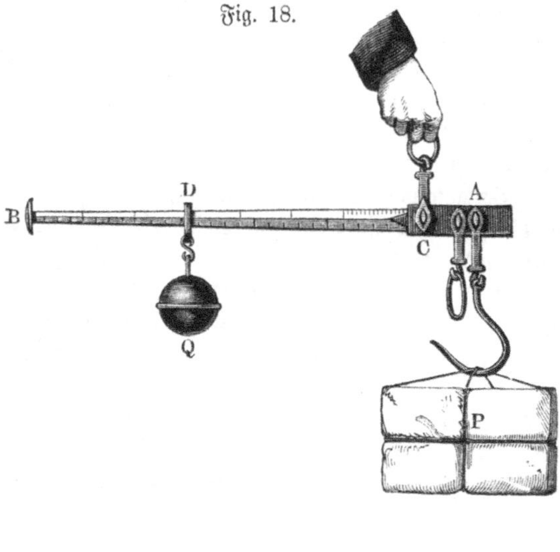

eben besprochenen Hebelgesetzen. Bei einem materiellen Hebel muß man aber außer den an ihm angreifenden Kräften noch das Gewicht des materiellen Hebels selbst in Rechnung bringen.

Fig. 17 erläutert eine allgemein verbreitete Art der Anwendung des zweiarmigen Hebels. Ein anderes Beispiel liefert uns die gewöhnliche Schnellwage, Fig. 18. Ein zweiarmiger Hebel ist bei C drehbar, bei A ist die Last P angehängt, die also an dem Hebelarme AC wirkt; dieser Last nun wird durch ein am anderen Arme des Hebels angehängtes Laufgewicht Q das Gleichgewicht gehalten. Je größer die Last wird, desto mehr muß man das Laufgewicht Q vom Drehpunkte C entfernen.

Der einarmige Hebel. An einem zweiarmigen Hebel hat 19
der feste Drehpunkt einen Druck auszuhalten, welcher der Summe der an beiden Seiten wirkenden Kräfte gleich ist; ein solcher Hebel kann aber auch im Gleichgewichte sein, wenn dieser mittlere Punkt nicht fest ist, sondern wenn in ihm eine Kraft wirkt, welche der Summe der beiden anderen gleich ist, und in entgegengesetzter Richtung wirkt. Die Fig 19 mag dies erläutern. Nehmen wir an, c sei der Drehpunkt eines Hebels mn, an dessen Enden die Kräfte P und P' angreifen und sich einander das Gleichgewicht halten. Dieses Gleichgewicht wird nun nicht gestört, wenn der Punkt c aufhört fest zu sein, wenn in ihm aber eine Kraft N angebracht wird, welche der Summe von P und P' gleich ist, die aber nach oben wirkt, während die Kräfte P und P' nach unten ziehen.

Fig. 19.

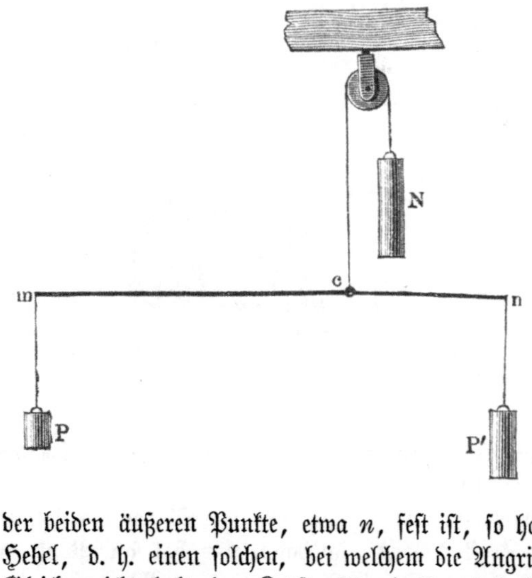

Ohne das Gleichgewicht zu stören, kann man nun wieder jeden der drei Punkte m, c und n als fest betrachten; wenn nun einer der beiden äußeren Punkte, etwa n, fest ist, so haben wir einen einarmigen Hebel, d. h. einen solchen, bei welchem die Angriffspunkte der beiden sich das Gleichgewicht haltenden Kräfte N und P auf derselben Seite des festen Drehpunktes n liegen. Die beiden Kräfte haben in diesem Falle entgegengesetzte Richtung, und der Druck auf den Unterstützungspunkt ist dem Unterschiede der beiden Kräfte P und N gleich. Der Hebelarm der Kraft P ist $l + l'$, wenn man mit l die Länge mc, mit l' die Länge nc bezeichnet; der Hebelarm der Kraft N ist aber l'. Wäre c der feste Drehpunkt gewesen, so hätte man nach dem vorigen Paragraphen als Bedingung des Gleichgewichts:

$$P' : P = l : l',$$

und daraus folgt:

$$P' + P : P = l + l' : l'$$

oder

$$N : P = l + l' : l';$$

wenn also die an dem einarmigen Hebel in entgegengesetzten Richtungen wirkenden Kräfte N und P sich das Gleichgewicht halten sollen, so müssen sie sich ebenfalls umgekehrt verhalten wie ihre Hebelarme.

Die Figuren 20 und 21 zeigen zwei bekannte Formen der Anwendung des einarmigen Hebels, welche wohl keiner weiteren Erläuterung bedürfen.

Fig. 20.

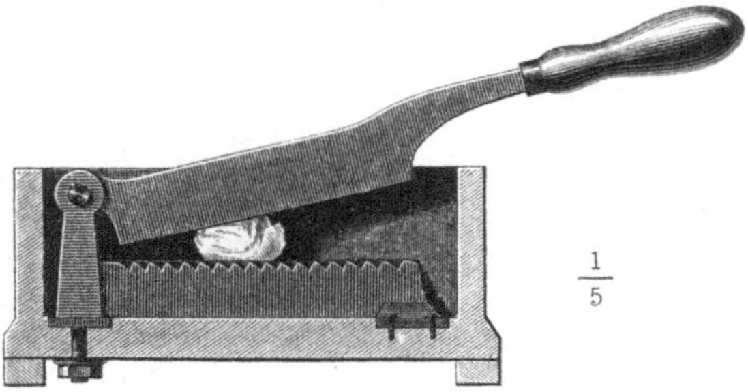

$\frac{1}{5}$

Fig. 21.

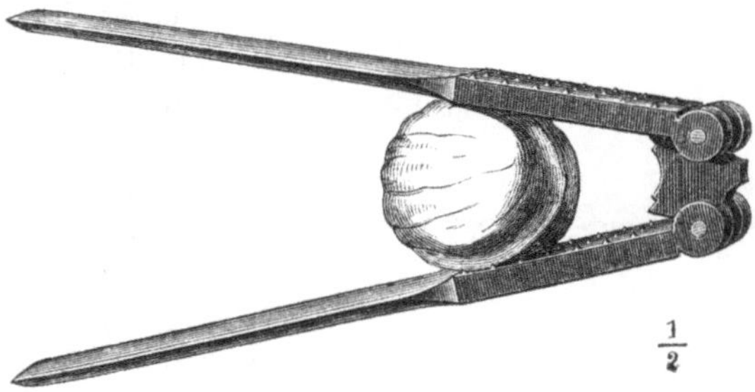

$\frac{1}{2}$

Weitere Beispiele des einarmigen Hebels bietet die Pumpe der hydraulischen Presse, das Sicherheitsventil u. s. w.

Auch die beiden Endpunkte m und n, Fig. 19, der Stange mn können fest sein, während in c eine Kraft N wirkt; alsdann aber hat der Punkt m einen Druck P, der Punkt n einen Druck P' auszuhalten. Wenn eine auf einer Tragbahre liegende Last durch zwei Leute getragen wird, so vertheilt sich die Last auf die beiden Träger, und wenn sie gerade in der Mitte der Bahre liegt, so kommt auf jeden die Hälfte der Last; wird aber die Last dem einen Träger näher gerückt, wie Fig. 22 andeutet, so hat dieser einen größeren Theil zu tragen. Gesetzt, die aufgelegte Last betrage 100 Pfund, die ganze Bahre sei 5 Fuß lang und der Schwerpunkt der Last liege 2 Fuß von dem einem, 3 Fuß von dem anderen Ende, so hat der eine Träger einen Druck von 60 Pfund, der andere einen Druck von 40 Pfund auszuhalten.

Fig. 22.

Gleichgewicht am Hebel bei schiefwinklig angreifenden Kräften. 20 Wir haben bisher nur den Fall betrachtet, wo die Kräfte rechtwinklig gegen den Hebel wirkten; es kann aber auch Gleichgewicht stattfinden, wenn dies nicht der Fall ist. In Fig. 23 sei n der Stützpunkt des Hebels ab, in a wirke eine Kraft p nach der Richtung ac, in b eine andere, q, nach der Richtung bd. Die Kräfte p und q sollen sich verhalten wie die Linien ac und bd. Nach dem Satze vom Parallelogramm der Kräfte läßt sich p in zwei Kräfte zerlegen, von denen die eine, p', rechtwinklig auf ab, die andere in der Richtung von ab wirkt. Ebenso kann man die Kraft q in zwei Kräfte zerlegen, von denen die eine, q', rechtwinklig auf ab und die andere in der Richtung dieser Linie wirkt. Die Wirkung der beiden Seitenkräfte, welche in die Richtung der Linie ab fallen, wird offenbar durch den Widerstand des festen Punktes n völlig aufgehoben, und somit bleibt nur die Wirkung der Kräfte p' und q' übrig. Statt der ursprünglichen Kräfte p und q kann man also ohne Weiteres ihre rechtwinklig angreifenden Seitenkräfte p' und q' setzen. Gleichgewicht wird aber stattfinden müssen, wenn sich p' und q' umgekehrt verhalten wie ihre Hebelarme, d. h. wenn

Fig. 23.

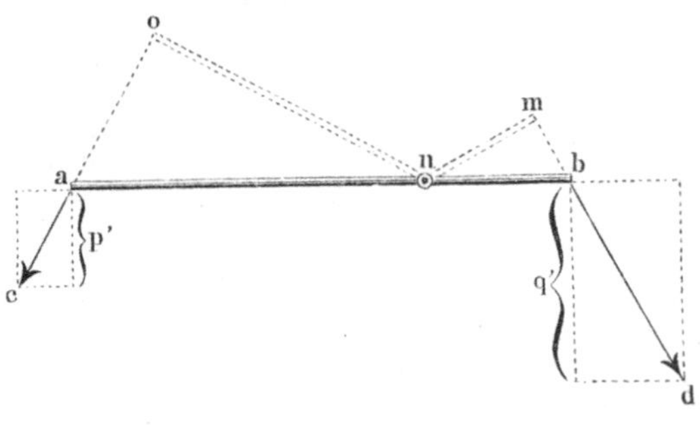

$$p' : q' = nb : na,$$

oder wenn

$$q' \times nb = p' \times na.$$

Verlängert man die Richtung der Kraft p, um auf ihre Verlängerung von n das Perpendikel $no = l$ zu fällen, so entsteht ein Dreieck aon, welches demjenigen ähnlich ist, dessen Hypotenuse p und dessen eine Kathete p' ist. Aus der Aehnlichkeit dieser Dreiecke folgt:

$$p : p' = an : l,$$

und daraus:

$$p \times l = p' \times an.$$

Die an den Hebelarm an schief angreifende Kraft p wirkt also gerade so wie ihre in demselben Punkte a rechtwinklig angreifende Seitenkraft p', und auch so, als ob die Kraft p selbst rechtwinklig an einem kleineren Hebelarme wirkte, welchen man findet, wenn man vom Drehpunkte n ein Perpendikel auf die Richtung der Kraft fällt.

Das statische Moment einer schräg angreifenden Kraft findet man also, indem man die Kraft multiplicirt mit dem vom Drehpunkte auf die Richtung der Kraft gefällten Perpendikel.

Demnach wirkt auch die schief angreifende Kraft q, Fig. 23, gerade so, als ob sie rechtwinklig an den Hebelarm nm angriffe, und die beiden Kräfte p und q halten sich das Gleichgewicht, wenn $p \times on = q \times nm$.

Auf die eben entwickelte Weise findet man auch die Momente der Kräfte, wenn der Hebel nicht mehr eine gerade Linie ist, wie Fig. 24.

Fig. 24.

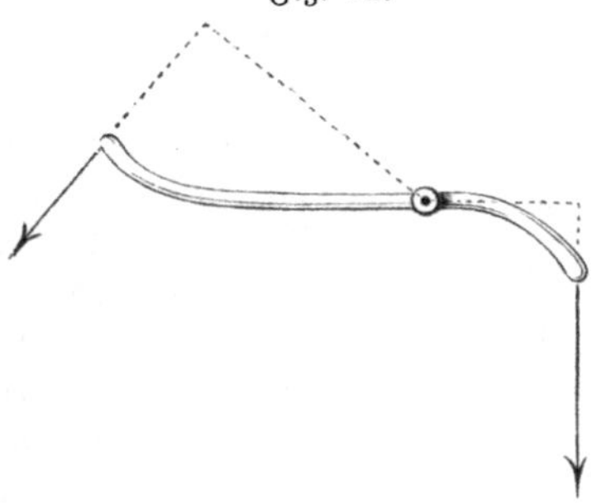

Fig. 25.

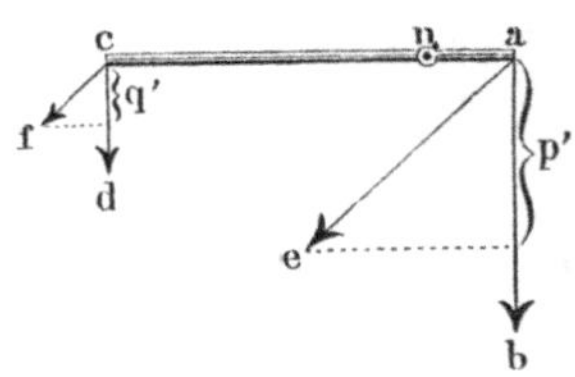

Wenn zwei parallele rechtwinklig angreifende Kräfte an einem Hebel einander das Gleichgewicht halten, so wird das Gleichgewicht nicht gestört, wenn man sie in gleichem Verhältniß vergrößert oder verkleinert. Ebenso wenig wird das Gleichgewicht gestört, wenn beide Kräfte ihre Richtung so ändern, daß sie unter sich parallel bleiben. Wenn z. B. die Kräfte $ab = p$ und $cd = q$ an dem Hebel ac, Fig. 25, sich das Gleichgewicht halten, so besteht dasselbe auch noch, wenn man dieselben Kräfte nach den einander parallelen Richtungen ae und cf wirken läßt; denn die schräg wirkende Kraft p wirkt wie ihre rechtwinklige Composante p' und die schräg wirkende q wie die rechtwinklig angreifende Seitenkraft q'; p' und q' halten sich aber gewiß das Gleichgewicht, wenn es zwischen den Kräften p und q bestand, da $p : p' = q : q'$ ist.

Haspel und Räderwerke. Wenn irgend ein fester Körper um eine feste Axe drehbar ist, so wirken die Kräfte, welche ihn um diese Axe zu drehen streben, ganz nach den Gesetzen des Hebels. Deshalb finden diese Gesetze bei den vielen Maschinen eine Anwendung, welche sich in ein mehr oder weniger complicirtes System von Hebeln zerlegen lassen. Beim Haspel z. B., Fig. 26, verhält sich die Kraft P, welche am Hebelarme CF angreift, zu der Last Q, welche an dem um die Welle BB geschlungenen Seile hängt, wie der Radius r des Wellbaumes zur Länge R des Hebelarmes CF, d. h. es ist: 21

Fig. 26.

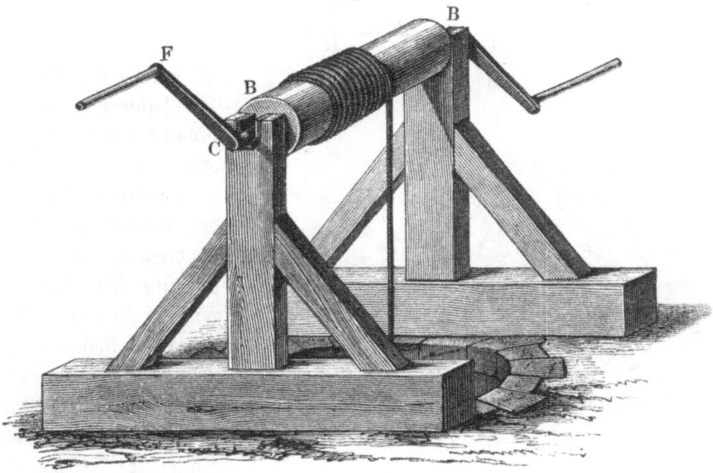

$$P : Q = r : R,$$

also

$$P = \frac{r}{R} Q \quad . \quad . \quad . \quad . \quad . \quad . \quad . \quad . \quad . \quad 1)$$

Wenn, wie es bei solchen Haspeln nahezu immer der Fall ist, $R = 4r$, so haben wir also $P = \frac{1}{4} Q$. Mit einer Kraft von 25 Pfund an der Kurbe des Haspels angreifend, kann man also eine Last von 100 Pfund heben.

Das Verhältniß zwischen der an der Maschine angreifenden Kraft und der Last, welche man mit derselben heben kann, wird häufig auch mit dem Namen der Uebersetzung bezeichnet. Die Uebersetzung am Haspel ließe sich nun dadurch steigern, daß man einerseits den Radius r des Wellbaumes verkleinerte oder andererseits den Hebelarm CF vergrößerte. In der Praxis aber darf man r nicht zu sehr verkleinern, weil dadurch die Tragkraft der Welle vermindert wird, und eine Vergrößerung von R über gewisse Gränzen hinaus ist wegen der Körperdimensionen des Arbeiters unmöglich.

Um eine stärkere Uebersetzung zu erhalten als man sie mit dem einfachen Haspel erreichen kann, werden zusammengesetzte Räderwerke angewandt, d. h. statt die Last direct an der durch die Kraft P umgedrehten Welle anzubringen, überträgt man die Bewegung dieser Welle auf den Umfang eines größeren Rades, an dessen Welle erst die Last hängt.

Die Uebertragung der Bewegung von einer Welle auf ein Rad geschieht entweder durch Zähne, oder durch Riemen oder Seile.

In dem Fig. 27 dargestellten Räderwerk wird die Uebertragung der Bewegung von einer Axe auf eine andere durch Zahnräder vermittelt.

Um die Last Q zu heben, welche an der um eine feste Axe drehbaren Welle b hängt, muß an dem Umfange des auf derselben Axe sitzenden gezahnten Rades a eine Kraft K angebracht werden, deren Werth

$$K = \frac{r}{R} Q \quad . \quad . \quad . \quad . \quad . \quad . \quad . \quad . \quad . \quad . \quad 2)$$

Fig. 27.

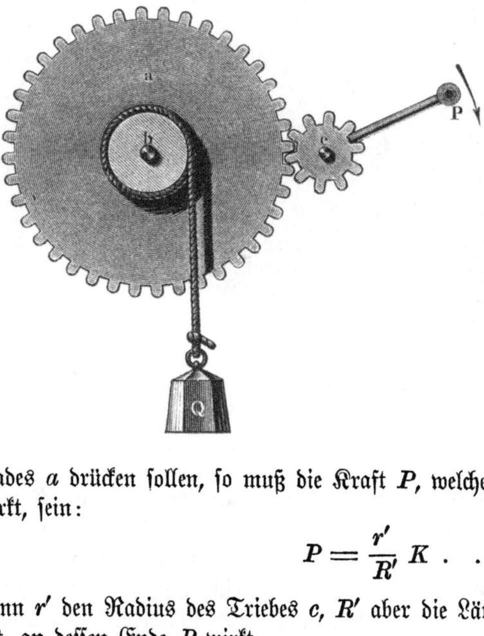

ist, wenn r der Radius des Wellbaumes b, R aber der Radius des gezahnten Rades a ist.

Die Umdrehung des Rades a wird aber durch die Umdrehung des gleichfalls um eine feste Axe drehbaren Triebes c (eines Zahnrades von kleinerem Durchmesser) bewirkt, dessen Zähne in die Zähne des Rades a eingreifen. Wenn aber die Zähne des Triebes c, welcher mit der Kurbel auf einer und derselben festen Axe sitzt, mit einer Kraft K gegen die Zähne des Rades a drücken sollen, so muß die Kraft P, welche am Ende des Kurbelarms wirkt, sein:

$$P = \frac{r'}{R'} K \quad . \quad . \quad . \quad . \quad . \quad . \quad . \quad . \quad . \quad 3)$$

wenn r' den Radius des Triebes c, R' aber die Länge des Hebelarmes bezeichnet, an dessen Ende P wirkt.

Setzt man den Werth von K aus 2) in 3), so kommt:

$$P = \frac{r}{R} \cdot \frac{r'}{R'} Q.$$

Der Radius des Triebes c verhält sich zum Radius des Rades a wie der Umfang des Triebes zum Umfang des Rades; die Umfänge aber verhalten sich wie die Anzahl der Zähne, welche sie tragen.

An der Vorrichtung Fig. 28 sei z. B. der Radius der Kurbel, an welcher der Arbeiter angreift, also $R' = 0{,}5$ Meter, der Radius der Welle D

aber, an welcher die Last hängt, also $r = 0{,}12$ Meter; ferner habe der auf der Kurbelaxe sitzende Trieb 12, das Rad H aber 72 Zähne, so haben wir:

$$P = \frac{0{,}12}{72} \cdot \frac{12}{0{,}5}\, Q = 0{,}04\; Q.$$

Fig. 28.

Bei dem Räderwerk Fig. 28 muß die Kurbelaxe 6 Umdrehungen machen, um eine Umdrehung der Welle D zu bewirken.

Räderwerke werden nicht allein benutzt, um große Lasten mit kleinen Kräften zu heben, wie dies z. B. bei Krahnen der Fall ist, sondern auch um die Drehung einer Axe in eine schnellere oder langsamere zu verwandeln.

Ein Mühlstein muß mit ziemlich großer Geschwindigkeit umgedreht werden, während das Wasserrad sich sehr langsam umdreht; durch Vermittelung eines Räderwerkes wird nun die langsame Umdrehung des Wasserrades in eine rasche Umdrehung des Mühlsteins verwandelt. Aehnliches findet auch bei Uhren Statt.

Die schiefe Ebene bietet uns ein praktisches Beispiel von der Zerle- 22
gung der Kräfte dar. Wenn sich eine Last a auf einer Ebene RS, Fig. 29 (a. f. S.), befindet, welche mit der Horizontalen einen Winkel x bildet, so ist die nach der Richtung ba wirkende Schwere des Körpers nicht mehr rechtwinklig gegen die Ebene gerichtet, die Ebene hat also auch nicht den vollen Druck der Last auszuhalten. In der That läßt sich die Schwere des Körpers in zwei andere Kräfte zerlegen, von denen die eine rechtwinklig gegen die Ebene als Druck wirkt, während die andere parallel mit der schiefen Ebene wirkend den Körper herabtreibt. Die Größe dieser beiden Kräfte läßt sich leicht durch Construction ermitteln. Wenn ab die Größe und Richtung der Schwerkraft darstellt, so

haben wir durch a nur eine Linie rechtwinklig zur schiefen Ebene und eine andere parallel mit derselben zu ziehen und sodann von b aus die Perpendikel bd

Fig. 29.

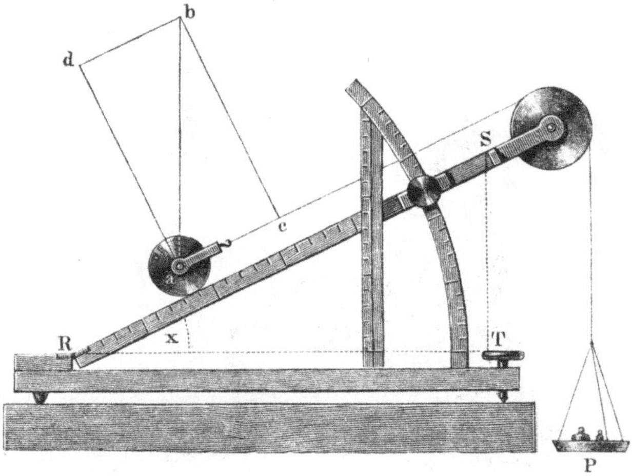

und bc auf diese Linien zu fällen. Die Linie ad stellt uns die Größe des Druckes dar, welchen die Ebene auszuhalten hat, ac aber die Größe der Kraft, welche die Last zur schiefen Ebene heruntertreibt; oder mit anderen Worten, der Druck auf die Ebene und die Kraft, welche den Körper parallel der schiefen Ebene zu bewegen strebt, verhalten sich zum Gewichte des Körpers, wie die Linien ad und ac zu ab.

Nun aber ist das Dreieck abc dem Dreiecke RST ähnlich, und zwar verhält sich $ab : ac = RS : ST$, und daraus folgt, daß die Kraft, welche den Körper zur schiefen Ebene heruntertreibt, sich zu seinem Gewichte verhält, wie die Höhe der schiefen Ebene zu ihrer Länge.

Bezeichnen wir durch

Q das Gewicht des Körpers, welches in obiger Zeichnung durch die Linie ab repräsentirt war; durch

P die Kraft ac, welche der Körper zur schiefen Ebene heruntertreibt; ferner durch

H die Höhe ST der schiefen Ebene und endlich durch

L die Länge RS derselben, so haben wir

$$Q : P = L : H$$

oder

$$P = Q \frac{H}{L}.$$

Es ist aber auch $\frac{H}{L} = \sin x$, wenn wir mit x den Winkel bezeichnen, welchen die schiefe Ebene mit der Horizontalen macht. Wir haben also für die Beziehung zwischen Kraft P und Last Q auf der schiefen Ebene auch die Gleichung

$$P = Q \sin x.$$

Ist z. B. das Gewicht der Walze a, d. h. die Last $Q = 1000$ Gramm, so ergiebt sich $P = 500$ Gramm, wenn $x = 30^0$ und $P = 333$ Gramm, wenn $x = 19^0 30'$ ist, weil $\sin 30^0 = 0{,}5$ und $\sin 19^0 13' = 0{,}333$ ist.

Da $\sin 14^0 13'$ sehr nahe gleich $^1/_4$ ist, d. h. da für den Winkel $x = 14^0 13'$ $ST = {}^1/_4\, RS$, so muß für diesen Fall $P = {}^1/_4\, 1000 = 250$ Gramm sein.

Der Werth des Quotienten $\frac{H}{L}$, oder was dasselbe ist, der Werth von $\sin x$ wird gewöhnlich als Steigung der schiefen Ebene bezeichnet. Wenn für ein Stück einer Chaussee der Werth von $\sin x$ gleich 0,07, oder wenn er 0,025 ist, so sagt man, die Chaussee habe an der fraglichen Stelle eine Steigung von 7 oder von $2^1/_2$ Procent.

Praktische Anwendungen der schiefen Ebene kommen täglich vor. Jeder Weg, welcher eine Anhöhe hinaufführt, ist eine schiefe Ebene, auf welcher Lasten in die Höhe geschafft werden; um z. B. einen Lastwagen auf einer geneigten Chaussee aufwärts zu ziehen, muß außer der Kraft, welche nöthig ist, um die Reibung zu überwinden, die gerade ebenso auch bei ganz horizontalen Wegen überwunden werden muß, noch eine Kraft angewandt werden, um dem mit der schiefen Ebene parallel wirkenden Antheil der Schwerkraft das Gleichgewicht zu halten. Dieser Antheil ist aber um so größer, je steiler der Weg ist. Aus diesem Grunde führt man an steilen Bergen die Chausseen nicht geradeaus, sondern man zieht es vor, große Umwege zu machen und den Weg in Windungen die weniger steil sind, auf den Gipfel zu führen. Bei Bauten aller Art kommt es häufig vor, daß die Materialien auf schiefen Ebenen in die Höhe geschafft werden, ja häufig werden solche schiefe Ebenen auf besonders zu diesem Zwecke aufgeschlagenen Gerüsten angelegt. Diese Anwendung der schiefen Ebene war schon im grauen Alterthume bekannt; denn höchst wahrscheinlich bedienten sich ihrer die alten Aegypter, um die ungeheuren Steinblöcke in die Höhe zu schaffen, welche sie zu ihren Pyramiden verwandten.

Die Schraube ist eine um einen Cylinder herumgewundene schiefe 23
Ebene.

Es sei aof, Fig. 30 (a. f. S.), ein rechtwinkliges Stück Papier, dessen verticale Kathete an einem Cylinder befestigt ist. Wird nun das Papier um den Cylinder herumgewickelt, so bildet die Hypotenuse af auf dem Cylinder eine Schraubenlinie, deren Lauf man in der Figur leicht verfolgen kann.

Ist $c'c$ gleich dem Umfange des Cylinders, so wird beim Umwickeln c nach c' vertical unter a kommen. Der Punkt b kommt nach b', d nach d' u. s. w. Die auf die hintere Seite des Cylinders fallenden Stücke der Schraubenlinie sind punktirt. Die Höhe von a bis c', von b' bis d' u. s. w. ist die Höhe eines Schraubenganges.

Fig. 30.

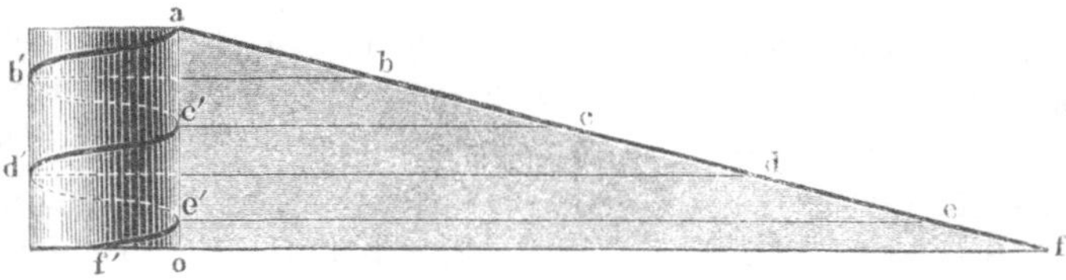

Denken wir uns an der Schraubenlinie um den Cylinder ein Dreieck fortgeführt, welches die Höhe eines Schraubenganges hat, so entsteht ein sogenanntes scharfes Schraubengewinde, wie ein solches in Fig. 31 dargestellt ist; denkt man sich aber ein Rechteck, dessen Höhe gewöhnlich halb so groß ist als die Höhe eines Schraubenganges, auf dieselbe Weise um den Cylinder geführt, so entsteht ein flaches Schraubengewinde; ein solches ist Fig. 32 dargestellt.

Fig. 31.

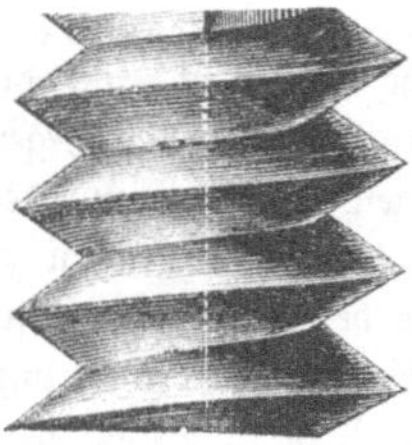

Fig. 32.

Fig. 33.

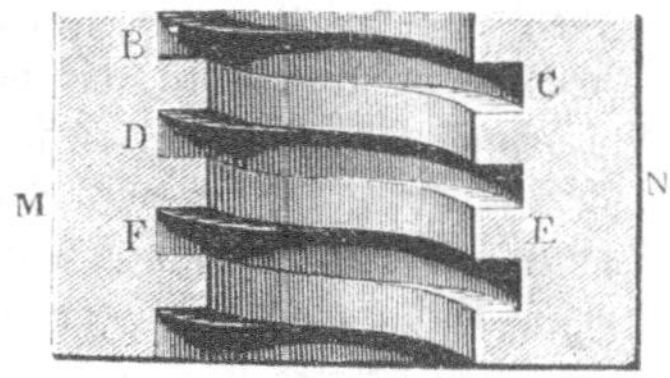

Wir haben eben solche Schraubengewinde betrachtet, welche um einen soliden Cylinder herumgelegt sind; Schrauben, welche auf diese Weise gebildet sind, werden Schraubenspindeln genannt; werden aber die Gewinde auf dieselbe Weise im Inneren eines hohlen Cylinders herumgeführt, so entsteht eine Schraubenmutter, Fig. 33.

Eine Schraubenspindel ist für sich allein zum Fortschieben oder Heben einer Last, oder um einen starken Druck auszuüben, nicht zu gebrauchen; sie muß mit einer Schraubenmutter so verbunden sein, daß die Erhabenheiten der einen genau in die Vertiefungen der anderen passen. Fig. 33 stellt den Durchschnitt einer Schraubenmutter dar, welche zur Spindel Fig. 32 paßt. Ist eine Schraubenspindel s, Fig. 34, vertical gestellt und die Schraubenmutter in mn fest, so wird die Schraubenspindel bei jeder Umdrehung um die Höhe eines Schraubenganges auf- oder niedergehen, indem die Windungen der Schraubenspindel auf den Windungen der Schraubenmutter wie auf einer schiefen Ebene auf- und nieder gleiten. Sollte eine auf der Schraubenspindel liegende Last durch Umdrehung derselben gehoben werden, so ist klar, daß hier dieselben Principien gelten, wie bei einer schiefen Ebene von gleicher Steigung. Es wird sich also die (am Umfange der Spindel angebrachte) Kraft P für den Fall des Gleichgewichts an der Schraube zur Last Q verhalten, wie die Höhe H des Schraubenganges zum Umfange U der Spindel, oder es ist

Fig. 34.

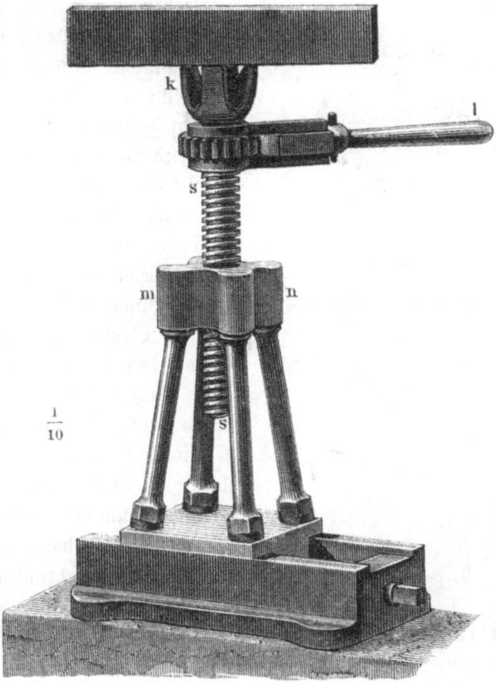

$$P = Q \frac{H}{U} \text{ oder}$$

$$P = Q \frac{H}{2\pi r}$$

wenn wir durch r den Radius der Schraubenspindel bezeichnen (π steht wie immer für das Peripherieverhältniß 3,14 ...).

Die Schraubenpresse, Fig. 35 (a. f. S.), ist ein anderes Beispiel von der Anwendung der Schraube. Eine Schraubenspindel s paßt in die feste, in den Querbalken AB eingelassene eiserne Mutter mn. Am unteren Ende der Schraube ist ein Hebel l angebracht, mittelst dessen man sie umdreht. — Mit der Schraubenspindel s ist mittelst eines Kugelgelenkes die Preßplatte k verbunden, welche der auf- und niedergehenden Bewegung der Schraube folgt, ohne an deren Umdrehung Theil zu nehmen. Auf die Platte g wird der auszupressende Körper gelegt, welcher natürlich mit großer Kraft zusammengedrückt wird, wenn man die Schraube in der entsprechenden Richtung dreht.

Um den Effect einer Schraube richtig zu berechnen, darf man die Reibung nicht außer Acht lassen, die hier eine große Rolle spielt, wie wir später noch sehen werden. Um aus der Schraube eine kräftige Maschine zu machen, läßt man die Kraft, welche ihre Umdrehung bewirkt, nicht direct am Umfange der Schraube, sondern an einem größeren Hebelarme wirken, wie man dies bei der Schraubenpresse, Fig. 35 sowohl, wie bei der Schraubenwinde, Fig. 34, sieht.

Auch zu anderen Zwecken als zur Ausübung eines großen Druckes wird die Schraube noch angewandt. Eine Schraube, welche in ihrer Längenrichtung nicht verschiebbar ist, wird eine zwar verschiebbare aber nicht drehbare Schraubenmutter bei jeder Umdrehung um einen Schraubengang voranschieben; bei gleichförmiger Umdrehung der Schraube wird also auch die Mutter mit gleichmäßiger Geschwindigkeit fortgeschoben. Darauf beruht das gleichmäßige Fortschieben des Supports an Drehbänken u. s. w.

Fig. 35.

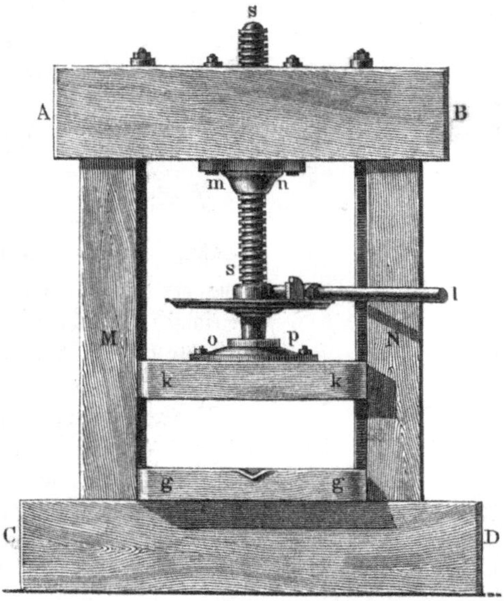

Da bei einigermaßen feinen Schraubengängen selbst einer ganzen Umdrehung des Schraubenkopfes nur ein sehr geringes Fortschieben entspricht, so benutzt man bei Meßinstrumenten eine feine Schraube zur genaueren Einstellung. — Da man ferner, wenn der Schraubenkopf einigermaßen groß und in Grade eingetheilt ist, noch den 360sten Theil einer ganzen Umdrehung messen kann, so ist man auch im Stande vermittelst einer solchen Schraube noch ein Fortschieben um den 360sten Theil der ohnehin schon geringen Höhe eines Schraubenganges zu messen; eine feine Schraube kann also als Mikrometerschraube zur Hervorbringung und Messung sehr kleiner Längenverschiebungen angewandt werden. In dieser Weise benutzt man die Mikrometerschraube bei Mikroskopen zur Messung kleiner Gegenstände.

24 **Der Keil.** Eine andere Form, in welcher die schiefe Ebene zur Anwendung kommt, ist der Keil; er wird u. a. gebraucht, um Holz und Steinmassen zu spalten, Fig. 36; dadurch, daß man Keile unter die Kiele der Schiffe treibt, werden sie auf den Werften gehoben; das Auspressen des Oels aus dem zerriebenen Samen wird gewöhnlich durch Eintreiben von Keilen bewerkstelligt u. s. w. Alle unsere Schneidewerkzeuge, Messer, Scheeren, Meißel u. s. w., sind nichts anderes als Keile.

Fig. 36.

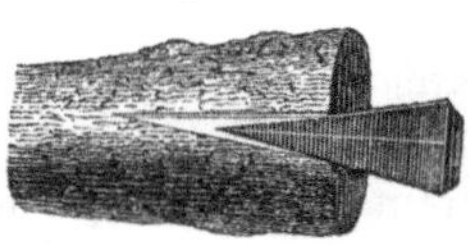

Daß die Wirkung des Keils sich wirklich auf die der schiefen Ebene zurückführen läßt, kann man durch den Apparat Fig. 37 erläutern. Der Keil *k* soll zwischen den Rollen *a* und *b* hindurchgezogen werden. *a* ist fest, *b* an dem beweglichen Brette *s* befestigt. Auf *s* liegt ein Gewicht *P*; mit einem kleinen Gewichte *Q*, welches in der Wagschale *w* liegend den Keil nach der Rechten zieht, kann man eine verhältnißmäßig große Last *P* heben, und zwar eine um so größere, je schmäler der Rücken des Keils im Vergleich zu seiner Länge ist.

Aus der Theorie der schiefen Ebene läßt sich leicht ableiten, daß zwischen der Kraft Q und der Last P am Keil Gleichgewicht stattfindet, wenn

$$Q = P \sin \alpha,$$

vorausgesetzt, daß die Last P rechtwinklig auf die Seitenfläche, die Kraft Q

Fig. 37.

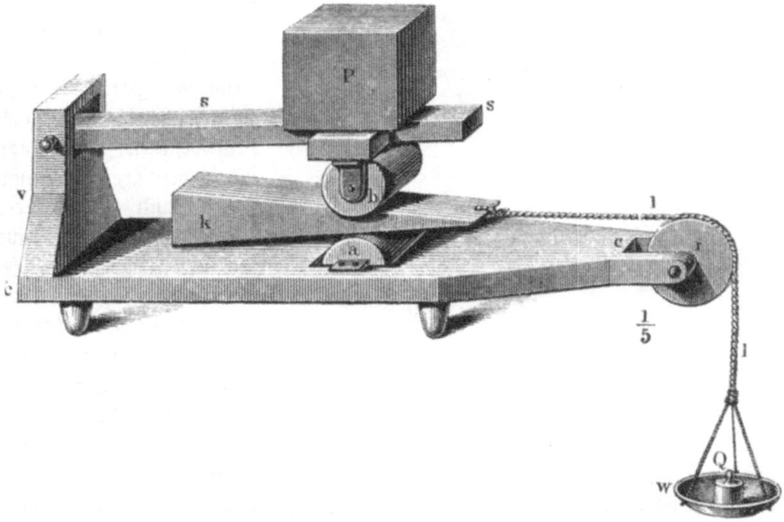

rechtwinklig gegen den Rücken wirkt und daß mit α der Winkel der Schneide bezeichnet wird.

Wenn der Winkel α nicht groß ist, läßt sich das Gesetz des Gleichgewichtes am Keil in Worten auch so ausdrücken: Eine Kraft Q, welche rechtwinklig gegen den Rücken des Keils wirkt, hält einem rechtwinklig gegen die Seite des Keils wirkenden Druck P das Gleichgewicht, wenn sich Q zu P verhält, wie die Breite des Keilrückens zur Länge des Keils.

Schwerpunkt. Ein jeder fester Körper, z. B. ein Stein, ein Stück 25
Holz u. s. w., besteht aus einer gewissen Anzahl von Molekülen, welche in bestimmter gegenseitiger Stellung zu einem Ganzen verbunden sind. Auf jedes dieser Moleküle wirkt die Schwere und treibt es mit einer bestimmten Kraft gegen den Mittelpunkt der Erde hin. Die Richtung der Schwerkraft ist für alle Moleküle des Körpers dieselbe, er wird also durch eine Anzahl unter sich paralleler Kräfte gegen die Erde getrieben. Die Resultirende (die Summe) aller dieser Elementarkräfte ist es, was wir das Gewicht des Körpers nennen.

Der Angriffspunkt dieser Resultirenden wird der Schwerpunkt genannt.

Die Lage dieses Schwerpunktes bleibt (in Beziehung auf den Körper selbst) unveränderlich dieselbe, wie man den Körper auch drehen und wenden mag, wie sich aus folgender Betrachtung ergiebt.

Stellen wir uns vor, die beiden Punkte *a* und *b*, Fig. 38, seien zwei gleich schwere, durch die gerade, feste, gewichtlose Linie *ab* verbundene Moleküle, so folgt aus den Hebelgesetzen, daß Gleichgewicht stattfinden muß, sobald nur der in der Mitte zwischen *a* und *b* liegende Punkt *c* unterstützt ist, welches auch der Winkel sein mag, welchen die Linie *ab* mit der Horizontalen macht. Findet also Gleichgewicht Statt, wenn der Hebel die Lage *ab* hat, so bleibt es auch noch bestehen, wenn man ihn in die Lage *a'b'* bringt. Der Punkt *c* ist der **Schwerpunkt** des aus den beiden schweren Molekülen *a* und *b* bestehenden Körpers. Ohne das Gleichgewicht zu stören, kann man die Schwerkraft der beiden Moleküle im Schwerpunkte *c* vereinigt denken.

Fig. 38.

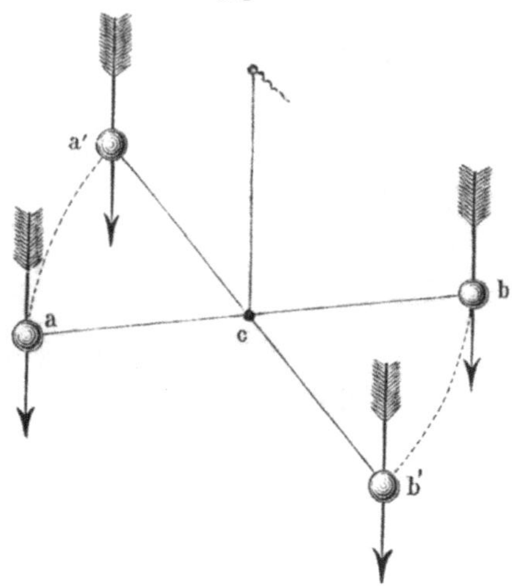

In jedem der drei Eckpunkte eines starren, gewichtlosen Dreiecks *abc*, Fig. 39, befinde sich ein Molekül, welches durch die Schwere mit einer Kraft *p* herabgezogen wird. Ohne das Gleichgewicht zu stören, können nun aber die beiden in *c* und *b* angreifenden Kräfte durch eine Kraft $2p$ ersetzt werden, welche in dem zwischen *c* und *b* in der Mitte liegenden Punkte *d* angreift. Die Resultirende der in *d* angreifenden Kraft $2p$ und der in *a* eingreifenden Kraft *p* geht aber jedenfalls durch den Punkt *m*, welcher die gerade Linie *da* so theilt, daß $ma = 2 \, . \, dm$. Der Punkt *m* ist also der Angriffspunkt der Resultirenden der drei in *a*, *b* und *c* angreifenden parallelen Kräfte, welches auch übrigens die Lage des Dreiecks sein mag.

Fig. 39.

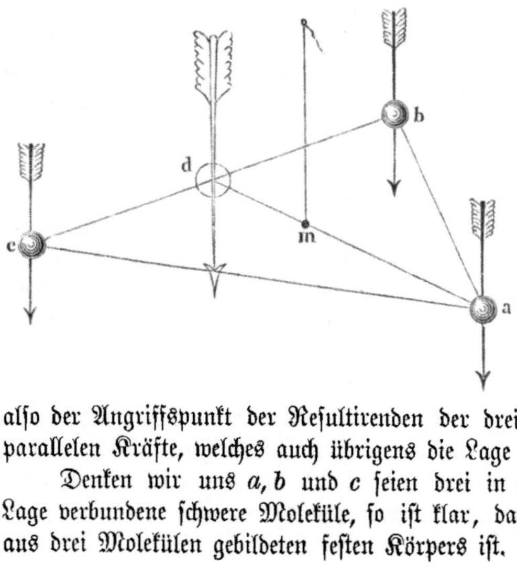

Denken wir uns *a*, *b* und *c* seien drei in unveränderlicher gegenseitiger Lage verbundene schwere Moleküle, so ist klar, daß *m* der Schwerpunkt dieses aus drei Molekülen gebildeten festen Körpers ist.

Gerade so aber, wie sich zeigen läßt, daß ein aus zwei oder ein aus drei schweren Molekülen gebildeter fester Körper einen Schwerpunkt haben müsse, so kann man auch einsehen, daß je vier, fünf, sechs ꝛc. fest verbundene Moleküle einen solchen Schwerpunkt haben müssen, daß endlich jeder feste Körper einen unveränderlichen Schwerpunkt haben muß, wie groß auch die Anzahl der Moleküle sein mag, aus denen er besteht.

Damit ein schwerer Körper im Gleichgewichte sei, braucht also nur eine einzige Bedingung erfüllt zu sein, nämlich die, daß sein Schwerpunkt unterstützt ist. Ein Körper, für welchen diese Bedingung erfüllt ist, befindet sich im Gleichgewicht, welches im Uebrigen auch seine Lage sein mag.

Aus diesen Betrachtungen läßt sich eine Methode ableiten, den Schwerpunkt der Körper durch den Versuch zu finden. Man hänge den Körper an einem Punkte *a* auf, Fig. 40, so wird die Verlängerung des den Körper tragenden Fadens in einem Punkte *c* aus dem Körper austreten. Auf der Linie *ac* muß nothwendig der Schwerpunkt liegen. Hängt man den Körper in einem zweiten Punkte *b*, Fig. 41, auf, so muß der Schwerpunkt abermals auf der Verlängerung des Fadens, also auf der Linie *bd*, liegen; der Schwerpunkt liegt also auf dem Durchschnittspunkte der Linien *bd* und *ac*.

Fig. 40.

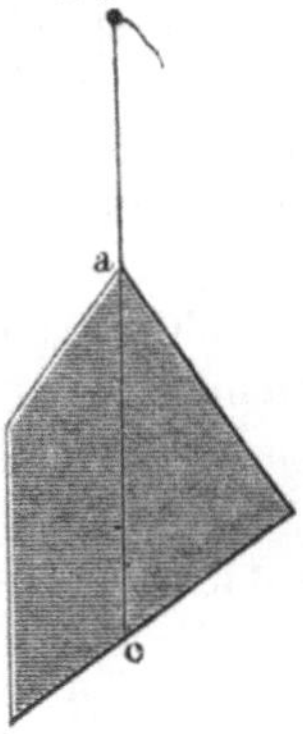

Fig. 41.

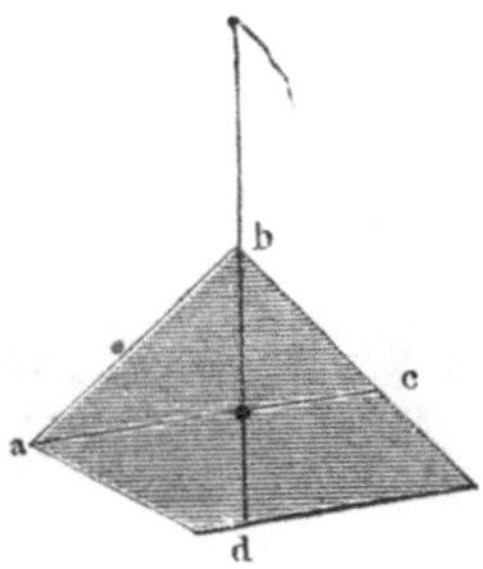

Der Schwerpunkt von ebenen Scheiben ist nach dieser Methode leicht zu bestimmen; bei anderen Körpern ist es jedoch mit Schwierigkeiten verbunden, die Verlängerung des verticalen Fadens durch das Innere des Körpers genau zu verfolgen.

Der Schwerpunkt homogener Körper von regelmäßiger Gestalt fällt mit ihrem geometrischen Mittelpunkte zusammen.

Vom Gleichgewicht. Wir haben schon gesehen, daß die einzige Gleichgewichtsbedingung schwerer Körper die ist, daß ihr Schwerpunkt unterstützt sein muß. Diese Bedingung aber kann auf verschiedene Weise erfüllt sein, je nachdem die Körper in festen Punkten aufgehängt sind oder auf Unterstützungsflächen ruhen. 26

Betrachten wir zunächst einen Körper, der in einem festen Punkte gleichsam aufgehängt ist, um welchen er sich frei drehen kann, so ist er nur dann im Gleichgewichte, wenn sein Schwerpunkt *s* mit jenem festen Drehpunkte *c* in einer Verticallinie liegt. Was die gegenseitige Lage dieser Punkte betrifft, so sind folgende drei Fälle möglich:

1) Der feste Punkt *c* (die feste Drehungsaxe) geht durch den Schwerpunkt des Körpers selbst hindurch, wie dies z. B. Fig. 42 darstellt. In diesem Falle liegen *s* und *c* jedenfalls in einer Verticalen, welche Lage man übrigens auch dem Körper giebt; es findet also Gleichgewicht Statt, wie er auch gestellt sein mag, für die Stellung *AB* also ebenso gut wie für die Stellung *CD*.

Es ist dies der Fall des indifferenten Gleichgewichtes.

Fig. 42.

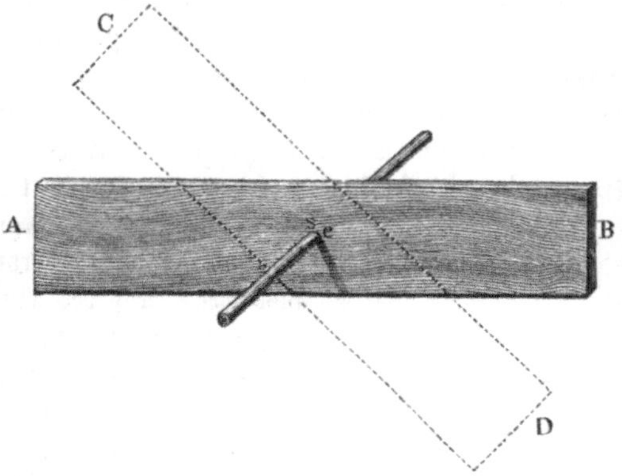

2) der Schwerpunkt *s* liegt vertical unter dem Drehpunkt *c*, Fig. 43. Dreht man den Körper aus dieser Lage heraus, so daß etwa der Schwerpunkt nach *s'* kommt, so führt die Schwerkraft den Körper wieder in die Gleichgewichtslage zurück, sobald die störende Kraft zu wirken aufhört. Ein solches Gleichgewicht wird ein festes oder stabiles genannt. Ist endlich

3) der Schwerpunkt *s* des Körpers vertical über dem Drehpunkte, wie Fig. 44, so befindet sich der Körper im Zustande des labilen oder un-

Fig. 43.

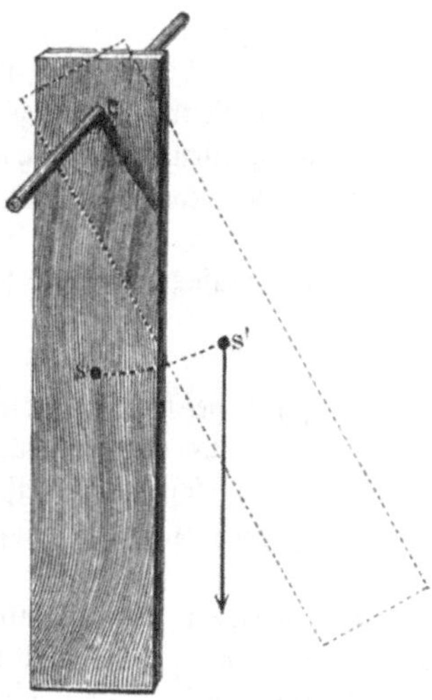

Fig. 44.

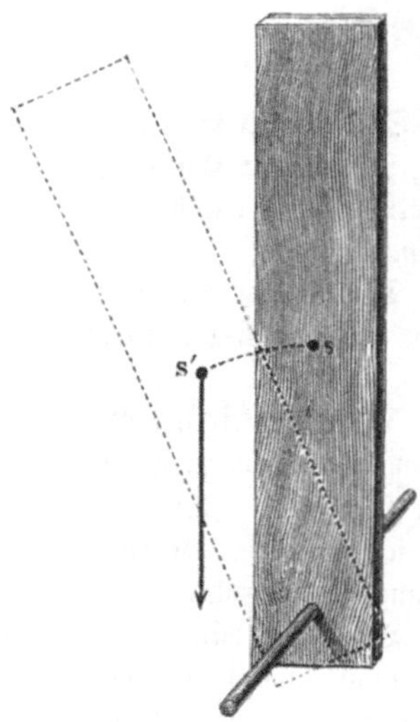

sicheren Gleichgewichts; denn wenn die geringste störende Kraft den Körper aus dieser Lage herausbringt, so wirkt die im Schwerpunkte *s'* angreifende

Schwerkraft des Körpers dahin, ihn noch weiter von seiner Gleichgewichtslage zu entfernen, und er kann nicht eher wieder in die Ruhe kommen, als bis nach einer halben Umdrehung der Schwerpunkt vertical unter dem Drehpunkt angekommen ist.

Einen interessanten Fall des stabilen Gleichgewichts zeigt Fig. 45.

Fig. 45.

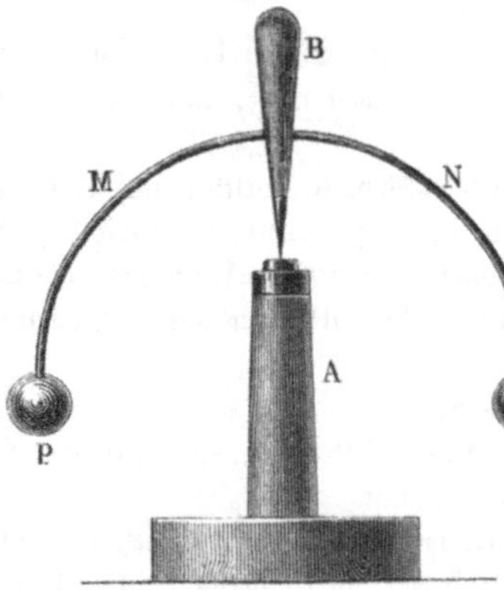

Ein Holzstück *B*, welches unten mit einer Stahlspitze versehen ist, sei mit dieser auf ein flach ausgehöhltes Metallstückchen gesetzt, welches die obere Endfläche des Stativs *A* bildet. Das Holzstück *B* wird umfallen, weil sein Schwerpunkt über dem Unterstützungspunkte liegt. Wenn aber durch *B* ein Drahtbogen *MN* gezogen wird, welcher an beiden Enden die Bleikugeln *p* trägt, so daß durch dieselben der gemeinschaftliche Schwerpunkt des Holzstückes *B* und der Bleikugeln unter die Stahlspitze fällt, so findet nun ein stabiles Gleichgewicht Statt, *B* fällt nicht mehr um; der Körper ist jetzt eigentlich aufgehängt.

Wenn ein Körper mit mehr oder weniger breiter Basis auf dem Boden steht, so muß die durch seinen Schwerpunkt gezogene Verticale noch die Basis selbst treffen, wenn Gleichgewicht stattfinden soll. Demnach muß der schiefe Cylinder (Fig. 46), im Gleichgewichte sein, wenn er nur die in der Figur schattirte Länge hat; er würde umfallen müssen, wenn er eine solche Höhe hätte, daß sein Schwerpunkt in *b* läge.

Fig. 46.

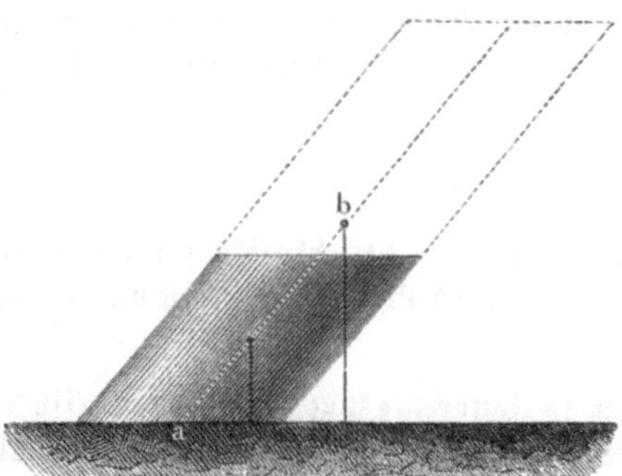

Fig. 47.

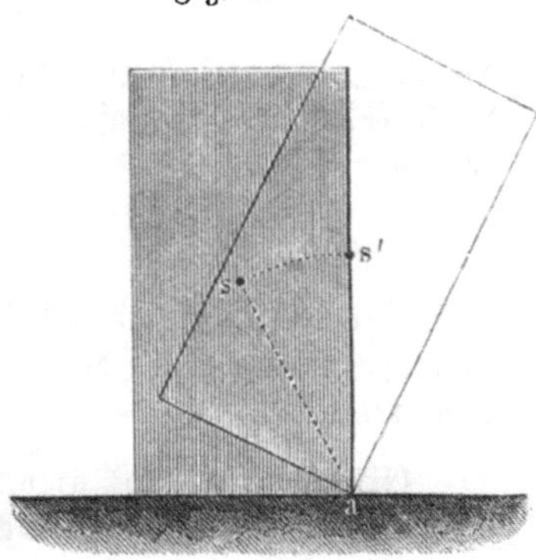

Wenn ein auf irgend einer vieleckigen Basis stehender Körper umgeworfen werden soll, so muß er zunächst um eine seiner Grundkanten gedreht werden, bis sein Schwerpunkt vertical über dieser Umdrehungskante steht. Sollte z. B. der in Fig. 47 (a. v. S.) dargestellte Klotz umgeworfen werden, und dabei die Kante a die Rolle der Umdrehungskante spielen, so hätte man zunächst den Klotz so weit zu drehen, bis der Schwerpunkt s in die Lage von s' kommt; ließe die Kraft, welche das Umwerfen bewirken soll, eher nach, als der Schwerpunkt in s' angekommen ist, so wird der Klotz in seine ursprüngliche Lage zurückfallen müssen; hat man aber den Schwerpunkt nur im Mindesten über s' hinausgebracht, so wird nun der Körper von selbst ganz umfallen.

Ein Körper wird um so fester stehen, d. h. seine Stabilität ist um so größer, je größer die Kraft ist, welche man anwenden muß, um ihn aus seiner Gleichgewichtslage herauszubringen.

In Fig. 48 sei s der Schwerpunkt des Körpers, welcher um a umgekantet werden soll. Ist sein durch die Linie sn repräsentirtes Gewicht gleich P, so ist das statische Moment R, mit welchem die Schwerkraft des Körpers einer Drehung um a entgegenwirkt, gleich der rechtwinklig zu sa angreifenden Seitenkraft von P, also gleich so oder

$$R = P \cos x,$$

Fig. 48.

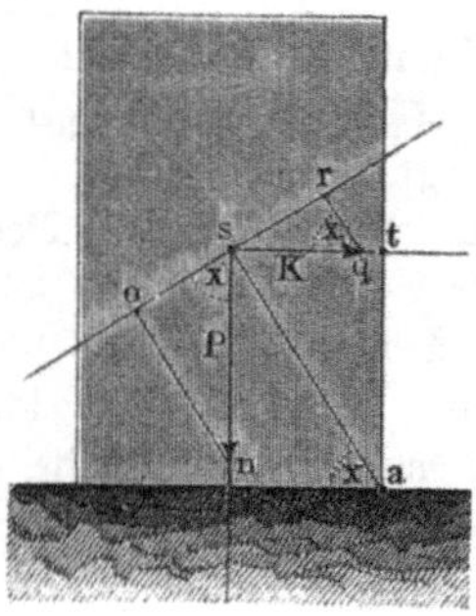

wenn x den Winkel bezeichnet, welchen sa mit der Horizontalen macht.

Bezeichnen wir mit K eine horizontal in s angreifende Kraft sq, so ist deren rechtwinklig zu sa wirkende Seitenkraft Q, welche den Körper um a zu drehen strebt, gleich sr oder $K \sin x$. Für den Fall des Gleichgewichtes zwischen K und P haben wir also

$$K \sin x = P \cos x$$

$$K = P \frac{\cos x}{\sin x} \quad . \quad . \quad . \quad 1)$$

Nun aber haben wir $\cos x : \sin x = st : ta$ oder $\cos x : \sin x = b : h$, wenn wir die Höhe des Schwerpunktes über die Basis mit h, die Länge st oder die halbe Breite der Basis mit b bezeichnen. Die Gleichung 1) geht also über in

$$K = P \frac{b}{h}.$$

Die Stabilität des Körpers ist also der Breite seiner Basis direct, und der Höhe des Schwerpunktes über der Basis umgekehrt proportional.

Ein Körper steht also um so fester, je breiter seine Basis ist und je weniger hoch sein Schwerpunkt über dieser Basis liegt. Ein vierfüßiges Thier steht fest, wenn der Schwerpunkt seines ganzen Körpers über dem Viereck liegt, welches auf dem Boden durch seine vier Füße bezeichnet ist. Wenn ein Mensch seinen Arm aufhebt, so wird der Schwerpunkt seines Körpers verschoben; wenn ein Vogel seinen Hals ausstreckt, so wird sein Schwerpunkt bedeutend nach vorn gerückt. Ein Mensch, welcher Lasten trägt, muß, je nach der Art des Tragens, seine Haltung ändern. Trägt er die Last auf dem Rücken (Fig. 49), so muß er sich vorbeugen, trägt er sie in der linken Hand (Fig. 50), so muß er den Oberkörper rechts neigen, denn sonst fiele der

Fig. 49.

Fig. 50.

gemeinschaftliche Schwerpunkt des menschlichen Körpers und der getragenen Last außerhalb der Verbindungslinie der Füße, er müßte also umfallen.

Die Wage. Die gewöhnliche Wage besteht im Wesentlichen aus einem Stabe, einem Balken, welcher um eine in seiner Mitte rechtwinklig zu seiner Längsrichtung angebrachte wagerechte feste Axe drehbar ist. Ohne Belastung 27

Fig. 51.

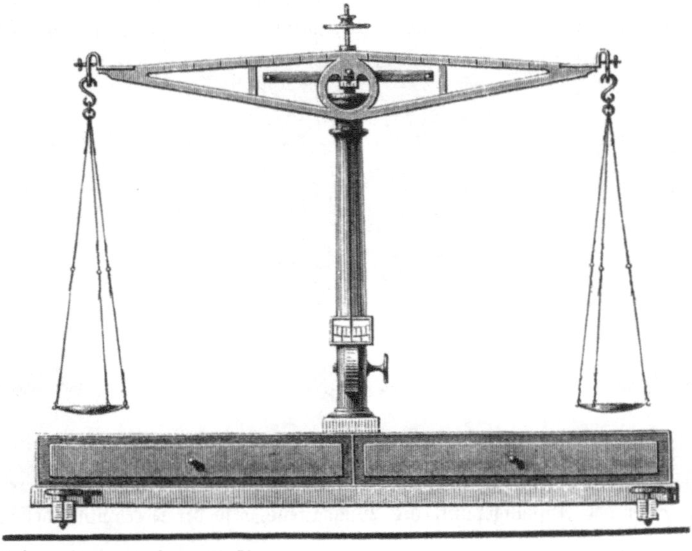

an den Enden soll der Wagbalken eine vollkommen horizontale Lage annehmen. Auf beiden Seiten des Wagbalkens hängen Wagschalen, welche zur Aufnahme des zu wägenden Körpers und der Gewichte dienen. Bei gleicher Belastung der Wagschalen muß der Wagbalken seine horizontale Stellung beibehalten; bringt man jedoch in die eine Schale ein Uebergewicht, so muß sich der Wagbalken nach dieser Seite senken.

Wir wollen nun untersuchen, durch welche Einrichtung den eben ausgesprochenen Forderungen Genüge geleistet werden kann. Denken wir uns vorerst die Wagschalen noch weg, und nehmen wir an, der Wagbalken sei in seinem Schwerpunkte unterstützt, so haben wir den Fall eines indifferenten Gleichgewichts; der Wagbalken wird bei jeder beliebigen Neigung gegen die Horizontale im Gleichgewicht sein. Eine solche Vorrichtung erfüllt also die erste Forderung nicht, daß der Wagbalken für sich, ohne Belastung an den Enden, eine horizontale Lage annehmen muß. Dieser Forderung kann nur dadurch genügt werden, daß der Schwerpunkt des Wagbalkens unter seinem Drehpunkte liegt.

Denken wir uns rechtwinklig auf die Längenaxe des Wagbalkens eine verticale Linie gezogen, welche den Wagbalken halbirt, so muß diese Linie durch den Drehpunkt des Wagbalkens und durch seinen Schwerpunkt gehen.

Durch das Anhängen der Wagschalen wird in unserem Raisonnement nichts geändert; denn wir können uns ihr Gewicht in ihrem Aufhängepunkte vereinigt denken, und dann machen sie einen integrirenden Theil des Wagbalkens aus.

Wenn man die Aufhängepunkte der Wagschalen durch eine gerade Linie verbindet, so kann diese Linie durch den Drehpunkt des Wagbalkens gehen, oder über oder unter demselben liegen. Der erstere dieser drei Fälle ist sowohl für die Betrachtung der einfachste, als auch für die praktische Ausführung der zweckmäßigste; wir wollen uns deshalb auf die Betrachtung dieses Falles beschränken.

In Fig. 52 sei ab die gerade Linie, welche die Aufhängepunkte der Wag-

Fig. 52.

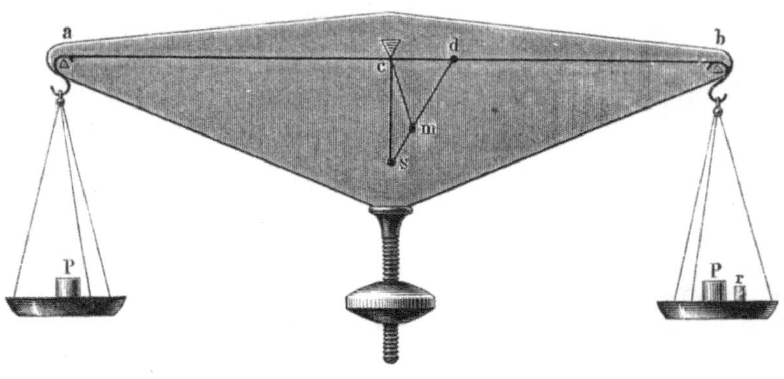

schalen verbindet, deren Gewicht wir uns in den Punkten a und b vereinigt denken; c sei der Aufhängepunkt des Wagbalkens, also der Drehpunkt desselben;

s aber der **unter** c liegende Schwerpunkt des Wagbalkens. Wenn in a und b gleiche Gewichte P aufgelegt werden, so bleibt der Wagbalken in horizontaler Lage stehen, denn man kann sich die eine der Lasten direct in a, die andere direct in b wirkend denken, und somit fällt der gemeinschaftliche Schwerpunkt der beiden Lasten P mit dem Punkte c zusammen, und der gemeinschaftliche Schwerpunkt aller an c hängenden Massen, d. h. des Wagbalkens und der Lasten P, fällt demnach in einen Punkt zwischen c und s. Dieser gemeinschaftliche Schwerpunkt liegt noch vertical unter dem Aufhängepunkte, das Gleichgewicht ist also nicht gestört.

Bringt man auf der einen Seite ein Uebergewicht r an, so fällt der Schwerpunkt der angehängten Lasten (die wir uns natürlich in den Punkten a und b vereinigt denken müssen) nicht mehr mit c zusammen, sondern er rückt auf der Linie ab von c nach der Seite des Uebergewichtes, etwa nach d hin; der gemeinschaftliche Schwerpunkt des Wagbalkens und der Lasten fällt demnach auf irgend einen Punkt m der Linie ds. Da aber bei horizontaler Stellung des Wagbalkens der gemeinschaftliche Schwerpunkt m nicht mehr vertical unter dem Aufhängepunkte c liegt, so muß sich der ganze Wagbalken um die Axe c so weit drehen, bis diese Bedingung wieder erfüllt ist. Dabei wird sich nothwendig der Arm ca heben, cb aber senken. Der Winkel, welchen der Wagbalken für den Fall des Uebergewichts mit der Horizontalen macht, heißt **Ausschlagswinkel**. Er ist gleich dem Winkel scm.

Wir wollen nun untersuchen, wie eine Wage eingerichtet sein muß, damit sie recht empfindlich sei, d. h. damit sie bei einem kleinen Uebergewicht schon einen großen Ausschlag gebe.

1) **Der Schwerpunkt des Wagbalkens muß möglichst nahe unter dem Aufhängepunkte liegen**; denn wenn bei übrigens unveränderten Umständen der Schwerpunkt s des Wagbalkens in die Höhe gerückt wird, so rückt auch der Punkt m vertical nach oben, was offenbar eine Vergrößerung des Winkels scm zur Folge hat. Bei guten Wagen hat man eine Vorrichtung angebracht, welche eine Regulirung der Lage des Schwerpunktes möglich macht. In der Verlängerung der Linie cs ist nämlich eine feine Schraube angebracht, an welcher ein den Umständen entsprechendes Gewicht auf- und abgeschraubt werden kann, womit offenbar eine Verrückung des Schwerpunktes verbunden ist. Hätte man dies Gewicht so weit hinaufgeschraubt, daß s mit c zusammenfiele, so hätte man ohne Belastung oder bei gleicher Belastung auf beiden Seiten den Fall des indifferenten Gleichgewichts; brächte man dann auf der einen Seite das Uebergewicht r an, so würde der Punkt m auf die Linie ab fallen, d. h. also schon bei dem geringsten Uebergewichte würde der Ausschlagswinkel ein rechter werden, der Wagbalken würde ganz umschlagen, kurz das Instrument würde aufhören brauchbar zu sein.

2) **Die Empfindlichkeit der Wage wächst mit der Länge der Wagbalken.** Wenn man, ohne sonst etwas zu verändern, den Wagbalken verlängern könnte, so würde die Entfernung cd in demselben Verhältniß größer werden, und der Punkt m würde also auch nach einer Richtung, die mit ab

parallel ist, weiter von der Linie cs weggerückt werden, die Linie cm würde also einen größeren Winkel mit cs machen, der Ausschlagswinkel würde also wachsen.

3) Der Wagbalken muß möglichst leicht sein. In dem Punkte d können wir uns das Gewicht der Lasten $2P + r$, in s aber das Gewicht des Wagbalkens, welches wir mit g bezeichnen wollen, vereinigt denken. Offenbar hängt nun die Lage des gemeinschaftlichen Schwerpunktes m von der Größe der an den Enden der Linie ds wirkenden Kräfte ab. Wenn das in s wirkende Gewicht g und das in d wirkende $2P + r$ einander gleich wären, so fiele m in die Mitte von ds; je kleiner aber g im Vergleich zu $2P + r$ wird, desto mehr muß m nach d hinrücken, und desto größer wird dann begreiflicherweise der Ausschlag.

Was nun die beiden letzten Punkte betrifft, so ist man doch an gewisse Gränzen gebunden, welche man nicht überschreiten darf, ohne daß die Wage wegen der zu großen Länge der Wagbalken zu unbequem für den Gebrauch würde, oder wegen ihrer Leichtigkeit die nöthige Festigkeit verlöre.

Man wendet durchbrochene Wagbalken an, wie Fig. 53, um ihnen bei geringem Gewichte doch möglichste Festigkeit zu geben.

Es versteht sich von selbst, daß man bei der Construction einer Wage alle Sorgfalt darauf zu verwenden hat, die Wagbalken gleich lang zu machen. Da jedoch kleine Fehler nicht zu vermeiden sind, so muß man durch die Methode der Wägung einen etwaigen Fehler zu corrigiren suchen. Die zweckmäßigste Wägungsmethode möchte in dieser Beziehung wohl folgende sein: Man legt den zu wägenden Körper auf die eine Wagschale, und bringt ihn durch Sand, Schrotkörner oder sonstige Gegenstände, die man auf die andere Wagschale legt, ins Gleichgewicht. Ist dies erreicht, so nimmt man den zu wägenden Körper weg und substituirt statt seiner so viel Gewichte, daß das Gleichgewicht dadurch abermals hergestellt wird. Diese neu aufgelegten Gewichte geben genau das Gewicht des Körpers an, die Wagbalken mögen nun gleich lang sein oder nicht.

Damit an der Drehungsaxe eine möglichst geringe Reibung stattfinde, wird sie durch eine Schneide von Stahl gebildet; auch die Wagschalen sind an solchen Schneiden aufgehängt.

28 **Die Brückenwage.** Es möchte wohl hier der geeignetste Platz sein, auch die Brückenwage, die zur Wägung größerer Lasten so außerordentlich bequem ist, zu besprechen.

Fig. 53 stellt die Einrichtung der Brückenwage schematisch dar. Die Last P liegt auf einem Brette A, welches bei a auf einer Schneide ruht, bei b aber an einer Stange E hängt. Die Stange E ist bei b' an dem einen Arme des auf der Schneide K ruhenden Hebels ic' angehängt, den wir den Hebel B nennen wollen.

Die Schneide a ruht auf einem Hebel D, dessen Drehpunkt bei d ist und dessen anderes Ende c an einer bei c' angehängten Stange F befestigt ist.

Wenn Kb' sich zu Kc' genau ebenso verhält wie da' zu dc, was bei einer guten Brückenwage durchaus der Fall sein muß, so wirkt die auf das Brett *A* gelegte Last gerade ebenso, als ob sie unmittelbar an die Stange *E* angehängt wäre, welche Stelle des Brettes *A* sie auch einnehmen mag.

Fig. 53.

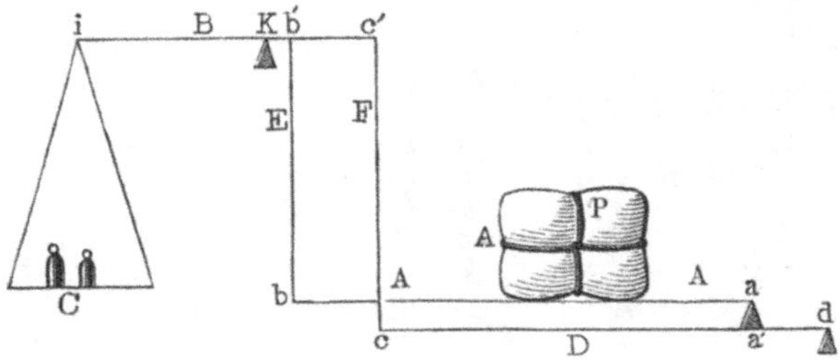

Es ist dies leicht zu beweisen. Ein Theil der Last *P* drückt auf die Schneide *a*, ein Theil zieht an der Stange *E*. Bezeichnen wir mit *q* den Druck auf die Schneide *a*, mit *p* den Zug an der Stange *E*, so ist $p + q = P$.

Die Last *q*, welche die Schneide *a* niederdrückt, wirkt an dem Hebelarme $a'd$; nehmen wir an, es sei $cd = n \, . \, a'd$, so wirkt die in a' drückende Kraft *q* gerade ebenso, wie eine bei *c* niederziehende Kraft $\frac{q}{n}$.

An dem Hebel *B* ziehen also rechts von der Schneide *K* zwei Kräfte, nämlich bei b' die Kraft *p*, bei c' aber die Kraft $\frac{q}{n}$.

Die Kraft $\frac{q}{n}$, welche in c' angreift, wirkt aber gerade so wie eine *n* mal größere Kraft, welche bei b' hängt, weil $Kc' = n \times Kb'$, also gerade so, als ob bei b' die Last $\frac{q}{n} \cdot n = q$ hinge; die beiden Kräfte, welche bei b' und c' angreifen, ziehen also den Hebel gerade ebenso stark nieder, als ob bei b' die Last $p + q = P$ angehängt wäre.

Am linken Ende des Hebels *B*, bei *i*, ist die Wagschale angehängt, auf welche die Gewichte gelegt werden. Das Gewicht auf der Wagschale ist ein aliquoter Theil der Last *A*; das Verhältniß zwischen Last und Gewicht hängt ab von dem Verhältniß des Hebelarms Kb' zu Ki. In der Regel sind die Brückenwagen so construirt, daß das Gewicht $\frac{1}{10}$ der Last ist, daß man also mit 10 Pfund, die auf der Wagschale liegen, einer 100pfündigen auf der Brücke *ab* liegenden Last das Gleichgewicht hält (Decimalwage).

Fig. 54 (a. f. S.) stellt die Ansicht einer Brückenwage und zwar zum Theil im Durchschnitt dar. Die Buchstaben sind dieselben wie in Fig. 53. Das Brett *A*, welches zur Aufnahme der Lasten dient, ist auf einem dreiseitigen hölzernen Rahmen *H* befestigt, von welchem unsere Figur ebenso wie vom Brette *A* nur die hintere Hälfte zeigt. Der Rahmen *H* sitzt hinten auf der Schneide *a* auf und ist vorn bei *b* an die Stange *E* angehängt. Die Schneide *a* ist auf dem gabelförmig gestalteten Hebel *D* befestigt, dessen Drehpunkt hinten durch die Schneide *d* gebildet ist und welcher vorn bei *c* an der Stange *F* hängt.

Fig. 54.

In unserer Figur ist der Deutlichkeit wegen der Rahmen *H*, auf welchem das Tragbrett *A* befestigt ist, viel zu hoch gezeichnet worden; er ist so niedrig, daß, wenn durch Aufschlagen des Hebels *l* die linke Seite des Hebels *B* gehoben wird, die rechte Seite desselben sich so weit senkt, daß die Brücke *A* auf dem Rande des Gestelles *N* aufsitzt, so daß also die Schneiden *b'* und *c'* nicht mehr die Last der Brücke zu tragen haben. Der Hebel *l* wird nach jedesmaligem Gebrauche aufgeschlagen, damit die Schneiden geschont werden.

Das Gewicht der Brücke ist so geordnet, daß es, wenn der Hebel *l* niedergelegt ist, den Wagbalken *B* sich wagerecht stellt, daß also die Schneide *g* genau der Schneide *f* gegenüber zu stehen kommt. Ist die Brücke belastet, so werden so viel Gewichte auf die Wagschale *C* aufgelegt, daß diese Schneiden einander wieder gegenüberstehen.

Zweites Capitel.

Gleichgewicht der Theile fester Körper unter einander.

Die Molekularkräfte bei festen Körpern. Wir haben 29
schon oben gesehen, daß man, um die Aggregatzustände der Körper zu erklären, Molekularkräfte annimmt, welche fortwährend zwischen den einzelnen Theilchen der Körper thätig sind. So lange nun ein Körper seinen inneren Zustand nicht ändert, so lange die einzelnen Theilchen nicht allein in unveränderter Entfernung, sondern auch in unveränderter gegenseitiger Lage bleiben, müssen sich offenbar die zwischen einzelnen Theilchen wirkenden Molekularkräfte das Gleichgewicht halten. Bei den festen Körpern nun ist das zwischen den einzelnen Theilchen bestehende Gleichgewicht ein stabiles, denn es ist ja eine namhafte Kraft nöthig, um diesen Gleichgewichtszustand zu stören.

Bei festen Körpern ist der Gleichgewichtszustand zwischen den Molekularkräften von der Art, daß einer größeren Annäherung der Theilchen die alsdann das Uebergewicht erlangende Expansionskraft, einer Vermehrung ihres gegenseitigen Abstandes aber die Cohäsionskraft entgegenwirkt.

Elasticität. Wenn die Theilchen eines festen Körpers durch eine 30
äußere Kraft wirklich ein wenig aus ihrer gegenseitigen Lage verrückt worden sind, so ist deshalb der frühere Gleichgewichtszustand doch nicht völlig vernichtet; denn die Theilchen können in ihre frühere Lage zurückkehren, wenn die störende Kraft zu wirken aufhört. Diese Eigenschaft der Körper, vermöge deren die Theilchen in ihre frühere Gleichgewichtslage zurückkehren, wenn die durch äußere Kräfte veranlaßte Verschiebung gewisse Gränzen nicht überschritten hat, nennt man Elasticität. Die Elasticität der festen Körper beweist, daß sich die Theilchen in einem stabilen Gleichgewichtszustande befinden; denn nur für den Fall des stabilen Gleichgewichts findet eine Rückkehr zur ursprünglichen Gleichgewichtslage statt, wenn die störenden Kräfte zu wirken aufhören.

Nicht alle Körper sind gleich elastisch; es giebt Körper, deren Theilchen selbst nach bedeutender Verschiebung doch wieder vollkommen in ihre frühere Lage zurückkehren, und solche Körper, wie z. B. Federharz (**gummi elasticum**), Stahl, Elfenbein u. s. w., werden vorzugsweise elastisch genannt; andere hingegen, wie Blei, Glas u. s. w., sind nur in geringem Grade elastisch, sie können keine große Verschiebung der Theilchen ertragen, ohne daß der frühere Gleichgewichtszustand aufgehoben wird.

Die Verschiebung der Theilchen kann entweder durch Spannung, durch Zusammendrückung, durch Biegung oder durch Drehung hervorgebracht werden.

Wenn überhaupt eine große Kraft nöthig ist, um eine Verschiebung der Theilchen eines Körpers hervorzubringen, so nennt man ihn hart. Ein Körper kann hart und elastisch sein, wie dies beim Elfenbein, beim Stahl u. s. w. der Fall ist; das Glas dagegen ist hart und wenig elastisch.

Ein Körper, dessen Theilchen schon durch eine geringe Kraft verschoben werden können, wird weich genannt. Auch die weichen Körper können entweder elastisch sein, wie z. B. Federharz, oder nur einen sehr geringen Grad von Elasticität besitzen, wie dies z. B. beim feuchten Thon der Fall ist. Der Aggregatzustand solcher weichen mehr oder weniger breiartigen Körper kann gewissermaßen als ein Mittelzustand zwischen dem vollkommen festen und dem vollkommen flüssigen betrachtet werden.

Wenn die Theilchen eines Körpers über die Elasticitätsgränze hinaus verschoben werden, so hört entweder der Zusammenhang ganz auf, oder die Theilchen ordnen sich zu einem neuen stabilen Gleichgewichtszustande. Im ersteren Falle nennt man die Körper spröde, im letzteren dehnbar. Die äußere Gestalt spröder Körper läßt sich durch Druck, durch Stoß u. s. w. nicht bleibend ändern; wenn durch diese äußeren Ursachen die Theilchen spröder Körper über eine gewisse Gränze verschoben werden, so brechen sie; die Gestalt dehnbarer Körper hingegen läßt sich durch solche mechanische Mittel bleibend verändern, wie dies z. B. das Drahtziehen, das Prägen der Münzen beweist. Wird ein gehärteter Stahlstab über gewisse Gränzen hinaus gebogen, so bricht er, während ein Bleistab krumm bleibt.

Die Briefwage, Fig. 55, und die Federwage, Fig. 56, können als Beispiele der Anwendung der Elasticität dienen. Erstere bedarf wohl keiner Erläuterung; letztere wird durch einen Stahlstreifen $abcdf$ gebildet, welcher ungefähr 2 Millimeter dick und 10 bis 14 Millimeter breit, bei f den Drehpunkt des Zeigerhebels fh trägt. Dieser Hebel liegt auf der unteren Kante eines in ba angebrachten Schlitzes auf. Das freie Ende des Hebels ist geschlitzt, so daß die eine Gabel auf die Vorderseite, die andere auf die Rückseite einer empirisch getheilten Scala zeigt. Kleinere Lasten werden am Haken C befestigt, während die ganze Vorrichtung am Ringe A aufgehängt wird. Durch das an C hängende Gewicht wird f niedergezogen, so daß das freie Ende h des Zeigerhebels in die Höhe gehen muß, und zwar um so mehr, je schwerer die angehängte Last ist, deren Größe man an der Scala ablesen kann. Für schwerere

Lasten wird das Instrument am Ringe *B* auf- und die Last in den Haken *D* eingehängt. Die Scala für schwerere Lasten befindet sich auf der Rückseite des Instrumentes.

Fig. 55.

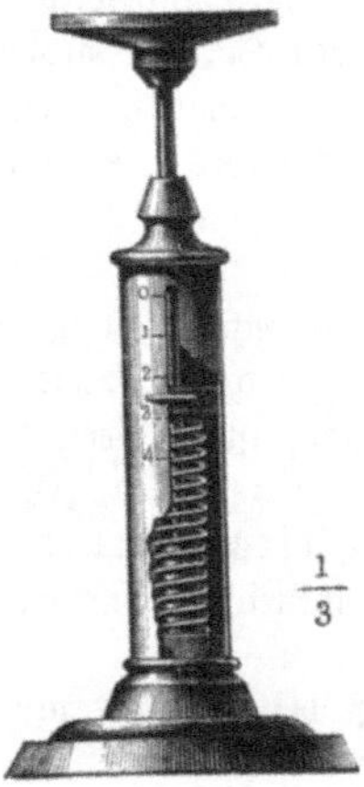

Fig. 56.

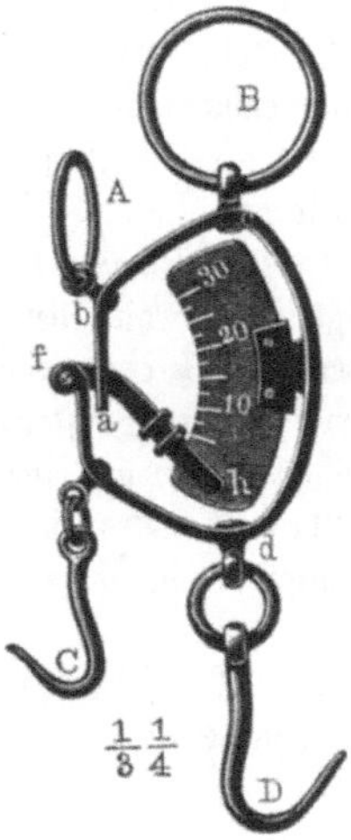

Fig. 57.

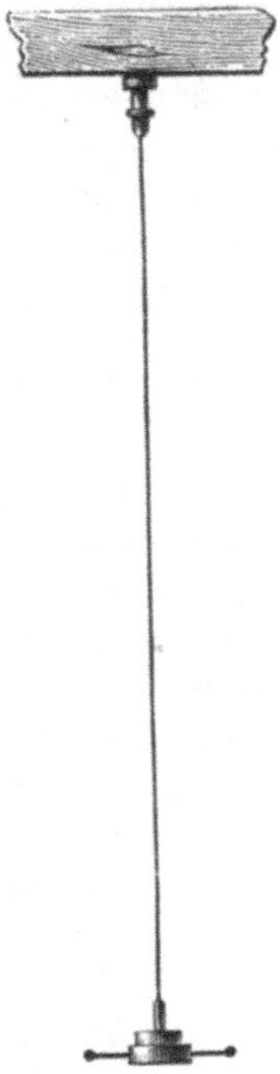

Diese Vorrichtung kann auch als **Zugkraftmesser** oder **Dynamometer** benutzt werden.

Wenn ein an seinem oberen Ende eingeklemmter Metalldraht durch angehängte Gewichte gestreckt wird, Fig. 57, so wird er sich bei einer bestimmten Lage dieses Gewichtes im Gleichgewichtszustande befinden. Dreht man das untere Ende des Drahtes (ohne denselben aus seiner verticalen Lage zu bringen) sammt dem angehängten Gewichte um eine beliebige Anzahl von Graden aus seiner Gleichgewichtslage heraus, so wird dadurch der Draht **gewunden**, er wird **tordirt** und die dadurch ins Spiel gesetzte **Torsionselasticität** äußert nun ein Streben, den Draht sammt dem angehängten Gewichte wieder in seine Gleichgewichtslage zurückzuführen. Sich selbst überlassen, kommt aber der Draht erst nach einer Reihe von Schwingungen in der Gleichgewichtslage zur Ruhe.

Die Kraft, mit welcher der tordirte Draht wieder in seine Gleichgewichtslage zurückzukehren strebt, ist der Größe der Drehung proportional.

31 **Festigkeit.** Die Kraft, mit welcher ein Körper der Trennung seiner Theilchen widersteht, nennt man seine Festigkeit.

Der zwischen den einzelnen Theilchen eines festen Körpers stattfindende Zusammenhang läßt sich durch Zerreißen, durch Zerbrechen, durch Zerwinden (Abdrehen) oder durch Zerdrücken aufheben.

Absolute Festigkeit nennt man die Kraft, mit welcher ein Körper dem Zerreißen widersteht, wenn er der Länge nach angespannt wird. Dieser Widerstand ist dem Querschnitte des zu zerreißenden Körpers proportional; denn es muß ja der Zusammenhang von zwei-, drei-, viermal so vielen Theilchen aufgehoben werden, wenn der Querschnitt eines Körpers zwei-, drei-, viermal so groß ist. Es ist also

$$P = nk,$$

wenn P die absolute Festigkeit, also die eben zum Zerreißen nöthige Kraft, n den Querschnitt des Körpers und k einen constanten Factor bezeichnet, welcher von der Natur der zu zerreißenden Substanz abhängig ist. Dieser Factor k, also die Kraft, welche eben nöthig ist, um einen Stab zu zerreißen, dessen Querschnitt gleich der Flächeneinheit ist, wird der Festigkeitsmodulus genannt. Der Zahlenwerth von k hängt davon ab, welche Flächeneinheit und welche Gewichtseinheit man wählt.

Nach den Versuchen von Muschenbroek ist bei 1 Quadratmillimeter Querschnitt der Festigkeitsmodulus für

Lindenholz			9,18	Kilogramm
Kiefernholz (Pinus sylvestris) . . .			10,21	„
Weißtanne (Pinus abies) . .	6,01	bis	9,29	„
Eichenholz	11,50	„	14,66	„
Buchenholz	13,49	„	15,86	„
Ebenholz			9,34	„
Kupferdraht			27,82	„
Messingdraht			35,50	„
Golddraht			46,45	„
Bleidraht			2,72	„
Zinndraht			4,57	„
Silberdraht			34,11	„
Eisendraht			41,82	„
Glas, weißes	1,42	bis	2,33	„
Hanfseile	3,50	„	6,20	„

Die große Verschiedenheit in der Festigkeit der Hanfseile rührt von der ungleichen Beschaffenheit des Materials her, aus denen sie verfertigt sind. Dünne Seile sind verhältnißmäßig stärker als dicke, weil sie aus besserem Hanf gedreht sind; durch starkes Drehen der einzelnen Fäden wird die Tragkraft der Seile bedeutend vermindert. Nasse Seile haben eine geringere Festigkeit als trockene.

Bei praktischen Anwendungen wird man der Sicherheit wegen wohlthun, für Metalle höchstens $^1/_2$, für Hölzer nur $^1/_3$ der durch die Versuche ermittelten absoluten Festigkeit in Rechnung zu bringen.

Die Kraft, welche ein Körper dem Zerbrechen entgegensetzt, nennt man seine relative Festigkeit. Um einen Körper zu zerbrechen, ist die Kraft am besten rechtwinklig zu seiner Längenaxe anzubringen; der zu zerbrechende Körper ist entweder nur an einem, oder an zwei Enden unterstützt.

In Fig. 58 ist ein prismatischer Körper dargestellt, welcher mit dem einen Ende in einer festen Wand steckt, während am anderen Ende das Gewicht Q angebracht ist, welches ihn zerbrechen soll. Bezeichnen wir die absolute Festigkeit, d. h. die Kraft, mit welcher der Körper einer in seiner Längenaxe wirkenden Kraft widersteht, die ihn zu zerreißen strebt, mit K, so können wir uns diese Kraft in dem Schwerpunkte s desjenigen Querschnitts vereinigt denken, welcher mit der Ebene der festen Wand zusammenfällt. Das Gewicht Q äußert nun ein Bestreben, den ganzen Körper um die untere Kante dieses Querschnitts zu drehen, es wirkt also an dem Hebelarme ab, während der in s angebrachte Widerstand an dem Hebelarme as wirkt; wenn nun der Widerstand gerade der Kraft das Gleichgewicht halten soll, so muß sich der Widerstand K zur Kraft Q umgekehrt verhalten wie der Hebelarm as zum Hebelarme ab. Wenn die Höhe des Balkens mit h bezeichnet wird, so ist $as = \frac{1}{2} h$; bezeichnet man ferner die Länge ab mit l, so hat man:

Fig. 58.

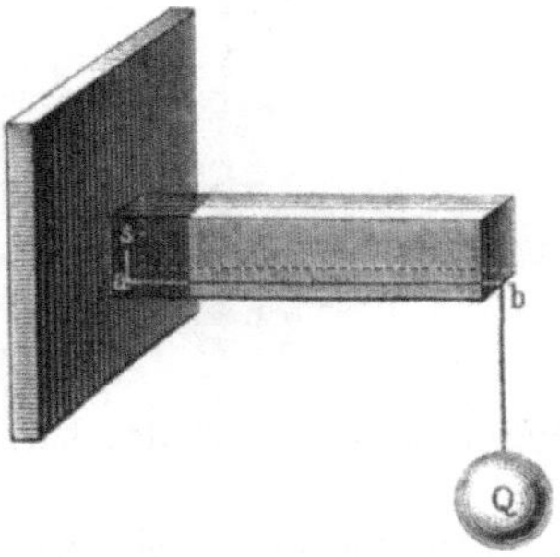

$$K : Q = l : \tfrac{1}{2} h$$

oder

$$Q = \frac{K . h}{2 l}.$$

Die Größe der Festigkeit K, mit welcher der Körper dem Zerreißen widersteht, hängt aber von dem Querschnitte des Balkens ab. Bezeichnen wir mit k die absolute Festigkeit für einen Querschnitt von 1 Quadratcentimeter, mit h die Höhe, mit b die Breite des Balkens, so ist:

$$K = k b h,$$

also

$$Q = \frac{k b h^2}{2 l}.$$

Aus dieser Formel sieht man, daß die zum Abbrechen nöthige Kraft im geraden Verhältniß der Breite und des Quadrats der Höhe wächst, sich aber umgekehrt verhält wie die Länge.

Wenn ein Stab oder Balken in der Mitte seiner Länge durch eine scharfe Kante unterstützt und an seinen beiden Enden durch gleiche Gewichte P, Fig. 59 (a. f. S.), belastet ist, so werden diese ein Bestreben äußern, ihn in seiner Mitte zu zerbrechen, und zwar muß, um den Bruch wirklich herbeizuführen, das Gewicht

P, welches bei *a* und bei *b* wirkt, gerade so groß sein als das Gewicht *Q*, welches man bei *b* anbringen müßte, um den Stab bei *c* abzubrechen, wenn *cb* das frei aus einer Wand hervorragende Ende des Stabes wäre.

Fig. 59.

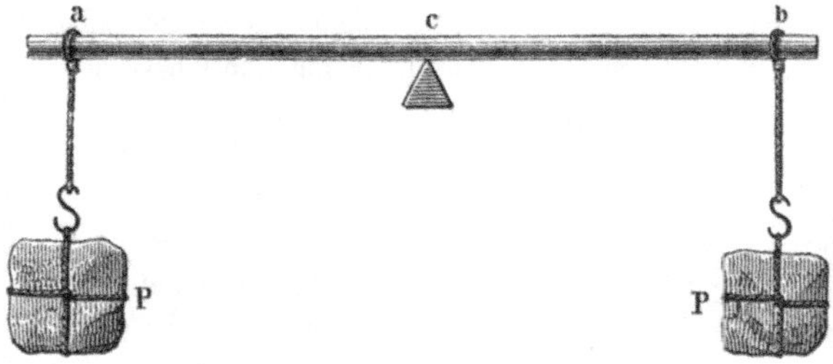

Der Druck, den die Unterlage in der Mitte bei *c* auszuhalten hat, ist offenbar 2 *P*.

Ist der Stab oder Balken an den beiden Enden unterstützt, wie Fig. 60, so kann man ihn dadurch zerbrechen, daß man eine Last 2 *P* in der Mitte anhängt.

Fig. 60.

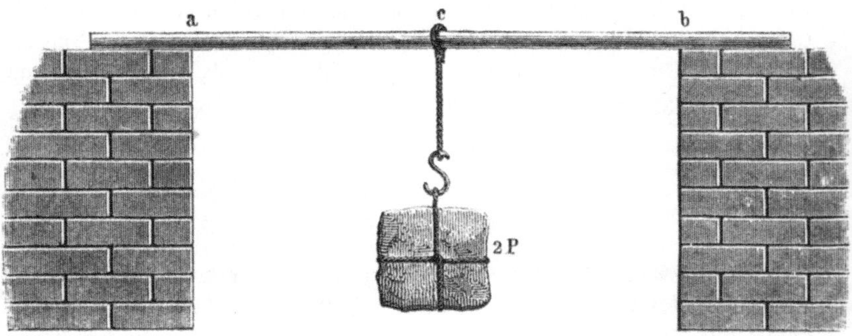

Wir haben bei unseren bisherigen Betrachtungen und Rechnungen ganz unberücksichtigt gelassen, daß sich die Balken vor dem förmlichen Abbrechen erst biegen. Durch diese Biegung wird aber die relative Festigkeit bedeutend modificirt, so daß die nach obigen Formeln aus der bekannten absoluten Festigkeit berechneten Werthe der relativen Festigkeit von der Wirklichkeit bedeutend abweichen können. Wenn aber diese Formeln auch nicht dienen können, um die Größe der relativen Festigkeit zu berechnen, so dienen sie doch, um die relative Festigkeit von Balken und Stäben zu vergleichen, wenn sie aus demselben Material verfertigt und wenn nur ihre Dimensionen verschieden sind; denn wie auch durch die Biegsamkeit die Größe der absoluten Festigkeit modificirt werden mag, so ist sie doch stets der Breite und dem Quadrat der Höhe direct, der Länge aber umgekehrt proportional; in der Formel

$$Q = k \frac{b h^2}{2 l}$$

wird also durch die Biegsamkeit nichts verändert als der Werth des constanten Factors k, für welchen man nicht den der obigen Tabelle entnommenen Werth der absoluten Festigkeit, sondern einen anderen, für jedes Material durch die Erfahrung zu bestimmenden Factor setzen muß. Die Versuche zeigen, daß die Kraft, welche nöthig ist, um einen Balken zu zerbrechen, nahe viermal kleiner ist als die nach obiger Formel berechnete, wenn man für k den Zahlenwerth der absoluten Festigkeit setzt.

Welchen bedeutenden Einfluß die Biegsamkeit auf die relative Festigkeit ausübt, geht auch daraus hervor, daß, wenn ein Balken an seinen beiden Enden aufliegt, wie in Fig. 60, man, um ihn zu zerbrechen, in der Mitte nur ein halb so großes Gewicht anzuhängen braucht, als wenn er an seinen beiden Enden so befestigt ist, daß er durchaus nicht nachgeben kann.

Bei Hölzern hat natürlich auch die Richtung der Fasern einen bedeutenden Einfluß auf die Festigkeit.

Den Widerstand, welchen ein Körper dem Zerdrücken entgegensetzt, nennt man die rückwirkende Festigkeit.

Adhäsion. Dieselbe Kraft, welche die Theilchen eines festen Körpers 32
zusammenhält, wirkt auch, um die Theilchen zweier vorher getrennter Körper zusammenzuhalten, wenn man nur im Stande ist, sie in eine hinreichend innige Berührung zu bringen. So verbinden sich schon oft Spiegelplatten, welche nach dem Poliren dicht an einander gelegt worden sind, so innig mit einander, daß sie nicht mehr von einander getrennt werden können, ohne die Platten zu zerbrechen. Ebenso haften zwei Bleiplatten, die man zusammendrückt, fast so fest aufeinander, als ob sie nur eine einzige Bleimasse ausmachten, vorausgesetzt, daß die Flächen, in welchen sich die beiden Bleistücke berühren, vollkommen eben und metallisch sind.

Dieses Aneinanderhaften zweier Körper wird mit dem Namen Adhäsion bezeichnet.

Die Adhäsion zeigt sich nicht allein zwischen gleichartigen, sondern auch zwischen verschiedenartigen Körpern. Eine Bleiplatte mit einer Zinnplatte oder eine Kupferplatte mit einer Silberplatte durch Glättwalzen gezogen, geben ein fast untrennbares Ganzes.

Besonders stark zeigt sich die Adhäsion, wenn ein flüssiger Körper mit einem festen in Berührung gebracht, und dann der flüssige Körper durch Erkalten oder durch Verdunstung des Lösungsmittels fest wird; hierauf beruht das Löthen, das Leimen und Kitten. Kittet man vermittelst Siegellacks zwei Glasstücke zusammen, so kommt es oft vor, daß sich beim Auseinanderreißen nicht das Glas vom Siegellack trennt, sondern daß Stücke aus dem Glase herausgerissen werden. Wenn man eine Glasplatte mit Leim bestreicht, so haftet dieser oft so fest am Glase, daß Stücke aus demselben (dem Glase) herausgerissen werden, wenn sich der Leim beim Austrocknen zusammenzieht.

Wenn zwei Körper mit ebenen Flächen auf einander liegen und man den einen über den anderen hinausschieben will, so setzt die Adhäsion dieser Bewegung ein Hinderniß entgegen; die Adhäsion hat also einigen Antheil am Reibungswiderstande, der überall da überwunden werden muß, wo zwei Körper über einander hingleiten oder wo sich ein Körper über einen anderen hinwälzt. Von der Reibung wird noch weiter unten die Rede sein.

33 **Krystallisation.** Wenn ein Körper aus dem flüssigen oder gasförmigen Zustande in den festen Zustand übergeht, so werden die bis dahin leicht an einander verschiebbaren Theilchen in einer bestimmten gegenseitigen Lage fixirt. In der ganzen Natur zeigt sich aber bei diesem Uebergange in den festen Zustand ein Bestreben der Theilchen, eine regelmäßige Anordnung hervorzubringen. In der unorganischen Natur bewirkt dieses Bestreben die Krystallisation.

Krystalle nennt man solche feste Körper, welche sich in regelmäßigen, durch ebene Flächen begränzten Gestalten gebildet haben. In der Natur findet man eine Menge solcher Krystalle; Quarz (Bergkrystall), Kalkspath, Schwerspath, Topas, Granat u. s. w. werden oft sehr schön krystallisirt gefunden.

Der Uebergang aus dem flüssigen in den festen Zustand findet entweder durch Erstarren eines geschmolzenen Körpers, oder durch Ausscheidung aus einer Auflösung Statt.

Wenn man geschmolzenes Wismuth in eine etwas erwärmte Schale gießt, so bildet sich nach einiger Zeit auf der Oberfläche eine feste Kruste. Wenn man nun diese Kruste durchsticht und das im Innern noch flüssige Metall abgießt, so erscheint das Innere der so gebildeten Höhlung mit schönen würfelförmigen Krystallen ausgekleidet.

Auf ähnliche Weise kann man auch Krystalle aus einer geschmolzenen Schwefelmasse erhalten.

Wenn man mit Aufmerksamkeit ein gefrierendes Wasser beobachtet, so sieht man, wie feine Eisnadeln sich bilden, wie sie von einem Augenblicke zum anderen sich ausbreiten und verzweigen. Freilich sieht man hierbei selten so regelmäßige krystallinische Gestalten, wie man sie beim Schnee beobachtet; doch sieht man deutlich, daß die Eisbildung eine Krystallbildung ist.

Viele Körper lösen sich in Flüssigkeiten, namentlich in Wasser auf, und zwar läßt sich in einer bestimmten Menge Wasser nur eine bestimmte Menge irgend eines Stoffes auflösen; doch löst sich in warmem Wasser meistens mehr auf als in kaltem. Wenn nun eine Auflösung bei hoher Temperatur gesättigt ist, wenn man z. B. in einer bestimmten Menge warmen Wassers so viel Alaun aufgelöst hat als möglich, so kann diese Salzmasse nicht mehr ganz aufgelöst bleiben, wenn die Lösung erkaltet, ein Theil des Salzes wird sich wieder ausscheiden, und zwar schießt es in regelmäßigen Krystallen an. — Auch dann bilden sich Krystalle, wenn das Wasser einer gesättigten Lösung allmälig verdunstet.

Nicht allein aus wässerigen Lösungen scheiden sich Krystalle aus; der Schwefel z. B. löst sich in Schwefelkohlenstoff, in Chlorschwefel, in Terpentinöl auf, und aus diesen Lösungen kann man schöne durchsichtige Krystalle von Schwefel erhalten.

Die Krystalle werden um so größer und regelmäßiger, je langsamer die Erkaltung oder die Verdunstung vor sich geht. Bei schneller Krystallisation bilden sich kleine Krystalle, die sich zu unregelmäßigen Gruppen zusammenhäufen, an denen man oft kaum ein krystallinisches Gefüge erkennen kann.

Jedem Stoffe kommt eine eigenthümliche Krystallform zu; so ist z. B. die Krystallform des Bergkrystalls eine andere als die des Alauns, und diese wieder eine andere als die des Kupfervitriols.

Die Untersuchung der Symmetriegesetze, welche zwischen den einzelnen Krystallflächen stattfinden, sowie die Beschreibung der Krystallformen überhaupt ist ein Gegenstand, mit welchem sich die Krystallographie zu beschäftigen hat. Die Grundzüge derselben werden in den entsprechenden Paragraphen des Supplementbandes besprochen.

Drittes Capitel.

Hydrostatik oder die Lehre vom Gleichgewichte der Flüssigkeiten.

---

34 **Princip der Gleichheit des Drucks.** Flüssigkeiten haben in Folge der leichten Verschiebbarkeit der Theilchen die Eigenschaft, daß sie jeden Druck, welcher auf einen Theil ihrer Oberfläche ausgeübt wird, nach allen Seiten gleichmäßig fortpflanzen.

Es sei in Fig. 61 der horizontale Durchschnitt eines ganz mit Wasser gefüllten und vollkommen verschlossenen Gefäßes dargestellt, an welchem sich in gleicher Höhe vier vollkommen gleiche Röhren befinden, die durch Kolben verschlossen sind. Da diese Kolben gleichen Durchmesser haben und in ganz gleicher Höhe liegen, so haben sie auch vollkommen gleichen Druck durch die Schwere des Wassers auszuhalten, einen Druck, von welchem wir vor der Hand ganz absehen, den wir also als nicht vorhanden betrachten wollen.

Fig. 61.

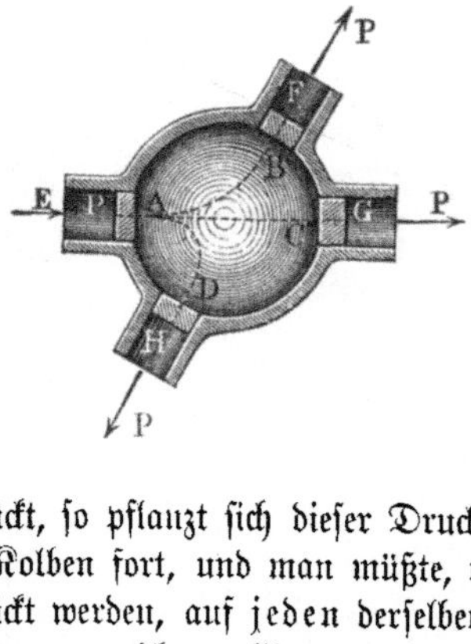

Wird nun durch irgend eine Kraft einer der Kolben, etwa *A*, nach innen gedrückt, so pflanzt sich dieser Druck durch das Wasser hindurch auf die übrigen Kolben fort, und man müßte, um zu verhindern, daß diese Kolben herausgedrückt werden, auf jeden derselben einen nach innen gerichteten Gegendruck anbringen, welcher vollkommen dem auf den Kolben ***A*** wirkenden Drucke gleich ist; das Gleichgewicht kann also nur dann bestehen wenn alle vier Kolben gleich stark nach innen gedrückt werden.

Der Druck pflanzt sich jedoch nicht allein vom Kolben *A* auf die übrigen Kolben, sondern auf alle Theile der Gefäßwand fort, so daß *jeder* Flächentheil der Gefäßwand, welcher eben so groß ist, wie der Querschnitt des Kolbens, auch einen eben so großen Druck auszuhalten hat.

In Fig. 62 ist der Durchschnitt eines ähnlichen Gefäßes mit zwei Röhren dargestellt, welche gleichfalls mit Kolben geschlossen sein sollen; die Röhren und folglich auch der Querschnitt der Kolben sind aber nicht gleich. Es sei z. B. die Oberfläche des Kolbens *C* viermal so groß als die des Kolbens *A*, so wird, wenn irgend eine Kraft gegen den Kolben *A* drückt, der Gesammtdruck auf den Kolben *C* auch *viermal* so groß sein als der auf *A* wirkende, weil jedes Flächenstück des Kolbens *C*, welches der Oberfläche des Kolbens *A* gleich ist, einen eben so großen Druck auszuhalten hat als *A*.

Fig. 62.

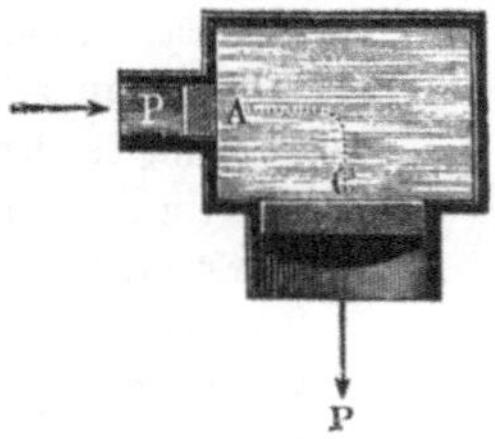

Fig. 63.

Wenn man also den Kolben *A* mit einer Kraft von 10 Pfund nach innen drückt, so müßte man zur Erhaltung des Gleichgewichts an dem Kolben *C* einen nach innen gerichteten Druck von 40 Pfund anbringen.

Der Druck pflanzt sich nicht allein in einer Horizontalebene fort, wie dies in den bisher betrachteten Beispielen der Fall war, sondern auch nach oben und nach unten.

Fig. 63 stelle den verticalen Durchschnitt zweier unten verbundener Röhren von ungleichem Querschnitt dar. Der die Röhren verbindende Raum sei mit Wasser gefüllt und auf dieses die Kolben *A* und *B* aufgesetzt. Wenn nun auf den Kolben *A*, dessen Querschnitt *zehnmal* kleiner sein mag als der des Kolbens *B*, ein Gewicht von 12 Pfund aufgelegt wird, so wird sich der Druck in der Weise bis zum Kolben *B* fortpflanzen, daß gegen jedes Flächenstück von *B*, welches eben so groß ist als der Querschnitt von *A*, ein nach oben gerichteter Druck von 12 Pfund wirkt; man muß also den Kolben *B* mit 120 Pfund belasten, wenn das Gleichgewicht ungestört bleiben soll.

Auf der gleichförmigen Fortpflanzung des Druckes durch Flüssigkeiten beruht die *hydraulische Presse*; sie besteht aus zwei Hauptheilen, einer Saug- und Druckpumpe *bb*, Fig. 65 (a. S. 67), welche den Druck ausübt, und dem Preßcylinder *cc*, in dessen Höhlung von Oben der Kolben *pp*, von einem wasserdicht schließenden Lederringe umfaßt, hineinragt. Fig. 64 (a. f. S.) ist eine äußere Ansicht der Druckpumpe von der rechten Seite der Fig. 65 aus gesehen. Durch den Hebel *l* wird der Kolben *s* gehoben, das Wasser des Behälters *b* dringt durch das Sieb r, hebt das Ventil i und gelangt so unter den Kolben s. Wenn man den Hebel l niederdrückt, so geht auch der Kolben s nieder, das zurückgetriebene Wasser schließt das Ventil i, hebt das Ventil d und gelangt durch die Röhre t in den Cylinder c der Presse; hier drückt es nun, vorausgesetzt, daß t und die Höhlung von c bereits vollständig mit Wasser gefüllt sind, gegen den Kolben p, den es mit der Platte n hebt, und so wird der zu pressende Körper zwischen n und der festen Platte e zusammengedrückt.

Wenn der Kolben s durch irgend eine Kraft niedergedrückt wird, so hat jeder Flächentheil der Gefäßwände, welcher dem Querschnitt des Kolbens s gleich ist, einen gleichen Druck auszuhalten. Ist also der Querschnitt des Kolbens p $n$mal so groß als der des Kolbens s, so wird der Kolben p mit einer Kraft nk gehoben, wenn der Kolben s mit einer Kraft k niedergedrückt wird.

Fig. 64.

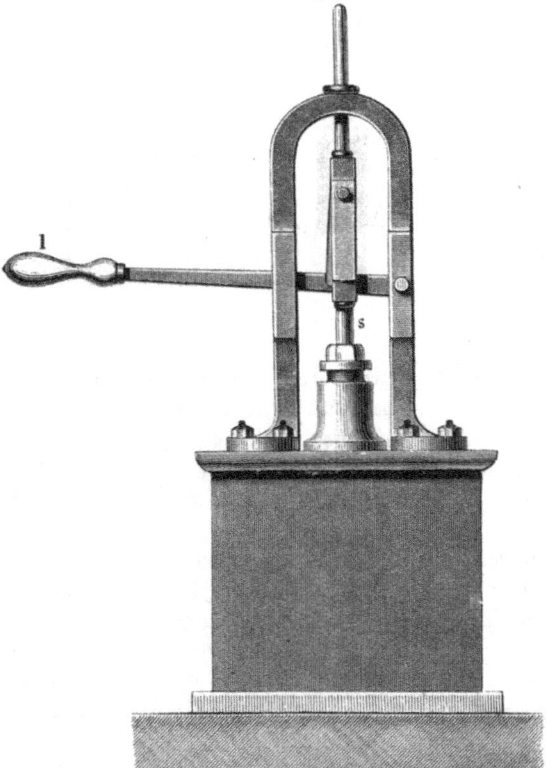

Bezeichnen wir mit K den Druck, mit welchem der große Kolben gehoben wird, so ist:

$$K = k\,\frac{R^2}{r^2},$$

wenn r den Halbmesser des kleinen, R den des großen Kolbens bezeichnet. Ist nun ferner l der Hebelarm, an welchem der kleine Kolben angehängt ist, L der Hebelarm, an welchem der Arbeiter drückt, so ist:

$$k = D\,\frac{L}{l},$$

wenn D den Druck bezeichnet, welchen der Arbeiter ausübt, mithin haben wir

$$K = D\,\frac{L\,.\,R^2}{l\,.\,r^2}.$$

Ist z. B. $R = 10\,r$ und $L = 6\,l$, so ist:

$$K = D\,.\,600.$$

Wenn also der Hebel bei l mit einer Kraft von 100 Pfund niedergedrückt wird, so wird der Kolben p mit einer Kraft von 60 000 Pfund gehoben.

Von der Kraft, welche am Hebel l angewandt wird, geht ein Theil durch Reibungswiderstände verloren, bevor sie sich bis zum Kolben p fortpflanzt; des-

Fig. 65.

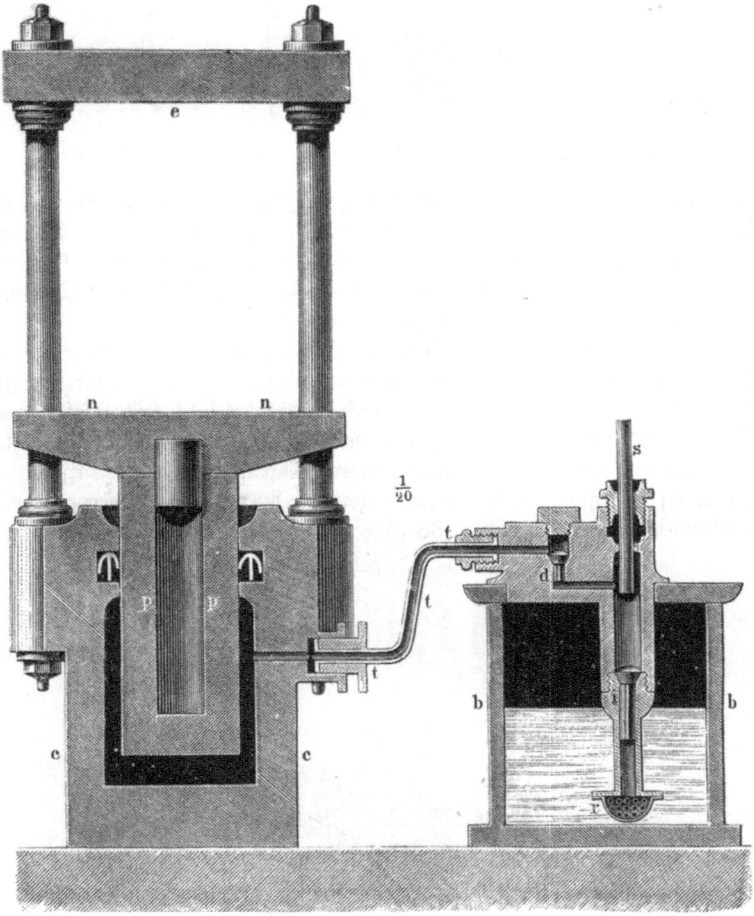

halb wird der Effect stets geringer sein, als er nach den eben angeführten Betrachtungen sein sollte.

Communicirende Gefässe. Denken wir uns in der Fig. 66 35
(a. f. S.) die Dicke der Kolben A und B auf Null reducirt, oder denken wir uns statt der Kolben nur Wasserschichten, so werden die Gleichgewichtsbedingungen unverändert dieselben bleiben. Wenn auf die Schicht AC, Fig. 67, irgend ein gleichförmiger Druck ausgeübt wird, so findet das Gleichgewicht nur dann Statt, wenn auf die n mal größere Schicht BD auch ein n mal größerer Druck

5*

wirkt. Wird auf die Wasserschicht AC eine Wassersäule $ACFG$ aufgeschüttet, so ist es das Gewicht derselben, welches auf AC drückt. Will man diesem Drucke

Fig. 66.

Fig. 67.

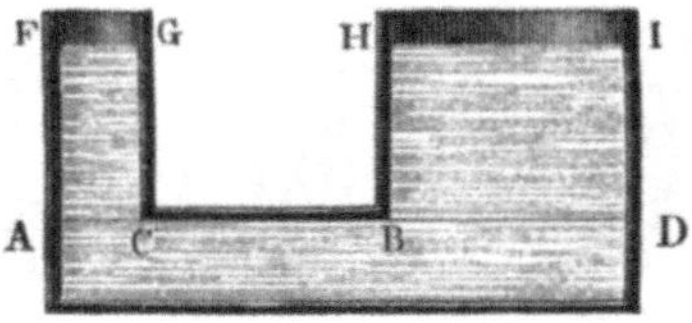

durch eine auf BD lastende Wassersäule das Gleichgewicht halten, so muß diese Wassersäule $BDHI$ nothwendig $n$mal so schwer sein als $ACFG$. Soll aber die Wassersäule $BDHI$ wirklich $n$mal schwerer sein als $ACFG$, so müssen beide Wassersäulen gleiche Höhe haben, da ja die Grundfläche BD schon $n$mal größer ist als die Grundfläche AC.

Für cylindrische verticale Röhren, die unten auf irgend eine Weise mit einander in Verbindung stehen, gilt also das Gesetz, daß sie bei gleicher Flüssigkeit in beiden Schenkeln bis zu gleicher Höhe gefüllt sein müssen, wenn Gleichgewicht stattfinden soll, mag nun ihr Durchmesser gleich sein oder nicht.

Auf dem Gesetze der communicirenden Röhren beruht auch die Anwendung der Wasserwagen zum Abvisiren horizontaler Linien. Die Einrichtung dieser Instrumente ist wohl aus Fig. 68 ohne weitere Erklärung verständlich.

Fig. 68.

Nur bei ganz engen Röhren findet eine Abweichung von dem eben ausgesprochenen Gesetze Statt, welche später besprochen werden wird.

Sind Flüssigkeiten von ungleichem specifischen Gewichte in die beiden Schenkel gegossen, so sind natürlich die Flüssigkeitssäulen, welche sich das Gleichgewicht halten, nicht mehr gleich hoch, sondern ihre Höhen verhalten sich umgekehrt wie ihre specifischen Gewichte.

In die heberförmig gebogene Röhre Fig. 69 sei z. B. Quecksilber und dann in den längeren Schenkel Wasser gegossen. Denken wir uns durch die Berührungsstelle von Quecksilber und Wasser eine horizontale Ebene BA gelegt, so wird alles Quecksilber unter BA für sich im Gleichgewicht sein, die

Höhe der Quecksilbersäule EA ist aber für den Fall des Gleichgewichts beinahe 14mal geringer als die Höhe der Wassersäule BF im anderen Schenkel, weil das specifische Gewicht des Quecksilbers nahe 14mal so groß ist als das des Wassers.

Fig. 69.

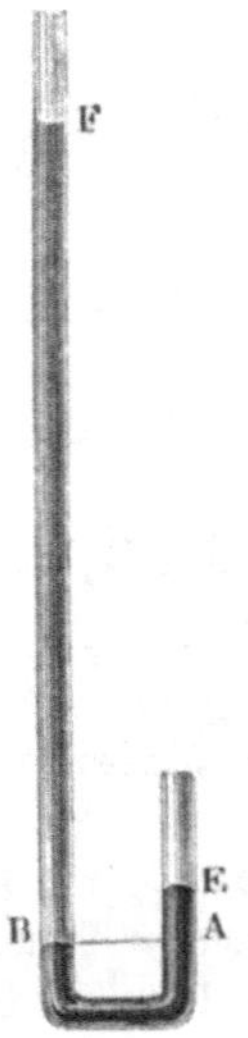

Was man nun auch für verschiedene Flüssigkeiten anwenden mag, immer müssen sich die Höhen der Säulen umgekehrt wie ihre specifischen Gewichte verhalten. So hält z. B. eine 8 Zoll hohe Säule von concentrirter Schwefelsäure einer Wassersäule von 14,8 Zoll und eine 8 Zoll hohe Säule von Schwefeläther einer Wassersäule von 5,7 Zoll das Gleichgewicht.

Freie Oberfläche der Flüssigkeiten. Aus 36
dem Satze, welcher zu Anfang des vorigen Paragraphen bewiesen wurde, geht nun auch hervor, daß die freie Oberfläche einer Flüssigkeit in irgend einem Gefäße nothwendig horizontal sein muß. Wir können uns die ganze Flüssigkeitsmasse in eine beliebige Menge verticaler Säulchen zerlegt denken, und diese müssen sich unter einander nach dem Principe der communicirenden Röhren das Gleichgewicht halten. Hätte z. B. die Oberfläche der Flüssigkeit die Gestalt der Fig. 70, so können sich unmöglich die Wassersäulen cd und ab, welche zur Unterscheidung von der übrigen Wassermasse stärker schraffirt sind, das Gleichgewicht halten; es muß nothwendig ein Sinken der höheren und ein Steigen der niedrigeren erfolgen, bis die ganze Oberfläche rechtwinklig ist zur Richtung der Schwere.

Fig. 70.

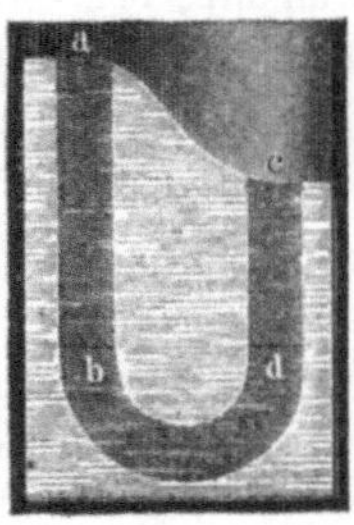

Wenden wir dies auf die Oberfläche des Meeres an, welches wir als vollkommen ruhig betrachten wollen, so ist klar, daß, wenn die Schwerkraft allein wirkt und wenn sie stets nach dem Mittelpunkt der Erde gerichtet ist, die Oberflächen aller Meere Theile einer Kugeloberfläche sein müssen.

Bodendruck der Flüssigkeiten. Wenn flüssige Massen im 37
Gleichgewicht sind, so üben sie, in Folge ihrer Schwere, einen mehr oder minder bedeutenden Druck auf den Boden und die Seitenwände der Gefäße aus, in denen sie enthalten sind. Zunächst wollen wir den Druck untersuchen, welcher von oben nach unten, oder von unten nach oben auf horizontale Flächen, alsdann den Druck, welcher auf die Seitenflächen ausgeübt wird.

In Gefäßen, die, wie in Fig. 71, 72 und 73 (a. f. S.), gleiche Grundflächen haben und bis zu gleicher Höhe mit Wasser gefüllt sind, hat der Boden gleichen Druck auszuhalten, mag nun das Gefäß oben weit oder eng, mag es gerade oder schräg sein.

Der Druck, welchen der Boden eines mit Wasser gefüllten Gefäßes auszuhalten hat, ist gleich dem Gewichte einer verticalen

Fig. 71.

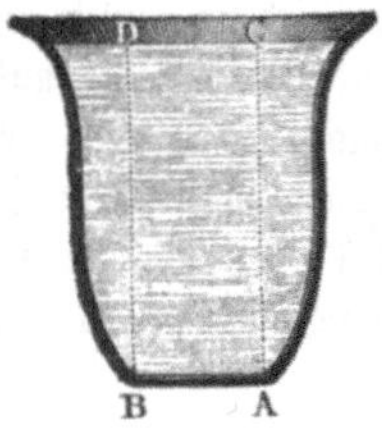

Fig. 72.

Fig. 73.

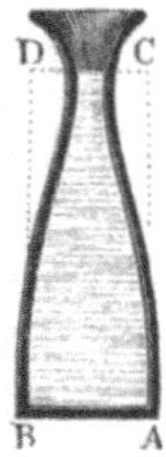

Wassersäule, deren Grundfläche gleich ist jenem Boden und deren Höhe gleich ist der Tiefe des Bodens unter dem Wasserspiegel.

Der Druck, welchen die Boden der Gefäße Fig. 71, 72 und 73 auszuhalten haben, ist also gleich dem Gewichte der im Gefäß Fig. 72 enthaltenen Wassersäule.

Wenn man allgemein mit s den Flächeninhalt des Bodens, mit h die Höhe des Wasserspiegels über demselben und mit d das Gewicht der Raumeinheit der Flüssigkeit bezeichnet, so haben wir für den Druck P, welchen der Boden auszuhalten hat, die Gleichung

$$P = s.h.d \quad \ldots\ldots\ldots \quad 1)$$

Für ein Maßsystem, bei welchem, wie bei dem neufranzösischen, das Gewicht der Raumeinheit Wasser zur Gewichtseinheit genommen ist, für welche also $d = 1$, reducirt sich die Gleichung 1) auf

$$P = s.h \quad \ldots\ldots\ldots \quad 2)$$

man erhält also den Bodendruck in Kilogrammen ausgedrückt, wenn s in Quadratdecimetern, h in Decimetern gemessen ist.

Daß der Druck auf den Boden eines geraden cylindrischen Gefäßes, wie Fig. 72, gleich dem Gewicht des darin enthaltenen Wassers ist, bedarf keines Beweises; daß aber der Druck auf den Boden der oben erweiterten, verengten und schrägen Gefäße derselbe ist, soll noch bewiesen werden.

Fig. 74 stellt ein Gefäß vor, welches sich in treppenförmigen Absätzen nach oben erweitert. Hier ist nun klar, daß das Bodenstück pq nur die Last der Wassersäule $pqem$ zu tragen hat, während das Gewicht der Wassermassen, welche die genannte Wassersäule umgeben, durch den Boden der treppenförmigen Absätze getragen wird. Das Gleiche gilt auch für das Gefäß Fig. 75, dessen Absätze nur kleiner sind als die des zuerst betrachteten Gefäßes. Der Boden ab hat nur das Gewicht der Wassersäule $abcd$ zu tragen.

Die Größe der Absätze hat auf die Richtigkeit dieser Betrachtung keinen Einfluß; unsere Schlüsse gelten also auch noch, wenn die einzelnen treppenförmigen Absätze verschwindend klein werden, sie gelten also auch noch für ein oben erweitertes Gefäß von der Form Fig. 71.

Fig. 76 stellt ein unten weites Gefäß dar, an welchem sich oben eine engere Röhre ansetzt. Das Gefäß sei bis fg mit Wasser gefüllt. Der Boden

Fig. 74.

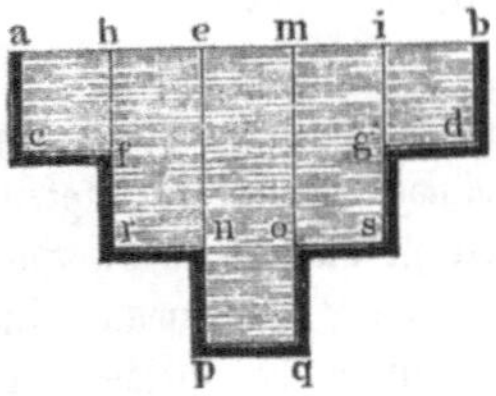

Fig. 75.

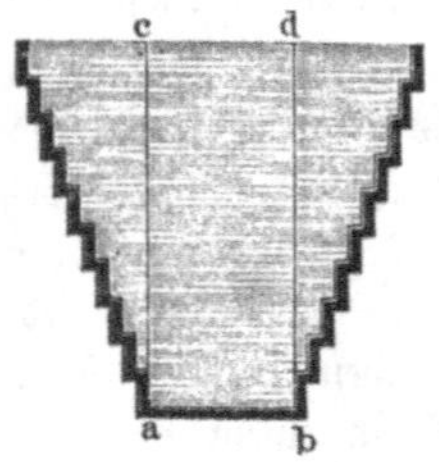

Fig. 76.

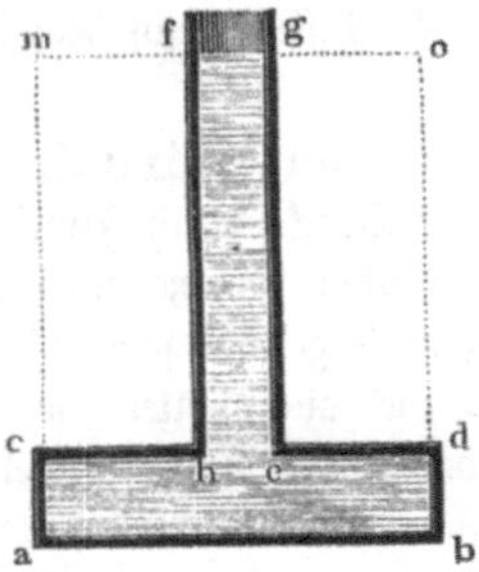

ab hat zunächst das Gewicht der Wassersäule $abcd$ zu tragen. Diese ist aber selbst durch die Wassersäule hg gedrückt, deren Gewicht auf die Wasserschicht he preßt. Der auf he lastende Druck pflanzt sich nun durch das Wasser in $abcd$ in der Art gleichförmig fort, daß jeder Theil des Bodens ab, welcher eben so groß ist wie he, einem dem Gewicht der Wassersäule $fghe$ gleichen Druck auszuhalten hat. Jedes Flächenstück des Bodens, welches gleich ist he, hat demnach einen Gesammtdruck auszuhalten, welcher gleich ist dem Gewicht einer verticalen Wassersäule, deren Basis gleich he, deren Höhe aber gleich $ac + hf$ ist; daraus folgt nun ferner, daß der Gesammtdruck, welchen der Boden ab auszuhalten hat, gleich ist dem Gewichte einer geraden Wassersäule, deren Basis ab und deren Höhe am ist.

Darauf gründet sich die Real'sche Presse.

Der eben besprochene und durch Fig. 76 erläuterte Satz läßt sich leicht dahin verallgemeinern, daß in jedem nach oben verengerten Gefäße, welches übrigens auch seine Gestalt sein mag, der Druck auf den horizontalen Boden gleich $s . h$ ist, wenn s den Flächeninhalt des Bodens und h seine Tiefe unter dem Wasserspiegel bezeichnet (Metermaßsystem vorausgesetzt).

Kurz, der Druck, den der Boden eines mit Wasser gefüllten Gefäßes auszuhalten hat, ist von der Form dieses Gefäßes ganz unabhängig, er hängt bloß von der Größe des Bodens und seiner Tiefe unter dem Wasserspiegel ab.

Aus dem Gesagten folgt nun ferner, daß der Satz, welcher in §. 35 nur für verticale cylindrische Gefäße bewiesen wurde, ganz allgemein wahr ist, daß in communicirenden Gefäßen für den Fall des Gleichgewichts der Spiegel der Flüssigkeit in gleicher Höhe sein muß, welches auch übrigens die Gestalt der Gefäße sein mag. Dem Druck der Wassersäule $abcd$, Fig. 77, wird das Gleichgewicht gehalten, wenn auf ef ein Druck wirkt, welcher

Fig. 77.

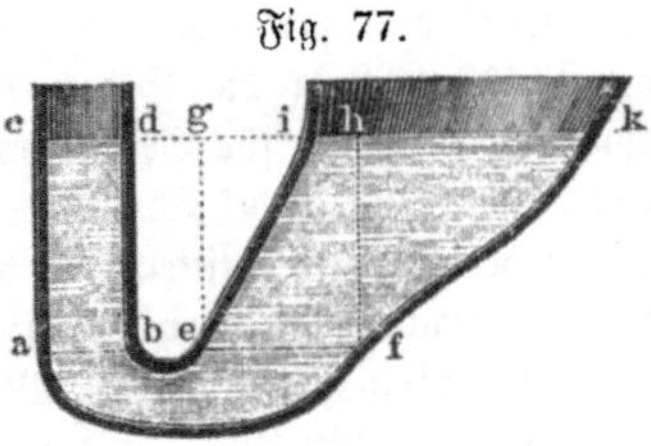

dem Gewichte der verticalen Wassersäule *efgh* gleich ist. Nun aber übt ja, wie wir eben gesehen haben, die unregelmäßig geformte schräge Wassersäule *efik* auf ihre Grundfläche *ef* genau denselben Druck aus, wie die gleich hohe gerade Säule *efgh*, folglich muß in der That in beiden Schenkeln unseres Gefäßes das Wasser gleich hoch stehen, wenn Gleichgewicht stattfinden soll.

38 **Seitendruck.** Es ist eine Folge der gleichförmigen Fortpflanzung des Drucks durch Flüssigkeiten, daß auch die Seitenwände der mit Flüssigkeiten gefüllten Gefäße einen Druck auszuhalten haben, wie sie auch gegen die Horizontale geneigt sein mögen, und zwar hat ein jeder Punkt der Seitenwand einen Druck auszuhalten, welcher eben so groß ist, wie wenn er bei gleicher Tiefe unter dem Wasserspiegel sich in einem horizontalen Boden befände. Ist *s* der Flächeninhalt eines kleinen Stücks der Seitenwand, *h* die Tiefe seines Schwerpunktes unter dem Wasserspiegel, so ist der Druck, den es auszuhalten hat, gleichfalls

$$P = s \,.\, h.$$

In einem 10 Meter hohen Behälter voll Wasser ist der Druck auf 1 Quadratcentimeter der Seitenwand in einer Tiefe von 1 Meter gleich 100 Gramm, in einer Tiefe von 2 Metern gleich 200 Gramm, in einer Tiefe von 10 Metern, also am Boden, gleich 1000 Gramm.

Der Druck, den irgend ein Punkt *a* der verticalen Wand eines mit Flüssigkeit gefüllten Gefäßes auszuhalten hat, läßt sich durch Zeichnung (Fig. 78) anschaulich machen. Man ziehe in *a* eine wagerechte Linie und mache ihre Länge *ab* gleich der Tiefe des Punktes *a* unter dem Wasserspiegel, so kann die Linie *ab* den Druck repräsentiren, den der Punkt *a* auszuhalten hat. Macht man dieselbe Construction für mehrere Punkte der verticalen Linie *rs*, so werden die Endpunkte aller der horizontalen Drucklinien in die Linie *rt* fallen. Es folgt daraus, daß der Gesammtdruck, welchen die Linie *rs* der verticalen Gefäßwand auszuhalten hat, durch das Dreieck *rst* repräsentirt ist.

Fig. 78.

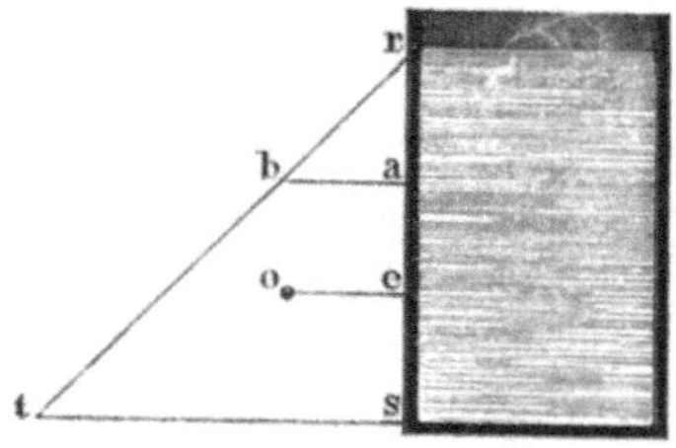

Der Angriffspunkt der Resultirenden aller elementaren Pressungen, welche ein Wandstück auszuhalten hat, heißt Mittelpunkt des Drucks. Er liegt immer tiefer als der Schwerpunkt des Flächenstücks, weil ja die Stärke des Drucks nach unten wächst. Um den Mittelpunkt des Drucks für die verticale Linie *rs* zu ermitteln, denke man sich durch den Schwerpunkt *o* des Dreiecks *rst* eine horizontale Linie gezogen, deren Fußpunkt *e* der gesuchte Mittelpunkt des Drucks ist. Wir haben hier nur eine Linie *rs* betrachtet; nehmen wir statt derselben einen beliebig breiten Streifen der verticalen Wand, so liegt der Mittelpunkt des Drucks für denselben auf seiner verticalen Mittellinie, und zwar ist seine Höhe über dem Boden $^1/_3$ der Höhe, in welcher sich der Wasserspiegel über dem Boden befindet, d. h. es ist $se = {}^1/_3\, sr$.

Druck im Innern der Flüssigkeiten, Auftrieb. Jede Schicht 39
im Innern einer Flüssigkeit wird von beiden Seiten mit gleicher Kraft gedrückt; eine horizontale Schicht im Innern der Flüssigkeit z. B. hat von oben das Gewicht der darauf lastenden Wassersäule zu tragen; dieser Druck ist aber durch einen ganz gleichen, von den benachbarten Wassersäulen herrührenden, von unten her wirkenden äquilibrirt. Daß im Innern der Flüssigkeit ein solcher nach oben wirkender Druck wirklich vorhanden ist, läßt sich leicht durch den Versuch zeigen.

Das untere Ende einer ungefähr $1^1/_2$ Zoll weiten Glasröhre ist mit einer Messingfassung versehen, wie dies Fig. 79 zeigt. Der Rand derselben ist genau eben abgeschliffen. *ab* ist eine Metallscheibe, welche in ihrer Mitte einen Haken hat, so daß man sie an eine Schnur anhängen kann, welche durch die Röhre hindurchgeht. Wenn man den Faden anzieht, so verschließt die Scheibe die untere Oeffnung der Röhre vollkommen. Auf diese Weise verschlossen, wird die Röhre in das Wasser eingetaucht. Nun ist es nicht mehr nöthig, den Faden anzuziehen, um das Herunterfallen der Scheibe zu verhindern, weil sie durch die Flüssigkeit nach oben gedrückt wird. Gießt man Wasser in die Röhre, so wird die Scheibe durch ihr eigenes Gewicht fallen, sobald das Niveau des Wassers in der Röhre dem äußern fast gleich ist; denn nun erleidet sie durch die Flüssigkeit gleichen Druck nach unten und nach oben.

Fig. 79.

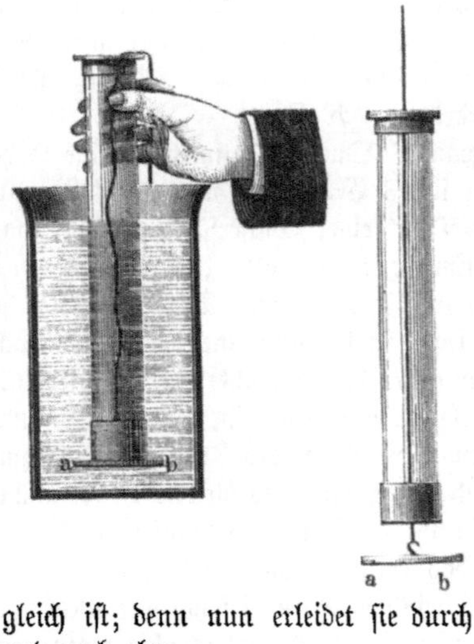

Dieser Druck, welchen die untere Fläche jedes in eine Flüssigkeit eingetauchten Körpers auszuhalten hat, und welcher ein Bestreben äußert, den Körper in die Höhe zu treiben, heißt der A u f t r i e b.

Das archimedische Princip. In Folge des Auftriebs wird jeder 40
in einer Flüssigkeit untergetauchte Körper einen Theil seines Gewichts verlieren, und zwar ist dieser Gewichtsverlust gerade so groß als das Gewicht des aus der Stelle getriebenen Wassers.

Oder richtiger gesagt: Wenn ein Körper in eine Flüssigkeit eingetaucht ist, so wird ein Theil seines Gewichts von der Flüssigkeit getragen, welcher dem Gewichte der aus der Stelle getriebenen Flüssigkeit gleich ist.

Dieses wichtige Gesetz führt nach seinem Entdecker den Namen des archimedischen Princips.

Man kann sich von der Richtigkeit dieses Princips durch eine einfache Betrachtung überzeugen. Wenn ein gerades Prisma vertical in die Flüssigkeit eingetaucht ist, wie es Fig. 80 zeigt, so ist jeder Druck auf die Seiten des Prismas durch einen gleichen und entgegengesetzten aufgehoben, die obere Fläche aber erleidet den Druck einer Flüssigkeitssäule, welche mit dem Prisma gleiche Grundfläche und die Höhe h hat. Die untere Fläche dagegen wird von unten nach oben mit einer Kraft gedrückt, welche dem Gewichte einer Flüssigkeitssäule von derselben Basis und der Höhe h' gleich ist. Ist b die Basis des Prismas, so ist bh der nach unten wirkende, auf der oberen Fläche lastende Druck, bh' der gegen die untere Fläche des Prismas nach oben wirkende Druck, also $b\,(h' - h)$ der Ueberschuß des letzteren, welchen wir als Auftrieb bezeichnet haben. Dieser Auftrieb ist aber gleich dem Gewichte einer Wassersäule von der Basis b und der Höhe $h' - h$, also gleich dem Gewichte des durch das Prisma verdrängten Wassers.

Fig. 80.

Es sei z. B. die Basis jenes Prismas 1 Quadratcentimeter, seine Höhe 10 Centimeter, die obere Fläche befinde sich 3 Centimeter unter dem Niveau des Wassers, so hat die obere Fläche den Druck einer Wassersäule von 1 Quadratcentimeter Grundfläche und 3 Centimeter Höhe, also das Gewicht von 3 Cubikcentimetern Wasser, d. h. 3 Grammen, zu tragen. Die untere Fläche ist aber 13 Centimeter unter dem Wasserspiegel, sie hat also einen von unten nach oben wirkenden Druck auszuhalten, welcher gleich dem Gewichte einer Wassersäule von 1 Quadratcentimeter Basis und 13 Centimeter Höhe ist, also 13 Gramme beträgt. Zieht man von diesen 13 Grammen die Größe des Drucks von 3 Grammen ab, welcher auf die obere Fläche nach unten wirkt, so bleiben 10 Gramme für die Kraft, mit welcher das Prisma durch den Druck des Wassers nach oben getrieben wird. 10 Gramme aber ist das Gewicht einer Wassersäule, welche mit dem Prisma gleiches Volumen hat. Bestände dieses Prisma aus Marmor, so würde es 27 Gramme wiegen; in Wasser eingetaucht hat es aber einen nach oben gerichteten Ueberdruck von 10 Grammen auszuhalten, folglich wird es sich im Wasser so verhalten, als ob es um 10 Gramme leichter geworden wäre.

Nehmen wir statt eines solchen Prismas ein Bündel von mehreren, so ist klar, daß jedes einzelne Prisma durch das Eintauchen in Wasser von seinem Gewichte so viel verliert, als ein gleiches Volumen Wasser wiegt; folglich ist auch der Gewichtsverlust, welchen der ganze, aus mehreren Prismen zusammengesetzte Körper erleidet, gleich dem Gewicht einer Wassermasse, deren Volumen dem Gesammtvolumen aller Prismen gleich ist. Da man sich aber einen jeden Körper in eine Menge solcher vertical stehender Prismen von sehr kleinem Durchmesser zerlegt denken kann, so läßt sich unser Schluß auf jeden beliebigen Körper ausdehnen.

Eine ganz andere Schlußweise führt uns zu demselben Resultate. Denken wir uns, der Raum, den der in Wasser eingetauchte Körper einnimmt, sei selbst mit Wasser angefüllt, so wird dieser Wasserkörper in der übrigen Wassermasse schweben, er wird nicht steigen und nicht sinken. Denken wir uns nun den Wasserkörper durch einen andern ersetzt, der bei gleichem Volumen gleiches Gewicht mit dem Wasserkörper hat, so wird auch dieser schweben, sein ganzes Gewicht wird also durch das Wasser, in welches er eingetaucht ist, getragen. Somit ist klar, daß allgemein von dem Gewichte eines jeden in Wasser eingetauchten Körpers ein Theil durch das Wasser getragen wird, welcher dem Gewichte des verdrängten Wassers gleich ist.

Von der Wahrheit des archimedischen Princips kann man sich auch direct durch den Versuch überzeugen. Nachdem die eine Wagschale einer gewöhnlichen Wage durch eine kürzere ersetzt worden ist, wird an diese ein hohler Cylinder c, Fig. 81, angehängt, an welchem wieder ein massiver Cylinder p hängt,

Fig. 81.

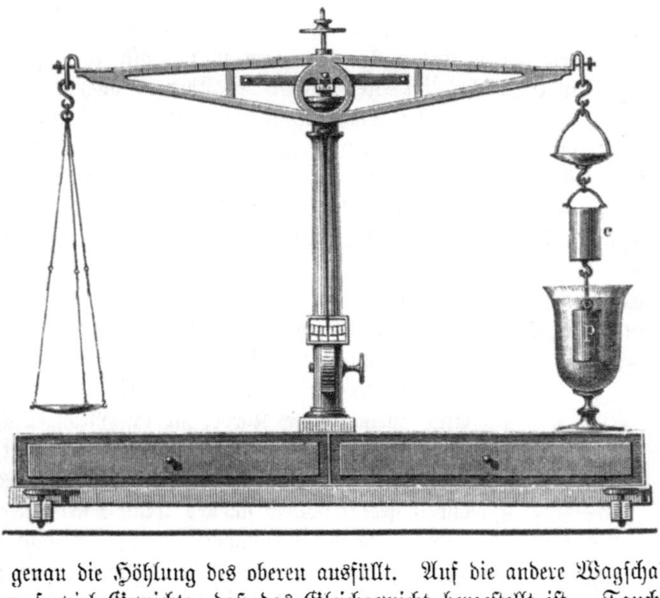

welcher genau die Höhlung des oberen ausfüllt. Auf die andere Wagschale legt man nun so viel Gewichte, daß das Gleichgewicht hergestellt ist. Taucht man aber nun den Cylinder p in Wasser, so verliert er dadurch einen Theil seines Gewichtes, das Gleichgewicht ist also gestört; um es von Neuem wieder herzustellen, braucht man nur den Cylinder c voll Wasser zu gießen, was offenbar zeigt, daß p durch das Eintauchen in Wasser gerade so viel an Gewicht verloren hat, als das Wasser wiegt, welches den Cylinder c ausfüllt. Das Volumen des in c befindlichen Wassers ist aber dem Volumen des Wassers gleich, welches der Cylinder p aus der Stelle treibt; mithin ist der Gewichtsverlust gleich dem Gewichte des aus der Stelle vertriebenen Wassers.

Bezeichnen wir das Gewicht eines Körpers mit G, den Gewichtsverlust, den er durch Untertauchen unter Wasser erleidet, mit W, so ist die Kraft K, mit welcher der Körper sinkt,

$$K = G - W \quad \ldots \ldots \ldots \ldots \quad 1)$$

Sobald nun der Körper schwerer ist als ein gleiches Volumen Wasser, so lange also $G > W$, ist der Werth von K positiv, der Körper wird wirklich sinken und kann erst ins Gleichgewicht kommen, wenn er auf dem Boden liegt oder auf andere Weise aufgehalten wird.

Ist $G = W$, so ist $K = 0$, der Körper wird im Wasser schweben, ohne zu sinken, aber auch ohne zu steigen.

Ist aber endlich $G < W$, d. h. ist der untergetauchte Körper leichter als ein gleiches Volumen Wasser, so wird K negativ, der Körper wird nicht sinken, sondern er wird durch das Ueberwiegen des Auftriebs in die Höhe steigen; ein Gleichgewichtszustand kann erst eintreten, wenn der Körper so weit aus der Oberfläche des Wassers hervorragt, daß das Gesammtgewicht des Körpers gleich ist dem Gewichte des durch den untergetauchten Theil verdrängten Wassers, der Körper wird also schwimmen.

Auf einen schwimmenden Körper wirken zwei Kräfte in entgegengesetzter Richtung; sein Gewicht, im Schwerpunkt des Körpers angreifend, zieht ihn nach Unten, der Auftrieb im Schwerpunkt der verdrängten Wassermasse, oder richtiger gesagt, in dem Punkte angreifend, welcher der Schwerpunkt des untergetauchten Körpertheils sein würde, wenn dieses untergetauchte Stück eine vollkommen gleichartige Masse wäre, treibt den Körper nach Oben. Den Angriffspunkt des Auftriebs bezeichnet man auch als Mittelpunkt des Wasserdrucks.

Es schwimme z. B. auf Wasser eine unten zugeschmolzene Glasröhre, Fig. 82, deren Schwerpunkt s durch Schrotkörner oder Quecksilber sehr tief liegt. Der Angriffspunkt des Auftriebs liegt in m, dem geometrischen Mittelpunkte des untergetauchten Theils.

Fig. 82.

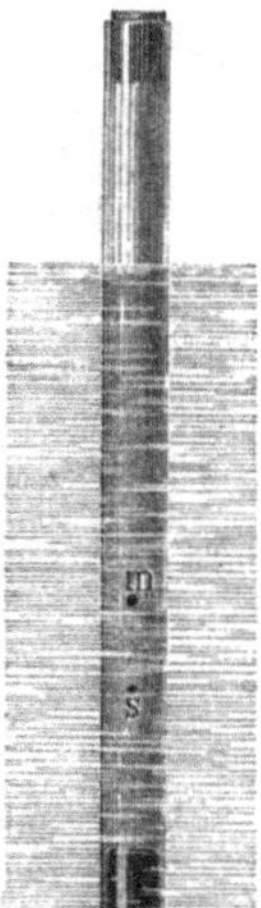

Ein schwimmender Körper ist im Gleichgewicht, wenn sein Schwerpunkt und der Angriffspunkt des Auftriebes in einer und derselben Verticallinie liegen; und dieses Gleichgewicht ist jedenfalls ein stabiles, wenn s tiefer liegt als m.

Für ein stabiles Schwimmen ist es jedoch nicht unbedingt nöthig, daß der Schwerpunkt des Körpers tiefer liegt als der Angriffspunkt des Auftriebs, es genügt, daß der Schwerpunkt des schwimmenden Körpers tiefer liegt als ein anderer Punkt, welcher den Namen des Metacentrums führt.

Die Lage des Metacentrums ist in folgender Weise bestimmt: Denken wir uns den Schwerpunkt s eines Körpers und den Punkt m, welcher den Angriffspunkt des Auftriebs in dem Falle bildet, daß der Körper in seiner Gleichgewichtslage schwimmt, wie Fig. 83, durch eine gerade Linie verbunden, so können wir diese Linie ab als Mittellinie des Körpers bezeichnen. Wird der schwimmende Körper aus seiner Gleichgewichtslage herausgebracht (Fig. 84), so nimmt die Mittellinie *ab* eine schräge Stellung an, zugleich aber nimmt der Angriffspunkt des Auf-

Fig. 83.

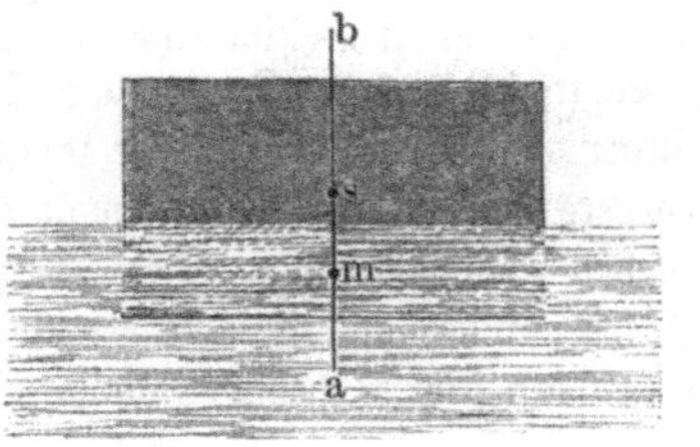

Fig. 84.

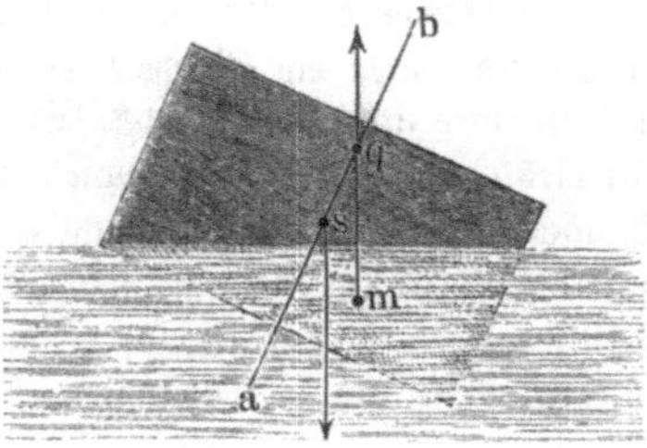

triebs eine andere Stelle ein, er rückt in unserem Beispiel in den Punkt *m*, Fig. 84. Ein durch den neuen Angriffspunkt des Auftriebs gelegtes Perpendikel schneidet nun die Mittellinie *ab* in einem Punkte *q* und dieser Punkt *q* ist das Metacentrum.

Ein Körper schwimmt also stabil, so lange sein Schwerpunkt unter dem Metacentrum, er schwimmt nicht stabil und muß umschlagen, wenn sein Schwerpunkt über dem Metacentrum liegt.

Anwendung des archimedischen Princips. Das archimedische Princip bietet uns ein Mittel, das specifische Gewicht fester und flüs- 41

Fig. 85.

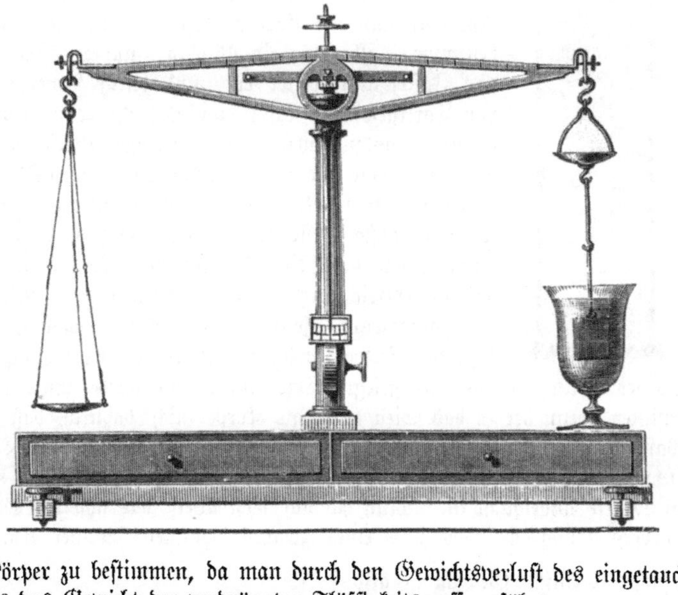

siger Körper zu bestimmen, da man durch den Gewichtsverlust des eingetauchten Körpers das Gewicht der verdrängten Flüssigkeitsmasse erfährt.

Um den Gewichtsverlust, welchen ein Körper beim Eintauchen in Wasser erleidet, mittelst einer Wage bestimmen zu können, wird an derselben eine kleine Veränderung angebracht, wodurch sie in eine sogenannte hydrostatische Wage umgewandelt wird. Man ersetzt nämlich die eine Wagschale durch eine kürzere, an der sich unten ein Häkchen befindet, an welches der zu bestimmende Körper mittelst eines möglichst feinen Drahtes gehängt werden kann, Fig. 85 (a. v. S.). Ist dies geschehen, so kann man durch Auflegen von Gewichten auf die längere Wagschale das absolute Gewicht g des Körpers bestimmen. Taucht man ihn nun in Wasser ein, so muß man, um das Gleichgewicht der Wage wieder herzustellen, auf die Wagschale, an welcher der Körper angehängt ist, ein Gewicht a zulegen; a ist also der Gewichtsverlust, welchen der Körper beim Eintauchen in Wasser erleidet, folglich $\frac{g}{a}$ sein specifisches Gewicht.

42 **Nicholson's Aräometer.** Zur Bestimmung des specifischen Gewichtes fester Körper kann statt der Wage das Nicholson'sche Aräometer angewandt werden, welches in Fig. 86 abgebildet ist.

Fig. 86.

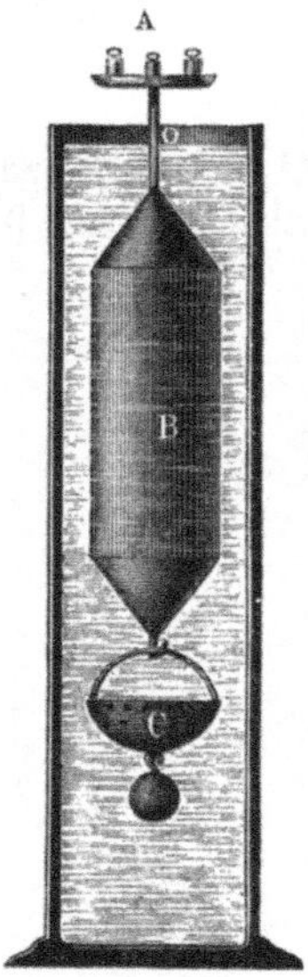

An einem hohlen, oben und unten geschlossenen Cylinder B von Messingblech ist unten ein Sieb C angehängt, oben aber ein feines Stäbchen befestigt, welches einen Teller trägt, auf den man kleinere Körper und Gewichte legen kann. In Wasser eingetaucht, schwimmt das Instrument aufrecht, weil dafür gesorgt ist, daß sein Schwerpunkt möglichst tief liegt. Das Instrument ist so eingerichtet, daß der oberste Theil des Körpers B noch aus dem Wasser herausragt. Legt man nun den Körper, dessen specifisches Gewicht man bestimmen will, etwa ein Mineral, auf den Teller, so sinkt das Instrument weiter ein, und durch ferneres Auflegen von Tarirgewichten kann man es leicht dahin bringen, daß es genau bis zu einem Punkte O eingesenkt ist, welchen man auf irgend eine Weise (gewöhnlich durch einen Feilstrich) auf dem Stäbchen markirt hat. Man nimmt nun das Mineral weg und legt statt dessen so viel Gewicht auf, bis das Instrument wieder genau bis O einsinkt. Auf diese Weise erhält man das absolute Gewicht des Körpers. Es betrage n Milligramme.

Hat man auf diese Weise das absolute Gewicht des Minerals bestimmt, so werden die n Milligramme wieder weggenommen und der Körper in das Sieb gelegt. Das Instrument würde nun wieder bis O einsinken, wenn der in das Sieb C gelegte Körper nicht dadurch, daß er jetzt in Wasser eingetaucht ist, an Gewicht verlöre. Man wird also auf den Teller noch Gewichte, m Milligramme, auflegen müssen, damit das Instrument wieder bis zur Marke eingetaucht ist. Man hat auf diese Weise das absolute Gewicht des Körpers n und das Gewicht m eines gleichen Volumens Wasser ermittelt; das gesuchte specifische Gewicht ist also $\frac{n}{m}$.

Es sei z. B. das specifische Gewicht eines Stückes Flußspath zu bestimmen. Man hat es auf den Teller gelegt und so viel Tarirgewicht zugefügt, daß das Instrument bis O einsinkt. Nachdem der Flußspath weggenommen worden, hatte man statt seiner 12 Gramme aufzulegen, damit das Aräometer eben so weit einsank; es beträgt also sein absolutes Gewicht 12 Gramme. Diese werden wieder weggenommen und der Flußspath in das Sieb gelegt; um es nun wieder dahin zu bringen, daß das Instrument bis O einsinkt, muß man noch 3,8 Gramme auf den Teller legen; das Gewicht eines dem Flußspath gleichen Wasservolumens ist also 3,8 Gramm, und das verlangte specifische Gewicht $\frac{12}{3,8} = 3,15$.

Auch das specifische Gewicht von Flüssigkeiten kann man mit dem Nicholson'schen Aräometer bestimmen. Da das Instrument stets so weit einsinkt, daß das Gewicht desselben sammt den Gewichten auf dem Teller dem der verdrängten Flüssigkeitsmasse gleich ist, so kann man mit Hülfe dieses Instruments ausmitteln, wie viel ein bestimmtes Volumen der Flüssigkeit wiegt. Dazu ist aber nöthig, daß man das Gewicht des Instruments selbst kennt; dies Gewicht sei g. Wenn das Instrument, in Wasser eingetaucht, bis O einsinken soll, so muß noch Gewicht a zugelegt werden. Das Gewicht der verdrängten Wassermasse ist also $g + a$.

Taucht man nun das Instrument in eine andere Flüssigkeit, so wird man irgend ein anderes Gewicht b anstatt a auflegen müssen, um ein Einsinken bis O zu bewerkstelligen; b wird größer sein als a, wenn die Flüssigkeit schwerer, kleiner als a, wenn sie leichter ist als Wasser. Das Gewicht der verdrängten Flüssigkeit ist $g + b$; das Volumen derselben ist aber genau so groß als das Gewicht der Wassermasse, deren Gewicht $g + a$ ist, weil ja das Aräometer in beiden Fällen gleich tief eingesunken ist.

Das Instrument wiege z. B. 70 Gramme; muß man 20 Gramme auflegen, damit es in Wasser, und 1,37 Gramme, damit es in Weingeist bis O einsinkt, so ist also das specifische Gewicht des Weingeistes $\frac{70 + 1,37}{70 + 20} = 0,793$.

Dieses Aräometer ist um so empfindlicher, je dünner das Stäbchen im Vergleich zum eingetauchten Volumen ist.

Mit diesem Aräometer das specifische Gewicht von Flüssigkeiten zu bestimmen, ist immer etwas umständlich. Man könnte eben so schnell mit Hülfe der Wage nach dem schon früher angegebenen Verfahren mit weit größerer Genauigkeit zum Ziele kommen. In vielen Fällen des praktischen Lebens aber kommt es darauf an, schnell durch ein möglichst einfaches Verfahren das specifische Gewicht einer Flüssigkeit auszumitteln, um daraus auf die Qualität derselben zu schließen. In solchen Fällen reicht es aber vollkommen hin, das specifische Gewicht bis auf zwei Decimalstellen genau zu finden; man erreicht dies am schnellsten durch die Scalenaräometer, die wir sogleich näher betrachten wollen.

43 **Scalenaräometer.** Durch das Nicholson'sche Aräometer wurde das specifische Gewicht einer Flüssigkeit aus der Vergleichung des absoluten Gewichtes gleicher Volumina abgeleitet. Der Gebrauch der Scalenaräometer aber gründet sich auf die Vergleichung der Volumina gleicher Gewichtsmengen verschiedener Flüssigkeiten.

Fig. 87 stellt ein Scalenaräometer dar. In der Regel bestehen sie aus einer cylindrischen Glasröhre, welche unten erweitert ist, wie man in der Abbildung sieht. In der unteren Kugel befindet sich etwas Quecksilber, wodurch nur bezweckt wird, daß das Instrument aufrecht schwimmt. Denken wir uns das Instrument im Wasser schwimmend, so ist das Gewicht des verdrängten Wassers dem Gewichte des Instrumentes gleich. Senken wir es nun in eine andere Flüssigkeit, so wird es tiefer oder weniger tief einsinken, je nachdem die Flüssigkeit leichter oder schwerer ist als Wasser. Gesetzt, das Aräometer wiege 10 Gramme, so wird es, in Wasser schwimmend, 10 Cubikcentimeter verdrängen. Taucht man es in Weingeist, so wird es so tief einsinken, daß die verdrängte Weingeistmenge auch 10 Gramme wiegt. Aber 10 Gramme Weingeist nehmen einen größeren Raum ein als 10 Gramme Wasser, das Instrument muß also tiefer einsinken, und zwar so, daß das in Weingeist eingesenkte Volumen sich zu dem in Wasser eingesenkten umgekehrt verhält wie die specifischen Gewichte dieser Flüssigkeiten.

Fig. 87.

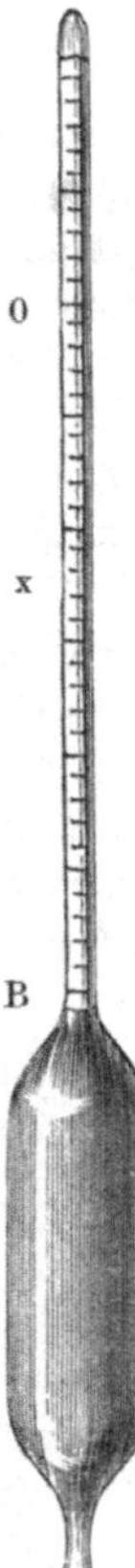

Um mit Hülfe eines solchen Instrumentes das specifische Gewicht einer Flüssigkeit ermitteln zu können, muß aber die Röhre mit einer zweckmäßigen Theilung versehen sein. Eine solche ist nun die von Gay-Lussac angegebene Volumeterscala.

Um diese Scala zu erhalten, wird zunächst derjenige Punkt x der Röhre bezeichnet, bis zu welchem das Instrument in Wasser einsinkt, alsdann auf der Röhre, von diesem Punkte ausgehend, eine Reihe von Theilstrichen so angebracht, daß das Volumen eines Röhrenstücks, welches zwischen je zwei solcher Theilstriche fällt, $^1/_{100}$ von dem in Wasser einsinkenden Volumen ist. Nehmen wir z. B. an, das Volumen desjenigen Theils des Aräometers, welches im Wasser untergetaucht ist, betrüge gerade 10 Cubikcentimeter, so müßte das Volumen des Röhrenstücks, welches zwischen je zwei Theilstriche fällt, 0,1 Cubikcentimeter betragen.

Der Wasserpunkt x wird mit 100 bezeichnet und die Theilung von unten nach oben gezählt. Die auf diese Weise getheilten Aräometer werden mit dem besonderen Namen Volumeter bezeichnet.

Gesetzt, das Aräometer sänke in irgend einer Flüssigkeit bis zum Theilstrich 80 der Volumeterscala ein, so weiß man dadurch, daß 80 Volumentheile dieser Flüssigkeit so viel wiegen wie 100 Volumentheile Wasser; das specifische Gewicht dieser Flüssigkeit verhält sich also zu dem des Wassers wie 100 zu 80, es ist also $\frac{100}{80}$ oder 1,25.

Wäre das Volumeter in einer anderen Flüssigkeit bis zum Theilstrich 116 der Volumeterscala eingesunken, so finden wir durch dieselbe Schlußweise, daß das specifische Gewicht dieser Flüssigkeit $\frac{100}{116} = 0{,}862$ ist. Kurz, wenn das Volumeter in einer Flüssigkeit bis zu einem bestimmten Punkte y der Scala einsinkt, so findet man das specifische Gewicht s der Flüssigkeit, wenn man die Zahl des beobachteten Scalenpunktes in 100 dividirt, d. h. es ist $s = \frac{100}{y}$.

Die Genauigkeit eines solchen Instrumentes ist um so größer, je größer die Entfernung eines Theilstriches vom anderen, je dünner also die Röhre im Vergleich zu dem Volumen des ganzen Instrumentes ist. Damit jedoch die Röhre nicht gar zu lang wird, macht man kein Volumeter, welches für alle Flüssigkeiten anwendbar ist, sondern solche, welche entweder nur für leichtere oder nur für schwerere Flüssigkeiten gebraucht werden können. Bei den ersteren befindet sich der mit 100 bezeichnete Wasserpunkt nahe am unteren, bei den letzteren aber nahe am oberen Ende der Röhre.

Noch bequemer für den Gebrauch ist die Densimeterscala, d. h. eine Scala, an welcher man unmittelbar die specifischen Gewichte ablesen kann, deren Theilstriche also mit dem ihnen entsprechenden specifischen Gewichte bezeichnet sind. An einem Densimeter also, welches für leichtere Flüssigkeiten bestimmt ist, sind die Punkte markirt, bis zu welchen das Instrument in Flüssigkeiten einsinken muß, deren specifisches Gewicht 1; 0,99; 0,98; 0,97 ... 0,90; 0,89 u. s. w. ist.

Fig. 88 (a. f. S.) zeigt die Hauptabtheilungen einer Densimeterscala für schwere, Fig. 89 einer solchen für leichtere Flüssigkeiten und neben denselben links die entsprechenden Stücke der Volumeterscala.

Procent-Aräometer. Im praktischen Leben ist es nicht direct der 44
Zweck, das specifische Gewicht einer Flüssigkeit zu erfahren, sondern man will den Concentrationsgrad einer Salzlösung, die Mischungsverhältnisse einer Flüssigkeit kennen lernen. Diese stehen nun freilich mit dem specifischen Gewichte in genauer Beziehung, so daß, wenn man mit Hülfe des Aräometers das specifische Gewicht einer Flüssigkeit ausgemittelt hat, man daraus auch auf die Natur der Flüssigkeit schließen kann. Man hat jedoch für solche Flüssigkeiten, welche in der Praxis häufig vorkommen, besondere Aräometer construirt, welche unmittelbar die Mischungsverhältnisse angeben; wir wollen hier nur eines der wichtigsten, nämlich das Alkoholometer, näher betrachten.

Das Alkoholometer dient zur Bestimmung des Alkoholgehaltes einer Mischung von Wasser und Weingeist.

Das specifische Gewicht des Alkohols ist 0,793, wenn man das des Wassers als Einheit annimmt; eine Mischung von Wasser und absolutem Alkohol wird also eine Dichtigkeit haben, welche zwischen 1 und 0,793 fällt und sich mehr der einen oder der anderen Gränze nähert, je nachdem die Mischung mehr Wasser oder mehr Alkohol enthält. Das specifische Gewicht der Mischung weicht jedoch von dem arithmetischen Mittel ab, welches man aus den Mischungsverhältnissen berechnet.

Fig. 88.

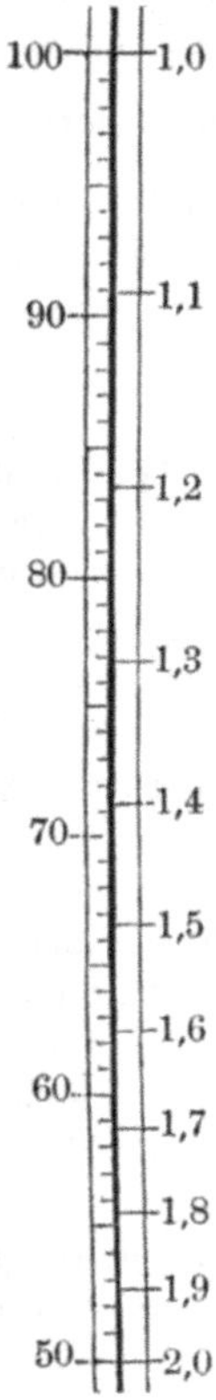

Fig. 89.

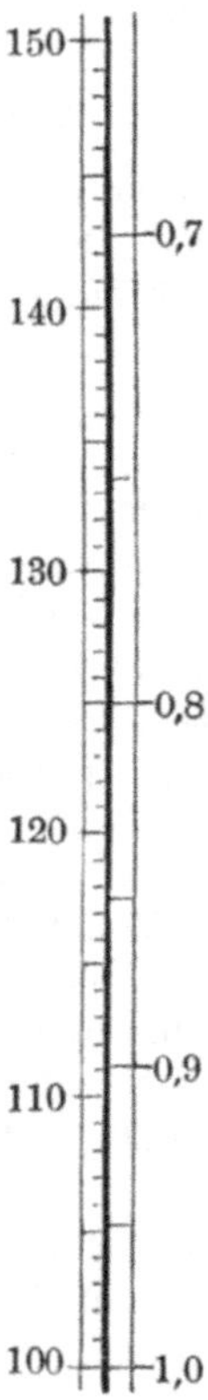

Der Grund dieser Abweichung liegt darin, daß, wenn man Wasser und Weingeist mischt, eine Contraction stattfindet, die wir erst durch einen Versuch anschaulich machen wollen.

Man gieße eine Glasröhre, Fig. 90 (etwa eine solche, wie man sie zum Toricelli'schen Versuche nimmt), halb voll Wasser und fülle die andere Hälfte mit Weingeist (für Vorlesungen ist gefärbter Weingeist zu empfehlen), so werden sich die Flüssigkeiten nicht mischen; der Weingeist schwimmt auf dem Wasser. Nachdem das offene Ende durch einen Korkstöpsel fest verschlossen worden ist, so daß durchaus keine Flüssigkeit entweichen kann, kehrt man die Röhre um; es wird durch das Sinken des Wassers alsbald eine Mischung der Flüssigkeiten vor sich gehen. Hat nach mehrmaligem Umkehren die Mischung vollständig stattgefunden, so sieht man, daß die vorher ganz volle Röhre nicht mehr ganz angefüllt ist, es hat sich ein leerer Raum gebildet, der in einer 30 Zoll langen Röhre eine Länge von ungefähr ½ Zoll einnimmt.

Die Punkte, bis zu welchen ein Aräometer in Weingeist von verschiedenem Alkoholgehalt einsinken wird, lassen sich demnach nur durch Versuche ermitteln.

Markirt man auf der Scala eines Aräometers diejenigen Punkte, bis zu welchen das Instrument in Weingeist einsinken wird, welcher 10, 20, 30, 40 ꝛc. Volumprocente Alkohol enthält, theilt man die Zwischenräume in 10 gleiche Theile, so erhält man ein Procent-Aräometer für Weingeist, d. h. ein Aräometer, an welchem man unmittelbar ablesen kann, wie viel Volumprocente Alkohol in einer Mischung von Wasser und Weingeist sich befinden. Solche Alkoholometer wurden in Frankreich nach Gay-Lussac's, in Deutschland nach Tralles' Angaben ausgeführt, und es ist gesetzlich bestimmt, daß der Alkoholgehalt des der Besteuerung unterworfenen Branntweins, Weingeistes u. s. w. mit Hülfe dieses Instrumentes ermittelt werden soll. Beistehende Scala, Fig. 91, zeigt die Hauptabtheilungen eines solchen Alkoholometers in ihrem richtigen Verhältniß. Man sieht, wie sich erwarten ließ, daß die Abtheilungen ungleiche Größe haben.

Fig. 90.

Fig. 91.

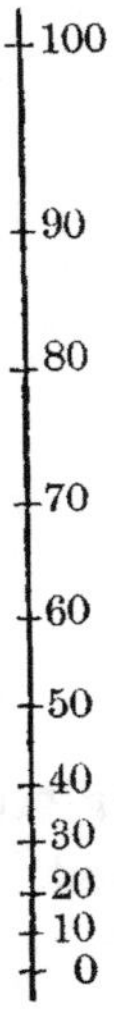

Das Volumeter kann das Alkoholometer recht gut ersetzen, wenn man nur eine Tabelle zur Hand hat, in welcher der Alkoholgehalt angegeben ist, welcher den verschiedenen specifischen Gewichten entspricht.

Begreiflicher Weise kann man aber das Alkoholometer einzig und allein zu dem angegebenen Zwecke verwenden; für jede andere Flüssigkeit ist es völlig unbrauchbar. Auf ähnliche Weise, wie das Alkoholometer, hat man auch Aräometer construirt, welche den Gehalt einer verdünnten Säure, einer Salzlösung, einer Zuckerlösung u. s. w. angeben sollen. Weil jedoch ein solches Instrument immer nur für eine einzige specielle Flüssigkeit brauchbar ist, so wendet man besser ein- für allemal das Volumeter oder Densimeter an und sucht den Gehalt, welcher dem beobachteten Volumetergrade entspricht, in Tabellen, welche eigens zu diesem Zwecke berechnet worden sind.

Aeltere Aräometerscalen. Es bleiben 45
jetzt nur noch die älteren Aräometerscalen zu erwähnen, welche jedoch keinen wissenschaftlichen Werth haben.

Beaumé bestimmte außer dem Wasserpunkte noch einen zweiten fixen Punkt dadurch, daß er das Instrument in eine Lösung von 1 Gewichtstheil Kochsalz in 9 Gewichtstheilen Wasser tauchte. Den Raum zwischen diesen beiden Punkten theilte er in 10 gleiche Theile, die er Grade nannte; die Theilung ist auch noch jenseits der beiden fixen Punkte fortgesetzt. — Für Flüssigkeiten, welche schwerer sind als Wasser, ist der Wasserpunkt mit 0 bezeichnet, und die Grade werden nach unten gezählt. Für leichtere Flüssigkeiten ist der Wasserpunkt mit 10 bezeichnet, und die Grade werden nach oben gezählt. Man sieht wohl, daß man durch ein solches Instrument weder das specifische Gewicht, noch den Gehalt einer Flüssigkeit erfährt.

Cartier brachte an der Beaumé'schen Scala eine unwesentliche Veränderung an; er machte nämlich die Grade etwas größer, so daß 15 seiner Grade gleich 16 Beaumé'schen sind.

Viertes Capitel.

Molekularwirkungen
zwischen
festen und flüssigen Körpern, sowie zwischen den einzelnen Theilchen der Flüssigkeiten selbst.

---

46 **Adhäsion zwischen festen und flüssigen Körpern.** Zwischen festen und flüssigen Körpern finden ähnliche Adhäsionserscheinungen Statt, wie zwischen festen Körpern unter einander, d. h. die Flüssigkeiten haften mehr oder weniger stark an den Oberflächen fester Körper. Spritzt man z. B. einige Wassertropfen gegen eine vertical stehende Glasscheibe, so werden sie zum Theil daran hängen bleiben und nicht herunterlaufen, wie es der Fall sein würde, wenn der Schwerkraft der Tropfen nicht durch eine andere Kraft, nämlich durch die Anziehung, welche zwischen den Theilchen der Flüssigkeit und der Oberfläche der Glaswand stattfindet, das Gleichgewicht gehalten würde.

Diese Adhäsion ist auch die Ursache, daß Flüssigkeiten, die man aus einem Gefäße ausgießen will, so leicht an der äußeren Wand herablaufen. Um dies zu verhüten, bestreicht man den äußeren Rand der Gefäße mit Fett, oder man läßt die ausfließende Flüssigkeit an einem benetzten Glasstäbchen herablaufen.

47 **Cohäsion der Flüssigkeitstheilchen.** Wenn die Flüssigkeiten auch keine selbständige Gestalt haben, wenn sich auch die einzelnen Theilchen ungemein leicht an einander verschieben lassen, so hört deshalb doch noch nicht jeder Zusammenhang zwischen ihnen auf, wie dies schon aus der Tropfenbildung hervorgeht. Gießt man etwas Wasser auf eine mit Bärlappsamen (Semen lycopodii) bestäubte Fläche oder etwas Quecksilber auf einen Porzellanteller, so bilden sich fast kugelförmige Tröpfchen. Wenn gar kein Zusammenhang zwischen den einzelnen Theilchen des Wassers, zwischen denen des Queck-

silbers bestände, so müßten die Theilchen gleichsam wie Staub auseinanderfallen; bei langsamem Ausgießen von Flüssigkeiten aus irgend einem Gefäße würden sie nicht in einzelnen Tropfen herabfallen; ein solcher Tropfen fällt erst, wenn sein Gewicht groß genug ist, um gleichsam ein Abreißen von der übrigen Masse der Flüssigkeit zu bewirken.

Die Cohäsion, welche zwischen den einzelnen Theilchen einer Flüssigkeit stattfindet, läßt sich direct messen. Wenn eine feste Scheibe auf die Oberfläche einer Flüssigkeit gesetzt wird, so kann man sie in verticaler Richtung nicht mehr in die Höhe ziehen, wie wenn sie frei in der Luft hinge; es ist, um sie in die Höhe zu ziehen, eine mehr oder minder große Kraft nöthig. Um diese Kraft zu messen, bedient man sich der Wage. Auf der einen Seite hängt man eine horizontale Scheibe an, auf der anderen Seite legt man ein Gegengewicht auf, welches ihr das Gleichgewicht hält. Wenn das Gleichgewicht hergestellt ist, nähert man der Scheibe von unten die Oberfläche einer Flüssigkeit, bis die Flüssigkeit die untere Fläche der Scheibe gerade berührt (Fig. 92), legt dann,

Fig. 92.

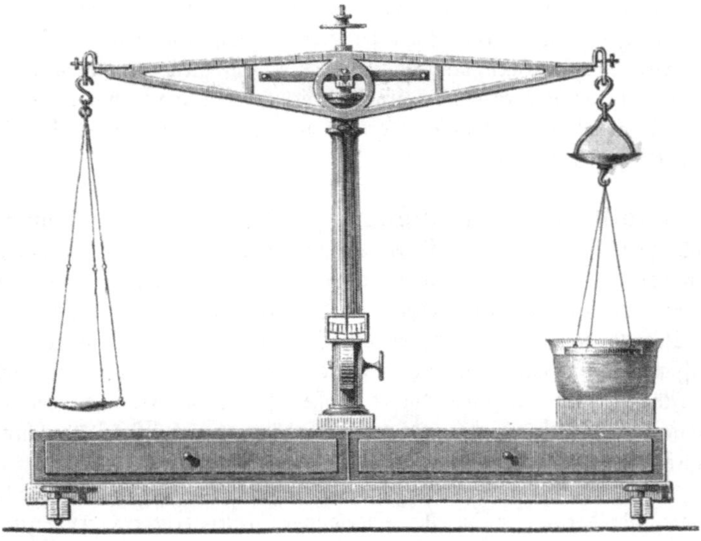

ohne zu stoßen, auf der anderen Seite noch weitere Gewichte auf, bis die Scheibe von der Flüssigkeit abreißt.

Um eine Glasscheibe von 118^{mm} Durchmesser abzureißen, sind für verschiedene Flüssigkeiten verschiedene Gewichte nöthig und zwar für

Wasser	59	Gramm
Alkohol	31	„
Terpentinöl	34	„

Eine Scheibe von gleichem Durchmesser aus Kupfer oder irgend einer Substanz verfertigt, welche von der Flüssigkeit benetzt wird, giebt genau dieselben Resultate. Die zum Abreißen nöthige Kraft hängt also, wie die Höhe des Aufsteigens in Haarröhrchen, nicht von der Natur des benetzten festen Körpers, sondern nur von der Natur der Flüssigkeit ab. Es ist leicht, den Grund davon einzusehen, denn beim Aufziehen bleibt immer eine Schicht Flüssigkeit an der Scheibe hängen; man hat also durch das Uebergewicht auf der anderen Seite nicht die Flüssigkeit von der festen Scheibe, sondern die Moleküle der Flüssigkeit von einander getrennt, man hat also die Cohäsion der Flüssigkeit überwunden. Die in Rede stehenden Versuche geben also ein Maaß für die Cohäsion, welche zwischen den Theilchen der Flüssigkeit stattfindet, und man sieht, daß diese Cohäsion ziemlich bedeutend ist und daß sie sich mit der Natur der Flüssigkeiten ändert.

Wenn die Oberfläche der Scheibe nicht von der Flüssigkeit benetzt wird, wie es z. B. der Fall ist, wenn man eine Glasscheibe auf Quecksilber setzt, so drückt das Zulagegewicht, welches das Abreißen bewirkt, nicht mehr die Cohäsion der Flüssigkeit aus.

Um eine Glasscheibe von den oben erwähnten Dimensionen von Quecksilber abzureißen, ist eine Kraft von ungefähr 200 Gramm nöthig. Daraus geht hervor, daß, selbst wenn ein fester Körper nicht von einer Flüssigkeit benetzt wird, doch zwischen den Molekülen der Flüssigkeit und denen des festen Körpers eine mehr oder minder große Anziehung stattfindet; nur ist in diesem Falle die Cohäsion der Flüssigkeit größer als die Adhäsion zwischen der Flüssigkeit und dem festen Körper.

48 **Capillarerscheinungen.** In Folge der Molekularanziehungen, welche zwischen festen und flüssigen Körpern thätig sind, wird die freie, sonst horizontale Oberfläche der Flüssigkeiten überall da eine Störung erleiden, wo sie mit der Wand eines festen Körpers in Berührung kommt. Der Charakter dieser Störung hängt davon ab, ob die Oberfläche des festen Körpers von der Flüssigkeit benetzt wird oder nicht. Ersteres findet Statt, wenn die Adhäsion der Flüssigkeit an den festen Körper größer ist, als die Cohäsion der Flüssigkeitstheilchen, letzteres dagegen, wenn die Cohäsion der Flüssigkeitstheilchen überwiegend ist.

Die horizontale Oberfläche einer Flüssigkeit kann sich nie vollständig bis zu der Wand eines in dieselbe eingetauchten festen Körpers erstrecken. Sie wird an der Wand des festen Körpers aufsteigen, wie Fig. 93 zeigt, wenn die Adhäsion der Flüssigkeit an den festen Körper, sie wird eine Depression erleiden, wie Fig. 94, wenn die Cohäsion der Flüssigkeitstheilchen überwiegend ist.

Fig. 93.

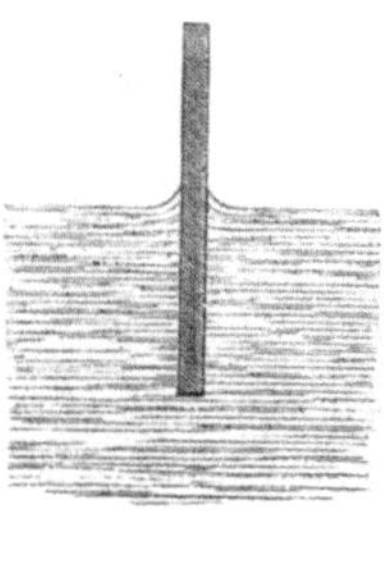

Fig. 94.

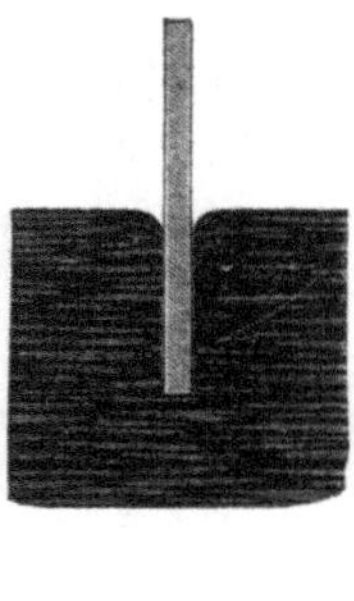

Die Erscheinung Fig. 93 beobachtet man beim Eintauchen einer Glasplatte in Wasser, die in Fig. 94 abgebildete beim Eintauchen derselben in Quecksilber.

Aus gleichen Gründen kann sich die freie Oberfläche einer Flüssigkeit auch nie bis zu der Wand des Gefäßes erstrecken, in welcher sie sich befindet; sie wird in der Nähe der Wand entweder nach Oben oder nach Unten gekrümmt, je nachdem Benutzung stattfindet oder nicht.

Taucht man eine Glasröhre in Wasser, so wird Innen und Außen an der Glaswand das Wasser aufsteigen; ist die Röhre weit genug, so bleibt der mittlere Theil der innerhalb der Röhre liegenden Wasseroberfläche ungestört wagerecht und von gleicher Höhe mit dem die Röhre umgebenden Wasserspiegel. Sobald aber die Röhre so eng wird, daß der Erhebungsbogen von der einen Seite mit dem gegenüberstehenden zusammentrifft, daß also die centrale Ebene verschwindet, findet ein Aufsteigen des Wassers innerhalb der Röhre Statt, wie dies Fig. 95 andeutet.

Fig. 95.

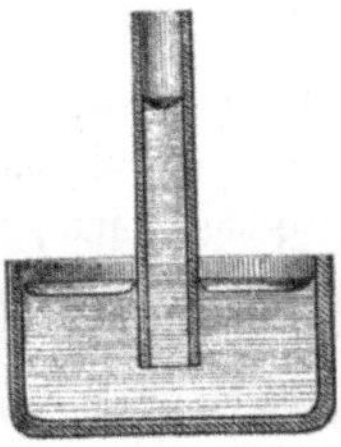

Fig. 96.

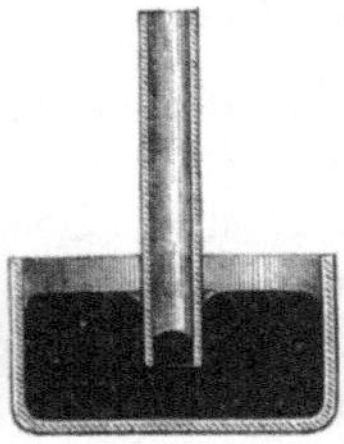

In gleicher Weise findet eine Depression der Flüssigkeit im Innern der Röhre Statt, wie Figur 96 andeutet, wenn die eingetauchte Röhre von der Flüssigkeit nicht benetzt wird, wenn man also z. B. eine Glasröhre in Quecksilber taucht.

Röhrchen, welche so eng sind, daß in ihnen benetzende Flüssigkeiten zu einer namhaften Höhe aufsteigen, werden Haar-Röhrchen, Capillar-Röhrchen genannt.

Diese Erscheinungen der Hebung und Senkung werden mit dem Namen der Capillarerscheinungen bezeichnet; die Kraft aber, welche sie hervorbringt, heißt Capillarattraction, oder auch bloß Capillarität. Diese Kraft wirkt überall, wo Flüssigkeiten mit festen Körpern in Berührung kommen.

Die Höhe, bis zu welcher eine benetzende Flüssigkeit in einem Haarröhrchen aufsteigt, ist unabhängig von der Wanddicke und der Substanz des Röhrchens, dagegen ist sie abhängig von der Natur der Flüssigkeit und umgekehrt proportional dem inneren Durchmesser des Röhrchens, es ist also

$$h = \frac{n}{d},$$

wenn h die Höhe der gehobenen Flüssigkeitssäule, n einen von der Natur der Flüssigkeitssäule abhängigen constanten Factor und d den Durchmesser des Röhrchens bezeichnet. Wenn d in Millimetern ausgedrückt ist, so ist der Werth von n für

Wasser	20,79	Millimeter
Alkohol (specif. Gewicht 0,8135)	9,15	„
Terpentinöl	12,72	„

Auf der Wirkung der Haarröhrchen beruht das Aufsteigen einer Flüssigkeit in Löschpapier, die Wirkung der Kerzen- und Lampendochte, das Ausblühen (Effloresciren) gesättigter Salzlösungen u. s. w. Die Gefäße der Pflanzen, welche den Saft aus den Wurzeln in die Höhe führen, sind außerordentlich fein und bewirken schon dadurch ein Aufsteigen der Flüssigkeit.

Die soeben betrachteten Erscheinungen lassen sich auf folgende Weise unter einem theoretischen Gesichtspunkte zusammenfassen.

In einer Flüssigkeit müssen die Moleküle in einer solchen Entfernung verharren, daß Attraction und Repulsion einander neutralisiren. Es ist dies nur dann möglich, wenn die Moleküle in parallelen Schichten gelagert sind, in der Art, daß jedes Molekül von zwölf anderen umgeben ist, ungefähr so wie man gewöhnlich die gleich großen Kanonenkugeln zu lagern pflegt. Diese Anordnung ist dann nicht im Mindesten gestört, wenn die Flüssigkeit auch eben endigt. Jedes Molekül ist hier nach allen Seiten hin vollkommen gleichen Einwirkungen unterworfen, alle Moleküle sind hier in vollkommen gleichen Entfernungen von einander. Diese Anordnung mag die normale Lagerung der Moleküle heißen.

Sobald durch irgend eine äußere Kraft die normale Lagerung der Moleküle gestört wird, wird auch das bisher vollständige Gleichgewicht gestört, es entsteht eine Spannung, welche den gestörten Parallelismus der Schichten wieder herzustellen strebt und welche die Flüssigkeitstheilchen sogleich wieder in die normale Lagerung zurückführt, sobald die störende Ursache zu wirken aufhört. Wenn man ein Stäbchen, welches von der Flüssigkeit benetzt wird, in dieselbe eintaucht, so kann man durch langsames Herausziehen einen Hügel bilden, der nach dem Abreißen sogleich wieder in die Ebene zurückeilt. Dies könnte nun freilich bloß Folge der Schwere sein; allein dasselbe findet in der umgekehrten Lage der Ebene Statt. Aus einem an der unteren Fläche einer horizontal gehaltenen Glasplatte hängenden großen und möglichst ausgebreiteten Tropfen (Fig. 97) kann man wie vorher einen Hügel herausziehen (Fig. 98), welcher sich nach dem Abreißen, der Schwere entgegen, in die Ebene zurückzieht.

Fig. 97.

Fig. 98.

Eine tropfbare Flüssigkeit strebt also in einer Ebene zu endigen. Nun aber kann eine ringsum freie Masse nicht durch eine einzige Ebene begränzt werden. Wäre sie durch mehrere ebene Flächen begränzt, so würden die Kanten durch die Spannung der Moleküle in denselben bald abgeflacht werden; ist aber die Masse durch eine krumme Oberfläche begränzt, deren Krümmung nicht an allen Stellen gleich ist, so würde an den stärker gekrümmten Theilchen der Oberfläche nothwendig auch eine stärkere Spannung stattfinden, welche die Abrundung zur vollkommenen Kugel zur Folge hat. Auf dieselbe Weise geht auch die Abrundung der Blase vor sich.

Die oberflächlichen Moleküle einer ringsum freien tropfbaren Flüssigkeit bilden demnach ein die innere Masse kräftig zusammendrückendes Netzwerk. Hat man eine Seifenblase gemacht, so behält diese ihre Größe bei, wenn man die Oeffnung des Röhrchens zuhält; sobald man diese aber öffnet, verkleinert sich die Blase mehr und mehr. Würde die Luft in der Blase nicht durch die umschließende Flüssigkeitsschicht zusammengedrückt, so würde sie in der Blase bleiben und nicht dem atmosphärischen Luftdruck entgegen durch das Röhrchen hinausgedrückt werden.

Wird Quecksilber in ein Glas gebracht, so bildet es einen in dem Glase frei liegenden großen Tropfen, dessen Form nur durch die Gefäßwände bedingt ist. Er endet oben mit einer horizontalen Fläche, die aber nicht bis an die Wand reichen kann, weil die scharfe Kante des Tropfens, wie wir gesehen haben, abgerundet wird.

Bringt man einen Tropfen Quecksilber in ein vollkommen cylindrisches Glasröhrchen, welches horizontal gestellt ist, so bildet er einen an beiden Enden abgerundeten Cylinder. Es kann aber durchaus keine Bewegung entstehen, weil die Convexität an beiden Enden gleich ist.

Ist aber das Röhrchen konisch, Fig. 99, so ist der Quecksilberfaden am engeren Ende mehr gekrümmt; hier wirkt also die Spannung der anomal gelagerten Moleküle stärker als auf der anderen Seite, und die Folge dieser überwiegenden Spannung ist, daß sich der Quecksilberfaden nach dem weiteren Ende hin bewegt.

Fig. 99.

Fig. 100.

Taucht man ein Glasröhrchen vertical in Quecksilber, so wird es im Röhrchen tiefer stehen als außen, weil die starke Convexität des Quecksilbercylinders in der Röhre deprimirend wirkt. Es ist auch klar, daß die Depression um so größer sein muß, je enger die Röhre ist.

Eine Wassersäule, welche in einer hinreichend engen Glasröhre eingeschlossen ist, muß, wie wir gesehen haben, mit einer concaven Oberfläche endigen; der Druck der anomal gelagerten Wassermoleküle wirkt auch hier in der Richtung nach dem Krümmungsmittelpunkt hin, er wirkt also gleichsam als Zug an der gekrümmten Wasseroberfläche und zwar um so stärker, je stärker die Krümmung ist.

Ein Tropfen Wasser in einer horizontalen cylindrischen Glasröhre wird einen an beiden Enden concaven Cylinder bilden, der sich nicht bewegt, weil die Concavitäten an beiden Enden gleich sind. Ist das Röhrchen konisch, Fig. 100, so ist natürlich die eine Concavität stärker gekrümmt als die andere, und durch die überwiegende Spannung der stärker gekrümmten wird das Wasser nach dem engeren Theile der Röhre hingezogen. Ebenso erklärt sich leicht aus der Wirkung der concaven Oberfläche das Aufsteigen des Wassers in einem Röhrchen, welches vertical in Wasser eingetaucht wird.

Schwimmt eine hohle gläserne Kugel auf Wasser, so fängt dieses schon in einiger Entfernung von der Kugel an, sich ringsherum gegen dieselbe zu heben. Bringt man eine zweite Glaskugel einige Linien weit von der ersten in das Wasser, so nähern sich die Kugeln anfangs langsam, dann schneller und schneller, bis sie endlich an einander stoßen. Wären beide Kugeln fest gewesen, so würde in Folge des Bestrebens der Ebenebildung das Wasser zwischen ihnen

Fig. 101

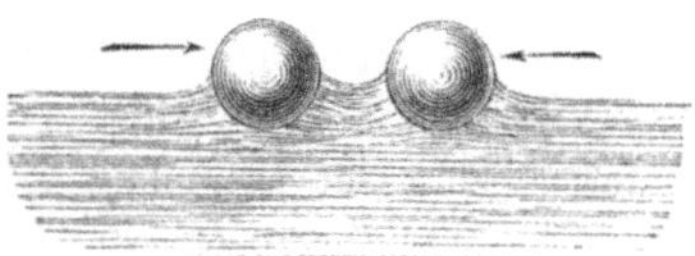

Fig. 102.

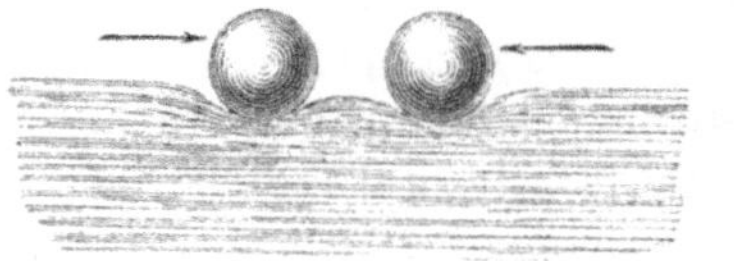

gestiegen sein; da sie aber beweglich sind, so muß die an sie gleichsam angeheftete und durch ihre Schwere sinkende Wasserfläche, welche sich zwischen ihnen befindet, die Kugeln gegen einander ziehen.

49 **Elasticität der Flüssigkeiten.** Auch die tropfbar- flüssigen Körper sind in gewisser Beziehung elastisch; denn sie lassen sich durch einen sehr starken Druck, wenn auch nur sehr wenig, auf ein kleineres Volumen zusammenpressen, und wenn der Druck nachläßt, nehmen sie ihr ursprüngliches Volumen wieder ein. Zuerst hat Oersted, später haben Colladon und Sturm Versuche über die Zusammendrückbarkeit der Flüssigkeiten angestellt. Die nähere Beschreibung der von ihnen hierüber angestellten Versuche würde uns zu weit führen. Durch den Druck einer Atmosphäre (dieser Ausdruck wird im folgenden Capitel seine Erklärung finden) läßt sich Quecksilber ungefähr um 3, Wasser um 48 Milliontheile seines Volumens zusammenpressen.

50 **Die Endosmose.** Wenn man Wasser und Oel in einer Flasche zusammenschüttelt, so werden sich, der Ruhe überlassen, die beiden Flüssigkeiten doch alsbald wieder trennen, und nach ihrem specifischen Gewichte über einander lagern. Es rührt dies unstreitig daher, daß die Anziehung zwischen zwei Wassermolekülen ebenso wie die Anziehung zwischen zwei Oelmolekülen größer ist als die Anziehung zwischen einem Wassertheilchen und einem Oeltheilchen.

Ganz anders verhalten sich Weingeist und Wasser. Die Anziehung zwischen einem Weingeist- und einem Wassermolekül ist größer als die Kraft, mit welcher sich zwei Wassermoleküle oder zwei Weingeistmoleküle einander anziehen, weshalb sich auch aus Wasser und Weingeist eine Mischung herstellen läßt, in welcher jede der beiden Flüssigkeiten vollkommen gleichförmig verbreitet ist. Ja selbst wenn die beiden Flüssigkeiten anfänglich nach ihrem specifischen Gewichte geschichtet sind, d. h. wenn der Weingeist anfänglich auf dem Wasser schwimmt, so wird durch die erwähnte stärkere Anziehung zwischen Wasser und

Weingeist nach einiger Zeit doch eine gleichförmige Mischung der beiden Flüssigkeiten erfolgen. Ganz ähnlich verhalten sich Wasser und Schwefelsäure, Wasser und eine concentrirte Salzlösung u. s. w.

Diese Erscheinung der nach und nach eintretenden gleichförmigen Mischung zweier verschiedener Flüssigkeiten bezeichnet man mit dem Namen der Diffusion. Wasser und Weingeist diffundiren in einander, während zwischen Wasser und Oel keine Diffusion stattfindet.

Wenn nun zwei Flüssigkeiten, welche sich in der erwähnten Weise zu mischen, gleichsam gegenseitig zu durchdringen streben, wie Wasser und Weingeist, Wasser und Schwefelsäure u. s. w., nicht in unmittelbarer Berührung, sondern durch irgend einen porösen Körper getrennt sind, so müssen die Flüssigkeiten durch diese Wand zu einander übergehen, und da nun die poröse Wand meistens die eine Flüssigkeit leichter durchläßt als die andere, so muß die Menge der Flüssigkeit auf der einen oder der anderen Seite zunehmen. Füllt man z. B. eine unten mit einer Blase zugebundene Glasröhre zum Theil mit concentrirter Kupfervitriollösung, taucht man dann die durch die Blase verschlossene Oeffnung in ein Gefäß mit Wasser, so dringt das Wasser allmälig durch die Blase in die Röhre, so daß in der Röhre die Flüssigkeit steigt, während sie außen sinkt. Umgekehrt sinkt die Flüssigkeit in der Röhre, wenn das Wasser innen, die Lösung des Kupfervitriols außen ist. Etwas von der Lösung des Kupfervitriols dringt freilich auch durch die Blase zum Wasser, wie man bald an der Färbung erkennt.

Fig. 103.

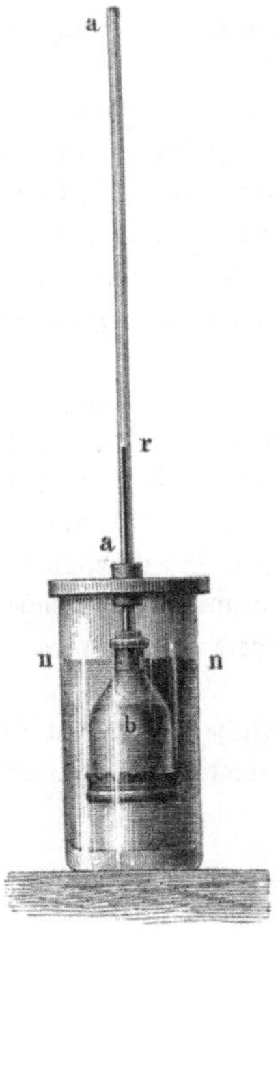

Aehnliche Erscheinungen beobachtet man, wenn man in die Röhre Alkohol gießt und sie in Wasser taucht. Nach einiger Zeit sieht man, daß das Niveau der Flüssigkeit in der Röhre gestiegen ist.

Man nennt diesen Austausch von Flüssigkeiten durch eine poröse Scheidewand hindurch Endosmose, oder richtiger Diosmose.

Um die Zunahme des Volumens auf der einen Seite recht auffallend zu machen, dient der Fig. 103 dargestellte Apparat, welcher Endosmometer genannt wird; *a* ist eine Glasröhre, deren innerer Durchmesser 1 bis 2 Millimeter beträgt und die durch einen sehr wohlschließenden Kork in dem Halse eines weiteren Glasgefäßes *b* befestigt ist. Das Gefäß *b* ist unten durch eine Thierblase verschlossen. Dieser mit der einen Flüssigkeit gefüllte Apparat wird nun in ein weiteres Gefäß, welches die andere Flüssigkeit enthält, eingesetzt, ohne daß jedoch die Blase auf dem Boden des äußeren Gefäßes aufsitzt.

Das Gefäß *b* sammt der Röhre *a* sei z. B. mit Weingeist gefüllt, das untere Gefäß enthalte

Wasser. Sobald das Gefäß *b* eingesetzt ist, wird sich alsbald ein mechanisches Gleichgewicht zwischen der inneren und äußeren Flüssigkeit und der Spannung der Blase herstellen. Es sei bei *n* das Niveau des Wassers, bei *r* der Gipfel der Weingeistsäule in der Röhre. Nach einer Viertelstunde schon beobachtet man eine bedeutende Veränderung; die Flüssigkeit ist nämlich um einige Millimeter über *r* hinaus gestiegen, und dieses Steigen dauert fort. Wenn die Röhre selbst 4 bis 5 Decimeter hoch ist, so läßt sich erwarten, daß die Flüssigkeit nach einigen Stunden den Gipfel erreicht hat, um oben auszufließen. Das Wasser ist also trotz des Druckes, welchen der Alkohol in Folge seiner Schwere auf die Blase ausübt, durch die Poren derselben in das Gefäß *b* eingedrungen; es hat also eine Endosmose des Wassers zum Alkohol durch die Blase hindurch stattgefunden. Macht man den Versuch in umgekehrter Ordnung, indem man das Wasser innen, den Alkohol außen hinbringt, so sinkt das Niveau in der Röhre, während es außen steigt, es hat eine Exosmose stattgefunden.

Wenn man in ein Gefäß von ungebranntem Thon (etwa eine poröse Thonzelle, wie sie zu Grove's und Bunsen's galvanischen Batterien gebraucht werden) Schwefelsäure gießt und es dann in ein anderes Gefäß mit Wasser stellt, so findet eine ähnliche Erscheinung Statt; das Wasser sickert durch den Thon durch, das Niveau der Flüssigkeit im Innern der Thonzelle steigt, während es außen sinkt.

Die Wirkung der Endosmose dauert fort, wenn auch allmälig immer schwächer, bis die Flüssigkeiten zu beiden Seiten der Scheidewand ganz gleichartig sind.

Daß der Spiegel der Flüssigkeit auf der einen Seite so hoch über das Niveau auf der anderen Seite steigen kann, rührt daher, daß die Poren der Scheidewand zu fein sind, als daß ein hydrostatischer Druck sich durch dieselben fortpflanzen könnte. Wenn man Wasser in eine poröse Thonzelle gießt, so werden die Wände zwar feucht, aber das Wasser tropft nicht durch, und eine Thierblase, welche gleichfalls vom Wasser befeuchtet wird, kann nicht zum Filtriren des Wassers gebraucht werden.

Welche der getrennten Flüssigkeiten an Volumen zunimmt, hängt lediglich von der Natur der trennenden Scheidewand ab; wenn Wasser und Weingeist durch eine Kautschukplatte getrennt sind, so nimmt das Wasser an Volumen zu, indem der Weingeist leichter durch den Kautschuk wandert als Wasser.

Wird eine zu endosmotischen Versuchen brauchbare Scheidewand in eine Flüssigkeit getaucht, so wird sie, je nach der Molekularanziehung, welche zwischen der Membran und der Flüssigkeit besteht, eine größere oder kleinere Menge der Flüssigkeit resorbiren und zurückhalten.

Ueber die Resorption von Flüssigkeiten durch thierische Blasen hat Liebig Versuche angestellt, welche den Vorgang bei den endosmotischen Erscheinungen sehr schön erläutern.

100 Gewichtstheile trockene Ochsenblase nehmen in 24 Stunden auf:

268	Gewichtstheile	Wasser,
133	„	Kochsalzlösung (1,204 specif. Gewicht),
38	„	Weingeist (84 Proc.),
17	„	Knochenöl.

Das Absorptionsvermögen der thierischen Membranen für verschiedenartige Flüssigkeiten ist also sehr ungleich. In Wasser gelegt, quillt die Blase auf und wird weich, in Alkohol bleibt sie hart.

Wenn eine Blase, welche irgend eine Flüssigkeit resorbirt hat, mit einer Substanz in Berührung gebracht wird, welche gleichfalls eine Anziehung auf die Theilchen der resorbirten Flüssigkeit äußert, so wird ein Theil dieser Flüssigkeit der Blase entzogen.

Wenn z. B. eine mit Wasser gesättigte Blase mit Kochsalz bestreut wird, so entsteht überall da, wo das Salz mit dem Wasser, welches die offenen Poren erfüllt, in Berührung kommt, eine gesättigte Salzlösung; da aber die Resorptionsfähigkeit der Blase für die Salzlösung geringer ist als für reines Wasser, so tritt ein Theil der Flüssigkeit aus und fließt in Tropfen ab; dabei schrumpft die Blase zusammen.

Wird ein Stück mit Wasser gesättigter Blase in Alkohol gelegt, so verliert sie in 24 Stunden ungefähr die Hälfte ihres Gewichtes, was von einem Zusammenschrumpfen und Hartwerden der Blase begleitet ist.

Diese Thatsachen erläutern nun den Vorgang der Endosmose ganz vortrefflich.

Wenn eine Membran zur Trennung zweier Flüssigkeiten dient, so wird sie von jedem der getrennten Stoffe eine gewisse Quantität, je nach der Größe der Molekularanziehung, in sich aufnehmen; die resorbirte Flüssigkeit wird aber nach der anderen Seite der Blase wieder austreten, weil sie von dort her durch eine chemische Anziehung den Poren der Blase entzogen wird. Dieser Proceß wird fortdauern, bis die auf beiden Seiten befindlichen Flüssigkeiten einander gleich geworden sind.

Die Diosmose erklärt mehrere Erscheinungen, welche wir im täglichen Leben wahrnehmen.

Wenn man einen Rettig in Scheiben schneidet und dieselben mit Salz bestreut, so sind sie in kurzer Zeit ganz mit Wasser bedeckt. Hier zieht das Salz das Wasser aus den Zellen der Rettigscheiben heraus.

Trockene Erbsen und Bohnen quellen in Wasser gelegt stark auf, weil das Wasser in Folge eines diosmotischen Processes durch die Hülle in das Innere derselben eindringt.

Fünftes Capitel.

Aërostatik oder die Lehre vom Gleichgewicht der Gase.

---

51 **Schwere der Luft.** Die Luft ist ein Körper, welcher nicht unmittelbar so auf die Sinne wirkt wie die festen und tropfbar flüssigen Körper; aber mittelbar erkennen wir ihre Existenz in zahlreichen Erscheinungen, wie z. B. in den mechanischen Wirkungen des Windes. Unser ganzer Erdball ist mit einer luftförmigen Hülle umgeben, welche den Namen der Atmosphäre führt. Die physikalischen Eigenschaften der Luft, welche diese Atmosphäre bildet, und der luftförmigen Körper überhaupt bilden nun den Gegenstand dieses Capitels.

Schon sehr früh, ja selbst schon vor Aristoteles, vermuthete man, daß die Luft schwer sei. Diese Wahrheit wurde jedoch erst 1640 durch Galiläi bewiesen und etwas später durch Toricelli's schöne Versuche bestätigt. Durch folgenden Versuch läßt sich die Schwere der Luft direct nachweisen: Man macht einen Ballon, Fig. 104, welcher mit einem Hahn versehen ist, mittelst der Luftpumpe luftleer und hängt ihn an dem einen Ende eines Wagebalkens auf; auf die andere Seite legt man Gewichte, bis das Gleichgewicht hergestellt ist. Oeffnet man nun den Hahn, so füllt sich der Ballon wieder mit Luft, das Gleichgewicht wird gestört, und die Wage neigt sich nach der Seite des Ballons hin. Auf der anderen Seite muß man von Neuem Gewichte auflegen, um das Gleichgewicht wieder herzustellen, und zwar gerade so viel, als die Luft im Ballon wiegt. Für einen Ballon von 1 Liter beträgt die Differenz der Gewichte mehr als 1 Gramm, woraus als erste Annäherung folgt, daß 1 Liter Luft unter den gewöhnlichen Umständen mehr als ein Gramm wiegt, d. h. daß das Wasser nicht ganz 1000mal so schwer ist als gewöhnliche Luft.

Fig. 104.

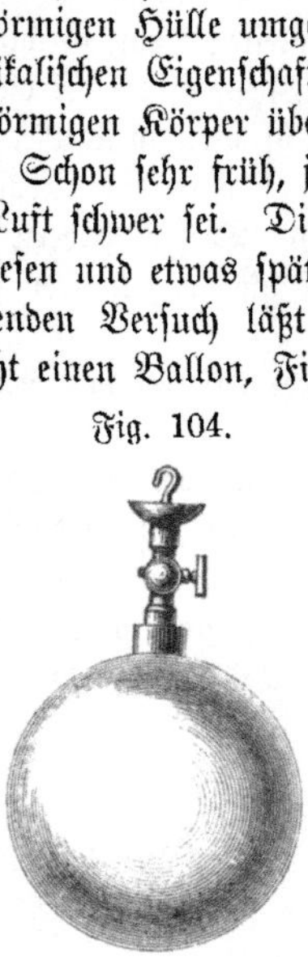

Expansionskraft der Luft. Es ist bereits in der Einleitung 52
erwähnt worden, daß die luftförmigen Körper stets ein Bestreben zeigen, sich möglichst auszudehnen. Daß der Luft wirklich diese Eigenschaft zukommt, läßt sich durch folgenden Versuch darthun:

Man legt unter die Glocke der Luftpumpe eine nur wenig Luft enthaltende und deshalb runzelige Thierblase, deren Oeffnung fest zugebunden ist. Nach einigen Kolbenzügen schon bläht sich die Blase auf und ist endlich gerade so straff angespannt, als ob man mit aller Gewalt Luft hineingeblasen hätte. Läßt man die Luft wieder in den Recipienten hineintreten, so schrumpft die Blase wieder zusammen. Die in der Blase eingeschlossene Luft hat also wirklich ein Bestreben, sich auszudehnen; nur wird demselben durch die umgebende Luft Widerstand geleistet. Dieser Druck, welchen die Luft gegen die Wände der sie einschließenden Gefäße ausübt, ist dasjenige, was man ihre Tension, ihre Expansionskraft oder auch ihre Spannkraft nennt.

Eine Spiralfeder zeigt nur dann ein Bestreben, sich auszudehnen, wenn man sie vorher zusammengedrückt hat; sie verliert ihre Spannung, sobald sie in ihren ursprünglichen Zustand zurückgekehrt ist. Die Luft hat aber immer eine Expansionskraft, es giebt für sie kein ursprüngliches Volumen, weil sie immer einen größeren Raum einzunehmen strebt. Brächte man ein Liter gewöhnlicher Luft in einen leeren Raum von mehreren Cubikmetern, so würde sie sich in dem ganzen Raume gleichförmig verbreiten, sie würde aber immer noch ein Bestreben haben, sich auszudehnen, und würde also auch noch einen Druck auf die Wände ausüben.

Auf dem Bestreben der Luft, einen möglichst großen Raum einzunehmen, beruht die Einrichtung der Luftpumpe, die wir schon mehrmals angeführt haben und die alsbald näher beschrieben werden soll. Wenn die Luft keine Spannkraft, keine Elasticität in dem eben besprochenen Sinne hätte, so würde sie nicht aus dem Recipienten der Luftpumpe ausströmen und in den Stiefel übergehen können.

Aus der Expansionskraft der Gase folgt, daß sie nicht mit einer freien scharf begränzten Oberfläche enden können, wie dies bei den Flüssigkeiten der Fall ist. Auf die Luft der Atmosphäre wirken zwei Kräfte, welche sich gegenseitig das Gleichgewicht halten, die Schwere und die Expansionskraft. Durch die Schwere werden die Lufttheilchen nach der Erde angezogen; diese Kraft also äußert ein Bestreben, die Luft auf der Oberfläche der Erde zu verdichten, und diesem Bestreben wirkt die Expansionskraft entgegen. Die Atmosphäre ist wahrscheinlich deshalb begränzt, weil bei einem gewissen Grade der Verdünnung die Expansionskraft so abnimmt, daß die Schwere der Lufttheilchen allein schon hinreicht, eine weitere Entfernung von der Erde zu verhindern.

Druck der Luft. Setzt man auf den Teller der Luftpumpe einen 53
Glas- oder Metallcylinder mit etwas dicken Wänden, welcher oben mit einer gespannten und an dem Rande festgebundenen Thierblase verschlossen ist, so erleidet vorerst die Blase von beiden Seiten gleichen Druck und bildet deshalb eine Ebene. Wenn man nun auf irgend eine Weise mehr Luft in den Cylinder

hineinbliese, so würde sich die Blase nach außen wölben; zieht man umgekehrt die Luft aus dem Cylinder heraus, so gewinnt der äußere Luftdruck das Uebergewicht und drückt die Blase nach innen. Letzteres läßt sich leicht mit Hülfe der Luftpumpe bewerkstelligen. Bei den ersten Kolbenzügen schon wird die Blase nach innen gekrümmt, Fig. 105; je mehr man auspumpt, desto mehr nimmt die Krümmung zu, bis sie endlich in Stücke reißt, wobei man einen Knall wie einen Pistolenschuß hört. Dieser Knall wird durch das heftige Eindringen der Luft hervorgebracht.

Fig. 105.

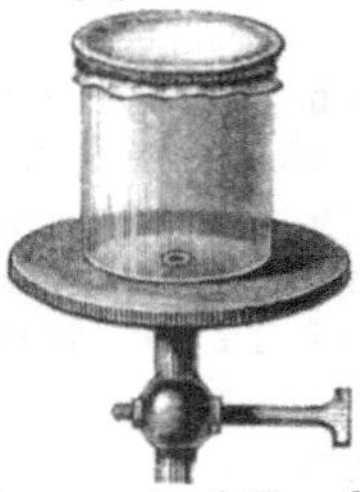

Hätte man die ganze Anordnung so geändert, daß die Blase eine schräge Stellung gehabt oder daß der Luftdruck von unten nach oben gewirkt hätte, so würde man denselben Effect erhalten haben, weil die Luft nach allen Seiten hin auf gleiche Weise drückt.

Bei diesem Versuch scheint auf den ersten Blick auffallend, daß die Luft, welche sich in einem Zimmer befindet, einen so enormen Druck ausüben soll. Von dem Gewichte der Luftsäule, welche auf der Blase ruht und sich von derselben bis zu der Decke des Zimmers erstreckt, kann diese Wirkung freilich nicht herrühren; denn selbst eine Wassersäule von dieser Höhe könnte sie kaum hervorbringen. Hätte man den Versuch unter freiem Himmel angestellt, so hätte die Blase offenbar den Druck einer Luftsäule auszuhalten gehabt, deren Höhe gleich ist der Höhe der ganzen Atmosphäre. Derselbe Druck wirkt aber auch noch im Zimmer, denn die Luft des Zimmers ist ja durch den vollen Atmosphärendruck gepreßt.

54 **Messung des Luftdrucks.** Da die Luft die ganze Erde umgiebt, so preßt sie auf alle Gegenstände der Erdoberfläche gerade so wie auf die Blase beim Versuch Fig. 105; sie drückt ebenso auf alle Festländer wie auf die Gewässer. Taucht man das eine Ende einer auf beiden Seiten offenen Röhre in ein mit Wasser gefülltes Gefäß, so wird sich die Flüssigkeit in der Röhre so hoch stellen wie außerhalb, weil der Luftdruck in der Röhre gerade so auf das Niveau der Flüssigkeit wirkt wie außerhalb. Saugt man aber einen Theil der Luft aus der Röhre, so steigt die Flüssigkeit in derselben. Durch dieses Saugen wird nämlich der Luftdruck im Innern der Röhre vermindert, während der äußere Luftdruck unverändert bleibt. Der Ueberfluß des äußeren Luftdrucks nun preßt die Flüssigkeit im Innern der Röhre in die Höhe, bis das Gewicht der gehobenen Wassersäule diesem Ueberschusse das Gleichgewicht hält. Macht man das Innere der Röhre vollkommen luftleer, so muß das Wasser so hoch steigen (vorausgesetzt, daß das Rohr hoch genug ist), daß das Gewicht der gehobenen Wassersäule dem Gewicht einer bis zur Gränze der Atmosphäre reichenden Luftsäule von derselben Basis gleich ist. Auf diese Weise kann man das Gewicht der ganzen Luftsäule bestimmen, wie hoch sie auch sein mag.

Den Pumpenmachern von Florenz verdanken wir den ersten Keim der Entdeckung dieses wichtigen Gesetzes. Als sie in einem Saugrohre das Wasser über 32 Fuß heben wollten, sahen sie zu ihrem größten Erstaunen, daß es nicht höher stieg. Damals erklärte man das Aufsteigen der Flüssigkeiten, indem man sagte, die Natur habe einen **horror vacui**, einen Abscheu vor dem leeren Raum. Galiläi genügte eine solche Erklärung nicht, und als ihm die von den Pumpenmeistern gemachte Beobachtung mitgetheilt wurde, kam er gleich auf die Vermuthung, daß die Schwere der Luft die wahre Ursache der Erscheinung sei. Sein Schüler Toricelli gab dafür entscheidende Beweise. Er machte ungefähr folgende Schlußfolge. Damit eine Flüssigkeitssäule einer anderen das Gleichgewicht halte, müssen die Höhen der beiden Säulen sich umgekehrt verhalten wie ihre specifischen Gewichte. Das Quecksilber ist nahe 14mal so schwer als Wasser; wenn nun der Druck der atmosphärischen Luft eine Wassersäule von 32 Fuß tragen kann, so muß er demnach auch eine Quecksilbersäule von $^{32}/_{14}$ Fuß, d. h. von nahe 28 Zoll, tragen können. Der Versuch ist leicht anzustellen. Man füllt eine Glasröhre, welche ungefähr 30 Zoll lang und an dem einen Ende zugeschmolzen ist, mit Quecksilber, hält das offene Ende mit dem Finger zu, kehrt die Röhre um und taucht das mit dem Finger verschlossene Ende in ein Gefäß mit Quecksilber, Fig. 106. Zieht man den Finger alsdann weg, so wird das Quecksilber alsbald um einige Zoll fallen, und zwar so weit, daß die Erhebung des Quecksilbers in der Röhre über das Niveau des Quecksilbers in dem Gefäß so groß ist, wie es aus den eben angeführten Betrachtungen folgt. Die in der Röhre befindliche Quecksilbersäule ist als ein Gegengewicht gegen den atmosphärischen Luftdruck zu betrachten. Dieser Apparat ist das Barometer (Schweremesser). Der leere Raum über der Quecksilbersäule des Barometers ist die Toricelli'sche Leere.

Fig. 106.

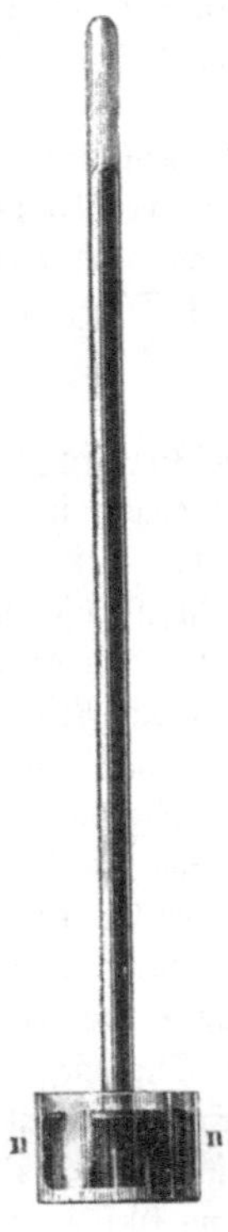

Die verticale Höhe der Quecksilberkuppe in der Röhre über dem Niveau des Gefäßes heißt die Barometerhöhe.

Die Barometerhöhe, also auch die Größe des Luftdrucks ist keineswegs für alle Orte der Erde dieselbe; sie nimmt vielmehr ab mit der Erhebung über den Meeresspiegel, weil ja mit solcher Erhebung die Höhe der über uns befindlichen Luftsäule abnimmt. In einer Höhe von 17000 Fuß über dem Meeresspiegel ist die Barometerhöhe kaum halb so groß als am Ufer des Meeres.

Darauf gründet sich die Anwendung des Barometers zu Höhenmessungen. Wenn man gleichzeitig am Fuße eines Berges und auf dem Gipfel desselben den Barometerstand mißt, so kann man aus der Differenz der beiden Barometerstände auf den Höhenunterschied der beiden Stationen schließen. Näheres über barometrische Höhenmessung findet man im Supplementbande.

Aber auch an einem und demselben Orte ist der Barometerstand veränderlich, wie dies weiter unten in der Meteorologie ausführlicher besprochen werden soll.

Am Ufer des Meeres beträgt die Barometerhöhe 76 Centimeter oder, was sehr nahe dasselbe ist, 28 Pariser Zoll. Eine solche Quecksilbersäule von 1 Quadratcentimeter Grundfläche hat einen Cubikinhalt von 76 Cubikcentimetern. Da nun 1 Cubikcentimeter Quecksilber 13,59 Gramm wiegt, so ist der Druck dieser Säule auf ihre Basis 76 × 13,59 Gramm = 1,033 Kilogramm. Bei einem Barometerstande von 76 Centimeter (28 Pariser Zoll) drückt also die atmosphärische Luftsäule auf ein Flächenstück von 1 Quadratcentimeter Inhalt mit einem Gewichte von 1,033 Kilogramm, auf einen Quadratzoll ungefähr mit einem Gewicht von 15 Pfund.

Fig. 108.

Fig. 107.

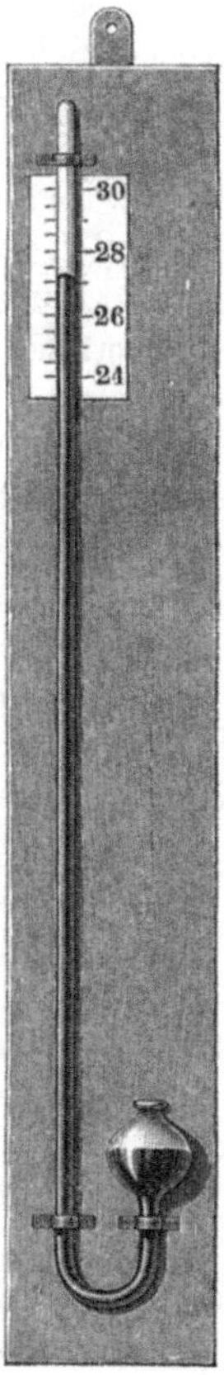

Dieser Druck (1,033 Kilogramm auf jedes Quadratcentimeter oder 15 Pfund auf jeden Quadratzoll) wird als Atmosphärendruck oder als Druck einer Atmosphäre bezeichnet.

55 **Construction des Barometers.** Fig. 106 zeigt das Barometer in seiner ursprünglichen Form, bei welcher das Rohr und das Gefäß nicht fest zusammenhängende Stücke sind. Bei dem gewöhnlichen Barometer sind jedoch Rohr und Gefäß in der Weise zu einem einzigen Stücke verbunden, wie es Fig. 107 zeigt; das unten umgebogene Rohr endigt nämlich mit einer oben offenen Erweiterung, welche das Gefäß des Barometers bildet. Wenn das Gefäß etwas weit ist in Vergleich zu dem Durchmesser der Röhre, so sind die Schwankungen der Säule fast ohne Einfluß auf das Niveau des Quecksilbers im Gefäß, so daß man, wenn keine große Genauigkeit gefordert wird, dieses Niveau als constant betrachten kann. Bei diesen Barometern, die man zu genauen Untersuchungen nicht gebrauchen kann, befindet sich in der Regel die Scala auch nur am oberen Theile des Instrumentes.

Solche Barometer, welche nach dem Typus in Fig. 106 oder Fig. 107 construirt sind, nennt man Gefäßbarometer.

Eine andere Grundform des Barometers sind die Heberbarometer, Fig. 108. Sie sind aus einem heberförmig gebogenen Glasrohre verfertigt, so daß also der Quecksilberspiegel, auf welchen der Luftdruck wirkt, sich in einer Röhre befindet, welche eben so weit ist wie das Röhrenstück, welches die obere Quecksilberkuppe enthält.

Es ist klar, daß in solchen Instrumenten bei verändertem Luftdruck die beiden Kuppen ihren Stand gleichzeitig ändern, und zwar wird die obere stets um so viel steigen, wie die untere fällt, und umgekehrt.

Um mit Hülfe eines solchen Instrumentes die wahre Barometerhöhe zu finden, macht man entweder die Scala oder das Barometerrohr selbst verschiebbar. In beiden Fällen stellt man das Instrument vor dem Ablesen der oberen Kuppe so ein, daß der Gipfel der unteren Kuppe mit dem Nullpunkt der Theilung zusammenfällt.

Unsere Figur stellt ein Barometer dar, bei welchem das Rohr selbst verschiebbar ist. Es ist auf der Messingplatte *d* befestigt, welche mit Hülfe der Schraube *s* auf- und niedergeschoben werden kann, wodurch dann auch das Barometerrohr selbst gehoben oder gesenkt wird, indem die messingenen Halter *b* und *c* dasselbe zwar auf dem Brette halten, aber doch eine Verschiebung in verticalem Sinne gestatten.

Sind Rohr und Scala fest, so ist eine Ablesung der oberen und der unteren Kuppe nöthig, um die Barometerhöhe zu erfahren.

Welche Form man auch einem Barometer geben mag, so müssen doch immer gewisse Bedingungen erfüllt sein, wenn das Instrument genau die Größe des Luftdrucks angeben soll. Zunächst muß die Höhe der Quecksilbersäule genau gemessen werden können, und das ist nur möglich, wenn das Rohr eine vollkommen verticale Stellung hat. Die Scala befindet sich entweder auf einem Messingstreifen, welcher in das Brett eingelassen ist, oder sie ist auf das Rohr selbst eingeätzt.

Der Raum über der Quecksilbersäule muß vollkommen luftleer sein, was man nur dadurch vollständig erreicht, daß man das Quecksilber in der Röhre kocht; denn nur dadurch ist es möglich, alle Luft und alle Feuchtigkeit, welche an den Glaswänden anhaften, zu entfernen. Das Auskochen der Barometer ist eine Operation, welche viel Uebung und Geschicklichkeit erfordert. Wenn in der Toricelli'schen Leere noch etwas Luft zurückgeblieben ist, so erkennt man dies daran, daß sich beim Neigen des Rohrs dasselbe nicht vollständig mit Quecksilber füllt, sondern daß ein kleines Luftbläschen am Gipfel der Röhre zurückbleibt. Der Fehler, der daraus entsteht, ist um so geringer, je größer das Volumen der leeren Kammer ist.

Endlich muß das Quecksilber vollkommen rein und der Durchmesser der Röhre nicht zu klein sein. Wenn die Röhre zu eng ist, so übt die Adhäsion und die Reibung des Quecksilbers an den Glaswänden einen so bedeutenden Einfluß aus, daß die Quecksilberkuppe oft in einer Höhe stehen bleibt, welche bald höher, bald tiefer ist, als sie der Größe des Luftdrucks nach sein sollte. Wenn man in einem solchen Falle das Barometer etwas anstößt, so sieht man die Quecksilbersäule augenblicklich etwas steigen oder fallen, je nachdem der vorherige Stand zu tief oder zu hoch war, weil durch den Anstoß das Hinderniß der Bewegung überwunden wird.

56 **Pumpen.** Wir haben bereits in Paragraph 54 gesehen, daß man durch Saugen an dem oberen Ende einer Röhre, deren unteres Ende in Wasser getaucht ist, das Steigen desselben in der Röhre bewirken kann. Die Luftverdünnung, welche in diesem Falle durch den Mund erzeugt wurde, kann man aber auch dadurch hervorbringen, daß man in das Rohr einen luftdicht schließenden Kolben einsetzt. Ist das untere Ende des Rohres in Wasser eingetaucht, so füllt sich das Rohr mit dieser Flüssigkeit, wenn man den Kolben in die Höhe zieht, wie sich dies an den gewöhnlichen Spritzbüchsen zeigen läßt.

Dieses Princip wird nun auch bei den Pumpen zur Hebung bedeutenderer Wassermengen angewandt. Fig. 109 stellt eine Saugpumpe der einfachsten Construction dar. Das hölzerne Saugrohr *a* steht in dem Brunnenschacht, und zwar geht es unter den Spiegel des in der Tiefe sich sammelnden Wassers *B* hinab. Das Wasser kann durch eine seitliche Oeffnung, welche zur Abhaltung von Unreinigkeiten durch ein Sieb verschlossen ist, in das Saugrohr eintreten. Auf das nach Umständen kürzere oder längere, aus einem oder mehreren Stücken bestehende Saugrohr *a* ist nun das etwas weitere, zwischen 2 und 3 Fuß hohe, genau cylindrisch ausgebohrte Kolbenrohr *b* aufgesetzt, in welchem ein Kolben luft- und wasserdicht schließend auf- und abbewegt werden kann.

Das obere Ende des Saugrohres *a* ist durch ein Ventil (hier eine in der Mitte mit Metall beschlagene Lederklappe) bedeckt, welches durch einen Druck von unten gehoben, also geöffnet, durch einen Druck von oben aber fest auf die Oeffnung aufgedrückt, also geschlossen wird. Dieses Ventil bildet gewissermaßen den Boden des Kolbenrohres *b* und wird deshalb das Bodenventil genannt.

Der im Kolbenrohr befindliche Kolben ist an einer eisernen Stange befestigt, welche durch eine passende Hebelvorrichtung bewegt werden kann; dieser Kolben ist selbst wieder hohl, und das obere Ende dieser Höhlung ist mit einem Ventil in gleicher Weise versehen wie das obere Ende des Saugrohres, so daß es durch einen Druck von oben geschlossen, durch einen Druck von unten geöffnet wird.

Der Umfang dieses Kolbens ist durch eine Lederkappe gebildet, welche unten um den hölzernen Kolben herum festgenagelt ist, oben aber frei von demselben absteht, so daß, wenn sich einmal Wasser über dem Kolben befindet, dasselbe die Lederkappe fest gegen die Röhrenwände anpreßt, wodurch dann ein guter Schluß erhalten wird.

Wenn der eben am unteren Ende des Kolbenrohres befindliche Kolben in die Höhe gezogen wird, so wirkt er wie ein massiver Kolben, weil sich das Kolbenventil schließt, und es bildet sich unter demselben ein luftverdünnter Raum;

Fig. 109.

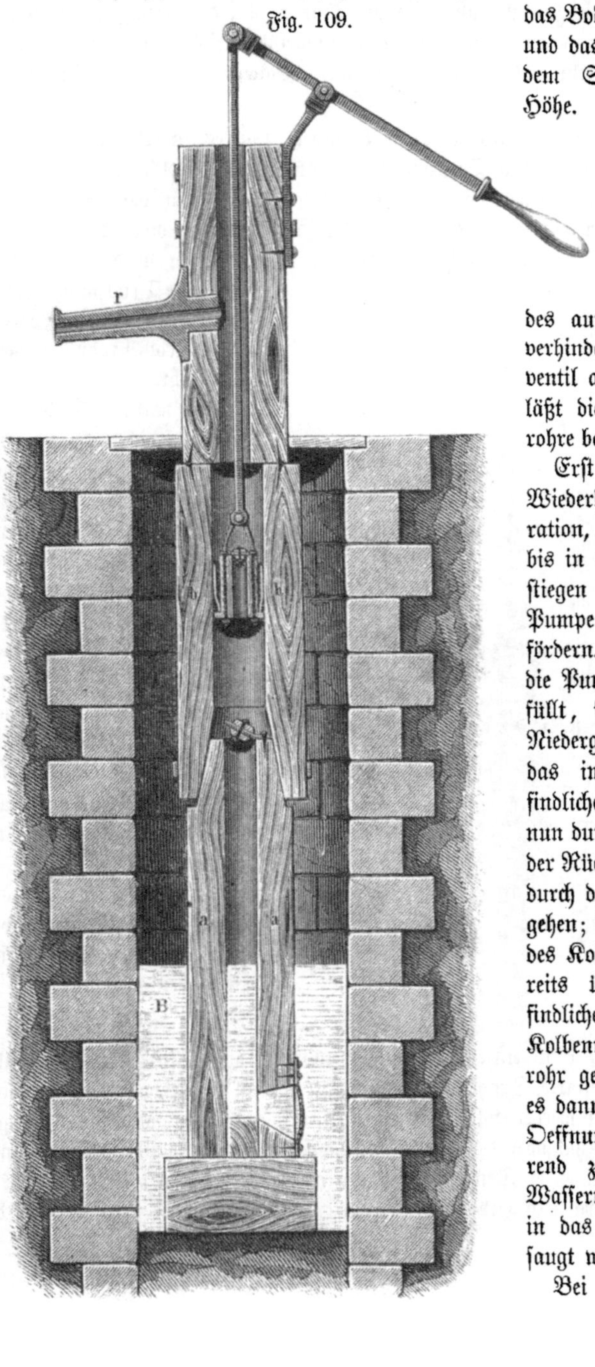

das Bodenventil öffnet sich, und das Wasser steigt in dem Saugrohre in die Höhe. Beim Niedergang des Kolbens schließt sich zunächst das Bodenventil, wodurch das Zurückfallen des aufgesaugten Wassers verhindert wird, das Kolbenventil aber öffnet sich und läßt die noch im Kolbenrohre befindliche Luft durch.

Erst nach mehrmaliger Wiederholung dieser Operation, wenn das Wasser bis in das Kolbenrohr gestiegen ist, beginnt die Pumpe wirklich Wasser zu fördern. Ist aber einmal die Pumpe mit Wasser gefüllt, so wird bei jedem Niedergange des Kolbens das im Kolbenrohre befindliche Wasser, welchem nun durch das Bodenventil der Rückweg verschlossen ist, durch den Kolben hindurchgehen; bei jedem Aufziehen des Kolbens wird das bereits über demselben befindliche Wasser aus dem Kolbenrohre in das Steigrohr gehoben, aus welchem es dann durch die seitliche Oeffnung *r* abfließt, während zugleich eine neue Wassermenge von unten her in das Kolbenrohr aufgesaugt wird.

Bei vollkommen luft=

dichtem Schluß des Kolbens und der Ventile würde man bei mittlerem Luftdruck das Wasser nahe bis zu 32 Fuß aufsaugen können; bei der geringen Vollkommenheit jedoch, mit welcher solche Pumpen ausgeführt sind, darf das Bodenventil nicht wohl mehr als 20 Fuß über dem Wasserspiegel im Bassin angebracht sein.

Um das Wasser auf größere Höhe zu heben, um es in Dampfkessel hineinzupressen u. s. w., werden Druckpumpen angewandt, welche sich von den vorigen dadurch unterscheiden, daß der Kolben massiv ist und daß das aufgesaugte Wasser durch ein seitliches Rohr in die Höhe gedrückt wird, dessen unteres Ende durch ein nach oben sich öffnendes Ventil geschlossen wird. Fig. 110 stellt eine Druckpumpe dar; *h* ist das Saugrohr, *r* das Kolbenrohr, *s* das Steigrohr.

Fig. 110.

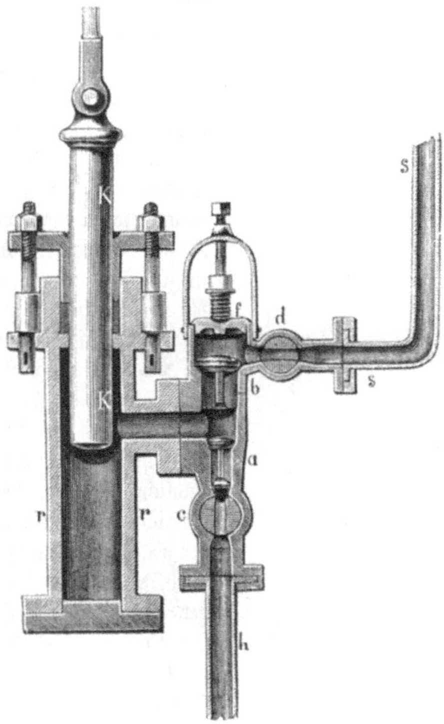

Der massive Kolben *K* geht luftdicht durch die Stopfbüchse, welche das obere Ende des Kolbenrohrs schließt. Beim Aufgang des Kolbens hebt sich das Saugventil *a*, um Wasser aus dem Saugrohr durchzulassen, während das Druckventil *b* geschlossen bleibt; beim Niedergang des Kolbens schließt sich *a*, und das vorher aufgesaugte Wasser wird nun durch das geöffnete Ventil *b* in das Steigrohr *s* gepreßt.

Bei *d* und *c* sind Hähne angebracht, die man abstellen kann, wenn die Pumpe nicht mehr arbeiten soll.

Der Deckel *f* kann entfernt werden, wenn man die Ventile nachsehen will. Er ist durch eine starke Drahtfeder aufgedrückt, so daß er gehoben wird, wenn der Druck zu stark werden sollte, wie es z. B. erfolgen kann, wenn das Steigrohr sich verstopft hat oder der Hahn *d* geschlossen bleibt, während *c* offen ist und die Ventile spielen. Der Deckel *f* dient also in diesem Falle als Sicherheitsventil, indem durch sein Heben das Bersten der Röhrenwände verhindert wird.

Der Heber. Wenn man ein Trinkglas, dessen Rand recht eben 57
ist (am besten ein geschliffenes Glas), ganz mit Wasser füllt, ein Papier darauf deckt und dann das Glas umkehrt, so läuft das Wasser nicht aus; der gegen die untere Fläche des Papiers wirkende Luftdruck hindert das Herabfallen der Wassermasse. Das Papier ist nur deshalb nöthig, um zu verhindern, daß beim Umkehren des Glases das Wasser an den Seiten ausläuft und statt dessen Luft in das Gefäß eindringt. Wenn die untere Oeffnung klein genug ist, um ein solches Auslaufen zu verhindern, wie dies beim Stechheber der Fall ist, so ist das Papier nicht mehr nöthig. Der Stechheber ist gewöhnlich ein röhrenförmiges Gefäß, Fig. 111 und 112, welches oben und unten etwas enger und an beiden Enden offen ist. Taucht man es, wenn beide Oeffnungen frei sind, ganz in eine Flüssigkeit, so füllt es sich mit derselben, und wenn man nun die obere Oeffnung mit dem Daumen verschließt, so kann man den Stechheber in die Höhe ziehen, ohne daß die in demselben enthaltene Flüssigkeit ausläuft.

Fig. 111.

Fig. 112.

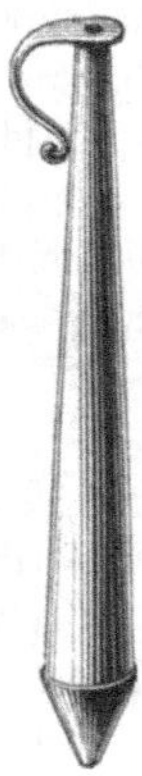

Fig. 113.

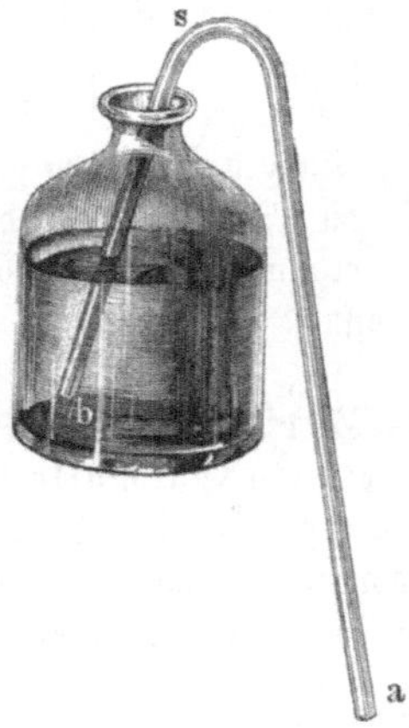

Der Heber ist eine gekrümmte Röhre, *bsa*, Fig. 113, deren Schenkel ungleiche Länge haben. Wenn der kürzere Schenkel in eine Flüssigkeit eingetaucht ist und man die ganze Röhre durch Saugen bei *a* mit derselben gefüllt hat, so läuft sie am Ende *a* des längeren Schenkels, welches tiefer liegt als *b*, fortwährend aus; man kann also mit Hülfe eines Hebers leicht ein Gefäß entleeren. Die Wirkung des Hebers ist leicht zu erklären. Auf der einen Seite hat die Wassersäule *sa*, auf der anderen die Wassersäule von *s* bis zum Spiegel der Flüssigkeit im Gefäß ein Bestreben, vermöge ihrer Schwere herabzufallen; der Schwere der in beiden Schenkeln befindlichen Wassersäulen wirkt aber auf beiden Seiten der Luftdruck entgegen, welcher auf der einen Seite gegen die Oeffnung *a*, auf der anderen aber auf den Spiegel des Wassers im Gefäß wirkt und dadurch die Bildung eines leeren Raumes im Inneren der Röhre verhindert, welcher sich nothwendigerweise bei *s* bilden würde, wenn die Wassersäulen auf beiden Seiten herabliefen. Da der Luftdruck auf der einen Seite so stark wirkt, wie auf der anderen, so würde vollkommenes Gleichgewicht stattfinden, wenn die Wassersäulen in den beiden Schenkeln gleich hoch wären, wenn sich also die Oeffnung *a* in der Höhe des Wasserspiegels im Gefäße befände; sobald aber *a* tiefer liegt, erhält die Wassersäule im Schenkel *sa* das Uebergewicht und in dem Maße, als hier das Wasser ausläuft, wird auf der anderen Seite durch den Luftdruck von Neuem Wasser in die Röhre hineingetrieben, so daß das Ausfließen bei a fortdauert, bis der Spiegel der Flüssigkeit im Gefäß auf die Höhe der Oeffnung b gefallen ist.

Um den Heber bequem füllen und in Wirksamkeit setzen zu können, wird an demselben eine Saugröhre at, Fig. 114, angebracht. Einen gewöhnlichen Heber füllt man nämlich dadurch, daß man bei a, Fig. 113, saugt; dabei ist aber nicht zu vermeiden, daß man etwas von der Flüssigkeit in den Mund bekommt, was in manchen Fällen unangenehm, oft sogar gefährlich sein kann, wie z. B. wenn man den Heber anwenden will, um ein Gefäß mit Schwefelsäure zu entleeren. In einem solchen Falle ist das Saugrohr unentbehrlich; wenn man die Röhre bei b', Fig. 114, verschließt, so kann man durch Saugen bei t den ganzen Schenkel sb' füllen, ohne daß die Flüssigkeit an den Mund kommt. Das Auslaufen beginnt alsdann, sobald man das Röhrenende b' wieder öffnet.

Fig. 114.

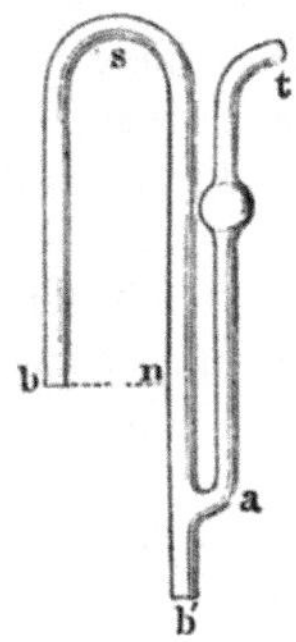

58 **Das Mariotte'sche Gesetz.** Das Volumen einer gegebenen Gasmasse verhält sich umgekehrt wie der Druck, dem sie ausgesetzt ist. Bezeichnen wir also mit V das Volumen einer gegebenen Gasmenge, welche unter dem Druck P, mit v das Volumen derselben Gasmenge, wenn sie unter dem Druck p steht, so haben wir

$$V : v = p : P \quad . \; . \; . \; . \quad 1)$$

oder auch

$$vP = VP \; . \; . \; . \; . \; . \quad 2)$$

Das durch Gleichung 1) oder 2) ausgesprochene Gesetz wird nach seinem Entdecker das Mariotte'sche Gesetz genannt. Um es experimentell zu prüfen dient der Apparat Fig. 115. In zwei verticale, durch einen horizontalen Canal verbundene Löcher des Eisenstücks i sind zwei Glasröhren eingekittet, eine kürzere (die Manometerröhre), etwas über 12 Zoll lange, welche oben mit einem Hahn versehen ist, dessen Einrichtung durch Fig. 116 erläutert wird, und eine längere (die Druckröhre), welche oben offen und ungefähr 66 Zoll lang ist. Beide Röhren sammt der eisernen Fassung sind auf einem (etwa in Zolle) getheilten Brett befestigt; der Nullpunkt der Theilung befindet sich etwas über dem Eisenstück. Während nun der Hahn der Manometerröhre offen ist, wird durch die Druckröhre so viel Quecksilber eingegossen, daß es in beiden Röhren eben bis zum Nullpunkt reicht und dann der Hahn geschlossen. Es ist nun in der Manometerröhre eine Luftsäule von einer bestimmten, auf dem getheilten Brett abzulesenden Länge abgesperrt, welche gerade unter dem Druck der Atmosphäre steht. Um diese Luftsäule auf $1/2$ oder auf $1/3$ ihrer ursprünglichen Länge zu comprimiren muß man in der Druckröhre so viel

Fig. 115.

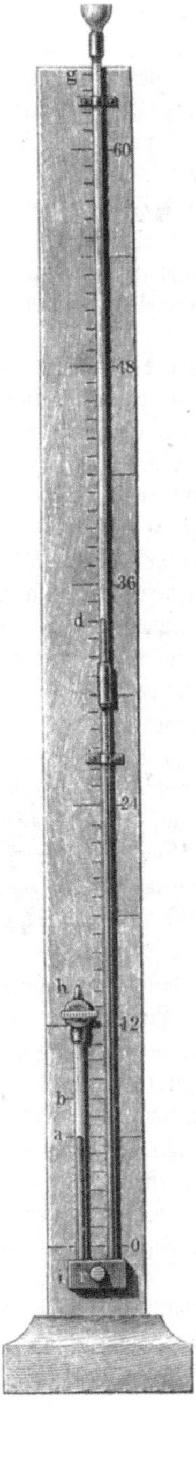

Quecksilber aufgießen, daß es das Niveau des Quecksilbers im kurzen Rohre um die einfache (wie in unserer Figur) oder um die doppelte Höhe der Barometersäule überragt, daß also nun die abgesperrte Luft einem Druck von zwei oder drei Atmosphären ausgesetzt ist. Arago und Dulong haben bewiesen, daß dieses Gesetz für atmosphärische Luft wenigstens bis zu einem Drucke von 27 Atmosphären noch keine Aenderung erleidet.

Durch diese Versuche ist die Richtigkeit des Mariotte'schen Gesetzes von einem Druck von 1 Atmosphäre bis zu einem Druck von 27 Atmosphären bewiesen; für einen Druck aber, welcher geringer ist als 1 Atmosphäre, kann man es mit Hülfe des folgenden Apparates bestätigen.

Eine 2 bis $2^1/_2$ Centimeter weite eiserne Röhre *r*, Fig. 117 (a. f. S.), welche oben in ein weiteres Gefäß endigt und unten geschlossen ist, wird in einem passenden Stativ vertical aufgestellt und etwa bis *n* mit Quecksilber vollgegossen. Nun füllt man eine Barometerröhre, wie zum Toricelli'schen Versuche (Paragraph 54), mit Quecksilber, jedoch nicht ganz voll, sondern nur so weit, daß noch etwa 5 bis 8 Centimeter nicht mit Quecksilber angefüllt sind. Verschließt man die Oeffnung mit dem Finger, kehrt sie dann um, so wird die Luftblase in den oberen Theil der Röhre hinaufsteigen. Wenn man nun, wie beim Toricelli'schen Versuche, das untere Ende der Röhre in das Quecksilber des Gefäßes *a b* taucht und dann den Finger von der Oeffnung wegzieht, so wird die Quecksilbersäule im Barometerrohre bis auf einen bestimmten Punkt fallen. Man wird aber sogleich bemerken, daß der Gipfel der Quecksilbersäule nicht so hoch über *n n* steht, als die Barometerhöhe beträgt, weil ja im oberen Theile unserer Röhre sich Luft befindet und kein Vacuum, wie beim Barometer.

Fig. 116.

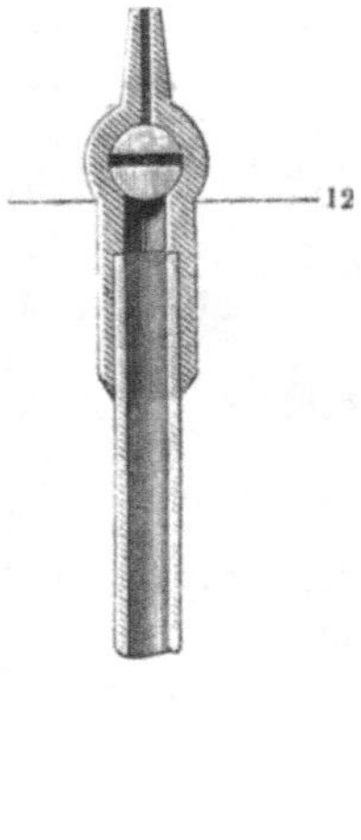

Wenn man die Röhre niederdrückt, so daß sie weiter und weiter in das Quecksilber des weiten Rohres hinabreicht, so wird das Volumen der oben eingeschlossenen Luft immer kleiner. Drückt man nun die Röhre so weit hinab, daß das Quecksilber im Rohre genau in der Höhe des Quecksilberspiegels *nn* steht, so steht die abgesperrte Luft genau unter dem Drucke einer Atmosphäre.

Fig. 117.

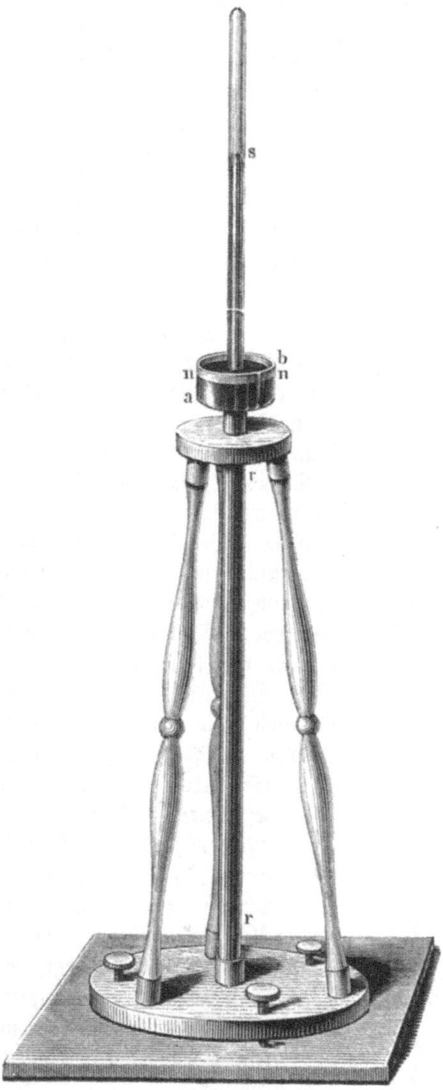

Die Höhe der abgesperrten Luftsäule, welche dem Druck von einer Atmosphäre ausgesetzt ist, wird nun gemessen; sie betrage 5 Centimeter.

Zieht man das Rohr wieder in die Höhe, so vermehrt sich das Volumen der abgesperrten Luft, zugleich aber erhebt sich auch die Quecksilberkuppe im Rohr über den Spiegel *nn*. Gesetzt, man habe das Rohr so weit gehoben, daß die abgesperrte Luft eine Länge von 10 Centimetern in der Röhre einnimmt, so wird die Höhe der Quecksilberkuppe *s* über den Spiegel *nn* gerade die Hälfte des im Augenblick zu beobachtenden Barometerstandes sein. Stände das Barometer auf 760 Millimeter, so würde die Quecksilberkuppe gerade 380 Millimeter über *nn* stehen.

Die Hälfte des atmosphärischen Drucks ist also durch die Quecksilbersäule, welche sich unter der abgesperrten Luft befindet, aufgehoben, und der Druck, welchen diese abgesperrte Luft auszuhalten hat, ist nur noch dem Druck einer halben Atmosphäre gleich, ihr Volumen aber ist doppelt so groß, als es war, da sie den Druck der ganzen Atmosphäre auszuhalten hatte.

Hebt man die Röhre so weit, daß die abgesperrte Luft eine Länge von 15 Centimetern in der Röhre einnimmt, daß ihr Volumen also 3mal größer geworden ist, so beträgt die Höhe der Quecksilbersäule in unserm Rohr $^2/_3$ der

Barometerhöhe; die abgesperrte Luft hat also nur noch einen Druck von $^1/_3$ Atmosphäre auszuhalten.

Setzen wir in Gleichung 2), Seite 104, $P = 760$, so ergiebt sich

$$V = \frac{v \cdot p}{760}.$$

Nach dieser Gleichung kann man berechnen wie groß das Volumen einer gegebenen Gasmenge unter dem normalen Atmosphärendruck sein würde, wenn dieselbe unter dem Druck p das Volumen v einnimmt (Reduction auf den Normaldruck).

Die Luftpumpe. Zu den unentbehrlichsten und wichtigsten Instrumenten des Physikers gehört die Luftpumpe, welche seit ihrer Erfindung durch Otto von Guerike mancherlei Veränderungen und Verbesserungen erfahren hat. Wir wollen sie zunächst in einer möglichst einfachen Gestalt kennen lernen. 59

Fig. 118 (a. f. S.) stellt eine Luftpumpe möglichst einfacher Construction, nämlich eine sogenannte Handluftpumpe dar, wie sie gewöhnlich in chemischen Laboratorien gebraucht wird. $C\,C$ ist der Stiefel, d. h. ein hohler Messingcylinder, in welchem ein luftdicht schließender Kolben A auf- und abbewegt werden kann.

Von dem Boden des Cylinders führt ein verticaler Canal herab bis zu dem horizontalen Rohre s, welches durch ein Glasrohr t mit Hülfe von Kautschukröhrchen mit dem Recipienten g, d. h. mit dem Raume in Verbindung gesetzt werden kann, aus welchem man die Luft entfernen will. Die Glasröhre t verbindet nämlich die Messingröhren s und p, von welchen letztere zu dem verticalen Canale $a\,b$ führt, der oben in der Mitte des eben abgeschliffenen Tellers $d\,d$ mündet. Auf diesen Teller wird dann die Glasglocke g aufgesetzt, deren unterer Rand gleichfalls eben abgeschliffen ist, und der des besseren Schlusses wegen mit Talg oder Schweinefett bestrichen wird.

Der Kolben A ist aus verschiedenen Stücken zusammengesetzt, nämlich erstens einem zum Theil hohlen Messingstück K, welches von einer Lederkappe umgeben ist, die fest an die Wände des Cylinders andrückt und namentlich beim Aufziehen des Kolbens noch durch den von oben her wirkenden Luftdruck an dieselben gepreßt wird, und zweitens aus einem von unten her in K eingeschraubten Metallstück L, welches in der Mitte durchbohrt ist und die Bodenplatte des Kolbens bildet.

Dieses Metallstück L ist nun oben mit einem Ventil versehen, welches dadurch gebildet wird, daß man ein Stück Schweinsblase so über dasselbe bindet, daß es die Oeffnung des verticalen Canals verschließt, und dann seitlich von dieser Oeffnung zwei Einschnitte anbringt, wie Figur 119 (a. f. S.) zeigt, welche das fragliche Stück in größerem Maßstabe im Grund- und Aufriß darstellt.

Dieses Ventil wird fest auf die Oeffnung aufgepreßt, wenn der Luftdruck von oben her, es wird geöffnet, wenn er von unten her stärker ist.

Ein ähnliches Ventil ist nun über der centralen Oeffnung der Bodenplatte des Cylinders angebracht. Beim Aufziehen des Kolbens öffnet sich dieses Bodenventil und die Luft strömt aus dem Recipienten in den Stiefel. Beim Niederdrücken des Kolbens schließt sich das Bodenventil und hindert den Rückgang der Luft in den Recipienten, während sie durch das geöffnete Kolbenventil entweicht.

Die Luftpumpen-Ventile werden vielfach auf andere Weise construirt, als es durch Fig. 119 erläutert wurde. Eine sehr zweckmäßige Form ist die in der

Fig. 119.

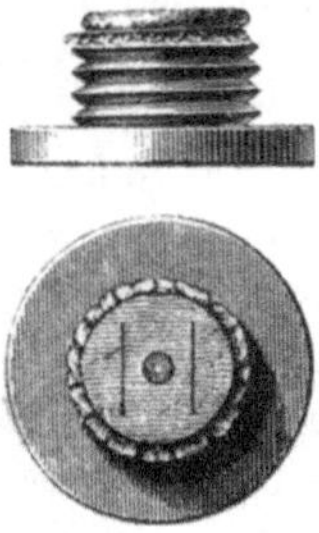

Fig. 118.

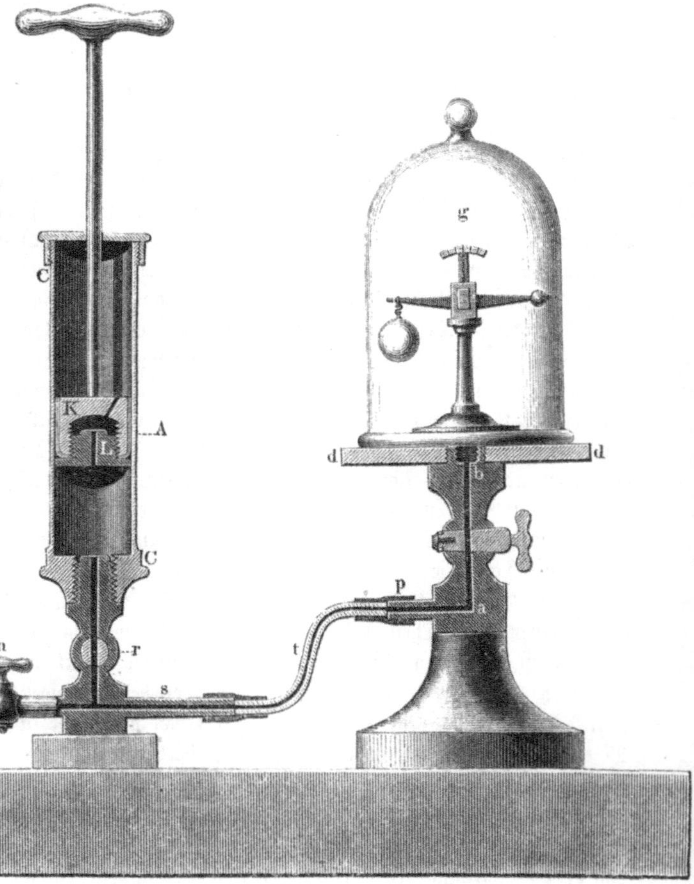

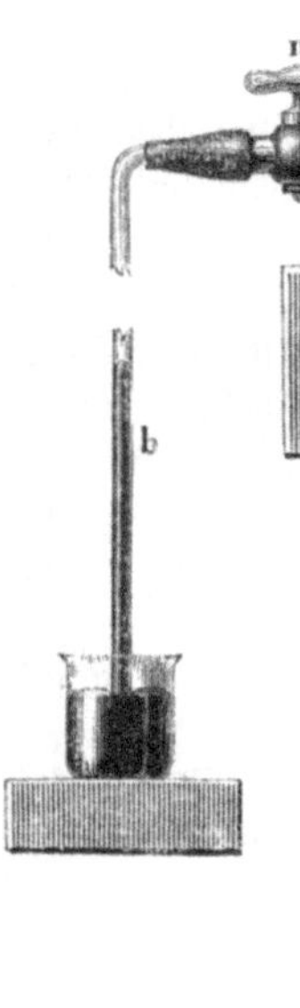

Silbermann'schen Luftpumpe Fig. 120 angewandte. Der Kolben dieser Luftpumpe ist massiv, im Boden des Stiefels aber befinden sich zwei Ventile, von denen sich das eine nach oben, das andere nach unten öffnet. Der Recipient wird bei *a* angesetzt. Beim Aufziehen des Kolbens strömt die Luft aus dem Recipienten durch das geöffnete Ventil *b* in den Stiefel, beim Niedergang des Kolbens schließt sich *b* während die Luft aus dem Stiefel durch das geöffnete Ventil *c* ausströmt um bei *d* in die freie Luft zu entweichen.

Fig. 120.

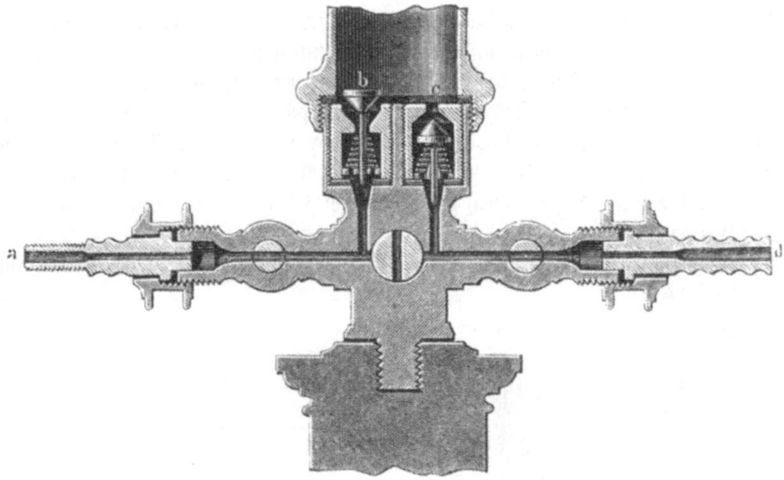

In Figur 118 sehen wir unter der Glocke der Luftpumpe einen Apparat stehen, welcher erst später, und zwar in demjenigen Paragraphen besprochen werden wird, welcher vom Luftballon handelt.

Den Grad der Luftverdünnung, welchen man durch Auspumpen hervorgebracht hat, kann man durch eine sogenannte Barometerprobe messen. Für die kleinen Handluftpumpen ist die Barometerprobe so eingerichtet, wie Fig. 118 zeigt. Eine etwa 30 Zoll lange Glasröhre *b* taucht mit ihrem unteren Ende in ein Gefäß voll Quecksilber; oben ist sie umgebogen und mittelst eines Kautschukröhrchens an die Pumpe befestigt. Wenn der Hahn *n* geöffnet ist, so steigt das Quecksilber in der Röhre *b*, und zwar um so höher, je weiter die Verdünnung getrieben wird. Wenn es möglich wäre, einen ganz luftleeren Raum durch die Luftpumpe zu erzeugen, so würde die Höhe der im Rohre *b* gehobenen Quecksilbersäule der Barometerhöhe gleich sein.

Gewöhnlich bedient man sich, um den durch die Luftpumpe hervorgebrachten Grad der Verdünnung zu messen, des abgekürzten Barometers als Barometerprobe. Fig. 121 (a. f. S.) stellt ein abgekürztes Barometer in $1/3$ der natürlichen Größe dar. Das Quecksilber füllt den zugeschmolzenen Schenkel bei gewöhnlichem Luftdruck ganz aus. Wird nun dieser Apparat aufrechtstehend unter die Glocke der Luftpumpe angebracht, so beginnt das Quecksilber im geschlossenen Schenkel zu sinken, wenn der auf den offenen Schenkel wirkende Luftdruck auf $1/4$ Atmosphärendruck reducirt ist. Geht nun die Verdünnung der Luft im Recipienten weiter, so giebt die Höhendifferenz der Quecksilberkuppen in beiden Röhren die Größe des Druckes an, welchen die unter der Glocke noch zurückgebliebene Luft ausübt.

Anstatt aber diese Barometerprobe unter die Glocke der Luftpumpe zu stellen, ist sie gewöhnlich in einem besonderen kleinen, durch eine enge Glasglocke gebildeten Recipienten angebracht, welcher gleichfalls mit dem zum Stiefel führenden Canal communicirt und durch einen besonderen Hahn abgestellt werden kann.

Die eben besprochene und abgebildete Luftpumpe war eine **Ventilluftpumpe**, d. h. eine solche, bei welcher die Unterbrechung und Wiederherstellung der Communication des Stiefels mit dem Recipienten durch ein Ventil bewerkstelligt wird, während auch die aus dem Apparat fortzuschaffende Luft durch ein Ventil entweicht. Für diese Functionen können aber auch Hahnen verwandt werden, und solche Luftpumpen, bei welchen dies der Fall ist, heißen **Hahnenluftpumpen**.

Das Wesentliche der Einrichtung der Hahnenluftpumpe wird durch Fig. 122 erläutert.

Fig. 121.

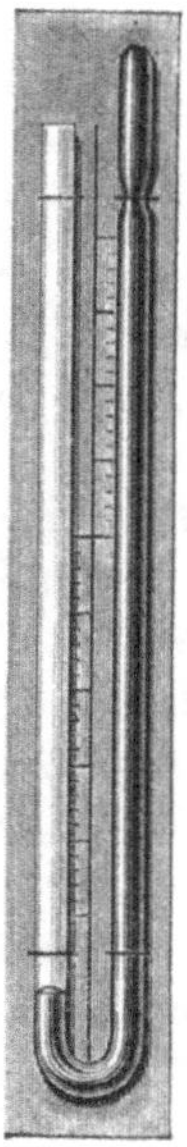

Fig. 122.

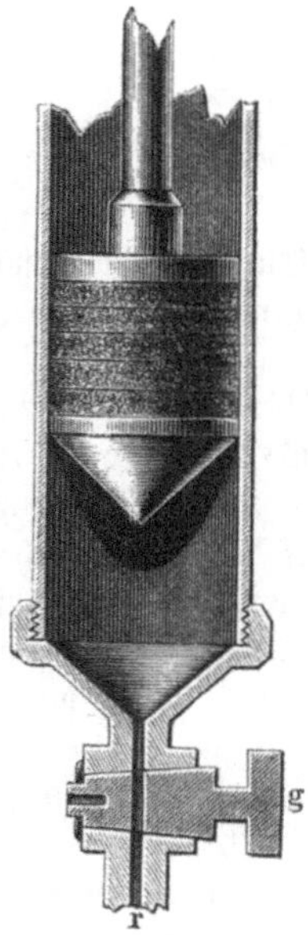

Fig. 123.

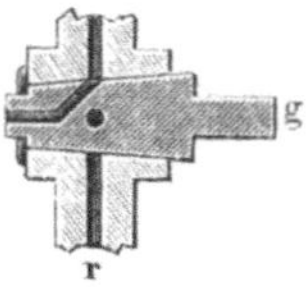

Der **Senguerd'sche Hahn** g, welcher sich am unteren Ende des Cylinders befindet, ist doppelt durchbohrt; ein Canal geht rechtwinkelig zur Umdrehungsaxe gerade durch und diese vermittelt, wenn der Hahn die Stellung wie in Fig. 122 hat, die Verbindung des Recipienten mit dem Luftpumpenstiefel. So lange der Kolben aufwärts gezogen wird, bleibt der Hahn in dieser Stellung; sobald aber der Kolben am obersten Ende seiner Bahn angekommen ist, wird der Hahn um 90° gedreht, so daß er in die Stellung Fig. 123 kommt, bei welcher ein zweiter Canal, dessen Verlauf durch die Figur hinlänglich erläutert wird, die Verbindung des Stiefels mit der äußeren Luft vermittelt. Wenn nun der Kolben niedergeht, so wird die Luft aus dem Stiefel durch den Seitencanal des Hahnes ausgetrieben.

Ist der Kolben unten angekommen, so wird der Hahn wieder in die Stellung Fig. 122 gebracht u. s. w.

Wie die Verdünnung mit zunehmender Anzahl der Kolbenzüge wächst und welches die Gränze der mit einer Luftpumpe zu erreichenden Verdünnung sei, darüber findet man im Supplementbande nähere Auskunft.

Otto von Guerike machte mit seiner Maschine den merkwürdigen Versuch mit den Magdeburger Halbkugeln, Fig. 124 u. 125, welcher darin bestand, eine Hohlkugel von Metall, deren Hälften nur einfach auf einander gesetzt waren, luftleer zu machen. Vor dem Evacuiren sind die beiden Hälften leicht zu trennen; wenn aber im Inneren keine Luft mehr vorhanden ist, um dem äußeren Luftdruck das Gleichgewicht zu halten, so halten sie außerordentlich stark zusammen. Mag z. B. der Radius der Kugel nur ein Decimeter sein, so beträgt der Querschnitt der Kugel 314 Quadratcentimeter, und demnach ist der äußere Druck, welcher die Hälften zusammenpreßt, mehr als 314 Kilogramm. Um den Contact vollständiger zu machen, werden die Ränder der Halbkugeln, bevor sie auf einander gesetzt werden, mit Fett beschmiert, wie eine Glocke, bevor man sie auf den Teller setzt; ein Hahn, welcher während des Auspumpens geöffnet ist, wird, bevor man die entleerten Halbkugeln von der Luftpumpe abschraubt, geschlossen, um den Wiedereintritt der Luft zu verhindern.

Fig. 124.

Fig. 125.

Man gebraucht die Luftpumpe zu mancherlei Versuchen. Man zeigt z. B., daß brennende Körper im luftleeren Raum verlöschen; daß der Rauch als ein schwerer Körper zu Boden fällt; daß Luft im Wasser gleichsam aufgelöst ist; daß sich eine Luftschicht zwischen den Flüssigkeiten und den Wänden der Gefäße befindet, in welchen sie enthalten sind; denn diese Luftschicht zeigt sich in Form kleiner Bläschen, welche in dem Verhältniß wachsen, als der Luftdruck abnimmt. Mit Hülfe der Luftpumpe kann man laues Wasser zum Kochen bringen u. s. w.

Wenn wir sehen, daß ein Stückchen Papier, eine Flaumfeder u. s. w. langsamer zur Erde fällt als ein Stein, so ist die Ursache dieses Unterschiedes nur in dem Widerstande der Luft zu suchen; im luftleeren Raum fallen beide gleich schnell. Man kann dies mittelst der Fallröhre, Fig. 126 (a. f. S.), auf folgende Weise zeigen.

Die Fallröhre ist eine Glasröhre von ungefähr 1 Zoll Durchmesser und 6 Fuß Länge, welche oben und unten mit einer Messingfassung luftdicht zugekittet ist. Die untere Fassung enthält einen Hahn und kann auf die Luftpumpe aufgeschraubt werden. In der Röhre befindet sich ein etwas großes Schrotkorn und eine Papierscheibe von ungefähr 4 Linien Durchmesser. Wenn nun die Röhre, nachdem sie luftleer gemacht worden ist, vertical gehalten und dann rasch

Fig. 126.

Fig. 127.

umgekehrt wird, so fällt das Papierstück und das Bleikügelchen gleich schnell, was nicht der Fall ist, wenn sie noch Luft enthält.

60 **Compressionspumpe.** Die Compressionspumpe dient dazu, die Luft zu verdichten. Die Silbermann'sche Luftpumpe, Fig. 120, S. 109, kann man auch zum Verdichten der Luft anwenden, man braucht nur den Recipienten bei *a* zu entfernen und bei *d* einen Recipienten anzusetzen, so wird die beim Aufziehen des Kolbens durch *a* eingesaugte Luft beim Niederdrücken des Kolbens durch *c* und *d* in den Recipienten getrieben.

Eine Hahnenluftpumpe kann man auch zum Comprimiren der Luft anwenden, wenn man beim Aufziehen des Kolbens dem Hahn *g* die Stellung Fig. 123, S. 110, beim Niederdrücken des Kolbens aber die Stellung Fig. 122 giebt.

Eine der bekanntesten Formen der Compressionspumpe ist die, welche man zum Laden der Windbüchse anwendet. Der Recipient der Windbüchse enthält an seinem unteren Ende ein Ventil, welches sich nach innen öffnet, welches also die Luft zwar ein- aber nicht austreten läßt. An diesen Recipienten wird ein Rohr angeschraubt, wie man in Fig. 127 sieht, in welchem ein Kolben luftdicht auf- und abgeschoben werden kann. Wenn sich der Kolben am unteren Ende des Laderohrs befindet, so kann Luft durch zwei seitliche Löcher *a* eintreten; diese Luft wird nun beim Hinauftreiben des Kolbens in das Reservoir hineingepreßt. Zieht man den Kolben wieder nieder, so kann die Luft aus dem Reservoir nicht zurücktreten, die Röhre füllt sich mit einer neuen Portion Luft, die nun durch einen abermaligen Stoß auch in das Reservoir gepreßt wird u. s. w.

Wenn man mit Hülfe der Compressionspumpe die Luft im Recipienten der Windbüchse bis auf 8 oder 10 Atmosphären comprimirt hat, wird das Laderohr ab- und ein Lauf angeschraubt, welcher der Kugel die Richtung geben soll. Wenn das Ventil, welches den Recipienten verschließt, durch den Drücker geöffnet wird, so entweicht ein Theil der eingeschlossenen Luft mit großer Gewalt und treibt die Kugel fort; das Ventil schließt sich aber augenblicklich wieder. Man kann mit einer Windbüchse, ohne von Neuem zu laden, mehrere, freilich immer schwächer werdende Schüsse nach einander thun.

Der Heronsball ist ein Gefäß, aus welchem ein Wasserstrahl durch 61
den Druck comprimirter Luft hervorgetrieben wird. Ein Heronsball einfachster Form ist die Spritzflasche der Chemiker, Fig. 128. Eine Glasröhre acb, welche bei a zu einer feinen Spitze ausgezogen ist, geht luftdicht durch den Kork,

Fig. 128.

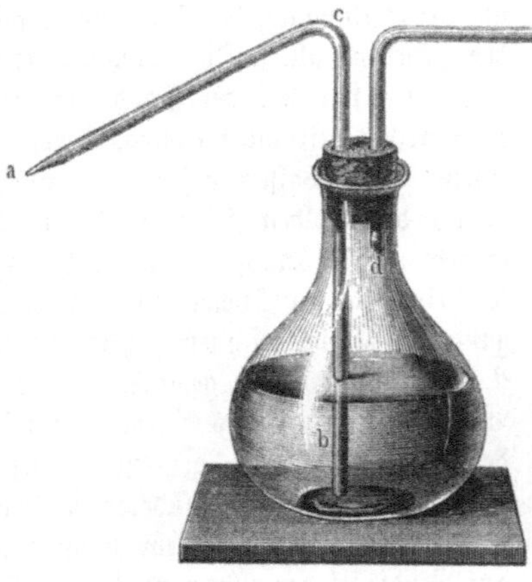

Fig. 129.

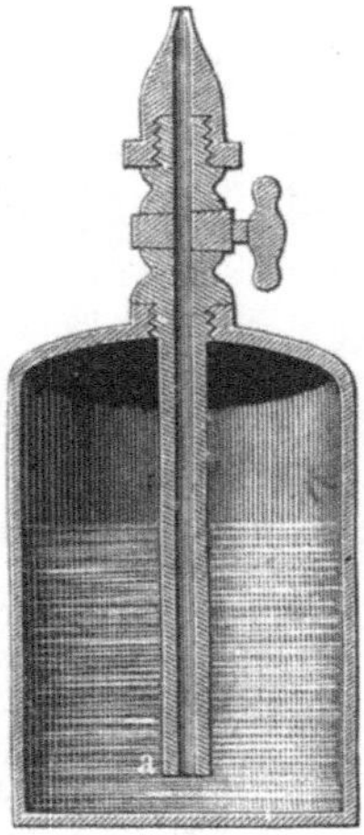

welcher den Hals eines Glasballons verschließt, und zwar geht sie fast bis auf den Boden des zum Theil mit Wasser gefüllten Gefäßes herab. Wenn nun durch ein zweites Rohr df, welches dicht unter dem Korke mündet, Luft eingeblasen wird, so wird dadurch die Luft im oberen Theil des Ballons comprimirt und durch ihren Druck ein Wasserstrahl aus der Oeffnung der Röhre bca hervorgetrieben.

Durch Blasen mit dem Munde kann man natürlich keine starke Compression im Ballon bewirken und also nur einen schwachen Wasserstrahl hervortreiben. Wenn es sich um die Erzeugung eines kräftigeren Wasserstrahls auf diesem Wege handelt, muß man der größeren Festigkeit wegen Metallgefäße anwenden und die Zusammendrückung der Luft durch eine Compressionspumpe besorgen. Einen derartigen Heronsball stellt Fig. 129 dar. Nachdem das Gefäß etwas über die Hälfte mit Wasser gefüllt und das Spritzrohr eingeschraubt ist, wird die Ausflußspitze entfernt und dann der Apparat auf eine Compressionspumpe aufgeschraubt, mit Hülfe deren man so viel Luft einpumpt, daß der Druck derselbe 2 bis 4 Atmosphären beträgt. Nun wird ein Hahn, welcher in dem Spritz-

Fig. 130.

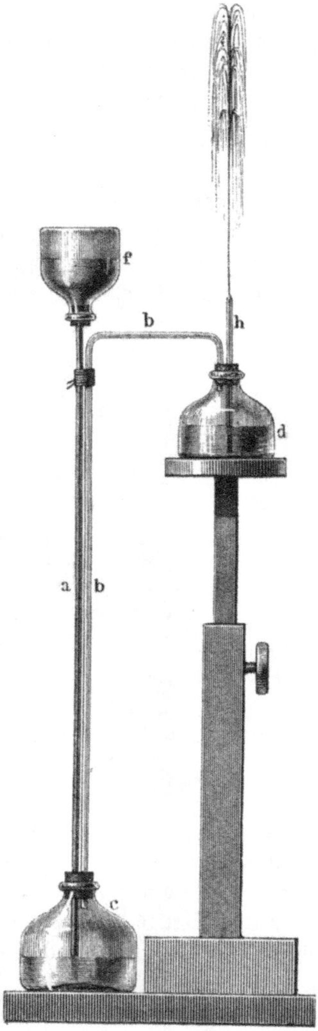

rohre angebracht ist, geschlossen, un: nachdem der Apparat von der Com- pressionspumpe entfernt ist, die Aus- flußspitze wieder auf das Spritzroh aufgeschraubt. Ein kräftiger Wasserstrah entsteigt dem Spritzrohr, sobald ma den Hahn öffnet.

Der Heronsbrunnen, Fig. 13C ist ein Heronsball, in welchem die Luf durch den Druck einer Wassersäule com- primirt wird.

62 **Die Feuerspritze**, Fig. 131 ist eine Verbindung der Druckpumpe mi dem Heronsball. Die Pumpenstiefel von denen wir vor der Hand nur der einen rechts betrachten wollen, stehen i einem mit Wasser gefüllten Kasten Wenn der Kolben *f* aufgezogen wird so hebt sich die Klappe *d*, und das Was- ser dringt in den Stiefel. Beim Nieder- gange des Kolbens schließt sich das Venti *d*, die Klappe *c* wird geöffnet, und da Wasser wird durch das Gurgelrohr *b* i den Windkessel *a* gepreßt. Diese Windkessel ist nichts Anderes als ei großer Heronsball; je mehr Wasser i den Windkessel gepumpt wird, desto meh wird die Luft im oberen Theile desselbe comprimirt. Das Rohr *h* reicht fast bi auf den Boden des Windkessels; bei *g* wird eine Röhre mit enger Oeffnung der Schwanenhals, angeschraubt Durch den Druck, welchen die im Wind- kessel comprimirte Luft auf das Wasse in demselben fortwährend ausübt, wir ein starker Wasserstrahl aus der Oeffnung des Schwanenhalses hervorgetrieben An einer Oeffnung, welche sich in der Wand des Windkessels nahe am Boder befindet, kann ein Schlauch mit einer metallenen Spitze angeschraubt werden welche eine Oeffnung wie der Schwanenhals hat; auch dieser Schlauch liefer einen Wasserstrahl, den man leichter lenken und der Feuerstelle näher bringe kann als den Wasserstrahl des Schwanenhalses.

Der Auf- und Niedergang der Kolben wird durch einen zweiarmigen Hebel bewerkstelligt. An diesem Hebel sind die beiden Kolbenstangen so befestigt, daß

Fig. 131.

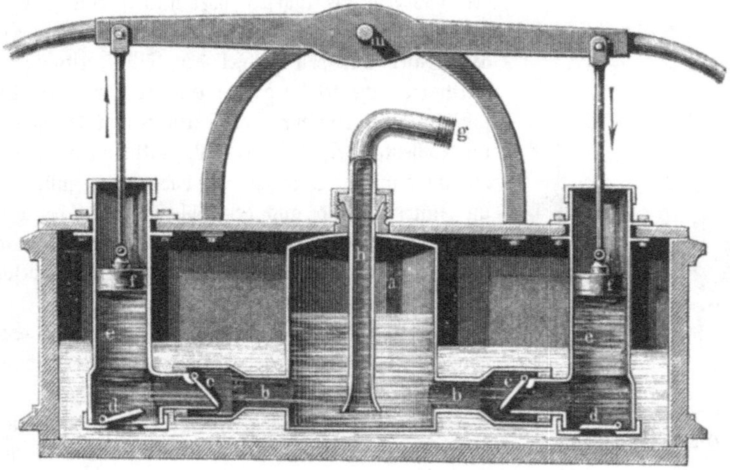

der eine Kolben steigt, wenn der andere niedergeht, daß also ohne Unterbrechung dem Windkessel neues Wasser zugeführt wird.

In unserer Figur ist die Spritze in einem Momente dargestellt, in welchem der Kolben rechts niedergeht, während der Kolben auf der linken Seite steigt; auf der linken Seite wird also gerade Wasser in den Stiefel eingesaugt, während auf der rechten Seite eben Wasser in den Windkessel eingepreßt wird.

Es ist nicht gerade nothwendig, daß eine Feuerspritze zwei Cylinder habe, und in der That werden kleinere Feuerspritzen nur mit einem Cylinder construirt; in diesem Falle ist freilich der Wasserzugang in den Kessel alternirend, dessenungeachtet aber wird aus dem Rohre des Windkessels ein continuirlicher Wasserstrahl hinausgetrieben, weil die comprimirte Luft auch noch wirkt, während der Kolben aufgezogen wird. Es finden dabei allerdings Schwankungen in der Kraft Statt, mit welcher der Wasserstrahl hervordringt, denn diese nimmt allmälig ab, während der Kolben aufgezogen wird, und sie wächst dann wieder, während der Kolben niedergedrückt, also eine neue Quantität Wasser in den Windkessel hineingepreßt wird. Doch sind diese Schwankungen um so kleiner, je größer der Inhalt des Windkessels im Vergleich zu dem des Cylinders ist.

Messung des Druckes eingeschlossener Gase. Solche 63
Apparate, welche dazu dienen, den Druck zu messen, welchen in irgend einem abgesperrten Raume befindliche Gase auszuhalten haben, werden mit dem gemeinschaftlichen Namen der Manometer bezeichnet. Die Barometerprobe der Luftpumpen gehört also auch zu den Manometern.

In Fällen, wo der zu messende Druck nur gering ist, wendet man für den fraglichen Zweck Flüssigkeitssäulen an, welche in doppelt gebogenen Glasröhren, Fig. 132, enthalten sind. Das eine Ende *a* des Manometerrohres wird mittelst eines Korkes in einer entsprechenden Oeffnung des Gasbehälters eingesetzt oder mittelst einer Messingfassung auf dieselbe aufgeschraubt. Ist nun der Druck des Gases auf den Gipfel der Flüssigkeitssäule im mittleren Schenkel *bc* größer als der Druck der Atmosphäre auf den Gipfel der Flüssigkeitssäule im äußeren Schenkel *cd*, so wird sich natürlich die Flüssigkeit im äußeren Schenkel *cd* höher stellen müssen als im Inneren, und aus der Höhendifferenz der beiden unten communicirenden Flüssigkeitssäulen kann man auf die Größe des Drucks schließen, unter welchem das eingeschlossene Gas steht.

Fig. 132.

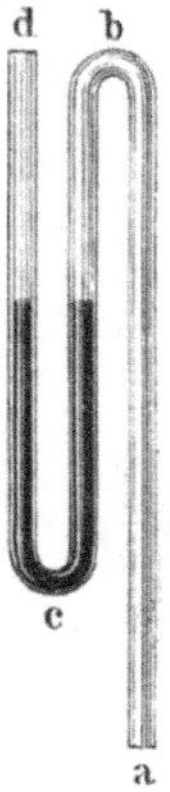

Fig. 133.

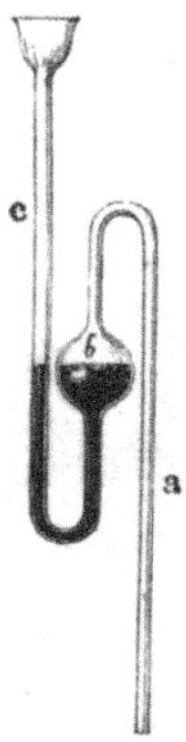

Bei schwächerem Druck dient Wasser als Sperrungsflüssigkeit, welches durch Quecksilber ersetzt wird, wenn der Druck stärker wird.

Fig. 133 zeigt eine andere Form der oben besprochenen Manometer, welche unter den Namen der Welter'schen Sicherheitsröhre bei chemischen Operationen oft angewendet wird.

Fig. 134.

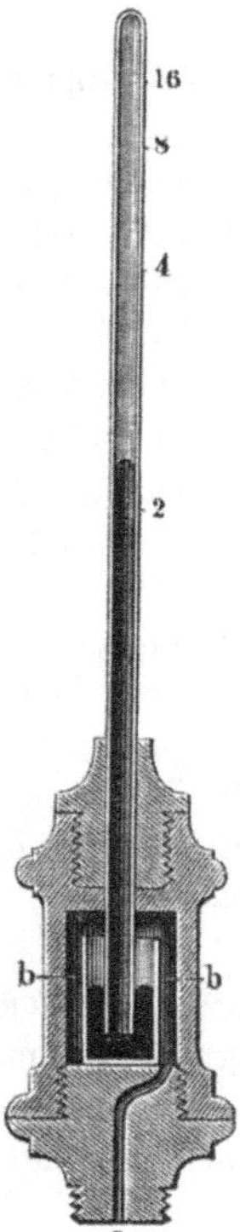

Wenn der Druck des eingeschlossenen Gases oder Dampfes auf 2, 3, 4 ꝛc. Atmosphären steigt, so reichen solche offene Manometer, wie wir sie bisher betrachtet haben, nicht mehr aus; in solchen Fällen kann man aber Compressionsmanometer anwenden, deren Wesen darin besteht, daß durch den zu messenden Druck das als Sperrungsflüssigkeit dienende Quecksilber nicht in eine oben offene, sondern in eine oben verschlossene, mit Luft gefüllte Röhre hineingetrieben, daß also der Druck vorzugsweise durch die Compression der im Manometerrohre abgesperrten Luft gemessen wird. Fig. 134 zeigt einen solchen Apparat, wie er auf Dampfkesseln oder Dampfleitungen aufgeschraubt werden kann. Durch den Canal *a* verbreitet sich der Dampfdruck in den von allen Seiten luftdicht verschlossenen Raum *b*. In demselben steht, auf dem Boden befestigt, ein eisernes zum Theil mit Quecksilber gefülltes Gefäß und in dieses taucht eine mit Luft gefüllte Glasröhre ein. Der Druck des Dampfes treibt das Quecksilber in das Rohr, wodurch die eingeschlossene Luft comprimirt wird. Wenn das Quecksilber bei den mit 2, 4, 8, 16 bezeichneten Punkten steht, so beträgt der Dampfdruck 2, 4, 8, 16 Atmosphären.

Zu den Manometern kann man auch das Sicherheitsventil zählen, welches dazu dient, zu verhindern, daß die Spannkraft des Dampfes über gewisse Gränzen hinaus wachse. Das Rohr *R* (Fig. 135) steht mit dem Dampfraume des

Kessels in Verbindung, so daß es sich gleichfalls mit Dampf füllt, welcher durch seine obere Oeffnung entweichen würde, wenn dieselbe nicht durch ein Ventil ver-

Fig. 135.

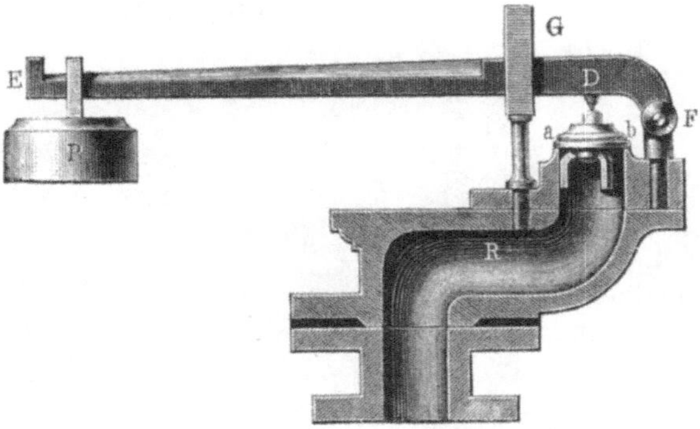

schlossen wäre. Dieses Ventil besteht aus einer Metallplatte *ab*, welche auf den Rändern der oberen Oeffnung des Rohres *R* einfach aufliegt. An der unteren Fläche der Platte *ab* ist ein dreizinkiger Ansatz befestigt, welcher genau in das Rohr *R* passend eine seitliche Verschiebung der Platte *ab* verhindert. Während nun der Dampf, gegen die untere Fläche des Ventils drückend, den Hebel *EF* zu heben strebt, wird derselbe durch das Gewicht *P* niedergedrückt. Eine Hebung des Ventils und ein Abblasen des Dampfes kann also erst erfolgen, wenn der Druck des Dampfes gegen das Ventil größer ist als die Belastung, welche es zu tragen hat.

Der Luftballon. Das archimedische Princip (S. 73) gilt für Gase 64
wie für Flüssigkeiten; jeder Körper, welcher in Luft eingetaucht ist, verliert von seinem Gewichte so viel, wie die verdrängte Luftmasse wiegt; wenn also ein Körper leichter ist als ein gleiches Volumen Luft, so muß er in der Luft steigen. Einen solchen Körper kann man herstellen, wenn man aus einer leichten Hülle einen Ballon macht und diesen mit einem Gase füllt, welches leichter ist als atmosphärische Luft. Kleine Ballons der Art werden aus Goldschlägerhaut oder Collodium gefertigt, und mit Wasserstoffgas, welches 14mal leichter ist als atmosphärische Luft, oder mit Leuchtgas gefüllt. Ein so gefüllter Ballon steigt, wenn das eingeschlossene Gas sammt der Hülle und Allem, was daran hängt, weniger wiegt als ein gleiches Volumen atmosphärischer Luft.

Der Erfinder der Luftballons ist Montgolfier, welcher sie gleich in großem Maßstabe ausführte. Unten offen, wurde sein Ballon mit warmer Luft aufgeblasen, indem unterhalb der Oeffnung auf einem passenden Drahtnetz Papier oder Stroh verbrannt wurde.

Charles wandte zuerst Wasserstoffgas statt der warmen Luft zur Füllung der Luftballons an. Fig. 136 (a. f. S.) erläutert die Füllung eines großen Luftballons mittelst Wasserstoffgas.

In neuerer Zeit wird an Orten, wo Gasbeleuchtung eingeführt ist, auch das Leuchtgas zur Füllung von Luftballons angewandt; da jedoch dieses Gas

Fig. 136.

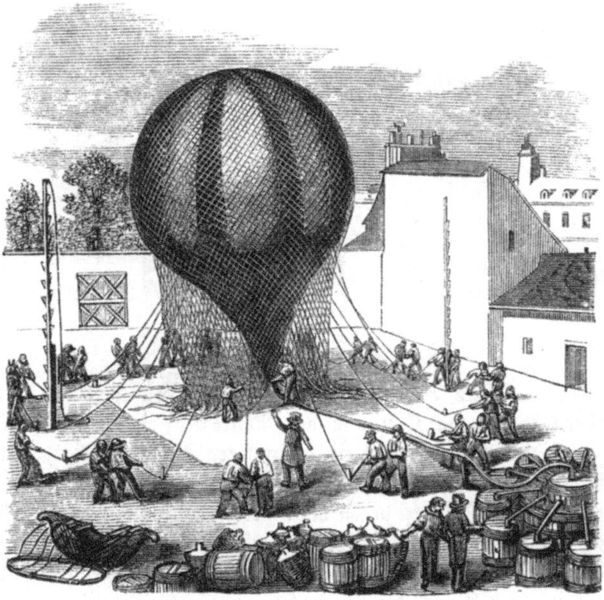

weit schwerer ist als Wasserstoffgas (sein specifisches Gewicht ist mehr als $^1/_2$ von dem der atmosphärischen Luft), so muß man größere Ballons anwenden, als es beim Wasserstoffgas nöthig ist.

Seifenblasen, mit Wasserstoffgas oder Leuchtgas gefüllt, steigen gleichfalls.

Die Geltung des archimedischen Princips für Luft wird auch sehr gut durch den Apparat erläutert, welcher in Fig. 118 unter der Glocke der Luftpumpe steht und welcher den Namen des Baroskops führt. An einem Wagebalken ist eine kleine Metallkugel mit einer hohlen Glaskugel ins Gleichgewicht gebracht; sobald die Glocke evacuirt wird, hört das Gleichgewicht, welches bis dahin bestand, auf, die Glaskugel sinkt, die kleine Messingkugel steigt. Die Erklärung dieses Herganges hat wohl keine Schwierigkeit.

Sechstes Capitel.

Anziehung zwischen gasförmigen und festen, sowie zwischen gasförmigen und flüssigen Körpern.

Absorption der Gase durch feste Körper. Daß zwischen 65
den Theilchen fester und gasförmiger Körper eine bedeutende Anziehung stattfindet, geht am augenscheinlichsten aus folgendem Versuche hervor. Löscht man eine glühende Kohle unter Quecksilber ab, läßt man sie dann in einem Glasrohr, Fig. 137, in die Höhe steigen, dessen oberer Theil mit Kohlensäure gefüllt ist, welche durch Quecksilber von der Verbindung mit der äußeren Luft abgesperrt wird, so wird in wenigen Augenblicken die Kohlensäure von der Kohle dermaßen verdichtet, daß das Quecksilber im Cylinder bis oben hinsteigt, vorausgesetzt, daß das Volumen des Gases nicht mehr als das 20fache Volumen der Kohle betrug. Die ganze Masse der Kohlensäure, welche vorher den oberen Theil des Rohrs erfüllte, ist jetzt durch die zwischen der Kohle und dem Gase stattfindende Anziehung in den Poren der Kohle verdichtet, das Gas ist absorbirt worden. Derselbe Versuch gelingt auch mit vielen anderen Gasen.

Fig. 137.

Wenn die Kohle längere Zeit an der Luft gelegen hat, so gelingt der Versuch weniger gut, was sehr begreiflich ist, wenn man bedenkt, daß die Kohle atmosphärische Luft und den in der Luft verbreiteten Wasserdampf absorbirt, und daß dadurch natürlich ihre Absorptionsfähigkeit für andere Gase vermindert wird.

Wenn man eine Kohle, welche Gase absorbirt hat, unter die Luftpumpe bringt oder glüht, so entweichen die absorbirten Gase wieder.

Die Absorption der Gase ist stets von einer Wärmeentwickelung begleitet, die um so bedeutender ist, je rascher die Absorption vor sich geht. Bei der Fabrikation des Schießpulvers wird Holzkohle zu einem sehr feinen Pulver zerrieben, welches die atmosphärische Luft mit solcher Begierde absorbirt, daß eine bedeutende, oft bis zur Entzündung steigende Erhitzung der Masse stattfindet.

Wenn ein feiner Strom von Wasserstoffgas auf einen Platinschwamm (fein vertheiltes Platin) geleitet wird, so erfolgt die Absorption des Gases mit solcher Heftigkeit, daß das Platin glühend wird und alsdann das Wasserstoffgas entzündet. Darauf gründet sich die Döbereiner'sche Zündmaschine.

Dadurch, daß sich der feste Körper in einem fein vertheilten Zustande befindet, wie dies beim Kohlenpulver und dem Platinschwamm der Fall ist, wird die Absorption bedeutend befördert, weil alsdann viele Berührungspunkte zwischen dem festen Körper und dem Gase vorhanden sind; doch ist dieser fein vertheilte poröse Zustand nicht durchaus nothwendig, um die Verdichtung der Gase zu bewirken, sie findet auch Statt, wenn der feste Körper eine vollkommen glatte Oberfläche hat, nur ist in diesem Falle die Verdichtung nicht so bedeutend. Wenn man ein Stück Platin mit vollkommen metallischer Oberfläche in ein Gemenge von Sauerstoffgas und Wasserstoffgas bringt, so werden die beiden Gase so sehr verdichtet, daß sie sich allmälig zu Wasser verbinden.

Nicht Platin und Kohle allein zeigen dieses merkwürdige Verhalten gegen Gase, sondern mehr oder weniger alle festen Körper. Jeder feste Körper ist daher gleichsam mit einer verdichteten Atmosphäre von irgend einem Gase umgeben, welche sich oft nur sehr schwer von ihm trennen läßt, und mit welcher sich der Körper, wenn man seine Oberfläche davon auch vollkommen befreit, nach einiger Zeit doch wieder umgiebt, wenn er in Berührung mit Gasen bleibt. So ist z. B. das Glas stets mit einer Hülle von verdichteter Luft umgeben, die man bei der Anfertigung von Barometern erst durch das Kochen des Quecksilbers in der Röhre entfernen kann. Gießt man Wasser in einen Glaskolben und bringt man ihn dann über Feuer, so sieht man bald, wie sich an dem Boden eine Menge kleiner Bläschen bilden, noch lange ehe das Kochen des Wassers beginnt. Es ist dies die vorher wegen ihrer großen Verdichtuug gar nicht wahrgenommene Luftschicht, die nun, durch die Wärme ausgedehnt, Bläschen bildet. Aehnliche Bläschen sieht man auch, wenn man ein Gefäß mit Wasser unter den Recipienten der Luftpumpe bringt und dann auspumpt.

Solche gasförmige Körper, welche leicht in den flüssigen Zustand übergehen (Dämpfe), werden durch die Anziehung, welche feste Körper auf sie ausüben, flüssig gemacht. So zieht z. B. Chlorcalcium den Wasserdampf mit großer Begierde an, verdichtet ihn zu Wasser und zerfließt endlich in dem Wasser. Auch das Kochsalz zieht den Wasserdampf aus der Luft an und wird feucht; ebenso verhalten sich die Pottasche und viele andere Körper.

Solche Körper, welche den Wasserdampf aus der Luft anziehen, heißen hygroskopische Körper. Außer den schon angeführten sind auch Holz, Haare, Fischbein u. s. w. hygroskopisch.

66 **Absorption der Gase durch Flüssigkeiten.** Flüssigkeiten zeigen gegen Gase ein ganz ähnliches Verhalten wie das, welches wir soeben bei den festen Körpern betrachtet haben. Man kann dies recht anschaulich machen, wenn man den auf Seite 119 angeführten Versuch in der Weise abändert, daß man die Kohlensäure durch Ammoniakgas ersetzt und statt der Kohle Wasser in die Röhre bringt, wie Fig. 138 angedeutet ist. Das Ammoniakgas wird von dem Wasser mit solcher Begierde absorbirt, daß alsbald alles Gas verschwindet und die ganze Röhre sich mit Flüssigkeit füllt.

Das Wasser absorbirt ein 700faches Volumen Ammoniakgas und ein 500faches Volumen Salzsäuregas.

Fig. 138.

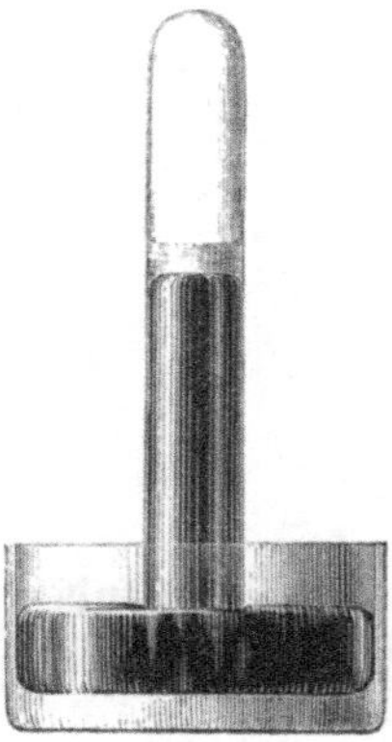

Das Absorptionsvermögen der Flüssigkeiten hängt von der Temperatur und dem Drucke ab, und zwar ist es dem Drucke proportional, so daß unter einem Drucke von 2, 3 u. s. w. Atmosphären zweimal, dreimal so viel von einem bestimmten Gase absorbirt wird, als unter dem gewöhnlichen Luftdruck.

Mit steigender Temperatur nimmt das Absorptionsvermögen ab.

Das Wasser enthält fast immer eine ziemlich bedeutende Menge absorbirter Luft und kann davon nur durch längeres Kochen befreit werden.

Nach den genauesten Versuchen absorbirt 1 Volumen Wasser bei 0° und 760 Millimeter Quecksilberdruck:

0,024	Volumen	atmosphärische Luft,
0,020	„	Stickstoff,
0,041	„	Sauerstoff,
1,797	„	Kohlensäure.

Schaumwein und Sauerwasser sind Flüssigkeiten, welche unter höherem Druck Kohlensäure absorbirt haben, die zum Theil entweicht, wenn der Druck nachläßt.

Diffusion der Gase. Eine ähnliche Erscheinung, 67
wie wir sie in §. 50 für tropfbar flüssige Körper kennen gelernt haben, findet auch zwischen verschiedenen Gasen Statt, und zwar tritt die Erscheinung der Diffusion für alle Gase ein, während nicht alle Flüssigkeiten in einander diffundiren.

Fig. 139.

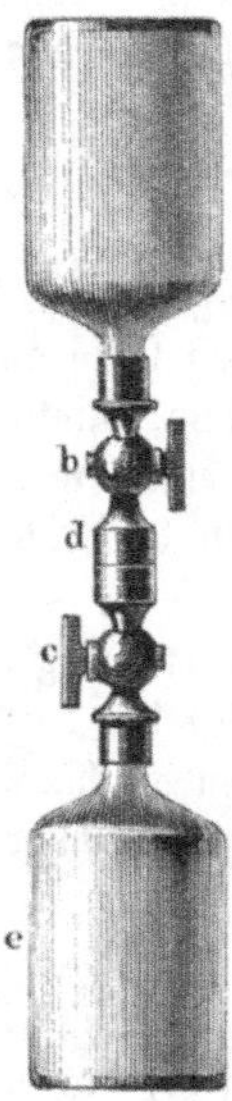

Werden zwei Glasballons, deren Hals durch einen Hahn verschließbar ist und von denen der eine mit Wasserstoffgas, der andere mit Kohlensäure gefüllt ist, so zusammengeschraubt, wie Fig. 139 zeigt, und dann so aufgestellt, daß der Ballon mit der Kohlensäure der untere ist, so findet man nach einiger Zeit, wenn durch Oeffnen der beiden Hähne die beiden Ballons in Communication gesetzt worden sind, daß sich die Kohlensäure sowohl wie das Wasserstoffgas in beiden Ballons gleichförmig vertheilt haben, daß also trotz des größeren specifischen Gewichtes die Hälfte der Kohlensäure in den oberen Ballon gestiegen und die Hälfte Menge Wasserstoffgas in den unteren herabgesunken ist.

Die bis auf unbedeutende Schwankungen im Kohlensäuregehalt überall ganz gleiche Zusammensetzung der atmosphärischen Luft ist eine Folge der Diffusion der Gase.

Siebentes Capitel.

Bewegung fester Körper unter dem Einfluß beschleunigender Kräfte.

68 **Einleitung.** Ein Körper, welcher seine Stellung gegen andere ändert, ist in Bewegung; er ist in Ruhe, wenn keine solche Veränderung mit ihm vorgeht. Alle Ruhe, alle Bewegung, welche wir beobachten, ist nur relativ, nicht absolut. Die Bäume sind in Ruhe in Beziehung auf die benachbarten Berge, die Bäume haben eine unveränderliche Stellung auf dem Erdboden, aber Bäume und Berge sind deshalb nicht in absoluter Ruhe. Sie durchlaufen mit dem ganzen Erdballe, auf welchem sie fest stehen, die ungeheure Bahn unseres Planeten.

Wir haben bei jeder Bewegung zwei wesentliche Dinge zu betrachten, die Richtung und die Geschwindigkeit.

Wenn ein Körper sich stets nach derselben Richtung bewegt, so ist seine Bahn geradlinig, wenn sich aber die Richtung seiner Bewegung stetig ändert, so ist seine Bewegung krummlinig. Wenn man sich in dem Punkte der Curve, welchen der Körper in einem bestimmten Momente einnimmt, eine Tangente an die Curve gezogen denkt, so zeigt uns diese Tangente die Richtung, welche in diesem Augenblicke die Bewegung des Körpers hat.

Die Bewegung eines Körpers ist gleichförmig, wenn er in gleichen Zeiten gleiche Wege durchläuft, wenn also der durchlaufene Weg der dazu gebrauchten Zeit proportional ist. Bezeichnen wir also mit s den durchlaufenen Weg, mit t die dazu gebrauchte Zeit, so haben wir für eine gleichförmige Bewegung

$$s = vt \quad . \; . \; . \; . \; . \; . \; . \; . \; . \; . \; . \; . \quad 1)$$

wenn v eine constante Größe ist, die man als Geschwindigkeit bezeichnet.

Da $s = v$ wird, wenn man in Gleichung 1) $t = 1$ setzt, so ist die Geschwindigkeit einer gleichförmigen Bewegung der Weg, welcher in der Zeiteinheit zurückgelegt wird.

Der Zahlenwerth der Geschwindigkeit für einen speciellen Fall hängt davon ab, welche Einheiten man für Zeit und Raum zu Grunde legt. Meist wählt man die Secunde zur Zeiteinheit, den Fuß oder das Meter zur Längeneinheit. Ein ausgewachsener Mensch geht z. B. mit einer Geschwindigkeit von $2^1/_2$ Fuß, ein Schnellzug fährt auf der Eisenbahn mit einer Geschwindigkeit von 45 Fuß in der Secunde.

Ungleichförmig nennt man eine Bewegung, wenn in jedem folgenden Zeittheilchen ein größerer oder ein kleinerer Weg zurückgelegt wird als in dem nächst vorhergehenden. Im ersteren Falle nennt man die Bewegung eine beschleunigte, im letzteren eine verzögerte.

Die Geschwindigkeit einer ungleichförmigen Bewegung in einem bestimmten Zeitpunkte ist der Weg, welcher von diesem Moment an in der nächsten Secunde zurückgelegt werden würde, wenn während dieser Secunde weder eine Beschleunigung noch eine Verzögerung der Bewegung stattfände.

Erst Galiläi kann als Begründer der Bewegungslehre bezeichnet werden. Das erste Gesetz der Bewegung, welches er aufstellte, ist dasjenige, welches gewöhnlich als Gesetz der Trägheit bezeichnet wird. Nach diesem Gesetz muß sich ein Körper, welcher einmal in Bewegung ist, in gerader Linie mit gleichförmiger Geschwindgkeit fortbewegen, so lange keinerlei Kräfte auf ihn einwirken.

Die richtige Erkenntniß dieses Gesetzes war in der That nicht leicht, weil in der Natur eine geradlinig und gleichförmige Bewegung nicht vorkommt und wir nicht im Stande sind, einen bewegten Körper längere Zeit hindurch dem Einflusse von beschleunigenden Kräften und Bewegungswiderständen zu entziehen. Bei allen Bewegungen, welche man zu beobachten Gelegenheit hatte, trat also nie die Wirkung der Trägheit rein für sich, sondern stets modificirt durch beschleunigende Kräfte und Bewegungswiderstände auf, es galt also, die Wirkung der Trägheit in diesen Combinationen zu erkennen und sie bei allen in der Wirklichkeit vorkommenden Bewegungen nachzuweisen, wie dies Galiläi in der That beim freien Fall, bei der Wurfbewegung u. s. w. gethan hat.

Das zweite von Galiläi aufgestellte Gesetz der Bewegung heißt: Die Bahn eines unter dem Einfluß einer beschleunigenden Kraft sich bewegenden Körpers ist in jedem kleinen Zeittheilchen die Resultirende derjenigen Bahnen, welche den Körper einerseits vermöge der bereits erlangten Geschwindigkeit nach dem Gesetz der Trägheit und andererseits unter dem alleinigen Einfluß der beschleunigenden Kraft in diesem Zeittheilchen zurücklegen würde.

In den folgenden Paragraphen werden wir die Anwendung dieser beiden Hauptgesetze auf verschiedene Bewegungsformen näher betrachten.

Die Fallgesetze. Denken wir uns, daß die Schwerkraft, unter deren 69
Einfluß ein Körper eine Zeit lang frei herabgefallen ist, in einem bestimmten Moment auf ihn zu wirken aufhöre, so würde deshalb der Körper nicht still-

stehen, er würde sich vielmehr vermöge seiner Trägheit von nun an mit gleichförmiger Geschwindigkeit fortbewegen.

Die Geschwindigkeit eines fallenden Körpers in einem bestimmten Moment ist der Weg, welchen er in der nächsten Secunde zurücklegen würde, wenn von diesem Augenblicke an die Schwerkraft auf ihn zu wirken aufhörte.

Ein schwerer Körper sei 3 Secunden (oder allgemein t Secunden) lang frei herabgefallen, so ist die Endgeschwindigkeit, welche er in dieser Zeit erlangt hat, der Weg, den er in der 4ten Secunde (oder allgemein in der $(t+1)^{ten}$ Secunde) zurücklegen würde, wenn von dem Ende der 3ten (t^{ten}) Secunde an die Schwerkraft nicht mehr wirkte und der Körper sich nur vermöge seiner Trägheit fortbewegte.

Da die Schwere in jedem Moment des Falles auf dieselbe Weise wirkt, so muß sie die Geschwindigkeit des fallenden Körpers in gleichen Zeiten auch gleichviel vermehren, d. h. die Bewegung muß eine gleichförmig beschleunigte sein. Wenn der fallende Körper während der ersten Fallsecunde eine Geschwindigkeit g erlangt, so muß er also auch nach 2, 3, 4 ... t Secunden eine Geschwindigkeit $2g$, $3g$, $4g \ldots tg$ erlangt haben. Es läßt sich dies in Worten allgemein so ausdrücken: die Geschwindigkeit eines frei fallenden Körpers ist stets der verflossenen Fallzeit proportional; oder es ist

$$v = g.t \qquad \ldots\ldots\ldots\ldots \qquad 1)$$

wenn v die Geschwindigkeit bezeichnet, welche der Körper während einer Fallzeit von t Secunden erlangt hat, g aber seine Geschwindigkeit am Ende der ersten Secunde darstellt.

Welchen Raum wird demnach ein Körper in 1, in 2, 3, 4 ... t Secunden durchlaufen? Zu Anfang der ersten Secunde ist seine Geschwindigkeit gleich 0, zu Ende derselben ist sie g. Da nun die Geschwindigkeit gleichförmig zunimmt, so muß der in der ersten Secunde durchfallene Raum offenbar gerade ebenso groß sein, als ob sich der Körper während dieser Secunde mit einer gleichförmigen Geschwindigkeit bewegt hätte, welche zwischen der Anfangs- und Endgeschwindigkeit, also zwischen 0 und g in der Mitte liegt. Diese mittlere Geschwindigkeit aber ist $^1/_2\,g$, und ein Körper, der sich eine Secunde lang mit der Geschwindigkeit $^1/_2\,g$ bewegt, durchläuft den Raum $^1/_2\,g$.

Ebenso können wir den Fallraum finden, welchen der Körper in zwei Secunden durchfällt. Die Anfangsgeschwindigkeit ist 0, die Endgeschwindigkeit $2g$, also ist die mittlere Geschwindigkeit $\frac{2g}{2}$, und ein Körper, welcher sich zwei Secunden lang mit dieser Geschwindigkeit bewegt, durchläuft einen Raum $2.2\frac{g}{2}$.

In drei Secunden durchfällt der Körper einen Raum $3.3\frac{g}{2}$, denn die Anfangsgeschwindigkeit ist 0, die Endgeschwindigkeit $3g$, also die mittlere Geschwindigkeit $3\frac{g}{2}$, und mit dieser Geschwindigkeit muß ein Körper sich drei

Secunden lang gleichförmig bewegen, wenn er denselben Weg zurücklegen soll, den ein schwerer Körper in drei Secunden durchfällt.

Wir wollen diesen Schluß allgemein machen. Wenn ein Körper t Secunden lang fällt, so muß er einen Weg zurücklegen, welcher demjenigen gleich ist, den er während derselben Zeit bei gleichförmiger Bewegung zurückgelegt hätte, wenn seine Geschwindigkeit das Mittel zwischen der Anfangsgeschwindigkeit 0 und der Endgeschwindigkeit $g.t$, also $\frac{g}{2}t$ gewesen wäre. Ein Körper aber, welcher sich t Secunden lang mit der Geschwindigkeit $\frac{g}{2}t$ bewegt, durchläuft einen Raum

$$s = \frac{g}{2}.t^2 \quad \ldots\ldots\ldots\ldots \quad 2)$$

das heißt in Worten: die Fallräume verhalten sich wie die Quadrate der Fallzeiten.

Beim freien Fall sind (den Luftwiderstand abgerechnet) folgende die zusammengehörigen Werthe von t, v und s:

t	v	s
1. Secunde	30 Fuß	15 Fuß
2. "	60 "	60 "
3. "	90 "	135 "
4. "	120 "	240 "
5. "	150 "	375 "

Aus der obigen kleinen Tabelle ergiebt sich, daß der Weg, welchen der freifallende Körper in der zweiten Secunde zurücklegt, 45′ ist; von diesem Wege kommen 30′ auf Rechnung der am Ende der ersten Secunde erlangten Endgeschwindigkeit und 15′ auf Rechnung der Wirkung, welche die Schwere während der zweiten Secunde ausgeübt hat.

Der in der dritten Secunde zurückgelegte Weg von 75′ ist die Summe der Endgeschwindigkeit der zweiten Secunde, 60′, und der neuen Wirkung der Schwere, 15 u. s. w.

Der Werth von g ist also gleich 30′ oder genauer

g = 30,16 Pariser Fuß oder

g = 9,809 Meter.

Dieser genauere Werth von g ergiebt sich aus der Beobachtung von Pendelschwingungen, wie wir weiter unten sehen werden.

Es ist häufig von Wichtigkeit, aus den gegebenen Fallhöhen unmittelbar die entsprechende Geschwindigkeit berechnen zu können. Eine Formel, nach welcher diese Rechnung auszuführen ist, ergiebt sich durch die Combination der Gleichungen 1) auf Seite 124 und 2) auf Seite 125. Durch Elimination von t findet man

$$v = \sqrt{2gs} \quad \ldots \ldots \ldots \ldots \quad 3)$$

Die Geschwindigkeiten verhalten sich also wie die Quadratwurzeln aus den Fallräumen. Wäre z. B. ein Körper von der Höhe von 100 Fuß herabgefallen, so ist nach dieser Formel seine Geschwindigkeit

$$v = \sqrt{2 . 30 . 100} = 77{,}4 \ldots \text{ Fuß}$$

(natürlich ohne Berücksichtigung des Luftwiderstandes).

70 **Versuche über das Fallgesetz.** Für den freien Fall sind die in wenig Secunden durchfallenen Räume viel zu groß, als daß man ihn zur Bestätigung des Fallgesetzes gebrauchen könnte, und zwar ist dies um so weniger möglich, als eben der großen Geschwindigkeit wegen der Widerstand der Luft bedeutende Störungen veranlaßt.

Galiläi studirte zuerst die Fallgesetze, indem er Kugeln auf einer schiefen Ebene herunterrollen ließ. Zur Anstellung der Galiläi'schen Fallversuche bedient man sich einer etwa 10 Decimeter (oder Fuß) langen hölzernen Fallrinne ab, Fig. 140, welche durch zwei wohl polirte, unter rechtem Winkel sich schneidende ebene Flächen gebildet wird.

Fig. 140.

Der Länge nach ist diese Fallrinne, deren Neigung gegen die Horizontale man beliebig variiren kann, in Decimeter (oder Fuß) eingetheilt, wie die Fig. 140 zeigt. Ist g die beschleunigende Kraft der Schwere, d. h. ist g die Geschwindigkeit, welche ein frei fallender Körper am Ende der ersten Secunde erlangt hat, so ist nach §. 22 $g . sin\, x$ die beschleunigende Kraft, welche die Kugel in der Fallrinne herunter treibt, wenn x den Winkel bezeichnet, welchen sie mit der Horizontalen macht; durch Verkleinerung des Winkels x hat man es also in der Gewalt, den Fall auf der schiefen Ebene so langsam zu machen als man will. Ist die Fallrinne so gestellt, daß $g . sin\, x = 2^{dm}$, daß also der Fallraum der ersten Secunde 1 Decimeter ist, so wird man finden, daß die Kugel in 2, 3 u. s. w. Secunden einen Weg von 4,

9 Decimetern in der Fallrinne durchläuft, daß sich also die Fallräume wirklich wie die Quadrate der Fallzeiten verhalten.

Um den Versuch anzustellen wird der Klotz *K* so gestellt, daß seine Vorderfläche (links) bei *b* gerade auf den Nullpunkt der Theilung zu stehen kommt. Läßt man dann die Kugel mittelst des Brettchens *L* beim Schlage eines Secundenpendels bei 1, 4 oder 9 los, so schlägt sie nach 1, 2, oder 3 Secunden am Klotz *K* an.

Fig. 141.

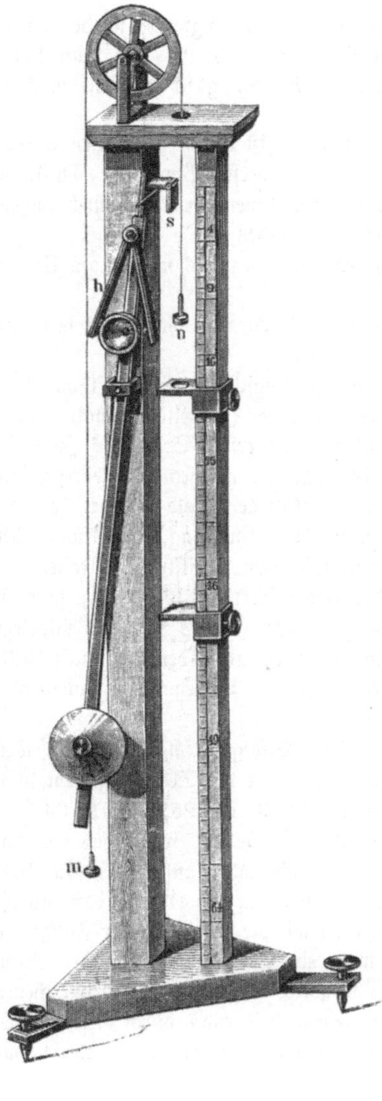

Ist der Apparat so construirt, daß sich die Rinne vom unteren Ende *b* der schiefen Ebene an in horizontaler Richtung *bc* fortsetzt, so läßt sich wenigstens mit angenäherter Genauigkeit zeigen, daß die erlangten Endgeschwindigkeiten der Fallzeit proportional sind. Stellt man den Klotz *K* bei den Theilstrichen 2, 4, 6 der horizontalen Rinne *bc* auf, so wird die Kugel an ihn 2, 3, 4 Secunden später anschlagen, als man sie in den Punkten 1, 4, 9 der schiefen Ebene losgelassen hat. Ist also die Kugel in 1″, 2″, 3″ von 1, 4, 9 bis *b* auf der schiefen Ebene herabgefallen, so läuft sie vermöge der erlangten Geschwindigkeit (ohne weitere Beschleunigung) auf der horizontalen Ebene in der folgenden Secunde von *b* an noch 2, 4, 6 Decimeter weiter.

Weit genauere Resultate als mit der Fallrinne erhält man mit der Atwood'schen Fallmaschine. Sie besteht im Wesentlichen in einer um eine horizontale Axe leicht drehbaren Rolle, Fig. 141, welche auf dem Gipfel einer ungefähr 6 pariser Fuß hohen verticalen Säule befestigt ist. Ueber die Rolle ist eine Schnur geschlungen, an deren Enden gleiche Gewichte *m* und *n* hängen. Legt man auf der einen Seite ein Uebergewicht *r* auf, so wird das Gleichgewicht zerstört; die Gewichte $n + r$ auf der einen Seite fallen, das Gewicht *m* auf der andern Seite wird gehoben. Die Geschwindigkeit, mit welcher diese Bewegung vor sich geht, ist aber weit langsamer als beim freien Fall, weil die bewegende Kraft, die Schwere des Uebergewichts *r*, nicht allein die Masse *r*, sondern die Masse $m + n + r$ in Bewegung zu setzen hat.

Wäre z. B. jedes der Gewichte *m* und *n* 7 Loth, *r* aber 1 Loth, so hätte das Uebergewicht von 1 Loth eine Masse von 15 Loth in Bewegung zu setzen; die Bewegung wird nach denselben Gesetzen vor sich gehen, wie beim freien Fall, nur mit dem einzigen Unterschiede, daß die Intensität der beschleunigenden Kraft hier 15mal kleiner ist. Wenn also ein frei fallender Körper in der ersten Secunde 15 Fuß durchfällt, so wird hier der Fallraum der ersten Secunde nur 1 Fuß sein.

Man sieht wohl ein, daß die Bewegung um so langsamer werden wird, je kleiner das Uebergewicht *r* im Verhältniß zu $m + n$ ist, und man kann also durch zweckmäßige Veränderung von *r* die Bewegung so langsam machen als man will.

Um die Fallräume bequem messen zu können, ist an der verticalen Säule eine in Zolle getheilte Scala angebracht. Der oberste Punkt der Theilung ist der Nullpunkt der Scala. Zwei Schieber, von denen der obere durchbrochen ist, können an jeder Stelle der Scala festgestellt werden.

Fig. 142 zeigt die zweckmäßigste Form des Gewichts *n* und des Uebergewichts *r*.

Fig. 142.

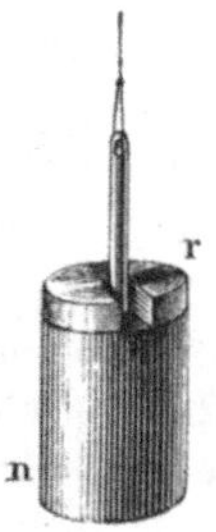

So weit ist die Kenntniß des Apparates nöthig, um den Zusammenhang der Versuche zu verstehen.

Zunächst läßt sich mit der Fallmaschine leicht darthun, daß sich die Fallräume wie die Quadrate der Fallzeiten verhalten. Es sei *r* so gewählt, daß der Fallraum der ersten Secunde 1 Zoll ist. Wenn das untere Ende des Gewichts *n*, welches das Uebergewicht trägt, sich in der Höhe des Nullpunktes der Scala befindet, so wird eine Secunde nach dem Beginne der Bewegung das Gewicht bei dem ersten nach dem Nullpunkt folgenden Theilstrich eintreffen.

Wenn der Fallraum der ersten Secunde 1 Zoll ist, so muß in den zwei ersten Secunden ein Weg von 4 Zoll zurückgelegt werden; wenn man also den unteren Schieber 4 Zoll unter den Nullpunkt stellt, so wird das Gewicht, welches beim Punkte Null seine Bewegung begonnen hat, am Ende der zweiten Secunde aufschlagen.

Fig. 143.

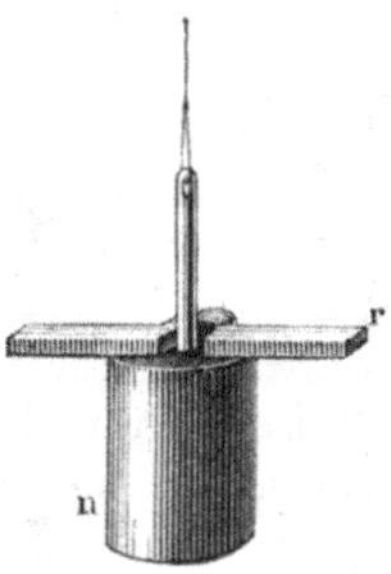

Wenn man die Bewegung stets in demselben Punkte, d. h. im Nullpunkte der Scala beginnen läßt, so hat man den Schieber 9, 16, 25, 36, 49, 64 Zoll unter diesem Punkte festzustellen, wenn das Gewicht nach 3, 4, 5, 6, 7, 8 Secunden aufschlagen soll. Der Versuch bestätigt vollkommen das Gesetz, daß sich die Fallräume verhalten wie die Quadrate der Fallzeiten.

Wendet man ein Uebergewicht von der Form Fig. 143 an, so wird es auf dem durchbrochenen Schieber liegen bleiben, während *n* durch diesen Schieber hindurchgeht. Wenn nun auf diese Weise das

Uebergewicht abgenommen wird, so wirkt von diesem Moment an keine beschleunigende Kraft mehr, und doch dauert die Bewegung fort und zwar mit gleichförmiger Geschwindigkeit, mit derjenigen nämlich, welche die Massen *m* und *n* in dem Momente haben, in welchem das Uebergewicht abgehoben wird.

Man kann nun den durchbrochenen Schieber so stellen, daß das Uebergewicht am Ende der zweiten, dritten u. s. w. Fallsecunde abgenommen wird, und dann leicht zeigen, daß nach Abnahme des Uebergewichts die Geschwindigkeit völlig gleichförmig ist, d. h. daß von diesem Augenblicke an in jeder folgenden Secunde ein gleich großer Weg zurückgelegt wird.

Gleichförmig verzögerte Bewegung. Wenn ein Körper durch einen Stoß vertical in die Höhe geworfen wird, so steigt er mit abnehmender Geschwindigkeit; nach einiger Zeit hört seine aufwärts gerichtete Bewegung auf, und er beginnt zu fallen. Die Gesetze dieser Bewegung folgen unmittelbar aus dem Vorhergehenden. 71

Gesetzt, der Körper sei mit einer Geschwindigkeit von 150′ in die Höhe geworfen worden, so würde er, wenn die Schwere nicht wirkte, in jeder Secunde 150′ steigen. Da die Schwere einem fallenden Körper in 1, 2, 3, 4, 5 Secunden eine Geschwindigkeit von 30′, 60′, 90′, 120′, 150′ u. s. w. ertheilt, welche der Richtung unserer Bewegung entgegengesetzt ist, so ist klar, daß die Geschwindigkeit des steigenden Körpers am Ende der 1sten Secunde $150 - 30 = 120'$ ist; am Ende der 2ten Secunde ist die Geschwindigkeit $150 - 60 = 90'$; am Ende der 3ten $150 - 90 = 60'$; am Ende der 4ten $150 - 120 = 30'$; am Ende der fünften endlich $150 - 150 = 0$, und nun beginnt also der Körper zu fallen. Wir haben hier das Beispiel einer gleichförmig verzögerten Bewegung; denn die Geschwindigkeit des steigenden Körpers nimmt in jeder Secunde um gleich viel, nämlich um 30′ ab.

Stellen wir dies allgemeiner dar. Es sei *n* die Geschwindigkeit beim Beginn des Steigens, so ist die Geschwindigkeit des Körpers nach *t* Secunden

$$v = n - gt.$$

Das Steigen hört auf, wenn $v = 0$, also wenn $gt = n$, d. h. wenn die in *t* Secunden erlangte Fallgeschwindigkeit der Geschwindigkeit gleich ist, mit welcher der Körper zu steigen begonnen hat.

Die Zeit, welche der Körper braucht, um den Gipfel seiner Bahn zu erreichen, ist also:

$$t = \frac{n}{g} \quad \dots\dots\dots\dots \quad 1)$$

Suchen wir nun die Höhe zu bestimmen, welche der steigende Körper nach einer gegebenen Zeit erreicht hat. Bei dem oben gewählten Beispiel würde der Körper nach 1, 2, 3 u. s. w. Secunden die Höhe von 150, 300, 450 u. s. w. Fuß erreicht haben, wenn die Schwere ihn nicht herabzöge. Wie wir aber gesehen haben, zieht ihn die Schwere in der ersten Secunde 15 Fuß herab, in 2 Secunden 4 . 15 oder 60′, in 3 Secunden 9 . 15 oder 135′. Seine Höhe am Ende der ersten Secunde ist also $150 - 15 = 135'$; am Ende der zweiten, dritten Secunde ist seine Höhe 300 — 60 = 240′, 450 — 135 = 315′ u. s. w. Nach 5 Secunden hätte er die Höhe von 750′ erreicht, ist aber durch die Wirkung der Schwere 15 × 5² = 375′ herabgezogen, er befindet sich also wirklich in einer Höhe von 750 — 375 = 375 Fuß, und nun beginnt er wieder zu fallen.

Betrachten wir die Sache allgemeiner. In t Secunden würde der Körper vermöge seiner ursprünglichen Geschwindigkeit n zu der Höhe nt steigen, er ist aber durch die Schwere um $\frac{g}{2}t^2$ herabgezogen worden, seine wirkliche Höhe ist demnach

$$h = nt - \frac{g}{2}t^2.$$

Da der Gipfel der Bahn erreicht wird, wenn $t = \frac{n}{g}$, so findet man die Höhe H, welche der Körper in diesem Momente erreicht, wenn man in der letzten Gleichung statt t diesen Werth setzt, also

$$H = \frac{n^2}{g} - \frac{g}{2}\frac{n^2}{g^2} = \frac{n^2}{g} - \frac{n^2}{2g},$$

und daraus endlich

$$H = \frac{n^2}{2g} \quad \ldots\ldots\ldots\ldots \quad 2)$$

Die Zeit, welche ein Körper braucht, um die Höhe H zu durchfallen, ist aber nach Gleichung 2 auf Seite 125

$$T = \sqrt{\frac{2H}{g}} = \sqrt{\frac{2n^2}{2g^2}} = \frac{n}{g},$$

zum Herabfallen von der Höhe H braucht also der Körper ebenso viel Zeit, als er zum Aufsteigen bis zu der Höhe H nöthig hatte.

Die Geschwindigkeit, mit welcher der herabfallende Körper wieder in dem Punkte ankommt, in welchem er die steigende Bewegung begann, finden wir nach der Formel $v = gt$; da aber die Fallzeit $t = \frac{n}{g}$, so ergiebt sich $v = n$, d. h. der Körper kommt mit derselben Geschwindigkeit unten wieder an, mit der er zu steigen begann; oder um einen Körper bis zu einer Höhe H vertical in die Höhe zu treiben, muß man ihm eine Anfangsgeschwindigkeit ertheilen, die gerade so groß ist als diejenige, welche er durch den freien Fall von der Höhe H herab erlangt.

72 **Wurfbewegung.** In den bisher betrachteten Fällen konnte die Schwerkraft nur Veränderungen in der Geschwindigkeit des bewegten Körpers bewirken, weil seine Bewegungsrichtung mit der Richtung der Schwerkraft in eine und dieselbe gerade Linie fiel. Wenn aber dem Körper auf irgend eine Weise eine Geschwindigkeit mitgetheilt wird, deren Richtung einen Winkel mit der Richtung der

Schwerkraft macht, so wird sie eine stetige Ablenkung von der geradlinigen Bahn bewirken, der bewegte Körper wird also in solchem Falle eine krumme Linie beschreiben müssen. Der einfachste hierher gehörige Fall ist die **Wurfbewegung**. Nehmen wir zunächst an, daß der Körper durch irgend eine Kraft in **horizontaler Richtung** fortgestoßen worden sei. Wenn die Schwere nicht wäre, so würde er sich in Folge dieses Stoßes fortwährend in **horizontaler** Richtung fortbewegen, und zwar mit **gleichförmiger Geschwindigkeit**. Vermöge dieses Stoßes würde er in der ersten Secunde den Weg ab, Fig. 144, in der zweiten den gleich großen Weg bc u. s. w. zurücklegen, er müßte sich also am Ende der ersten, zweiten, dritten u. s. w. Secunde in den Punkten b, c, d u. s. w. befinden. Durch die Schwere aber ist er gesunken. In der ersten Secunde ist er um 15 Fuß gefallen, er wird sich also am Ende derselben nicht in b, sondern 15 Fuß unter b befinden. Am Ende der zweiten Secunde ist er 60 Fuß unter c, am Ende der dritten 135 Fuß unter d u. s. w. Die krumme Linie, welche der Körper auf diese Weise beschreibt, ist eine **Parabel**.

Fig. 144.

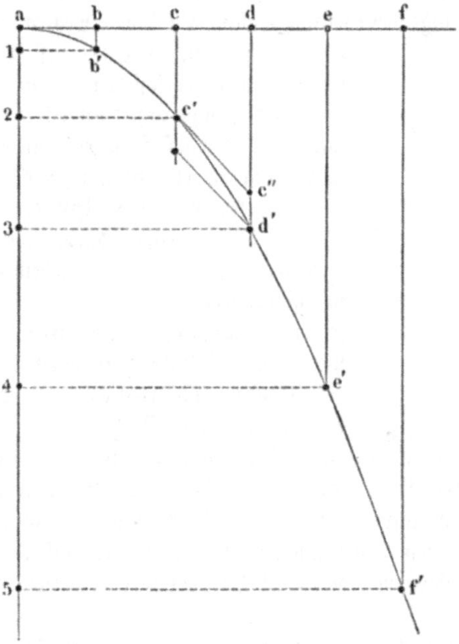

Wenn der Stoß in irgend einer anderen Richtung stattfindet, so läßt sich die Bahn auf dieselbe Weise durch Construction ermitteln. (Siehe im Supplementband.)

Die Bahn, welche ein geworfener Körper wirklich beschreibt, die **ballistische Curve**, weicht wegen des Widerstandes der Luft bedeutend von der parabolischen Gestalt ab.

Wenn in einem bestimmten Moment die Schwerkraft auf den in der Wurflinie sich bewegenden Körper zu wirken aufhörte, so würde er sich von diesem Augenblick an in **tangentialer Richtung** mit **gleichförmiger Geschwindigkeit** fortbewegen. Wenn z. B. für den in Fig. 144 dargestellten Fall die Schwere am Ende der zweiten Secunde zu wirken aufhörte, so würde der Körper sich von da an in der Richtung der Tangente $c'c''$ fortbewegen und zwar würde er in jeder folgenden Secunde einen Weg zurücklegen, welcher gleich $c'c''$ ist. Von dem Punkte c'' aber, in welchem der Körper am Ende der dritten Secunde, vermöge der am Ende der zweiten erlangten Tangentialgeschwindigkeit ankommen würde, wird er durch die Schwerkraft um eine Länge $c''d'$ herabgezogen, welche gleich ist dem Fallraum der ersten Secunde.

So ist überhaupt der Weg, welchen der geworfene Körper in irgend einem Zeittheilchen zurücklegt, aus zwei Theilen zusammengesetzt, nämlich aus dem Weg, welchen der Körper in dem fraglichen Zeittheilchen in tangentialer Richtung vermöge seiner Trägheit zurückgelegt haben würde, und dem Weg, welcher der Wirkung der Schwerkraft in diesem Zeittheilchen entspricht.

73 **Centralbewegung.** Wir haben jetzt noch den Fall zu betrachten, daß die Richtung der beschleunigenden Kraft, welche auf den bewegten Körper wirkt, nicht mehr, wie bei der Wurfbewegung, für die verschiedenen Punkte seiner Bahn als gleichgerichtet betrachtet werden kann, sondern daß sie stets gegen einen festen Anziehungsmittelpunkt hin gerichtet ist.

Fig. 145.

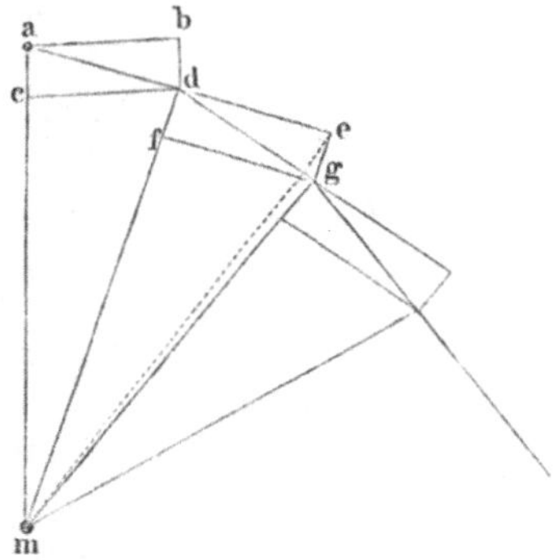

Denken wir uns, daß der Punkt a, Fig. 145, welcher durch eine stetig wirkende Anziehungskraft nach dem Punkte m hingetrieben wird, beim Beginne seiner Bewegung durch irgend eine momentan wirkende Kraft einen Stoß in der Richtung ab erhalten hätte, so wird er sich weder in der Richtung ab, noch in der Richtung ac bewegen, sondern in einer anderen ad, die sich nach dem Gesetze des Parallelogramms der Kräfte ausmitteln läßt. Um die Betrachtung einfacher zu machen, wollen wir annehmen, daß die stets nach m gerichtete anziehende Kraft stoßweise in kleinen Intervallen wirke. Man wird sich bei dieser Betrachtungsweise um so weniger von der Wahrheit entfernen, je kleiner man sich diese Intervalle denkt.

Wenn der seitwärts gerichtete Stoß für sich allein den materiellen Punkt in einem kleinen Zeittheilchen t von a nach b, die anziehende Kraft, für sich allein wirkend, ihn in derselben Zeit nach c führen würde, so bewegt er sich unter Einwirkung beider Kräfte in dem Zeittheilchen t von a nach d. In d angekommen, würde er sich in der Richtung de weiter bewegen, und zwar würde der in der Zeit t zurückgelegte Weg de gerade so groß sein wie ad, wenn nicht die anziehende Kraft von Neuem wirkte, und zwar so, als ob der Körper in d einen Stoß erhalten hätte, der ihn, für sich allein wirkend, in der Zeit t von d nach f geführt haben würde. Durch diese abermalige Einwirkung der anziehenden Kraft wird also der Körper wieder von der Richtung de abgelenkt und nach g geführt. Man begreift danach leicht, daß, wenn der Körper in a einmal einen seitwärts gerichteten Stoß empfangen hat, die anziehende Kraft aber stoßweise in kleinen Intervallen wirkt, alsdann der Körper ein Polygon beschreiben muß, welches sich einer krummen Linie um so mehr nähert, je kürzer jene Intervalle sind. Wenn die anziehende Kraft stetig wirkt, wie dies in der Natur wirklich der Fall ist, so ist die Bahn eine krumme Linie, deren Natur von dem Verhältnisse der sie bedingenden Kräfte abhängt.

Die Kraft, welche den Körper stets nach dem Anziehungsmittelpunkte hintreibt, wird mit dem Namen Centripetalkraft bezeichnet. Wenn in irgend einem Momente der Centralbewegung die Centripetalkraft zu wirken aufhörte, so würde von dem Augenblicke an der Körper sich in der Richtung der Tangente fortbewegen, und zwar mit einer Geschwindigkeit, welche man die Tangentialgeschwindigkeit nennt.

Fig. 146.

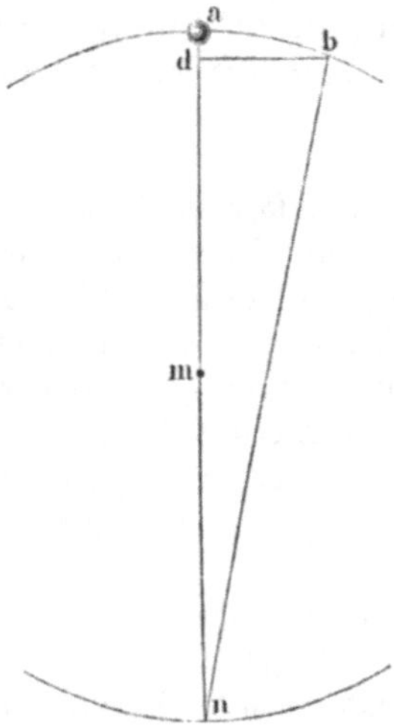

Je nach dem Verhältnisse zwischen Tangentialgeschwindigkeit und Centripetalkraft kann die Bahn ein Kreis, eine Ellipse u. s. w. sein. Hier können wir nur die kreisförmige Centralbewegung näher betrachten.

Suchen wir die Beziehungen auszumitteln, welche zwischen der Größe der Centripetalkraft, dem Halbmesser des durchlaufenen Kreises und der Umlaufszeit stattfindet.

In Fig. 146 sei m der Mittelpunkt des Kreises, welchen ein eben in a befindlicher Körper durchläuft; ab sei der Weg, welchen er in der Zeiteinheit, also in 1″ zurücklegt. Fällt man von b ein Perpendikel bd auf den von a aus gezogenen Durchmesser des Kreises, so ist offenbar ad der Weg, um welchen der Körper a in der Zeiteinheit gegen m hin sich bewegen würde, wenn er nicht schon eine Tangentialgeschwindigkeit hätte, sondern lediglich durch die Centripetalkraft gegen m hin getrieben würde.

Einem bekannten Satze der Geometrie zufolge ist nun ab (wenn wir den Bogen ab als geradlinig betrachten, was ohne merklichen Fehler geschehen kann, wenn ab nur ein kleiner Theil des Kreisumfangs ist) die mittlere Proportionale zwischen ad und an, es ist also

$$ab^2 = ad \times an$$

und daraus

$$ad = \frac{ab^2}{an}.$$

Es ist aber an der Durchmesser des Kreises, also $2r$, wenn mit r der Radius desselben bezeichnet wird; ferner ist der in der Zeiteinheit zurückgelegte Bogen ab gleich dem Kreisumfange, dividirt durch die Umlaufszeit, also

$$ab = \frac{2\pi r}{t}.$$

Bezeichnen wir ferner den Weg ad, um welchen sich der Körper a unter alleinigem Einfluß der Centripetalkraft dem Mittelpunkt m in der Zeiteinheit nähern würde, durch p, so haben wir also

$$p = \frac{2\pi^2 r}{t^2} \quad \ldots \ldots \ldots \ldots \ldots \ldots \quad 1)$$

Die Endgeschwindigkeit v, welche der Körper unter dem Einfluß der Centripetalkraft am Ende der ersten Secunde erlangen würde, ist aber (nach §. 69) gleich $2p$, also

$$v = \frac{4\pi^2 r}{t^2} \quad \ldots \ldots \ldots \ldots \ldots \ldots \quad 2)$$

und diese Größe ist das Maß für die Größe der Centripetalkraft.

Bei einer kreisförmigen Centralbewegung ist also die Centripetalkraft dem Halbmesser des Kreises direct und dem Quadrate der Umlaufszeit umgekehrt proportional.

74 **Schwungkraft.** Wenn man irgend einen schweren Körper an dem einen Ende einer Schnur befestigt, und ihn, das andere Ende in der Hand haltend, im Kreise herumschwingt, wie es Fig. 147 andeutet, so wird die Schnur fortwährend eine Spannung auszuhalten haben, welche mit der Schnelligkeit der Umdrehung wächst. Wenn in irgend einem Momente die Schnur risse, so würde der Körper nicht mehr im Kreise sich fortbewegen, sondern sich vermöge seiner Trägheit in tangentialer Richtung von der Kreisbahn entfernen.

Fig. 147.

Die Ursache der Spannung, welche die Schnur erleidet, nennt man Centrifugalkraft, Fliehkraft, Schwungkraft. Da aber hier der Widerstand der Schnur denselben Effect hervorbringt, wie die oben bei der freien Centralbewegung betrachtete Centripetalkraft, so ist klar, daß die Centrifugalkraft der Centripetalkraft gleich und entgegengesetzt ist, und daß von der Centrifugalkraft Alles gilt, was von der Centripetalkraft gesagt wurde, d. h. die Beschleunigung, mit welcher die Schwungkraft den rotirenden Körper vom Mittelpunkte seiner Kreisbahn zu entfernen strebt, ist gleichfalls

$$v = \frac{4\pi^2 r}{t^2}.$$

Schwungkraft tritt überall da auf, wo eine Rotation um eine feste Axe stattfindet, und die einzelnen Theilchen auf irgend eine Weise verhindert sind, sich von jener Axe zu entfernen. Eine solche Schwungkraft muß also auch bei der Rotation der Erde um ihre eigene Axe erzeugt werden. Da die Umlaufszeit für alle Punkte auf der Erde gleich groß ist, aber die verschiedenen Punkte nicht gleich weit von der Umdrehungsaxe entfernt sind, so ist klar, daß nicht überall auf der Erdoberfläche jene Schwungkraft gleich sei, sondern sich verhalte wie die Entfernungen von der Erdaxe; sie ist also gleich Null an den Polen und erreicht ihr Maximum an dem Aequator.

Diese Schwungkraft, welche am Aequator am größten ist und nach den Polen hin abnimmt, wirkt der Schwere entgegen, sie vermindert gleichsam die Intensität der Schwere. Es läßt sich leicht berechnen, wie groß die Umdrehungsgeschwindigkeit der Erde um ihre Axe sein müßte, wenn die dadurch erzeugte Schwungkraft am Aequator die Wirkung der Schwere daselbst vollständig aufheben sollte.

Wenn ein mit Wasser gefülltes Gefäß, Fig. 147, in verticaler Ebene umgeschwungen wird, so kann das Wasser selbst in dem Moment nicht ausfließen, in welchem die Oeffnung des Gefäßes gerade nach unten gekehrt ist, wenn die Umdrehungsgeschwindigkeit so groß ist, daß die Schwungkraft (der obige Werth von v) größer wird als die beschleunigende Kraft der Schwere (also größer als g).

Um Versuche über die Schwungkraft anzustellen, wendet man die sogenannte Centrifugal- oder Schwungmaschine an. Eine solche ist in Fig. 148

Fig. 148.

dargestellt. — Eine größere Scheibe ist mit einer kleineren durch einen gespannten Riemen verbunden, so daß, wenn man die größere Scheibe mittelst einer Handhabe umdreht, die Bewegung in der Art auf die kleinere übertragen wird, daß dieselbe eine größere Anzahl von Umdrehungen macht. Schraubt man nun irgend einen Gegenstand auf die Umdrehungsaxe der kleinen Scheibe auf, so kann man denselben durch Umdrehung der großen Scheibe in sehr rasche Rotation versetzen.

Unter verschiedenen Versuchen, die man mit der Schwungmaschine zur Erläuterung der Schwungkraft anstellen kann, wollen wir hier nur einige anführen.

Der Apparat Fig. 149 (a. f. S.) sei mit der Hülse b auf den Zapfen a der Schwungmaschine aufgeschraubt. An einem horizontalen Metallstäbchen sind zwei Kugeln von Holz oder Elfenbein leicht verschiebbar angebracht, welche durch Schnüre so verbunden sind, daß sie nicht über eine gewisse Gränze von einander entfernt werden können. Wird der Apparat in rasche Rotation versetzt, so wird jede Kugel ein Bestreben haben, sich von der Umdrehungsaxe zu entfernen, aber sie können nicht auseinanderfahren, weil dies durch die Schnüre gehindert ist; diejenige Kugel, deren Schwungkraft größer ist, wird also die andere nach ihrer

Fig. 150.

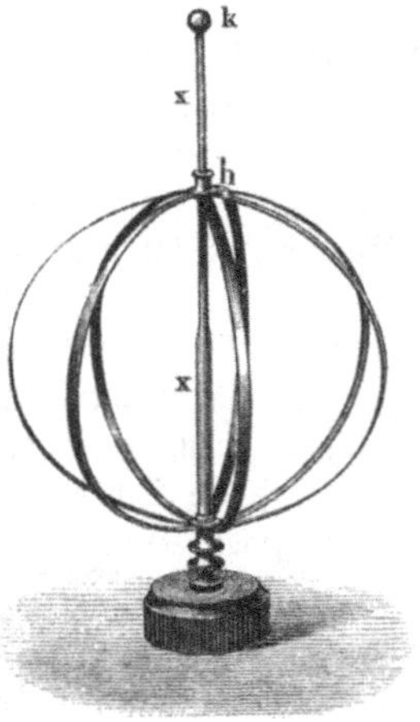

Fig. 149.

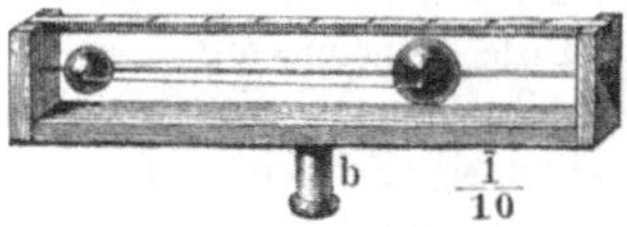

Seite hin nachziehen. Soll die Schwungkraft beider gleich sein, soll also keine Bewegung entstehen, so muß die große Kugel in dem Verhältniß der Umdrehungsaxe näher stehen, als ihre Masse die der anderen übertrifft.

Der Apparat Fig. 150 dient, um zu erläutern, daß die Abplattung der Erde eine Folge ihrer Axendrehung ist. An dem unteren Ende der eisernen Axe x, welche auf die Schwungmaschine aufgeschraubt wird, sind mehrere elastische Streifen von Messingblech mittelst Charnieren befestigt. Oben laufen diese elastischen Streifen wieder in einer leicht auf der Axe x verschiebbaren Hülse h zusammen. Im Zustande der Ruhe strecken sich die Federn so, daß die Hülse an dem Knopfe k ansteht: sobald aber der Apparat rasch um die Axe x rotirt, nehmen die Metallstreifen die in der Figur angedeutete Gestalt an, indem alle Theilchen derselben sich möglichst weit von der Rotationsaxe zu entfernen streben. Je schneller die Umdrehung ist, desto mehr werden die Streifen gekrümmt, desto tiefer also die Hülse h herabgezogen, desto kürzer wird also die Rotationsaxe des Ellipsoids, welches durch die elastischen Metallstreifen gebildet ist.

75 **Das einfache Pendel.** Jeder schwere feste Körper, welcher, wie etwa der in Fig. 43 S. 46 dargestellte, in einem über seinem Schwerpunkt befindlichen Punkte aufgehängt und um denselben drehbar ist, bildet ein materielles Pendel. Denken wir uns den ganzen Körper auf ein einziges schweres Molekül reducirt, welches durch einen gewichtlosen Faden mit dem Aufhängepunkt verbunden ist, so erhalten wir ein einfaches, ein ideales Pendel, wie es praktisch freilich nicht hergestellt werden kann. Eine dem idealen Pendel sehr nahe kommende Vorrichtung aber, welche gleichfalls als einfaches Pendel bezeichnet wird, erhält man aber, wenn man einen Körper von verhältnißmäßig geringer Ausdehnung, aber großem specifischen Gewicht, etwa eine Metallkugel, an einen hinlänglich starken, aber leichten Faden aufhängt. Entfernt man das Pendel aus seiner Gleichgewichtslage fo, Fig. 151, indem man es etwa in die Lage fa bringt, so wird es nun durch die Schwerkraft seiner Gleichgewichtslage wieder zugeführt, es kommt aber in derselben mit einer ge-

wissen Geschwindigkeit an, vermöge deren es auf der anderen Seite (Widerstände unberücksichtigt) bis zu einem Punkte *b* aufsteigt, welcher eben so hoch über *o* liegt, wie *a*. Von dem Punkte *b* aber schwingt das Pendel wieder zurück bis *a* u. s. w. Wenn gar keine Widerstände vorhanden wären, so würde ein solches einfaches Pendel immer fortschwingen, in Folge der in der That unvermeidlichen Widerstände aber wird die Weite der Schwingungen doch allmälig kleiner, so daß das einfache Pendel endlich doch zur Ruhe kommt.

Fig. 151.

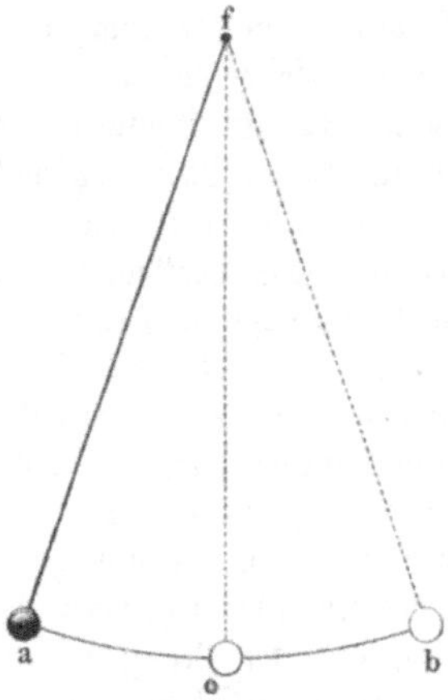

Der Winkel *a f o*, welchen der Pendelfaden mit seiner Gleichgewichtslage macht, wenn die Kugel auf der einen Seite ihre größte Entfernung von der Ruhelage *o* erreicht hat, wird der **Ausschlagswinkel** oder der **Ausschlag** genannt.

Die Bewegung von *a* bis *b* oder von *b* bis *a* heißt eine **Oscillation**; von *a* bis *o* ist eine halbe niedergehende, von *o* bis *b* eine halbe aufsteigende Oscillation.

Die **Amplitude** einer Oscillation ist die in Graden, Minuten und Secunden ausgedrückte Größe des Bogens *a b*.

Die **Dauer** einer Oscillation ist die Zeit, welche das Pendel nöthig hat, um diesen Bogen zu durchlaufen.

Die Gesetze der Schwingungen einfacher Pendel sind folgende:

1) **Die Schwingungsdauer ist vom Gewichte der Kugel und von der Natur ihrer Substanz unabhängig.**

Um dies zu beweisen, mache man mehrere Pendel von gleicher Länge; die Kugel des einen von Metall, die des anderen von Wachs, die des dritten von Holz u. s. w., und man wird finden, daß sie alle gleiche Schwingungsdauer haben.

Aus diesem Versuche ergiebt sich die Richtigkeit des bereits in §. 8 aufgestellten Satzes, daß das Gewicht eines Körpers stets seiner Masse proportional ist, und daß gleiche Massen verschiedener Substanzen mit gleicher Kraft zur Erde niedergezogen werden. Dasselbe folgt auch aus dem Fallversuch im leeren Raum, doch ist dies nur ein roher Versuch, weil er die Wirkung der Schwere nur während einer sehr kurzen Zeit beobachten läßt. Das Pendel aber macht es möglich, die Wirkung der Schwere auf verschiedene Stoffe während längerer Zeit zu beobachten.

2) **Die Dauer kleiner Oscillationen eines und desselben Pendels ist von der Größe der Schwingungen unabhängig.** Wenn z. B. ein Pendel mit einer Amplitude von 1 bis 2^0 schwingt, so ist die Schwingungsdauer dieselbe, als ob die Ausweichung nur $^1/_2{}^0$ betrüge.

Dies Gesetz läßt sich folgendermaßen entwickeln. Wenn der Ausweichungswinkel nicht gar zu groß ist, so ist die Neigung der Bahn gegen die Horizontale der Entfernung von der Gleichgewichtslage proportional. Denken wir uns z. B. in *c*, Fig. 152, eine Tangente an den Kreisbogen gelegt, so macht sie mit der Horizontalen einen Winkel, welcher doppelt so groß ist als derjenige, welchen eine in *c'* an die Kreisbahn gezogene Tangente mit der Horizontalen macht, vorausgesetzt, daß der Bogen *c'a* halb so groß ist als der Bogen *ca*; wenn also das Pendel in *c* seine Bewegung beginnt, so ist die beschleunigende Kraft doppelt so groß, als wenn es von *c'* seinen Niedergang beginnt; der Bogen *cd*, den wir so klein annehmen wollen, daß wir ihn als geradlinig betrachten können, und der Bogen *c'd'*, welcher nur halb so groß ist, werden also in gleichen Zeiten durchlaufen, wenn die Bewegung einmal in *c*, ein andermal in *c'* beginnt.

Fig. 152.

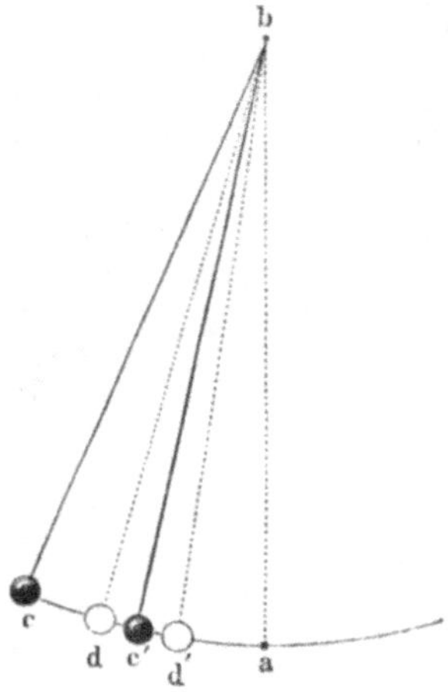

Denken wir uns an einer Axe zwei gleiche Pendel aufgehängt, das eine bis *c*, das andere bis *c'* gehoben und gleichzeitig losgelassen, so werden sie gleichzeitig in den Punkten *d* und *d'* ankommen. Die beschleunigende Kraft in *d* ist aber doppelt so groß als in *d'*, außerdem aber langt das eine Pendel in *d* mit einer Geschwindigkeit an, welche doppelt so groß als diejenige ist, mit welcher das andere den Punkt *d'* passirt, und daraus folgt denn, daß in dem nächsten kleinen Zeittheilchen das eine Pendel abermals einen doppelt so großen Weg zurücklegt als das andere. Auf diese Weise fortschließend findet man endlich, daß beide Pendel gleichzeitig in *a* ankommen müssen.

Diese Schlußweise läßt sich auch noch anwenden, wenn das Verhältniß der Ausschlagswinkel nicht gerade das von 1 zu 2, sondern ein anderes ist, weil für kleine Ausschlagswinkel die beschleunigende Kraft stets der Entfernung von der Gleichgewichtslage proportional ist; und so läßt sich allgemein zeigen, daß bis zu einer gewissen Gränze hin die Schwingungsdauer von der Größe der Ausschlagswinkel nicht abhängt.

Um dies Gesetz durch den Versuch zu bestätigen, muß man die Zeit genau bestimmen, welche nöthig ist, damit ein Pendel mehrere hundert Schwingungen macht. Macht man diese Beobachtung zu Anfang der Bewegung, wenn die Amplitude 2 bis 3° ist, später, wenn sie nur noch 1° beträgt. und zuletzt, wenn die Oscillationen so klein geworden sind, daß man sie mit der Lupe beobachten muß, so findet man, daß die Oscillationen in diesen drei Stadien wirklich isochron sind.

3) Die Schwingungsdauer zweier ungleich langer Pendel verhält sich wie die Quadratwurzel aus den Pendellängen.

Man denke sich den Schwingungsbogen ab eines Pendels in so viel gleiche Theile getheilt, daß man jedes dieser Bogentheilchen als geradlinig betrachten kann. Wenn nun der Ausschlagswinkel eines längeren Pendels eben so groß ist, so muß sich der Schwingungsbogen cd, Fig. 153, zum Schwingungsbogen ab verhalten wie die Pendellängen. Denken wir uns den Bogen dc in eben so viel gleiche Theile getheilt wie den Bogen ab, so werden auch die einzelnen Theile im Verhältniß der Pendellängen stehen. Wenn also das eine Pendel viermal so lang ist als das andere, so werden auch jene Unterabtheilungen des Bogens dc viermal so groß sein als die entsprechenden Theile des Bogens ab. Der Winkel, welchen das oberste, das zweite, dritte u. s. w. Bogentheilchen von ab mit der Horizontalen macht, ist gleich dem Winkel, welchen das erste, zweite, dritte u. s. w. Bogentheilchen von cd mit derselben macht; auf den entsprechenden Theilen von ab und cd ist demnach auch die beschleunigende Kraft dieselbe.

Fig. 153.

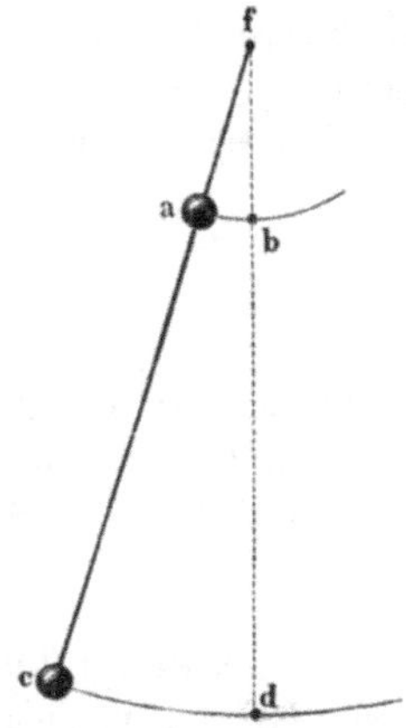

Fig. 154.

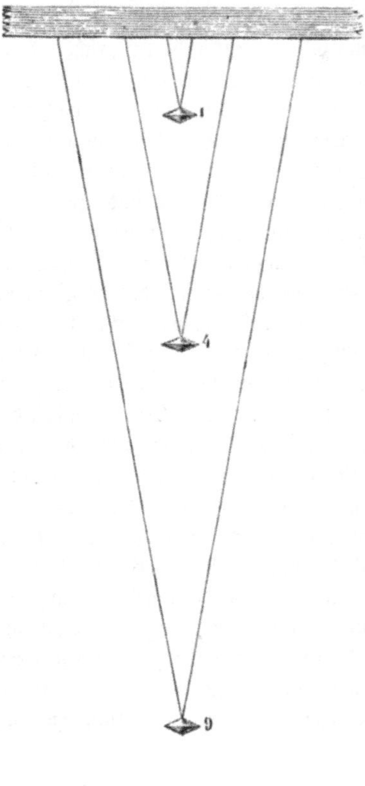

Wenn aber verschiedene Wege mit gleicher beschleunigender Kraft durchlaufen werden, so lehrt uns die Formel $s = \frac{g}{2} t^2$, daß sich die Fallzeiten verhalten wie die Quadratwurzeln der Fallräume; wenn also jedes der Theilchen von cd 2=, 3=, 4=, $n$mal so groß ist als das entsprechende Theilchen von ab, so wird die Zeit, in welcher ein Theilchen von cd durchfallen wird, auch $\sqrt{2}$, $\sqrt{3}$, $\sqrt{4}$, $\sqrt{n}$mal so groß sein als die, in welcher das entsprechende Theilchen von ab durchlaufen wird. Da dies aber für alle Theilchen gilt, so gilt es auch für ihre Summe, was denn mit anderen Worten heißt, die Schwingungsdauer ist der Quadratwurzel aus der Pendellänge proportional.

Um die Richtigkeit des dritten Gesetzes durch den Versuch nachzuweisen, nehme man drei Pendel von verschiedener Länge. Wenn sich z. B. die Pendellängen wie die Zahlen 1, 4, 9 ver=

halten, so verhalten sich die entsprechenden Schwingungszeiten wie die Zahlen 1, 2, 3. Am bequemsten hängt man zu diesem Versuche die Kugeln an einem doppelten Faden auf, wie Fig. 154 (a. v. S.) zeigt. Während ein Pendel, dessen Länge 4 Fuß ist, eine Oscillation macht, macht das viermal kürzere Pendel zwei Oscillationen; und während ein Pendel von 1 Fuß Länge dreimal hin und her geht, macht ein 9 Fuß langes nur einen Hin- und Hergang.

Die Beziehung zwischen der Pendellänge l und der Schwingungsdauer t ist ausgedrückt durch die Gleichung

$$t = 3{,}14 \sqrt{\frac{l}{g}},$$

wo g die beschleunigende Kraft der Schwere bezeichnet. Aus genauen Pendelversuchen ergiebt sich $g = 9{,}8$ Meter $= 31{,}22$ rheinl. $= 30{,}16$ pariser Fuß.

Die Länge eines einfachen Pendels, welches Secunden schlägt, beträgt 994 Millimeter.

76 **Das materielle Pendel.** Die oben entwickelten Pendelgesetze gelten strenge genommen nur für ein ideales Pendel. Ein solches Pendel kann man sich wohl vorstellen, aber nicht construiren; denn es müßte aus einem einfachen Faden ohne alles Gewicht bestehen, und an seinem Ende dürfte sich nur ein schwerer Punkt befinden.

Jedes Pendel, welches diesen beiden Forderungen nicht entspricht, ist ein zusammengesetztes Pendel. Ein gewichtloser und unbiegsamer Faden also, an welchem sich nur zwei schwere Moleküle m und n befinden, würde demnach schon ein zusammengesetztes Pendel sein. Das Molekül m, Fig. 155, welches dem Aufhängepunkte näher ist als n, würde für sich allein schneller schwingen als n; weil aber die beiden Moleküle verbunden sind, so wird m die Bewegung von n beschleunigen, und umgekehrt wird n die Bewegung von m verzögern, die Schwingungen werden deshalb mit einer Geschwindigkeit vor sich gehen, welche zwischen den Geschwindigkeiten liegt, mit welchen jedes der Moleküle m und n für sich allein schwingen würde. Die Schwingungsdauer des zusammengesetzten Pendels, Fig. 155, ist gleich der eines einfachen, welches länger ist als fm und kürzer als fn. Eben so verhält es sich mit jedem materiellen Pendel. Diejenigen Theile des Pendels nämlich, welche dem Aufhängungspunkte näher liegen, sind in ihrer Bewegung durch die entfernteren verzögert, die entfernteren aber durch die näheren beschleunigt. Es muß demnach auch für jedes zusammengesetzte Pendel einen Punkt geben, welcher durch die übrige Masse des Pendels weder beschleunigt noch verzögert ist, welcher gerade so schnell schwingt wie ein einfaches Pendel, dessen Länge seiner Entfernung vom Aufhängepunkte gleich ist. Dieser Punkt heißt Schwingungspunkt, **Centrum oscillationis**. Wenn man von der Länge eines zusammengesetzten Pendels spricht, so versteht man darunter die Entfernung dieses Punktes vom Aufhängepunkte

Fig. 155.

oder, was dasselbe ist, die Länge eines einfachen Pendels von gleicher Schwingungsdauer.

Am meisten nähert sich dem idealen Pendel ein solches, welches aus einem dünnen Faden besteht, an dessen unterem Ende eine Kugel oder ein Doppelkegel einer Substanz von großem specifischen Gewicht hängt. Wenn der Faden einigermaßen lang und der Durchmesser der Kugel klein im Verhältnisse zur Länge des Pendels ist, so kann man ohne merklichen Fehler den Schwerpunkt der Kugel für den Schwingungspunkt des Pendels nehmen, oder, mit anderen Worten, man darf ein solches Pendel als ein einfaches betrachten.

Bei jedem materiellen Pendel, welches bedeutender von der Form eines einfachen Pendels abweicht, ist jedoch der Schwerpunkt durchaus nicht mehr der Schwingungspunkt, wie sich am einfachsten aus der Betrachtung eines solchen Pendels ergiebt, bei welchem ein Theil der Masse über dem Aufhängepunkte sich befindet. Ein solches Pendel schwingt bedeutend langsamer, als es schwingen würde, wenn sein Schwerpunkt der Schwingungspunkt wäre.

Fig. 156 stellt einen geraden eingetheilten Stab vor, welcher in der Mitte mit einer Schneide versehen ist, wie die, welche den Drehpunkt eines Wagbalkens bildet. Wenn man nun 1 Decimeter unter und 1 Decimeter über dieser Schneide eine Bleilinse, jede etwa 2 Pfund schwer, befestigt und die Schneide auf ihre Unterlage aufsetzt, so ist die Stange mit ihren Linsen im Zustande des indifferenten Gleichgewichts, denn der Schwerpunkt des Systems fällt mit dem Drehpunkte zusammen. Sobald man aber am unteren Ende des Stabes ein kleines Uebergewicht anbringt, so ist das Ganze ein Pendel. Die Schwingungen dieses Pendels sind aber selbst noch langsamer als die Schwingungen eines einfachen Pendels von der Länge $a\,b$; denn die einzige Kraft, welche das ganze System in Bewegung setzt, ist die Schwere des untersten Bleigewichts b, dieses hat aber nicht allein seine eigene Masse in Bewegung zu setzen, wie es bei einem einfachen Pendel der Fall gewesen wäre, sondern es hat auch noch die Massen der Linsen bei c und d zu bewegen.

Fig. 156.

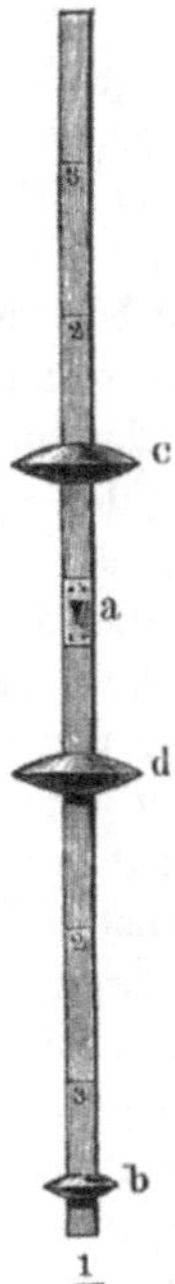

$\frac{1}{15}$

Es erklärt sich dadurch, warum ein Wagbalken, den man ebenfalls als ein Pendel betrachten kann, so langsam schwingt, obgleich sich sein Schwerpunkt ganz nahe unter dem Aufhängepunkte befindet, er also sehr schnell schwingen müßte, wenn der Schwerpunkt wirklich der Schwingungspunkt wäre.

Die Pendeluhr. Die wichtigste Anwendung, die man vom Pendel gemacht hat, ist die Regulirung der Uhren. In jeder Uhr muß eine beschleunigende Kraft wirken, um die Bewegung hervorzubringen und zu erhalten. Nun aber ist aus dem, was über beschleunigende Kräfte gesagt wurde, klar, daß, wenn der beschleunigenden Kraft nicht eine andere gleiche Kraft oder ein Bewegungshinderniß entgegenwirkt, die Bewegung nicht gleichförmig bleiben kann, sondern daß sie, wie bei einem fallenden 77

Fig. 157.

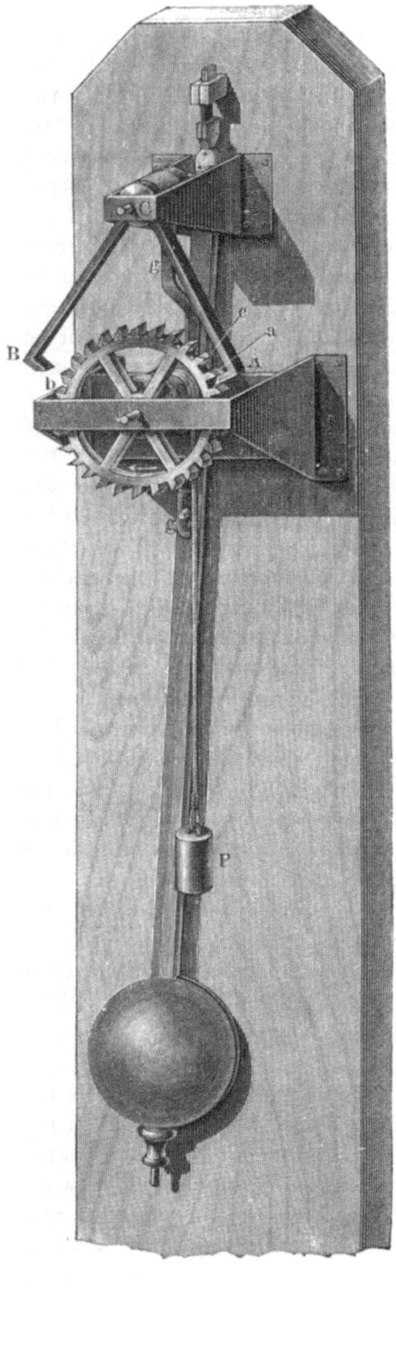

Körper, schneller und schneller wird. Bei unseren Wanduhren wird die beschleunigende Kraft durch ein Gewicht hervorgebracht, welches an einer um eine horizontale Axe geschlungenen Schnur hängt. Wenn das Gewicht durch seine Schwere hinabsinkt, so wird die Axe mittelst der Schnur umgedreht und dadurch das ganze Uhrwerk in Bewegung gesetzt. Die Bewegung eines fallenden Gewichtes ist aber eine beschleunigte, folglich würde auch die Uhr anfangs langsam, dann schneller und schneller gehen müssen, wenn ihr Gang nicht regulirt würde, und diese Regulirung wird nun durch das Pendel bewerkstelligt.

Wie das Pendel den Gang einer Uhr reguliren könne, ist aus Fig 157 ersichtlich. An der Axe, um welche die Schnur mit dem Gewichte geschlungen ist, ist ein gezahntes Rad befestigt. Ueber diesem Rade befindet sich nun ein Anker *A C B*, welcher je nach seiner Stellung bald auf der einen, bald auf der anderen Seite in die Zähne des Rades eingreift. Dieser Anker wird durch Schwingungen des Pendels hin- und hergeführt.

Die Figur stellt das Pendel gerade in der Lage dar, wo es seine äußerste Stellung links hat. Das Rad, welches durch das Gewicht von der Linken zur Rechten gedreht wird, kann aber nicht vorangehen, weil der Zahn *a* durch den Arm *A* des Ankers aufgehalten wird; sobald aber das Pendel zurückgeht, geht *A* auf die Seite, der Zahn *a* wird nun vorbeigelassen; die Bewegung des Rades wird aber doch alsbald wieder gehemmt, weil nun auf der anderen Seite der Arm *B* des Ankers niedergeht und an diesem dann der Zahn *b* des Rades anstößt.

Geht nun das Pendel abermals nach der Linken, so wird der Zahn *c* durch *A* angehalten. Bei jedem Hin- und

Hergange geht also das Rad um einen Zahn, bei jedem Pendelschlage also um eine halbe Zahnweite voran. Hat also das Rad 30 Zähne, so wird ein Zeiger, welcher an der Axe desselben befestigt ist, in 60 Sprüngen den ganzen Kreisumfang durchlaufen.

Die Axe des Ankers bildet nun nicht unmittelbar die Schwingungsaxe des Pendels. Dieses würde, in Zapfen sich bewegend, zu viel Reibung zu überwinden haben. Das Pendel ist vielmehr hinter dem Anker mittelst eines an dem Träger desselben eingeklemmten Stückchens einer Uhrfeder aufgehängt. An dem Anker aber ist eine Gabel *g* befestigt, die mittelst eines Stiftes durch das Pendel geführt wird, wie die Figur zeigt.

Eine solche, durch Fig. 157 erläuterte Vorrichtung nennt man eine **Hemmung** oder ein **Echappement**.

Das Pendel hat bei seinen Oscillationen verschiedene Widerstände zu überwinden, weshalb es allmälig zur Ruhe kommt, wenn es für sich allein schwingt. Im Uhrwerk wird nun aber dem Pendel sein Bewegungsverlust dadurch stets ersetzt, daß der Zahn, an der schiefen Fläche des austretenden Ankerarms hinschleifend, diesem eine kleine Beschleunigung mittheilt.

Bei Taschenuhren ist das Gewicht durch eine gespannte Stahlfeder, das Pendel aber durch die Unruhe ersetzt, d. h. durch einen Metallring, welcher von einer vermöge ihrer Elasticität um ihre Gleichgewichtslage schwingenden Spiralfeder hin- und herbewegt wird.

Leistung oder Arbeit einer Kraft. Wenn eine **beschleunigende**, d. h. eine continuirlich thätige Kraft auf einen Körper wirkt, so wird sie ihm eine Bewegung ertheilen, welche von dem Verhältniß der beschleunigenden Kraft zu den **Widerständen** abhängt, welche sie zu überwinden hat. 78

Die **Arbeit**, die **Leistung**, welche die Kraft verrichtet, indem sie den Körper eine Zeit lang nach einer bestimmten Richtung in Bewegung erhält, beruht eben auf der **Ueberwindung** dieser Widerstände.

Diese Widerstände sind von zweierlei Art:

1. **Beschleunigungswiderstände.**
2. **Bewegungswiderstände.**

Die **Beschleunigungswiderstände** bestehen lediglich in der Trägheit, im **Beharrungsvermögen** der Körper. Wenn die auf einen Körper wirkende Kraft nur die Trägheit desselben zu überwinden hat, so setzt sie ihn jedenfalls in Bewegung, wie klein auch die beschleunigende Kraft und wie groß auch die Masse des Körpers sein mag; sie ertheilt ihm eine **beschleunigte Bewegung** und die Arbeit, welche die Kraft in diesem Falle hervorbringt, besteht in der **stetigen Vermehrung der Geschwindigkeit des Körpers.**

Wenn z. B. ein Stein 240 Fuß hoch frei herabgefallen ist, so besteht die Arbeit, welche die Schwerkraft während des Fallens verrichtete, darin, daß sie ihm eine Geschwindigkeit von 120′ ertheilt hat. (Siehe die Tabelle auf S. 125.)

Die **Bewegungswiderstände**, welche gewöhnlich allein als Widerstände bezeichnet werden, sind von dem Widerstand der Trägheit wesentlich verschieden.

Sie wirken als **Gegendruck** gegen die beschleunigende Kraft, sei es nun, daß derselbe von entgegengesetzt gerichteten beschleunigenden Kräften herrührt, oder daß er, wie bei der Reibung, erst in Thätigkeit gesetzt wird, wenn der Körper in Bewegung ist oder in Bewegung gesetzt werden soll. (Passive Widerstände.)

Wenn eine Last von 1 Centner vertical in die Höhe gehoben werden soll, so ist der Widerstand der Schwere zu überwinden, welche in diesem Falle einem Druck von 100 Pfunden gleich ist.

Wenn eine Last von 1 Centner auf horizontaler hölzerner Unterlage fortgeschleift werden soll, so hat die in horizontaler Richtung wirkende beschleunigende Kraft einen Gegendruck zu überwinden, welcher in diesem Fall ungefähr gleich dem Drucke eines Gewichts von 30 Pfunden ist.

Bei der Ueberwindung der Bewegungswiderstände besteht die Arbeit der beschleunigenden Kraft darin, daß sie den Gegendruck gleichsam auf eine gewisse Strecke zurückschiebt.

Die Bewegungswiderstände sind ein absolutes Hinderniß der Bewegung, so lange die beschleunigende Kraft ihnen nicht wenigstens das Gleichgewicht hält. Eine vertical nach oben gerichtete, direct angreifende Kraft von 50 Pfund genügt nicht, um eine Last von 1 Centner zu heben, und eine in horizontaler Richtung wirkende Kraft von 10 Pfund genügt nicht, um eine Last von 1 Centner fortzuschieben, welche auf horizontaler hölzerner Unterlage ruht.

Wenn eine beschleunigende Kraft den ihr entgegenwirkenden Bewegungswiderständen gerade das Gleichgewicht hält, so kann zwar noch eine Bewegung stattfinden, sie ist aber alsdann eine gleichförmige.

Wenn eine Locomotive auf ebener Eisenbahn mit gleichmäßiger Geschwindigkeit einen Wagenzug fortführt, so besteht die Arbeit der Kraft in der Ueberwindung der Luft- und Reibungswiderstände, welche an allen einzelnen Wagen stattfinden.

Wenn ein Arbeiter, an einem Haspel arbeitend, einen Stein hebt, so besteht seine Arbeit in der Ueberwindung der Schwere des Steins und des Reibungswiderstandes an der Axe der Welle.

Beim Zermahlen des Getreides besteht die Arbeit in der Ueberwindung der Cohäsionskraft desselben.

Bezeichnet man mit K die Kraft, d. h. den Druck, welchen eine beschleunigende Kraft auf einen Körper ausübt, mit S den Weg, welchen der Körper unter dem Einfluß dieser Kraft in einer gegebenen Zeit ausübt, so ist die **Leistung** oder die **Arbeit** A, welche die Kraft in dieser Zeit verrichtet

$$A = K . S.$$

Um die verschiedenen mechanischen Leistungen der Kräfte mit einander vergleichen zu können, muß man sie auf eine bestimmte Einheit beziehen; die zu überwindenden Widerstände vergleicht man deshalb mit der Hebung von Lasten und nimmt als Einheit der Kraftwirkung die verticale Hebung der Gewichtseinheit um die Längeneinheit.

Legt man das neufranzösische Maßsystem zu Grunde, so ist die Einheit der mechanischen Kraftwirkung das **Kilogrammometer** (oder **Meterkilogramm**), d. h. die Hebung einer Last von 1 Kilogramm auf die Höhe von 1 Meter. Legt man Fuß und Pfund als Längen- und Gewichtseinheit zu Grunde, so ist das **Fußpfund** die Einheit, nach welcher man die Leistung einer Kraft schätzt.

Ein Mann z. B., welcher eine Last von 1 Centner auf eine Höhe von 70 Fuß hinaufträgt, hat eine mechanische Arbeit verrichtet, welche gleich $70 \times 100 = 7000$ Fußpfund ist.

1 Kilogrammometer ist gleich 6,8 Fußpfund rheinländisch.

Im Durchschnitt kann ein Pferd eine Arbeit verrichten, welche gleich 75 Kilogrammometer pr. Secunde ist. Nach englischem Maß ist eine solche Pferdekraft 542, nach preußischem Maß 510 Fußpfund in der Secunde. Wenn man sagt, eine Dampfmaschine, ein Wasserrad oder irgend ein anderer Motor übe eine Kraft von 6 Pferdekräften aus, so heißt das, er verrichte pr. Secunde eine Arbeit von 6×75 Kilogrammometer, d. h. sämmtliche Widerstände, welche bei Umdrehung der Maschinenaxe überwunden werden, sind gerade so groß, als ob durch die Umdrehung dieser Axe in jeder Secunde eine Last von 6×75 Kilogramm 1 Meter hoch gehoben werden sollte.

Der Nutzeffect einer Kraft, welche an einer mechanischen Potenz, etwa an einem Haspel, einem Flaschenzuge, einer Schraube wirkt, wird durch eine solche Maschine in keinerlei Weise vergrößert, d. h. die mechanische Arbeit, welche man mit Hülfe der Maschinen vollbringt, ist durchaus nicht größer als diejenige, welche die an der Maschine wirkende Kraft unmittelbar verrichtet.

An einem Seile z. B., welches um eine einfache Rolle geschlungen ist, kann ein Mann bequem eine Last von 25 Pfunden um $2\frac{1}{2}$ Fuß in der Secunde heben, also eine mechanische Arbeit von 62,5 Fußpfund pr. Secunde verrichten. Hängt aber die Last an einem **Flaschenzuge** von vier Rollen von der in Fig. 11 Seite 27 abgebildeten Art, so würde der bei a ziehende Arbeiter mit derselben Kraftanstrengung zwar eine vierfache Last, jedoch auch mit viermal geringerer Geschwindigkeit heben können. Zieht der Arbeiter an dem Seil bei a mit einer Kraft von 25 Pfund und legt er, mit der Hand diesen Zug ausübend, in jeder Secunde einen Weg von 2,5 Fuß zurück, verrichtet er also eine mechanische Arbeit von 62,5 Fußpfund, so wird dadurch der 100 Pfund schwere Stein in jeder Secunde um $\frac{2,5}{4}$, also 0,625 Fuß hoch gehoben, der Nutzeffect ist also $100 \times 0,625 = 62,5$ Fußpfund, mithin gleich der mechanischen Arbeit, welche die Kraft unmittelbar verrichtet. Untersuchen wir die Wirkungsweise anderer Maschinen, der Schraube, des Haspels, der verschiedenen Räderwerke, so werden wir stets zu demselben Resultate gelangen, daß, **was man auf der einen Seite an Kraft gewinnt, auf der anderen Seite an Geschwindigkeit verloren geht**, daß also die mechanische Arbeit durch Maschinen durchaus nicht vermehrt wird.

Der Nutzeffect einer Maschine kann also **höchstens** der mechanischen Arbeit gleich sein, welche die Kraft unmittelbar hervorzubringen im Stande ist.

In der Praxis wird aber ein solcher Nutzeffect nie erreicht, weil immer ein Theil der Kraft zur Ueberwindung von Reibungswiderständen in der Maschine verbraucht wird, also für den Nutzeffect verloren geht. Die sogenannten mechanischen Potenzen dienen daher nur, um die Art der Bewegung zu verwandeln, nicht aber, um den Nutzeffect zu vergrößern.

79 **Lebendige Kraft.** Wenn ein Körper in Bewegung ist, so kommt er nur dadurch zur Ruhe, daß äußere Kräfte dieser Bewegung einen Widerstand leisten; ein bewegter Körper kann also gewissermaßen als ein Kraftmagazin betrachtet werden, denn indem allmälig seine Geschwindigkeit abnimmt, überwindet er bald mehr bald weniger Bewegungswiderstände, je nachdem seine Masse und seine Geschwindigkeit größer oder kleiner war.

Wenn ein bewegter Körper einen gleichmäßig wirkenden Bewegungswiderstand zu überwinden hat, wird er, ehe er zur Ruhe kommt, noch einen um so größeren Weg zurücklegen, je kleiner der zu überwindende Widerstand ist. Um nun die Wirkungsfähigkeit eines bewegten Körpers zu messen, muß die Größe des Widerstandes durch irgend eine beliebige Einheit gemessen werden; für diese Einheit nimmt man gewöhnlich den Widerstand, welchen die Schwere dem verticalen Aufsteigen des Körpers entgegensetzt.

Wenn ein Körper von einer gewissen Höhe herabgefallen ist, so erlangt er dadurch eine solche Geschwindigkeit, daß, wenn er mit dieser Geschwindigkeit vertical aufwärts geworfen würde, er bis zu derselben Höhe stiege, von welcher er herabgefallen ist.

Darauf beruht ja das Schwingen des Pendels; in der Gleichgewichtslage kommt es mit einer solchen Geschwindigkeit an, daß es auf der anderen Seite eben so hoch steigt, als es zuvor herabgefallen war.

Gesetzt, eine Kugel von 6 Pfund sei 135 Fuß hoch frei herabgefallen, so hat sie eine solche Geschwindigkeit erlangt, daß sie vermöge derselben wieder 135 Fuß steigen könnte; sie kann also einen mechanischen Effect ausüben, welcher der Hebung einer Last von 6 Pfund auf die Höhe von 135 Fuß gleich ist.

Den Fallraum von 135 Fuß durchläuft ein frei fallender Körper in 3 Secunden; die Geschwindigkeit, die er in dieser Zeit erlangt, ist 90 Fuß. Wenn nun die Kugel von 6 Pfund überhaupt eine Geschwindigkeit von 90 Fuß hat, gleichviel auf welche Weise sie dieselbe erlangte, so kann sie vermöge dieser Geschwindigkeit einen mechanischen Effect ausüben, welcher der Hebung von 6 Pfund auf die Höhe von 135 Fuß gleich ist.

Man nennt **lebendige Kraft** eines in Bewegung begriffenen Körpers das Product seines Gewichtes in die Höhe, zu welcher er vermöge seiner Geschwindigkeit vertical aufsteigen würde.

In dem eben besprochenen Beispiel ist also $6 \times 135 = 810$ Fußpfd. die lebendige Kraft der sechspfündigen Kugel, welche 90 Fuß Geschwindigkeit hat.

Nach den Beziehungen zwischen Fallraum und Geschwindigkeit, welche wir oben (S. 126) kennen lernten, ist

$$s = \frac{v^2}{2g},$$

wenn s den Fallraum, v die zugehörige Geschwindigkeit und g die Endgeschwindigkeit der ersten Fallsecunde bezeichnet; wenn ein Körper, dessen Gewicht P ist, die Geschwindigkeit v hat, so ist demnach seine lebendige Kraft L

$$L = P s = P \frac{v^2}{2g} \qquad \qquad 1)$$

Die lebendige Kraft eines Körpers ist dem Quadrat seiner Geschwindigkeit proportional.

Weiß man, wie hoch ein Körper, der eine bestimmte Geschwindigkeit hat, vermöge derselben vertical aufsteigen würde, so kann man leicht berechnen, wie weit er sich noch fortbewegen wird, wenn ein größerer oder kleinerer Widerstand als der seiner Schwerkraft zu überwinden ist; in demselben Verhältniß, in welchem der Widerstand geringer ist, wird der noch zu durchlaufende Weg größer.

Fig. 158.

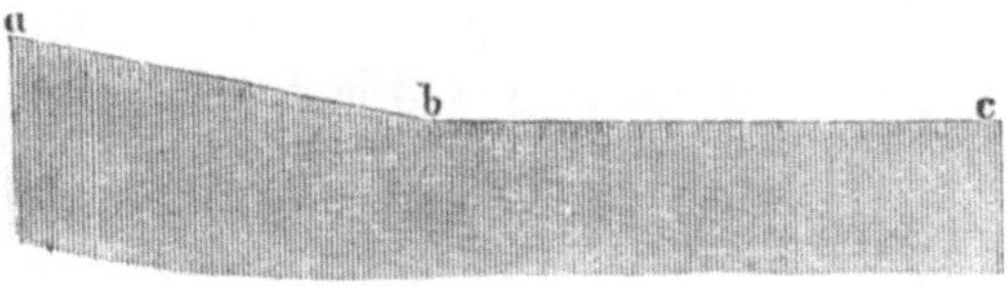

Eine Eisenbahn bilde z. B. von a bis b, Fig. 158, eine schiefe Ebene, von b bis c aber laufe sie horizontal fort. Ein einzelner Wagen komme auf der schiefen Ebene herabrollend bei b mit einer Geschwindigkeit von 30 Fuß in der Secunde an, so ist leicht zu berechnen, wie weit er noch auf der horizontalen Bahn fortrollen wird, ehe er zur Ruhe kommt, wenn die Reibung $^1/_{300}$ der Last ist. Nach der Formel $s = \frac{v^2}{2g}$ ist die Höhe, zu welcher er vermöge der Geschwindigkeit von 30 Fuß vertical aufsteigen würde, $s = \frac{900}{60} = 15'$; der Widerstand der Reibung, welcher beim Fortrollen auf der Bahn überwunden werden muß, ist aber 300 mal geringer als derjenige, welchen die Schwere dem verticalen Aufsteigen entgegensetzt, der Wagen wird also noch $15' \times 300 = 4500'$ fortlaufen, ehe er zur Ruhe kommt.

Hindernisse der Bewegung. Ein schon mehrfach besprochener Widerstand, welcher fast auf alle Bewegungen einen bedeutenden Einfluß ausübt, ist die Reibung. Um eine nur etwas große Last auf einer horizontalen Ebene fortzuschleifen, ist ein bedeutender Kraftaufwand nöthig, welcher lediglich von den Reibungswiderständen herrührt. Wären die Reibungswiderstände nicht vorhanden, so könnte die kleinste Kraft die größte Last auf horizontaler Ebene in Bewegung setzen, und einmal angestoßen, müßte sich die Last mit gleichförmiger Geschwindigkeit auf der horizontalen Ebene fortbewegen. 80

Die Reibung rührt unstreitig daher, daß die Erhabenheiten einer jeden der über einander hingleitenden Flächen in die Vertiefungen der anderen eingreifen. Wenn nun Bewegung stattfinden soll, so müssen entweder die hervorragenden Theilchen von der Masse ihres Körpers abgerissen, oder der eine Körper muß fortwährend über die Unebenheiten des anderen hinweggehoben werden. Ersteres findet Statt, wenn die reibenden Flächen sehr rauh, letzteres, wenn sie mehr geglättet sind. Je glatter die reibenden Flächen sind, desto mehr Einfluß gewinnt die Adhäsion, welche namentlich bei Anwendung von flüssiger und halbflüssiger Schmiere von Bedeutung wird.

Um Versuche über gleitende Reibung anzustellen, wandte Coulomb den Fig. 159 dargestellten Apparat an. Ein Kästchen A, welches man nach Belieben mit Gewichten belasten kann, ruht auf zwei horizontalen Schienen, welche neben einander gelegt sind Eine an dem Kästchen befestigte Schnur geht übe eine Rolle C und trägt ar ihrem freien Ende ein Wagschale D, auf welche s lange Gewichte zugelegt werden, bis dadurch das Kästchen A in Bewegung gesetzt wird.

Fig. 159.

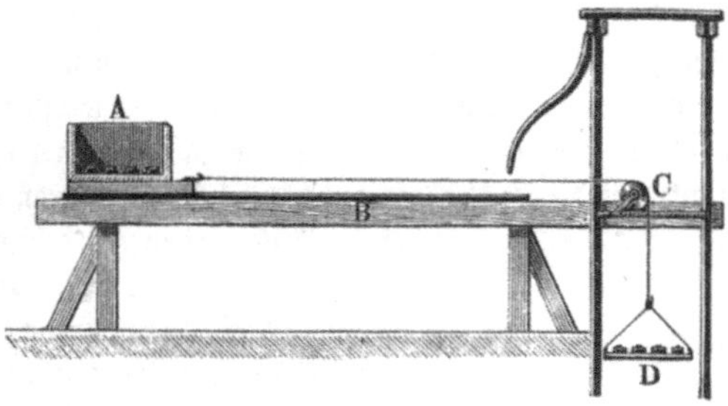

Nehmen wir an, die untere Fläche des Kästchens sei durch eine eisern Platte gebildet und die Schienen seien gleichfalls von Eisen; ferner betrage da Gewicht des Kästchens A sammt Allem, was darin liegt, 25 Pfund, so wir die Bewegung eintreten, sobald das auf die Wagschale D aufgelegte Gewich sammt dem Gewicht der Wagschale 7 Pfund beträgt. Die zur Ueberwindun der Reibung anzuwendende Kraft beträgt also in diesem Falle $^{7}/_{25}$ oder 28 Procent der Last.

Wäre das Gewicht des Kästchens A zweimal, dreimal so groß gewesen, s hätte an der Schnur auch eine doppelte, dreifache Kraft ziehen müssen, um d Reibung zu überwinden, und so ergiebt sich:

1) Die Reibung ist dem Drucke proportional, mit welchem di Flächen, welche übereinander hergleiten sollen, aufeinander ge drückt werden.

Hätte man, ohne sonst etwas zu ändern, die eisernen Schienen breiter ode schmäler gemacht, so würde man doch immer zu demselben Resultate gekomme sein, d. h. zur Ueberwindung der Reibung würden immer 28 Procent der La nöthig gewesen sein, und so ergiebt sich:

2) Die Reibung ist unabhängig von der Ausdehnung der re benden Flächen.

Die Zahl, welche angiebt, der wievielte Theil der Last zur Ueberwindung d Reibung verwandt werden muß, wird der Reibungscoëfficient genann Für Eisen auf Eisen ist dieser Coëfficient, wie wir gesehen haben, 0,28 od genauer 0,277; der Reibungscoëfficient ändert sich jedoch mit der Natur der r benden Flächen. Die folgende Tabelle enthält einige der in der Praxis wicht sten Reibungscoëfficienten:

Eisen auf Eisen	0,277
Eisen auf Messing . . .	0,263
Eisen auf Kupfer . . .	0,170
Eichen auf Eichen . . .	0,418 =
	0,273 +
Eichen auf Kiefern . . .	0,667
Kiefern auf Kiefern . .	0,562

Durch eine zweckmäßige Schmiere kann der Reibungswiderstand noch verringert werden. Für Metalle ist Oel, für Holz hingegen Talg das beste Schmiermittel.

Bei Hölzern ist es nicht gleichgültig, wie die Fasern laufen; die Reibung ist nämlich bei gekreuzten Fasern (+) viel geringer als bei parallelen (=).

Gleitende Reibung findet unter Anderem auch überall da Statt, wo Zapfen in ihren Pfannen gedreht werden. Untersuchen wir z. B. den Effect der Reibung an dem schon öfter betrachteten Haspel (Fig. 160). Das Gewicht

Fig. 160.

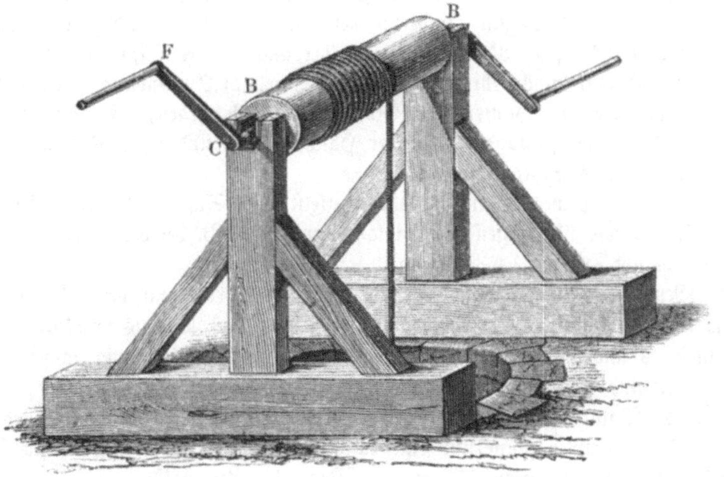

des Wellbaums selbst mit Allem, was daran befestigt ist, betrage 75 Pfd., die zu hebende Last wiege 100 Pfd., also die am Hebel F wirkende Kraft 25 Pfd., so ist der Gesammtdruck, welchen die Zapfenlager auszuhalten haben, $75 + 100 + 25 = 200$ Pfd. Wenn die Zapfenlager von Messing, die Zapfen aber von Eisen sind, so beträgt der Reibungswiderstand, welcher am Umfange der Zapfen wirkt, 26,3 Proc., der Effect der Reibung ist also derselbe, als ob man statt ihrer um den Zapfen eine Schnur in derselben Richtung geschlungen hätte wie das Seil, welches die Last trägt, und an dieser Schnur ein Gewicht $200 \times 0,263$ oder 52,6 Pfd. angehängt hätte; oder als wenn die am Umfange des Wellbaums wirkende Last um $\frac{52,6}{5} = 10,5$ Pfd. größer gewesen wäre, vorausgesetzt nämlich, daß der Durchmesser des Zapfens $^1/_5$ vom Durchmesser des Wellbaumes ist. Es werden also bei diesem Haspel circa 10 Procent der angewandten Kraft für die Ueberwindung der Reibungswiderstände verzehrt.

Wenn ein Körper, welcher bis dahin ruhig auf seiner Unterlage lag, in Bewegung gesetzt werden soll, so ist die dabei zu überwindende Reibung etwas größer als die Reibung, welche überwunden werden muß, wenn die Bewegung bereits eingeleitet ist.

Von der eben betrachteten gleitenden Reibung ist nun die wälzende Reibung zu unterscheiden, welche da stattfindet, wo ein runder Körper, etwa eine Kugel, ein Cylinder, über die Unterlage hinwegrollt. Es kommt dabei die Unterlage stets mit neuen Punkten des rollenden Körpers in Berührung. Der hierbei entstehende Widerstand ist bei Weitem geringer als der Widerstand der gleitenden Reibung.

Bei einem Wagenrade findet wälzende Reibung am Umfange des Rades, gleitende Reibung aber an den Axen Statt. Beide Widerstände werden um so geringer, je größer der Durchmesser der Räder ist.

81 **Nutzen und Anwendung der Reibung.** Wir haben bisher die Reibung bloß als Bewegungshinderniß betrachtet, welches den Nutzeffect der Maschinen vermindert; die Reibung ist uns aber auch in vielen Fällen von großem Nutzen, und man macht im praktischen Leben vielfach Anwendung von derselben.

Ohne Reibung könnten wir weder gehen noch stehen, wir könnten ohne dieselbe keinen Gegenstand fest in der Hand halten, und ohne Reibung würde kein Nagel, keine Schraube halten.

Daß die Bewegung eines Rades mittelst einer Schnur oder eines Riemens auf ein anderes übertragen werden kann, wie es z. B. bei der Drehbank stattfindet, beruht nur auf der Reibung.

Nur die Reibung zwischen den Hufen des Pferdes und dem Boden bietet ihm den Stützpunkt, dessen es bedarf, um die Last des Wagens nachzuziehen, an welchen es angespannt ist. Dieselbe Function hat die Reibung zwischen den Schienen und dem Umfang der Treibräder einer Locomotive (die Räder, welche durch die Dampfmaschine umgedreht werden). Ohne diese Reibung würde die Kraft der Dampfmaschine nur eine rasche Umdrehung dieser Räder ohne Fortrollen derselben bewirken können. — Wenn die Locomotive einen Wagenzug fortziehen soll, so muß die gleitende Reibung, welche überwunden werden müßte, wenn die Locomotivräder ohne gleichzeitiges Fortrollen, also bei stehenbleibender Locomotive umgedreht würden, größer sein, als die Summe aller Widerstände, welche durch das Fortziehen aller angehängten Wagen zu überwinden sind. Ist die angehängte Last zu groß, so findet in der That ein rasches Umdrehen der Locomotivräder ohne gleichzeitiges Fortrollen des Zuges Statt, wie man dies öfters bemerken kann, wenn sich große Güterzüge eben in Bewegung setzen.

Aus dieser Betrachtung geht auch hervor, daß die Last, welche eine Locomotive fortzuziehen im Stande ist, nicht allein von der Kraft ihrer Dampfmaschine, sondern auch von ihrem Gewichte abhängt. Nehmen wir an, zwei Locomotiven hätten gleich starke Maschinen, die eine sei aber schwerer als die andere, so wird man mit der schwereren eine größere Last fortziehen können.

Achtes Capitel.

Hydraulik oder die Bewegungsgesetze der Flüssigkeiten.

Ausflussgeschwindigkeit. Wenn man in die Seitenwand oder 82 in den Boden eines mit einer Flüssigkeit gefüllten, oben offenen Gefäßes eine Oeffnung macht, welche im Vergleich mit den Dimensionen des Gefäßes klein ist, so strömt die Flüssigkeit mit einer Geschwindigkeit aus, welche um so größer ist, je tiefer sich die Oeffnung unter dem Spiegel der Flüssigkeit befindet. Der Zusammenhang zwischen Ausflußgeschwindigkeit und Druckhöhe läßt sich auf folgende Weise ausdrücken: Die Ausflußgeschwindigkeit ist gerade so groß wie die Geschwindigkeit, welche ein freifallender Körper erlangen würde, wenn er von dem Spiegel der Flüssigkeit bis zur Ausflußöffnung herabfiele.

Dieser Satz ist unter dem Namen des Toricelli'schen Theorems bekannt. Er läßt sich auf folgende Weise ableiten.

Fig. 161.

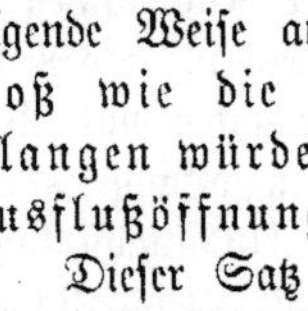

Wenn die Flüssigkeitsschicht $abcd$, Fig. 161, welche sich unmittelbar über der Oeffnung ab befindet, frei herabfiele, ohne durch die über ihr lastende Flüssigkeit beschleunigt zu sein, so würde sie die Oeffnung mit derjenigen Geschwindigkeit verlassen, welche der Höhe ac entspricht, die wir mit h bezeichnen wollen. Diese Geschwindigkeit ist $v = \sqrt{2gh}$ (Seite 126). Nun aber ist die ausströmende Schicht nicht bloß durch ihre eigene Schwere beschleunigt, sondern durch die Schwere der ganzen auf ihr lastenden Flüssigkeit. Die beschleunigende Kraft der Schwere g verhält sich demnach zur beschleunigenden Kraft g', welche die flüssigen Theilchen wirklich austreibt, wie ac zu af oder wie h zu s, wenn die Druckhöhe mit s bezeichnet wird, d. h.

$$h : s = g : g',$$

und also ist die auf die ausfließende flüssige Schicht wirkende beschleunigende

Kraft $g' = \frac{g}{h} s$. Wenn aber die beschleunigende Kraft, welche auf die ausfließende Schicht wirkt, nicht g, sondern g' ist, so ist auch die Ausflußgeschwindigkeit $v' = \sqrt{2 g' h}$; und wenn wir in diesen Werth von v' den eben abgeleiteten Werth von g' setzen, so erhalten wir für die Ausflußgeschwindigkeit:

$$v' = \sqrt{2 g s}.$$

Dies ist aber dieselbe Geschwindigkeit, welche ein Körper erlangt, wenn er eine Höhe s frei durchfällt.

Aus diesem Satze folgt unmittelbar:

1) Die Ausflußgeschwindigkeit hängt nur von der Tiefe der Oeffnung unter dem Niveau, aber nicht von der Natur der Flüssigkeit ab. Bei gleichen Druckhöhen muß also Wasser und Quecksilber gleich schnell ausfließen. Jede Quecksilberschicht wird zwar durch einen Druck ausgetrieben, welcher 13,6mal so groß ist als beim Wasser, dagegen ist aber auch die Masse eines jeden Quecksilbertheilchens, welches ausfließt, 13,6mal größer als die eines gleich großen Wassertheilchens.

2) Die Ausflußgeschwindigkeiten verhalten sich wie die Quadratwurzeln der Druckhöhen. Aus einer Oeffnung, welche 100 Centimeter unter dem Wasserspiegel liegt, muß also das Wasser mit 10mal größerer Schnelligkeit ausfließen als aus einer anderen, welche nur 1 Centimeter unter dem Niveau liegt.

83 **Versuche über Ausflussgeschwindigkeit.** Um Versuche über Ausflußgeschwindigkeit anzustellen, kann man den unter dem Namen des Mariotte'schen Gefäßes bekannten Apparat Fig. 162 anwenden. Es besteht aus einer hohen Glasflasche mit verticalen Wänden, welche unten mit einem kurzen seitlichen Ansatzrohr versehen ist, auf welches die Messingfassung rs aufgekittet ist. Auf diese Fassung können dann die verschiedenen Ausflußöffnungen aufgeschraubt werden. Auf den oberen Hals des Gefäßes ist gleichfalls eine Messingfassung aufgekittet, in deren Mündung ein wohlschließender Kork paßt. In diesem Kork steckt eine oben und unten offene Glasröhre, deren untere Mündung sich unter dem Spiegel des in der Flasche befindlichen Wassers befindet. In dem Maße nun, als unten Wasser ausfließt, dringt die Luft durch die Glasröhre $b\,a$ ein, indem fortwährend Luftblasen von a in den oberen Theil der Flasche aufsteigen; auf diese Weise ist aber die ganze Wassermasse von a aufwärts durch den Luftdruck äquilibrirt, so daß nur die Höhe der Flüssigkeitssäule von a bis zur Ausflußöffnung herunter die Ausflußgeschwindigkeit bedingt.

Es ist nun auf der Flasche eine Theilung angebracht, deren Nullpunkt in der Höhe der Ausflußöffnung liegt, während die folgenden Theilstriche 1, 2, 3 u. s. w. Decimeter über demselben angebracht sind. Der Ausfluß wird nun mit einer Geschwindigkeit stattfinden, welche einer Druckhöhe von 1, 2, 3 oder 4 Decimetern entspricht, wenn man die Röhre so stellt, daß ihr unteres Ende sich in der Höhe des Theilstriches 1, 2, 3 oder 4 befindet.

Um einen Wasserstrahl vertical in die Höhe springen zu lassen, wird an die Fassung *rs* eine Messingplatte *mn*, Fig. 162 a, angeschraubt, welche ein rechteckiges, gegen die Flasche hin offenes Kästchen *K* trägt. In der oberen dünnen Wand dieses Kästchens befindet sich die Ausflußöffnung *o*. Liegt die obere Wand dieses Kästchens horizontal, so steigt der aus *o* ausströmende Wasserstrahl vertical in die Höhe und nach dem, was im vorigen Paragraphen über die Ausflußgeschwindigkeit gesagt wurde, sollte man erwarten, daß er die Höhe der drückenden Wassersäule erreichen, daß er also bis zur unteren Mündung der Röhre *ab* aufsteigen würde. Der Wasserstrahl sollte also bis zum Theilstrich 4 aufsteigen, wenn die Mündung *a* bis zum Theilstrich 4 in die Höhe gezogen ist. Diese Höhe erreicht aber der aufsteigende Wasserstrahl niemals, woran übrigens nur Bewegungshindernisse schuld sind, indem namentlich die herabfallenden Wassertheilchen hindernd auf die Bewegung der steigenden wirken; deshalb wächst auch die Steighöhe, wenn die Richtung des aufsteigenden Strahls ein wenig von der Verticalen abweicht.

Fig. 162.

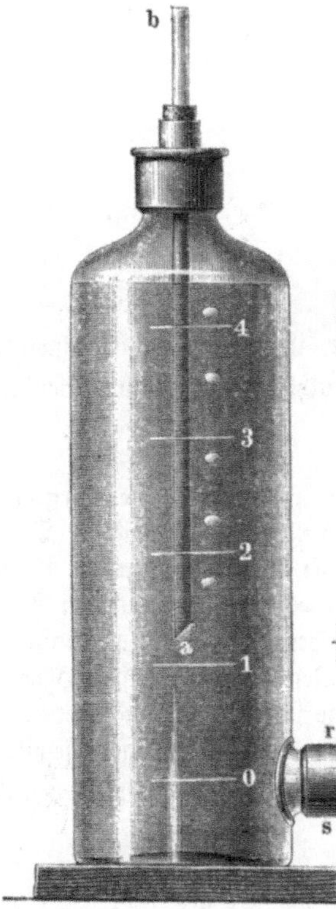

Fig. 162 a.

Um einen horizontal ausfließenden Wasserstrahl zu erhalten, wird an die Fassung *rs* eine dünne Messingplatte *gh*, Fig. 162, angeschraubt, in deren Mitte sich eine kreisförmige Oeffnung von gemessenem Durchmesser befindet.

Daß der horizontal ausströmende Wasserstrahl wirklich die Geschwindigkeit hat, welche ihm nach dem Toricelli'schen Gesetze zukommt, geht daraus hervor, daß er genau die Parabel beschreibt, welche dieser Ausflußgeschwindigkeit entspricht.

In Fig. 163 (a. f. S.) ist die Parabel des horizontal ausfließenden Wasserstrahls für eine Druckhöhe von 1 und für eine solche von 4 Decimeter in $^1/_{10}$ der natürlichen Größe dargestellt, wie sie die Construction für die nach dem Toricelli'schen Gesetze berechnete Ausflußgeschwindigkeit ergiebt. Führt man diese Figuren in der zehnfachen Größe aus, so kann man die gezeichnete Curve hinter den unter den angegebenen Bedingungen ausfließenden Wasserstrahl halten und sich so überzeugen, daß derselbe wirklich die vorgeschriebene Bahn beschreibt, wodurch dann das im vorigen Paragraphen verhandelte Gesetz bestätigt ist.

Fig. 163.

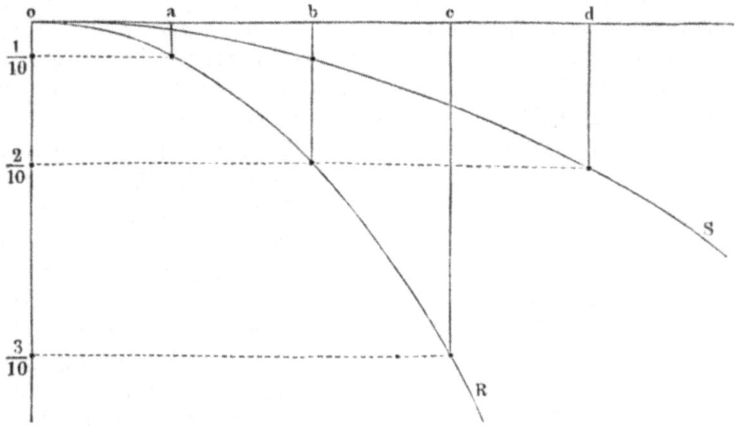

Für eine Druckhöhe von 0,1 Meter ist die Ausflußgeschwindigkeit $\sqrt{2 \,.\, 9{,}8 \,.\, 0{,}1} = 1{,}4^m$, für die vierfache Druckhöhe die Ausflußgeschwindigkeit 2,8 Meter.

84 **Ausflussmenge.** Die Wassermenge, welche aus einer Oeffnung in einer gegebenen Zeit hervorspringt, hängt offenbar von der Größe der Oeffnung und der Ausflußgeschwindigkeit ab. Wenn alle Wassertheilchen die Oeffnung mit der Geschwindigkeit passirten, welche nach dem Toricelli'schen Theorem der Druckhöhe entspricht, so würde die in einer Secunde ausfließende Wassermenge einen Cylinder bilden, dessen Basis gleich der Oeffnung und dessen Höhe gleich dem Wege ist, den ein Wassertheilchen vermöge seiner Geschwindigkeit in einer Secunde zurücklegt. Dieser Weg ist aber die Ausflußgeschwindigkeit selbst, also $\sqrt{2gs}$, und wenn wir nun den Flächeninhalt der Oeffnung mit F bezeichnen, so ist die Ausflußmenge in einer Secunde

$$M = F\sqrt{2gs} \quad . \; . \; . \; . \; . \; . \; . \; . \; . \; . \; . \quad 1)$$

Nehmen wir an, die Oeffnung o, welche bei rs, Fig. 162, angeschraubt worden ist, sei kreisförmig; der Durchmesser des Kreises sei 5 Millimeter, so ist der Flächeninhalt der Oeffnung $F = 19{,}625$ Quadratmillimeter oder 0,19625 Quadratcentimeter; wenn die Druckhöhe 10 Centimeter ist, so ist, wie wir schon berechnet haben, die Ausflußgeschwindigkeit 1,4 Meter = 140 Centimeter, also

$$M = 0{,}19625 \times 140 = 27{,}475 \text{ Cubikcentimeter.}$$

In einer Minute müßten also 1648,5 Cubikcentimeter ausfließen.

Eine gleich große Oeffnung, welche 40 Centimeter unter dem Wasserspiegel liegt, müßte in einer Minute doppelt so viel, also 3297 Cubikcentim. Wasser geben.

Die nach Gleichung 1) berechnete Ausflußmenge wollen wir die theoretische nennen.

Stellt man den Versuch an, so erhält man für die Druckhöhe von 1 Decimeter nur ungefähr 1055, für die Druckhöhe von 4 Decimetern nur 2110 Cubikcentimeter Wasser.

Diese Differenz zwischen der sogenannten theoretischen und der beobachteten Ausflußmenge beweist, daß nicht alle Wassertheilchen die Oeffnung mit der Geschwindigkeit passiren, welche der Druckhöhe entspricht. In der That haben im Querschnitte der Oeffnung nur die in der Mitte sich befindenden Wasserfäden diese Geschwindigkeit, während sie für die mehr nach dem Rande der Oeffnung hin ausfließenden geringer ist. Da nämlich die einzelnen Schichten der Wassersäule, welche auf der Oeffnung rechtwinklig zu der Ebene derselben steht, nicht gleichzeitig die gleiche Geschwindigkeit haben, sondern sich um so langsamer bewegen, je weiter sie von der Oeffnung entfernt sind, so würde ein Zerreißen der auf einander folgenden Schichten stattfinden, wenn nicht auch von der Seite her Wassertheilchen der Oeffnung zuströmten, welche sich nicht parallel mit der Axe des ausfließenden Strahles, sondern convergirend gegen dieselbe bewegen, wie dies in Fig. 164 angedeutet ist. Damit hängt es denn auch zusammen, daß der ausfließende Wasserstrahl nicht vollkommen cylindrisch ist, sondern daß er sich vor der Oeffnung zusammenzieht (contractio venae). Bei cd beträgt der Querschnitt des Wasserstrahles ungfähr noch $^2/_3$ vom Flächeninhalte der Oeffnung. Ebenso beträgt die wirkliche Ausflußmenge ungefähr $^2/_3$ der theoretischen.

Fig. 164.

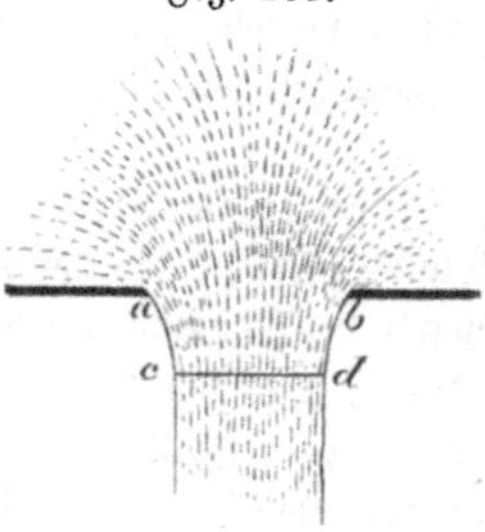

Bezeichnen wir mit Q die wirkliche Ausflußmenge, so ist demnach

$$Q = {}^2/_3\, M = {}^2/_3\, F \sqrt{2gs}$$

oder genauer

$$Q = 0{,}64\, F \sqrt{2gs}.$$

Einfluss der Ansatzröhren auf die Ausflussmenge. 85

Wenn der Ausfluß nicht durch Oeffnungen geschieht, welche in eine dünne Wand gemacht sind, sondern durch kurze Röhren, so finden merkwürdige Modificationen Statt, die wir jetzt näher betrachten wollen.

Fig. 165.

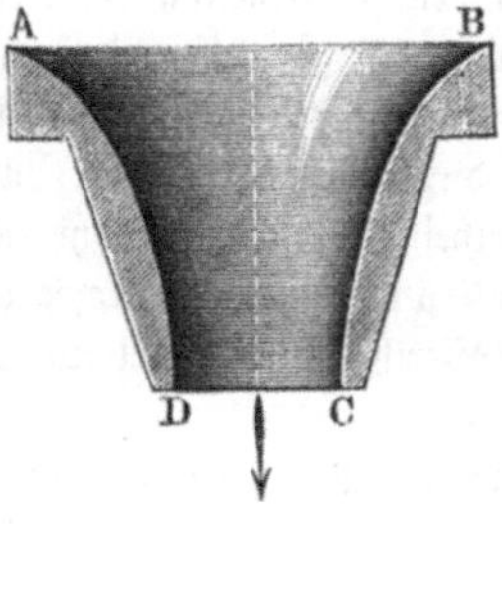

Wenn eine kurze Ansatzröhre, Fig. 165, genau die Gestalt des freien Strahls von der Oeffnung bis zu der Stelle hat, von welcher an die Contraction nicht mehr wirklich zunimmt, so übt sie gar keinen Einfluß auf die Ausflußmenge aus.

Durch kurze cylindrische Ansatzröhren fließt der Strahl entweder frei durch, wie durch eine Oeffnung von gleichem Durchmesser, und in diesem Fall übt die Röhre keinen Einfluß aus; oder das Wasser hängt sich an die Wände der Röhre, so daß die Flüssigkeit die ganze Röhre ausfüllt und ein Strahl vom Durchmesser der Röhre ausfließt. In letzterem Fall veranlaßt die Ansatzröhre eine Vermehrung der Ausflußmenge. Während eine Oeffnung in dünner Wand 0,64 der theoretischen Ausflußmenge giebt, erhält man durch eine solche cylindrische Ansatzröhre von gleichem Durchmesser 84 Procent, vorausgesetzt, daß die Länge der Röhre nur dem vierfachen Durchmesser gleich ist. Bei geringer Druckhöhe ist der Strahl stets anhängend, bei großer Druckhöhe hingegen ist er frei. Bei mittlerem Druck kann man ihn nach Belieben bald frei, bald anhängend machen; ein geringes Hinderniß stellt das Anhängen her, und oft reicht ein ganz schwacher Stoß hin, um den Strahl wieder frei zu machen.

Ein kurzes conisches Ansatzrohr wirkt, im Falle es voll ausfließt, wie ein cylindrisches, nur bewirkt es eine noch größere Vermehrung der Ausflußmenge.

Die Ausflußgeschwindigkeit wird durch cylindrische oder conische Ansatzröhren in demselben Verhältniß vermindert, in welchem die Ausflußmenge vermehrt wird.

Es ist jetzt noch zu untersuchen, wie es kommt, daß Ansatzröhren die Ausflußmenge auf die erwähnte Weise vermehren, die Ausflußgeschwindigkeit dagegen vermindern.

Indem das Wasser in das Ansatzrohr einströmt, erleidet es eine Contraction, wie wenn es aus einer Oeffnung in dünner Wand ausflösse; weiterhin aber, sobald einmal die Röhrenwände benetzt sind, bewirkt die Adhäsion an die Röhrenwände, daß sich die Ansatzröhre vollständig ausfüllt, und somit ist der Querschnitt des Strahles durch das Ansatzrohr vergrößert, er ist beim Austritt aus dem Rohre größer als an der Stelle der Contraction, wie man dies in Fig. 166 sieht. Daß eine solche Contraction in der Röhre wirklich stattfinden muß, geht daraus hervor, daß, wenn man dem Ansatzrohr die Gestalt des contrahirten Strahles, Fig. 166, giebt, der Ausfluß vollkommen so stattfindet, als ob das Ansatzrohr ganz conisch wäre.

Fig. 166.

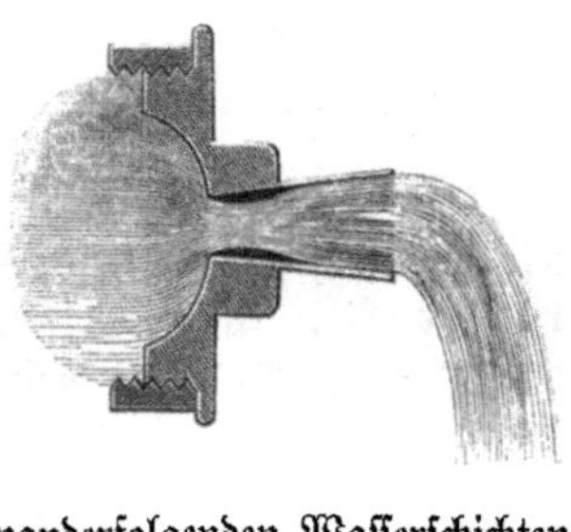

Wenn nun die Wassertheilchen, den ganzen Querschnitt der Röhre ausfüllend, dieselbe mit der Geschwindigkeit verließen, mit welcher sie die Stelle der größten Contraction passiren, so müßte nothwendig ein Zerreißen der auf einanderfolgenden Wasserschichten eintreten. Die Trennung der Wassertheilchen, also die Bildung von leeren Räumen, wird aber durch den Druck der Luft verhindert, welcher einerseits den Einfluß der Wassertheilchen in das Rohr beschleunigt, dagegen aber auch andererseits den Ausfluß aus demselben verzögert. Durch den Druck der Luft werden die ausfließenden Wassertheilchen so viel zurückgehalten, daß dadurch ein voller Ausfluß möglich wird.

Daß der Luftdruck hier wirklich diese Rolle spielt, geht daraus hervor, daß, wenn das Wasser in einen luftleeren Raum ausfließt, die Ausflußmenge durch Ansatzröhren nicht vermehrt wird.

Macht man in die Seitenwand der Ansatzröhre ein Loch, so wird durch diese Oeffnung Luft eingesaugt, und der Strahl hört auf, continuirlich zu sein.

Fig. 167.

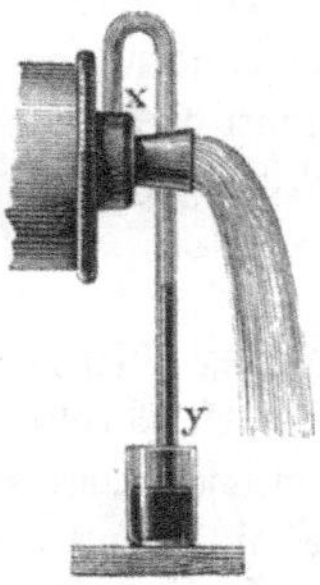

Wenn in diese Seitenöffnung eine Röhre xy, Fig. 167, eingesetzt wird, deren unteres Ende in ein Gefäß mit Wasser mündet, so wird durch das Bestreben des Wassers, in der Ansatzröhre einen luftleeren Raum zu bilden, das Wasser in der Röhre xy in die Höhe gesaugt. Dieses Phänomen des Saugens beweist ebenfalls den Einfluß des Luftdruckes auf die soeben betrachteten Erscheinungen. Da eine conische Ansatzröhre eine noch größere Ausflußmenge giebt als eine cylindrische, so muß sie auch ein stärkeres Saugen erzeugen, d. h. es wird in der Röhre xy unter übrigens gleichen Umständen durch ein conisches Ansatzrohr die aufgesaugte Wassersäule zu einer größeren Höhe gehoben als durch ein cylindrisches.

Seitendruck bewegter Flüssigkeiten. Wenn aus irgend einem Reservoir das Wasser durch längere Röhren abfließt, würden die Seitenwände der Röhren gar keinen Druck auszuhalten haben, wenn keine Reibungswiderstände zu überwinden wären, die unter Umständen sehr bedeutend wirken können, so daß der größte Theil des hydrostatischen Drucks zur Ueberwindung dieser Widerstände verloren geht und der Bewegung nicht zu Gute kommt. 86

Man schraube an die Messingfassung rs, Fig. 162, eine Platte gh an, in deren Mitte eine 2 bis 3 Fuß lange Glasröhre eingesetzt ist, so wird das Wasser am Ende der Röhre weit langsamer ausfließen, als man nach der Druckhöhe erwarten sollte.

Fig. 168.

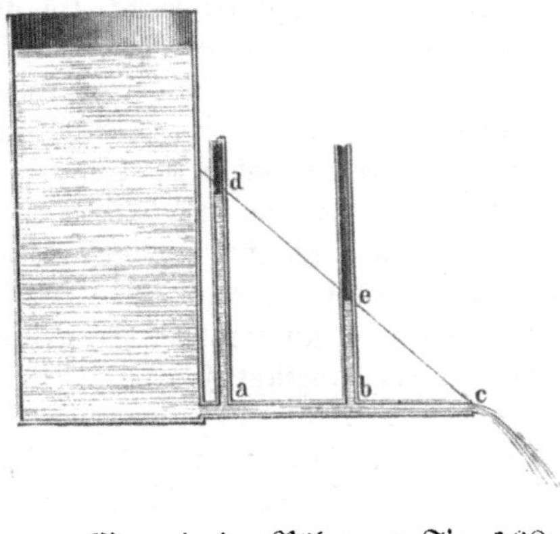

Wendet man mehrere gleich lange Röhren von verschiedenem Durchmesser zu diesem Versuche an, so sieht man, wie die Ausflußgeschwindigkeit abnimmt, wenn die Röhren enger werden.

Gesetzt, man habe gefunden, daß die Ausflußgeschwindigkeit für eine dieser Röhren nur halb so groß sei, als man nach der Größe der Druckhöhe hätte erwarten sollen, so ist $^3/_4$ des ganzen Drucks zur Ueberwindung der Reibung nöthig und nur $^1/_4$ desselben kommt der Bewegung zu Gute.

Wenn in der Röhre ac, Fig. 168, das Wasser sich mit der Geschwindigkeit bewegte, welche der Druckhöhe im Reservoir entspricht, so hätten die Röhrenwände, wie schon bemerkt, gar keinen Druck auszuhalten; da aber das Wasser die Röhre *ac* mit einer Geschwindigkeit durchströmt, welche nur einem Theile der Druckhöhe entspricht, so muß der Rest als hydrostatischer Druck auf die Röhrenwände wirken. Der Druck, den die Wände auszuhalten haben, ist jedoch nicht an allen Stellen der Röhre gleich, er ist um so geringer, je mehr man sich der Ausflußöffnung *c* nähert.

In manchen Fällen kann der Druck, den die Röhrenwände von innen auszuhalten haben, kleiner sein, als der von außen auf sie wirkende Luftdruck; es ist dies überall da der Fall, wo die Bedingungen erfüllt sind, unter welchen das Phänomen des Saugens stattfinden kann. Näheres über den Reibungswiderstand in langen Röhren im Supplementbande.

87 **Reaction, welche durch das Ausströmen der Flüssigkeiten erzeugt wird.** Ein mit Wasser gefülltes Gefäß bleibt vollständig in Ruhe, weil jeder Seitendruck durch einen vollkommen gleichen, aber entgegengesetzten aufgehoben wird. Wenn man aber die Wand an irgend einer Stelle durchbohrt, so daß das Wasser hervorspringt, so ist der Druck an dieser Stelle offenbar weggenommen, während das der Oeffnung diametral gegenüberliegende Wandstück noch gerade so stark gedrückt wird als vorher. Der Druck auf diejenige Gefäßwand, in welcher sich die Oeffnung befindet, ist also geringer als der Druck, welchen die gegenüberstehende Wand aushält, mithin wird das ganze Gefäß sich in einer Richtung bewegen müssen, welche der Richtung des ausfließenden Wasserstrahls entgegengesetzt ist, vorausgesetzt, daß diese Bewegung nicht durch Reibung oder auf irgend eine andere Weise verhindert wird. Es ist dies dem Rückstoß der Geschütze zu vergleichen. Man kann die beim Ausfließen des Wassers wirkende Reaction durch einen Apparat anschaulich machen, welcher unter dem Namen des Segner'schen Wasserrades bekannt ist. Es besteht aus einem um eine verticale Axe leicht drehbaren Gefäße *A*, Fig. 169, an dessen unterem Ende sich zwei horizontale Röhren befinden, die an entsprechenden Stellen mit einer kleinen Oeffnung versehen sind. Das Gefäß dreht sich nach derjenigen Richtung um, welche der Richtung der ausströmenden Wasserstrahlen entgegengesetzt ist.

Fig. 169.

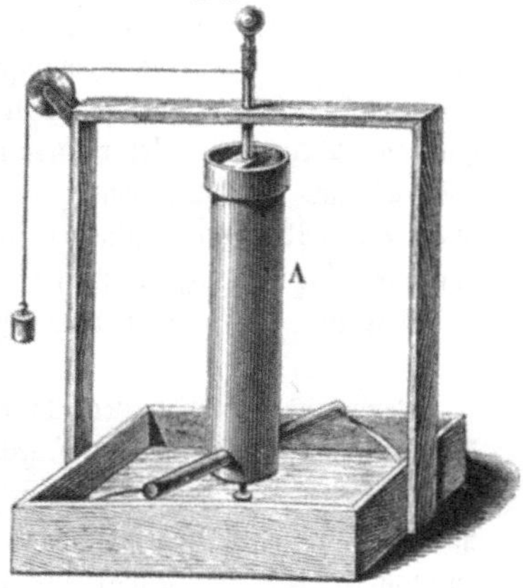

88 **Lebendige Kraft der Wassergefälle.** Wenn das Wasser eines Baches von einer gewissen Höhe herabfällt, so erlangt es eine bestimmte Geschwindigkeit, eine lebendige Kraft, vermittelst deren es einen entsprechenden mechanischen Effect hervorbringen kann. Wären wir im Stande, die lebendige

Kraft des herabfallenden Wassers vollständig auf ein Wasserrad zu übertragen, so könnte dasselbe eine mechanische Arbeit verrichten, welche der Hebung einer der herabgefallenen Wassermasse gleichen Last auf die Höhe des Gefälles äquivalent ist, d. h. Mh ist der theoretische Effect eines Gefälles, wenn M die in der Zeiteinheit herabgefallene Wassermasse und h die verticale Höhe des Gefälles bezeichnet.

Wenn z. B. von einer Höhe von 24 Fuß in jeder Secunde eine Wassermasse von 800 Pfund herabfällt, so ist der theoretische Effect dieses Gefälles 19200 Fußpfund.

Wir wollen in Folgendem den theoretischen Effect eines Gefälles mit E bezeichnen.

In der Praxis läßt sich aber dieser sogenannte theoretische Effect nie erreichen, denn

1) erlangt das in einem Bache oder in einem Gerinne herabfließende Wasser in Folge von Reibung an den Canalwänden und sonstigen Bewegungshindernissen nie die volle, der Fallhöhe entsprechende Geschwindigkeit;

2) läßt sich die lebendige Kraft des Wassers nie vollständig auf ein Wasserrad übertragen; es bleibt dem Wasser immer noch eine mehr oder minder große Geschwindigkeit übrig, mit der es abfließt;

3) geht noch ein großer Theil der an das Wasserrad wirklich übertragenen lebendigen Kraft durch Ueberwindung von Reibungswiderständen verloren.

Der wirkliche Nutzeffect eines Wasserrades wird also stets bedeutend kleiner sein als der theoretische Effect.

Die eben erwähnte Art der Uebertragung der lebendigen Kraft des herabfallenden Wassers findet bei den unterschlächtigen Rädern Statt. Hier wirkt also die Schwerkraft in der Weise, daß sie dem herabfallenden Wasser eine gewisse Geschwindigkeit ertheilt, und daß alsdann die vermöge dieser Geschwindigkeit dem Wasser inwohnende lebendige Kraft auf das Rad übertragen wird.

Die Schwerkraft eines herabfallenden Körpers kann aber auch noch auf andere Weise für mechanische Arbeit verwerthet werden, indem man nämlich nicht erst den Körper frei fallen, also ihn nicht die ganze der Fallhöhe entsprechende Geschwindigkeit erlangen läßt, sondern indem man die Beschleunigung gleichsam im Moment ihrer Entstehung sogleich consumirt, also einen Fall ohne Beschleunigung oder doch mit bedeutend verringerter Beschleunigung eintreten läßt.

Ein Fall der Art tritt z. B. ein, wenn an der Schnur der Fallmaschine auf der einen Seite ein nur etwas größeres Gewicht hängt als auf der anderen; in dieser Weise wird auch die mechanische Kraft des niederfallenden Wassers bei den oberschlächtigen Rädern benutzt. Hier wirkt das herabsinkende Wasser durch Druck, im ersteren Falle durch Stoß.

Verticale Wasserräder. Die gewöhnlichen Wasserräder drehen 89
sich in verticaler Ebene um eine horizontale Axe. Man unterscheidet drei Hauptarten der verticalen Wasserräder, unterschlächtige, oberschlächtige und mittelschlächtige.

Bei den **unterschlächtigen Rädern**, Fig. 170, stehen die Schaufeln rechtwinklig auf dem Umfange des Rades. Die untersten Schaufeln sind in das

Fig. 170.

Wasser eingetaucht, welches mit einer Geschwindigkeit fortfließt, welche von der Höhe des Gefälles abhängt.

Das fließende Wasser setzt nun auch das Rad in Bewegung und theilt ihm eine Geschwindigkeit mit, welche nach Umständen bald größer bald kleiner sein wird.

Wenn der Stoß des Wassers dem Rade eine Geschwindigkeit mittheilen soll, welche derjenigen gleich ist, mit welcher das Wasser fließen würde, wenn das Rad gar nicht da wäre, so darf das Rad dieser Bewegung gar keinen Widerstand entgegensetzen, es darf also gar nicht belastet sein, mithin kann es in diesem Falle gar keine mechanische Wirkung hervorbringen, der Effect ist gleich Null.

Andererseits könnte man das Rad so stark durch ein Gewicht belasten, daß der Stoß des Wassers es gar nicht in Bewegung setzt, daß das Wasser des Gefälles nur einen statischen Druck ausübt, welcher jenem das Gleichgewicht hält. In diesem Falle ist der Effect abermals Null. Aus dieser Betrachtung geht hervor, daß, wenn das Rad eine Arbeit vollbringen soll, es mit einer Geschwindigkeit sich bewegen muß, welche geringer ist, als die des frei fließenden Wassers; Theorie und Erfahrung zeigen, daß man die vortheilhafteste Wirkung erhält, wenn die Geschwindigkeit des Rades halb so groß ist als die Geschwindigkeit, welche der Höhe des Gefälles entspricht.

Daraus geht hervor, daß bei einem gewöhnlichen unterschlächtigen Rade nur die Hälfte des mechanischen Momentes des Gefälles zur Wirkung kommt, indem das Wasser noch mit der Hälfte der Geschwindigkeit abfließt, mit welcher es vor dem Rade ankam; der Effect eines solchen Rades kann also den Werth $\frac{1}{2} E$ nie übersteigen.

Allein selbst diese Wirkung kann in der Praxis nicht erreicht werden, weil immer ein Theil der Kraft durch Adhäsion des Wassers an den Wänden des Gerinnes, durch Reibungswiderstände u. s. w. verloren geht. Sorgfältig angestellte Versuche ergaben für unterschlächtige Räder, welche sich in einem Gerinne bewegen, so daß kein seitliches Abfließen des Wassers stattfinden kann, den Werth

$$e = 0,3\ E.$$

Bei frei hängenden Rädern aber, wie man sie an Schiffsmühlen anbringt, wo das Wasser seitlich abfließen kann, ist der Effect noch weit mehr vom absoluten Maximum entfernt.

Die unterschlächtigen Räder werden da angewandt, wo man über ein Gefälle von ziemlich bedeutender Wassermenge, aber geringer Fallhöhe zu disponiren hat.

Weil durch die eben betrachteten unterschlächtigen Räder bei dem rechtwinkligen Stoße des Wassers gegen die Schaufeln das mechanische Moment des Gefälles so sehr schlecht benutzt wird, hat Poncelet ein unterschlächtiges Rad mit krummen Schaufeln, Fig. 171, construirt, dessen Effect dem absoluten Maximum weit näher kommt.

Fig. 171.

Wenn das Wasser ganz ohne Stoß auf das Rad kommen sollte, so müßten die Schaufeln am Radumfange mit der Richtung der Tangente zusammenfallen; wollte man aber die Schaufeln wirklich so construiren, daß dieser Bedingung Genüge geleistet wird, so wäre der Austritt des Wassers aus dem Rade gehemmt; auch darf das Wasser seine Geschwindigkeit doch nicht vollständig an das Rad abtreten, weil ihm sonst keine Geschwindigkeit zum Abflusse mehr bliebe. Somit ist auch bei dem Poncelet'schen Rade ein gewisser Verlust, die Widerstände ungerechnet, unvermeidlich.

Solche Räder mit krummen Schaufeln sollen einen Effect geben, welcher $^2/_3$ bis $^3/_4$ des absoluten Maximums ist. Der größte Effect der Poncelet'schen Räder erklärt sich dadurch, daß das Wasser, indem es auf der krummen Schaufel hinaufsteigt, seine Geschwindigkeit verliert und größtentheils an das Rad abgiebt.

Die oberschlächtigen Räder, Fig. 172, werden bei höheren Gefällen von geringerer Wassermasse, bei kleineren Gebirgsbächen angewandt. Das

Fig. 172.

Wasser füllt, von oben auf das Rad laufend, die Zellen auf der einen Seite des Rades, welches eben durch dieses Uebergewicht umgedreht wird. Nahe am unteren Ende des Rades läuft das Wasser aus den Zellen wieder aus. Bei oberschlächtigen Rädern geht ebenfalls ein Theil des mechanischen Momentes des Gefälles verloren, weil die Zellen das Wasser nicht bis zum tiefsten Punkte des Rades behalten können, sondern schon früher auszugießen beginnen. Ein gut gebautes oberschlächtiges Rad soll einen Effect hervorbringen, welcher 75 Procent des theoretischen Effects beträgt, vorausgesetzt, daß es sich langsam umdreht;

denn bei rascher Umdrehung bleibt das Wasser in den Zellen in Folge der Centrifugalkraft nicht horizontal, sondern es steigt nach außen, so daß es noch früher aus den Zellen herausfällt.

Das mittelschlächtige Rad bildet eine Art Mittelgattung zwischen dem unterschlächtigen und dem oberschlächtigen.

Die horizontalen Wasserräder, die man auch Turbinen nennt, 90
sind nie so freiliegend wie die verticalen, sondern sie stecken meist so in der Masse des bewegenden Wassers, daß sie während des Ganges ganz unsichtbar sind.

Fig. 173 erläutert eine der einfachsten Formen der Turbine. In einem verticalen cylindrischen Rohre *RR*, durch welches das Wasser aus einem höher gelegenen Behälter in den Abzugscanal herabströmt, und von welchem in unserer Figur nur ein Stück durch einfache Linien angedeutet ist, befindet sich ein Rad, dessen Durchmesser nur so viel kleiner ist als der Durchmesser des Rohres, daß es sich frei um seine verticale Axe in horizontaler Ebene umdrehen kann. Während der mittlere Theil des Rades verschlossen ist, befinden sich im Kranze desselben Schaufeln, deren Stellung leicht aus der Figur zu ersehen ist. Indem nun das Wasser über diese Schaufeln herabströmt, übt es auf dieselben einen Druck aus, welcher das Rad in der Richtung des kleinen Pfeils rotiren macht, und zwar mit einer Kraft, welche von der Masse des durchströmenden Wassers und der Druckhöhe desselben abhängt.

Fig. 173.

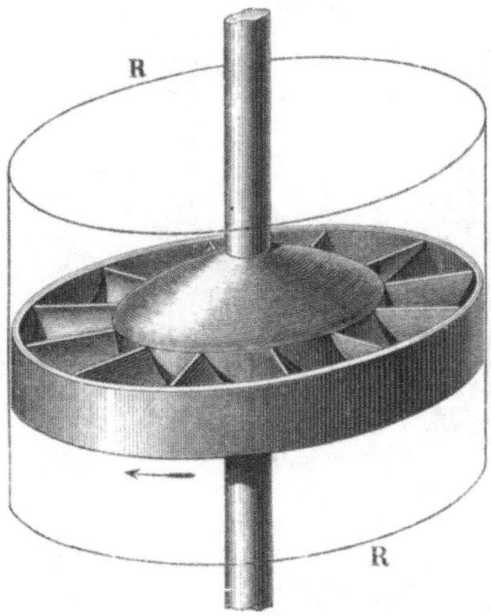

Fig. 173 a.

Die durch die Figur erläuterte Anordnung der Schaufeln im Radkranz ist im Wesentlichen die der Jonval'schen Turbine, bei welcher aber, um einen besseren Effect zu erzielen, über dem rotirenden Rade ein ganz ähnliches fest in das Rohr eingesetzt ist, dessen Schaufeln die entgegengesetzte Richtung haben wie die des rotirenden Rades, wie dies durch Fig. 173 a. erläutert wird. Diese unter dem Namen der Leitcurven bekannten Schaufeln des oberen, feststehenden Rades machen, daß der Druck des Wassers möglichst rechtwinklig gegen die Schaufeln des rotirenden Rades wirkt.

Auch die Reaction des ausfließenden Wasserstrahles hat man als bewegende Kraft für horizontale Wasserräder benutzt, die Form des Segner'schen Wasserrades (Fig. 169 S. 158) darf aber, wo es sich um praktische Resultate handelt, nicht in Anwendung gebracht werden, weil hier das ganze Gewicht der drückenden Wassersäule auf dem Zapfen lastet, um welchen der Apparat rotirt, was einen enormen Reibungswiderstand veranlassen würde, wenn man derartige Apparate in großem Maßstabe ausführen wollte. Dieser Uebelstand wird dadurch vermieden, daß man das Wasser von unten her durch eine Stopfbüchse in das Rad eintreten läßt, welche zugleich als Umdrehungsaxe für dasselbe dient, wie dies z. B. auch bei dem Reactionsrad Fig. 174 der Fall ist. Die Reactionsräder sind auch unter dem Namen der schottischen Turbinen bekannt.

Fig. 174.

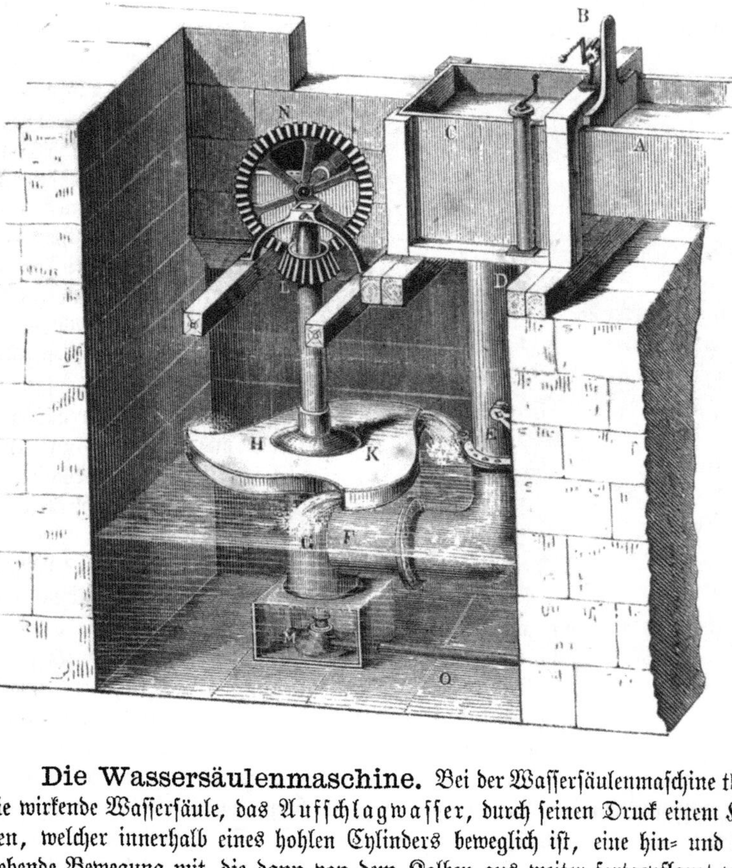

91 **Die Wassersäulenmaschine.** Bei der Wassersäulenmaschine theilt die wirkende Wassersäule, das Aufschlagwasser, durch seinen Druck einem Kolben, welcher innerhalb eines hohlen Cylinders beweglich ist, eine hin- und hergehende Bewegung mit, die dann von dem Kolben aus weiter fortgepflanzt wird.

In der Regel werden die Wassersäulenmaschinen angewandt, um Wasser auf eine bedeutende Höhe zu heben. So wird z. B. die Salzsoole von Reichenhall in Oberbaiern auf Umwegen 30 Stunden weit nach Rosenheim geleitet, um hier, sowie an einigen Zwischenorten, z. B. in Trauenstein, versotten zu werden. Auf diesem Wege befinden sich neun, sämmtlich von Reichenbach construirte Wassersäulenmaschinen, welche die Soole über die Berge heben. Obgleich alle Wassersäulenmaschinen auf demselben Principe beruhen, so ist ihre Ausführung doch in mannigfacher Hinsicht verschieden.

Fig. 175.

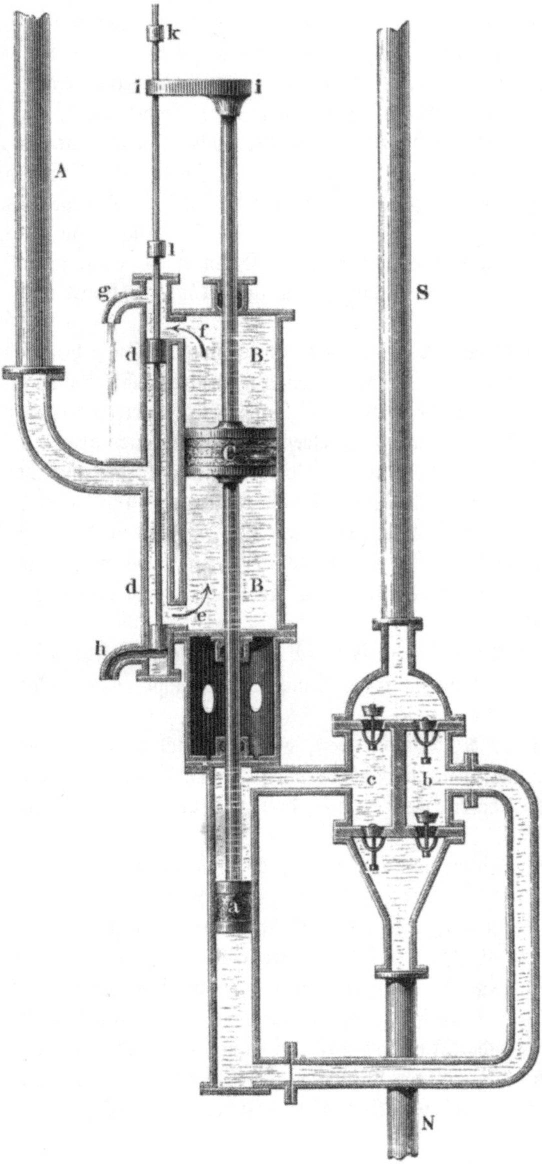

Fig. 175 stellt eine Wassersäulenmaschine im Durchschnitte dar. Die Röhre *A* führt das Aufschlagwasser der Maschine zu; es tritt abwechselnd unten und dann wieder oben in den Cylinder *B* ein und treibt dadurch den Kolben *C* abwechselnd auf und nieder.

Um die Abwechslung im Eintreten des Wassers hervorzubringen, ist eine Vorrichtung angebracht, welche der Steuerung bei Dampfmaschinen ganz ähnlich ist. In dem Cylinder *d* bewegen sich zwei mit einander verbundene Kolben; bei der in der Zeichnung dargestellten Stellung dieser Kolben tritt das Aufschlagwasser bei *e* in den großen Cylinder und treibt den Kolben *C* in die Höhe. Das Wasser, welches sich über *C* befindet, tritt bei *f* aus dem Cylinder aus, um durch das Rohr *g* abzufließen.

Wenn der Kolben *C* oben angekommen ist, müssen die Kolben in der Röhre *d* verstellt werden, so daß nun das Aufschlagwasser von oben in den großen Cylinder eintreten kann; dies geschieht dadurch, daß das Kolbensystem in der Röhre *d* so weit aufgezogen wird, daß der obere der beiden kleinen Kolben oberhalb des kurzen Rohres f, der untere oberhalb e zu stehen kommt; bei dieser Stellung tritt nun das Aufschlagwasser aus d oben durch f in den Cylinder B ein, während das unter C befindliche Wasser durch e und h frei abfließt.

Das Auf- und Niedergehen der Steuerungskolben in d kann auf mannigfache Weise bewerkstelligt werden; in unserer Figur ist eine möglichst einfache Vorrichtung dargestellt. Die an dem Kolben C befestigte Kolbenstange geht durch eine in dem oberen Deckel des Cylinders B befindliche Stopfbüchse hindurch; sie trägt oben eine Querschiene $i\,i$, welche, wenn der Kolben C nahe am oberen Ende seiner Bahn angekommen ist, bei k anstößt, und dadurch die Stange in die Höhe schiebt, an welcher die Steuerungskolben befestigt sind. Wenn nun der Kolben C wieder niedergeht, so bleiben die Steuerungskolben unverändert an ihrer Stelle, bis C nahe am unteren Ende seiner Bahn angekommen ist; dann aber stößt die Schiene $i\,i$ bei l an und schiebt die Steuerungskolben bis in ihre tiefste Stellung herab, so daß nun wieder das Aufschlagwasser von unten in den Cylinder B einströmt.

Betrachten wir weiter, wie die Bewegung des Kolbens C fortgepflanzt und verwandt wird.

Mit dem Kolben C ist vermittelst einer durch zwei Stopfbüchsen gehenden Stange der Kolben a in Verbindung, welcher einen weit kleineren Durchmesser hat als C; der Auf- und Niedergang des Kolbens C bewirkt also einen Auf- und Niedergang des Kolbens a. Dieser Kolben a ist aber der Kolben einer doppelt wirkenden Saug- und Druckpumpe; wenn a in die Höhe geht, so entsteht in der Kammer b eine Verdünnung, das untere Ventil öffnet sich, und es wird durch die Saugröhre N Wasser in die Kammer b gehoben. Durch den Aufgang des Kolbens a wird aber zugleich Wasser in die Kammer c hineingepreßt, das untere Ventil derselben schließt, das obere öffnet sich, das Wasser wird also aus c in die Steigröhre S gedrückt.

Beim Niedergange des Kolbens schließen sich die Ventile, die jetzt offen waren und umgekehrt; es wird Wasser in die Kammer c gesaugt, aus b aber in die Steigröhre gehoben.

Wenn der Querschnitt des Kolbens C zwei-, drei-, viermal größer ist als der des Kolbens a, so kann man (die Reibungs- und sonstigen Widerstände unberücksichtigt) eine Wassersäule heben, welche zwei-, drei-, viermal so hoch ist als die Höhe des Aufschlagwassers.

Bei einer derartigen Wassersäulenmaschine beträgt die Höhe des Aufschlagwassers 140 Fuß; sie hebt die Salzsoole auf eine Höhe von 346 Fuß; diese Salzwassersäule aber entspricht einer Süßwassersäule von 397 Fuß; der Durchmesser des Kolbens C ist $20^1/_2$, der des Kolbens a 10 Zoll, der größere Kolben hat also einen mehr als 4mal größeren Querschnitt. Daß die gehobene Wassersäule nicht viermal so hoch ist als die Höhe des Aufschlagwassers, also nicht 560 Fuß beträgt, rührt daher, daß eine bedeutende Kraft zur Ueberwindung der Reibungs- und sonstigen Widerstände nöthig ist. Diese Maschine giebt ungefähr 70 Procent des theoretischen Effectes, denn 397 verhält sich zu 560 nahe wie 70 zu 100.

Neuntes Capitel.

Bewegung der Gase.

Gasometer. Bei den Gasen kann ihrer Molekularconstitution zufolge 92
weder von einem freien Fall, noch von einem Herabfließen auf geneigte Flächen, wie es bei den tropfbar flüssigen Körpern stattfindet, die Rede sein. Eine Bewegung von Gasen tritt nur dann ein, wenn in zwei mit einander in Verbindung stehenden, mit Gasen erfüllten Räumen ein ungleicher Druck herrscht. Es wird dann das Gas von dem Raume, welcher einem stärkeren Drucke ausgesetzt ist, nach demjenigen überströmen, an welchem ein geringerer Druck stattfindet, bis das Gleichgewicht wieder hergestellt ist. Wenn man also einen luftverdünnten Raum mit der äußeren Atmosphäre in Verbindung setzt, so muß Luft einströmen; wenn man aber in einem Ballon mit Hülfe der Compressionspumpe die Luft verdichtet hat, so wird die Luft ausströmen, wenn man einen Hahn öffnet, welcher das Innere des Ballons mit der äußeren Luft in Verbindung setzt.

Gase, welche man in besonderen Gasbehältern, Gasometern, aufgefangen hat, werden meist durch den Druck einer Wassersäule zum Ausströmen gebracht.

Fig. 176 (a. f. S.) stellt ein kleines Gasometer dar, wie sie in chemischen Laboratorien gewöhnlich gebraucht werden. *B* ist ein Cylinder von lackirtem Blech, welcher ungefähr 16 bis 18 Zoll hoch ist, der 10 bis 12 Zoll Durchmesser hat, und dessen oberer Deckel etwas nach oben gewölbt ist. Auf diesem Deckel ruht auf vier Stützen ein zweiter, oben offener Cylinder *A*, dessen Höhe aber nur $^1/_3$ von der des unteren ist. Der obere Cylinder ist mit dem unteren durch zwei Röhren verbunden, vor denen die eine, *b*, gerade in der Mitte des Deckels sich befindet. Sie darf durchaus nicht in den unteren Cylinder hineinragen. Eine zweite Verbindungsröhre *a* geht fast auf den Boden des unteren Cylinders. In jeder dieser Röhren befindet sich ein Hahn, vermittelst dessen man nach Belieben die Verbindung der beiden Cylinder herstellen und unterbrechen kann. Bei *e* befindet sich eine kurze horizontale Röhre, welche ebenfalls durch einen Hahn verschlossen werden kann und an welcher vorn ein Schraubengewinde eingeschnitten ist, um andere Röhren und Ausströmungsöffnungen anschrauben zu können. Nahe am Boden des unteren Cylinders befindet sich bei *d* eine aufwärts stehende Oeffnung, welche mittelst einer Schraube oder eines Korkes verschlossen werden kann.

Fig. 176.

Wenn man den unteren Cylinder mit einem Gase füllen will, füllt man ihn erst mit Wasser, und zwar auf folgende Weise. Die Oeffnung bei *d* wird verschlossen, die drei Hähne werden geöffnet und in das obere Gefäß Wasser gegossen. Das Wasser fließt in den unteren Cylinder, und wenn dieser so weit gefüllt ist, daß Wasser bei *e* auszufließen beginnt, schließt man diesen Hahn. Der Rest von Luft, welcher nun noch im Cylinder sich befindet, entweicht durch das Rohr *b*. Ist der untere Cylinder auf diese Weise mit Wasser gefüllt, so werden die Hähne der Verbindungsröhren geschlossen und die Schraube oder der Kork bei *d* weggenommen. Wasser kann hier nicht ausfließen, weil keine Luftblasen eindringen können. Wenn man aber bei *d* ein Gasleitungsrohr einsteckt, so wird neben diesem Rohre das Wasser ausfließen, während aus demselben fortwährend Gasblasen in den oberen Theil des Behälters aufsteigen. Auf diese Weise füllt sich der untere Cylinder mehr und mehr mit Gas. Wie weit der Cylinder mit Gas gefüllt ist, sieht man an dem Glasrohre *fg*, welches mit dem Gefäße *B* oben und unten in Verbindung steht, so daß das Wasser in diesem Glasrohre gleiche Höhe hat wie im Cylinder.

Nachdem das ganze Reservoir mit Gas gefüllt ist, wird die Oeffnung bei *d* verschlossen, der Hahn der Verbindungsröhre *a* geöffnet. Sobald nun der Hahn *e* geöffnet wird, strömt das Gas hier mit einer dem Drucke der Wassersäule in der Röhre *a* entsprechenden Geschwindigkeit aus.

Die großen Gasometer, welche man zur Gasbeleuchtung anwendet, sind nach einem anderen Principe construirt. In ein mit Wasser gefülltes Bassin ist ein unten offener, oben geschlossener, aus zusammengenieteten Platten von Eisenblech gebildeter Cylinder *A*, Fig. 177, eingetaucht. Von unten her ragen zwei Röhrenleitungen *RR* und *SS* in diesen umgestülpten Cylinder hinein, deren Mündung sich über dem Wasserspiegel im Bassin befindet. Durch die Röhrenleitung *RR* strömt, während die andere durch einen Hahn verschlossen ist, das

Leuchtgas aus den Retorten, in welchen es erzeugt wird, durch die Reinigungsapparate in die Höhlung des Cylinders *A* ein. In dem Maße aber, in welchem

Fig. 177.

das Gas einströmt, muß der ganze Cylinder *A* aus dem Wasser des Bassins emporsteigen. Fünf eiserne, an dem Rande des Bassins angebrachte Säulen dienen, wie aus der Figur leicht zu ersehen ist, dem Cylinder zur Führung, so daß er sich beim Steigen nicht auf die Seite neigen kann.

Ist das Gasometer gefüllt, so wird das Zuströmungsrohr geschlossen, der Hahn des Abströmungsrohrs, welches sich in viele enge, zu den Gasschnäbeln führende Röhren theilt, wird geöffnet; das Gas strömt nun durch die Röhrenleitung *SS* ab, indem es durch das Gewicht des Blechcylinders *A* comprimirt wird, in Folge dessen dann auch der Wasserspiegel in *A* um einige Zoll tiefer steht als außen. — In dem Maße, in welchem das Gas durch die Röhrenleitung *SS* abströmt, sinkt der Cylinder *A* wieder allmälig nieder.

Der Durchmesser eines solchen Gasometers beträgt meist über 30 Fuß.

Nach demselben Principe werden auch kleinere Gasometer für Laboratorien construirt. In Fig. 178 (a. f. S.) ist ein solcher abgebildet, und wohl ohne weitere Erklärung verständlich. Es ist hier nur eine Zuleitungsröhre, aus welcher man erst das Gas ein- und nachher auch wieder ausströmen läßt. In derselben Weise könnten zwei solcher Röhren angebracht sein.

93 **Gebläse.** Unter *Gebläsen* versteht man Vorrichtungen, welche dazu dienen, an eine bestimmte Stelle einen mehr oder minder starken Luftstrom hinzuleiten.

Fig. 178.

Die einfachste und bekannteste Form der Gebläse ist der *Blasebalg*, welcher in Fig. 179 in seiner einfachsten Form dargestellt ist. Beim Aufziehen des Deckels hebt sich das im Boden angebrachte Ventil k, es dringt von außen her Luft in den inneren Raum des Blasebalges, welche beim Niederdrücken des Deckels durch die Düse d ausgetrieben wird, weil sich bei diesem Niederdrücken die Klappe k schließt. Mit einem einfachen Blasebalg kann man aber keinen continuirlichen Luftstrom erzeugen, wie dies in Schmieden, in chemischen Laboratorien u. s. w. nöthig ist; man wendet in diesem Falle zusammengesetzte Blasebälge an, welche construirt

Fig. 179.

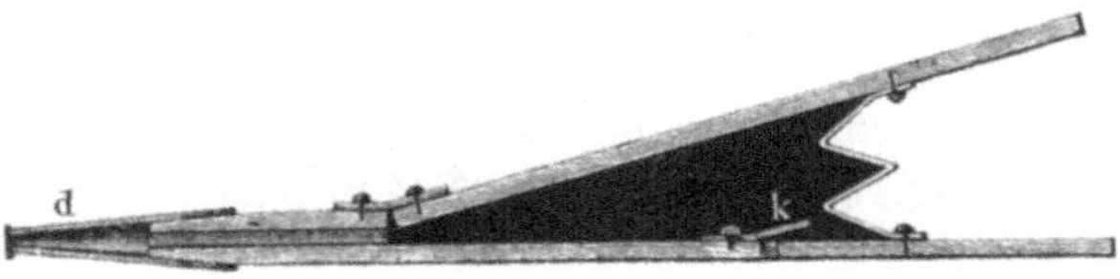

sind wie Fig. 180 zeigt. Die in der oberen Abtheilung A eines solchen Blasebalges enthaltene Luft wird durch Gewichte, welche auf dem oberen Deckel liegen,

Fig. 180.

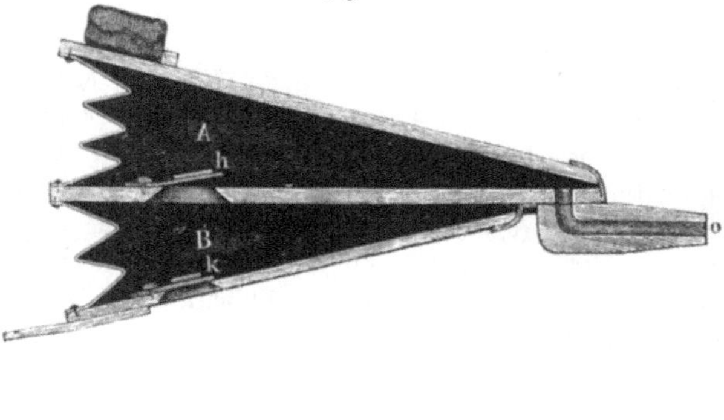

comprimirt; sie kann aber nur durch die Düse *o* entweichen, weil das Ventil *h* zwischen *A* und *B* sich schließt, sobald die Luft in *A* stärker comprimirt ist als in *B*. Wenn man die untere Platte des Raumes *B* hebt, so wird die Luft in *B* comprimirt, sie hebt das nach *A* führende Ventil *h* und dringt in den oberen Raum. Beim Niedergange der untersten Platte schließt sich das Ventil *h* wieder, das Ventil *k* öffnet sich, und *B* füllt sich von Neuem mit Luft, welche durch Aufziehung der untersten Platte abermals in den oberen Raum geschafft wird. Man begreift leicht, daß das Ausströmen der Luft aus *A* durch die Düse nicht unterbrochen wird, während *B* von Neuem sich mit Luft füllt.

Das vollkommenste aller Gebläse ist das Cylindergebläse, welches Fig. 181 abgebildet ist. In einem wohlausgebohrten gußeisernen Cylinder *A*, in welchem ein Kolben *C*, an den Wänden luftdicht schließend, auf- und niederbewegt werden kann, geht die Kolbenstange *a* luftdicht durch die in der Mitte des oberen Deckels befindliche Stopfbüchse. Durch die Oeffnung bei *b* communicirt der obere, durch die Oeffnung bei *d* der untere Theil des Cylinders mit der freien Luft; die Oeffnungen bei *g* und *f* aber verbinden den Cylinder mit einem viereckigen Kasten *E*. Bei *b* und *d* befinden sich Klappen, die sich nach innen, bei *g* und *f* aber solche, die sich nach außen öffnen. Wenn nun der Kolben niedergeht, schließt sich die Klappe bei *d*, die bei *f* aber öffnet sich, und alle Luft aus dem unteren Theile des Cylinders wird in den Raum *E* getrieben. — Unterdessen dringt aber durch die Klappe bei *b* Luft von außen her in den oberen Theil des Cylinders. Wenn der Kolben wieder in die Höhe geht, schließt sich *b*, und alle Luft, die beim Niedergang des Kolbens hier eingedrungen war, wird durch die Oeffnung bei *g* in den Kasten *E* geschafft, während *f* geschlossen ist und sich der untere Theil des Cylinders wieder durch die geöffnete Klappe *d* mit Luft füllt. Die in *E* comprimirte Luft strömt durch ein am unteren Ende von *E* befestigtes Rohr nach dem Feuerraume.

Fig. 181.

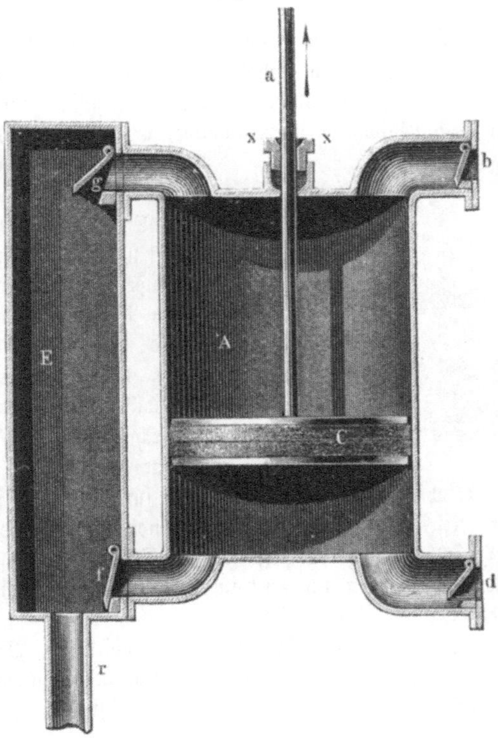

Die Geschwindigkeit des Kolbens ist am größten, wenn er die Mitte des Cylinders passirt, sie nimmt um so mehr ab, je mehr er sich der oberen oder unteren Grenze seines Weges nähert. Daraus geht hervor, daß der Wind, welchen ein solcher Cylinder liefert, nicht gleichmäßig ausströmt. Da aber für die meisten Schmelzprocesse ein gleichmäßiger Windstrom nöthig ist, so muß man dafür sorgen, ihn zu reguliren. Man erreicht dies entweder dadurch, daß man an demselben Windkasten *E* drei Cylinder anbringt, deren Kolben nicht gleichzeitig die Mitte ihres Weges passiren, oder auch dadurch, daß man die Luft aus *E* erst in einen Behälter treten läßt, dessen Rauminhalt sehr groß ist im Vergleich zum Volumen des Cylinders. Je größer dieser Luftbehälter ist, welcher den Namen Regulator führt, desto weniger Einfluß hat die Unregelmäßigkeit der Kolbenbewegung auf die Gleichmäßigkeit des aus dem Regulator austretenden Luftstromes.

Als Regulator bei Gebläsen wendet man entweder einen aus Eisenblech luftdicht zusammengenieteten Ballon an, dessen Inhalt 40- bis 50mal so groß ist als der des Cylinders, oder den Fig. 182 abgebildeten Wasserregulator, der seinem Wesen nach ganz mit dem Gasometer übereinkommt, wie er zur Gasbeleuchtung angewendet wird.

Fig. 182.

In dem Kasten *B*, welcher aus luftdicht zusammengenieteten eisernen Platten besteht, und dessen Inhalt den des Cylinders weit übertrifft, strömt durch das Rohr *D* vom Cylinder her die Luft ein, durch das Rohr *C* aber wieder aus. Die Luft im Kasten *B* ist unten durch Wasser gesperrt, dessen Niveau *rr* im Kasten nothwendig tiefer steht als der Spiegel *vv* außerhalb. Von der Differenz der Höhen der Wasserspiegel hängt der Grad der Compression der Luft in *B* und also auch die Geschwindigkeit des Ausflusses durch das Rohr *C* ab.

Um den Druck zu messen, welchem die Gase in den verschiedenen Behältern und Gasleitungsröhren ausgesetzt sind, bedient man sich der Manometer, welche bei Gebläsen auch den Namen der Windmesser führen.

94 **Gesetze des Ausströmens der Gase.** Für die Ausflußgeschwindigkeit der Gase gelten dieselben Gesetze wie bei Flüssigkeiten, d. h. die Ausflußgeschwindigkeit ist

$$v = \sqrt{2gs}, \quad . \quad . \quad . \quad . \quad . \quad . \quad . \quad . \quad . \quad . \quad . \quad . \quad . \quad 1)$$

wenn *s* die Druckhöhe bezeichnet. Hier aber ist *s* eine Größe, die nicht direct durch die Beobachtung gegeben ist, wie bei tropfbar flüssigen Körpern. Für diese bezeichnet *s* die Höhe der Flüssigkeitssäule, deren Druck den Ausfluß bewirkt und welche von derselben Natur und Dichtigkeit ist wie die ausströmende Flüssigkeit. Gase, welche in einem Gefäße enthalten sind, sind aber nie durch eine Luftsäule von gleichmäßiger Dichtigkeit und wohlbegränzter Höhe, sondern in der Regel durch eine Wassersäule comprimirt, deren Höhe h meist an einem Manometer abgelesen werden kann.

Unter dem normalen Atmosphärendruck ist das specifische Gewicht der Luft 0,00129. Hat aber eine abgesperrte Luftmasse außer dem Druck der Atmosphäre (welche eine Wassersäule von 1033 Centimetern das Gleichgewicht hält) noch den Druck einer Wassersäule von h Centimetern zu tragen, so ist ihr specifisches Gewicht $0{,}00129 \, \frac{1033 + h}{1033}$. Eine Luftsäule aber, welche durchgängig von dieser Dichtigkeit wäre, müßte eine Höhe

$$s = h : 0{,}00129 \, \frac{1033 + h}{1033}$$

oder $$s = \frac{h \,.\, 1033}{0{,}00129 \, (1033 + h)}$$

haben, wenn sie einer Wassersäule von der Höhe h das Gleichgewicht halten sollte. Diesen Werth aber haben wir für s in Gleichung 1) zu setzen, um die Ausströmungsgeschwindigkeit der Luft unter den angegebenen Verhältnissen zu berechnen.

Wäre z. B. $h = 10^{cm}$, so ergäbe sich

$$s = \frac{10330}{0{,}00129 \,.\, 1043} = 5600^{cm} = 56 \text{ Meter}$$

also $$v = \sqrt{2 \,.\, 9{,}8 \,.\, 56} = 33 \text{ Meter}.$$

Wenn verschiedene Gase unter gleichem Druck ausströmen, so ist ihre Ausströmungsgeschwindigkeit der Quadratwurzel aus ihren specifischen Gewichten umgekehrt proportional. So ist z. B. das specifische Gewicht der atmosphärischen Luft gleich 1 gesetzt, das specifische Gewicht der Kohlensäure 1,5, das des Wasserstoffgases 0,069; es wird demnach unter gleichem Druck die Kohlensäure $\sqrt{1{,}5}$ mal (1,2 mal) langsamer, das Wasserstoffgas aber $\frac{1}{\sqrt{0{,}069}}$ oder nahe viermal schneller ausströmen als atmosphärische Luft. (Ausführlicheres darüber im Supplementbande.)

Seitendruck der Gase beim Ausströmen. Wenn sich Luft 95
durch Röhrenleitungen bewegt, so ist ein Reibungswiderstand zu überwinden, und dazu wird ein Theil der Spannung des comprimirten Gases verwendet werden, also für die Bewegung verloren gehen. Der Druck, den die Röhrenwände von der Tension der durchströmenden Luft auszuhalten haben, nimmt um so mehr ab, je mehr man sich der Mündung des Rohres nähert, wie man sich durch Manometer überzeugt, welche an verschiedenen Stellen der Leitung angebracht werden.

So ist z. B. der Druck, mit welchem das Leuchtgas aus den einzelnen Gasschnäbeln ausströmt, weit geringer als der Druck, unter welchem sich das Gas im Gasometer befindet. Es ist dies ganz den Erscheinungen analog, welche man bei Bewegung tropfbar flüssiger Körper in Röhrenleitungen beobachtet, und welche bereits auf Seite 157 besprochen wurden.

Das Phänomen des Saugens findet bei der Bewegung der Gase auf ganz ähnliche Weise statt wie beim Ausströmen von Flüssigkeiten. Wenn man in den Boden eines Gefäßes, Fig. 183, welches comprimirte Luft enthält, eine

Fig. 183.

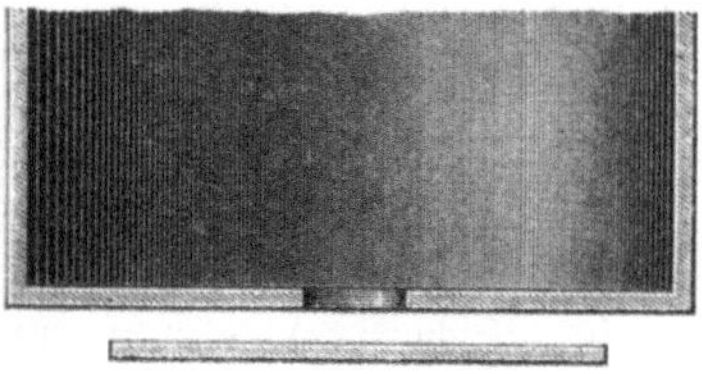

Fig. 184.

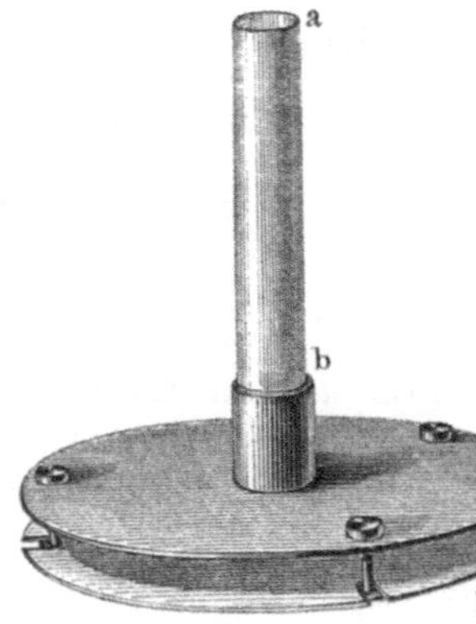

Oeffnung macht, so entweicht die Luft mit großer Gewalt. Wenn man nun der Oeffnung eine Scheibe von Holz oder Metall nähert, so wird sie, nachdem der erste Widerstand überwunden ist, nicht mehr abgestoßen; sie oscillirt lebhaft, indem sie in sehr kurzen Zwischenräumen sich der Oeffnung bald nähert, bald von ihr entfernt. Die Luft entweicht dabei mit großem Geräusch zwischen der Scheibe und der Wand. Wenn man versucht, die Scheibe wegzunehmen, so muß man große Kraft anwenden, wie wenn sie auf der Wand festgeleimt wäre.

Man erklärt diese Erscheinung folgendermaßen: Der Luftstrahl, welcher die Oeffnung verläßt, muß sich in eine dünne Schicht zwischen der Scheibe und der Wand ausbreiten. Bei unveränderter Dicke muß sie sich nun um so mehr ausbreiten, je mehr sie sich dem Rande der Scheibe nähert; sie befindet sich also in demselben Falle wie ein flüssiger Strahl, welcher die immer wachsenden Querschnitte eines conischen Ansatzrohres ausfüllen soll. Zwischen der Scheibe und der Wand bildet sich ein luftverdünnter Raum, in Folge dessen die atmosphärische Luft, von unten gegen die Scheibe drückend, sie an die Wand anpreßt.

Man kann diesen Versuch auch im Kleinen mittelst des Apparates Fig. 184 anstellen, wenn man Luft mit dem Munde durch die Röhre *ab* bläst, welche mit einer ebenen Scheibe endigt; dieser, an der Röhre *ab* befestigten Scheibe liegt eine andere von Kartenpapier oder dünnem Blech verfertigte gegenüber, welche in die Höhe steigt, sobald man kräftig in die Röhre *ab* hineinbläst, und welche an der oberen Scheibe haftet, so lange man mit Blasen fortfährt.

Zweites Buch.

Akustik oder die Lehre vom Schall.

Erstes Capitel.

Fortschreitende und stehende Luftwellen.

Stehende Schwingungen und fortschreitende Wellen. 96

Wenn einzelne Theilchen eines elastischen Körpers aus ihrer Gleichgewichtslage verschoben werden, so tritt alsbald eine Kraft auf, welche dieselben in die Gleichgewichtslage zurückzuführen strebt. Unter dem Einfluß dieser Kraft gerathen die Theilchen in eine Vibrationsbewegung, bei welcher sie innerhalb gewisser Gränzen um ihre Gleichgewichtslage hin- und herschwingen. In ihrer Gleichgewichtslage angekommen, ist zwar die Kraft, welche nun auf sie wirkt, Null geworden, allein sie kommen hier mit einer Geschwindigkeit an, vermöge welcher sie über die Gleichgewichtslage hinausgehen, ganz ähnlich wie dies auch bei den Pendelschwingungen der Fall ist.

Wenn einzelne Theilchen eines elastischen Körpers in eine solche Oscillationsbewegung versetzt werden, so bleibt dieselbe nicht auf diese beschränkt, sondern sie theilt sich den benachbarten Theilchen mit. Sind nun die Dimensionen des fraglichen Körpers so klein, daß sich die an irgend einer Stelle desselben erregte Oscillationsbewegung in einer verschwindend kurzen Zeit über den ganzen Körper verbreitet, so wird eine Vibrationsbewegung entstehen, bei welcher alle Theilchen gleichzeitig die Gleichgewichtslage passiren und gleichzeitig die Gränzen ihrer Bahnen erreichen. Eine derartige Vibrationsbewegung elastischer Körper wird mit dem Namen der stehenden Schwingungen bezeichnet. Als Beispiel stehender Schwingungen sind unter anderen die Vibrationen eines an einem Ende eingeklemmten Stahlstreifens, Fig. 185 (a. f. S.), und einer zwischen zwei festen Punkten ausgespannten Saite, Fig. 186, anzuführen.

Sind dagegen die Dimensionen des elastischen Mediums so bedeutend, daß eine namhafte Zeit vergeht, bis die an irgend einer Stelle erregte Oscillationsbewegung auf entfernte Stellen fortgepflanzt wird, so entstehen **fortschreitende Wellen**, deren Wesen darin beruht, daß **jedes folgende Theilchen dieselben Obscillationen macht wie das vorhergehende, nur mit dem Unterschiede, daß es seine Bewegung um so später beginnt, je** weiter es von dem Ursprung der Wellenbewegung entfernt ist.

Fig. 185.

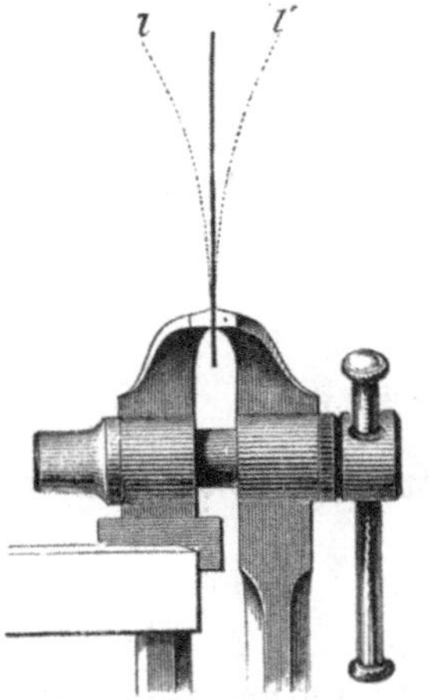

Beispiele von Wellenbewegung liefert uns eine ruhige Wasserfläche, auf welche man einen Stein fallen läßt (wo aber nicht die Elasticität des Wassers, sondern die Schwere desselben die Kraft ist, welche die Oscillationsbewegung der Wassertheilchen bedingt); ein sehr langes gespanntes Seil, gegen welches man nahe an einem Ende einen kräftigen Schlag führt; die Schallwellen in der Luft u. s. w. Wir werden diese verschiedenen Wellenbewegungen alsbald näher betrachten.

Fig. 186.

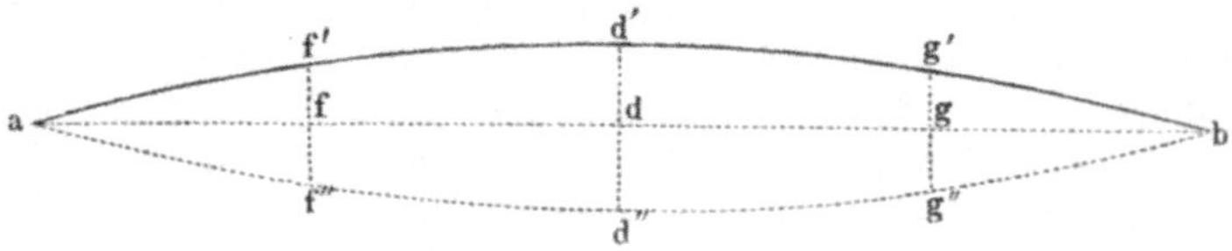

Die **Oscillationsdauer** eines im Zustand stehender Schwingungen befindlichen Körpers kann nun unter Umständen größer oder kleiner sein. Ist sie groß, so daß nur wenig Schwingungen in einer Secunde ausgeführt werden, so kann man die einzelnen Oscillationen mit dem Auge verfolgen; das ist aber nicht mehr möglich, wenn die Schwingungsdauer zu kurz, also die **Schwingungszahl** (d. h. die Zahl der in einer Secunde vollendeten Oscillationen) zu groß ist. In diesem Falle aber, in welchem man die einzelnen Oscillationen nicht mehr unterscheiden kann, kann ihre Gesammtwirkung noch einen Eindruck hervorbringen, indem sie in den umgebenden Medien **Wellenbewegungen** erzeugen, durch welche sie bis zu besonders eingerichteten Sinnesorganen fortgeleitet werden und hier eine eigenthümliche Empfindung veranlassen.

So veranlassen Vibrationen elastischer Körper, deren Schwingungsdauer innerhalb gewisser, bald näher zu besprechender Gränzen liegt, in der Luft oder anderen elastischen Medien Wellen, welche, in abwechselnden Verdichtungen und Verdünnungen bestehend, bis zum **Ohre** fortgepflanzt als **Schall** wahrgenommen werden.

Noch ungleich schnellere Vibrationen der Körpertheilchen bringen, durch die Wellenbewegung eines eigenthümlichen elastischen Fluidums, welches wir Aether nennen (s. d. Einleitung), bis in unser Auge fortgepflanzt, hier den Eindruck des Lichtes hervor.

Da nun sowohl Schall- als Lichtvibrationen durch Wellenbewegungen fortgepflanzt werden, so wollen wir zunächst die wichtigsten Gesetze der Wellenbewegung überhaupt etwas näher betrachten und diese Betrachtung mit den Wasserwellen beginnen, weil von ihnen doch der Begriff der Welle entnommen ist und weil durch das Verständniß der Wasserwellen das Verständniß anderer Wellenbewegungen, namentlich der Schallwellen, welche uns hier vorzugsweise interessiren, sehr erleichtert wird.

Wasserwellen. Wenn man einen Stein ins Wasser wirft, so bilden 97
sich kreisförmige Wellen, welche von einem Mittelpunkte (der Stelle, wo der Stein ins Wasser fiel) aus nach allen Richtungen sich mit gleichförmiger Geschwindigkeit verbreiten, wenn nicht irgend eine störende Ursache wirkt. Die Wellen bestehen in abwechselnden Bergen und Thälern, welche sich ziemlich rasch einander folgen und welche in der Richtung von dem Mittelpunkte nach außen hin fortschreiten.

Während nun ein Wellenberg nach außen hin fortschreitet, nehmen nicht etwa auch die einzelnen Wassertheilchen an dieser fortschreitenden Bewegung Antheil, denn wenn ein Stückchen Holz auf dem Wasser schwimmt, so sieht man, wie es abwechselnd gehoben wird und sich dann wieder senkt, wenn Wellenberge und Wellenthäler gleichsam unter ihm wegziehen.

Die Kraft, durch welche die Wasserwellen hier fortgepflanzt werden, ist die Schwere; denn wenn durch irgend eine Ursache in der horizontalen Wasserfläche eine Erhöhung oder Vertiefung hervorgebracht wird, so wirkt alsbald die Schwere der einzelnen Wassertheilchen, um die gestörte, horizontale Ebene wieder herzustellen; dadurch wird eine Oscillationsbewegung hervorgebracht, welche sich dann von Theilchen zu Theilchen fortpflanzt.

Sobald sich einmal regelmäßige Wellen gebildet haben, beschreiben die einzelnen Wassertheilchen an der Oberfläche während des Fortschreitens der Welle in sich zurückkehrende Curven, welche im Falle der größten Regelmäßigkeit Kreise sind; nur in solchen Fällen, in welchen der dem Gipfel vorangehende Theil des Wellenbergs dem folgenden nicht gleich ist, beschreiben die einzelnen Wassertheilchen unregelmäßige, nicht geschlossene Curven.

Betrachten wir nun den Zusammenhang zwischen der Bewegung der einzelnen Wassertheilchen und dem Fortschreiten der Welle etwas genauer.

Nehmen wir an, eine ganz regelmäßige Wellenbewegung habe sich, von der Linken zur Rechten fortschreitend, bis zu dem Wassertheilchen 0, Fig. 187 (a. f. S.), fortgepflanzt und veranlasse nun dieses Theilchen, eine kreisförmige Bahn zurückzulegen. Während das Theilchen 0 zum ersten Male seine Kreisbahn vollendet, wird sich die Bewegung um eine bestimmte Strecke fortpflanzen. Das mit 12 bezeichnete Wassertheilchen sei nun dasjenige, bis zu welchem sich die Oscillation von 0 aus fortpflanzt, während 0 eine Umdrehung vollendet; es wird alsdann

12 seine erste Umdrehung in demselben Momente beginnen, in welchem 0 seine zweite Umdrehung beginnt.

Denken wir uns nun den Umfang des Kreises, welchen das Theilchen 0 beschreibt, und ebenso den Raum zwischen 0 und 12 in zwölf gleiche Theile

Fig. 187.

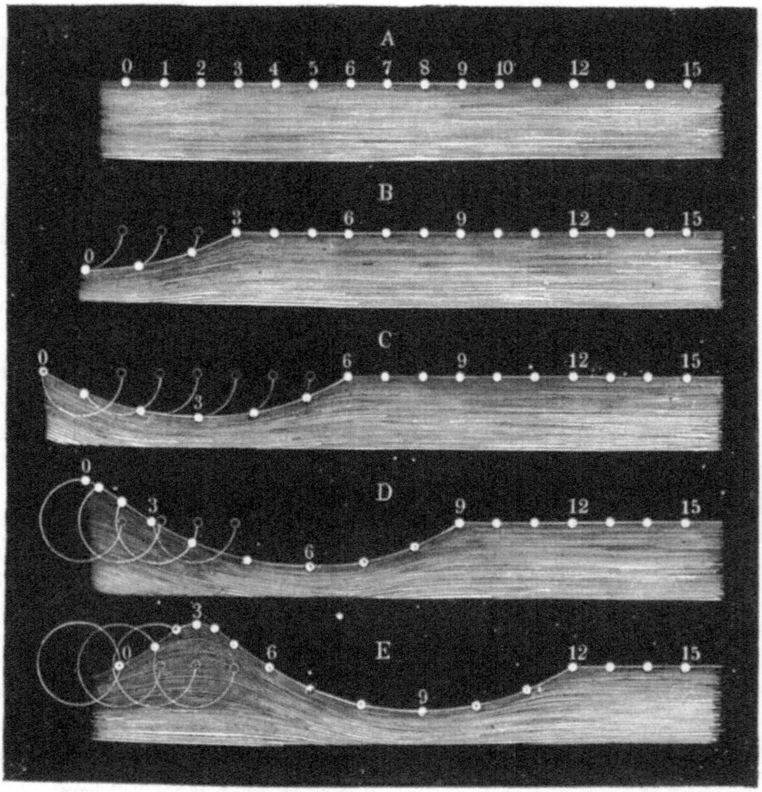

getheilt, so wird die Wellenbewegung in der Richtung von 0 nach 12 immer um eine Abtheilung weiter schreiten, während das mit 0 bezeichnete Theilchen $^1/_{12}$ seiner kreisförmigen Bahn zurücklegt.

Während das Theilchen 0 das erste Zwölftel seiner Bahn zurücklegt, pflanzt sich die Wellenbewegung bis 1, während 0 das erste Viertel seiner Bahn zurücklegt, pflanzt sie sich bis 3 fort.

Fig. 187 B stellt den Moment dar, in welchem das Theilchen 0 den vierten Theil oder $^3/_{12}$ des Kreises zurückgelegt hat, den es durchlaufen soll; das Theilchen 1 hat in diesem Augenblicke $^2/_{12}$, das Theilchen 2 hat $^1/_{12}$ seiner Kreisbahn zurückgelegt, das Theilchen 3 ist noch nicht aus seiner Gleichgewichtslage verrückt.

Die Fig. 187 C bezieht sich auf den Augenblick, in welchem das Theilchen

0 die Hälfte seiner Bahn zurückgelegt hat; das Theilchen 1 hat $^5/_{12}$, das Theilchen 2 hat $^4/_{12}$, das Theilchen 3 hat $^3/_{12}$ seiner Bahn zurückgelegt; die Theilchen 4 und 5 befinden sich in derselben Lage wie die Theilchen 1 und 2 der vorigen Figur. Das Theilchen 6 ist noch nicht aus seiner Gleichgewichtslage entfernt, beginnt aber eben seine Bewegung.

Hier hat das Theilchen 3 seine tiefste Stellung erreicht, bei 3 also ist die Mitte eines Wellenthals.

Wenn nun abermals $^1/_{12}$ der Umlaufszeit eines Theilchens vergangen ist, so wird das Theilchen 3 in eine solche Lage gegen seine ursprüngliche Stellung gekommen sein, wie es jetzt für das Theilchen 2 der Fall ist; das Theilchen 4 hat seine tiefste Stellung erreicht, es ist um $^1/_4$ Kreis von seiner Gleichgewichtslage entfernt; das Wellenthal ist also in diesem Zeittheilchen von 3 bis 4 fortgerückt.

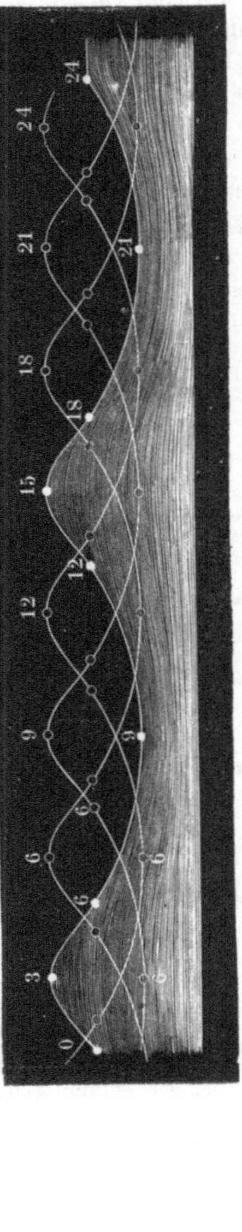

Fig. 188.

Fig. 187 D stellt den Moment dar, wo das Theilchen 0 gerade $^3/_4$ seines Weges zurückgelegt, wo es den höchsten Punkt seiner Bahn erreicht hat; hier ist also jetzt der Gipfel eines Wellenberges. Das Theilchen 1 hat bereits $^8/_{12}$, 2 hat $^7/_{12}$, 3 hat $^6/_{12}$ seiner Bahn zurückgelegt; die Theilchen 4, 5, 6, 7, 8 befinden sich in derselben Lage wie 1, 2, 3, 4 und 5 der vorigen Figur. Von dem Momente an, auf welchen sich Fig. 187 C bezieht, bis zu dem Momente, welchen Fig. 187 D darstellt, ist das Wellenthal von 3 bis 6 fortgerückt.

Während das Theilchen 0 das letzte Viertel seiner Bahn zurücklegt, schreitet der Wellenberg von 0 bis 3, das Wellenthal von 6 bis 9 fort, und in demselben Momente, wo 0 seine Bahn zum ersten Male zurückgelegt hat und seinen Weg zum zweiten Male beginnt, wird das Theilchen 12 zum ersten Male seine Bewegung antreten.

Dieser Moment ist in Fig. 187 E dargestellt, welche wohl keiner Erläuterung mehr bedarf.

Die Fig. 188 stellt den Augenblick dar, in welchem 0 zum zweiten Male seine Bahn zurückgelegt hat; in diesem Momente wird 12 seinen Weg zum ersten Male gemacht und die Bewegung überhaupt sich bis 24 fortgepflanzt haben: ein Wellenberg ist in 3, ein zweiter in 15; ein Wellenthal ist in 9, ein zweites in 21.

Wenn nun die Wellenbewegung ungestört fortdauert, so werden dadurch, daß die einzelnen Wassertheilchen fortfahren, ihre Kreisbahnen zu durchlaufen, die Wellenberge sowohl als die Wellenthäler gleichmäßig in der Richtung von der Linken zur Rechten fortschreiten, indem ein Theilchen nach dem andern den höchsten oder tiefsten Punkt seiner Bahn erreicht.

So schreitet denn Wellenberg und Wellenthal dadurch voran, daß allen Wassertheilchen dieselbe Kreisbewegung mitgetheilt wird, daß aber jedes folgende Theilchen dieselbe später beginnt als das vorangehende.

Die Entfernung von einem Theilchen bis zum nächsten, welches sich mit ihm in gleichen Schwingungszuständen befindet, also die Entfernung von 0 bis 12, von 12 bis 24 heißt eine Wellenlänge. Solche Theilchen, welche um eine Wellenlänge von einander entfernt sind, beginnen gleichzeitig ihre Oscillation, sie erreichen gleichzeitig ihren tiefsten und ihren höchsten Stand. Demnach ist auch die Entfernung von dem Gipfel eines Wellenberges bis zum nächsten, also in Fig. 188 von 3 bis 15, von der Mitte eines Wellenthales bis zur Mitte des nächsten Wellenthales, also hier von 9 bis 21, eine Wellenlänge.

Solche Theilchen, welche um ½ Wellenlänge von einander entfernt sind, wie 0 und 6, 3 und 9, 9 und 15, befinden sich stets in entgegengesetzten Schwingungszuständen. Das Theilchen 9 z. B. bildet eben den tiefsten Punkt eines Wellenthales, 3 und 15 dagegen den Gipfel eines Wellenberges. Die Theilchen 0 und 6 befinden sich zwar beide in der Höhe ihrer Gleichgewichtslage, allein die Bewegung von 0 ist nach unten, die von 6 ist nach oben gerichtet.

Während ein Theilchen eine Oscillation vollendet, schreitet die Welle um eine Wellenlänge voran.

98 **Seilwellen.** Es ist schon bemerkt worden, daß die Bahnen der Wassertheilchen nicht immer, wie wir in unseren Zeichnungen annahmen, genau kreis-

Fig. 189.

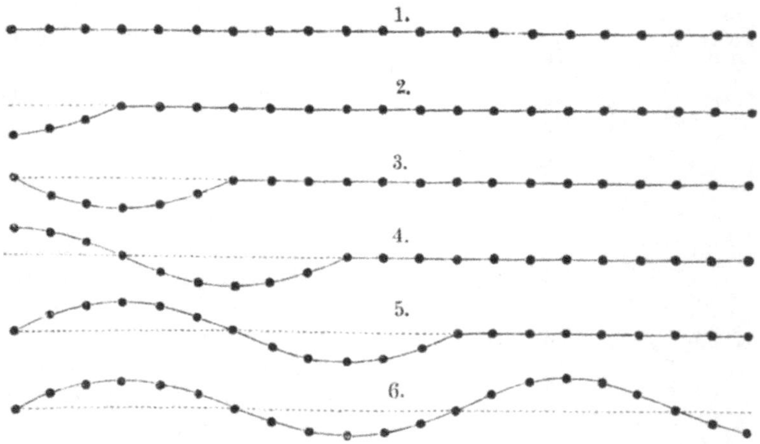

förmig, ja nicht einmal immer in sich selbst zurückkehrende Curven sind. Häufig geht die kreisförmige Bahn in eine elliptische über, indem bald der horizontale, bald der verticale Durchmesser der größere ist. Wäre der horizontale Durchmesser gleich Null, so würden die einzelnen Theilchen nur rechtwinklig zu der Richtung, nach welcher sich die Wellen fortpflanzen, auf und nieder oscilliren. Durch eine derartige Bewegung werden die Wellen fortgepflanzt, welche entstehen, wenn man einen kräftigen Schlag gegen das eine Ende eines sehr langen gespannten Seiles führt. Später werden wir auch eine solche Wellenbewegung bei der Lehre vom Lichte näher kennen lernen.

Die Curven 1 bis 6, Fig. 189, sollen dazu dienen, die Fortpflanzung solcher Wellen, also etwa der Seilwellen, anschaulich zu machen. Diese Curven entsprechen ganz genau den Figuren 187 und 188, sie lassen sich aus diesen ableiten, wenn man den horizontalen Theil der Bewegung gleich Null setzt, sie werden deshalb auch ohne weitere Erklärung verständlich sein.

Wenn eine Seilwelle, gegen den einen Befestigungspunkt fortschreitend, an demselben angekommen ist, so wird sie reflectirt, sie kehrt wieder nach dem anderen Ende zurück und läuft so mehrmals hin und her.

Die Fortpflanzungsgeschwindigkeit der fortschreitenden Seilwellen ist zu groß, als daß man sie an Seilen oder gespannten Saiten von geringer Länge noch beobachten könnte; bei solchen bilden sich stehende Schwingungen, auf deren Besprechung wir später zurückkommen werden.

Fortpflanzung des Schalles. Jeder Körper, welcher sich im Zustande stehender Schwingungen befindet, veranlaßt in den ihn umgebenden elastischen materiellen Medien eine Wellenbewegung, welche, bis zu unserem Ohre fortgepflanzt, die Empfindung des Schalles hervorbringt. In der Regel ist es freilich die Luft, in welcher sich die Schallwellen bis zu unserem Gehörorgane fortpflanzen, doch sind auch alle anderen elastischen Körper, feste sowohl wie flüssige, fähig, den Schall mehr oder weniger gut zu leiten. 99

Durch stehende Schwingungen elastischer Körper wird also der Schall erzeugt, durch eine Wellenbewegung elastischer Medien wird er fortgepflanzt.

Fig. 190.

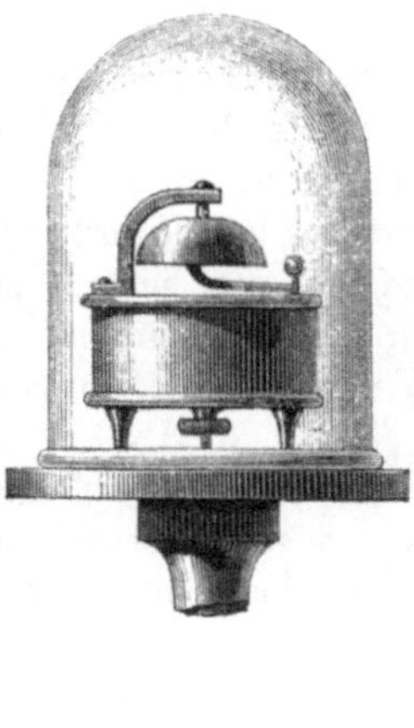

Zur Fortpflanzung des Schalles sind materielle Medien unbedingt erforderlich; das Vacuum kann den Schall nicht leiten.

Um dies zu zeigen, setze man auf den Teller der Luftpumpe ein aufgezogenes Weckerwerk, Fig. 190, jedoch so, daß die Füße desselben nicht direct auf dem Teller aufstehen, sondern auf einem Kissen von Wolle oder Cattun oder auch auf einigen auf einander gelegten Plättchen von dickem vulcanisirten Kautschuk. Durch das Uhrwerk wird ein Hammer, welcher sich bei unserer Vorrichtung im Inneren der Glocke befindet, bald auf der einen, bald auf der anderen Seite derselben angeschlagen. Der dadurch erzeugte

Schall wird sogleich schwächer, wenn man die gläserne Luftpumpenglocke aufsetzt, aber immerhin bleibt er noch deutlich hörbar; wird aber nun evacuirt, so verschwindet der Ton vollständig. Läßt man die Luft allmälig wieder eintreten, so unterscheidet man alsbald den Ton, welcher stärker und stärker wird, wenn sich die Glocke mehr und mehr mit Luft füllt. Der Schall kann sich also nicht durch den leeren Raum fortpflanzen.

Der größte Lärm auf der Erde kann sich demnach nicht über die Gränzen unserer Atmosphäre verbreiten, und von keinem anderen Himmelskörper kann auch nur das mindeste Geräusch bis zu unserer Erde dringen; die furchtbarsten Explosionen könnten auf dem Monde stattfinden, ohne daß wir etwas davon hören.

Saussure sagt, daß auf dem Gipfel des Montblanc ein Pistolenschuß weniger Geräusch macht, als wenn man in der Ebene ein Kinderkanönchen losschießt, und Gay-Lussac fand, mit seinem Ballon in einer Höhe von 20,000 Fuß, also in einer sehr verdünnten Luft schwebend, daß die Intensität seiner Stimme ungemein abgenommen hatte.

Andere Gase und Dämpfe leiten den Schall eben so gut, wie atmosphärische Luft, wovon man sich überzeugen kann, wenn man in das Vacuum, in welchem sich das gehende Weckerwerk, Fig. 190, befindet, verschiedene Gase oder Dämpfe eintreten läßt.

Im Wasser pflanzt sich der Schall sehr gut fort, die Taucher hören, was am Ufer gesprochen wird, und am Ufer hört man deutlich, wenn in großen Tiefen zwei Steine an einander geschlagen werden.

Die festen Körper endlich können den Schall nicht allein erzeugen, sondern auch fortpflanzen. Wenn man dem einen Ende eines 20 bis 25 Meter langen Balkens das Ohr nähert, so hört man deutlich, wenn am anderen Ende nur schwach angeklopft wird, wenngleich das Geräusch in der Luft so schwach ist, daß es selbst der kaum hört, welcher es hervorgebracht hat.

100 **Schallwellen.** Um die Art und Weise, wie sich die Schallschwingungen in der Luft fortpflanzen, anschaulich zu machen, wollen wir uns denken, daß die Luft in einer an einem Ende offenen Röhre durch die Oscillationen eines Kolbens in Schwingungen versetzt wird, welcher am anderen Ende angebracht ist.

In Fig. 191 ist eine solche Röhre dargestellt; die bei I gleichweit von einander stehenden Striche stellen einzelne Schichten der überall gleich dichten Luft dar; p ist der Kolben. Dieser Kolben soll nun aus der Stellung bei I in die bei II, dann wieder zurück in seine ursprüngliche Lage und so fort rasch hin- und hergehen, so wird sich dieselbe Bewegung nach und nach auf alle folgenden Luftschichten fortpflanzen, so daß jede in derselben Weise hin und her oscillirt, nur werden die einzelnen Luftschichten diese Oscillationen um so später beginnen, je weiter sie vom Kolben entfernt sind.

Wenn der Kolben sich aus seiner ursprünglichen Lage nach der Rechten bewegt, so würde gleichzeitig ein Theil der Luft aus der Röhre hinausgeschoben werden, wenn die Luft nicht elastisch wäre; weil aber die Luft elastisch ist, so pflanzt sich die Bewegung nicht momentan fort, und so entsteht vor dem Kolben eine Verdichtung, wie dies bei II angedeutet ist, wo der Kolben seine äußerste

Fig. 191.

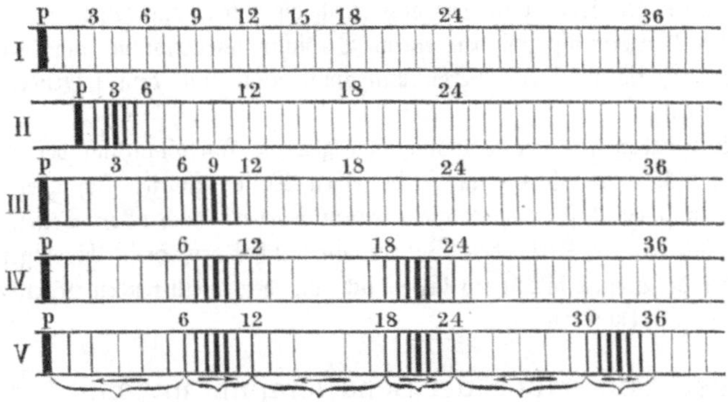

Stellung rechts eben erreicht hat, während die Luftschicht 6 noch in ihrer ursprünglichen Lage ist, alle zwischen dem Kolben und 6 liegenden Luftschichten aber schon nach der Rechten verschoben sind.

Weil die Luft zwischen dem Kolben und 6 comprimirt ist, so wirkt sie fortstoßend auf die folgenden Luftschichten; es werden der Reihe nach die Theilchen 6, 7, 8, 9 u. s. w. nach der Rechten fortgetrieben, und so schreitet die Verdichtung in der Röhre von Schicht zu Schicht nach der rechten Seite hin fort.

Bei II sehen wir, wie das Maximum der Verdichtung zwischen dem Kolben und 6 in der Mitte, also bei 3 ist; während aber nun die Verdichtung nach der Rechten fortschreitet, geht der Kolben zurück, und diese rückgängige Bewegung pflanzt sich der Reihe nach auf die Schichten 1, 2, 3, 4 u. s. w. fort.

Während also, von der Stellung II ausgehend, das Dichtigkeitsmaximum nach der Rechten fortschreitet, indem der Reihe nach die Schichten 6, 7, 8, 9 u. s. w. nach der Rechten gehen, gehen die Theilchen 1, 2, 3 u. s. w. schon wieder nach der Linken, es muß also durch die rückgängige Bewegung des Kolbens eine Verdünnung entstehen, welche, der Verdichtungswelle folgend, gleichfalls nach der rechten Seite hin fortschreitet.

Bei III ist der Moment dargestellt, in welchem der Kolben zum ersten Male einen Hin- und Hergang vollendet hat; die Bewegung ist bis zur Luftschicht 12 fortgeschritten, bei 9 ist die größte Verdichtung, bei 3 die größte Verdünnung.

Durch jedes folgende Hin- und Hergehen des Kolbens wird abermals eine Verdichtungs- und Verdünnungswelle erzeugt, welche der ersten folgt u. s. w.

Jede vollständige Welle besteht aus einer Verdichtung und einer Verdünnung; die Verdichtung entspricht dem Wellenberg, die Verdünnung dem Wellenthal.

IV entspricht dem Augenblicke, wo der Kolben zum zweiten Male hin- und hergegangen ist, wo er also zwei vollständige Wellen erzeugt hat.

Bei V sind drei auf einander folgende Schallwellen dargestellt, die alle gleichförmig vom Kolben aus fortschreiten. An den verdichteten Stellen bewegen sich die Luftschichten in der Richtung vom Kolben weg, an den Verdünnungsstellen gegen den Kolben zu, wie dies durch die Pfeile angedeutet ist.

Die Entfernung zwischen einem Verdichtungsmaximum und dem folgenden, oder zwischen einem Verdünnungsmaximum und dem folgenden ist eine Wellenlänge.

Wir haben hier der Einfachheit wegen die Fortpflanzung der Luftwellen in einer Röhre betrachtet; ganz in derselben Weise pflanzen sich aber auch die Wellen in freier Luft von den oscillirenden Körpern nach allen Seiten hin fort. Sowie sich um die Stelle des Wassers, an welcher der Stein hineingefallen ist, kreisförmige Wellen bilden, so bilden sich um den oscillirenden Körper kugelförmige Luftwellen.

101 **Verschiedenheit der Schallempfindungen.** Die Eindrücke, welche unser Ohr wahrzunehmen vermag und welche man mit dem gemeinschaftlichen Namen des Schalles bezeichnet, sind von sehr mannigfaltiger Art. Zunächst unterscheiden wir zwischen Geräuschen (Zischen, Plätschern, Rasseln u. s. w.) und musikalischen Klängen oder Tönen. Die Empfindung eines Klanges wird durch regelmäßige Oscillationen des tönenden Körpers, also durch periodische Bewegungen hervorgebracht, während Geräusche von nicht periodischen Bewegungen herrühren.

Die verschiedenen Klänge oder Töne unterscheiden sich aber untereinander:

1) durch ihre Tonhöhe,
2) durch ihre Stärke,
3) durch ihre Klangfarbe.

Die Tonhöhe hängt nur von der Schwingungsdauer des tönenden Körpers ab, oder was dasselbe ist, von der Schwingungszahl desselben, d. h. von der Anzahl der Oscillationen, welche er in einer gegebenen Zeit, etwa in einer Secunde ausführt.

Die Töne sind um so höher, je größer ihre Schwingungszahl oder je kleiner ihre Schwingungsdauer ist.

Welches die Schwingungszahl der verschiedenen Töne ist und wie man dieselbe ermitteln kann, wird weiter unten besprochen werden.

Die Stärke, die Intensität des Tones hängt von der Amplitude der Schwingungen ab, welche der tönende Körper macht; je größer diese Schwingungen sind, desto stärker ist der Ton.

Unter Klangfarbe oder Klangcharakter versteht man die Eigenthümlichkeiten, durch welche man bei gleicher Tonhöhe und gleicher Stärke den Ton verschiedener Instrumente unterscheiden kann. So hat z. B. der auf dieselbe Note gespielte Ton einen ganz anderen Charakter, je nachdem er von einer Violine, oder von einer Clarinette, oder von einer Trompete herrührt.

Das Wesen der Klangfarbe ist vorzugsweise durch die Untersuchungen von Helmholtz ermittelt worden; wir werden darauf später zurückkommen.

Einfluss der Oscillationsdauer auf die Wellenlänge. 102

Die Geschwindigkeit, mit welcher sich die Schallwellen in der Luft fortpflanzen, ist, wie bald bewiesen werden wird, unabhängig von der Tonhöhe, also auch in dem oben betrachteten Falle unabhängig von der Oscillationsdauer des Kolbens *p*.

Nehmen wir nun an, der Kolben *p* brauche zu einer Oscillation eine doppelt so große Zeit als die, auf welche sich Fig. 191 bezog, so wird auch, während der Kolben einmal hin- und hergeht, die Welle doppelt so weit fortschreiten als in jenem Falle.

Fig. 192.

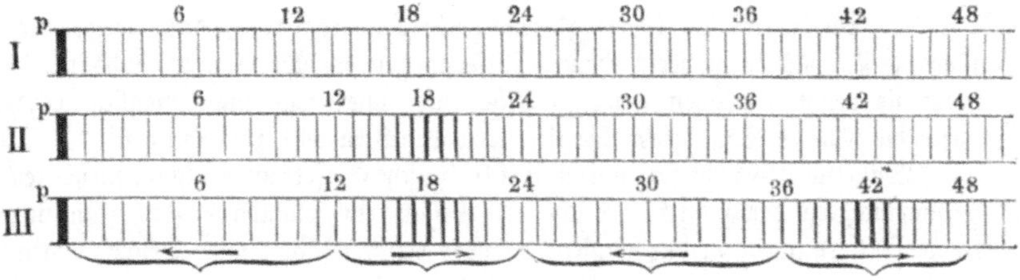

Nach dem ersten Hin- und Hergange des Kolbens *p* wird die Welle bis zur Schicht 24 fortgeschritten sein (Nro. II Fig. 192) und es befindet sich für diesen Moment ein Dichtigkeitsmaximum bei 18, die größte Verdünnung bei 6. — Nach zweimaligem Hin- und Hergange des Kolbens ist dann die Welle bis 48 fortgeschritten, wie man in Nro. III Fig. 192 sieht.

Man sieht, daß hier (Fig. 192) die Wellenlänge doppelt so groß ist, als für den in Fig. 191 betrachteten Fall. Wenn man diese Schlußweise verallgemeinert, so ergiebt sich leicht, daß die Wellenlänge eines Tones, d. h. der Abstand von einem Dichtigkeitsmaximum in der Schallwelle bis zum folgenden, der Schwingungsdauer des Körpers proportional ist, dessen Oscillationen die Schallwellen erzeugen.

Bezeichnen wir mit λ die Wellenlänge eines Tones, mit t die in Secunden ausgedrückte Dauer einer Oscillation des die Welle erzeugenden tönenden Körpers, so ist demnach

$$\lambda = nt \quad \dots\dots\dots\dots \quad 1)$$

wenn n ein constanter Factor ist. Bezeichnet z die Anzahl der Oscillationen, welche der tönende Körper in 1 Secunde macht, so ist $t . z = 1$, also $t = \frac{1}{z}$, mithin auch

$$\lambda = \frac{n}{z} \quad \dots\dots\dots\dots \quad 2)$$

Die Wellenlänge eines Tones verhält sich also umgekehrt wie die Schwingungszahl derselben, d. h. umgekehrt wie die Anzahl der Vibrationen, welche in 1 Secunde gemacht werden müssen, um diesen Ton zu erzeugen.

Aus Gleichung 2) folgt

$$\lambda . z = n \quad \ldots \ldots \ldots \ldots \quad 3)$$

Da nun λ die Wellenlänge, z aber die Anzahl der Wellenlängen bezeichnet, um welche der Schall in 1 Secunde fortschreitet, so ist also n der Weg, welchen er in 1 Secunde zurücklegt, oder mit anderen Worten n ist die Fortpflanzungsgeschwindigkeit des Schalles.

103 **Geschwindigkeit des Schalles.** Alle Töne, welches auch ihre Höhe oder Tiefe, ihre Intensität und ihr Klang sein mag, verbreiten sich in der Luft mit gleicher Geschwindigkeit, denn wenn verschiedene Beobachter in verschiedenen Entfernungen dasselbe Concert anhören, so hören sie genau denselben Tact, dieselbe Harmonie, was nicht möglich wäre, wenn die höheren Töne gegen die tieferen voraneilten oder zurückblieben.

Während das Licht sich mit einer für irdische Entfernungen kaum meßbaren Geschwindigkeit fortpflanzt, braucht der Schall eine namhafte Zeit, um nur kleine Entfernungen zu durchlaufen; dadurch erklären sich einige Erscheinungen, welche man oft zu beobachten Gelegenheit hat. Wenn man einen Steinklopfer aus einiger Entfernung beobachtet, so hört man den Schlag nicht in dem Momente, in welchem man den Hammer aufschlagen sieht, sondern erst, wenn er wieder gehoben wird, was den Eindruck macht, als ob der Schall nicht durch das Aufschlagen des Hammers, sondern durch das Abreißen von dem Steine hervorgebracht würde. Wenn man ein Regiment nach dem Tacte der vorausgetragenen Trommeln marschiren sieht, so beobachtet man eine wellenartige Bewegung, welche sich von den Trommeln aus durch die ganze Reihe fortpflanzt; es erklärt sich dies dadurch, daß nicht alle gleichzeitig auftreten und den neuen Schritt beginnen, weil die Hinteren den Tactschlag immer später vernehmen als die Vorderen.

Die Geschwindigkeit des Schalles läßt sich auf eine ganz einfache Weise ermitteln; man beobachtet nur, wie viel Zeit zwischen der Wahrnehmung des Blitzes und des Knalles einer in einer bekannten Entfernung vom Beobachter losgebrannten Kanone vergeht. Am besten läßt sich natürlich eine solche Beobachtung des Nachts machen. Sehr genaue Versuche der Art wurden von mehreren Gelehrten im Jahre 1822 bei Paris ausgeführt. Die Entfernung zwischen der Kanone und den Beobachtern betrug 9549,6 Toisen (1 Toise = 6 Paris. Fuß); zwischen der Beobachtung des Blitzes und des Knalles vergingen 54,6 Secunden, woraus folgt, daß sich der Schall in gewöhnlicher Luft in einer Secunde um 114,9 Toisen = 1049,4 (in runder Zahl 1050) Fuß = 340,88 Meter fortpflanzt, oder es ist für Luft

$$n = 1050 \text{ Fuß} = 341 \text{ Meter},$$

wenn n die im vorigen Paragraphen definirte Bedeutung hat.

In anderen Medien ist die Fortpflanzungsgeschwindigkeit des Schalles nicht dieselbe; in Eisen pflanzt er sich $16\frac{2}{3}$, in Wasser $4\frac{1}{4}$mal so schnell fort als in Luft.

Von der Reflexion des Schalles und dem Echo. Wenn die Schallwellen aus einem Mittel in ein anderes übergehen, so erleiden sie immer eine theilweise Reflexion; wenn sie aber auf ein festes Hinderniß stoßen, so werden sie fast vollständig reflectirt. 104

Fig. 193.

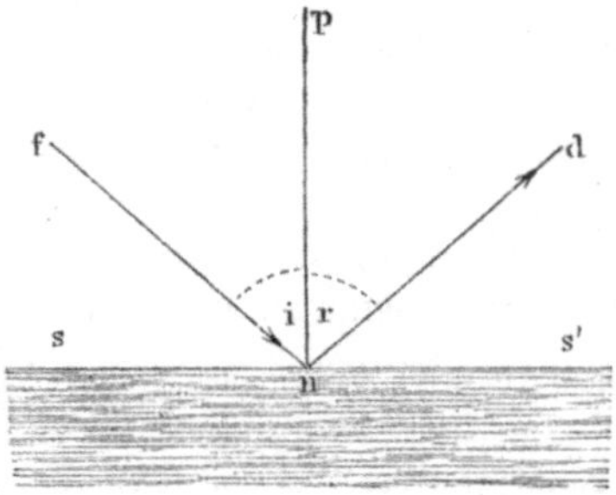

Mag nun die Reflexion partiell oder vollständig sein, so ist doch der Reflexionswinkel stets dem Einfallswinkel gleich. Es sei ss', Fig. 193, die Trennungsfläche der beiden Mittel, etwa Luft und Wasser, und eine Schallwelle bewege sich in der Richtung fn gegen die Wasserfläche, so wird ein Theil der Bewegung in das Wasser übergehen, ein anderer Theil aber wird sich in der Richtung nd fortpflanzen, welche mit dem Perpendikel np einen ebenso großen Winkel macht wie fn, d. h. der Reflexionswinkel dnp ist dem Einfallswinkel fnp gleich.

Daß die Schallstrahlen wirklich denselben Reflexionsgesetzen folgen, wie die Lichtstrahlen, ergiebt sich auch durch Versuche mit parabolischen oder sphärischen Hohlspiegeln. In Fig. 194 seien rs und tu zwei sphärische Hohlspiegel,

Fig. 194.

welche in einer Entfernung von 10 bis 20 Fuß von einander so aufgestellt sind, daß die Axen derselben in eine gerade Linie zusammenfallen. Bringt man nun in den Brennpunkt A des einen Hohlspiegels eine Taschenuhr, so hört ein im Brennpunkte B des anderen befindliches Ohr deutlich das Ticken derselben, denn alle von A ausgehenden Schallstrahlen, welche den Hohlspiegel rs treffen, werden parallel mit der Axe reflectirt, wie es in unserer Figur angedeutet ist; auf den zweiten Spiegel tu treffend, werden sie aber gegen den Brennpunkt B desselben zurückgeworfen und also in B wieder vereinigt.

Entfernt man das Ohr aus dem Brennpunkte B, so verschwindet der Schall, selbst wenn man sich dem Punkte A bedeutend nähert.

Aus der Reflexion des Schalles erklärt sich auch die Erscheinung des Echos.

Wenn die Schallwellen rechtwinklig auf die reflectirende Fläche treffen, so sendet das Echo den Ton zu seinem Ausgangspunkte zurück und es kann, je nach der Entfernung der reflectirenden Wand eine kleinere oder größere Anzahl von Silben deutlich wiederholen. In einer Secunde kann man bequem 3 Silben aussprechen. Wenn nun die reflectirende Wand 170 Meter entfernt ist, so dauert es gerade eine Secunde bis die erste gerufene Silbe zum Sprecher zurückkehrt, wenn er also drei Silben ausspricht, so wird die erste zurückkehren, wenn eben die dritte ausgesprochen worden ist, das Echo kann also drei Silben deutlich wiederholen; in doppelter, dreifacher u. s. w. Entfernung der Wand; kann man 6, 9 u. s. w. Silben aussprechen, ehe die erste zurückkehrt, man hat alsdann ein sechs-, ein neunsilbiges u. s. w. Echo.

Es ist nicht durchaus nöthig, daß die reflectirende Fläche hart und platt sei, denn man beobachtet auf dem Meere oft, daß Wolken ein Echo bilden.

Vielfache Echos, d. h. solche, welche dasselbe Wort mehrmals wiederholen, entstehen, wenn mehrere in verschiedenen Entfernungen befindliche Wände den Schall zu seinem Entstehungsorte zurückwerfen, oder auch zwischen zwei parallelen Wänden, von denen jede die Schallwellen, welche von der anderen herkommen, auch wieder gegen dieselbe reflectirt.

Durch die Reflexion des Schalles erklären sich auch die Wirkungen des Sprachrohres und des Hörrohres.

105 **Stehende Luftwellen.** Wenn man eine gewöhnliche Stimmgabel (welche den Ton $\bar{a}$ giebt) an ihrem Stiele haltend anschlägt, so tönt sie so schwach, daß man sie vor das Ohr halten muß, um den Ton wahrzunehmen. Hält man sie aber über einen Glascylinder von 1 bis 1½ Zoll Weite, Fig. 195, welcher so weit mit Wasser gefüllt ist, daß noch eine Höhe von 194^{mm} frei bleibt, so wird der Ton laut und deutlich.

Diese Verstärkung des Stimmgabeltons verschwindet, wenn man einen Theil des Wassers ausgießt, so daß die Luftsäule im Cylinder höher wird, oder wenn man noch Wasser eingießt, so daß die Luftsäule im oberen Theile des Cylinders merklich niedriger wird, als 194^{mm}.

Fig. 195.

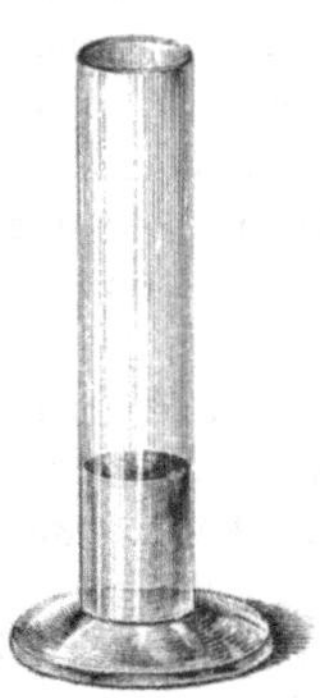

Fig. 196.

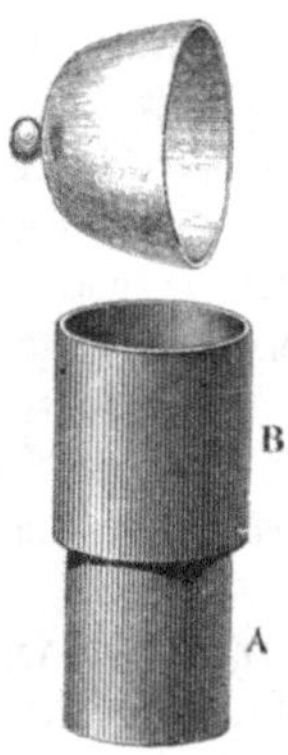

Noch auffallender läßt sich diese Verstärkung des Tones zeigen, wenn man eine durch Streichen mit dem Fiedelbogen zum Tönen gebrachte Käseglocke über eine 5 bis 6 Zoll weite, unten geschlossene Röhre von Pappendeckel hält, Fig. 196, welche eine entsprechende Länge hat. Um diese Länge nach Bedürfniß reguliren zu können, besteht die Röhre aus zwei Theilen, *A* und *B*, von welchen der untere unten geschlossen ist, während die obere, etwas weitere Röhre nach Belieben auf- und abgeschoben werden kann.

Diese Verstärkung des Tones rührt daher, daß die Luftsäule in dem Rohre selbst in den Zustand stehender Schwingungen versetzt und dadurch selbsttönend wird.

Wenn eine Schallwelle in das offene Ende einer auf der anderen Seite geschlossenen Röhre eintritt, so wird sie alsbald an dem Boden der Röhre reflectirt; die reflectirten Wellen begegnen aber den neu eintretenden, und durch das Zusammenwirken (die Interferenz) beider Wellensysteme werden sich stehende Luftwellen bilden, wenn die Länge der Röhre $1/4$ oder $3/4$ oder $5/4$ von der Wellenlänge des einfallenden Tones ist, wie sich dies aus den weiteren Entwickelungen dieses Paragraphen ergeben wird.

Nehmen wir an, die Länge der in Fig. 197 dargestellten Röhre *ad* sei $1/4$ von der Länge der einfallenden Schallwellen, so ist der Weg von der Oeffnung zum

Fig. 197.

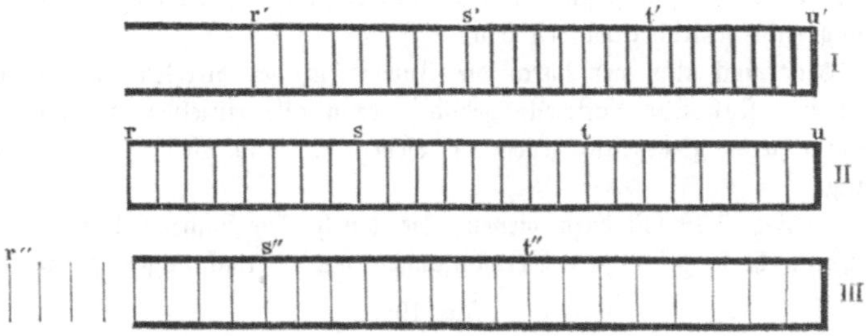

Boden und dann wieder vom Boden bis zur Oeffnung gerade $1/2$ Wellenlänge, die einfallende und die reflectirende Welle, welche sich an der Oeffnung der Röhre begegnen, stehen also in ihrem Gange um $1/2$ Wellenlänge von einander ab; mit einem Dichtigkeitsmaximum der einfallenden Welle trifft also hier das Maximum der Verdünnung der reflectirten Welle zusammen, und umgekehrt; an der Oeffnung der Röhre findet also weder Verdichtung noch Verdünnung Statt.

Betrachten wir aber nun den Bewegungszustand der einzelnen Luftschichten.

In dem Augenblick, in welchem gerade das Maximum der Verdichtung in die Oeffnung der Röhre eintritt, tritt das Maximum der Verdünnung aus; in diesem Moment findet auch am Boden der Röhre weder Verdünnung noch Verdichtung Statt, alle Theilchen sind in ihrer Gleichgewichtslage. Durch die eintretende Verdichtungswelle aber sind alle Theilchen gegen den Boden hingetrieben, durch die reflectirte Verdünnungswelle werden sie nach derselben Seite bewegt, da sich wie durch Nr. III in Fig. 192 erläutert wird, die vibrirenden Luftschichten im verdichteten Theile der Welle nach der Richtung bewegen, in welcher der Schallstrahl fortschreitet, in dem verdünnten Theile der Welle aber in einer Richtung, welche der Fortpflanzungsrichtung des Schallstrahles entgegengesetzt ist.

Alle Luftschichten in der Röhre bewegen sich also gleichzeitig aus der Gleichgewichtslage gegen den Boden hin, und ebenso, wenn das Maximum der Verdünnung eintritt, die Gleichgewichtslage passirend, gleichzeitig vom Boden weg.

Es ist dies durch Fig. 197 anschaulich gemacht.

Wenn alle Luftschichten in der Röhre gleichzeitig gegen den Boden hin gehen, so muß hier eine Verdichtung entstehen, wie bei Nr. I; wenn sie von der Gleichgewichtslage aus von dem Boden sich wegbegeben, so muß an demselben eine Verdünnung stattfinden, wie bei Nr. III.

Unsere Zeichnung ist, um den Hergang sichtbar zu machen, was die Oscillationsamplitude angeht, ungeheuer übertrieben, d. h. bei einer Röhre von der Länge, wie sie in unserer Zeichnung dargestellt ist, würde in dem besprochenen Falle die Luftschicht, welche in ihrer Gleichgewichtslage an der Oeffnung der Röhre liegt, lange nicht so weit in die Röhre ein- und austreten, sie würde während ihrer Oscillation nur wenig nach der linken und rechten Seite schwanken. Wäre aber die Oscillationsamplitude nicht so groß genommen worden, so würden in der Zeichnung schwerlich die Unterschiede der Verdichtung und Verdünnung recht deutlich geworden sein.

Es hat sich also hier durch die Interferenz der directen und reflectirten Wellen eine stehende Luftwelle gebildet, denn alle einzelnen Luftschichten in der Röhre gehen gleichzeitig gegen den Boden hin und gleichzeitig von demselben weg.

Die Fig. 198 soll dazu dienen, die durch eine solche stehende Luftwelle abwechselnd hervorgebrachten Verdünnungen und Verdichtungen anschaulich zu

Fig. 198.

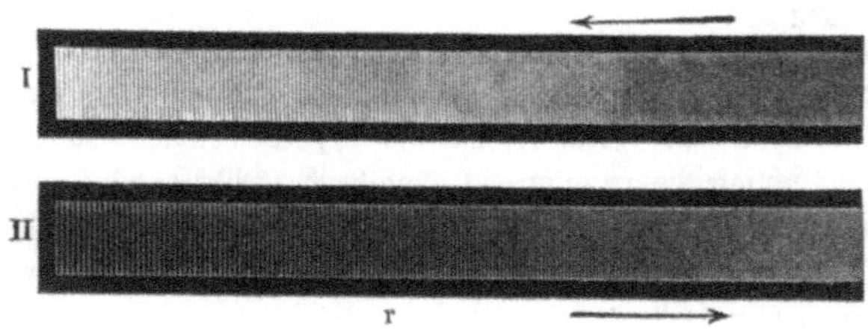

machen. Sind die Theilchen in ihrer Oscillation gegen das verschlossene Ende der Röhre hin an den äußersten Punkten ihrer Bahn angekommen, so findet hier eine Verdichtung Statt, wie bei Nr. II.

Nun beginnen die einzelnen Luftschichten sich von dem verschlossenen Ende zu entfernen und nach $1/2$ Undulation haben wir hier eine Verdünnung, wie bei I. Am offenen Ende der Röhre findet in keinem Zeitmomente eine merkliche Verdichtung oder Verdünnung Statt; hier aber bewegen sich die Luftschichten zwischen den weitesten Gränzen hin und her.

Die Pfeile in I und II, Fig. 198, deuten an, in welcher Richtung die Theilchen sich zu bewegen beginnen, wenn am Boden eben das Maximum der Verdünnung oder der Verdichtung stattfindet.

Würde nun in die Röhre, etwa bei *r*, ein Loch gemacht, so würde dadurch die Bildung der stehenden Welle gestört, wenn nicht ganz verhindert werden, weil im Momente der Verdichtung hier Luft entweichen, im Momente der Verdünnung aber Luft einströmen würde. Der störende Einfluß einer solchen Oeffnung würde aber an solchen Stellen, welche dem offenen Ende näher liegen, geringer sein, weil hier die Verdünnung sowohl als die Verdichtung geringer ist.

Denselben störenden Einfluß, den eine Oeffnung hervorbringt, würde auch in erhöhtem Grade ein Abschneiden der Röhre an diesen Stellen zur Folge haben.

Die Bildung stehender Luftwellen in der Röhre ist also an bestimmte Verhältnisse zwischen der Länge der Röhre und der Wellenlänge des einfallenden Tones gebunden; in dem bisher betrachteten Falle war die Länge der Röhre $^1/_4$ von der Wellenlänge des einfallenden Tones; es können sich aber auch noch bei anderen Verhältnissen zwischen Röhren- und Wellenlänge stehende Luftwellen in der Röhre bilden.

Zur Bildung der stehenden Welle in der Röhre ist erforderlich, daß dicht bei dem Boden die Oscillationsamplituden verschwindend klein werden, daß aber hier abwechselnde Verdünnungen und Verdichtungen stattfinden, während am offenen Ende der Röhre keine merkliche Verdichtung und Verdünnung stattfindet; an der Oeffnung der Röhre muß also stets der verdichtete Theil der reflectirten Welle mit dem verdünnten Theile der einfallenden Welle zusammenfallen, und umgekehrt.

Dieser Bedingung wird dadurch entsprochen, daß die Oeffnung der Röhre um ein ungerades Vielfaches von $^1/_4$ Wellenlänge von dem Boden entfernt ist, daß also die Länge der Röhre $^1/_4$, $^3/_4$, $^5/_4$ u. s. w. Wellenlängen beträgt.

Die Fig. 199, I und II, soll die stehenden Luftwellen anschaulich machen, welche sich in einer gedeckten Röhre bilden, deren Länge $^3/_4$ von der Länge der einfallenden Schallwellen beträgt.

Fig. 199.

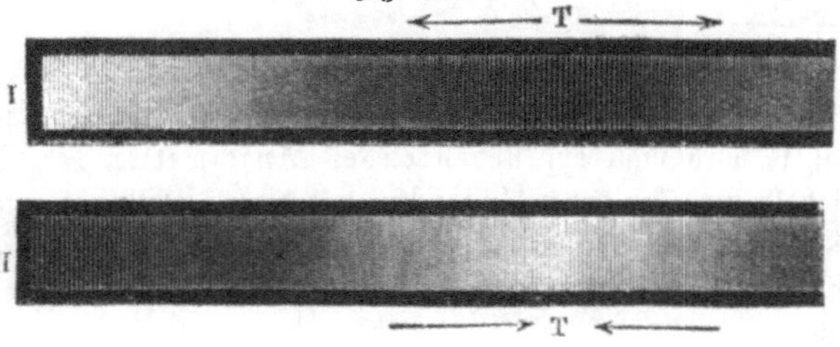

In I (Fig. 199) sehen wir ein Maximum der Verdichtung bei T, ein Maximum der Verdünnung am Boden der Röhre; alle links von T liegenden Luftschichten beginnen gleichzeitig ihre Bewegung nach der durch den Pfeil angedeuteten Richtung, während die rechts von T gelegenen Luftschichten nach der Rechten hin sich zu bewegen beginnen.

Nach $^1/_4$ Undulation haben die einzelnen Schichten eine solche Stellung erreicht, daß in der ganzen Röhre die Luft eine gleichförmige Dichtigkeit hat; in der angegebenen Richtung sich fortbewegend, wird abermals nach $^1/_4$ Undulation der in II (Fig. 199) dargestellte Zustand eintreten; jetzt ist am Boden die größte Verdichtung, bei T die größte Verdünnung.

Von diesem Momente an beginnen die einzelnen Luftschichten wieder von beiden Seiten her sich gegen *T* hin zu bewegen, und so tritt dann nach $^1/_2$ Undulation wieder der Zustand I (Fig. 199) ein.

Die Luftschichten, welche rechts und links von *T* liegen, bewegen sich entweder gleichzeitig von *T* weg, oder gleichzeitig nach *T* hin, während *T* keine Bewegung hat; die Luftschicht *T* bildet also einen Schwingungsknoten.

Die Stellen, wo weder Verdünnung noch Verdichtung stattfindet, während die Luftschichten gerade hier mit der größten Amplitude schwingen, also die Stelle der Röhrenöffnung und die Mitte zwischen *T* und dem Boden heißen Bäuche.

106 **Offene Röhren.** Bisher haben wir nur die Bildung stehender Luftwellen in solchen Röhren betrachtet, welche durch einen Boden geschlossen waren, und welche deshalb auch gedeckte Röhren oder gedeckte Pfeifen genannt werden. In gleicher Weise läßt sich aber auch die Luftsäule, welche in beiderseits offenen Röhren eingeschlossen ist, in den Zustand stehender Schwingungen versetzen.

Man lege eine gleichfalls aus zwei in einander schiebbaren Stücken *A* und *B*, Fig. 200, bestehende Pappendeckelröhre, welche bei gleichem Durchmesser gerade doppelt so lang ist, wie diejenige, welche zu dem in Fig. 196 dar-

Fig. 200.

gestellten Versuch gedient hat, welche aber an beiden Seiten offen ist, auf einen Tisch, so wird man ein bedeutendes Anschwellen des Tones wahrnehmen, sobald man die durch Anstreichen mit dem Fiedelbogen zum Tönen gebrachte Glasglocke *G* (dieselbe, welche zu dem auf S. 190 beschriebenen Versuch gedient hat) so vor die eine Mündung des Rohres hält, wie es unsere Figur andeutet.

Bezeichnen wir mit *l* die Länge der gedeckten Röhre, welche für den tiefsten Ton der Glocke *G* anspricht, so muß man also einer beiderseits offenen Röhre die Länge 2 *l* geben, wenn die in derselben eingeschlossene Luftsäule durch denselben Ton zum Mittönen gebracht werden soll. Die Wellenlänge des tiefsten Tones, für welchen eine beiderseits offene Röhre anspricht ist also doppelt so groß wie die Länge der Röhre.

Die Bildung stehender Wellen in beiderseits offenen Röhren erklärt sich folgendermaßen:

Wenn der verdichtete Theil einer Welle, nachdem er die Röhre ihrer ganzen Länge nach durchlaufen hat, an der zweiten Oeffnung austritt, so werde die comprimirten Lufttheilchen leicht nach allen Seiten hin ausweichen, und dadurch wird eine Verdünnung entstehen, welche nun, gleichsam an der Austrittsöffnung der Röhre wieder eintretend, dieselbe in entgegengesetzter Richtung durchläuft wie die ursprünglich einfallenden Schallwellen.

In gleicher Weise wird eine aus der Röhre austretende Verdünnungswelle durch das seitliche Zuströmen von Luft in eine rückwärts laufende Verdichtungswelle verwandelt.

Die rückwärts laufenden Wellen sind freilich weniger intensiv als die ursprünglichen.

Diese, die Röhre rückwärts durchlaufenden Wellen kommen nun mit den neu einfallenden zur Interferenz und so kommen unter entsprechenden Umständen stehende Luftwellen in der Röhre zu Stande, deren Bildung sich nach den im vorigen Paragraphen besprochenen Grundsätzen ableiten läßt.

Der tiefste Ton, für welchen die Röhre anspricht, ist derjenige, dessen Wellenlänge doppelt so groß ist als die Länge der Röhre. Für diesen Fall bildet sich ein Schwingungsknoten in der Mitte der Röhre, ein Bauch aber an jedem Ende, wie es durch Fig. 201 anschaulich gemacht ist. I stellt den Moment dar, wo in der Mitte der Röhre die größte Verdichtung stattfindet;

Fig. 201.

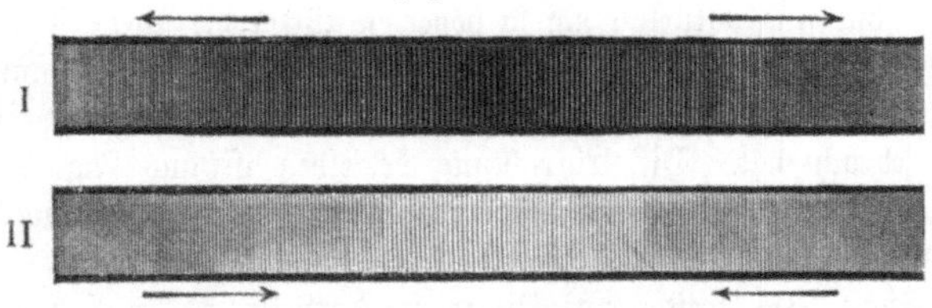

während die Luftschicht in der Mitte der Röhre in Ruhe bleibt, beginnt die Luft auf beiden Seiten sich von der Mitte zu entfernen, wie dies durch die Pfeile angedeutet ist; nach $^1/_4$ Undulation kommen alle Luftschichten in ihrer Gleichgewichtslage an und in diesem Moment ist die Dichtigkeit der Luft in der ganzen Röhre dieselbe; aus diesem Zustande geht dann aber die Luft während der nächsten Viertel-Undulation in den Nr. II dargestellten Zustand über, wo in der Mitte der Röhre die größte Verdünnung stattfindet. — Nun beginnen die einzelnen Luftschichten wieder von beiden Seiten her sich gegen die Mitte hin zu bewegen u. s. w.

Für den nächst höheren Ton, welcher die Luftsäule in der offenen Röhre in den Zustand stehender Schwingungen versetzt, bildet sich ein Bauch in der Mitte, Knoten aber bilden sich in den Punkten *S* und *T*, Fig. 202, welche

Fig. 202.

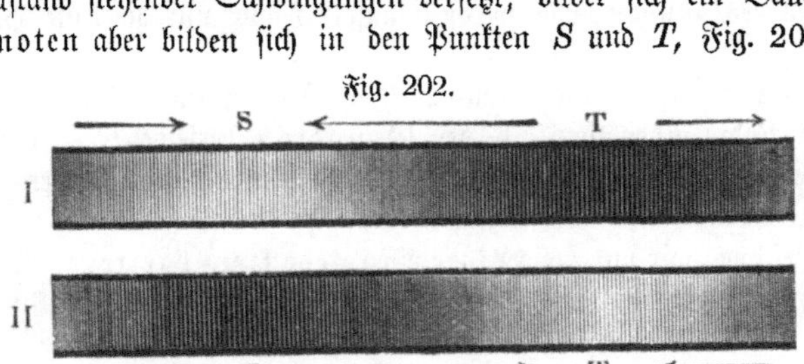

um $1/4$ der Röhrenlänge von den Enden abstehen. Wenn in T ein Maximum der Verdichtung stattfindet wie in Nr. I, so findet in S Verdünnung Statt, und umgekehrt, wie in Nr. II.

Für den zuletzt besprochenen Fall ist die Wellenlänge des Tones der Länge der Röhre gleich; die Oscillationsdauer dieses Tones ist halb so groß als die des Grundtones der Röhre.

107 **Orgelpfeifen.** Um die Luft in einer Röhre in stehende Schwingungen zu versetzen, um sie also zum Selbsttönen zu bringen, ist nicht gerade nöthig einen tönenden Körper vor die Oeffnung zu bringen, wie dies ja die Orgelpfeifen zeigen. Hier ist es ein am offenen Ende der Röhre vorbeiströmender an ihren Rändern sich brechender Luftstrom, welcher durch seine Stöße Wellen erzeugt, die, an dem Boden reflectirt, mit den neu einfallenden interferiren, so daß sich regelmäßige stehende Schwingungen bilden, wodurch dann die Luft in der Röhre selbsttönend wird.

Die einfachste Art, die Luft in einer kleineren Röhre zum Tönen zu bringen, ist die, daß man sie in verticaler Richtung vor den Mund hält, das geschlossene Ende nach unten gekehrt, während das offene Ende an die untere Lippe gehalten wird, und dann schräg gegen den Rand der Röhre bläst.

Die Töne sind natürlich um so höher, je kürzer die Pfeife ist.

Die zweckmäßigste Methode die Luft in Röhren in den Zustand stehender Schwingungen zu versetzen ist diejenige, welche man bei Orgelpfeifen in Anwendung gebracht hat. Die Einrichtung derselben ist aus Fig. 203 und 20[illegible] zu ersehen. Man unterscheidet an ihnen den Fuß, den Mund und die Röhre welche entweder offen oder gedeckt sein kann.

In Figur 204, welche eine Zinnpfeife darstellt, ist der Fuß mit FF, die Röhre mit RR bezeichnet. Die Röhre hat an ihrem unteren Ende vorn eine Oeffnung ab, welche der Mund genannt wird; Fuß und Röhre sind durch eine dünne Zinnplatte getrennt; zwischen der vorderen Kante dieser Platte welche den Boden der Schallröhre bildet, und der vorderen Wand des Fußes bleibt eine schmale Spalte, durch welche die unten in den Fuß eingeblasene Luft austritt und, sich an der oberen Kante des Mundes brechend, die Luftsäule in der Röhre RR in stehende Schwingungen versetzt.

Die Einrichtung der hölzernen Orgelpfeifen ist aus dem Durchschnitt Fig. 203 zu ersehen. Die in den Fuß eingeblasene Luft dringt aus dem Behälter K durch einen schmalen Spalt cd hervor, und bricht sich an der oberen Kante ab des Mundes, von welchem unsere Figur nur die linke Hälfte abc zeigt.

Eine und dieselbe Pfeife kann mehrere Töne geben. Der tiefste Ton, welchen eine Röhre geben kann, ist der Grundton derselben; die höheren Töne welche sie in der Regel nur bei verstärktem Winde giebt, werden als Obertöne bezeichnet.

Bezeichnen wir mit l die Länge einer gedeckten Pfeife, so ist die Wellenlänge ihres Grundtones $4l$; die Wellenlänge ihrer Obertöne sind aber $4/_3$

Fig. 203.

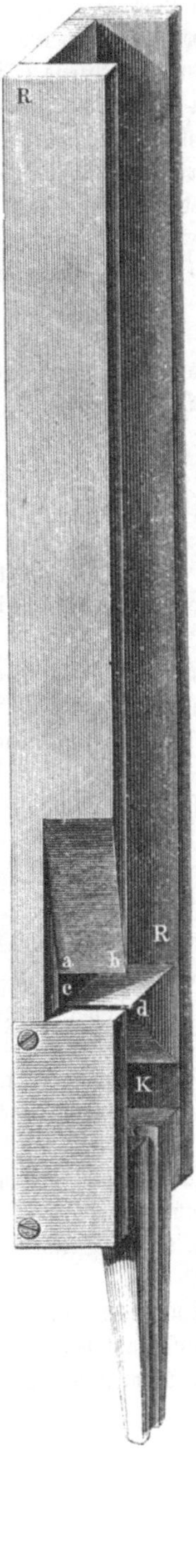

Fig. 204.

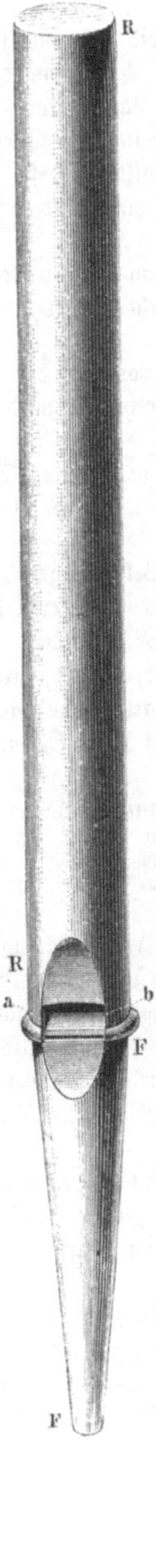

$^4/_5\,l$, $^4/_7\,l$ u. s. w., also 3mal, 5mal, 7mal u. s. w. kürzer als die Wellenlänge des Grundtones.

Wenn l die Länge einer *offenen Pfeife* bezeichnet, so ist die Wellenlänge ihres Grundtones $2\,l$, die Wellenlängen ihrer Obertöne aber sind $^2/_2\,l$, $^2/_3\,l$, $^2/_4\,l$ u. s. w. Die Wellenlängen der Obertöne einer offenen Pfeife sind also 2mal, 3mal, 4mal u. s. w. kürzer als die ihres Grundtones.

Verhältnißmäßig weite Röhren geben nur den Grundton, welcher in engeren Röhren bei stärkerem Winde (beim Ueberblasen) in die nächsten Obertöne überspringt. Sehr enge und lange Röhren, wie sie freilich unter den Orgelpfeifen nicht vorkommen, geben den der Röhrenlänge entsprechenden Grundton gar nicht, sondern lassen schon bei schwachem Winde die Obertöne hören.

Die musikalischen Töne. 108

Nachdem wir nun ein Mittel kennen gelernt haben, reine Töne hervorzubringen, nämlich durch Orgelpfeifen, nachdem wir gesehen haben, wie die Höhe und Tiefe dieser Töne von der Länge der Pfeifen abhängt, und daß man also durch Verlängerung und Verkürzung der Röhren die Pfeifen beliebig stimmen kann, wollen wir nun die Tonreihe näher betrachten, welche in der Musik zur Anwendung kommt.

Gehen wir von dem Tone aus, den eine 4 Fuß lange gedeckte Pfeife als Grundton giebt; es ist dies ein Ton, welcher in der Musik mit C bezeichnet wird.

Fragen wir nach denjenigen Tönen, die mit C *harmonisch* sind, d. h. nach denjenigen, welche mit C zusammen einen angenehmen Eindruck auf das Ohr hervorbringen, so finden wir, daß es solche sind, deren Oscillationsgeschwindigkeit in einem einfachen Verhältniß zu der von C steht; es sind dies diejenigen Töne, deren Wellenlänge $1/2$, $2/3$, $3/4$, $4/5$, $5/6$ von der des Tones C beträgt, die also durch solche Pfeifen hervorgebracht werden, deren Länge $1/2$, $2/3$, $3/4$, $4/5$, $5/6$ von der Länge der Pfeife C ist.

Da die Oscillationsdauer der Wellenlänge proportional ist, da sich also die Zahl der Schwingungen, welche ein Ton in einer Secunde macht, umgekehrt verhält wie seine Wellenlänge, so macht also der erste der erwähnten Töne zwei Schwingungen, während C eine macht; dieser Ton heißt die Octav von C und er wird mit c bezeichnet.

Der Ton, dessen Wellenlänge $2/3$ von der des Tones C beträgt, macht drei Oscillationen, während C deren zwei macht; dieser Ton ist die Quint von C und wird mit G bezeichnet.

Der Ton, dessen Wellenlänge $3/4$ von der des Tones C ist, macht vier Schwingungen, während C deren drei macht, er wird die Quart von C genannt und mit F bezeichnet.

Der Ton, dessen Wellenlänge $4/5$ von der des Tones C ist, macht fünf Schwingungen, während C deren vier macht, es ist die große Terz von C und wird mit E bezeichnet.

Der zuletzt erwähnte Ton, dessen Wellenlänge $5/6$ mal so groß ist, als die von C, macht sechs Schwingungen, während C deren fünf vollendet; es ist dies die kleine Terz von C, sie wird mit Es bezeichnet.

Ebenso wie C seine Octav, Quint, Quart, große und kleine Terz hat, so giebt es auch eine Octav, Quint, Quart, große und kleine Terz von c.

Der Grundton C mit seiner großen Terz E, seiner Quint G und seiner Octav c bilden den Cdur-Accord.

Nach den eben angegebenen Verhältnissen machen gleichzeitig

C	E	F	G	c
1	$5/4$	$4/3$	$3/2$	2

Schwingungen.

Um die Reihe der Töne gehörig zu vervollständigen, müssen nun aber E, F und G ebenso ihre Accorde, also ihre Terz und Quint haben wie C.

Die Quint von G ist ein Ton, welcher $3/2$ mal so viel Schwingungen macht als G; auf 1 Schwingung von C kommen also $3/2 \cdot 3/2 = 9/4$ Schwingungen des fraglichen Tones, den wir mit d bezeichnen wollen. Die nächst tiefere Octav von d, welche mit D bezeichnet wird, macht also $9/8$ Schwingungen, während C eine vollendet.

Die große Terz von G, die man mit H bezeichnet, macht $5/4$ mal so viel Schwingungen als G, also $3/2 \cdot 5/4 = 15/8$ mal so viel Schwingungen als C.

Die Schwingungszahl der Quint von F ist $4/3 \cdot 3/2 = 2$, die Octav von C ist also zugleich die Quint von F.

Die Schwingungszahl der großen Terz von F, eines Tones, den man mit A bezeichnet, ist $4/3 \cdot 5/4 = 5/3$ mal so groß als die Schwingungszahl von C.

So haben wir denn eine Reihe von Tönen, welche den Namen der diatonischen Tonleiter führt. Es machen gleichzeitig

C	*D*	*E*	*F*	*G*	*A*	*H*	*c*...*g*	
1	$^9/_8$	$^5/_4$	$^4/_3$	$^3/_2$	$^5/_3$	$^{15}/_8$	2	3 Schwingungen.

D ist die Second, *A* ist die Sext, *H* ist die Septime und *g* (die Quint der Octav) ist die Duodecime des Grundtones *C*. Auf 1 Schwingung von *C* kommen 3 Schwingungen seiner Duodecime.

Die Differenzen zwischen je zwei auf einander folgenden Tönen dieser Reihe sind nicht gleich. In der folgenden Reihe giebt der zwischen zwei Buchstaben etwas tiefer gesetzte Bruch an, wie vielmal größer die Schwingungszahl eines Tones ist als die des nächst vorhergehenden:

C $^9/_8$ *D* $^{10}/_9$ *E* $^{16}/_{15}$ *F* $^9/_8$ *G* $^{10}/_9$ *A* $^9/_8$ *H* $^{16}/_{15}$ *c*;

In gleichen Zeiten macht also *D* $^9/_8$mal so viel Schwingungen als *C*, *E* $^{10}/_9$mal so viel als *D*, *F* $^{16}/_{15}$mal so viel als *E* u. s. w.

Das Intervall von *C* zu *D*, von *D* zu *E*, von *F* zu *G*, von *G* zu *A* von *A* zu *H* heißt ein ganzer Ton. Man unterscheidet aber große ganze Töne, wenn das Intervall $^9/_8$, und kleine, wenn es $^{10}/_9$ beträgt.

Die Intervalle zwischen *E* und *F*, zwischen *H* und *c* sind nahe halb so groß wie die übrigen, sie werden deshalb halbe Töne genannt.

Wenn man, von irgend einem der anderen Töne ausgehend, in derselben Ordnung von Intervallen fortschreitet, so erhält man auf diese Weise die verschiedenen Dur-Tonleitern; um aber ein Fortschreiten in derselben Ordnung von Intervallen von jedem Tone aus möglich zu machen, müssen noch zwischen *C* und *D*, *D* und *E*, *F* und *G*, *G* und *A*, *A* und *H* halbe Töne eingeschaltet werden, die mit *cis, dis, fis* u. s. w. bezeichnet werden. Eine nach lauter halben Tönen fortschreitende Tonleiter wird eine chromatische genannt.

Bei den Dur-Tonarten geht man vom Grundtone zur großen Terz, und dann, um eine kleine Terz fortschreitend, zur Quint über, bei den Moll-Tonarten hingegen ist der Accord durch den Grundton, die kleine Terz und die Quint gebildet.

Eine nähere Besprechung der Tonarten und Tonleitern gehört mehr in die Theorie der Musik als hierher.

Wenn der Grundton 1 Schwingung in einer bestimmten Zeit macht, so muß seine große Terz in derselben Zeit $^5/_4$, die große Terz dieses 2ten Tones $^5/_4 \cdot {}^5/_4$ oder $^{25}/_{16}$ und die Terz dieses 3ten Tones endlich $^5/_4 \cdot {}^5/_4 \cdot {}^5/_4$ oder $^{125}/_{64}$ Schwingungen machen. Der letztere Ton stimmt nun nicht genau mit der Octav des Grundtones überein, welcher $^{128}/_{64}$ Schwingungen entsprechen; wenn man also in reinen Terzen fortschreitet, so kommt man nicht zu der reinen Octav, und will man die Reinheit der Octaven erhalten, so muß man von der vollkommenen Reinheit der Terzen abstrahiren. Aehnliches ergiebt sich beim Fortschreiten nach reinen Quinten. Man ist deshalb, um die Reinheit der Octaven zu erhalten, genöthigt, in der Musik die Töne etwas höher oder tiefer zu stimmen, als es die reinen Terzen oder Quinten verlangen; man muß, wie die Musiker sagen, den Ton etwas oberhalb oder unterhalb schweben lassen. Diese Ausgleichung nennt man die Temperatur. Bei der gleichschwebenden

Temperatur werden die Intervalle der 12 halben Töne einer Octav einander gleich, also $= \sqrt[12]{2}$ gemacht.

Wenn unser Ohr empfindlicher wäre, so würde es durch die erwähnte Unreinheit der Terzen und Quinten unangenehm afficirt werden, es würde kaum ein musikalischer Genuß möglich sein.

Nach den Bezeichnungen, welche wir in diesem Paragraphen kennen gelernt haben, können wir nun auch die verschiedenen Töne benennen, welche eine und dieselbe Röhre giebt. Die Obertöne einer gedeckten Pfeife sind diejenigen, deren Schwingungszahl ein ungerades Vielfaches von der Schwingungszahl des Grundtones, also 3mal, 5mal u. s. w. größer ist; also die Quint der Octav, welche auch die Duodecime genannt wird, die große Terz der zweiten Octav u. s. w.

In die Reihe der Obertöne einer offenen Pfeife gehören aber alle Töne, deren Schwingungszahl ein ganzes Vielfaches von der Schwingungszahl des Grundtones ist, also die Töne, deren Schwingungszahl 2mal, 3mal, 4mal, 5mal, 6mal u. s. w. größer ist, also die Octav des Grundtones, die Quint der Octav, die zweite Octav, die große Terz der zweiten Octav, die Quint der zweiten Octav u. s. w.

109 **Schwingungszahl der musikalischen Töne.** Aus Gleichung 2) Seite 187 ergiebt sich

$$z = \frac{n}{\lambda},$$

wir finden also die Schwingungszahl eines Tones, wenn wir seine Fortpflanzungsgeschwindigkeit durch seine Wellenlänge (in demselben Mittel) dividiren.

Für Luft ist, wie wir in §. 103 gesehen haben, $n = 1050$, wir haben also

$$z = \frac{1050}{\lambda}.$$

Die Wellenlänge eines Tones in der Luft ist aber nach §. 105 gleich der 4fachen Länge der gedeckten Pfeife, welche ihn (als ihren Grundton) giebt.

Der tiefste Ton, welcher in der Musik zur Anwendung kommt, ist der Grundton einer gedeckten 16,4 Fuß langen Orgelpfeife. Für diesen Ton ist also $\lambda = 65,6$ Fuß, also seine Schwingungszahl

$$z = \frac{1050}{65,6} = 16.$$

Im Ganzen umfaßt die Musik 9 Octaven. Der erwähnte tiefste Ton einer 16füßigen gedeckten Pfeife wird mit $\underline{\underline{C}}$ oder bequemer mit C_{-3} bezeichnet.

Da dieser Ton nun 16 Schwingungen in der Secunde macht, so ist Folgendes die Schwingungszahl der auf einander folgenden Octaven dieses Tones:

Das Subcontra *C*	C_{-3} . . .	16
Das Contra *C*	C_{-2} . . .	32
Das große *C*	C_{-1} . . .	64
Das kleine *C*	c_0	128
Das eingestrichene *C* . . .	c_1	256
Das zweigestrichene *C* . .	c_2	512
u. s. w.		

Es ist hier die Bezeichnung c_1, c_2 u. s. w. statt der sonst gebräuchlichen $\bar{c}, \bar{\bar{c}}$ u. s. w. gesetzt, welche für höhere Octaven wegen der vielen horizontal über einander zu setzenden Striche unbequem wird.

Mit unseren Noten werden die Töne folgendermaßen bezeichnet:

Das sogenannte Stimmgabel-*a* ist das *a* der eingestrichenen Octave, also a_1 und seine Schwingungszahl also $256 . \frac{5}{3} = 427$. In den meisten Orchestern aber wird die Stimmung der Instrumente höher getrieben und zwar so, daß man für das Stimmgabel-*a* einen Ton von 430, 440, ja sogar von 744 Schwingungen in der Secunde nimmt.

Zweites Capitel.

Gesetze der Schwingungen und Töne fester Körper.

110 **Gespanute Saiten.** Wenn eine gespannte Saite auf irgend eine Weise, sei es durch Anschlag, durch Zupfen oder durch Streichen mit dem Fiedelbogen aus ihrer Gleichgewichtslage gebracht wird, so geräth sie in den Zustand stehender Schwingungen. Der einfachste Fall ist der, daß die Saite der ganzen Länge nach schwingt, wie es Fig. 205 dargestellt ist. Alle Theilchen befinden

Fig. 205.

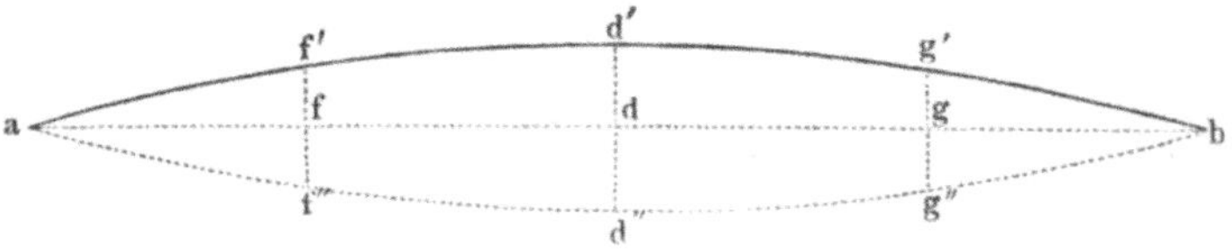

sich gleichzeitig auf der einen und dann wieder auf der anderen Seite der Gleichgewichtslage, sie erreichen gleichzeitig das Maximum der Entfernung von der Gleichgewichtslage auf der einen Seite, sie passiren dann gleichzeitig die Gleichgewichtslage, um danach gleichzeitig an der Gränze ihrer Bahnen auf der anderen Seite anzukommen. Dieser Schwingungszustand einer gespannten Saite wird unter anderen hervorgebracht, wenn man sie nahe an einem ihrer Endpunkte mit einem Fiedelbogen streicht; die Saite giebt alsdann ihren Grundton.

Während alle Theilchen einer gespannten Saite, welche im Zustand stehender Schwingungen sich befindet, ihre Oscillationen vollkommen gleichzeitig ausführen, ist die Amplitude dieser Oscillationen für verschiedene Theilchen sehr ungleich. Für den eben betrachteten Fall ist die Schwingungsamplitude am größten für die Mitte der Saite. Diejenigen Stellen gespannter Saiten, für welche die Oscillationsamplitude am größten ist, (dd' Fig. 205), werden Bäuche genannt.

Die Obertöne der gespannten Saite entstehen, wenn sie sich in mehrere für sich oscillirende Abtheilungen theilt, welche durch ruhende Stellen, durch Schwingungsknoten von einander getrennt sind. Solche Schwingungsknoten lassen sich an gespannten Saiten unter anderen dadurch hervorbringen, daß man an geeigneter Stelle einen Steg anbringt. Setzt man z. B., wie dies Fig. 206 erläutert, den Steg so, daß durch ihn die ganze Saitenlänge in zwei Theile ge-

Fig. 206.

theilt wird, welche sich verhalten wie 1 zu 2, daß also das kleinere Stück $^1/_3$, das größere $^2/_3$ der ganzen Saitenlänge beträgt, so entsteht, wenn man das kleinere Stück mit dem Fiedelbogen streicht, in der Mitte des längeren Saitenstücks bei *n* ein Schwingungsknoten, während sich ein Bauch bei *v*, ein zweiter bei *v'* bildet. Der Knoten läßt sich dadurch nachweisen, daß man an verschiedenen Stellen der Saite leichte Papierreiterchen aufsetzt, welche überall sonst abgeworfen werden, während sie auf den Knotenpunkten sitzen bleiben.

Wenn man den Steg so setzt, daß durch ihn die Saite in zwei Theile getheilt wird, von denen der kleinere $^1/_4$ von der ganzen Länge der Saite ist, so bilden sich, wenn man diesen kleineren Theil mit dem Fiedelbogen anstreicht, im größeren zwei Knoten und drei Bäuche ꝛc.

Klangfiguren. In Platten, Glocken ꝛc. lassen sich ebenfalls stehende Schwingungen hervorbringen. Um Platten vibriren zu machen, kann man die 111

Fig. 207.

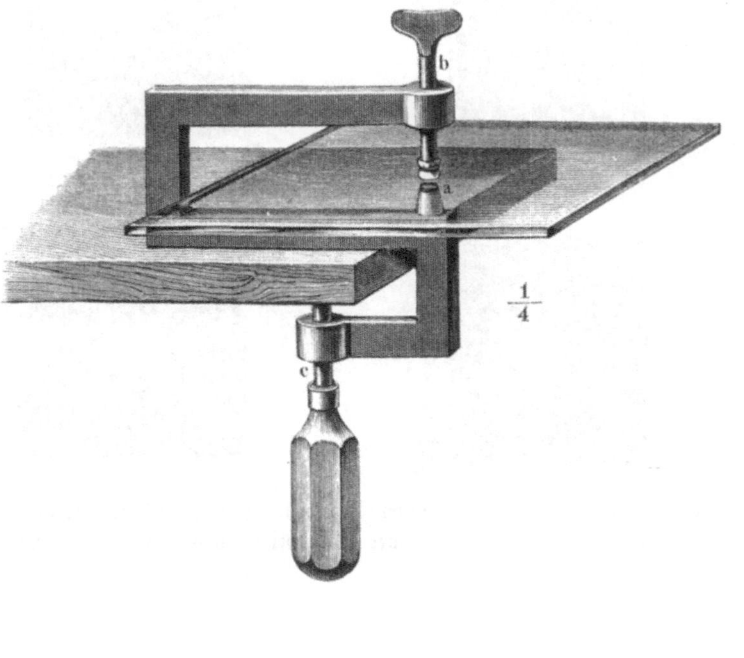

Zange, Fig. 207 (a. v. S.), anwenden, welche an einen Tisch angeschraubt wird. Die Platte wird zwischen den kleinen Kegel *a* und die Schraube *b* gebracht, welche beide mit einem Stückchen Kork oder Leder endigen. Wenn die Platte gehörig festgeschraubt ist, kann man die Vibrationen durch Anstreichen mit dem Fiedelbogen hervorbringen.

Man kann auf diese Weise Platten von Holz, Glas, Metall u. s. w. in Schwingungen versetzen, sie mögen nun dreieckig, viereckig, rund, elliptisch u. s. w. sein. Die vibrirenden Platten erzeugen ebenso wie die vibrirenden Saiten Töne, welche bald höher, bald tiefer sind. Man beobachtet ferner, daß sich die Platte für jeden dieser Töne in mehrere für sich schwingende Flächenstücke theilt, welche durch Ruhelinien oder Knotenlinien getrennt sind. Im Allgemeinen wird die Ausdehnung der schwingenden Theile um so kleiner, die Knotenlinien werden also um so zahlreicher, je höher der Ton wird.

Um die Existenz dieser Knotenlinien nachzuweisen, streut man auf die obere Fläche der Tafel feinen trockenen Sand, welcher während des Tönens in die Höhe hüpft und niederfällt und sich endlich an den Knotenlinien anhäuft. Auf diese Weise entstehen die sogenannten Klangfiguren, deren Erfinder Chladni ist.

Mit derselben Platte lassen sich, wie schon bemerkt, eine Menge verschiedener Figuren erzeugen, je nachdem man an verschiedenen Stellen des Randes mit dem Fiedelbogen streicht, während man andere Stellen des Randes mit dem Finger berührt. Fig. 208 bis Fig. 211 zeigen einige Klangfiguren quadrati-

Fig. 208.

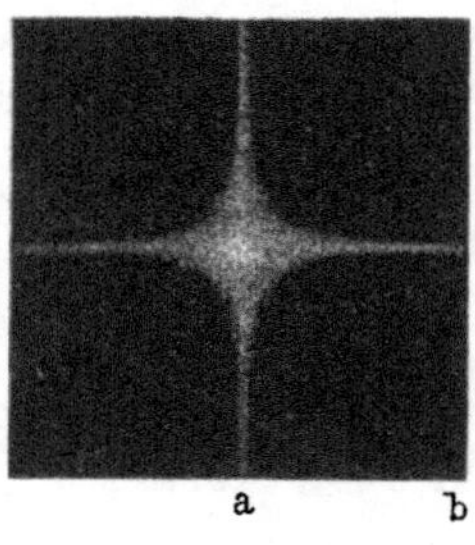

Fig. 209.

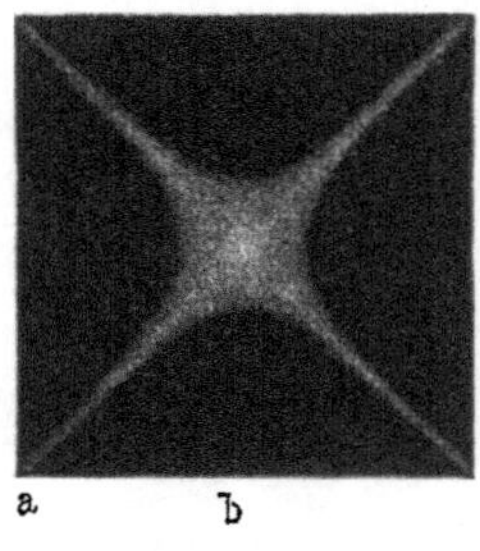

Fig. 210.

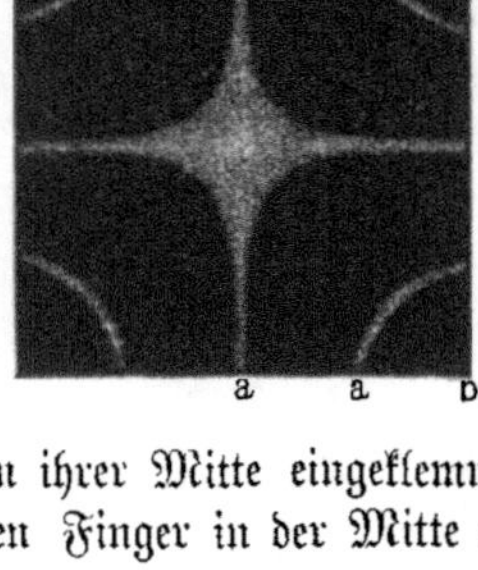

Fig. 211.

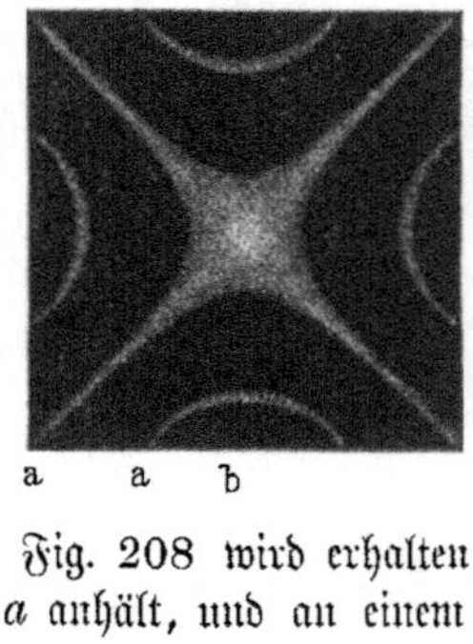

scher, in ihrer Mitte eingeklemmter Scheiben. Fig. 208 wird erhalten, wenn man den Finger in der Mitte einer Seite bei *a* anhält, und an einem Eck bei

b mit dem Fiedelbogen streicht. Streicht man dagegen in der Mitte einer Seite b, Fig. 209, während man das Eck bei a mit einem Finger berührt, so erhält man ein durch die beiden Diagonalen der Platte gebildetes Kreuz. Die Figuren 210 und 211 erhält man, wenn man an der mit b bezeichneten Stelle streicht und an die beiden mit a bezeichneten Punkte einen Finger anhält.

Gerade so wie ebene Platten, so theilen sich auch Glocken beim Tönen in einzelne vibrirende, durch Knotenlinien getrennte Abtheilungen.

Töne gespannter Saiten. Die wichtigsten Gesetze der Schwingungen gespannter Saiten sind folgende: 112

1) Die Schwingungszahl einer Saite verhält sich umgekehrt wie ihre Länge, d. h. wenn eine Saite, die auf irgend ein Instrument, wie eine Violine, eine Guitarre u. s. w., aufgespannt ist, in einer gegebenen Zeit eine bestimmte Anzahl von Schwingungen macht, so macht sie in derselben Zeit 2-, 3-, 4mal u. s. w. so viel Schwingungen, wenn man bei unveränderter Spannung nur $^1/_2$, $^1/_3$, $^1/_4$ u. s. w. der ganzen Länge schwingen läßt.

2) Die Zahl der Schwingungen einer Saite ist der Quadratwurzel aus den spannenden Gewichten proportional, d. h. wenn das Gewicht, welches die Saite spannt, 4-, 9-, 16mal so groß gemacht wird, während die Länge unverändert bleibt, so wird die Geschwindigkeit der Schwingungen 2-, 3-, 4mal so groß.

3) Die Schwingungszahlen verschiedener Saiten desselben Stoffes verhalten sich umgekehrt wie ihre Dicke. Wenn man z. B. zwei Stahlsaiten von gleicher Länge nimmt, deren Durchmesser sich wie 1 zu 2 verhalten, so wird die dünnere bei gleicher Spannung in derselben Zeit doppelt so viel Schwingungen machen als die dickere. Für Darmsaiten ist dieses Gesetz wohl nicht immer genau wahr, weil das Material derselben nicht immer hinlänglich gleich ist.

Bezeichnet man mit z die Schwingungszahl einer Saite (d. h. die Anzahl der Schwingungen, welche sie in einer Secunde macht), so ist demnach

$$z = \frac{A}{l \,.\, d} \sqrt{s},$$

wenn A ein constanter Factor, l die Länge, d der Durchmesser und s die Spannung der Saite bezeichnet. Der Factor A ändert sich mit der Substanz.

Um die wichtigsten Gesetze der Oscillationen der gespannten Saiten und ihrer Töne durch den Versuch nachzuweisen, bedient man sich eines Instrumentes, welches reine Töne giebt und welches erlaubt, die Länge der Saiten mit Genauigkeit zu messen. Dieses Instrument heißt **Monochord**, obgleich es in der Regel mit mehr als einer Saite versehen ist. Fig 212 (a. f. S.) stellt ein solches Monochord mit zwei Saiten dar.

Die beiden Saiten sind über einen Kasten ausgespannt, der aus vier starken Seitenbrettern besteht, auf welche oben ein **Resonanzboden**, d. h. ein ganz dünnes Brett von Tannenholz, geleimt ist, dessen Bedeutung später erläutert werden wird. Die beiden Stege a und b begränzen den frei schwingenden Theil der Saiten. Die eine derselben wird durch die Gewichte *P* gespannt, die andere dagegen durch den Stimmstock *s*.

Fig. 212.

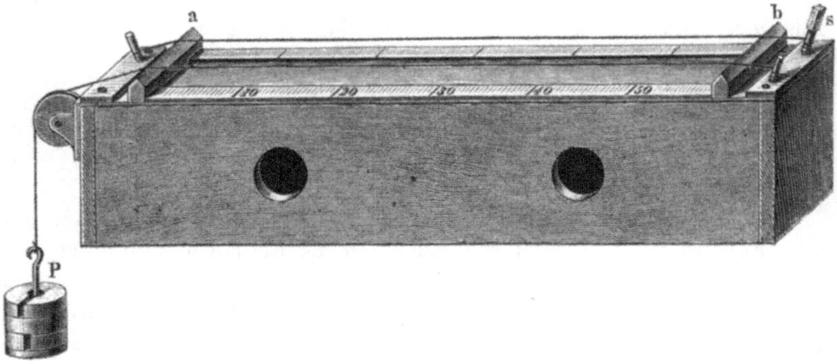

Betrachten wir zuerst den Zusammenhang, welcher zwischen der Spannung der Saite und der Tonhöhe besteht.

Wenn die Saite durch ein Gewicht $P = 1000$ (etwa 1000 Gramm) gespannt einen bestimmten Ton giebt, den wir mit *c* bezeichnen wollen, so muß man

das Gewicht 1562,5 anhängen, um die große Terz,
„ „ 2250 „ „ „ Quint,
„ „ 4000 „ „ „ Octav

von *c* zu erhalten. Nun verhalten sich aber die Zahlen 1000 : 1562,5 : 5250 : 4000 zu einander wie $1 : \frac{25}{16} : \frac{9}{4} : 4$, oder wie die Quadrate von $1 : \frac{5}{4} : \frac{3}{2} : 2$, wodurch der Satz unter Nr. 2 bewiesen ist.

Um das Gesetz unter Nr. 1 experimentell zu bestätigen, ist es bequemer, die zweite Saite anzuwenden. Man kann dieselbe entweder ihrer ganzen Länge nach oder nur einen Theil ihrer Länge schwingen lassen, indem man den beweglichen Steg, Fig. 213, unter eine bestimmte Stelle der Saite hinschiebt und durch Aufdrücken des Deckels *pp* ein entsprechendes Stück der Saite abgränzt.

Fig. 213.

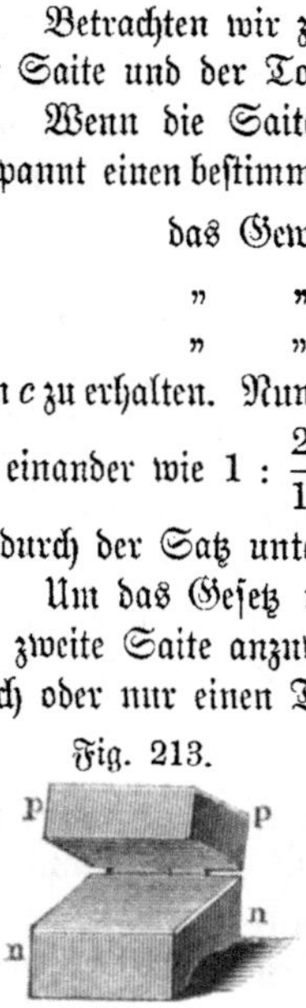

Von dem Grundton, welchen die Saite giebt, wenn man sie ihrer ganze Länge nach schwingen läßt, erhält man:

die große Terz, wenn der frei schwingende Theil $^4/_5$,
die Quint, „ „ „ „ „ $^2/_3$,
die Octav, „ „ „ „ „ $^1/_2$

der ganzen Saitenlänge beträgt.

113 Gesetze der Vibrationen von Streifen und Stäben.

Unter elastischen Stäben verstehen wir starre Körper von solcher Form, daß ihre

Länge bedeutend vorherrscht gegen ihre Breite und Dicke, welche aber doch noch breit und dick genug sind, um auch ohne Spannung zu vibriren und zu tönen.

Die Schwingungsweise und die Töne elastischer Stäbe hängen wesentlich davon ab, auf welche Weise sie befestigt sind. Seiner ganzen Länge nach, ohne Schwingungsknoten kann ein elastischer Stab schwingen, wenn er am einen Ende befestigt, am anderen frei ist. Diese Schwingungsweise erläutert am einfachsten ein Stahlstreifen (etwa ein Stück eines Sägeblattes), welcher in der Weise in einen Schraubstock eingeklemmt ist, wie Fig. 214 zeigt. Dieser Art sind auch die Schwingungen, welche jeder der beiden Schenkel einer tönenden Stimmgabel macht.

Legt man einen Stahlstab, wie Fig. 215 zeigt, über zwei gespannte Schnüre, so giebt er, mit einem hölzernen Hämmerchen angeschlagen, einen vollen Ton; dabei theilt sich der Stab so in vibrirende Abtheilungen, wie Fig. 216 andeutet. Jeder der beiden Schwingungsknoten ist um $^1/_5$ der ganzen Stablänge von dem einen Stabende entfernt. Die Lage dieser Schwingungsknoten kann man durch Sand zeigen, welchen man auf den Stahlstab streut.

Fig. 214.

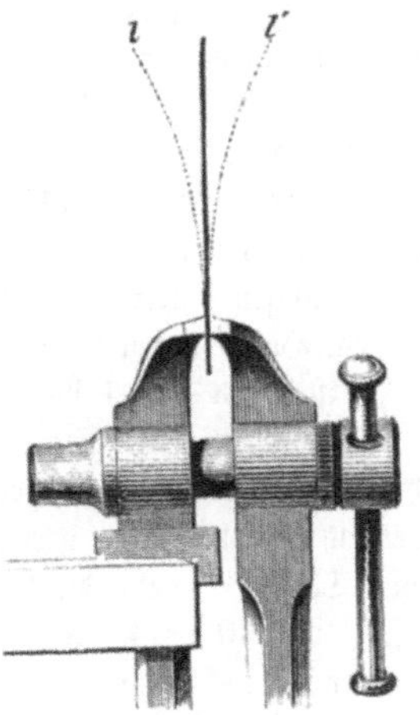

Fig. 215.

Fig. 216.

Nach diesem Principe ist auch die bekannte Glasharmonika construirt.

Für Stäbe, welche in gleicher Weise vibriren, ist die Schwingungszahl dem Quadrate der Stablänge umgekehrt und der Dicke (in der Richtung der Vibrationen) direct proportional, während die Breite des Stabes für die Tonhöhe ohne Einfluß ist. Für die Schwingungszahl elastischer Stäbe und Platten haben wir also die Gleichung

$$z = C \frac{e}{l^2},$$

wenn e die Dicke und l die Länge des Stabes oder der Platte bezeichnet, während C ein constanter Factor ist, welcher für verschiedene Substanzen verschiedene Werthe hat und welcher außerdem davon abhängt, wie der vibrirende Körper durch Schwingungsknoten abgetheilt ist, ob er also seinen Grundton oder einen seiner Obertöne giebt.

114 **Longitudinalschwingungen der Saiten und Stäbe.** Wir haben bisher nur die Querschwingungen der Saiten und Stäbe betrachtet; dieselben können aber auch ihrer Länge nach schwingen, ganz ähnlich wie die in einer Röhre eingeschlossene Luftsäule. Solche Längenschwingungen kann man dadurch erzielen, daß man eine gespannte Saite unter sehr spitzem Winkel mit einem Fiedelbogen streicht oder eine Glasröhre mit nassen Fingern oder einem nassen Tuche der Länge nach reibt.

Hält man z. B. eine Glasröhre von etwa 2 Meter Länge, welche einen Durchmesser von 2 bis $2^1/_2$ Centimeter hat, in der Mitte mit der linken Hand fest, während man die eine Hälfte derselben mit einem in der rechten Hand gehaltenen nassen Tuche reibt, so wird man einen Ton hören, den man mit einiger Geschicklichkeit leicht rein und voll erhalten kann. Die Schwingungen, welche man auf diese Weise erzeugt, sind offenbar Longitudinalschwingungen. Durch schnelleres Reiben und stärkeren Druck kann man außer dem Grundton des Stabes auch noch höhere Töne erzeugen.

Man erhält dieselben Resultate mit langen cylindrischen und prismatischen vollen Glasstäbchen, mit Röhren und Stäben von Holz und Metall; bei den letzteren wendet man aber statt des nassen Tuches ein mit Harz bestreutes Tuch an.

Zur Hervorbringung von Longitudinalschwingungen hölzerner Stäbe kann man den Apparat Fig. 217 anwenden. In einem Holzklotz von entsprechender Größe sind mehrere Holzstäbchen von 1 bis 2 Linien Dicke eingeleimt. Streicht man diese Stäbchen von oben nach unten fahrend zwischen zwei Fingern, mit denen man vorher etwas Colophonium gerieben hat, so entstehen reine volle Töne. Gesetzt, die Länge der Stäbchen verhielte sich wie 30 : 24 : 20 : 15, so geben sie den Grundton, seine große Terz, seine Quint und seine Octav. Die Schwingungszahlen zweier Stäbe desselben Materials verhalten sich also wie ihre Längen.

Fig. 217.

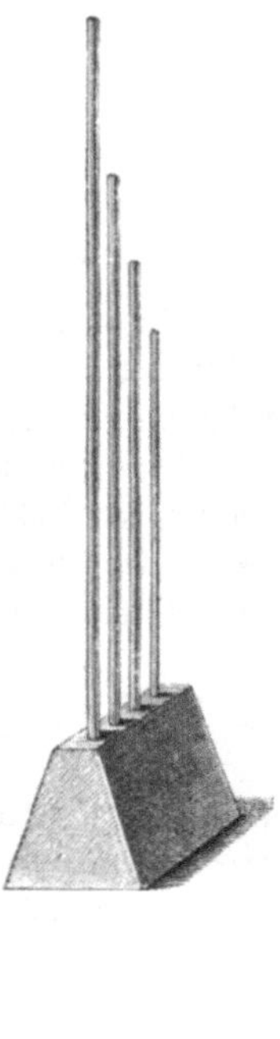

Stäbe, welche in der Mitte festgehalten, an beiden Enden aber frei sind, verhalten sich wie offene, Stäbe dagegen, welche an einem Ende befestigt sind, wie die in Fig. 217, verhalten sich wie gedeckte Pfeifen.

Der tiefste Longitudinalton, welchen ein Stab von Tannenholz giebt, wenn er auf die in Fig. 217 dargestellte Weise befestigt ist, ist derselbe wie der Grundton einer 16 mal kürzeren gedeckten Pfeife. Es folgt daraus, daß die Fortpflanzungsgeschwindigkeit des Schalles in Tannenholz 16 mal so groß ist, als in Luft. In gleicher Weise läßt sich auch die Fortpflanzungsgeschwindigkeit des Schalles in anderen festen Körpern ermitteln. Man hat nur die Länge eines Stabes, welcher longitudinal schwingend einen bestimmten Ton giebt, zu vergleichen mit der Länge einer gedeckten Pfeife von gleicher Tonhöhe.

Zungenpfeifen. Wenn ein Luftstrom aus einer Oeffnung hervordringt, welche durch die Vibrationen eines elastischen Körpers in regelmäßigen Intervallen geschlossen und wieder geöffnet wird, so entsteht ein unter günstigen Umständen voller und reiner Ton. Bei jedem Freiwerden der Oeffnung nämlich entsteht ein Luftstoß, welcher eine Verdichtungswelle erzeugt. Solche Instrumente nun, durch welche nach diesem Princip Töne erzeugt werden, nennt man Zungenwerke. 115

Die einfachste Form der Zungen wird durch Fig. 218 erläutert. In der Mitte einer Messingplatte aa, welche in Fig. 218 A perspectivisch, in Fig. 218 B aber im Durchschnitt dargestellt ist, befindet sich eine rectanguläre Oeff-

Fig. 218.

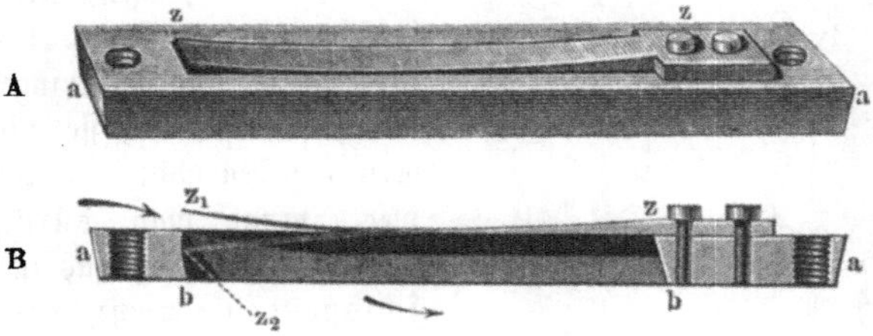

nung bb, welche durch ein elastisches Metallblättchen zz bedeckt wird. In ihrer Ruhelage sowohl wie in der Lage zz_2, Fig. 218 B, wird die Oeffnung durch die Zunge geschlossen, während sie frei ist, wenn die Zunge in der Lage zz_1 ist.

Wenn nun die Messingplatte aa die untere Gränzfläche eines geschlossenen Raumes bildet, in welchem durch Einblasen die Luft verdichtet wird, so übt die verdichtete Luft einen Druck auf die Zunge aus, durch welchen die Vibrationen derselben eingeleitet werden; so oft aber die oscillirende Zunge in die Lage zz_1 kommt, dringt in der Richtung des Pfeils ein Luftstoß durch die frei gewordene Oeffnung hervor, und so entsteht ein Ton, welcher von der Schwingungsdauer der federnden Zunge abhängt.

Zungen der eben beschriebenen Art sind es, welche die Töne der Mundharmonika, der Blasbalgharmonika und der Physharmonika geben.

Hierher gehören auch die Zungenwerke unserer Orgeln, deren Einrichtung durch Fig. 219 u. Fig. 220 (a. f. S.) erläutert wird. In dem durchbohrten hölzernen Stopfen s, Fig. 220, ist unten eine Rinne r von Messingblech befestigt, deren Querschnitt ungefähr einen Halbkreis bildet, und welche den Namen Canile führt. Oben ist diese Rinne offen, unten ist sie geschlossen und ihre seitliche Oeffnung wird durch die elastische Platte l bedeckt, welche bei ihren Vibrationen auf die Ränder der Rinne aufschlagend dieselbe vollständig verschließt und dann wieder zurückschwingend einen Luftstrom in die Canile eintreten läßt.

Der Stopfen *s* mit der Canile *r* und der Zunge *l* wird nun in das kurze Rohr *pp* eingesetzt, in welches man von unten her den Wind einblasen kann. Sobald dies geschieht, beginnt die Zunge *l* zu vibriren, es wird also in den durch die Zunge bedingten Intervallen ein Luftstrom aus dem Innern der Röhre *p* durch die Canile und die Höhlung *v* hervordringen, um dann sogleich wieder unterbrochen zu werden. Durch dieses stoßweise Vordringen des Luftstroms aus der Höhlung *v* wird nun der Ton erzeugt, zu dessen Verstärkung man noch ein kegelförmiges Rohr, den Schallbecher, aufsetzt, wie man es in Fig. 219 sieht.

Fig. 219.

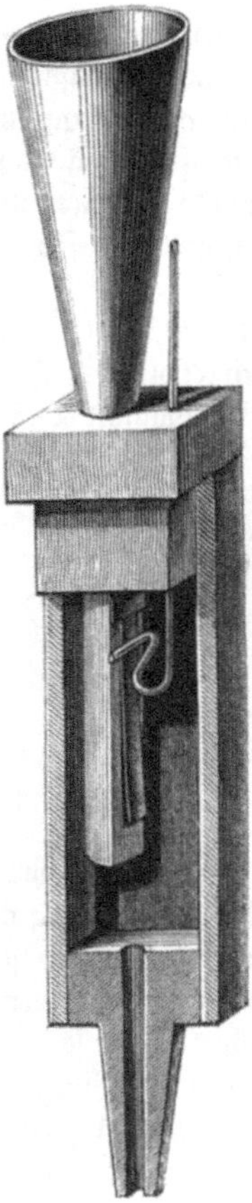

Fig. 220.

Solche Zungen, welche wie die in Fig. 218 und Fig. 219 dargestellten etwas kleiner sind als die zugehörige Oeffnung, so also, daß sie mit den Rändern derselben nicht in Berührung kommen, nennt man durchschlagende Zungen, im Gegensatz zu den aufschlagenden, welche, wie die Zunge Fig. 220, bei jeder Oscillation auf den Rahmen schlagen. Die aufschlagenden Zungen werden ihres rasselnden Tones wegen selten mehr gebraucht.

Durch Aufziehen oder Niederdrücken des Stimmdrahtes *d*, dessen unteres horizontal gebogenes Ende die Zunge gegen die Canile andrückt, kann man die Länge des vibrirenden Theils der Zunge vergrößern oder verkleinern und dadurch die Tonhöhe abändern.

Wenn gar kein Schallbecher oder doch nur eine kurze Röhre auf das Zungenwerk aufgesetzt ist, so hängt die Schwingungsgeschwindigkeit der Zunge, also der Ton, den sie giebt, nur von ihrer Elasticität und von ihren Dimensionen ab; wenn aber eine lange Röhre aufgesetzt wird, so modificirt diese den Ton wesentlich; die Bewegung der Zunge hängt dann mehr von der Bewegung der in der langen Pfeife hin und her laufenden Luftwellen als von ihrer eigenen Elasticität ab; sie wird also eigentlich mehr geschwungen als sie selbst schwingt.

Eine zweite Art der Zungenwerke besteht aus membranösen elastischen Platten, welche die beiden Lippen eines schmalen Spaltes bilden und welche durch ihre Oscillationen den Spalt abwechselnd öffnen und schließen. Eine solche membranöse Zungenpfeife läßt sich am einfachsten in folgender Weise herrichten. Von einer Röhre dünnen vulkanisirten Kautschuks, welche $1/2$ bis $3/4$ Zoll weit ist, schneide man ein $1^1/_2$ bis 2 Zoll langes Stück ab und befestige es am Ende eines Glasrohres von entsprechender Weite, wie man Fig. 221 sieht. Wenn man nun die Kautschukröhre an ihrem oberen Ende an zwei gegenüberliegenden Punkten faßt und auseinanderzieht, so bildet sich eine Ritze, wie sie unsere Figur zeigt, deren Ränder von Kautschuk sind, und wenn man dann unten in das Rohr hineinbläst, so erhält man einen Ton, der um so höher wird, je stärker die beiden Lippen angespannt werden. Man kann dabei ganz deutlich die Vibrationen der beiden Kautschuklippen sehen, welche die Ritze bilden.

Fig. 221.

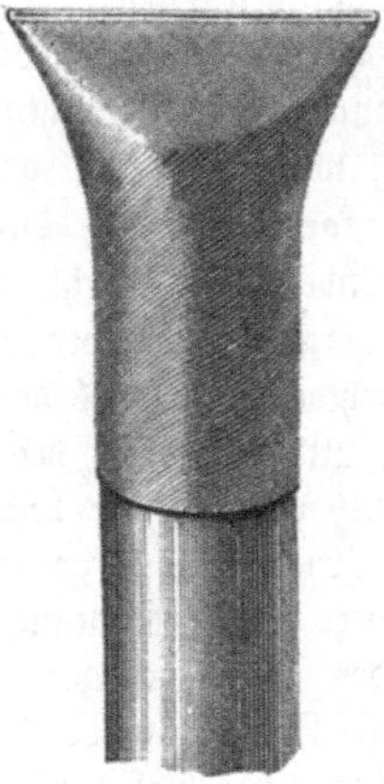

116 **Stösse und Combinationstöne.** Wenn zwei einander sehr nahestehende, aber doch nicht ganz isochrone Töne unser Ohr treffen, so vernehmen wir ein periodisch abwechselndes Anschwellen und Nachlassen des Tones, welches man das Schweben der Töne nennt. Scheibler hat für diese Erscheinung die Bezeichnung der Stöße (battement) eingeführt.

Man hört diese Stöße sehr deutlich, wenn man gleichzeitig zwei Orgelpfeifen tönen läßt, welche sehr nahe unisono sind. Auch mit zwei Stimmgabeln, welche einer reinen Consonanz sehr nahe stehen, lassen sich die Stöße deutlich wahrnehmen. Besonders geeignet zur Nachweisung der Stöße sind solche Stimmgabeln, welche in der Figur 222 dargestellten Weise auf consonirenden Kästchen aufgesetzt sind. Hat man zwei solcher Stimmgabeln, welche vollkommen unisono sind, neben einander gestellt, so braucht man nur die eine mit etwas Wachs zu beschweren, um die Stöße sehr deutlich hörbar zu machen, wenn beide Stimmgabeln durch Anstreichen mit dem Fiedelbogen gleichzeitig zum Tönen gebracht werden.

Fig. 222.

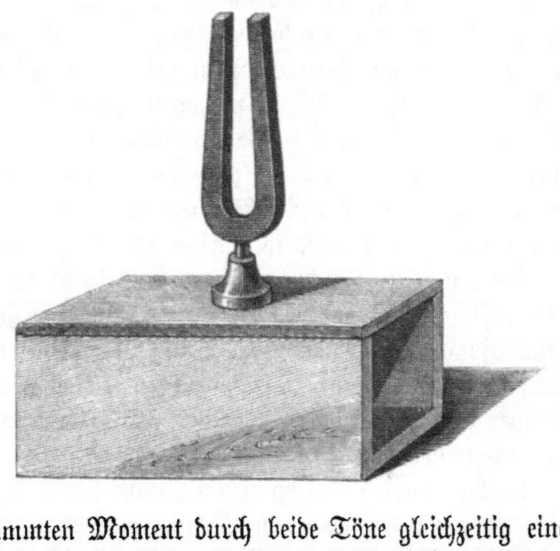

Der Grund dieser Erscheinung ist leicht einzusehen. Wenn in einem bestimmten Moment durch beide Töne gleichzeitig eine Verdichtung hervorgebracht wird, so wird dieses Zusammenfallen bald aufhören, und nach einiger Zeit wird gleichzeitig eine Verdünnung des einen Tones mit einer Verdichtung des anderen stattfinden. Wenn aber die Verdichtungen des einen Tones gerade mit denen des anderen zusammenfallen, so verstärken sie sich gegenseitig; sie heben sich aber gegenseitig auf, wenn die Verdichtungen des einen mit den Verdünnungen des anderen zusammentreffen.

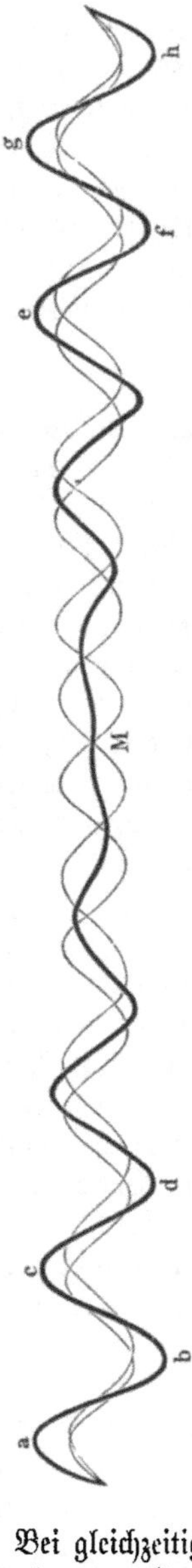

Fig. 223.

Wie bald Verdichtung mit Verdichtung und Verdünnung mit Verdünnung und dann wieder Verdichtung mit Verdünnung zusammentreffen, wenn zwei nicht ganz isochrone Töne zusammenwirken, kann man sich durch zwei nicht ganz isochron schwingende Pendel recht anschaulich machen; am deutlichsten ergiebt sich aber das abwechselnde Anschwellen und Abnehmen des Tones durch graphische Darstellung. In Fig. 223 sollen die beiden schwach gezogenen Curven die Wellensysteme der beiden nicht isochronen Töne darstellen. Die Wellenberge entsprechen den Verdichtungen, die Thäler den Verdünnungen. Summirt man die Ordinaten der beiden Curven, so erhält man für jeden Moment die Intensität der Verdünnung oder Verdichtung, mit welcher beide Wellensysteme zusammen das Ohr afficiren; auf diese Weise ist die stark gezogene Curve construirt; bei *a*, *b*, *c*, *d*, *e*, *f*, *g* und *h* werden durch das Zusammenwirken beider Wellensysteme verstärkte Verdichtungen und Verdünnungen, also ein Anschwellen des Tones hervorgebracht. In der Nähe von *M* aber, wo sich die beiden Wellensysteme fast ganz aufheben, ist die resultirende Curve ganz flach, was einem Nachlassen des Tones entspricht.

Wenn zwei musikalische Töne von verschiedener Höhe gleichzeitig, kräftig und gleichmäßig anhaltend erklingen, so hört man häufig noch andere Töne mit, deren Tonhöhe von dem Intervall der beiden primären Töne abhängt. Diese, unter dem Namen der Combinationstöne bekannten Töne sind 1740 zuerst von Sorge entdeckt, und später durch Tartini, nach welchem sie auch die Tartini'schen Töne genannt werden, allgemeiner bekannt geworden.

Die Schwingungszahl eines Combinationstones ist stets gleich der Anzahl von Stößen, welche die beiden primären Töne mit einander geben, sie ist also gleich der Differenz der Schwingungszahlen der primären Töne, weshalb Helmholtz sie auch Differenztöne nennt.

So hört man die nächst tiefere Octave eines Tones mit, wenn gleichzeitig noch seine Quinte erklingt.

Bei gleichzeitigem Ertönen von Grundton und Quart hört man die tiefere Duodecime des Grundtones mit.

Grundton und große Terz geben einen Combinationston, welcher um zwei Octaven tiefer ist als der Grundton u. s. w. Es geben also

c_1 und g_1 den Combinationston c
c_1 und f_1 „ „ F
c_1 und e_1 „ „ C.

Nach Thomas Young ist die Erklärung der Combinationstöne auf die bereits in diesem Paragraphen besprochenen Schwebungen zurückzuführen, indem der Gesammteindruck der Stöße, welche zu schnell sind, um einzeln unterschieden zu werden, als ein eigener Ton hörbar wird, dessen Schwingungszahl gleich ist der Anzahl jener Stöße. Fig. 224 erläutert wie die nächst tiefere Octave des Grundtones als Combinationston mitklingt, wenn neben dem Grundton noch seine Quint ertönt. Die mittlere Punktenreihe stellt nämlich die auf einander folgenden Verdichtungsstöße des Grundtones, die obere Punktenreihe stellt

Fig. 224.

die seiner Quint dar. Nun aber fällt jedesmal der zweite Stoß der mittleren Reihe mit einem Stoße der oberen zusammen, und so werden die verstärkten Stöße in solchen Intervallen hervorgebracht, wie man in der unteren Reihe sieht; diese stellt aber die nächst tiefere Octave des Tones der mittleren Reihe dar.

Fig. 225.

In gleicher Weise erläutert Fig. 225 die Bildung des Combinationstones, wenn neben dem Grundton noch seine Quart erklingt.

Mittheilung der Schallschwingungen zwischen festen, flüssigen und luftförmigen Körpern. 117 Wenn mehrere feste Körper unter einander zu einem Ganzen verbunden sind, so verbreiten sich die von einem Theile dieses Systems ausgehenden Vibrationen mit der größten Leichtigkeit als fortschreitende Wellen über die ganze Masse; an der Gränze angekommen, gehen nun aber die Wellen nur theilweise in das angränzende Mittel, einen luftförmigen oder flüssigen Körper, über, theilweise aber werden sie reflectirt, und durch die Interferenz der reflectirten Wellen mit den neu ankommenden bilden sich in den einzelnen Theilen des festen Systems stehende Schwingungen. Ein solches System bildet ein Ganzes, welches, wenn ein Punkt in Schwingungen versetzt wird, sich in einzelne schwingende Theile abtheilt, die durch Schwingungsknoten getrennt sind. Jeder einzelne Theil verliert gewissermaßen seine Individualität; seine Verbindung mit den benachbarten Stücken hindert ihn so zu schwingen, wie es geschehen würde, wenn er allein wäre.

Während sich die Schallwellen leicht über ein System von festen Körpern verbreiten, gehen sie nicht so leicht von einem festen Körper auf einen flüssigen, weniger leicht auf einen gasförmigen über; so kommt es denn, daß mancher ziemlich stark vibrirende feste Körper doch nur einen ganz schwachen Ton hören läßt, nur weil er seine Schwingungen der Luft nicht gehörig mittheilen kann. Dies ist z. B. bei der Stimmgabel der Fall, welche, stark angeschlagen und frei in der Luft gehalten, doch nur einen ganz schwachen Ton hören läßt.

Um den Ton eines solchen Körpers zu verstärken, muß man die Mittheilung seiner Schwingungen an die Luft durch Resonanz, d. h. dadurch befördern, daß man die stehenden Schwingungen des tönenden Körpers noch auf einen andern zu übertragen sucht. Ein Mittel dazu, welches darin besteht, die schwach tönenden, aber doch stark vibrirenden Körper vor eine Röhre von entsprechender Länge zu halten und so die Luftmasse in derselben zum Mittönen zu bringen, haben wir schon in §. 105 Seite 190 kennen gelernt.

Ein zweites Mittel, den Ton zu verstärken, besteht darin, den tönenden Körper mit einem anderen leicht in Schwingungen zu versetzenden Körper von verhältnißmäßig großer Oberfläche in Berührung zu bringen. Es bilden sich dann auf diesem, wie schon erwähnt wurde, ebenfalls stehende Schallschwingungen, und diese theilen sich, der großen Oberfläche des mittönenden (resonirenden) Körpers wegen, der Luft leichter mit. Setzt man z. B. die stark angeschlagene, aber in freier Luft schwach tönende Stimmgabel auf einen Kasten von dünnem, elastischem Holze, wie wir ihn in Fig. 222 kennen lernten, so hört man den Ton ungleich stärker. Darauf beruht die Anwendung des Resonanzbodens in verschiedenen musikalischen Instrumenten. Bei Flöten, Orgelpfeifen u. s. w. ist kein Resonanzboden nöthig, weil hier die stehenden Schwingungen einer Luftmasse den Ton geben, und diese sich ganz leicht der umgebenden Luft mittheilen.

So wie Vibrationen fester Körper Schallwellen in der Luft erzeugen, so können auch umgekehrt Schallwellen, die, sich in der Luft verbreitend, einen festen Körper treffen, diesen zum Vibriren bringen. So sieht man z. B. die Saite eines Instrumentes in Schwingungen gerathen, wenn sie von den Schallwellen des Tones, welchen sie selbst giebt, oder eines seiner harmonischen Töne getroffen wird; so zittern die Fensterscheiben heftig unter dem Einfluß gewisser Töne oder des Knalles einer Kanone. Diese Erscheinung, welche man so auffallend an leicht beweglichen Körpern wahrnimmt, findet auch bei größeren Massen und weniger elastischen Körpern Statt; alle Pfeiler und Mauern eines Domes erzittern mehr oder weniger beim Läuten der Glocken.

Drittes Capitel.

Die musikalischen Instrumente, das Stimm- und das Gehörorgan.

Die Blasinstrumente. Die Gesetze, welche wir in den beiden letzten Capiteln kennen gelernt haben, kommen nun bei den verschiedenen musikalischen Instrumenten zur Anwendung, welche in zwei Hauptabtheilungen zerfallen, nämlich 1) solche, bei welchen der Ton durch einen Luftstrom erzeugt wird, die Blasinstrumente, und 2) solche, bei welchen der Ton von den Vibrationen eines festen Körpers herrührt. 118

Die Blasinstrumente selbst zerfallen wieder in zwei Classen. In die erste Classe der Blasinstrumente gehören solche röhrenförmige Vorrichtungen, in welchen die eingeschlossene Luftsäule ganz nach den Gesetzen vibrirt, welche wir in §. 107 kennen lernten, also die offenen und gedeckten Orgelpfeifen, das Flageolett und die Flöte. Auch die Syrinx oder die Pansflöte der Alten gehört in diese Classe.

Während bei der Orgel jeder Pfeife nur ein Ton entspricht, wird bei der Flöte mit demselben Rohr die ganze Tonreihe der chromatischen Tonleiter dadurch erzeugt, daß man durch Oeffnen der entsprechenden Seitenlöcher die Länge der tönenden Luftsäule und die Lage der Schwingungsknoten verändert.

Die Blasinstrumente der zweiten Classe sind diejenigen, welche mit Zungenwerken versehen sind, also z. B. die Mundharmonika, die Blasbalgharmonika (Physharmonika) und die Zungenwerke der Orgeln.

Die beiden erstgenannten Instrumente haben gar kein Ansatzrohr, während der Schallbecher oder das Ansatzrohr der Orgelzungenwerke nur den Zweck hat, den Ton zu verstärken, ohne daß dadurch die Vibrationsgeschwindigkeit der Zunge wesentlich alterirt wird.

Ganz anders verhält es sich mit solchen Instrumenten, deren Zunge aus sehr leicht beweglichem Material (meist aus dünnen Blättchen von italiänischem Rohr) gebildet, sich den Schwingungen der Luftsäule accommodirt, welche in dem Ansatzrohr zum Tönen gebracht wird. Hierher gehört die Oboe, das

Fagott, die Clarinette u. s. w. Das Mundstück der Clarinette wird durch ein vorn schneidenförmig verdünntes, aufschlagendes Rohrblatt gebildet, während das Mundstück des Fagotts und der Oboe aus zwei Rohrblättchen besteht, deren obere schwach gewölbte Enden eine feine Spalte bilden.

Bei der Posaune, dem Horn und der Trompete treten die Lippen des Musikers an die Stelle der beiden Rohrblätter des Oboemundstücks. Das kessel- oder trichterförmige Mundstück des Instruments wird so gegen den Mund gepreßt, daß die vorderen häutigen Theile der Lippen nur noch einen engen Spalt für den Durchgang der Luft lassen. Die Ränder der Lippen gerathen beim Anblasen selbst in Oscillationen, durch welche ein stoßweises Hervorquellen der Anblaseluft bewirkt wird.

Das mehr oder weniger gebogene oder gewundene Rohr dieser Instrumente ist, den Schallbecher abgerechnet, sehr eng im Verhältniß zu seiner Länge, so daß es nie seinen Grundton, sondern nur eine Reihe von Obertönen desselben geben kann.

Bezeichnen wir die Schwingungszahl des Grundtones mit 1, so sind die Schwingungszahlen für seine Obertöne

2, 3, 4, 5, 6, 7, 8, 9, 10 u. s. w.

Für ein dreifüßiges offenes Rohr ist der Grundton B, seine Obertöne sind also

b, f_1, b_1, d_2, f_2, gis_2, b_2, c_3, d_3 u. s. w.

Eine dreifüßige Trompete giebt aber als ihren tiefsten Ton f_1, also den zweiten Oberton, die Duodecime des ihrer Länge entsprechenden Grundtones. Auf diesen Ton folgen dann bei unveränderter Länge des Rohres, bei entsprechend verstärktem Anblasen die weiteren Töne b_1, d_2, f_2 u. s. w., welche den Namen der Naturtöne führen. Erst vom achten Oberton an befolgen dieselben die Tonreihe der diatonischen Tonleiter. Um die größeren Intervalle der tieferen Naturtöne auszufüllen und auch für diese tieferen Tonlagen die nöthigen Zwischentöne zu erhalten hat man an diesen Instrumenten verschiedene Vorrichtungen (Züge, Klappen u. s. w.) angebracht, durch welche man die Länge des Rohres entsprechend abändern kann.

119 **Saiteninstrumente und tönende Platten.** Die Töne gespannter Saiten finden in der Musik eine ebenso vielfache als mannigfache Anwendung. Die Oberfläche der Saiten ist aber viel zu gering, als daß sie selbst bei den lebhaftesten Vibrationen kräftige Schallwellen in der Luft erzeugen könnten, es ist deshalb nöthig, die Vibrationen der Saite auf einen leicht beweglichen festen Körper von größerer Oberfläche zu übertragen, weshalb denn auch der Resonanzboden, wenn auch in sehr verschiedener Gestalt, bei allen Saiteninstrumenten in Anwendung gebracht wird.

Die wesentlichsten Unterschiede unter den Saiteninstrumenten sind durch die Art und Weise bedingt, wie die Saiten in Oscillationen versetzt werden; bei dem Clavier geschieht dies durch Anschlag, bei der Guitarre und der Harfe durch

Zupfen, bei der Violine, dem Violoncello und der Baßgeige geschieht es durch Streichen mit dem Fiedelbogen, weshalb diese letzteren Instrumente auch Streichinstrumente genannt werden.

Metallene Platten und Glocken haben für sich selbst schon eine hinlängliche Oberfläche, um kräftige Schallwellen in der Luft zu erzeugen. Als selbstständige musikalische Instrumente werden sie aber kaum gebraucht, während sie im Orchester verbunden mit anderen Instrumenten von trefflicher Wirkung sind.

Klangfarbe verschiedener musikalischer Instrumente. 120

Der Charakter eines Tones ist bei gleicher Tonhöhe noch abhängig von dem Instrumente, von welchem er herstammt. Leicht unterscheidet man zum Beispiel das a_1, welches auf dem Claviere angeschlagen wird, von dem gleichen Ton der Flöte oder der Trompete. Die Eigenthümlichkeit des Tondcharakters, die Klangfarbe der verschiedenen Instrumente, ist nun dadurch bedingt, daß die wenigsten einfache Töne geben, sondern daß mit dem Grundton meist noch eine Reihe von Obertönen mitklingt. Der Toncharakter eines Instrumentes hängt nun davon ab, welche Obertöne und in welcher Stärke sie den Grundton begleiten.

Einfache Töne, also Klänge ohne Obertöne, werden am einfachsten hervorgebracht, wenn man eine angeschlagene Stimmgabel über eine Resonanzröhre von entsprechender Länge hält. Diese Töne sind ungemein weich und frei von allem Scharfen und Rauhen.

Die Klänge der Flöte stehen den einfachen Tönen sehr nahe, indem sie nur wenige schwache Obertöne haben.

Weite gedeckte Pfeifen geben den Grundton fast ganz rein, engere lassen neben dem Grundton noch die Duodecime (Quint der Octav) hören, weshalb sie auch Quintaten genannt werden.

Weite offene Orgelpfeifen lassen neben dem Grundton noch die Octav, engere lassen noch eine Reihe von Obertönen hören.

Die Obertöne, welche in der Klangmasse gespannter Saiten auftreten, hängen von der Substanz ab, aus welcher sie gemacht sind, von der Art, wie sie ins Tönen gebracht werden u. s. w. Bei guten Clavieren sind die Obertöne bis zum sechsten sehr stark. Bei Streichinstrumenten ist der Grundton verhältnißmäßig kräftiger als bei Clavieren, die ersten Obertöne sind schwächer, die höheren vom sechsten bis zum zehnten dagegen viel deutlicher und verursachen die Schärfe des Klanges der Streichinstrumente.

Geschlagene Metallstäbe und Metallplatten lassen neben dem Grundton eine Reihe sehr hoher unter sich unharmonischer Obertöne anhaltend und in gleichmäßigem Flusse mitklingen und dadurch ist die Eigenthümlichkeit bedingt, welche man als metallische Klangfarbe, als Metallklang bezeichnet.

Durch das Hinzutreten der niederen, harmonischen Obertöne wird der Ton klangvoller, reicher, prächtiger als der Ton einfacher Klänge, durch das Hinzutreten hoher Obertöne aber wird der Klang besonders durchdringend.

121 **Das Stimmorgan.** Es ist bekannt, daß die Luftröhre eine Röhre ist, welche oben mit dem Kehlkopfe, unten in der Lunge endigt; sie bildet den Weg, durch welchen die eingeathmete Luft der Lunge zugeführt und die verbrauchte wieder ausgeathmet wird. Am unteren Ende theilt sie sich in zwei Röhren, die Bronchien, welche sich dann weiter nach allen Seiten hin in das Gewebe der Lunge verzweigen. Das obere Ende der Luftröhre, der Kehlkopf, ist es, welcher das Stimmorgan bildet.

Der Kehlkopf besteht aus vier Knorpeln, welche erst im späteren Alter verknöchern, nämlich dem Ringknorpel, dem Schildknorpel und den beiden Gießkannenknorpeln. Diese Knorpel sind unter sich und mit dem oberen Ringe der Luftröhre verbunden und können durch verschiedene Muskeln auf das Mannigfaltigste bewegt werden. Die innere Wand des Kehlkopfes bildet eine Verlängerung der Luftröhre, die nach oben enger wird, bis zuletzt nur eine von vorn nach hinten gerichtete Spalte, die Stimmritze, übrig bleibt. Die Ränder dieser Stimmritze werden durch die Stimmbänder gebildet. Nach vorn hin sind diese Stimmbänder an dem Schildknorpel, am entgegengesetzten Ende aber ist das eine Stimmband an dem einen, das andere Stimmband an dem anderen Gießkannenknorpel angewachsen, so daß, je nachdem die Knorpel durch die entsprechenden Muskeln mehr einander genähert oder entfernt werden, die Stimmbänder mehr oder weniger gespannt sind und die Stimmritze enger oder weiter wird. Die Stimmbänder selbst bestehen aus einem sehr elastischen Gewebe.

Ueber den Lippen der Stimmritze befinden sich zwei sackartige Höhlungen, die eine auf der rechten, die andere auf der linken Seite; es sind dies die Ventriculi morgagni. Die oberen Ränder dieser Ventrikeln bilden einen zweiten, weiteren Spalt, welcher durch den Kehldeckel, eine fast dreieckige Haut oder vielmehr ein Knorpel, verdeckt werden kann; dieser Kehldeckel ist mit der einen Seite nach vorn hin angewachsen und verhindert, wenn er die Stimmritze verdeckt, daß Speisen und Getränke in die Luftröhre gerathen können, indem diese über den Kehldeckel hinweg in den Schlund gelangen.

Der Bau des Kehlkopfes wird durch die Figuren 226 bis 228 deutlicher werden. Fig. 226 stellt die vordere Hälfte des durch einen senkrechten Schnitt getheilten Kehlkopfes und zwar von hinten gesehen dar. Es ist

a der Durchschnitt durch den Ringknorpel,
b „ „ „ den Schildknorpel,
c „ „ „ die unteren Stimmbänder.
d „ „ „ die oberen Stimmbänder.

Zwischen den unteren und oberen Stimmbändern sieht man deutlich die Ventriculi morgagni. Ferner läßt sich aus der Figur ersehen, wie sich die Luftröhre gegen die unteren Stimmbänder hin verengt. Fig. 227 und Fig. 228 zeigen die unteren Stimmbänder von oben gesehen (und zwar nach Entfernung der oberen, welche keinen Ton geben). Fig. 227 zeigt die Stimmbänder in ungespanntem Zustande, bei welchem die Stimmritze weit geöffnet ist und keine Tonbildung stattfindet, während die Fig. 228 die Stimmritze darstellt, wie sie sich bei Spannung der Stimmbänder gestaltet.

Fig. 226.

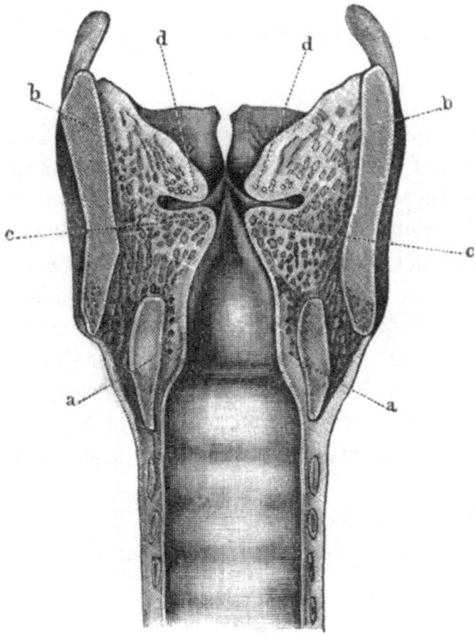

Fig. 227.

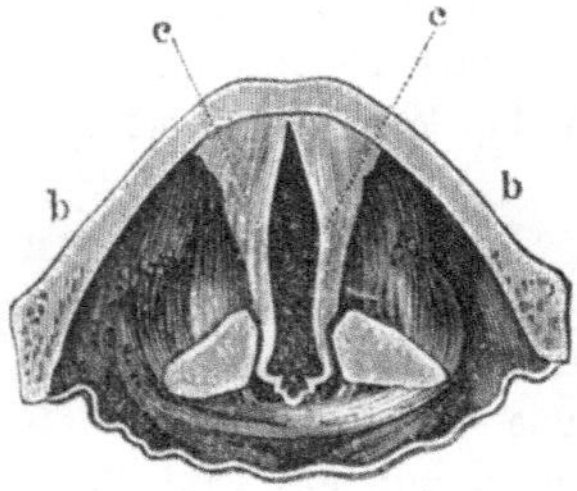

Fig. 228.

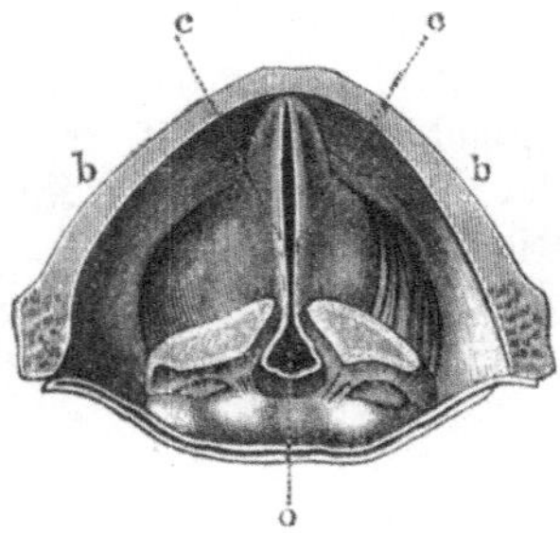

Dieser Beschreibung nach entspricht also der Bau des Kehlkopfs ganz dem der membranösen Zungenwerke, welche wir in §. 115 kennen lernten. Es sind die Vibrationen der unteren Stimmbänder, welche den Luftstrom aus der Luftröhre in bestimmten Intervallen hervorquellen lassen. Die Höhe des hervorgebrachten Tones hängt von der stärkeren oder schwächeren Spannung der Stimmbänder ab, zu deren Regulirung verschiedene Muskeln dienen.

Die Consonanten der menschlichen Sprache bestehen in verschiedenen durch Lippen, Zähne und Zunge hervorgebrachten Geräuschen, welche die Vocaltöne bei ihrem Beginnen oder Aufhören begleiten.

Die Verschiedenheit der Vocale ist dadurch bedingt, daß die Luftmasse in der Mundhöhle zum Mittönen kommt, und daß der Eigenton der Mundhöhle mit der veränderten Gestalt derselben variirt. Ist der Mund zur Hervorbringung des U gestaltet, so ist der Eigenton der Mundhöhle f; der Charakter des U besteht also darin, daß der vom Kehlkopf hervorgebrachte Ton stets von f begleitet ist. In gleicher Weise ist der Vocalcharakter des O durch das Mitklingen von b_1 und der des A durch das Mitklingen von b_2 bedingt.

Das E wird dadurch hervorgebracht, daß in der Mundhöhle f_1 und b_3, das I dadurch, daß f und d_4 mitklingt.

Die Geräusche, durch welche die Consonanten hervorgebracht werden, sind meist weniger intensiv als die Vocalklänge selbst und verschwinden deshalb in einiger Entfernung bereits vollständig, wenn man die Vocalklänge noch deutlic unterscheidbar hört. Es geht daraus auch hervor, daß man um für etwas schwer hörige Personen verständlich zu reden, keineswegs lauter zu sprechen nöthig ha: sondern daß es genügt, die Consonanten schärfer hervorzuheben. Ueberhaupt wir die Verständlichkeit der Sprache nicht durch lautes Schreien, sondern durch sorg fältige Articulirung bedingt.

122 **Das Gehörorgan** besteht aus drei Haupttheilen, dem äußern Ohr welches durch die Ohrmuschel und den Gehörgang gebildet wird, der Trom melhöhle, welche von dem Gehörgange durch das Trommelfell getrennt is und dem Labyrinthe. Das Labyrinth besteht aus knöchernen Höhlunger welche mit einer Flüssigkeit angefüllt sind, in welcher sich der Gehörnerv ver breitet; um auf diesen Nerven wirken zu können, müssen die Schallvibratione der ganz von Knochen umgebenen Flüssigkeit im Labyrinthe mitgetheilt werder Dies wird durch zwei Oeffnungen des Labyrinthes, das ovale und das rund Fenster, vermittelt; beide Oeffnungen sind mit einem zarten Häutchen über spannt, auf der Mitte der Membran des ovalen Fensters ist aber die Platt des Steigbügels, eines Knöchelchens, aufgewachsen, von welchem sogleich nähe die Rede sein wird.

Die Fig. 229 stellt das Labyrinth in stark vergrößertem Maßstabe, zur Theil geöffnet dar. Es besteht aus drei Haupttheilen, der Schnecke, der

Fig. 229.

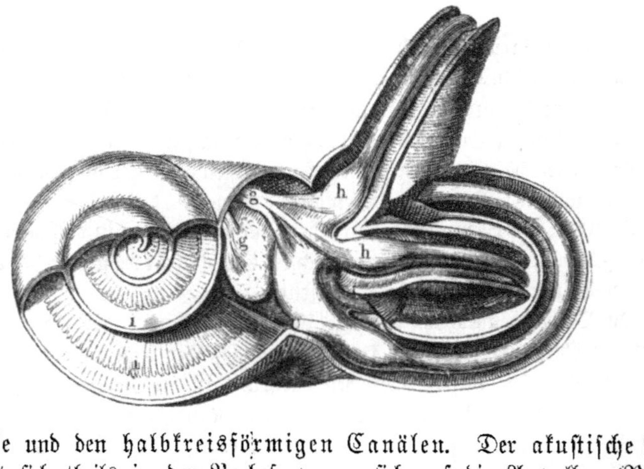

Vorhofe und den halbkreisförmigen Canälen. Der akustische Ner verbreitet sich theils in den Vorhof, wo er sich auf die Ampullen (Röhrer welche in den halbkreisförmigen Canälen liegen und mit einer besondern Flü sigkeit gefüllt sind) ansetzt, größtentheils aber in ganz feinen Verzweigungen i der Schnecke. Die einzelnen Windungen der Schnecke sind nämlich durch ein diesen Windungen parallele feine knöcherne Scheidewand in zwei Theile getheil Diese Scheidewand ist sehr porös und zellig, und in diese Zellen verbreiten si die letzten Verzweigungen der akustischen Nerven, wie dies in unserer Figur an dem aufgebrochenen Theile der Schnecke zu sehen ist.

Zu dem Labyrinthe werden nun die Schallschwingungen durch die in der Trommelhöhle befindlichen kleinen Knöchelchen fortgeleitet; die Knöchelchen sind der Hammer, welcher mit seinem Griffe an der innern Seite des Trommelfells angewachsen ist; an den Hammer setzt sich der Amboß an, und mit diesem hängt durch das linsenförmige Knöchelchen des Sylvius der Steigbügel zusammen, dessen Tritt gerade das ovale Fenster verschließt. Aus der Uebersichtsfigur, Fig. 230, welche namentlich das Labyrinth stark vergrößert

Fig. 230.

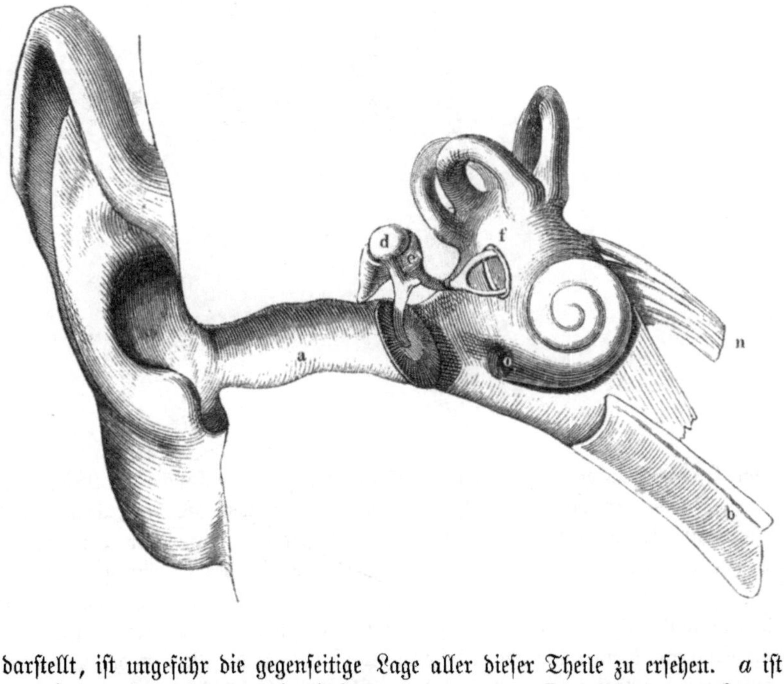

darstellt, ist ungefähr die gegenseitige Lage aller dieser Theile zu ersehen. *a* ist der Gehörgang, welcher die Schallwellen von der Ohrmuschel zum Trommelfelle führt. Das Trommelfell trennt die Trommelhöhle von dem Gehörgange. Durch die Eustachi'sche Röhre aber steht die Trommelhöhle mit der Mundhöhle in Verbindung, so daß die Luft in der Trommelhöhle stets mit der äußern sich ins Gleichgewicht setzen kann. *d* ist der Hammer, welcher einerseits an das Trommelfell angewachsen, mit seinem anderen Ende aber an den Amboß *e* angesetzt ist. *f* ist der Steigbügel; *o* ist das runde Fenster; *n* ist der akustische Nerv, welcher sich im Labyrinthe verbreitet.

Die einzelnen Theile des Gehörganges sind nicht so freiliegend, wie es aus Fig. 230 (a. f. S.) etwa scheinen möchte; hier ist die knöcherne Hülle, welche

Alles einschließt, der Deutlichkeit wegen ganz weggelassen. Der Gehörgang selbst geht durch den Knochen des Schlafbeins hindurch, die Trommelhöhle ist ringsum

Fig. 231.

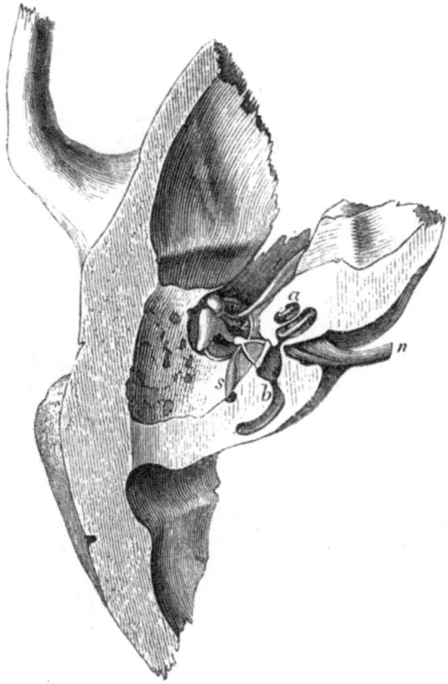

von Knochenwänden umgeben, und das Labyrinth ist ebenfalls so vollständig in einen Knochen, welcher seiner Härte wegen den Namen des Felsenbeins trägt, eingewachsen, daß man es nur mit Mühe bloßlegen kann. Um eine richtige Vorstellung davon zu geben, wie die einzelnen Theile des Gehörorgans in die Knochenmasse eingewachsen sind, ist in Fig. 231 ein wirklich anatomischer Durchschnitt desselben in natürlicher Größe dargestellt. *a* ist der Durchschnitt der Schnecke, *b* einer der halbzirkelförmigen Canäle, *n* der Nerv, *t* das Trommelfell; auch der Hammer, Amboß und der Steigbügel sind in der Fig. 231 deutlich zu erkennen.

Die Ohrmuschel dient dazu, die Schallwellen aufzunehmen und durch den Gehörgang zum Trommelfelle hinzuleiten; dadurch nun wird das Trommelfell in Vibrationen versetzt, die durch die Gehörknöchelchen zum Labyrinthe geleitet werden.

Drittes Buch.

Optik oder die Lehre vom Licht.

Erstes Capitel.

Verbreitung des Lichtes.

Leuchtende und dunkle Körper. Alle leuchtenden Körper 123
bestehen wesentlich aus wägbarer Materie; der leere Raum kann wohl das Licht fortpflanzen, aber nicht erzeugen.

Alle Körper, welche nicht selbstleuchtend sind, theilt man in undurchsichtige Körper, wie Holz, Steine und Metalle; durchsichtige, wie Luft, Wasser und Glas, und durchscheinende, wie dünnes Papier und mattgeschliffenes Glas.

So lange ein Lichtstrahl in einem und demselben gleich dichten Mittel, also etwa in Luft, welche auf dem ganzen Wege des Lichtstrahls gleiche Dichtigkeit hat, oder in Wasser bleibt, pflanzt er sich in gerader Linie fort, wenn er aber einen anderen Körper trifft, so wird er an dessen Oberfläche theilweise zurückgeworfen, reflectirt, theilweise aber dringt er, wenn dieser Körper durchsichtig ist, mit veränderter Richtung in denselben ein, er wird gebrochen. Weiter unten werden wir die Gesetze der Spiegelung und der Brechung näher betrachten.

Die Geschwindigkeit, mit welcher sich das Licht fortpflanzt, ist so groß, daß es alle irdischen Entfernungen in einem unmeßbar kleinen Zeittheilchen durchläuft. Durch Beobachtung der Verfinsterung der Jupiterstrabanten haben die Astronomen ermittelt, daß das Licht den Weg von der Sonne bis zur Erde in 8 Minuten und 13 Secunden, also 42000 Meilen in einer Secunde zurücklegt (siehe Supplementband). Eine Kanonenkugel, welche 1200 Fuß in einer Secunde zurücklegt, würde, um von der Sonne zur Erde zu gelangen, ungefähr 14 Jahre brauchen.

Schatten und Halbschatten. Eine Folge der geradlinigen Fort- 124
pflanzung des Lichtes ist es, daß ein den Lichtstrahlen ausgesetzter dunkler Kör-

per einen Schatten wirft; wenn er nur von einem einzigen leuchtenden Punkte aus erleuchtet wird, so ist der Schatien leicht zu bestimmen. Die Gesammtheit aller Linien, welche, von dem leuchtenden Punkte ausgehend, den dunklen Körper berühren, bildet eine conische Oberfläche, und derjenige Theil derselben, welcher jenseits des dunklen Körpers liegt, bildet die Gränze des Schattens.

Fig. 232.

Wenn der leuchtende Körper eine namhafte Ausdehnung hat, so ist außer dem Schatten auch noch der Halbschatten zu unterscheiden. Der Schatten, der in diesem Falle auch der Kernschatten genannt wird, ist der Raum, welcher gar kein Licht empfängt, der Halbschatten hingegen ist die Gesammtheit aller der Orte, welche von einigen Punkten des leuchtenden Körpers Licht empfangen, von anderen aber nicht. Es sei z. B. *A*, Fig. 233, eine große leuch-

Fig. 233.

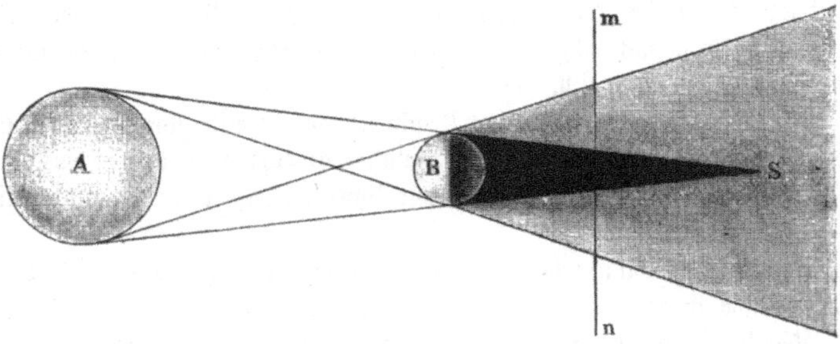

tende Kugel, *B* eine kleinere undurchsichtige. Wie weit sich der Kernschatten, wie weit sich der Halbschatten erstreckt, ist aus der Figur deutlich zu ersehen.

Fig. 234.

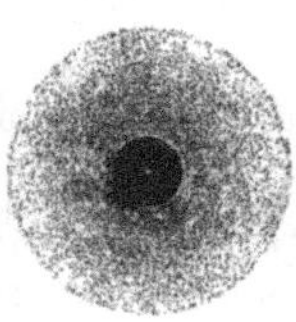

Durch einen Schirm in *mn* aufgefangen, würde der Schatten das Ansehen Fig. 234 haben. Der Durchmesser des Kernschattens nimmt mit der Entfernung vom leuchtenden Körper ab, der Durchmesser des Halbschattens aber nimmt zu.

Ganz nahe beim schattengebenden Körper ist deshalb der Kernschatten nur von einem schmalen Halbschatten umgeben; er ist deshalb hier auch ziemlich scharf begränzt. In größerer Entfernung vom schattengebenden Körper ist die Breite des Halbschattens bedeutender, der Uebergang vom Kernschatten zum vollen Lichte deshalb allmäliger, der Schatten erscheint nicht mehr scharf, sondern verwaschen. Jenseits des Punktes *S* hört der Kernschatten ganz auf, und der an Breite immer zunehmende Halbschatten wird deshalb auch immer unbestimmter und schwächer.

Auf diese Weise erklärt sich, daß der Schatten eines dem Sonnenlichte ausgesetzten Körpers, dicht hinter demselben aufgefangen, scharf begränzt, in größerer Entfernung hingegen ganz unbestimmt ist. So kann man z. B. nicht mehr mit Bestimmtheit den Punkt angeben, wo der Schatten der Spitze eines Thurmes auf dem Boden aufhört. Ein Haar, welches im Sonnenlichte dicht über ein Blatt Papier gehalten wird, wirft einen scharfen Schatten; hält man es aber nur fünf Zoll hoch über das Papier, so ist wohl kaum noch ein Schatten wahrzunehmen.

Wenn man das von einem leuchtenden Punkte ausgehende Licht durch einen Schirm auffängt, in welchen eine ganz kleine Oeffnung gemacht ist, so wird das durch die Oeffnung durchgehende Licht einen scharf begränzten Lichtstrahl bilden; läßt man diesen Strahl auf einen zweiten Schirm fallen, so erhält man einen hellen Fleck auf dunklem Grunde. Auf diese Weise erhält man in einem ganz dunklen Zimmer auf einer Wand, welche einer feinen Oeffnung im Laden gegenübersteht, ein verkehrtes Bild von jedem außerhalb befindlichen hellen Gegenstande, welcher Lichtstrahlen durch diese Oeffnung ins Zimmer sendet, wie dies Fig. 235 erläutert.

Fig. 235.

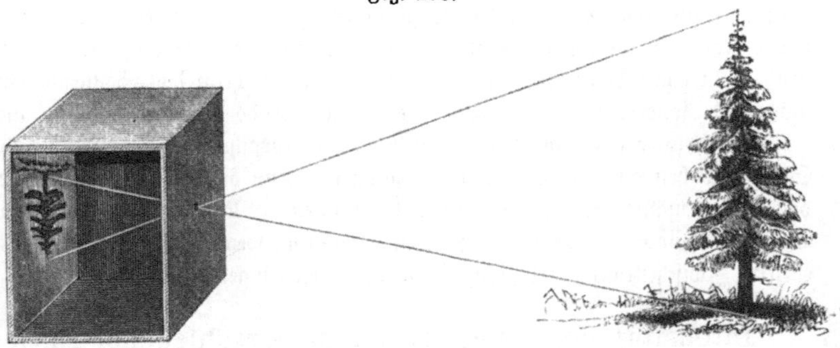

Wenn man die von einem außerhalb angebrachten Spiegel *P*, Fig. 236, in horizontaler Richtung reflectirten Sonnenstrahlen durch eine kleine Oeffnung

Fig. 236.

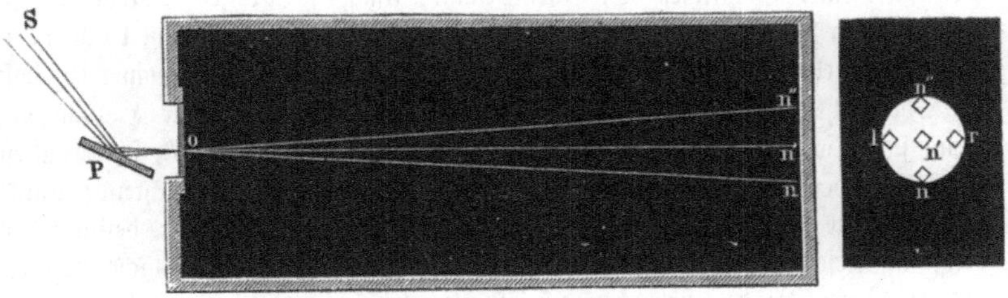

o im Laden eines verfinsterten Zimmers in dasselbe eintreten läßt, so erhält man jederzeit auf der der Oeffnung gegenüberliegenden Wand ein **rundes Sonnenbild, welches auch die Gestalt der Oeffnung selbst sein mag.** Diese anfangs auffallend erscheinende Thatsache erklärt sich ganz einfach. Wenn die Sonne ein einziger leuchtender Punkt wäre, so würde auf der Wand, welche der Oeffnung gegenüberliegt, ein heller Fleck sich bilden, welcher genau die Gestalt der Oeffnung hat. Das vom höchsten Punkte der Sonnenscheibe ausgehende Licht wird vom Spiegel P aus in der Richtung on'' auf die Wand fallen, und bei n'' wird dadurch ein kleiner viereckiger Fleck entstehen, wenn die Oeffnung o selbst viereckig ist. Der tiefste Punkt der Sonne veranlaßt ein viereckiges Bild bei n; der mittlere Punkt der Sonnenscheibe aber den eckigen Flecken n'. Das Bildchen l rührt von dem äußersten Punkte am rechten, r aber von dem äußersten Punkte am linken Sonnenrande her. Alle übrigen Punkte des Sonnenrandes geben viereckige Bilder, die auf den Umfang des Kreises $ln''rn$ fallen, während die übrigen Punkte der Sonne das Innere dieses Kreises erleuchten; die Gesammtheit aller der einzelnen viereckigen hellen Bildchen bildet mithin einen kreisförmigen hellen Fleck.

Wenn man den Versuch in der angegebenen Weise während einer partiellen Sonnenfinsterniß anstellt, so erscheint auf der Wand statt des vollkommen runden Sonnenbildes nur das Bild des Theils der Sonnenscheibe, welcher durch den Mond unbedeckt geblieben ist. In minder vollkommener Weise beobachtet man dies überall, wo durch eine kleine Oeffnung die Sonnenstrahlen in einen dunkleren Raum eindringen, nur erscheint das Sonnenbildchen nicht rund, sondern elliptisch, wenn die Fläche, welche dasselbe auffängt, nicht rechtwinklig zu den Sonnenstrahlen steht. So beobachtet man ein elliptisches Sonnenbildchen auf dem Boden eines Zimmers, wenn die Sonnenstrahlen durch das unregelmäßig geformte Schlüsselloch einfallen. Man beobachtet auf dem Boden des Waldes solche elliptische Sonnenbildchen, wenn Sonnenstrahlen durch einzelne Zwischenräume des dichten Laubdaches eindringen.

125 **Intensität der Erleuchtung in verschiedener Entfernung von der Lichtquelle.** Denken wir uns einen leuchtenden Punkt in der Mitte einer Hohlkugel, so wird die Oberfläche derselben alles von dem Punkte ausgehende Licht auffangen. Befände sich derselbe leuchtende Punkt in der Mitte einer Hohlkugel von einem 2mal, 3mal so großen Halbmesser, so würden auch die Oberflächen dieser größeren Kugeln alles von dem leuchtenden Punkte ausgehende Licht auffangen. Nun aber lehrt uns die Geometrie, daß die Oberflächen der Kugeln sich verhalten wie die Quadrate ihrer Halbmesser; wenn sich also die Halbmesser der Kugeln verhalten wie $1 : 2 : 3$, so verhalten sich ihre Oberflächen wie $1 : 4 : 9$. Wenn sich also derselbe leuchtende Punkt in der Mitte einer Kugel von 2mal, 3mal so großem Halbmesser befindet, so muß sich dieselbe Lichtmenge über eine 4mal, 9mal so große Oberfläche verbreiten, die Intensität der Erleuchtung muß also 4mal, 9mal schwächer sein.

Daraus folgt allgemein: die Intensität der Erleuchtung nimmt in dem Verhältnisse ab, in welchem das Quadrat der Entfernung von der Lichtquelle wächst.

Um die Richtigkeit dieses Satzes durch den Versuch nachzuweisen, kann man sich des Apparates Fig. 237 bedienen, welcher in einem verfinsterten Zimmer aufgestellt wird. In der langen getheilten Rinne befindet sich ein Schieber *s*, welcher einen mit Papier überzogenen Rahmen trägt. In der Mitte des Papierschirmes ist ein kleiner mit Stearin gemachter Fettfleck angebracht.

Fig. 237.

Nachdem man auf beiden Seiten vom Schirm zwei gleiche brennende Kerzen ungefähr in gleicher Entfernung von demselben (etwa 2 Fuß) aufgestellt hat, kann man es durch Verschiebung des Schirms oder der einen Kerze leicht dahin bringen, daß von der einen (etwa der rechten Seite) her gesehen der Fleck verschwindet, d. h. daß er weder hell auf dunklem, noch dunkel auf hellem Grunde erscheint. Bei dieser Stellung wird nun der Abstand des Schirms von der Kerze links gemessen (wir wollen ihn mit l bezeichnen), dann dieselbe entfernt und statt ihrer links vom Schirm ein Schieber mit 4 solchen Kerzenflammen aufgestellt. Man muß diese 4 Flammen nun in die Entfernung $2\,l$ vom Schirme bringen, wenn bei sonst unveränderten Umständen der Fleck abermals verschwinden soll.

Auf diesen Satz gründet sich nun auch die Vergleichung der Lichtstärke verschiedener Lichtquellen. Die zu diesem Zwecke angewandten Apparate nennt man Photometer. Fig. 238 stellt ein Rumford'sches Photometer dar. CD ist eine weiße Wand. Nahe vor derselben ist ein undurchsichtiges Stäbchen s, etwa so dick wie ein Bleistift, aufgestellt; wenn sich nun eine Kerze in l, eine andere

Fig. 238.

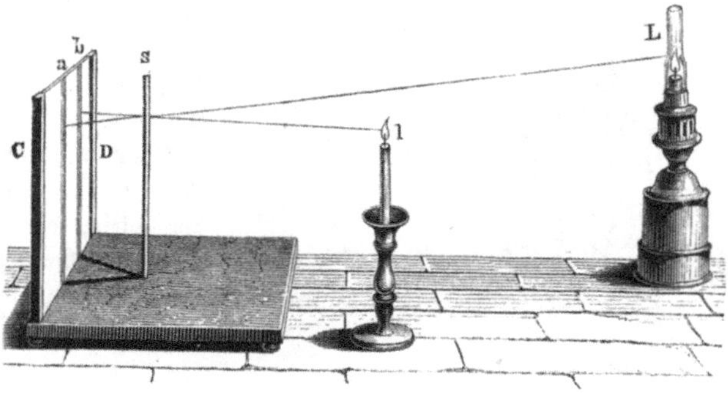

Flamme in L befindet, so werden auf der Wand zwei Schatten des Stäbchens entstehen. Derjenige Theil der Wand, auf welchem sich kein Schatten befindet, ist von beiden Flammen beschienen, jeder Schatten ist aber nur durch eine Lichtquelle beleuchtet. Wenn nun beide Lichtquellen vollkommen gleich sind, so werden die beiden Schatten gleich dunkel erscheinen, wenn sich die beiden Flammen in gleicher Entfernung vom Schirm befinden. Wenn aber die eine Flamme stärker leuchtet, so wird der eine Schatten heller erscheinen, und um beide wieder gleich zu machen, muß man die stärkere Lichtquelle weiter vom Schirme entfernen. Bezeichnen wir mit I und i die Intensitäten, mit L und l die entsprechenden Abstände der beiden Flammen vom Schirme für den Fall, daß die beiden Schatten gleich sind, so hat man $I : i = l^2 : L^2$. Wäre z. B. für den Fall der Gleichheit der Schatten die Kerze 2 Fuß, die Lampe 5 Fuß vom Schirme entfernt, so wäre also die Lichtstärke der Lampe $^{25}/_4$, also $6^1/_4$mal so groß als die Kerze.

Bei dem Bunsen'schen Photometer wird der Papierschirm mit Fettfleck zur Vergleichung der Intensität verschiedener Lichtquellen in Anwendung gebracht. Wenn man bei unveränderlicher Beleuchtung von der Rückseite des Papierschirms auf der Vorderseite desselben die Normalkerze (die Kerze, mit deren Flamme man die anderen Lichtquellen vergleicht; gewöhnlich eine Wachskerze, deren 6 auf 1 Pfund gehen) in der Entfernung l, die andere Lichtquelle aber in der Entfernung nl aufstellen muß, um den Fettfleck unsichtbar zu machen, so ist n^2 die Lichtstärke der letzteren, wenn man die Lichtstärke der Normalkerze zur Einheit nimmt.

Zweites Capitel.

Katoptrik oder die Lehre von der Reflexion des Lichtes.

Reflexion des Lichtes auf ebenen Flächen. Wenn man 126
durch eine kleine Oeffnung im Laden eines dunklen Zimmers ein Bündel Sonnenstrahlen in dasselbe eintreten läßt und dieselben auf einem ebenen Spiegel (einer wohl polirten ebenen Metallfläche oder einem belegten Glasspiegel) auffängt, so beobachtet man im Allgemeinen folgende Erscheinungen: 1) Man beobachtet in einer bestimmten Richtung ein Strahlenbündel, welches von dem Spiegel herzukommen scheint und auf der Wand, die es trifft, gerade so ein kleines Sonnenbildchen erzeugt, wie wenn die direct einfallenden Sonnenstrahlen diese Stelle getroffen hätten; solche Strahlen sind regelmäßig reflectirt, ihre Lichtstärke ist um so bedeutender, je besser der Spiegel polirt ist; 2) von den verschiedenen Orten des dunklen Zimmers aus kann man auf der Spiegelfläche selbst ein Sonnenbildchen unterscheiden; es rührt dies daher, daß von der getroffenen Stelle des Spiegels ein Theil des einfallenden Lichtes unregelmäßig reflectirt, d. h. nach allen Seiten hin zerstreut wird (Diffusion des Lichtes).

Das letztere auf der Spiegelfläche selbst wahrnehmbare Sonnenbild ist um so lichtschwächer, je besser der Spiegel polirt ist; auf sehr guten Spiegelflächen kann man kaum eine Spur desselben wahrnehmen, während die Stelle der Wand, auf welche die reflectirten Strahlen auffallen, fast ganz so hell erscheint, als wäre sie direct von den Sonnenstrahlen getroffen worden.

Wird nun der gut polirte Spiegel durch einen etwas matten ersetzt, so erscheint das reflectirte Sonnenbildchen viel schwächer, während das Sonnenbildchen auf der Spiegelfläche selbst um so deutlicher sichtbar wird, je unvollkommener ihre Politur ist. Wenn man endlich an die Stelle der etwas matten Spiegelflächen ein Blatt weißen Papieres bringt, so verschwindet das reflectirte

Bild vollständig, während das Sonnenbildchen auf der Papierfläche sehr hell erscheint, weil alle sie treffenden Sonnenstrahlen unregelmäßig zerstreut werden.

Die meisten Gegenstände unserer Umgebung haben rauhe, nicht spiegelnde Oberflächen, so daß sie die auf sie fallenden Lichtstrahlen nach allen Seiten hin unregelmäßig zerstreuen; eben durch dieses unregelmäßig zerstreute Licht werden sie uns von allen Seiten her sichtbar. — Bei einem sehr guten polirten Spiegel bemerken wir kaum die spiegelnde Ebene, welche sich zwischen uns und den Bildern befindet, die er uns zeigt.

Fig. 239.

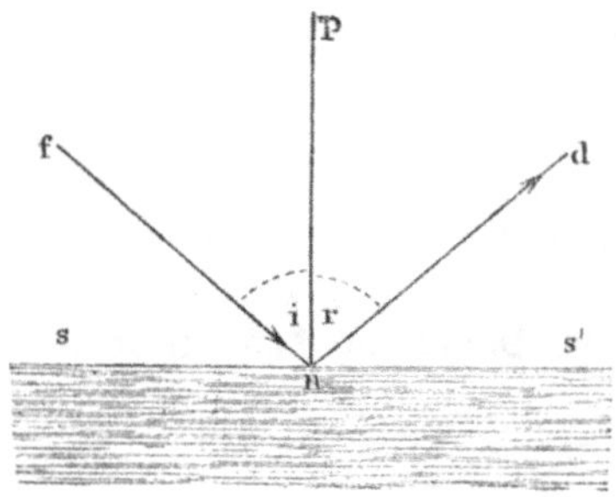

Betrachten wir nun die Gesetze, nach welchen die regelmäßige Reflexion auf vollkommen glänzenden Oberflächen stattfindet.

In Fig. 239 sei ss' die in der Zeichnung zur Linie verkürzt erscheinende Oberfläche eines Spiegels; ein Lichtstrahl fn, welcher den Spiegel in n trifft, wird nach einer Richtung nd reflectirt, welche in der Ebene liegt, die man sich durch den einfallenden Strahl fn rechtwinklig auf die Spiegelebene gelegt denken kann.

Diese rechtwinklig auf der Spiegelebene stehende Ebene, welche den einfallenden und den reflectirten Strahl enthält, wird die Reflexionsebene oder auch die Einfallsebene genannt.

Denken wir uns in n ein Perpendikel np auf der Spiegelebene errichtet, so heißt dieses Perpendikel das Einfallsloth. Der Winkel i, welchen der einfallende Strahl mit dem Einfallslothe macht, heißt der Einfallswinkel, der Winkel r, welchen der reflectirte Strahl mit dem Einfallslothe macht, heißt der Reflexionswinkel.

Der Reflexionswinkel ist jederzeit dem Einfallswinkel gleich.

Fig. 240.

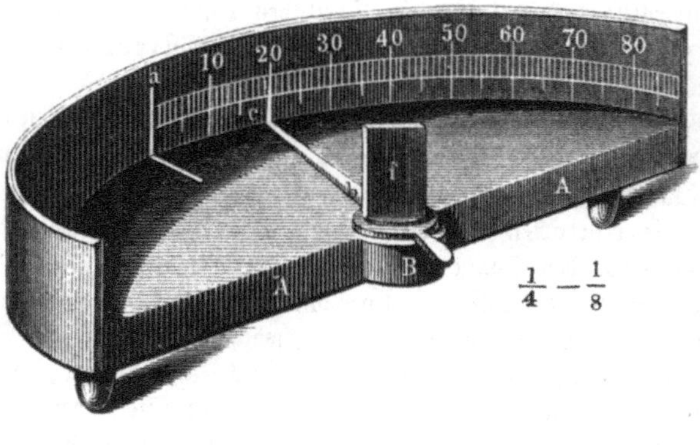

$\frac{1}{4} - \frac{1}{8}$

Dieser wichtige Satz läßt sich mit Hülfe des Apparates Fig. 240 leicht nachweisen. Der Spiegel *f*, welchen unsere Figur von der Rückseite zeigt, ist um eine verticale Axe drehbar, welche durch den Mittelpunkt des horizontalen halbkreisförmigen Brettes *A* geht. Die Richtung des Einfallslothes für ein von *a* in horizontaler Richtung auf den Spiegel fallendes Strahlenbündel ist durch den Messingstreifen *bc* bezeichnet, welcher sich mit dem Spiegel dreht und bei *c* einen verticalen Zeiger trägt.

Um den gekrümmten Theil des Brettes *A* ist ein dasselbe überragender Halbkreis von Messingblech gelegt, welcher bei *a* einen verticalen Schlitz hat. Der Viertelkreis von *a* nach der rechten Seite ist in 90 Grad getheilt.

Ist der Spiegel so gestellt, daß der Zeiger *c* auf den Theilstrich 10°, 20°, 30° u. s. w. zeigt, so wird ein Strahlenbündel, welches durch die Spalte bei *a* eindringt (am besten ein durch einen Spiegel horizontal gemachtes Bündel Sonnenstrahlen), mit dem Einfallslothe des Spiegels einen Winkel von 10, 20, 30 u. s. w. Graden machen und also nach den Theilstrichen 20°, 40°, 60° u. s. w. reflectirt werden.

Die Richtung des gespiegelten Strahles ist also durch zwei Bedingungen bestimmt, nämlich:

1) daß der reflectirte Strahl in derjenigen Ebene liegt, welche durch den einfallenden Strahl und das Einfallsloth gelegt werden kann, und

2) daß der Reflexionswinkel dem Einfallswinkel gleich ist.

Mit Hülfe dieser Grundsätze kann man leicht zeigen, daß ein ebener Spiegel von Gegenständen, die sich vor seiner Ebene befinden, Bilder zeigen muß, und daß Bild und Gegenstand in Beziehung auf die spiegelnde Ebene symmetrisch sind.

Es sei *m'm*, Fig. 241, ein ebener Spiegel, *L* ein leuchtender Punkt vor demselben, der einen Strahl *Li* auf den Spiegel sendet. Dieser Strahl wird nun nach den bekannten Gesetzen in der Richtung *ic* reflectirt, und wenn der gespiegelte Strahl das Auge trifft, so macht er auf dasselbe denselben Eindruck, als ob er von einem Punkte hinter dem Spiegel käme. Ein zweiter von *L* ausgehender und in *i'* die Spiegelfläche treffender Strahl wird nach *i'c'* reflectirt, und wenn man die Strahlen *ci* und *c'i'* rückwärts verlängert, so ist ihr Durchschnittspunkt *l* derjenige Punkt, von welchem aus alle von *L* kommenden Strahlen nach ihrer Reflexion durch den Spiegel *mm'* zu divergiren scheinen, kurz *l* ist das Bild von *L*. Nun aber ist, wie leicht zu beweisen, das Dreieck *ii'L* gleich *ii'l*, folglich auch $iL = il$; ist aber dies der Fall, so läßt sich auch leicht beweisen, daß die Dreiecke *iLk* und *ilk* gleichfalls einander gleich sind, woraus dann weiter folgt, daß Winkel *ikl* gleich ist dem Winkel *ikL*,

Fig. 241.

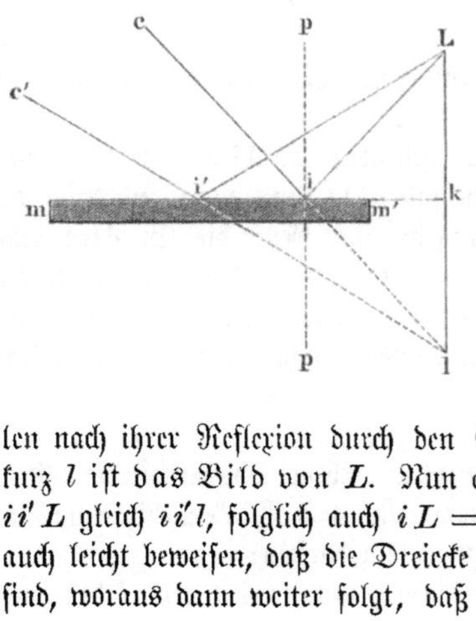

daß also die Linie Ll rechtwinklig steht auf der Spiegelebene mm' und endlich, daß $kL = kl$. Um also das Bild eines leuchtenden Punktes in einem ebenen Spiegel zu finden, hat man nur von dem leuchtenden Punkte ein Perpendikel auf den Spiegel oder seine Verlängerung zu fällen und dasselbe hinter der Spiegelebene um eben so viel zu verlängern, als der leuchtende Punkt vor dem Spiegel liegt.

Fig. 242.

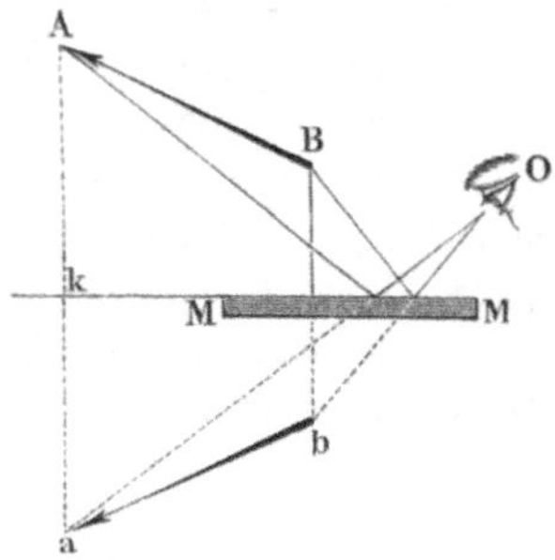

Da dies nun für jeden Punkt eines Körpers gilt, welcher Licht aussendet, mag es nun sein eigenes oder zerstreutes Licht sein, so kann man auch leicht das Bild eines Gegenstandes construiren. In Fig. 242 sei MM ein ebener Spiegel, AB ein Pfeil, welcher sich vor demselben befindet. Um das Bild der Spitze zu finden, fällt man ein Perpendikel Ak auf die Spiegelebene und macht die Verlängerung ak desselben gleich Ak; alle von A ausgehenden Strahlen scheinen nach der Spiegelung so zu divergiren, als ob sie von a kämen; a ist also das Bild von A. Ebenso ergiebt sich, daß b das Bild von B ist. Der Anblick der Figur zeigt deutlich, daß Bild und Gegenstand in Beziehung auf die Spiegelebene symmetrisch sind.

Die Richtung des reflectirten Strahls läßt sich also mit geometrischer Genauigkeit bestimmen, bei der Intensität der reflectirten Strahlen ist dies aber nicht der Fall. Im Allgemeinen gilt hier Folgendes:

1) Die Intensität des regelmäßig reflectirten Lichtes wächst mit dem Einfallswinkel, ohne jedoch bei rechtwinkligem Auffallen Null zu sein.

2) Sie hängt von dem Mittel ab, in welchem sich das Licht bewegt und auf welches es trifft.

Wir wollen nur einige Beispiele anführen, um dies verständlicher zu machen.

Wenn die von einer Kerzenflamme ausgehenden Strahlen nahe rechtwinklig auf eine zart mattgeschliffene Glasfläche fallen, so kann man kein Bild der Flamme unterscheiden, man sieht es aber sehr gut, wenn die Strahlen recht schief auf die Platte auffallen; in diesem Falle kann man das Bild auch auf polirtem Holze, glänzendem farbigen Papier u. s. w. wahrnehmen; es geht daraus hervor, daß die Menge des reflectirten Lichtes um so größer ist, je schiefer die Strahlen einfallen.

127 **Anwendungen ebener Spiegel.** Ebene Spiegel werden öfters zur Construction von physikalischen Apparaten und von Winkelmeßinstrumenten angewendet, von denen folgende die wichtigsten sein dürften:

1) Das Heliostat ist ein ebener Spiegel, welcher, vor dem Laden eines

verfinsterten Zimmers angebracht, durch eine kleine Oeffnung ein Bündel Sonnenstrahlen in dasselbe hineinwirft. Da die Sonne am Himmel fortwährend ihre Stellung ändert, so muß der Spiegel beständig gedreht werden, wenn das in das dunkle Zimmer eintretende Strahlenbündel eine unveränderte Richtung beibehalten soll. Diese Drehung kann nun entweder mit der Hand oder mittelst eines Uhrwerks ausgeführt werden. Gewöhnlich werden nur Apparate der letzteren Art mit dem Namen eines Heliostats bezeichnet.

2) Der Spiegelsextant ist ein Winkelmeßinstrument, welches im Supplementbande näher besprochen ist.

3) Poggendorff's Spiegelapparat ist eine Vorrichtung, welche dazu dient, sehr kleine Drehungen mit Genauigkeit zu messen. In Fig. 243 sei a die Drehungsaxe eines Körpers, welcher um eine mittlere Lage sich um sehr kleine Winkel hin und her bewegt, und an dessen Axe ein Spiegel st so befestigt ist, daß er die erwähnten kleinen Drehungen mit macht, während er zur Drehungsaxe eine unveränderliche Stellung behält. — Der mittleren Lage st des Spiegels gegenüber ist nun ein Fernrohr aufgestellt und etwas unterhalb desselben parallel mit st ein Maßstab mn so befestigt, daß man durch das Fernrohr das Bild der Theilung im Spiegel erblickt. Sobald nun der Spiegel um die Axe a gedreht wird, werden andere und andere Theilstriche vor dem Fadenkreuz des Fernrohrs passiren und so die kleinste Drehung merklich werden.

Fig. 243.

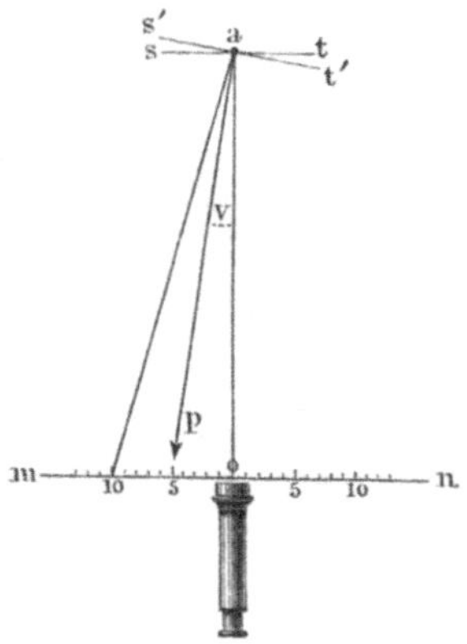

Der Theilstrich, welcher bei der mittleren Lage st des Spiegels am Fadenkreuze des Fernrohrs erscheint, sei mit 0 bezeichnet und von diesem an die Theilstriche des Maßstabes nach beiden Seiten gezählt. Wird nun der Spiegel so gedreht, daß er in die Lage $s't'$ kommt, so wird ein anderer, und zwar von 0 an gerechnet der $n$te Theilstrich am Fadenkreuz des Fernrohrs erscheinen; das Einfallsloth ap des Spiegels ist alsdann nach dem Theilstrich $\frac{n}{2}$ gerichtet und für die Tangente des Ablenkungswinkels v ergiebt sich der Werth

$$tang.v = \frac{n}{2l},$$

wenn l den Abstand ao des Spiegels vom Maßstabe bezeichnet, welcher Abstand natürlich mit der Einheit des Maßstabes gemessen sein muß.

4) Das Goniometer ist ein Instrument, welches dazu dient, den Winkel zu messen, welchen zwei an einander gränzende Flächen eines Krystalls mit einander machen; ein Reflexionsgoniometer ist aber ein solches, bei welchem die Spiegelung der Lichtstrahlen durch die Krystallflächen zu diesem Zweck in Anwendung gebracht wird.

Eine nähere Besprechung des Reflexionsgoniometers findet man in allen mineralogischen und krystallographischen Lehrbüchern.

5) Winkelspiegel. Wenn zwei ebene Spiegel unter irgend einem Winkel zusammengestellt werden, so sieht man von einem zwischen ihnen befindlichen Gegenstande mehrere Bilder, deren Zahl von der Neigung der Spiegel abhängt. In Fig. 244 seien *MN* und *RN* zwei unter einem Winkel von 72° ($^1/_5$ des Kreisumfanges) zusammenstoßende ebene Spiegel, *A* ein leuchtender Punkt, der

Fig. 244.

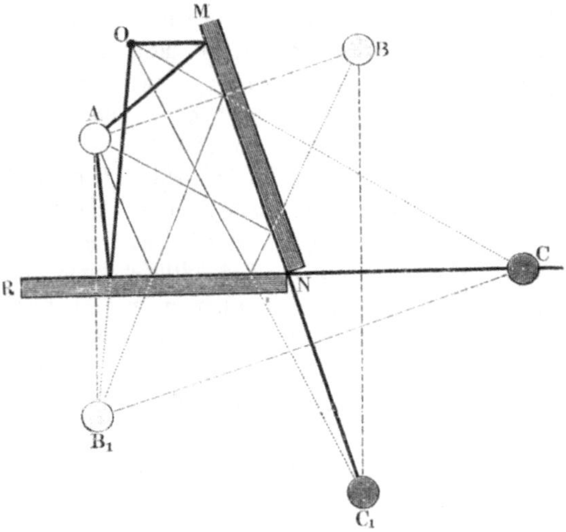

sich innerhalb des von ihnen gebildeten Winkels befindet. Zunächst wird durch einmalige Reflexion in dem einen Spiegel das Bild *B*, im anderen das Bild B_1 entstehen. Das Bild *B* ist aber gleichsam ein Object für den Spiegel *RN*, C_1 ist das Bild des Bildes *B*, wie auch *C* das Bild des Bildes B_1 in *MN* ist. In der Figur kann man leicht den Gang der Strahlen verfolgen, welche nach einmaliger Reflexion in das Auge *O* gelangend, die Bilder *B* und B_1, und nach zweimaliger Spiegelung die Bilder *C* und C_1 liefern.

Fig. 245.

Wären die Spiegel unter einem Winkel von 60°, 45°, 36° u. s. w. geneigt gewesen, d. h. betrüge der Winkel, den sie machen, $^1/_6$, $^1/_8$, $^1/_{10}$ des ganzen Kreisumfanges, so würde man, den Gegenstand selbst mitgerechnet, 6, 8, 10 u. s. w. Bilder sehen.

Fig. 245 zeigt Winkelspiegel, welche einen Winkel von 60° mit einander machen. Das Kaleidoskop und das Debuskop sind Anwendungen der Winkelspiegel.

Wie man sieht, vermehrt sich die Anzahl der Bilder, wenn der Winkel kleiner wird; ihre Anzahl wird unendlich groß, wenn der Winkel der Spiegel Null ist, d. h. wenn die Spiegel einander parallel sind.

Reflexion auf gekrümmten Spiegeln. Wenn ein Lichtstrahl einen gekrümmten Spiegel in einem Punkte trifft, den wir mit a bezeichnen wollen, so wird er vollkommen ebenso reflectirt, als ob er die in a an die krumme Fläche gelegte Berührungsebene getroffen hätte, oder mit anderen Worten, wenn man sich im Punkte a eine Normale auf der krummen Fläche errichtet denkt, so ist diese das Einfallsloth. 128

In der Praxis kommen nur Kugelspiegel, sphärische Spiegel vor, d. h. solche, deren spiegelnde Flächen Stücke von Kugeloberflächen sind, oder vielleicht hier und da noch parabolische Spiegel, wenn es sich darum handelt, die von einem Punkte aus divergirenden Lichtstrahlen in ein paralleles Strahlenbündel zu verwandeln. Zu eigentlich optischen Zwecken werden nur sphärische Spiegel verwendet, von denen auch hier allein die Rede sein kann.

Der Mittelpunkt der Kugeloberfläche, von welcher ein sphärischer Spiegel ein Stück bildet, heißt der Krümmungsmittelpunkt des Spiegels.

Denkt man sich von einem Punkte a, in welchem ein sphärischer Spiegel von einem Lichtstrahl getroffen wird, einen Radius nach dem Krümmungsmittelpunkt gezogen, so ist dieser Radius offenbar das Einfallsloth für den Punkt a.

Man unterscheidet zwei Hauptarten von Kugelspiegeln, nämlich Hohlspiegel oder Concavspiegel, bei welchen die innere, dem Krümmungsmittelpunkte zugewendete Fläche die spiegelnde ist, und Convexspiegel, bei welchen die Reflexion durch die äußere, dem Krümmungsmittelpunkte abgewendete Fläche bewirkt wird. Erstere heißen auch Sammel- mitunter auch Vergrößerungsspiegel; letztere Zerstreuungs- oder Verkleinerungsspiegel.

Die gewöhnlichen Rasirspiegel bilden die bekannteste Form der Hohlspiegel; sie sind durch eine auf der einen Seite ebene, auf der anderen gewölbte Glaslinse gebildet, deren Durchschnitt in Fig. 246 dargestellt ist. Die gewölbte Fläche AdB ist mit Spiegelamalgam belegt und bildet eigentlich den Hohlspiegel. Die Reflexion auf der ebenen Vorderfläche AB, welche allerdings sehr schwach ist gegen die Spiegelung auf der belegten gewölbten Fläche AdB, beeinträchtigt doch die Reinheit der Bilder ebenso wie der Umstand, daß die Lichtstrahlen, bevor sie auf die spiegelnde Fläche AdB gelangen können, erst die Glassubstanz durchlaufen müssen. Deshalb darf man, wenn es auf Darstellung sehr reiner Hohlspiegelbilder ankommt, wie bei Spiegelteleskopen, solche gläserne Hohlspiegel nicht in Anwendung bringen, sondern sphärisch geschliffene Metallflächen. Das Spiegelmetall, dessen man sich zur Herstellung von Hohlspiegeln für

Fig. 246.

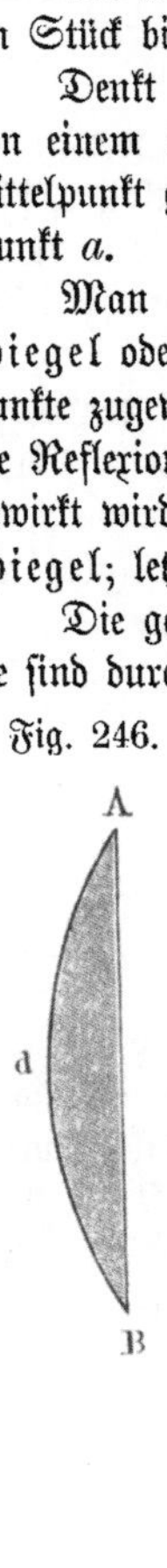

Spiegelteleskope bedient, ist eine Legirung von 2 Theilen Kupfer, 1 Theil Zinn und $^1/_{16}$ Arsen.

In neuerer Zeit werden zu Construction von Spiegelteleskopen mit dem besten Erfolg Hohlspiegel von Glas verwendet, welche mit einer ganz dünnen polirten Silberschicht überzogen sind, bei welchen also die äußere, nicht am Glas anliegende Silberfläche die spiegelnde ist.

Fig. 247.

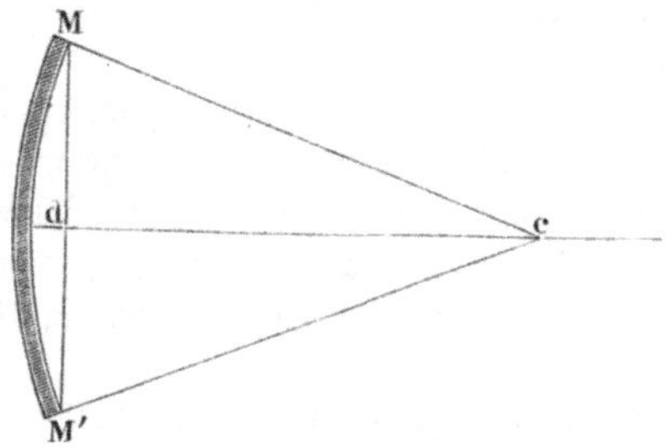

Fig. 247 stelle den Durchschnitt eines sphärischen Spiegels mit einer durch seinen Krümmungsmittelpunkt und seine Mitte gelegten Ebene dar. Nehmen wir, wie es gewöhnlich der Fall ist, den Kugelspiegel kreisförmig begränzt an, so wird eine Linie MM', Fig. 247, welche zwei diametral gegenüberstehende Punkte des Spiegelrandes mit einander verbindet, der Durchmesser des Spiegels genannt. Die Linie cd, welche den Krümmungsmittelpunkt c mit der Mitte des Spiegels d verbindet, heißt die Axe des sphärischen Spiegels; der Winkel endlich, welchen die Linien cM und cM' mit einander machen, heißt seine Oeffnung.

129 **Sphärische Hohlspiegel.** Wenn ein Strahlenkegel, welcher von einem etwas entfernteren leuchtenden Punkte ausgeht, auf einen Hohlspiegel fällt, so werden alle Strahlen desselben so reflectirt, daß sie sehr nahe wieder in einem Punkte vereinigt werden, vorausgesetzt, daß die Oeffnung des Spiegels höchstens 6 bis 8^0 beträgt.

Betrachten wir zunächst die Strahlen, welche von einem auf der Axe in unendlicher Entfernung liegenden Punkte aus auf den Spiegel fallen. Da die Divergenz dieser Strahlen verschwindend klein ist, so sind sie sämmtlich als mit der Axe parallel zu betrachten. In Fig. 248 sei ab ein Lichtstrahl, welcher parallel mit der Axe in b den Hohlspiegel trifft. Denken wir uns vom

Fig. 248.

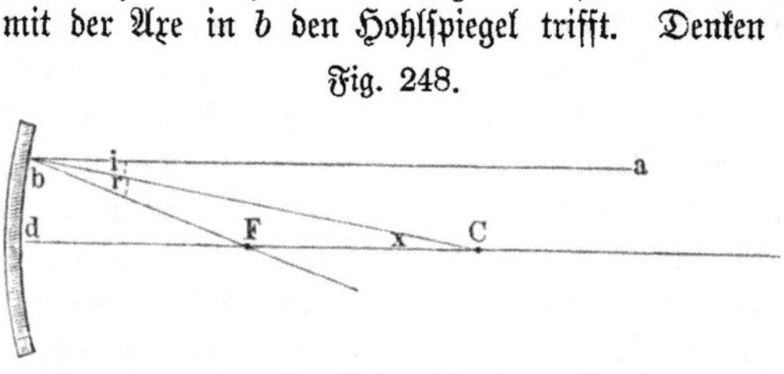

Krümmungsmittelpunkte C des Hohlspiegels einen Radius nach b gezogen, so ist dies das Einfallsloth für den einfallenden Strahl ab, man findet also die Richtung des reflectirten Strahles, wenn man Winkel r gleich Winkel i macht. Da nun aber auch Winkel x gleich Winkel i, so ist das Dreieck bFC ein gleichschenkeliges, und zwar ist $bF = FC$. So lange aber der Winkel x klein bleibt, der Bogen bd also nur wenige Grade überspannt, ist $bF + FC$ nicht merklich größer als der Radius bC, es ist also auch $FC = \frac{1}{2}dC = \frac{1}{2}bC$; der Punkt F also, in welchem der reflectirte Strahl die Axe schneidet, liegt in der Mitte zwischen dem Krümmungsmittelpunkte C und der Mitte des Spiegels d.

Da dies nun wahr ist, so lange der Winkel x klein genug bleibt, so folgt, daß ein Hohlspiegel, dessen Krümmung von der Mitte bis zum Rande gering ist, alle Strahlen, welche parallel mit der Axe auf ihn fallen, in einem Punkte F vereinigen werde, welcher um den halben Krümmungshalbmesser von der Mitte des Spiegels entfernt ist, wie dies durch Fig. 249 anschaulich gemacht wird.

Fig. 249.

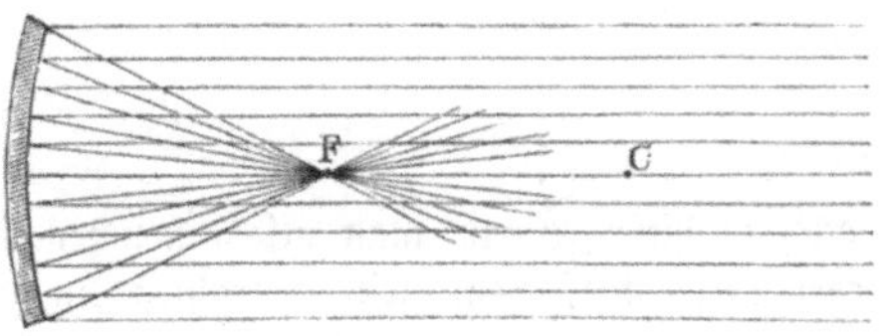

Fig. 250.

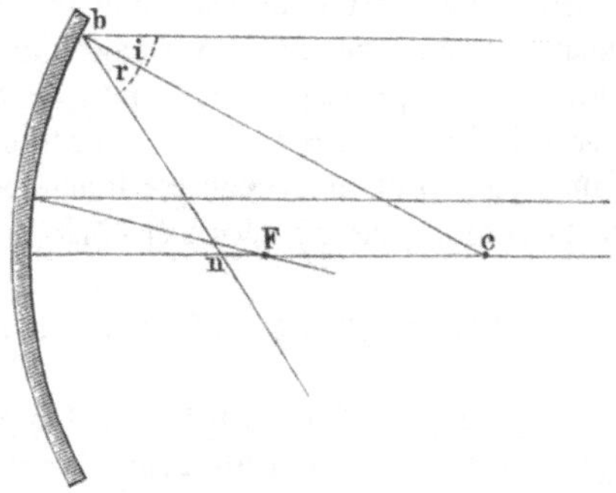

Dieser Vereinigungspunkt parallel mit der Axe auf den Hohlspiegel fallender Strahlen wird der Focus oder Brennpunkt des Hohlspiegels genannt.

Wenn die Oeffnung des Hohlspiegels, also die Krümmung von der Mitte bis zum Rande über gewisse Gränzen hinaus wächst, wie bei dem Fig. 250 dargestellten Hohlspiegel, so werden die Randstrahlen nicht mehr im Brennpunkte F die Axe schneiden können; denn sobald die Winkel i und r eine namhafte Größe erreichen, wird auch die Summe der beiden Dreieckseiten nc und nb namhaft größer sein als bc, der Punkt n wird also dem Spiegel näher liegen als der Brennpunkt F. Nur diejenigen Strahlen, welche in den mittleren Theil des Spiegels einfallen, und welche man die centralen Strahlen nennt, werden im Brennpunkte vereinigt, für die weiter nach dem Rande hin den Spiegel treffenden rückt der Punkt, in welchem sie nach der Reflexion die Axe schneiden, dem Spiegel selbst um so mehr zu, je weiter von der Axe entfernt sie den Spiegel treffen.

Für optische Zwecke sind nur solche Hohlspiegel brauchbar, welche alle von einem Punkte ausgehenden auf den Spiegel fallenden Strahlen auch wieder in einem Punkte vereinigen, also Spiegel, deren Krümmung von der Mitte bis zum Rande oder, was dasselbe ist, deren Oeffnung sehr klein ist. In dem Folgenden soll auch nur von solchen Hohlspiegeln die Rede sein.

Der erwähnte Fehler, daß nicht alle mit der Axe parallel einfallenden Strahlen genau in einem Punkte vereinigt werden, wird sphärische Aberration genannt.

Wenn der leuchtende Punkt nicht unendlich weit liegt, sondern in solcher Entfernung, daß man die Divergenz der den Spiegel treffenden Strahlen nicht mehr vernachlässigen darf, so ändert auch der Vereinigungspunkt seine Stellung, und zwar rückt er vom Spiegel mehr und mehr weg, je mehr sich der leuchtende Punkt nähert. Daß dem so sei, ist aus Fig. 251 leicht zu sehen. Je näher der leuchtende Punkt *A* rückt, desto kleiner wird *i*, desto kleiner wird also auch *r*,

Fig. 251.

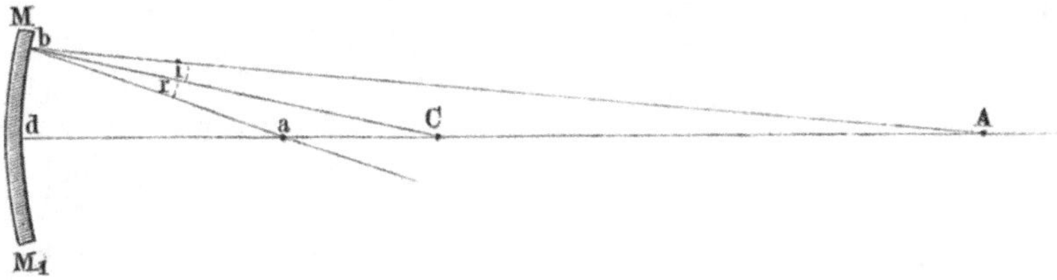

und desto mehr rückt also *a* nach *C* hin. Wenn man also einen leuchtenden Punkt, der so weit vom Spiegel entfernt ist, daß seine Strahlen im Hauptbrennpunkte wieder vereinigt werden, dem Spiegel fortwährend nähert, so wird der Vereinigungspunkt vom Hauptbrennpunkte fortwährend dem Krümmungsmittelpunkte näher rücken, bis endlich, wenn der leuchtende Punkt im Centrum des Spiegels steht, der Vereinigungspunkt mit dem leuchtenden Punkte zusammenfällt. Rückt der leuchtende Punkt dem Spiegel noch näher, so fällt der Vereinigungspunkt weiter und weiter vom Spiegel. Läge z. B. der leuchtende Punkt in *a*, so würde *A* der Vereinigungspunkt sein, und wenn der leuchtende Punkt den Brennpunkt selbst einnimmt, so werden seine Strahlen vom Spiegel parallel mit der Axe reflectirt.

Genaueres über die Lage des Vereinigungspunktes findet man im Supplementbande.

In Fig. 252 ist noch der einzig übrige Fall dargestellt, nämlich daß der leuchtende Punkt *A* zwischen dem Spiegel und dem Brennpunkte

Fig. 252.

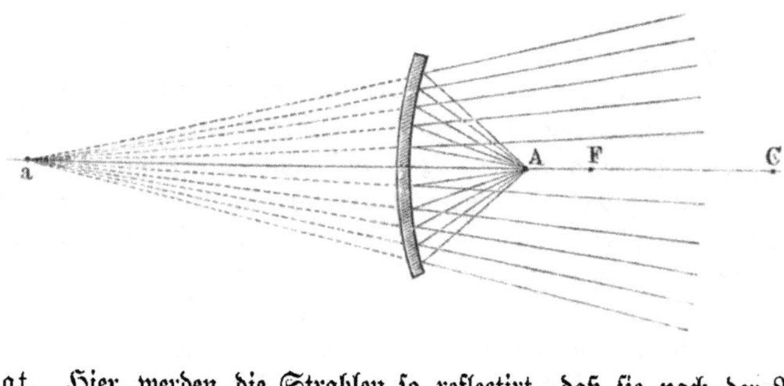

F liegt. Hier werden die Strahlen so reflectirt, daß sie nach der Reflexion divergiren, als ob sie von einem Punkte *a* kämen, der hinter dem Spiegel liegt und den man für jeden besondern Fall durch Construction leicht finden kann.

Wir haben bisher nur solche leuchtende Punkte betrachtet, welche auf der Axe des Spiegels lagen, solche Punkte also, für welche die Axe des auf den Spiegel gesandten Strahlenkegels mit der Axe des Spiegels zusammenfiel. Alle bisher entwickelten Gesetze gelten aber auch für solche leuchtende Punkte, welche außerhalb der Axe des Spiegels liegen; es sei z. B. in Fig. 253 *A* ein solcher

Fig. 253.

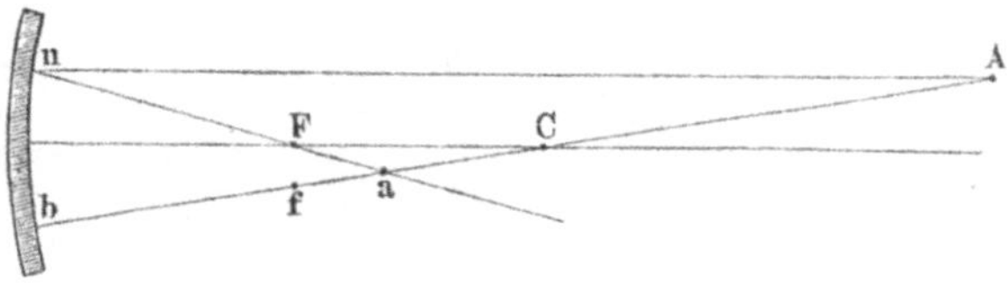

leuchtender Punkt. Zieht man von *A* über *C* eine Linie nach dem Spiegel, so ist dies die Axe des von *A* auf den Spiegel gesandten Strahlenkegels, und auf dieser Axe müssen sich alle von *A* ausgehenden Strahlen wieder vereinigen. Wenn ein ganzes Bündel Strahlen mit *ACb* parallel auf den Spiegel fiele, so würden sie sich nach der Reflexion im Punkte *f* vereinigen, der in der Mitte zwischen *C* und *b* liegt; da aber die von *A* ausgehenden Strahlen divergiren, so liegt ihr Vereinigungspunkt weiter vom Spiegel ab als *f*. Man kann nun diesen Vereinigungspunkt leicht durch folgende Construction finden. Man ziehe von *A* eine Linie *A n* parallel mit der Axe des Spiegels. Ein Strahl, der in dieser Richtung den Spiegel trifft, wird aber bekanntlich nach dem Hauptbrennpunkte *F* reflectirt; zieht man nun von *n* über *F* eine gerade Linie, so wird diese die Linie *A C b* schneiden, und der Durchschnittspunkt *a* ist offenbar derjenige, in welchem alle von *A* ausgehenden Strahlen nach ihrer Reflexion durch den Spiegel wieder vereinigt werden, kurz *a* ist das Bild von *A*. Umgekehrt würde von einem leuchtenden Punkte in *a* ein Bild in *A* entstehen.

Hohlspiegelbilder. In Fig. 254 stelle *AB* einen Gegenstand vor, 130
der sich zwischen dem Krümmungsmittelpunkte *C* des Spiegels und dem Hauptbrennpunkte *F* befindet.

Fig. 254.

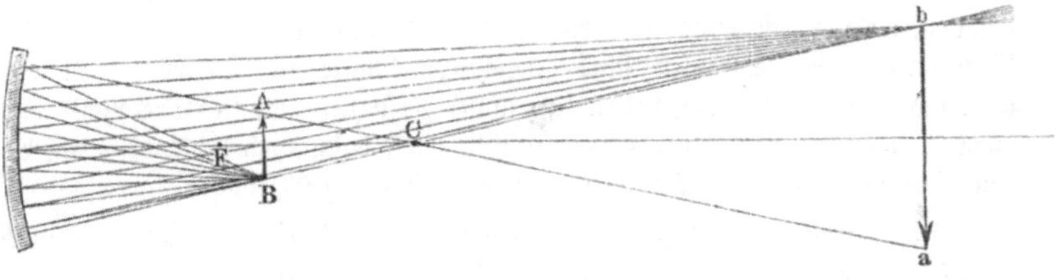

Nach dem, was eben gesagt wurde, ist es leicht, das Bild des Punktes *B* zu finden; es liegt in *b*, und alle von *B* ausgehenden den Spiegel treffenden Strahlen werden in *b* vereinigt. Ebenso findet man das Bild *a* des Punktes *A*, und so ergiebt sich, daß man durch einen Hohlspiegel von einem Gegenstande *AB*, welcher zwischen dem Brennpunkte und dem Mittelpunkte der Krümmung liegt, ein verkehrtes, vergrößertes Bild jenseits *C* erhält.

Da die von *B* ausgehenden Strahlen in *b* gesammelt werden, so werden auch umgekehrt, wenn *b* ein leuchtender Punkt ist, die von ihm ausgehenden

Fig. 255.

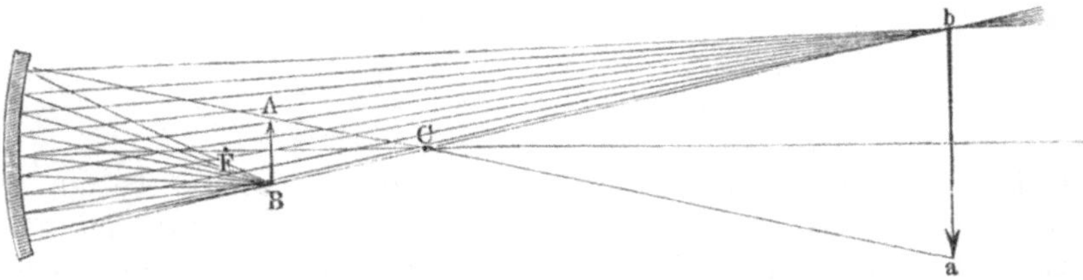

Strahlen durch den Spiegel nach *B* reflectirt werden; kurz *B* ist in diesem Falle das Bild von *b*; ebenso ist *A* das Bild von *a*. Wenn sich also ein Gegenstand *ab* jenseits des Mittelpunktes *C* befindet, so wird der Hohlspiegel von ihm ein verkehrtes, verkleinertes Bild zwischen dem Mittelpunkte *C* und dem Hauptbrennpunkte *F* entwerfen.

Die Bilder, welche wir soeben betrachtet haben, sind von denen der ebenen Spiegel wesentlich verschieden. Alle Strahlen, welche von einem leuchtenden Punkte ausgehen, werden von einem ebenen Spiegel in einer solchen Richtung reflectirt, als ob sie von einem Punkte hinter dem Spiegel herkämen; sie divergiren also von einem Punkte, in welchem sie nie vereinigt waren. Solche Bilder werden als virtuelle Bilder, Scheinbilder, bezeichnet. In den eben betrachteten Fällen wurden aber die von einem Punkte des Gegenstandes ausgehenden Strahlen durch den Spiegel wirklich wieder in einem Punkte gesammelt und deshalb werden diese Bilder zum Unterschiede von den virtuellen Bildern Sammelbilder genannt. Diese Sammelbilder kann man auf einem Schirme von weißem Papier oder mattgeschliffenem Glase auffangen und so ein Bild erhalten, welches sich gerade so verhält wie der Gegenstand selbst; die durch die Concentration der Strahlen stark erleuchteten Punkte des Schirms (von dem natürlich fremdes Licht abgehalten sein muß) zerstreuen nämlich das Licht nach allen Seiten hin, und somit wird das Bild selbst dann noch sichtbar, wenn die vom Spiegel reflectirten Strahlen nicht direct ins Auge gelangen.

Die Sammelbilder lassen sich also auf zweierlei Weise beobachten, nämlich

erstens, wenn man sie auf einem Schirm auffängt, und

zweitens, wenn man das Auge an eine entsprechende Stelle des Strahlenbündels bringt, welches von dem Vereinigungspunkte aus divergirt.

Man kann also z. B. das Bild des Punktes *B*, Fig. 255, sehen, wenn man das Auge in das von *b* aus divergirende Strahlenbündel bringt. In diesem Falle scheint das Bild vor dem Spiegel in der Luft zu schweben und wird deshalb auch Luftbild genannt.

Fig. 256 stellt einen Apparat dar, welcher dazu dient, die Gesetze der durch Hohlspiegel erzeugten Sammelbilder nachzuweisen.

Je weiter der Gegenstand von dem Hohlspiegel entfernt wird, desto mehr muß sich begreiflicherweise das Bild dem Hauptbrennpunkte nähern, das Bild

Fig. 256.

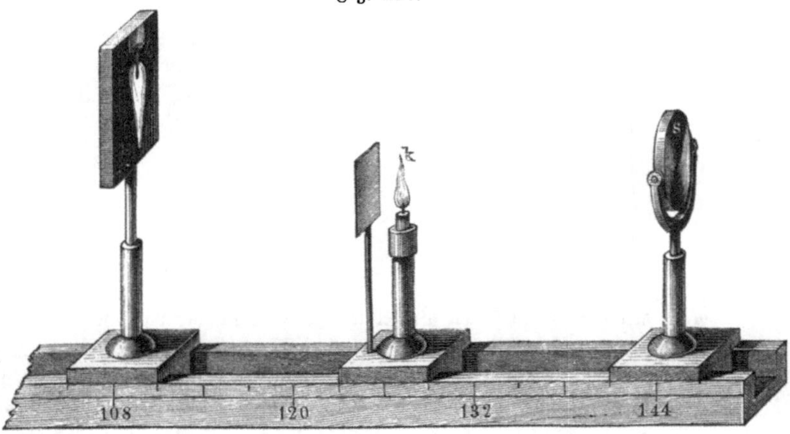

der gleichsam unendlich weit entfernten Sonne muß also im Hauptbrennpunkte selbst liegen, wenn die Axe des Spiegels nach der Sonne gerichtet ist. Fallen die Sonnenstrahlen schräg, also nicht in der Richtung der Spiegelaxe, auf, so liegt das Bild natürlich nicht mehr in der Spiegelaxe, sondern seitwärts, seine Entfernung von dem Spiegel ist aber stets dem halben Krümmungshalbmesser desselben gleich. Da uns die Sonne unter einem Winkel von ungefähr 30′ erscheint, so muß auch das Sonnenbildchen, vom Krümmungsmittelpunkt aus gesehen, unter demselben Winkel erscheinen, seine absolute Größe hängt also von dem Krümmungshalbmesser des Spiegels ab. Im Brennpunkte des großen Reflectors von Herschel z. B., dessen Krümmungshalbmesser 50 Fuß ist, hat das Sonnenbild ungefähr 3 Zoll Durchmesser; der Durchmesser des Sonnenbildes ist ungefähr 3 Millimeter, wenn der Krümmungshalbmesser des Spiegels 1 Meter ist.

Um den Krümmungshalbmesser eines Hohlspiegels zu finden, braucht man nur zu messen, wie weit das Sonnenbildchen vom Spiegel liegt; denn diese Entfernung doppelt genommen ist ja dem Krümmungshalbmesser des Spiegels gleich.

Die Bilder solcher Gegenstände, welche um mehr als die 100fache Länge des Krümmungshalbmessers vom Spiegel entfernt sind, sind dem Brennpunkte selbst noch ganz außerordentlich nahe.

Wir haben jetzt die Lage des Bildes nur noch für den Fall zu ermitteln, daß der Gegenstand zwischen dem Spiegel und dem Brennpunkte liegt. Wir haben gesehen, daß alle Strahlen, welche von einem leuchtenden Punkte ausgehen, der dem Hohlspiegel näher liegt als der Hauptbrennpunkt, so reflectirt werden, als ob sie von einem Punkte hinter dem Spiegel herkämen; in dem eben zu betrachtenden Falle kann also natürlich kein Sammelbild entstehen, wir haben es mit einem virtuellen Bilde zu thun.

In Fig. 257 sei *A B* der Gegenstand, dessen Bild wir suchen wollen.

Fig. 257.

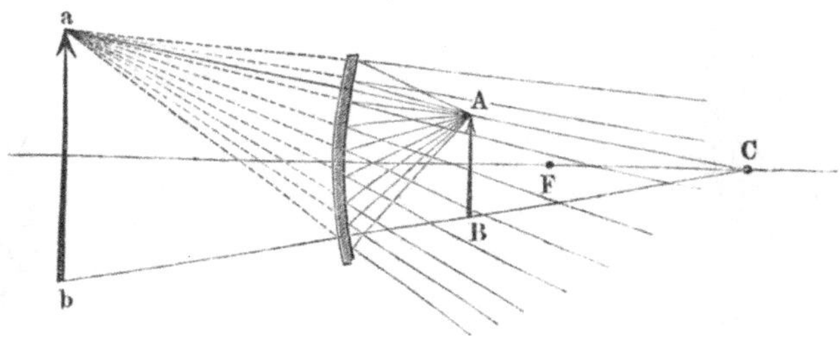

Nach den oben entwickelten Principien ist es leicht, die Lage des Punktes *a* zu ermitteln, von welchem die von *A* kommenden Strahlen divergiren, nachdem sie von dem Hohlspiegel reflectirt worden sind. Ebenso läßt sich das Bild *b* des Punktes *B* finden; wenn also der Gegenstand zwischen dem Brennpunkte und dem Spiegel liegt, so fällt sein vergrößertes aufrechtes Bild hinter den Spiegel, es verhält sich also, die Vergrößerung abgerechnet, ganz wie die Bilder der ebenen Spiegel.

131 **Die Convexspiegel** haben keine wirkliche, sondern nur eingebildete Brennpunkte, d. h. die Strahlen, welche sie treffen, werden nicht in einem

Fig. 258.

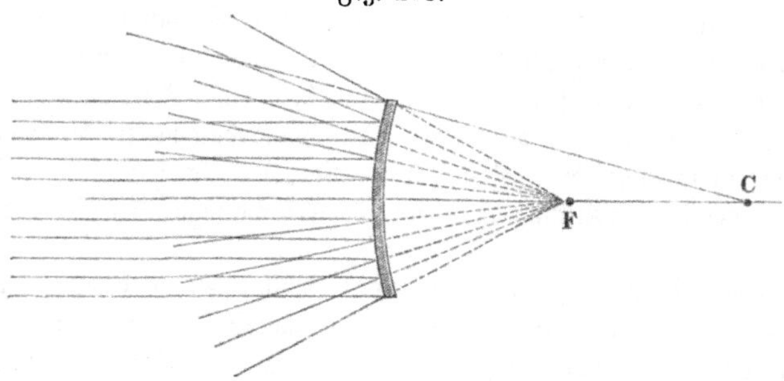

Punkte vereinigt, sondern sie divergiren nach der Spiegelung so, als ob sie von einem Punkte hinter dem Spiegel herkämen. Wenn ein Convexspiegel von einem

Strahlenbündel getroffen wird, welches der Spiegelaxe parallel ist, wie Fig. 258 zeigt, so werden alle Strahlen so reflectirt, als ob sie vom Hauptzerstreuungspunkte F kämen, welcher in der Mitte zwischen dem Spiegel und dem Mittelpunkte C liegt. Demnach ist es leicht, die Bilder zu construiren, welche man durch solche Spiegel erhält.

Es sei AB, Fig. 259, ein vor einem Convexspiegel befindlicher Gegenstand. Ein Strahl, welcher von A in der Richtung AC auf den Spiegel fällt, wird in

Fig. 259.

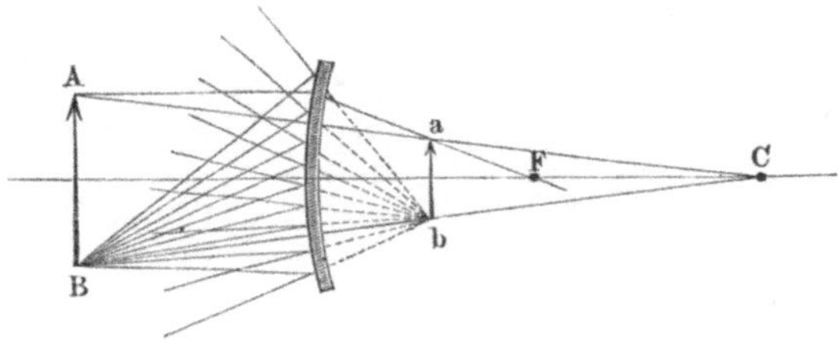

derselben Richtung reflectirt, in welcher er kam, das Bild von A muß also auf der Linie AC liegen. Ein Strahl, der von A aus parallel mit der Spiegelaxe in n auf den Spiegel trifft (der Buchstabe n ist in der Figur aus Mangel an Raum weggelassen), wird so reflectirt, als ob er vom Hauptzerstreuungspunkte F käme; das Bild von A liegt also in dem Durchschnittspunkte a der Linien AC und nF. Alle von A ausgehenden Strahlen werden von dem Convexspiegel so reflectirt, als ob sie von a herkämen.

Nachdem man auch das Bild b des Punktes B gefunden hat, überzeugt man sich leicht, daß man durch Convexspiegel verkleinerte aufrechte Bilder hinter dem Spiegel erhält.

Die Bilder der Convexspiegel sind stets virtuelle Bilder.

Unsere Figur stellt den Verlauf des von B aus divergirenden und von dem Convexspiegel reflectirten Strahlenbündels dar.

Von den Brennlinien. Wenn die von einem leuchtenden Punkte 132
ausgehenden Lichtstrahlen nach ihrer Reflexion durch eine krumme Oberfläche nicht genau in einem und demselben Punkte wieder vereinigt werden, so werden sich doch immer je zwei benachbarte reflectirte Strahlen schneiden; alle Durchschnittspunkte je zweier benachbarten in einerlei Ebene reflectirten Strahlen geben eine krumme Linie, die man Brennlinie oder kaustische Linie nennt, und deren Natur von der Natur der spiegelnden Fläche abhängt. Die Gesammtheit aller durch eine spiegelnde krumme Oberfläche erzeugten Brennlinien bilden zusammengenommen eine krumme Fläche, welche kaustische Fläche heißt. In der Nähe derselben ist die Intensität des Lichtes am größten, wie man dies an der herzförmigen Linie sehen kann, die sich innerhalb eines cylindrischen Gefäßes

oder eines Ringes zeigt, wenn derselbe vom Sonnenlicht oder dem Lichte einer

Fig. 260.

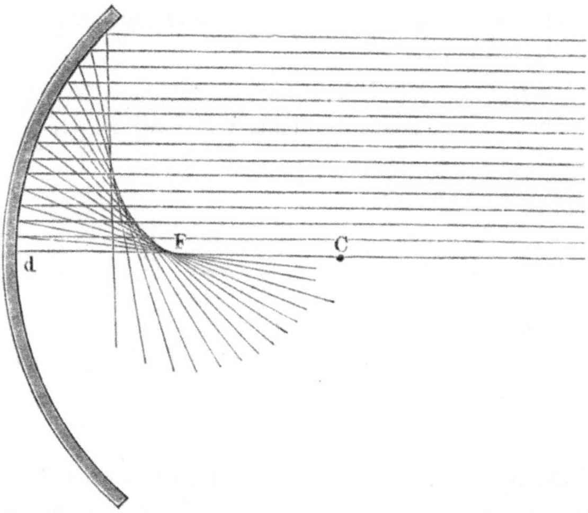

Flamme beleuchtet wird. Die Fig. 260 erläutert die Entstehung der Brennlinien.

Drittes Capitel.

Dioptrik oder Brechung des Lichtes.

Das Brechungsgesetz. Unter Brechung versteht man die Ablenkung, die Richtungsveränderung, welche ein Lichtstrahl erleidet, wenn er aus einem Mittel in ein anderes übergeht. Daß überhaupt eine solche Richtungsveränderung stattfindet, davon kann man sich leicht durch folgenden Versuch überzeugen. 133

Auf den Boden eines Gefäßes $v\,v'$, Fig. 261, lege man ein Geldstück oder sonst ein Metallstück m und halte das Auge a so, daß man eben den Rand desselben sieht, während das ganze Stück durch den Rand b des Gefäßes verdeckt erscheint. Wenn nun Wasser in das Gefäß gegossen wird, so scheint sich das Geldstück in dem Maße zu erheben, in welchem das Niveau des Wassers im Gefäße steigt, bis endlich das ganze Geldstück sichtbar ist, und bei n zu liegen scheint, obgleich nach wie vor dieses sowohl als auch das Auge an seiner Stelle bleibt. Das Licht gelangt jetzt nicht mehr in gerader Linie von m nach a, sondern es beschreibt die gebrochene Linie $m\,i\,a$.

Fig. 261.

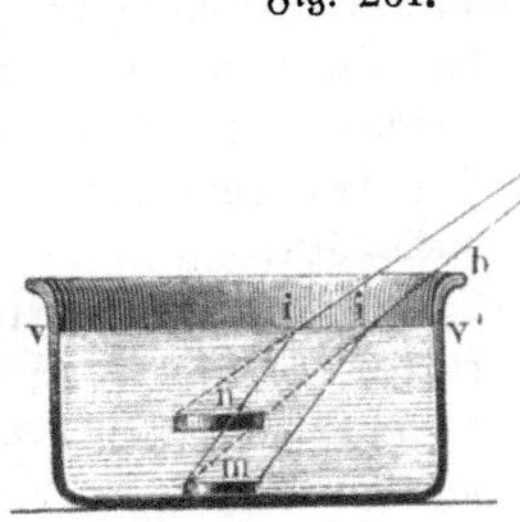

In Fig. 262 (a. f. S.) sei $l\,n$ ein Lichtstrahl, welcher in n eine Wasserfläche trifft. Denken wir uns nun in n das Einfallsloth $p\,p'$ errichtet, so ist der Winkel i, welchen der einfallende Strahl mit demselben macht, der Einfallswinkel.

Beim Uebergang aus Luft in Wasser bleibt nun der Strahl in der durch den einfallenden Strahl und das Einfallsloth gelegten Ebene, d. h. er bleibt in der Einfallsebene, im Wasser aber verfolgt er eine Richtung $n\,s$, welche mit dem Einfallsloth einen Winkel r macht, welcher kleiner ist als der Einfallswinkel.

Der Winkel *r*, welchen der gebrochene Strahl *ns* mit dem Einfallsloth macht, wird der **Brechungswinkel** genannt.

Fig. 262.

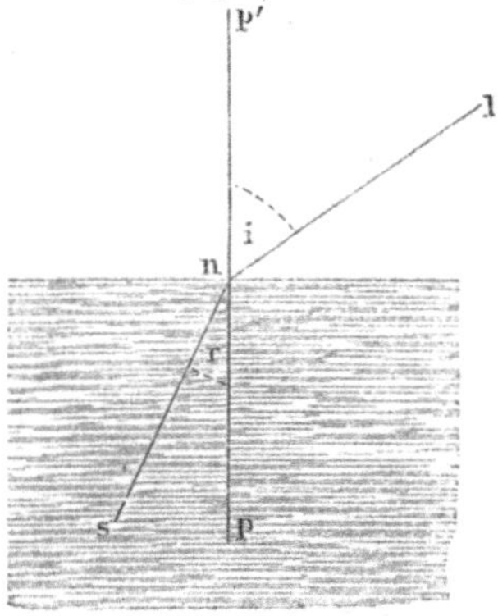

Fig. 263.

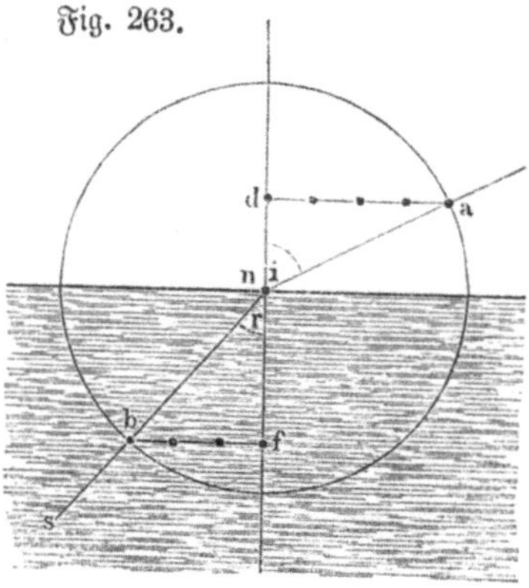

Zwischen dem Einfallswinkel und dem Brechungswinkel besteht nun eine Beziehung, welche durch Fig. 263 erläutert wird. Es sei *ln* ein Lichtstrahl, welcher bei *n* auf eine **Wasserfläche** trifft, *ns* sei der entsprechende gebrochene Strahl. Denkt man sich nun um *n* einen Kreis gezogen, so schneidet derselbe den einfallenden Strahl bei *a*, den gebrochenen bei *b*; fällt man nun von *a* ein Perpendikel *ad*, von *b* ein Perpendikel *bf* auf das Einfallsloth, so wird *fb* stets $^3/_4$ von *ad* sein.

Wenn der Radius des Kreises = 1 gesetzt wird, so nennt man die erwähnten Perpendikel die **Sinus** der entsprechenden Winkel; es ist *ad* der Sinus des Einfallswinkels *i*, *bf* aber ist der Sinus des Brechungswinkels *r*. Durch die Einführung dieser Bezeichnung läßt sich aber nun das Brechungsgesetz für den Uebergang der Lichtstrahlen aus **Luft** in **Wasser** ganz einfach so ausdrücken:

Fig. 264.

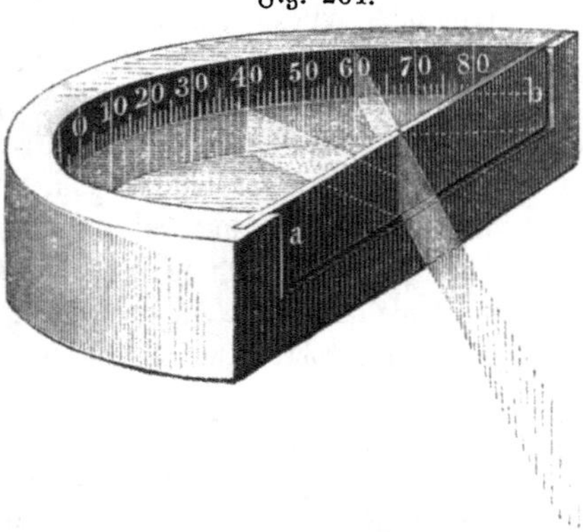

Der Sinus des Einfallswinkels ist stets $^4/_3$ oder genauer 1,334 von dem Sinus des entsprechenden Brechungswinkels oder in Zeichen

$$\sin i = 1{,}334 \sin r.$$

Das Brechungsgesetz, wie es eben auseinandergesetzt wurde, läßt sich mit Hülfe des Apparates Fig. 264 nachweisen. Das Gefäß ist zur Hälfte seiner Höhe mit Wasser gefüllt. Ein Lichtstrahl nun, welcher durch eine Spalte in der Mitte der undurchsichtigen Wand *ab* in das Gefäß eindringt, wird in der oberen Hälfte in gerader Richtung fortgehen, im Wasser aber gebrochen werden. An der Theilung der hinteren halbkreisförmigen Wand kann man die Größe des Einfalls- und des zugehörigen Brechungswinkels ablesen. Es versteht sich von selbst, daß die Spalte in der Mitte von $a\,b$ durch Glas verschlossen ist. Am besten macht man die Wand $a\,b$ aus einer Glasplatte, welche bis auf einen schmalen Streifen in der Mitte mit undurchsichtiger Farbe bestrichen ist.

Beim Uebergange aus Luft in Glas erleiden die Lichtstrahlen eine stärkere Ablenkung als beim Uebergange aus Luft in Wasser; denn in diesem Falle ist der Sinus des Brechungswinkels ungefähr $^2/_3$ vom Sinus des Einfallswinkels.

Der Quotient, welchen man erhält, wenn man den Sinus des Brechungswinkels in den Sinus des Einfallswinkels dividirt, ist für jede Substanz ein anderer; dieser Quotient wird mit dem Namen des Brechungsexponenten bezeichnet. Für den Uebergang aus Luft sind Folgendes die Werthe der Brechungsexponenten einiger bekannten Stoffe:

Wasser	1,334	Flintglas	1,664
Alkohol	1,372	Schwefelkohlenstoff .	1,680
Benzol	1,500	Anisöl	1,811
Crownglas	1,533	Diamant	2,470

Beim Uebergange aus Luft in Diamant ist also der Sinus des Einfallswinkels beinahe $2^1/_2$ mal so groß als der Sinus des Brechungswinkels; im Diamant erleiden also die Lichtstrahlen eine sehr starke Ablenkung, der Diamant ist eine sehr stark brechende Substanz.

Allgemein läßt sich also das Brechungsgesetz durch die Gleichung:

$$\sin i = n \cdot \sin r \qquad \qquad 1)$$

oder

$$\frac{\sin i}{\sin r} = n$$

ausdrücken.

Ist n der Brechungsexponent beim Uebergange des Strahls aus Luft in das Mittel A, ist ferner m der Brechungsexponent beim Uebergange aus Luft in das Mittel B, so ist $\frac{m}{n}$ der Brechungsexponent beim Uebergange von A in B.

Es sei z. B. $^4/_3$ der Brechungsexponent beim Uebergange aus Luft in Wasser, und $^3/_2$ der Brechungsexponent für den Uebergang des Strahls aus Luft in Glas, so ist $^3/_2 : {}^4/_3 = {}^9/_8$ der Brechungsexponent beim Uebergange des Strahls aus Wasser in Glas.

Der größte Werth, welchen der Einfallswinkel i beim Uebergang in ein stärker brechendes Mittel haben kann, ist 90^0, und da $\sin 90^0 = 1$, so hat man für diesen Fall

$$\sin r = \frac{1}{n}.$$

Der sich aus dieser Gleichung ergebende Werth von r wird der Gränzwinkel genannt. Für Luft und Wasser ist $n = {}^4/_3$, also $\frac{1}{n} = {}^3/_4 = 0{,}75$;

nun ist aber 0,75 = *sin* (48° 35′), mithin ist für Luft und Wasser 48° 35′ der Gränzwinkel; niemals kann ein Lichtstrahl, welcher aus Luft in Wasser tritt, nach der Brechung einen größeren Winkel mit dem Einfallslothe machen.

Wenn hingegen ein Lichtstrahl, sich im Wasser fortpflanzend, einen Winkel von 48° 35′ mit einem Einfallslothe macht, so wird er nach seinem Austritt in die Luft einen Winkel von 90° mit dem Lothe machen, d. h. er wird sich parallel der Trennungsfläche bewegen; alle im Wasser sich bewegenden Strahlen aber, welche mit dem Einfallsloth einen Winkel machen, der den Werth des Gränzwinkels übersteigt, können gar nicht mehr austreten, sie werden an der Gränzfläche des Wassers vollständig gespiegelt. Dieser Fall der totalen Reflexion ist der einzige Fall einer Spiegelung auf durchsichtigen Körpern, bei welcher der Strahl fast nichts an seiner ursprünglichen Intensität verliert.

Den Unterschied zwischen gewöhnlicher Glasreflexion und totaler Reflexion im Glase kann man am besten durch folgenden Versuch anschaulich machen.

Man stelle zwei rechtwinklige gleichseitige Glasprismen (siehe den folgenden Paragraph) so zusammen, wie Fig 265 zeigt. Fällt nun von einem etwas entfernten Gegenstand, etwa von einer brennenden Kerze, ein Lichtstrahl $l' c$ rechtwinklig auf die Vorderfläche des Prismas A auf, so wird er fast vollständig in die Glasmasse eintreten und bei b die Rückwand in einer Richtung treffen, welche einen Winkel von 45° mit dem Einfallsloth von b macht. Da nun aber der Gränzwinkel für Glas nahe 41° ist, so kann der Strahl bei b nicht in Luft eintreten, er wird vollständig reflectirt und deshalb sieht ein in o' befindliches Auge ein sehr lichtstarkes Bild der Kerze, während das Bild der Kerze, welches durch die Reflexion der Lichtstrahlen bei a auf der Vorderfläche des Prismas B entsteht, ungleich lichtschwächer ist, weil ein Theil der in der Richtung $l a$ einfallenden Strahlen in die Glasmasse eindringt und nur ein Theil derselben bei a gespiegelt wird.

Fig. 265.

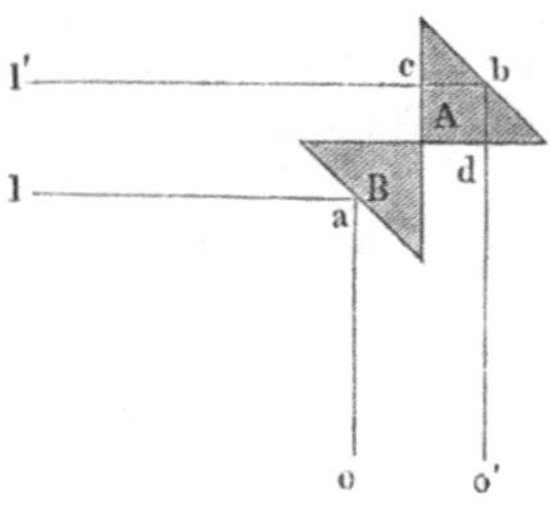

134 **Brechung des Lichtes in Prismen.** Wenn ein Lichtstrahl aus einem Mittel A in B und aus B wieder in A übergeht, so ist der austretende Strahl $n' l'$, Fig. 266, dem eintretenden $n l$ parallel, wenn die beiden Gränzflächen von B einander parallel sind; ist dies jedoch nicht der Fall, so wird die Richtung des austretenden Strahls mehr oder weniger von der des eintretenden abweichen, Fig. 267. Mit Hülfe des Brechungsgesetzes ist es leicht, in jedem bestimmten Falle der Art den Weg des Lichtstrahls zu verfolgen.

In der Optik nennt man nun ein von zwei gegen einander geneigten Flächen begränztes durchsichtiges Mittel ein Prisma. — Die Kante des Prismas ist die Linie, in welcher sich die beiden Gränzflächen schneiden oder doch schneiden würden, wenn sie hinreichend verlängert wären. — Die Basis eines Prismas ist irgend eine der brechenden Kante gegenüberliegende Fläche, mag sie nun in der Wirklichkeit vorhanden oder mag sie nur gedacht sein. — **Der brechende Winkel** ist der Winkel, welchen die brechenden Flächen des

Fig. 266.

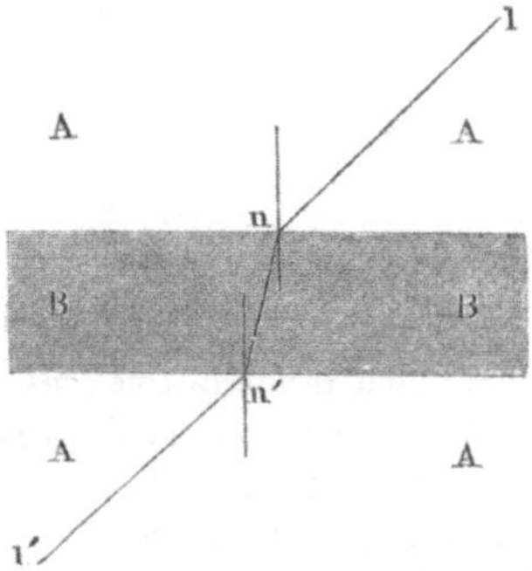

Fig. 267.

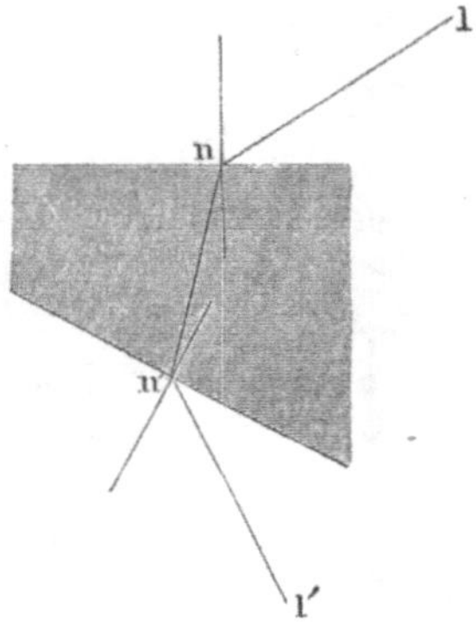

Prismas mit einander machen. — **Hauptschnitt** nennt man den Durchschnitt des Prismas mit einer auf seiner Kante rechtwinkligen Ebene.

Gewöhnlich wendet man Prismen an, welche durch drei rechtwinklige Flächen $abb'a'$, $bcb'c'$ und $cac'a'$, Fig. 268, begränzt sind. Wenn das Licht durch die Flächen ab' und ac' hindurchgeht, so ist aa' die brechende Kante und die Fläche bc' die Basis; bb' ist brechende Kante, wenn der Lichtstrahl durch die Flächen ba' und bc' geht u. s. w.

Fig. 268.

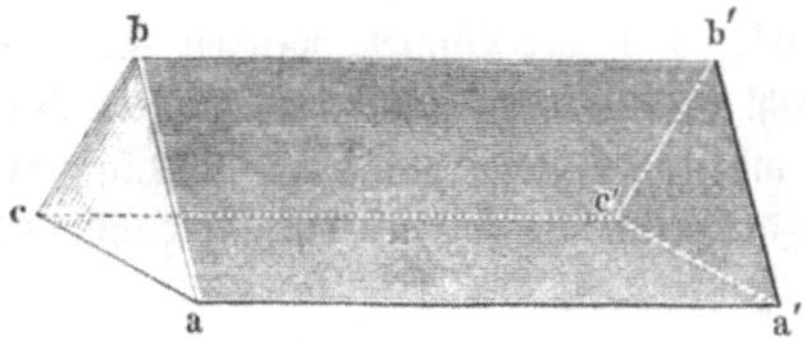

Der Hauptschnitt eines solchen Prismas ist ein Dreieck, und je nachdem dieses Dreieck rechtwinklig, gleichschenklig oder gleichseitig ist, nennt man auch das Prisma selbst **rechtwinklig, gleichschenklig** oder **gleichseitig**. So z. B. zeigt Fig. 265 die Hauptschnitte zweier rechtwinkliger, gleichseitiger Prismen, während Fig. 270 den Hauptschnitt eines gleichseitigen Prismas zeigt.

Gewöhnlich befestigt man die Prismen auf einem messingenen Stativ, Fig. 269. Indem man das Stäbchen t in der Röhre, in der es steckt, auf- und niederschiebt, kann man das Prisma höher oder tiefer stellen, und mittelst des Charniers bei g kann man ihm jede beliebige Stellung geben.

Wenn von irgend einem Gegenstande a, Fig. 270, etwa von einer brennenden Kerze ein Lichtstrahl in der Richtung ab auf ein Prisma fällt und in der Richtung co austritt, so wird ein in o befindliches Auge die Flamme a nach der Richtung oa' sehen, der Gegenstand erscheint also durch das Prisma gesehen **nach der Seite der brechenden Kante hin abgelenkt**. Das abgelenkte Bild a' erscheint aber auch auf eine eigenthümliche, später näher zu besprechende Weise **gefärbt**.

Wenn ein Sonnenstrahl durch eine kleine Oeffnung in der Richtung *b d*, Fig. 271, in ein dunkles Zimmer tritt, und man ihn durch ein Prisma auf-

Fig. 269.

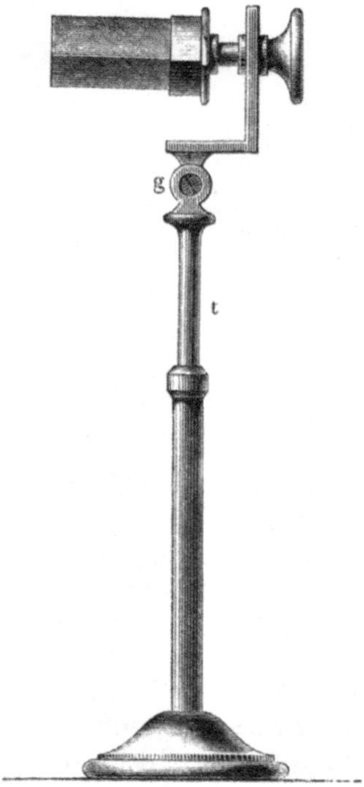

Fig. 270.

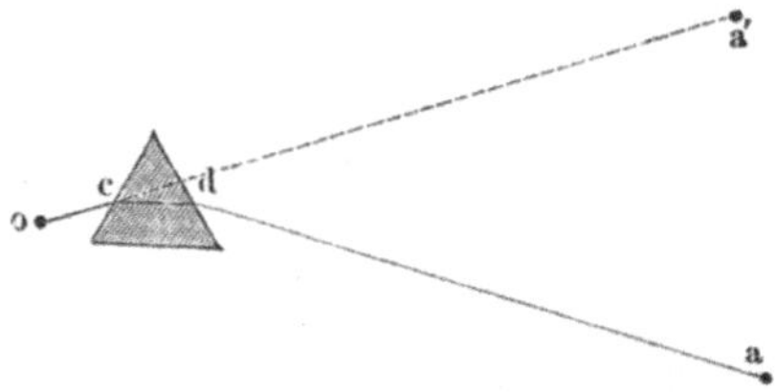

fängt, so beobachtet man ebenfalls eine Ablenkung und eine Färbung. Statt des weißen Sonnenbildchens *d*, welches auf einer der Oeffnung *b* gegenüberstehenden weißen Wand entstehen würde, wenn das Prisma *s* nicht vorhanden wäre, werden die einfallenden Sonnenstrahlen nun so abgelenkt, daß bei *r v* ein in die Länge gezogenes gefärbtes Sonnenbild, das **Spectrum**, entsteht.

Die eben angedeuteten Farbenerscheinungen werden wir später betrachten und uns vor der Hand nur mit der **Ablenkung** beschäftigen.

Die **Ablenkung** der Lichtstrahlen, welche ein Prisma bewirkt, d. h. der Winkel, welchen der eintretende Strahl *l n*, Fig 272, mit dem austretenden Strahl *n′ l′* macht, ist die Summe der Ablenkungen, welche er an der Eintritts- und an der Austrittsfläche

Fig. 271.

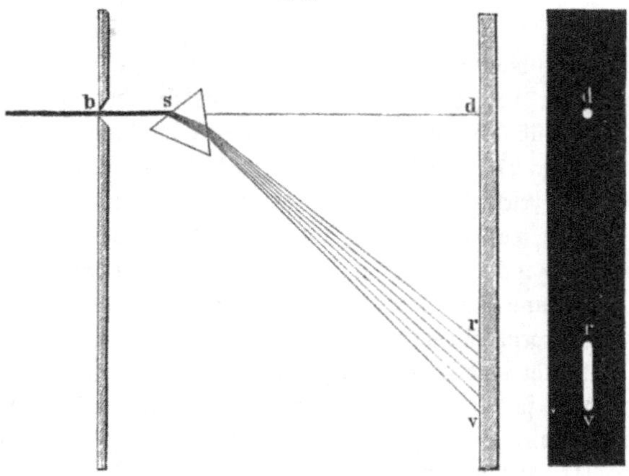

erleidet. Bezeichnen wir also mit *d* die Ablenkung, welche der Strahl in *n* beim Eintritt, mit *d′* die Ablenkung, welche er in *n′* beim Austritt aus dem

Prisma erleidet, so ist die Totalablenkung D, welche das Prisma hervorbringt,

$$D = d + d'.$$

Die Totalablenkung D, welche ein Prisma hervorbringt, ist unter übrigens gleichen Umständen um so größer, je größer der brechende Winkel ist. Beträgt dieser Winkel 60°, so ist die Ablenkung stärker, als wenn er nur 45° betrüge.

Ein Prisma, welches aus einer stärker brechenden Substanz besteht, lenkt die Lichtstrahlen stärker ab, als ein ganz gleich geformtes Prisma einer schwächer brechenden Substanz. Für ein Wasserprisma ist die Ablenkung geringer als für ein Glasprisma von gleichem brechenden Winkel.

Für ein und dasselbe Prisma hängt die Größe der Ablenkung noch von der Richtung ab, in welcher die Lichtstrahlen auf die erste Fläche treffen. Wenn man durch ein Prisma einen Gegenstand betrachtet, so sieht man, wie das Bild sich bald weiter von der Stelle des Gegenstandes entfernt, bald sich ihm wieder nähert, wenn man das Prisma um seine Axe dreht. Die **kleinste Ablenkung** findet für den Fall Statt, daß die Strahlen das Prisma **symmetrisch** durchlaufen, d. h. wenn der Strahl innerhalb des Prismas gleiche Winkel mit der Eintritts- und mit der Austrittsfläche macht, wie dies z. B. für den Strahl $l\,n\,o\,p$, Fig. 273, der Fall ist. Die Ablenkung dieses Lichtstrahls ist kleiner als

Fig. 272.

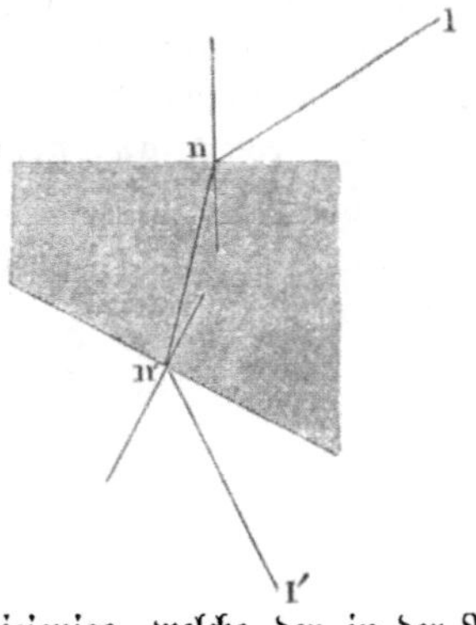

Fig. 273.

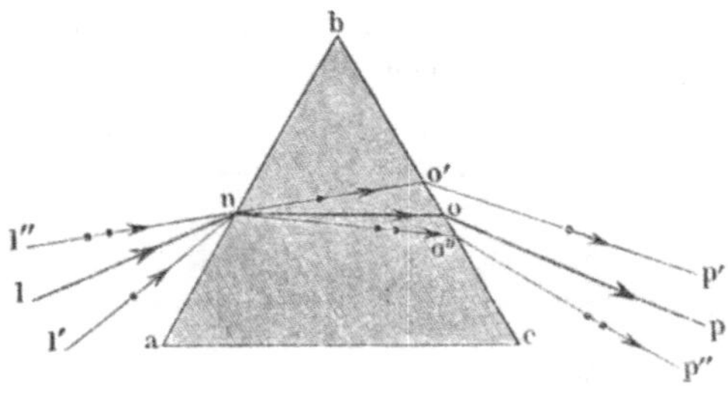

diejenige, welche der in der Richtung $l''\,n$ einfallende erleidet, welcher in der Richtung $o''\,p''$ austritt, und auch kleiner als die Ablenkung, welche der in der Richtung $l'\,n$ einfallende und in der Richtung $o'\,p'$ austretende Strahl erleidet.

Das Minimum der Ablenkung, welche die Lichtstrahlen in einem Prisma erleiden, ist wichtig, weil man sich derselben zur Berechnung des Brechungsexponenten der Prismensubstanz bedient. Bezeichnen wir mit g den brechenden Winkel des Prismas, mit D das Minimum der Ablenkung, welche es hervorbringt, so haben wir zur Bestimmung des Brechungsexponenten n der Prismensubstanz die Gleichung

$$n = \frac{\sin \frac{D + g}{2}}{\sin \frac{g}{2}} \quad \ldots\ldots\ldots\ldots \quad 1)$$

Die Ableitung dieser Formel findet sich im Supplementband.

Wenn der brechende Winkel des Prismas klein ist, so bleibt die Größe der Ablenkung sehr nahe dieselbe, wenn auch die Richtung des einfallenden Strahles sich ändert. Es ist dies zum Verständniß der Theorie der Linsen von Wichtigkeit.

Um Prismen aus Flüssigkeiten zu bilden, wendet man Hohlprismen an, deren Seitenwände durch geschliffene Glasplatten gebildet sind.

Eine eingehendere Besprechung der Brechung des Lichtes in Prismen findet man in den entsprechenden Paragraphen des Supplementbandes.

135 **Sphärische Linsen.** Linsen nennt man durchsichtige durch zwei krumme Oberflächen begränzte Körper, welche die Eigenschaft haben, ein Strahlenbündel, welches sie trifft, mehr convergent oder mehr divergent zu machen.

Wir beschäftigen uns hier nur mit sphärischen Linsen, d. h. mit solchen, deren Gränzflächen Stücke von Kugeloberflächen sind, weil diese allein zu optischen Instrumenten verwendet werden.

Man unterscheidet zwei Hauptarten von Linsen, nämlich:

1) Sammellinsen, welche in der Mitte dicker sind als am Rande, und
2) Zerstreuungslinsen, bei welchen das Umgekehrte stattfindet.

Fig. 274 stellt drei verschiedene Formen von Sammellinsen oder, wie man sie auch nennt, von Convexlinsen dar. Nr. 1 ist eine biconvexe, Nr. 2 eine planconvexe und Nr. 3 endlich eine concavconvexe Linse.

Fig. 275 stellt drei verschiedene Formen der Zerstreuungs- oder Concavlinsen dar, nämlich Nr. 1 eine biconcave, Nr. 2 eine planconcave

Fig. 274.

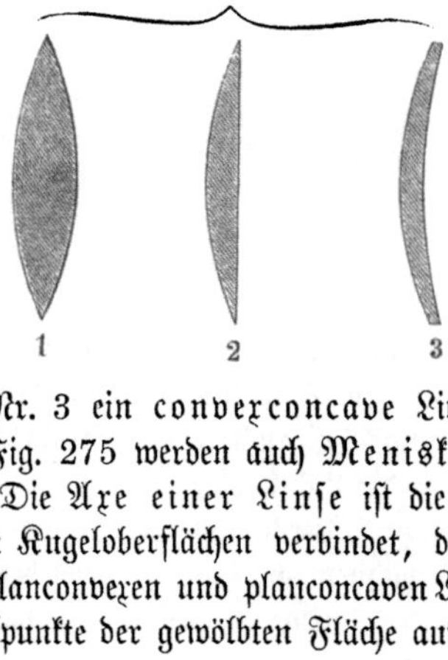

Fig. 275.

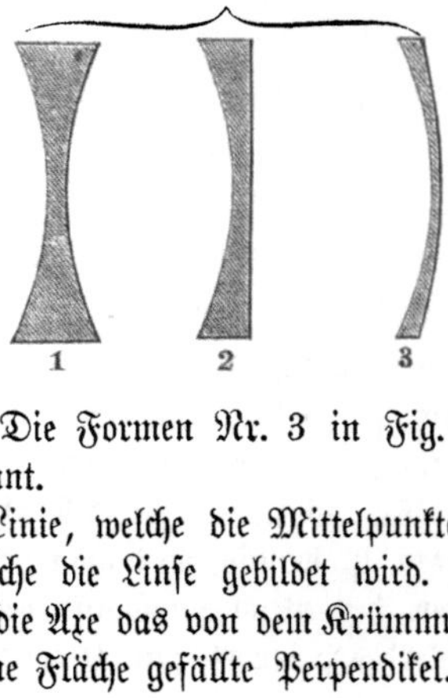

und Nr. 3 ein convexconcave Linse. — Die Formen Nr. 3 in Fig. 274 und Fig. 275 werden auch Menisken genannt.

Die Axe einer Linse ist die gerade Linie, welche die Mittelpunkte der beiden Kugeloberflächen verbindet, durch welche die Linse gebildet wird. Bei den planconvexen und planconcaven Linsen ist die Axe das von dem Krümmungsmittelpunkte der gewölbten Fläche auf die ebene Fläche gefällte Perpendikel.

136 **Sammellinsen.** Um die wichtigsten Sätze über die Wirkung der Sammellinsen abzuleiten, wollen wir von der Betrachtung des einfachsten Falles, nämlich der planconvexen Linsen, Fig. 274 Nr. 2, ausgehen.

Auf die ebene Seite AB, Fig. 276, einer solchen Linse falle ein Lichtstrahl ab parallel mit der Axe MN, so wird er ungebrochen in die Glasmasse eintreten und bei b austretend nach der Richtung bF gebrochen werden. Wir

Fig 276.

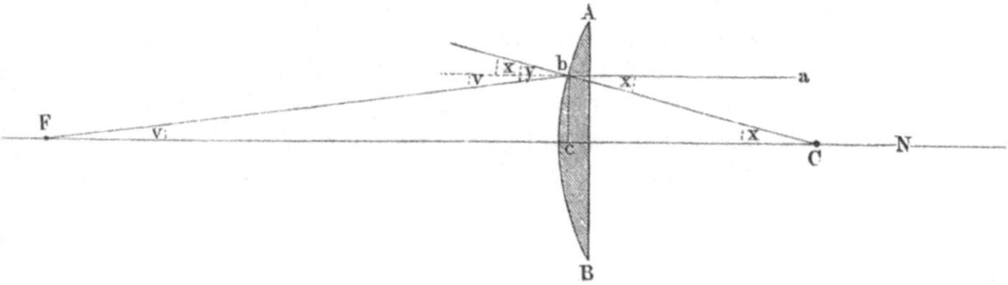

wollen den Abstand des Punktes F, in welchem der austretende Strahl die Axe schneidet, von der Linse, also die Länge Fc bestimmen.

Ziehen wir den Krümmungshalbmesser bC, so ist x der Winkel, welchen der Strahl vor, y der Winkel, welchen er nach der Brechung in b mit der Richtung dieses Einfallslothes bC macht; wir haben aber $\sin y = n \sin x$, wenn n den Brechungsexponenten der Linsensubstanz bezeichnet, und ferner $y = nx$, so lange der Winkel x klein bleibt.

Der Winkel v, welchen der austretende Strahl bF mit der Axe macht, ist nun offenbar gleich $y - x$. Nehmen wir n, den Brechungsexponenten des Glases, gleich $^3/_2$, so ist

$$y = {}^3/_2 x$$

$$\text{und } v = y - x = {}^3/_2 x - x = {}^1/_2 x,$$

daraus folgt aber, daß $Fc = 2cC$. Wenn man die Dicke der Linse als unbedeutend vernachlässigt, kann man dieses Resultat auch so aussprechen: daß der Punkt F doppelt so weit von der Linse entfernt ist, als der Krümmungsmittelpunkt C.

Bei dieser Entwickelung ist kein specieller Werth von x zu Grunde gelegt worden, die Lage des Punktes F bleibt also dieselbe, wie sich x auch innerhalb der Gränze ändern mag, bis zu welcher man ohne merklichen Fehler den Sinus mit dem zugehörigen Bogen verwechseln kann. Mit anderen Worten lautet das eben abgeleitete Resultat:

W e n n a u f e i n e p l a n c o n v e x e G l a s l i n s e, Fig. 277, e i n B ü n d e l L i c h t s t r a h l e n p a r a l l e l m i t d e r A x e e i n f ä l l t, s o w e r d e n s i e i n e i n e m

Fig. 277.

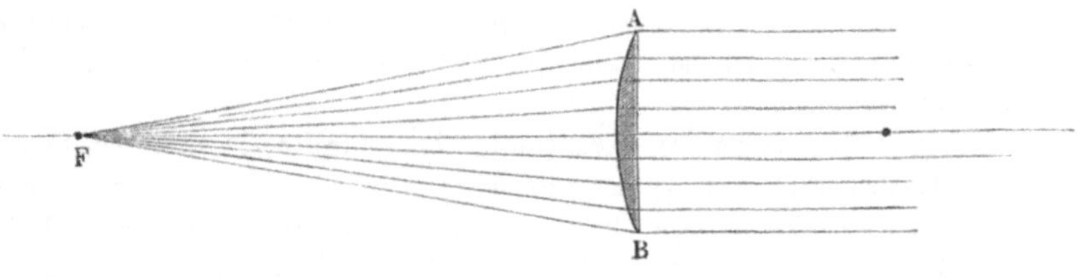

Punkte F vereinigt, welcher um den doppelten Krümmungshalbmesser der gewölbten Seite von dem Glase absteht.

Eine biconvexe Linse kann als eine Combination zweier planconvexen betrachtet werden, welche mit ihren flachen Seiten an einander gelegt sind.

Eine biconvexe Linse, deren beide Flächen den Krümmungshalbmesser r haben, wird aber die Lichtstrahlen doppelt so stark von ihrer Richtung ablenken, als eine planconvexe Linse, deren gewölbte Seite denselben Krümmungshalbmesser r hat. Wenn also eine gleichgewölbte biconvexe Linse AB, Fig. 278, von einem Bündel Lichtstrahlen getroffen wird, welches parallel mit der Linsen-

Fig. 278.

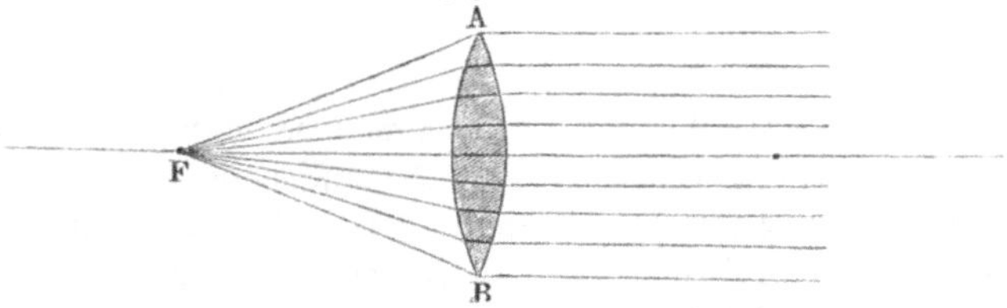

axe einfällt, so werden sie in einem Punkte F vereinigt, welcher nur halb so weit vom Glase absteht, als im vorigen Fall, welcher also mit dem entsprechenden Krümmungsmittelpunkt der Linse zusammenfällt.

Der Punkt F, in welchem durch eine Linse ein parallel mit der Axe auf dieselbefallen des Strahlenbündel vereinigt wird, heißt der Focus oder Brennpunkt der Linse; der Abstand des Brennpunktes von der Linse heißt die Focaldistanz oder die Brennweite der Linse.

Die obigen Bestimmungen der Brennweite gelten nur für Linsen, deren Substanz den Brechungsexponenten $^3/_2$ oder 1,5 hat. Der Brechungsexponent der meisten Glassorten ist aber etwas größer, nämlich 1,52 bis 1,66, folglich wird auch die Brennweite der Glaslinsen etwas kleiner sein, als eben angegeben wurde. Für eine Wasserlinse würde die Brennweite größer, für eine Edelsteinlinse würde sie kleiner sein, als für eine gleichgeformte Glaslinse.

Der Satz, daß alle parallel mit der Axe auf die Linse fallenden Strahlen in einem Punkte vereinigt werden, ist unter der Voraussetzung abgeleitet worden, daß die Krümmung der Linse von der Mitte bis b, also der Winkel x, Fig. 276, selbst für die am Rand der Linse einfallenden Strahlen noch klein genug ist, um den Sinus derselben mit dem entsprechenden Bogen zu verwechseln. Ist aber die Linse so stark gewölbt, daß diese Bedingung nicht mehr erfüllt ist, so werden die in der Nähe des Randes auffallenden Strahlen die Axe in Punkten schneiden, welche näher an der Linse liegen als der Brennpunkt der centralen Strahlen, wie dies durch Fig. 279 erläutert wird. (Näheres darüber im Supplementband.)

Diese Abweichung des Brennpunktes der centralen Strahlen von dem der Randstrahlen nennt man sphärische Aberration. Nur solche Linsen, welche so schwach gewölbt sind, daß für sie die sphärische Aberration verschwindend klein ist, können reine Bilder geben und zu optischen Instrumenten verwendet werden.

Durch die sphärische Aberration sehr stark gewölbter Linsen entstehen **Brennlinien** in ähnlicher Weise, wie wir sie bei den stark gekrümmten Hohlspiegeln in §. 132 kennen lernten.

Fig. 279.

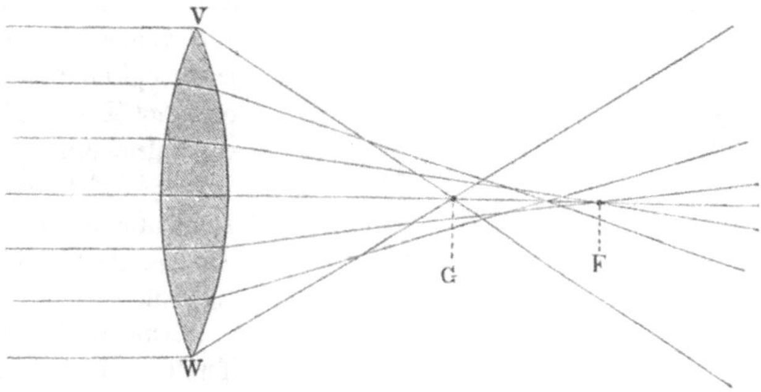

Bestimmung der Vereinigungsweite nicht paralleler Strahlen. 137 Ist einmal der Brennpunkt einer Linse bekannt, so kann man auch bestimmen, in welchem Punkte diejenigen Strahlen durch die Linse wieder vereinigt werden, welche von irgend einem leuchtenden Punkte ausgehend auf dieselbe fallen. Zunächst wollen wir nur solche leuchtende Punkte in Betracht ziehen, welche auf der Axe der Linse liegen.

Ein mit der Axe parallel auf die Linse fallendes Strahlenbündel kann man betrachten, als käme es von einem auf der Axe liegenden, aber unendlich weit entfernten leuchtenden Punkte. — Nehmen wir nun an, der leuchtende Punkt sei der Linse näher gerückt, er befinde sich in S, Fig. 280 (a. f. S.), so findet man den Vereinigungspunkt der von S aus auf die Linse fallenden Strahlen, wenn man den Punkt R ermittelt, in welchem ein Randstrahl SA nach seinem Durchgang durch die Linse die Axe schneidet.

Wie wir in §. 134 gesehen haben, ändert sich die durch ein Prisma hervorgebrachte Ablenkung nicht mit der Richtung der einfallenden Strahlen, wenn der brechende Winkel des Prismas klein genug ist. Dies findet nun auch seine Anwendung bei Linsen. Der Randstrahl SA wird ebenso stark durch die Brechung am Rande der Linse abgelenkt, wie der Strahl NA, welcher parallel mit der Axe einfällt. — NA wird aber nach dem Brennpunkt F gebrochen, der einfallende und austretende Strahl machen also einen Winkel NAF mit einander. Ebenso groß muß der Winkel SAR sein. Man findet also die Richtung des austretenden Strahles AR, wenn man über AF einen Winkel x aufträgt, welcher ebenso groß ist als der Winkel y (NAS), um welchen der einfallende Strahl AS unter AN liegt.

Aus dieser Construction geht hervor, daß wenn der leuchtende Punkt S der Linse auf der Axe näher rückt, der Vereinigungspunkt R sich von der Linse entfernen müsse. Bei fortdauernder Annäherung des leuchtenden Punktes wird also auch einmal der Fall eintreten, wo der leuchtende Pnnkt S und der Vereinigungspunkt R gleich weit von der Linse abstehen, wie Fig. 281. Für diesen Fall müssen der austretende Strahl AR und der eintretende SA gleiche Winkel mit der Axe machen, es muß Winkel SRA gleich RSA sein. Da nun auch $y = RSA$ und $x = y$, so ist ferner x gleich Winkel SRA, oder das Dreieck RAF ist ein gleichschenkliges und $RF = FA$, der Punkt R ist also um die doppelte Brennweite von der Linse entfernt.

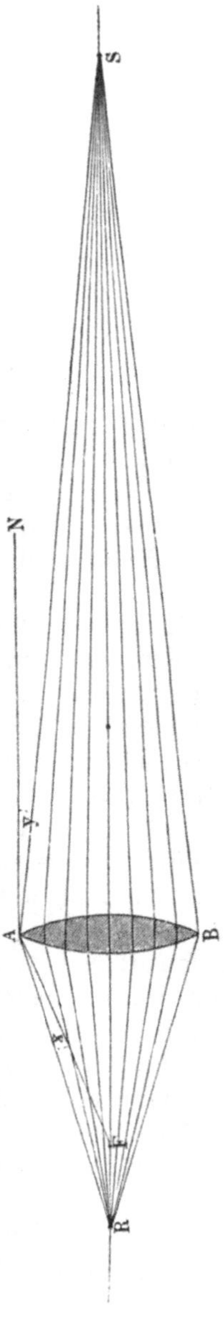

Fig. 280.

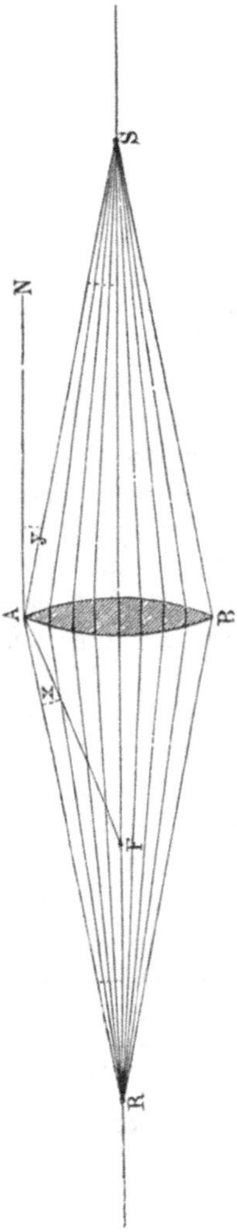

Fig. 281.

Wenn also der leuchtende Punkt um die doppelte Brennweite von der Linse entfernt ist, so befindet sich der Vereinigungspunkt auf der anderen Seite in gleichem Abstande von der Linse.

Nähert sich der leuchtende Punkt der Linse noch mehr, so muß sich der Vereinigungspunkt noch weiter entfernen; wäre R, Fig. 280, ein leuchtender Punkt, so wäre S der entsprechende Vereinigungspunkt. Rückt der leuchtende Punkt in den Brennpunkt der Linse, so rückt der Vereinigungspunkt in unendliche Entfernung. Die von dem Brennpunkte F, Fig. 278, aus auf die Linse fallenden Strahlen werden durch dieselbe in ein parallel mit der Axe austretendes Strahlenbündel verwandelt.

Wenn der leuchtende Punkt T, Fig. 282, der Linse so nahe rückt, daß er noch innerhalb der Brennweite liegt, so ist der Strahlenkegel, welcher auf die Linse trifft, so stark divergirend, daß die Linse nicht mehr im Stande ist, die Strahlen convergent, oder auch nur parallel

Fig. 282.

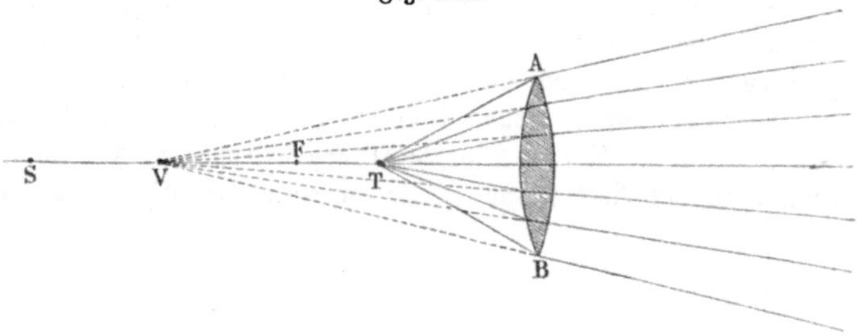

zu machen, sie divergiren aber nach dem Durchgange durch die Linse weniger als vorher, sie verbreiten sich also so, als ob sie von einem Punkte *V* herkämen, welcher weiter von der Linse absteht, als der leuchtende Punkt.

Wie man für eine gegebene Lage des leuchtenden Punktes die Lage des Vereinigungspunktes (oder in dem zuletzt besprochenen Fall des Zerstreuungspunktes) durch Rechnung finden kann, ist im Supplementbande erörtert.

Hohllinsen. Aehnliche Betrachtungen lassen sich auch für Hohllinsen anstellen. Wenn die einfallenden Strahlen mit der Axe parallel sind, so divergiren die austretenden so, als kämen sie vom Hauptzerstreuungspunkte *F*, Fig. 283; rückt aber der leuchtende Punkt näher, ist er etwa in *B*, Fig. 284, sind also schon die auffallenden Strahlen divergirend, so werden sie nach dem Durchgange durch die Linse noch stärker divergiren, als es für die parallel eintretenden Strahlen der Fall war, der Zerstreuungspunkt *A* rückt also um so mehr dem Glase näher, als der leuchtende Punkt näher kommt. 138

Fig. 283.

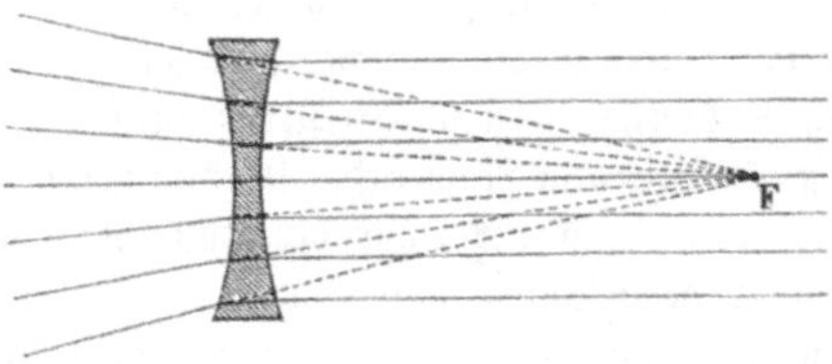

Fig. 284.

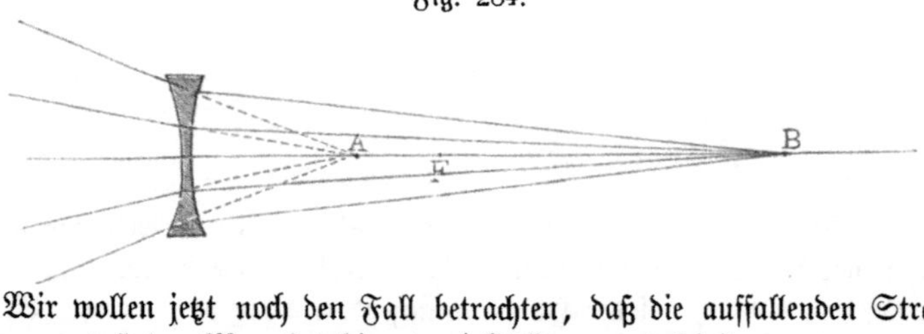

Wir wollen jetzt noch den Fall betrachten, daß die auffallenden Strahlen convergent sind. Man hat hier drei Fälle zu unterscheiden:

1. Wenn die einfallenden Strahlen gegen den Hauptzerstreuungspunkt *F*, Fig. 283, convergiren, so bilden die austretenden Strahlen ein mit der Axe der Linse paralleles Strahlenbündel.

2. Wenn der Convergenzpunkt *A*, Fig. 284, der Linse näher liegt, als der Hauptzerstreuungspunkt *F*, so convergiren die Strahlen nach ihrem Durchgang durch die Linse nach einem weiter von derselben abstehenden Punkte *B*.

3. Wenn der Convergenzpunkt *t* weiter von der Linse entfernt ist als der Hauptzerstreuungspunkt *F*, Fig. 285, so divergiren die Strahlen nach ihrem Durchgang durch die Linse so, als ob sie von einem jenseits der Linse liegen-

Fig. 285.

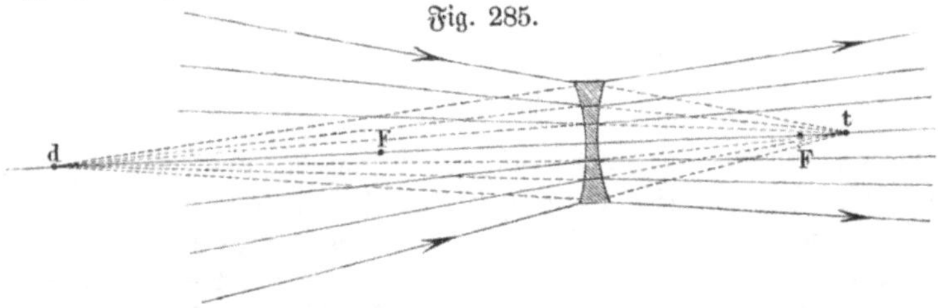

den Punkte *d* kämen, der aber jedenfalls um mehr als die Zerstreuungsweite von dem Glase absteht. Je mehr der Convergenzpunkt *t* wegrückt, desto näher rückt *d* an die Linse heran.

Die Betrachtung dieses letzten Falles ist für das Verständniß des Galiläi'schen Fernrohrs wichtig.

139 **Secundäre Axen.** Bisher haben wir nur solche leuchtende Punkte betrachtet, welche auf der Axe der Linse selbst liegen; es bleibt jetzt noch zu zeigen, daß das Gesagte auch für solche Punkte gilt, welche nicht auf der Hauptaxe liegen, vorausgesetzt, daß die Nebenaxen (secundäre Axen) nur einen kleinen Winkel mit der Hauptaxe machen. Mit dem Namen der Nebenaxe bezeichnet man die Linie, welche man sich von einem nicht auf der Hauptaxe liegenden Punkte durch die Mitte der Linse gezogen denken kann.

In Fig. 286 sei *H* ein nicht auf der Hauptaxe liegender leuchtender Punkt, so werden alle von ihm ausgehenden Lichtstrahlen in einem Punkte *H'*

Fig. 286.

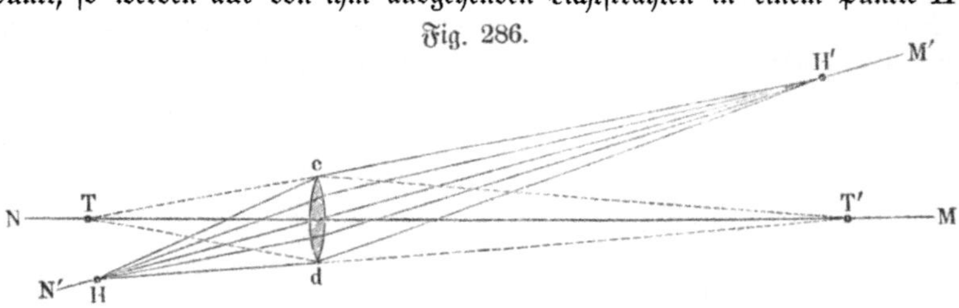

vereinigt werden, welcher auf der Nebenaxe *M' N'* eben so weit von der Linse absteht, wie der Vereinigungspunkt *T'* der Strahlen, welche von einem Punkte *T* ausgehen, welcher, auf der Hauptaxe liegend, eben so weit von der Linse entfernt ist wie *H*.

Es ist dies leicht zu beweisen. Der mittlere Strahl HM' geht ungebrochen durch die Linse hindurch; ferner ist, wenigstens sehr nahe, $Hc = Tc$ und Winkel $cTM = cHM'$; da der Strahl Tc in c eben so stark abgelenkt wird, wie Hc, so ist noch Winkel $HcH' = TcT'$, folglich ist das Dreieck HcH' = Dreieck TcT', folglich $TT' = HH'$, H' ist also eben so weit von der Linse entfernt wie T'.

Dasselbe ergiebt sich auch aus der Vergleichung der Dreiecke TdT' und HdH'.

Das **Feld** einer Linse ist der Winkel, welchen die äußersten Nebenaxen auf beiden Seiten der Hauptaxe noch mit einander machen können, ohne daß die Voraussetzungen unseres Beweises merklich unrichtig werden.

Linsenbilder. In Fig. 287 sei AB ein Gegenstand, der sich auf der einen Seite von einer Sammellinse befindet, aber weiter von ihr absteht als der 140

Fig. 287.

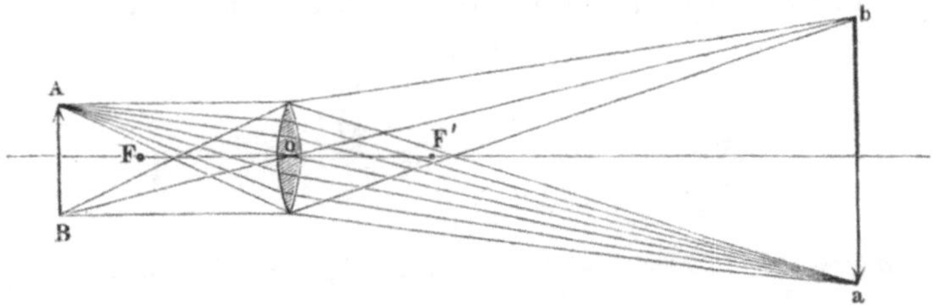

Brennpunkt F. Die von A ausgehenden Strahlen werden in einem Punkte a auf der von A durch die Mitte o der Linse gezogenen Nebenaxe vereinigt; a ist also das Bild von A; ebenso ist b das Bild von B, mithin ist auch ab das Bild des Gegenstandes AB; das Bild ist in diesem Falle **verkehrt** und ist ein wahres **Sammelbild**.

Von der Mitte der Linse aus gesehen, erscheinen Bild und Gegenstand unter gleichem Winkel, denn der Winkel boa ist dem Winkel BoA als seinem Scheitelwinkel gleich; ob nun das Bild oder der Gegenstand größer ist, hängt demnach davon ab, ob Bild oder Gegenstand weiter vom Glase entfernt ist. Nehmen wir an, der Gegenstand liege um die doppelte Brennweite von dem Glase entfernt, so wird das Bild auf der anderen Seite in gleicher Entfernung entstehen; in diesem Falle ist also Bild und Gegenstand gleich groß. Rückt der Gegenstand dem Glase näher, so entfernt sich das Bild, es wird also größer. Von solchen Gegenständen also, die um mehr als die Brennweite, aber weniger als die doppelte Brennweite von dem Glase abstehen, erhält man verkehrte vergrößerte Bilder; so ist in unserer Figur das Bild ab größer als der Gegenstand AB.

Wenn der Gegenstand weiter vom Glase entfernt ist als die doppelte Brennweite, so liegt das Bild näher; von entfernten Gegenständen erhält man also verkehrte verkleinerte Bilder. Wäre ab, Fig. 287, ein solcher Gegenstand, der um mehr als die doppelte Brennweite vom Glase absteht, so würde man das verkleinerte Bild AB erhalten.

Nennen wir g die Größe des Gegenstandes, g' die des Bildes, b die Entfernung des Gegenstandes und m die Entfernung des Bildes vom Glase, so ist

$$g : g' = b : m,$$

d. h. Bild und Gegenstand verhalten sich wie ihre Entfernungen von der Linse.

Bei einer Linse von kurzer Brennweite liegen die Bilder entfernter Gegenstände näher am Glase, als bei einer solchen von größerer Brennweite; von entfernten Gegenständen geben also die Linsen um so kleinere Bilder, je kürzer ihre Brennweite ist; umgekehrt ist für den Fall, daß die Linse vergrößerte Bilder kleiner Gegenstände giebt, welche sich in der Nähe ihres Brennpunktes befinden, bei gleicher Entfernung des Bildes von der Linse das Bild derjenigen Linsen das größere, welche eine geringere Brennweite haben, weil bei dieser der Gegenstand näher an die Linse heranrückt.

Fig. 288 zeigt, wie man die eben besprochenen Gesetze der durch Linsengläser erzeugten Sammelbilder durch den Versuch bestätigen kann.

Fig. 288.

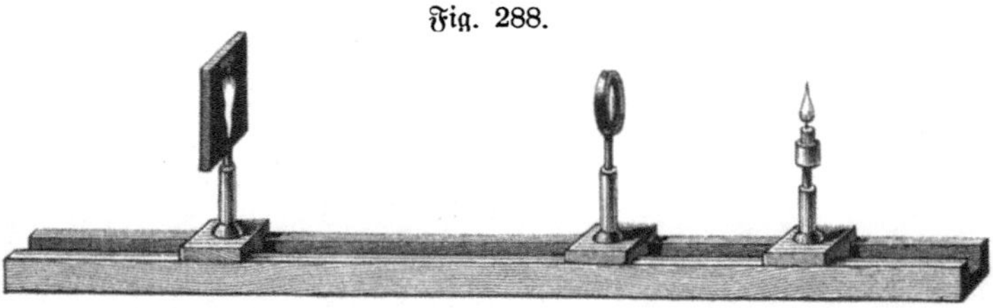

Von den Sammelbildern, welche durch Convexlinsen erzeugt werden, wird in der Camera obscura, der Laterna magica und dem Sonnenmikroskop Anwendung gemacht, und zwar sind es bei der Camera obscura die verkleinerten Bilder entfernterer Gegenstände, bei den beiden zuletzt genannten Apparaten die vergrößerten Bilder kleiner Gegenstände, welche dem Brennpunkt der Linse nahe stehen.

Wenn der Gegenstand sich innerhalb der Brennweite der Linse befindet, so kann kein Sammelbild von ihm entstehen, weil die Strahlen, welche von einem leuchtenden Punkte ausgehen, der dem Glase näher liegt als der Brennpunkt, nach ihrem Durchgange durch die Linse immer noch divergiren. In Fig. 289 sei AB ein solcher innerhalb der Brennweite sich befindender

Fig. 289.

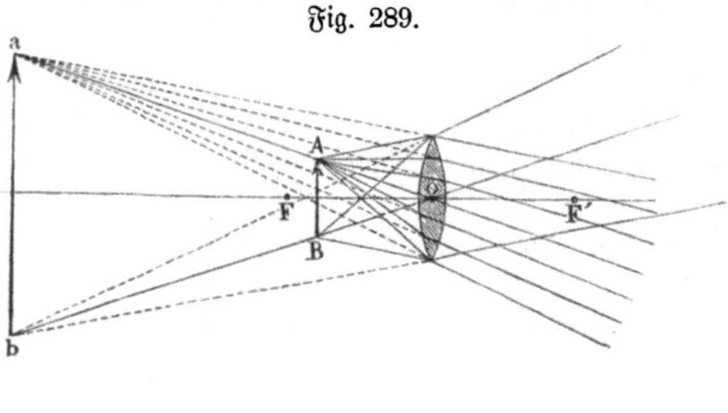

Gegenstand, so divergiren die von A ausgehenden Strahlen nach ihrem Durchgange durch die Linse so, als ob sie von a kämen. Die Entfernung des Punktes a vom Glase kann man nach den oben angegebenen Constructionen leicht finden. Die von B ausgehenden Strahlen divergiren nach dem Durchgange durch die Linse so, als ob sie von b kämen; ab ist also das aufrechte vergrößerte Bild eines innerhalb der Brennweite befindlichen Gegenstandes AB, und zwar ist dieses Bild ein virtuelles, welches nicht auf einem Schirm aufgefangen werden kann.

Von der Anwendung, welche man von Convexlinsen macht, um durch sie kleine, innerhalb der Brennweite gehaltene Gegenstände vergrößert zu sehen, wird später noch die Rede sein. Eine zu diesem Zwecke verwendete Convexlinse wird eine Loupe genannt.

Die Hohllinsen geben keine Sammelbilder, sondern nur virtuelle Bilder. Da nun eine Hohllinse die Strahlen, welche von einem Punkte ausgehen, noch divergenter macht, als ob sie von einem näher am Glase liegenden Punkte

Fig. 290.

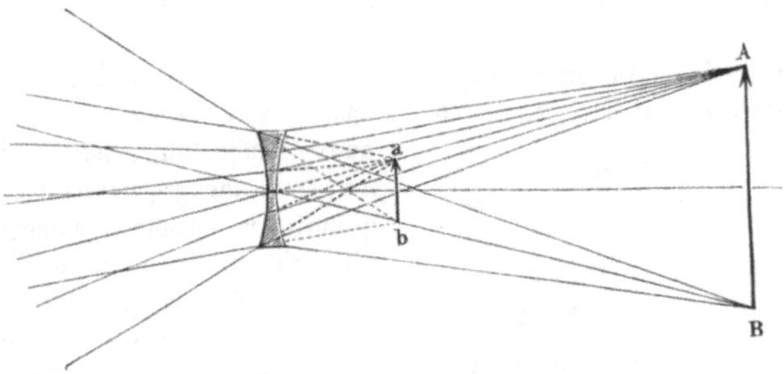

kämen, so ist klar, daß die Hohlgläser verkleinerte Bilder der Gegenstände zeigen, wie man leicht beim Anblicke der Fig. 290 übersehen wird, wo AB der Gegenstand, ab das Bild ist.

Die Camera obscura. Die von dem Neapolitaner Porta um die 141
Mitte des siebzehnten Jahrhunderts erfundene Camera obscura besteht im Wesentlichen aus einer Sammellinse von etwas großer Brennweite, durch welche ein Bild entfernter Gegenstände, etwa einer Landschaft, entworfen wird; um den Effect dieses Bildes möglichst zu heben, muß von der Fläche, auf welcher es aufgefangen wird, alles seitliche, nicht hierher gehörige Licht sorgfältig ausgeschlossen werden, d. h. es muß in einer dunklen Kammer aufgefangen werden.

Setzt man die Linse in den Laden eines dunklen Zimmers, so wird man auf einem in gehöriger Entfernung der Linse gegenüberstehenden Schirme das Bild der außerhalb befindlichen Gegenstände erhalten. Dies ist die ursprüngliche Form der Camera obscura.

Später wurde das Zimmer durch einen transportablen, innen geschwärzten

Kasten ersetzt. Fig. 291 zeigt den Apparat in der Form, wie er zum Photographiren angewandt wird. Auf der Vorderseite des Kastens *a* ist eine messingene

Fig. 291.

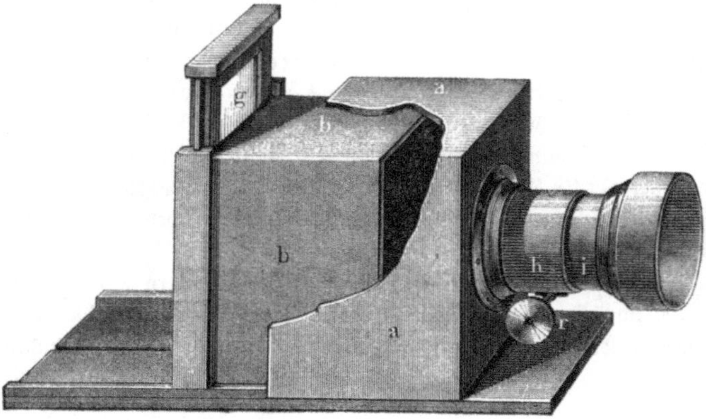

Hülse *h* befestigt, in welcher sich eine zweite *i* mittelst eines Triebes, der durch den Kopf *r* bewegt wird, aus- und einschieben läßt. Diese Hülse *i* enthält die achromatische Linse, welche ihre Bilder auf einer ihr gegenüberstehenden mattgeschliffenen Glastafel entwirft. Diese Glastafel *g* ist in einem Schieber befestigt, welcher die Rückwand des in den Kasten *a* hineinpassenden, nach vorn hin offenen Kastens *b* bildet. Unsere Figur zeigt den Schieber mit der Glastafel etwas in die Höhe gezogen. Je näher der Gegenstand rückt, dessen Bild man erhalten will, desto weiter muß man den Kasten *b* aus *a* herausziehen. Die feinere Einstellung geschieht durch Verschiebung der Linse mittelst des schon erwähnten Triebes *r*.

Fig. 292.

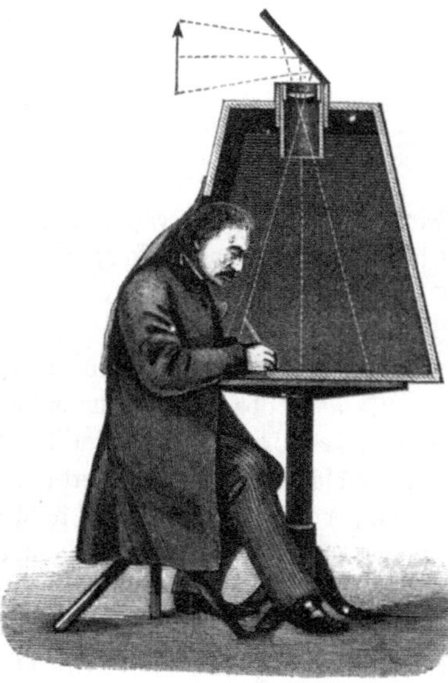

Fig. 292 stellt eine ältere Form der Camera obscura dar; sie besteht aus einem ziemlich hohen Kasten, auf dessen Boden ein Blatt weißes Papier gelegt wird; durch die obere Fläche des Kastens geht eine Röhre, welche die Sammellinse enthält, über welcher sich dann ein in einem Winkel von 45⁰ gegen die Verticale geneigter ebener Spiegel befindet. Die von dem Gegenstande kommenden Strahlen werden durch den Spiegel nach unten reflectirt, so daß das

Bild auf der Fläche des Papiers entsteht; man kann also die Contouren dieses Bildes leicht mit Bleistift nachfahren.

Das Sonnenmikroskop und die Laterna magica. Fig. 293 stellt ein Sonnenmikroskop zum Theil im Durchschnitt dar. Die Messingröhre *t* 142

Fig. 293.

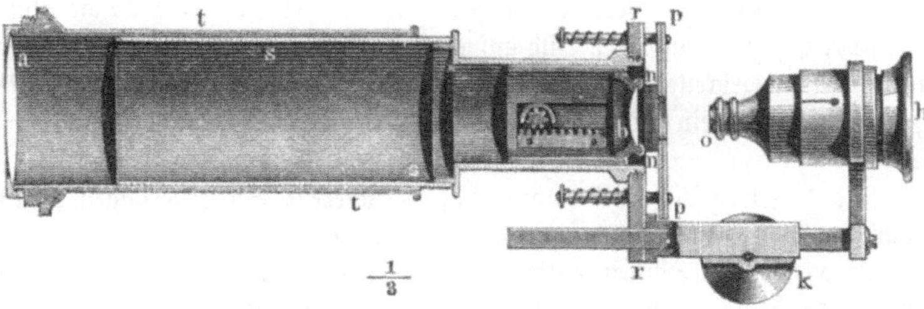

wird in die entsprechende Oeffnung eines Ladens eingeschraubt, durch dessen Schließung das Experimentirzimmer vollständig verfinstert worden ist. Vor der fraglichen Oeffnung befindet sich ein Spiegel, welcher stets so zu richten ist, daß er die Sonnenstrahlen in der Richtung der Axe des Rohres *t* auf die Linse *a* wirft. Die durch die Linse *a* bereits convergent gemachten Strahlen fallen auf eine zweite Linse *b*, durch welche sie auf den kleinen, gewöhnlich zwischen zwei Glasplatten bei *n* gefaßten Gegenstand concentrirt werden. Von diesem stark erleuchteten Gegenstande wird nun durch eine kleine Linse *o*, welche an der bei *h* offenen Messinghülse angeschraubt ist, auf einem im dunklen Zimmer aufgestellten Schirme ein verkehrtes vergrößertes Bild entworfen.

Mit Hülfe des Triebes *k* kann man den Abstand der Linse *o* von dem Objecte *n* so reguliren, daß auf dem 10 bis 15 Fuß entfernten Schirm ein scharfes Bild entsteht.

Fig. 294 stellt die Totalansicht eines Sonnenmikroskops dar. Die Neigung des Spiegels *M* (welcher die Sonnenstrahlen reflectirt) gegen die Axe des Rohres

Fig. 294.

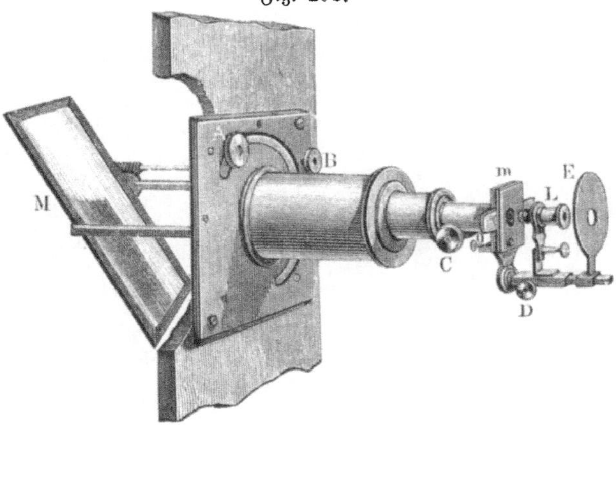

kann durch Drehung des Knopfes *B* mittelst einer Schraube ohne Ende regulirt werden, während die Drehung des Spiegels um die Axe des Rohres durch die Drehung des Knopfes *A* bewerkstelligt wird.

Nehmen wir an, die Linse *o*, Fig. 293, sei gerade 1 Centimeter weit vom Objecte entfernt, wenn auf dem 2 Meter entfernten Schirme ein scharfes Bild entsteht, so sind die linearen Dimensionen des Bildes 200 mal so groß als die des Gegenstandes, und wenn der Gegenstand eine Fläche von 1 Quadratmillimeter bedeckt, so wird also sein Bild auf einen Flächenraum von 40 000 Quadratmillimetern ausgebreitet sein. Man begreift demnach leicht, daß der Gegenstand sehr hell erleuchtet sein muß, wenn das stark vergrößerte Bild nicht zu lichtschwach sein soll.

Mit derselben Linse bei *o* kann man verschiedene Vergrößerungen erhalten, je nachdem man den Abstand des Schirmes verändert.

Je weiter der Schirm entfernt wird, desto näher muß man die Linse *o* dem Objecte bringen, und desto stärker wird die Vergrößerung.

Um bei gleichem Abstande des Schirmes stärkere Vergrößerungen zu erhalten, wird eine Combination von zwei oder von drei Linsen bei *o* angeschraubt.

Man hat auch ähnliche Mikroskope construirt, in denen das Licht der Sonne durch künstliches Licht, etwa durch das Licht eines im Knallgasgebläse glühend gemachten Kalkstückchens (Drummond'sches Kalklicht), oder durch elektrisches Licht, oder endlich auch nur durch eine intensiv leuchtende Lampe ersetzt sind. Je schwächer die Lichtquelle ist, desto geringere Vergrößerung kann man anwenden.

Die Zauberlaterne (laterna magica) beruht auf denselben Principien, nur sind die Gegenstände in größeren Dimensionen auf Glas gemalt und werden durch das Licht einer Lampe erleuchtet, die höchstens eine 15- bis 20 fache Vergrößerung erlaubt.

Viertes Capitel.

Die Farbenlehre.

Zerlegung des weissen Lichtes. Wenn durch eine kleine runde Oeffnung im Laden eines dunklen Zimmers ein Bündel Sonnenstrahlen *bd*, Fig. 295, in ein finsteres Zimmer eintritt, so entsteht bei *d* auf der der 143

Fig. 295.

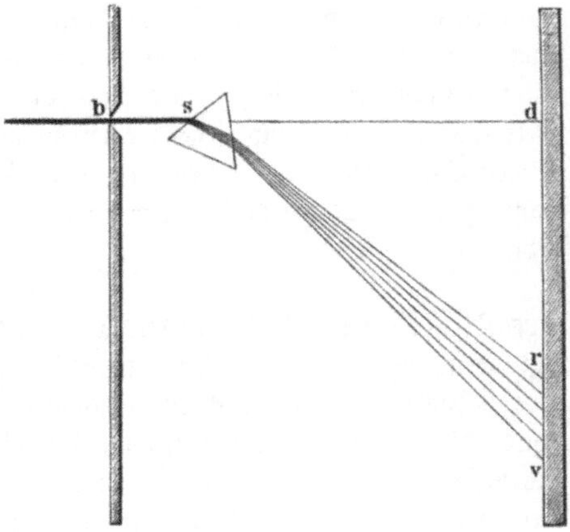

Fig. 296.

Oeffnung gegenüberstehenden Wand ein runder weißer Fleck; fängt man aber das Strahlenbündel durch ein Prisma *s* auf, so erhält man, wie schon auf Seite 252 bemerkt wurde, das in die Länge gezogene gefärbte Bild *r v*. Wenn die brechende Kante des Prismas vertical steht, so bildet *r v* einen horizontalen Farbenstreifen.

Dieses farbige in die Länge gezogene Sonnenbild wird das **Spectrum** genannt.

Die Länge des Spectrums ist unter sonst gleichen Umständen um so größer, je größer der brechende Winkel des Prismas ist. Auch von der Substanz, aus welcher das Prisma besteht, hängt die Länge des Spectrums ab.

Der oberste Farbenstreifen der hinten angehängten Tafel stellt ein vollständiges Spectrum dar. Man unterscheidet in demselben sieben Hauptfarben in folgender Ordnung: Roth, Orange, Gelb, Grün, Blau, Indigo und Violett.

Diese Farben werden die Regenbogenfarben, prismatische Farben oder auch einfache Farben genannt. Streng genommen, giebt es unzählig viele verschiedene Farben im Spectrum, da die Farben allmälig in einander übergehen, das Auge unterscheidet aber sieben Hauptnüancen.

Das rothe Ende des Spectrums ist jederzeit der Stelle zugekehrt, an welcher das runde weiße Sonnenbild *d*, Fig. 296, erscheinen würde, wenn das Prisma nicht da gewesen wäre; die rothen Strahlen haben also die geringste Ablenkung erfahren.

Wenn die Oeffnung im Laden eine Spalte von 1 bis 2 Millimeter Breite ist, welche der Axe des Prismas parallel steht; wenn der brechende Winkel des Prismas 60^0 ist und man das Spectrum in einer Entfernung von 2 bis 3 Metern auffängt, so erhält man schon eine recht vollständige Trennung der Farben, d. h. das Spectrum wird überall lebhaft gefärbt erscheinen und kein Weiß mehr in der Mitte zeigen.

Um das prismatische Farbenbild zu sehen, ist es nicht nöthig, daß man durch ein Prisma ein Sonnenspectrum auf einer weißen Wand hervorbringt; man braucht nur durch ein Prisma nach einem schmalen hellen Gegenstande hinzusehen. Betrachtet man z. B. eine Kerzenflamme durch ein vertical gehaltenes Prisma, so erscheint sie bedeutend in die Breite gezogen und auf die erwähnte Weise gefärbt. Betrachtet man überhaupt irgend einen schmalen weißen auf dunklem Grunde liegenden Streifen durch ein Prisma, dessen Kanten man parallel mit der Längsrichtung dieses Streifens hält, so sieht man das Bild desselben prismatisch gefärbt.

144 **Ungleiche Brechbarkeit der verschiedenfarbigen Lichtstrahlen.** Daß verschiedenfarbige Strahlen ungleich brechbar sind, geht schon daraus hervor, daß das weiße Licht durch ein Prisma in verschiedenfarbige Strahlen zerlegt wird; die rothen Strahlen bilden mit den violetten nach dem Durchgange durch das Prisma einen Winkel, sie divergiren, und zwar sind die violetten Strahlen mehr von ihrer ursprünglichen Richtung abgelenkt als die rothen. Die violetten Strahlen sind unter allen Lichtstrahlen die am stärksten brechbaren, die rothen sind es am wenigsten. Die grünen Strahlen sind stärker brechbar als die rothen und weniger als die violetten, weil im Spectrum das Grün zwischen Roth und Violett liegt.

Jede Farbe ist einfach, wenn sie sich auf keine Weise weiter in andere Farben zerlegen läßt; wir wollen nun zeigen, daß diese Eigenschaft wirklich den prismatischen Farben zukommt.

Wenn man ein Spectrum auf einer Wand auffängt, an einer bestimmten Stelle derselben, etwa da, wo die blauen Strahlen auffallen, einen Spalt macht, Fig 297, so werden alle Farben aufgefangen, und nur ein schmales Strahlenbündel geht durch die Oeffnung hindurch; dieses Strahlenbündel nun läßt sich auf keinerlei Weise weiter zerlegen; wenn man es auch durch ein zweites Prisma *p* gehen läßt, so bleibt seine Farbe doch unverändert.

Nach Newton nennt man das einfache Licht auch homogenes Licht.

Fig. 297.

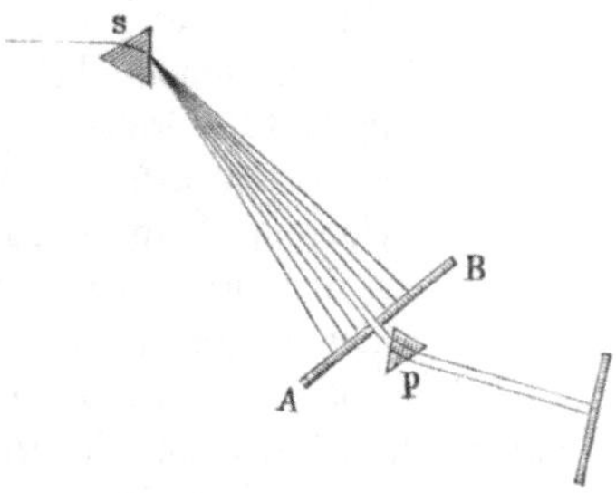

Fig. 298.

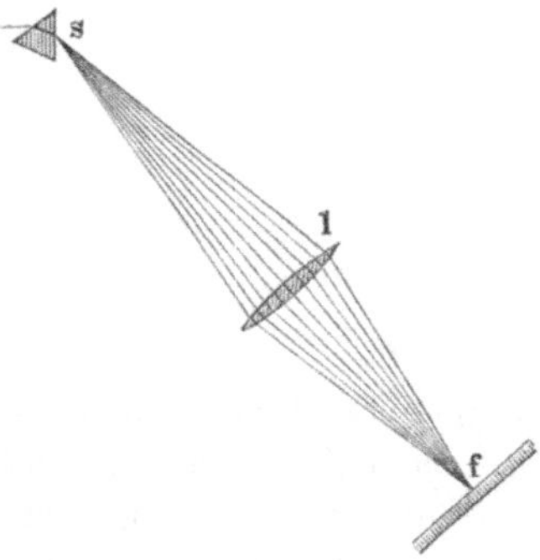

Zusammensetzung des weissen Lichtes. Wenn man das 145
Spectrum mit einer Linse *l*, Fig. 298, auffängt, so werden die verschiedenfarbigen Strahlen durch dieselbe in einem Punkte *f* vereinigt, und wenn man hier das Sonnenbild auf einem Papierschirme auffängt, so erscheint es wieder blendend weiß, obgleich verschiedenfarbige Strahlen auf die Linse auffielen. Hält man den Schirm nicht in den Punkt *f*, sondern weiter von der Linse weg, so erhält man wieder ein umgekehrtes Spectrum, ein Beweis, daß sich die verschiedenfarbigen Strahlen in *f* kreuzten.

Daß die prismatischen Farben zusammen weiß geben, geht aus dem sehr überraschenden, ebenfalls von Newton angegebenen Versuche hervor, daß das lange prismatische Farbenbild, durch ein zweites Prisma gesehen, unter den geeigneten Umständen wieder vollkommen weiß erscheint. In Fig. 299 (a. f. S.) sei *r v* ein Spectrum, welches, durch das Prisma *A* erzeugt, auf einer weißen Wand aufgefangen ist. Wenn nun ein zweites Prisma *B* so aufgestellt wird, daß es dasselbe Spectrum *r v* an derselben Stelle erzeugen würde, wenn ein Sonnenstrahl in der Richtung *o n* darauf fiele, so ist klar, daß auch die Strahlen, die von dem Spectrum *r v* auf dieses Prisma *B* fallen, sämmtlich in der Richtung *n o* austreten werden; ein in *o* befindliches Auge muß also in der Richtung *o n s* ein weißes Bild des farbigen Spectrums sehen. Die Stellung, die man dem Prisma *B* geben muß, läßt sich leicht durch den Versuch ausmitteln.

Wenn man eine kreisförmige Scheibe in sieben Sectoren theilt und diese mit Farben bemalt, die den prismatischen möglichst ähnlich sind, so erscheint die Scheibe bei rascher Rotation nicht mehr farbig, sondern weißlich; sie würde vollkommen weiß erscheinen, wenn die Sectoren mit den reinen prismatischen Farben bemalt werden könnten, und wenn die Breite der einzelnen farbigen Sectoren genau in demselben Verhältniß zu einander ständen wie die Breiten der entsprechenden Theile des Spectrums. Um nach demselben Principe mit reinen prismatischen Farben operiren zu können, brachte Münchow das Prisma mit einem Uhrwerke in Verbindung, durch welches es in eine rasche oscillirende Bewegung versetzt wird. Durch diese Bewegung des Prismas geht nun auch das auf einem Schirme aufgefangene Spectrum rasch hin und her, und da zeigt sich denn statt des farbigen Spectrums ein weißer Lichtstreifen, der nur an den Enden noch etwas farbig erscheint. Das Auge empfängt nämlich von jedem Punkte des Schirmes rasch nach einander die Eindrücke aller einzelnen Farben, die einzelnen Eindrücke vermischen sich und bringen so die Empfindung von Weiß hervor.

Fig. 299.

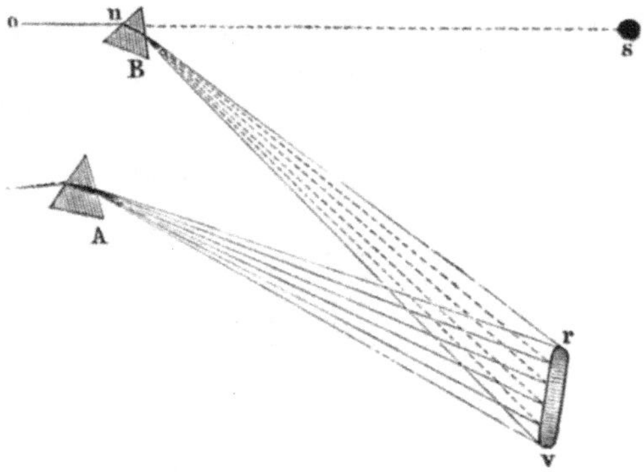

Wenn man einen schmalen weißen Streifen durch ein Prisma betrachtet, dessen brechende Kante mit der Längsrichtung des Streifens parallel ist, so erscheint er als ein vollständiges Spectrum; betrachtet man aber denselben weißen Streifen *a b*, Fig. 300, durch ein Prisma, dessen brechende Kante rechtwinklig steht auf der Längsrichtung des Streifens, so erscheint er als ein etwas verlängerter Streifen, welcher in der Mitte vollkommen weiß bleibt. Nur an den Enden ist er etwas gefärbt, und zwar roth bei *a'*, blau bei *b'*.

Es läßt sich dies leicht erklären. Denken wir uns eine Reihe kleiner weißer Quadrätchen auf schwarzem Grunde so zusammengestellt, wie es unsere Figur zeigt, so wird jedes derselben, durch ein Prisma betrachtet, ein vollständiges Spectrum bilden. Ist die brechende Kante parallel mit der verticalen Kante der Quadrätchen, so erscheint das oberste Quadrat als Spectrum in *r v*, und jedes nach unten folgende giebt ein gleiches, nur gegen das obere etwas nach links verrücktes Spectrum, wie es unsere Figur zeigt. Das unterste weiße Quadrätchen giebt das Spectrum *n p*.

Denken wir uns nun alle Quadrätchen vertical in die Höhe geschoben, bis sie mit 1 einen horizontalen Streif bilden, welcher dem Streifen *a b* gleich ist, so werden nun auch alle die Spectra über einander geschoben, welche den einzelnen weißen Quadrätchen entsprechen. Auf das Indigo im Spectrum des ersten Quadrates fällt das Violett aus dem Spectrum des zweiten. Auf das Blau im Spectrum des ersten Quadrates fällt das Indigo aus dem Spectrum des zweiten, und das Violett aus dem Spectrum des dritten u. s. w. In dem mittleren Theile fallen endlich alle Farben auf einander; so fällt z. B. auf das

Fig. 300.

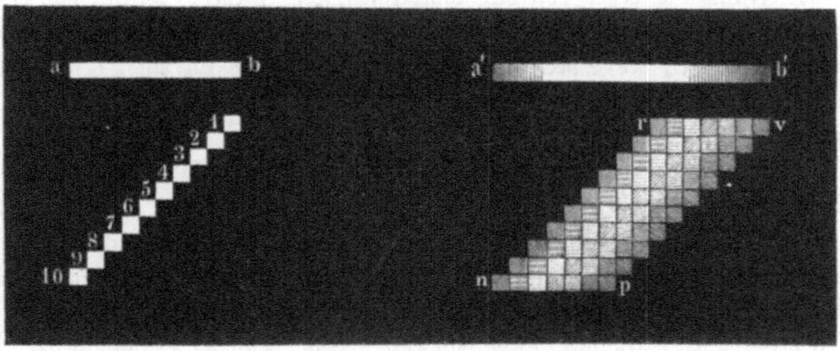

Roth des Spectrums des ersten Quadrates das Orange aus dem Spectrum des zweiten, das Gelb aus dem Spectrum des dritten, das Grün, Blau, Indigo und Violett aus dem Spectrum des vierten, fünften, sechsten und siebenten Quadrates; hier wie in dem ganzen mittleren Theile des durch Aufeinanderschieben der einzelnen Spectra entstehenden Streifens muß also Weiß gebildet werden, welches, wie man aus dem Anblicke der Figur leicht ableiten kann, am einen Ende durch Gelb in Roth, am anderen durch Blau in Violett übergehen muß, welche letztere Farbe aber meist wegen ihrer Lichtschwäche kaum merklich ist.

Was hier von dem weißen Papierstreifen gesagt ist, gilt von jedem weißen Gegenstande von bedeutender Ausdehnung, den man durch ein Prisma betrachtet, er erscheint nur an den Rändern gefärbt.

Ein breiter schwarzer Streifen auf weißem Grunde bietet, durch ein Prisma betrachtet, gerade die umgekehrten Erscheinungen dar; das prismatische Bild erscheint nämlich an dem Ende, welches am wenigsten abgelenkt ist, mit einem violetten und blauen Rande, am anderen Ende aber mit einem rothen und gelben. Um diese Umkehrung zu erklären, braucht man nur zu bedenken, daß die Farben nicht von dem schwarzen Streifen selbst, sondern von den weißen Räumen herrühren, die ihn begränzen. Wenn der schwarze Streifen selbst sehr schmal ist, so verschwindet im Bilde das Schwarz in der Mitte vollständig.

Von den complementären Farben. Da alle einfachen Farben im richtigen Verhältnisse (d. h. in dem Verhältnisse, wie es das Spectrum giebt) vereinigt weißes Licht bilden, so reicht es hin, eine oder mehrere der einfachen Farben zu unterdrücken oder nur ihr Verhältniß zu ändern, um aus Weiß irgend einen Farbenton zu machen. Unterdrückt man z. B. im weißen Lichte das Roth des Spectrums, während alle anderen Farben ungeändert bleiben, so wird man eine grünliche Färbung erhalten, der man nur wieder Roth hinzufügen darf, um das Weiß wieder herzustellen. Zwei Farbentöne, welche diese Bedingung erfüllen, d. h. welche zusammengenommen Weiß geben, heißen complementäre Farben. Jede Farbe hat auch ihre complementäre; denn wenn 146 sie nicht weiß ist, so fehlen ihr gewisse Strahlen, um Weiß zu bilden, und diese fehlenden Strahlen zusammengenommen machen die complementäre Farbe aus.

Eine einfache Modification des in Fig. 299 dargestellten Versuches erläutert vortrefflich die Lehre von den complementären Farben. Wenn man nämlich hinter dem spectrumerzeugenden Prisma *A* einen Schirm aufstellte, welcher irgend einen Theil des Spectrums *r v* auffängt, so daß nur ein Theil desselben übrig bleibt, so wird dieser, durch das Prisma *B* betrachtet, vor wie nach in *s* erscheinen, aber nicht mehr weiß, sondern gefärbt.

Fängt man z. B. am einen Ende des Spectrums das Roth und Orange auf, so daß nur noch Gelb, Grün, Blau, Indigo und Violett u. s. w. bleiben, so wird das Bild bei *s* einen grünen Farbenton annehmen, welcher aus den eben genannten einfachen Farben zusammengesetzt ist. Das aufgefangene Roth und Orange bilden zusammen einen rothen Farbenton, welcher complementär ist zu der grünen Färbung, welche das Bild *s* zeigt, denn die Bestandtheile beider Farbentöne bilden das volle Spectrum, sie geben also vereinigt Weiß.

Fängt man das rothe Ende des Spectrums von der Mitte des Grüns an auf, so daß von dem Spectrum *rv*, Fig. 299, nur noch die Hälfte des Grün, Blau, Indigo und Violett bleibt, so wird das Bild *s* einen bläulichen Farbenton zeigen, welcher complementär zu dem gelblichen Farbenton ist, welchen es annimmt, wenn gerade die andere Hälfte des Spectrums aufgefangen wird, so daß nur Roth, Orange, Gelb und die Hälfte des Grün übrig bleiben.

Diese Beispiele werden hinreichen, den Begriff der complementären Farben zu erläutern. Wir werden später noch öfters Gelegenheit haben, von complementären Farben zu reden.

147 **Fraunhofer'sche Linien.** Um das Spectrum möglichst schön zu erhalten, verfährt man in der Regel auf folgende Weise: Vor dem Laden, welcher das Fenster des dunklen Zimmers verschließt, in dem man experimentiren will, ist ein Spiegel angebracht, welcher so gerichtet werden kann, daß er die Sonnenstrahlen in horizontaler Richtung durch eine Oeffnung des Ladens ins Zimmer wirft. Als Oeffnung dient eine verticale Spalte von ungefähr 1 bis 2 Zoll Höhe und 1 bis 2 Millimeter Breite. Das durch diesen Spalt eingedrungene Lichtbündel wird in einer Entfernung von 4 bis 6 Schritten durch ein Prisma von Flintglas oder Schwefelkohlenstoff aufgefangen und in dem Wege des durch das Prisma abgelenkten Strahlenbündels in geeigneter Entfernung ein Schirm von weißem Papier aufgestellt.

Das auf diese Weise erzeugte Spectrum zeigt jedoch die einzelnen Farben noch keineswegs vollkommen rein, denn die Sonne hat einen namhaften Durchmesser, und jeder Verticalstreifen im Spiegelbilde der Sonne erzeugt sein eigenes Spectrum, und alle die den verschiedenen Partien der Sonne entsprechenden Farbenspectra fallen in unserem Farbenbilde theilweise übereinander.

Ein ganz reines Spectrum kann man dadurch erhalten, daß man unmittelbar vor das Prisma einen zweiten, mit dem ersten parallelen Spalt setzt, wie dies Fig. 301 angedeutet ist.

In einem so erzeugten Spectrum erscheint nun eine Reihe von schwarzen Streifen, welche zur Längenrichtung des Spectrums rechtwinklig sind, wie man in dem Spectrum Nr. 1 der Farbentafel sieht. Stellt man den Versuch auf die beschriebene Weise an, so erhält man immer nur ein lichtschwaches Spectrum, auf welchem die Streifen keineswegs scharf hervortreten.

Um das Spectrum auf dem Schirme lichtstärker und die Streifen schärfer zu erhalten, kann man verfahren wie in Fig. 302 angedeutet ist. Der Schirm

Fig. 301.

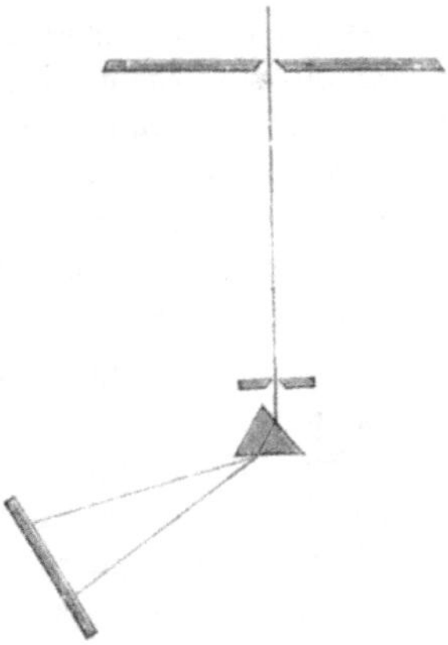

Fig. 302.

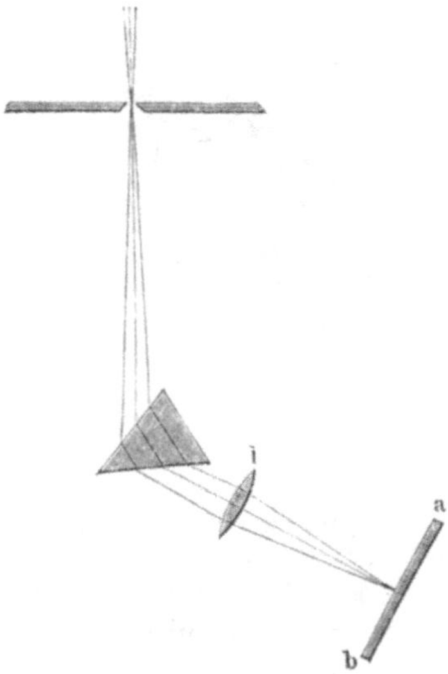

mit dem zweiten Spalte, der in Fig. 301 vor dem Prisma stand, wird entfernt und dicht hinter das Prisma eine Linse von 3 bis 4 Fuß Brennweite aufgestellt, welche das von dem Prisma divergirende Strahlenbündel auffängt. Stellt man nun den Schirm *a b* in solcher Entfernung von der Linse auf, daß ein scharfes Bild des Spaltes entstehen würde, wenn nur vollkommen homogenes Licht durch denselben eindränge, so erhält man ein brillantes Spectrum mit scharfen Linien. Man kann die Linse *l* auch dicht vor das Prisma stellen.

Um die Erscheinung möglichst rein zu zeigen, müßte der Spiegel vor dem Laden ein Metallspiegel und die Linse *l* eine achromatische Linse sein.

Die dunklen Streifen im Spectrum wurden zuerst von Wollaston beobachtet, später aber von Fraunhofer genauer untersucht; nach letzterem werden die dunklen Linien im Spectrum gewöhnlich die Fraunhofer'schen Linien genannt.

Fraunhofer beobachtete die dunklen Linien auf folgende Weise: In möglichster Entfernung von der Spalte, durch welche das Licht in das dunkele Zimmer eintritt, wird ein Theodolith aufgestellt und das Fernrohr so weit ausgezogen, daß man den Spalt deutlich durch dasselbe sehen kann. Nun wird vor dem Fernrohre ein Prisma angebracht, wie Fig. 303 zeigt, und das Ganze in eine solche Stellung gebracht, daß die aus dem Prisma austretenden Strahlen nahezu rechtwinklig auf das Objectiv des Fernrohres fallen; man sieht alsdann durch das Ocular in das Fernrohr schauend das Farbenspectrum mit einer Menge von Verticalstreifen durchschnitten.

Fig. 303.

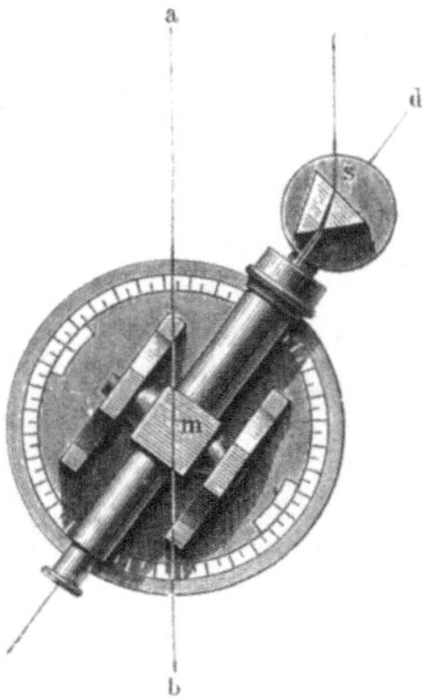

Bei etwas starker Vergrößerung des Fernrohres und großem brechenden Winkel des Prismas kann man bei dieser Beobachtungsweise nicht das ganze Spectrum auf einmal übersehen, dagegen erscheinen die dunklen Linien in größerer Anzahl und bei weitem schärfer, als man sie bei der objectiven Darstellung auf dem Papierschirm beobachtet.

Die dunklen Linien sind unregelmäßig über das ganze Spectrum verbreitet. Einige dieser Streifen sind sehr fein und erscheinen als isolirte, kaum sichtbare schwarze Linien, andere hingegen liegen einander sehr nahe und gleichen eher einem Schatten als getrennten Linien; endlich giebt es einige, welche bei etwas bedeutenderer Ausdehnung sehr scharf und bestimmt erscheinen. Um mitten in dieser Verwirrung einige feste Punkte zu haben, hat Fraunhofer acht Streifen ausgewählt, die er mit *A*, *B*, *C*, *D*, *E*, *F*, *G* und *H* bezeichnete, welche den doppelten Vortheil bieten, daß sie leicht zu erkennen und daß die durch sie im Spectrum gemachten Abtheilungen nicht gar zu ungleich sind. In dem oberen Spectrum der hinten angehängten Spectraltafel sind nur die mit den Buchstaben *A* bis *H* bezeichneten Fraunhofer'schen Linien aufgetragen.

Mit Prismen von Flintglas oder Schwefelkohlenstoff, die einen großen brechenden Winkel haben, kann man die stärkeren Streifen schon mit bloßem Auge sehen.

148 **Brechungsexponenten der verschiedenen Strahlen des Spectrums.** Da die Strahlen verschiedener einfacher Farben ungleich brechbar sind, da sie für dieselbe Substanz verschiedene Brechungsexponenten haben, so ist klar, daß die Angabe der Brechungsexponenten, wie man sie auf Seite 249 findet, nur eine ungefähre sein kann. Wenn es sich um genauere Angaben handelt, müssen die Brechungsexponenten derselben Substanz für verschiedenfarbige Strahlen ermittelt werden; dazu aber sind die Fraunhofer'schen Linien ganz besonders geeignet, weil durch sie bestimmte Stellen des Spectrums fest markirt werden.

Nach genauen Messungen haben die Brechungsexponenten der Fraunhofer'schen Hauptlinien folgende Werthe für einige der wichtigsten Stoffe:

	B	C	D	E	F	G	H	Z
Wasser.	1,3309	1,3317	1,3336	1,3358	1,3378	1,3413	1,3442	0,0133
Alkohol (sp. Gw. 0,815)	1,3628	1,3633	1,3654	1,3675	1,3696	1,3733	1,3761	0,0133
Crownglas	1,5258	1,5268	1,5296	1,5330	1,5360	1,5416	1,5466	0,0208
Flintglas	1,6277	1,6297	1,6350	1,6420	1,6483	1,6603	1,6711	0,0434
Faraday'sches Glas .	1,7050	1,7077	1,7148	1,7242	1,7325	1,7498	1,7651	0,0601
Schwefelkohlenstoff . .	1,6182	1,6219	1,6308	1,6439	1,6555	1,6799	1,7020	0,0838

In Betreff der verschiedenen Glassorten sind noch einige Bemerkungen zu machen. Crownglas ist reines bleifreies Glas, während Flintglas einen bedeutenden Gehalt an Bleioxyd hat. Das Faraday'sche Glas besteht aus 104 Gewichtstheilen Bleioxyd, 24 Kieselsäure und 25 Borsäure. Da jedoch die Zusammensetzung verschiedener Crownglassorten nicht genau gleich ist, so finden auch kleine Variationen für die Brechungsexponenten statt. Ebenso sind die Brechungsexponenten verschiedener Flintglassorten nicht immer ganz gleich den oben angegebenen Werthen.

Die Trennung der verschiedenfarbigen Strahlen durch Brechung wird mit dem Namen der Dispersion des Lichtes oder der Farbenzerstreuung bezeichnet. Ein Stoff ist um so stärker zerstreuend, je größer die Differenz zwischen ihren Brechungsexponenten für rothes und violettes Licht ist. Die Differenzen der Brechungsexponenten der Linien H und B, wie sie in der letzten Columne der obigen Tabelle unter Z gegeben sind, sind also ein Maaß für die Farbenzerstreuung der Substanz. Unter den oben angeführten Substanzen kommt also dem Wasser die schwächste (0,0133) dem Schwefelkohlenstoff die stärkste (0,0838) Farbenzerstreuung zu. Flintglas ist, wie man in obiger Tabelle sieht, stärker zerstreuend als Crownglas.

Daraus folgt nun, daß, wenn man ein Prisma von Flintglas herstellt, welches die rothen Strahlen eben so stark ablenkt wie ein gegebenes Crownglasprisma die violetten Strahlen, die durch das Flintglasprisma doch stärker abgelenkt werden als durch das Crownglasprisma, oder mit anderen Worten, bei gleicher Ablenkung der rothen Strahlen wird das Spectrum des Flintglasprismas doch mehr als doppelt so lang sein als das des Crownglasprismas.

Achromatische Prismen und Linsen. Man nennt Prismen 149
achromatisch, wenn sie die Eigenschaft haben, die Lichtstrahlen abzulenken, ohne sie zugleich in Farben zu zerlegen; achromatische Linsen solche, für welche die Brennpunkte der verschiedenfarbigen Strahlen genau zusammenfallen, welche also Bilder geben, die frei von farbigen Rändern sind. Man hielt lange

Zeit den **Achromatismus** für unmöglich, d. h. man glaubte, daß das Licht ohne Zersetzung nicht abgelenkt werden könnte. **Newton** selbst hatte diese Ansicht, weil er glaubte, daß die Dispersion stets der brechenden Kraft der Körper proportional sei.

Nun aber haben spätere genaue Versuche gezeigt, daß **Newton's** Meinung in diesem Punkte irrig war; so ist z. B. der Brechungsexponent der mittleren (grünen) Strahlen des Spectrums für Crownglas 1,533, für Flintglas aber ist er 1,642, also nur 1,06mal größer, während die Dispersion (die Differenz zwischen dem Brechungsexponenten der violetten und der rothen Strahlen) für Flintglas, wie wir im vorigen Paragraphen gesehen haben, **doppelt so groß** ist als die des Crownglases.

Ein Prisma von Crownglas und ein solches von Flintglas werden also gleich breite Spectra geben, wenn der brechende Winkel des Crownglasprismas ungefähr doppelt so groß ist als der des Flintglasprismas.

Wenn man also ein Flintglasprisma B mit einem Crownglasprisma A von doppelt so großem brechenden Winkel in der Weise combinirt, wie Fig. 304 zeigt, so wird die Farbenzerstreuung des Crownglasprismas A durch die gleiche und entgegengesetzte des Flintglasprismas aufgehoben.

Nun ist aber die Ablenkung, welche das Prisma B hervorbringt, nur ungefähr halb so groß als die durch das Prisma A hervorgebrachte, da bei nahezu gleicher brechender Kraft beider Substanzen der brechende Winkel des Prismas B nur halb so groß ist als der des Prismas A. Bei der in Fig. 304 dargestellten Prismencombination wird also das Prisma B nur ungefähr die Hälfte der durch A hervorgebrachten Ablenkung aufheben können.

Fig. 304.

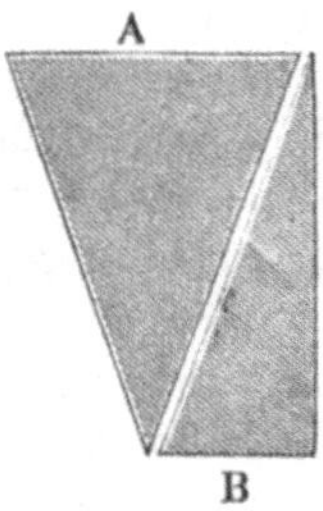

Die Prismencombination Fig. 304 liefert uns also eine **prismatische Ablenkung ohne Farbenzerstreuung**, sie bildet ein achromatisches **Prisma**.

Aehnliche Betrachtungen lassen sich nun auch für **Linsen** anstellen.

Eine jede einfache Linse, aus welchem Stoffe sie auch gebildet sein mag, wird für jede andere Strahlenart auch einen anderen Brennpunkt haben, weil die Brechungsexponenten der verschiedenfarbigen Strahlen nicht gleich sind. Der Brennpunkt der stärker brechbaren violetten Strahlen liegt der Linse näher als der Brennpunkt der rothen Strahlen. Fällt also ein Bündel weißes Licht parallel mit der Axe auf eine Convexlinse ab, Fig. 305, so werden die violetten Strahlen in V, die rothen in R vereinigt. Fängt man den aus der Linse austretenden Strahlenkegel auf einem Schirme auf, so sieht man einen weißen Kreis mit gelbem und rothem Saume, wenn der Schirm zwischen V und dem Glase etwa bei mn steht; der helle Kreis erscheint dagegen mit einem blauen Saume umgeben, wenn der Schirm sich jenseits R, etwa in rs, befindet, weil vor V die rothen und gelben, hinter R die blauen und violetten Strahlen die äußersten des ganzen Strahlenbündels sind.

Die Ungleichheit der Brennweite der verschiedenfarbigen Strahlen, welche man mit dem Namen der **chromatischen Aberration** bezeichnet, hat zur

Fig. 305.

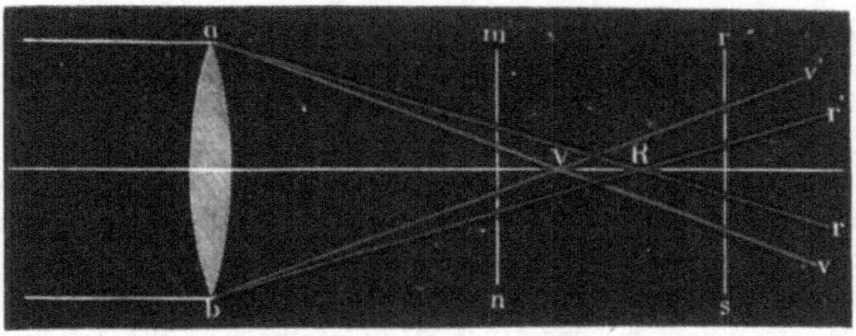

Fig. 306.

Folge, daß die Bilder solcher Linsen mehr oder weniger unrein, daß sie bald mehr oder weniger mit farbigen Säumen eingefaßt erscheinen. Man kann sich davon leicht überzeugen, wenn man durch eine stark gewölbte Linse etwa die Lettern eines Buches betrachtet, oder durch eine solche Linse das Bild entfernter Gegenstände auf einer matten Glastafel erzeugt; man wird alles mit farbigen Rändern umgeben sehen. Weil nun aber dadurch die Schärfe der Bilder in Mikroskopen sowohl als auch in Fernröhren sehr leidet, so war die Entdeckung der Construction achromatischer Linsen für die praktische Optik von der größten Wichtigkeit.

Der Achromatismus der Linsen beruht auf denselben Principien wie der Achromatismus der Prismen; achromatische Linsen sind aus einfachen Linsen verschiedener Substanzen zusammengesetzt.

In der Regel werden achromatische Linsen durch Combination einer **Convexlinse von Crownglas** mit einer **Zerstreuungslinse von Flintglas** hergestellt, Fig. 306, deren letztere eine Zerstreuungsweite hat, welche nahe doppelt so groß ist als die Brennweite der ersteren. In diesem Falle kann die Flintglaslinse die Convergenz der aus der Crownglaslinse kommenden Strahlen zwar vermindern, aber nicht aufheben, während die Farbenzerstreuung vollständig corrigirt wird, da die zerstreuende Kraft des Flintglases doppelt so groß ist als die des Crownglases.

Solche Linsencombinationen werden **achromatische Linsen** genannt, weil sie reine, von farbigen Säumen freie Bilder geben.

Ausführlicheres über **achromatische Linsen** findet man in dem entsprechenden Paragraphen des Supplementbandes.

Die natürlichen Farben der Körper. Wenn ein durchsichtiger von weißem Lichte getroffener Körper farbig erscheint, so liegt der Grund davon darin, daß er nur einen Theil der in dem auffallenden Lichte enthaltenen farbigen Strahlen durchläßt, die anderen aber verschluckt oder absorbirt. 150

Ein rothes Glas z. B. läßt nur rothe, vielleicht noch wenige orangene Strahlen durch; es absorbirt aber Gelb, Grün, Blau, Indigo und Violett vollständig. Wenn man also zwischen den Spalt *b* und das Prisma *s*, Fig. 295

Seite 267, ein rothes Glas bringt, so daß nur durch dieses Glas gegangene Strahlen auf das Prisma fallen, so verschwindet das ganze Spectrum bis auf Roth und etwas Orange, wie das Spectrum Nr. 8 der Farbentafel zeigt. Für dunkler gefärbte rothe Gläser fällt auch das Orange noch ganz fort.

Nr. 9 ist das Spectrum des durch eine Lösung von saurem chromsauren Kali gegangenen Lichtes. Untersucht man auf gleiche Weise die schöne blaue Farbe einer Lösung von schwefelsaurem Kupferoxyd-Ammoniak (die Flüssigkeit muß zwischen parallelen Glasplatten enthalten sein), so verschwindet das rothe Ende des Spectrums. Es bleibt nur noch Grün, Blau, Indigo und Violett, wie das Spectrum Nr. 2 der Farbentafel zeigt. Für concentrirtere Lösungen verschwindet noch das Grün und Violett.

Im gleichen Sinne stellt Nr. 3 jener Tafel das Spectrum des Lichtes dar, welches durch eine Lösung von Berliner Blau gegangen ist; Nr. 4 stellt das Spectrum einer Indigolösung, Nr. 5 endlich stellt das Spectrum einer durch Kobalt blau gefärbten Glasplatte dar.

Nr. 6 und 7 sind die Spectra zweier grüner Substanzen, nämlich einer Lösung von Chlorkupfer und einer ätherischen Lösung von Blattgrün (Chlorophyll).

Man sieht aus diesen Darstellungen, daß keine der genannten Substanzen homogenes, d. h. einfarbiges Licht durchläßt, denn sonst müßte sich das ganze Spectrum auf eine einzige farbige Linie reduciren, wie dies in der That bei einigen farbigen Flammen der Fall ist. Ein rothes Glas z. B. läßt alle Strahlen zwischen den Fraunhofer'schen Linien *D* und *A* oder, wenn es dunkler ist, zwischen *C* und *A* durch, also Strahlen von sehr verschiedener Brechbarkeit. Das blaue Licht, welches durch eine Lösung von schwefelsaurem Kupferoxydammoniak gegangen ist, besteht aus allen Strahlen zwischen *H* und *E*.

Eine interessante Erscheinung bietet die Indigolösung, deren Spectrum aus zwei getrennten Theilen besteht, nämlich einem schmalen rothen Streifen, und dem blauen Ende des Spectrums. Aehnliche Erscheinungen bietet die Lösung von Chlorophyll und das Kobaltglas.

Um die Farben undurchsichtiger Körper durch das Spectrum zu untersuchen, braucht man sie nur bei *rv*, Fig. 295 Seite 267, statt des weißen Schirmes zu halten. Hält man an diese Stelle ein hochrothes Papier, so sieht man nur noch das rothe Ende des Spectrums; da, wo gelbes, grünes, blaues Licht auffällt, ist das Papier ganz dunkel.

Fängt man das Spectrum durch ein mit Ultramarin gefärbtes Papier auf, so erscheint nur das Blau hell leuchtend, die anderen Farben mehr oder weniger dunkel.

Die Lichtabsorption durch farbiges Papier läßt sich am schönsten zeigen, wenn man auf ein weißes Papier einen geradlinig begränzten Streifen farbigen Papiers aufklebt und den so gebildeten Schirm in der Art in das Spectrum hält, daß die obere Hälfte des Spectrums auf das weiße, die untere auf das farbige Papier fällt. Nr. 10 der Farbentafel zeigt die Erscheinung, wie man sie beobachtet, wenn man auf die untere Hälfte des weißen Papiers einen rothen

Papierstreifen aufgeklebt hat. Auf dem weißen Papier erscheint das ganze Spectrum, während auf dem rothen Papier alles Violett, Indigo, Blau, Grün und fast alles Gelb absorbirt ist. Das Roth des Spectrums wird aber gleich gut vom weißen und vom rothen Papier zurückgeworfen (diffundirt).

Farbige Flammen. Sehr interessante Resultate hat die Untersuchung farbiger Flammen geliefert. Die Flamme des reinen Weingeistes ist nur schwach leuchtend; sie wird aber intensiv gelb gefärbt, wenn man Kochsalz auf den Docht streut. Durch Lithium- und Strontiansalze wird die Weingeistflamme roth, durch Bariumsalze und durch Kupfersalze wird sie grün gefärbt. 151

Bringt man nun vor eine so gefärbte Flamme einen Schirm mit einem schmalen Spalt und analysirt man das durch den Spalt hindurchgehende Licht mittelst eines Prismas, so findet man, daß das Spectrum dieser Flammen sich auf einzelne helle Streifen reducirt, welche für jede der genannten Substanzen eine bestimmte feste Lage haben. So reducirt sich das Spectrum des Kochsalzes oder anderer Natriumsalze auf eine einzige helle Linie im Gelb, welche an die Stelle der Fraunhofer'schen Linie *D* fällt, wie man in dem Spectralstreifen Nr. 11 der Farbentafel sieht, welcher außer der gelben Natriumlinie auch noch die rothe Linie des Lithium-, die grüne Linie des Thallium- und die blaue Linie des Indiumspectrums zeigt.

Die durch Natrium gefärbte Flamme sendet also homogenes gelbes, die durch Lithium gefärbte sendet homogenes rothes, die durch Thallium gefärbte sendet homogenes grünes Licht aus.

Das Spectrum der Strontiansalze, Nr. 12, ist charakterisirt durch einen hellen Streifen im Orange, mehrere Streifen im Roth und eine feinere helle Linie im Blau. Das Spectrum der Calciumsalze ist außer mehreren schwächeren Streifen durch zwei hellere und breitere Streifen ausgezeichnet, von denen der eine im Grün, der andere im Orange liegt. Die Bariumsalze geben ein ganzes Gitter heller Streifen im Grün und Gelb.

Bunsen hat die Spectralanalyse von Flammen, welche durch die chemisch zu untersuchenden Substanzen gefärbt werden, benutzt, um mittelst der charakteristischen hellen Linien die geringsten Mengen der oben genannten und anderer Metallsalze nachzuweisen, er benutzt also gleichsam das Prisma zur Ausführung qualitativer chemischer Analysen.

Die Spectralanalyse hat bereits zur Entdeckung bis dahin unbekannter Metalle geführt. Bunsen selbst entdeckte in der Mutterlauge einiger Salzsoolen das Cäsium und Rubidium, zwei den Alkalimetallen nahe stehende Substanzen. Bei der Untersuchung des Schlammes aus Schwefelsäurefabriken, welche Schwefelkiese verarbeiten, beobachtete man eine bis dahin unbekannte grüne Spectrallinie (die grüne Linie in Nr. 11), welche, wie sich alsbald ergab, von einem auf diese Weise neuentdeckten, dem Blei ähnlichen Metall, dem Thallium, herrührt. In gleicher Weise führte die Beobachtung der blauen Linie in Nr. 11 zur Entdeckung eines in Zinkblende vorkommenden neuen silberweißen Metalls, welches Indium genannt wurde.

152 **Fluorescenz und Phosphorescenz.** Die meisten Körper reflectiren oder zerstreuen nur solche farbige Strahlen, welche bereits im auffallenden Lichte enthalten sind. So verschwindet z. B. das schöne Roth einer Siegellackstange, wenn sie nur von dem gelben Lichte einer Weingeistlampe, auf deren Docht etwas Kochsalz gestreut ist, beleuchtet wird, oder wenn man sie in den grünen, blauen u. s. w. Theil des Spectrums hält; kurz die Siegellackstange zeigt nur dann ihr schönes Roth, wenn rothes Licht in den auffallenden Strahlen enthalten ist.

Nun giebt es aber einige Körper, welche Farben zeigen, die in dem auffallenden Lichte nicht enthalten sind, welche also gewissermaßen die Farbe des auffallenden Lichtes zu verwandeln vermögen. Solche Körper zeichnen sich durch ein eigenthümliches Schillern auf der Oberfläche aus, wie man es z. B. bei einer Lösung von schwefelsaurem Chinin, einem alkoholischen Extract von Stechapfelsamen, einem ätherischen Auszug aus grünen Blättern u. s. w. beobachtet.

Feste Körper, welche diese Eigenthümlichkeit besitzen, sind: mit Uran grün gefärbtes Glas (Canarienglas) und einige Varietäten von Flußspath, woher auch der Name Fluorescenz.

Wenn man einige Stückchen von der Rinde des gewöhnlichen Roßkastanienbaumes mit Wasser übergießt, so wird dieses schon nach einigen Secunden schön hellblau schillernd. Der Stechapfelextract zeigt auf seiner Oberfläche einen grünlichen, das Blattgrün (Chlorophyll) einen rothen Schimmer.

Um diesen Farbenschimmer deutlicher zu sehen, concentrirt man mittelst einer Linse von 1 bis 2 Zoll Brennweite ein Bündel Sonnenstrahlen gegen den zu untersuchenden Körper, wie es Fig. 307 andeutet. Der Theil des Strahlenkegels, welcher innerhalb des fluorescirenden Körpers liegt, erscheint dann als ein farbiger Strahlenbüschel, welcher meistens an der Oberfläche am lebhaftesten gefärbt ist. Dieser Büschel ist

Roth . . . . im Blattgrünauszug,
Grünlich . . . in der Stechapfeltinctur,
Grün . . . im Uranglas,
Hellblau . . . in der Chininlösung und im Kastanienrindenauszug,
Blau . . . . im Flußspath.

Wenn man auf die angegebene Weise den grünen Lichtkegel im Uranglas erzeugt und nun eine Lösung von schwefelsaurem Kupferoxyd-Ammoniak dicht vor die Linse hält, so daß nur blaues Licht auf das Glas fällt, so bleibt dessenungeachtet der grüne Lichtkegel sichtbar; das blaue Licht also, welches durch die blaue Lösung hindurchgegangen ist, erzeugt also Grün im Uranglas.

Betrachtet man den grünen Büschel des Uranglases durch dieselbe blaue Flüssigkeit, so verschwindet er fast vollkommen.

Wendet man statt der blauen eine grüne Flüssigkeit, etwa eine Lösung von

Chlorkupfer an, so verschwindet der grüne Büschel im Uranglas, wenn man sie vor die Linse hält; das auffallende grüne Licht kann also den grünen Büschel nicht erzeugen; dagegen ist der grüne Büschel durch die grüne Flüssigkeit sichtbar.

Fig. 307.

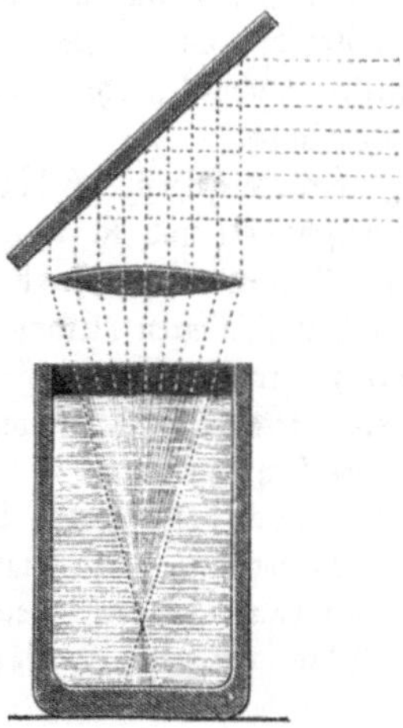

Aehnliche Erscheinungen beobachtet man bei anderen fluorescirenden Körpern.

Am auffallendsten zeigt sich die Wirkung der fluorescirenden Körper, wenn man sie statt eines weißen Schirmes anwendet, um das Spectrum aufzufangen, wenn man sie also an die Stelle *r v*, Fig. 295 Seite 267, bringt.

Bringt man an die Stelle des Papierschirms, auf welchem man das Spectrum Nr. I, Fig. 308, dargestellt hat, einen Streifen von Uranglas, so erscheint auf diesem der Spectralstreifen Nr. II in Fig. 308, welcher seiner ganzen Ausdehnung nach die gleiche grüne Färbung zeigt. Roth, Orange, Gelb und Grün gehen ungeändert durch die Glasplatte hindurch, da aber, wo die blauen und violetten Strahlen auffallen, werden sie in zerstreutes grünes Licht verwandelt,

Fig. 308

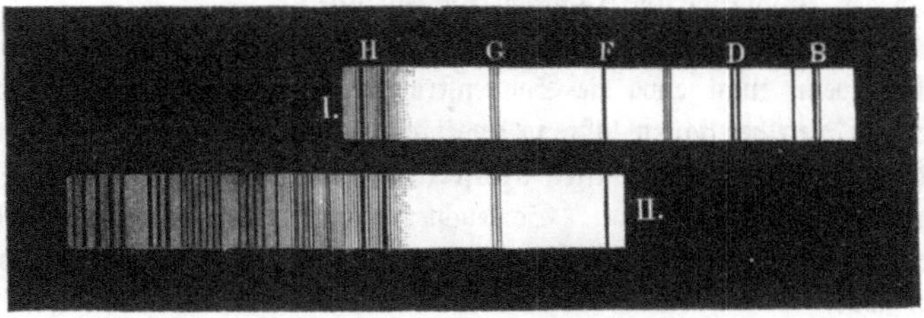

so daß sich die Fraunhofer'schen Linien *F*, *G*, *H* auf grünem Grunde zeigen. Aber das grüne Fluorescenzspectrum geht noch weit über die violette Gränze des gewöhnlichen Spectrums hinaus, das Sonnenlicht enthält also noch eine ziemliche Menge ultravioletter, d. h. solcher Strahlen, welche, unmittelbar nicht sichtbar, noch brechbarer sind als die äußersten violetten Strahlen, und welche erst durch die Vermittelung fluorescirender Substanzen zur Anschauung gebracht werden können.

Bringt man eine Blattgrünlösung in ein mit ebenen Glaswänden begränztes Gefäß, um so mit derselben das Spectrum aufzufangen, so erscheint die Vorderfläche der Flüssigkeit der ganzen Länge des Spectrums nach roth; also die gelben, grünen, blauen und violetten vom Prisma her auf die Blattgrünlösung fallenden Strahlen bringen sämmtlich auf der Oberfläche der Blattgrünlösung rothes Licht hervor.

Verfährt man auf gleiche Weise mit der Chininlösung oder dem Kastanienrindenaufguß, so sieht man auf der Vorderfläche der Flüssigkeit einen hellblauen Streifen, welcher sich von der Stelle, wo die blauen Strahlen auffallen, bis weit über die violette Gränze des Spectrums hinaus erstreckt. Die rothen, gelben und grünen Strahlen gehen durch diese Flüssigkeiten hindurch, ohne auf der Vorderfläche derselben eine Farbenerscheinung zu veranlassen.

In dem ultravioletten Theil des Fluorescenzspectrums zeigen sich dicht gedrängte Gruppen Fraunhofer'scher Linien, wie zwischen *H* und *F*.

Bemerkenswerth ist, daß es in den meisten Fällen nur die brechbareren Strahlen, also die blauen, violetten und die für sich unsichtbaren ultravioletten Strahlen sind, welche die Erscheinung der Fluorescenz hervorbringen.

Wir werden auf diesen Punkt später noch einmal zurückkommen, wenn von den chemischen Wirkungen des Lichtes die Rede sein wird.

In naher Beziehung zur Fluorescenz steht die Phosphorescenz. Schon lange hatte man die Erfahrung gemacht, daß einige Mineralien, z. B. Diamant, manche Varietäten von Flußspath u. s. w. im Dunklen leuchten, wenn sie vorher den Sonnenstrahlen ausgesetzt waren. Man hat diese Erscheinung Phosphorescenz genannt.

Ungleich stärker als alle natürlichen phosphoresciren die sogenannten künstlichen Leuchtsteine, welche aus Schwefelcalcium oder aus Schwefelbarium oder aus Schwefelstrontium bestehen, und zwar müssen diese Substanzen auf trocknem Wege unter dem Einfluß höherer Temperatur dargestellt werden, wenn sie nach der Insolation im Dunklen leuchten sollen.

Wenn man die Leuchtsteine nicht mit weißem, sondern mit farbigem Licht bestrahlt, wenn man etwa die Sonnenstrahlen durch rothe, grüne oder blaue Gläser auf dieselben fallen läßt, so findet man auch hier, daß das Licht, welches der Körper nachher im Dunklen ausstrahlt, nicht demjenigen gleich ist, von welchem er bestrahlt wurde. So leuchtet manches Präparat im Dunklen mit grünem, gelbem oder rothem Licht, nachdem es vorher von blauem Licht bestrahlt worden war.

Hier wie bei der Fluorescenz sind es vorzugsweise die stärker brechbaren blauen und violetten Strahlen, welche die Erscheinungen der Phosphorescenz hervorzurufen im Stande sind.

Man kann die Phosphorescenz als eine Fluorescenz bezeichnen, welche noch einige Zeit nach dem Aufhören der Bestrahlung fortdauert.

Auch das elektrische Licht enthält viele Fluorescenz und Phosphorescenz erregende Strahlen.

Fünftes Capitel.

Vom Auge und den optischen Instrumenten.

Das Gesichtsorgan. Die Empfindung des Lichtes und der Farbe 153
rührt von der Affection eines besonderen Nerven, des optischen Nerven oder des Sehnerven her, dessen feine Enden auf der Rückwand des Auges zu einer Fläche, der Nervenhaut, Netzhaut, ausgebreitet sind. Die Empfindung des Dunklen rührt von einer vollkommenen Ruhe dieser Nervenhaut her, jeder Reiz derselben bringt aber die Empfindung von Helligkeit, von Licht, hervor; ganz vorzüglich wird dieser Reiz durch die Lichtstrahlen hervorgebracht, welche die Körper der Außenwelt durch das Auge auf die Netzhaut senden; doch ist auch die Empfindung von Licht und Farbe durch andere Ursachen ohne Mitwirkung der von außen kommenden Lichtstrahlen möglich, z. B. durch den Druck des Blutes (Flimmern vor den geschlossenen Augen). Ein äußerer Druck auf das geschlossene Auge, eine elektrische Entladung u. s. w. sind ebenfalls im Stande, Lichtempfindungen hervorzubringen.

Zum Unterscheiden äußerer Gegenstände durch das Gesicht reicht es nicht hin, daß die von einem Körper ausgehenden Lichtstrahlen auf die Nervenhaut fallen; es sind lichtsondernde Apparate nöthig, welche bewirken, daß die von einem leuchtenden Punkte ausgehenden Strahlen nur eine bestimmte Stelle der Nervenhaut treffen, und daß von dieser Stelle die von anderen Punkten herkommenden Lichtstrahlen abgehalten werden; auf diese Weise sind die verschiedenen Stellen der Netzhaut verschieden afficirt, und dadurch wird eine Unterscheidung möglich. Wo solche lichtsondernde Apparate fehlen, wie dies bei vielen niederen Thierclassen der Fall ist, da kann kein eigentliches Sehen, sondern nur eine Unterscheidung von Licht und Dunkel, von Tag und Nacht stattfinden; doch sind selbst für eine solche Lichtempfindung noch besondere Nervenapparate nöthig.

Nicht bei allen Thierclassen, bei denen ein eigentliches Sehen stattfindet, sind die zur Isolirung der Lichteindrücke bestimmten Apparate auf dieselbe Weise eingerichtet; man unterscheidet zwei wesentlich verschiedene Arten von Augen, nämlich 1. die musivisch zusammengesetzten Augen der Insecten und Crustaceen und 2. die mit Sammellinsen versehenen Augen der Wirbelthiere.

Die Untersuchung der musivisch zusammengesetzten Augen ist mehr ein Gegenstand der Physiologie und vergleichenden Anatomie als der Physik; wir wenden uns deshalb sogleich zu den einfachen Augen mit Sammellinsen, mit welchen die höheren Thierclassen und die Menschen versehen sind.

154 **Einfache Augen mit Sammellinsen.** Die Construction des Auges ist der einer Camera obscura ganz analog. Der ganze Augapfel ist von einer festen harten Haut umgeben, welche nur auf der Vorderseite durchsichtig ist; dieser durchsichtige Theil wird die Hornhaut (cornea), der weiße undurchsichtige Theil die harte Haut (tunica sclerotica) genannt; die durchsichtige Hornhaut ist stärker gewölbt als der übrige Theil des Augapfels, wie man in Fig. 309 sieht, welche einen Durchschnitt des Augapfels darstellt. Hinter der Hornhaut liegt die farbige Regenbogenhaut $b\ b'$ (iris), welche eben ist und die Wölbung der durchsichtigen Hornhaut gleichsam von dem übrigen Theile des Auges abschneidet. In der Mitte der Regenbogenhaut bei ss' befindet sich eine kreisförmige Oeffnung, welche von vorn gesehen vollkommen schwarz (das Schwarze im Auge) erscheint; diese Oeffnung führt den Namen der Pupille. Hinter der Iris und der Pupille befindet sich die Krystalllinse; sie befindet sich in einer durchsichtigen Kapsel, durch welche sie auch an der äußeren Wand des Auges befestigt ist. Zwischen der Linse und der Hornhaut befindet sich eine klare, etwas salzige Flüssigkeit, die wässerige Feuchtigkeit (humor aqueus); der ganze Raum hinter der Linse ist dagegen mit einer durchsichtigen gallertartigen Substanz, der Glasfeuchtigkeit (humor vitreus), angefüllt. Die Krystalllinse selbst ist vorn flacher als hinten.

Fig. 309.

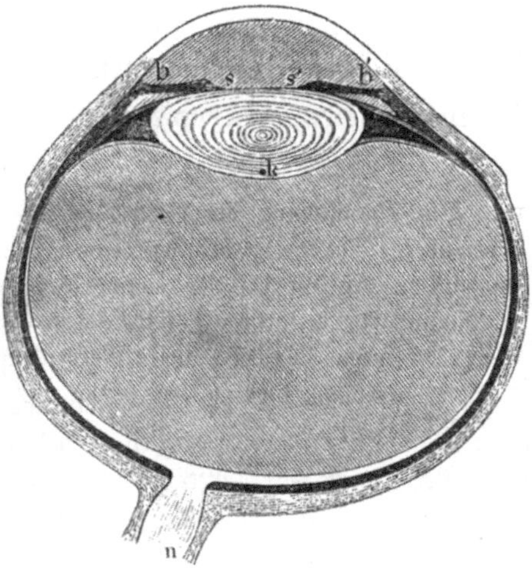

Ueber der Sclerotica ist im Inneren des Auges die Aderhaut (tunica choroidea) ausgebreitet, und über dieser endlich liegt die Netzhaut (retina), welche nur eine Ausbreitung des Sehnerven n ist. Die Aderhaut, welche die ganze innere Höhlung des Auges bekleidet, ist mit einem schwarzen Pigment überzogen; diese Schwärzung ist nöthig, damit nicht durch Reflexionen im Inneren des Auges die Reinheit der Bilder gestört wird. Aus demselben Grunde werden ja auch die Fernröhre innen geschwärzt.

Die Lichtstrahlen, welche auf das Auge fallen, treffen entweder auf den vorderen Theil der Sclerotica, das **Weiße** im Auge, und werden unregelmäßig nach allen Seiten zerstreut, oder sie dringen durch die Hornhaut in das Auge ein; die äußeren der durch die Hornhaut eingedrungenen Strahlen fallen auf die Iris und werden nach allen Seiten hin unregelmäßig zerstreut, wodurch die Farbe der Regenbogenhaut sichtbar wird. Die centralen Strahlen endlich fallen durch die Pupille auf die Linse und werden durch dieselbe nach der Retina hin gebrochen, und zwar so, daß die von einem Punkte eines äußeren Gegenstandes ausgehenden Strahlen, welche durch die Pupille gehen, in einem Punkte auf der Netzhaut wieder vereinigt werden, wie dies Fig. 310 erläutert. So entsteht

Fig. 310.

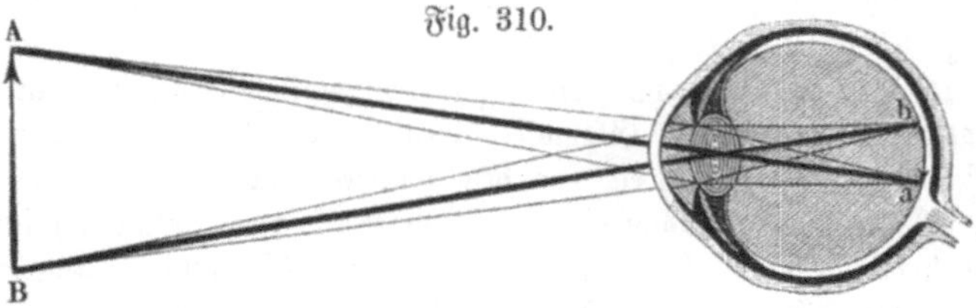

denn auf der Netzhaut ein **verkehrtes Bild** der vor dem Auge befindlichen Gegenstände ganz in gleicher Weise wie das Bild auf der Rückwand einer Camera obscura.

Man kann sich leicht durch den Versuch an einem etwas großen Thierauge, etwa an einem Ochsenauge, von der Existenz dieses Netzhautbildchens überzeugen; man braucht nur oben bei *b*, Fig. 311, ein viereckiges Loch in die Sclerotica zu schneiden und alles Undurchsichtige wegzunehmen, um durch diese Oeffnung von *a* her auf die Netzhaut sehen zu können. Damit das Auge möglichst seine Form behalte, legt man es in die halbkugelförmige Höhlung eines Stativs, wie es die Figur zeigt. — Meist quillt die Glasfeuchtigkeit aus der Oeffnung *b* hervor und verhindert, weil sie nicht mit ebener Fläche begränzt ist, daß man die Netzhautbildchen deutlich sehen kann. Diesen Uebelstand vermeidet man dadurch, daß man ein Glasplättchen auf die Oeffnung *b* legt. — Das Bild der Gegenstände, auf welche das Auge gerichtet ist, sieht man bei diesem Versuche verkehrt auf der Netzhaut. Leicht läßt sich auch das Bild auf der Netzhaut weißsüchtiger Thiere, z. B. weißer Kaninchen, zeigen, bei welchen der schwarze Ueberzug der Aderhaut fehlt, während zugleich der hintere Theil der Sclerotica durchsichtig ist. An solchen Augen sieht man die Netzhautbilder ohne weitere Präparation.

Fig. 311.

155 **Accommodation, Kurzsichtigkeit und Fernsichtigkeit.** Wir haben oben schon gesehen, daß das Bild einer Linse seine Lage ändert, wenn der Gegenstand genähert oder entfernt wird; das Bild entfernt sich nämlich um so mehr von der Linse, je näher der Gegenstand heranrückt. Da nun das Auge ganz so wirkt wie eine Linse, da wir die Gegenstände nur dann scharf sehen können, wenn auf der Netzhaut ein scharfes Bild derselben entsteht, so sollte man meinen, daß wir nur in einer bestimmten Entfernung die Gegenstände deutlich sehen könnten; doch zeigt die Erfahrung das Gegentheil; ein normales Auge kann alle Gegenstände deutlich sehen, die mehr als 9 bis 10 Zoll weit entfernt sind, das Auge muß also offenbar die Fähigkeit haben, sich den verschiedenen Entfernungen zu accommodiren.

Man kann dies auch durch einen ganz einfachen Versuch darthun: Man mache auf eine durchsichtige Glastafel einen kleinen schwarzen Fleck und halte die Tafel 9 bis 10 Zoll weit von dem (entweder normalen oder durch eine Concavbrille normal gemachten) Auge, so kann man willkürlich den Fleck oder durch die Glastafel hindurch die entfernteren Gegenstände deutlich sehen. Sieht man die entfernten Gegenstände deutlich, so erscheint der Fleck neblig und unbestimmt: umgekehrt aber erscheinen die fernen Gegenstände verwaschen, wenn man den Fleck deutlich sieht.

Man hat das Accommodationsvermögen des Auges aus verschiedenen Ursachen herzuleiten versucht; z. B. aus einer Veränderlichkeit der Krümmung der Hornhaut, aus einer Verschiebbarkeit der Linse u. s. w. In neuester Zeit hat endlich Cramer diese wichtige Frage durch Beobachtung der Spiegelbildchen gelöst, welche die Vorderfläche und die Hinterfläche der Linse von einer seitlich vom Auge aufgestellten Kerzenflamme geben. Es ist ihm gelungen, durch diese Methode nachzuweisen, daß beim Nahesehen die vordere Fläche der Krystallinse gewölbter und daß sie zu gleicher Zeit etwas nach vorn geschoben wird.

Es giebt für ein jedes Auge ein Minimum der Entfernung, über welche hinaus man die Gegenstände nicht nähern darf, wenn sie noch scharf und deutlich sichtbar sein sollen. Diese Entfernung nennt man die Weite des deutlichen Sehens oder die Sehweite. Es ist dies die Entfernung, in welche man einen kleinen Gegenstand, etwa ein klein gedrucktes Buch, hält, um es mit unbewaffnetem Auge möglichst gut sehen zu können. Bei einem normalen Auge beträgt die Weite des deutlichen Sehens 8 bis 10 Zoll. Ein Auge, dessen Sehweite geringer ist, nennt man kurzsichtig, wenn sie aber größer ist weitsichtig.

Die Undeutlichkeit des Sehens ganz naher Gegenstände rührt, wie schon erwähnt wurde, daher, daß die von einem Punkte des nahen Gegenstandes ausgehenden Strahlen so stark divergiren, daß die brechenden Medien des Auges nicht im Stande sind, sie hinlänglich convergent zu machen, um ihre Vereinigung auf der Netzhaut zu bewirken.

Der von einem zu nahe gelegenen Punkte in das Auge eintretende Strahlenkegel convergirt gegen einen hinter der Netzhaut liegenden Punkt, er wird also von der Netzhaut in einem Kreise geschnitten, welchen man als Zerstreuungskreis bezeichnet.

Man mache mit einer Stecknadel ein feines Loch in ein Kartenblatt und halte es dicht vor das Auge, so wird man durch dasselbe einen ganz nahe gehaltenen kleinen Gegenstand, etwa ein etwas größeres mikroskopisches Object (ein Flohpräparat z. B.), ziemlich scharf sehen, während man ihn nach Entfernung des Kartenblattes nicht mehr zu unterscheiden vermag. Der Grund liegt darin, daß von einem Punkte des ganz nahen Gegenstandes aus nur in einer einzigen Richtung durch die feine Oeffnung Strahlen ins Auge dringen können, und diese werden auch nur in einem Punkte die Netzhaut treffen, während sich auf ihr ein Zerstreuungskreis bildet, wenn das Kartenblatt entfernt ist.

Durch eine feine Oeffnung in einem Kartenblatte, welche dicht vors Auge gehalten wird, sieht man begreiflicherweise nahe und ferne Gegenstände gleich scharf, ohne daß das Auge nöthig hätte, sich den Entfernungen zu accommodiren, da ja ohnehin die von einem Punkte des Gegenstandes ausgehenden Strahlen auch nur in einem Punkte die Netzhaut treffen.

Hierher gehört auch der interessante und lehrreiche Versuch des Pater Scheiner (oculus sive fundamentum opticum etc. 1652). Wenn man in ein Kartenblatt zwei feine Nadellöcher macht, deren Entfernung von einander kleiner sein muß als der Durchmesser der Pupille, und die Oeffnungen dicht vor das Auge hält, so sieht man einen kleinen Gegenstand, etwa eine Stecknadel, die man innerhalb der Sehweite vor die Löcher hält, doppelt. Von dem kleinen Gegenstande gelangen nämlich nur zwei ganz feine Strahlenbündel durch die beiden Löcher ins Auge; diese beiden Strahlen convergiren aber nach einem Punkte, der hinter der Netzhaut liegt, sie treffen also die Netzhaut in zwei verschiedenen Punkten; es sind dies zwei isolirte Punkte des Zerstreuungskreises, welcher auf der Retina entstehen würde, wenn man die übrigen Strahlen nicht durch das Kartenblatt auffinge.

Wenn man den kleinen Gegenstand mehr und mehr entfernt, so nähern sich die beiden Bilder, um ganz zusammenzufallen, wenn man den Gegenstand bis auf die Weite des deutlichen Sehens entfernt hat.

Wird der Gegenstand noch über die Weite des deutlichen Sehens hinaus entfernt, so bleibt das Bild einfach, bis die Entfernung so groß geworden ist, daß sich das Auge für dieselbe nicht mehr accommodiren kann. Eine solche äußere Gränze der Accommodationsfähigkeit giebt es jedoch nur für kurzsichtige, nicht für fernsichtige Augen.

Auf den Scheiner'schen Versuch hat man Instrumente gegründet, welche zur Ermittelung der Sehweite dienen sollen und den Namen Optometer führen. (Näheres über das Optometer im Supplementband.)

Die Kurzsichtigkeit (Myopie) und die Weitsichtigkeit (Presbyopie) sind Fehler, deren Grund wohl am richtigsten in einem mangelhaften Accommodationsvermögen zu suchen ist, was besonders daraus hervorgeht, daß die Gewöhnung einen großen Einfluß auf diese Fehler ausübt; Kurzsichtigkeit entsteht oft dadurch, daß das Sehen in der Ferne vernachlässigt wird, und Kinder, welche beim Lesen und Schreiben das Gesicht zu dicht auf das Papier halten, werden in Folge dessen kurzsichtig. Auch dadurch, daß man längere Zeit durch ein Mikroskop sieht, wird ein sonst gutes Auge vorübergehend kurzsichtig, ja dieser Zustand dauert oft mehrere Stunden lang.

Das einfachste Mittel, die Fernsichtigkeit und Kurzsichtigkeit zu verbessern, besteht, wie schon bemerkt wurde, darin, daß man eine feine, etwa in ein Kartenblatt gemachte Oeffnung dicht vor das Auge hält. Durch dieses Mittel, welches schon in dem bisher Gesagten seine Erklärung gefunden hat, wird die Schärfe des Bildes freilich auf Kosten der Helligkeit hergestellt.

Ein zweites Mittel sind die Brillengläser, und zwar wendet man bei kurzsichtigen Augen Hohlgläser, bei fernsichtigen Convexgläser an. Bei einem kurzsichtigen Auge fallen die Bilder ferner Gegenstände vor die Netzhaut, und das Auge hat nicht das Vermögen, sich so zu accommodiren, daß sie auf die Netzhaut selbst gebracht würden; man verändert deshalb das Refractionsvermögen des Auges durch vorgesetzte Hohlgläser in der Weise, daß die ins Auge gelangenden Strahlen stärker divergiren, und macht dadurch ihre Vereinigung auf der Netzhaut möglich.

Bei fernsichtigen Augen fällt das Bild naher Gegenstände hinter die Netzhaut, ohne daß das Auge im Stande ist, sich diesem Refractionsvermögen zu accommodiren; man wendet deshalb Convexgläser an, um die Strahlen im Auge convergenter zu machen und dadurch ihren Vereinigungspunkt auf die Netzhaut zu bringen.

Je nachdem ein Auge mehr oder weniger kurzsichtig oder weitsichtig ist, muß man stärkere oder schwächere Linsen anwenden; man wählt die Gläser so, daß die Weite des deutlichen Sehens, welche entweder größer oder kleiner ist, als bei einem ganz normalen Auge, durch Mitwirkung der Linsen ebenfalls 8 bis 10 Zoll, also ebenso groß wird als bei einem normalen Auge.

Die Kurzsichtigkeit kommt am häufigsten im mittleren Lebensalter, die Fernsichtigkeit aber im höheren Alter vor.

156 **Beziehungen zwischen den Empfindungen des Auges und der Aussenwelt.** Der Act des Sehens beruht lediglich darauf, daß die Affectionen der Nervenhaut auf eine uns freilich unerklärliche Weise zum Bewußtsein kommen. Eigentlich nehmen wir also nur einen bestimmten Zustand, eine gewisse Affection der Netzhaut wahr; daß wir aber diese Wahrnehmung nach außen verlegen, daß wir die Netzhautbilder gleichsam in Anschauungen der Außenwelt verwandeln, ist Sache eines unmittelbaren Urtheils; in diesem Urtheile haben wir durch fortwährende übereinstimmende Erfahrungen eine solche Sicherheit erlangt, daß wir die Netzhaut gar nicht als wahrnehmendes Organ empfinden, daß wir die unmittelbaren Empfindungen mit dem verwechseln, was nach unserem Urtheile die Ursache derselben ist. Die Substitution des Urtheils für die Empfindung geschieht ganz unwillkürlich, sie ist uns so zu sagen zur anderen Natur geworden.

Da wir überhaupt für die Empfindung auf der Netzhaut eine Vorstellung der Außenwelt setzen, so substituiren wir auch für jedes Netzhautbild einen Gegenstand außer uns. Daß wir den Gegenstand, welcher einem bestimmten Netzhautbildchen entspricht, nach einer bestimmten Richtung hin suchen, ist aber sicherlich ebenso das Resultat fortgesetzter consequenter Erfahrung, wie das Nach-Außen-Wirken des Gesichtssinnes überhaupt. Denken wir uns den Gegenstand und sein Netzhautbildchen durch eine gerade Linie verbunden, so ist dies die Richtung, nach welcher die Bilder nach außen hin projiciren.

Es ist oben gezeigt worden, daß von den äußeren Gegenständen auf der Netzhaut verkleinerte und verkehrte Bilder entstehen, und es ist deshalb die Frage aufgeworfen worden, warum wir nicht alle Dinge verkehrt sehen. Diese Frage findet nun in den eben angestellten Betrachtungen ihre genügende Antwort; daß überhaupt ein Netzhautbild existirt, daß ein Bildchen auf dem obern oder untern Theile der Netzhaut liegt, daß es sich auf der rechten oder linken Seite derselben befindet, erfahren wir erst durch optische und anatomische Untersuchungen; die Empfindung der Nervenhaut kommt nicht als solche zum Bewußtsein, sondern sie wird unwillkürlich nach einer bestimmten Richtung nach außen hin projicirt, und zwar in derjenigen Richtung, in welcher sich die Gegenstände befinden, welche die Netzhautbilder veranlassen. Nach dieser Richtung hin finden wir aber die Gegenstände auch durch andere sinnliche Wahrnehmungen, z. B. durch den Tastsinn; es besteht also zwischen den verschiedenen sinnlichen Wahrnehmungen in Beziehung auf die Ortsbestimmung die vollkommenste Harmonie; wir würden die Gegenstände verkehrt sehen, wenn diese Uebereinstimmung nicht stattfände.

Mit der durch das Gesichtsorgan vermittelten Vorstellung der außer uns befindlichen Dinge verbinden wir auch eine Vorstellung von ihrer Größe und Entfernung. Die Bildchen auf der Netzhaut liegen neben einander, und wenn wir die entsprechenden Gegenstände nicht als unmittelbar neben einander, sondern als hinter einander befindlich erkennen, kurz, wenn wir uns von der flächenhaften Wahrnehmung zu einer Vorstellung der Tiefe des Raumes erheben, so ist das nicht Sache der Empfindung, sondern des Verstandes. Das Kind hat noch keine Vorstellung von den Entfernungen, es greift nach dem Monde, wie es nach Dingen in seiner Umgebung greift. Die Vorstellung von der Tiefe des Sehraumes erhalten wir erst dadurch, daß wir uns im Raume bewegen, daß sich die Bilder bei dieser Bewegung ändern, und daß wir durch unsere eigene Ortsveränderung einen Begriff von der Entfernung der Gegenstände bekommen.

Die scheinbare Größe der Gegenstände hängt von der Größe des Netzhautbildchens ab. Denken wir uns von den beiden Endpunkten eines Netzhautbildchens Linien nach den entsprechenden Endpunkten des Gegenstandes gezogen, so schneiden sich diese Linien unter einem Winkel, den man den Sehwinkel nennt; die Größe dieses Winkels ist aber der Größe des Netzhautbildes proportional, man kann deshalb auch sagen, daß die scheinbare Größe der Gegenstände von der Größe des Sehwinkels abhängt, unter welchem sie erscheinen. Zwei Gegenstände von verschiedener Größe, wie AB und $A'B'$, Fig. 312 (a. f. S.), können gleiche scheinbare Größe haben, wenn ihre Größe ihrer Entfernung vom Auge proportional ist; verschiedene Gegenstände also, deren Größe sich verhält wie 1 : 2 : 3 u. s. w., werden in einfacher, doppelter, dreifacher Entfernung unter gleich großem Gesichtswinkel erscheinen.

Fig. 312.

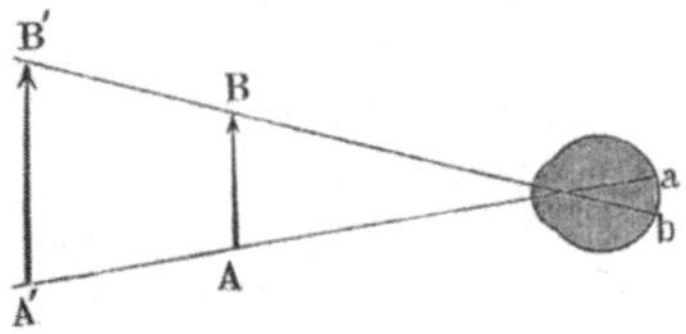

Der Punkt im Auge, in welchem sich die Linien aA und bB schneiden, heißt der Kreuzungspunkt, er ist der Scheitelpunkt des Sehwinkels.

Unser Urtheil über die wahre Größe der Gegenstände und ihre Entfernung wird erst durch fortgesetzte Erfahrung erlangt und kann durch Uebung einen bewundernswürdigen Grad von Sicherheit erreichen.

157 **Sehen mit zwei Augen.** Wenn man mit beiden Augen einen nahen Gegenstand, etwa einen 1 Fuß weit vor das Gesicht gehaltenen Finger, fixirt, so sieht man alle entfernteren Gegenstände doppelt.

Umgekehrt sieht man den nahe vor das Gesicht gehaltenen Finger doppelt, wenn man mit beiden Augen einen fernen Gegenstand fixirt.

Das einfache Sehen mit zwei Augen ist nur dadurch möglich, daß jeder Stelle auf der Netzhaut des rechten Auges eine Stelle auf der Netzhaut des linken Auges in der Weise entspricht, daß die Reizungen dieser entsprechenden Stellen sich zu einem gemeinsamen Lichteindruck vereinigen.

Zwei solche correspondirende Stellen sind die in den folgenden Figuren mit m und m' bezeichneten, in welchen die Netzhaut von der Augenaxe getroffen wird. Die Augenaxe aber ist diejenige Linie, welche die Mitte der Hornhaut mit dem Mittelpunkt der Linse verbindet.

Andere entsprechende (correspondirende) Punkte liegen ungefähr gleich weit rechts oder gleich weit links von m und m', wie z. B. n und n', p und p', Fig. 313. Die Punkte A, B und C werden einfach gesehen, weil ihre Bilder in beiden Augen auf entsprechende Stellen der Netzhaut fallen; nämlich das Bild von A auf n und n', das Bild von B auf m und m', das Bild von C auf p und p'.

Fig. 313.

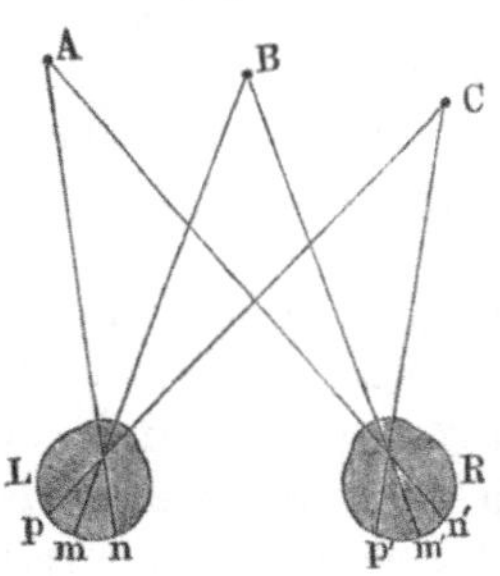

Wenn beide Augenaxen auf den nahen Gegenstand A, Fig. 314, gerichtet sind, so daß sein Bild auf die entsprechenden Punkte m und m' fällt, so sieht man ihn einfach, während man den entfernteren Punkt B doppelt sieht, weil sein Bild in beiden Augen nicht auf entsprechende Stellen der Netzhaut fällt, nämlich rechts von m im einen, links von m' im andern. Aus dem gleichen Grunde sieht man den nahen Punkt A doppelt, wenn beide Augenaxen, wie in Fig. 315, auf einen entfernten Gegenstand B gerichtet sind.

Das Sehen mit zwei Augen trägt wesentlich zur richtigeren Schätzung der Entfernungen näherer Gegenstände bei.

Wenn wir einen etwas näheren Gegenstand, etwa den Würfel *W*, Fig. 315, mit beiden Augen betrachten, so ist die Ansicht desselben für das linke Auge nicht ganz dieselbe, wie für das rechte. Das rechte Auge nämlich sieht die Vorder-

Fig. 314.

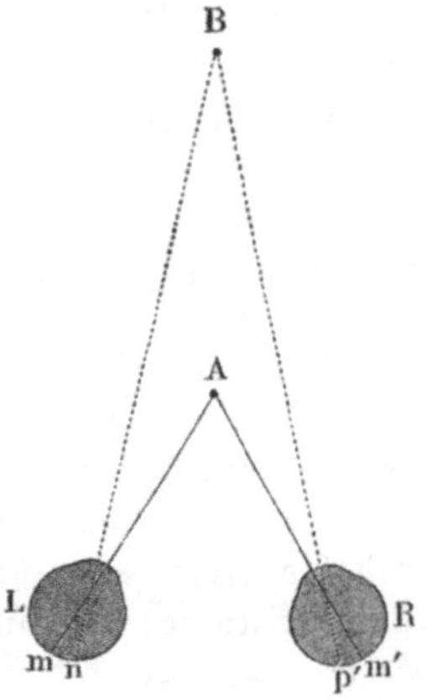

Fig. 315.

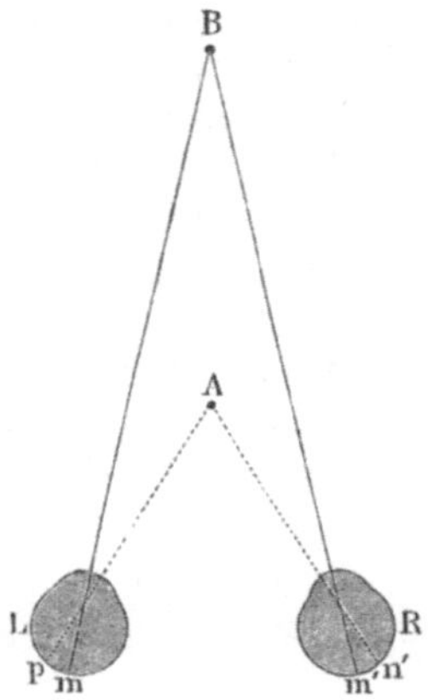

Fig. 316.

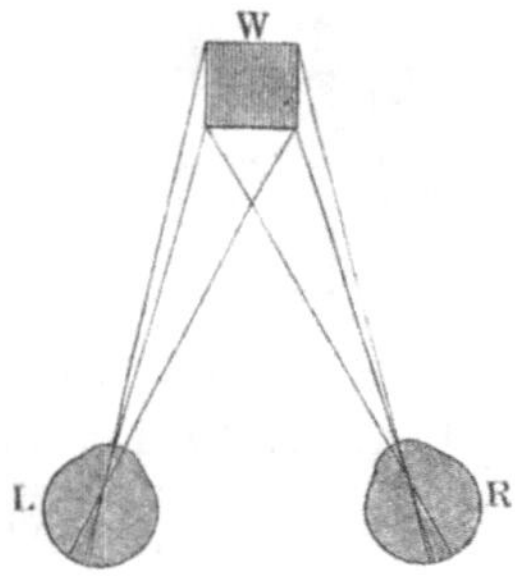

fläche des Würfels und die rechte Seite desselben, während für das linke Auge gleichfalls die Vorderseite, außerdem aber noch die linke Fläche des Würfels sichtbar ist.

Dieser Umstand aber, daß für nicht zu weit entfernte Objecte die Ansichten beider Augen nicht gleich sind, ist vorzugsweise die Ursache, daß wir die Gegenstände nicht flächenhaft, sondern wahrhaft körperlich, plastisch, sehen.

Es sei nun von irgend einem Gegenstande eine Zeichnung entworfen, wie sie dem rechten, und eine zweite, wie sie dem linken Auge entspricht, und dann diese Zeichnungen so vor die Augen gebracht, daß jedes Auge nur die ihm angehörige Zeichnung sehen kann, so müssen sich die Lichteindrücke beider Augen zu einer vollkommen körperlichen Anschauung combiniren, und darauf beruhen die überraschenden Effecte des Stereoskops, welches im ersten Bande meines Lehrbuchs der Physik ausführlicher besprochen ist.

Gränzen der Sichtbarkeit. Wenn ein Gegenstand noch gesehen 158
werden soll, so darf der Gesichtswinkel, unter welchem er erscheint, nicht unter einer gewissen Gränze liegen, die sehr von der Erleuchtung und der Farbe des Gegenstandes, der Natur des Hintergrundes und der Individualität der Augen abhängt. Für ein gewöhnliches Auge ist bei mäßiger Beleuchtung ein Gegenstand noch unter einem Sehwinkel von 30 Secunden sichtbar; ein sehr heller Gegenstand, wie ein glänzender Silberdraht, wird aber auf dunklem Grunde noch unter einem Gesichtswinkel von 2 Secunden gesehen. Auch dunkle Körper können auf weißem Grunde sehr deutlich gesehen werden, selbst wenn sie auch sehr fein sind; ein mittelmäßiges Auge kann ein Haupthaar vor dem mäßig

hellen Himmel noch in einer Entfernung von 4 bis 6 Fuß deutlich unterscheiden.

159 **Dauer des Lichteindruckes.** Wenn man mit einer glühenden Kohle rasch einen Kreis beschreibt, so kann man die Kohle selbst nicht unterscheiden, sondern man sieht einen feurigen Kreis. Der Grund dieser Erscheinung liegt darin, daß eine durch einen Lichteindruck afficirte Stelle der Retina nicht augenblicklich wieder zur Ruhe kommt, wenn der Lichteindruck selbst aufgehört hat; aus demselben Grunde kann man auch die Speichen eines schnell laufenden Rades nicht unterscheiden, und die obere Fläche eines Kreisels, welcher mit abwechselnd weißen und schwarzen Sectoren bemalt ist, wie Fig. 317, erscheint bei rascher Rotation gleichförmig grau. Wenn aber der Kreisel, im Dunkeln rotirend, momentan erleuchtet wird, etwa durch einen Blitz oder einen elektrischen Funken, so kann man die einzelnen Sectoren deutlich unterscheiden.

Fig. 317.

Ein recht sinnreicher Apparat, welcher sich auf die Dauer des Lichteindruckes gründet, ist die sogenannte Wunderscheibe (Stroboskopische Scheibe, Phenakistoskop). Eine Scheibe von 20 bis 25 Centimeter Durchmesser kann um eine horizontale Axe in eine rasche Rotationsbewegung versetzt werden: am Rande dieser Scheibe befindet sich eine Reihe von Oeffnungen, welche in gleichen Abständen auf einander folgen; in der Fig. 318 dargestellten Wunderscheibe befinden sich 12 solcher Löcher. Innerhalb des durch die 12 Löcher gebildeten Ringes ist nun eine kleinere bemalte Scheibe befestigt, auf welcher ein und derselbe Gegenstand in 12 auf einander folgenden Stellungen abgebildet ist, so daß jedem Loche eine andere Stellung entspricht. In unserer Figur ist ein ganz einfacher Gegenstand gewählt, nämlich ein Pendel. Unter der

Fig. 318.

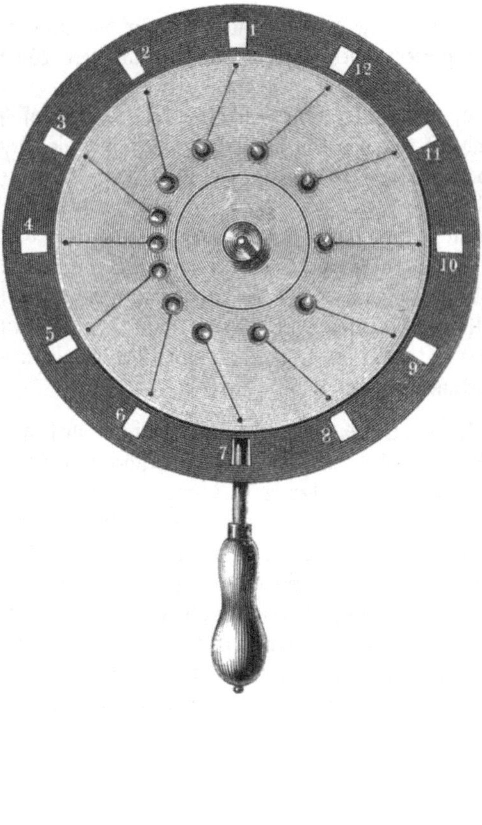

mit 1 bezeichneten Oeffnung ist das Pendel dargestellt, wie es eben seine äußerste Stellung links erreicht hat; unter der Oeffnung 2 sehen wir das Pendel, wie es sich der Gleichgewichtslage schon wieder genähert hat, bei 4 hat es die Gleichgewichtslage erreicht u. s. w. Dieser Apparat wird nun so vor einen Spiegel gehalten, daß die bemalte Fläche dem Spiegel zugekehrt ist und man durch eine Oeffnung, etwa durch die oberste, das Bild der bemalten Scheibe im Spiegel sieht. Wenn nun die Scheibe rotirt, so geht eine Oeffnung nach der andern vor dem Auge vorüber; während aber die Zwischenräume vor dem Auge hergehen, sieht man nichts. Nehmen wir an, daß in einem bestimmten Momente die Oeffnung 1 vor dem Auge vorübergeht, so erblickt man unter derselben das Bild des Pendels in seiner größten Ausweichung; der in diesem Momente ins Auge gelangende Lichteindruck bleibt nun, bis die zweite Oeffnung vors Auge kommt, und jetzt erscheint das Pendel an derselben Stelle, an welcher man es eben erst in seiner größten Ausweichung gesehen hatte, der Gleichgewichtslage etwas genähert; das Bild dieser zweiten Lage bleibt im Auge, bis die dritte, das Bild der dritten Lage bleibt, bis die vierte Oeffnung vor das Auge gelangt, und nun sieht man das Pendel in seiner Gleichgewichtslage u. s. w.; die auf diese Weise der Reihe nach dem Auge vorgeführten Stellungen des Pendels machen dann täuschend den Eindruck, als ob das Pendel oscillire. Statt des Pendels kann man auch andere Gegenstände wählen, die man der Reihe nach in ebenso viel verschiedenen Stellungen dargestellt hat, als Löcher vorhanden sind, so daß jeder Oeffnung eine andere Stellung entspricht. Sehr täuschend lassen sich auf diese Weise Bewegungen von Menschen- und Thiergestalten darstellen, die man in den verschiedenen auf einander folgenden Stellungen aufgezeichnet hat.

Die Nachwirkungen auf der Netzhaut sind um so stärker und dauern um so länger fort, je intensiver und andauernder die primitive Einwirkung war.

Ebenso wie die Gegenstände eine gewisse Größe haben müssen, um durch das Auge wahrnehmbar zu sein, ebenso muß auch der Lichteindruck eine namhafte Zeit andauern, um eine Wirkung auf die Netzhaut hervorzubringen; aus diesem Grunde wird ein sehr schnell sich bewegender Körper, z. B. eine Kanonenkugel, nicht gesehen; das Bild der fliegenden Kugel bewegt sich auf der Netzhaut mit solcher Geschwindigkeit, daß es an keiner Stelle wahrgenommen werden kann.

Farbige Nachbilder. Unser Gesichtsorgan empfindet oft Farben- 160
eindrücke, die nicht unmittelbar durch äußere Objecte hervorgebracht sind, sondern in einem eigenthümlich gereizten Zustande der Netzhaut ihren Grund haben. Man nennt solche Farben *subjective* oder auch *physiologische*. Die farbigen Nachbilder sowohl als auch die Farben, welche durch Contraste hervorgebracht werden, gehören hierher.

Die Nachbilder sehr heller Objecte sind immer mehr oder weniger gefärbt, und zwar ist diese Färbung um so entschiedener, je intensiver der primitive Lichteindruck war, welcher die Nachbilder veranlaßte. Man fixire z. B. einige Zeit lang ein Kerzenlicht recht scharf, schließe dann die Augen und wende sie nach einer dunklen Stelle des Zimmers, so glaubt man noch immer die Flamme vor den Augen zu haben, aber sie verändert nach und nach ihre Farbe; sie wird alsbald ganz gelb, geht dann durch Orange in Roth, von Roth durch Violett in grünliches Blau über, welches immer dunkler wird, bis das Nachbild endlich ganz verschwindet.

Wenn man, während noch das farbige Nachbild im geschlossenen Auge ist, das Auge öffnet und auf eine weiße Wand richtet, so erblickt man ein Bild auf dieser Wand, welches demjenigen complementär ist, welches man zu derselben Zeit bei geschlossenem Auge wahrnimmt. Ist das Nachbild im geschlossenen Auge roth geworden, so erblickt man ein grünes Bild, wenn man das Auge öffnet und auf eine weiße Fläche richtet.

Wenn man längere Zeit einen farbigen Fleck auf weißem Grunde scharf fixirt und dann das Auge seitwärts auf die weiße Fläche richtet, so sieht man ein complementär gefärbtes Nachbild; war der Fleck blau, so ist das Nachbild gelb; war er roth, so ist es grün u. s. w. Diese Erscheinung erklärt sich dadurch, daß die Netzhaut für die Farbe des Objectes abgestumpft und also für diejenigen im weißen Lichte enthaltenen Farben empfindlicher wird, die nicht in der Nüance des die Blendung veranlassenden Objectes enthalten sind.

Daß die Retina durch das längere Betrachten eines stark erleuchteten farbigen Gegenstandes allmälig gegen diese Farbe abgestumpft wird, geht auch daraus hervor, daß sie nach und nach immer matter und unscheinbarer wird. Man kann sich davon am leichtesten auf folgende Weise überzeugen. Man fixire längere Zeit ein farbiges, etwa ein rothes Quadrat, welches sich auf einem weißen Grunde befindet, und wende dann das Auge nur etwas seitwärts, so daß das complementäre Nachbild zum Theil noch auf das farbige Quadrat fällt, wie dies in Fig. 319 angedeutet ist. Der freie Theil des Nachbildes erscheint jetzt grün, der frei gewordene Theil des Objectes, d. h. derjenige Theil, welcher seine Strahlen jetzt auf Stellen der Netzhaut sendet, die vorher noch nicht von dem rothen Lichte getroffen waren, erscheint lebhaft roth; da aber, wo beide Quadrate über einander fallen, sieht man ein weit matteres Roth, denn die von diesem Theile des objectiven rothen Quadrates ausgehenden Strahlen treffen noch immer solche Stellen der Netzhaut, welche gegen den Eindruck des rothen Lichtes schon mehr abgestumpft sind.

Fig. 319.

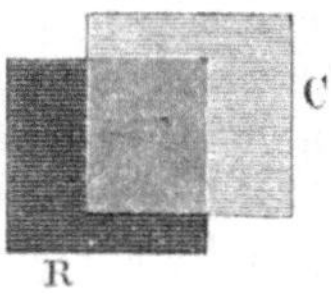

161 **Contrastfarben.** Ein grauer Fleck erscheint auf einer weißen Fläche dunkler, auf einer schwarzen heller, als wenn die ganze Fläche mit demselben grauen Tone überzogen wäre. Ein Versuch, welcher dies recht deutlich zeigt, ist folgender: Man bringe einen schmalen undurchsichtigen Körper, etwa einen Bleistift, zwischen eine Kerzenflamme und eine weiße Fläche, so wird man einen dunklen Schatten auf hellem Grunde sehen; bringt man nun eine zweite Kerzenflamme neben die erstere, so sieht man zwei dunkle Schatten auf dem hellen Grunde; jeder dieser Schatten ist aber jetzt durch eine Kerze ebenso stark erleuchtet, als es vorher die ganze Fläche war, und doch hielt man vorher die Fläche

für hell und jetzt hält man den Schatten für dunkel; dieser Versuch beweist den bedeutenden Einfluß des Contrastes.

Noch auffallender sind die Contrasterscheinungen bei Betrachtungen farbiger Gegenstände, wobei man oft complementäre Farben (Ergänzungsfarben) sieht, welche objectiv gar nicht vorhanden sind.

Legt man einen schmalen grauen Papierschnitzel auf ein lichtgrünes Papier, so erscheint der Streifen röthlich; legt man ihn auf ein blaues Papier, so erscheint er gelb; kurz, er erscheint immer complementär zur Farbe des Grundes. Sehr deutlich nimmt man die Erscheinung wahr, wenn man einen ungefähr 1^{mm} breiten Streifen von weißem Papier auf eine Tafel von farbigem Glase klebt und dann durch dasselbe nach einer weißen Fläche, etwa nach einem Blatte weißen Papiers, sieht; der Streifen erscheint dann complementär zur Farbe des Glases, also roth auf einem grünen Glase, blau auf einem gelben u. s. w.

Was die Erklärung der farbigen Nebenbilder betrifft, so ist sie wohl darin zu suchen, daß, wenn irgend ein Theil der Netzhaut durch farbiges Licht afficirt wird, diese directe Wirkung auch auf die benachbarten Stellen der Netzhaut in der Weise reagirt, daß sie in einen dem primitiven Eindrucke complementären Zustand versetzt werden.

Jede Zusammenstellung von Farben, welche complementär zu einander sind, macht einen angenehmen Eindruck auf das Auge, jede derselben erscheint durch die andere gehoben und brillanter als für sich allein. Es ist dies leicht begreiflich, wenn man bedenkt, daß, wenn irgend ein Theil der Netzhaut direct durch irgend eine Farbe afficirt wird, sie ja selbst ein Bestreben zeigt, auf den benachbarten Stellen diesen Gegensatz hervorzurufen. Dagegen kann die schönste Farbe durch unpassende Zusammenstellung unscheinbar gemacht werden.

Die Loupe oder das einfache Mikroskop. Wir haben oben 162
gesehen, daß die scheinbare Größe eines Gegenstandes von der Größe des Sehwinkels abhängt, unter welchem er erscheint; der Sehwinkel wird aber um so größer, je mehr der Gegenstand dem Auge genähert wird; nun aber können wir ihn nur bis zu einer gewissen Gränze, der Weite des deutlichen Sehens, dem unbewaffneten Auge nähern, wenn noch eine scharfe Unterscheidung der Gränzen und der einzelnen Theile möglich sein soll, und dadurch ist auch einer weitern Vergrößerung des Sehwinkels eine Gränze gesetzt. Ein jedes Instrument, welches eine weitere Vergrößerung für den Sehwinkel kleiner naher Gegenstände möglich macht, als es bei unbewaffnetem Auge der Fall ist, wird ein Mikroskop genannt. Nach dieser Erklärung ist auch die kleine Oeffnung im Kartenblatte, welche in §. 155 besprochen wurde, ein Mikroskop, und zwar ein einfaches; doch bezeichnet man mit dem Namen des einfachen Mikroskopes in der Regel nur Collectivlinsen von geringer Brennweite.

Um zu begreifen, wie eine einfache Sammellinse als Mikroskop dienen kann, braucht man nur einen Blick auf Fig. 320 (a. f. S.) zu werfen. Es sei AB ein Gegenstand, der sich innerhalb der Brennweite der Linse befindet, so divergiren alle von einem Punkte des Gegenstandes AB ausgehenden Strahlen nach ihrem Durchgange durch die Linse gerade so, als ob sie von dem entsprechenden Punkte des Bildes ab herkämen, wie dies schon oben gezeigt wurde; ein hinter der Linse befindliches Auge wird aber den Gegenstand durch die Linse deutlich sehen

Fig. 320.

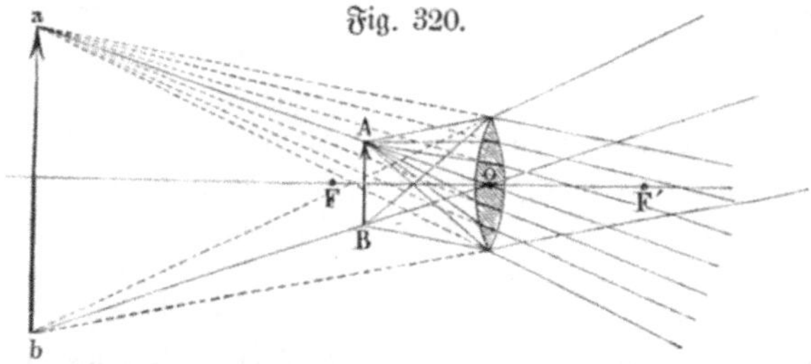

können, wenn sich das Bild ab in der Weite des deutlichen Sehens befindet; in diesem Falle aber liegt der Gegenstand selbst dem Auge weit näher; ohne die Linse würde man ihn also nicht mehr deutlich sehen können. Die vergrößernde Kraft der Linse ist also im Wesentlichen darin zu suchen, daß sie es möglich macht, den Gegenstand dem Auge sehr nahe zu bringen, wodurch denn natürlich auch der Sehwinkel vergrößert wird.

Um die durch die Loupe hervorgebrachte Vergrößerung zu bestimmen, müssen wir die Größe des Sehwinkels, unter welchem das Bild ab dem Auge erscheint, wenn es sich in der Entfernung des deutlichen Sehens befindet, mit der Größe des Sehwinkels vergleichen, unter welchem der Gegenstand selbst erscheinen würde, wenn er eben soweit vom Auge entfernt wäre.

Genau läßt sich der Winkel, unter welchem das Bild ab erscheint, nur dann ermitteln, wenn die Entfernung des Glases vom Kreuzungspunkte im Auge bekannt ist; da man aber das Auge dicht hinter die Linse hält und die Dicke derselben selbst unbedeutend ist, so kann man ohne großen Fehler den Kreuzungspunkt als mit dem Mittelpunkte o der Linse zusammenfallend annehmen; unter dieser Voraussetzung ist nun die Vergrößerung leicht zu berechnen.

Von o aus gesehen erscheint der Gegenstand AB und das Bild ab unter gleichem Gesichtswinkel; wir finden also die Vergrößerung, wenn wir den Gesichtswinkel, unter welchem AB erscheint, mit demjenigen vergleichen, unter welchem derselbe Gegenstand erscheinen würde, wenn er bis in die Weite des deutlichen Sehens von o entfernt, wenn er also an die Stelle des Bildes ab gesetzt wäre. Da die scheinbare Größe eines Gegenstandes seiner Entfernung vom Auge umgekehrt proportional ist, so verhalten sich der Gesichtswinkel AoB und der Winkel, unter welchem AB von o aus betrachtet erscheinen würde, wenn dieser Gegenstand bis ab fortgerückt wäre, umgekehrt wie die Entfernungen des Gegenstandes AB und des Bildes ab von o. Bezeichnen wir die Entfernung des Bildes von o mit d, die Entfernung des Gegenstandes AB von o mit x, so ist die Vergrößerung $\frac{d}{x}$, wo für d die Weite des deutlichen Sehens zu setzen ist.

Nehmen wir an, das Bild befände sich in der Weite des deutlichen Sehens, der Gegenstand aber im Brennpunkte der Linse, so wäre die Vergrößerung $\frac{d}{f}$, wenn f die Brennweite der Linse darstellt. Dieser Ausdruck $\frac{d}{f}$ giebt uns nun freilich nicht den genauen Werth der Vergrößerung an, er macht aber ein annähernd richtiges Urtheil über die Vergrößerung der Loupe möglich.

Wenn das Bild ab in der Entfernung d entstehen soll, so muß sich der Gegenstand innerhalb der Brennweite befinden, x ist also jedenfalls kleiner als f, der wahre Werth der Vergrößerung ist also jedenfalls noch etwas größer als $\frac{d}{f}$.

Wenn z. B. die Weite des deutlichen Sehens 10 Zoll, die Brennweite der Linse 2 Zoll ist, so wird die Vergrößerung noch etwas mehr als $\frac{10}{2}$, d. h. noch etwas mehr als 5 betragen.

Je kleiner der Werth von f wird, d. h. je geringer die Brennweite der Linse ist, desto kleiner wird auch der Werth von x, desto größer der Werth von $\frac{d}{x}$, desto stärker ist also die Vergrößerung. Eine Loupe von kurzer Brennweite vergrößert also stärker als eine solche von größerer Brennweite.

Das zusammengesetzte Mikroskop. Die Principien, auf 163 welchen die Construction aller, wenn auch in ihrer sonstigen Einrichtung noch so sehr von einander abweichenden Mikroskope beruht, sind folgende:

Fig. 321.

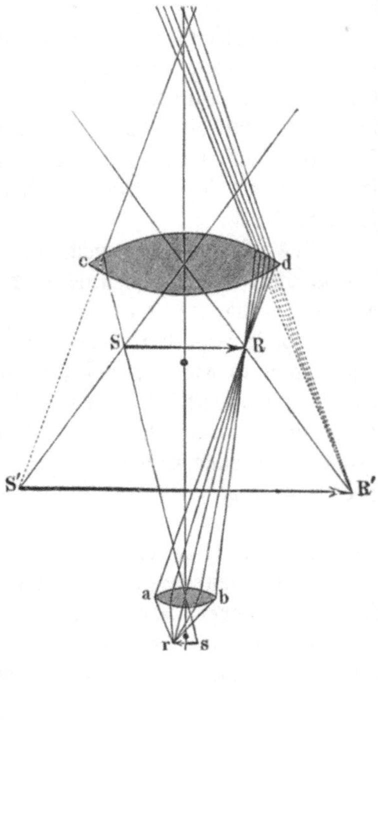

1. Die Gegenstände, welche man dem Versuche unterwerfen will, befinden sich nahe bei einer Sammellinse ab von kurzer Brennweite (Fig. 321), und zwar etwas jenseits des Brennpunktes. Diese Linse, sie mag nun einfach oder zusammengesetzt sein, wird die Objectivlinse oder das Objectiv des Mikroskopes genannt.

2. Durch das Objectiv ab wird nun von dem kleinen Gegenstande rs ein verkehrtes vergrößertes Bild RS entworfen und dieses Bild gleichsam durch eine zweite Linse dc, das Augenglas oder das Ocular, betrachtet, welches hier als Loupe dient, so daß der Beobachter statt des ersten Bildes RS das Bild $R'S'$ sieht.

Die von r ausgehenden Strahlen divergiren also nach ihrem Durchgange durch das Instrument so, als ob sie von R', die von s ausgehenden so, als ob sie von S' herkämen.

So ist denn jedes dioptrische Mikroskop im Wesentlichen aus einem Objective und einem Oculare zusammengesetzt, und die Vergrößerung des Mikroskopes ist das Product der Vergrößerungen, welche jedes dieser Gläser hervorbringt. Wenn z. B. das Objectiv im Durchmesser 5mal, das Ocular aber 10mal vergrößerte, so würde ein solches Mikroskop den Durchmesser der Gegenstände 50mal, die Oberfläche also 2500mal vergrößern.

Um reine und scharfe Bilder zu erhalten, muß die Objectivlinse des Mikroskopes eine achromatische sein; für etwas stärkere Vergrößerungen aber ist das Objectiv durch eine Combination mehrerer schwächeren achromatischen Linsen gebildet, welche wie eine einzige stärkere Linse wirken, aber ein von den Fehlern der sphärischen Aberration (§. 136) freieres Bild geben.

Fig. 322.

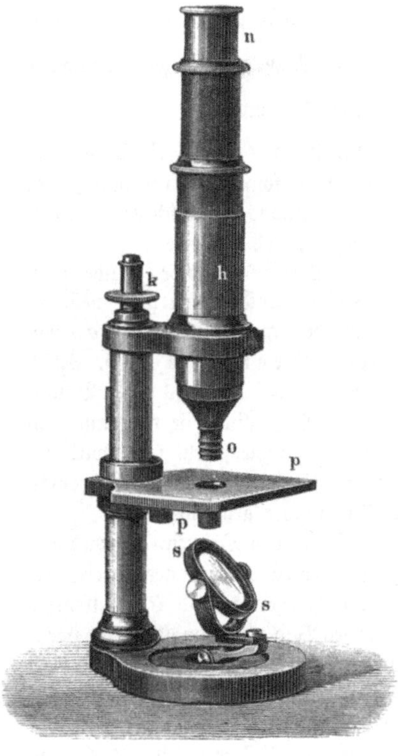

Auch das Ocular des Mikroskops besteht in der Regel aus einer Combination von zwei Linsen.

Fig. 322 erläutert die äußere Einrichtung des Mikroskopes; das Objectiv *o* ist an das untere Ende einer Messingröhre angeschraubt, in welche oben bei *n* ein kurzes, das Ocular enthaltendes Rohr eingeschoben wird. Das Object wird auf den Tisch *p* gelegt und durch den Spiegel *s* von unten erleuchtet.

Um das Objectiv *o* in solche Entfernung vom Objecte bringen zu können, daß man ein deutliches Bild desselben sieht, ist die Mikroskopröhre in der Messinghülse *h* sanft verschiebbar; die feinere Einstellung geschieht mittelst des Schraubenkopfes bei *k*.

Das Mikroskop hat nicht nur zu den bedeutendsten wissenschaftlichen Entdeckungen geführt, sondern es ist auch für das praktische Leben wichtig geworden, indem es das zweckmäßigste Mittel bietet, um Verfälschungen von Nahrungsmitteln nachzuweisen, Wollen-, Leinen- und Baumwollfasern zu unterscheiden u. s. w.

164 **Dioptrische Fernröhre.** Auch die Fernröhre, deren Zweck es ist, entferntere Gegenstände vergrößert zu zeigen, bestehen aus einem dem Gegenstande zugekehrten Objectiv, d. h. einer Linse von größerem Durchmesser und größerer Brennweite, welche wo möglich achromatisch sein soll, und einem Ocular, durch welches der Beobachter hindurchschaut. Die verschiedenen

Arten der dioptrischen Fernröhre unterscheiden sich nur durch die verschiedene Einrichtung des Oculars. Bei dem Galiläi'schen Fernrohre besteht das Ocular aus einer einfachen Zerstreuungslinse; das Ocular des astronomischen Fernrohres hat eine oder zwei Sammellinsen, das Ocular des Erdfernrohres endlich hat deren vier.

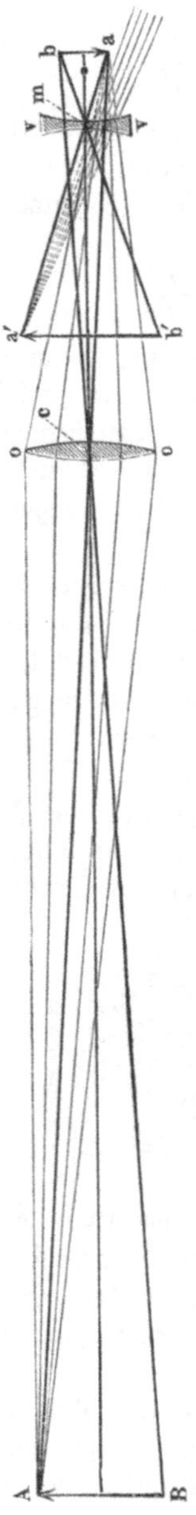

Fig. 323.

Die Einrichtung des holländischen oder Galiläi'schen Fernrohres ist Fig. 323 dargestellt. oo ist das Objectiv, welches in ab ein verkehrtes Bild des Gegenstandes AB entwerfen würde, wenn die Strahlen nicht schon vorher die als Ocular dienende Zerstreuungslinse vv träfen. Nun aber wird dies Ocular so gestellt, daß die Entfernung des Bildes ab von demselben etwas größer ist als seine Zerstreuungsweite, folglich werden alle nach einem Punkte des Bildes ab convergirenden Strahlen so gebrochen, daß sie nach ihrem Durchgange durch die Zerstreuungslinse so divergiren, als ob sie von einem Punkte vor derselben herkämen. (Vergleiche den Schluß des §. 138.)

In unserer Figur kann man den Lauf des Strahlenbündels verfolgen, welches, von dem obersten Punkte A des entfernten Gegenstandes ausgehend, durch das Objectiv oo nach a hin convergirend gemacht wird, und dessen Strahlen endlich, aus dem Ocular austretend, sich in einer Richtung fortpflanzen, als ob sie von a' ausgegangen wären.

Die durch dies Fernrohr hervorgebrachte Vergrößerung ist leicht zu berechnen, wenn man die Brennweite des Objectivs und die Zerstreuungsweite des Oculars kennt. Der Winkel AcB, unter welchem der Gegenstand ohne Fernrohr erscheinen würde, ist gleich dem Winkel bca; denken wir uns nun das Auge in den Mittelpunkt m des Oculars versetzt, so erscheint, durch das Fernrohr gesehen, der Gegenstand unter dem Winkel $a'mb'$, welcher dem Winkel bma gleich ist; um zu bestimmen, wie vielmal das Fernrohr vergrößert, haben wir also nur zu ermitteln, wie vielmal der Winkel bma größer ist als der Winkel bca.

Die Entfernung des Bildes ab vom Objectiv ist gleich der Brennweite f desselben, wenn der Gegenstand sehr weit entfernt ist; die Entfernung des Bildes ab vom Ocular ist aber nur unmerklich größer als die Zerstreuungsweite f' dieses Glases, und wir können sie ohne merklichen Fehler gleich f' setzen. Nun aber verhalten sich die Winkel bca und bma sehr nahe umgekehrt wie diese Entfernungen, also:

$$bca : bma = f' : f,$$

oder:

$$\frac{bma}{bca} = \frac{f}{f'}.$$

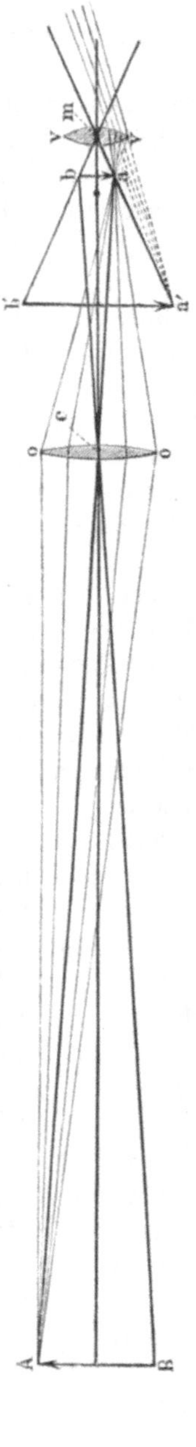

Fig. 325.

Setzen wir den Winkel bca, unter welchem der Gegenstand ohne Fernrohr erscheint, $= 1$, so ist der Winkel, unter welchem er durch das Fernrohr gesehen wird,

$$bma = \frac{f}{f'},$$

d. h. man findet die Vergrößerung, wenn man die Brennweite des Objectivs durch die Zerstreuungsweite des Oculars dividirt; die Vergrößerung ist also um so bedeutender, je größer die Brennweite des Objectivs und je kleiner die Zerstreuungsweite des Oculars ist.

Die Entfernung der beiden Gläser ist offenbar sehr nahe gleich $f - f'$; wenn man also verschiedene Oculare mit demselben Objectiv verbindet, so wird die Entfernung der beiden Gläser um so größer sein müssen, je kürzer die Zerstreuungsweite des Oculars, je stärker also die Vergrößerung ist.

Fig. 324 erläutert die gewöhnlichste Form der holländischen Fernröhre, nämlich das **Theaterperspectiv**. Die Röhre c, welche das Ocular enthält,

Fig. 324.

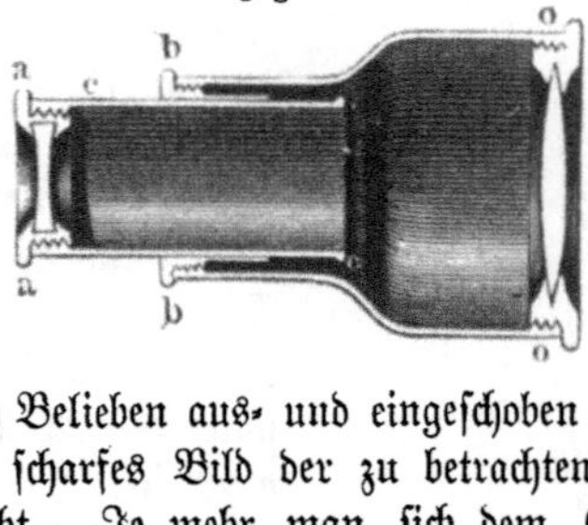

kann nach Belieben aus- und eingeschoben werden, bis man ein scharfes Bild der zu betrachtenden Gegenstände sieht. Je mehr man sich dem Gegenstande nähert, desto mehr muß die Ocularröhre ausgezogen werden.

Die Construction der holländischen Fernröhre wird nur zu schwachen Vergrößerungen angewendet, weil sie bei etwas starker Vergrößerung schon ein **sehr kleines** Gesichtsfeld giebt.

Bei dem astronomischen Fernrohre kommt das Bild des Objectivs wirklich zu Stande, und es wird durch eine einfache oder zusammengesetzte Loupe betrachtet, wie man es in Fig. 325 sieht; *ab* ist das durch das Objectiv *oo* entworfene verkehrte Bild des Gegenstandes *AB*, welches, durch die Loupe *vv* betrachtet, in *ab* vergrößert erscheint. Unsere Figur zeigt den Lauf des von der Spitze des Gegenstandes ausgehenden Strahlenbündels, welches durch das Instrument hindurchgeht.

Die Vergrößerung eines solchen Fernrohres ist leicht zu berechnen, wenn man die Brennweite des Objectivs und die des Oculars kennt; denn der Sehwinkel, unter welchem der Gegenstand dem bloßen Auge erscheint, ist gleich dem Winkel *AcB*, also auch gleich *acb*; durch das Fernrohr erscheint er aber unter dem Winkel *a'mb'*, welcher gleich *amb* ist; der eine dieser Winkel verhält sich aber zum andern umgekehrt wie die Entfernung des Bildes *ab* vom Objectiv zu der Entfernung desselben vom Ocular; nun aber steht das Bild vom Objectiv nahe um die Brennweite f desselben, vom Ocular aber um die Entfernung f' ab, wenn wir mit f' die Brennweite des Oculars bezeichnen; die durch das Fernrohr hervorgebrachte Vergrößerung ist also $\frac{f}{f'}$.

Die Länge des Fernrohres ist $f + f'$, d. h. sie ist gleich der Summe der Brennweiten der beiden Gläser.

In der Regel wendet man keine einfache Linse als Ocular an, wie wir dies bis jetzt angenommen haben, sondern eine Combination von zwei Linsen.

Daß man durch ein astronomisches Fernrohr die Gegenstände verkehrt sieht, ist klar; denn durch das Objectiv wird ein verkehrtes Bild des entfernten Gegenstandes entworfen, und dieses Bild wird dadurch, daß man es durch eine Loupe betrachtet, nicht umgekehrt.

Die Helligkeit des Bildes hängt von der Größe des Objectivs, die Größe des Gesichtsfeldes von dem Ocular ab.

Wenn das astronomische Fernrohr zu Messungen dienen soll, so wird es mit einem Fadenkreuze versehen; es befindet sich dasselbe genau an der Stelle, an welcher durch das Objectiv das Bild des zu betrachtenden Gegenstandes entsteht.

Fig. 326 (a. f. S.) erläutert die äußere Einrichtung des astronomischen Fernrohres. An dem vorderen Ende *k* eines Rohres von entsprechender Länge ist das Objectiv eingeschraubt. Hinten ist dieses Rohr mit einem engeren Ansatze versehen, in welchem die das Ocular *o* tragende Röhre *t* aus- und eingeschoben werden kann, was in der Regel mittelst eines Triebes *r* geschieht. Solche Fernröhre sind, wenn sie nicht an Meßinstrumenten angebracht werden, meist von etwas größeren Dimensionen und auf besonderen Stativen aufgestellt (Standfernröhre), wie Fig. 327 erläutert.

Beim Betrachten irdischer Gegenstände ist es unangenehm, Alles verkehrt zu sehen, was bei astronomischen Beobachtungen, sowie auch bei Vermessungen gleichgültig ist. Um nun bei starker Vergrößerung die Gegenstände doch noch aufrecht sehen zu können, hat man das Ocular des astronomischen Fernrohres durch eine Röhre ersetzt, welche in der Regel vier Convexlinsen enthält, und so erhält man das **Erdfernrohr**. Die vier Linsen in der Ocularröhre bilden

Fig. 326.

Fig. 327.

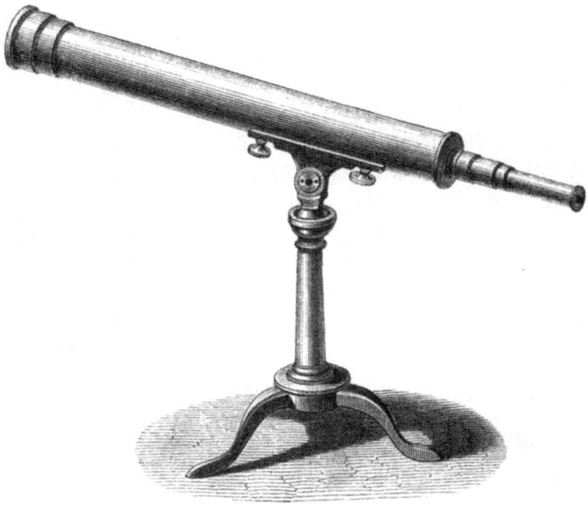

Fig. 328.

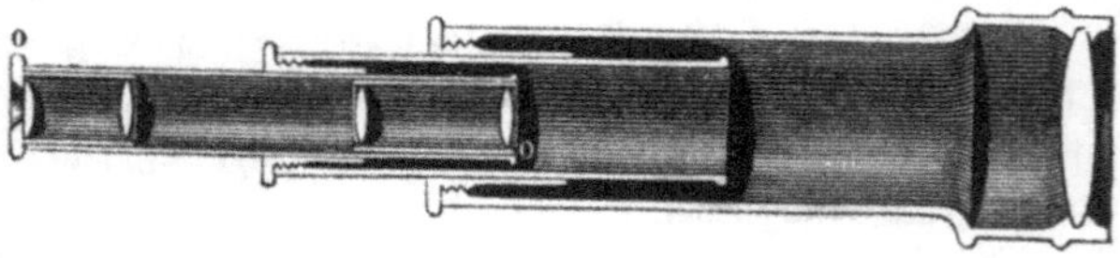

gewissermaßen ein nicht gar stark vergrößerndes zusammengesetztes Mikroskop, durch welches man das verkehrte Bild wieder umgekehrt, also in aufrechter Stellung sieht.

Fig. 328 erläutert die gewöhnliche Einrichtung des terrestrischen Fernrohres. *o o* ist die mit vier Linsen versehene Ocularröhre. Da die terrestrischen Fernröhre häufiger von einem Orte zum andern getragen und auf Reisen mitgenommen werden, so werden sie in der Regel aus mehreren in einander schiebbaren Röhren zusammengesetzt, die man, um das Instrument kurz zu machen, zusammenschiebt, wenn man es nicht gebraucht, die man aber bis zur gehörigen Länge auszieht, wenn man durch das Fernrohr beobachten will.

Die Vergrößerung des Galiläi'schen und des astronomischen Fernrohres läßt sich, wie wir gesehen haben, aus der Brennweite der Gläser leicht berechnen; da aber diese Brennweiten selbst erst durch einen Versuch ermittelt werden müssen, so ist es vorzuziehen, die Vergrößerung der Fernröhre unmittelbar durch den Versuch zu bestimmen. Ganz einfach geschieht dies bei nicht zu starker Vergrößerung auf folgende Weise: Man stelle in einiger Entfernung vom Fernrohre einen getheilten Stab, etwa eine Latte, wie man sie zum Feldmessen braucht, auf und betrachte denselben gleichzeitig mit dem einen Auge direct, mit dem andern durch das Fernrohr; man sieht auf diese Weise, wie viel Abtheilungen des mit bloßem Auge gesehenen Maßstabes auf eine durch das Fernrohr vergrößerte Abtheilung fallen, und erhält so unmittelbar den Werth der Vergrößerung. Man kann zu dem eben angegebenen Verfahren auch die Ziegelreihen eines Daches anwenden.

Spiegelteleskope. Bevor man achromatische Objectivlinsen machen 165
konnte, war der Umstand, daß der Brennpunkt einer einfachen Linse nicht für alle farbigen Strahlen derselbe ist, für die Reinheit und Schärfe der Bilder sehr nachtheilig. Man suchte dies dadurch zu vermeiden, daß man das erste Bild der entfernten Gegenstände nicht durch Linsen, sondern durch metallene Hohlspiegel erzeugte, und so entstanden die Spiegelteleskope.

Fig. 329 stellt ein Newton'sches Spiegelteleskop dar. Der Hohlspiegel *ss* würde von dem entfernten Gegenstande ein Bild in *a* entwerfen; ehe

Fig. 329.

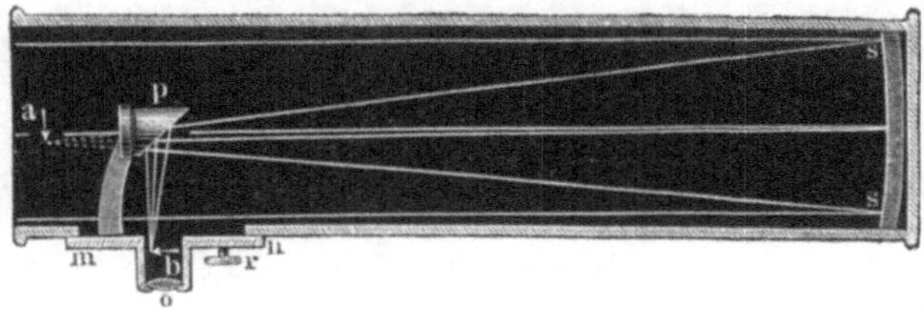

jedoch die Strahlen hierher gelangen, werden sie von einem Planspiegel *p*, der 45° gegen die Axe des Rohres geneigt ist, seitwärts reflectirt, so daß das Bild wirklich in *b* entsteht. Dieses Bild wird nun durch das Ocular *o* betrachtet.

Beim Gregory'schen Teleskope, Fig. 330, ist der Objectivspiegel in der

Fig. 330.

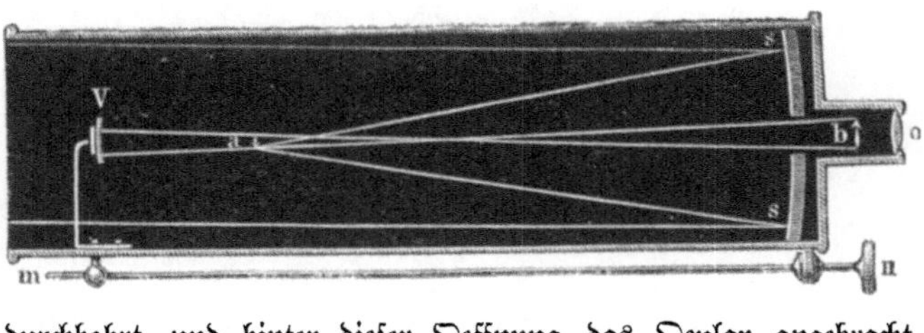

Mitte durchbohrt und hinter dieser Oeffnung das Ocular angebracht. Die einfallenden Strahlen werden so reflectirt, daß in *a* ein verkehrtes Sammelbild des fernen Gegenstandes entsteht; dieses Bild nun befindet sich nahe dem Brennpunkte des kleinen Hohlspiegels *V*, durch welchen vor dem Oculare ein aufrechtes

Bild *b* des verkehrten Bildes *a* entworfen wird. Dieses Bild *b* wird nun endlich durch die Ocularlinse *o* betrachtet.

In Folge der Erfindung achromatischer Objective sind die Spiegelteleskope sehr außer Gebrauch gekommen. Nur bei der Construction ganz großer Instrumente bieten die Hohlspiegel einen Vortheil vor den achromatischen Objectiven, weil bei letzteren die Vergrößerung des Durchmessers über gewisse Gränzen unüberwindliche Schwierigkeit bietet. Die größten achromatischen Objective, welche man bis jetzt zu Stande brachte, haben 14 Zoll Durchmesser, während der Spiegel des großen 40füßigen Teleskops von Herschel, dessen Leistungen noch nicht durch dioptrische Fernrohre übertroffen worden sind, 4 Fuß im Durchmesser hat. Rosse construirte in neuerer Zeit ein 53füßiges Spiegelteleskop, dessen Spiegel über 6 Fuß im Durchmesser hat.

Bei diesen großen Spiegelteleskopen, deren Einrichtung durch Fig. 331 erläutert wird, ist kein zweiter Spiegel angebracht. Das durch den Objectiv-

Fig. 331.

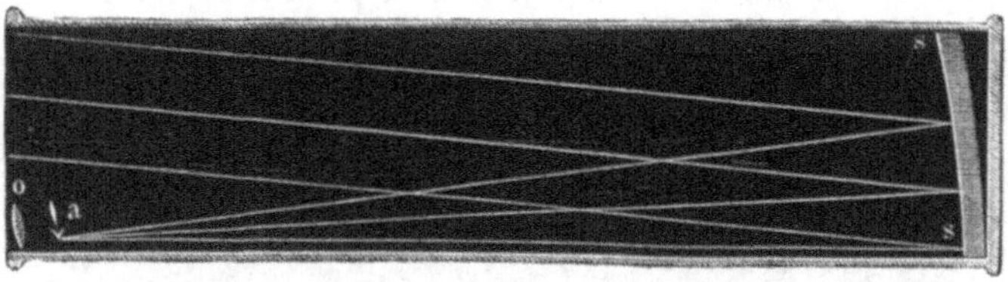

spiegel *SS*, welcher etwas schräg gegen die Axe des Instrumentes steht, erzeugte Bild *a* wird unmittelbar durch das am Eingange des Rohres angebrachte Ocular *o* betrachtet. Bei dieser Beobachtungsweise kommt freilich der Kopf des Beobachters zwischen das Object und den Spiegel, was aber bei dem großen Durchmesser des letzteren nicht schadet.

Herschel nennt diese Instrumente **Front view telescops**, was man etwa durch Vornschau-Teleskope übersetzen könnte.

Es versteht sich von selbst, daß bei den Spiegelteleskopen eben so wie bei dioptrischen Fernrohren statt der einfachen Ocularlinsen, wie sie die Figuren 329, 330 und 331 zeigen, zusammengesetzte Oculare in Anwendung kommen.

Sechstes Capitel.

Interferenzerscheinungen.

Hypothesen über das Wesen des Lichtes. Um die 166
Lichterscheinungen zu erklären, sind zwei verschiedene Hypothesen aufgestellt worden, die Emissions- oder Emanationstheorie und die Vibrations- oder Undulationstheorie.

Die Emissionstheorie nimmt an, daß es eine eigenthümliche Lichtmaterie gebe, und daß ein leuchtender Körper nach allen Seiten hin Theilchen dieser feinen Materie mit so ungeheuerer Geschwindigkeit aussende, daß ein solches Lichttheilchen in 8 Minuten und 13 Secunden von der Sonne zur Erde gelangt. Diese Lichtmaterie muß man natürlich als äußerst fein und den Wirkungen der Schwere nicht unterworfen, also als imponderabel annehmen. Die Verschiedenheit der Farben rührt von einer Verschiedenheit in der Geschwindigkeit her; die Reflexion ist nach dieser Ansicht dem Abprallen elastischer Körper analog. Um nach dieser Theorie die Brechung zu erklären, müßte man annehmen: 1) daß sich in den durchsichtigen Körpern hinreichend große Zwischenräume befinden, um den Lichttheilchen den Durchgang zu gestatten, und 2) daß die wägbaren Moleküle auf die Lichttheilchen eine anziehende Kraft ausüben, welche combinirt mit der einmal erlangten Geschwindigkeit der Lichttheilchen ihre Ablenkung bewirkt.

Die Vibrationstheorie nimmt an, daß sich das Licht durch die Schwingungen der Theilchen eines unwägbaren Stoffes fortpflanzt, welcher den Namen Aether führt. Nach dieser Theorie ist das Licht etwas dem Schalle Aehnliches; der Schall wird aber durch die Schwingungen der wägbaren Materie, das Licht durch die Schwingungen eines Aethers fortgepflanzt. Der Aether erfüllt den ganzen Weltraum, da das Licht alle Räume des Himmels durchdringt. Der Aether ist aber nicht bloß in den sonst leeren Räumen verbreitet, welche die Gestirne trennen, er durchdringt alle Körper und füllt die zwischen den wägbaren Atomen befindlichen Räume aus.

Wo der Aether in Ruhe ist, herrscht vollkommene Finsterniß; an einer Stelle gleichsam erschüttert, pflanzen sich die Lichtwellen nach allen Seiten hin fort, wie sich die Schwingungen einer Saite in einer ruhigen Atmosphäre weithin verbreiten. Das Licht, welches erst durch eine Bewegung entsteht, ist also wohl von dem Aether selbst zu unterscheiden, wie die Vibrationsbewegung, welche den Schall hervorbringt, von den oscillirenden Theilchen der wägbaren Materie unterschieden wird.

Lange Zeit hindurch zählten beide Theorien Anhänger unter den Physikern. Newton hatte die Emanationstheorie aufgestellt, Huyghens ist als Schöpfer der Undulationstheorie zu betrachten. Das gründliche Studium derjenigen Lichterscheinungen, welche in den folgenden Paragraphen besprochen werden, hat der Undulationstheorie einen entschiedenen Sieg verschafft, denn diese Erscheinungen lassen sich sehr einfach durch die Annahme von Lichtwellen, nicht aber durch die Emissionstheorie erklären.

167 **Elemente der Vibrationstheorie.** Die Theilchen eines leuchtenden Körpers vibriren auf ähnliche Weise, wie dies bei den schallenden Körpern der Fall ist, nur sind die Lichtvibrationen ungleich schneller als die Schallschwingungen, dann aber werden sie auch nicht durch die wägbare Materie selbst, sondern durch den Lichtäther fortgepflanzt.

Wenn sich ein Lichtstrahl in der Richtung von A nach B, Fig. 332, fort-

Fig. 332.

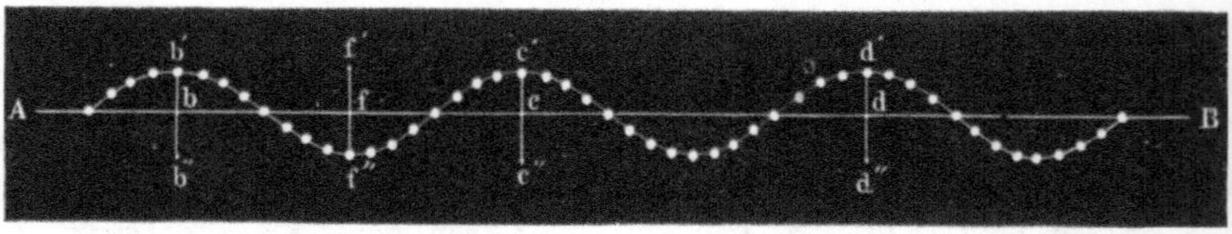

pflanzt, so vibriren alle Aethertheilchen, welche im Zustande des Gleichgewichtes auf der geraden Linie AB liegen würden, in Richtungen, welche rechtwinklig auf AB stehen, ungefähr so, wie die Theile eines gespannten Seiles schwingen, wenn man an dem einen Ende einen kräftigen Schlag gegen dasselbe geführt hat. Die Curve in Fig. 332 stellt die gegenseitige Stellung der vibrirenden Moleküle in einem bestimmten Momente der Bewegung dar.

Betrachten wir die Schwingungen eines Aethermoleküls etwas genauer! Das Theilchen, dessen Gleichgewichtslage b ist, vibrirt von b nach b', von da nach b'' und dann beständig zwischen b' und b'' hin und her. In b' ist seine Geschwindigkeit Null; je mehr sich aber das Theilchen der Gleichgewichtslage nähert, desto mehr wächst seine Geschwindigkeit, welche ihr Maximum in dem Momente erreicht, in welchem das Molekül die Gleichgewichtslage passirt; von nun an nimmt die Geschwindigkeit wieder ab, bis sie endlich in b'' wieder Null wird, worauf dann die Bewegung nach entgegengesetzter Richtung beginnt.

Obgleich sich das Licht mit außerordentlicher Geschwindigkeit fortpflanzt, so geschieht diese Fortpflanzung doch nicht momentan; die Vibrationen eines

Aethermoleküls theilen sich also auch nicht momentan den in der Richtung des Strahles in folgenden Molekülen mit. Stellen wir uns vor, die ganze Reihe von Molekülen auf der Linie AB sei in Ruhe. Wenn nun das Molekül in b in einem bestimmten Momente seine Vibrationen beginnt, so werden alle weiter nach B hin liegenden Moleküle später zu vibriren beginnen, und zwar um so später, je weiter sie von b entfernt sind; während das Molekül b eine vollständige Oscillation macht, wird sich die Bewegung bis zu irgend einem Moleküle c fortpflanzen, so daß dieses Molekül seine erste Vibration in demselben Momente beginnt, in welchem b seine zweite anfängt. Von nun an werden die Moleküle b und c stets in gleichen Schwingungszuständen sich befinden, d. h. sie werden gleichzeitig, nach derselben Seite hin sich bewegend, die Gleichgewichtslage passiren, gleichzeitig das Maximum der Ausweichung auf der einen und auf der anderen Seite von AB erreichen.

Die Entfernung bc eines Aethermoleküls von dem nächsten welches sich mit ihm in gleichen Schwingungszuständen befindet, heißt, wie wir bereits gesehen haben, eine Wellenlänge. Wenn cd auch eine Wellenlänge ist, so wird das Molekül d seine erste Oscillation in demselben Augenblicke beginnen, in welchem c seine zweite und b seine dritte Oscillation beginnt; d wird sich von nun an mit c und b stets in gleichen Schwingungszuständen befinden.

Wenn f in der Mitte zwischen b und c liegt, d. h. wenn es um eine halbe Wellenlänge von b entfernt ist, so befindet sich das Molekül f stets in Schwingungszuständen, welche denen der Moleküle in b und c entgegengesetzt sind. Wenn b und c das Maximum der Ausweichung oberhalb AB erreichen, so erreicht f das Maximum der entgegengesetzten Seite. Das Molekül f passirt mit b und c gleichzeitig die Gleichgewichtslage, allein in entgegengesetzter Richtung sich bewegend.

Wenn zwei Aethertheilchen auf dem Wege eines Lichtstrahls um $^1/_2$ Wellenlänge von einander entfernt sind, so sind sie stets von gleichen, aber entgegengesetzten Geschwindigkeiten afficirt. Dasselbe gilt von solchen Theilchen, die um $^3/_2$, $^5/_2$, $^7/_2$ u. s. w. Wellenlängen von einander abstehen.

Die Wellenlänge ist für die verschiedenen Farben nicht gleich; am größten ist die Wellenlänge der rothen, am kleinsten die Wellenlänge der violetten Strahlen. Wie es möglich war, die Wellenlänge der verschiedenfarbigen Strahlen mit außerordentlicher Genauigkeit zu bestimmen, können wir hier nicht weiter anführen.

Mit der ungleichen Wellenlänge hängt auch die ungleiche Schwingungsdauer zusammen; die Vibrationen der violetten Strahlen sind die schnellsten, die der rothen dagegen die langsamsten.

Man sieht also, daß beim Lichte die Verschiedenheit der Farben der ungleichen Höhe und Tiefe der Töne entspricht.

Von der Art und Weise, wie sich von einem leuchtenden Punkte aus die Lichtwellen ringsum verbreiten, kann man sich ein recht deutliches Bild machen, wenn man die Wellen betrachtet, welche auf der Oberfläche eines stillstehenden

Wassers entstehen, wenn man einen Stein hineinwirft, und die wir auch schon oben betrachtet haben. Von der Stelle aus, an welcher der Stein in das Wasser einsank, verbreiten sich ringsum kreisförmige Wellen. Die Wassertheilchen an der Stelle, an welcher der Stein ins Wasser fiel, gehen abwechselnd auf und nieder, und diese Bewegung pflanzt sich ringsum mit gleicher Geschwindigkeit fort; alle Wassertheilchen also, welche gleichweit von dem Mittelpunkte entfernt sind, werden sich auch in gleichen Schwingungszuständen befinden, d. h. sie werden gleichzeitig ihre höchste und gleichzeitig ihre tiefste Stellung erreichen; es werden sich also concentrische Wellenberge und Wellenthäler bilden, wie dies durch Fig. 333 anschaulich gemacht werden soll. Wenn für einen bestimmten Moment die ausgezogenen Kreise den Wellenbergen, die punktirten aber den Wellenthälern entsprechen, so werden die Wellenberge nach außen hin in der Weise fortschreiten, daß nach einer kurzen Zeit gerade an den punktirten Stellen sich die Wellenberge befinden, die Thäler aber in den ausgezogenen Kreisen.

Fig. 333.

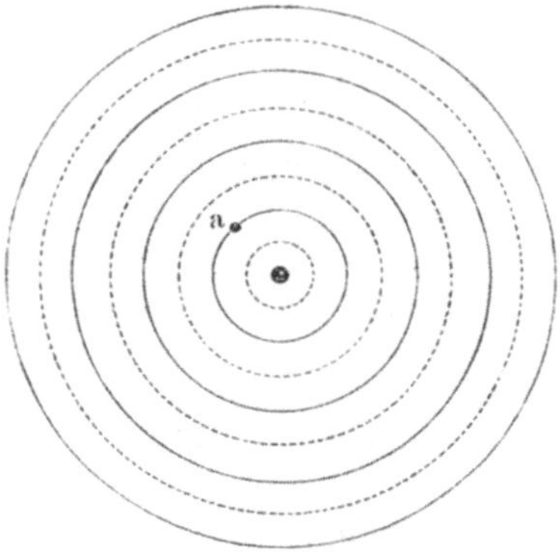

So wie sich die Wasserwellen in concentrischen Kreisen um den Oscillationsmittelpunkt verbreiten, so verbreiten sich die Lichtvibrationen in concentrischen Kugelschichten um die Lichtquelle; die Oberfläche der Lichtwellen ist kugelförmig, wenigstens so lange die Elasticität des Aethers nach allen Richtungen hin dieselbe bleibt.

168 **Interferenz der Lichtstrahlen.** Wir werden schon im nächsten Paragraphen die Erscheinung kennen lernen, daß durch das Zusammenwirken zweier Lichtstrahlen bald verstärktes Licht, bald aber vollkommene Dunkelheit erzeugt wird.

Eine solche durch das Zusammenwirken zweier Lichtstrahlen hervorgebrachte Verstärkung oder Aufhebung wird mit dem Namen der Interferenz der Lichtstrahlen bezeichnet. Die Interferenz der Lichtstrahlen läßt sich folgendermaßen erklären.

In Fig. 334 mögen die Linien AB und CD zwei elementare Lichtstrahlen darstellen, welche, von einer Lichtquelle ausgehend, auf verschiedenen Wegen zu dem Punkte a gelangen und sich hier unter einem sehr spitzen Winkel schneiden. Wenn der Weg, welchen der Lichtstrahl CD von der Lichtquelle an bis zu dem Punkte a zurückgelegt hat, gerade eben so groß oder um 1, 2, 3 u. s. w. ganze Wellenlängen größer ist, als die Länge von derselben Lichtquelle bis zu dem

Punkt *a* auf dem Wege des anderen Strahles, so werden die beiden Strahlen in *a* in der Weise zusammenwirken, wie es Fig. 334 darstellt.

Fig. 334.

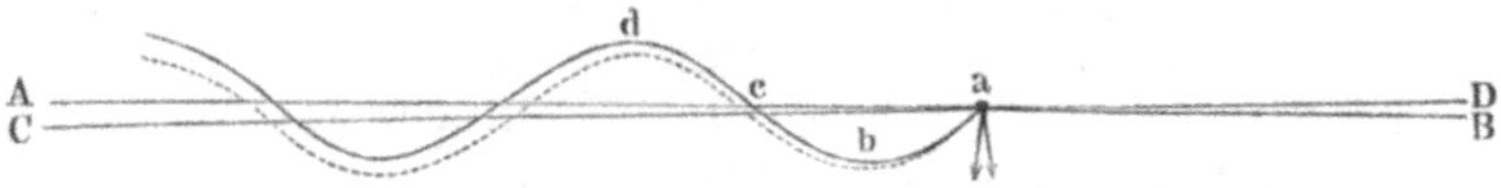

Die Wellenlinie *a b c d* u. s. w. stellt für irgend einen Moment die gegenseitige Lage der Aetherteilchen dar, welche den Strahl in der Richtung *AB* fortpflanzen. Das Theilchen *b* hat eben seine äußerste Stellung unterhalb *AB* erreicht, das Theilchen *a* passirt eben die Gleichgewichtslage in der Richtung, welche der eine der beiden kleinen Pfeile andeutet.

Die punktirte Wellenlinie zeigt uns den gleichzeitigen Oscillationszustand der Aethertheilchen, welche den Lichtstrahl *CD* fortpflanzen. Wenn beide Strahlen von der Lichtquelle bis zum Punkte *a* gleiche Wege durchlaufen haben, so wird das Theilchen *a* gleichzeitig durch die Vibrationen beider Strahlen auf dieselbe Weise afficirt werden; in dem durch unsere Zeichnung dargestellten Momente wird das Theilchen *a* durch das zweite Wellensystem ebenfalls nach unten getrieben, die Vibrationsintensität ist also doppelt so groß, als wenn seine Bewegung nur durch die Vibrationen des einen Lichtstrahls bedingt wäre.

In derselben Weise müssen sich auch die Vibrationen zweier Lichtstrahlen unterstützen, welche in einem Punkte zusammentreffen, wenn sie in ihrem Gange um irgend ein ganzes Vielfaches einer Wellenlänge von einander abweichen.

Die Figur 335 versinnlicht das Zusammenwirken zweier Strahlen, von denen der eine dem andern um eine halbe oder irgend ein ungerades Vielfaches einer halben Wellenlänge vorausgeeilt ist. Durch die Vibrationen des einen Strahls (die ihm entsprechende Wellenlinie ist ausgezogen, während die dem anderen Strahle entsprechende punktirt ist) wird das Theilchen *a* in demselben Augenblicke nach unten getrieben, in welchem die Vibrationen des anderen Strahles dasselbe mit gleicher Kraft aufwärts zu bewegen streben; die beiden entgegengesetzten Kräfte heben sich also auf, das Theilchen *a* bleibt in Ruhe.

Fig. 335.

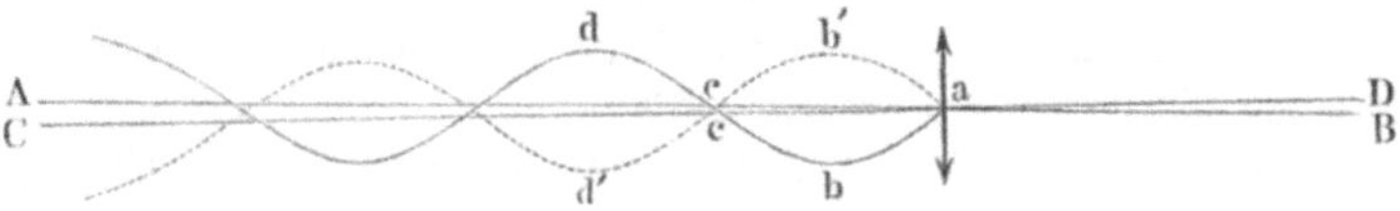

Wir haben bisher nur diejenigen Fälle betrachtet, in welchen der Gangunterschied der interferirenden Strahlen ein ganzes Vielfaches einer Wellenlänge oder ein ungerades Vielfaches einer halben Wellenlänge beträgt. Wenn der Gangunterschied zwischen diese Gränzen fällt, so wird durch die Interferenz der beiden Strahlen auch eine Wirkung hervorgebracht, welche zwischen den Wirkungen der besprochenen Gränzfälle liegt, d. h. es wird keine vollkommene

Vernichtung der Vibrationen, aber auch keine Verdoppelung der Vibrationsintensität eintreten können. Die wirklich hervorgebrachte Vibrationsintensität nähert sich mehr dem einen oder dem anderen dieser Gränzwerthe, je nachdem die Gangunterschiede sich mehr einem ungeraden Vielfachen einer halben Wellenlänge oder einem ganzen Vielfachen einer Wellenlänge nähern.

Wir gehen nun zur Betrachtung derjenigen Erscheinungen über, welche sich auf das Princip der Interferenz zurückführen lassen.

169 **Die Beugung des Lichtes.** Wenn man das kleine Sonnenbildchen auf einem innen geschwärzten Uhrglase, auf einem polirten Metallknopfe oder einer Thermometerkugel durch eine ganz feine kreisförmige Oeffnung betrachtet, wie man sie etwa mit einer feinen Nadel in ein Kartenblatt machen kann, so sieht man einen hellen runden Fleck, umgeben von mehreren farbigen Ringen. Fig. 336 stellt diese Erscheinung dar.

Fig. 336.

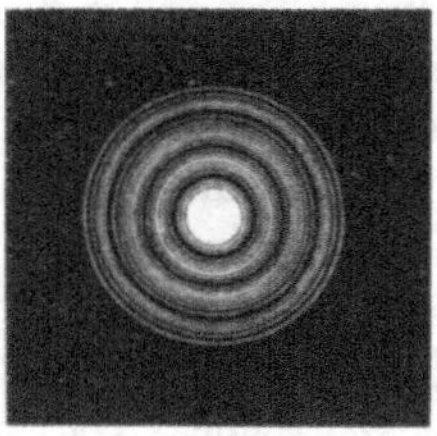

Fig. 337.

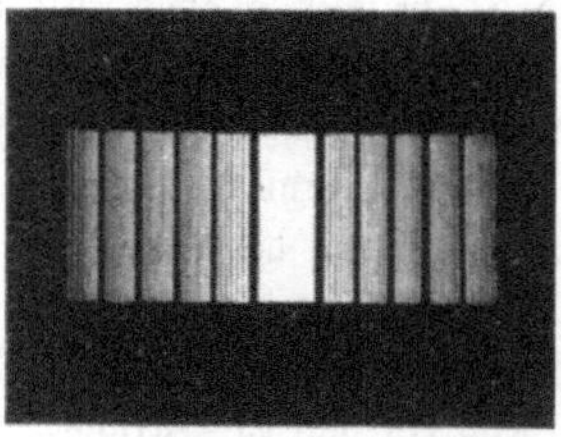

Macht man statt des Punktes eine ganz feine geradlinige Spalte in das Kartenblatt, betrachtet man durch diese Spalte die Lichtlinie auf einer innen geschwärzten, in die Sonne gelegten Glasröhre, welche dem Spalte parallel ist, so beobachtet man die Erscheinung Fig. 337. In der Mitte des Bildes sieht man einen hellen Streifen, zu beiden Seiten aber schmälere Farbenstreifen, die nach außen hin immer lichtschwächer werden.

Je feiner die kreisförmige Oeffnung und je schmaler die Spalte ist, desto breiter sind im einen Falle die Ringe und im anderen die Streifen.

Am einfachsten wird die Erscheinung, wenn man mit dem Kartenblatte ein einfarbiges Glas, etwa ein rothes, vors Auge hält; alsdann sieht man, durch die Spalte blickend, in der Mitte einen hellen rothen Streifen, welcher zu beiden Seiten durch einen schwarzen Streifen begränzt ist; darauf folgen dann auf beiden Seiten noch mehrere rothe Seitenbilder, welche immer schwächer werden, und deren immer eins vom anderen durch einen schwarzen Streifen getrennt ist, ungefähr wie dies in der untersten Reihe Fig. 338 dargestellt ist.

Die hellen Seitenbilder sowohl wie der helle Streifen in der Mitte sind aber durch die schwarzen Streifen nicht scharf abgegränzt, der Uebergang vom hellen Lichte bis zu den dunkelsten Stellen ist allmälig.

Durch ein grünes Glas beobachtet man dieselbe Erscheinung, nur sind die Streifen schmäler; noch schmäler sind sie, wenn man ein violettes Glas anwendet, wie dies Fig. 338 angedeutet ist.

Eine zweite für das Verständniß der Beugungserscheinungen weit vortheilhaftere Beobachtungsmethode besteht darin, daß man das Beugungsbild objectiv auf einem weißen Schirme auffängt. Zu diesem Zwecke läßt man durch eine verticale Spalte von ungefähr 2^{mm} Breite ein Bündel Sonnenstrahlen in horizontaler Richtung in ein dunkles Zimmer eintreten und fängt dasselbe in 8 bis 10 Fuß Entfernung durch einen Schirm *BA*, Fig. 339, auf, in welchem

Fig. 339.

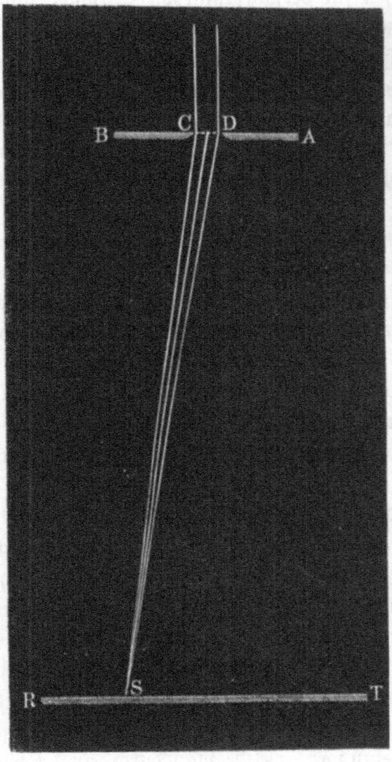

Fig. 338.

sich eine zweite, etwa 1^{mm} breite, der ersten parallele Spalte *CD* befindet. Stellt man endlich abermals 8 bis 10 Fuß hinter dem Schirme *BA* einen zweiten, mit weißem Papier überzogenen Schirm *RT* auf, so erblickt man alsdann auf diesem die Beugungsfigur.

Die Erklärung dieser Erscheinungen kann hier nur kurz angedeutet werden.

Wenn das Licht von einem hinlänglich weit entfernten Punkte senkrecht auf die Ebene des Schirmes *AB* fällt, Fig. 339, in welchem sich die Oeffnung *CD* befindet, so kann man alle in dieser Oeffnung befindlichen Aethertheilchen als gleichweit von der Lichtquelle entfernt betrachten; alle diese Aethertheilchen befinden sich also in gleichen Schwingungszuständen. Jedes dieser Aethertheilchen pflanzt aber seine Vibrationen jenseits des Schirmes nach allen Seiten hin so fort, als ob es ein selbstleuchtendes Theilchen wäre; die Stärke der Erleuchtung in irgend einem hinter dem Schirme *AB* gelegenen Punkte *S* hängt also nur davon ab, welche Wirkung durch die Interferenz aller in *S* zusammentreffenden von den verschiedenen Punkten der Oeffnung *DC* ausgehenden elementaren Strahlen hervorgebracht wird.

Die Lichtstrahlen, welche sich von *CD* aus rechtwinklig zur Oeffnung fortpflanzen, werden sich stets unterstützen; daher ist die Mitte des Bildes auf dem Schirme *RT* hell. Geht man aber zu Punkten über, die seitwärts liegen, so werden sich nicht mehr alle hier zusammentreffenden Strahlen gegenseitig unterstützen; nach der Seite hin muß also die Lichtstärke abnehmen, bis zu einem Punkte, in welchem alle von *CD* aus zusammentreffenden Lichtstrahlen sich vollständig aufheben; hier beobachtet man einen dunklen Streifen.

Noch weiter von der Mitte kommen wieder Punkte, in denen keine vollständige Aufhebung der hier von *CD* aus zusammentreffenden Lichtwellen stattfindet, in welchen also wieder Licht beobachtet wird; darauf folgen wieder dunklere Stellen, in denen sich alle Lichtwellen gegenseitig aufheben u. s. w.

Daß die hellen und dunklen Streifen für verschiedenfarbige Strahlen nicht zusammenfallen, rührt daher, daß sie ungleiche Wellenlängen haben.

Wenn man den Versuch mit weißem Lichte anstellt, so wird man in der Mitte des Beugungsbildes einen weißen Streif sehen, weil hier das Maximum der Lichtstärke für alle Farben zusammentrifft; die Seitenbilder sind aber gefärbt, nirgends ist mehr ein ganz weißer oder ganz schwarzer Streifen zu sehen, denn da, wo für eine Farbe ein schwarzer Streifen ist, ist für eine andere Farbe ein heller Streifen.

Die Form der Beugungserscheinungen hängt von der Form der Oeffnungen ab; auch ändert sie sich mit der Zahl der Oeffnungen.

Wenn zwei feine kreisförmige Oeffnungen im Schirme ganz nahe beisammenstehen, ungefähr so • •, so erblickt man, nach einem Lichtpunkte hinsehend, wieder dieselben Ringe, Fig. 336, als ob nur eine Oeffnung da wäre; diese Ringe erscheinen aber durch gerade schwarze Streifen durchschnitten, welche auf der Richtung der Verbindungslinie beider Oeffnungen rechtwinklig stehen. Diese schwarzen Streifen gehen auch durch den centralen hellen Fleck, Fig. 336, hindurch.

Dieser Versuch beweist klar, daß durch das Zusammenwirken zweier Lichtstrahlen Dunkelheit entstehen, oder mit anderen Worten, daß die Wirkung eines Lichtstrahls durch die eines anderen aufgehoben werden kann. Wenn das Licht nur durch ein Loch einfällt, so erblickt man die Fig. 336, sobald aber die zweite Oeffnung hinzukommt, erscheinen schwarze Streifen in den hellen Theilen dieses Bildes; hier wird also die Lichtwirkung der durch die eine Oeffnung einfallenden Strahlen durch diejenigen Strahlen aufgehoben, welche durch die andere Oeffnung kommen.

Sehr schön sind die Beugungserscheinungen, welche man durch eine Reihe feiner Oeffnungen, etwa durch eine Reihe paralleler feiner Linien, welche auf eine Glasplatte radirt sind, erblickt. In diese Classe der Erscheinungen gehört auch diejenige, welche man wahrnimmt, wenn man durch den Bart der Feder eines kleineren Vogels nach einem Lichtpunkte sieht, ja diese Erscheinung ist schon sehr brillant, wenn man statt des Lichtpunktes nur ein Kerzenlicht anwendet.

Wenn man auf eine Glasplatte sogenanntes Hexenmehl (semen lycopodii) streut und dadurch nach einer Kerze sieht, so erblickt man eine schöne, aus mehreren farbigen Ringen zusammengesetzte Glorie. Auch dies ist eine Beugungserscheinung.

170 **Länge der Lichtwellen.** Es ist bereits oben erwähnt worden, daß die Länge der Lichtwellen für verschiedene Farben nicht gleich ist. Die genaue

Messung der Beugungserscheinungen macht es nun möglich, die Länge der Lichtwellen trotz ihrer Kleinheit mit großer Genauigkeit zu ermitteln.

Folgendes ist die Länge der Lichtwellen für die verschiedenen farbigen Strahlen:

Mittleres Roth	0,0000248	Zoll
Orange	0,0000217	"
Gelb.	0,0000201	"
Grün	0,0000184	"
Blau	0,0000168	"
Indigo	0,0000156	"
Violett	0,0000145	"

Kennt man die Wellenlänge, so kann man auch die Schwingungsdauer der Lichtwellen berechnen, da man ja weiß, wie viel Zeit das Licht braucht, um von der Sonne zur Erde zu gelangen, und da bei jeder Schwingung der Lichtstrahl um eine Wellenlänge fortschreitet. Es ergeben sich:

für rothes Licht	477 000 000 000 000
für violettes Licht	699 000 000 000 000

Schwingungen in der Secunde. Ausführlicheres über die Berechnung der Wellenlänge, sowie über Beugungserscheinungen überhaupt findet man in meinem Lehrbuch der Physik und im mathematischen Supplementband.

Farben dünner Blättchen. Jeder durchsichtige Körper erscheint lebhaft gefärbt, wenn er nur hinlänglich dünne Schichten bildet, wie man dies am leichtesten an den Seifenblasen sehen kann. Die Flitterchen einer vor der Glasbläserlampe bis zum Zerplatzen aufgeblasenen Glaskugel schillern in den glänzendsten Farben; ähnliche Farben beobachtet man, wenn ein Tropfen Oel (am besten ein ätherisches Oel, z. B. Terpentinöl) sich auf einer Wasserfläche ausbreitet; wenn ein glänzendes Metallstück, im Feuer erhitzt, sich allmälig mit einer Oxydschicht überzieht (Anlaufen des Stahls). Auch dünne Schichten von Luft bringen solche Farben hervor, wie man oft an Sprüngen in etwas dicken Glasmassen sieht. 171

In der größten Regelmäßigkeit zeigen sich diese Farben in Form von Ringen, wenn man eine Glaslinse von großer Brennweite auf eine ebene Glastafel, oder umgekehrt die ebene Glastafel auf die Linse legt. Newton, welcher diese Farbenringe studirte, die auch nach ihm gewöhnlich die Newton'schen Ringe genannt werden, wandte Linsen an, deren Krümmungshalbmesser 15 bis 20 Meter betrug. Da, wo die Glastafel die Linse berührt, sieht man im reflectirten Lichte einen schwarzen Fleck, der mit farbigen concentrischen Ringen umgeben ist, die nach außen hin immer schmäler und matter werden, ungefähr wie Fig. 340 (a. f. S.) zeigt.

Betrachtet man die Ringe durch ein einfarbiges Glas, so sieht man nur abwechselnd helle und dunkle Ringe. Für rothes Licht sind diese Ringe weiter als für grünes; für grünes weiter, als für violettes. Wenn man statt des farbigen Lichtes weißes anwendet, so kann man nirgends mehr einen ganz schwarzen und nirgends mehr einen ganz weißen Ring sehen, weil weder die hellen noch die dunklen Ringe der verschiedenen Farben zusammenfallen; überall sieht man Farben, die nicht mehr reine Farben des Spectrums, sondern Mischfarben sind.

Diese Farbenerscheinungen lassen sich folgendermaßen erklären:

Wenn Lichtstrahlen auf eine dünne Schicht eines durchsichtigen Körpers fallen, so werden sie theilweise an der oberen, theilweise an der unteren Fläche derselben reflectirt; die von beiden Flächen reflectirten Lichtstrahlen werden interferiren und sich je nach der Differenz der durchlaufenen Wege bald gegenseitig vernichten, bald verstärken.

Betrachten wir diesen Hergang der Sache etwas näher. In Fig. 341 stelle *MNPR* eine dünne Schicht irgend eines durchsichtigen Körpers vor, welche

Fig. 340.

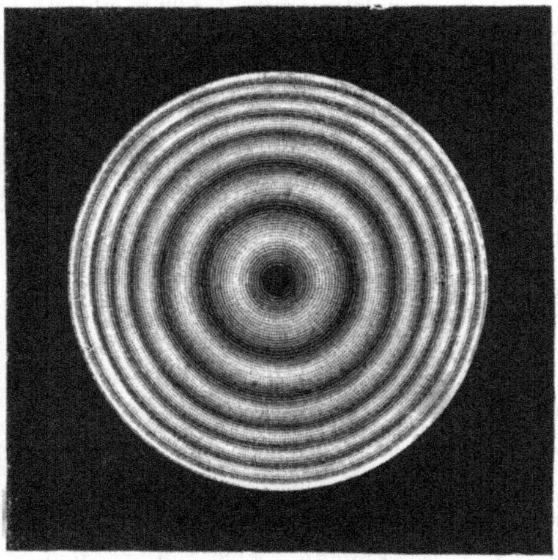

Fig. 341.

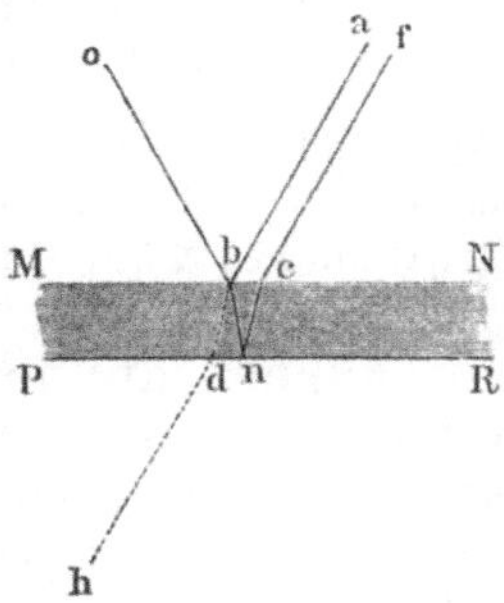

durch ein Bündel paralleler Strahlen getroffen wird; irgend einer dieser Strahlen *ab* wird nun theilweise in der Richtung *bo* reflectirt, theilweise aber nach *d* gebrochen. Von letzterem wollen wir vor der Hand keine Notiz nehmen. Ein zweiter mit *ab* paralleler Strahl *fc* erleidet in *c* gleichfalls eine theilweise Reflexion und Refraction, der gebrochene Strahl wird in *n* nach *nb* gespiegelt und tritt dann in derselben Richtung *bo* aus, wie der zuerst betrachtete in *b* gespiegelte Strahl. Die beiden nach der gleichen Richtung *bo* sich fortpflanzenden Strahlen müssen also interferiren und zwar werden sie sich gegenseitig aufheben, wenn die Dicke der Platte von der Art ist, daß der Gangunterschied der beiden interferirenden Strahlen gleich $\frac{1}{2}$, $\frac{3}{2}$, $\frac{5}{2}$, also ein ungerades Vielfaches einer halben Wellenlänge beträgt; Verstärkung des Lichtes findet Statt, wenn der Gangunterschied 1, 2, 3 u. s. w. Wellenlängen ist.

Wie kommt es aber, daß nur dünne Schichten solche Farben zeigen, daß Plättchen von einiger Dicke sie schon nicht mehr zeigen? Nehmen wir, der leichteren Uebersicht wegen, an, die Lichtwellen der violetten Strahlen seien halb so groß wie die der rothen (sie sind in der That etwas größer als halb so groß), so werden auch die Durchmesser der violetten Ringe halb so groß sein als die der rothen; an derselben Stelle, wo der erste dunkle Ring für rothes Licht ist, liegt auch der zweite dunkle Ring für violettes Licht und ein heller Ring für eine ungefähr zwischen Roth und Violett in der Mitte liegende Farbe; diese Farbe ist an dieser Stelle entschieden vorherrschend.

An der Stelle, wo der siebente dunkle Ring für rothes Licht liegt, wird der vierzehnte dunkle Ring für violettes Licht liegen; an derselben Stelle befinden sich also noch sechs dunkle Ringe und sieben helle Ringe für zwischenliegende Farben. Wenn also das äußerste Roth, die Gränze zwischen Roth und Orange, zwischen Orange und Gelb, Gelb und Grün, Grün und Blau, Blau und Indigo, Indigo und Violett und das äußerste Violett im Minimum sind, so sind dagegen die mittleren rothen, orangefarbigen, gelben, grünen, blauen, indigofarbenen und violetten Strahlen im Maximum, keine dieser Farben kann entschieden vorherrschen, sie geben zusammen Weiß.

Auch im durchgelassenen Lichte zeigen dünne Plättchen ähnliche, jedoch weit mattere Farben, welche zu denen im reflectirten Lichte complementär sind.

Polarisation des Lichtes. Wenn man aus einem durchsichtigen Turmalinkrystall eine Platte schneidet, deren Oberfläche mit der Säulenaxe parallel läuft, und durch eine solche Turmalinplatte nach einer polirten Tischplatte hinsieht, welche das Licht des Himmels ungefähr unter einem Winkel von 30 bis 40° nach dem Auge reflectirt, so sieht man die polirte Fläche bald hell, bald dunkel, je nachdem man die Turmalinplatte um eine senkrecht zu ihrer Ebene liegende Axe dreht; sie läßt also nicht in jeder Lage die von der Tischplatte reflectirten Strahlen durch. Den Lichtstrahlen muß also durch die Reflexion auf der polirten Tafel eine eigenthümliche Modification mitgetheilt worden sein, welche man mit dem Namen der Polarisation bezeichnet. **172**

Hätte man die unter ähnlichen Umständen von einer Glasplatte reflectirten Strahlen mit der Turmalinplatte untersucht, so hätte man dieselbe Erscheinung beobachtet; also auch durch die Reflexion auf einer Glasfläche werden die Lichtstrahlen polarisirt.

Auch die Turmalinplatte läßt sich durch einen Glasspiegel ersetzen.

Fällt ein gewöhnlicher Lichtstrahl *ab*, Fig. 342 (a. f. S.), auf eine ebene Glastafel *fghi* in einem Winkel von $35^1/_2$ Grad auf, so wird er zum großen Theil nach den gewöhnlichen Gesetzen in der Richtung *bc* reflectirt. Der in der Richtung *bc* gespiegelte Strahl ist aber durch diese Reflexion polarisirt. Es ist gut, wenn die Glasplatte *fghi* auf der Rückseite geschwärzt ist; denn sonst pflanzen sich in der Richtung *bc* außer den durch Reflexion polarisirten Strahlen auch solche fort, welche von Gegenständen herrühren, die sich unterhalb *fghi* befinden, und welche durch diese Glastafel hindurchgegangen sind.

Fällt der durch Reflexion polarisirte Strahl *bc* auf eine zweite, ebenfalls auf der Rückseite geschwärzte Glastafel, welche der unteren parallel ist, so macht der Strahl *bc* auch mit dieser einen Winkel von $35^1/_2{}^0$, und die Reflexionsebene des oberen Spiegels fällt mit der des unteren zusammen. Bei dieser Lage des zweiten Spiegels wird der Strahl *bc* wie jeder gewöhnliche Lichtstrahl reflectirt; dreht man jedoch den oberen Spiegel so, daß die Richtung des Strahles *bc* die Umdrehungsaxe bildet, so beibt zwar der Winkel, welchen der einfallende Strahl *bc* mit der Spiegelfläche macht, unverändert, allein der Parallelismus der beiden Spiegel hört auf, die Reflexionsebene des oberen Spiegels fällt nicht mehr mit der des unteren zusammen. Dreht man nun auf die angegebene Weise den oberen Spiegel aus der Lage des Parallelismus mit dem unteren heraus, so wird die Intensität des zum zweiten Male reflectirten Strahles um so mehr abnehmen, je mehr der Winkel wächst, den die Reflexionsebene des oberen Spiegels mit der des unteren macht, bis dieser Winkel 90^0 geworden ist, oder mit anderen Worten,

Fig. 342.

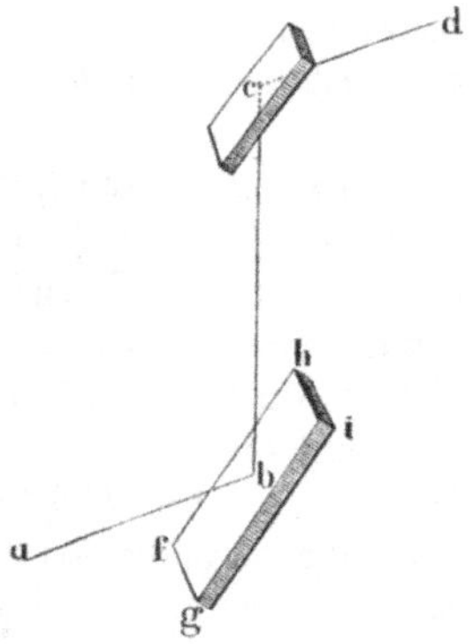

Fig. 343.

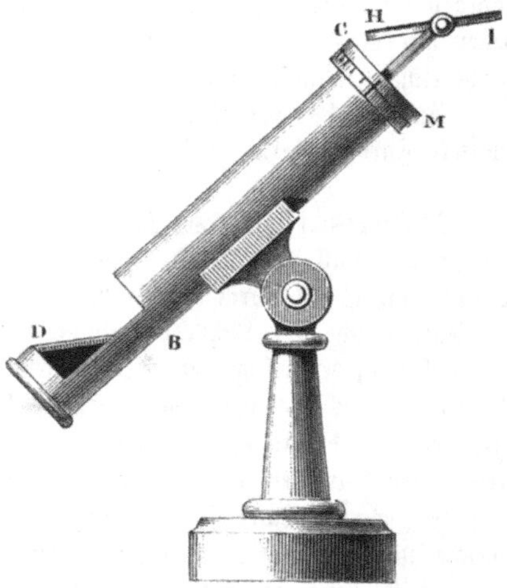

bis die Reflexionsebenen beider Spiegel sich unter einem rechten Winkel kreuzen. Bei dieser Stellung wird der Strahl *bc* von dem oberen Spiegel gar nicht mehr reflectirt, was doch der Fall sein müßte, wenn *bc* ein gewöhnlicher Lichtstrahl wäre. Bei weiter fortgesetzter Drehung des oberen Spiegels nimmt die Intensität des reflectirten Strahles allmälig wieder zu, bis sie wieder ihr Maximum erreicht, wenn die ganze Drehung 180^0 beträgt. In dieser Stellung fallen die Reflexionsebenen der beiden Spiegel abermals zusammen. Dreht man noch weiter, so wird der vom oberen Spiegel reflectirte Strahl wieder schwächer und verschwindet ganz, wenn die Reflexionsebenen beider Spiegel wieder gekreuzt sind, also bei einer Drehung von 270^0 ꝛc.

Eine Vorrichtung, an welcher zwei Polarisationsspiegel so angebracht sind, daß man damit den eben beschriebenen Versuch anstellen kann, heißt Polarisationsapparat. Die einfachste Einrichtung, welche man dem Polarisationsapparate geben kann, ist die Fig. 343 abgebildete. An dem einen Ende einer metallenen oder hölzernen Röhre ist ein auf der Rückseite geschwärzter Spiegel *DB* so befestigt, daß er einen Winkel von $35^1/_2{}^0$ mit der Axe der Röhre macht, daß also Strahlen, welche in einem Winkel von $35^1/_2{}^0$ auf den Spiegel fallen, so reflectirt werden, daß sie in der Richtung dieser Axe durch die Röhre hindurchgehen. Auf dem anderen Ende der Röhre steckt eine Hülse *CM*, an welcher ein zweiter hinten geschwärzter Spiegel *HJ* befestigt ist, der ebenfalls einen Winkel von $35^1/_2{}^0$ mit der Axe der Röhre macht; durch Umdrehung der Hülse wird auch der Spiegel mit umgedreht und kann durch diese Drehung in alle die Lagen gebracht werden, von denen eben die Rede war.

Die eben beschriebene Form des Polarisationsapparates ist unbequem; die zweckmäßigste Form des Polarisationsapparates ist die in Fig. 344 in $^1/_4$ der natürlichen Größe dargestellte. In einem runden Fußgestelle, welches nicht zu leicht sein darf, damit der Apparat die nöthige Stabilität erhalte, befinden sich am Rande, diametral einander gegenüberstehend, zwei Stäbe, zwischen denen ein Rähmchen *AB* angebracht ist, welches eine Platte von geschliffenem Spiegelglase einschließt. Dieses Rähmchen und mit ihm der Spiegel ist mittelst zweier Zapfen um eine horizontale Axe drehbar, so daß man dem Spiegel jede beliebige Lage gegen die Richtung des Bleilothes geben kann. Der Spiegel wird jedoch gewöhnlich in einer solchen Lage festgestellt, daß seine Ebene einen Winkel von $35^1/_2{}^0$ mit der Verticalen macht. Fällt bei dieser Stellung des Spiegels ein Lichtstrahl *ab* in einem Winkel von $35^1/_2{}^0$ auf den Spiegel, so geht er zum Theil durch das Glas hindurch, und diesen Theil haben wir weiter nicht zu betrachten; zum Theil aber wird er in der Richtung *bc* vertical nach unten reflectirt. Dieser reflectirte Strahl ist nun polarisirt; eine durch die Linien *ab* und *bc* gelegte Ebene ist seine Polarisationsebene.

Fig. 344.

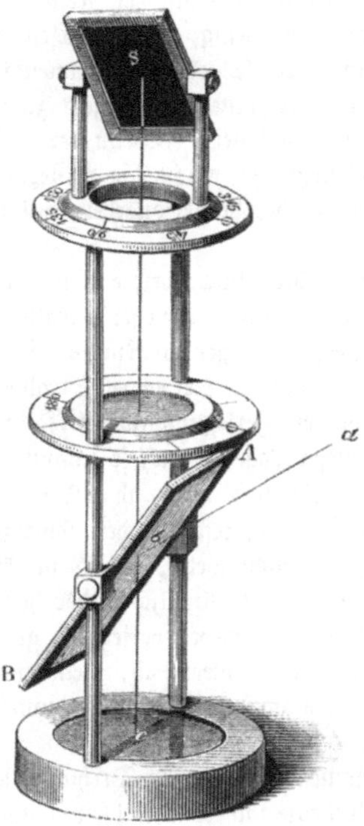

Auf dem Fußgestelle befindet sich in wagerechter Lage ein auf der Rückseite belegter Spiegel, den der polarisirte Strahl *bc* rechtwinklig trifft, so daß er in der Richtung *cb* zurückgeworfen wird und durch den Polarisationsspiegel hindurch zum oberen Theil des Apparates gelangt. Den mittleren Theil des Apparates bildet ein durch eine Glasplatte verschlossener Ring. Die oberen Enden der Stäbe tragen einen in Grade getheilten Ring. Der Nullpunkt dieser Theilung liegt so, daß, wenn man sich durch die Theilstriche 0 und 180° eine Verticalebene gelegt denkt, diese Ebene mit der Reflexionsebene des unteren Spiegels, also mit der Polarisationsebene der durch den unteren Spiegel polarisirten Strahlen, zusammenfällt. In diesem getheilten Ringe ist ein anderer drehbar, auf welchem diametral gegenüberstehend zwei Säulchen angebracht sind, zwischen denen ein Spiegel *s* von schwarzem Glase oder ein auf der Rückseite geschwärzter Spiegel ebenso befestigt ist, wie der untere Polarisationsspiegel zwischen den ihn tragenden Stäben; wie der untere um eine horizontale Axe drehbar, kann der Spiegel *s* leicht so gestellt werden, daß er einen Winkel von $35\frac{1}{2}^0$ mit der Verticalen macht.

Der drehbare Ring, auf welchem die kleinen Säulchen stehen, ist am Rande etwas zugeschärft, und gerade in der Mitte der vorderen Hälfte des Ringes ist eine Linie, ein Index, auf die Zuschärfung gezogen. Eine durch diesen Index und den Mittelpunkt des Ringes gelegte Verticalebene fällt mit der Reflexionsebene des oberen Spiegels zusammen. Dreht man den Ring, welcher diesen Spiegel trägt, so, daß der Index mit dem Nullpunkte der Theilung zusammenfällt, so fallen die Reflexionsebenen des oberen und des unteren Spiegels zusammen. Dasselbe ist der Fall, wenn der Index bei 180° steht. Wenn der Index bei 90° (wie in unserer Figur) oder bei 270° steht, so macht die Reflexionsebene des oberen Spiegels einen rechten Winkel mit der Reflexionsebene des unteren Polarisationsspiegels.

Die Erscheinungen der gewöhnlichen Polarisation, welche man an diesem Apparate beobachten kann, sind folgende: Wenn beide Spiegel parallel stehen, wenn also der Index des den schwarzen Spiegel *s* tragenden Ringes bei 0° steht, so reflectirt der obere Spiegel die von unten her ihn treffenden Strahlen, das Gesichtsfeld ist also hell. Dreht man aber den Zerlegungsspiegel (so wird gewöhnlich der obere Spiegel genannt) aus dieser Lage heraus, so nimmt die Intensität des durch ihn reflectirten Lichtes mehr und mehr ab und wird Null, wenn der Index bei 90° steht. In dieser Stellung reflectirt der schwarze Spiegel die von unten her ihn treffenden Strahlen nicht mehr, das Gesichtsfeld erscheint dunkel. Dreht man noch weiter, so wird es allmälig wieder heller, und wenn der Index bei 180° steht, ist die Lichtstärke wieder derjenigen gleich, die bei 0° beobachtet wurde. Das Licht nimmt jedoch wieder ab, wenn man noch über 180° hinaus dreht; das Gesichtsfeld wird zum zweiten Male dunkel, wenn der Index bei 270° steht.

Es versteht sich von selbst, daß während dieser ganzen Drehung die Richtung des schwarzen Spiegels gegen die Verticale unverändert bleiben muß. In allen Lagen macht der obere Spiegel einen Winkel von $35\frac{1}{2}^0$ mit der Verticalen.

Giebt man, ohne sonst etwas an dem Apparate zu ändern, dem unteren Spiegel eine andere Stellung gegen die einfallenden Strahlen, stellt man ihn z. B. so, daß er einen Winkel von 25° mit der Verticalen macht, so werden solche Strahlen zum oberen Spiegel des Apparates gelangen, die den unteren Polarisationsspiegel unter einem Winkel von 25° getroffen haben. Wiederholt man nun die oben beschriebenen Versuche, so findet man, daß das von dem oberen Spiegel zurückgeworfene Licht nie ganz Null wird. Wenn der obere Spiegel so gestellt ist, daß seine Reflexionsebene die des unteren kreuzt, wenn also der Index der oberen Theilung bei 90° steht, so wird er in dieser Stellung freilich weniger Licht reflectiren als in jeder anderen, doch wird immer noch ein Theil der von unten kommenden Strahlen reflectirt.

Es läßt sich daraus schließen, daß die unter einem Winkel von 25° vom unteren Polarisationsspiegel reflectirten Strahlen zwar zum Theil, aber doch nicht vollständig polarisirt sind. Je mehr der Winkel, welchen die auf den unteren Glasspiegel fallenden Strahlen mit der Ebene dieses Spiegels machen, von $35^1/_2{}^0$ abweicht, desto unvollständiger ist die Polarisation. Der Winkel, für welchen die vollständige Polarisation stattfindet, für Glas also der Winkel $35^1/_2{}^0$, wird der Polarisationswinkel genannt.

Metallflächen haben die Eigenschaft nicht, durch Reflexion das Licht zu polarisiren; man kann deshalb auch Spiegel, welche auf der Rückseite mit Zinn und Quecksilber belegt sind, nicht zu Polarisationsversuchen gebrauchen.

Nimmt man von dem Polarisationsapparate den Zerlegungsspiegel weg und ersetzt man ihn durch eine horizontal gehaltene Turmalinplatte, deren Oberflächen der krystallographischen Hauptaxe dieses Minerals parallel sind, so gewahrt man an dem durch die Platte hindurchgegangenen Lichte ganz ähnliche Erscheinungen wie diejenigen, welche man an dem vom Zerlegungsspiegel *s* reflectirten Lichte beobachtete. Hat die Platte eine solche Stellung, daß ihre krystallographische Hauptaxe rechtwinklig auf der Polarisationsebene der einfallenden Strahlen steht, so läßt sie die Strahlen so vollständig hindurch, als es die Färbung des Minerals erlaubt. Macht aber die Axe der Platte einen anderen Winkel mit der Polarisationsebene der einfallenden Strahlen, so ist das durchgehende Licht um so schwächer, je kleiner dieser Winkel wird. Fällt die Axe der Platte in die Polarisationsebene der einfallenden Strahlen, so ist die Intensität des durchgegangenen Lichtes ein Minimum, und falls die Platte dick genug ist, vollständig Null. Die Lage des Krystalls, bei welcher die Axe mit der Polarisationsebene der einfallenden Strahlen einen rechten Winkel bilden, entspricht dem Falle, daß der obere Spiegel dem unteren parallel ist, die zuletzt erwähnte Stellung des Krystalls aber dem Falle der gekreuzten Spiegel.

Aus den erwähnten Versuchen läßt sich schließen, daß, wenn gewöhnliches Licht auf eine solche Turmalinplatte fällt, es nach seinem Durchgange durch dieselbe polarisirt sein wird. Legt man demnach zwei parallel mit der Axe geschnittene Turmalinplatten so aufeinander, daß ihre Axen parallel sind, so werden sie einfallendes gewöhnliches Licht ebenso gut durchlassen wie eine Platte, welche so dick ist wie beide zusammengenommen, wie Fig. 345 (a. f. S.) andeutet, wo *abcd* die eine und *efgh* die andere Platte bezeichnet. Die Schraffirung soll den krystallographischen Axen parallel sein. Dreht man aber die eine Platte in ihrer Ebene herum, ohne die Lage der zweiten zu ändern, so wird das durchgelassene Licht schwächer und schwächer, bis es endlich ganz verschwindet, wenn die Axen beider Platten einen rechten Winkel mit einander machen, wie dies Fig. 346 (a. f. S.) versinnlicht. Zwei solcher Platten bilden also einen kleinen Polarisationsapparat.

Nach der Vibrationstheorie erklärt man die Polarisation des Lichtes durch die Annahme, daß alle Vibrationen eines polarisirten Lichtstrahls in einer und derselben Ebene stattfinden, während die Vibrationen eines gewöhnlichen Lichtstrahls nach allen möglichen auf seine Richtung rechtwinkligen Linien vor sich gehen.

Fig. 345.

Fig. 346.

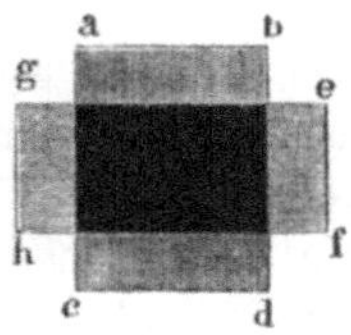

Fig. 348.

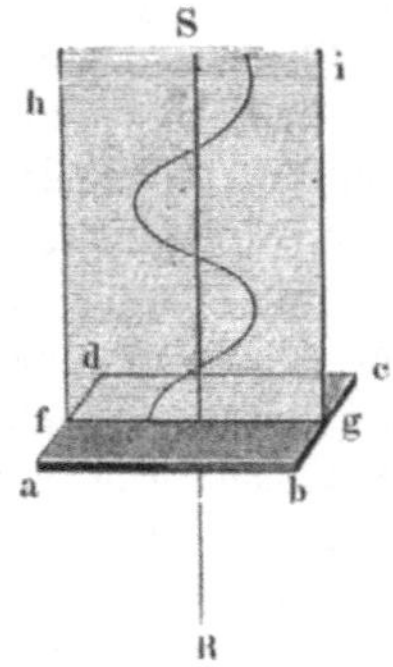

Fig. 347.

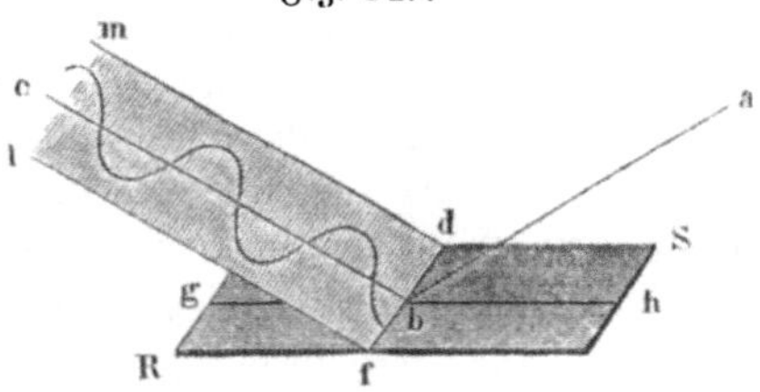

Die Schwingungen eines durch Reflexion polarisirten Strahls sind mit der Ebene des Spiegels parallel, wie dies Fig. 347 anschaulich machen soll. ***RS*** sei der Spiegel, *ab* der einfallende, *bc* der reflectirte und durch die Reflexion polarisirte Strahl, so ist die durch *ab* und *bc* gelegte Ebene, welche die Ebene des Spiegels in *gh* schneidet, diejenige, welche die Polarisationsebene des Strahls *bc* genannt wird; *dflm* aber ist die Schwingungsebene dieses Strahls; d. h. die Vibrationen, welche den polarisirten Strahl *bc* fortpflanzen, finden in der Ebene *fdlm* Statt, und zwar sind sie mit *fd* parallel.

Wenn ein Lichtstrahl durch eine parallel mit der Axe geschnittene Turmalinplatte gegangen ist, so finden seine Schwingungen in der durch die Richtung des Strahls und die Axe des Krystalls gelegten Ebene Statt. In Fig. 348 sei *abcd* eine Turmalinplatte; die Richtung ihrer Axe parallel mit *ab* und *dc*; ferner sei ***RS*** die Richtung des Strahls, so wird nach dem Durchgange durch die Platte *fghi* die Schwingungsebene des Strahls sein.

173 **Doppelte Brechung.** Wenn man ein Kalkspathrhomboëder auf ein mit einem schwarzen Punkte oder einer schwarzen Linie versehenes Stück Papier legt, so sieht man den Punkt oder die Linie doppelt.

Wenn man aus Kalkspath ein Prisma verfertigt, so sieht man durch dieses Prisma von jedem Gegenstande zwei Bilder.

Diese Versuche beweisen, daß jeder Lichtstrahl, welcher ein Kalkspathprisma trifft, in zwei gespalten wird, für welche die Brechungsexponenten nicht dieselben sind, daß also der Kalkspath die Eigenschaft der doppelten Brechung besitzt.

Untersucht man die beiden Bilder, welche man von irgend einem Gegenstande durch ein Kalkspathprisma sieht, mittelst einer Turmalinplatte, so findet man, daß beide Strahlen polarisirt sind, denn je nachdem man die Turmalinplatte dreht, verschwindet bald das eine, bald das andere Bild; die Ebene, in welcher die Schwingungen des einen Strahls stattfinden, ist rechtwinklig zur Schwingungsebene des anderen Strahls.

Denken wir uns durch die Richtung des Strahls, welcher durch ein Stück Kalkspath hindurch geht und durch die Richtung seiner krystallographischen Hauptaxe eine Ebene gelegt, so ist dies der Hauptschnitt für den fraglichen Strahl. Die Schwingungen, welche einen Strahl im Krystall fortpflanzen, sind nun entweder rechtwinklig zum Hauptschnitt, oder sie fallen in die Ebene des Hauptschnitts.

Für einen rechtwinklig zum Hauptschnitt vibrirenden Strahl ist die Fortpflanzungsgeschwindigkeit, also auch der Brechungsexponent (1,654) stets derselbe, welches übrigens auch seine Richtung im Krystall sein mag, weshalb denn auch jeder rechtwinklig zum Hauptschnitt vibrirende Strahl als ordinärer Strahl bezeichnet wird.

Für einen in der Ebene des Hauptschnitts vibrirenden Strahl ist die Fortpflanzungsgeschwindigkeit, also auch der Brechungsexponent veränderlich; die Fortpflanzungsgeschwindigkeit ist am größten, also der Brechungsexponent am kleinsten (1,483) für Strahlen, welche rechtwinklig zur krystallographischen Hauptaxe den Krystall durchlaufen; je mehr die Richtung des Strahles sich der Richtung der krystallographischen Hauptaxe nähert, desto mehr nähert sich der Brechungsexponent dem Werthe 1,654.

Solche Strahlen, deren Vibrationsrichtung in der Ebene des Hauptschnitts liegt, werden extraordinäre Strahlen genannt. Für die Richtung der krystallographischen Hauptaxe ist der Brechungsexponent der extraordinären Strahlen dem der ordinären Strahlen gleich, in der Richtung der krystallographischen Hauptaxe des Kalkspaths findet also keine doppelte Brechung statt, weshalb diese Richtung auch als die optische Axe des Krystalls bezeichnet wird.

Die Krystalle des regulären Krystallsystems haben keine doppelte Brechung; die Krystalle sämmtlicher übrigen Krystallsysteme sind doppeltbrechend.

Alle Krystalle des quadratischen und des drei- und einaxigen Krystallsystems sind optisch einaxig, wie der Kalkspath, und zwar fällt die optische Axe stets mit der krystallographischen Hauptaxe zusammen. Sie werden negativ genannt, wenn der Brechungsexponent der ordinären, positiv, wenn der Brechungsexponent der extraordinären Strahlen der größere ist.

Zur Erklärung der doppelten Brechung in einaxigen Krystallen muß man annehmen, daß die Elasticität des Aethers in der Richtung der optischen Axe ein Minimum oder Maximum, daß sie aber nach allen rechtwinklig zur Hauptaxe stehenden Richtungen dieselbe ist. — Für alle Krystalle, welche zu den drei letzten Krystallsystemen gehören, ist die Elasticität des Aethers nach den drei krystallographischen Axen verschieden, und in Folge dessen haben sie, wie hier nicht näher entwickelt werden kann, zwei optische Axen, d. h. es giebt in ihnen zwei Richtungen, nach welchen sich alle Strahlen mit gleicher Geschwindigkeit fortpflanzen.

174 **Chromatische Polarisation.** Plättchen doppelt brechender Krystalle zeigen im polarisirten Lichte Farbenerscheinungen, die man als chromatische Polarisation bezeichnet; sie zeigen sich am einfachsten in dünn gespaltenen Gypsblättchen.

Nehmen wir an, die Spiegel des Polarisationsarpparates seien gekreuzt, d. h. der obere Spiegel sei so gestellt, wie es Fig. 344 zeigt. Legt man nun ein dünnes Blättchen von krystallisirtem Gyps auf das mittlere Tischlein, so erscheint es im Allgemeinen gefärbt; dreht man das Tischlein in horizontaler Ebene um eine verticale Drehungsaxe, so wird die Färbung heller oder dunkler, ohne daß sich die Farbe der Art nach ändert. Bei fortgesetztem Drehen wird man es bald dahin bringen, daß die Farbe des Gypsblättchens ganz verschwindet, daß also das ganze Gesichtsfeld gerade so dunkel erscheint, als ob das Gypsblättchen gar nicht da wäre. Hat man das Gypsblättchen in diese Lage gebracht, so ritze man auf seiner Oberfläche eine Linie ein, deren Richtung parallel läuft mit der Linie, welche den Nullpunkt der Theilung mit dem Theilstrich 180° verbindet, also eine Linie, welche den Durchschnitt der Ebene des Gypsblättchens mit der Reflexionsebene des unteren Spiegels bezeichnet. Eine zweite Linie ritze man auf das Gypsblättchen rechtwinklig zur ersteren.

Diese beiden Linien bezeichnen nun die Lage der Schwingungsebenen der beiden Strahlen, in welche ein Lichtstrahl getheilt wird, welcher das Gypsblättchen trifft. Wenn der einfallende Strahl rechtwinklig auf die Ebene des Gypsblättchens auftrifft, so werden die beiden Strahlen zwar nicht der Richtung nach auseinandergehen, aber sie pflanzen sich mit ungleicher Geschwindigkeit durch den Krystall fort, weil die Elasticität des Aethers nach der Richtung der beiden Schwingungsebenen nicht gleich ist.

Dreht man das Gypsblättchen aus der Lage heraus, in welcher es ganz dunkel erscheint, so wird es heller und heller, und seine Farbe erhält den größten Glanz, wenn die beiden Schwingungsebenen des Gypsblättchens einen Winkel von 45° mit der Schwingungsebene des unteren Spiegels machen.

Bleibt das Blättchen nun in dieser Lage, während man den oberen Spiegel dreht, so wird die Farbe des Blättchens blasser und blasser (nicht dunkler), bis es endlich ganz farblos erscheint, wenn die Reflexionsebene des oberen Spiegels einen Winkel von 45° mit der des unteren macht, wenn also die Reflexionsebene des oberen Spiegels mit der einen Schwingungsebene des Gypsblättchens zusammenfällt. Dreht man den oberen Spiegel noch weiter, so geht die Farbe des Gypsblättchens in die complementäre von derjenigen über, die man bis dahin beobachtete, und diese complementäre Farbe wird am lebhaftesten, wenn die Reflexionsebene des oberen Spiegels mit der des unteren zusammenfällt.

Die Erklärung dieser Erscheinung kann hier nur angedeutet, aber nicht ausgeführt werden.

Der von dem unteren Polarisationsspiegel kommende Strahl wird bei seinem Eintritt in das Gypsblättchen in zwei gespalten, die zwar der Richtung nach nicht auseinandertreten, aber doch den Krystall mit ungleicher Geschwindigkeit durchlaufen, so daß der eine dem anderen voraneilt. Wenn nun diese beiden Strahlen durch den Zerlegungsspiegel auf eine und dieselbe Schwingungsebene reducirt werden, so können sie interferiren. Die Farben entstehen also hier nach ähnlichen Gesetzen, wie die Farben der Newton'schen Ringe, die Farbe des Blättchens hängt also auch natürlich von seiner Dicke ab.

Dünne Blättchen anderer doppelt brechender Körper bringen ähnliche Farbenerscheinungen hervor.

Auch in dickeren Platten doppelt brechender Krystalle beobachtet man im polarisirten Lichte Farbenerscheinungen, wenn ihre Oberflächen rechtwinklig auf den optischen Axen stehen.

Circularpolarisation. Eine ganz eigenthümliche Erscheinung 175
bietet der Bergkrystall dar. Legt man auf das Tischlein des Polarisationsapparates eine senkrecht zur Axe geschnittene Quarzplatte, so erscheint ihr Bild in dem oberen Spiegel lebhaft gefärbt, und zwar ändert sich die Farbe, wenn der Zerlegungsspiegel gedreht wird, während eine Drehung der Quarzplatte keine Aenderung in der Farbe hervorbringt. Wie man auch den Zerlegungsspiegel drehen mag, so erscheint doch die Platte niemals ganz farblos hell oder ganz dunkel, wie es bei Gypsblättchen beobachtet wird.

Um diese Erscheinung in ihrer möglichsten Einfachheit kennen zu lernen, muß man einfarbiges Licht anwenden, was am einfachsten dadurch bewerkstelligt wird, daß man durch ein rothes Glas sieht.

Erscheint nun die Quarzplatte zwischen den gekreuzten Spiegeln des Polarisationsapparates, durch das rothe Glas gesehen, hell, so wird man es durch Drehen des Zerlegungsspiegels nach der rechten oder nach der linken Seite bald dahin bringen, daß das Gesichtsfeld ganz so dunkel ist, wie es zwischen gekreuzten Spiegeln ohne die Quarzplatte sein würde, kurz, die Polarisationsebene der von unten kommenden Strahlen erscheint durch die Quarzplatte nach der rechten oder linken Seite gedreht.

Die Größe der Drehung hängt von der Dicke der Platte ab und ist dieser proportional. Eine Quarzplatte von 1 Millimeter Dicke dreht die Polarisationsebene der rothen Strahlen um 19^0.

Für die brechbareren Strahlen ist die Drehung der Polarisationsebene durch dieselbe Quarzplatte größer, und zwar: für Gelb 23^0, für Grün 28^0, für Blau 32^0, für Violett 41^0. Aus der ungleichen Drehung, welche die Polarisationsebene verschiedener Strahlen in derselben Quarzplatte erleidet, erklärt sich auch, weshalb sie bei Anwendung von weißem Lichte für keine Stellung des Zerlegungsspiegels ganz farblos hell oder ganz dunkel erscheint.

Je nachdem eine Quarzplatte die Polarisationsebene nach der rechten oder nach der linken Seite dreht, nennt man sie rechts- oder linksdrehend.

Diese eigenthümliche Erscheinung, welche senkrecht auf die Axe geschliffene Quarzplatten zeigen, wird mit dem Namen der Circularpolarisation bezeichnet.

Auch bei Flüssigkeiten hat man die Erscheinung der Circularpolarisation nachgewiesen.

Um die Circularpolarisation in Flüssigkeiten zu beobachten, gießt man sie in eine oben offene, am Boden durch eine ebene Glasplatte geschlossene Röhre von 6 bis 10 Zoll Höhe und stellt diese auf das Tischlein des Polarisationsapparates.

Rechtsdrehende Flüssigkeiten sind unter anderen Citronenöl, Zuckersyrup, Auflösung von Kampher in Weingeist deutsches und amerikanisches Terpentinöl. Linksdrehende sind dagegen französisches Terpentinöl, Kirschlorbeerwasser u. s. w.

Die Drehung der Polarisationsebene durch Flüssigkeiten ist ungleich geringer als beim Bergkrystall; um dieselbe Größe der Drehung hervorzubringen wie eine Quarzplatte, muß eine Säule von Citronenöl 34-, eine Säule von Terpentinöl 68mal so hoch sein wie die Quarzplatte; man muß deshalb schon ziemlich lange Säulen der Flüssigkeiten anwenden, wenn die Erscheinungen der Circularpolarisation recht deutlich hervortreten sollen.

Man hat besondere Apparate zur Untersuchung der Circularpolarisation in Flüssigkeiten construirt, bei welchen die Röhre horizontal liegt; natürlich ist sie in diesem Falle an beiden Enden durch ebene Glasplatten geschlossen. Die Polarisationsspiegel sind durch sogenannte Nicol'sche Prismen ersetzt; es sind dies Kalkspathprismen, welche durch eine besondere Construction nur ein polarisirtes Bild geben, also nur Licht durchlassen, welches in einer bestimmten Schwingungsebene vibrirt. Ein Nicol'sches Prisma wirkt also ebenso wie ein Polarisationsspiegel oder wie eine Turmalinplatte.

Auch eine praktische Anwendung hat man von der Circularpolarisation gemacht: eine Säule von Zuckersyrup von bestimmter Länge wird nämlich die Polarisationsebene um so stärker drehen, je concentrirter die Lösung ist; die Drehung der Polarisationsebene ist also ein Mittel, den Concentrationsgrad einer Zuckerlösung zu erkennen. Die auf die Circularpolarisation sich gründenden Apparate zur Bestimmung des Zuckergehaltes einer Lösung werden Saccharometer genannt.

Siebentes Capitel.

Chemische Wirkungen des Lichtes.

Einfluss des Lichtes auf chemische Verbindungen und Zersetzungen. Bei gewöhnlicher Temperatur verbinden sich im Dunkeln Chlorgas und Wasserstoffgas nicht mit einander; sobald man aber dem Lichte den Zutritt gestattet, geht die Verbindung vor sich, und zwar langsam im Tageslichte, unter Explosion im Sonnenlichte. — Das in Wasser absorbirte Chlorgas entzieht nur unter Einwirkung des Lichtes dem Wasser allmälig den Wasserstoff, Phosphor, welcher in Wasser aufbewahrt wird, verwandelt sich im Sonnenlichte in rothes Phosphoroxyd. — Concentrirte Salpetersäure zersetzt sich am Lichte schon bei gewöhnlicher Temperatur zum Theil in Sauerstoff und Untersalpetersäure; das weiße Chlorsilber wird durch das Licht geschwärzt, was eine Folge seiner Zersetzung ist, indem das Chlor entweicht und das Silber metallisch (reducirt) in fein vertheiltem Zustande zurückbleibt. Es sind hier nur einige der auffallendsten Beispiele angeführt, um den Einfluß des Lichtes auf chemische Verbindungen und Zersetzungen nachzuweisen; es finden sich solcher Beispiele noch viele in allen Lehrbüchern der Chemie. 176

Sehr auffallend ist der Einfluß des Lichtes auf die Zersetzung organischer Substanzen; es befördert nämlich die Vereinigung des Sauerstoffs der Atmosphäre mit dem Kohlenstoff und dem Wasserstoff der organischen Körper; daher kommt denn auch das Bleichen vegetabilischer Farbestoffe im Lichte, namentlich im Sonnenlichte, das Gelbwerden des Terpentinöls, das Grünwerden des gelben Guajaks, wenn eine weingeistige Lösung desselben, auf Papier gestrichen, dem Lichte ausgesetzt wird u. s. w.

Zum Gedeihen der lebenden Pflanzen ist das Licht durchaus nöthig, im Dunkeln ist eine kräftige Entwickelung derselben unmöglich; sie erhalten bald ein verkümmertes Ansehen, Blätter und Blüthen bleiben blaß. Pflanzen, die in Zimmern gezogen werden, wachsen bekanntlich immer nach den Fenstern hin.

Die grünen Theile der Pflanzen absorbiren Kohlensäure aus der Luft; diese Kohlensäure wird zerlegt, der Kohlenstoff bleibt als Bestandtheil der Pflanze zurück, während der Sauerstoff wieder in die Atmosphäre ausgehaucht wird. Diese Zersetzung der Kohlensäure und das Aushauchen von Sauerstoff in die Luft findet aber nur unter dem Einflusse des Lichtes Statt. Man kann sich leicht davon überzeugen, wenn man einen frischen grünen Zweig unter eine mit kohlensäurehaltigem Wasser gefüllte Glasglocke bringt; im Lichte entwickeln sich zahlreiche Gasblasen an den Blättern, die in den oberen Theil der Glasglocke aufsteigen; das hier gesammelte Gas ist Sauerstoffgas. Diese Gasentwickelung findet im Dunkeln nicht Statt, sie hört auf, sobald dem Wasser alle freie Kohlensäure entzogen wird.

Im Allgemeinen ist die chemische Wirkung der blauen und violetten Strahlen stärker als die der rothen und gelben.

177 **Photographie.** Schon Wedgwood kam auf den Gedanken, die Schwärzung des Chlorsilbers zu benutzen, um die Bilder der Camera obscura zu fixiren, und in der That stellte Davy mittelst eines Sonnenmikroskops die Bilder kleiner Gegenstände auf Chlorsilberpapier dar; sie wurden aber bald durch die fortdauernde Einwirkung des Lichtes auf das Chlorsilber wieder vernichtet. Niepce brachte es in der Kunst, solche Lichtbilder zu fixiren, schon weiter; allein erst Daguerre fand nach vielen mühsamen Versuchen ein Verfahren, welches in dieser Hinsicht fast Unglaubliches leistet.

Das Material, auf welchem die Daguerre'schen Lichtbilder dargestellt werden, ist eine plattirte, d. h. eine mit einer dünnen Silberschicht überzogene Kupferplatte. Nachdem sie gehörig gereinigt worden ist, wird sie auf eine viereckige Porcellanschale gelegt, welche eine wässerige Lösung von Chlorjod enthält, und hier so lange den Dämpfen des Jods ausgesetzt, bis sich eine goldgelbe oder violette Schicht von Jodsilber auf der Platte gebildet hat. Nun wird die Platte, vor jeder fremden Einwirkung des Lichtes geschützt, genau an der Stelle in die Camera obscura eingesetzt, an welcher ein scharfes Bild des abzubildenden Gegenstandes entsteht. Nach einiger Zeit, deren Dauer von mannigfachen Umständen abhängt, aber noch ehe man die Spur eines Bildes wahrnehmen kann, wird die Platte aus der Camera obscura weggenommen und in einen Kasten gebracht, in welchem Quecksilberdämpfe entwickelt werden. Unter dem Einfluß der Quecksilberdämpfe wird das Bild alsbald sichtbar. Sobald das Bild hinlänglich ausgeprägt ist, wird die Platte in eine Lösung von unterschwefligsaurem Natron gelegt, wodurch der Ueberzug von Jodsilber aufgelöst und so eine fernere Einwirkung des Lichtes unmöglich gemacht wird.

Diese letztere Operation wird mit dem Namen des Fixirens bezeichnet. Es versteht sich von selbst, daß die aus der Camera obscura genommene Platte vor der Einwirkung des Tageslichtes geschützt werden muß, bis das Bild fixirt ist.

An den Stellen der jodirten Platte, auf welche die hellen Partien des Bildes der Camera obscura gefallen waren, hat das Licht schon eine Einwirkung hervorgebracht, bevor dieselbe dem Auge sichtbar wird; diejenigen Stellen der

Platte nämlich, welche dem Lichte am meisten ausgesetzt waren, haben die Eigenschaft erhalten, Quecksilberdämpfe zu condensiren; hier schlägt sich also Quecksilber in unendlich feinen Perlchen nieder, während da, wo das Licht nicht eingewirkt hat, kein solcher Niederschlag stattfindet. Nachdem nun an den letzteren Stellen das völlig unveränderte Silberjodid abgewaschen worden ist, hat man an den hellen Partien des Bildes den feinen Quecksilberstaub; da, wo das Licht nicht eingewirkt hat, den glänzenden Silberspiegel; und wenn man die Platte so hält, daß der Spiegel solche Strahlen in das Auge reflectirt, welche von dunklen Gegenständen kommen, so bildet dieser Silberspiegel den dunklen Grund, auf welchem die hellen Partien durch das von den Quecksilberkügelchen nach allen Seiten hin zerstreute Licht hervortreten.

Wenn man die Platte länger in der Camera obscura läßt, so wird die Wirkung des Lichtes auf der jodirten Platte ohne Weiteres sichtbar, indem das Jodsilber da geschwärzt wird, wo das Licht am kräftigsten wirkt; das auf diese Weise entstehende Bild ist ein negatives, d. h. den hellen Stellen des Gegenstandes entsprechen die dunklen Stellen des Bildes und umgekehrt.

Wenn man die Platte so lange in der Camera obscura gelassen hat, daß die Lichtwirkung auf derselben sichtbar wird, so ist der zur Erzeugung eines Daguerre'schen Bildes geeignete Moment schon vorüber.

Eine andere von Talbot erfundene Methode, Lichtbilder herzustellen, welche vorzugsweise als Photographien bezeichnet werden, besteht im Wesentlichen darin, daß zunächst ein negatives Bild auf einer durchsichtigen oder durchscheinenden Substanz hergestellt und von diesem negativen Bild eine positive Copie auf Chlorsilberpapier gemacht wird.

Das negative Bild wird in der Regel auf Glas dargestellt und zwar auf folgende Weise: Die Glasplatte wird mit Collodium (Auflösung von Schießbaumwolle in Aether) übergossen, welchem eine bestimmte Quantität Alkohol zugesetzt und in welchem etwas Jodkalium aufgelöst ist. Nachdem die Collodiumschicht gleichförmig über die Platte ausgebreitet ist, läßt man das Ueberflüssige ablaufen und taucht dann die Platte in ein sogenanntes Silberbad, d. h. in eine wässerige Lösung von salpetersaurem Silberoxyd.

Das salpetersaure Silber durchdringt nun die Collodiumschicht, und mit Jodkalium in Berührung kommend, bildet sich Jodsilber, welches nebst einem Ueberschuß von salpetersaurem Silber durch die ganze Collodiumschicht gleichförmig vertheilt ist und welches eigentlich die empfindliche Schicht bildet.

Die so präparirte Platte wird nun in die Camera obscura gesetzt, aber schon nach kurzer Zeit herausgenommen, ehe noch durch das Licht direct eine Reduction des Jodsilbers bewirkt worden, ehe also noch das negative Bild sichtbar geworden ist. An den Stellen, wo das Licht eingewirkt hat, ist aber nun das Jodsilber leichter reducirbar, als an solchen Stellen, wo das Licht nicht einwirkte, so daß, wenn man nun auf die aus der Camera obscura herausgenommene Platte eine reducirende Flüssigkeit gießt (wozu man gewöhnlich Pyrogallussäure wählt), an den dem Lichte ausgesetzt gewesenen Stellen rasch eine Reduction des Silbers, also eine Schwärzung erfolgt, während an den nicht vom Lichte getroffenen Stellen die empfindliche Schicht unverändert bleibt.

Ist auf diese Weise das negative Bild hervorgerufen, so müssen die empfindlichen Substanzen aus der Collodiumschicht entfernt werden, weil sonst nach kurzer Zeit unter Einwirkung des Tageslichtes die ganze Collodiumschicht schwarz werden würde. Es geschieht dies dadurch, daß man die Platte mit einer Lösung von unterschwefligsaurem Natron übergießt und dann mit Wasser abwäscht, wodurch, wie man sagt, das Bild fixirt wird.

Zur Darstellung der positiven Bilder wendet man ein mit Chlorsilber imprägnirtes Papier an, dessen Bereitung man in der dritten Auflage von Frick's physikalischer Technik beschrieben findet, wo überhaupt das photographische Verfahren in möglichster Kürze auseinandergesetzt ist.

Das negative Glasbild wird nun in einen vorn mit einer Glasplatte versehenen Rahmen (den Copirrahmen) gelegt, darauf das Chlorsilberpapier und hinter dieses dann ein schwarzes Tuch, und nachdem Alles durch eine von hinten her angepreßte Rückwand gehörig gegen Verschiebung versichert ist, wird der Copirrahmen so den Sonnenstrahlen ausgesetzt, daß dieselben durch die hellen Stellen des negativen Bildes hindurch auf das Chlorsilberpapier fallen und hier eine Schwärzung hervorbringen. Ist auf diese Weise das positive Bild auf dem Papiere hergestellt, so muß, um das vollständige Schwarzwerden desselben zu verhindern, das noch unzersetzte Chlorsilber aus dem Papier ausgewaschen werden, was dadurch geschieht, daß man es eine Zeit lang in eine Auflösung von unterschwefligsaurem Natron und dann in reines Wasser legt, wodurch dann nun auch das positive Bild fixirt ist.

Wenn man das prismatische Farbenspectrum photographirt oder daguerreotypirt, so ergiebt sich, daß nicht alle Strahlen desselben gleich gut wirken; denn die rothen, gelben, grünen, ja auch die hellblauen bilden sich wenigstens bei dem gewöhnlichen Verfahren nicht ab. Von dem ganzen Farbenspectrum erscheint im photographischen Bilde nur der Theil, der von den dunkelblauen und violetten Strahlen getroffen worden war. Außerdem geht aber die chemische Wirkung noch weit über die violette Gränze des sichtbaren Spectrums hinaus, indem im photographischen Bilde noch eine Verlängerung des Spectrums in gleicher Weise auftritt, wie wir sie bei der Fluorescenz kennen lernten. Die Strahlen also, welche vorzugsweise geeignet sind, die Erscheinungen der Fluorescenz hervorzubringen, sind auch vorzugsweise die chemisch wirksamen.

Aus der geringen chemischen Wirkung, welche die rothen, gelben und grünen Strahlen hervorbringen, erklärt sich auch, daß bei Daguerreotypen sowohl wie bei Photographien rothe, gelbe und grüne Gegenstände unverhältnißmäßig dunkel erscheinen, wodurch oft die Haltung solcher Bilder beeinträchtigt wird.

Viertes Buch.

Die elektrischen Erscheinungen.

Erstes Capitel.

Vom Magnetismus.

Anziehung des Eisens durch Magnete. Man findet im Schoße der Erde gewisse Eisenerze, die man Magneteisensteine nennt und welche öfters die Eigenschaft haben, Eisen anzuziehen, in welchem Falle sie den Namen der natürlichen Magnete führen. Das Magneteisen ist eine Verbindung von Eisenoxyd mit Eisenoxydul. Dem Eisen läßt sich dieselbe Eigenschaft vorübergehend, dem gehärteten Stahle läßt sie sich bleibend mittheilen; solche aus Stahl verfertigte Magnete heißen künstliche Magnete. Um die Gesetze des Magnetismus zu untersuchen, wendet man am besten künstliche Magnete an, weil man ihnen leicht eine zweckmäßige Form geben kann. Gewöhnlich haben die künstlichen Magnete die Gestalt von Stäben, Nadeln oder von Hufeisen. 178

Taucht man einen Magnetstab in Eisenfeilspäne, so wird man sehen, daß sie sich an denselben anhängen, daß sie aber nicht überall gleich gut hängen bleiben; in der Mitte des Stabes fallen sie gleich ab; hier scheint der Magnetstab gar keine anziehende Wirkung auf die Feilspäne auszuüben; diese neutrale Stelle wird die Mittellinie genannt. Von ihr nach den Enden, den Polen des Magnets hin, nimmt die anziehende Kraft zu, indem hier mehr und mehr Feilspäne hängen bleiben, wie dies Fig. 348 andeutet.

Fig. 348.

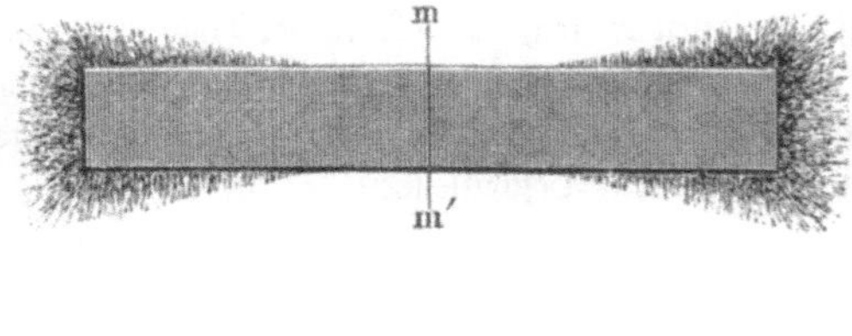

Man sollte auf den ersten Anblick meinen, daß, wenn man einen Magnet in der Mitte durchbricht (mit einem magnetisirten Stahldrahte kann man den Versuch leicht anstellen), alsdann jedes einzelne Stück kein vollständiger Magnet mehr sein, daß es nur an dem einen Ende Eisen anziehen könnte, am anderen aber nicht; der Versuch zeigt aber das Gegentheil: jedes Stück ist wieder ein vollständiger Magnet, welcher seine Mittellinie und seine Pole hat, wie dies Fig. 349 anschaulich macht.

Fig. 349.

179 **Magnetische Polarität.** Die Fig. 350 stellt einen Magnetstab dar, welcher, in einer Hülse von Papier oder Metall liegend, horizontal aufgehangen ist. Wenn man nun denselben Pol eines anderen Magnets den Polen *n* und *s* nähert, so findet man, daß der eine, etwa *n*, angezogen, *s* aber abgestoßen wird. Man nennt nun die Pole *n* und *s* ungleichnamig, weil sie sich verschieden gegen denselben ihnen genäherten Pol verhalten. Wenn man nun den Magnet, den man in der Hand hält, umkehrt, um seinen anderen Pol dem aufgehängten zu nähern, so wird das Umgekehrte stattfinden: *n* wird abgestoßen und *s* angezogen. Die beiden Pole des bei diesem Versuche in der Hand gehaltenen Magnets sind also auch verschiedener Natur, sie sind auch ungleichnamig. Ebenso läßt sich zeigen, daß die beiden Pole eines jeden Magnets ungleichnamig sind.

Fig. 350.

Nähert man dem aufgehängten Magnet nach einander zwei verschiedene Magnete, so wird es leicht sein, an jedem derselben denjenigen Pol zu finden, welcher den Pol *n* des aufgehängten Magnets anzieht, *s* aber abstößt. Bezeichnen wir diesen Pol des ersten Magnets mit *S*, den Pol des zweiten Magnets aber, welcher eben so wirkt, mit *S'*, so sind *S* und *S'* die geichnamigen Pole dieser beiden Magnete. Ebenso sind die beiden anderen Pole *N* und *N'* dieser beiden Magnete gleichnamig.

Hängt man jetzt den Magnet, dessen Pole wir mit *S* und *N* bezeichnet haben, so auf, wie Fig. 350 zeigt, daß er sich in einer horizontalen Ebene frei drehen kann, nähert man ihm den anderen, so findet man, daß sich die Pole *S* und *S'* abstoßen; dasselbe Verhalten findet zwischen den Polen *N* und *N'* Statt, die gleichnamigen Pole stoßen sich also ab. Dagegen ziehen sich die ungleichnamigen Pole *S* und *N'*, *N* und *S'* einander an.

In den beiden Hälften also, in welche ein Magnet durch die Mittellinie zerlegt wird, wirken also zwei Kräfte, welche anfangs ganz gleichartig scheinen, weil sie auf gleiche Weise auf das Eisen wirken, die aber in der That zwei ganz entgegengesetzte Kräfte sind. Die Mittellinie ist also die Gränze zweier entgegengesetzter Kräfte, sie bildet den Uebergang von der einen zur anderen, und darin liegt auch die Ursache ihrer neutralen Beschaffenheit.

Aus Gründen, die wir weiter unten kennen lernen, nennt man den einen Pol des Magnets den Nordpol, den anderen den Südpol.

Magnetisirung des Eisens durch Magnete. Wenn ein 180
ungefähr 2 Linien dickes Eisenstäbchen durch ein passendes Stativ so in verticaler Stellung festgehalten wird, wie es Fig. 351 zeigt, und man den Pol eines kräftigen Magnets darüber hält (ohne jedoch das Eisenstäbchen zu berühren, was man am besten dadurch verhindert, daß man ein Papierblatt zwischen den Magnet und den Eisenstab hält), so wird das Eisenstäbchen selbst zum Magnet, wie sich daraus ergiebt, daß an seinem unteren Ende Eisenfeile, selbst kleine Nägel hängen bleiben. Daß dies nicht etwa eine unmittelbare Fernewirkung des darüber gehaltenen Magnets ist, geht daraus hervor, daß die Eisenfeilspäne an dem Stäbchen nicht hängen bleiben, wenn es nicht von Eisen, wenn es etwa von Messing oder von Holz ist.

Fig. 351.

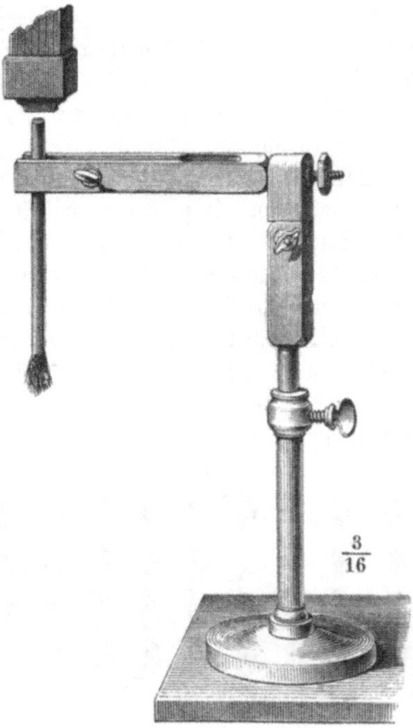

Sobald man den magnetisirenden Pol langsam entfernt, verliert sich auch der Magnetismus des Eisenstäbchens wieder, die bis dahin getragenen Feilspäne fallen herab.

Fig. 352.

Da also ein an einem Magnetpol angehängtes Eisenstäbchen selbst zu einem Magnet wird, so kann es ein zweites tragen; an das zweite kann man ein drittes und so fort eine größere oder kleinere Kette anhängen, wie Fig. 352 erläutert.

Magnetische Fluida. Um die verschiedenen Erscheinungen des 181
Magnetismus zu erklären, nimmt man an, daß es zwei verschiedene unwäg-

bare (imponderabele) magnetische Flüssigkeiten gebe, welche in einer sogleich näher zu betrachtenden Weise in einem Magnete vertheilt sind; die Theilchen einer jeden Flüssigkeit stoßen einander ab, sie ziehen aber die Theilchen der entgegengesetzten an.

Man denkt sich nun, daß jedes Eisentheilchen beide Flüssigkeiten in gleicher Menge enthält, daß sie aber schon geschieden sind, so daß jedes Eisenmolekül ein- für allemal einen kleinen Magnet bildet. — So lange ein Eisenstab nicht magnetisch ist, liegen diese Molekularmagnete regellos durch einander, so daß etwa der Nordpol des einen nach derselben Seite gerichtet ist, wie der Südpol des benachbarten, daß also, was die Wirkung in die Ferne betrifft, der eine Molekularmagnet die Wirkung des anderen aufhebt.

Sobald nun aber eine magnetisirende Kraft auf den Eisenstab wirkt, so hat diese ein Bestreben, die Molekularmagnetchen so zu stellen, daß in allen die gleichnamigen Pole nach der gleichen Seite gerichtet sind. Nach dieser Hypothese nun stellt Fig. 353 einen vollständig magnetisirten Stahl- oder Eisenstab dar. Durch diese Vorstellungsweise ist nun die Polarität des Magnets erklärt, und man begreift zugleich, wie es kommt, daß, wenn man einen Magnet in Theile zerbricht, alsdann jedes Stück wieder für sich ein vollständiger Magnet sein muß.

Fig. 353.

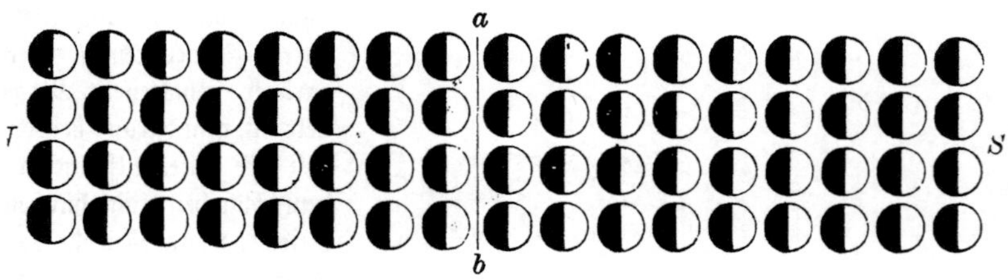

Wenn also ein Stück Eisen durch den Einfluß eines Magnets magnetisirt wird, so geht kein magnetisches Fluidum vom Magnet auf das Eisen über, sondern die Nähe des Magnets veranlaßt bloß, daß alle Molekularmagnete gleichgerichtet werden.

Das Eisen behält nur so lange seine magnetischen Eigenschaften, als die Nähe eines Magnets die Molekularmagnete gleich gerichtet erhält; sobald der Magnet entfernt wird, kehren die Molekularmagnetchen wieder in ihre vorige regellose Lage, das Eisen kehrt in seinen natürlichen Zustand zurück.

Der Stahl widersteht dem magnetisirenden Einflusse eines Magnets weit stärker als Eisen, d. h. durch Annäherung eines Magnets wird ein Stahlstück, namentlich, wenn es etwas groß ist, nicht gleich so stark magnetisch wie ein Eisenstück. Wiederholt man den durch Fig. 351 dargestellten Versuch, nachdem man das Eisenstäbchen durch ein gehärtetes Stahlstäbchen von gleicher Größe ersetzt hat, so werden kaum einige Feilspänchen an dem unteren Ende des Stahlstäbchens hängen bleiben, während sich unter gleichen Umständen an das Eisenstäbchen ein ganzes Bündel Eisenfeile anhing. Um einen Stahlstab einigermaaßen stark zu magnetisiren, muß man ihn längere Zeit mit dem Magnet in Berührung lassen, oder er muß mit demselben mehrmals in geeigneter Weise gestrichen werden; wenn aber der Stahl einmal magnetisch ist, so verliert er diese Eigenschaft auch so leicht nicht wieder; man kann also von Stahl bleibende Magnete machen, aber nicht von Eisen.

Wenn man von der obigen Theorie des Magnetismus ausgeht, muß man also annehmen, daß sich im weichen Eisen die Molekularmagnetchen leicht drehen lassen und leicht einer von außen her wirkenden magnetisirenden Kraft folgen, daß sie jedoch in Folge ihrer gegenseitigen Einwirkung auf einander in ihre ursprüngliche neutrale Lage zurückkehren, wenn die äußere magnetisirende Kraft zu wirken aufhört.

Anders beim gehärteten Stahl: hier macht sich ein Widerstand gegen jede Drehung der Molekularmagnetchen, die Coërcitivkraft, geltend, welche einerseits der Magnetisirung durch äußere Kräfte entgegenwirkt, wenn aber einmal eine solche erfolgt ist, die Rückkehr der Molekularmagnetchen in ihre neutrale Stellung hindert.

Am schwersten läßt sich vollkommen gehärteter Stahl magnetisiren; er verliert aber auch, wenn er einmal magnetisch ist, diese Eigenschaft nicht leicht wieder. Wenn man dem gehärteten Stahle durch Anlassen seine Härte mehr und mehr nimmt, so nähert er sich in seinem Verhalten gegen den Magnetismus mehr und mehr dem weichen Eisen.

Weißglühendes Eisen wird von einem Magnet nicht mehr angezogen, wohl aber rothglühendes. Ein Stahlmagnet verliert durch Glühen seinen Magnetismus vollständig.

Außer Eisen können auch Nickel und Kobalt magnetisch werden.

Verschiedene Formen künstlicher Magnete. Je nach 182
den verschiedenen Zwecken giebt man den Stahlmagneten verschiedene Formen, nämlich die von Magnetnadeln, welche in §. 184 näher besprochen werden, von Stäben oder endlich, wenn es sich um große Tragkraft handelt, von Hufeisen.

Fig. 354 (a. f. S.) stellt einen zusammengesetzten Hufeisenmagnet dar. Er besteht aus mehreren einfachen hufeisenförmig gebogenen magnetisirten Stahlplatten, welche mit ihren gleichnamigen Polen auf einander gelegt und durch Schrauben zusammengehalten werden. Eine an beide Pole angelegte Platte *mm* von weichem Eisen bildet den Anker, an welchen man mittelst einer Wagschale weitere Gewichte anhängen kann.

Die Tragkraft eines zusammengesetzten Magnets ist keineswegs der Summe der Tragkräfte der einzelnen Lamellen gleich, aus denen er zusammengesetzt ist, sondern sie ist weit geringer. Der Grund davon ist leicht einzusehen. Legt man zwei gleich geformte Stahlmagnete mit ihren gleichnamigen Polen auf einander, so strebt jeder die Polarität des anderen umzukehren, was nothwendig eine gegenseitige Schwächung der magnetischen Kraft zur Folge hat. So kommt es denn auch, daß die Tragkraft der Hufeisenmagnete in weit geringerem Verhältnisse wächst wie ihre Masse. Ein guter 4löthiger Hufeisenmagnet kann das 25fache, ein 100pfündiger kann nicht einmal das 3fache seines eigenen Gewichtes tragen.

Fig. 354.

Dagegen ist die Gesammttragkraft eines Hufeisenmagnets weit größer als die Summe der Tragkräfte der einzelnen Pole. Während z. B. ein Hufeisenmagnet 12 Pfund trug, wenn der Anker mit beiden Polen in Berührung war, wie in Fig. 354, konnte der einzelne Pol nur 2 Pfund tragen.

Es läßt sich dies leicht erklären. Wenn der Anker, wie in Fig. 354, mit beiden Polen des Hufeisenmagnets in Berührung ist, so wird er natürlich weit kräftiger magnetisirt, als wenn er nur mit dem einen Pol in Berührung stände; denn der in *n* durch den Magnetpol *S* erzeugte Nordpol wird durch den magnetisirenden Einfluß verstärkt, welchen der Pol *N* auf den Anker ausübt. Ebenso wird in *s* ein Südpol erzeugt, nicht allein durch den Einfluß des Poles *N*, sondern auch durch den von *S*.

Durch die Vermittelung des Ankers wirkt also der Pol *N* auch verstärkend auf *S* und umgekehrt *S* auf *N*. Dadurch erklärt es sich auch, daß die Tragkraft von Hufeisenmagneten, welche durch einen Anker längere Zeit geschlossen bleiben, oft noch zunimmt, während umgekehrt ein Abreißen des Ankers meist eine Schwächung der magnetischen Kraft zur Folge hat.

Legt man an die beiden Polflächen eines natürlichen Magnets die Eisenplatten *l* und *l'* (die Flügel), Fig. 355 und 356, welche in den Füßen *p* und *p'* endigen, so werden in *p* und *p'* ungleichnamige magnetische Pole erzeugt, an welche man einen Anker anlegen kann, wie an die Pole eines Hufeisenmagnets. Eine solche an einem natürlichen oder auch an einem künstlichen Magnet angebrachte Eisenfassung wird als Armatur des Magnets bezeichnet.

Um den Magnetismus in Magnetstäben ungeschwächt zu erhalten, legt man sie in der Weise parallel neben einander (Fig. 357), daß der Nordpol des einen und der Südpol des anderen nach derselben Seite gerichtet sind, und fügt alsdann die Eisenstücke *ab* und *cd* so an, daß dadurch ein geschlossenes Rechteck gebildet wird. Die Wirkung der Eisenplatten *ab* und *cd* ist hier ganz dieselbe wie die des Ankers beim Hufeisenmagnet.

Um mehrere einfache Magnetstäbe zu einem magnetischen Magazin zu verbinden, werden einerseits alle Nordpole, andererseits alle Südpole in einem eisernen Schuh befestigt, wie Fig. 358 zeigt.

Magnetisirung von Stahlnadeln und Stahlstäben. Um 183
einen Stahlstab zu magnetisiren, muß man ihn wiederholt an den Polen eines kräftigen Magnets streichen, und zwar ist es am zweckmäßigsten, die eine Hälfte des Stabes (oder den einen Schenkel der hufeisenförmigen Lamelle), deren Ende ein Nordpol werden soll, an dem Südpol, die andere Hälfte des Stabes aber (oder den anderen Schenkel der hufeisenförmigen Lamelle) am Nordpol des magnetisirenden Magnets zu

Fig. 357.

Fig 355.

Fig. 356.

Fig. 358.

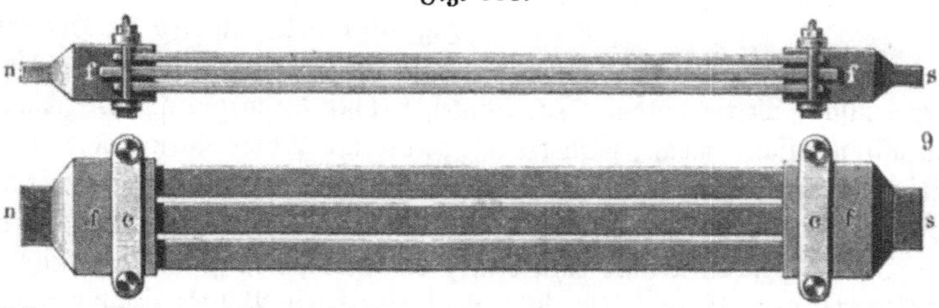

streichen. Man verfährt dabei in der Weise, daß man den zu magnetisirenden Stab immer mit seiner Mitte auf den Magnetpol aufsetzt und die entsprechende Hälfte des Stabes über den Pol wegzieht.

Die magnetisirende Kraft des stärksten Stahlmagnets ist aber zu gering, um auf diese Weise etwas größere und gut gehärtete Stahlstäbe einigermaßen stark zu magnetisiren. Man hat deshalb verschiedene complicirtere Streichmethoden in Anwendung gebracht, welche jedoch durch die Erfindung der Elektromagnete entbehrlich wurden, da die Pole derselben eine hinlängliche magnetisirende Kraft besitzen, um nach dem eben angegebenen Verfahren auch große und wohl gehärtete Stahlstäbe kräftig zu magnetisiren.

Die magnetische Declination. Ein Magnetstab, welcher auf- 184
gehängt ist, wie Fig. 350, S. 332 zeigt, oder eine Magnetnadel, wie sie Fig. 359 (a. f. S.) darstellt, in deren Mitte ein Hütchen von Achat oder Stahl angebracht ist, welches auf einer Stahlspitze spielt, kann sich nur in horizontaler

Ebene frei drehen, weil der Schwerpunkt der Vorrichtung **unter** dem Aufhängepunkte liegt. — Eine solche Nadel oder ein solcher Stab zeigt nun stets ein Bestreben, eine bestimmte Lage anzunehmen, d. h. immer nach einem bestimmten Punkte des Horizontes hinzuzeigen. Bringt man die Magnetnadel, in horizontaler Ebene sie drehend, aus dieser Gleichgewichtslage heraus, so wird sie nach einigen Oscillationen stets wieder in dieselbe zurückkehren, wenn die störende Ursache zu wirken aufgehört hat.

Fig. 359.

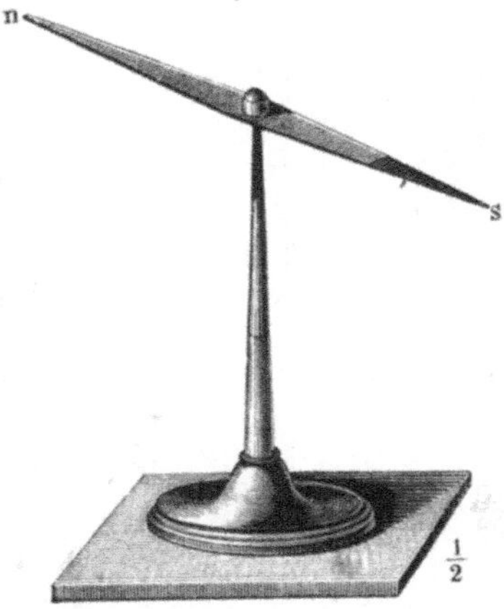

In Deutschland und den benachbarten Ländern zeigt der eine Pol der horizontalen Magnetnadel nach einem Punkte des Horizontes hin, welcher etwas westlich vom Nordpunkte liegt und dieser Pol der Nadel wird deshalb ihr **Nordpol** genannt, während der andere, nach einem östlich vom Südpunkt des Horizonts weisende Pol als **Südpol** der Nadel bezeichnet wird. Fig. 360 erläutert die oben besprochene Stellung der horizontalen Magnetnadel. Denken wir uns durch die beiden Pole der in ihrer Gleichgewichtslage befindlichen horizontalen Magnetnadel eine Verticalebene gelegt, so ist dies der **magnetische Meridian**. In Fig. 360 stellt also ab die Horizontalprojection des magnetischen, ns die des astronomischen Meridians dar. Der Winkel, welchen der magnetische Meridian mit dem astronomischen macht, wird die **magnetische Abweichung** oder **Declination** genannt; man bezeichnet sie als **westliche** oder **östliche**, je nachdem das Nordende der Magnetnadel westlich oder östlich vom astronomischen Meridian liegt.

Jeder Apparat, welcher dazu dient, die Declination zu messen, heißt eine **Declinationsbussole**. Fig. 361 stellt eine solche Bussole ziemlich einfacher Art vor. Die Spitze, auf welche die Nadel aufgesetzt ist, bildet den Mittelpunkt

Fig. 360.

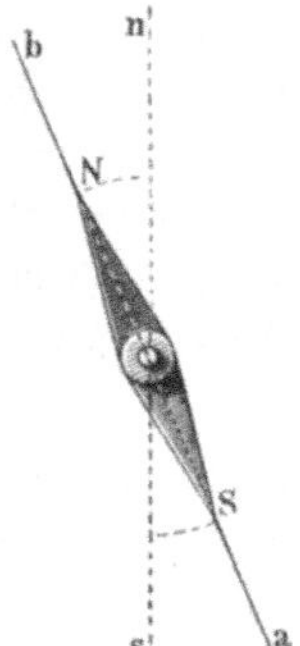

Fig. 361.

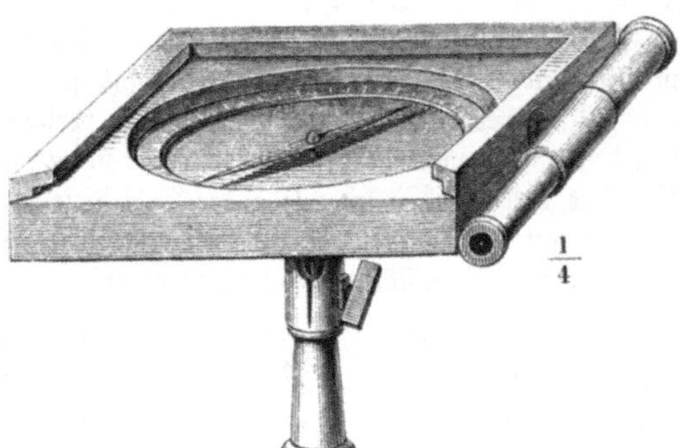

eines getheilten Horizontalkreises, welcher um eine verticale Axe in seiner eigenen Ebene umgedreht werden kann. An der Seite des Gehäuses ist ein Fernrohr angebracht, dessen Axe mit derjenigen Linie parallel läuft, welche man sich vom Nullpunkte des getheilten Kreises über seinen Mittelpunkt zum Theilstriche 180° gezogen denken kann. Je nachdem man den Horizontalkreis in seiner Ebene umdreht, wird die Spitze der Magnetnadel an andere Theilstriche zu stehen kommen. Wenn man den Apparat so stellt, daß die Nadel gerade auf den Nullpunkt der Theilung zeigt, so ist die Axe des Fernrohres mit der Nadel parallel, sie fällt mit dem magnetischen Meridian zusammen; bei jeder anderen Stellung aber zeigt die Nadel auf denjenigen Theilstrich des Kreises, welcher angiebt, wie viel Grade der Winkel beträgt, welchen die Richtung der Nadel mit der Axe des Fernrohres (oder vielmehr mit der Horizontalprojection der Fernrohraxe) macht; wenn man also das Fernrohr genau in den astronomischen Meridian bringt, so kann man auf dem Theilkreise ablesen, wie groß der Winkel zwischen dem magnetischen Meridian und dem astronomischen ist.

Dieses Instrument kann nun überhaupt als Winkelmeßinstrument dienen, weil man mit Hülfe desselben jederzeit den Winkel bestimmen kann, welchen die Visirlinie des Fernrohres (oder vielmehr ihre Horizontalprojection) mit dem magnetischen Meridiane macht.

Die Declinationsbussole, deren sich die Seefahrer bedienen, ist unter dem Namen des Compasses bekannt.

Was nun die Größe der magnetischen Declination betrifft, so ändert sich dieselbe von einem Ort der Erdoberfläche zum anderen. So beträgt z. B. gegenwärtig die westliche Declination für München 15° 35,5′; westlich von München nimmt sie zu, östlich von München nimmt sie ab; sie wird Null im Uralgebirge, um in Sibirien in eine östliche Declination überzugehen. Auf den Verlauf der Linien gleicher Declination werden wir im 6. Buche zurückkommen.

Die Erscheinungen der magnetischen Declination beweisen, daß der ganze Erdkörper sich wie ein großer Magnet verhält, und zwar lassen sie sich der Art nach aus der Vorstellung ableiten, daß im Inneren der Erde ein mächtiger Magnetstab AB, Fig. 362 (a. f. S.), enthalten sei, dessen Axe nicht mit der Umdrehungsaxe NS der Erde zusammenfällt. Denken wir uns die Axe des hypothetischen Erdmagnets verlängert, so trifft sie die Erdoberfläche in den beiden Punkten MN und MS, welche die magnetischen Pole der Erde sind.

Der Magnetismus des Pols A ist gleichnamig mit dem des Südpols, der Magnetismus von B ist gleichnamig mit dem des Nordpols unserer Magnetnadeln.

Denken wir uns nun in irgend einem Punkte der Erdoberfläche, etwa in a (oder in $b, c, d \ldots g$) eine Declinationsnadel aufgestellt, so muß sie sich nothwendig in die durch a (oder $b, c, d \ldots g$) und die Axe des Erdmagnets gelegte Ebene einstellen; der durch a (oder $b, c, d \ldots g$) und die magnetischen Erdpole MN und MS gelegte größte Kreis ist also der magnetische Meridian des Punktes a (oder $b, c, d \ldots g$) und dieser macht einen Winkel mit dem durch eine punktirte Linie angedeuteten astronomischen Meridian NaS (oder $NbS \ldots NgS$).

Auf der ganzen vorderen Hälfte der in Fig. 362 dargestellten Erdkugel ist die Declination eine westliche. Auf dem größten Kreise *NOSW*, welcher durch die Umdrehungsaxe *NS* der Erde und ihre magnetische Axe gelegt ist, fällt der magnetische Meridian mit dem astronomischen zusammen, hier ist also die Declination gleich Null, während sie auf der hinteren, dem Beschauer der Fig. 362 abgewendeten Hälfte der Erdkugel eine östliche sein muß.

Fig. 362.

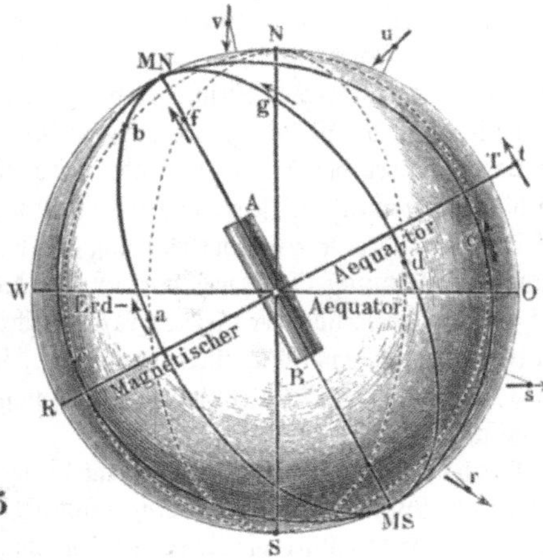

So giebt uns also die durch Fig. 362 veranschaulichte Hypothese wenigstens ein ungefähres Bild der Wirkungen des Erdmagnetismus auf die horizontale Magnetnadel.

185 **Magnetische Inclination.** Die Magnetnadeln, welche wir bisher betrachtet haben, sind in einer Weise aufgehängt, daß sie sich nur in einer horizontalen Ebene, also um eine verticale Axe drehen können. Sowohl bei der in Fig. 350 als auch bei der in Fig. 359 dargestellten Aufhängung ist die horizontale Stellung dadurch gesichert, daß der Schwerpunkt der Nadel unter dem Aufhängepunkte liegt. Sobald man aber eine Magnetnadel in ihrem Schwerpunkte selbst aufhängt, so bleibt sie nicht mehr wagerecht stehen, sondern sie macht einen Winkel mit der Horizontalen, welcher den Namen der Inclination führt.

Der Fig. 363 abgebildete Apparat ist sehr geeignet, die Inclination der Magnetnadel zu zeigen. In einem Rahmen von Messing, welcher an einem Faden aufgehängt ist, befindet sich eine sehr leicht bewegliche horizontale Axe *ab*, welche durch den Schwerpunkt einer Magnetnadel geht. Man sieht, daß eine so aufgehängte Magnetnadel sich um eine verticale und um eine horizontale Axe drehen und also dem richtenden Einflusse der Erde ganz frei folgen kann. Die Nadel stellt sich nun so, daß ihre Längenaxe in den magnetischen Meridian fällt: bei uns, wie in ganz Europa, senkt sich aber das Nordende der Inclinationsnadel.

Wenn die Inclinationsnadel in einem getheilten Verticalkreise, dessen Ebene mit der Umdrehungsebene der Nadel zusammenfällt, angebracht ist, wie Fig. 364, so kann man auf diesem Kreise die Größe der Inclination ablesen, wenn man dafür sorgt, daß die Ebene des Verticalkreises genau in den magnetischen Meridian fällt.

Solche Apparate, welche dazu dienen, die Inclination zu messen, heißen Inclinatorien oder Inclinationsbussolen.

Für München beträgt gegenwärtig die magnetische Inclination ungefähr 64° 40′. Von hier aus nimmt die Inclination nach Norden hin zu und auf dem magnetischen Nordpol der Erde muß sich die Inclinationsnadel ganz senkrecht stellen, die Inclination muß 90° werden. Capitän Roß hat den magnetischen Nordpol der Erde selbst erreicht; er fand ihn unter 70° 5′ nördlicher Breite (also fast 20° vom Nordpol der Erde entfernt) und 263° 14′ östlich von Greenwich, auf der Insel Melville im Norden von Amerika.

Fig. 363.

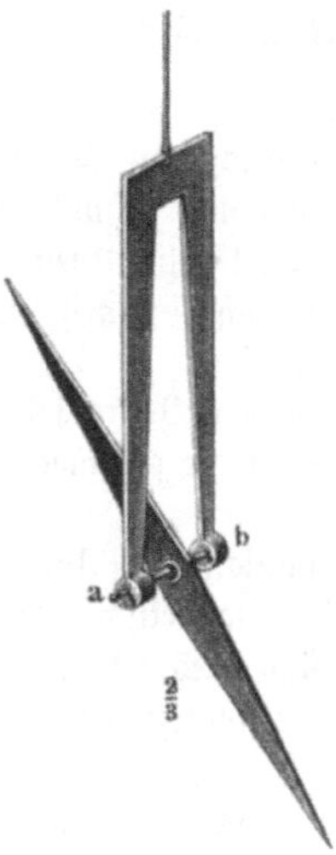

Fig. 364.

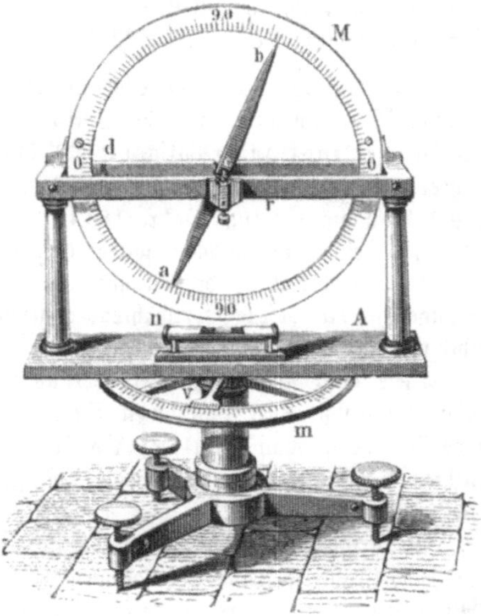

In höheren Breiten wird die Inclination so bedeutend und in Folge dessen der horizontale Theil des Erdmagnetismus so gering, daß der Compaß für die Seefahrer seine Brauchbarkeit verliert.

Geht man von Deutschland aus nach Süden, so nimmt die Inclination mehr und mehr ab, und in der Aequatorialzone kommt man zu einem Punkte, wo die Inclination Null ist, wo also die Inclinationsnadel vollkommen wagerecht steht. Geht man noch weiter nach Süden, so beobachtet man abermals eine Inclination, aber eine entgegengesetzte; es ist nun das nach Süden gekehrte Ende, welches sich tiefer stellt. Diese Inclination nimmt nun ebenfalls mit der südlichen Breite zu. In der Nähe des Südpols der Erde giebt es demnach einen zweiten Punkt, an welchem sich die Inclinationsnadel völlig vertical stellt, und dies ist der magnetische Südpol der Erde.

In welcher geographischen Länge man auch die Aequatorialzone passiren mag, so wird man doch immer einen Punkt finden, wo die Inclinationsnadel wagerecht steht. Diese Orte ohne Inclination bilden um die ganze Erde eine Curve, welche man den magnetischen Aequator nennt.

Die durch Fig. 362, S. 340 erläuterte Hypothese eines Erdmagnets erklärt auch wenigstens der Art nach die Erscheinungen der magnetischen Inclination. An einem Orte *T* der Erdoberfläche, welche gleich weit von *A* und *B* entfernt ist, muß sich die Inclinationsnadel horizontal stellen, weil beide Pole des Erdmagnets gleich stark auf sie wirken, *T* ist also ein Punkt des magnetischen Aequators. Je mehr man sich von *T* aus dem magnetischen Erdpol *MN* nähert, desto mehr überwiegt die Wirkung des Poles *A* auf die Nadel, desto mehr wird sich also ihr Nordende senken müssen, wie dies bei *u* und *v* angedeutet ist, während sich südlich vom magnetischen Aequator, etwa in *s* und *r*, das Südende der Nadel senken muß, weil hier die Wirkung des Poles *B* überwiegt.

186 **Varitionen der Declination und Inclination.** Die Declination ist ebenso wenig wie die Inclination unveränderlich; im Jahre 1580 war die Declination zu Paris 11° 30′ östlich; sie nahm nun ab und war im Jahre 1663 gleich Null; von dieser Zeit an wurde die Declination westlich und wuchs beständig bis zum Jahre 1814, wo sie ihr westliches Maximum von 22° 34′ erreichte, um alsdann wieder kleiner zu werden.

Die Inclination der Magnetnadel hat zu Paris vom Jahre 1671, wo sie ungefähr 75° betrug, fortwährend abgenommen, so daß sie gegenwärtig daselbst ungefähr 66° 40′ beträgt.

Diese ganz allmäligen Veränderungen der Declination und Inclination, welche die Folge einer langsamen Ortsveränderung der magnetischen Pole der Erde sind, nennt man seculare Variationen; es sind dies jedoch nicht die einzigen Veränderungen, welchen die Richtung der Declinationsnadel unterworfen ist.

Wenn man die Declinationsnadel aufmerksam beobachtet, so findet man, daß sie fortwährend kleine Oscillationen macht, indem sie sich bald östlich, bald westlich von ihrer mittleren Lage entfernt; diese Schwankungen sind bald mehr regelmäßig und periodisch, bald mehr zufällig und plötzlich. Erstere sind die täglichen Variationen, letztere nennt man Störungen.

Im Allgemeinen bewegt sich das Nordende der Nadel vom Sonnenaufgange an nach Westen und beginnt dann von 5 Uhr Abends an seinen Rückweg.

Die Amplitude der täglichen Variationen, d. h. der Winkel zwischen dem östlichsten und westlichsten Stande, ist veränderlich; sie ist manchmal nur 5 bis 6 Minuten, manchmal aber beträgt sie auch fast $^1/_2$ Grad.

Auch die Inclination ist solchen täglichen Variationen unterworfen.

Sehr starke unregelmäßige Schwankungen, die oft mehr als einen Grad betragen, macht die Declinationsnadel, wenn sich ein Nordlicht am Himmel zeigt.

Erdbeben und vulcanische Eruptionen scheinen auch auf die Magnetnadel zu wirken, und manchmal haben sie eine bleibende Veränderung ihrer Lage zur Folge.

187 **Intensität des Erdmagnetismus.** Wenn eine Inclinationsnadel aus ihrer Gleichgewichtslage herausgebracht wird, so strebt der Erdmagnetismus, sie wieder in dieselbe zurückzuführen; wenn man aber die Nadel ganz und gar sich selbst überläßt, so kommt sie erst nach einer Reihe von Schwingungen zur Ruhe. Die Zeit, welche zu einer jeden dieser Schwingungen nöthig ist, hängt ab von der Masse der Nadel, von der Stärke des in ihr entwickelten Magnetismus und von der Stärke des Erdmagnetismus. Eine und dieselbe

Nadel wird also schneller oscilliren, wenn der Erdmagnetismus stärker auf sie einwirkt.

So hat man denn ein Mittel, die Stärke des Erdmagnetismus an verschiedenen Orten der Erde mit einander zu vergleichen; man hat nur zu beobachten, wie viel Oscillationen in einer bestimmten Zeit, etwa in 5 Minuten, eine und dieselbe Inclinationsnadel an verschiedenen Orten macht, und kann so nach dieser Beobachtung leicht berechnen, wie sich die Stärke des Erdmagnetismus an dem einen Orte zu der am anderen Orte verhält; denn die Intensitäten des Erdmagnetismus verhalten sich wie die Quadrate der in gleichen Zeiten gemachten Schwingungszahlen.

Die Beobachtung der Oscillationen einer Inclinationsnadel kann nie sehr genaue Resultate geben, und deshalb sind die Schwingungsversuche mit horizontalen Nadeln oder Stäben vorzuziehen. Die Kraft, welche die Declinationsnadel oscilliren macht, ist nur ein Theil und zwar die horizontale Seitenkraft der ganzen, in der Richtung der Inclinationsnadel wirkenden magnetischen Erdkraft; wenn aber die horizontale Intensität und die Größe der Inclination bekannt ist, so kann man leicht die totale Intensität berechnen.

Fig. 365.

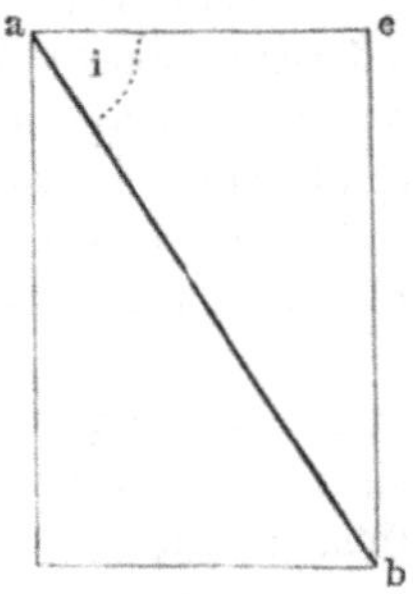

Es stelle nämlich ab die Größe und Richtung der ganzen magnetischen Erdkraft dar, die wir mit I bezeichnen wollen und welche einen Winkel i mit der Horizontalen macht, so ist ihre horizontale Seitenkraft ac, welche wir mit I_h bezeichnen wollen:

$$I_h = I . \cos i.$$

Wenn $i = 0$, so fällt die Richtung der erdmagnetischen Kraft in eine horizontale Ebene; es ist dies bekanntlich auf dem magnetischen Aequator der Fall; hier ist die horizontale Intensität der ganzen Intensität gleich. Ueberhaupt wird der horizontale Antheil der magnetischen Erdkraft um so größer, je mehr man sich dem magnetischen Aequator nähert; an den magnetischen Polen der Erde, wo die Inclinationsnadel vertical steht, ist der horizontale Antheil der magnetischen Erdkraft gleich Null.

Wenn man die Resultate der Intensitätsbestimmungen zusammenstellt, welche an verschiedenen Orten der Erdoberfläche gemacht worden sind, so ergiebt sich das allgemeine Resultat, daß die totale Intensität in der Nähe des magnetischen Aequators am kleinsten ist, und daß sie von da gegen die Pole hin wächst. In der Nähe der magnetischen Pole ist sie ungefähr 1,5 mal so groß als am Aequator. An einem und demselben Orte ist aber die Intensität auch veränderlich und wie die Declination und Inclination täglichen Variationen unterworfen.

Einfluss des Erdmagnetismus auf das Eisen. Wenn man eine Stange von weichem Eisen, welche 2 bis 3 Fuß lang ist, in die Richtung der Inclinationsnadel hält, so wird sie durch den Einfluß des Erdmagnetismus 188 selbst magnetisch, und zwar wird ihr unteres Ende ein Nordpol, ihr oberes ein Südpol, wie man leicht sehen kann, wenn man eine kleine empfindliche Magnetnadel bald dem oberen, bald dem unteren Ende der Stange nähert. Kehrt man den Stab um, so sind sogleich auch seine Pole umgekehrt, das untere Ende ist wieder ein Nordpol, das obere wieder ein Südpol.

Dieselbe Wirkung, nur etwas schwächer, bringt auch der Erdmagnetismus auf eine vertical hängende Eisenstange hervor, überhaupt auf jede Eisenstange, welchen Winkel sie auch mit der Richtung der Inclinationsnadel macht; nur ist die Wirkung um so geringer, je mehr sie sich von der Richtung der Inclinationsnadel entfernt. Denselben Einfluß äußert der Erdmagnetismus auch mehr oder weniger auf alle Eisenmassen; alles weiche Eisen muß also unter dem Einflusse des Erdmagnetismus einen polaren Magnetismus annehmen, der sich je nach den Umständen deutlicher oder weniger deutlich nachweisen läßt.

Wenn eine Stange von Eisen durch den vertheilenden Einfluß des Erdmagnetismus selbst zum Magneten gemacht ist, so reichen einige Schläge mit dem Hammer hin, um den Magnetismus zu fixiren und die Stange zu einem bleibenden Magneten zu machen; durch das Schlagen wird also dem Eisen eine Coërcitivkraft ertheilt, welche hindert, daß die durch den Einfluß der Erde im Eisen erzeugte magnetische Polarität sich wieder verliert. Dadurch erklärt sich auch, daß fast alle Werkzeuge in der Werkstatt eines Schlossers Magnete sind.

Es scheint, daß auch chemische Veränderungen ähnlich wirken wie mechanische Erschütterungen, um den durch die Erde erzeugten Magnetismus des Eisens zu fixiren; denn man findet, daß Eisenstangen, welche längere Zeit vertical standen und in dieser Stellung rosteten, einen bleibenden Magnetismus erhalten haben.

Wenn man einen Hufeisenmagnet in Eisenfeile taucht, so hängt sich zwischen den Polen ein Bündel derselben an; wenn man sie nun mit etwas Wasser befeuchtet und dann mittelst der Löthrohrflamme zum Glühen erhitzt, während sie noch immer dem vertheilenden Einflusse des Magnets ausgesetzt sind, so geht eine theilweise Oxydation des Eisens vor sich; man erhält eine ziemlich compacte Masse, deren Zusammensetzung der der natürlichen Magnete ähnlich ist und welche ebenfalls bleibenden Magnetismus zeigt.

189 **Abnahme der magnetischen Effecte mit der Entfernung.** Nachdem wir die magnetische Wirkung der Erde kennen gelernt haben, können wir nun auch untersuchen, nach welchem Gesetze die Stärke der magnetischen Anziehungen und Abstoßungen mit wachsender Entfernung abnimmt. Es läßt sich wohl von vornherein vermuthen, daß die magnetischen Wirkungen, wie alle anderen von einem Punkte ausgehenden Wirkungen, im umgekehrten Verhältnisse des Quadrates der Entfernung stehen, d. h. daß in 2-, 3-, 4mal größerer Entfernung die Wirkung eines einzelnen Magnetpoles 4mal, 9mal, 16mal kleiner ist. Bezeichnen wir mit c die Wirkung, welche ein Magnetpol auf die Entfernung 1 ausübt, so ist demnach die Wirkung v, welche er auf die Entfernung r ausübt:

$$v = \frac{c}{r^2},$$

oder auch

$$v r^2 = c,$$

d. h. für einen und denselben Magnetpol ist das Product vr^2 eine constante Größe.

Wenn man dies Gesetz durch den Versuch prüfen will, so begegnet man der Schwierigkeit, daß eben jeder Magnet zwei Pole hat, daß also die Wirkung eines jeden Poles durch die des andern modificirt wird. Um diesen Uebelstand möglichst zu beseitigen, muß man mit Magnetstäben experimentiren, die so lang sind, daß die Wirkung des zweiten Pols auf einen in der Nähe des ersten befindlichen Punkt fast unmerklich ist. Am einfachsten läßt sich der Versuch in folgender Weise anstellen:

Auf die Mitte eines getheilten Stabes von 14 bis 20 Decimeter Länge, welcher rechtwinklig zum magnetischen Meridian liegt, wird eine kleine Bussole aufgesetzt, deren Nadel sich auf den Nullpunkt der Bussolentheilung einstellt, so lange nur der Erdmagnetismus auf dieselbe einwirkt.

Nähert man nun aber von der Seite her der Bussole einen langen dünnen Magnetstab ab, Fig. 366, so erfolgt eine Ablenkung der Nadel, welche aber, wenn

Fig. 366.

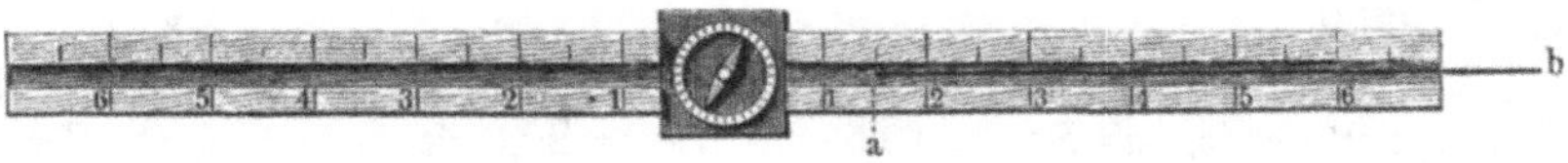

der Magnet ab mindestens 1 Meter lang ist, nur von dem genäherten Pole a herrührt, weil die Einwirkung des Poles b auf die Nadel fast unmerklich ist. Ein Maß für die Wirkung v des Magnetpols a ist aber die Tangente des Ablenkungswinkels u, d. h. es ist $v = tang u$. Für den Magnet ab wurde ein 1 Meter langer, 1½ Millimeter dicker, normal magnetisirter Stahldraht benutzt. Er wurde so gelegt, daß der Reihe nach die Ablenkung u gerade 2, 4, 8 Grad betrug und für jede dieser Ablenkungen die entsprechende Entfernung r des Magnetpols a von der Mitte der Nadel gemessen. Folgendes sind die zusammengehörigen Werthe von v und r, welche der Versuch ergab

u	$v = tang\, u$	r		$v r^2$
2^0	0,0349	3,12	Decimeter	0,339
4^0	0,0699	2,21	"	0,341
8^0	0,1405	1,54	"	0,332

Diese Werthe des Productes vr^2 sind aber so nahe gleich, daß diese Versuche in der That eine Bestätigung des oben ausgesprochenen Gesetzes liefern.

Weber hat diesen Satz auf indirectem Wege bewiesen, indem er nicht die Wirkung eines einzelnen Poles, sondern die Wirkung des ganzen Magnets in größerer Entfernung untersuchte. Er hat gezeigt, daß wenn ein Magnetstab klein ist im Vergleiche mit der Entfernung, auf welche er wirkt, die Totalwirkung desselben im umgekehrten Verhältnisse der dritten Potenz der Entfernung abnehmen muß, wenn die Wirkung eines einzelnen Poles wirklich im umgekehrten Verhältnisse des Quadrates der Entfernung steht.

In Fig. 367 sei NS ein Magnetstab von 1 Decimeter Länge, dessen Mitte 10 Decimeter westlich vom Mittelpunkte der kleinen Magnetnadel ns entfernt ist. Die Magnetnadel sei so klein, daß die Länge Ss nicht merklich größer ist, als die Entfernung von S bis zur Mitte der Nadel, so ist $Ss = 9{,}5$ Decimeter und Ns ist 10,5 Decimeter.

Fig. 367.

Bezeichnet man mit 1 die Kraft, mit welcher sich die Pole S und s in der Entfernung von 1 Decimeter abstoßen, so ist jetzt die abstoßende Kraft $\frac{1}{9{,}5^2} = \frac{1}{90{,}25}$, wenn die Wirkung des Poles im umgekehrten Verhältnisse des Quadrates der Entfernung steht. Aus derselben Voraussetzung ergiebt sich für die anziehende Wirkung zwischen den Polen N und s der Werth $\frac{1}{10{,}5^2} = \frac{1}{110{,}25}$; die Totalwirkung, welche der Magnet NS auf s ausübt, ist also $\frac{1}{90{,}25} - \frac{1}{110{,}25}$ $= \frac{20}{9950}$.

Bringt man den Magnet in die doppelte Entfernung von der Nadel, d. h. legt man ihn so, daß $Ss = 19{,}5$ und $Ns = 20{,}5$ ist, so muß nun die Totalwirkung des Magnets NS auf den Pol s sein:

$$\frac{1}{19{,}5^2} - \frac{1}{20{,}5^2} = \frac{1}{380{,}25} - \frac{1}{420{,}25} = \frac{40}{159800}.$$

Wenn man also die Mitte des Magnetstabes aus der Entfernung von 10 Decimeter in die Entfernung von 20 Decimeter bringt, so muß seine Wirkung im Verhältnisse von $\frac{20}{9950}$ zu $\frac{40}{159800}$ abnehmen. Es ist aber

$$\frac{20}{9950} : \frac{40}{159800} = \frac{15980}{1990} = 8;$$

in der doppelten Entfernung ist also die Totalwirkung des Magnets 8mal schwächer, 8 aber ist die dritte Potenz von 2.

Was hier an einem speciellen Beispiele gezeigt wurde, läßt sich auch allgemein beweisen; es läßt sich allgemein darthun, daß die Totalwirkung eines Magnets im umgekehrten Verhältnisse der dritten Potenz der Entfernung stehen muß, wenn die Wirkung der einzelnen Pole im umgekehrten Verhältnisse des Quadrates der Entfernung steht, vorausgesetzt, daß die Dimensionen des Stabes und der Nadel klein genug sind im Vergleich zu ihrer gegenseitigen Entfernung.

Bezeichnen wir also mit γ die Wirkung eines kurzen Magnetstabes auf die Entfernung 1, so ist seine Wirkung φ auf die Entfernung r:

$$\varphi = \frac{\gamma}{r^3}, \text{ also auch } \varphi r^3 = \gamma,$$

d. h. für einen und denselben Magnetstab ist φr^3 eine constante Größe (vorausgesetzt, daß r groß ist gegen die Länge des Magnetstabes).

Zur experimentellen Bestätigung dieses Satzes kann man die schon auf S. 345 besprochene Vorrichtung gebrauchen, wenn man statt des magnetischen Drahtes *ab* ein kurzes Magnetstäbchen *ns*, Fig. 368, östlich oder westlich von der

Fig. 368.

Bussole auf den getheilten Stab auflegt. Mit einem 1 Decimeter langen, 1 Centimeter dicken und ebenso breiten Magnetstab wurden folgende zusammengehörige Werthe von r (Entfernung der Mitte des Magnetstabes von der Mitte der Bussole) und u (Ablenkung der Bussolennadel) beobachtet:

r	u	$\varphi = tang\, u$	φr^3
6 Decimeter	2,1°	0,0367	7,93
5 „	3,8°	0,0664	8,05
4 „	7,2°	0,1263	8,08

Das oben abgeleitete Gesetz über die Totalwirkung eines Magnetstabes in die Ferne findet also durch diese Versuche seine volle Bestätigung.

Zweites Capitel.

Von der Reibungselektricität.

190 **Erregung der Elektricität durch Reiben.** Wenn man mit Wollen- oder Seidenzeug einen Glasstab, eine Porzellanröhre, eine Stange Schwefel oder Siegellack, ein Stück Bernstein, Gutta-Percha u. s. w. reibt, so erlangen diese Körper sogleich die merkwürdige Eigenschaft, leichte Gegenstände, wie Papierschnitzel, Kügelchen von Hollundermark u. s. w., anzuziehen.

Wenn man Kügelchen von Hollundermark auf einen Tisch oder noch besser auf eine Metallplatte legt und dann eine geriebene Glas- oder Harzstange darüber hält, so sieht man, wie die Kügelchen nach derselben hinfliegen, Fig. 369, und, nachdem sie die Stange berührt haben, wieder von derselben abgestoßen werden. Die Kraft, welche diese Erscheinung bewirkt, wird mit dem Namen der Elektricität bezeichnet.

Fig. 369.

Noch empfindlicher zur Nachweisung der elektrischen Wirkungen geriebener Körper, als das eben beschriebene Verfahren, ist das elektrische Pendel, Fig. 370, welches im Wesentlichen aus einem an einem leinenen Faden aufgehängten Kügelchen von Hollundermark oder Sonnenblumenmark besteht; wenn man diesem Kügelchen eine geriebene Glas- oder Harzstange nähert, so zeigt sich die Anziehung schon auf ziemliche Entfernung.

Mit Hülfe des elektrischen Pendels läßt sich zeigen, daß alle oben schon genannten Substanzen durch Reiben stark elektrisch werden; Edelsteine, Holz,

Kohle geben selten Spuren von Anziehung; Metalle endlich scheinen auf den ersten Anblick durch Reiben gar nicht elektrisch gemacht werden zu können, denn man mag einen Metallstab, den man in den Händen hält, noch so stark reiben, so erhält man an diesem Apparate auch nicht die mindesten Spuren von Anziehung. Man zerfällte danach alle Körper in zwei große Classen: in solche, welche durch Reiben elektrisch werden, und solche, welche diese Eigenschaft nicht haben. Erstere nannte man idioelektrische, letztere anelektrische Körper.

Fig. 370.

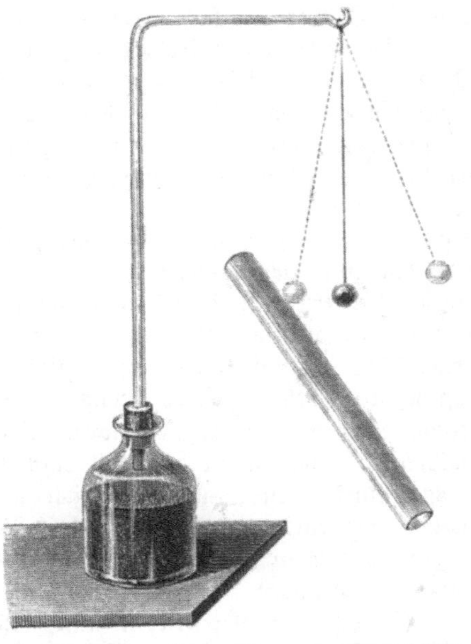

Diese Eintheilung beruht jedoch auf einer irrigen Ansicht; denn man hat gefunden, daß alle Körper, selbst Metalle, durch Reiben elektrisch gemacht werden können, und wenn man bei vielen durch Reiben keine Spur von Elektricität erhalten kann, so liegt die Ursache davon in anderen Umständen, die wir bald näher werden kennen lernen.

Leiter und Nichtleiter. Ein englischer Physiker, Gray, fand im Jahre 1727, daß auch Metalle den elektrischen Zustand annehmen können, und zwar auf folgende Weise. Das eine Ende einer offenen Glasröhre war mit einem Korke verstopft und in diesem steckte ein Metallstäbchen; wurde nun die Röhre gerieben, so zeigte sich alsbald auch das Metallstäbchen elektrisch: ein Beweis, daß es die Elektricität aufzunehmen und fortzupflanzen vermag. Dieselbe Eigenschaft haben aber alle anelektrischen Körper; man nannte sie deshalb Leiter der Elektricität. Die idioelektrischen Körper dagegen sind keine Leiter; denn wenn man z. B. einen Glasstab durch Reiben an einem Ende elektrisch macht, so zeigt das andere Ende keine Anziehung. 191

Man kann diese Fundamentalwahrheit sehr gut mit Hülfe der Elektrisirmaschine nachweisen, welche wir, ohne noch ihre Einrichtung zu kennen, doch vor der Hand schon als Mittel anwenden können, um Elektricität zu entwickeln. Der Conductor der Maschine ist ein metallischer Körper, welcher elektrisch gemacht wird. Wenn man mit dem in den elektrischen Zustand versetzten Conductor einen an Seidenschnüren aufgehängten oder einen durch einen Glasfuß getragenen Metallkörper in Berührung bringt, so wird das Metall seiner ganzen Ausdehnung nach elektrisch; sobald man es aber durch irgend einen guten Leiter mit dem Boden in Verbindung setzt, verschwindet alle Elektricität augenblicklich.

Es geht daraus auch hervor, daß die Seidenfäden sowohl wie der Glasstab Nichtleiter der Elektricität, daß sie Isolatoren sind. Ein Leiter der Elektricität kann also nur so lange elektrisch bleiben, als er isolirt, d. h. von lauter Nichtleitern umgeben ist. Auch die Luft ist ein Isolator, denn sonst würde die Elektricität von dem Metalle augenblicklich durch die Luft abgeführt werden.

Wasser und Wasserdampf sind gute Leiter, deshalb verliert sich die Elektricität, welche auf einem isolirten Leiter bei trockner Luft lange haftet, sehr schnell, wenn die Luft feucht ist.

Auch der menschliche Körper ist ein guter Leiter. Wenn man, auf dem Boden stehend, den Conductor der Elektrisirmaschine anfaßt, so wird alle Elektricität, welche durch das Drehen derselben erzeugt wird, sogleich abgeführt; wenn man aber auf einem schlechten Leiter, etwa auf einem Harzkuchen oder auf einem sogenannten Isolirschemel, Fig. 371, d. h. auf einem durch Glasfüße getragenen Brette, steht, so wird der ganze Körper elektrisch. Man sieht jetzt auch ein, warum eine Metallstange, die man in der Hand hält, durch Reiben nicht elektrisch wird; alle Elektricität nämlich, welche man durch das Reiben auf dem Metalle erzeugt, wird sogleich durch den menschlichen Körper wieder abgeführt.

Fig. 371.

Die besten Isolatoren werden Leiter, wenn sich Wasserdampf auf ihnen niederschlägt. Es ist deshalb für den Erfolg elektrischer Versuche von der größten Wichtigkeit, Glasfüße, Harzstangen u. s. w., welche einen Leiter isoliren sollen, durch Erwärmen und Reiben gehörig trocken zu machen.

Statt die Körper in Leiter und Nichtleiter einzutheilen, müßte man sie, um genauer zu reden, gute oder schlechte Leiter nennen, denn absolute Nichtleiter giebt es nicht. Schellack, überhaupt Harze, Seide und Glas sind die schlechtesten Leiter, die es giebt; die Metalle hingegen sind die besten Leiter.

192 **Die beiden Arten der Elektricität.** Nähert man einem einfachen elektrischen Pendel, Fig. 360, dessen Kügelchen an einem Seidenfaden aufgehängt ist, eine geriebene Glas- oder Schellackstange, so wird das Hollundermarkkügelchen angezogen, wenn auch bei Weitem nicht so stark, als wenn es an einem leinenen Faden hinge. Nachdem es aber mit dem elektrischen Körper in Berührung gekommen ist, wird es von demselben kräftig abgestoßen. Diese Repulsion rührt von der Elektricität her, welche dem Kügelchen durch die Berührung mit der Stange mitgetheilt worden ist; denn wenn man es mit der Hand berührt und es dadurch wieder auf seinen natürlichen Zustand zurückführt, wird es von Neuem angezogen und nach der Berührung abermals abgestoßen. Daß das abgestoßene Kügelchen wirklich elektrisch ist,

geht auch daraus hervor, daß es selbst von Leitern, die sich im natürlichen Zustande befinden, angezogen wird.

Wenn das isolirt aufgehängte Korkkügelchen durch Berührung mit der Glasstange elektrisch gemacht worden ist und von der Glasstange abgestoßen wird, so wird es von der Harzstange angezogen und umgekehrt.

Sehr schön läßt sich die gegenseitige Abstoßung gleichnamig elektrisirter Körper mittelst zweier Streifen von Pyroxylinpapier zeigen. Wenn dieselben aufgehängt sind, wie Fig 372 zeigt, und man sie dann nur ein paar mal zwischen den Fingern durchzieht, so werden sie so elektrisch, daß sie stark divergiren. Ein einzelner Streifen der Art, welchen man zwischen den Fingern durchgezogen und dadurch elektrisch gemacht hat, ist ein vortreffliches Elektroskop; er wird von einer geriebenen Siegellackstange sowie von allen negativ elektrischen Körpern abgestoßen, das durch Reibung mit den Fingern elektrisch gemachte Pyropapier ist also negativ elektrisch.

Fig. 372.

Die beiden Elektricitäten hat man mit dem Namen der Glaselektricität und der Harzelektricität bezeichnet. Die Glaselektricität wird auch die positive, die Harzelektricität die negative genannt. Die Entdeckung der beiden verschiedenen Elektricitäten wurde von Dufay im Jahre 1773 gemacht.

Nach dieser Bezeichnung läßt sich nun die obige Thatsache in folgender Weise aussprechen: Zwischen einem positiv elektrischen und einem negativ elektrischen Körper findet Anziehung statt; zwei gleichartig elektrische Körper dagegen stoßen sich gegenseitig ab.

Elektrische Fluida. Was eigentlich das Agens sei, welches die elektrischen Anziehungs- und Abstoßungserscheinungen hervorbringt, ist uns vor der Hand noch unbekannt. Um aber eine klare Uebersicht der elektrischen Erscheinungen und ihres Zusammenhanges geben zu können, ist es unumgänglich nothwendig, sich irgend eine Hypothese über das Wesen der Elektricität zu bilden. 193

Die zweckmäßigste, fast allgemein angenommene elektrische Hypothese ist nun die, daß es zwei verschiedene elektrische imponderabele Fluida gebe (positiv elektrisches Fluidum und negativ elektrisches Fluidum), welche ein ähnliches Verhalten gegen einander zeigen, wie wir es bei den hypothetischen magnetischen Flüssigkeiten kennen lernten, d. h. Theilchen gleichnamiger elektrischer Flüssigkeit stoßen einander ab, ungleichnamige Fluida ziehen einander an.

Ein Körper befindet sich im natürlichen, elektrisch neutralen Zustande, wenn gleiche Quantitäten beider Fluida gleichförmig über seine ganze Masse verbreitet sind, wenn sich also die beiden elektrischen Fluida, welche der Körper enthält, gegenseitig neutralisiren.

Ein Körper ist elektrisch, wenn er einen Ueberschuß an positivem oder negativem Fluidum enthält.

Zwischen den elektrischen und magnetischen Flüssigkeiten findet jedoch ein wesentlicher Unterschied statt: die elektrischen Fluida können nämlich von einem Körper zum andern übergehen, während die magnetischen Fluida als an die einzelnen Eisenpartikelchen gebunden zu betrachten sind und nicht von einem Eisenstabe zu einem andern, oder nur von einem Eisentheilchen zu einem benachbarten übergehen können.

Wenn durch Reiben zweier Körper an einander überhaupt Elektricität entwickelt wird, so werden beide Elektricitäten in gleichem Maße frei. Wenn der geriebene Körper positiv elektrisch wird, so wird das Reibzeug negativ und umgekehrt. Man kann dies am einfachsten dadurch zeigen, daß man einen Glasstab mit einer Platte von etwas dickem vulcanisirten Kautschuk reibt, wie dies in Fig. 373 angedeutet wird; nähert man die geriebene Seite der Kautschukplatte einem negativ elektrischen Streifen von Pyropapier, so wird derselbe abgestoßen, die Kautschukplatte ist also negativ elektrisch, während der Glasstab sich als stark positiv elektrisch erweist.

Fig. 373.

Da ein Körper in seinem natürlichen Zustande die beiden E in gleichem Maße enthält, so giebt es keinen Grund anzunehmen, daß er besonders geeignet sei, vorzugsweise die eine aufzunehmen und zurückzuhalten; er kann also auch durch Reiben bald +, bald — elektrisch werden, je nachdem man ein anderes Reibzeug wählt. Glas z. B. wird, mit Wolle oder Seide gerieben, positiv, mit einem Katzenpelze gerieben, negativ elektrisch. Um die Elektricität genau zu bezeichnen, muß man also sagen: die + E ist diejenige, welche das Glas durch Reiben mit Wolle oder

Seide annimmt, die — *E* hingegen diejenige, welche das Harz annimmt, wenn man es mit einem Katzenfelle oder mit Wolle reibt.

Elektrische Vertheilung. Wir haben gesehen, daß jede der elektrischen Flüssigkeiten die gleichnamige abstößt und die ungleichnamige anzieht. 194
Diese Anziehung und Abstoßung äußert sich aber nicht allein auf die schon zersetzten Flüssigkeiten, sondern auch auf die noch verbundenen, und daher kommt es, daß die verbundenen Elektricitäten eines Leiters, der sich im natürlichen Zustande befindet, durch die Annäherung eines elektrischen Körpers von einander getrennt, daß also der Körper durch Vertheilung elektrisch wird.

Es läßt sich dies dadurch nachweisen, daß man einen isolirten Leiter *ab*, Fig. 374, in der Nähe eines isolirten Leiters *R* (etwa des Conductors der Elek-

Fig. 374.

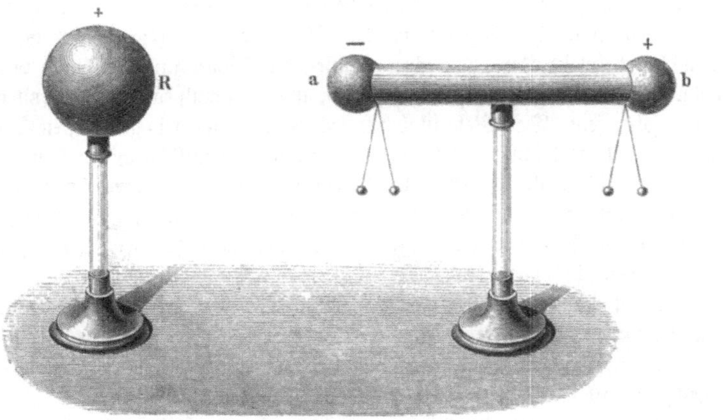

trisirmaschine) aufstellt und dann diesem Leiter *R* eine elektrische Ladung ertheilt. Ist *R* mit positiver Elektricität geladen, so wird die Elektricität auf *ab* in der Weise vertheilt, daß sich die von *R* angezogene negative Elektricität vorzugsweise bei *a* anhäuft, während die abgestoßene positive Elektricität auf die vom *R* abgewendete Seite getrieben und vorzugsweise bei *b* angehäuft wird.

Um die bei *a* und *b* durch die vertheilende Wirkung des elektrischen Körpers *R* frei werdende Elektricität nachzuweisen, bringt man nahe an den beiden Enden des isolirten Leiters elektrische Doppelpendel an (an leinenen Faden hängende Hollundermarkkügelchen), welche augenblicklich divergiren, sobald *R* elektrisch gemacht wird. Daß in der Nähe von *a* negative Elektricität angehäuft ist (vorausgesetzt, daß man *R* mit positiver Elektricität geladen hat), geht daraus hervor, daß das divergirende Pendelpaar bei *a* von einer geriebenen Harzstange abgestoßen wird, während das bei *b* aufgehängte Pendelpaar von derselben Harzstange angezogen wird.

Wenn man den isolirten Leiter *ab* ableitend berührt, während der elektrische Körper *R* in der Nähe bleibt, so fallen die Pendel bei *b* zusammen, weil alle abgestoßene Elektricität entweicht, die Divergenz der Pendel bei *a* hört aber nicht auf, denn die von *R* angezogene Elektricität kann nicht abgeleitet werden, weil sie durch die anziehende Wirkung, welche *R* auf dieselbe ausübt, bei *a* gleichsam gebunden ist.

Entfernt man nun zunächst die ableitende Berührung und alsdann den vertheilenden Körper *R*, oder entzieht man ihm seine Ladung, so kann sich nun die bis dahin bei *a* gebunden gewesene Elektricität frei über den ganzen Leiter *ab* verbreiten.

Die auf einem Leiter durch Vertheilung frei gewordene Elektricität wird nach Rieß auch als Influenzelektricität bezeichnet.

195 **Das Elektrometer.** Das Princip der elektrischen Vertheilung liefert uns ein treffliches Elektroskop. — Wenn am unteren Ende eines isolirten Metallstabes ein Paar elektrische Pendel hängen, so divergiren sie, wenn man von oben einen elektrischen Körper nähert. Um aus einer solchen Vorrichtung ein brauchbares Elektroskop zu machen, müssen die Pendel zur Abhaltung von Luftströmungen in ein Glasgefäß eingeschlossen, und dann muß das leitende System sorgfältig isolirt sein. Das Metallstäbchen steckt deshalb in einem gefirnißten Glasröhrchen. Die Pendel können aus Strohhalmen oder Metallblättchen u. s. w. bestehen.

Fig. 375 stellt ein Goldblattelektroskop dar. Wird ein solches Instrument mit einem Gradbogen versehen, welcher gestattet, die Divergenz der Pendel zu messen, so erhält man ein Elektrometer. Fig. 376 stellt ein Strohhalmelektrometer dar.

Wenn man einem Elektroskope von oben einen elektrischen Körper, etwa eine geriebene Harzstange *r*, Fig. 375, nähert, so divergiren die Pendel, weil die von *r* abgestoßene Elektricität in die Pendel herabgetrieben, die von *r* angezogene aber in die Platte des Elektroskops heraufgezogen wird.

Wenn man nun die Platte des Elektroskops ableitend berührt, so fallen die Pendel zusammen, weil die von *r* abgestoßene Elektricität entweicht, die von *r* angezogene Elektricität dagegen wird in der Platte des Elektroskops gebunden. Entfernt man nun zunächst die ableitende Berührung und dann den elektrischen Körper *r*, so divergiren die Pendel aufs Neue, das Elektroskop ist nun geladen und zwar mit der dem Vertheiler *r* entgegengesetzten Elektricität.

Ein so geladenes Elektroskop dient dazu, um zu untersuchen, von welcher Natur die Elektricität irgend eines elektrischen Körpers ist. Wenn man nämlich denselben von oben her der Platte des geladenen Elektroskops nähert, so fallen die Pendel zusammen, wenn die Elektricität des genäherten Körpers und diejenige, mit welcher das Elektroskop geladen ist, ungleichnamig sind. Im entgegengesetzten Falle nimmt die Divergenz der Pendel zu.

Wenn man einem geladenen Elektroskope einen nicht elektrischen Leiter nähert, so nimmt die Divergenz der Pendel ebenfalls ab. Es ergiebt sich dies leicht als nothwendige Folge der Gesetze der elektrischen Vertheilung.

Die in §. 190 beschriebenen Anziehungserscheinungen finden durch die Gesetze der elektrischen Vertheilung nun auch ihre Erklärung. Wenn einem

Körper, der sich im natürlichen Zustande befindet, ein elektrischer genähert wird, so werden seine Elektricitäten zerlegt. Dies ist nun auch bei den Korkkügelchen des einfachen elektrischen Pendels der Fall. Ist es an einem Seiden-

Fig. 375.

Fig. 376.

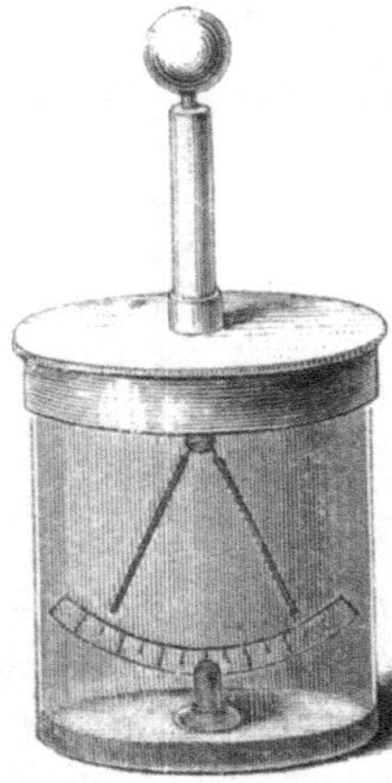

faden aufgehängt, so kann die abgestoßene E nicht aus dem Kügelchen entweichen, sie wird auf die hintere Seite des Kügelchens getrieben, während sich die angezogene auf der Vorderseite anhäuft. Weil aber die angezogene E dem Körper, von welchem die Wirkung ausgeht, näher ist, so ist die Anziehung stärker als die Abstoßung; die Kraft, welche das Kügelchen gegen den elektrischen Körper hintreibt, ist der Differenz dieser beiden entgegengesetzten Kräfte gleich; darum wird auch hier erst bei sehr geringer Entfernung des elektrischen Körpers eine Anziehung erfolgen. Weit energischer ist die Wirkung, wenn das Kügelchen an einem leitenden Faden aufgehängt ist, weil alsdann die abgestoßene E entweichen kann und durch sie die Anziehung nicht geschwächt wird.

Ein Kügelchen von Schellack wird bei Annäherung eines elektrischen Körpers nicht angezogen, weil der genäherte Körper nur sehr schwer Vertheilung in demselben hervorbringen kann.

Der elektrische Funken. Wenn man einem isolirten, mit po- 196
sitiver oder negativer Elektricität geladenen Leiter einen anderen nicht elektrischen Leiter nähert, so geht in dem letzteren, wie wir gesehen haben, eine elektrische

Vertheilung vor sich, deren Stärke mit der Annäherung zunimmt. Es sei z. B. der isolirte Leiter *A*, Fig. 377, mit positiver Elektricität geladen worden und man nähere ihm eine metallische Kugel *B*, so wird sich dieselbe nur mit negativer Elektricität laden, wenn sie mit dem Boden in leitende Verbindung gesetzt ist. Die bei größerer Annäherung zwischen *A* und *B* immer wachsende Anhäufung der entgegengesetzten Elektricitäten auf den einander zugekehrten Stellen der beiden Leiter bewirkt, daß die Anziehung dieser entgegengesetzten Elektricitäten endlich so stark wird, daß eine theilweise Vereinigung derselben schon vor sich geht, ehe noch *A* und *B* in unmittelbare Berührung kommen, indem die isolirende Luftschicht, welche sie noch trennt, durchbrochen wird. Ein solcher Uebergang der entgegengesetzten Elektricitäten von einem Körper zum anderen ist dann stets mit einer Lichterscheinung, dem elektrischen Funken, begleitet, während sich zugleich ein mehr oder minder starkes Knacken hören läßt. Die Erscheinung des elektrischen Funkens wird weiter unten noch näher besprochen werden.

Fig. 377.

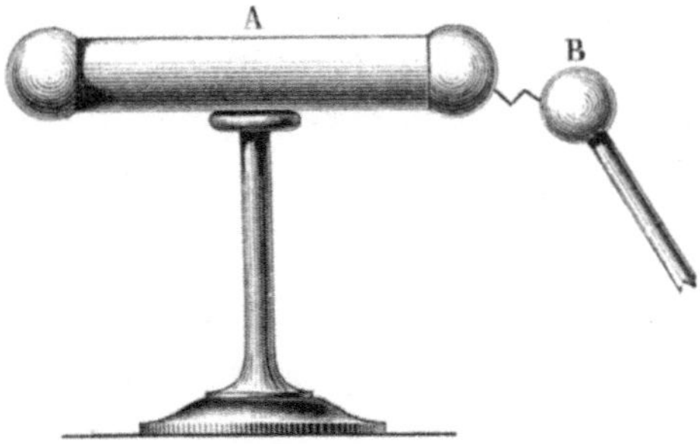

197 **Das Elektrophor** ist einer der wichtigsten elektrischen Apparate und kann in vielen Fällen selbst die Elektrisirmaschine ersetzen. Es besteht aus einem Harzkuchen, welcher in eine metallene Form, gleichsam einen Teller von Metall, gegossen ist, oder, wie Fig. 378 zeigt, aus einem Harzkuchen *a*, den man nur

Fig. 378.

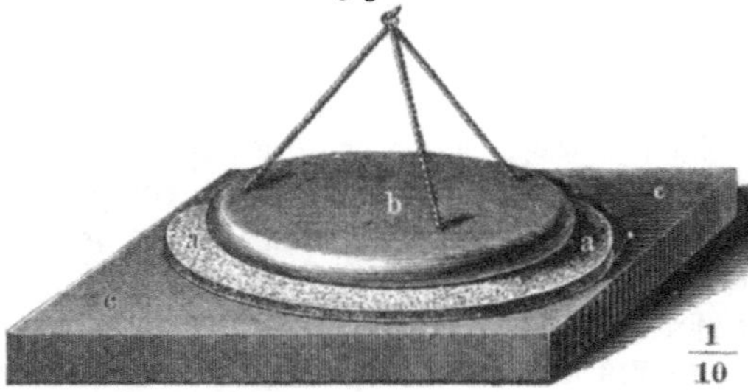

$\frac{1}{10}$

auf eine etwas größere Metallplatte oder ein mit Stanniol überzogenes Brett *c* auflegt. Es ist sehr wesentlich, daß die Oberfläche des Harzkuchens möglichst eben sei. Auf diesen Harzkuchen, dessen Oberfläche durch Schlagen mit einem Fuchsschwanze oder einem Katzenpelze negativ elektrisch gemacht wird, setzt man einen durch isolirende seidene Schnüre getragenen Deckel *b* von Metall platt auf.

Die — *E* des Harzkuchens wirkt vertheilend auf die bis dahin noch verbundenen Elektricitäten im Deckel; die + *E* wird angezogen, die — *E* aber abgestoßen; die + *E* wird sich deshalb im unteren, die — *E* im oberen Theile des Deckels anhäufen, wie Fig. 379 andeutet. Nähert man dem Deckel einen Finger, so springt ein Funken über, und wenn man den Deckel mit dem Finger berührt, so wird alle — *E* sich entfernen und der Deckel bleibt mit + *E* geladen, welche durch die — *E* des Harzkuchens gebunden ist, so lange der Deckel auf demselben liegen bleibt. Hebt man aber den Deckel von dem Kuchen mittelst der isolirenden Schnüre ab, so wird diese + *E* frei, und man kann nun aus dem Deckel einen Funken positiver Elektricität ziehen.

Fig. 379.

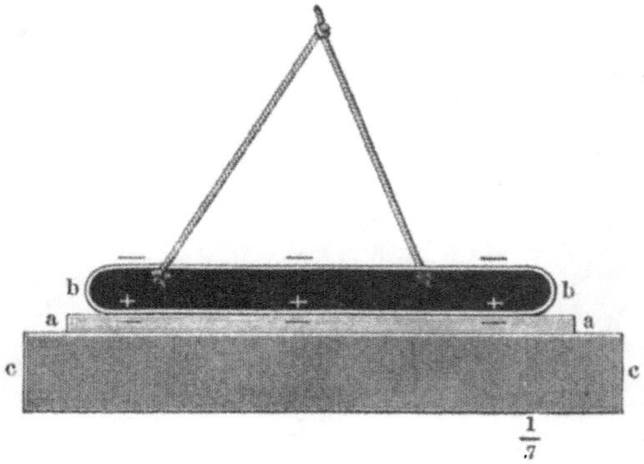

Auch von Gutta-Percha, und namentlich aus Hart- oder Horngummi, der Masse, aus welcher die Kautschukkämme verfertigt werden, lassen sich gute Elektrophorplatten machen.

Ein gutes Elektrophor erhält man auch, wenn man statt des Harzkuchens etwa ein Dutzend aufeinander gelegter Bogen Pyropapier in Anwendung bringt und das oberste Blatt mit wollenem Zeuge reibt.

Die Elektrisirmaschine besteht aus einem reibenden Körper, einem 198
Reibzeuge und einem isolirten Leiter.

Der reibende Körper ist gewöhnlich ein mit Amalgam überzogenes Leder.

Der geriebene Körper ist eine Glasscheibe oder ein Glascylinder.

Der Conductor besteht aus Hohlkugeln oder Hohlcylindern von Messingblech, welche durch Glasfüße getragen werden.

Man hat der Elektrisirmaschine mancherlei verschiedene Einrichtungen gegeben; eine sehr zweckmäßige ist die in Fig. 380 (a. f. S.) abgebildete. Die Umdrehungsaxe *i* der Scheibe ist von Glas; sie wird auf der einen Seite durch den Glasfuß *s*, auf der anderen durch eine hölzerne Stütze getragen. Die Reibzeuge stecken in einem durch den Glasfuß *h* getragenen Holzgestell. In dem Conductor *a* steckt die Saugvorrichtung *d*; sie besteht hier aus zwei Holzringen, zwischen welchen sich die Scheibe hindurchbewegt. Auf der der Scheibe zugewandten Seite ist jeder der Holzringe mit einer Rinne versehen, welche mit Stanniol ausgelegt und auf deren Boden eine Reihe von Metallspitzen aufgesetzt ist, die gegen die Scheibe gerichtet sind. Ein Stanniolstreifen muß die Rinnen leitend mit dem Conductor *a* verbinden. — Auch das Gestell des Reibzeuges ist mit einem kleinen messingenen Conductor *o* versehen.

Wird die Glasscheibe gedreht, so wird sie durch die Reibung am amalgamirten Leder + elektrisch; an der Saugvorrichtung angekommen, wirkt die + E der Scheibe vertheilend auf den Conductor; die — E wird angezogen und strömt

Fig. 380.

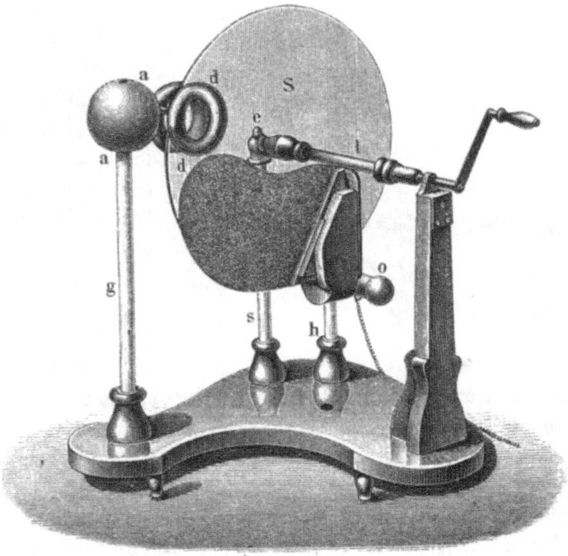

von den Spitzen auf die Scheibe über, um sie wieder in den natürlichen Zustand zu versetzen, d. h. ihre + E mehr oder weniger vollständig zu neutralisiren. Auf dem Conductor a bleibt + E zurück.

Damit sich auf dem Wege von dem Reibzeuge bis zu den Saugringen die Elektricität des Glases nicht so leicht in die Luft verliere, ist hier die Scheibe auf beiden Seiten mit Stücken von Wachstaffet bedeckt. Wenn die Maschine kräftig wirken soll, so muß man unmittelbar vor dem Gebrauche die Glasfüße und die Scheibe mit warmen wollenen Lappen oder mit gewärmtem, recht trocknem Löschpapier reiben.

Der Conductor o des Reibzeuges muß mit dem Boden in leitender Verbindung stehen, damit die — E des Reibzeuges frei abfließen kann. Die durch Reiben freigewordenen Elektricitäten müssen nämlich von der Stelle, wo sie frei wurden, weggeführt werden, wenn an derselben Stelle durch ferneres Reiben von Neuem Elektricität erregt werden soll.

Wenn man den Conductor des Reibzeuges isolirt, dagegen den Conductor a mit dem Boden in leitende Verbindung bringt, so häuft sich auf dem Conductor des Reibzeuges negative Elektricität an, und man kann aus ihm negativ elektrische Funken ziehen.

Statt der Glasscheiben wendet man auch Glascylinder zur Construction von Elektrisirmaschinen an. Fig. 381 stellt eine Cylindermaschine dar, welche wohl ohne weitere Erläuterung verständlich sein wird.

Fig. 381.

Um über den Grad der Ladung des Conductors einigermaßen ein Urtheil zu haben, setzt man das Quadrantenelektrometer auf denselben auf, dessen Einrichtung schon aus der Figur 382 (a. f. S.) klar wird. Je stärker die Ladung wird, desto stärker wird das an einem Strohhalm steckende Korkkügelchen *d* abgestoßen, desto mehr steigt es. An einem getheilten Halbkreise, den unsere Figur von der Rückseite zeigt, kann man sehen, um wie viel Grade sich der Strohhalm *cd* von seiner Gleichgewichtslage entfernt hat.

Mit Hülfe der Elektrisirmaschine lassen sich die elektrischen Anziehungs- und Abstoßungserscheinungen in mannigfachen Abänderungen zeigen. Steckt man z. B. das Metallstäbchen, Fig. 383, welches oben ein Scheibchen trägt, von dem schmale Papierstreifen herabhängen, auf den Conductor, so werden sich dieselben schirmartig ausbreiten, wenn die Maschine gedreht wird. — Fig. 384 stellt einen Glascylinder von 5 bis 6 Zoll Durchmesser dar, welcher oben und unten mit einer Metallplatte endigt; auf der unteren, welche gut abgeleitet ist, liegen einige Hollundermarkkügelchen, die obere ist durch eine Metallkette mit dem Conductor der Elektrisirmaschine verbunden. Sobald die Maschine gedreht wird, tanzen die Kügelchen zwischen dem oberen und unteren Deckel hin und her.

Leicht entzündliche Gegenstände werden durch den elektrischen Funken entzündet. Schon der einfache Funke des Elektrophors oder noch sicherer der Funke der Elektrisirmaschine entzündet Knallgas, d. h. ein Gemisch von Sauerstoffgas und Wasserstoffgas. (Die elektrische Pistole, Fig. 386; das Eudiometer.)

Fig. 382.

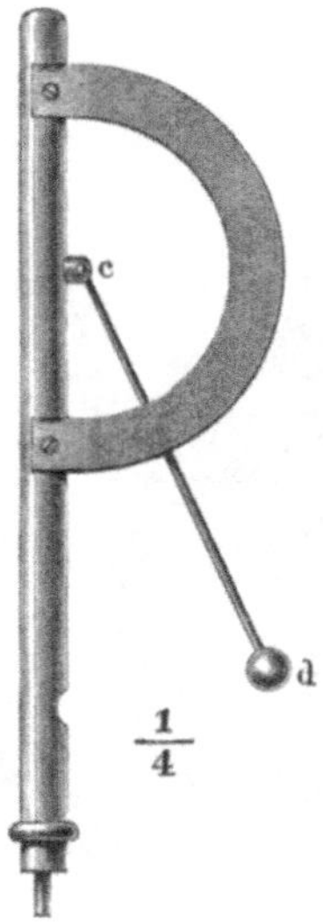

Fig. 383.

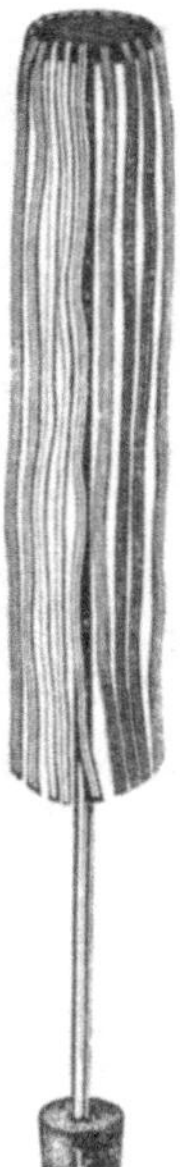

Fig. 385.

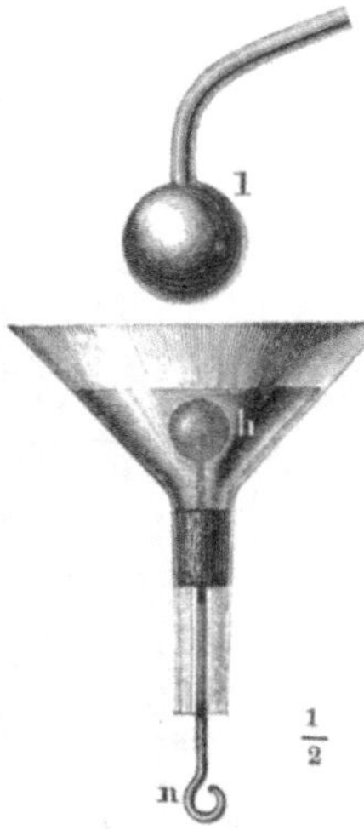

Fig. 384.

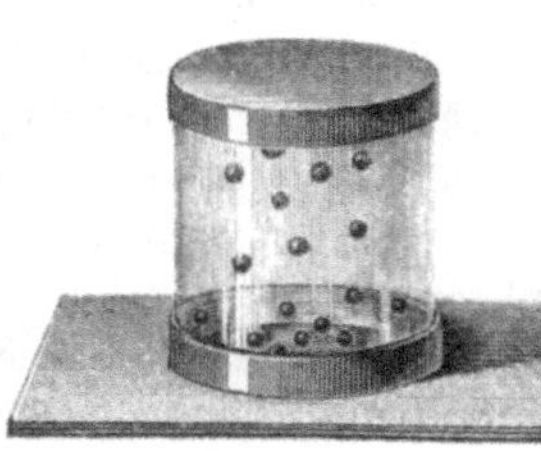

Fig. 386.

Fig. 385 erläutert die zweckmäßigste Art, mit Hülfe des elektrischen Funkens Weingeist oder Aether anzuzünden. Man läßt von der mit dem Conductor der Elektrisirmaschine verbundenen Kugel *l* zu der mit dem Boden in leitender Verbindung stehenden Kugel *h*, welche sich etwas unter der Oberfläche des Aethers befindet, einen kräftigen Funken überschlagen.

Die Dampfelektrisirmaschine. In England war zufällig die 199
Entdeckung gemacht worden, daß ein Dampfkessel, aus welchem durch eine kleine Oeffnung Dampf mit Gewalt hervordrang, stark elektrisch war; durch weiteres Verfolgen dieser Entdeckung gelangte man dahin, aus einem Dampfkessel eine Elektrisirmaschine zu machen, deren Wirkung alle bis dahin bekannten Elektrisir-

Fig. 387.

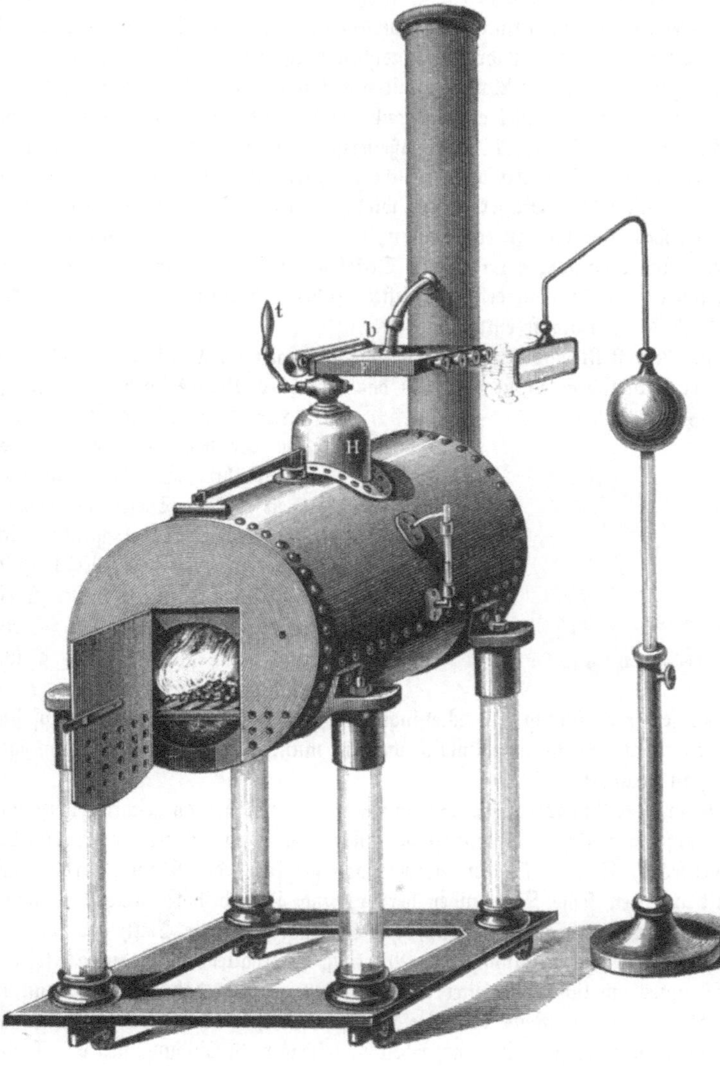

maschinen weit hinter sich ließ. Fig. 387 stellt eine Maschine der Art von mittlerer Größe dar. Der Dampfkessel, welcher 44 Centimeter im Durchmesser hat und 96 Centimeter lang ist, ruht auf vier Glasfüßen. Die Heizung ist inwendig in der Weise wie bei den Dampfkesseln auf Dampfschiffen angebracht.

Oben auf dem Dampfkessel befindet sich ein Hut, auf welchem ein kurzes, durch einen Hahn verschließbares Messingrohr befestigt ist; auf dieses kurze Rohr können dann die Ausströmungsöffnungen aufgeschraubt werden, die alsbald näher beschrieben werden sollen.

Vor dem Hute sieht man ein Sicherheitsventil, dessen Gewicht verschiebbar ist, und welches so weit herausgerückt werden kann, daß der Dampf einen Druck von 90 Pfund auf den Quadratzoll ausüben muß, um das Ventil zu heben.

In Fig. 388 ist der Apparat mit den Ausströmungsöffnungen abgebildet, welcher auf den Dampfkessel aufgeschraubt wird, und zwar von oben gesehen. Zunächst tritt der Dampf in das gußeiserne Rohr *bc* und strömt dann durch sechs horizontale Röhren *dd* aus, welche in einem Kasten *F* von Messingblech stecken, der mit kaltem Wasser gefüllt wird, um einen Theil des durch die Röhren strömenden Dampfes zu condensiren, was die Wirkung sehr verstärkt.

Auf eine Oeffnung *o* im oberen Deckel des Kastens *F* wird ein Messingrohr aufgesetzt, welches in den Schornstein führt und durch welches die im Kasten *F* gebildeten Dämpfe entweichen.

Fig. 389 stellt eine der Ausströmungsöffnungen im Durchschnitt und zwar in $^1/_2$ der natürlichen Größe dar. An das Ende des Rohres wird ein Messingstück *MN* eingeschraubt, in welchem der das Ende der Ausströmungsröhre bildende Holzpflock *abcd* steckt. Dieser der Länge nach durchbohrte Holzcylinder wird durch einen in das Messingstück *MN* eingeschraubten kurzen Messingcylinder *r* an seiner Stelle festgehalten. An diesem gleichfalls durchbohrten Cylinder *r* ist vorn vor seiner Oeffnung eine Messingplatte so angebracht, daß der Dampf den durch den Pfeil bezeichneten Umweg machen muß, um in die Ausströmungsöffnung zu gelangen.

Fig. 388.

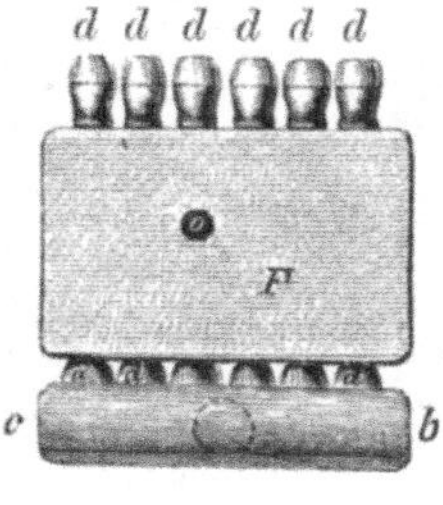

Fig. 389.

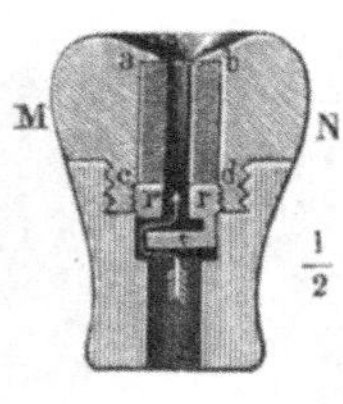

Wenn der Apparat Fig. 388 auf den Dampfkessel aufgeschraubt ist und der Dampf die nöthige Spannkraft hat, wird durch eine Viertelumdrehung des Handgriffes *t*, Fig. 387, der Absperrhahn geöffnet; der Dampf strömt mit Gewalt aus den sechs Oeffnungen hervor, und alsbald wird auch der Kessel elektrisch. Der entweichende Dampf hat die entgegengesetzte Elektricität wie der Kessel; um aber eine möglichst starke Wirkung zu erhalten, muß die Elektricität des Dampfes möglichst abgeleitet werden; dies geschieht dadurch, daß man in den Dampfstrom eine Reihe von Metallspitzen stellt, welche, an einem messingenen Conductor befestigt, mit dem Boden in leitender Verbindung stehen. Dieser Conductor steht auf einem Glasfuße, so daß man ihn isoliren kann, um zu zeigen, daß der Dampf in der That die entgegengesetzte Elektricität des Kessels hat.

Mit dieser Hydroelektrisirmaschine, wie man diesen Apparat gleichfalls nennt, läßt sich eine Batterie (§. 203) von 36 Quadratfuß Oberfläche in Zeit von 30 Secunden vollständig laden.

Die Quelle dieser starken Elektricitätsentwickelung ist nicht etwa, wie man anfangs glaubte, die Dampfbildung selbst, sondern lediglich die Reibung des mit Wassertheilchen vermischten heftig ausströmenden Dampfes an den Wänden der Ausströmungsröhren. Daß dies wirklich der Fall ist, geht daraus hervor, daß augenblicklich alle Elektricität verschwindet, wenn man das Sicherheitsventil öffnet, obgleich die Dampfbildung ununterbrochen fortdauert.

Zur Erzeugung der Elektricität ist es wesentlich, daß schon condensirte Wassertheilchen von dem ausströmenden Dampf mit durch die Ausströmungsröhren durchgetrieben werden; deshalb der Condensationsapparat *F*, Fig. 388. Wenn die Ausströmungsröhren lang genug sind, ist kein besonderer Abkühlungsapparat nöthig.

Wenn die Dampfmündung durch eine Holzröhre gebildet wird, wie es oben angegeben wurde, so ist der Kessel negativ, der Dampf positiv elektrisch; dasselbe ist der Fall bei Anwendung einer metallenen oder gläsernen Dampfmündung. Wendet man statt der hölzernen eine elfenbeinerne Röhre an, so zeigt der Kessel kaum Spuren einer Ladung.

Wenn man vor der Dampfmündung etwas Terpentinöl in die Ausströmungsröhre bringt, so wird der Kessel positiv und der Dampf negativ elektrisch.

Abnahme der elektrischen Wirkungen mit zunehmender Entfernung. Das Gesetz, nach welchem die elektrischen Anziehungen und Abstoßungen mit wachsender Entfernung abnehmen, läßt sich auf verschiedene Weise, z. B. auch durch die Oscillationen eines elektrischen Pendels, nachweisen. Man läßt eine kleine Nadel von Schellack, die an einem Seiden- 200

Fig. 390.

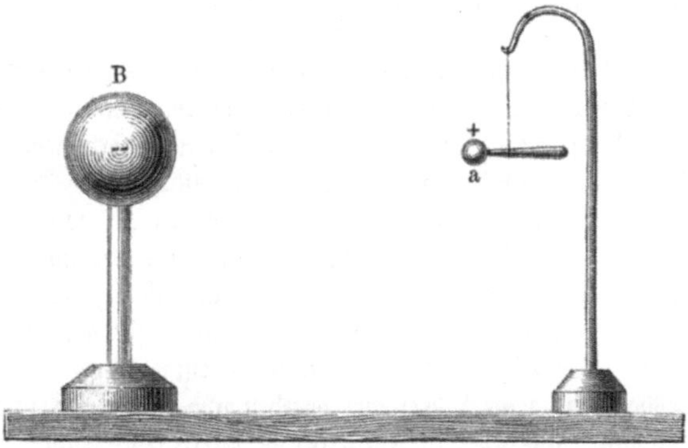

faden horizontal aufgehangen ist und welche an ihrem Ende eine kleine metallene Hohlkugel *a*, Fig. 390, trägt, unter dem Einflusse einer isolirten Kugel *B* oscilliren, nachdem man sowohl der Kugel B als auch der kleinen Kugel a eine elektrische Ladung mitgetheilt hat. Sind a und B mit entgegengesetzten Elektricitäten geladen, so nimmt das Schellackstäbchen mit der Kugel a die in Fig. 390 angedeutete Stellung ein, sind aber a und B mit derselben Elektricität geladen, so wird das Schellackstäbchen eine solche Stellung einnehmen, daß a das von B abgewendete Ende desselben bildet. Etwas aus seiner Gleichgewichtslage in horizontaler Ebene entfernt wird nun das kleine horizontale Pendel um seine verticale Axe oscilliren, und aus der Schwingungsdauer kann man auf die Intensität der Wirkung schließen, welche die Elektricität, mit welcher B geladen ist, auf diejenige ausübt, welche a enthält.

Bezeichnen wir nun mit t die Schwingungsdauer des kleinen elektrischen Pendels für eine bestimmte Entfernung der beiden Kugeln, so wird man bei gleicher Ladung die Schwingungsdauer nahe gleich $2\,t$, $3\,t \ldots n\,t$ finden, wenn der Abstand der beiden Kugeln 2 mal, 3 mal ... n mal so groß ist.

Nun aber ist die Schwingungsdauer irgend eines Pendels stets der Quadratwurzel aus der beschleunigenden Kraft, welche es treibt, umgekehrt proportional, wir haben also:

$$t : nt = \sqrt{\frac{1}{v}} : \sqrt{\frac{1}{v'}},$$

wenn wir mit v die beschleunigende Kraft bezeichnen, welche auf das kleine Pendel bei einfachem, und mit v' diejenige, welche auf dasselbe bei dem $n$fachen Abstand der Kugeln a und B wirkt. Aus obiger Gleichung ergiebt sich aber

$$v' = \frac{v}{n_2}.$$

Die Intensität der elektrischen Wirkung zwischen den beiden Kugeln a und B nimmt also in demselben Verhältniß ab, in welchem das Quadrat ihrer Entfernung wächst, oder wie man gewöhnlich kurz ausdrückt: sie verhält sich umgekehrt wie das Quadrat der Entfernung.

201 **Vertheilung der Elektricität auf der Oberfläche leitender Körper.** So lange ein Körper im natürlichen Zustande sich befindet, d. h. so lange die beiden elektrischen Fluida noch verbunden sind, sind sie wahrscheinlich ganz gleichförmig in der ganzen Masse des Körpers vertheilt. Sobald aber ein Leiter mit freier Elektricität geladen ist, wirken die einzelnen Theilchen dieser freien Elektricität abstoßend auf einander und entfernen sich deshalb so weit von einander, als nur irgend möglich ist, bis sie durch irgend ein Hinderniß aufgehalten werden. Ein vollkommen leitender Körper kann in seinem Innern dieser Abstoßung kein Hinderniß entgegensetzen; die Elektricität wird sich deshalb auf seine Oberfläche begeben und würde sich noch weiter zerstreuen, wenn sich der Körper in einem für die Elektricität leicht durchdringlichen Raume befände. Die Elektricität verbreitet sich also stets auf der Oberfläche der Leiter und wird auf derselben durch die Luft zurückgehalten, welche sie gleichsam wie eine nicht leitende Schicht umgiebt.

Daß sich die freie Elektricität nur auf die Oberfläche der Körper und nicht im Inneren derselben verbreitet, läßt sich am einfachsten mit Hülfe des Probescheibchens Fig. 391 und der isolirten, oben mit einer Oeffnung versehenen messingenen Hohlkugel Fig. 392 nachweisen. Das Probescheibchen ist ein Scheibchen von Messingblech, welches ungefähr $1^1/_2$ Centimeter Durchmesser hat und an ein wohl isolirendes Stäbchen (etwa ein dünnes Stängelchen des feinsten Siegellacks oder einen Federhalter von Horngummi) angekittet ist.

Wird nun die äußere Fläche der Kugel Fig. 392 an einer beliebigen Stelle mit dem Probescheibchen berührt, so nimmt letzteres eine elektrische Ladung an, welche man dadurch nachweisen kann, daß man sie an ein Strohhalmelektrometer überträgt. Wiederholt man dann den Versuch in der Weise, daß man das Probescheibchen in die obere Oeffnung der Hohlkugel einführt und mit der inneren Fläche derselben in Berührung bringt, so bleibt, wie man am Elektrometer nachweisen kann, das Probescheibchen ungeladen, wenn man den Versuch mit der nöthigen Sorgfalt ausführt, um die Berührung des Scheibchens mit den Rändern der Oeffnung zu vermeiden.

Es fragt sich nun, in welcher Weise sich die Elektricität auf der Oberfläche der Körper vertheilt.

Elektrisirt man eine isolirte Kugel, so erfordert schon das Gesetz der Symmetrie, daß sich die Elektricität auf der ganzen Oberfläche gleichförmig verbreitet, daß sie eine Schicht bildet, welche überall gleiche Dichtigkeit hat. Der Versuch bestätigt dies vollkommen. Wenn man einen isolirten kugelförmigen Leiter, welcher mit Elektricität geladen ist, mit dem Probescheibchen berührt und dessen Ladung an ein Elektroskop überträgt, so erhält man einen gleich großen Ausschlag, an welcher Stelle man auch die Kugel berühren mag.

Fig. 391.

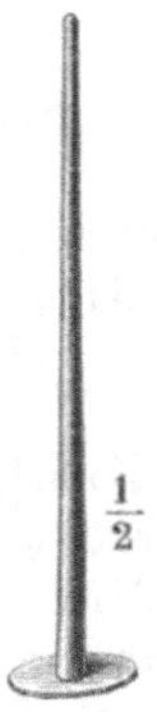

Fig. 392.

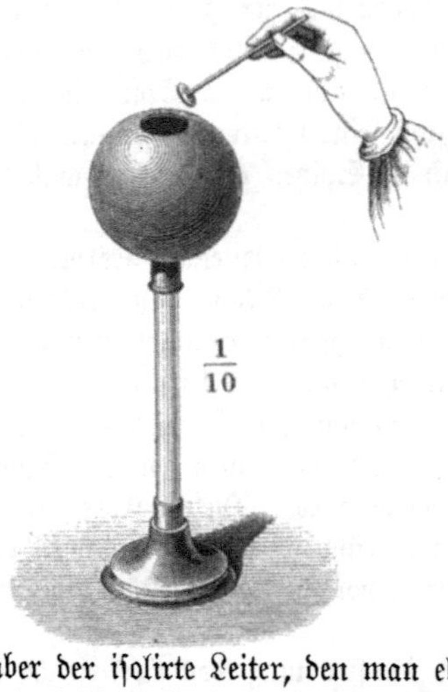

Fig. 393.

Wenn aber der isolirte Leiter, den man elektrisirt, nicht kugelförmig ist, so findet auch keine gleichmäßige Vertheilung der Elektricität Statt, d. h. die elektrische

Schicht, welche sich über den Körper verbreitet, hat nicht überall gleiche Dichtigkeit. Untersucht man z. B. mit Hülfe eines Probescheibchens die Dichtigkeit der Elektricität an verschiedenen Stellen eines eiförmigen isolirten Leiters, Fig. 393, so findet man, daß die Dichtigkeit der Elektricität am spitzen Ende bei *a* am größten, bei *b* aber am kleinsten ist.

Daß eine solche Vertheilung der Elektricität auf der Oberfläche von Körpern stattfinden müsse, welche nach verschiedenen Richtungen hin ungleiche Ausdehnung haben, läßt sich leicht einsehen; denn in Folge der gegenseitigen Abstoßung der einzelnen Theilchen des elektrischen Fluidums werden sie sich möglichst weit von der Mitte des Körpers entfernen, also vorzugsweise in den entferntesten Hervorragungen anhäufen.

Je mehr sich die Gestalt eines Körpers von der Kugelgestalt entfernt, desto ungleichförmiger vertheilt sich die Elektricität auf seiner Oberfläche, sie häuft sich an den von seiner Mitte entfernteren Enden am meisten an, und zwar um so mehr, je dünner sie sind. Es geht daraus hervor, daß, wenn man an einem isolirten Leiter eine Spitze anbringt, die Elektricität an dieser Spitze eine außerordentliche Dichtigkeit haben muß. Je dichter aber die Elektricität in einem Punkte ist, desto eher wird sie durch die Luft entweichen. Daher kommt es, daß aus Spitzen die Elektricität so leicht ausströmt. Man kann eine Menge von Versuchen anstellen, durch welche dieses Vermögen der Spitzen bewiesen wird; wir wollen jedoch nur einige hervorheben.

1. Wenn man den Conductor einer Elektrisirmaschine mit einer Spitze versieht, so ist es unmöglich, ihn so zu laden, daß man aus ihm Funken ziehen könnte, namentlich, wenn man der Spitze einen nicht isolirten Leiter entgegenhält.

2. Wenn man eine Spitze, die mit dem Boden in leitender Verbindung steht, dem Conductor der Maschine nähert, so ist es gleichfalls unmöglich, ihn zu laden. Die Elektricität des Conductors zerlegt die verbundenen Elektricitäten der Spitze, sie stößt die gleichnamige ab und zieht die ungleichnamige an; diese ungleichnamige Elektricität häuft sich in der Spitze so stark an, daß sie nach dem Conductor überströmt, um seine Elektricität zu neutralisiren.

Auf die erwähnte Eigenschaft der Spitzen gründet sich auch die Construction der Blitzableiter.

Winkel und scharfe Kanten, die sich an leitenden Körpern befinden, wirken ganz auf dieselbe Weise wie die Spitzen. Man muß deshalb sorgfältig alle eckigen Formen vermeiden, wenn man Apparate construiren will, welche bestimmt sind, eine elektrische Ladung aufzunehmen und zu halten.

Wenn man einer Spitze, welche auf den Conductor der Elektrisirmaschine aufgesetzt ist, die Hand nähert, so fühlt man einen von der Spitze ausgehenden Wind, so lange die Maschine gedreht wird. Dieser elektrische Wind rührt daher, daß die mit der Spitze in Berührung kommenden Lufttheilchen eine elektrische Ladung annehmen und dann von der Elektricität der Spitze abgestoßen werden.

Die durch Spitzen bewirkte Ausströmung von Elektricität ist im Stande, leicht bewegliche Körper in Bewegung zu setzen, wie dies durch das elektrische

Flugrad erläutert wird, dessen zweckmäßigste Einrichtung in Fig. 394 dargestellt ist. Auf eine leitende Spitze, welche mit dem Conductor der Maschine in Verbindung steht, ist ein aus Metalldrähten gebildetes, leicht in horizontaler Ebene umdrehbares Rädchen aufgesetzt. Die zugespitzten Enden der Drähte sind, von der Mitte aus gesehen, alle nach derselben Richtung umgebogen. Sobald die Maschine gedreht wird, beginnt das Flugrad zu rotiren, und wenn man es im Dunkeln beobachtet, sieht man an den Spitzen die Elektricität in Gestalt von Lichtbüscheln ausströmen.

Fig. 394.

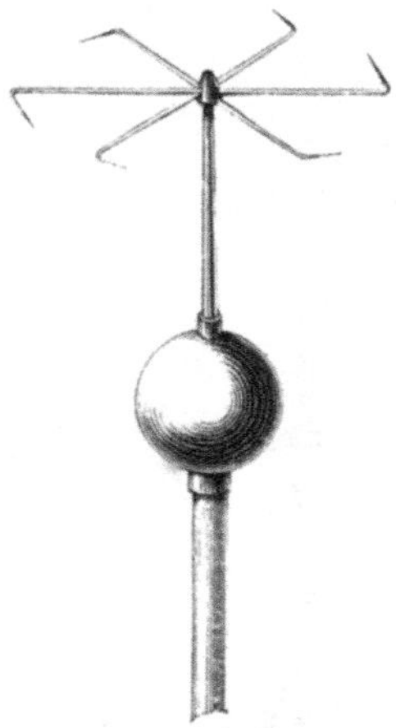

Diese Bewegung wird durch das Ausströmen des elektrischen Fluidums aus den Spitzen hervorgebracht und ist eine der Umdrehung der **Seguer**'schen Wasserräder ganz entsprechende Erscheinung.

Gebundene Elektricität. Wir haben schon (§. 194) gesehen, daß ein isolirter Leiter, welcher in der Nähe eines elektrischen Körpers steht, durch Vertheilung elektrisch wird, und daß er, mit dem Boden in leitende Verbindung gesetzt, doch mit derjenigen Elektricität geladen bleibt, welche der des vertheilenden Körpers entgegengesetzt ist. Wenn zwei isolirte Leiter einander nahe stehen, von welchen der eine mit $+ E$, der andere mit $- E$ geladen ist, so wird jeder einen Theil der Elektricität auf dem anderen zurückzuhalten, d. h. zu binden im Stande sein. Je näher die beiden Elektricitäten einander gebracht werden, desto stärker ziehen sie sich an, desto vollständiger ist also auch ihre gegenseitige Bindung; wenn aber die beiden Leiter nur durch eine Luftschicht getrennt sind, so kann man sie einander nicht sehr nähern, ohne daß die Luftschicht durchbrochen wird und ein Funken überspringt. Wenn also die Bindung möglichst vollkommen sein soll, so müssen die beiden mit entgegengesetzten Elektricitäten geladenen Leiter nicht durch Luft, sondern durch einen anderen Isolator getrennt sein, welcher dem Uebergange der Elektricität einen größeren Widerstand entgegensetzt; man wählt dazu am besten Glas oder Harz. 202

Um die Erscheinungen der gebundenen Elektricität näher zu untersuchen, kann man die **Franklin**'sche **Tafel** benutzen, welche in Fig. 395 (a. f. S.) von vorn und in Fig. 396 von der Seite gesehen dargestellt ist. Sie besteht aus einer ungefähr 1 Quadratfuß großen Glasscheibe, deren Mitte auf jeder Seite mit Stanniol belegt ist, so daß das Glas an dem Rande ungefähr handbreit frei bleibt. An jeder Belegung ist ein elektrisches Pendel (ein an einem leinenen Faden hängendes Korkkügelchen) angebracht, wie es die Figuren zeigen.

Wenn man nun die vordere Belegung mit positiver, die hintere mit negativer Elektricität ladet, so sind die beiden entgegengesetzten Elektricitäten nur durch die Dicke der Glasscheibe von einander getrennt; die gegenseitige Bindung kann also ziemlich vollständig sein. Diese **Bindung macht es aber auch** möglich, auf den **Belegungen** der **Franklin'schen** Tafel weit größere **Elektricitätsmengen anzuhäufen**, als **außerdem möglich** gewesen **wäre**, wie sich aus folgender Betrachtung ergiebt.

Fig. 395.

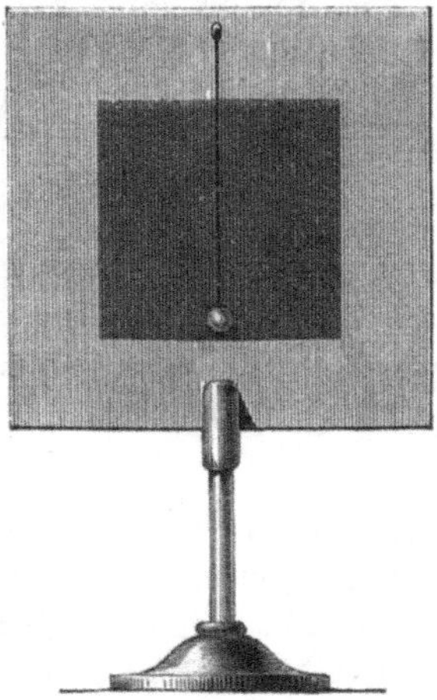

Fig. 396.

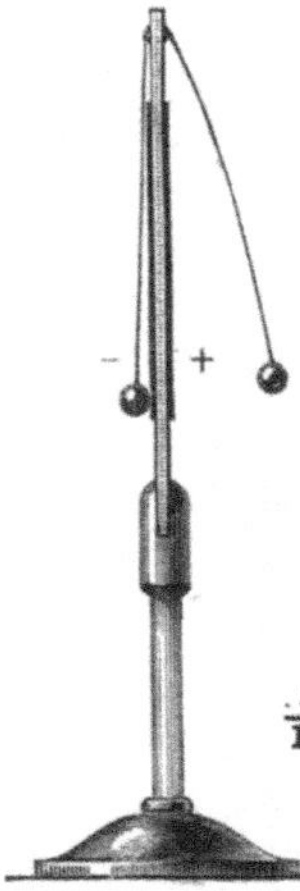

Es sei die vordere Belegung der **Franklin**'schen Tafel (etwa die auf der rechten Seite, Fig. 396) mit einer bestimmten Quantität positiver Elektricität geladen, die wir mit $+ E$ bezeichnen wollen, so wird sich die hintere Belegung, wenn sie ableitend berührt ist, mit **gebundener negativer** Elektricität laden.

Die Quantität e der auf der Hinterfläche gebundenen negativen Elektricität ist aber gleich $n E$, wenn n einen ächten Bruch bezeichnet, welcher sich der Einheit um so mehr nähert, je dünner die Glasplatte ist.

Die negative Elektricität der hinteren Belegung wirkt aber bindend zurück auf die positive der vorderen, und zwar ist die Quantität, welche sie zu binden vermag, gleich $n e$ oder gleich $n^2 E$; es bleibt auf der vorderen Belegung also die Elektricitätsmenge

$$a = E - n^2 E = E (1 - n^2) \quad . \quad . \quad . \quad . \quad . \quad 1)$$

als **freie** Elektricität übrig.

Damit also auf der einen Belegung der **Franklin**'schen Tafel eine bestimmte Quantität Elektricität vollständig gebunden sei, muß sich auf der anderen Belegung ein entsprechender **Ueberschuß freier Elektricität** des entgegengesetzten Zeichens befinden.

Während das elektrische Pendel auf derjenigen Seite der geladenen **Franklin**'schen Tafel frei vertical herabhängt, auf welcher alle Elektricität gebunden ist, wird das Pendel auf der anderen Seite, auf welcher sich ein Ueberschuß freier Elektricität befindet, abgestoßen, wie Figur 396 zeigt.

Berührt man ableitend diejenige Belegung, auf welcher sich ein Ueberschuß freier Elektricität befindet, während die andere isolirt bleibt, so fällt an der ersteren das Pendel herab, während es an der letzteren steigt. So kann man abwechselnd auf der einen und dann wieder auf der anderen Seite der Franklin'schen Tafel den Ueberschuß freier Elektricität wegnehmen und so die Tafel nach und nach entladen.

Die Ladung der Franklin'schen Tafel wird dadurch bewerkstelligt, daß man die eine Belegung derselben mit dem Conductor der gedrehten Elektrisirmaschine, die andere mit dem Boden in leitende Verbindung setzt.

Die Gränze der Ladung der mit dem Conductor der Maschine verbundenen Belegung ist erreicht, wenn die Dichtigkeit der auf ihr vorhandenen freien Elektricitätsmenge a so groß geworden ist, daß ihr in jedem Moment gerade eben so viel Elektricität in die Umgebung entströmt, als ihr vom Conductor zugeführt wird.

Wenn die hintere Belegung der Tafel isolirt bleibt, so bleibt alle der vorderen Belegung mitgetheilte Elektricität frei; die Gränze der Ladung wird in diesem Fall erreicht sein, sobald die oben mit a bezeichnete Elektricitätsmenge der vorderen Belegung zugeführt worden ist, was schon mit 1 oder 2 Umdrehungen der Maschine erreicht wird.

Wenn aber die hintere Belegung ableitend berührt ist, so muß nach den obigen Betrachtungen die vordere Belegung eine viel größere Elektricitätsmenge E enthalten, wenn sich auf ihr die Quantität a an freier Elektricität befinden soll. Nach Gleichung 1) haben wir nämlich

$$E = \frac{a}{1 - n^2}.$$

Wäre z. B. die Glastafel so dick, daß $n = 0,95$, so würde

$$E = 10\,a$$

sein. Für den Fall also, daß die hintere Belegung ableitend berührt ist, würde eine 10mal so große Elektricitätsmenge auf der Franklin'schen Tafel angehäuft werden können, als für den Fall, daß die hintere Bewegung isolirt bliebe oder gar nicht vorhanden wäre.

Wenn die hintere Belegung ableitend berührt ist, so bedarf es in der That eines längeren Drehens der Maschine, bis das Pendel an der vorderen Belegung durch sein Aufsteigen anzeigt, daß die Gränze der Ladung erreicht sei, als wenn sie isolirt bleibt. Noch besser läßt sich aber dies mit Hülfe der sogleich zu besprechenden Leydner Flasche zeigen.

Die Leydner Flasche ist nur eine veränderte Form der Franklin'schen Tafel; sie besteht aus einem Glasgefäße, welches außen mit Stanniol überklebt ist, welche Belegung bis auf einige Zoll vom Rande hinaufreicht; innen ist das Gefäß auf ähnliche Weise mit einer Belegung versehen oder mit einer leitenden Substanz, etwa Eisenfeile oder Schrotkörnern, gefüllt. Die innere Belegung ist mit einem Messingstabe verbunden, welcher durch den Stopfen oder den Deckel des Gefäßes hindurchgeht und mit einem Knopfe endigt. Fig. 397 und Fig. 398 (a. f. S.) stellen zwei Formen der Leydner Flasche dar. Es ist gut, 203 wenn der nicht belegte Theil des Glases gefirnißt ist. Um die Flasche zu laden, bringt man die äußere Belegung mit dem Boden, den Knopf mit dem Conductor der Maschine in leitende Verbindung.

Daß durch den Einfluß der ableitend berührten äußeren Belegung eine weit größere Elektricitätsmenge auf der inneren angehäuft werden kann als ohne dies möglich wäre, wie am Schlusse des vorigen Paragraphen behauptet worden ist, läßt sich am besten in folgender Weise zeigen. Man setze eine Leydner Flasche auf einen wohl isolirenden Harzkuchen und bringe die innere Belegung derselben mit dem Conductor einer Elektrisirmaschine in Verbindung, auf welchem, wie Fig. 399 zeigt, ein Quadrantenelektrometer aufgesetzt ist. — Schon nach einer Umdrehung der Maschine wird das Elektrometer einen Ausschlag von 20 bis 30 Grad zeigen. Sobald nun aber die äußere Belegung mit dem Boden in leitende Verbindung gesetzt wird, fällt das Elektrometer zusammen, weil alle Elektricität, welche bis jetzt als freie auf der inneren Belegung vorhanden war, gebunden wird, und also von Neuem Elektricität vom Conductor nach ihr überströmen kann. Es sind jetzt 8 bis 12 Umdrehungen der Maschine nöthig, ehe das Elektrometer wieder seinen alten Ausschlag erreicht hat, ein Beweis, daß bei ableitend berührter äußerer Belegung die Flasche eine 8 bis 12 mal größere Elektricitätsmenge aufzunehmen im Stande ist als bei isolirter.

Fig. 397.

Fig. 398.

Fig. 399.

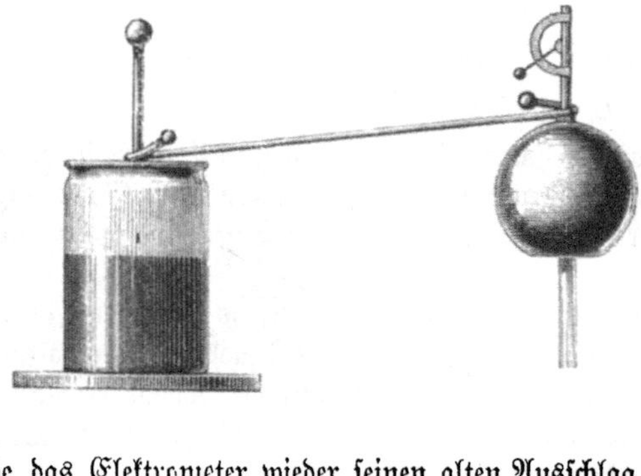

Die Leydner Flaschen entladen sich manchmal von selbst, indem entweder ein Funken von der äußeren Belegung zu dem Metallstabe überspringt, oder indem das Glas durchbrochen wird. Im letzteren Falle ist die Flasche natürlich für die Folge unbrauchbar.

Wenn man zur Entladung der Flasche mehrere Leiter zugleich anwendet, so theilt sich der Entladungsschlag im Verhältnisse ihrer Leitungsfähigkeit. Drückt man z. B. mit der einen Hand einen Metalldraht an die äußere Belegung, so kann man ungestraft mit der anderen Hand das andere Ende des Drahtes an den Knopf halten; der Entladungsschlag geht durch das Metall und nicht durch den Körper, weil das Metall ungleich besser leitet; der Draht darf jedoch nicht zu dünn sein.

Um recht starke Ladungen zu erhalten, muß man möglichst große Flaschen nehmen, oder man muß mehrere Flaschen zu einer elektrischen Batterie verbinden. Eine solche Batterie ist in Fig. 400 dargestellt. Alle äußeren Belegungen der Flaschen sind unter sich in leitender Verbindung, ebenso alle inneren Belegungen.

Fig. 400.

Läßt man den Entladungsschlag der Leydner Flasche durch den menschlichen Körper gehen, indem man mit der einen Hand die äußere Belegung, mit der anderen den Knopf berührt, so bringt er auf das Gefühl eine eigenthümliche, schwer zu beschreibende Wirkung, ein unwillkürliches Zucken hervor. Bei schwächeren Ladungen ist der Schlag nur in den Vorderarmen, bei stärkeren ist er auch in den Oberarmen fühlbar, stark geladene größere Flaschen oder Batterien können selbst heftige Schmerzen in der Brust hervorbringen und überhaupt gefährlich werden. Für kleinere Thiere sind solche starke Entladungsschläge tödtlich.

Wenn mehrere Personen eine Kette bilden, indem sie einander die Hände geben, und die erste die äußere Belegung der Flasche, die letzte den Knopf anfaßt, so fühlen alle den Schlag auf einmal.

Brennbare Flüssigkeiten kann man mit Hülfe der Leydner Flasche weit sicherer anzünden als mit dem directen Funken vom Conductor der Maschine. Selbst gepulvertes Colophonium, welches man auf Baumwolle streut, und Schießpulver kann man mit dem Entladungsfunken der Leydner Flasche entzünden.

Um eine Flasche oder eine Batterie bequem entladen zu können, wendet man den Auslader, Fig. 401 (a. f. S.), an. Die beiden Messingkugeln *a* und *b* sind am Ende zweier Messingarme befestigt, die bei *c* durch ein Charnier verbunden sind. Das Charnier sitzt auf einer Messinghülse, welche auf den isolirenden Glasstab *m* aufgekittet ist. Der Experimentator nimmt diesen Glasstab in die Hand, bringt die eine Kugel in leitende Verbindung mit der äußeren Belegung und nähert dann rasch die andere Kugel dem Knopfe der inneren Belegung.

Den bequemsten und einfachsten Auslader bildet ein gegen 2 Millimeter dicker, etwas über 1 Meter langer Kupferdraht, welcher mit einer starken Hülle von Gutta-Percha umgeben ist, und dessen Enden, wie Fig. 402 zeigt, mit Messingkugeln von ungefähr $1\frac{1}{2}$ Centimeter Durchmesser versehen sind.

Um verschiedene Gegenstände bequem in den Weg des Entladungsschlages einschalten zu können, wendet man den Henley'schen Auslader, Fig. 403, an.

Der Körper, durch welchen man den Schlag hindurchführen will, wird zwischen die Kugeln *d* und *f* gebracht, welche an die durch die Charniere *r* und *s* beweglichen und durch die Glassäulen *h* isolirten Messingstäbchen angeschraubt sind; *c* wird mit der äußeren Belegung der geladenen Flasche in Verbindung gebracht, *g* durch einen Draht oder ein Metallkettchen mit der Kugel *a* des Ausladers, Fig. 401, verbunden, und dann rasch die Kugel *b* desselben dem Knopfe der inneren Belegung genähert.

Fig. 401.

Fig. 402.

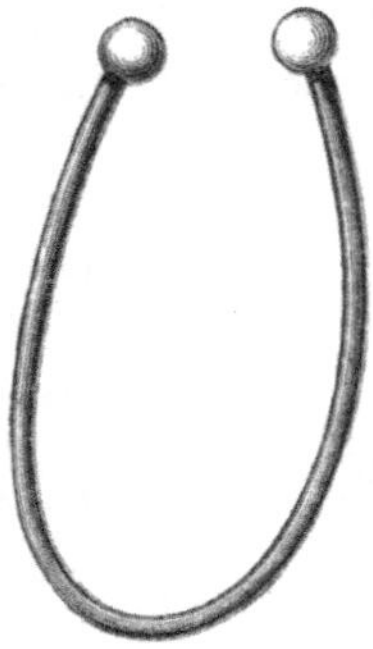

Wenn man die Kugeln *d* und *f* durch einen sehr dünnen Eisen- oder Platindraht verbindet, so wird dieser erwärmt, wenn ein schwacher Schlag hindurchgeht; eine stärkere Ladung macht ihn rothglühend, und eine noch

Fig. 403.

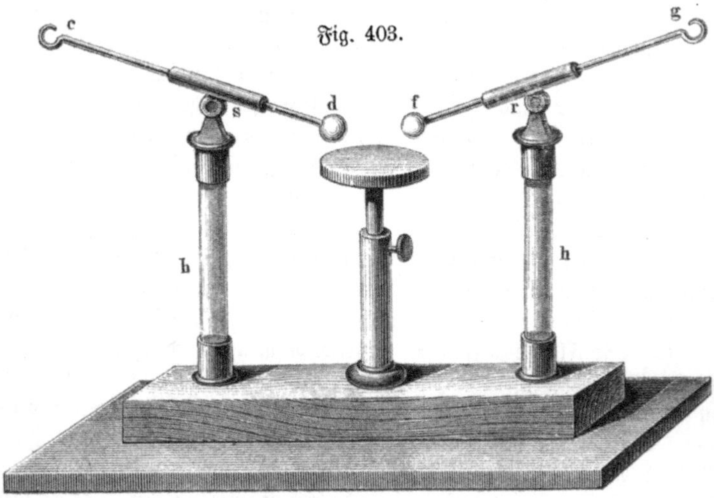

stärkere macht, daß er in einzelnen geschmolzenen Kügelchen auseinanderfährt, die weithin fortgeschleudert werden.

Schlechte Leiter, welche den Weg des Entladungsschlages unterbrechen, werden, wenn die Anhäufung der Elektricität bedeutend genug ist, zertrümmert oder durchlöchert. Eine Holzscheibe z. B., welche 3 bis 4 Zoll Durchmesser hat und 3 bis 4 Linien dick ist, wird von dem Entladungsschlage durchbohrt. Ebenso ein oder mehrere Kartenblätter, Pappendeckel u. s. w. Um den Versuch zu machen, bringt man den zu durchlöchernden Körper zwischen die beiden Kugeln des Henley'schen Entladers, und zwar so, daß die Kugeln den eingeschobenen Körper berühren.

Selbst dünne Glasplatten kann man mit dem Entladungsschlag der Leydner Flasche durchbohren. Ueber die Anordnung des Versuchs siehe mein Lehrbuch und Frick's physikalische Technik.

Der Condensator. Eigentlich ist jeder Apparat ein Condensator, 204
in welchem gebundene Elektricität angehäuft wird, also auch die Franklin'sche Tafel und die Leydner Flasche. Man wendet jedoch diese Benennung nur für solche Apparate an, welche dazu dienen, Elektricität von sehr geringer Spannung durch Verdichtung merklich zu machen. Im Wesentlichen bestehen alle Condensatoren aus zwei leitenden Platten, welche durch eine nichtleitende Schicht getrennt sind. Indem wir die unvollkommneren Instrumente der Art übergehen, soll hier nur von dem Condensator die Rede sein, wie man ihn in Verbindung mit dem Goldblattelektrometer anwendet. Auf das Goldblattelektrometer wird eine Metallplatte aufgeschraubt, wie man sie Fig. 404 sieht. Diese Platte ist möglichst eben abgeschliffen und auf ihrer oberen Fläche mit einer dünnen Schicht von Schellackfirniß versehen. Eine zweite auf dieselbe Weise präparirte Platte, welche mit einem isolirenden Stiele versehen ist, wird nun mit ihrer gefirnißten Fläche auf die andere gesetzt, so daß die beiden Metallplatten nur durch die dünne Firnißschicht getrennt sind, sonst aber so vollkommen als nur immer möglich auf einander passen. Die Anordnung entspricht der Franklin'schen Tafel vollkommen, die Glasplatte ist durch die dünne Schellackschicht ersetzt, die Platten dienen statt der Belegungen, nur kann man hier die obere Platte nach Belieben abheben, während die beiden Belegungen der Frank-

Fig. 404.

lin'schen Tafel fest sind. Weil die isolirende Schicht sehr dünn ist, die Platten also einander sehr nahe sind, so ist hier die elektrische Bindung sehr stark. Bringt man die untere Condensatorplatte mit einer Elektricitätsquelle von geringer Spannung in Berührung, während man die obere ableitend mit dem Finger berührt, so wird der Condensator ganz auf dieselbe Weise geladen, wie eine Leydner Flasche, deren äußere Belegung nicht isolirt ist, während die innere mit dem Conductor der Maschine in Verbindung steht. Der ganze Unterschied liegt nur darin, daß man einmal eine Elektricitätsquelle von großer, das andere Mal eine solche von geringer elektrischer Spannung hat; in beiden Fällen aber findet auf gleiche Weise eine Verdichtung der *E* Statt.

Ist der Condensator geladen, so wird die obere Platte abgehoben; dadurch wird die bis dahin gebundene *E* der unteren Platte frei, sie verbreitet sich über die Goldblättchen und bewirkt eine namhafte Divergenz, während die schwache Elektricitätsquelle ohne Vermittelung des Condensators keine merkliche Wirkung hervorbringen konnte. Weiter unten, bei der Lehre vom Galvanismus, werden wir verschiedene Anwendungen dieses Condensators kennen lernen.

205 **Das elektrische Licht in der Luft und in anderen Gasen.** Die Schlagweite, auf welche hin man aus einem elektrisirten Körper einen Funken ziehen kann, hängt von der Leitfähigkeit der Substanz, von der Größe ihrer Oberfläche und von der Stärke der elektrischen Ladung ab. Aus eckigen Körpern und aus Spitzen strömt die Elektricität von selbst, schon bei ganz schwacher Spannung aus, und man beobachtet dabei im Dunkeln glänzende Lichtbüschel, die oft mehrere Zoll lang sind. Bei runden Körpern sind schon sehr starke Ladungen nöthig, wenn Büschel hervorsprühen sollen; wenn man ihnen aber einen mit dem Boden in Verbindung stehenden Leiter nähert, so springen Funken, nach Umständen selbst auf große Entfernungen, über, die dann einen dem Blitze ähnlichen Zickzack bilden.

Will man die Funken vervielfältigen, so muß man den Leiter, durch welchen die Elektricität in den Boden überströmt, oft unterbrechen; darauf beruhen mehrere Spielereien.

Blitzröhren sind Glasröhren, auf welche man rautenförmige Stanniolblättchen so aufgeklebt hat, daß ihre einander zugekehrten Spitzen etwa so nahe stehen, wie man Fig. 405 sieht. Gewöhnlich klebt man sie so auf, daß sie eine um die Röhre laufende Schraubenlinie bilden. Wenn man das eine Ende einer solchen Röhre in der Hand hält und das andere an den Conductor der Maschine bringt, während sie gedreht wird, so sieht man im Dunkeln fortwährend zwischen je zwei Rauten Funken überspringen, so daß eine fast zusammenhängende Lichtlinie auf der Röhre erscheint.

Fig. 405.

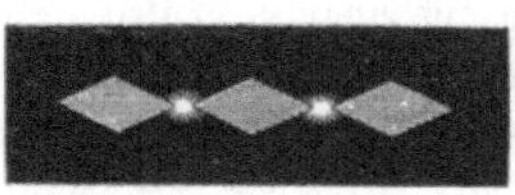

Die Blitztafel, Fig. 406, ist eine in einem Holzgestell befestigte Franklin'sche Tafel, deren vordere Belegung durch zwei Reihen sich kreuzender Schnitte von ungefähr $1/2$ Millimeter Breite in einzelne rautenförmige Stückchen getheilt ist. Wird nun die hintere Belegung mit dem Boden, die vordere mittelst eines auf ihrer Mitte aufgekitteten Hakens mit dem Conductor der

Fig. 406.

$\frac{1}{8}$ $\frac{1}{10}$

Fig. 407.

Elektrisirmaschine in leitende Verbindung gebracht, so kann die Ladung nur dadurch zu Stande kommen, daß die Elektricität auf der Vorderfläche von einer Raute zur anderen überspringt, was zur Folge hat, daß von der Mitte aus Blitze nach allen Seiten hin die ganze Tafel durchzucken. Besonders glanzvoll zeigt sich die Erscheinung bei rascher Entladung der Tafel.

Man hat diese Spielereien noch auf mannigfache Weise abgeändert; diese Beispiele mögen jedoch genügen.

Wenn an dem Conductor der Elektrisirmaschine irgend eine Hervorragung angebracht ist, wie man sie z. B. erhält, wenn man in irgend eine am Conductor befindliche Höhlung einen am Ende abgerundeten Metalldraht einsteckt, so sieht man derselben während des Drehens der Maschine im Dunklen Lichtbüschel entströmen. Fig. 407 stellt einen solchen durch eine sehr kräftige Maschine erzeugten Büschel dar.

Aehnliche Büschel sieht man oft im Dunkeln während des Drehens der Maschine an vielen Stellen derselben hervorströmen.

Nur die ausströmende positive Elektricität bildet kräftige, stark verästelte Büschel; für negativ geladene Conductoren werden sie viel kleiner und gehen in einen kleinen mit ruhigem Lichte glimmenden Stern über.

Diese Ausströmungs-Erscheinungen erhält man auch, wenn man einen in der Hand gehaltenen abgerundeten Metalldraht dem Conductor der in Thätigkeit befindlichen Maschine nähert, und zwar den negativen Lichtstern, wenn man ihn dem positiven, ausgebreitetere Lichtbüschel, wenn man ihn einem negativ geladenen Conductor entgegenhält.

In verdichteter atmosphärischer Luft ist der Funken einer Elektrisirmaschine sehr lebhaft, in Kohlensäuregas weiß und intensiv, in Wasserstoffgas roth und schwach, in Wasserdampf gelb, in Alkohol und Aetherdampf apfelgrün.

Die Lichterscheinungen der Maschinenelektricität sind eine treue, wenn auch schwache Nachbildung der elektrischen Lufterscheinungen, welche man bei Gewittern beobachtet.

206 **Elektrisches Licht im verdünnten Raume.** Im luftverdünnten Raume findet das Ueberspringen des elektrischen Funkens viel leichter und auf große Entfernung Statt, wobei sich denn auch das Licht um so mehr ausbreitet, zugleich aber auch an Glanz verliert, je weiter die Luftverdünnung getrieben wird.

Um Versuche über das elektrische Licht im luftleeren Raume anzustellen, gebraucht man gewöhnlich das elektrische Ei, Fig. 408; es besteht aus einem elliptisch geformten Glasgefäß, welches oben und unten mit Metallfassungen versehen ist; die untere, welche mit einem Hahn *h* versehen ist und eine in das Glasgefäß hineinragende Kugel *a* trägt, kann auf die Luftpumpe aufgeschraubt und dann der innere Raum evacuirt werden. Die obere Fassung ist mit einer Stopfbüchse versehen, durch welche ein oben mit dem Ringe *c*, unten mit der Kugel *b* endigendes Messingstäbchen hindurchgeht. Durch Auf- oder Niederschieben dieses Stäbchens kann man die Entfernung der beiden Kugeln *a* und *b* beliebig ändern.

Fig. 408.

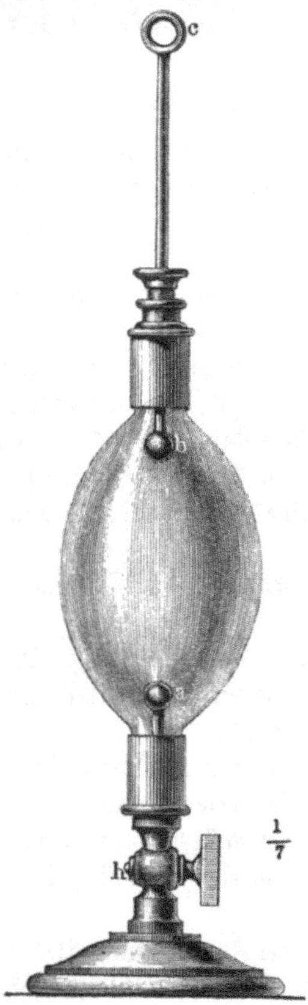

Fig. 409.

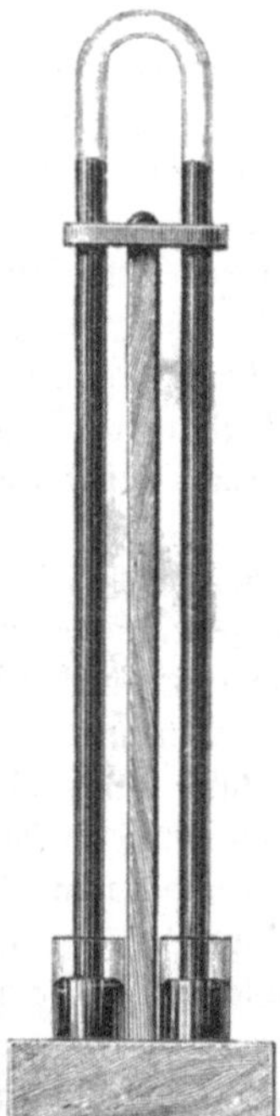

Ist der Apparat luftleer gemacht worden, so wird der Hahn *h* geschlossen und die untere Fassung mit dem Boden in leitende Verbindung gesetzt. Wenn man nun mittelst des Ausladers, Fig. 401, von dem Conductor der Elektrisirmaschine Funken auf den Ring überschlagen läßt, so strömen förmliche Lichtgarben zwischen den beiden Kugeln über, welche das Ei mit einem milden, purpurfarbenen Lichte erfüllen. Läßt man allmälig Luft einströmen, so nimmt die Ausdehnung der Lufterscheinung mehr und mehr ab, sich mehr und mehr der gewöhnlichen Form des elektrischen Funkens nähernd.

Picard bemerkte zuerst, daß ein Barometer im Dunkeln leuchtet, wenn das Quecksilber auf und nieder schwankt, und bald überzeugte man sich, daß diese Erscheinung von der durch die Reibung des Quecksilbers an den Wänden der Röhre entwickelten Elektricität herrühre. Um das elektrische Licht in der Toricelli'schen Leere zu beobachten, construirte Cavendish das Fig. 409 dargestellte Doppelbarometer, dessen Anwendung wohl ohne weitere Erklärung verständlich ist.

Der elektrische Geruch. Wenn aus irgend einer Hervorragung 207
am Conductor der Elektrisirmaschine die Elektricität ausströmt, so bemerkt man einen eigenthümlichen Geruch, den man den elektrischen Geruch nennt. Dieser Geruch rührt von einem eigenthümlichen Gase, dem Ozon, her, welches sich unter dem Einflusse der Elektricität bildet, und welches in seinem Verhalten viele Aehnlichkeit mit Chlor hat; es zersetzt z. B. wie das Chlor das Jodkalium; hält man gegen eine am Conductor der Maschine befindliche Spitze, welche einen Büschel und mit ihm den elektrischen Geruch giebt, ein Stück Papier, welches mit Jodkaliumkleister (Stärkekleister mit etwas Jodkalium) bestrichen ist, so wird der Kleister blau gefärbt, indem unter dem Einflusse des Ozons das Jodkalium zersetzt wird und das frei werdende Jod die Stärke blau färbt.

Auch ohne alle Elektricität, auf rein chemischem Wege läßt sich das Ozon erzeugen. Bringt man ein Stückchen Phosphor in eine Glasflasche, in welcher sich so viel Wasser befindet, daß das Phosphorstück zur Hälfte herausragt, so zeigt die in der Flasche befindliche Luft nach einiger Zeit einen höchst intensiven Ozongeruch; hängt man einen Papierstreifen mit Jodkaliumkleister in die Flasche, so wird der Kleister blau.

Wahrscheinlich ist das Ozon eine eigenthümliche Modification des Sauerstoffs.

Drittes Capitel.

Vom Galvanismus.

208 **Galvani's Entdeckung.** Im Jahre 1789 machte Galvani zu Bologna eine Entdeckung, durch welche ein ganz neues Feld für die Physik eröffnet wurde. Diese Entdeckung war die Beobachtung der scheinbar unbedeutenden Thatsache, daß frisch präparirte Froschschenkel, mittelst kupferner Häkchen an einem eisernen Balkongeländer aufgehangen, in Zuckungen geriethen, so oft die Schenkelmuskeln durch den Wind mit dem eisernen Geländer in Berührung gebracht wurden. Das kupferne Häkchen war mit den Schenkelnerven in Berührung.

Fig. 410.

Man glaubte anfangs, diese Erscheinung durch eine Art Nervenflüssigkeit erklären zu können, welche dem elektrischen Fluidum ähnlich sein sollte; man dachte sich den organischen Körper in Beziehung auf diese Flüssigkeit ungefähr wie eine Leydner Flasche, deren Belegungen einerseits die Nerven, andererseits die Muskeln sind. Eine Entladung sollte stattfinden, sobald Nerven und Muskeln in leitende Verbindung gebracht werden, was bei dem Versuche Galvani's durch die Kupferhäkchen und das eiserne Geländer der Fall war.

Alexander Volta wiederholte Galvani's Versuche mit unermüdlicher Aufmerksamkeit und fand bald, daß ein zum Gelingen des Versuches sehr wichtiger Umstand bis dahin ganz übersehen worden war. Um nämlich eine starke Wirkung zu haben, ist es durchaus nöthig, daß der Leitungsbogen, welcher die Nerven und Muskeln verbindet, aus zwei verschiedenen Metallen besteht, welche mit einander in Berührung sind.

Den Galvani'schen Fundamentalversuch kann man leicht in folgender Weise anstellen: Man präparire den Unterschenkel eines frisch getödteten und enthäuteten Frosches so, daß noch ein möglichst großes Stück des zum großen Wadenmuskel *e* führenden Nerven daran bleibt, wie Fig 410 zeigt. Legt man dieses Präparat auf eine Glasplatte, berührt man dann das Muskelfleisch mit einem Streifchen Zinkblech, den Nerven mit einem Stücke Kupferdraht, so zuckt der Schenkel, sobald man die beiden Metalle in Berührung bringt.

Volta behauptete nun, daß der Froschschenkel nicht wie eine Leydner Flasche zu betrachten sei, daß die hier wirkende Elektricität weder in den Nerven noch in den Muskeln, sondern durch die Berührung der beiden Metalle entwickelt werde und daß sie mit dem gewöhnlichen elektrischen Fluidum vollkommen identisch sei.

Volta's Fundamentalversuch. Den Beweis, daß die Berührung verschiedener Metalle die Quelle einer Elektricitätsentwickelung sei, suchte Volta mit Hülfe des in §. 204 besprochenen Condensators und zwar in folgender Weise zu führen, welche man mit dem Namen des Volta'schen Fundamentalversuchs bezeichnet. 209

Fig. 411.

Nachdem man die beiden aus Kupfer oder Messing verfertigten Condensatorplatten gehörig auf einander gesetzt hat, wird die untere mit einem in der Hand gehaltenen Stück Zink, die obere aber ableitend mit dem Finger berührt, wie Fig. 411 zeigt. Zieht man nun, nachdem die Berührung nur kurze Zeit gedauert hat, den Finger von der oberen, das Zink von der unteren Platte zurück, hebt man darauf die obere Condensatorplatte ab, so erhält man eine merkliche Divergenz der Goldblättchen, und zwar divergiren sie mit negativer Elektricität.

Nach Volta ist der Sitz der Elektricitätsentwickelung, welche durch diesen Versuch nachgewiesen wurde, die Berührungsstelle zwischen Kupfer und Zink. Der Volta'sche Fundamentalversuch läßt sich aber auch durch die Annahme erklären, daß der Sitz der Elektricitätsentwickelung in der Berührungsstelle des Zinks mit der mehr oder weniger feuchten Hand zu suchen sei. In der That gelingt der Versuch weit sicherer, wenn man die Hand mit etwas Salzwasser befeuchtet.

Daß wirklich an der Berührungsstelle von Metallen mit reinem oder gesäuertem Wasser eine Elektricitätsentwickelung stattfindet, wird durch folgenden Versuch bewiesen:

Auf ein Goldblattelektrometer schraube man eine (ungefirnißte) Zinkplatte, auf welche eine etwas überragende, möglichst dünne Glasplatte gelegt wird, wie Fig. 412 zeigt. Auf die Glasplatte wird eine Scheibe Löschpapier gelegt, welche mit der Zinkplatte ungefähr gleichen Durchmesser hat, und dieses Papier mit etwas gesäuertem Wasser befeuchtet. Bringt man nun die Zinkplatte mit der feuchten Scheibe nur auf ganz kurze Zeit durch einen Zinkdraht in Berührung, so erhält man eine Divergenz der Elektrometerpendel, wenn man nach Entfernung des Drahtes die Glasplatte abhebt, und zwar zeigt sich das Elektroskop mit negativer Elektricität geladen.

Fig. 412.

Dieser Versuch zeigt zweifellos, daß Zink in Berührung mit gesäuertem Wasser eine negativ elektrische Ladung annimmt.

Der Erfolg des Volta'schen Fundamentalversuchs läßt sich also auch so erklären, daß die negativ-elektrische Ladung, welche das Zink durch Berührung mit der feuchten Hand annimmt, auf die Condensatorplatte übergeht, ohne daß man eine weitere Elektricitätsentwickelung an der Berührungsstelle des Zinks mit dem Kupfer (oder Messing) anzunehmen nöthig hätte.

Die Elektricitätserregung durch Berührung von Metallen und Flüssigkeiten ist zweifellos nachgewiesen. Ob aber auch bei der Berührung verschiedenartiger Metalle Elektricität entwickelt werde oder ob sich die Versuche, welche dies beweisen sollen, nicht auch noch auf andere Weise erklären lassen, darüber sind die Physiker noch nicht einig. Jedenfalls aber läßt sich die Theorie der Volta'schen Säule, welche in §. 211 besprochen werden wird, viel leichter und einfacher entwickeln, wenn man die in derselben auftretende Elektricität nur aus der Berührung zwischen den Metallen und der Flüssigkeit ableitet, als wenn man außerdem auch noch eine Elektricitätsentwickelung an der Berührungsstelle verschiedenartiger Metalle annimmt.

Aus diesem Grunde wird in den folgenden Paragraphen von einer Elektricitätsentwickelung durch Berührung heterogener Metalle keine Rede mehr sein.

Die elektromotorische Kraft. Wenn man den durch Fig. 412 erläuterten Versuch in der Weise wiederholt, daß man die Zinkplatte durch eine Kupferplatte und den Zinkdraht durch einen Kupferdraht ersetzt, so findet man, daß das Kupfer in Berührung mit dem gesäuerten Wasser ebenfalls negativ elektrisch wird, wenn auch in weit geringerem Grade als es beim Zink der Fall war. 210

Wiederholt man den Versuch in gleicher Weise mit einer Platinplatte und mit einem Platindraht, so nimmt das Platin in Berührung mit der verdünnten Schwefelsäure eine positive Ladung an.

Bezeichnet man mit — 1 die elektrische Ladung, welche Kupfer in Berührung mit stark verdünnter Schwefelsäure annimmt, so ist ungefähr

— 10	die elektrische Ladung, welche	Zink,
— 5	„ „ „ „	Eisen, und
+ 2,5	„ „ „ „	Platin

in Berührung mit derselben Flüssigkeit erhielt.

An der Berührungsfläche eines Metalles und einer Flüssigkeit ist also eine Kraft thätig, welche man als elektromotorische Kraft bezeichnet und welche die Zerelgung der bis dahin verbundenen Elektricitäten in ähnlicher Weise bewerkstelligt, wie man es an der Berührungsfläche geriebener Körper beobachtet.

Die Art und die Stärke des elektrischen Gegensatzes, in welchen die beiden in Berührung gebrachten Körper treten, hängt von ihren chemischen Eigenschaften ab. Im Allgemeinen werden diejenigen Metalle in Berührung mit einer bestimmten Flüssigkeit am stärksten negativ erregt, welche am stärksten von derselben angegriffen werden.

Die elektromotorische Kraft, welche den elektrischen Gegensatz der beiden sich berührenden Stoffe hervorruft, bewirkt auch, daß dieser Gegensatz unter allen Umständen in unveränderter Stärke erhalten bleibt. — Wenn also z. B. Zink und verdünnte Schwefelsäure mit einander in Berührung sind, so wird das Zink stets um eine bestimmte Größe mehr negativ, oder, was dasselbe ist, weniger positiv elektrisch sein als die Flüssigkeit.

Wird auf eine isolirte, mit verdünnter Schwefelsäure getränkte Tuchscheibe T, Fig. 413 I, eine Zinkplatte gelegt, so wird die Tuchscheibe positiv, die Zinkplatte negativ elektrisch erregt. Bezeichnen wir die positive Ladung, welche unter diesen Umständen die Tuchscheibe annimmt, mit $+ E$, so ist die über die Zinkplatte sich verbreitende Ladung negativer Elektricität gleich $- E$.

In diesem Falle ist die elektrische Differenz der beiden Platten gleich $2E$, d. h. die Zinkplatte ist um eine mit $2E$ bezeichnete Größe stärker negativ elektrisch, oder, was dasselbe ist, um $2E$ weniger stark positiv elektrisch geladen, als die Tuchscheibe, und diesen Gegensatz behält das Scheibenpaar bei, wie viel Elektricität man auch von außen her zuführen mag. Alle von außen her zugeführte Elektricität wird sich frei über das ganze Scheibenpaar verbreiten.

Fig. 413.

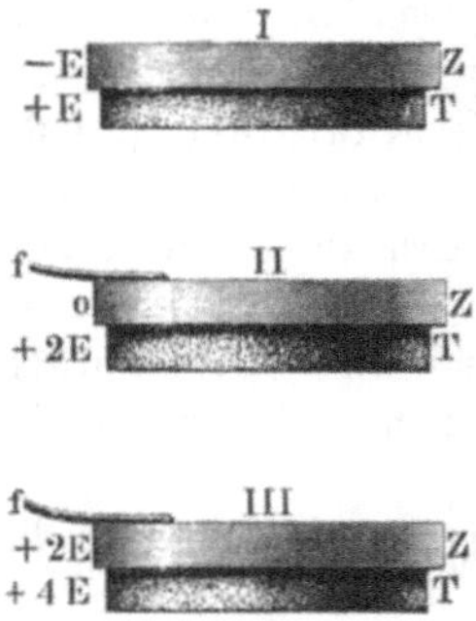

Wird dem Scheibenpaar von außen her eine solche Menge positiver Elektricität zugeführt, daß sich die Ladung $+ E$ über das Ganze verbreitet, so wird die Ladung der Zinkplatte $- E + E = 0$, die der Zinkscheibe $+ E + E = 2 E$.

Denselben Erfolg würde es haben, wenn man die Zinkplatte ableitend berührt, Fig. 413 II, und ihr dadurch ihre negative Ladung $- E$ entzieht. Die Ladung der Zinkscheibe würde alsdann gleich 0, die der Tuchscheibe gleich $+ 2 E$, da dieselbe unter allen Umständen um die Größe $2 E$ stärker positiv elektrisch geladen sein muß.

Wird dem Scheibenpaar, Fig. 413 I, von außen her die Ladung $+ 3 E$ zugeführt, so wird die elektrische Ladung der Zinkscheibe gleich $+ 2 E$, die der Tuchplatte $+ 4 E$ werden (Fig. 413 III); kurz die elektrische Differenz der beiden Scheiben wird stets dieselbe, nämlich $2 E$ bleiben.

211 **Die Volta'sche Säule.** Die elektrische Spannung, welche eine Metallplatte in Berührung mit einer erregenden Flüssigkeit annimmt, ist so gering, daß es eines guten, mit einem Goldblattelektroskop verbundenen Condensators bedarf, um dieselbe nachzuweisen. Volta hat aber gezeigt, daß sich diese elektrische Spannung dadurch steigern lasse, daß man immer in gleicher Ordnung zwei verschiedenartige Metallplatten und feuchte Scheiben auf einander legend eine Säule aufbaut.

Zum Aufbau seiner Säule wandte Volta Kupferplatten, Zinkplatten und Tuchscheiben an, welche mit gesäuertem Wasser oder mit Salzwasser getränkt waren.

Wenn eine Kupferplatte K, Fig. 414, auf welcher eine mit gesäuertem Wasser getränkte Tuchscheibe T liegt, durch einen Kupferdraht mit dem Boden in leitende Verbindung gebracht wird, so wird ihr alle freie Elektricität entzogen, die elektrische Ladung der Tuchscheibe aber wird $+ e$, wenn wir mit e die elektrische Differenz zwischen dem Kupfer und der Flüssigkeit bezeichnen. Wird auf die feuchte Tuchscheibe nun eine Zinkplatte gelegt, so nimmt diese die elektrische Ladung $- 9e$ an, da ja die elektrische Differenz zwischen Zink und dem gesäuerten Wasser 10mal so groß ist als die zwischen Kupfer und der Flüssigkeit.

Fig. 414.

Eine derartige Combination einer Kupferplatte und einer Zinkplatte, zwischen denen eine feuchte Scheibe liegt, wird ein Volta'sches Element genannt.

Wird auf das erste Volta'sche Element in gleicher Ordnung ein zweites gelegt, wie Fig. 415 zeigt, so geht negative Elektricität von der Zinkplatte Z auf das obere Volta'sche Element über, während eine gleiche Menge positiver Elektricität durch den Draht f abgeleitet wird. Die zwischen der Flüssigkeit der Tuchscheibe T und den beiden sie berührenden Metallplatten thätige elektromotorische Kraft ersetzt aber alle abströmende Elektricität der Art, daß der elektrische Zustand des untersten Volta'schen Elementes unverändert erhalten bleibt, daß also die Zinkplatte Z die elektrische Ladung $-\ 9\,e$ beibehält.

Ein elektrisches Gleichgewicht wird aber erst dann eintreten können, wenn auf das obere Volta'sche Element so viel negative Elektricität übergegangen ist, daß auch die Kupferplatte K' gleichfalls die Ladung $-\ 9\,e$ angenommen hat. Alsdann aber wird die Ladung

der Tuchscheibe T' gleich $-\ 9\,e + e = -\ 8\,e$,
die der Zinkscheibe Z' gleich $-\ 8\,e - 10\,e = -\ 18\,e$ sein.

Fig. 415.

Fig. 416.

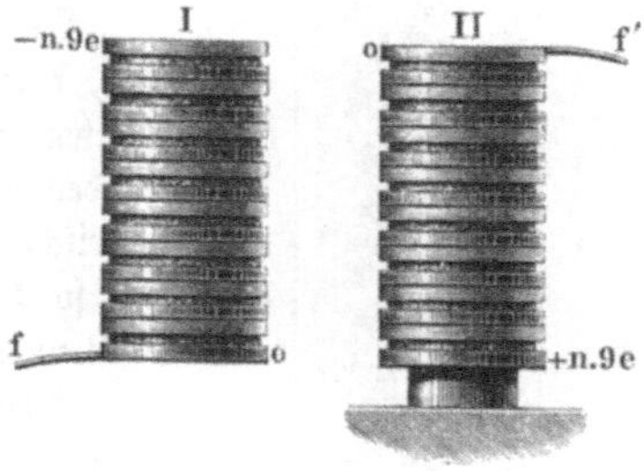

Die negativ elektrische Ladung der Zinkplatte Z' in der Combination Fig. 415 ist also doppelt so groß als die Ladung der Zinkplatte Z eines einfachen Volta'schen Elementes, Fig. 414.

Auf gleiche Weise kann man weiter schließen, daß wenn man 3, 4, 5...n Volta'sche Elemente in gleicher Ordnung auf einander baut und die unterste Kupferplatte ableitend berührt, daß alsdann die negativ elektrische Ladung der obersten Zinkplatte 3, 4, 5...$n$mal so groß sein wird, als für ein einzelnes Volta'sches Element.

Die Richtigkeit dieses Satzes läßt sich leicht mittelst eines mit einem guten Condensator versehenen Goldblattelektrometers auch experimentell bestätigen.

Fig. 416 stellt zwei in ganz gleicher Weise aufgebaute Säulen dar, deren jede aus n Volta'schen Elementen besteht. Bei der ersten sei die unterste Kupferplatte ableitend berührt, so ist hier die Spannung der freien Elektricität gleich 0, am oberen Ende der Säule I aber ist sie, wie wir gesehen haben, gleich $-\ n\,.\,9\,e$. Wenn nun aber die unterste Kupferplatte der Säule II isolirt ist (wenn sie also etwa auf einer Glasplatte liegt), während die oberste Zinkplatte derselben ableitend berührt ist, so ist klar, daß die Spannung der freien Elektricität am oberen Ende der Säule II gleich 0, am untern Ende derselben dagegen gleich $+\ n\,.\,9\,e$ ist.

Wird nun die Säule I so auf die Säule II gesetzt, daß die ableitend berührte Kupferplatte von I auf die ableitend berührte Zinkplatte von II zu liegen kommt, und alsdann die ableitenden Drähte entfernt, so haben wir nun eine einzige Säule von $2n$ Plattenpaaren, welche vollständig isolirt ist, und welche an ihrem Zinkende die negativ elektrische Ladung $-n.9e$, an ihrem andern Ende aber die positiv elektrische Ladung $+n.9e$ hat.

Das Zinkende dieser Säule führt den Namen des negativen, das Kupferende den des positiven Pols.

Fig. 417.

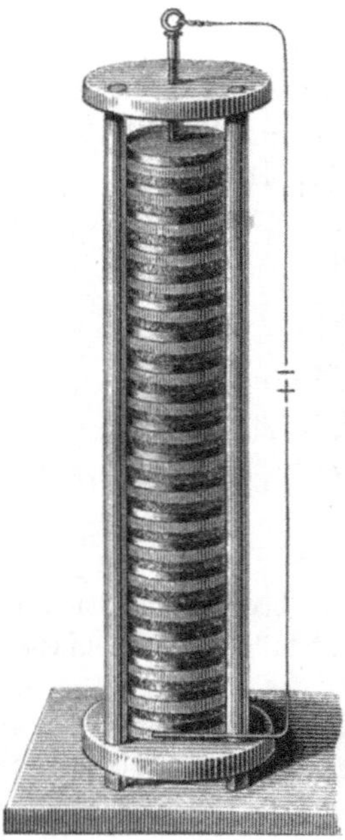

Die Volta'sche Säule wird gewöhnlich zwischen drei in einem Brett von trockenem Holze befestigten Stäben von Glas aufgebaut, wie Fig. 417 zeigt.

Um eine innigere Berührung der zusammengehörigen Kupfer- und Zinkplatten zu erzielen, werden dieselben zusammengelöthet.

Wenn beide Pole der Volta'schen Säule isolirt sind, oder wenn nur der eine isolirt und der andere ableitend berührt ist, so sagt man, die Säule sei offen. An den isolirten Polen der offenen Säule lassen sich elektrische Spannungserscheinungen beobachten, welche um so kräftiger sind, je größer die Anzahl der Plattenpaare ist.

Wenn die beiden Pole der Volta'schen Säule in leitende Verbindung gebracht werden, so ist die Säule (oder wie man auch öfters sagt: die Kette) geschlossen. Von dem positiven Pol strömt nun die positive Elektricität durch den Schließungsbogen fortwährend nach dem negativen Pole hin, während die negative Elektricität den Schließungsbogen in entgegengesetzter Richtung durchströmt; in der Säule selbst aber strömt positive Elektricität beständig dem positiven, negative Elektricität dem negativen Pole zu. Die Wirkungen dieser elektrischen Strömungen, welche man gewöhnlich als galvanische Ströme bezeichnet, werden wir später besprechen.

Jede Vorrichtung, mit Hülfe deren man einen fortdauernden elektrischen Strom erzeugen kann, wird ein Rheomotor (Stromerzeuger) genannt. Stromerzeugende Apparate, welche nach dem Princip der Volta'schen Säule construirt sind, werden häufig auch als galvanische Batterien oder als galvanische Ketten bezeichnet. Die elektrischen Ströme, welche sie liefern, werden, da wässerige Flüssigkeiten einen wesentlichen Bestandtheil dieser Batterien bilden, auch hydro-elektrische Ströme genannt.

212 **Die trockene Säule.** Ganz nach dem Princip der Volta'schen Säule hat Zamboni eine Säule construirt, in welcher der feuchte Leiter

durch eine Papierscheibe ersetzt ist, und welche deshalb die **trockene Säule** genannt wird.

Man kann die trockenen Säulen am leichtesten aus unächtem Gold- und Silberpapier construiren. Zu diesem Zwecke klebt man immer einen Bogen unächten Silberpapiers (Zinn) und einen Bogen unächten Goldpapiers (Kupfer) mit der Papierseite zusammen, so daß man also ein Papierblatt hat, welches auf der einen Seite mit Kupfer, auf der anderen mit Zinn überzogen ist. Aus den so zusammengeklebten Bogen werden dann die Scheibchen ausgeschlagen. Gewöhnlich sind die trockenen Säulen in wohlgefirnißte Glasröhren gefaßt, die an beiden Enden mit Metallkappen versehen sind, wie Fig. 418 zeigt. Um die vollständige Berührung der Plattenpaare zu sichern, müssen die Scheibchen in der Glasröhre auf einander gepreßt werden.

Fig. 418.

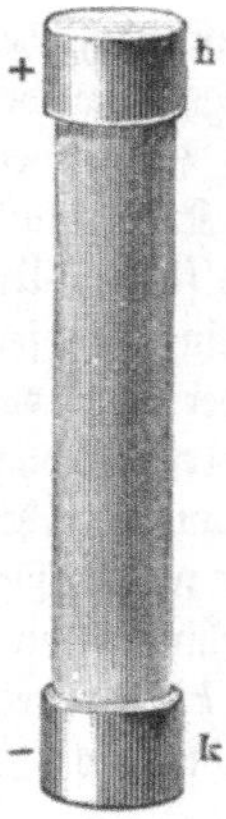

Die trockene Säule bringt vorzugsweise **Spannungserscheinungen**, aber keine merklichen Stromwirkungen hervor, wie wir sie bei der gewöhnlichen **Volta'schen** Säule bald werden kennen lernen. Eine **Zamboni'sche** Säule von 80 bis 100 Paaren bringt bereits ohne Condensator eine Divergenz am Goldblattelektrometer hervor. Mit einer solchen Säule von mehreren Tausend Paaren kann man selbst eine recht dünnglasige Leydener Flasche laden.

Wenn man zwei **Zamboni'sche** Säulen neben einander aufbaut, so daß der positive Pol der einen und der negative Pol der anderen nach oben gerichtet ist, so wird ein leichtes Pendel zwischen beiden Polen beständig hin und her oscilliren müssen. Darauf gründet sich das sogenannte elektrische perpetuum mobile.

Ein zwischen zwei solchen **Zamboni'schen** Säulen hängendes Goldblättchen wird nach dem einen oder dem anderen Pole hin ausschlagen, wenn es nur eine ganz schwache positive oder negative Ladung erhält. Darauf gründet sich die Construction des **Bohnenberger'schen Elektroskops**.

Verschiedene Formen der Volta'schen Säule. Die oben besprochene **Volta'sche** Säule war der erste Apparat, mit Hülfe dessen man continuirliche hydroelektrische Ströme erzeugte. Allein diese Form bietet mannigfache Mißstände. Die unteren Scheiben nämlich sind durch das Gewicht der oberen stärker zusammengedrückt; die feuchten Scheiben werden dadurch ausgepreßt, sie werden trocken, während die Flüssigkeit an der Seite der Säule herunterrinnt; dadurch wird aber eine leitende Verbindung zwischen den einzelnen Plattenpaaren hervorgebracht, welche den Totaleffect schwächt. 213

Der **Trogapparat**, welcher längere Zeit im Gebrauche war, ist Fig. 419 und Fig. 420 (a. f. S.) dargestellt. Die einzelnen Elemente bestehen aus rechtwinkligen Platten von Kupfer und Zink, welche auf einander gelöthet sind. Diese Plattenpaare sind nun einander parallel in einem Kasten von Holz, *bb'*, dessen Wände inwendig mit einer nichtleitenden Harzschicht überzogen sind, so befestigt, daß der Zwischenraum zwischen je zwei Plattenpaaren eine Zelle, einen Trog bildet, der mit gesäuertem Wasser gefüllt wird. Diese Wasserschicht, welche ungefähr 3 Linien dick ist, vertritt hier die Stelle der feuchten Scheibe.

Fig. 419.

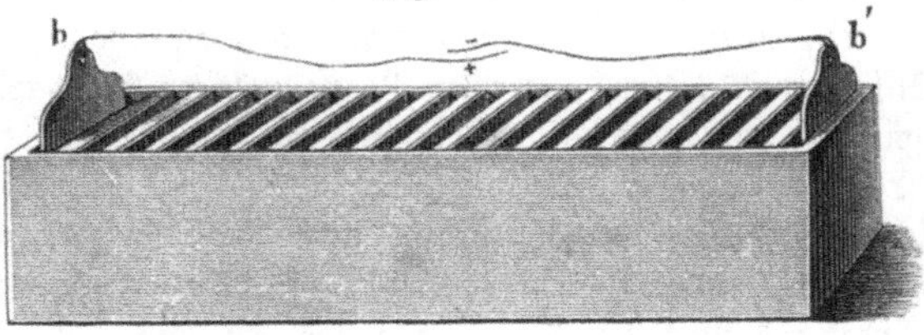

Weit bequemer für den Gebrauch ist die Wollaston'sche Batterie. Fig. 420 stellt ein Plattenpaar derselben dar. Die Zinkplatte *z* ist nach oben durch einen Streifen verlängert, an den bei *s* ein Streifen *a* von Kupferblech angelöthet ist, welcher zur Kupferplatte des folgenden Plattenpaares führt. Um die Zinkplatte herum ist eine Kupferplatte *k* gebogen, so daß jeder Seite von *z* eine Kupferfläche gegenübersteht, ohne daß eine metallische Berührung zwischen ihnen stattfände, welche am zweckmäßigsten durch Holzklötzchen *h* verhindert wird. — Von der Kupferplatte *k* führt ein Kupferstreifen *b* zur Zinkplatte des vorhergehenden Plattenpaares.

Fig. 420.

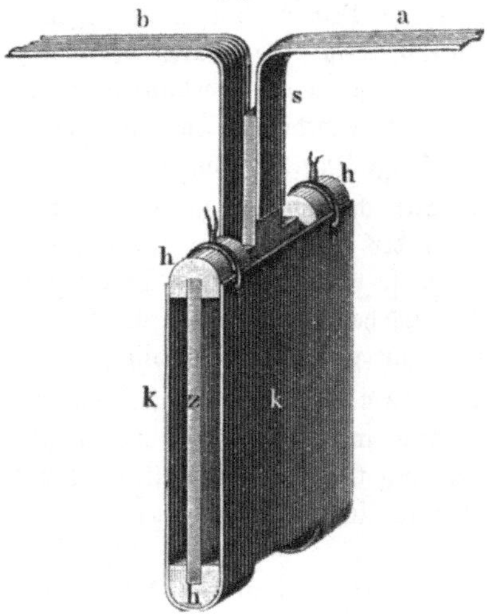

Eine Reihe solcher Plattenpaare ist nun mittelst ihrer Verbindungsstreifen an einer Holzleiste befestigt, so daß man alle auf einmal niederlassen und in die Flüssigkeit eintauchen kann. Jedes Plattenpaar hat sein besonderes Gefäß, wie man Fig. 421 sieht.

Fig. 421.

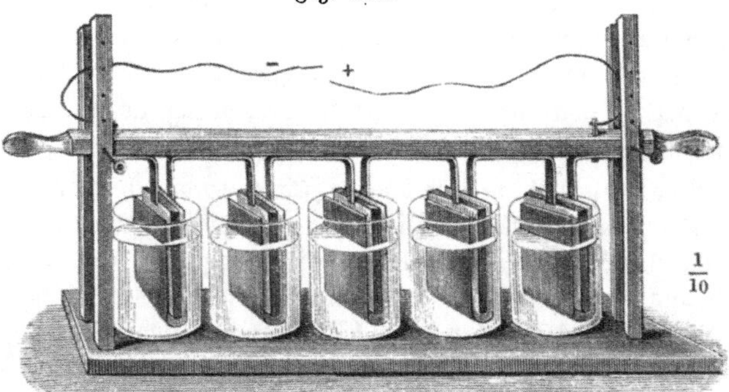

Wenn die Gefäße rund sind, wie unsere Figur zeigt, so müssen die Plattenpaare ziemlich weit auseinanderstehen. Viel Raum wird dadurch gewonnen, daß man flache Gefäße von Glas oder Porzellan anwendet oder noch besser einen Trog von der Form wie der in Fig. 419 abgebildete, in welchem die Scheidewände der Zellen gleichfalls aus der isolirenden Substanz des ganzen Gefäßes bestehen. Jede Zelle ist zur Aufnahme eines Plattenpaares bestimmt. Am besten sind solche Tröge von Porzellan, doch reicht auch gute Töpferwaare hin, wenn sie mit einer dauerhaften Glasur versehen ist.

Faraday brachte für diese Batterie einen Trog ohne alle Scheidewand in Anwendung; dabei geht nun freilich ein Theil der galvanischen Kraft durch Nebenschließung verloren, es bleibt aber immer noch eine bedeutende Wirkung übrig und man gewinnt auf der anderen Seite dadurch, daß man die Plattenpaare näher zusammenbringen kann, sehr an Raum.

Die constanten Säulen. Bei allen den bis jetzt besprochenen ein- 214
fachen und zusammengesetzten Ketten ist die Wirkung gleich nach dem Eintauchen in die saure Flüssigkeit sehr energisch; sie nimmt aber sehr rasch ab. Diese Veränderlichkeit des Stromes ist nun immer, namentlich aber dann störend, wenn es sich darum handelt, vergleichende Versuche über die Stromkraft anzustellen. Von diesem Uebelstande sind nun die sogenannten constanten Batterien fast ganz frei.

Fig. 422.

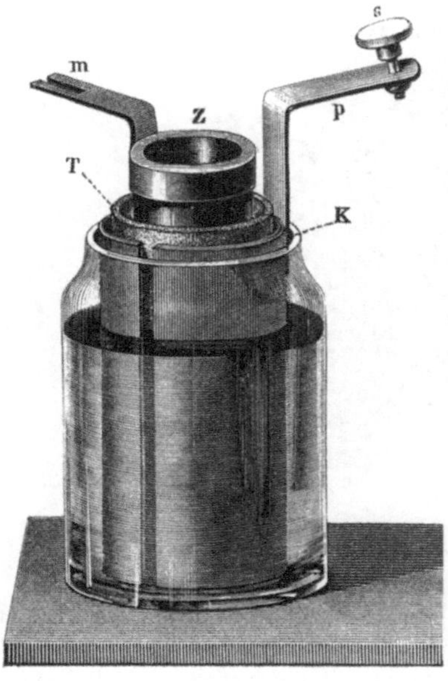

Die constanten Batterien haben das gemeinschaftlich, daß das negative Metall in eine andere Flüssigkeit eingetaucht ist als das positive. Gewöhnlich sind die einzelnen Plattenpaare in einzelne Gläser vertheilt, ähnlich wie bei der Wollaston'schen Batterie, Fig. 421; um aber Raum zu ersparen, sind sie nicht eben, sondern cylinderförmig gekrümmt. Die Flüssigkeit, in welche das negative Metall eintaucht, ist von der Flüssigkeit, in welche das positive Metall eintaucht, durch eine poröse Scheidewand getrennt, für welche man anfangs zum Theil thierische Blasen, später aber allgemein hohle poröse Thoncylinder anwandte, welche unter dem Namen der Thonzellen bekannt sind.

Bei allen constanten Batterien

wird der negative Pol durch Zink gebildet, welches in verdünnte Schwefelsäure eingetaucht ist; der positive Pol dagegen wird bei der Becquerel'schen oder Daniell'schen Säule durch Kupfer gebildet, welches in eine concentrirte Lösung von Kupfervitriol, bei der Grove'schen durch Platin, welches in concentrirte Salpetersäure eingetaucht ist. Bei der Bunsen'schen Säule ist das Platin durch sehr feste Kohle ersetzt.

Fig. 422 stellt einen Daniell'schen Becher dar. Das mit einer Lösung von Kupfervitriol gefüllte Glasgefäß enthält zunächst einen aus Kupferblech gebogenen hohlen Cylinder *K*, innerhalb dessen die mit verdünnter Schwefelsäure gefüllte Thonzelle *T* steht. In die Flüssigkeit der Thonzelle ist dann der Zinkcylinder *Z* eingetaucht.

An dem Zinkcylinder ist ein geschlitzter Metallstreifen *m*, am Kupfercylinder ein Streifen *p* von Kupferblech befestigt, welcher die Schraube *s* trägt, vermittelst deren man den Kupferstreifen *p* mit dem Streifen *m* des nächsten Bechers zusammenschrauben kann.

Die Bunsen'schen Säulen haben gewöhnlich dieselbe Anordnung, nur enthält das Glas concentrirte Salpetersäure, und der hohle Kupfercylinder ist durch einen Kohlencylinder ersetzt. Der Kohlencylinder ist mit einem Kupferringe umgeben, an welchem ein Kupferstreifen mit einer Schraube befestigt ist, welche dazu dient, eine leitende Verbindung des Kohlencylinders mit dem Zink des folgenden Bechers herzustellen.

Fig. 423 zeigt, wie mehrere Bunsen'sche Becher zu einer Säule verbunden werden können. *p* ist der positive, *n* ist der negative Pol der Säule.

Fig. 423.

Die Kohle zu diesen Cylindern wird auf eine eigene Weise aus Steinkohlen und Coaks bereitet, die wir hier nicht näher betrachten können.

Die Grove'sche Batterie ist in ihren Constructionen der Bunsen'schen sehr ähnlich, nur wird Platin statt der Kohle angewandt.

Den Grund, warum diese Anordnungen einen Strom von größerer Beständigkeit geben als die früheren Volta'schen Säulen, werden wir weiter unten kennen lernen.

Bestimmung der Pole und der Stromesrichtung einer Bechersäule. Wenn man eine galvanische Batterie aus einzelnen elektromotorischen Bechern zusammengesetzt, wie dies Fig. 424 schematisch darstellt, so 215

Fig. 424.

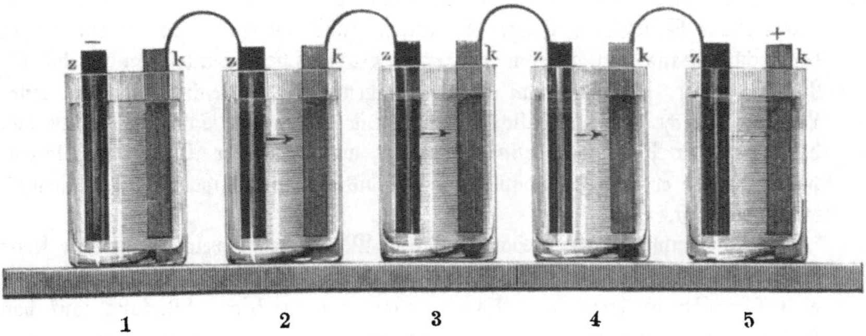

muß immer die Kupferplatte des einen Bechers mit der Zinkplatte des folgenden in leitende Verbindung gebracht werden; auf diese Weise aber bleibt in dem ersten Becher eine vereinzelte Zinkplatte, in dem letzten eine vereinzelte Kupferplatte übrig.

Nach §. 211 ist nun klar, daß die vereinzelt bleibende Zinkplatte des ersten Bechers den negativen, die vereinzelt bleibende Kupferplatte (oder die an ihre Stelle tretende Platin- oder Kohlenplatte) des letzten Bechers aber den positiven Pol der Säule bildet, wie auch in Fig. 424 angedeutet ist.

Wird nun die Kette geschlossen, indem man etwa, wie es Fig. 425 andeutet, die Kupferplatte in 5 mit der Zinkplatte in 1 durch einen Metall-

Fig. 425.

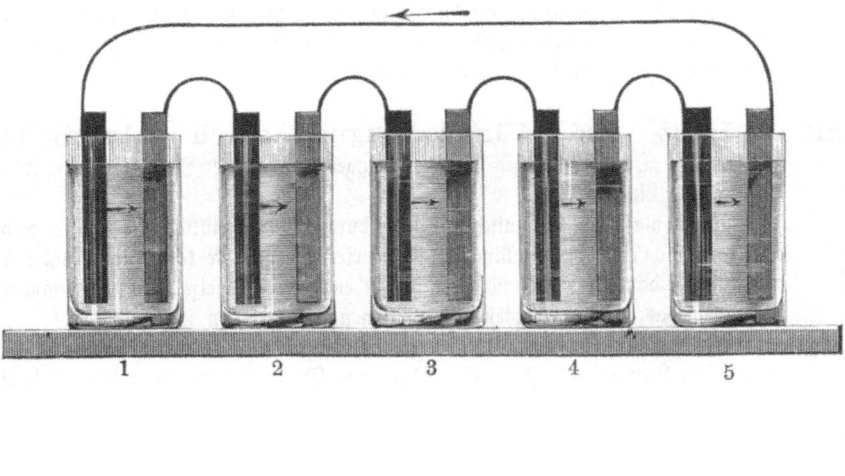

draht verbindet, so muß der positive Strom in der Richtung circuliren, wie es die Pfeile andeuten, er tritt also von der in den Becher 5 eingetauchten Kupferplatte in den Schließungsbogen ein.

In jedem einzelnen Becher geht der positive Strom stets von der Zinkplatte durch die Flüssigkeit zu der gegenüberstehenden Kupfer-, Platin- oder Kohlenplatte, wie dies in unserer Figur gleichfalls durch kleine Pfeile angedeutet ist.

216 **Physiologische Wirkungen der Säule.** Berührt man mit einem etwas befeuchteten Finger der linken Hand den einen, mit einem Finger der rechten Hand den anderen Pol einer Volta'schen Säule von 40 bis 50 Plattenpaaren, so erhält man einen schwachen Schlag, welcher mit dem einer Leydener Flasche einige Aehnlichkeit hat. Die Stärke des Schlages, welche von der Größe der Plattenpaare unabhängig ist, wächst mit der Anzahl der Plattenpaare, so daß er bei einer Säule von 100 bis 120 Plattenpaaren schon ziemlich empfindlich ist.

Man empfindet einen Schlag in dem Momente, in welchem man die Kette durch die Finger schließt. So lange die Kette geschlossen bleibt, circulirt der elektrische Strom durch den Körper, ohne eine merkliche Wirkung auf das Gefühl hervorzubringen; nur bei kräftigen Säulen von vielen Plattenpaaren empfindet man während des Geschlossenseins ein brennendes singelndes Gefühl an den Stellen, wo der Strom in den Körper eingeführt wird. Einen zweiten Schlag empfindet man aber in dem Augenblicke, in welchem man die Kette wieder öffnet.

Schon durch ein einfaches Plattenpaar läßt sich eine blitzähnliche Erscheinung in den Augen hervorbringen. Man kann den Versuch auf mannigfache Weise anstellen; man bringt z. B. eine Silberplatte an den Augapfel selbst oder an das zuvor gut angefeuchtete Augenlid und berührt sie darauf mit einem Zinkstücke, welches man in der wohl angefeuchteten Hand hält oder im Munde stecken hat. Leitet man den Strom einer Säule durch die Augen, so wird die Lichterscheinung stärker.

Legt man ein Zinkstück auf die Zunge, ein Silberstück unter dieselbe, bringt man alsdann die vorderen Enden beider Metalle in Berührung, so empfindet man einen eigenthümlichen bitteren Geschmack.

217 **Licht- und Wärmeerzeugung durch galvanische Ströme.** Die galvanischen Ströme bringen, wie die der Reibungselektricität, Wärme und Licht hervor.

Wenn man den galvanischen Strom durch einen Metalldraht leitet, so wird derselbe erwärmt. Bei hinlänglich gesteigerter Stromstärke kann der Draht erst rothglühend, dann weißglühend werden, um endlich zu schmelzen und auseinander zu fallen, was sich am leichtesten mit dünnen Eisendrähten zeigen läßt.

Bei gleicher Stromstärke wird ein Drahtstück um so stärker erwärmt, je größer sein Leitungswiderstand ist. Um einen Draht glühend zu machen, bedarf es also einer um so geringeren Stromstärke, je dünner er ist. Ebenso werden Drähte, welche aus schlecht leitenden Metallen gemacht sind, bei gleicher Dicke leichter ins Glühen kommen, als Drähte gut leitender Metalle. Eisen- und Platindrähte glühen leichter als Kupfer- und Silberdrähte, weil, wie wir sehen werden, die beiden erst genannten Metalle schlechtere Leiter der Elektricität sind als die beiden zuletzt genannten.

Das galvanische Glühen der Metalldrähte hat man mit Erfolg zum Anzünden von Minen benutzt.

Befestigt man an die beiden Pole einer galvanischen Kette zugespitzte Kohlenstücke, am besten von derselben Masse, aus welcher die Kohlencylinder der Bunsen'schen Batterie gemacht sind, so wird man, sobald man diese Spitzen in Berührung bringt, zwischen ihnen ein ungemein glänzendes Licht wahrnehmen. Dies helle Licht läßt sich schon mit einer Bunsen'schen Säule von 6 bis 10 Bechern zeigen; da, wo sich die Kohlenspitzen berühren, erscheint ein kleiner, sehr hell leuchtender Stern. Wenn man die Zahl der Becher vermehrt, so nimmt der Glanz der Erscheinung außerordentlich zu; mit einer Kette von 40 bis 50 Bechern erhält man ein Licht, welches das Drummond'sche Kalklicht weit übertrifft. Bei Anwendung so vieler Paare kann man auch die Kohlenspitzen, wenn einmal der Strom übergeht, ziemlich weit von einander entfernen, und so erhält man durch die glühenden Kohlenpartikeln, welche von einem Pole zum anderen übergehen, das herrliche Phänomen eines Lichtbogens. Man hat dieses Licht zur Beleuchtung im Großen angewendet, z. B. auf Leuchtthürmen; auch hat man mit Erfolg das Kalklicht der sogenannten Knallgasmikroskope durch das elektrische Kohlenlicht ersetzt.

Galvanische Wasserzersetzung. Die chemischen Wirkungen der Säule wurden von Carlisle und Nicholson entdeckt, welche zuerst die Zerlegung des Wassers durch den galvanischen Strom beobachteten. Wenn man zwei Platinplatten, von denen die eine mit dem positiven, die andere mit dem negativen Pol der Säule in Verbindung steht, in ein und dasselbe Gefäß mit gesäuertem Wasser eintaucht, so findet eine lebhafte Gasentwickelung an den Platinplatten Statt. 218

Das von der positiven Polplatte aufsteigende Gas ist Sauerstoff-, das von der negativen aufsteigende ist Wasserstoffgas.

Das Volum des am negativen Pole entwickelten Wasserstoffgases ist doppelt so groß, als das Volum des gleichzeitig am positiven Pol entwickelten Sauerstoffs.

Ein passender Apparat zur Wasserzersetzung ist in Fig. 426 (a. f. S.) dargestellt. Er besteht aus einem Glase, durch dessen isolirenden Boden zwei Kupferdrähte hindurchgehen, welche sich jedoch nicht berühren dürfen. An diese Drähte sind Platinplatten angelöthet, die Löthstelle aber und der Kupferdraht, so weit er sich im Gefäße befindet, ist sorgfältig mit Siegellacklösung überzogen. Zwei Glasglöckchen *o* und *h* sind mit gesäuertem Wasser gefüllt und hängen in das gleichfalls mit gesäuertem Wasser gefüllte Glasgefäß herab, so daß sich über jeder der beiden Polplatten ein solches Glöckchen befindet. Sobald man nun die Drähte *f* und *f'* mit den Polen der Säule in Verbindung bringt, entwickeln sich Gasblasen in reichlichem Maße. Reines Sauerstoffgas steigt immer in dem Glöckchen über dem positiven Pole auf, das Wasserstoffgas im anderen.

Eine Säule von 4 bis 6 Bunsen'schen Bechern bringt schon eine sehr lebhafte Wasserzersetzung hervor.

Fig. 426.

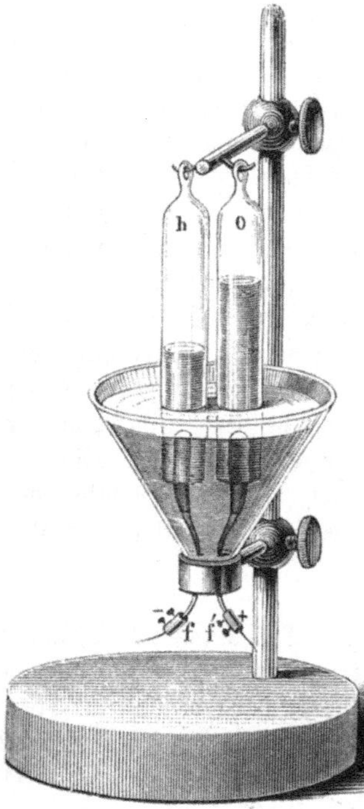

Fig. 427.

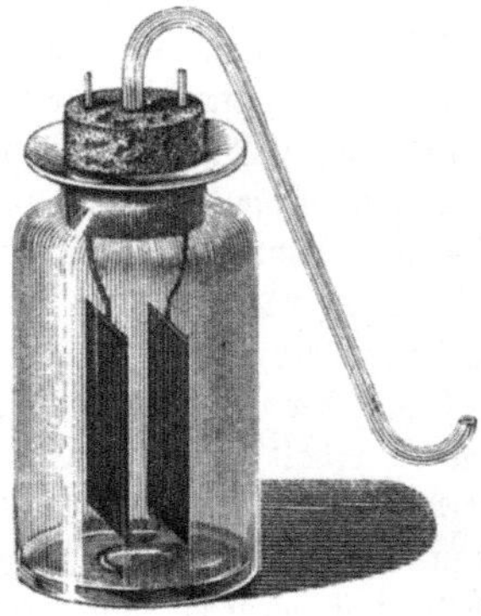

Das destillirte und vollkommen reine Wasser wird auf diese Weise fast gar nicht zersetzt; sobald man aber nur einige Tropfen irgend einer Säure zugießt, wodurch sein Leitungsvermögen bedeutend erhöht wird, beginnt eine sehr lebhafte Gasbildung, so daß man in kurzer Zeit eine ziemlich bedeutende Menge der Gase auffangen kann. Wie die Quantität der gebildeten Gase von der Stromstärke abhängt, werden wir später sehen.

Wenn es nicht darauf ankommt, die beiden Gasarten getrennt aufzufangen, kann man sich des Apparates Fig. 427 bedienen, in welchem mehr Wasser zersetzt wird, weil zwei größere Polplatten von Platin sich viel näher stehen. Das Gemenge der beiden Gase (Knallgas) entweicht durch eine gebogene Röhre, und wenn man die Oeffnung derselben unter Wasser taucht, so kann man das entweichende Gas entweder in einer mit Wasser gefüllten und durch Wasser abgesperrten Röhre auffangen oder die einzelnen Blasen sogleich verpuffen.

Ein Wasserzersetzungsapparat, der mit einer graduirten Glasröhre verbunden ist, in welcher man das gebildete Knallgas auffangen und messen kann, führt den Namen Voltameter, weil die Menge des in einer bestimmten Zeit durch den Strom gebildeten Knallgases ein Maaß für die Stärke des Volta'schen Stromes ist.

Grotthuß hat von dieser merkwürdigen Erscheinung folgende Erklärung gegeben, welche jetzt von fast allen Physikern als die richtige angenommen wird. Wenn Wasserstoffgas mit Sauerstoffgas zu Wasser verbunden ist, so werden bei dieser innigen Berührung der kleinsten Theilchen die Sauerstoffatome negativ, die Wasserstoffatome positiv elektrisch; wegen der gleichförmigen Vertheilung der Theilchen beider Substanzen aber zeigt natürlich die Verbindung keine freie Elektricität. Wenn sich nun Wasser zwischen den beiden Polen einer galvanischen Kette befindet, so wird der positive Pol auf die zunächst liegenden Wassertheilchen in der Weise wirken, daß der negative Bestandtheil angezogen und dem positiven Pole zugekehrt wird, während das abgestoßene Wasserstoffatom des ersten Wassermoleküls von dem positiven Pole abgewandt ist. Das Wassertheilchen 1, Fig. 428, wirkt aber auf das Wassertheilchen 2 in derselben Weise wie die Polplatte auf 1; ebenso wirkt 2 auf 3 u. s. w. So kommt es denn, daß alle Wassermoleküle zwischen den beiden Polen ihr Sauerstoffatom dem positiven Pole, ihr Wasserstoffatom dem negativen Pole zukehren, ungefähr so, wie es Fig. 428 versinnlicht, wo die Kreischen Wassertheilchen darstellen, und zwar die schwarzen Hälften das Wasserstoffatom, die weißen das Sauerstoffatom. Wenn nun die Anziehung, welche der positive Pol auf das Sauerstoffatom des Wassertheilchens 1 ausübt, groß genug ist, so wird es gleichsam seinem Wasserstoffatom entrissen; dieses Wasserstoffatom verbindet sich wieder mit dem Sauerstoffe des Wassertheilchens 2; der Wasserstoff von 2 verbindet sich mit dem Sauerstoffe von 3 u. s. w. Auf diese Weise geht auf der ganzen Strecke zwischen beiden Polen eine beständige Zersetzung und Wiederbildung von Wasser vor sich, nur an den Polen selbst können die Bestandtheile desselben frei werden.

Fig. 428.

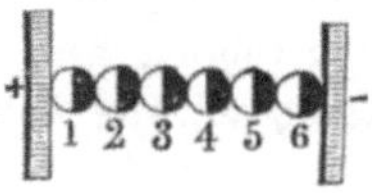

Einen jeden Körper, welcher durch den galvanischen Strom in seine chemischen Bestandtheile zerlegt wird, nennt man nach Faraday ein Elektrolyt, während man eine durch den galvanischen Strom hervorgebrachte Zersetzung als Elektrolyse bezeichnet.

Die Polplatten, zwischen welchen die elektrolytische Zersetzung stattfindet, nennt Faraday Elektroden.

Nach der oben entwickelten Theorie der galvanischen Wasserzersetzung ist das Wasser zwischen den Polplatten der Zersetzungszelle gewissermaßen polarisirt, d. h. alle Sauerstoffatome sind gegen die positive Polplatte, alle Wasserstoffatome sind gegen die negative Elektrode hin gekehrt. Die positive Elektrode muß also auf den Sauerstoff, die negative muß auf den Wasserstoff anziehend wirken, wir müssen also die Sauerstoffatome als elektronegativ, die Wasserstoffatome als elektropositiv annehmen.

Die Wasserzersetzung geht aber nicht allein zwischen den Polplatten des Voltameters, sondern in gleicher Weise auch zwischen den Plattenpaaren der stromerzeugenden Säule vor sich; der positive Strom geht vom Zink durch die Flüssigkeit zum Kupfer (oder Platin) wie Fig. 425 Seite 389 andeutet. An der Kupfer- (Platin-) platte wird Wasserstoffgas ausgeschieden, während der an der Zinkplatte auftretende Sauerstoff das Zink oxydirt.

Hier stoßen wir für den ersten Anblick auf einen Widerspruch. Der negativ elektrische Sauerstoff geht zur Zinkplatte, welche doch, wie wir in §. 209 gesehen haben, in Berührung mit gesäuertem Wasser selbst negativ elektrisch wird.

Um diesen Widerspruch zu lösen, müssen wir annehmen, daß eine Metallplatte, welche in eine elektromotorische Flüssigkeit eingetaucht ist, in ähnlicher Weise polarisirt wird, wie die Flüssigkeit selbst. Wenn also eine Zinkplatte in gesäuertes Wasser eingetaucht wird, so wird der Theil ihrer Oberfläche positiv elektrisch, welcher von der Flüssigkeit berührt ist, während der aus der Flüssigkeit hervorragende Theil der Zinkoberfläche die negativ elektrische Ladung zeigt, welche in §. 209 besprochen wurde.

Wegen dieser positiven Elektricität, mit welcher der Theil der Zinkoberfläche geladen ist, welcher mit der Flüssigkeit in unmittelbarer Berührung steht, wird das Zink das elektropositive Metall, und im Gegensatz dazu das Kupfer, das Platin oder die Kohle das elektronegative Element der Säule genannt.

219 **Elektrolyse der Alkalien und Erden.** Eine neue Epoche der Wissenschaft begann, als Davy im Jahre 1807 mit Hülfe der Säule die Entdeckung machte, daß die Alkalien, welche man bis dahin für einfache Körper gehalten hatte, zerlegbar seien. Die Alkalien und Erden wurden dadurch in die Classe der Oxyde zurückgeführt und die Chemie mit zwei neuen metallischen Körpern, Kalium und Natrium, bereichert. Berührt man mit dem negativen Pole einer kräftigen Säule ein Stück Aetzkali, welches auf einer mit dem positiven Pole verbundenen Platinplatte liegt, so sieht man zahlreiche Metallkügelchen an diesem Pole erscheinen und unter Funkensprühen wieder verschwinden. Es ist dies das Kalium, welches bei der Zerlegung des Kalis frei wird. Seine Verwandtschaft zum Sauerstoffe ist aber so groß, daß es sich, mit der Luft in Berührung, sogleich wieder oxydirt; wenn es aber mit Wasser in Berührung kommt, so entzieht es diesem den Sauerstoff und entzündet das Wasserstoffgas, daher denn die Feuererscheinung. Man muß deshalb das Kalium in einer nicht sauerstoffhaltigen Flüssigkeit aufbewahren. Man gebraucht zu diesem Zwecke gewöhnlich Steinöl, welches aus Kohlenstoff und Wasserstoff zusammengesetzt ist.

Seebeck hat ein Mittel angegeben, um das durch die Säule ausgeschiedene Kalium sicherer zu sammeln. In ein Stück kaustischen Kalis, welches zersetzt werden soll, wird eine Höhlung gemacht und Quecksilber in dieselbe gegossen. Das Kali wird dann auf ein mit dem positiven Pole der Säule in Verbindung stehendes Platinstück gelegt, das negative Drahtende aber in das Quecksilber getaucht. Alsbald geht die Zersetzung vor sich, Sauerstoff wird an der Platinplatte frei, das Kalium aber verbindet sich mit dem Quecksilber zu einem ziemlich beständigen Amalgam. Durch Destillation in einer Atmosphäre von Steinöldampf kann man alsdann das Quecksilber abscheiden und das Kalium in reinem Zustande erhalten.

Elektrolyse der Salze. Auch Lösungen von Alkalisalzen werden 220 durch den galvanischen Strom zerlegt, und zwar erscheint die Säure nebst Sauerstoff am positiven, die Basis nebst Wasserstoff am negativen Pole. Die Zerlegung der Salze läßt sich dem Auge auf folgende Weise sehr gut sichtbar machen.

Fig. 429.

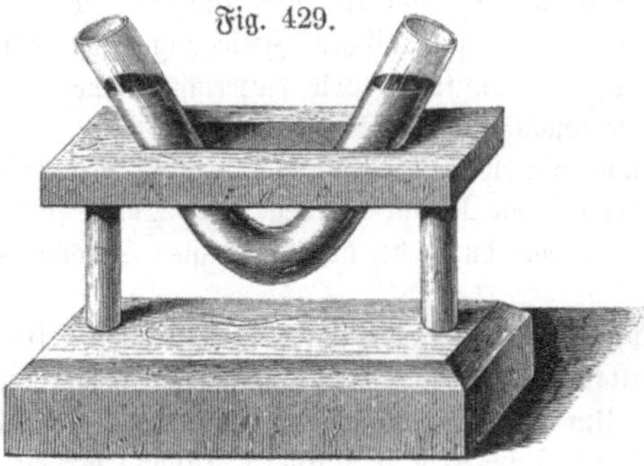

Man fülle eine U-förmig gebogene Röhre, Fig. 429, mit einer Salzlösung, die durch Malventinctur violett gefärbt ist. Taucht man nun auf der einen Seite die positive, auf der anderen die negative Polplatte in die Flüssigkeit, so wird sie sich am positiven Pole roth, am negativen grün färben.

Gießt man eine Salzlösung in zwei neben einander stehende Gefäße, die durch ein feuchtes Asbestgewebe oder durch einen U-förmigen, mit der Flüssigkeit gefüllten Heber verbunden sind, taucht man dann in das eine Gefäß den positiven, in das andere den negativen Poldraht, so geht die Zersetzung ebenfalls vor sich, und nach einiger Zeit findet sich die Säure in dem Gefäße, in welches der positive Pol eingetaucht ist, die Basis im anderen.

Nach Daniell's Ansicht wird hier nicht das Salz direct in Säure und Basis zerlegt, sondern nach der einen Seite wandert die metallische Grundlage der Basis, nach der anderen die Säure + Sauerstoff. Danach hätte man z. B. das schwefelsaure Natron nicht als $SO^3 + NaO$, sondern als $SO^4 + Na$ zu betrachten*). Na wandert zum negativen, die hypothetische Verbindung

*) Für diejenigen, welche noch nicht hinlänglich in der Chemie bewandert sind, bedürfen diese Formeln einer Erläuterung. Alle einfachen Stoffe (Elemente) verbinden sich unter einander stets in bestimmten Verhältnissen; die Mischungsgewichte, nach welchen diese Verbindungen vor sich gehen, nennt man chemische Aequivalente. So besteht z. B. das Wasser aus zwei Bestandtheilen, welche für sich allein gasförmig sind, nämlich Sauerstoff und Wasserstoff, und zwar enthält es 8 Gewichtstheile Sauerstoff auf 1 Gewichtstheil Wasserstoff. — 8 Gewichtstheile Sauerstoff sind also das chemische Aequivalent für 1 Gewichtstheil Wasserstoff. Ein Aequivalent Sauerstoff bezeichnet der Chemiker aber durch O, ein Aequivalent Wasserstoff mit H. Die chemische Bezeichnung für Wasser ist demnach HO.

In diesem Sinne hat man für jeden einfachen Stoff sein chemisches Aequivalent bestimmt, und zwar sind Folgendes die Aequivalente einiger der bekanntesten Körper, wenn man das Aequivalent des Wasserstoffs als Einheit annimmt:

SO^4 (Oxysulphion) zum positiven Pole. Das Oxysulphion zerfällt aber, sobald es am positiven Pole frei wird, in Sauerstoff, welcher gasförmig entweicht, und Schwefelsäure, welche in der Umgebung des + Pols in der Lösung bleibt. Am negativen Pole geht unterdessen folgender Proceß vor: Das freiwerdende Natrium oxydirt sich sogleich wieder auf Kosten des Wassers und bildet Natron, welches in der Lösung bleibt, während dafür ein Aequivalent Wasserstoff als Gas entweicht.

Ist das Metall des Salzes nicht leicht oxydirbar, so schlägt es sich auf der negativen Polplatte metallisch nieder, und es wird also kein Wasserstoff frei. Dies ist z. B. der Fall bei der galvanischen Zerlegung einer Lösung von schwefelsaurem Kupferoxyd; am positiven Pole entweicht Sauerstoffgas, und auf der negativen Polplatte schlägt sich metallisches Kupfer nieder.

Chlor-, Jod- und Brommetalle werden ebenfalls durch den elektrischen Strom zersetzt, und zwar scheidet sich das Metall am negativen, Chlor, Jod und Brom am positiven Pole aus. Schon durch die allerschwächsten Ströme kann das Jodkalium zerlegt werden.

Wenn man wässerige Lösungen der Einwirkung des elektrischen Stromes unterwirft, so werden die Resultate der Zersetzung sehr häufig durch die Gegenwart des Wassers modificirt. Um die Mitwirkung des Wassers zu vermeiden, hat Faraday viele Körper durch Schmelzen in flüssigen Zustand versetzt und so der Einwirkung des Stromes unterworfen. So zerlegte er z. B. Chlorblei, Chlorsilber u. s. w., indem er sie auf eine Glasplatte legte, durch eine Weingeistlampe schmolz und alsdann die beiden Poldrähte in die flüssige Masse eintauchte. Wenn in das geschmolzene Chlorsilber Poldrähte von Silber eingetaucht werden, so wird am negativen Pole Silber ausgeschieden, welches sich an dem Drahte ansetzt, während der positive Silberdraht durch das freigewordene Chlor aufgelöst wird.

Sehr häufig kommt es vor, daß die durch den galvanischen Strom ausgeschiedenen Stoffe nicht frei werden, sondern weiter zersetzend auf die umgebende Flüssigkeit wirken. Derartige Zerlegungen bezeichnet man mit dem Namen der *secundären Action.*

Sauerstoff	O	8,0	Kalium	K	39,2
Wasserstoff	H	1,0	Natrium	Na	23,0
Stickstoff	N	14,0	Eisen	Fe	28,0
Schwefel	S	16,0	Zink	Zn	32,5
Chlor	Cl	35,5	Silber	Ag	108,0.

Es verbinden sich also 8 Gewichtstheile Sauerstoff (O) mit 23 Gewichtstheilen Natrium (Na) zu Natron (NaO); während dieselbe Menge Sauerstoff sich mit 32,5 Gewichtstheilen Zink (Zn) zu Zinkoxyd (ZnO) vereinigt. Die obige Formel SO^3 bezeichnet eine Verbindung von 1 Aequivalent Schwefel mit 3 Aequivalenten Sauerstoff, also 16 Gewichtstheile Schwefel mit 24 Gewichtstheilen Sauerstoff, und diese Verbindung ist unter dem Namen der *Schwefelsäure* bekannt. $SO^3 + NaO$ ist die Formel für das Salz, welches durch die Verbindung von 1 Aequivalent Schwefelsäure und 1 Aequivalent Natron entsteht und welches „schwefelsaures Natron“ genannt wird. Schwefelsaures Natron in Verbindung mit 10 Aequivalenten Wasser bildet das bekannte Glaubersalz.

Hierher gehört z. B. die oben schon betrachtete Erscheinung, daß das Natrium, welches bei der Elektrolyse einer Lösung von schwefelsaurem Natron am negativen Pole auftritt, sich sogleich wieder auf Kosten des Wassers oxydirt, während dafür ein Aequivalent Wasserstoff frei wird. Als weitere Beispiele secundärer Action führen wir folgende an:

Der Sauerstoff, welcher durch den galvanischen Strom an der positiven Polplatte ausgeschieden wird, hat im Augenblicke seiner Entstehung sehr stark oxydirende Eigenschaften, so daß er Verbindungen bildet, welche der freie Sauerstoff sonst nicht direct eingeht. So liefert z. B. die Elektrolyse der Salzsäure, besonders wenn ihr ein paar Tropfen Schwefelsäure zugesetzt sind, ein Gemenge freier Chlorsäure und Ueberchlorsäure, während gleichzeitig freies Chlorgas am + Pole und Wasserstoffgas am — Pole in Masse entweichen. Es haben sich also hier Chlor und Sauerstoff im status nascens direct mit einander vereinigt.

Taucht man die beiden aus Platin bestehenden Polplatten in eine Auflösung von Bleizucker, so bildet sich unter dem oxydirenden Einflusse des am positiven Pole entwickelten Sauerstoffs Bleihyperoxyd, welches sich auf der positiven Polplatte absetzt.

Auf ähnliche Weise und aus demselben Grunde setzt sich am positiven Pole Manganhyperoxyd ab, wenn die Flüssigkeit aufgelöstes Manganoxydul enthält.

Ein ganz dünner, auf die eben angedeutete Weise erhaltener Ueberzug von Manganhyperoxyd oder Bleihyperoxyd zeigt die lebhaftesten Farben (Nobili'sche Farbenringe), welche man bereits zur Verzierung mancher Metallwaaren (z. B. Tischglocken) angewandt hat.

Praktische Benutzung der Elektrolyse. Das auf der negativen Polplatte galvanisch niedergeschlagene Kupfer läßt sich von derselben ablösen, so daß man einen mikroskopisch genauen Abdruck ihrer Oberfläche erhält; wendet man nun als negative Polplatte den metallischen Abdruck (Matrize) einer Münze, einer gestochenen Kupferplatte u. s. w. an, so erhält man auf diese Weise einen kupfernen, dem Original ganz gleichen Abdruck dieser Form. — Dies Verfahren ist unter dem Namen der Galvanoplastik bekannt. 221

Als Elektromotor genügt zur Erzeugung galvanoplastischer Niederschläge ein schwach geladener Daniell'scher oder Bunsen'scher Becher. Es ist jedoch nicht einmal nöthig, eine vom Elektromotor gesonderte Zersetzungszelle anzuwenden, indem die metallische Form selbst die Rolle des elektronegativen Metalles in der Daniell'schen Kette übernehmen kann. Fig. 430 (a. f. S.) stellt einen zu diesem Zwecke construirten Apparat dar. Ein Gefäß *A*, welches oben offen ist, dessen Boden aber durch eine Schweins- oder Ochsenblase gebildet wird, ist so in ein weiteres Gefäß *B* eingesetzt, daß der Boden von *A* ungefähr 2 Zoll über dem Boden des Gefäßes *B* sich befindet. Das Gefäß *A* wird mit stark verdünnter Schwefelsäure (ungefähr $^1/_{40}$ Schwefelsäure), das Gefäß *B* aber mit einer concentrirten Lösung von Kupfervitriol gefüllt. In die Flüssigkeit des oberen

Gefäßes wird dann eine amalgamirte Zinkplatte, in die Flüssigkeit des unteren Gefäßes wird die aus einem elektronegativen Metalle bestehende Form eingesetzt.

Fig. 430.

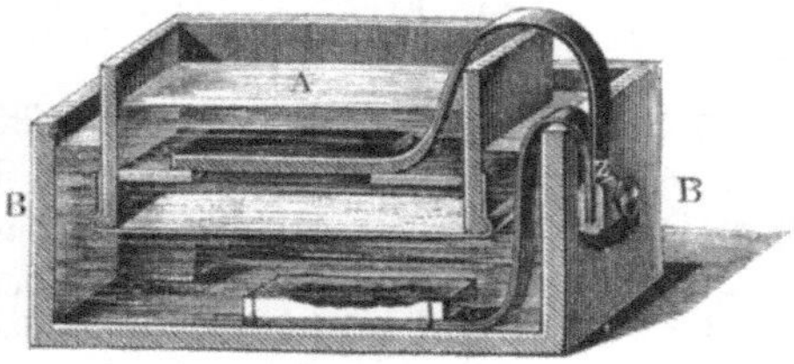

Auf irgend eine Weise muß dafür gesorgt sein, daß die Zinkplatte in einiger Entfernung über der Blase gehalten wird, welche den Boden des Gefäßes *A* bildet; ferner ist es gut, über der Blase ein Stück Leinen auszubreiten, damit Unreinigkeiten und Metallstückchen, welche von der Zinkplatte herabfallen, nicht mit der Blase in Berührung kommen.

Die Zinkplatte ist mit einem Zinkstreifen versehen, welcher bei *z* durch eine Klemmschraube an einen Metallstreifen angedrückt wird, der zur elektronegativen Form führt.

Am zweckmäßigsten stellt man eine solche, als Matrize dienende Form aus Guttapercha her, indem man die weiche Guttapercha auf den zu vervielfältigenden Gegenstand mittelst einer Presse aufdrückt. Um ein Anhaften zwischen der Guttapercha und dem Originale zu verhindern, wird letzteres mit einer feinen Graphitschicht überzogen. Die Presse wird erst nach vollständigem Erkalten der Guttapercha geöffnet.

Eine solche Form ist freilich nicht leitend; sie wird es erst dadurch, daß man die Fläche derselben, auf welcher sich das Kupfer absetzen soll, mit einer zarten Schicht von Graphit überzieht, welche mittelst eines weichen Pinsels aufgerieben wird. Diese Form wird sodann auf einem Bleistreifen befestigt, indem man sie mittelst mehrerer Kupferstifte, welche die leitende Verbindung zwischen der Graphitschicht und dem Bleistreifen herstellen, aufnietet.

Dieser Bleistreifen, welcher bei *z* mit dem zur Zinkplatte führenden Zinkstreifen zusammengepreßt ist, muß, soweit er in die Lösung von Kupfervitriol eintaucht, mit einem isolirenden Ueberzuge versehen sein, den man etwa durch Anstreichen mit einer Siegellacklösung herstellen kann.

Der Strom, welcher durch den Apparat circulirt, ist nur schwach; das Kupfer setzt sich langsam auf die Graphitfläche ab. Je nachdem der Strom stärker oder schwächer ist, ist in einem oder mehreren Tagen die Kupferschicht dick genug zum Abnehmen. Bei schwächeren Strömen wird der Kupferniederschlag am gleichförmigsten; deshalb darf die Flüssigkeit, in welcher sich die Zinkplatte befindet, nur schwach sauer sein.

Je mehr Kupfer sich abgesetzt hat, desto heller wird die Vitriollösung. Wenn es nöthig ist, muß man die verbrauchte Lösung durch neue ersetzen.

Man hat in neuerer Zeit sehr wichtige Anwendungen von der Galvanoplastik gemacht; es ist gelungen, auf diese Weise Holzschnitte mit aller Schärfe des Originals zu vervielfältigen, wodurch es möglich wird, von einer und derselben Figur beliebig viele Abdrücke zu erhalten, ohne daß die späteren den früheren nachstehen. (Die Holzschnitte dieses Werkes sind mit solchen Kupfertypen gedruckt.)

Eine gestochene Kupferplatte hält bekanntlich nicht sehr viele Abdrücke aus, ohne bedeutend zu verlieren, die späteren Abdrücke sind immer schlechter als die ersten; daher der Werth der sogenannten avant la lettre. Dadurch ist der Stahlstich so sehr in Aufnahme gekommen, weil eine Stahlplatte ungleich mehr Abdrücke aushalten kann. Für die Kunst ist dies von entschiedenem Nachtheile, weil die Härte dieses Materials dem Künstler sehr große technische Schwierigkeiten entgegensetzt, welche es ihm unmöglich machen, auf Stahl ein so vollendetes Kunstwerk zu liefern wie auf Kupfer. Nun hat man aber gelernt, Kupferplatten, selbst große Kupferplatten, auf galvanoplastischem Wege zu vervielfältigen, und zwar so, daß die Abdrücke der Copien, deren man beliebig viele machen kann, denen der Originalplatte ganz gleich sind.

Ebenso wie sich aus einer Auflösung von Kupfervitriol auf galvanischem Wege Kupfer am negativen Pole der Säule absetzt, setzen sich auch andere Metalle, wie Gold, Silber, Platin, aus einer geeigneten Auflösung am negativen Pole ab, und man kann auf diese Weise andere Metalle mit einer dünnen Schicht von Gold oder Silber überziehen. Darauf gründet sich die galvanische Vergoldung und Versilberung u. s. w.

Ein Stück Kupfer oder Eisen wird, für sich allein in verdünnte Schwefelsäure oder in eine Kochsalzlösung getaucht, angegriffen; sobald es aber unter der Flüssigkeit mit einem mehr elektropositiven Metalle, z. B. mit Zink, in Berührung gebracht wird, bildet sich eine einfache galvanische Kette, das Kupfer oder das Eisen wird nun als das elektronegative Element nicht mehr angegriffen, dagegen wird das Zink rascher oxydirt, als es für sich allein der Fall gewesen wäre. Darauf gründet sich Davy's Versuch, durch Zinknägel den Kupferbeschlag der Schiffe zu schützen. Dasselbe Princip ist auch in Anwendung gebracht worden, um das Anfressen der eisernen Pfannen zu verhindern, in welchen Salzsoole versotten wird.

Elektrochemische Theorie. Die bisher besprochenen Erscheinungen zeigen uns merkwürdige Beziehungen zwischen den chemischen und elektrischen Kräften. Schon früher hatte man unbestimmt vermuthet, daß bei den chemischen Erscheinungen elektrische Kräfte thätig sein möchten; man ging jedoch erst näher auf diese Vorstellung ein, als die Wasserzersetzung durch die Volta'sche Säule bekannt geworden war; namentlich waren es Davy und Berzelius, welche dieselbe ausbildeten; sie stellten die elektrochemische Theorie auf, nach welcher die Grundursache der chemischen Verbindungen in einer elektrischen Anziehung zu suchen ist. Wenn es auch noch nicht vollständig bewiesen ist, daß chemische Affinität und elektrische Anziehung identisch sind, so muß doch zugegeben werden, daß diese Theorie als ein gemeinsames Band viele Thatsachen auf eine der Erfahrung entsprechende Weise verknüpft. 222

So wie nach der älteren, von Volta aufgestellten Contacttheorie, Zink und Kupfer, in Berührung gebracht, entgegengesetzt elektrisch werden, so werden, nach der elektrochemischen Theorie, die Atome je zweier Elemente entgegengesetzt elektrisch, wenn sie mit einander in Berührung kommen. Alle Elemente lassen sich nach dieser Theorie in eine Reihe in der Art ordnen, daß jedes vorhergehende mit jedem folgenden in Berührung gebracht negativ elektrisch wird, und zwar ist die elektrische Differenz um so größer, je weiter zwei Elemente in dieser Reihe (der sogenannten Spannungsreihe) von einander abstehen. Die äußersten Glieder dieser vollständigen Spannungsreihe sind Sauerstoff und Kalium, und zwar bildet Sauerstoff das negative, Kalium das positive Ende. Folgendes ist die Spannungsreihe der bekanntesten Elemente:

—		
Sauerstoff	Silicium	Zink
Schwefel	Gold	Wasserstoff
Stickstoff	Platin	Mangan
Chlor	Silber	Aluminium
Brom	Kupfer	Magnesium
Jod	Wismuth	Calcium
Phosphor	Blei	Barium
Kohlenstoff	Eisen	Natrium
Silicium	Zink	Kalium
		+

Bei den wenigsten der genannten Körper ist diese Stellung durch directe Versuche ermittelt; für die meisten hat man sie aus ihrem chemischen Verhalten zu erschließen gesucht.

Nach der elektrochemischen Theorie sind die Atome der Elemente nicht an und für sich elektrisch; sie werden es erst in Berührung mit anderen, und so kommt es denn, daß ein und derselbe Körper bald positiv, bald negativ elektrisch werden kann. So bildet z. B. Schwefel in Verbindung mit Sauerstoff das elektropositive, mit Wasserstoff das elektronegative Element.

Zunächst verbinden sich die einfachen Stoffe, immer je zwei, zu binären Verbindungen. Die zusammengesetzten Körper, wie die Sauerstoff-, Schwefel- und Chlorverbindungen, zeigen unter sich ein ähnliches Verhalten, wie die einfachen Stoffe; diejenigen binären Verbindungen der einfachen Elemente, Oxyde, Sulfüre, Chlorüre u. s. w., welche sich durch negativ elektrische Eigenschaften charakterisiren und zugleich fähig sind, Verbindungen einer höheren Ordnung einzugehen, werden Säuren genannt; diejenigen, welche in ihren weiteren Verbindungen die Rolle des elektropositiven Bestandtheiles übernehmen, nennt man Salzbasen.

Der Charakter einer Säure wird sich im Allgemeinen um so stärker ausdrücken, je näher ihre Elemente dem negativen Ende der Spannungsreihe liegen; daher ist die Schwefelsäure die stärkste aller Säuren. Der Sauerstoff bildet Säuren mit den in der oben mitgetheilten Spannungsreihe zu oberst stehenden Elementen, Basen mit den am positiven Ende stehenden Elementen, und in der That ist Kali die stärkste aller Basen.

Wenn ein und derselbe Körper sich in mehreren Verhältnissen mit Sauerstoff verbindet, so wird die Verbindung um so mehr elektronegativ werden, sie wird um so weniger basische und um so mehr saure Eigenschaften annehmen, je mehr das elektronegative Element, der Sauerstoff, vorherrscht. So bildet 1 Aeq. Mangan, verbunden mit 1 Aeq. Sauerstoff, das Manganoxydul, welches basische Eigenschaften hat, während 1 Aeq. Mangan + 3 Aeq. Sauerstoff die Mangansäure bilden.

Das elektrolytische Gesetz. Es kann wahrscheinlich gar kein elektrischer Strom, wenigstens kein einigermaßen starker, durch eine Flüssigkeit hindurchgehen, ohne daß dieser Durchgang von einer chemischen Zersetzung begleitet ist. In jeder Zelle eines jeden galvanischen Apparates findet eine solche Zersetzung Statt, so lange die Kette geschlossen bleibt, und Faraday hat gezeigt, daß die Stärke des elektrischen Stromes der Zersetzung in jeder einzelnen Zelle proportional ist. 223

Daß zwischen der Leitung des elektrischen Stromes durch Flüssigkeiten und ihrer Zersetzung eine innige Beziehung stattfindet, ist wohl nicht zu verkennen, ja man kann geradezu behaupten, daß der Uebergang der Elektricität durch die chemische Zersetzung vermittelt wird. In jeder Zelle geht der positive Strom vom Zink aus durch die Flüssigkeit zum Kupfer, in derselben Richtung wandern auch die Wasserstoffpartikelchen fort; sie sind die Träger der positiven Elektricität, welche durch sie zu der Kupferplatte übergeführt wird. In der That haben wir gesehen, daß den Grundsätzen der elektrochemischen Theorie zufolge in jedem Wasseratome die Elemente gerade deshalb so fest zusammengehalten werden, weil Sauerstoff und Wasserstoff, in Berührung gebracht, entgegengesetzt elektrisch werden, und weil diese entgegengesetzten Elektricitäten der Wasserelemente sich gegenseitig binden. Indem ein Wasserstoffatom von seinem Sauerstoffe getrennt wird, wird auch alle seine gebundene Elektricität frei; sie wird aber sogleich wieder gebunden, wenn sich der Wasserstoff auf der anderen Seite wieder mit einem anderen Sauerstofftheilchen verbindet, und so führt jedes Wasserstoffatom seine gebundene positive Elektricität fort, und an dem negativen Pole wird mit dem Wasserstoffe zugleich auch seine positive Elektricität frei.

Während gewöhnliches, käufliches Zink, in verdünnte Schwefelsäure getaucht, rasch aufgelöst wird, bleibt chemisch reines Zink oder amalgamirtes Zink in derselben Flüssigkeit fast unangegriffen. Construirt man nun eine galvanische Säule mit amalgamirten Zinkplatten, so kann in einer solchen Säule keine, oder doch nur eine schwache Wasserzersetzung stattfinden, so lange sie nicht geschlossen ist. Wird aber die Kette geschlossen, so beginnt augenblicklich die Wasserzersetzung in jeder Zelle; es wird jedoch nur gerade so viel Wasser zersetzt und Zink aufgelöst, als zur Leitung des circulirenden Stromes nöthig ist; die Menge des aufgelösten Zinks muß also in einem ganz bestimmten Verhältnisse zu diesem Strome stehen. Faraday wandte den Strom einer solchen Säule zur Wasserzersetzung an und bestimmte genau die in einer gegebenen Zeit entwickelte Menge von Knallgas. Es fand sich nun, daß für jeden Gewichtstheil

Wasserstoffgas, welcher zwischen den Polplatten des Voltameters entwickelt wurde, in jeder Zelle 32,3 Gewichtstheile Zink aufgelöst worden waren. — Nun aber verhalten sich die Gewichte der chemischen Aequivalente von Wasserstoff und Zink zu einander wie 12,48 zu 403,32 oder wie 1 zu 32,3. Für jedes Aequivalent Wasserstoff also, welches in der Zerlegungszelle entwickelt wird, muß in jeder Erregungszelle der Säule 1 Aeq. Zink aufgelöst werden.

Wenn derselbe Strom durch vier Zerlegungszellen geleitet wird, von denen die erste Wasser, die zweite Chlorsilber, die dritte Chlorblei, die vierte Chlorzinn, alle aber im flüssigen Zustande, enthält, so verhalten sich die Quantitäten Wasserstoffgas, Silber, Blei und Zinn, welche an den vier negativen Polen ausgeschieden werden, wie 1 : 108 : 103,6 : 57,9, während an den positiven Polen Sauerstoffgas und Chlor, und zwar im Verhältnisse von 8 : 35,4, ausgeschieden werden. Aehnliche Thatsachen sind für viele andere zusammengesetzte Körper dargethan worden.

Es ergiebt sich aus diesen Thatsachen, daß die chemischen Aequivalente diejenigen relativen Gewichte der Stoffe bezeichnen, welche, in Berührung mit einem und demselben Elemente, eine gleich starke elektrische Polarität annehmen.

224 **Theorie der constanten Ketten.** Die gewöhnlichen Volta'schen Säulen, in welchen nur eine Flüssigkeit angewandt wird, geben, wie schon bemerkt wurde, im ersten Augenblicke einen ungemein kräftigen Strom, der aber sehr rasch abnimmt, während in den Becquerel'schen (Daniell'schen), den Grove'schen und Bunsen'schen Batterien der Strom mit unveränderter Stärke fortdauert. Jetzt, wo wir die chemischen Erscheinungen in der Kette kennen gelernt haben, können wir uns davon Rechenschaft geben, warum in diesen Apparaten der Strom constant bleibt, in jenen aber so rasch abnimmt.

In ein Gefäß, Fig 431, welches mit einer Lösung von Zinkvitriol gefüllt ist, werde eine Zink- und eine Kupferplatte eingetaucht, welche oben durch einen Kupferdraht verbunden sind. Auch hier wird anfangs ein ziemlich kräftiger Strom entstehen, der bald abnimmt und endlich ganz aufhört. Der Grund dieses Aufhörens ergiebt sich bald, wenn man den Vorgang der Zersetzung betrachtet; das Zinksalz der Lösung wird nämlich zersetzt, Sauerstoff geht an die Zinkplatte, um neues Oxyd zu bilden, während sich auf der anderen Seite metallisches Zink auf der Kupferplatte absetzt; nach einiger Zeit hat sich die Kupferplatte ganz mit Zink überzogen, und nun hört der Strom ganz auf, weil die erregende Flüssigkeit auf beiden Seiten mit dem gleichen Metall, nämlich mit Zink, in Berührung ist.

Fig. 431.

Nehmen wir nun verdünnte Schwefelsäure statt der Lösung des Zinkoxyds, so wird das Wasser der sich zwischen der Zink- und Kupferplatte befindenden Flüssigkeit zersetzt; statt daß sich im vorigen Falle

Zink an der Kupferplatte absetzte, wird nun hier Wasserstoffgas frei, die Kupferplatte überzieht sich mit einer Schicht von Wasserstoffgas, welches sich gegen die Flüssigkeit elektromotorisch ähnlich verhält, wie Zink. Das Wasserstoffgas kann aber die Berührung des Kupfers mit der Flüssigkeit nicht so vollständig aufheben, wie es beim Zinküberzug der Fall war, weshalb denn auch nur eine Schwächung des Stromes und kein vollständiges Aufhören desselben erfolgt.

Diese von der Wasserstoffausscheidung an der negativen Platte eines Volta'schen Elementes herrührende Schwächung der ursprünglichen elektromotorischen Kraft wird mit dem Namen der galvanischen Polarisation bezeichnet.

Ist somit die Ursache richtig erkannt, welche die Schwächung des Stromes in gewöhnlichen Säulen veranlaßt, so ergiebt sich leicht, wie die galvanische Polarisation vermieden werden kann; man hat nämlich nur dafür zu sorgen, daß die Abscheidung des Wasserstoffes an der negativen Platte der elektromotorischen Becher verhindert wird.

In der Becquerel'schen Kette setzt sich nicht Wasserstoff, sondern metallisches Kupfer an die Kupferplatte an, und somit bleibt stets eine reine Kupferoberfläche mit der Flüssigkeit in Berührung. In der Grove'schen Batterie aber ist das Platin, in der Bunsen'schen die Kohle von Salpetersäure umgeben; die Salpetersäure (NO^5) ist aber eine so sauerstoffreiche Flüssigkeit, daß der durch den Strom ausgeschiedene und mit ihr in Berührung kommende Wasserstoff sogleich wieder oxydirt wird, wobei sich dann salpetrige Säure (NO^4) bildet. Die Dämpfe der salpetrigen Säure sind aber in mancher Beziehung höchst lästig, so daß man vielfach versucht, die Salpetersäure der Bunsen'schen Becher durch andere sauerstoffreiche Flüssigkeiten zu ersetzen. Wo es sich aber um Hervorbringung sehr starker Ströme handelt, ist die Salpetersäure kaum zu vermeiden. Zur Erzeugung von Strömen mittlerer Stärke, namentlich wenn dieselben nicht sehr lange unterhalten werden sollen (wie dies z. B. bei Batterien für ärztliche Zwecke der Fall ist), hat man mit Erfolg eine Lösung von saurem chromsaurem Kali ($KO, 2\,CrO^3$) in verdünnter Schwefelsäure (ohngefähr 100 Gramm des Salzes auf 1 Liter verdünnter Säure, welche aus 1 Volum Vitriolöl auf 12 bis 15 Vol. Wasser besteht) angewandt. Da diese Flüssigkeit das amalgamirte Zink nicht mehr angreift als die verdünnte Schwefelsäure allein, so ist hier die poröse Tonzelle entbehrlich. Für ganz schwache Ströme, wie sie z. B. bei der elektrischen Telegraphie vorkommen, bei welchen also auch die galvanische Polarisation nur unbedeutend wird, wendet man vielfach Zinkkohlenbecher an, bei welchen beide Platten in einer Lösung von Kochsalz und Alaun stehen.

Magnetische Wirkungen des galvanischen Stromes. 225

Schon lange wußte man, daß unter Umständen kräftige elektrische Entladungen die Magnetnadel afficiren können; man hatte z. B. beobachtet, daß die Compaßnadeln auf Schiffen, welche vom Blitze getroffen worden waren, ihre Eigenschaft verloren, den Weg des Fahrzeuges zu bezeichnen; mehrere Physiker versuchten, solche Erscheinungen durch die Entladung von Leydner Flaschen hervorzubringen, ohne jedoch zu regelmäßigen Resultaten zu gelangen; im Jahre 1820 entdeckte dagegen Oersted in Kopenhagen die Einwirkung des galvanischen Stromes auf die Magnetnadel.

Den Fundamentalversuch über die Einwirkung eines galvanischen Stromes auf die Nadel kann man auf folgende Weise anstellen: ein Streifen Kupferblech wird so gebogen, daß er ein Quadrat bildet, dessen Seiten etwa 6 bis 8 Zoll lang sein können; an den beiden Enden desselben, bei *b* und bei *g*, Fig. 432, sind Schraubklemmen aufgesetzt, in welche die Zuleitungsdrähte für den Strom eingeschraubt werden können. In der Mitte auf dem horizontalen Stücke *cd* und auf *fg* ist eine Stahlspitze befestigt, auf welche eine Magnetnadel aufgesetzt werden kann. Ebenso befindet sich eine Stahlspitze, von einem gebogenen Kupferdraht getragen, unter der Mitte von *cd*, auf welche ebenfalls eine Magnetnadel aufgesetzt wird.

Fig. 432.

Diese Vorrichtung wird nun so aufgestellt, daß die Ebene des Quadrates in die Ebene des magnetischen Meridians fällt, daß sich also die Magnetnadeln mit *cd* und *fg* parallel stellen. Sobald nun ein Strom durch den Apparat hindurchgeht, werden die Magnetnadeln abgelenkt, und zwar in der durch die ungefiederten Pfeile bezeichneten Richtung, wenn der positive Strom bei *b* ein- und bei *g* austritt und wenn *N* die Nordseite, *S* die Südseite des Apparates bildet.

Um die Richtung der Ablenkung zu bestimmen, hat Ampère folgende Regel aufgestellt: Man denke sich in den Strom eine kleine menschliche Figur so eingeschaltet, daß der positive Strom bei den Füßen ein- und am Kopfe austritt; wenn nun diese Figur ihr Gesicht der Nadel zukehrt, so wird der Nordpol der Nadel (das Nordende) immer nach der linken Seite dieser Figur hin abgelenkt.

In dem Stromstücke *cd* liegt die Figur wagerecht, den Kopf nach Süden, die Füße nach Norden gekehrt. Wird die Nadel über den Strom gehalten, so muß die Figur auf dem Rücken liegen, wenn ihr Gesicht der Nadel zugekehrt sein soll; bei dieser Lage der Figur ist ihre linke Seite die westliche. Wird die Nadel unter *cd* gehalten, so muß die Figur das Gesicht nach unten kehren und nun wird ihre linke Seite die östliche.

Für das Stromstück *fg* sind die Füße der Figur nach Süden, der Kopf nach Norden gekehrt; wenn die Figur auf dem Rücken liegt, ist also die linke Seite die östliche, wenn sie auf dem Leibe liegt, die westliche.

Wenn ein in der Ebene des magnetischen Meridians sich bewegender horizontaler Strom allein auf die Nadel wirkte, so würde sie sich rechtwinklig auf den magnetischen Meridian stellen; außer dem Strome wirkt aber auch noch der Erdmagnetismus, welcher die Nadel in den Meridian zurückzudrehen strebt.

Unter dem Einflusse dieser beiden Kräfte wird also die Nadel eine Zwischenlage annehmen, sie wird mit dem magnetischen Meridian einen Winkel machen, der um so größer wird, sich also einem rechten um so mehr nähert, je größer die Stromkraft im Vergleiche zur magnetischen Erdkraft ist.

Auch der vertical gerichtete Strom in *b c* und *d f*, Fig. 433, wirkt ablenkend auf die Nadel, und zwar findet man die Richtung der Ablenkung ebenfalls nach der Ampère'schen Regel. Man denke sich nur die vertical stehende Figur dem Nordende zugewandt, so muß sich dieses Nordende nach der Linken drehen; dabei ist aber nicht zu vergessen, daß für einen aufsteigenden Strom die Figur auf den Füßen, für einen niedergehenden auf dem Kopfe steht.

Fig. 433.

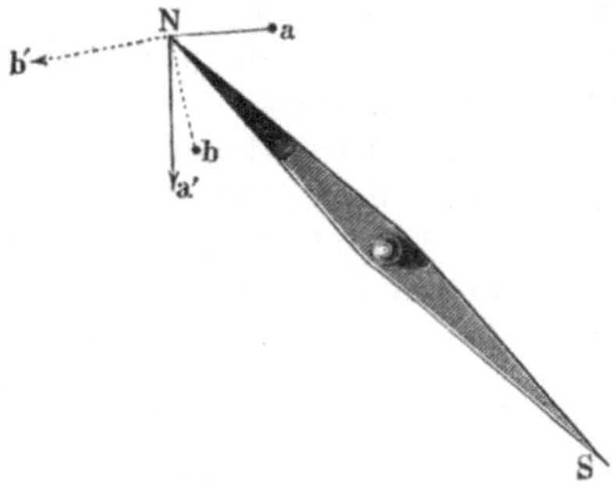

Aus dieser Ampère'schen Regel folgt, daß ein und derselbe verticale Strom das Nordende einer Nadel bald anzieht, bald abstößt, je nachdem dieser Pol sich auf der einen oder anderen Seite des Drahtes befindet. In Fig. 433 stelle *NS* eine horizontale Nadel, von oben gesehen, dar; *N* sei das Nordende der Nadel, a sei ein verticaler Draht, der natürlich, von oben gesehen, als Punkt verkürzt erscheint. Geht nun ein positiver Strom von unten nach oben durch den Draht, so hat man sich die Figur aufrecht zu denken; wenn aber diese aufrechte Figur nach *N* hinschaut und der Pol *N* in Beziehung auf diese Figur nach der Linken gedreht wird, also so wie es der Pfeil *a'* andeutet, so wird die Nadel offenbar von dem Drahte abgestoßen. Befände sich aber der Draht in *b*, so würde die Nadel offenbar einen Impuls in der Richtung des Pfeils *b'* erhalten, also dem Drahte genähert werden.

Stellt man die Wirkungen zusammen, welche die Stromstücke *b c*, *c d*, *d f* und *f g* (Fig. 434) auf eine Nadel ausüben, welche sich innerhalb des Raumes *b c d f g* befindet, so ergiebt sich, daß alle diese Stromstücke die Nadel in gleichem Sinne abzulenken streben, und zwar läßt sich in diesem Falle das Gesetz der Ablenkung in folgender Weise ausdrücken: das Südende der Nadel wird nach der Seite hin abgelenkt, von welcher aus betrachtet der Strom die Nadel in gleicher Richtung umkreist, in welcher sich der Zeiger einer Uhr bewegt.

Dieses Gesetz gilt natürlich auch für den Fall, daß der Strom in einem Kreise um die Nadel herumgeführt wird.

Bringt man die Nadel über das Stromstück *c d*, so wird das Nordende derselben nach derselben Seite hin abgelenkt, wie das Südende einer innerhalb *b c d f g* befindlichen Nadel. Davon hat man bei der Construction des Multiplicators Anwendung gemacht, den wir sogleich näher betrachten wollen.

226 **Der Multiplicator.** Kurz nachdem Oersted die wichtige Entdeckung gemacht hatte, daß der elektrische Strom, an einer Magnetnadel vorbei oder um dieselbe herumgeführt, eine Ablenkung aus dem magnetischen Meridian bewirke, construirten gleichzeitig Poggendorff und Schweigger ein Instrument, welches, unter dem Namen Multiplicator oder Galvanometer bekannt, den Zweck hat, schwache galvanische Ströme dadurch merklich zu machen, daß sie durch eine große Anzahl von Drahtwindungen vielmal um die Nadel herumgeführt werden, wie dies in Fig. 434 schematisch angedeutet ist.

Damit die Nadel *ab* möglichst frei beweglich sei, ist sie nicht auf eine Spitze gesetzt, sondern an einem Coconfaden aufgehängt.

Nobili hat den Multiplicator dadurch bedeutend empfindlicher gemacht, daß er statt einer einzigen Magnetnadel ein sogenanntes astatisches Nadelpaar in Anwendung brachte, wie dies Fig. 435 schematisch dargestellt ist. Es sind hier zwei Magnetnadeln so mit einander verbunden, daß sie einander

Fig. 434.

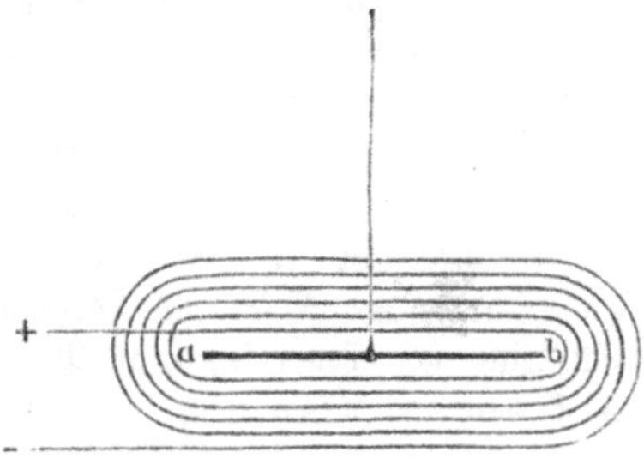

Fig. 435.

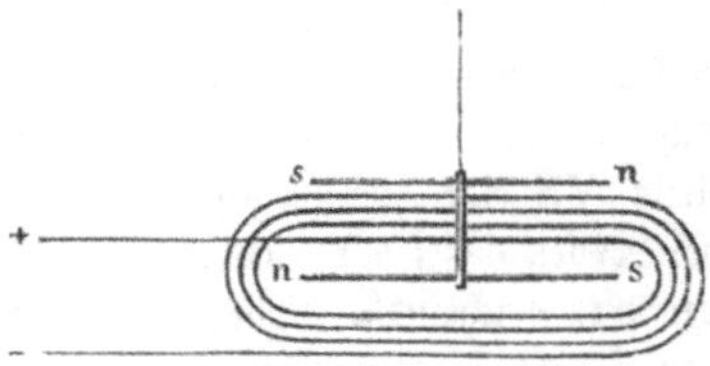

parallel sind, daß aber der Nordpol der einen nach derselben Seite gerichtet ist, nach welcher der Südpol der anderen schaut. Bei einem solchen Systeme von zwei Nadeln ist die richtende Kraft des Erdmagnetismus außerordentlich gering, denn sie ist nur die Differenz der Kräfte, mit welchen der Erdmagnetismus jede einzelne Nadel zu richten strebt. Wäre das magnetische Moment beider Nadeln vollkommen gleich, so würde die richtende Kraft, welche die Erde auf dieses System ausübt, gleich Null sein.

Während nun ein solches astatisches Nadelpaar nur mit sehr geringer Kraft durch den Erdmagnetismus gerichtet wird, summirt sich die Wirkung des Stromes auf beide Nadeln; denn indem die eine Nadel innerhalb der Windungen, die andere über denselben hängt, werden beide Nadeln nach gleicher Richtung durch den Strom abgelenkt.

Fig. 436 stellt die Gesammteinrichtung eines Multiplicators dar. Der übersponnene Draht ist auf einen Holzrahmen aufgewickelt; die Drahtenden sind mit zwei auf der Vorderseite der Figur sichtbaren Messingsäulchen verbunden, in welche man die Zuleitungsdrähte einschrauben kann. Unter der oberen Nadel befindet sich ein Theilkreis. Das Nadelpaar hängt an einem einfachen Seidenfaden und kann nach Belieben etwas gehoben oder gesenkt werden. Die Glasglocke, welche das Ganze bedeckt, dient zur Abhaltung der Luftströmungen.

Je nach den Umständen wendet man Multiplicatoren an, die aus wenig Windungen eines dickeren oder aus sehr vielen Windungen eines dünneren Drahtes bestehen.

Fig. 436.

Das Galvanometer liefert uns ein Mittel, die Theorie der constanten Ketten, wie sie oben auseinandergesetzt wurde, durch directe Versuche zu bestätigen. — Nach Paragraph 224 beruht die rasche Abnahme der Stromstärke der gewöhnlichen Volta'schen Ketten auf der galvanischen Polarisation, d. h. darauf, daß sich die negative Platte mit einer Schicht von Wasserstoffgas überzieht, welches der ursprünglichen elektromotorischen Kraft der Kette entgegenwirkt. Aehnliches findet an den Platten eines Voltameters, Fig. 427, Statt; die negative Polplatte überzieht sich mit Wasserstoff, die positive überzieht sich mit Sauerstoff; dadurch aber wird die Zerlegungszelle selbst elektromotorisch, und zwar dem ursprünglichen Strom entgegengesetzt. (Daher kommt es, daß man mit einem einzelnen Bunsen'schen oder Grove'schen Becher noch keine merkliche Wasserzersetzung erzeugen kann.) — Diese in den Voltametern auftretende elektromotorische Gegenkraft läßt sich durch folgenden Versuch nachweisen. Man bringe in den Schließungsbogen eines einzelnen constanten Bechers *S*, Fig. 437, einen Wasserzersetzungsapparat (Voltameter) *V*; nachdem die Schließung eine Zeitlang gedauert hat, hebe man sie auf und verbinde die beiden Platten des Voltameters *V* mit den beiden Drahtenden des Galvanometers *G*, so wird dieses einen Strom zeigen, welcher der Richtung nach demjenigen entgegengesetzt ist, welchen das galvanische Element *S* vorher durch das Voltameter *V* gesandt hatte.

Dieser Polarisationsstrom ist vorübergehend, er verschwindet bald mit dem Gasüberzug der Voltameterplatten.

Fig. 437.

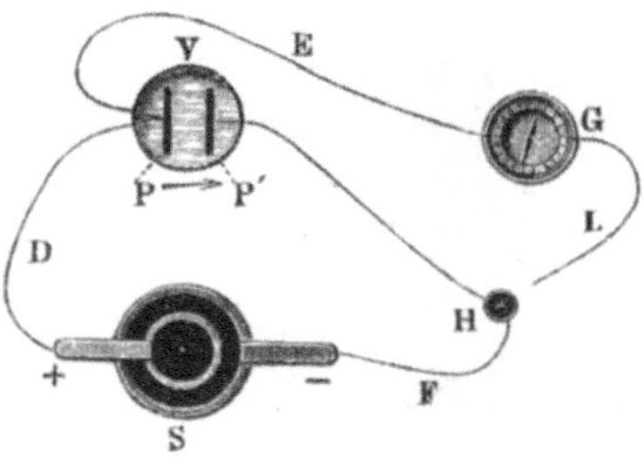

Fig. 438.

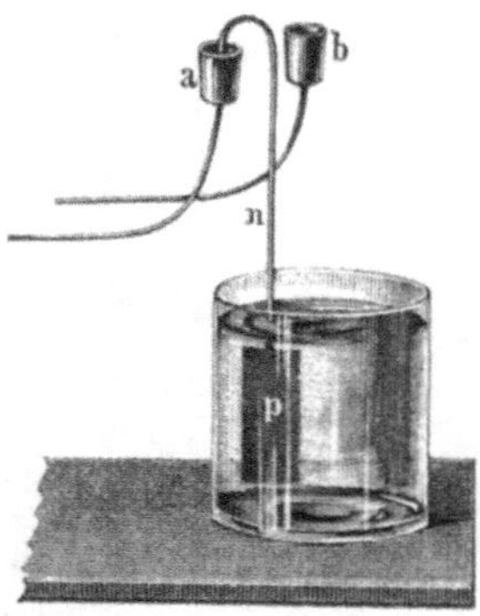

Daß es aber wirklich der Gasüberzug ist, welcher den beiden Voltameterplatten ein entgegengesetztes elektromotorisches Vermögen ertheilt, hat Schönbein auf folgende Weise dargethan. — In Fig. 438 seien *a* und *b* zwei Quecksilbernäpfchen, welche mit den beiden Drahtenden eines Galvanometers in leitender Verbindung stehen; von *a* hängt eine wohl gereinigte Platinplatte *p* in ein Gefäß mit etwas gesäuertem Wasser; eine ganz gleiche Platinplatte tauche man nun eine Zeitlang in ein mit Wasserstoffgas gefülltes Gefäß, so daß sich diese Platinplatte, die wir mit *p'* bezeichnen wollen, mit einer Atmosphäre von Wasserstoffgas überzieht; bringt man nun diese Platte *p'* in dieselbe Flüssigkeit, in welche *p* eintaucht, so wird das Galvanometer augenblicklich einen Strom anzeigen, sobald man den an *p'* befindlichen Drahthaken in das Quecksilbernäpfchen *b* eintaucht, und zwar geht der positive Strom von *p'* durch die Flüssigkeit zu *p*; die mit Wasserstoff überzogene Platinplatte verhält sich also gegen die reine wie Zink zu Kupfer.

227 **Die Tangentenbussole.** Wenn man es mit stärkeren Strömen zu thun hat, so ist es nicht nöthig, eine astatische Nadel anzuwenden und viele Drahtwindungen so nahe um die Nadel herumzuführen, wie dies beim Multiplicator der Fall ist. Dadurch aber ist es möglich, Instrumente zu construiren, bei

welchen der Ablenkungswinkel in einem einfachen Verhältnisse zu der Stromstärke steht. Der einfachste und zweckmäßigste Apparat zur Messung stärkerer Ströme ist die sogenannte **Tangentenbussole**, welche Fig. 439 abgebildet ist. Ein kreisförmig gebogener Kupferstreifen, in dessen Mittelpunkt sich eine Magnetnadel

Fig. 439.

befindet, endet unten mit zwei geraden Kupferstreifen *a b* und *c d*, welche durch ein zwischen dieselben gelegtes Stück Holz oder Elfenbein von einander isolirt sind. Jedes dieser gerade ausgestreckten Enden des kreisförmig gebogenen Streifens trägt unten eine Schraubklemme zum Einschrauben der Zuleitungsdrähte.

Der Apparat wird so festgestellt, daß der Kupferring in der Ebene des magnetischen Meridians liegt; natürlich befindet sich in diesem Falle die Nadel in der Verticalebene des Ringes und zeigt auf den Nullpunkt ihrer Theilung; sobald aber ein galvanischer Strom durch den Kupferring geht, wird die Nadel abgelenkt, und zwar ist die Stärke des Stromes der trigonometrischen Tangente des Ablenkungswinkels proportional, daher auch der Name des Instrumentes. (Näheres im Mathematischen Supplementbande.)

228 **Vergleichung der Volta'schen Säule mit der Elektrisirmaschine.** Das Agens, welches in den Phänomenen des Galvanismus wirkt, ist vollkommen dasselbe, welches auch die Elektrisirmaschine und das Elektrophor liefert. Das eine mal aber haben wir mit einer reichen Elektricitätsquelle von geringer, das andere mal mit einer armen Quelle von hoher Spannung zu thun.

Die Spannung der Reibungselektricität ist so groß, daß sie das Ueberspringen von Funken auf ziemlich große Distanzen veranlaßt, während die Spannung an den Polen Volta'scher Säulen so gering ist, daß man des Elektrometers und des Condensators bedarf, um sie überhaupt nachweisen zu können. Es ist deshalb auch für galvanische Leitungen durchaus keine sehr sorgfältige Isolirung nöthig.

Daß eben andererseits die Volta'sche Säule eine bei weitem größere Quantität von Elektricität liefert als die Elektrisirmaschine, geht aus folgender Vergleichung hervor.

Wenn man eine große Leydner Flasche durch einen dünnen Draht entladet, so wird dieser, wie wir gesehen haben, glühend, weil eine ziemlich große Elektricitätsmenge auf einmal durch ihn hindurchgeht. Die Wirkung ist aber nur momentan; in einem Augenblicke geht alle Elektricität, welche man durch längeres Drehen der Maschine in der Flasche angehäuft hatte, durch den dünnen Draht hindurch. Ganz anders verhält es sich, wenn man die beiden Pole eines großplattigen galvanischen Apparates durch einen kurzen Draht verbindet. Der Draht wird glühend, selbst wenn er bei Weitem dicker ist als der Draht, den man durch den Entladungsschlag der Leydner Flasche ins Glühen bringt; das Glühen ist aber hier nicht momentan, es dauert fort, so lange der Strom durch den Draht hindurchgeht; in jedem Augenblicke liefert also der galvanische Apparat ungleich mehr Elektricität, als man durch längeres Drehen der Maschine in der Flasche anhäufen konnte.

229 **Das Ohm'sche Gesetz.** Die Beziehungen der Stromstärke zu der Zahl und der Größe der Plattenpaare sind durch Ohm auf streng mathematische Formen zurückgeführt worden. Durch das nach seinem Urheber genannte Ohm'sche Gesetz, dessen Grundzüge sogleich näher entwickelt werden sollen, ist erst den Untersuchungen über die Stromstärke eine sichere Basis gegeben worden.

Damit ein elektrischer Strom durch einen Leiter hindurchgehen könne, ist es durchaus nöthig, daß die Elektricität an verschiedenen Stellen des Leiters eine ungleiche Spannung habe. Berührt man z. B. den Conductor einer Elektrisirmaschine mit einem Drahte, so strömt die Elektricität nur deshalb durch denselben ab, weil die starke Spannung der Elektricität auf dem Conductor dieselbe durch den Draht hindurchtreibt, weil also an dem einen Ende des Drahtes, da nämlich, wo er den Conductor berührt, eine stärkere Anhäufung von Elektricität stattfindet als am anderen; verbände man zwei gleiche, gleich stark mit derselben Elektricität geladene Conductoren durch einen Draht, so könnte kein Strom entstehen.

Wenn die Volta'sche Säule isolirt ist, so befinden sich die entgegengesetzten Elektricitäten an den Polen in dem Zustande der Spannung, und dieser Zustand kann unmöglich ganz verschwinden, wenn die beiden Pole durch einen Leiter verbunden werden, denn es könnte keine positive Elektricität von dem positiven Pole abströmen, wenn hier nicht eine größere Anhäufung dieser Elektricität stattfände; es ist eine gewisse Spannung der Elektricität, gleichsam ein gewisser Druck nöthig, damit eine Bewegung entstehe, damit die Leitungswiderstände in dem Leiter überwunden werden, durch welchen der Strom hindurchgehen soll.

Die Quantität der Elektricität, welche einen Leiter durchströmt, hängt also wesentlich von zwei Umständen ab, erstens von dem zu überwindenden Leitungswiderstande und zweitens von der Spannung, dem Drucke, welcher die Elektricität durch den Leiter hindurchtreibt, oder mit anderen Worten von der elektromotorischen Kraft, welche den Strom erzeugt; es ist nun leicht einzusehen, daß die Quantität der Elektricität, welche durch einen gegebenen Leiter in einer gegebenen Zeit hindurchgeht, im umgekehrten Verhältnisse des Leitungswiderstandes und im geraden Verhältnisse der elektromotorischen Kraft stehen muß, daß also

$$S = \frac{E}{L} \quad \ldots \ldots \ldots \ldots \quad 1)$$

wenn S die Stromstärke, E die elektromotorische Kraft der Säule und L den gesammten Leitungswiderstand der Kette bezeichnet.

Der Widerstand L zerfällt in zwei Theile, er besteht nämlich erstens aus dem Widerstande, welcher innerhalb des Elektromotors selbst zu überwinden ist und welchen wir den wesentlichen Leitungswiderstand der Säule nennen und mit w bezeichnen wollen, und aus dem Widerstande des zwischen die Pole der Säule eingeschalteten Schließungsbogens, welcher mit l bezeichnet werden soll. Es ist also $L = w + l$, und demnach geht Gleichung 1) über in

$$S = \frac{E}{w + l} \quad \ldots \ldots \ldots \ldots \quad 2)$$

Zur experimentellen Bestätigung des durch die Gleichung 2) ausgesprochenen Gesetzes mag eine Versuchsreihe dienen, bei welcher als Elektromotor ein einfacher Bunsen'scher Becher diente. Als der Schließungsbogen nur aus dem kurzen dicken Zuleitungsdrahte und der Tangentenbussole bestand, war die an letzterer abgelesene Ablenkung 62°. Als nun der Reihe nach Kupferdrähte von stets gleicher Dicke eingeschaltet wurden, deren Länge 5, 10, 40 u. s. w. Meter betrug, der gesammte Leitungswiderstand also $w + 5$, $w + 10$, $w + 40$ u. s. w. wurde (wenn mit w der Widerstand des Elektromotors sammt dem unbedeutenden Widerstande der Tangentenbussole und des kurzen dicken Zuleitungsdrahtes bezeichnet wird), ergaben sich die zusammengehörigen Werthe der Widerstände und der Ablenkungen, wie sie in folgender Tabelle zusammengestellt sind. Die dritte Columne dieser Tabelle enthält die Tangenten der in der zweiten Columne aufgeführten Ablenkungswinkel.

Länge der Kette	Beobachtete Ablenkung	Tangente des Ablenkungswinkels.
w	62° 00′	1,880
$w + 5$	40 20	0,849
$w + 10$	28 30	0,543
$w + 40$	9 45	0,172
$w + 70$	6 00	0,105
$w + 100$	4 15	0,074

Nehmen wir die Tangenten der Ablenkungswinkel zum Maß der Stromstärke, so wird Gleichung 2) für die Data des ersten Versuchs

$$1{,}88 = \frac{E}{w}$$

für die Data des zweiten Versuchs aber wird sie

$$0{,}849 = \frac{E}{w + 5}.$$

Aus der Combination dieser beiden Gleichungen ergiebt sich

$$w = 4{,}11 \text{ und } E = 7{,}727,$$

der wesentliche Leitungswiderstand des elektromotorischen Bechers ist also in diesem Falle gleich dem Leitungswiderstande eines 4,11 Meter langen Kupferdrahtes von derselben Dicke, wie der, welchen man zu den Einschaltungen verwendete.

Setzen wir diese Werthe von w und E in Gleichung 2), so wird sie

$$S = \frac{7{,}727}{4{,}11 + l} \quad . \; . \; . \; . \; . \; . \; . \; . \; . \; . \; . \quad 3)$$

Danach ergeben sich aber folgende zusammengehörige Werthe von l und S

l	S
10	0,547
40	0,175
70	0,104
100	0,074

Diese berechneten Stromstärken sind also in der That so nahe gleich den für die Einschaltungen 10, 40 u. s. w. beobachteten und in der dritten Columne der obigen Tafel angeführten, daß diese Versuchsreihe eine vollkommene Bestätigung des Ohm'schen Gesetzes liefert.

Bezeichnen wir mit e die elektromotorische Kraft und mit w den wesentlichen Widerstand eines Plattenpaares, also eines elektromotorischen Bechers, so ist die elektromotorische Kraft E einer aus n solchen Plattenpaaren oder Bechern zusammengesetzten Säule gleich ne, der wesentliche Leitungswiderstand W dieser Säule ist aber nw. Wird zwischen den Polen dieser Säule ein Widerstand l eingeschaltet, so ist also die Stromstärke

$$S = \frac{ne}{nw + l} \quad . \; . \; . \; . \; . \; . \; . \; . \; . \; . \; . \; . \; . \quad 4)$$

Für den Fall, daß der Widerstand l des Schließungsbogens verschwindend klein ist gegen den wesentlichen Leitungswiderstand nw der Säule, reducirt sich Gleichung 4) auf

$$S = \frac{ne}{nw} = \frac{e}{w};$$

eine Säule von n Plattenpaaren bringt also in diesem Falle keine größere Wirkung hervor als ein einzelnes Plattenpaar.

Um die Richtigkeit dieser Folgerung durch den Versuch nachzuweisen, wurde der Reihe nach eine Säule von einem einzigen und dann eine solche von 6 Zinkkohlenbechern durch die Tangentenbussole und kurze dicke Zuleitungsdrähte geschlossen, so daß der Leitungswiderstand l des Schließungsbogens, wenn auch nicht Null, doch sehr gering war. Es ergab sich

für eine Säule von 1 Becher eine Ablenkung von 67°
„ „ „ „ 6 Bechern „ „ „ 68

Man sieht hier in der That, daß durch die Vermehrung der zur Säule verbundenen Plattenpaare die Stromstärke kaum merklich vermehrt wird.

Wenn dagegen der Leitungswiderstand l des Schließungsbogens einen bedeutenden Werth hat, so wächst der Zähler des Bruches 4) bei Vermehrung der Becherzahl n in rascherem Verhältniß als der Nenner, die Vermehrung der hintereinander zur Säule verbundenen Plattenpaare muß also in diesem Falle auch eine Vergrößerung der Stromstärke zur Folge haben, was auch durch folgenden Versuch bestätigt wird.

Zwischen die Pole eines einzigen Zinkkohlenbechers wurde außer der Tangentenbussole noch ein 40 Meter langer dünner Kupferdraht eingeschaltet; die bei dieser Anordnung beobachtete Ablenkung der Tangentenbussole betrug 11°.

Als nun bei unverändertem Schließungsbogen der eine Zinkkohlenbecher durch eine Säule von 6 solchen Zinkkohlenbechern ersetzt wurde, stieg die Ablenkung auf 39°.

In allen Fällen also, in welchen der im Schließungsbogen zu überwindende Leitungswiderstand ein bedeutender ist, muß eine

Säule von vielen *Plattenpaaren* angewendet werden, um eine namhafte *Stromstärke* zu erhalten.

Nachdem wir untersucht haben, welchen Einfluß unter verschiedenen Umständen die Vermehrung der zur Säule verbundenen Plattenpaare auf die Stromstärke hat, wollen wir nun den Einfluß der *Vergrößerung* der Plattenpaare betrachten.

Die Stromstärke, welche ein Plattenpaar hervorbringt, ist

$$S = \frac{e}{w + l}$$

wenn S, e, w und l die obige Bedeutung haben. Wird unter sonst gleichen Umständen das Plattenpaar n mal größer gemacht, so hat dies zur Folge, daß der Leitungswiderstand des Elektromotors n mal kleiner, daß er $\frac{w}{n}$ wird, weil ja der Querschnitt der zu durchströmenden Flüssigkeitsschicht n mal größer wird; für ein n mal größeres Plattenpaar haben wir also

$$S = \frac{e}{\frac{w}{n} + l},$$

eine Gleichung, welche sich auf

$$S = \frac{ne}{w}$$

reducirt, wenn l verschwindend klein gegen $\frac{w}{n}$ ist. Bei *sehr geringem Leitungswiderstand des Schließungsbogens*, für welchen, wie wir gesehen haben, die Vermehrung der zur Säule verbundenen Plattenpaare keinen Vortheil bringt, *wird also die Stromstärke durch Vergrößerung der Plattenpaare vermehrt.*

Dieses aus dem Ohm'schen Gesetze gezogene Resultat wird durch folgenden Versuch bestätigt.

Ein einzelner Zinkkohlenbecher, durch kurze dicke Kupferdrähte mit der Tangentenbussole verbunden, gab einen Ausschlag von 43°.

Als aber drei solcher Becher in der Weise combinirt wurden, daß einerseits alle drei Zinkplatten, andererseits aber alle drei Kohlencylinder mit einander verbunden waren, daß also die drei Becher ein einziges Plattenpaar von der dreifachen Oberfläche des einzelnen Bechers darstellten, stieg die Ablenkung auf 67°.

230 **Leitungswiderstand der Metalle.** Bei den soeben angeführten Versuchen wurden Drahtstücke von verschiedener Länge und gleicher Dicke in den Schließungsbogen der Kette eingeschaltet und dadurch das Verhältniß der Stromstärke zur Länge des Schließungsdrahtes ermittelt. Wenn man nun dagegen gleich lange, aber ungleich dicke Drähte desselben Metalls in den Schließungsbogen einschaltet und immer die entsprechenden Ablenkungen der Nadel der Tan-

gentenbussole beobachtet, so ergiebt sich aus diesen Versuchen das Verhältniß des Leitungswiderstandes der Drähte zu ihrem Durchmesser; man findet: daß der Leitungswiderstand dem Querschnitte der Drähte umgekehrt proportional ist; oder mit anderen Worten: zwei Drähte desselben Metalls werden gleichen Leitungswiderstand ausüben, wenn sich ihre Längen umgekehrt verhalten wie ihre Querschnitte.

Der Leitungswiderstand w eines gegebenen Drahtstückes ist also ausgedrückt durch die Gleichung

$$w = n \frac{l}{\pi r^2},$$

wenn l die Länge und r den Halbmesser des Drahtes, π aber die Zahl 3,14 und n einen constanten Factor bezeichnet, welcher für verschiedene Metalle nicht den gleichen Werth hat, und welcher den Namen des specifischen Leitungswiderstandes führt. Die folgende kleine Tabelle giebt den Werth des specifischen Leitungswiderstandes verschiedener Metalle auf Kupfer und auf Quecksilber bezogen.

Silber	0,847	0,0154
Kupfer	1,000	0,0182
Messing	3,960	0,0720
Zink	4,713	0,0857
Eisen	6,468	0,1176
Platin	7,227	0,1314
Neusilber	19,398	0,3527
Quecksilber	55,000	1,0000

Zu galvanischen Leitungen wird vorzugsweise Kupferdraht verwendet, weil der specifische Leitungswiderstand dieses Metalles bedeutend geringer ist, als der des Eisens und des Messings.

Als Einheit des elektrischen Leitungswiderstandes nahm man früher den Widerstand eines Kupferdrahtes von 1 Meter Länge und 1 Millimeter Durchmesser. Es zeigte sich aber bald, daß der Leitungswiderstand verschiedener Kupferdrähte bei gleichen Dimensionen doch oft sehr verschieden ist, was daher rührt, daß schon die geringste Verunreinigung durch fremde Metalle bedeutende Aenderungen in der Leitungsfähigkeit der Drähte veranlassen. Nach Siemens bezieht man deshalb jetzt die Leitungswiderstände auf Quecksilber, weil dieses Metall in flüssigem Zustand stets in gehöriger Reinheit zu haben ist. Als Einheit des Leitungswiderstandes nimmt man demnach jetzt den einer Quecksilbersäule von 1 Meter Länge und 1 Quadratmillimeter Querschnitt.

Leitungswiderstand der Flüssigkeiten. Die Leitungsfähig- 231
keit der Flüssigkeiten ist bedeutend geringer als die der Metalle. So ist z. B. der Leitungswiderstand einer Säule von gesättigter Kochsalzlösung 3 Millionen mal größer als der Leitungswiderstand eines Kupferstabes von gleicher Länge und

gleicher Dicke. Wenn man in diesem Sinne den Leitungswiderstand des Kupfers zur Einheit nimmt, so ist der Leitungswiderstand einer gesättigten Lösung von

Kupfervitriol	18 000 000
Zinkvitriol	17 000 000
Kochsalz	3 000 000
Es ist ferner der Leitungswiderstand der käuflichen Salpetersäure	1 600 000
der verdünnten Schwefelsäure (1 Vol. Vitriolöl auf 12 Vol. Wasser)	1 130 000

Wenn man den Strom einer galvanischen Säule durch eine Flüssigkeit hindurchleitet, so erleidet die Stromstärke eine doppelte Schwächung, einmal weil der bedeutende Leitungswiderstand der Flüssigkeit zu überwinden ist, dann aber noch, weil eine bedeutende Schwächung der elektromotorischen Kraft stattfindet und zwar in Folge der galvanischen Polarisation, die wir bereits in §. 224 und 226 kennen lernten.

232 **Vergleichung verschiedener Rheomotoren.** Um den Effect verschiedener Volta'scher Säulen beurtheilen zu können, muß man ihre elektromotorische Kraft und den Leitungswiderstand derselben kennen; diese lassen sich aber nach dem Ohm'schen Gesetze sehr einfach bestimmen; es reichen dazu zwei Messungen der Stromstärke hin, einmal bei vollkommener Schließung und einmal nach Einschaltung eines Drahtes von bekanntem Leitungswiderstande.

Um solche Bestimmungen vergleichbar zu machen, muß man sich über eine bestimmte Einheit des Leitungswiderstandes und der Stromstärke vereinigen. — Als Einheit des Leitungswiderstandes nimmt man am zweckmäßigsten die in §. 230 definirte Siemens'sche Quecksilbereinheit. Als Einheit der Stromstärke aber nimmt man meistens einen Strom an, welcher, durch ein Voltameter gehend, in einer Minute 1 Cubikcentimeter Knallgas liefert.

In der Regel mißt man die Stromstärke freilich nicht mit dem Voltameter, sondern mit der Tangentenbussole; es ist aber leicht, die Angaben jeder Tangentenbussole auf Wasserzersetzung zu reduciren; man lasse nur einen Strom gleichzeitig durch ein Voltameter und die Tangentenbussole gehen, beobachte die Ablenkung letzterer und die Menge des in einer Minute entwickelten Knallgases, so ergiebt sich aus einer solchen Beobachtung, mit welcher Zahl man die Tangente des Ablenkungswinkels multipliciren muß, um die entsprechende Knallgasmenge (in Cubikcentimetern ausgedrückt) zu erhalten.

Um den Reductionsfactor genau zu erhalten, wird man sich freilich nicht mit einer einzigen Vergleichung der Art begnügen, sondern man wird mehrere anstellen und aus ihnen das Mittel nehmen.

Diese Einheiten zu Grunde legend fand man z. B., daß ein Bunsen'sches Element, nur durch eine Tangentenbussole geschlossen, deren Reductionsfactor 73,4 war, eine Ablenkung von 26° bewirkte, die Stromstärke war also

$$73{,}4 \,.\, tang\, 26^0 = 73{,}4 \,.\, 0{,}488 = 35{,}7;$$ es ist also:

$$\frac{E}{R} = 35{,}7 \quad . \; . \; . \; . \; . \; . \; . \; . \; . \; . \; . \; . \; . \; . \quad 1)$$

wenn wir mit E die elektromotorische Kraft, mit R den wesentlichen Leitungswiderstand des Elementes bezeichnen.

Nach Einschaltung einer Drahtspirale, deren Leitungswiderstand genau der Siemens'schen Quecksilbereinheit gleich war, sank die Ablenkung auf 10,25 Grad, die Stromstärke also auf 13,3, es ist also

$$\frac{E}{R + 1} = 13{,}3 \quad . \; . \; . \; . \; . \; . \; . \; . \; . \; . \; . \; . \quad 2)$$

aus der Combination der beiden Gleichungen 1) und 2) ergiebt sich:

$$R = 0{,}594, \qquad E = 21.$$

Nach der gleichen Methode ergab sich der Werth der elektromotorischen Kraft

für einen Grove'schen Becher	. . . .	$E = 20{,}5$
„ „ Daniell'schen Becher	. . . . . .	$E = 12$
„ ein Wollaston'sches Plattenpaar	. . .	$E = 5{,}5$

Die Differenz der elektromotorischen Kraft der Wollaston'schen und der Daniell'schen Kette hat ihren Grund lediglich darin, daß die elektromotorische Kraft der ersteren durch die galvanische Polarisation geschwächt ist, welche bei der Daniell'schen Kette dadurch, daß das Kupfer in einer Lösung von Kupfervitriol steht, aufgehoben wird.

Die größere elektromotorische Kraft der Grove'schen und der Bunsen'schen Becher rührt daher, daß die Kohle sowohl wie das Platin in Berührung mit Salpetersäure positiv elektrisch werden, daß also die elektrische Differenz zwischen der positiv erregten Kohlen- (oder Platinplatte) und der negativ erregten Zinkplatte eine größere sein muß, als die Differenz zwischen der letzteren und der durch die Flüssigkeit gleichfalls negativ erregten Kupferplatte.

Die Größe der Plattenpaare hat keinen Einfluß auf die Größe der elektromotorischen Kraft, wohl aber auf die Größe des wesentlichen Leitungswiderstandes, welcher durch Vergrößerung der Plattenpaare vermindert wird.

Auch der Concentrationsgrad der Flüssigkeiten in den rheomotorischen Bechern hat keinen oder doch nur einen unbedeutenden Einfluß auf die elektromotorische Kraft der Säule, während der wesentliche Leitungswiderstand von demselben sehr abhängig ist. Je weniger concentrirt die Salpetersäure ist, in welcher die Kohle oder das Platin stehen, je stärker verdünnt die Schwefelsäure ist, in welcher das Zink steht, desto größer wird der wesentliche Leitungswiderstand. — Wenn eine Säule von constanten Bechern eine Zeitlang geschlossen bleibt, so nimmt die Stromstärke ab, nicht etwa, weil die elektromotorische Kraft geringer geworden wäre, sondern weil an die Stelle der verdünnten Schwefelsäure nun theilweise eine weit schlechter leitende Lösung von Zinkvitriol getreten ist.

Die bedeutende Ueberlegenheit Bunsen'scher oder Grove'scher Becher über gleich große Daniell'sche liegt nicht allein in der größeren elektromotorischen Kraft der ersteren, sondern auch darin, daß der wesentliche Widerstand derselben geringer ist, als der der Daniell'schen Becher, was daher rührt, daß concentrirte Salpetersäure ein weit besserer Elektricitätsleiter ist, als eine Lösung von Kupfervitriol.

Auch die Natur der Thonzellen übt einen bedeutenden Einfluß auf den wesentlichen Leitungswiderstand elektromotorischer Becher aus.

233 **Magnetisirung durch den galvanischen Strom.** Nachdem wir die Ablenkung der Magnetnadel durch den galvanischen Strom und die darauf gegründeten Apparate zur Messung des galvanischen Stromes kennen gelernt hatten, benutzten wir dieselben, um die wichtigsten Gesetze der Stromstärke zu ermitteln. Wir kehren jetzt zur Betrachtung der magnetisirenden Wirkungen des Stromes zurück.

Der elektrische Strom wirkt nicht allein richtend auf den freien Magnetismus, sondern er wirkt auch magnetisirend auf weiches Eisen und Stahl, was sich schon dadurch zeigt, daß, ein von einem kräftigen Strome durchflossener Leitungsdraht, Eisenfeile anzieht. — Um einen Eisenstab zu magnetisiren, muß man den Strom mehrfach um denselben herumführen, was dadurch geschieht, daß man den mit Seide oder Wolle übersponnenen Leitungsdraht spiralförmig um das Eisen herumwindet. Statt die Drahtwindungen direct auf dem Eisen anzubringen, ist es aber zweckmäßiger, den Draht auf eine Spule von Holz oder Pappendeckel (damit man die Spirale auch zu Inductionsversuchen anwenden kann) aufzuwinden und den zu magnetisirenden Eisenstab in die Höhlung derselben hineinzuschieben.

Fig. 440 stellt eine solche Magnetisirungsspirale dar. Man hat deren von sehr verschiedenen Größen und Drahtdimensionen. Für sehr kräftige Wirkungen werden Magnetisirungsspiralen angewandt, welche aus 800 bis 1000 Windungen eines $1/2$ bis 1 Linie dicken Kupferdrahtes bestehen, die natürlich in mehreren Lagen übereinander liegen.

Fig. 440.

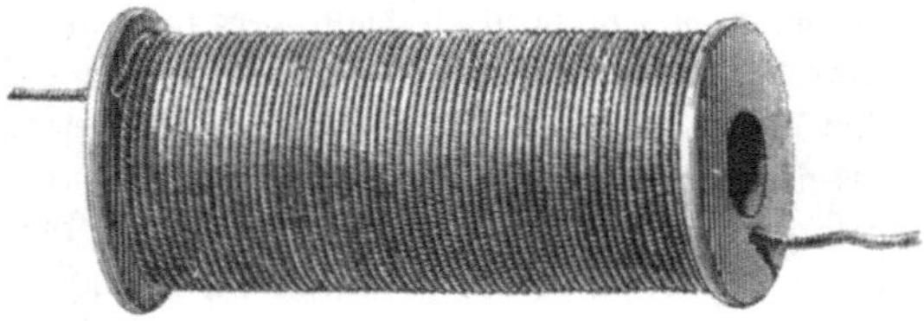

Schiebt man nun einen Eisenstab in eine solche Spirale hinein, so wird er magnetisch, sobald ein elektrischer Strom die Spirale durchläuft. Ragen die Enden des Eisenstabes aus der Spirale hervor, so kann man Eisenstücke an dieselben anhängen, welche aber sogleich wieder abfallen, sobald der Strom unterbrochen wird, welcher den Draht durchläuft. Das weiche Eisen bleibt also nur so lange magnetisch, als es dem magnetisirenden Einflusse ausgesetzt ist.

Was die Polarität der beiden Enden des Eisenstabes betrifft, so ist dieselbe nach den Bemerkungen auf S. 405 leicht zu bestimmen; dasjenige Ende, welches, dem Beschauer zugewandt, vom positiven Strome in der Richtung umkreist erscheint, in welcher sich der Zeiger einer Uhr dreht, ist der *Südpol*, d. h. derjenige Pol, welcher sich nach Süden richten würde, wenn der *Elektromagnet* (so nennt man nämlich Eisenstäbe, welche durch den Einfluß des galvanischen Stromes in temporäre Magneten verwandelt sind) sich frei in der Horizontalebene drehen könnte.

Fig. 441.

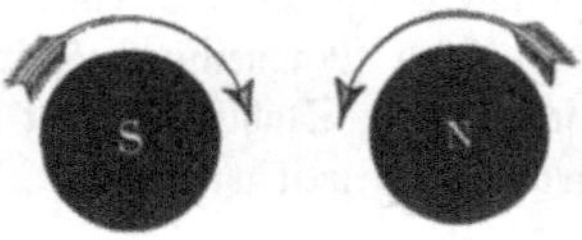

Fig. 441 dient, um das Gesetz der Polarität zu erläutern.

Wie den Stahlmagneten, so giebt man auch den Elektromagneten eine U-förmige Gestalt, wenn man eine große Tragkraft erzielen will, Fig. 442.

Für manche Versuche, namentlich für die diamagnetischen, die wir weiter unten werden kennen lernen, ist es wünschenswerth, daß die beiden Pole des Elektromagnets nach oben gerichtet sind. Eine für diese Zwecke geeignete Aufstellung des Elektromagnets ist Fig. 443 ungefähr in 1/5 der natürlichen Größe dargestellt.

Fig. 442.

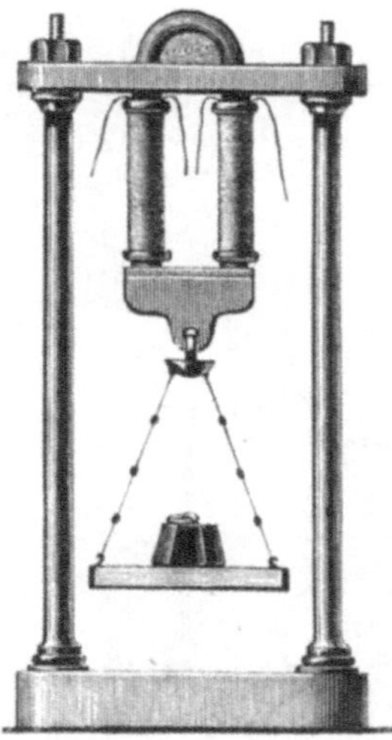

Fig. 443.

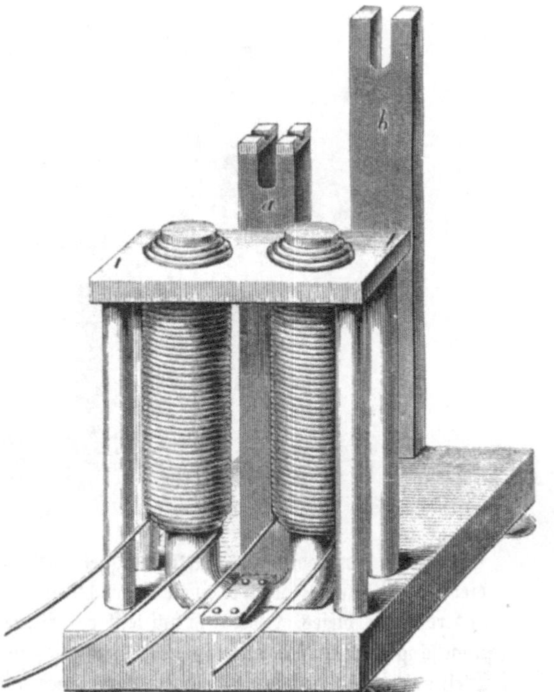

Fig. 444.

Um die Tragkraft solcher Elektromagnete zu prüfen, setzt man auf die Pole einen Anker von der Form Fig. 444 (a. v. S.); in das Ohr desselben wird ein eiserner Hebel eingesetzt, dessen Stützpunkt auf der Säule *a* ruht; am anderen Ende des Hebels werden entsprechende Gewichte angehängt. Die Säule *b* dient, um den Hebel aufzuhalten, wenn der Anker abgerissen wird.

Der Elektromagnetismus liefert ein treffliches Mittel, Stahlnadeln oder Stahlstäbe zu magnetisiren; man braucht sie nur einige Male in einer von einem starken Strome durchflossenen kurzen und dicken Magnetisirungsspirale hin und her zu schieben. Zur Magnetisirung sehr harter Stahlstäbe zeigt sich jedoch das Streichen auf den Polen eines Elektromagnets weit wirksamer.

234 **Elektromagnetische Motoren.** Die kräftigen magnetischen Wirkungen, welche der elektrische Strom hervorzubringen im Stande ist, führten auf die Idee, denselben als bewegende Kraft zu benutzen.

Man hat diesen Zweck auf sehr verschiedene Weise zu erreichen gesucht; einer der einfachsten hierher gehörigen Apparate ist in Fig. 445 dargestellt.

Fig. 445.

Ueber den Polen des Elektromagnets *M* befindet sich die eiserne, als Anker dienende Platte *A*, welche einen Hebel bildet, dessen Drehpunkt in *h* ist. Das andere Ende dieses Hebels ist mittelst der Pleuelstange an einer kleinen Kurbel eingehängt. Die Axe dieser Kurbel dreht sich in zwei Zapfenlagern, welche von Messingsäulchen getragen werden, von denen unsere Figur nur das hintere, *s*, zeigt. Die vordere ganz gleiche Säule ist in der Zeichnung weggelassen worden, weil sie wesentliche Theile des Apparates verdeckt haben würde. Wenn bei der Kurbelstellung, wie sie in der Figur dargestellt ist, der Anker *A* niedergezogen wird, so muß sich die Kurbel und das auf ihrer Axe befestigte Schwungrad in der Richtung des Pfeiles drehen.

Bei der in Fig. 445 gezeichneten Stellung der Kurbel geht nun aber der Strom eines Bunsen'schen Bechers, dessen Poldrähte in *k* und im unteren Ende von *s* eingeschraubt sind, in folgender Weise durch den Apparat. Von *k* aus tritt er in die Umwindungen des Elektromagnets *M*, von diesen wird er zu der Messingfeder *f* geführt, von welcher er durch die metallene Nase *n* (siehe die nebenstehende in größerem Maßstabe gezeichnete Erläuterungsfigur) zu der metallenen Umdrehungsaxe gelangt, um von dieser endlich über *s* zum elektromotorischen Becher zurückzukehren. Bei dieser Stellung der Kurbel ist also der Elektromagnet *M* in Thätigkeit gesetzt, er zieht den Anker nieder und bewirkt also die Umdrehung der Axe in der angegebenen Richtung.

In Folge dieser Rotation aber kommt alsbald die Nase *n* außer Berührung mit der Feder *f* und zwar gerade in dem Momente, in welchem der Anker *A* seine tiefste Stellung erreicht hat; die Feder *f* schleift nun auf einer Hülse von Horngummi, welche an dieser Stelle die metallene Axe *a* umgiebt, der Strom ist unterbrochen, *M* verliert seinen Magnetismus, *A* wird also nicht mehr angezogen und so kann dann die Rotation in Folge der dem Schwungrad bereits mitgetheilten lebendigen Kraft fortdauern, bis *n* wieder mit *f* in Berührung kommt, *A* abermals niedergezogen und so dem rotirenden System ein neuer Impuls ertheilt wird.

Schon der Strom eines einzigen Bunsen'schen Bechers ist im Stande, solche Apparate in rasche Rotation zu versetzen, die dabei geleistete mechanische Arbeit ist jedoch verschwindend klein. Freilich ist es gelungen, in mancherlei anderen Formen elektromagnetische Motoren zu construiren, welche mehr zu leisten im Stande sind, immerhin aber bleiben ihre Effecte im Verhältniß zu der Consumtion an Zink und Säure sehr gering.

Elektrische Telegraphen. Praktisch sind bis jetzt nur diejenigen 235
Anwendungen des galvanischen Stromes geworden, zu welchen eine geringe Stromstärke hinreicht, und dahin gehört vorzugsweise die elektrische Telegraphie.

Unter den verschiedenen Apparaten, die man zu diesem Zwecke construirt hat, ist Morse's Drucktelegraph der einfachste und wohl auch der zweckmäßigste.

Fig. 446 (a. f. S.) stellt den Morse'schen Schreibapparat in $^1/_3$ der natürlichen Größe dar. Auf einer eisernen Platte *a* sind zwei Stäbchen von Eisen befestigt, welche, mit den Magnetisirungsspiralen *b* umgeben, einen Elektromagnet bilden. Ueber den Polen schwebt in einiger Entfernung der Eisenstab *c*, welcher in dem Messinghebel *d* steckt. Sobald die Eisenkerne magnetisch werden, wird das rechte Ende des Hebels *d* niedergezogen; wenn die Eisenkerne ihren Magnetismus verlieren, so wird der Hebel *d* durch die an einem Seitenarme ziehende Feder *f* in seine alte Stellung zurückgebracht.

Der Hebelarm *d* schlägt mit seinem Ende auf der rechten Seite schon auf, bevor noch der Anker *c* vollständig in Berührung mit den Polen des Elektro-

Fig. 446.

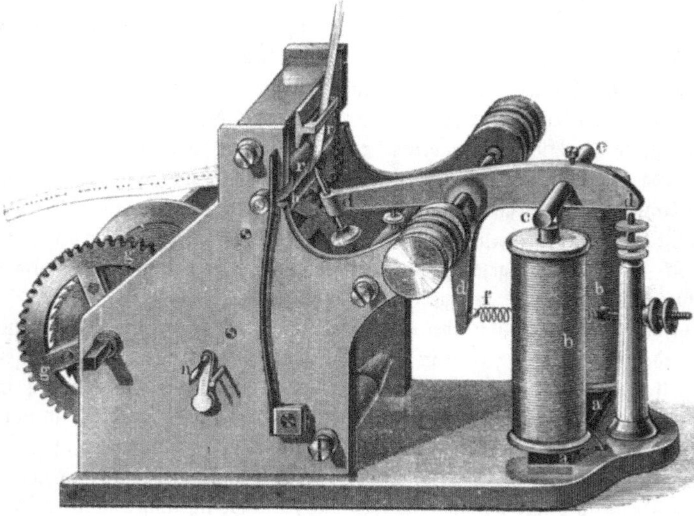

magnets gekommen ist, weil bei vollkommen anliegendem Anker der Elektromagnet nach Unterbrechung des Stromes seinen Magnetismus nicht ganz verliert, wodurch der Gang des Apparates sehr erschwert und unsicher werden würde.

An seinem linken Ende trägt der Hebel *d* einen Stahlstift, welcher bei jedem Niedergange des Ankers *c* gegen einen Papierstreifen gedrückt wird, den ein Uhrwerk mit gleichmäßiger Geschwindigkeit fortzieht.

Das erste Rad *g* dieses Uhrwerks wird durch ein an der Welle desselben angehängtes Gewicht langsam umgedreht, und diese Bewegung wird durch mehrere Zwischenräder auf die Walze *h* übertragen, welche sich mit größerer Geschwindigkeit umdreht. Die Umdrehung der Walze *h* bewirkt durch Reibung die Umdrehung der gleich großen Walze *r*. Zwischen beiden steckt ein Papierstreifen, welcher von einer etwa an der Decke des Zimmers befestigten Rolle kommt. Ist das Uhrwerk im Gange, so wird der Papierstreifen mit gleichförmiger Geschwindigkeit, ungefähr 1 Zoll in der Secunde, fortgezogen.

In der Mitte der Rolle *r* befindet sich eine ringförmige, theilweise in unserer Figur sichtbare Rinne. In diese Rinne wird nun der Stift hineingedrückt, wenn *c* niedergezogen wird; es preßt also der Stift eine Vertiefung in den die Rinne überdeckenden Papierstreifen. Wird der galvanische Strom nur für einen Augenblick geschlossen, so drückt der Stift einen **Punkt** in das Papier; bleibt aber der Strom einige Zeit geschlossen, so entsteht ein **Strich**, weil ja das Papier unterdessen fortgezogen wird. Aus Punkten und Strichen ist nun das Alphabet zusammengesetzt, und zwar das bei uns übliche folgendermaßen:

a ·—	f ··—·	l ·—··	q ——·—	v ···—
b —···	g ——·	m ——	r ·—·	w ·——
c —·—·	h ····	n —·	s ···	x ··—···
d —··	i ··	o ·—···	t —	y ——···
e ·	k ——	p ·····	u ··—	z ·——··

Aehnliche Zeichen hat man für Zahlen, für Interpunctionszeichen u. s. w.

Fig. 447.

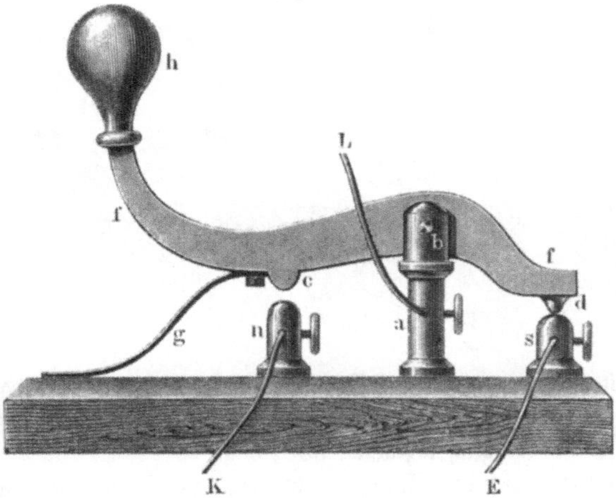

Zum sicheren Schließen und Oeffnen der Kette dient ein Apparat, welcher den Namen des **Schlüssels** führt. Der Schlüssel des **Morse**'schen Apparates ist Fig. 447 in $^1/_2$ der natürlichen Größe abgebildet. Auf einem Brettchen ist ein Messingsäulchen *a* aufgesetzt, in welchem die horizontale stählerne Drehungsaxe des messingenen Hebels *f* befestigt ist. Dieser Hebel wird durch eine Stahlfeder *g* aufwärts gedrückt, so daß die Messingwarze *d* auf dem Messingsäulchen *s* steht. Drückt man den Hebel, am Handgriff *h* anfassend, nieder, so kommt die Hervorragung *c* des Hebels *f* mit dem Messingsäulchen *n* in Berührung, während die vordere Spitze des Hebels nun in die Höhe gehoben ist, also nicht mehr mit dem Säulchen *s* in leitender Verbindung steht.

Das Messingsäulchen *a* ist durch den Draht *L* mit der Drahtleitung in Verbindung gesetzt, welche zur nächsten Station führt.

Von *n* führt ein Draht *K* zu dem einen Pol, etwa dem Kupferpol der galvanischen Batterie. Von *s* geht ein Draht *E* aus, der sich alsbald spaltet, indem der eine Theil zum Zinkpol der Batterie, der andere zu den Windungen des Elektromagnets führt, von dem aus dann die Leitung weiter zu einer in den feuchten Boden vergrabenen Kupferplatte, der sogenannten **Erdplatte**, geführt ist.

Fig. 448 (a. f. S.) stellt zwei mit einander verbundene Stationen dar. *b* und *b'* sind die Batterien, *s* und *s'* sind die Schlüssel, *m* und *m'* sind die Elektromagnete des Schreibapparates.

Sind beide Schlüssel in der Ruhelage, wie es in unserer Figur bei dem Schlüssel der Station links der Fall ist, so kann kein Strom entstehen, denn bei dem Messingkegel *n* (siehe Fig. 447) findet sich eine Unterbrechung der Leitung. Wird aber der Schlüssel auf einer Station niedergedrückt, wie es in unserer Figur für die Station rechts der Fall ist, so ist der Schließungsbogen für die Batterie dieser Station hergestellt, der Strom geht vom positiven Pol der Batterie *b* durch den Schlüssel *s* zum Leitungsdraht, welcher den Strom zum Schlüssel *s'* der anderen Station führt; von diesem gelangt der Strom zu den

Fig. 448.

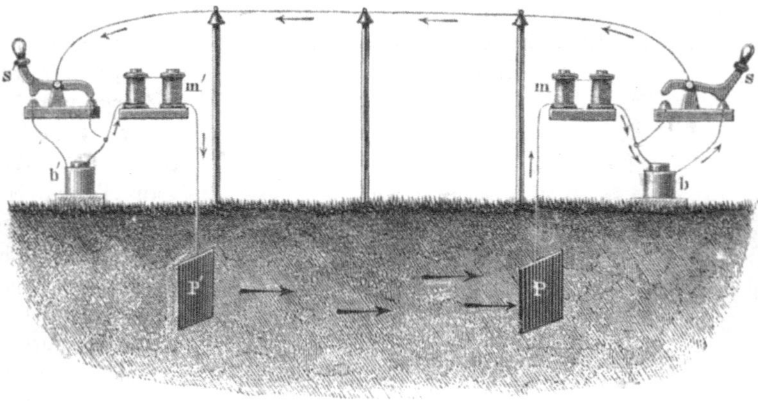

Windungen des Elektromagnets *m'*, zur Erdplatte *P'*, geht dann durch den Erdboden über *P* und *m* zum negativen Pol von *b* zurück, wie der Lauf des Stromes durch die Pfeile hinlänglich bezeichnet ist.

So umkreist denn der auf der Station rechts erzeugte Strom die Elektromagnete beider Stationen; die Batterie *b'* der anderen Station ist nicht geschlossen, kann also keinen Strom aussenden.

Will der Telegraphist der einen Station, etwa der rechten, eine Depesche abgehen lassen, so drückt er mehrmals rasch hintereinander seinen Schlüssel nieder, wodurch ein abwechselndes An- und Abziehen der Anker beider Elektromagnete erfolgt. Das dadurch hervorgebrachte Klappern macht den Telegraphisten der anderen Station aufmerksam, welcher nun, nachdem er auf ähnliche Weise geantwortet hat, sein Uhrwerk mittelst des kleinen Hebels *n*, Fig. 446, auslöst und sein Gehwerk laufen läßt. Der Telegraphist der sprechenden Station drückt nun in den gehörigen Intervallen seinen Schlüssel nieder, um dadurch auf dem Papierstreifen der anderen Station die beabsichtigten Zeichen, Punkte und Striche hervorzubringen. Zum Zeichen, daß die Depesche beendigt ist, macht er eine Reihe von 20 bis 30 gleichmäßig auf einander folgenden Punkten. Nun antwortet der Empfänger „verstanden“, oder er verlangt die Wiederholung etwa undeutlich gebliebener Stellen.

236 **Richtung der Ströme durch Magnete.** Die Wirkung zwischen Magneten und elektrischen Strömen ist natürlich eine durchaus gegenseitige. Sowie der Strom in festen Leitungsdrähten ablenkend und richtend auf eine bewegliche Magnetnadel wirkt, so muß auch ein Magnetstab ablenkend und richtend auf einen durchströmten Leitungsdraht wirken, welcher auf irgend eine Weise leicht beweglich aufgehängt ist.

Ampère hat dies durch den in Fig. 449 dargestellten Apparat erreicht: zwei verticale Säulen von Messing, welche auf einem Fuße von Holz befestigt sind, tragen oben horizontale Arme, die mit den Quecksilbernäpfchen x und y endigen, deren Mittelpunkte genau vertical unter einander stehen. Die beiden Säulen sind nirgends in leitender Berührung. Unten sind sie etwas dicker, so daß man die zu den Polen eines galvanischen Rheomotors führenden Leitungsdrähte einschrauben kann; dadurch wird das eine Quecksilbernäpfchen gewissermaßen zum positiven, das andere zum negativen Pole.

Fig. 449.

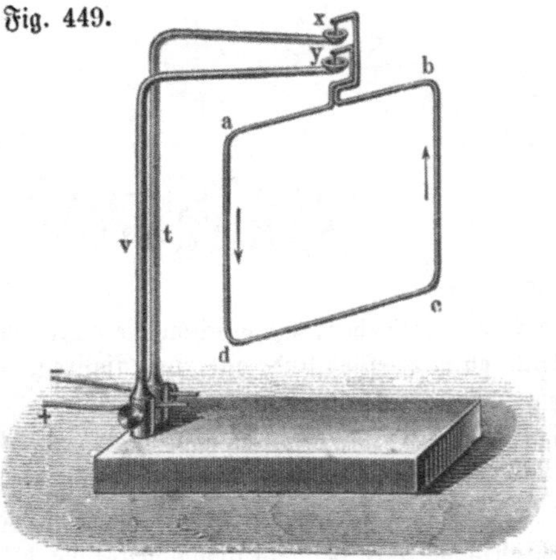

In diese Quecksilbernäpfchen wird nun ein Leitungsdraht eingehängt, welcher zum Rechteck gebogen ist, wie Fig. 449, oder kreisförmig, wie Fig. 450 (a. f. S.). Da, wo sich die beiden Drahtenden zu berühren scheinen, sind sie durch eine isolirende Substanz getrennt; sie sind oben umgebogen und mit Stahlspitzen versehen, die in die Näpfchen x und y, Fig. 449, eingetaucht werden. Die eine Spitze geht bis auf den Boden des Näpfchens und ruht hier auf einer kleinen Glasplatte, die andere Spitze taucht nur in das Quecksilber ein. Durch diese Aufhängung ist der Draht ziemlich leicht beweglich.

Nähert man dem so aufgehängten durchströmten Leiter einen Magnetstab, so wird er (der bewegliche Leiter), kräftig angezogen oder abgestoßen, eine entsprechende Drehung um seine verticale Umdrehungsaxe erleiden.

Schon der Erdmagnetismus wirkt richtend auf den beweglichen durchströmten Leiter; wenn man ihn sich selbst überläßt, so stellt er sich so, daß seine Ebene rechtwinklig auf der Ebene des magnetischen Meridians steht, und zwar stets so, daß der positive Strom auf der Westseite aufsteigt oder, mit anderen Worten, daß der Strom von der Südseite her betrachtet in gleicher Weise kreist wie der Zeiger einer Uhr.

Kehrt man den Strom um, so macht der Draht um seine verticale Umdrehungsaxe eine halbe Umdrehung und kommt dann erst wieder ins Gleichgewicht. Um den Strom rasch umkehren zu können, benutzt man hier nicht näher zu beschreibende Vorrichtungen, welche den Namen der Stromwender, Commutatoren oder Gyrotrope führen.

Da ein durchströmter kreisförmiger Leitungsdraht, Fig. 450 (a. f. S.), welcher um seine verticale Axe drehbar ist, sich rechtwinklig auf den magnetischen Meridian einstellt, so muß sich auch ein Schraubendraht (Solenoid), Fig. 452, an dem Ampère'schen Gestell aufgehängt und durchströmt, so einstellen, daß die Ebene der einzelnen Windungen gleichfalls rechtwinklig steht auf der Ebene des magnetischen Meridians, daß also die Axe des Solenoides in den magnetischen Meridian zu liegen kommt.

Fig. 450.
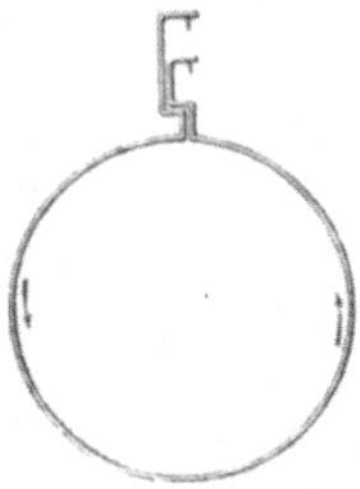

Fig. 451.
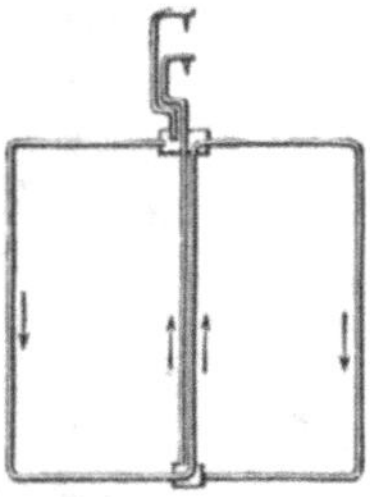

Fig. 452.
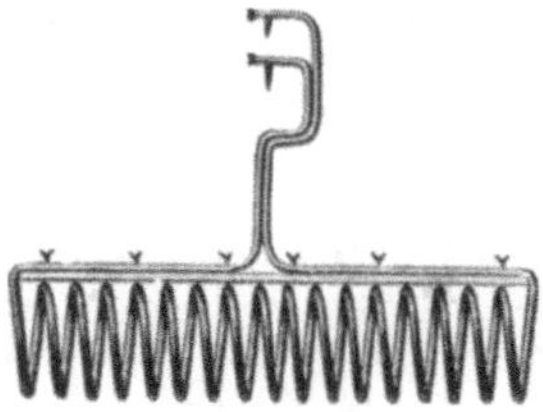

Es versteht sich von selbst, daß das Stäbchen, an welchem die einzelnen Windungen des Solenoids, Fig. 452, oben befestigt sind, aus einer isolirenden Substanz, also etwa aus Holz besteht.

Ein solches Solenoid ahmt vollkommen die Declinationsnadel nach, es hat seinen Nord- und seinen Südpol. Nähert man einem der Pole des durchströmten Solenoids den einen Pol eines Magnetstabes so findet Anziehung oder Abstoßung Statt. Ein jeder Pol des Solenoids wird vom gleichnamigen Pole des Magnetstabes abgestoßen, vom ungleichnamigen angezogen.

Den astatischen Nadeln entsprechend hat man auch astatische Leitungsdrähte construirt, welche, wie der Leiter Fig. 451, aus zwei Theilen bestehen, die der Erdmagnetismus in entgegengesetzter Weise zu richten strebt, so daß das ganze System nun kein Bestreben mehr zeigt unter dem Einfluß des Erdmagnetismus eine bestimmte Stellung einzunehmen.

237 **Gegenseitige Wirkung galvanischer Ströme auf einander.** Nachdem einmal nachgewiesen worden war, daß ein Magnet und ein durchströmter Leitungsdraht ganz auf gleiche Weise aufeinander wirken, wie zwei Magnete, ließ sich erwarten, daß auch zwei durchströmte Leitungsdrähte anziehende oder abstoßende Wirkungen auf einander ausüben werden. Daß dies in der That der Fall ist, hat Ampère nicht allein nachgewiesen, sondern er hat auch die Gesetze der gegenseitigen Einwirkung zweier durchströmter Leitungsdrähte (die Elektrodynamik) entwickelt.

Betrachten wir zunächst zwei parallel neben einander herlaufende Ströme, so ergiebt sich, daß sich dieselben einander anziehen, wenn sie gleich gerichtet, daß sie aber einander abstoßen, wenn sie entgegengesetzt gerichtet sind, und zwar hängt die Intensität dieser Wirkung ab von der Länge der parallel neben einander herlaufenden Leitungsdrähte, von der Entfernung derselben und von der Stärke der sie durchlaufenden Ströme.

Die eben besprochene gegenseitige Einwirkung paralleler Ströme läßt sich mit Hülfe des Ampère'schen Gestelles in folgender Art nachweisen. Man hänge in die Quecksilbernäpfchen x und y, Fig. 453, einen rechtwinkligen Stromleiter $abcd$ und stelle, wenn sich derselbe unter dem Einfluß des Erdmagnetismus eingestellt hat, den rechtwinklig gebogenen Leitungsdraht, Fig. 454, so daneben, daß das verticale Drahtstück fg, Fig. 454, sich in der Nähe des verticalen Drahtstückes bc, Fig. 453, aber außerhalb der Ebene des beweglichen Leiters befindet. Man beobachtet nun eine Anziehung oder eine Abstoßung

Fig. 453. Fig. 454.

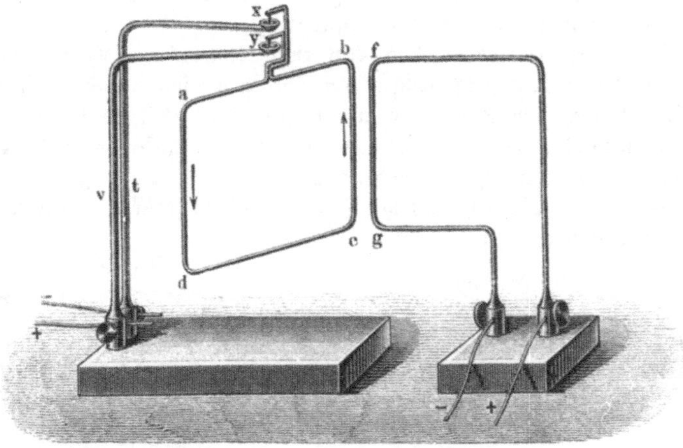

zwischen den benachbarten verticalen Stromarmen, je nachdem der Strom in ihnen gleich oder entgegengesetzt gerichtet ist. Man stellt den Versuch am besten in der Weise an, daß man den Strom einer Säule von etwa drei Bunsen'schen Bechern durch den beweglichen Stromleiter, den Strom von drei anderen durch den festen Draht, Fig. 454, hindurchgehen läßt. Sind die Ströme in bc, Fig. 453, und in fg, Fig. 454, gleich gerichtet, so daß Anziehung zwischen ihnen stattfindet, so braucht man nur in den beweglichen Stromleiter, Fig. 453, oder in den festen, Fig. 454, mittelst eines Commutators den Strom umzukehren, um die Anziehung in Abstoßung zu verwandeln.

Der Versuch gelingt noch besser, wenn man statt des beweglichen Leiters, Fig. 453, den beweglichen astatischen Leiter, Fig. 451, anwendet.

Auch ist es zur Erzielung einer kräftigen Wirkung zweckmäßig, statt des einfachen festen Drahtes, Fig. 454, einen Drahtrahmen, Fig. 455, anzuwenden, welcher aus 20 bis 30 Windungen eines 1 bis 2 Millimeter dicken übersponnenen Drahtes gebildet ist.

Fig. 455.

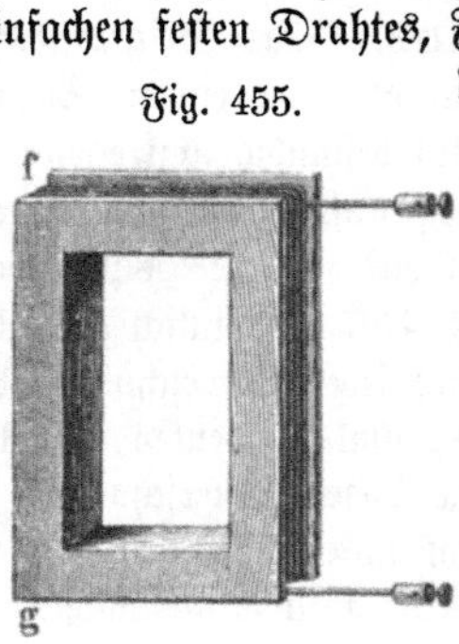

Wir nennen gekreuzte Ströme diejenigen, die nicht parallel sind, mögen sie nun in einer Ebene liegen, oder nicht. Im ersten Falle ist der Kreuzungspunkt derjenige, in welchem ihre Richtungen sich schneiden, im zweiten Falle ist es ein beliebiger Punkt derjenigen Geraden, welche die einander zunächst liegenden Punkte der beiden Ströme verbindet. Zwei gekreuzte Ströme streben sich immer so parallel zu stellen, daß sie sich nach derselben Richtung hin bewegen, oder mit anderen Worten: es findet Anziehung zwischen den Theilen des

Stromes Statt, welche nach dem Kreuzungspunkte hingehen, und dann wieder zwischen denen, welche vom Kreuzungspunkte abgehen. Abstoßung aber findet Statt zwischen einem Drahtstück, in welchem sich der Strom nach dem Kreuzungspunkte hinbewegt, und einem anderen, in welchem er von ihm weggeht.

Sind z. B. *ab* und *cd*, Fig. 456, zwei Ströme, deren Kreuzungspunkt *r* ist, so findet eine Anziehung zwischen den Theilen *ar* und *cr* Statt, in welchen der Strom nach dem Kreuzungspunkte hingeht, und zwischen den Theilen *rb* und *rd*, in welchen er vom Kreuzungspunkte abgeht. Abstoßung findet zwischen *ar* und *rd*, ferner zwischen *cr* und *rb* Statt.

Es läßt sich dies sehr gut mit Hülfe des Garthe'schen Apparates, Fig. 457 und 458 nachweisen.

Fig. 456.

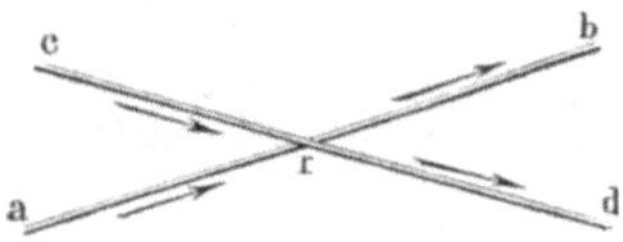

Fig. 458.

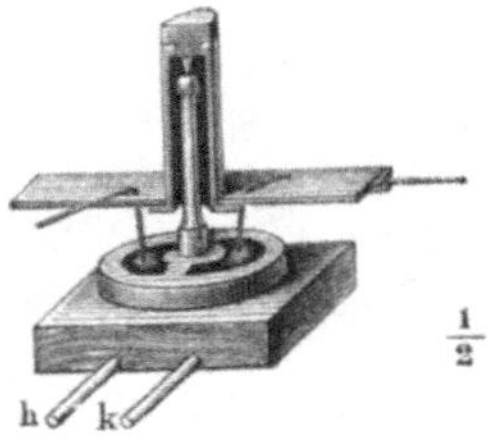

Fig. 457.

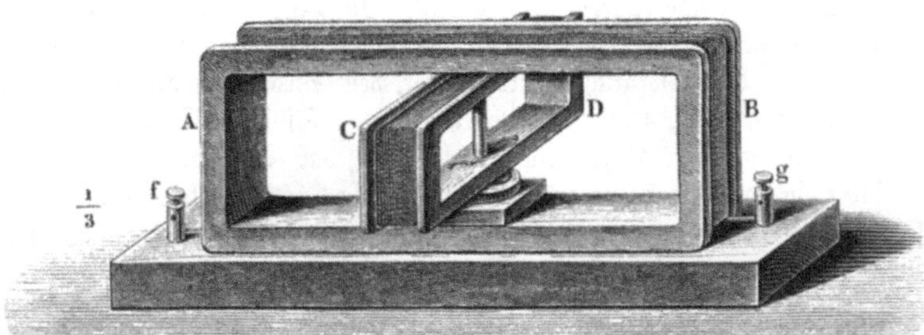

238 **Ampère's Theorie des Magnetismus.** Das Princip dieser Theorie besteht darin, jedes Molekül eines Magnets als von einem Strome gleichsam eingehüllt zu betrachten, welcher, das Molekül beständig umkreisend, in sich selbst zurückkehrt, und den man der Einfachheit wegen als kreisförmig annehmen kann. Man stellt sich nach dieser Theorie jeden auf der Axe des Magnets rechtwinkligen Querschnitt ungefähr auf die durch Fig. 459 anschaulich gemachte Weise vor. Statt aller der elementaren Ströme eines jeden Querschnitts aber kann man sich denselben von einem einzigen Strome umkreist denken, welcher gleichsam die Resultirende aller elementaren Ströme dieses Querschnittes ist, und somit läßt sich ein Magnetstab als ein System unter sich paralleler geschlossener Ströme denken, ungefähr so, wie es Fig. 460 anschaulich macht.

Was hier von einem Magnetstabe gesagt ist, läßt sich auch auf eine Magnetnadel, kurz, auf jeden Magneten, welche Form er auch haben mag, anwenden.

Um die Erklärung der Anziehung und Abstoßung der Pole in verschiedenen Stellungen der Magnete gegen einander recht anschaulich zu machen, zeichne man, am besten auf Cylinder von Holz oder Pappe, die ungefähr 1 bis 1,5 Fuß lang sind und 1 bis 2 Zoll im Durchmesser haben, Pfeile in der Weise, wie

Fig. 459.

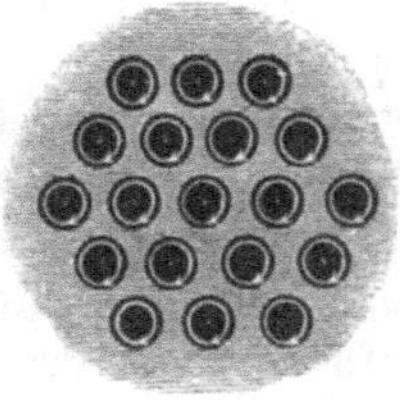

Fig. 460.

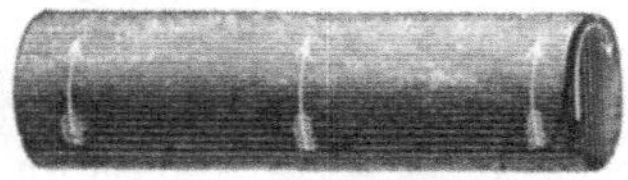

man Fig. 460 sieht, welche die Richtung der Ströme darstellen; ferner bezeichne man noch auf beiden Cylindern die Nordpole mit *N*, die Südpole mit *S*. Mit Hülfe zweier solcher Modelle läßt sich von den Sätzen des §. 237 ausgehend leicht begreiflich machen, warum gleichnamige Pole sich immer abstoßen, ungleichnamige sich immer anziehen, in welcher Weise man sie auch übrigens einander nähern mag.

Aus dieser Anschauungsweise ergiebt sich nun auch, warum Magnete auf einander wirken wie durchströmte Schraubendrähte, warum ein in der Mitte durchbrochener Magnet wieder zwei vollständige Magnete liefert, von welchen jeder einen Nordpol und einen Südpol hat.

Nach dieser Theorie muß man also annehmen, daß die Eisenmoleküle beständig von den erwähnten Elementarströmen umkreist werden, die auf ihrem Wege um das Eisenmolekül keinen Leitungswiderstand zu überwinden haben; denn sonst könnten sie ohne fortwirkende elektromotorische Kraft nicht continuirlich sein. In nicht magnetischem weichem Eisen oder Stahl haben sie alle möglichen verschiedenen Lagen. Die Magnetisirung des weichen Eisens besteht nach dieser Theorie darin, daß die schon vorhandenen Elementarströme parallel gerichtet werden; die Gränze der Magnetisirung ist erreicht, wenn die Ströme aller Eisenmoleküle die gleiche Lage haben. Hört die magnetisirende Kraft zu wirken auf, so kehren die Ströme wieder in ihre vorherige regellose gegenseitige Lage zurück; nur im Stahl behalten sie wenigstens theilweise ihren Parallelismus bei, und darauf beruht das Bleiben des Magnetismus des Stahls.

Rotation beweglicher Ströme und Magnete. Es sei *S*, 239
Fig. 461 (a. f. S.), die obere Endfläche (Südpol) eines vertical stehenden Magnets, dg ein neben ihm befindlicher, noch über den Pol *S* des Magnets hinausragender Leitungsdraht, in welchem ein positiver Strom aufsteigt. Bezeichnen wir nun mit f denjenigen Punkt des Drahtes, welcher mit dem oberen Ende des Magnets in gleicher Höhe liegt, so ist nach den in §. 237 auseinandergesetzten Principien klar, daß das Stück ab des Magnetstromes auf das Drahtstück fg abstoßend wirkt, während dasselbe von der Partie bc des Magnetstromes angezogen wird; ist also der Leitungsdraht dg um die verticale Axe des Magnets frei

drehbar, so muß er in Folge dieses Impulses in der Richtung der Pfeile *ab* und *bc* um den Magnet rotiren.

Fig. 461.

Die gleiche Wirkung übt nun der Magnetstrom eines jeden horizontalen Querschnitts des Magnets auf das über ihm befindliche Stück des Drahtes *dg* aus, während er den unterhalb seiner Ebene befindlichen Theil des Drahtes in entgegengesetzter Richtung zu drehen strebt. Der Draht wird aber doch in der zuerst bezeichneten Richtung, in der Richtung der Pfeile *ab* und *bc*, rotiren, denn die Summe der Kräfte, welche ihn in dieser Richtung zu drehen streben, ist über die entgegengesetzt wirkenden weitaus überwiegend, weil sich der Draht nicht bis zum unteren Ende des Magnets erstreckt, aber bedeutend über das obere Ende desselben hinausragt.

Bei umgekehrter Stromrichtung muß der Draht unter sonst gleichen Umständen in entgegengesetzter Richtung rotiren. Ebenso hat eine Umkehrung der Polarität des Magnets eine Umkehrung der Rotationsrichtung zur Folge.

Fig. 462 stellt einen Apparat dar, mit welchem man die eben besprochene Rotationserscheinung zeigen kann. Eine Metallsäule *dd*, welche unten mit der Klemmschraube *e* verbunden ist, trägt oben ein stählernes Quecksilbernäpfchen, in welches mittelst einer Stahlspitze der kupferne Drahtbügel *abc* eingesetzt ist. Die unteren Enden dieses Drahtbügels tauchen in eine Quecksilberrinne *f*, welche mit der Klemmschraube *h* leitend verbunden ist. Wird nun bei *h* der positive, bei *e* der negative Pol der Säule eingeschraubt, so geht der positive Strom in den Drahtarmen *a* und *c* in die Höhe, dann von beiden Seiten nach *b* und von da durch die Säule *dd* herab.

Fig. 462.

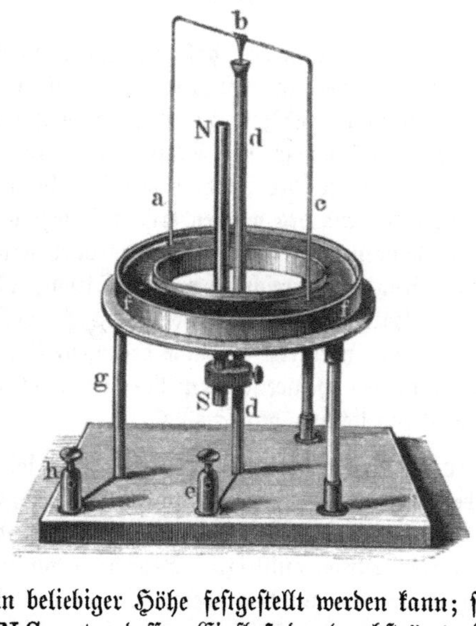

An der Säule *dd* ist eine Fassung angebracht, welche auf- und niedergeschoben werden und in beliebiger Höhe festgestellt werden kann; sie trägt den kräftigen Stahlmagnet *NS*, unter dessen Einfluß der durchströmte Leiter in Rotation geräth.

Auf ähnliche Weise läßt sich auch eine Rotation eines beweglichen Magnets um einen festen Strom hervorbringen; man hat die Apparate, welche zur Hervorbringung solcher Rotationen dienen, auf die mannigfachste Weise abgeändert.

Viertes Capitel.

Inductionserscheinungen.

Induction im Nebendrahte. Ein elektrischer Strom kann im Momente seines Beginnens oder Aufhörens oder auch durch seine Annäherung oder Entfernung in einem anderen benachbarten Leiter gleichfalls elektrische Ströme erzeugen. 240

Diese von Faraday im Jahre 1838 entdeckten Ströme, welche in den Leitern durch eine Art vertheilender Wirkung anderer Ströme hervorgebracht werden, führen den Namen der Inductionsströme. Man könnte sie auch temporäre Ströme nennen, weil sie nur einen Augenblick dauern. Die Inductionsströme lassen sich durch folgende Versuche nachweisen.

Auf eine im Lichten 3 bis 4 Centimeter weite Spule *A*, Fig. 462 (a. f. S.), sei in vielen Windungen ein dünner mit Seide übersponnener Kupferdraht aufgewickelt, dessen Enden der Bequemlichkeit wegen mit den Klemmschrauben *a* und *b* versehen sind. In die Höhlung dieser Spirale *A*, welche wir die Nebenspirale nennen wollen, paßt eine zweite, ganz ähnlich construirte Spirale *B*, die Hauptspirale, welche aber gewöhnlich aus weniger Windungen eines dickeren Drahtes besteht. Auch die Drahtenden der Hauptspirale sind mit Klemmschrauben *c* und *d* versehen.

Während nun die Klemmschrauben *a* und *b* der Nebenspirale *A* durch Leitungsdrähte mit einem Multiplicator *M* in Verbindung gesetzt werden, wird die Hauptspirale *B* in den Schließungsbogen eines entsprechenden Rheomotors (etwa eines einfachen Bunsen'schen Bechers, oder einer Säule von zwei Daniell'schen Bechern, oder einer Säule von vier Wollaston'schen Plattenpaaren) gebracht, jedoch so, daß der Strom jeder Zeit leicht geschlossen und wieder unterbrochen werden kann. Es geschieht dies am einfachsten mittelst eines Quecksilbernäpfchens *q*, in welches der von *c* kommende Leitungsdraht beständig eingetaucht bleibt, während der von *p* kommende Draht nach Belieben in *q* eingetaucht und dann wieder aus *q* herausgezogen werden kann.

In dem Momente nun, in welchem die Kette durch Eintauchen des von p kommenden Drahtes in das Quecksilbernäpfchen q geschlossen wird, in dem

Fig. 463.

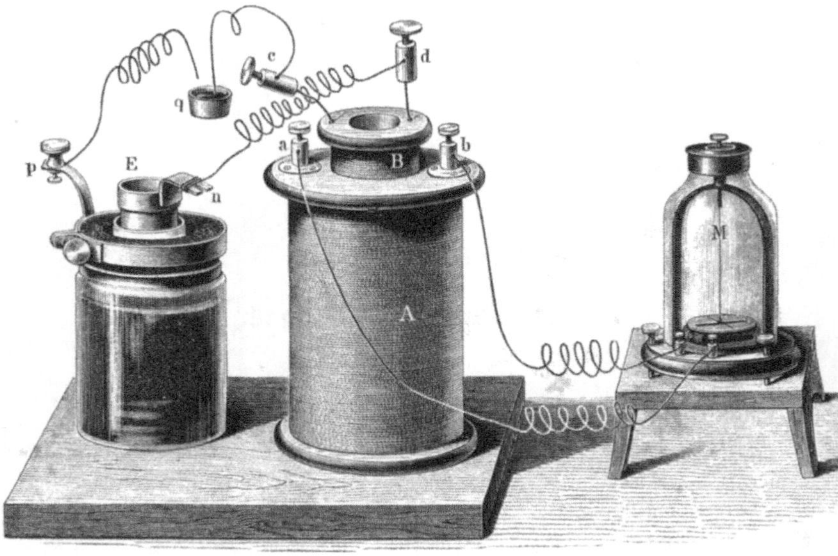

Momente also, in welchem in der Hauptspirale B ein Strom entsteht, erfährt die Nadel des Multiplicators eine Ablenkung, welche anzeigt, daß auch in der Nebenspirale ein Strom entstanden ist. Aus der Richtung, nach welcher die Multiplicatornadel abgelenkt wird, ergiebt sich, daß die Richtung des in der Nebenspirale inducirten Stromes der Richtung des Hauptstromes entgegengesetzt ist.

Läßt man den Hauptstrom geschlossen, so kehrt die Nadel des Multiplicators nach einigen Schwingungen wieder auf den Nullpunkt zurück, woraus hervorgeht, daß die Strombildung im Nebendrahte nur eine momentane war, welche in dem Momente erzeugt wurde, in welchem der Strom in der Hauptspirale zu circuliren begann.

Die Nadel des Multiplicators bleibt nun ruhig, so lange der Hauptstrom die Hauptspirale durchläuft; in dem Momente aber, in welchem derselbe unterbrochen wird, in welchem also der von p kommende Leitungsdraht aus q herausgezogen wird, findet eine abermalige Ablenkung der Multiplicatornadel Statt, deren Richtung der zuerst beobachteten entgegengesetzt ist, welche also anzeigt, daß der jetzt im Nebendrahte hervorgerufene Strom mit dem verschwindenden Strome des Hauptdrahtes gleich gerichtet ist.

Nach Faraday's Ausdruck wird also sowohl beim Entstehen als auch beim Verschwinden des von der Säule herrührenden Stromes im Hauptdrahte ein vorübergehender Strom im Nebendrahte inducirt.

Der im Nebendrahte inducirte Strom ist mit dem Hauptstrome gleich gerichtet im Momente, in welchem dieser Hauptstrom aufhört. Im Momente der Entstehung des Hauptstromes hat der im Nebendrahte inducirte Strom die entgegengesetzte Richtung.

Wenn *p* und *c* sowohl wie *n* und *d* durch genügend lange spiralförmig gewundene Drähte verbunden sind, so kann man, während der Strom die Hauptspirale continuirlich durchläuft, dieselbe nach Belieben in die Nebenspirale einschieben oder herausziehen. Dabei zeigt sich nun, daß das Einschieben der durchströmten Hauptspirale in ähnlicher Weise inducirend auf die Nebenspirale wirkt, wie das Schließen des Hauptstromes, während das Herausziehen der Hauptspirale dem Unterbrechen des Hauptstromes entsprechend wirkt.

Die Inductionsströme sind vorzugsweise durch ihre physiologischen Wirkungen ausgezeichnet, welche besonders stark hervortreten, wenn man dafür sorgt, daß der Hauptstrom in rascher Aufeinanderfolge bald geschlossen und dann wieder geöffnet wird.

Am einfachsten läßt sich dieser Zweck auf folgende Weise erreichen. Die Drahtenden der Nebenspirale *A* sind, wie die schematische Figur 464 andeutet, mit metallenen Handgriffen *h* versehen. Außer der Hauptspirale *B*, welche in die Nebenspirale eingesteckt ist, befindet sich aber noch ein Unterbrechungsrad bei *n* im Schließungsbogen des galvanischen Bechers *g*. Die Einrichtung des Unterbrechungsrades ist aus Fig. 465 zu ersehen. Auf einem Holzklotze stehen zwei Messingpfeiler, welche die metallene Axe eines messingenen Zahnrades *Z* tragen, dessen Zähne etwa so geschnitten sind, wie die Zähne des Steigrades einer gewöhnlichen Pendeluhr. An dem einen Messingpfeiler ist der Kupferdraht *a*

Fig. 464.

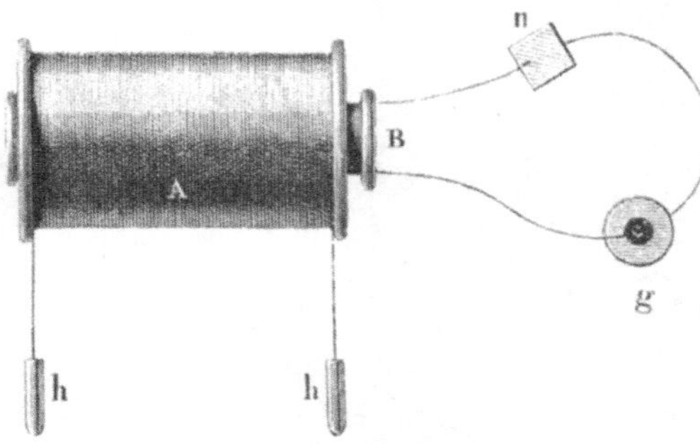

Fig. 465.

befestigt, während ein zweiter Kupferdraht *b* federnd gegen das Rad drückt. Man kann nun leicht diesen Apparat in den Schließungsbogen der Kette einschalten, man braucht nur durch einen Draht das eine Ende der Hauptspirale *B* mit dem einen Pol des Bechers *g* zu verbinden, dann einen Verbindungsdraht vom anderen Pole des Bechers nach der Schraubklemme *d* des Unterbrechungsrades zu führen und endlich eine Drahtverbindung zwischen der Schraubklemme *f* und dem anderen Drahtende der Hauptspirale *B* herzustellen. So oft nun bei Umdrehung des Rades *Z* der federnde Draht *b* von einem Zahne des Rades zum anderen überspringt, erfolgt eine Unterbrechung und ein alsbaldiges Wiederschließen des Stromes.

Faßt nun eine Person die Handgriffe *h* mit angefeuchteten Händen, so empfindet sie eine Reihe rasch auf einander folgender elektrischer Schläge, wenn das Unterbrechungsrad gedreht wird.

Eine andere Unterbrechungsvorrichtung (ein anderes Rheotom) ist der Fig. 466 dargestellte magnetische Hammer.

Fig. 466.

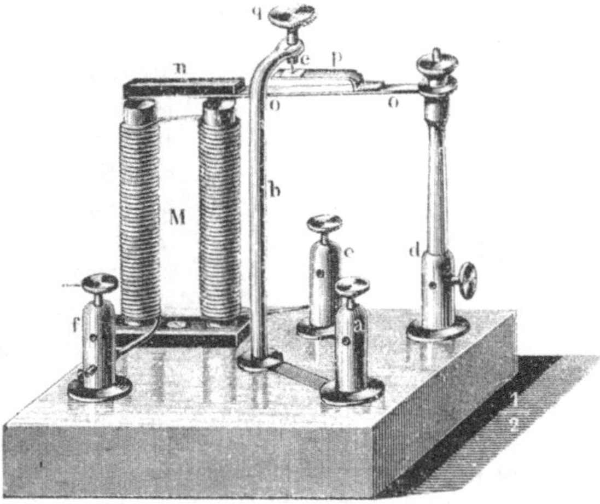

Der eine Poldraht des Rheomotors, etwa der positive, wird in das Messingsäulchen *a*, der andere in *f* eingeschraubt, während das eine Drahtende der Hauptspirale des Inductionsapparates bei *d*, das andere bei *e* eingeschraubt wird. Der Strom geht nun von *a* durch einen in das Holz eingelassenen Messingstreifen zur Messingsäule *b*, dann durch die Platinspitze *c* auf ein Platinplättchen, welches auf die Messingfeder *p* aufgelöthet ist, und dann herab bis *d*, um in die Hauptspirale überzugehen. Aus der Hauptspirale gelangt dann der Strom über das Säulchen *e* in die Windungen des Elektromagnets *M* und aus diesem zum Säulchen *f*, in welches der andere Pol des elektromotorischen Bechers eingeschraubt ist.

Sobald der Strom die Windungen des Elektromagnets *M* durchläuft, wird dessen Eisenkern magnetisch, so daß er den eisernen Anker *n* anzieht, welcher auf dem einen Ende der messingenen Feder *o* befestigt ist; durch das Niederziehen des Ankers *n* wird auch *p* mit seinem Platinplättchen etwas niedergezogen und dadurch die Berührung zwischen diesem Platinplättchen und der Platinspitze *c* aufgehoben, was dann auch eine Unterbrechung des Stromes in der Hauptspirale und in den Windungen des Elektromagnets *M* zur Folge hat.

Mit der Unterbrechung des Stromes verliert auch der Elektromagnet *M* seinen Magnetismus und die Kraft der Feder *o* zieht dann sogleich den Anker *n* wieder in die Höhe, wodurch denn zugleich auch die metallische Berührung bei *c* wieder hergestellt wird und das eben beschriebene Spiel von Neuem beginnt.

Die Unterbrechungen des Stromes folgen sich hier mit solcher Schnelligkeit, daß man die einzelnen Vibrationen der Feder nicht wahrnehmen kann, daß man dagegen ein continuirliches Summen hört, während man an der Spitze bei *c* ein glänzendes, continuirlich erscheinendes Fünkchen beobachtet.

Die Platinspitze *c* ist am unteren Ende einer Schraube angebracht, durch deren Drehung man den Abstand des Ankers *n* von den Polen des Elektromagnets reguliren kann, so daß man es in der Gewalt hat, das Spiel der Unterbrechungen nach Belieben schneller oder langsamer zu machen.

Die physiologischen Effecte der Inductionsspirale lassen sich dadurch bedeutend steigern, daß man in die Höhlung der Hauptspirale einen massiven Eisenstab, noch mehr aber dadurch, daß man in derselben ein Bündel dünner Eisendrähte einlegt.

Die Stärke der Schläge ist durchaus nicht von der Stromstärke abhängig, wie man dies am leichtesten mit Hülfe eines gewöhnlichen Inductionsapparates mit zwei Spiralen, wie Fig. 464, zeigen kann. Wenn man statt des Unterbrechungsrades bei *n* ein Quecksilbernäpfchen in den Schließungsbogen der Hauptspirale, in den Schließungsbogen der Nebenspirale aber einen Multiplicator einschaltet, so erhält man einen Ausschlag der Multiplicatornadel, so oft bei *n* der Hauptstrom geschlossen oder unterbrochen wird. Als bei einem derartigen Versuche ein Bündel dünner Eisendrähte in die Höhlung der Hauptspirale eingeschoben war, betrug die Ablenkung 45°; wurde das Bündel mit einem massiven Eisencylinder vertauscht, so betrug sie 63°. Obgleich aber hier die Stromstärke für den massiven Eisencylinder bedeutend größer war, so erhielt man doch für das Drahtbündel ungleich stärkere Schläge.

Im Allgemeinen ist die Stromstärke der Inductionsströme eine sehr geringe, wie schon daraus hervorgeht, daß man ja den Multiplicator anwenden muß, um eine Ablenkung der Nadel zu erhalten. Daß dessenungeachtet die Inductionsströme so starke Schläge geben, kann jedoch nicht auffallen, wenn man bedenkt, daß der Entladungsschlag der Leydener Flasche, welcher die Nerven so heftig erschüttert, durch einen Multiplicator geleitet doch nur eine sehr schwache Wirkung auf die Nadel ausübt. (Man muß, um dieselbe hervorzubringen, den Entladungsschlag durch Einschaltung einer feuchten Schnur verzögern.) Somit ist klar, daß die Stärke der physiologischen Wirkung überhaupt nicht von der Quantität der Elektricität abhängt, welche durch den Körper hindurchgeht, sondern von der Schnelligkeit, mit welcher die Entladung einer gewissen Elektricitätsmenge vor sich geht.

Daraus kann man nun schließen, daß die Zeitdauer der Inductionsströme eine sehr kurze ist, daß eine, wenn auch geringe Elektricitätsmenge doch sehr schnell durch den Körper hindurch entladen wird. Wenn bei gleicher Stromstärke ein Bündel von Eisendrähten stärkere Schläge giebt als ein massiver Eisenstab, so muß man schließen, daß im ersteren Falle dieselbe Elektricitätsmenge rascher durch den Körper entladen wird als im zweiten.

Nach den kräftigen physiologischen Wirkungen, welche mit Hülfe von Eisendrahtbündeln durch Inductionsapparate hervorgebracht werden, ließ sich erwarten, daß die Inductionsströme bei zweckmäßiger Construction der Apparate eine hinlängliche Intensität erlangen würden, um zwischen den genäherten Drahtenden der nicht geschlossenen Inductionsspirale in Form von Funken überzuspringen.

Sinsteden ist es zuerst gelungen, durch Vermehrung der Drahtwindungen der Inductionsspirale und durch möglichst vollständige Isolirung derselben Funkeninductoren, d. h. solche Inductionsapparate zu construiren, welche elektrische Funken zu liefern im Stande waren. Ruhmkorff hat die Funkeninductoren, welche nach ihm auch Ruhmkorff'sche Apparate genannt werden, so vergrößert und verbessert, daß sie Funken von 40 bis 50 Centimeter Länge liefern, welche die der kräftigsten Elektrisirmaschine weit übertreffen.

Mit Erfolg hat man die Ruhmkorff'schen Apparate zum Entzünden von Minen in Anwendung gebracht.

241 **Der Extrastrom.** Wenn man ein einfaches Plattenpaar durch einen kurzen Draht schließt, so erhält man nur einen schwachen Funken, wenn man die Kette wieder öffnet; einen Schlag erhält man dabei nicht; wendet man aber statt des kurzen einen sehr langen, spiralförmig aufgewundenen Draht an, so sieht man beim Oeffnen der Kette einen ungleich stärkeren Funken überspringen, und wenn man das eine Drahtende in der einen, das andere in der anderen Hand hält, so fühlt man im Momente des Oeffnens einen Schlag.

Um solche Unterbrechungsschläge einer einzigen Spirale in rascher Aufeinanderfolge durch den Körper zu senden, kann man die in Fig. 467 angedeutete Anordnung anwenden. *S* ist die Spirale, *k* der galvanische Becher, *u* ist das Unterbrechungsrad. (Wenn das hier schematisch gezeichnete Unterbrechungsrad auch eine etwas andere Form hat, als das in Fig. 465 dargestellte, so sind doch beide in Gebrauch und Wirkung ganz gleich.) Die Handhaben sind angebracht, wie die Figur zeigt, so daß während der Unterbrechung des Hauptstromes der die Handhaben fassende Körper den Schließungsbogen der Spirale bildet. Diese Erscheinung erklärt sich folgendermaßen:

Wenn die Nebenspirale fehlt, so wirkt jede Windung der Hauptspirale inducirend auf die benachbarten; beim Schließen der Kette wird also in der stromleitenden Spirale selbst ein Strom inducirt, welcher dem entstehenden Hauptstrome entgegengesetzt ist und deshalb gar nicht oder doch nur schwach zur Wirkung kommt. Beim Oeffnen der Kette wird dagegen ein mit dem

Hauptstrome gleich gerichteter Strom inducirt, welchen *Faraday* mit dem Namen *Extrastrom* bezeichnet hat.

Fig. 467.

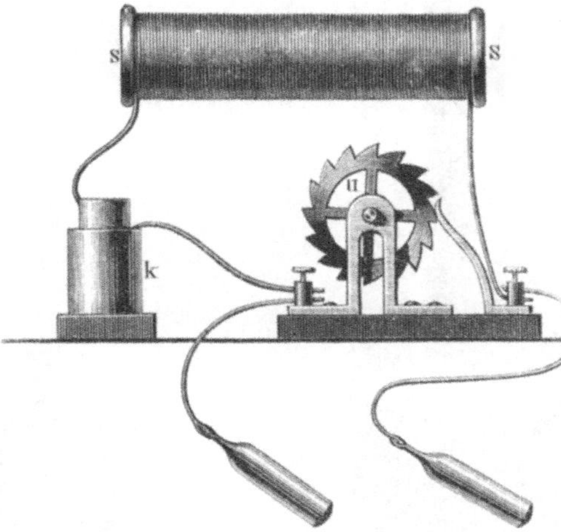

Auch die Schläge des Extrastromes werden wie die des gewöhnlichen Inductionsstromes dadurch *bedeutend* verstärkt, daß man Eisenstäbe oder noch besser Bündel von Eisendraht in die Höhlung der Spirale einlegt.

Man hat die *Extraströme* ebenso wie die in §. 240 besprochenen und in §. 243 noch zu besprechenden Inductionsströme vielfach zu *medicinischen Zwecken* und zu physiologischen Untersuchungen in Anwendung gebracht.

Induction elektrischer Ströme durch Magnete. Wenn 242
man in die Höhlung einer Drahtspirale, deren Enden mit den Drahtenden eines Multiplicators verbunden sind, einen *Magnetstab* NS, Fig. 468 (a. f. S.), einschiebt, so wird die Nadel abgelenkt, um nach einigen Schwingungen wieder auf den Nullpunkt zurückzukehren, wenn man den Magnet ruhig in der Spirale läßt; sobald man ihn aber zurückzieht, erfolgt ein Ausschlag nach der entgegengesetzten Seite.

Es versteht sich von selbst, daß der Multiplicator hinlänglich weit entfernt ist, um nicht direct durch die Bewegung des Magnetstabes afficirt zu werden. Die Richtung des Stromes, welche das Galvanometer bei der Annäherung des Magnets anzeigt, ist der Richtung der Ströme entgegengesetzt, welche nach der *Ampère*'schen Theorie den Magneten umkreisen; der bei der Entfernung des Magnets im Drahte inducirte Strom hat mit diesen Molekularströmen gleiche Richtung.

Man kann den Versuch auch dahin abändern, daß man die Höhlung der Spirale A, Fig. 468, durch einen massiven Kern von weichem Eisen ausfüllt und diesem dann von oben her einen Magnetstab nähert und zurückzieht. Es werden dann durch den in dem Eisenkern abwechselnd entstehenden und verschwindenden Magnetismus Ströme in der Spirale A inducirt.

Selbst durch den Erdmagnetismus können Ströme inducirt werden. Wenn man einen Stab von weichem Eisen, der mit einer Drahtspirale umgeben ist, in

Fig. 468.

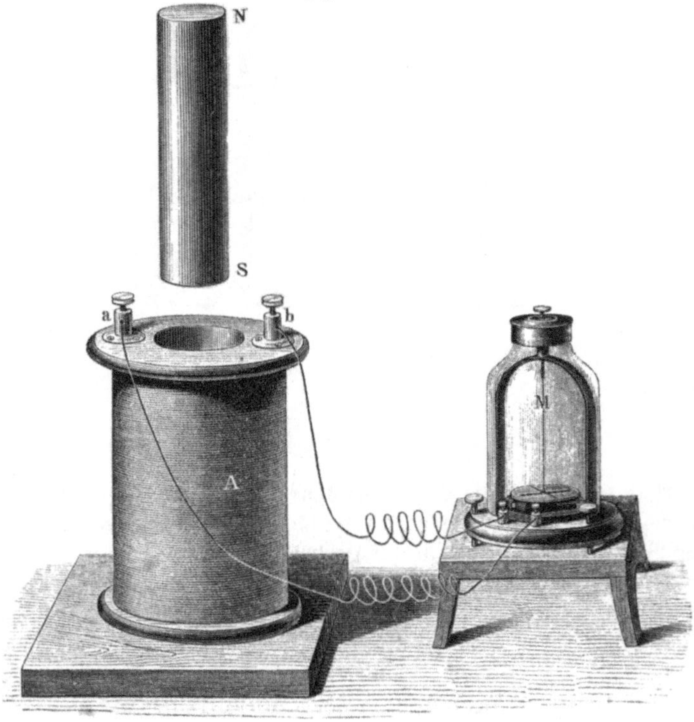

die Richtung der Inclinationsnadel hält, und ihn dann sammt der ihn umgebenden Spirale rasch umdreht, so daß das obere Ende unten, das untere oben hin kommt, so wird in der Spirale ein Strom inducirt.

243 **Magneto-elektrische Rotationsmaschine.** Um auf bequeme Weise mit den durch Magnete inducirten Strömen Versuche anstellen zu können, hat man besondere Maschinen construirt, welche den Namen der magneto-elektrischen Rotationsmaschinen führen. Fig. 469 stellt eine solche dar.

Ein aus mehreren Lamellen zusammengesetzter Hufeisenmagnet liegt wagerecht. In der Mitte zwischen den beiden Schenkeln desselben ist die Rotationsaxe angebracht, um welche sich die Inductionsspiralen drehen. Die Umdrehung dieser Axe wird durch einen Schnurlauf bewirkt, welcher von einer größeren oberhalb befindlichen Drehscheibe über eine kleinere auf der Axe sitzende Rolle geht.

Die beiden Enden dieser eisernen Umdrehungsaxe laufen in Spitzen. Auf der vorderen Hälfte derselben ist eine eiserne Platte befestigt, welche, gegen die

Magnetpole gekehrt, zwei Cylinder von weichem Eisen trägt, auf denen die Inductionsspiralen *R* und *R'* aufgesteckt sind.

Fig. 469.

Wenn nun die Axe mit der Eisenplatte, ihren Eisenkernen und Inductionsspiralen in Rotation versetzt wird, so werden die Eisenkerne mit den Spiralen bald dem einen, bald dem anderen Magnetpole genähert und dann wieder von demselben entfernt, und so muß denn ein ähnlicher Inductionseffect entstehen, wie wir ihn im vorigen Paragraphen kennen lernten.

Es kommt nun darauf an, während der Rotation der Spiralen zwischen den freien Drahtenden derselben stets denjenigen Körper eingeschaltet zu erhalten, durch welchen man die Inductionsströme hindurchsenden will; dies wird durch eine Vorrichtung vermittelt, welche man den Commutator nennt und welche an dem vorderen Theile der Rotationsaxe befestigt ist.

Die Figuren 470 bis 472 stellen den Stöhrer'schen Commutator dar. An beiden Enden des Messingrohres *m* sind zwei halbkreisförmige Stahlkämme 2 und 3 so angelöthet, daß sie sich genau gegenüberliegen und die Enden derselben sich etwas überragen. Innerhalb des Rohres *m*, von demselben durch ein

Fig. 470.

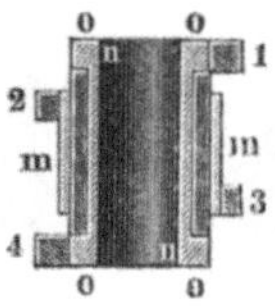

Fig. 471.

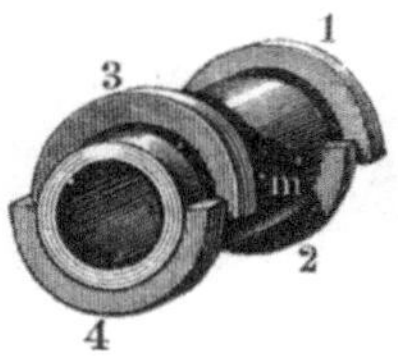

Fig. 472.

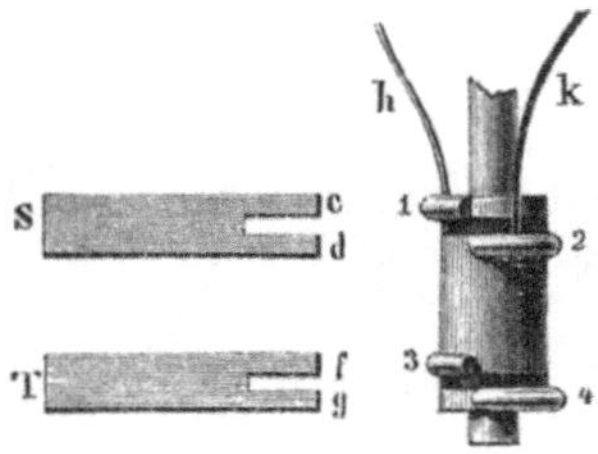

dünnes Buchsbaumrohr getrennt, steckt ein zweites Messingrohr *n*, welches an beiden Enden etwas vorragt. Die Vorsprünge tragen zwei mit dem Rohre *n* aus einem Stück gedrehten Ringe *o* von gleichem Durchmesser mit der Höhlung des Rohres *m*; auf diese Ringe sind die Stahlkämme 1 und 4 den Stahlkämmen 3 und 2 correspondirend aufgelöthet, wie man dies am deutlichsten in Fig. 472 sieht.

Dieses ganze System ist auf der Umdrehungsaxe befestigt.

Das eine Drahtende *k*, Fig. 472, der Spiralen führt zum Kamm 2, das andere Drahtende *h* führt zum Kamm 1.

Zwei flache dünne Stahlfedern sind an dem Gestelle der Maschine so angebracht, daß ihre vorderen geschlitzten Enden die Stahlkämme von oben fest berühren; sie können nach Belieben mittelst einer Schraube mehr oder weniger gespannt werden.

Der leichteren Uebersicht wegen sind in Fig. 472 die beiden Federn etwas von der Walze abgerückt gezeichnet. Die Feder S theilt sich in die Gabeln *c* und *d*; die Feder *T* theilt sich in die Gabeln *f* und *g*.

Mit der Feder *S* ist die Klemmschraube *a*, Fig. 469, mit *T* ist *b* in leitender Verbindung. Zwischen *a* und *b* werden die Körper eingeschaltet, durch welche man die Inductionsströme hindurchsenden will.

In der Stellung, welcher Fig. 472 entspricht, schleift *d* auf 2, *g* auf 4, während *c* und *f* frei sind. Wenn nun aber 2 von *k* die positive Elektricität aufnimmt, während 4 mit dem negativen Drahtende *h* in leitender Verbindung steht, so circulirt der positive Strom in folgender Weise durch den Apparat: Von *k* geht er durch den Kamm 2 und die Gabel *d* zur Klemmschraube *a*, von dieser durch den eingeschalteten Leiter nach *b*, um über *g* und den Kamm 4 zum negativen Drahtende *h* der Spiralen zu gelangen.

Dreht sich nun die Axe für einen vorn stehenden Beschauer wie der Zeiger einer Uhr, so wird alsbald der Kamm 2 die Gabel *d* und der Kamm 4 die Gabel *g* verlassen, während *c* auf 1 und *f* auf 3 zu liegen kommt; der Commutator ist aber so gestellt, daß dieser Wechsel gleichzeitig mit dem Wechsel der Stromrichtung in den Spiralen stattfindet, so daß also in diesem Momente *h* das positive und *k* das negative Drahtende der Spiralen wird; es geht also der positive Strom jetzt von *h* auf 1, von da durch *c* nach *a* u. s. w.; es wird also auch jetzt der positive Strom den zwischen den Klemmschrauben eingeschalteten Körper noch in der Richtung von *a* nach *b* durchlaufen.

Durch den Stöhrer'schen Commutator wird also bewirkt, daß der Inductionsstrom durch den zwischen *a* und *b* eingeschalteten Körper stets in gleicher Richtung hindurchgeht, obgleich die Stromrichtung in den Spiralen mit jeder halben Umdrehung sich ändert.

Während der Rotation der Spiralen nehmen die in ihnen inducirten Ströme allmälig ab und zu; langsam wachsende Ströme bringen aber keine starke physiologische Wirkung, wohl aber alle anderen Wirkungen des galvanischen Stromes hervor.

Schraubt man in die Klemmschrauben *a* und *b* die Drahtenden eines Elektromagnets ein, so wird dieser durch die Inductionsströme erregt; die Nadel einer zwischen *a* und *b* eingeschalteten Tangentenbussole zeigt, da die Ströme stets in gleicher Richtung dieselbe durchlaufen, bei einigermaßen schneller Drehung eine constante Ablenkung. In einem zwischen *a* und *b* eingeschalteten Voltameter findet Wasserzersetzung Statt, und zwar wird das Sauerstoffgas stets an der einen, das Wasserstoffgas stets an der anderen Platte ausgeschieden. Der Strom einer magneto=elektrischen Rotationsmaschine kann, wenn derselbe kräftig genug ist, einen dünnen Metalldraht glühend machen u. s. w.

Will man mit dem Rotationsapparate physiologische Schläge hervorbringen, so muß für eine momentane Unterbrechung des Hauptstromes gesorgt sein. Dies geschieht beim Stöhrer'schen Commutator dadurch, daß die Kämme etwas übereinandergreifen, wie dies in Fig. 471 etwas übertrieben gezeichnet ist. Dadurch wird bewirkt, daß bei jeder halben Umdrehung einmal auf ganz kurze Zeit alle vier Kämme des Commutators an den Federn schleifen, so daß für diese Zeit die Kette direct durch die Federn geschlossen ist und kein Strom durch den Schließungsbogen geht, welcher zwischen den Klemmschrauben *a* und *b* eingeschaltet ist. Dieser also im Apparate selbst zurückkehrende Strom ist ziemlich stark, weil er außer dem Leitungswiderstande in den Spiralen keinen Leitungswiderstand im Schließungsbogen zu überwinden hat, und in dem Augenblicke, wo nun zwei Kämme ihre Federn verlassen, wo also dieser directe Strom unterbrochen wird, entsteht in Folge dieser Stromunterbrechung in den Spiralen ein Extrastrom, welcher in dem zwischen *a* und *b* mittelst Handgriffen eingeschalteten menschlichen Körper einen heftigen Schlag hervorbringt. Diesen Schlag erhält also der Körper zweimal bei jeder Umdrehung der Rotationsaxe.

Die Unterbrechung des im Apparate selbst zurückkehrenden Stromes giebt sich auch durch einen kräftigen an der Unterbrechungsstelle auftretenden Funken zu erkennen.

In Fig. 469 sieht man zwischen den Spiralen und dem Commutator eine hier nicht näher zu besprechende Vorrichtung, mittelst deren man die Spiralen in verschiedener Weise (neben einander oder hinter einander) combiniren kann.

244 **Diamagnetismus.** Nachdem Faraday die Erscheinungen der Inductionsströme entdeckt hatte, gelangte er zu der Ansicht, daß der Hauptdraht auf den Nebendraht eine beständige Wirkung ausüben müsse, daß der Schließungsschlag nur den Uebergang des Drahtes in einen neuen hypothetischen Zustand, der Oeffnungsschlag aber die Rückkehr aus demselben fühlbar mache. Diesen hypothetischen Zustand nannte er den elektrotonischen Zustand; ein solcher Zustand sollte nun nach seiner Ansicht in jedem Körper hervorgerufen werden, der sich in der Nähe einer durchströmten Spirale oder eines Magnets befindet. Nach vielen vergeblichen Versuchen gelang es ihm endlich, eine Reihe hierher gehöriger Erscheinungen aufzufinden.

Fig. 473

Fig. 474.

Führt man einen elektrischen Strom in vielfachen Windungen um eine durchsichtige Flüssigkeit herum, so wird derselben durch diesen Strom ein eigenthümliches Verhalten gegen polarisirte Lichtstrahlen mitgetheilt. Fig. 473 stellt einen Apparat dar, mit welchem man die eben erwähnte Erscheinung beobachten kann; *a* und *b* sind zwei Nichol'sche Prismen, Kalkspathprismen, welche nur ein polarisirtes Bild geben, also die beiden Spiegel des Polarisations-Apparates vertreten. *s* ist eine Magnetisirungsspirale, in deren Höhlung eine an beiden Enden mit Glasplatten geschlossene und mit der zu untersuchenden Flüssigkeit gefüllte Röhre steckt. Man sieht durch die beiden Nichol'schen Prismen und die mit der Flüssigkeit gefüllte Röhre nach der Flamme einer Argand'schen Lampe. Das Ocularnicol *b* wird so gedreht, daß das Gesichtsfeld dunkel ist; läßt man nun einen kräftigen galvanischen Strom durch die Spirale gehen, so erscheint alsbald die Flamme wieder, und man muß das Ocularnicol *b* nach der rechten oder linken Seite drehen, um sie wieder verschwinden zu machen.

Die Polarisationsebene des Strahles wird nach der Richtung gedreht, nach welcher der positive Strom in der Spirale circulirt.

Man muß schon sehr starke Ströme anwenden und die Spirale muß viele Windungen haben, wenn man diese Erscheinung recht deutlich machen will.

Der galvanische Strom, oder ein Elektromagnet, bringt also auch auf nicht magnetische Körper eine continuirliche Wirkung hervor, die zuerst auf optischem Wege nachgewiesen wurde; diese Einwirkung muß aber auch auf undurchsichtige Körper stattfinden, sie muß also auch noch andere als optische Erscheinungen hervorbringen können.

Um diese Wirkung zu zeigen, wird auf jedem Pole des Elektromagnets Fig. 443 ein weiches Eisen von der Form Fig. 474 aufgesetzt, so daß die Spitzen derselben einander zugekehrt sind. Auf das Tischlein *t* setzt man den Glaskasten Fig. 475, welcher in der Mitte eine Glasröhre trägt. In dieser Röhre hängt ein Coconfaden herab, der ein Stäbchen des zu untersuchenden Körpers trägt. Man richtet den Faden so, daß das Stäbchen genau in die Mitte der beiden durch die Halbanker, Fig. 474, gebildeten Pole zu hängen kommt. Sobald nun der Strom durch die Windungen des Elektromagnets geht, wirken die Pole desselben auf das Stäbchen. Ist das Stäbchen von Eisen oder sonst einem magnetischen Körper, so stellt es sich so, daß seine Längenaxe mit der Verbindungslinie der beiden Pole zusammenfällt (axial); solche Stäbchen aber, die aus nicht magnetischen Körpern gebildet sind, stellen sich rechtwinklig zu der Verbindungslinie der beiden Pole (äquatorial).

Fig. 475.

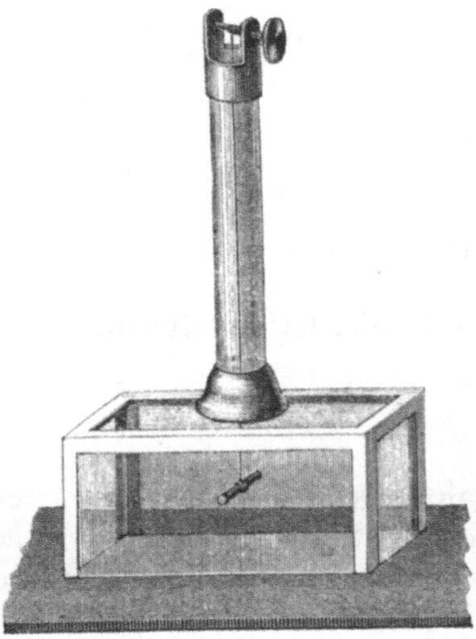

Alle Körper, welche das letztere Verhalten zeigen, nennt Faraday diamagnetische Körper. Sehr wenige magnetische Metalle ausgenommen, sind alle anderen Körper diamagnetische. Besonders stark diamagnetisch ist Wismuth.

Die quere Stellung der diamagnetischen Körper zwischen den Polen des Elektromagnets ist die Folge einer Abstoßung, welche die Magnetpole auf sie äußern. Diese Abstoßung zeigt sich am besten auf folgende Weise: Man stelle die Halbanker Fig. 474 ganz nahe zusammen und hänge an den Faden Fig. 475 statt des Wismuthstäbchens nun ein Wismuthkügelchen, welches man so richtet, daß es gerade zwischen den beiden Polspitzen hängt. Sobald man die Kette schließt, wird das Kügelchen aus seiner Ruhelage getrieben und etwas auf die Seite gestoßen.

Fünftes Capitel.

Thermo-elektrische Ströme und thierische Elektricität.

---

245 **Thermo-elektrische Elemente.** Wenn zwei oder mehrere Stücke verschiedener Metalle so zusammengelöthet sind, daß sie eine geschlossene Kette von beliebiger Form bilden, so entsteht ein mehr oder minder starker Strom, so oft eine der Löthstellen erwärmt wird, während alle übrigen kalt bleiben. Solche durch Temperaturunterschiede erzeugte Ströme werden thermo-elektrische Ströme genannt.

Je zwei zusammengelöthete Stücke verschiedenartiger Metalle wie *W* und *A*, Fig. 476 bilden ein thermo-elektrisches Element. Um dasselbe bequem

Fig. 476.

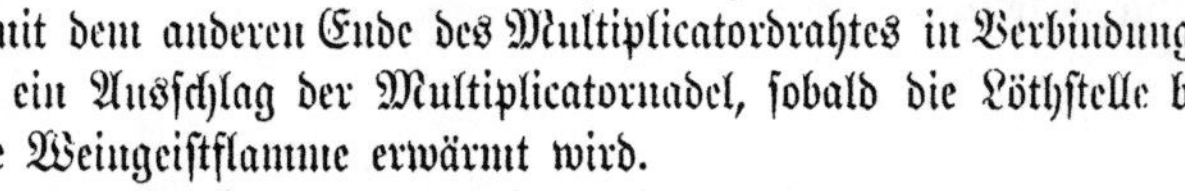

in den Schließungsbogen eines Multiplicators einschalten zu können, ist an jedem Ende des Thermoelementes ein Kupferdraht, also an der einen Seite der Draht *b*, an der anderen der Draht *c* angelöthet. — Ist nun *b* mit dem einen, *c* mit dem anderen Ende des Multiplicatordrahtes in Verbindung gebracht, so erfolgt ein Ausschlag der Multiplicatornadel, sobald die Löthstelle bei 1 etwa durch eine Weingeistflamme erwärmt wird.

Wenn *W* ein Wismuth-, *A* ein Antimonstäbchen ist, so zeigt die Richtung des Nadelausschlages an, daß der positive Strom an der erwärmten Stelle vom Wismuth zum Antimon geht, wie es der kleine Pfeil andeutet. Der positive Strom tritt also vom Antimon aus in den Multiplicator, Antimon bildet also den positiven Pol des Thermoelementes.

Bildet man ein thermo-elektrisches Element aus irgend zweien der Metalle, welche in der folgenden kleinen Tabelle verzeichnet sind, so geht an der erwärmten Löthstelle der positive Strom stets von dem in der Tabelle tiefer stehenden

Metall zu dem höher stehenden, das höher stehende bildet also in dem angegebenen Sinn den positiven Pol des Elementes

+ Antimon	Kupfer
Eisen	Blei
Zink	Platin
Kupfer	— Wismuth.

Die elektromotorische Kraft eines Thermoelementes ist bei gleicher Temperaturdifferenz der Löthstellen um so größer, je weiter die Metalle, aus denen es gebildet ist, in obiger Tabelle, der thermo-elektrischen Spannungsreihe, aus einander stehen. Uebrigens ist die elektromotorische Kraft der Thermoelemente sehr gering im Vergleich zu der hydro-elektrischer Elemente. Die elektromotorische Kraft eines Wismuth-Kupfer-Elementes von der in Fig. 476 dargestellten Construction, dessen Löthstelle 1 um 100 Grad wärmer erhalten wird als die Stellen, an welchen die Drähte *b* und *c* angelöthet sind, ist ungefähr nur $^1/_{200}$ von der elektromotorischen Kraft eines Daniell'schen Bechers.

Thermo-elektrische Säulen. Nach dem Princip der Volta'schen Säule kann man auch mehrere thermo-elektrische Elemente zu einer thermo-elektrischen Säule verbinden. So stellt z. B. Fig. 477 die Verbindung zweier thermo-elektrischer Elemente dar, welche bei 2 zusammengelöthet sind. 246

Fig. 477.

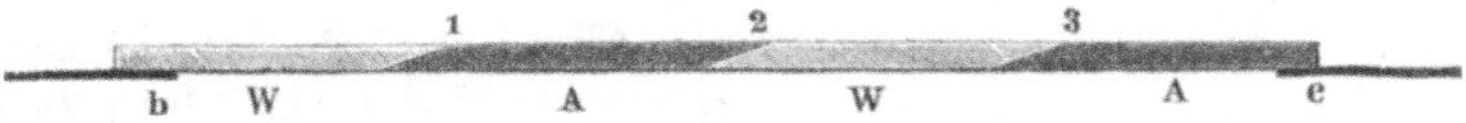

Würden die Löthstellen bei 1 und 2 gleich stark erwärmt, so könnte kein Strom entstehen, weil die durch die Erwärmung bei 2 erregte elektromotorische Kraft der bei 1 erregten gleich und entgegengesetzt ist. Werden aber die Löthstellen 1 und 3 erwärmt, während alles Uebrige kalt bleibt, so wird bei 3 ein Strom von gleicher Stärke und Richtung in Bewegung gesetzt, wie bei 1. Hat man also *n* thermo-elektrische Elemente zu einer Säule verbunden, so hat man nur die Löthstellen 1, 3, 5, 7 u. s. w. zu erwärmen, während 2, 4, 6 u. s. w. kalt bleiben, um eine elektromotorische Kraft zu erregen, welche *n* mal größer als die des einfachen Thermoelementes.

Solche thermo-elektrische Säulen, welche dazu dienen, um in Verbindung mit Multiplicatoren die geringsten Temperaturdifferenzen sichtbar zu machen, hat zuerst Nobili construirt. Fig. 478 stellt eine solche thermo-elektrische Säule dar. Sie ist aus 25 bis 30 Stäbchen von Wismuth und Antimon zusammengesetzt, welche ungefähr 3 bis 4 Centimeter lang sind. Sie sind zusammengelöthet, wie man Fig. 479 sieht, nämlich so, daß alle paarigen Löthstellen auf der einen, alle unpaarigen auf der anderen Seite sich befinden. Die Zwischenräume

Fig. 478.

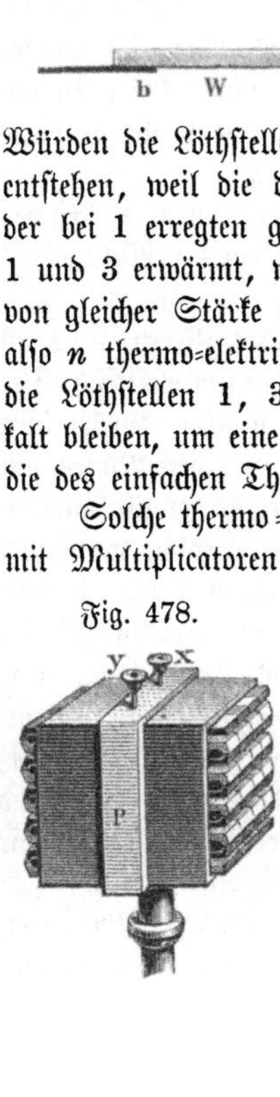

Fig. 479.

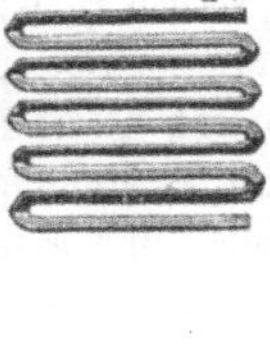

zwischen den einzelnen Stäbchen sind mit einer isolirenden Substanz ausgefüllt und das ganze Bündel ist alsdann mit einer gemeinsamen Fassung umgeben, wie Fig. 478 zeigt. Das eine der beiden Halbelemente endlich, mit denen die Kette endigt, ist mit dem Stifte *x*, das andere mit dem Stifte *y* in Verbindung; diese Stifte bilden also die beiden Pole der Säule, und mit ihnen werden die Enden des Multiplicatordrahtes in Verbindung gebracht.

Wenn die Löthstellen auf der einen Seite nur die geringste Temperaturerhöhung erfahren, so wird die Multiplicatornadel sogleich aus dem magnetischen Meridian abgelenkt.

Mit größeren thermo-elektrischen Säulen lassen sich bei stärkeren Temperaturdifferenzen der beiden Seiten ziemlich starke thermo-elektrische Ströme erzeugen, welche alle Effecte hydro-elektrischer Ströme, wenn auch in sehr schwachem Grade, hervorzubringen im Stande sind.

247 **Thierische Elektricität.** Es ist schon lange bekannt, daß es Fische giebt, welche elektrische Schläge zu geben im Stande sind; unter diesen sind der Zitterrochen und der Zitteraal die ausgezeichnetsten. Der Zitterrochen kommt im Mittelländischen Meere und im Atlantischen Oceane, der Zitteraal aber in den Landseeen Südamerikas vor.

Nimmt man den Zitterrochen aus dem Wasser, so erhält man einen Schlag, wenn man mit der einen Hand den Bauch, mit der anderen den Rücken anfaßt.

Fig. 480.

Wenn sich das Thier im Wasser befindet, so ist eine unmittelbare Berührung desselben zur Ertheilung eines Schlages nicht nöthig.

Das Ertheilen eines elektrischen Schlages liegt ganz in der Willkür des Thieres.

Der Rücken des Zitterrochens ist positiv, der Bauch negativ elektrisch. Der elektrische Strom, welcher durch einen Leitungsdraht geht, der den Rücken mit dem Bauche verbindet, bringt alle Wirkungen anderer elektrischer Ströme, wenn auch zum Theil in schwachem Maße, hervor.

Das Organ, in welchem sich die Elektricität entwickelt, hat bei den verschiedenen elektrischen Fischen im Wesentlichen dieselbe Textur, dasselbe Ansehen, obgleich seine Gestalt, seine Größe und seine Anordnung verschieden sind. Wir wollen nun versuchen, eine Idee von dem Organe des Zitterrochens zu geben, welches am genauesten untersucht worden ist.

Die Fig. 480 stellt einen Zitterrochen von oben gesehen dar, welcher auf der einen Seite geöffnet ist, so daß man das elektrische Organ sieht. Es geht vorn bis dicht an den Vorderrand des Kopfes, seine obere Fläche stößt mittelst einer faserigen Haut an die Haut des Rückens, seine untere an die des Bauches; seine äußere Fläche ruht an dem Knorpel der Seitenflosse, seine innere an der Muskulatur des Kopfes und des vorderen Theiles des Rumpfes. Von oben oder unten gesehen zeigt das elektrische Organ polygonale oder rundliche Abtheilungen, Fig. 481; von der Seite aber sieht man parallele Streifen, wie Fig. 482 zeigt. Das ganze Organ besteht aus einer Menge polygonaler oder rundlicher Säulchen, deren Axe die Richtung vom Bauche zum Rücken hat. Die Randbegränzung jeder Säule bildet eine etwas dichtere, sehnichte Membran, welche, wie es scheint, dieselben Dienste leistet wie die Glasstäbe, zwischen welchen die galvanische Säule aufgebaut wird. Jedes Säulchen besteht aus einer Menge auf einander geschichteter feiner Blättchen. Diese kleinen, bald ebenen, bald gebogenen Blättchen sind durch sehr klebrige Schleimschichten von einander getrennt, und somit bieten diese Säulchen in ihrer Construction eine große Aehnlichkeit mit einer aufgebauten Volta'schen Säule dar.

Fig. 481.

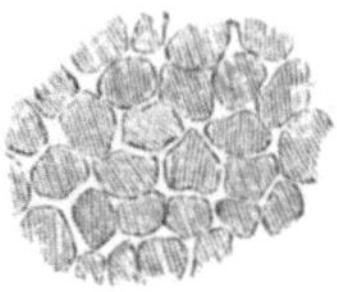

Fig. 482.

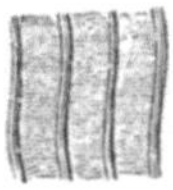

Man zählt bei dem Zitterrochen gewöhnlich 400 bis 500 solcher Säulchen auf jeder Seite desselben.

Bei dem Zitteraale, Fig. 483, liegt das elektrische Organ in dem sehr langen Schwanze. Bei diesem Thiere nämlich liegt der After so weit nach vorn, daß der Schwanz des Gymnotus fast $4^1/_2$ mal so lang ist als Kopf und Rumpf zusammengenommen; das elektrische Organ liegt fast der ganzen Länge des

Fig 483.

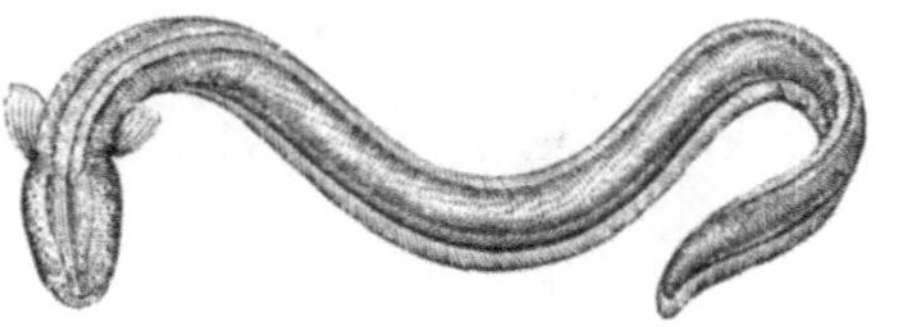

Schwanzes nach auf jeder Seite und unterhalb desselben, so daß der elektrische Apparat dieses Thieres eine bedeutende Ausdehnung hat, woher es denn auch kommt, daß der Zitteraal so außerordentlich starke Schläge ertheilen kann.

Bei dem Gymnotus stehen die Säulchen, welche das elektrische Organ bilden, nicht senkrecht wie beim Zitterrochen, sondern sie laufen in der Richtung des Schwanzes fort, so daß die Scheibchen, aus denen sie bestehen, senkrecht stehen; daher kommt es denn auch, daß beim Zitteraale der positive Strom in der Richtung vom Kopfe nach dem Schwanze, also nicht wie beim Zitterrochen vom Rücken zum Bauche geht.

Im thierischen Organismus sind jedoch auch elektrische Ströme nachgewiesen worden, welche nicht durch besondere elektrische Organe hervorgebracht werden. Nobili hat gefunden, daß, wenn man mit dem einen Drahtende eines empfindlichen Multiplicators den Kopf, mit dem anderen Drahtende die Füße eines lebenden oder frisch getödteten Frosches berührt, ein Strom vom Kopfe nach den Füßen geht; ebenso läßt sich ein Strom nachweisen, wenn man in den Muskel irgend eines Thieres einschneidet und den äußeren Muskel mit der Schnittfläche durch den Multiplicatordraht verbindet.

Du Bois-Reymond hat die Gesetze des Muskelstromes näher untersucht und auch ähnliche Stromwirkungen an den Nerven nachgewiesen.

Fünftes Buch.

Von der Wärme.

Erstes Capitel.

Ausdehnung.

Wirkungen der Wärme. Unser Gefühlsvermögen unterscheidet verschiedene Zustände an den Körpern, die wir mit heiß, warm, kalt u. s. w. bezeichnen. Wenn ein Körper, den wir kalt nennen, warm wird, wenn er heiß wird, so nimmt er auch an Volumen zu, er dehnt sich aus. 248

Die vorerst unbekannte Ursache, welche diese Ausdehnung der Körper bewirkt und welche zugleich die verschiedenen eben erwähnten Empfindungen unseres Gefühlsvermögens veranlaßt, nennt man Wärme.

Die Wärme bewirkt nicht allein eine Ausdehnung der Körper, sondern sie ist auch im Stande, die Aggregatzustände der Körper zu verändern, sie bewirkt die Schmelzung fester und die Verdampfung flüssiger Körper. Wir wollen nun im Folgenden die Gesetze dieser Erscheinungen näher betrachten.

Das Thermometer. Da alle Körper durch die Wärme ausgedehnt 249
werden, und da das Volumen eines Körpers von dem Grade seiner Erwärmung abhängt, so kann die Ausdehnung eines Körpers dazu dienen, um den Grad seiner Erwärmung, seine Temperatur, zu messen. Die Instrumente, welche man anwendet, um die Temperatur zu bestimmen, nennt man Thermometer.

Fig. 484 (a. f. S.) stellt ein Quecksilberthermometer dar. An dem unteren Ende einer engen Glasröhre befindet sich ein kugelförmiges oder cylindrisches Gefäß; dies Gefäß und ein Theil der Röhre sind mit Quecksilber gefüllt. Durch Erwärmung vermehrt sich das Volumen des Quecksilbers, es steigt in der Röhre, und man sagt, die Temperatur sei erhöht worden. Wenn die Kugel erkaltet, vermindert sich das Volumen des Quecksilbers wieder, das Quecksilber sinkt in der Röhre, und man sagt, die Temperatur sei gefallen.

Bei gleicher Temperatur nimmt der Gipfel der Quecksilbersäule auch stets dieselbe Stelle in der Röhre ein. Wenn man ein anderes, größeres oder kleineres Thermometer mit dem ersteren vergleicht, so werden beide mit einander steigen und fallen, aber die absolute Größe des Steigens und Fallens kann doch sehr verschieden sein. Wenn z. B. die beiden Gefäße gleich sind, aber die eine Röhre einen zehnmal größeren Querschnitt als die andere hat, so würde bei gleicher Temperaturerhöhung das Quecksilber in der engen Röhre zehnmal so hoch steigen als in der anderen.

Um ein Thermometer zu machen, wird an eine enge, ihrer ganzen Länge nach gleich weite Glasröhre ein Gefäß *t*, Fig. 485, angeblasen und oben ein weiteres mit einem offenen Röhrchen endigendes Gefäß *h* angelöthet. Um den ganzen Apparat mit Quecksilber zu füllen, werden zunächst *h* und *t* über der Weingeistlampe erwärmt und dadurch die Luft, welche sie enthalten, ausgedehnt. Kehrt man nun die ganze Vorrichtung um, die Spitze von *h* in ein Gefäß mit Quecksilber tauchend, so wird beim Erkalten von *h* und *t* die in ihnen enthaltene Luft sich zusammenziehen und das Gefäß *h* wird sich zum Theil mit Quecksilber füllen. — Nun wird der Apparat wieder in aufrechte Stellung gebracht und *t* abermals erwärmt, um die in ihm noch enthaltene Luft theilweise auszutreiben, welche in Form von Bläschen durch das Quecksilber in *h* entweicht. Beim Erkalten füllt sich dann ein Theil des Gefäßes *t* mit Quecksilber, welches aus *h* herabsteigt, um den Raum der ausgetriebenen Luft einzunehmen. Bei abermaliger Erwärmung des Gefäßes *t* wird von Neuem ein Theil der eingeschlossenen Luft ausgetrieben, die Erwärmung wird aber jetzt so weit fortgesetzt, bis das Quecksilber in *t* ins Kochen kommt, und nun nehmen die mit Heftigkeit entweichenden Dämpfe des Quecksilbers die noch übrige Luft vollständig mit fort. Beim Erkalten verdichten sich die Dämpfe in *t*, und aus *h* sinkt nun das Quecksilber herab, um *t* vollständig auszufüllen.

Fig. 484.

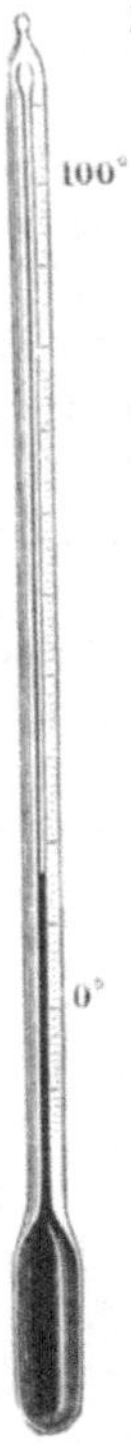

Fig. 485.

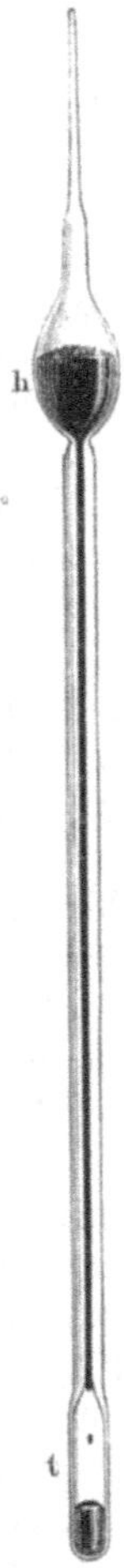

Ist auf diese Weise das Gefäß *t* sammt der Röhre mit Quecksilber gefüllt und der Apparat vollständig erkaltet, so wird das überflüssige Quecksilber aus *h* entfernt und dann die Röhre dicht unter diesem Gefäße vor der Glasbläserlampe zu einer feinen Spitze ausgezogen.

Alsdann wird die Quecksilbermenge im Thermometer **regulirt**, d. h. man setzt das Gefäß des Thermometers einer Temperatur aus, welche etwas höher ist als die höchste Gränze, für welche das Instrument gebraucht werden soll. Will man z. B. ein Thermometer machen, welches bis zum Siedepunkt des Wassers geht, so steckt man es in eine siedende gesättigte Lösung von Kochsalz. In Folge der steigenden Wärme tritt das Quecksilbe tropfenweise aus der feinen Spitze der Röhre aus; wenn dieses Austreten von Quecksilbertröpfchen aufgehört hat, wenn also die ganze Quecksilbermasse im Gefäß die Temperatur der umgebenden siedenden Flüssigkeit erlangt hat, wird das Rohr durch Zuschmelzen der feinen Spitze geschlossen.

Um das Thermometer zu vollenden, muß es noch graduirt werden, was dadurch geschieht, daß man zwei fixe Punkte auf der Röhre markirt und den Zwischenraum (den Fundamentalabstand) in gleiche Theile theilt. Für die festen Punkte nimmt man in der Regel den Gefrierpunkt und den Siedepunkt des Wassers. Um den Gefrierpunkt zu bestimmen, steckt man die Thermometerkugel und die Röhre, soweit das Quecksilber in derselben reicht, in ein Gefäß mit fein zerstoßenem Eise oder Schnee, Fig. 486. Wenn die Temperatur der umgebenden Luft höher ist als der Gefrierpunkt, so schmilzt das Eis, und die ganze Masse nimmt die fixe Temperatur des Gefrierpunktes an. Bald nimmt auch das Thermometer diese Temperatur an und bleibt von dem Augenblicke an vollkommen stationär, und man hat nur mit Genauigkeit den Punkt der Röhre zu markiren, wo gerade der Gipfel der Quecksilbersäule steht. Man bezeichnet diesen Punkt entweder mit Tusch oder mit einem Diamant.

Fig. 486.

Fig. 487.

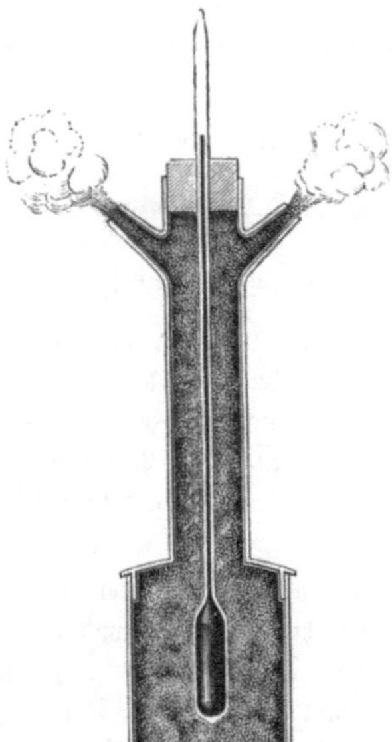

Um den Siedepunkt zu bestimmen, bringt man das Thermometer in ein Gefäß mit langem Halse, Fig. 487, in welchem man destillirtes Wasser zum Kochen bringt; nachdem es einige Zeit gekocht hat, sind alle Theile des Gefäßes gleichmäßig erwärmt, und der Dampf entweicht durch die Seitenöffnungen; das Thermometer ist alsdann allenthalben von Dampf umgeben, dessen Temperatur dieselbe ist wie die der obersten Wasserschicht. Das Quecksilber steigt bald bis zu einem Punkte, auf dem es fest stehen bleibt und den es nicht überschreitet. Man bezeichnet diesen Punkt wie den Gefrierpunkt.

Der Zwischenraum zwischen dem Gefrierpunkte und dem Siedepunkte heißt der Fundamentalabstand. Beim Réaumur'schen Thermometer wird der Fundamentalabstand in 80 gleiche Theile getheilt.

Der Gefrierpunkt ist der Nullpunkt der Scala, welche in gleicher Weise, wie oberhalb des Siedepunktes, auch unterhalb des Nullpunktes fortgesetzt wird. Die Grade unter 0 werden durch — bezeichnet.

Man kann Quecksilberthermometer construiren, welche bis zu 270° R. gehen; weiter aber kann man nicht gehen, weil man sonst dem Siedepunkte des Quecksilbers (320°) zu nahe kommt. Unter Null sind die Angaben des Quecksilberthermometers richtig bis gegen — 26°. Bei noch geringerer Temperatur kommt man dem Gefrierpunkte des Quecksilbers (— 32°) zu nahe. In der Nähe der Temperaturen nämlich, bei welchen die Körper ihren Aggregatzustand ändern, ist ihre Ausdehnung nicht mehr regelmäßig.

Nicht bei allen Thermometern ist der Fundamentalabstand in 80 Grade getheilt. In Deutschland und Frankreich ist das Réaumur'sche Thermometer noch sehr verbreitet, obgleich man sich bei wissenschaftlichen Untersuchungen jetzt fast ausschließlich des von Celsius zuerst angegebenen hunderttheiligen Thermometers bedient, bei welchem der Fundamentalabstand in 100 gleiche Theile getheilt ist. Es ist jedoch leicht, Celsius'sche Grade auf Réaumur'sche zu reduciren, und umgekehrt; denn da

$$100^0 \text{ C} = 80^0 \text{ R.},$$

so ist

$$1^0 \text{ C.} = 0{,}8^0 \text{ R.}$$

und

$$1^0 \text{ R.} = 1{,}25^0 \text{ C.}$$

Es sind demnach x^0 C. $= x \,.\, 0{,}8^0$ R. und n^0 R. $= n \,.\, 1{,}25^0$ C. Man kann dies in Worten so ausdrücken: Um Réaumur'sche Grade in Celsius'sche zu verwandeln, multiplicirt man die Zahl der Réaumur'schen Grade mit 1,25 oder mit $^5/_4$. Will man umgekehrt Celsius'sche Grade in Réaumur'sche verwandeln, so multiplicirt man die gegebene Gradzahl mit 0,8 oder, was dasselbe ist, mit $^4/_5$.

In England bedient man sich ausschließlich der Fahrenheit'schen Scala, deren Nullpunkt nicht mit dem der beiden eben erwähnten zusammenfällt. Der Nullpunkt des Fahrenheit'schen Thermometers trifft mit dem Theilstriche — $17^7/_9$ der Celsius'schen Scala zusammen. Der Schmelzpunkt des Eises ist auf derselben mit 32, der Siedepunkt des Wassers mit 212 bezeichnet, so daß also der Zwischenraum zwischen dem Gefrierpunkte und dem Siedepunkte des Wassers hier in 180 Grade getheilt ist. Es sind also dem absoluten Werthe nach

$$180^0 \text{ F.} = 100^0 \text{ C.},$$

mithin

$$1^0 \text{ F.} = {}^5/_9{}^0 \text{ C.}$$

und

$$1^0 \text{ C.} = {}^9/_5{}^0 \text{ F.}$$

Um jedoch die Angaben des einen dieser Thermometer auf die des anderen zu reduciren, hat man noch zu berücksichtigen, daß die Nullpunkte derselben nicht zusammenfallen. Will man Fahrenheit'sche Grade in Celsius'sche verwandeln, so hat man von der gegebenen Gradzahl 32 abzuziehen und den Rest mit $^5/_9$ zu multipliciren. Es sind demnach

$$x^0 \text{ F.} = (x - 32)\ ^5/_9{}^0 \text{ C.}$$

Will man Celsius'sche Grade in Fahrenheit'sche verwandeln, so multiplicirt man mit $^9/_5$ und addirt zum Product 32. Es sind demnach

$$y^0 \text{ C.} = (y \cdot {}^9/_5 + 32^0) \text{ F.}$$

Zur leichteren Vergleichung der verschiedenen Scalen mag folgende Tabelle dienen.

Celsius.	Réaumur.	Fahrenheit.
— 20	— 16	— 4
— 10	— 8	+ 14
0	0	32
+ 10	+ 8	50
20	16	68
30	24	86
40	32	104
50	40	122
60	48	140
70	56	158
80	64	176
90	72	194
100	80	212

Außer dem Quecksilber, welches sich wegen seines niedrigen Gefrierpunktes und seines hohen Siedepunktes ganz besonders als thermometrische Flüssigkeit eignet, hat man auch noch gefärbten Weingeist zur Construction von Thermometern benutzt, welche namentlich zur Messung sehr niedriger Temperaturen geeignet sind. Das Wasser kann nicht als thermometrische Flüssigkeit benutzt werden, weil sein Gefrierpunkt zu hoch und weil, wie wir in §. 252 sehen werden, seine Ausdehnung höchst ungleichförmig ist.

Lineare Ausdehnung fester Körper. Weil die Ausdehnung 250 fester Körper durch die Wärme sehr gering ist, so muß man auf Mittel sinnen, durch welche sie dem Auge vergrößert wird. Dies geschieht z. B. beim Hebelpyrometer, Fig. 488 (a. f. S.) Die Stange *t*, deren Ausdehnung man beobachten will, steht mit ihrem einen Ende bei *v* gegen eine feste Widerlage an; das andere Ende des Stabes aber stößt gegen den kürzeren Arm *k* eines Winkelhebels an, dessen längerer Arm *l* auf eine Scala bei *s* zeigt. Wenn die Stange *t*, welche auf zwei passend angebrachten Stützen frei aufliegt, erwärmt wird, so sieht man das Ende des langen Hebels *l* an der Scala *s* in die Höhe gehen.

Wenn es sich nur darum handelt, die Ausdehnung fester Körper durch die Wärme *sichtbar* zu machen, so kann die Erwärmung der Stange *t* durch

Fig. 488.

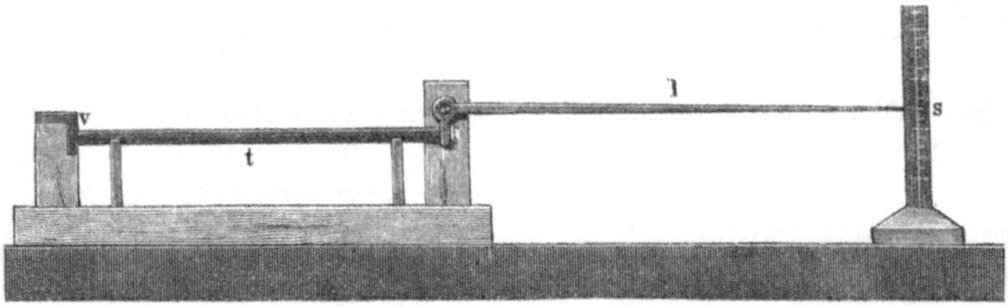

untergesetzte Gas- oder Weingeistlampen bewerkstelligt werden. Wird dagegen die *Messung* der Ausdehnung für eine bestimmte Temperaturerhöhung beabsichtigt, so muß der Apparat so eingerichtet sein, daß sich der Stab in einem mit Wasser oder Oel gefüllten Troge befindet, dessen Temperatur auf einen mit dem Thermometer zu bestimmenden Grad erhöht wird.

Mit Apparaten, welchen im Wesentlichen das eben besprochene Princip zu Grunde liegt, hat man folgende Resultate ermittelt.

Für eine Temperaturerhöhung von 0 bis 100° C. dehnt sich aus:

Platin	um	0,00086	oder	$^1/_{1167}$
Glas	„	0,00087	„	$^1/_{1147}$
Stahl, gehärtet . . .	„	0,00126	„	$^1/_{807}$
Eisen	„	0,00122	„	$^1/_{819}$
Kupfer	„	0,00171	„	$^1/_{584}$
Messing	„	0,00188	„	$^1/_{531}$
Blei	„	0,00285	„	$^1/_{351}$
Zink	„	0,00294	„	$^1/_{340}$

seiner Länge. Ein Stahlstab also, welcher bei 0° eine Länge von 807 Linien hat, wird bei 100° eine Länge von 808 Linien haben; ein Zinkstab von nur 340 Linien Länge wird sich aber bei einer Temperaturerhöhung von 0 bis 100° ebenfalls schon um 1 Linie ausdehnen. Unter allen oben angeführten Körpern dehnt sich Platin am wenigsten, Zink am stärksten aus.

Zwischen 0 und 100° dehnen sich fast alle festen Körper gleichmäßig aus, d. h. ihre Ausdehnung ist der Temperaturerhöhung proportional. Bei einer Temperaturerhöhung von 0 bis 10° dehnt sich also das Kupfer um 0,000171, bei einer Temperaturerhöhung von 0 bis 1° dehnt es sich um 0,0000171 seiner Länge aus.

Die Zahl, welche ausdrückt, um den wievielsten Theil seiner Länge bei 0° sich ein fester Körper bei einer Temperaturerhöhung von 0 bis 1° ausdehnt, heißt der *Coëfficient der Längenausdehnung*. Man hat nur die in der obigen Tabelle enthaltenen Zahlen durch 100 zu dividiren, um den *Coëfficienten der Längenausdehnung* für Platin, Glas, Stahl u. s. w. zu erhalten.

Bezeichnen wir die Länge eines Körpers bei 0° C. mit L_o, den Ausdehnungscoëfficienten der Substanz, aus welcher er besteht, mit a, so haben wir für die Länge L_t, welche er bei t^0 Celsius einnehmen wird:

Fig. 489.

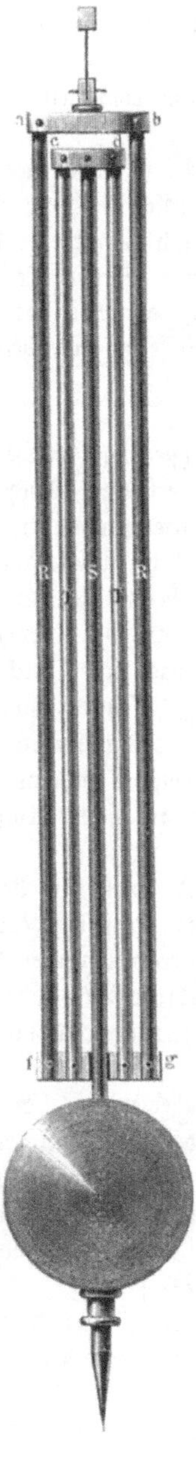

$$L_t = L_o (1 + at).$$

Mannigfache praktische Anwendungen, welche man von der Ausdehnung fester Körper durch die Wärme macht, wollen wir hier bloß andeuten.

Da alle Körper sich durch die Wärme ausdehnen, so wird ein aus einer einfachen Stange gebildetes Pendel bei höherer Temperatur länger sein als bei niedriger, es wird im Sommer langsamer schwingen als im Winter, und wenn ein solches Pendel zur Regulirung einer Uhr angewandt wird, so ist der Gang der Uhr von der Temperatur abhängig. Bei den Compensationspendeln (Rostpendeln) ist dieser nachtheilige Einfluß der Ausdehnung durch die Combination von Stangen verschiedener Metalle vermieden. Fig. 489 stellt ein Compensationspendel dar. An einem kurzen Stück einer Stahlfeder, mittelst dessen das ganze Pendel aufgehängt ist, ist das horizontale Querstäbchen ab befestigt, welches die beiden mit R bezeichneten Eisenstäbe trägt. Unten sind die beiden Stäbe R durch den horizontalen die beiden Zinkstäbe T tragenden Querstab fg verbunden. Auf dem oberen Ende der Zinkstäbe T ist ferner das Querstäbchen cd befestigt, an welchem endlich der Eisenstab S hängt, welcher frei durch eine Höhlung des Querstabes fg hindurchgehend die Pendellinse trägt. Durch eine thermische Verlängerung der Eisenstäbe R wird das Querstück fg gesenkt und dadurch ebenso wie durch die Verlängerung von S die Pendellänge vergrößert, während durch die Verlängerung der Zinkstäbe T das Querstäbchen cd gehoben und also das Pendel verkürzt wird. Die Gesammtlänge des Pendels ist offenbar

$$L = R + S - T.$$

Bei einer Temperaturerhöhung von t Graden wird die Länge des Pendels:

$$L_t = (R + S)(1 + 0{,}0000122\,t) - T(1 + 0{,}0000294\,t).$$

Es ist aber $L = L_t$, wenn

$$(R + S)\,0{,}0000122\,t = T \,.\, 0{,}0000294\,t,$$

wenn also

$$R + S = \frac{294}{122} T,$$

d. h. wenn die Länge des Eisenstabes S und eines der Eisenstäbe R zusammen sich zu der Länge eines der Zinkstäbe T umgekehrt verhält wie der Ausdehnungscoëfficient des Eisens zu dem des Zinks.

Compensationspendel aus Eisen- und Messingstäben sind complicirter; sie bestehen aus 5 Eisen- und 4 Messingstäben.

Wenn ein Körper durch Erwärmung ausgedehnt wird, so findet dies mit großer Kraft Statt, d. h. es können sehr bedeutende Hindernisse, welche der Ausdehnung entgegenstehen, überwunden werden. Ebenso zieht sich ein Körper beim Erkalten mit großer Kraft zusammen. Legt man einen heißen eisernen Reif um ein Rad, so daß er eben paßt, so wird nach der Erkaltung der Reif das Rad so fest zusammenhalten, wie man es auf keine andere Weise zu erreichen im Stande wäre.

251 **Die cubische Ausdehnung** ist die Vergrößerung, welche das Volumen eines Körpers durch die Temperaturerhöhung erleidet. Auch hier wird das Volumen des Körpers bei 0° zum Ausgangspunkte genommen, und unter dem Ausdehnungscoefficienten versteht man hier die Zahl, welche angiebt, um den wievielsten Theil seines ursprünglichen Volumens bei 0° sich ein Körper ausdehnt, wenn man ihn um 1° erwärmt. Wenn man sagt, der Ausdehnungscoefficient des Quecksilbers sei 0,00018, so heißt das, das Quecksilber dehnt sich bei einer Temperaturerhöhung von 1° um $^{18}/_{100000}$. seines Volumens bei 0° aus. Kennt man den Ausdehnungscoefficienten und das Volumen eines Körpers bei 0°, so kann man sein Volumen für eine beliebige Temperatur berechnen, vorausgesetzt, daß die Ausdehnung des Körpers bis zu dieser Temperatur regelmäßig ist.

Bei tropfbar-flüssigen und gasförmigen Körpern wird durch den Versuch unmittelbar die körperliche Ausdehnung bestimmt, während bei festen Körpern die körperliche Ausdehnung aus der beobachteten linearen berechnet werden kann.

Der Ausdehnungscoëfficient für die körperliche Ausdehnung fester Körper ist dreimal so groß als der Ausdehnungscoëfficient für lineare Ausdehnung.

Man kann sich davon durch folgende Schlußweise überzeugen. Es sei l die Seite eines Würfels bei 0°, so ist l^3 das Volumen desselben, welches wir mit v bezeichnen wollen; wenn nun der Würfel bis auf 100° erwärmt wird, so ist jede Seite $l\,(1 + a)$, wenn a den 100fachen Werth des Coefficienten für die Längenausdehnung bezeichnet, mithin ist jetzt der Inhalt des Würfels:

$$v' = l^3\,(1 + a)^3 = l^3\,(1 + 3\,a + 3\,a^2 + a^3).$$

Da aber a eine sehr kleine Größe ist, so kann man die höheren Potenzen derselben vernachlässigen, und der Werth von v' reducirt sich demnach auf

$$v' = l^3\,(1 + 3\,a) = v\,(1 + 3\,a).$$

Bei einer Temperaturerhöhung von 100° ist also das Volumen v um $3\,av$ gewachsen, der Ausdehnungscoëfficient für das Volumen ist also $\frac{3a}{100}$, während $\frac{a}{100}$ der Längenausdehnungscoëfficient ist.

Wir wollen versuchen, dies noch auf geometrischem Wege anschaulich zu machen.

Es sei *abc*, Fig. 490, ein aus irgend einem festen Körper gebildeter Würfel bei 0°. Wenn nun dieser Würfel bei einer Temperaturerhöhung

Fig. 490.

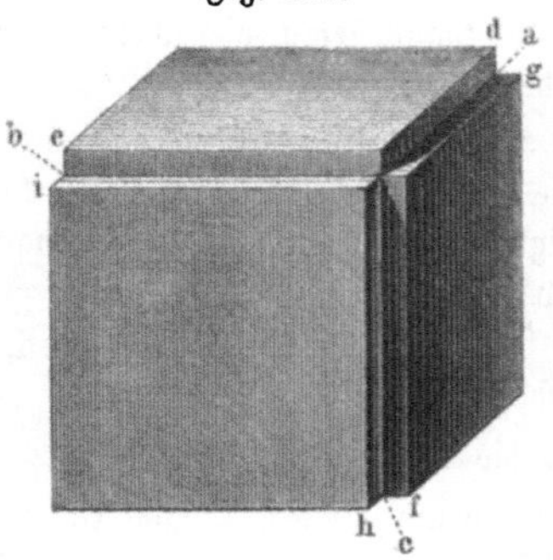

von 100° sich nur nach oben ausdehnte, so würde sein Volumen um die quadratische Platte *adeb* zunehmen, deren Inhalt *va* ist, wenn *v* das Volumen des ursprünglichen Würfels ist und *a* die obige Bedeutung hat. Wenn sich der Würfel nur nach der rechten Seite hin ausdehnte, so würde er hier um eine eben so große Platte *agfc* wachsen; und eine dritte Platte *chib* endlich, deren Inhalt gleichfalls *av* ist, wird das Resultat der Ausdehnung des Körpers nach vorn sein. Der cubische Inhalt dieser drei Platten zusammen ist also 3 *av*. Zur Vollendung des durch die Wärme vergrößerten Würfels müßte freilich noch der Inhalt der Ecken hinzuaddirt werden, welche da einzupassen sind, wo je zwei der eben betrachteten Platten mit einer Kante zusammentreffen; allein die Größe derselben ist so unbedeutend, daß sie vernachlässigt werden kann, da ja die Größe der linearen Ausdehnung *be* sehr klein ist im Vergleich zu der Länge der Seiten des ursprünglichen Würfels, und man kann also 3 *av* ohne merklichen Fehler für die ganze Zunahme des Volumens annehmen.

Der Coëfficient für die Längenausdehnung des Glases z. B. ist 0,0000087; bei einer Temperaturerhöhung von 0 bis 100° wird demnach eine Glasmasse um 3 . 0,00087 = 0,00261 ihres Volumens zunehmen; dasselbe gilt natürlich auch vom Inhalte eines Glasgefäßes. Wenn ein Glasgefäß bei 0° gerade 1000 Cubikcentimeter faßt, so wird sein Inhalt bei 100° bis auf 1002,61 Cubikcentimeter gewachsen sein.

Ausdehnung der Flüssigkeiten. Um die Ausdehnung verschie- 252
dener flüssiger Körper zu bestimmen, kann man den Apparat Fig 491 (a. f. S.) anwenden. Der Hals dieses Glasgefäßes von 3 bis 4^{cm} Durchmesser ist an einer Stelle ganz eng ausgezogen, so daß sich über der engen Stelle gewissermaßen ein Trichter befindet. Die engste Stelle des Halses *a* ist auf irgend eine Weise markirt. Man füllt nun die Kugel mit der zu untersuchenden Flüssigkeit, so daß sie noch über *a* hinaus im Trichter steht, und erkaltet das Ganze bis auf 0°, indem man den ganzen Apparat mit schmelzendem Schnee oder schmelzendem Eise umgiebt. Ist Alles bis auf 0° erkaltet, so entfernt man alle Flüssigkeit, welche noch über der Marke steht. Wenn man die so gefüllte Kugel wägt und vom

gefundenen Gewichte das des Glasgefäßes abzieht, so erhält man das Gewicht der Flüssigkeit, welche bei 0° in die Kugel geht. Sobald man die Kugel erwärmt, dehnt sich die Flüssigkeit aus, sie steigt über die Marke *a* in den Trichter. Wenn man bis zu einer bestimmten Temperatur, etwa bis auf 100°, erwärmt hat, nimmt man alle über *a* stehende Flüssigkeit wieder weg und wägt dann von Neuem. Nach den beiden Wägungen läßt sich dann leicht die scheinbare Ausdehnung berechnen.

Fig. 491.

Die auf diese Weise bestimmte Ausdehnung ist nur die scheinbare; die wahre Ausdehnung der Flüssigkeit findet man erst, wenn man zu der scheinbaren Ausdehnung noch die Vergrößerung des Inhalts des Glasgefäßes durch die Wärme addirt.

Bei einer Temperaturerhöhung von 0 bis 100° dehnen sich aus:

Quecksilber	um 0,0179	Petroleum	um 0,1012
Wasser.	„ 0,0431	Alkohol	„ 0,1041
Olivenöl	„ 0,0789	Aether.	„ 0,1480

ihres Volumens bei 0°. Bei Weingeist und Oel ist also die Ausdehnung durch die Wärme sehr bedeutend, so daß im Handel auf diesen Umstand wohl Rücksicht genommen werden muß.

Die meisten Flüssigkeiten dehnen sich zwischen 0 und 100° nicht regelmäßig aus. Am besten läßt sich dies zeigen, wenn man Thermometer von verschiedenen Flüssigkeiten construirt und ihren Gang mit einem Quecksilberthermometer vergleicht. Wenn man z. B. an einem Weingeistthermometer auf die gewöhnliche Weise den Nullpunkt bestimmt, alsdann durch Vergleichung mit einem Quecksilberthermometer einen höheren Temperaturgrad, etwa 50°, markirt und den Zwischenraum zwischen diesen beiden Punkten in 50 gleiche Theile theilt, so werden die Angaben des Weingeistthermometers für alle Temperaturen zwischen 0 und 50° von denen des Quecksilberthermometers abweichen, und zwar werden sie stets niedriger sein, woraus folgt, daß der Weingeist sich nicht gleichförmig ausdehnt, daß sein Ausdehnungscoëfficient mit der steigenden Temperatur zunimmt.

Am auffallendsten sind die Ausdehnungsverhältnisse des Wassers. Wenn man ein Wasserthermometer herstellt, dessen Gefäß ungefähr 150 Cubikcentimeter Inhalt hat, während der Durchmesser der Röhre im Lichten ungefähr 1^{mm} beträgt, dasselbe neben einem Quecksilberthermometer in einem ungeheizten Zimmer aufhängt und die Punkte markirt, an welchen der Gipfel der Wassersäule in der Röhre steht, wenn das Quecksilberthermometer 0°, 1, 2 . . . 6 ꝛc. zeigt, so erhält man die Scala des Wasserthermometers, wie Fig. 492 zeigt. Wenn die Temperatur des Zimmers langsam von 0° an steigt, so fällt das Wasserthermometer, um seinen tiefsten Stand bei einer Temperatur von 6°

Fig 492.

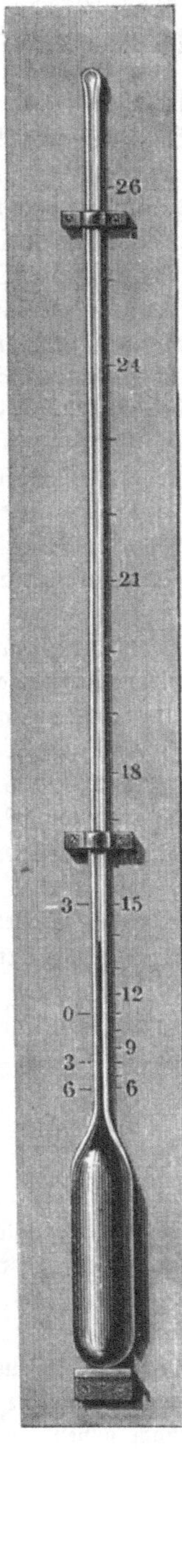

zu erreichen. Bei fortdauernder Temperaturerhöhung steigt es wieder, um ungefähr bei 11° C. eben so hoch zu stehen wie bei 0°.

Wenn man die Ausdehnung des Glasgefäßes in Rechnung zieht, so ergiebt sich, daß ohne dieselbe das Wasserthermometer bei 4° seinen tiefsten Stand erreichen würde, daß also bei 4° C. das Wasser ein Dichtigkeitsmaximum hat, oder mit anderen Worten, daß Wasser von 4° C. sich ausdehnt, mag es nun erwärmt oder erkaltet werden.

Dieses merkwürdige Verhalten des Wassers ist für die meteorologischen Verhältnisse der Erdoberfläche von der höchsten Wichtigkeit.

Mit dem Dichtigkeitsmaximum des Wassers dürfte wohl die auffallende Erscheinung in Zusammenhang stehen, daß das Wasser beim Uebergang in Eis eine bedeutende Ausdehnung erfährt. Das specifische Gewicht des luftfreien Eises ist 0,9, weshalb das Eis selbst auf kochendem Wasser schwimmt.

Die bei der Eisbildung stattfindende Raumvergrößerung geht mit solcher Gewalt vor sich, daß vollständig mit Wasser gefüllte und wohl verschlossene Gefäße in Folge der Eisbildung bersten. Selbst eiserne Bombenkugeln, welche mit Wasser gefüllt waren und deren Oeffnung man sorgfältig verschraubt hatte, bersteten als man sie einer so niedrigen Temperatur aussetzte, daß das eingeschlossene Wasser zum Gefrieren gebracht wurde.

Wenn das in Gesteinsspalten eingedrungene Wasser beim Gefrieren sich ausdehnt, so hat dies eine Zertrümmerung der entsprechenden Gesteinsstücke zur Folge, und somit trägt die Eisbildung wesentlich zur Verwitterung der Felsen bei.

Ausdehnung der Gase. Die Gase deh- 253
nen sich durch Erwärmung weit stärker aus als die festen und flüssigen Körper; auch ist der Ausdehnungscoefficient für alle Gase fast genau derselbe, und endlich dehnen sich die Gase stets der Temperaturerhöhung proportional aus.

Zur Bestimmung des Ausdehnungscoefficienten der Gase hat man verschiedene Methoden angewandt, unter denen wohl folgende die einfachste ist. Eine Glaskugel ist, wie man Fig. 493 (a. f. S.) sieht, am Ende einer dünnen Glasröhre angeblasen; das andere Ende dieser Glasröhre ist in eine feine Spitze ausgezogen. Wenn man nun die Kugel so in kochendes Wasser taucht, daß die Spitze frei herausragt, so wird sich die Luft in derselben bald bis 100° erwärmen und in Folge dieser Erwärmung zum Theil aus der Kugel austreten. Nun wird die Spitze vor einer Weingeistlampe zugeschmolzen, und man läßt die Kugel allmälig erkalten; wenn sie ganz kalt geworden ist, kehrt man die Kugel um, steckt die Spitze in Quecksilber und bricht sie ab; nun wird natürlich das Quecksilber in die Kugel eindringen, weil ja die Luft in derselben durch die frühere Erwärmung verdünnt ist.

Fig. 493.

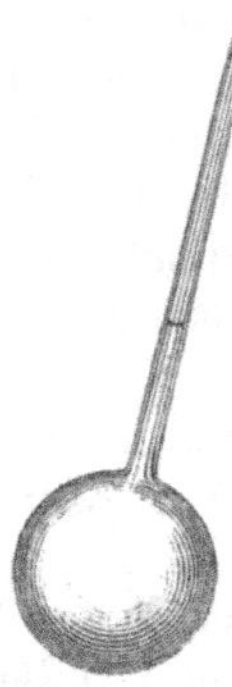

Wenn man die Kugel durch angelegten schmelzenden Schnee bis auf 0° erkaltet, so wird das eingedrungene Quecksilber genau den Raum ausfüllen, um welchen sich die in der Kugel zurückgebliebene Luft bei einer Temperaturerhöhung von 0 bis 100° ausdehnt. Bestimmt man die Menge des eingedrungenen Quecksilbers durch Wägung, und ermittelt man alsdann das Gewicht der Quecksilbermenge, welche die ganze Kugel zu fassen vermag, so kann man danach den Ausdehnungscoëfficienten der Luft berechnen.

Als Resultat der genauesten Versuche, welche nach dieser und nach anderen Methoden angestellt worden sind, ergiebt sich, daß **die Ausdehnung der trocknen atmosphärischen Luft bei einer Temperaturerhöhung von 0 bis 100° C. 0,365** des Volumens bei 0° beträgt. Für eine Temperaturerhöhung von 1° C. ist also der Ausdehnungscoefficient der Luft 0,00365. Bezeichnen wir also mit V_o das Volumen einer gegebenen Luftmasse bei 0°, mit V_t das Volumen, welches dieselbe Luftmasse bei t° C. einnimmt, so haben wir also

$$V_t = V_o (1 + 0{,}00365\, t) \quad \ldots\ldots \quad 1)$$

Das durch Gleichung 1) ausgedrückte Gesetz ist unter dem Namen des **Gay-Lussac'schen Gesetzes** bekannt, weil **Gay-Lussac** zuerst genauere Versuche über die Ausdehnung der Luft angestellt hat.

Das specifische Gewicht der Luft ist ihrem Volumen umgekehrt proportional. Bezeichnen wir also das specifische Gewicht der Luft bei 0° und t° mit d_o und d_t, so ist

$$d_t = \frac{d_o}{1 + 0{,}00365\, t} \quad \ldots\ldots\ldots \quad 2)$$

Näheres darüber im Supplementbande.

In Folge ihres geringeren specifischen Gewichtes wird die erwärmte Luft aufsteigen, während die kältere zu Boden sinkt. In einem geheizten Zimmer steigt die warme Luft an die Decke, oben entströmt dem Zimmer aus allen Ritzen und Fugen die warme Luft, während unten kalte einströmt.

Wenn man im Winter die in einen kalten Raum führende Thür eines geheizten Zimmers etwas öffnet und eine brennende Kerze an das obere Ende des Spaltes hält, wie man Fig 494 sieht, so zeigt die nach außen gerichtete

Flamme einen von dem warmen Zimmer nach dem kalten Raume gerichteten Luftstrom an. Rückt man nun mit der Kerze mehr und mehr herunter, so stellt sich die Flamme immer mehr und mehr aufrecht, ungefähr in der halben Höhe der Oeffnung steht sie aufrecht, sie ist hier nicht durch Luftströmung afficirt; bringt man sie aber noch weiter herunter, so wird die Flamme von außen nach innen getrieben. Man sieht also, daß die erwärmte Luft oben aus- und daß dagegen unten die kalte Luft in das Zimmer einströmt.

Fig. 494.

Daher kommt es, daß es am Boden eines geheizten Zimmers weit kälter ist als an der Decke, daß sich hohe Zimmer schwerer heizen als niedrige u. s. w.

In einem Schornsteine wird die Luft durch das Feuer erwärmt, die erhitzte Luft steigt in die Höhe, und von unten her dringt kalte Luft ein, welche, durch das Feuer streichend, diesem stets Sauerstoff zuführt. Der durch den Schornstein bewirkte Luftzug bringt also die zur Unterhaltung lebhafter Verbrennung nöthige Luftmenge in den Feuerraum. Es versteht sich von selbst, daß zwischen der Größe des Feuerraumes und der Höhe und Weite des Schornsteins die richtigen Verhältnisse stattfinden müssen, wenn der Schornstein seinen Zweck möglichst vollständig erfüllen soll.

Auch bei Lampen hat der gläserne Schornstein den Zweck, einen Luftzug zu unterhalten, welcher der Flamme die zur lebhaften Verbrennung nöthige Sauerstoffmenge zuführt.

Zweites Capitel.

Veränderung des Aggregatzustandes.

---

254 **Das Schmelzen.** Die meisten festen Körper können durch hinreichende Temperaturerhöhung geschmolzen, d. h. aus dem festen in den flüssigen Zustand übergeführt werden, wenn sie nicht schon vorher unter dem Einfluß der Wärme eine chemische Zersetzung erleiden, wie dies vorzugsweise bei organischen Körpern der Fall ist.

Jede Substanz, wenn sie überhaupt schmelzbar ist, hat einen festen Schmelzpunkt, d. h. das Schmelzen einer und derselben Substanz findet stets bei derselben Temperatur Statt; dagegen weichen die Schmelzpunkte verschiedener Substanzen sehr von einander ab, wie die folgende Tabelle zeigt:

Schmiedeeisen	schmilzt	bei	1500	bis	1600° C.
Stahl	„	„	1300	„	1400 „
Gußeisen	„	„	1050	„	1200 „
Gold	„	„			1250 „
Silber	„	„			1000 „
Bronze	„	„			900 „
Antimon	„	„			432 „
Zink	„	„			360 „
Blei	„	„			334 „
Kadmium	„	„			321 „
Wismuth	„	„			256 „
Zinn	„	„			230 „
Legirung aus 5 Thln. Zinn, 1 Thl. Blei	„	„			194 „
Schwefel	„	„			109 „
Legirung aus 4 Thln. Wismuth, 1 Thl. Blei, 1 Thl. Zinn (Rose'sches Metall)	„	„			94 „

Legirung aus 4 Thln. Wismuth, 2 Thln. Blei, 1 Thl. Zinn, 1 Thl. Kadmium (Wood's Metall)	schmilzt bei	71° C.
Natrium	„ „	90 „
Kalium	„ „	58 „
Phosphor	„ „	43 „
Stearinsäure	„ „	70 „
Weißes Wachs	„ „	68 „
Stearin	„ „	49 bis 43 „
Eis	„ „	0 „
Terpentinöl	„ „	— 10 „
Quecksilber	„ „	— 39 „

Die aufmerksame Betrachtung dieser Tabelle zeigt, daß die Legirungen meist einen tieferen Schmelzpunkt haben als die einzelnen Metalle, aus denen sie zusammengesetzt sind; darauf beruht auch die Anwendung des Schnellothes der Blechner, welches eine Legirung von Blei und Zinn ist. Besonders interessant sind in dieser Beziehung die in obiger Tabelle angeführte Rose'sche und Wood'sche Metalllegirung.

Gebundene Wärme. Es ist eine bedeutende Menge Wärme nöthig, 255
um Eis oder Schnee von 0° in Wasser von 0° zu verwandeln. Diese Wärme, welche lediglich dazu verwendet wird, das Eis flüssig zu machen, ohne daß dabei seine Temperatur erhöht wird, welche also für das Gefühl und das Thermometer als verloren erscheint, wird mit dem Namen der gebundenen oder der latenten Wärme des Wassers oder auch als Schmelzungswärme bezeichnet.

Wenn 1 Pfund Wasser von 79° mit 1 Pfund Schnee von 0° gemischt werden, so erhält man 2 Pfund Wasser von 0°. Alle Wärme also, welche das heiße Wasser bei seiner Abkühlung von 79° bis auf 0° abgab, ist für das Thermometer spurlos verschwunden; sie ist lediglich dazu verwandt worden, um Schnee von 0° in Wasser von 0° zu verwandeln.

Nehmen wir als Einheit der Wärmemengen dasjenige Wärmequantum an, welches erforderlich ist, um die Temperatur von 1 Gramm Wasser um 1° C. zu erhöhen, so sind also 79 solche Wärmeeinheiten nöthig um 1 Gramm Schnee oder Eis von 0° zu schmelzen, oder mit anderen Worten: bei der Schmelzung von 1 Gramm Schnee oder Eis werden 79 Wärmeeinheiten latent oder gebunden. Die latente Wärme des Wassers ist 79.

Die eben definirte Wärmeeinheit (Calorie) wird auch in anderen Fällen zur Messung der Wärmemengen in Anwendung gebracht.

Diese Wärmemenge, welche beim Schmelzen des Schnees oder des Eises gebunden wird, wird also lediglich dazu verwandt, die Cohäsion zwischen den Eismolekülen so weit zu überwinden, daß sie mit der größten Leichtigkeit an einander verschoben werden können, daß also die Masse flüssig wird. Die in dem Wasser enthaltene latente Wärme hat also nur die Function, den flüssigen Zustand zu erhalten, und kann deshalb, auf diese Weise gleichsam beschäftigt, keine anderweitigen Wirkungen hervorbringen, sie scheint deshalb auch für das Thermometer verschwunden.

So wie bei der Schmelzung des Eises und des Schnees Wärme gebunden wird, so ist dies auch beim Schmelzen anderer Körper der Fall. Folgendes sind die Werthe der latenten Wärme für einige Körper nach Person's Bestimmungen:

Phosphor	5,0	Blei	5,4
Schwefel	9,4	Zinn	14,2
Salpetersaures Kali . .	47,4	Zink	28,1

Die Bedeutung dieser Zahlen ist leicht verständlich; zur Schmelzung von 1 Gramm Schwefel sind 9,4, zur Schmelzung von 1 Gramm Blei sind 5,4 Wärmeeinheiten (Calorieen) nöthig.

Es giebt zweierlei Wege, auf denen man einen festen Körper in flüssigen Zustand versetzen kann: 1) durch Schmelzung, indem man ihm von außen her so viel Wärme zuführt, als er aufnehmen muß, um in den flüssigen Zustand überzugehen; oder 2) durch Auflösung, d. h. im Allgemeinen dadurch, daß man ihn mit irgend einem anderen Stoffe zusammenbringt, mit welchem er ein flüssiges Gemenge bildet.

Wenn ein Salz durch Auflösung in den flüssigen Zustand übergeführt wird, so findet dabei ebenso eine Bindung von Wärme Statt, wie beim Schmelzen, und wenn also von außen her keine Wärme zugeführt wird, so kann die Wärmebindung offenbar nur auf Kosten der Temperatur des aufzulösenden Salzes und des Lösungsmittels stattfinden, es muß also eine Temperaturerniedrigung stattfinden, welche um so bedeutender ist, je mehr Salz aufgelöst wird und je rascher die Auflösung vor sich geht. Durch rasche Auflösung leicht löslicher Salze kann in der That eine bedeutende Temperaturerniedrigung erzielt werden. Ganz besonders eignet sich dazu das salpetersaure Ammoniak. Fig. 495 und Fig. 496 stellen einen Apparat im Durchschnitt und in perspectivischer Ansicht dar, welchen Toselli construirt hat, um durch rasches Auflösen

Fig. 495.

Fig. 496.

dieses Salzes Wasser oder andere Substanzen zum Gefrieren zu bringen. In einem Blechcylinder *A* ist ein hohler Kegel *B* von dünnem Blech so eingesetzt, daß dadurch die Höhlung von *A* in zwei Theile getheilt wird, den oben offenen Hohlkegel *B* und den unten offenen ihn ringförmig umgebenden Hohlraum *P*. Mittelst zweier an *A* angebrachter Zapfen wird die ganze Vorrichtung auf die Lager eines eisernen Stativs aufgesetzt, wie Fig. 496 zeigt. Zunächst wird nun *B* ungefähr zu $1/3$ mit kaltem Wasser gefüllt, dann ein Kautschukring und auf diesen ein Holzdeckel aufgelegt, welcher mittelst einer Schraube fest aufgedrückt wird. Ist so *B* geschlossen, so wird der Apparat umgekehrt, der Hohlraum *P* etwas über die Hälfte seiner Höhe mit salpetersaurem Ammoniak gefüllt und dann kaltes Wasser zugegossen bis der Raum nahezu gefüllt ist. Nachdem alsdann der Hohlraum *P* auf gleiche Weise geschlossen worden ist, wie *B*, wird der ganze Apparat 8 bis 10 Minuten lang in Rotation um seine Axe erhalten. Es hat sich alsdann in *B* ein hohler Kegel von klarem Eis gebildet, in dessen Innerem meist noch etwas Wasser übrig geblieben ist.

Das aufgelöste Salz kann durch Abdampfen wieder gewonnen werden. — Weit wirksamer als salpetersaures Ammoniak ist ein Gemenge dieses Salzes mit kohlensaurem Natron; da aber hier eine chemische Umsetzung der Salze erfolgt, so kann das einmal gebrauchte Gemisch nicht zum zweitenmale verwendet werden.

Besonders stark ist die Temperaturerniedrigung, wenn zwei feste Körper sich bei ihrer Mischung zu einer Flüssigkeit verbinden. So sinkt z. B., wenn man 1 Pfund Kochsalz von 0° mit 3 Pfund Schnee (oder feingestoßenem Eis) mengt, die Temperatur auf — 20° C. Es ist dies die gewöhnliche Kältemischung der Zuckerbäcker. Ein Gemenge von Schnee und Salmiak erkaltet bis auf — 17,7° C., den Nullpunkt des Fahrenheit'schen Thermometers.

Das Erstarren. Die normale Erstarrungstemperatur eines 256
Körpers fällt mit seinem Schmelzpunkt zusammen. Schnee von 0° schmilzt und liefert Wasser von 0°, wenn ihm noch Wärme zugeführt, und Wasser, welches bis auf 0° erkaltet ist, erstarrt bei dieser Temperatur, wenn ihm Wärme entzogen wird. — Das Schmelzen des festen Zinns findet ebenso wie das Erstarren des flüssigen bei 230° C. Statt.

Beim Erstarren eines flüssigen Körpers muß alle Wärme wieder frei werden, welche bei seinem Schmelzen gebunden wurde. Wenn das Erstarren einer Flüssigkeit bei der normalen Erstarrungstemperatur vor sich geht, so läßt sich die freiwerdende Wärme nicht leicht nachweisen, weil das Festwerden ganz allmälig geschieht, weil also das Freiwerden einer bestimmten Wärmemenge sich auf eine so große Zeit vertheilt, daß sie sich in die Umgebung verliert, ohne eine merkliche Temperaturerhöhung hervorbringen zu können. Die Wärme, welche beim Erstarren einiger Partikelchen frei wird, reicht eben nur hin, die benachbarten noch einige Zeit vor dem Erstarren zu schützen.

Unter verschiedenen Umständen, namentlich aber wenn die erkaltende Flüssigkeit vollkommen ruhig steht, kommt es vor, daß sie weit unter die normale Erstarrungstemperatur erkaltet, ohne fest zu werden. Wird dann durch irgend einen Anstoß das Erstarren eingeleitet, so findet es auf einmal massenhaft Statt und dabei steigt die Temperatur bis zum normalen Erstarrungspunkt. — So hat Fahrenheit bereits im Jahre 1714 die Beobachtung gemacht, daß ganz ruhig stehendes Wasser oft bis auf 10° unter Null erkaltet, ohne fest zu werden, daß aber alsdann bei dem geringsten Anstoß eine massenhafte Eisbildung stattfindet, wobei dann das Thermometer wieder auf 0° steigt.

Die Verzögerung des Erstarrens bei einer namhaften Erkaltung unter 0° findet viel leichter Statt, wenn die Oberfläche des Wassers dem Druck der atmosphärischen Luft entzogen ist, wenn sich also über der Wasseroberfläche ein luftleerer Raum befindet. Man hat diesen Umstand zur Construction des Apparates Fig. 497 benutzt, mit Hülfe dessen man das Freiwerden der Wärme beim Erstarren des Wassers jederzeit leicht zeigen kann. Das Gefäß eines Quecksilberthermometers befindet sich in der Mitte eines weiteren zum Theil mit Wasser gefüllten Gefäßes. Vor dem Zuschmelzen endigte dieses weitere Gefäß bei *a* mit einem feinen offenen Röhrchen, durch welches es vollständig mit Wasser gefüllt wird. Durch Kochen wird ein Theil des Wassers und mit ihm alle im Gefäß noch etwa enthaltene Luft entfernt, so daß nach dem Zuschmelzen bei *a* sich über dem Wasser im Gefäß ein luftleerer Raum befindet.

Fig. 497.

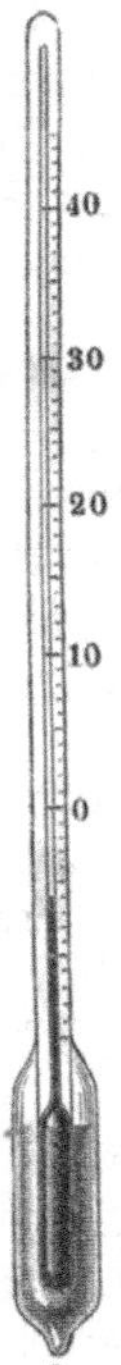

Das Gefäß des Apparates, Fig. 497, wird nun zunächst in Schnee gesteckt, bis das Thermometer auf 0° gefallen ist; alsdann taucht man es in eine Kältemischung oder noch besser in eine durch eine Kältemischung auf — 6 bis — 8 Grad erkaltete, wasserhelle, concentrirte Kochsalzlösung. Allmälig sinkt das Thermometer um einige Grade, um dann plötzlich wieder auf 0° zu steigen, sobald die massenhafte Erstarrung des Wassers im Gefäß eintritt.

Unterschwefligsaures Natron schmilzt bei 45° C.; läßt man die geschmolzene Masse ruhig stehen, so sinkt ihre Temperatur allmälig auf die der Umgebung, ohne daß sie fest wird; wird aber durch Erschütterung das verzögerte Erstarren eingeleitet, so steigt augenblicklich ihre Temperatur um 18 bis 20°. Aehnliche Beobachtungen kann man mit einer bei höherer Temperatur gesättigten Lösung von Glaubersalz machen.

So oft ein flüssiger Körper mit einem festen eine feste Verbindung eingeht, wird gleichfalls Wärme frei. So verbindet sich der gebrannte Gyps, der gebrannte Kalk mit Wasser zu festen Körpern, welche die Chemiker Hydrate nennen. Die Bildung solcher Hydrate ist meist von einer bedeutenden Wärmeentwickelung begleitet, welche zum großen Theil daher rührt, daß das Wasser, indem es seinen flüssigen Zustand verliert, seine latente Wärme abgiebt.

Dampfbildung. Wenn man an einem heißen Sommertage eine offene Schüssel mit Wasser ins Freie stellt, so verdunstet es, d. h. es wird gasförmig und verbreitet sich als Wasserdampf in der Luft. Als ein durchsichtiges Gas ist der Wasserdampf vollkommen unsichtbar. Der Schwaden, den wir z. B. über der Dille des Theekessels beobachten, ist kein Wasserdampf mehr, es ist ein Nebel, welcher aus ganz kleinen Wasserbläschen (mikroskopischen Seifenbläschen vergleichbar) oder auch aus ganz kleinen Wasserkügelchen besteht, und welcher dadurch entsteht, daß die dem Kessel entströmenden Dämpfe bei ihrer Berührung mit der kälteren Luft theilweise wieder condensirt, d. h. zu Wasser verdichtet werden. Doch auch dieser Schwaden verschwindet alsbald wieder, indem er in der trockenen Luft verdunstet. 257

Man war früher der irrigen Meinung, daß die Wasserdämpfe in der Luft gleichsam aufgelöst würden, wie ein Salz in Wasser. Dalton hat aber gezeigt, daß sie sich auch in einem luftleeren Raume bilden und zwar noch weit rascher als im lufterfüllten, daß also ihre Bildung von der Luft ganz unabhängig ist.

Um die Bildung der Dämpfe im luftleeren Raume zu zeigen ist das Barometer in seiner ursprünglichen Form besonders geeignet. Sind in einem weiteren mit Quecksilber gefüllten Gefäß $v\,v'$, Fig. 498, drei Toricelli'sche Röhren nebeneinander aufgestellt, so wird in allen die Quecksilbersäule gleich hoch stehen, so lange sich ein luftleerer Raum über derselben befindet. Wenn man aber mit Hülfe einer gekrümmten Pipette etwas Aether in die eine Röhre b'' bringt, so steigt er alsbald bis zur Toricelli'schen Leere in die Höhe, und augenblicklich sinkt auch der Gipfel der Quecksilbersäule ungefähr um die Hälfte der Barometerhöhe. Diese Depression rührt lediglich von der Spannkraft der Aetherdämpfe her, welche sich in der Toricelli'schen Leere gebildet haben.

Fig. 498.

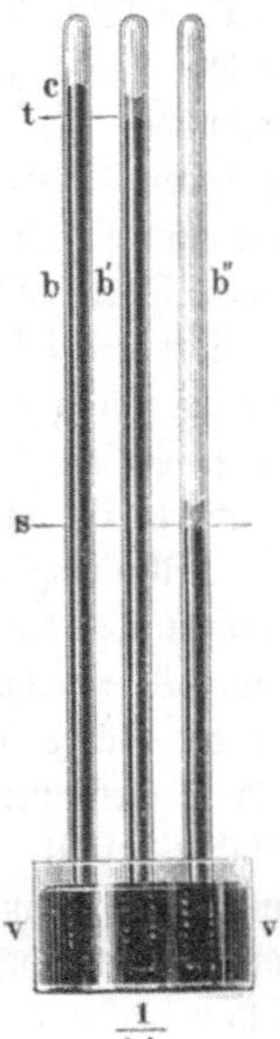

Die Größe der Depression giebt zugleich ein Maß für die Spannkraft der Dämpfe. Nehmen wir an, die durch die Aetherdämpfe deprimirte Quecksilberkuppe stehe um 400 Millimeter tiefer als die Kuppe c des ersten Barometers, über welcher sich noch ein vollkommenes Vacuum befindet, so ist klar, daß die Aetherdämpfe auf die Quecksilberkuppe der Röhre b'' gerade so stark drücken, wie eine Quecksilbersäule von 400 Millimeter Höhe.

Hätte man bei dem dritten Barometerrohre b' Wasser anstatt Aether in das Vacuum steigen lassen, so würde man eine weit unbedeutendere Depression erhalten haben als beim Aether; bei einer Temperatur von 18° C. wird die Depression im Wasserbarometer nur ungefähr 15 Millimeter betragen, oder mit anderen Worten, die Spannkraft des Wasserdampfes hält unter diesen Umständen dem Druck einer Quecksilbersäule von 15 Millimeter das Gleichgewicht.

258 **Maximum der Spannkraft der Dämpfe.** Wenn in einen luftleeren Raum so viel Flüssigkeit gebracht wird, daß sie nicht ganz verdampfen kann, wenn also, nachdem der vorher luftleere Raum mit Dampf erfüllt ist, noch Flüssigkeit übrig bleibt, so unterscheidet sich ein solcher Dampf in seinem Verhalten wesentlich von dem Verhalten der Gase, wie wir es früher in §. 58 kennen lernten, ein solcher Dampf folgt nämlich dem Mariotte'schen Gesetze nicht mehr.

Um dies richtig zu verstehen, müssen wir auf den S. 106 beschriebenen Versuch zurückkommen. Wenn sich in dem Barometerrohre *ag*, Fig. 499,

Fig. 499.

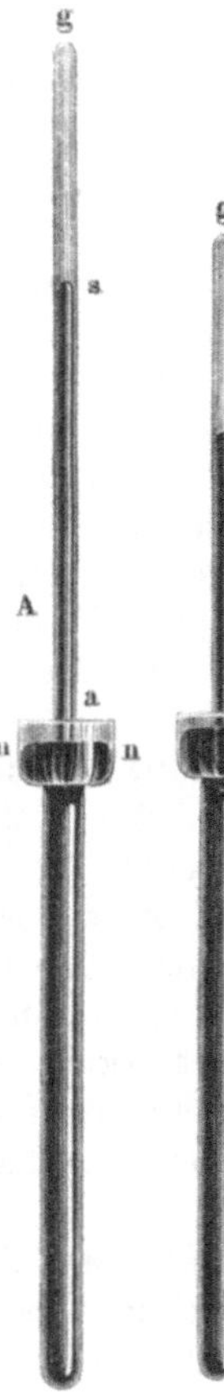

Luft.

Fig. 500.

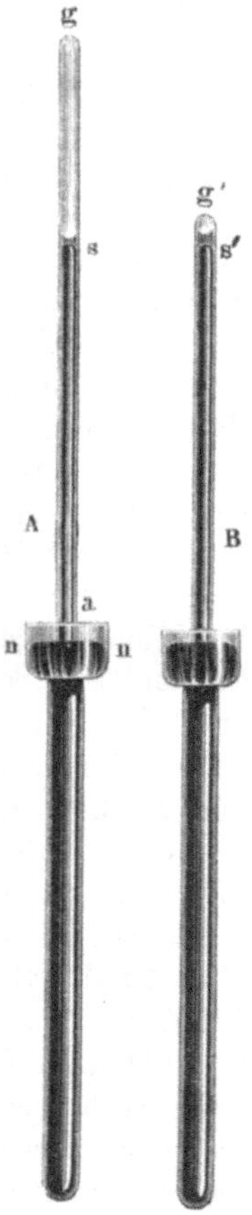

Dampf.

über dem Gipfel der Quecksilbersäule Luft befindet, so wird, wenn man das Rohr tiefer in das Gefäß hinabdrückt, wie es in Fig. 499 bei *B* dargestellt ist, dadurch die Luft auf einen kleineren Raum $s'g'$ zusammengepreßt, und dabei wächst ihre Spannkraft, so daß mit dem Niederdrücken des Rohres auch eine Senkung des Gipfels der Quecksilbersäule von der Höhe s bis zur Höhe s' verbunden ist.

Um denselben Versuch mit Aetherdampf statt mit Luft zu wiederholen, füllt man die Toricelli'sche Röhre sehr sorgfältig mit Quecksilber, so daß alle Luft möglichst entfernt ist, was man am vollständigsten durch Auskochen oder durch die Luftpumpe erreichen kann. Ist die Röhre bis auf ungefähr 1 Centimeter mit Quecksilber gefüllt, so gießt man diesen Raum noch mit ausgekochtem, luftfreiem Aether voll, kehrt die Röhre auf die bekannte Weise um und taucht ihr unteres Ende in das Quecksilbergefäß. Der Aether steigt in die Höhe, ein Theil desselben verwandelt sich in Dampf, welcher die bereits im vorigen Paragraphen betrachtete Depression der Quecksilbersäule bewirkt, während noch ein Theil des Aethers in flüssigem Zustande auf dem Quecksilber schwimmend zurückbleibt.

Wenn man aber nun die Röhre *ag*, Fig. 500, tiefer in das Gefäß hinabdrückt, wenn man sie aus der Stellung *A*, Fig. 500, in die Stellung bei *B* bringt, so behält der Gipfel der Quecksilbersäule unverändert seine Höhe bei, wie auch das Volumen des Dampfraumes $s'g'$ verkleinert sein mag.

Durch Verkleinerung des mit Aetherdampf gefüllten Raumes wird also die Spannkraft dieses Dampfes nicht vermehrt. Je mehr man aber niederdrückt, desto mehr nimmt die Menge des flüssigen Aethers zu, die Verkleinerung des mit Aetherdämpfen erfüllten Raumes bewirkt also, daß sich ein Theil der Dämpfe wieder zu flüssigem Aether condensirt, während der übrige Dampf seine Spannkraft nicht ändert. Wenn man also den mit Aetherdampf gefüllten Raum auf $^1/_2$, $^1/_3$ $^1/_4$ u. s. w. comprimirt, so wird auch $^1/_2$, $^2/_3$, $^3/_4$ u. s. w. des Dampfes condensirt. Fährt man fort, das Rohr niederzudrücken, so gelangt man bald zu einem Punkte, wo aller Dampf verdichtet ist, so daß sich nur noch flüssiger Aether über der Quecksilbersäule befindet; dieses völlige Verschwinden der Dampfblase ist jedoch schwer zu erreichen, weil der Aether immer etwas absorbirte Luft enthält.

Wir haben eben den Versuch beschrieben, wie er vor sich gehen würde, wenn es möglich wäre, die Luft vollständig aus dem Toricelli'schen Rohr zu entfernen. Das gelingt aber nicht; immer bleibt ein kleiner Rest Luft zurück, welcher den Versuch ungenau macht, indem bei starker Verkleinerung des Raumes *sg* doch eine Depression der Quecksilbersäule erfolgt.

Wenn sich der aus einer Flüssigkeit entwickelte Dampf unter den eben betrachteten Umständen befindet, so daß sich durch Zusammendrücken auf einen kleineren Raum seine Spannkraft nicht vermehren läßt, so nennt man ihn einen gesättigten Dampf. Er besitzt das Maximum der Spannkraft, dessen der Dampf der fraglichen Flüssigkeit bei der Temperatur des Raumes, in welchem er sich befindet, überhaupt fähig ist.

Wenn man das Rohr aus der Stellung *B*, Fig. 500, wieder in die Höhe zieht, so behält der Gipfel der Quecksilbersäule immer noch dieselbe Höhe, die Spannkraft des Dampfes im oberen Theile des Rohres ändert also bei Vergrößerung des Raumes seine Spannkraft nicht, weil in dem Maaße, wie dieser Raum vergrößert wird, sich sogleich neuer Dampf aus der Flüssigkeit entwickelt, so daß stets der Zustand der Sättigung erhalten, also der Dampf stets im Maximum der Spannkraft bleibt.

Wenn aber ein Raum eben mit gesättigtem Dampfe erfüllt ist, ohne daß noch Flüssigkeit vorhanden wäre, welche neuen Dampf liefern könnte, so wird bei einer Vergrößerung des Raumes der vorhandene Dampf sich ausdehnen, und nun ist er nicht mehr gesättigt, er ist nicht mehr im Maximum der Spannkraft und verhält sich nun auch ganz wie ein Gas. Die Spannkraft eines nicht gesättigten Dampfes läßt sich durch Compression erhöhen, bis er wieder gesättigt, bis das Maximum der Spannkraft wieder erreicht ist.

Ein Beispiel mag dies näher erläutern.

Ein hohler Cylinder von 1 Quadratdecimeter Querschnitt sei durch ein Rohr, Fig. 501, mit einem Dampfkessel in Verbindung, dessen Wasser auf 100° erwärmt ist, während der Cylinder selbst sich in einer auf 100° erwärmten Umgebnng befindet. Wird nun ein Kolben, welcher ursprünglich auf dem Boden des Cylinders auffaß, 1 Decimeter hoch in die Höhe gezogen, so wird der unter dem Kolben frei gewordene Raum von 1 Cubikdecimeter Inhalt sich nun mit gesättigtem Wasserdampf von 100° und 1 Atmosphäre Spannkraft füllen, und zwar beträgt das Gewicht des in den Cylinder übergetretenen Wasserdampfes gerade 0,6 Gramm.

Fig. 501.

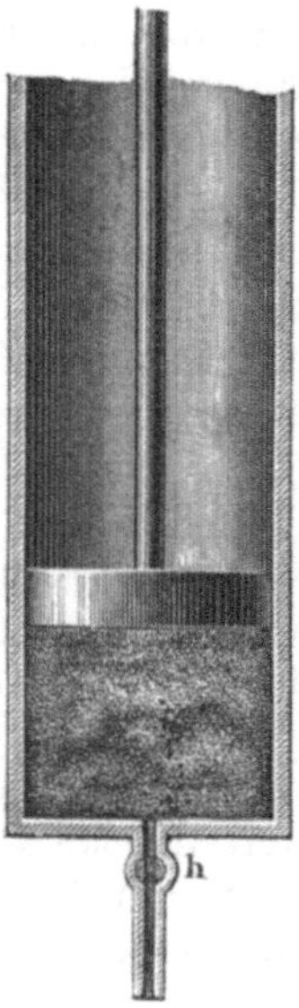

Nun werde durch die Schließung des Hahnes *h* die Communication des Cylinders mit dem Dampfkessel abgesperrt und der Kolben noch weiter in die Höhe gezogen, so werden die 0,6 Gramm Wasserdampf auch den vergrößerten Raum vollständig ausfüllen; aber nun ist der Wasserdampf nicht mehr gesättigt. Hätte man z. B. den Kolben bis zu einer Höhe von 4 Decimetern über den Boden aufgezogen, so würden die 0,6 Gramm Wasserdampf sich in dem Raum von 4 Cubikdecimetern verbreiten, jedes Cubikdecimeter würde also nur 0,15 Gramm Wasserdampf enthalten, dessen Spannkraft nur noch $^1/_4$ Atmosphäre ist.

Wird der Kolben wieder niedergedrückt, so befolgt nun der nicht gesättigte Dampf das Mariotte'sche Gesetz, er wird dichter, während seine Spannkraft zunimmt, bis der Kolben wieder die zuerst besprochene Stellung einnimmt und das Volumen des Cylinders unter ihm auf 1 Cubikdecimeter reducirt ist. Jetzt ist der Dampf wieder gesättigt, und durch ferneres Niederdrücken des Kolbens kann seine Spannkraft nicht weiter vermehrt werden. Wird z. B. der Kolben so weit niedergedrückt, daß er sich noch $^1/_2$ Decimeter über dem Boden befindet, so werden in dem auf $^1/_2$ Cubikdecimeter verkleinerten Raum nur noch 0,3 Gramm Wasserdampf von 1 Atmosphäre Spannkraft enthalten sein, während 0,3 Gramm Wasserdampf wieder zu flüssigem Wasser condensirt wurden.

Wir haben oben angenommen, daß die Temperatur des Wassers im Kessel 100° betrage und daß auch der Cylinder und seine Umgebung auf 100° erwärmt sei. Für eine höhere Temperatur würde jedes Cubikdecimeter mehr, für eine niedrigere würde es weniger als 0,6 Gramm Wasserdampf aufnehmen können, für jede Temperatur giebt es aber eine Gränze, über welche hinaus die Spannkraft und Dichtigkeit des Dampfes nicht wachsen kann.

Man sieht daraus, daß der Unterschied zwischen Gasen und Dämpfen nur ein relativer ist. Ein gesättigter Dampf kann bei Abschluß der Flüssigkeit, die ihn liefert, durch Vergrößerung des ihm gebotenen Raumes in den Zustand eines gewöhnlichen Gases übergeführt werden, während umgekehrt viele Gase,

z. B. Kohlensäure, Ammoniakgas, schweflige Säure u. s. w., durch hinlängliche Compression in den Zustand eines gesättigten Dampfes, also auch in den tropfbar-flüssigen Zustand übergeführt werden können.

Solche Gase, welche man durch fortgesetzte Compression noch nicht tropfbar-flüssig zu machen im Stande war, nennt man permanente Gase.

Im gewöhnlichen Leben bezeichnet man mit dem Namen der Dämpfe nur solche gasförmige Körper, die bei dem mittleren Druck und der mittleren Temperatur der Atmosphäre noch tropfbar-flüssig sein können, wie Aether, Weingeist, Wasser u. s. w.

Abhängigkeit der Spannkraft des gesättigten Dampfes von der Temperatur. 259 Während demnach die Spannkraft eines gesättigten Dampfes sich durch Compression nicht vergrößern läßt, wächst sie dagegen namhaft bei steigender Temperatur. Von der Abhängigkeit zwischen der Spannkraft eines gesättigten Dampfes und der Temperatur kann man sich schon durch Dampfbarometer überzeugen, wie wir sie in §. 258 kennen lernten. In einem Aetherdampfbarometer z. B. beträgt die Depression der Quecksilbersäule bei einer Temperatur von 0^0 nur 182^{mm}, bei einer Temperatur von 30^0 C. beträgt sie schon 637^{mm}.

Während die Spannkraft des gesättigten Wasserdampfes bei der mittleren Temperatur der Atmosphäre nur einer Quecksilbersäule von wenigen Millimetern das Gleichgewicht halten kann, ist sie bei höheren Temperaturen im Stande, die stärksten Dampfkessel zu zertrümmern.

Das Gesetz, nach welchem die Spannkraft des gesättigten Dampfes wächst, wenn die Temperatur steigt, soll in den folgenden Paragraphen näher besprochen werden; hier wollen wir nur noch untersuchen, welches das Maximum der Tension des Dampfes in einem Raume sein wird, welcher an verschiedenen Stellen ungleich erwärmt ist. Nach den Bedingungen des Gleichgewichts gasförmiger Körper muß an allen Stellen dieses Raumes der Dampf gleiche Tension haben, und da an den kälteren Stellen die Spannkraft des Dampfes nicht so groß sein kann als an den wärmeren, so ist klar, daß im ganzen Raume die Tension der Dämpfe dieselbe sein muß wie an der kältesten Stelle, daß also an den wärmeren Stellen der Dampf nicht das Maximum der Spannkraft erreichen kann, welches dieser höheren Temperatur zukommt.

Dies Princip läßt sich mit Hülfe des Apparates Fig. 502 (a. f. S.) anschaulich machen. Zwei Glaskölbchen *a* und *b*, welche beide etwas Aether enthalten, sind durch eine Röhre *c* verbunden; durch den Kork, welcher *b* verschließt, geht eine zweite abwärts gebogene Röhre *d*. Wenn man den Aether in *a* und *b* ins Kochen bringt (es geschieht dies am besten dadurch, daß man sie in heißes Wasser taucht), so entweichen die Dämpfe durch die Röhre *d* und nehmen die Luft aus dem Apparate mit fort. Nun taucht man das untere Ende der Röhre *d* in ein Gefäß mit Quecksilber und entfernt die Wärmequellen, welche den Aether ins Kochen gebracht hatten. Alsbald werden *a* und *b* bis auf die Temperatur der umgebenden Luft erkaltet sein, die Spannkraft der Dämpfe im Apparate nimmt dabei bis zu einer bestimmten Gränze ab, und das Quecksilber steigt demnach in der Röhre *d* bis zu einer bestimmten Höhe, welche von der Temperatur der umgebenden Luft abhängt. Taucht man nun das eine Kölbchen in Schnee oder in eine Kältemischung, so steigt das Quecksilber alsbald eben so hoch, als ob beide Kölbchen dieselbe Erkaltung erfahren hätten.

Fig. 502.

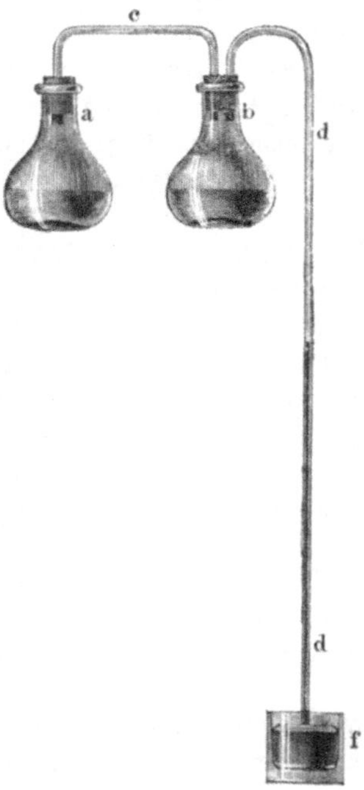

In dem erkalteten Kölbchen findet zunächst eine Condensation von Aetherdämpfen Statt; in dem Maaße aber, wie hier die Dämpfe verdichtet werden, strömen Aetherdämpfe fortwährend aus dem wärmeren Kölbchen in das kältere über. Auf dieses Princip gründet sich die Anwendung des **Condensators** bei Dampfmaschinen, welchen wir später werden kennen lernen.

260 **Spannkraft der Wasserdämpfe.** Um die Spannkraft des Wasserdampfes zu bestimmen, hat man verschiedenartige Apparate anzuwenden, je nachdem man sie für eine Temperatur zwischen 0° und 100° oder über 100° ermitteln will.

Zwischen 0° und 100° wendet man den in Fig. 503 abgebildeten Apparat an. Er besteht aus zwei Barometerröhren, welche neben einander in dasselbe Gefäß eingetaucht sind; die erste dieser Röhren bildet ein vollständiges Barometer, in der zweiten befindet sich über dem Quecksilber etwas Wasser, welches zum Theil im leeren Raume verdampft. Diese beiden Röhren werden mittelst eines Eisenstabes in ein hinlänglich tiefes Glasgefäß eingesenkt. Dieses Gefäß ist ganz mit Wasser gefüllt, welches man bis zu jeder beliebigen Temperatur zwischen 0° und 100° erwärmen kann. Die Temperatur dieses Wassers, welches durch zweckmäßig angebrachte Thermometer bestimmt wird, ist zugleich die der beiden Barometer und des Wasserdampfes in dem einen. Um die Elasticität des Wasserdampfes zu erhalten, welche jedem Temperaturgrade entspricht, hat man nur zu ermitteln, um wie viel die Quecksilberkuppe im Dampfbarometer tiefer steht, als der Gipfel der Quecksilbersäule im vollständigen Barometer.

Um die Spannkraft der Dämpfe über 100° zu messen, läßt sich folgendes Verfahren anwenden. An einer ziemlich langen Glasröhre, Fig. 504, ist ein weiteres Gefäß angeschmolzen, ungefähr so wie das Gefäß eines Barometers; die längere Röhre sowohl wie die kürzere sind anfänglich oben offen. Wenn man Quecksilber eingießt, so stellt es sich natürlich in beiden Röhren gleich hoch.

Nun wird die zu untersuchende Flüssigkeit, z. B. Wasser, in das weitere Gefäß auf das Quecksilber gebracht, dann einige Zeit lang im Kochen erhalten und bei *b* zugeschmolzen, wenn alle Luft ausgetrieben ist. Es befindet sich über dem Quecksilber im Gefäß nur noch Wasser und Wasserdampf, welcher aber condensirt wird, wenn der Apparat erkaltet.

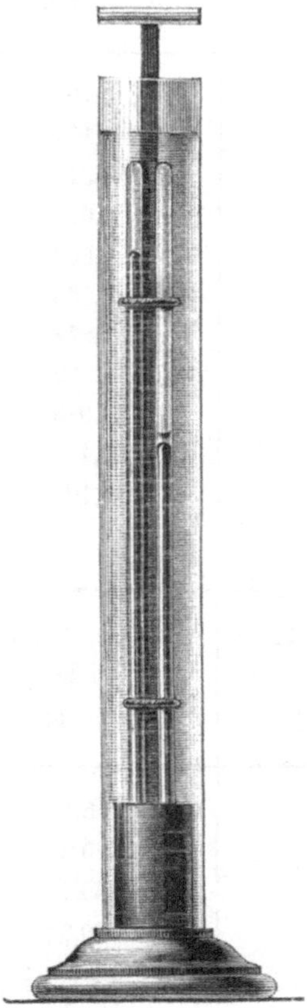

Fig. 503.

Fig. 504.

Wird nun das Gefäß dieses Apparates in Oel eingetaucht, welches über 100° erwärmt ist, so werden sich Wasserdämpfe bilden, welche auf das Quecksilber im Gefäß drücken und die Quecksilbersäule im längeren Rohre steigen machen, und aus der Höhe, bis zu welcher es steigt, kann man auf die Spannkraft der Dämpfe schließen. Ist z. B. das Oel auf 121° erwärmt, so steigt das Quecksilber im Rohre so hoch, daß sein Gipfel um 28 Zoll über dem Spiegel des Quecksilbers im Gefäß steht. Die Dämpfe im Gefäß stehen also jetzt unter dem Druck einer Quecksilbersäule von 28 Zoll + dem Druck der auf dieser Quecksilbersäule lastenden Atmosphäre, für 121° ist also die Spannkraft der Wasserdämpfe gleich 2 Atmosphären.

Um die Röhre vor dem Zerbrechen zu schützen und um zugleich die Höhe der gehobenen Quecksilbersäule messen zu können, ist der Apparat auf einem getheilten Brette befestigt. Wenn die Röhre lang genug ist, kann man mit dieser Vorrichtung die Tension der Wasserdämpfe bis zu 3 und 4 Atmosphären messen.

Um stärkere Spannkräfte zu messen, braucht man nur die Steigröhre zuzuschmelzen, so daß in ihr ein bestimmtes Luftquantum abgesperrt ist. Wenn die Dämpfe im Gefäß das Quecksilber in die Röhre treiben, so wird die abgesperrte Luft comprimirt, man hat also hier mit einem Compressionsmanometer zu thun, dessen Princip bereits auf S. 116 erläutert wurde.

Die folgenden Tabellen enthalten das Maximum der Spannkraft der Wasserdämpfe für verschiedene Temperaturen:

Grade.	Spannkraft des Wasserdampfes in Millimetern.	Druck auf 1 Quadratcentimeter in Kilogrammen.	Druck auf 1 Quadratzoll preuß. in Pfunden.
0	5	0,007	0,101
10	9	0,013	0,189
20	17	0,023	0,344
30	30	0,042	0,611
40	53	0,072	1,053
50	89	0,126	1,763
60	145	0,196	2,874
70	229	0,311	4,552
80	352	0,478	6,996
90	525	0,714	10,437
100	760	1,033	15,101

Spannkraft in Atmosphären.	Entsprechende Temperaturen.	Druck auf 1 Quadratcentimeter in Kilogrammen.	Druck auf 1 Quadratzoll preuß. in Pfunden.
1	100	1,03	15,1
2	121	2,07	30,2
4	145	4,13	60,4
6	160	6,20	90,6
8	172	8,26	120,9
10	182	10,33	151,1
15	200	15,49	226,6
20	215	20,66	302,2
25	226	25,82	377,7
30	236	30,99	453,2

Um die Beziehungen zwischen der Temperatur und der entsprechenden Spannkraft des gesättigten Wasserdampfes auszudrücken, sind eine große Zahl empirischer Formeln aufgestellt worden, von welchen die folgende

$$log\ e = 5{,}58188\ log\ [1 + 0{,}002108\ (t - 100)],$$

in welcher e die in Atmosphären ausgedrückte Spannkraft, t die Temperatur nach Centesimalgraden bezeichnet, eine der einfachsten ist und sich auch ziemlich gut den Beobachtungen anschließt.

Die Spannkraft des Dampfes wächst, wie man sieht, in einem weit rascheren Verhältnisse als die Temperatur, d. h. bei höheren Temperaturen bringt die gleiche Temperaturerhöhung eine weit größere Vermehrung der Spannkraft hervor als bei niedrigen; während eine Temperaturerhöhung von 100 bis 121°, also um 21°, die Spannkraft des Wasserdampfes um 1 Atmosphäre vermehrt, wächst sie bei einer Temperaturerhöhung von 226 bis 236°, also bei einer Temperaturerhöhung von nur 10 Graden, schon um 5 Atmosphären, zwischen 226 und 236° reicht also ungefähr eine Temperaturerhöhung von 2° schon hin, um die Spannkraft des Wasserdampfes um 1 Atmosphäre zu steigern.

Wie mit steigender Temperatur die Spannkraft der Dämpfe wächst, läßt sich auch mit Hülfe eines kleinen Dampfkessels, des papinianischen Topfes, Fig. 505, zeigen. In dem fest aufgeschraubten Deckel befinden sich drei Oeffnungen;

Fig. 505.

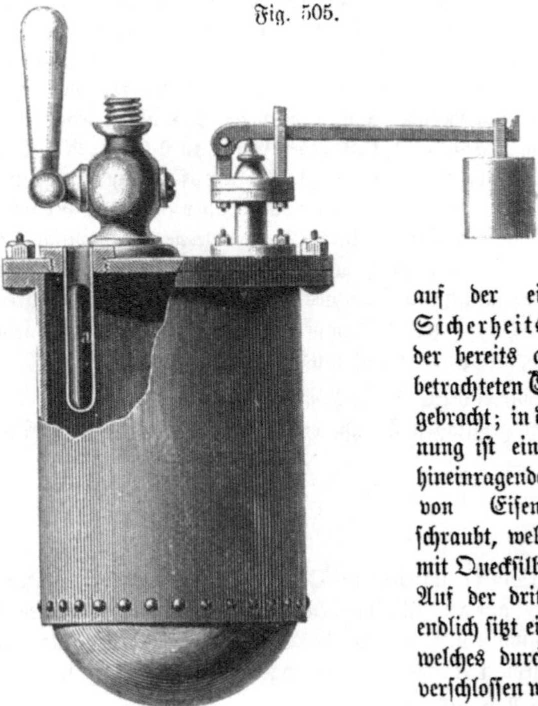

auf der einen ist ein Sicherheitsventil von der bereits auf Seite 117 betrachteten Einrichtung angebracht; in die zweite Oeffnung ist ein in den Kessel hineinragendes Röhrchen *a* von Eisenblech aufgeschraubt, welches zum Theil mit Quecksilber gefüllt wird. Auf der dritten Oeffnung endlich sitzt ein kurzes Rohr, welches durch einen Hahn verschlossen werden und auf welches man verschiedene Ausströmungsöffnungen aufschrauben kann.

Wird der bis zu $^2/_3$ seiner Höhe mit Wasser gefüllte Kessel genügend erhitzt, so kommt das Wasser nach einiger Zeit ins Kochen, wenn der Hahn geöffnet ist; ein in das Quecksilber des Rohres *a* eingetauchtes Thermometer zeigt constant die Temperatur des Siedepunktes. Sobald man aber den Hahn schließt, also das Abziehen der Dämpfe hindert, steigt sogleich das Thermometer, und die Spannkraft der Dämpfe im Kessel wächst, bis sie endlich groß genug ist, um das Sicherheitsventil zu heben und hier einen Ausweg zu erzwingen.

Gesetzt, der Querschnitt der Ventilfläche beträgt 1 Quadratcentimeter und an den Hebel sei ein Gewicht so angehängt, daß das Ventil durch ein Gewicht von 1 Kilogramm belastet ist, so wird der Dampf zum Ventil herausblasen (abblasen), wenn das Thermometer auf 121° C. gestiegen ist; denn bei dieser Temperatur ist die Spannkraft des Dampfes gleich dem Druck von zwei Atmosphären, und dies ist der Druck, welcher, den Luftdruck selbst mitgerechnet, auf dem Ventile lastet.

Die Zunahme der Spannkraft bei wachsender Temperatur hat zwei Ursachen. Denken wir uns irgend einen abgesperrten Raum mit Wasserdampf von 100°, also mit gesättigtem Dampf von 1 Atmosphäre Spannkraft erfüllt; in welchem ganz und gar kein Wasser mehr vorhanden, welcher also ganz vom Wasser abgesperrt ist. Wird nun die Temperatur dieses Raumes auf 121° erhöht, so strebt der in ihm enthaltene Dampf allerdings, sich auszudehnen, und weil er sich nicht ausdehnen kann, wird seine Spannkraft wachsen, aber nur im Verhältniß von 1,365 zu 1,442 (oder von 1 zu 1,056); der Dampf ist nun nicht mehr gesättigt, es ist überhitzter Dampf, welcher sich ganz ebenso verhält wie ein Gas. Wenn sich aber noch Wasser in diesem Raume befindet, so wird sich in Folge der Temperaturerhöhung eine neue Quantität Dampf bilden; die einer Temperaturerhöhung von 100 bis 121° entsprechende Zunahme der Spannkraft des gesättigten Dampfes von 1 bis auf 2 Atmosphären rührt also vorzugsweise daher, daß der Dampf dichter wird und in Folge seiner größeren Dichtigkeit einen größeren Druck ausübt.

1 Cubikdecimeter (Liter) Wasser liefert ungefähr

1646	Liter	gesättigten	Dampf	von	100° C.	und	1	Atm.	Spannkraft
851	"	"	"	"	121	"	2	"	"
436	"	"	"	"	145	"	4	"	"
183	"	"	"	"	182	"	10	"	"

261 **Spannkraft anderer Dämpfe.** Wie die Spannkraft der gesättigten Dämpfe anderer Flüssigkeiten, z. B. des Weingeistes, des Aethers, des Schwefelkohlenstoffs u. s. w., von der Temperatur abhängen, läßt sich gleichfalls mit Hülfe barometerartiger Vorrichtungen bestimmen, wie wir sie im vorigen Paragraphen kennen lernten.

Unter dem Druck der Atmosphäre ist der Siedepunkt irgend einer Flüssigkeit die Temperatur, für welche die Spannkraft ihrer gesättigten Dämpfe gleich ist dem Druck der Atmosphäre. Für den Siedepunkt haben also die Dämpfe aller Flüssigkeiten gleiche Spannkraft. Dalton glaubte, daß in gleichem Temperaturabstande von ihrem Siedepunkte die Spannkräfte der Dämpfe aller Flüssigkeiten gleich seien. Die Erfahrung hat dieses Gesetz nicht bestätigt.

Die folgende Tabelle enthält die Spannkraft der Dämpfe einiger Flüssigkeiten für die beigeschriebenen Temperaturen nach Regnault's Versuchen:

Temperatur.	Alkohol.	Schwefelkohlenstoff.	Aether.
— 20	3,3mm	—	69,2mm
0	12,7	127,3mm	182,3
+ 20	44,0	298,2	434,8
50	220,3	852,7	1268,0
100	1685,0	3321,3	4920,4

Es giebt Flüssigkeiten, deren Siedepunkt unter der mittleren Lufttemperatur liegt; solche Körper können natürlich unter gewöhnlichen Umständen nicht tropfbar-flüssig sein, sie sind bei der gewöhnlichen Lufttemperatur unter dem gewöhnlichen Luftdrucke nur gasförmig; man muß solche Gase comprimiren und erkalten, um sie tropfbar-flüssig zu machen. So siedet z. B. die schweflige Säure bei — 10°; in einer Glasröhre eingeschmolzen üben ihre Dämpfe bei 25° schon einen Druck von ungefähr 5 Atmosphären aus.

Cyangas, Ammoniak, Kohlensäure u. s. w. lassen sich ebenfalls durch Compressionen und Erkaltung zu Flüssigkeiten verdichten. Der Dampf der flüssigen Kohlensäure hat bei 0° schon eine Spannkraft von 36, bei 30° schon eine Spannkraft von 73 Atmosphären.

Der Dampfkessel. Wo es sich darum handelt, Wasserdampf in 262
größerer Menge zu erzeugen, sei es zum Betriebe von Dampfmaschinen, oder zur Dampfheizung u. s. w., wendet man eigens construirte Dampfkessel an, deren Größe, Gestalt, Heizvorrichtung u. s. w., je nach den speciellen Zwecken, die mannigfaltigsten Abänderungen erleiden. Wie übrigens auch der Dampfkessel sonst eingerichtet sein mag, so sind folgende Bestandtheile durchaus nothwendig.

1) Das Dampfleitungsrohr, welches den Dampf aus dem oberen Theile des Dampfkessels dem Orte zuführt, wo er zur Verwendung kommen soll.

2) Das Speiserohr, durch welches (meist mittelst einer Druckpumpe) dem Kessel wieder Wasser zugeführt werden kann, um das zu ersetzen, was durch Verdampfung consumirt wird.

3) Das Mannloch, eine durch eine aufgeschraubte Metallplatte verschlossene Oeffnung, welche groß genug ist, daß ein Mann durch sie in den Kessel einsteigen kann, wenn derselbe einer Reinigung bedarf.

4) Ein Sicherheitsventil.

5) Ein Wasserstandszeiger, d. h. irgend eine Vorrichtung, durch welche man ersehen kann, wie hoch das Wasser im Kessel steht, um danach den Wasserzufluß reguliren zu können.

Fig. 506 stellt einen möglichst einfachen Dampfkessel mit den soeben als wesentlich bezeichneten Theilen dar. Es ist

A das Dampfrohr,
E das Speiserohr,
C das Sicherheitsventil,
D das Mannloch,
F der Wasserstandszeiger,

hier ein Glasrohr, welches durch horizontale Messingröhrchen mit dem oberen und dem unteren Theile des Dampfkessels in Verbindung steht, so daß das

Fig. 506.

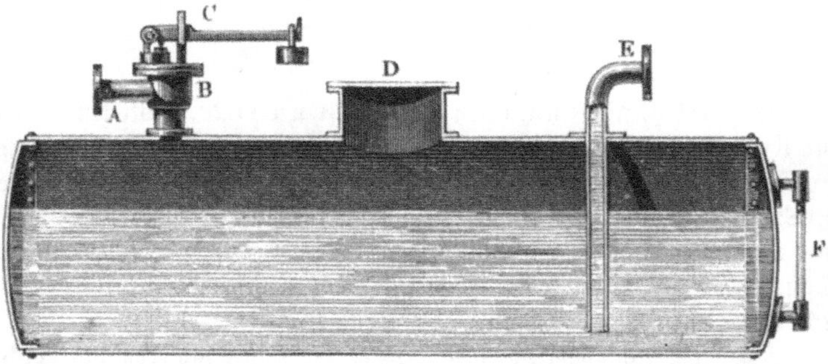

Wasser im Glasrohre sich stets in gleiche Höhe mit dem Wasser im Kessel stellen muß. Statt eines solchen Rohres werden auch andere Vorrichtungen zum gleichen Zwecke angewandt.

Die Kesselwände müssen natürlich um so stärker gemacht werden, je größer der Durchmesser des Kessels und je größer die Spannkraft der Dämpfe ist, welche er einschließt. In den meisten Staaten sind, um Unglück zu verhüten, die Anlagen von Dampfkesseln an gesetzliche Bestimmungen geknüpft, und namentlich ist das Verhältniß der Dicke der Kesselwände zu dem Durchmesser des Kessels und der Spannkraft der Dämpfe normirt. Nach dem französischen Gesetz z. B. soll für einen Kessel von 0,5 Meter Durchmesser das Eisen- oder Kupferblech, aus welchem derselbe gemacht ist,

3,9 5,7 9,3 Millimeter dick sein

für eine Spannkraft von

2 4 8 Atmosphären.

Für einen Kessel von 1 Meter Durchmesser sind aber Folgendes die zusammengehörigen Werthe der Spannkraft und der Blechdicke:

2 4 8 Atmosphären,
4,8 8,4 15,8 Millimeter.

Gußeiserne Dampfkessel sind meist verboten.

263 **Die Dampfmaschine.** Der Wasserdampf gehört zu den mächtigsten bewegenden Kräften, die uns zu Gebote stehen. Es unterliegt keinem Zweifel, daß der ungeheure Aufschwung, dessen sich die Industrie und der Verkehr in

den neueren Zeiten zu erfreuen haben, zum großen Theil der Anwendung der Dampfkraft zu verdanken ist. Der Wasserdampf liefert uns eine Kraft, deren wir aufs Vollkommenste Meister sind, der wir jede beliebige Stärke geben können und die sich leicht überall erzeugen und anbringen läßt.

Schon seit 1788 wandte man in England die Dampfkraft zur Förderung der Grubenwasser in Bergwerken an; aber abgesehen davon, daß die dazu verwandten Maschinen Savary's und Newkomen's doch nur eine sehr beschränkte Anwendbarkeit hatten, war ihr Betrieb auch sehr kostspielig. Erst Watt gelang es, die Construction der Dampfmaschine so zu vervollkommnen, daß eine allgemeine Benutzung der Dampfkraft möglich wurde, und dadurch wurde Watt der Gründer einer neuen Aera für die Industrie. Der Bau der Dampfmaschine machte in kurzer Zeit ungeheure Fortschritte. Die Dampfmaschine ist in der That eine Mustermaschine geworden, an welcher die praktische Mechanik eine tüchtige Schule durchgemacht hat.

Wir wollen die Dampfmaschine zunächst in ihrer einfachsten Form kennen lernen. Fig. 507 (a. f. S.) stellt eine Hochdruckdampfmaschine im Durchschnitt, Fig. 508 stellt von derselben Maschine eine vordere Ansicht dar. Durch das Rohr *z* gelangt der Dampf aus dem Dampfkessel zunächst in den Dampfraum ***K***, von welchem aus zwei Canäle zum Cylinder ***A*** führen; der eine mündet am oberen Ende des Cylinders bei *e*, der andere am unteren Ende bei *d*. Durch den Vertheilungsschieber, den wir alsbald näher betrachten wollen, wird bewirkt, daß der Dampf abwechselnd unten und dann wieder oben in den Cylinder einströmt und den Kolben *C* abwechselnd auf und nieder treibt.

Die Kolbenstange bewegt sich luft- und dampfdicht durch eine Stopfbüchse, welche sich in der Mitte des oberen Cylinderdeckels befindet.

An der Kolbenstange ist zunächst die Pleuelstange (Treibstange) ***P*** befestigt, welche durch Vermittlung der Kurbel *Q* die alternirende Bewegung des Kolbens in eine gleichförmige Rotationsbewegung verwandelt. Die Axe der Kurbel *Q* ist die Hauptaxe der Maschine, welche in Bewegung gesetzt werden soll; an dieser Axe ist auch das Schwungrad ***X*** befestigt, welches dazu dient, kleinere Ungleichheiten im Gange der Maschine auszugleichen.

Um den verticalen Gang der Kolbenstange zu sichern, ist am oberen Ende derselben ein Querstück *q*, Fig. 508, angebracht, welches durch die zu beiden Seiten stehenden eisernen Säulen *l* geführt wird.

Die Bewegung des Kolbens *C* ist begreiflicherweise nicht gleichförmig, da derselbe am oberen und unteren Ende seiner Bahn momentan zur Ruhe kommt, um dann die Richtung seiner Bewegung umzukehren. Seine Geschwindigkeit ist am größten, wenn er eben die Mitte des Cylinders passirt; sie nimmt um so mehr ab, je mehr er sich dem oberen oder unteren Ende des Cylinders nähert. Betrachten wir nun die Bewegung der Kurbel, so finden wir, daß bei gleichförmiger Umdrehungsgeschwindigkeit ihre Bewegung im verticalen Sinne dennoch sehr veränderlich ist. Der Kurbelarm steht wagerecht, wenn der Kolben *C* sich in der Mitte des Cylinders befindet, in diesem Moment hat die Bewegung der Kurbel eine verticale Richtung; wenn aber der Kolben *C* seine höchste

Fig. 507.

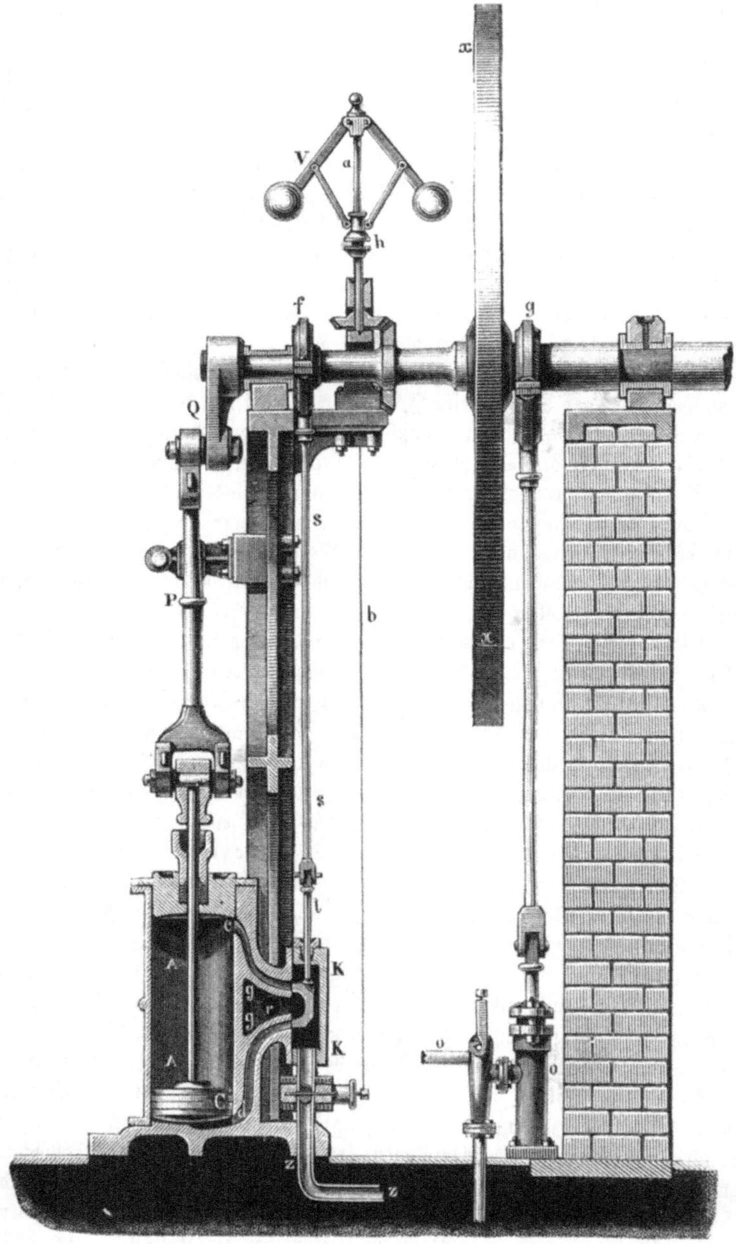

Fig. 508.

oder tiefste Stellung hat, so bewegt sich die Kurbel in horizontaler Richtung. Der verticale Antheil der Kurbelbewegung ist der Bewegung des Kolbens ganz gleich; in dem Maße, in welchem die Kurbelbewegung mehr horizontal wird, nimmt die Geschwindigkeit des Kolbens ab, ohne daß dadurch eine Verminderung in der Umdrehungsgeschwindigkeit der Kurbel erfolgte.

Der Durchmesser der Kurbelbahn ist begreiflicherweise der Höhe des Cylinders, die Dicke des Kolbens abgerechnet, gleich; die Länge des Kurbelarmes ist demnach der halben Hubhöhe des Kolbens gleich.

Das Schwungrad X dient dazu, die Bewegung der Maschine gleichförmig zu erhalten. Wenn auch der Druck des Dampfes auf den Kolben ganz unveränderlich wäre, so würde er doch nicht bei allen Stellungen der Kurbel gleichviel zu deren Umdrehung beitragen können. In der That kann man den Druck, welcher durch die Treibstange P auf die Kurbel wirkt, in zwei zu einander rechtwinklige Kräfte zerlegt denken; die eine, in der Richtung der Kurbel selbst als Druck auf die Axe wirkend, trägt nichts zur Umdrehung bei, welche ganz allein durch die andere, tangential zur Kurbelbahn wirkende Seitenkraft hervorgebracht wird. Die Größe dieser beiden Kräfte ändert sich aber in jedem Momente. Wenn der Kurbelarm vertical steht, wirkt jeder Druck, welcher vom Kolben ausgeht, einzig und allein als Druck auf die Kurbelaxe. Wenn in dieser Stellung die Maschine stillstände, so würde der größte Druck auf den Kolben sie nicht in Bewegung setzen können; daß also die Maschine, indem sie in diese Stellung kommt, nicht absolut stillstehen bleibt, rührt einzig und allein daher, daß die einzelnen Maschinentheile vermöge ihrer Trägheit ihre Bewegung fortsetzen, gerade so wie ein Pendel, wenn es in der Ruhelage ankommt, doch vermöge seiner Trägheit die Bewegung fortsetzt.

Ueberhaupt wird der Lauf der Maschine eine Beschleunigung erfahren, während der Kolben sich in der Nähe der Mitte des Cylinders bewegt; dagegen tritt eine Verzögerung im Laufe der Maschine ein, wenn sich der Kolben nahe am oberen oder unteren Ende des Cylinders befindet; diese Ungleichförmigkeiten werden aber durch das Schwungrad um so mehr ausgeglichen, je größer die Masse und der Halbmesser desselben ist.

Betrachten wir nun die Steuerung der Maschine, d. h. die Vorrichtung, durch welche bewirkt wird, daß der aus dem Kessel kommende Dampf, welcher bei diesen Maschinen eine Spannkraft von 4 bis 6 Atmosphären erreicht, abwechselnd unten und dann wieder oben in den Cylinder eintritt. In der dem Cylinder zugekehrten Wand des Dampfraumes K befinden sich drei Oeffnungen, von denen die eine mit dem oberen, die andere mit dem unteren Theile des Cylinders in Verbindung steht, während die mittlere zu einer Höhlung g, Fig. 507, führt, aus welcher der verbrauchte Dampf durch das Rohr r in die freie Luft gelangt. Vor diesen Oeffnungen bewegt sich nun der Vertheilungsschieber, dessen Einrichtung aus Fig. 509 näher zu ersehen ist. In der Stellung, wie sie Fig. 507 zeigt, sind beide Canäle durch den Schieber verschlossen, es strömt gar kein Dampf in den Cylinder, denn es ist ja dies der Moment, in welchem der Kolben gerade seine tiefste Stellung hat, in welchem die Maschine im sogenannten **todten Punkte** angelangt ist. In dem Maße aber, als der Kolben steigt, wird auch der Schieber gehoben; er erreicht seine höchste Stellung, wenn der aufsteigende Kolben gerade die Mitte des Cylinders erreicht, also seine größte Geschwindigkeit erlangt hat. In diesem Momente ist die untere Oeffnung ganz frei, Fig. 510, so daß der Dampf mit voller Kraft in den unteren Theil des Cylinders einströmen kann, während der verbrauchte Dampf aus dem oberen Theil des Cylinders durch den Canal *e* und die Höhlung des Schiebers nach *g* gelangt und von da durch *r* (in Fig. 510 und 511 steht *a* an der Stelle von *r*) entweicht.

Fig. 509.

Nähert sich der Kolben mit abnehmender Geschwindigkeit dem oberen Ende des Cylinders, so geht der Schieber allmälig wieder nieder, um alle Oeffnungen

Fig. 510.

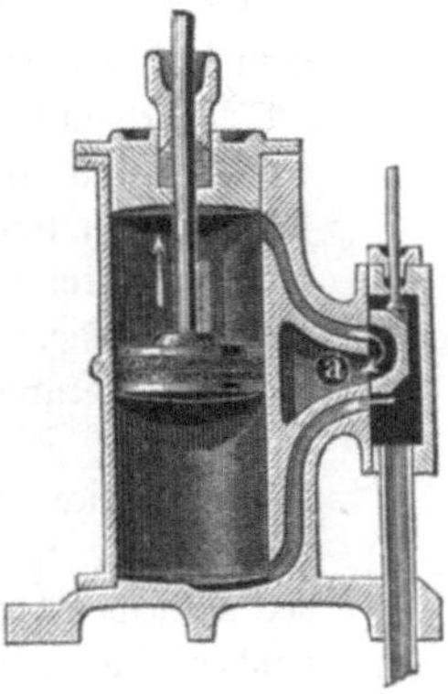

Fig. 511.

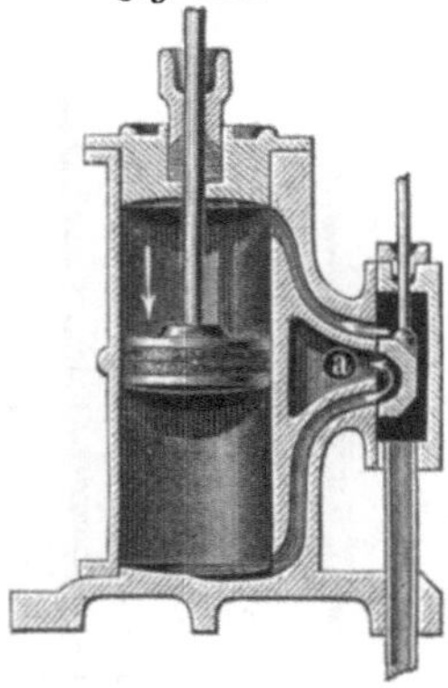

in dem Augenblicke zu schließen, in welchem der Kolben das oberste Ende seiner Bahn erreicht. Während darauf der Kolben wieder niedergeht, fährt auch die niedergehende Bewegung des Schiebers noch fort, bis der Kolben wieder in der Mitte des Cylinders angekommen ist, wo dann die obere Oeffnung ganz frei ist, Fig. 511, und der Dampf aus der unteren Hälfte des Cylinders durch die Höhlung des Schiebers entweicht.

Die eben betrachtete Bewegung des Vertheilungsschiebers muß natürlich durch die Maschine selbst bewerkstelligt werden, und zwar geschieht dies durch die **excentrische Scheibe** *f*, die wir in Fig. 507 von der Seite sehen. Fig. 512, 513 und 514 (a. f. S.) zeigen dieselbe von vorn gesehen in drei Hauptstellungen.

Die excentrische Scheibe ist eine kreisförmige Scheibe, die an der Hauptaxe der Maschine befestigt ist, deren Mittelpunkt aber nicht mit dem Mittelpunkte der Axe zusammenfällt, so daß bei jeder Umdrehung der Axe der Mittelpunkt der excentrischen Scheibe einen kleinen Kreis zu beschreiben hat, dessen Durchmesser der Bahn gleich ist, welche der Schieber bei seiner auf- und niedergehenden Bewegung zurücklegt.

Um den Umfang dieser Scheibe ist ein Ring gelegt, an welchem die Stange *s* befestigt ist; an der Stange *s* hängt nun wieder mittelst eines Gelenkes die

Schieberstange *t*, und so ist klar, daß der Schieber aufwärts gezogen wird, während der Mittelpunkt der excentrischen Scheibe durch die Umdrehung der Axe aus seiner tiefsten in seine höchste Stellung gelangt, daß umgekehrt der Schieber niedergedrückt wird, während der Mittelpunkt der excentrischen Scheibe auf der anderen Hälfte seiner Bahn niedergeht.

Fig. 512. Fig. 513. Fig. 514.

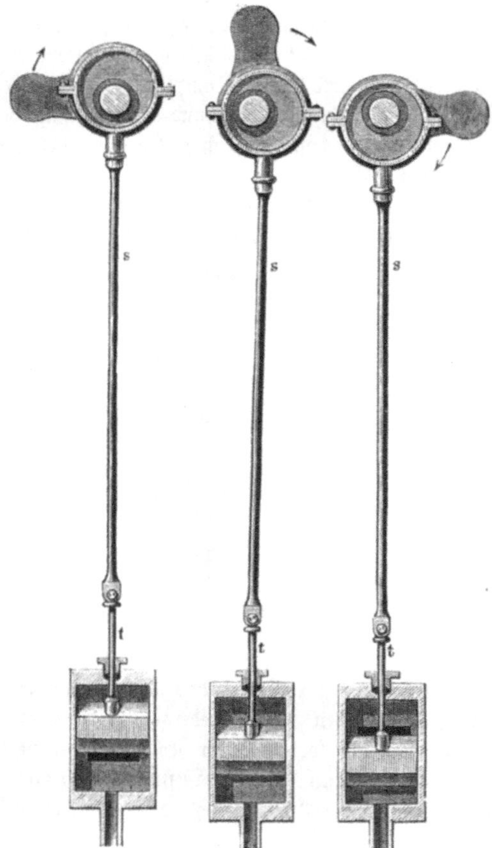

Da der Dampf unten voll einströmen muß, wenn der Kolben in aufgehender Bewegung die Mitte des Cylinders passirt, so muß der Mittelpunkt der excentrischen Scheibe seinen höchsten Stand einnehmen, wenn der Kurbelarm eben wagerecht steht, Fig. 512. Gelangt der Kurbelarm in seine höchste Stellung, so daß er vertical nach oben gerichtet ist, so steht jetzt der Mittelpunkt der excentrischen Scheibe in gleicher Höhe mit dem Mittelpunkt der Axe, der Schieber befindet sich gerade in der Mitte seiner Bahn und verschließt alle Oeffnungen, Fig. 513. Wenn der Kolben, nach unten gehend, die Mitte des Cylinders passirt, so steht die Kurbel wieder wagerecht und die excentrische Scheibe nimmt ihre tiefste Stellung ein, damit der Dampf frei durch die obere Oeffnung einströmen könne, Fig. 514.

Um die Maschine im Gange zu halten, muß im Kessel fortwährend Wasser verdampft werden; es ist also klar, daß in gleichem Maße dem Kessel wieder frisches Wasser zugeführt werden muß, wenn der Gang der Maschine keine Störungen erleiden soll. Dies geschieht nun durch die Druckpumpe *o*, Fig. 507, deren Kolben durch die excentrische Scheibe *g* bewegt wird. Die innere Einrichtung einer solchen Druckpumpe *o* haben wir bereits oben S. 102 kennen gelernt.

Wenn die zu verrichtende Arbeit, der zu überwindende Widerstand im Allgemeinen ab= oder zunimmt, so ist die Folge davon, daß der Gang der Maschine schneller oder langsamer wird. Momentane kurz dauernde Störungen der Art werden schon durch das Schwungrad ausgeglichen; eine allgemeine Verminderung des Widerstandes und der Last aber würde bei unverändertem Zuflusse des Dampfes eine immer zunehmende Beschleunigung des Ganges der Maschine zur Folge haben. Damit nun die Geschwindigkeit nicht über eine gewisse Gränze wachsen kann, muß im Dampfzuflußrohre eine Klappe, Drosselventil, angebracht sein, durch deren Drehung dem Dampfe der Weg mehr oder weniger versperrt wird, je nachdem sie mehr und mehr aus der verticalen Lage (der vollkommenen Oeffnung) in die horizontale (den vollkommenen Verschluß) übergeht. Die Drehung dieser Klappe muß aber durch die Maschine selbst besorgt werden, und dies geschieht durch eine Vorrichtung, welche den Namen Regulator führt.

Die Bewegung der Hauptaxe wird durch Winkelräder auf eine verticale Axe *a*, Fig. 507, übertragen, welche das conische Pendel *V* trägt; es besteht dies aus zwei schweren Kugeln, die an das obere Ende der Stange *a* so angehängt sind, daß sie vermöge ihrer Centrifugalkraft auseinanderfahren, wenn die Axe *a* rasch umgedreht wird; sobald dies aber geschieht, wird die Hülse *h* gehoben und dadurch die Stange *b* in die Höhe gezogen (in Fig. 507 ist dieselbe nur durch eine Linie angedeutet), dadurch aber wird das Drosselventil um seine Axe gedreht und also der Zufluß des Dampfes um so mehr gehemmt, je rascher die Maschine läuft.

Niederdruckmaschinen. Bei den eben besprochenen Maschinen 264
ist die eine Seite des Cylinders mit der atmosphärischen Luft in Verbindung, so daß auf dieser Seite des Kolbens der Druck der Atmosphäre lastet, während auf der anderen Seite der Druck des Dampfes wirkt; es ist klar, daß hier der Dampfdruck ein bedeutender sein muß, da ja ein Theil desselben noch zur Ueberwindung des Luftdrucks verwandt wird und nur der Rest der Bewegung zu gut kommt. Solche Maschinen heißen Hochdruckmaschinen, weil in ihnen Dampf von hoher Spannung in Anwendung kommt.

Soll nun aber die Maschine schon durch Dampf von geringer Spannkraft (von niederem Druck) getrieben werden, so darf man auf der anderen Seite des Kolbens nicht die atmosphärische Luft drücken lassen, sondern man muß einen verdünnten Raum erzeugen, was dadurch geschieht, daß man die verbrauchten Dämpfe nicht in die freie Luft ausströmen läßt, sondern daß man sie zu einem Behälter hinleitet, in welchem sie durch Einspritzen von kaltem Wasser verdichtet werden. Dieser Verdichtungsraum heißt der Condensator, und Dampfmaschinen, welche, mit einem Condensator versehen, durch Dämpfe von geringer Spannkraft getrieben werden können, heißen Niederdruckmaschinen.

Watt's Maschinen waren Niederdruckmaschinen. Fig. 515 (a. f. S.) stellt eine Totalansicht, Fig. 516 stellt den Durchschnitt des unteren Theils der Maschine dar. Der Vertheilungsschieber hat hier eine etwas andere Einrichtung als der früher betrachtete. Der verbrauchte Dampf strömt durch den Canal *d*, Fig. 516, nach dem Condensator *e*, in welchem die Verdichtung der Dämpfe durch fortwährend eingespritztes Wasser bewirkt wird. Das durch Einspritzen und durch

Fig. 515.

Verdichtung der Dämpfe im Condensator sich sammelnde Wasser wird durch eine besondere Pumpe *h* fortgeschafft, welche die Condensatorpumpe oder auch die Luftpumpe heißt, weil sie außer dem Wasser auch die Luft fortschafft, welche sich im Kessel beim Kochen des Wassers entbindet und mit den Dämpfen durch die Maschine geht.

Bei der Watt'schen Maschine wird die Bewegung der Kolbenstange zunächst auf einen zweiarmigen Hebel, den Balancier *DF*, Fig. 515, übertragen, an dessen anderem Ende die Pleuelstange *G* befestigt ist, welche die Umdrehung der Kurbel bewirkt.

Auch hier geschieht die Führung des Schiebers durch eine excentrische Scheibe, und der Regulator dieser Maschine wirkt ganz in ähnlicher Weise, wie bei der Hochdruckmaschine.

265 **Die Locomotive** ist eine Hochdruckmaschine mit horizontal liegenden Cylindern. Fig. 517 (a. S. 490) zeigt die Ansicht einer Locomotive von eben so zweckmäßiger als auch übersichtlicher Construction. Die Hauptmasse der Locomotive bildet der cylindrische Dampfkessel, dessen Durchschnitt in Fig. 518 (a. S. 492) dargestellt ist und welcher später noch besprochen werden soll. Der vom Dampfkessel gelieferte Dampf gelangt durch ein Rohr, welches durch die kastenartige Verscha-

lung *a*, Fig. 517, verdeckt wird, zu dem Dampfkasten *b*, auf dessen etwas gegen die Horizontale geneigtem Boden der Vertheilungsschieber liegt, welcher den Dampf bald auf die eine, bald auf die andere Seite des Dampfcylinders *c* führt. In diesem Cylinder wird dann ein Kolben bald nach der einen, bald nach der anderen Seite getrieben und die Bewegung desselben ganz in derselben Weise auf eine Kurbel übertragen, wie **wir** sie bei der Dampfmaschine Fig. 508 kennen

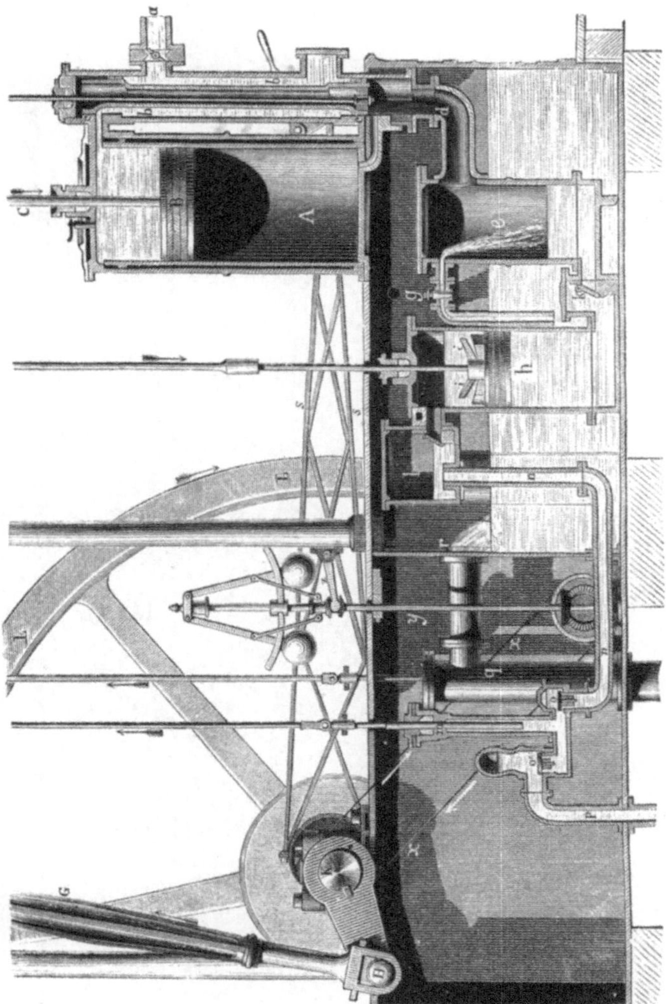

Fig. 516.

lernten mit dem einzigen Unterschiede, daß hier der Cylinder horizontal liegt, daß sich der Kolben sammt der Kolbenstange in horizontaler Richtung hin- und herbewegt, während bei der Maschine Fig. 508 diese Bewegungen in verticaler Richtung vor sich gingen.

Man wird ohne Schwierigkeit in Fig. 517 die durch den linken Deckel des Cylinders *c* austretende Kolbenstange, die Pleuelstange und die Kurbel auffinden können. Die Axe dieser Kurbel bildet nun zugleich die Umdrehungs-

Fig. 517.

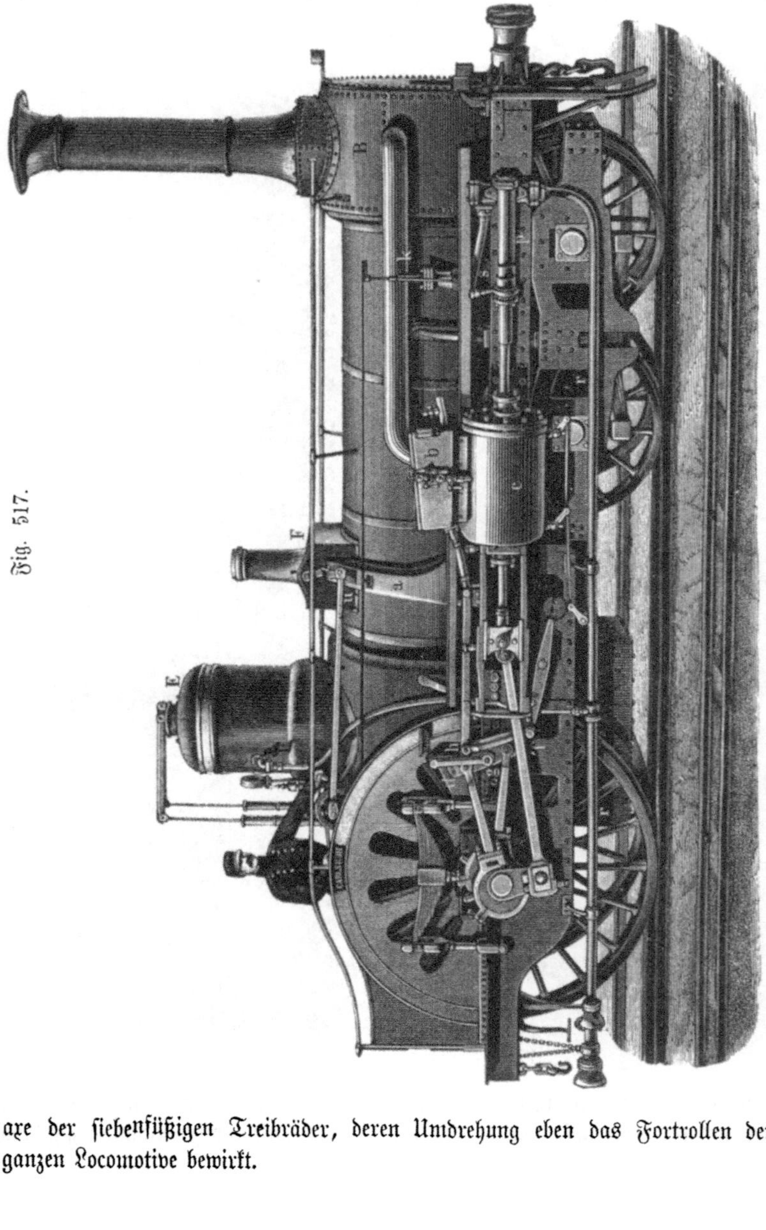

axe der siebenfüßigen Treibräder, deren Umdrehung eben das Fortrollen der ganzen Locomotive bewirkt.

Die Führung des Vertheilungsschiebers wird auch hier durch eine excentrische Scheibe besorgt. Unsere Figur zeigt deren zwei dicht hinter einander liegende, welche in ihrem Gange um 180° verschieden sind, so daß sie gleichzeitig in den entgegengesetzten extremen Stellungen ankommen. Die Stange der vorderen excentrischen Scheibe ist an dem oberen, die Stange der hinteren excentrischen Scheibe ist an dem unteren Ende des eisernen Bügels *df* befestigt, welcher um seinen festen Mittelpunkt *g* in verticaler Ebene drehbar ist. Dieser Bügel wird demnach während des Ganges der Maschine in der Weise hin- und hergezogen, daß *d* seine äußerste Stellung links hat, wenn *f* am weitesten nach rechts steht (wie es eben unsere Figur zeigt), während nach einer halben Umdrehung der Kurbelaxe umgekehrt *d* in die äußerste Stellung rechts, *f* in die äußerste Stellung links kommt.

In diesen Bügel greift nun die Stange *hi* ein, an deren anderem Ende die Schieberstange befestigt ist. Bei der Stellung, welche unsere Figur zeigt, hat *d*, also auch die Stange *hi* und der Schieber, die äußerste Stellung links, der Dampf tritt also auf der rechten Seite in den Cylinder ein und der Kolben wird nach der linken getrieben, so daß sich also die Kurbel sammt dem Treibrade in der Richtung drehen muß, wie die Zeiger einer Uhr, was zur Folge hat, daß die Maschine vorwärts läuft.

Um rückwärts zu fahren, wird das eine Ende *h* der Stange *hi* mittelst einer besonderen Hebelvorrichtung niedergedrückt, so daß *h* an das untere Ende des Bügels *df* kommt; dadurch wird die Führung des Schiebers der hinteren excentrischen Scheibe übertragen, welcher die entgegengesetzte Umdrehung der Kurbel entspricht.

Der verbrauchte Dampf entweicht durch das Rohr *k*, Fig. 518, in den Schornstein.

An dem in dem Dampfcylinder *c*, Fig. 517, sich hin- und herbewegenden Kolben ist auf der rechten Seite gleichfalls eine Kolbenstange befestigt, welche durch eine Stopfbüchse aus dem Cylinder austritt und an welcher unmittelbar ein etwas dickerer messingener Cylinder angesetzt ist, welcher als Kolben der Druckpumpe *p* arbeitet. Diese Druckpumpe saugt das Wasser durch das Rohr *r* aus dem Tender und preßt es durch das kurze Rohr *s* in den Kessel hinein, so daß das durch die fortwährende Dampfbildung consumirte Wasser stets wieder ersetzt wird.

Fig. 518 zeigt einen Längendurchschnitt des Locomotivkessels. Aus dem von allen Seiten mit Wasser umgebenen Feuerraum *A*, in welchen das Brennmaterial durch die mit einer Thür verschließbare Oeffnung *D* geworfen wird, führt eine große Anzahl kupferner Röhren die erhitzte Luft durch die ganze Länge des Kessels hindurch in die Rauchkammer *B*, aus welcher sie dann in den Schornstein entweicht.

Die auf beiden Seiten der Rauchkammer *B* eintretenden Röhren *k* vereinigen sich in der Mitte zu einer gemeinschaftlichen Mündung, aus welcher der verbrauchte Dampf mit solcher Gewalt in den Schornstein einströmt, daß dadurch ein Theil der Luft aus der Rauchkammer *B* mitgerissen wird, was ein lebhaftes Nachströmen der erhitzten Luft von *A* her durch die Röhren zur Folge hat und wodurch die lebhafte Verbrennung im Feuerraume eben so erhalten wird, als ob ein ungleich höherer Schornstein auf die Rauchkammer aufgesetzt wäre.

Der in dem Kessel gebildete Dampf sammelt sich nun vorzugsweise in der Kuppel *E*, von wo er durch ein weites Rohr in das Kästchen *F* geführt wird.

Fig. 518.

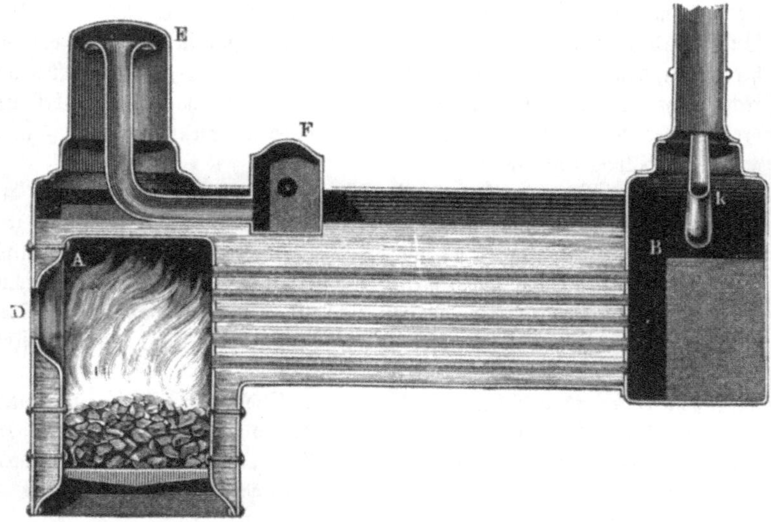

Von *F* führt dann auf jeder Seite ein Rohr den Dampf weiter zur Maschine. Die Mündung dieser Röhre ist durch einen Schieber verschließbar, welchen der Führer mittelst des Hebels *tu*, Fig. 517, vor- und zurückschieben kann, wodurch dann überhaupt der Dampf zur Maschine zugelassen, oder, wenn die Maschine stillstehen soll, wieder abgesperrt wird.

266 **Berechnung des Effects der Dampfmaschinen.** Es bezeichne

p die in Atmosphären ausgedrückte Spannkraft des Dampfes im Cylinder, von welcher wir annehmen wollen, daß sie der Spannkraft des Dampfes im Kessel gleich sei,

Q den Querschnitt des Kolbens in Quadratdecimetern,

L die Länge des Kolbenhubes in Decimetern, so ist

der wirksame Druck des Dampfes im Cylinder gegen 1 Quadratdecimeter . . 103,3 p Kilogramm

der wirksame Druck gegen den ganzen Kolben . . . . 103,3 p Q Kilogramm

die Kraftquantität, welche bei einem Kolbenschlage entwickelt wird . . . . 10,33 $p \,.\, Q \,.\, L$ Meterkilogramm.

(Meterkilogramm = Kilogrammometer, Seite 144.)

Demnach ergiebt sich für die Kraftquantität E, welche bei n Kolbenschlägen entwickelt wird,

$$E = 10{,}33\, p\,.\,n\,.\,Q\,L \text{ Meterkilogramm} \quad . \quad . \quad . \quad . \quad . \quad . \quad 1)$$

Das vom Kolben beschriebene Volumen ist für 1 Kolbenschlag gleich QL, für n Kolbenschläge ist es also gleich nQL Cubikdecimeter.

Macht nun der Kolben n Kolbenschläge, während 1 Kilogramm Dampf verbraucht wird, so ist der vom Kolben unterdessen beschriebene Raum nQL gleich dem Volumen V, welches 1 Kilogramm gesättigten Wasserdampfes von der Spannkraft p einnimmt, d. h. es ist

$$V = nQL.$$

Setzen wir V für das Product nQL in Gleichung 1), so kommt

$$E = 10{,}3\; p\,.\,V \text{ Meterkilogramm} \quad . \quad . \quad . \quad . \quad 2)$$

Dieser Werth von E ist die volle mechanische Arbeit, welche 1 Kilogramm Wasserdampf, in der angedeuteten Weise in einer Dampfmaschine verwendet, zu leisten im Stande ist.

Nach den Angaben in §. 260 S. 478 ist das Product:

$10{,}33\; p\; V$ für	1 Atmosphäre	Spannkraft	gleich	16913
„	4 Atmosphären	„	„	17015
„	10 „	„	„	18800

Nehmen wir an, daß eine Zeit von t Secunden nöthig sei, um im Kessel einer Dampfmaschine 1 Kilogramm Wasser zu verdampfen, so ist die in 1 Secunde geleistete mechanische Arbeit

$$e = \frac{E}{t} = \frac{10{,}33\; p\; V}{t}.$$

Da man für die Arbeit einer Pferdekraft 75 Meterkilogramm in 1 Secunde annimmt, so muß für eine Dampfmaschine, deren Arbeit gleich der einer Pferdekraft sein soll, $e = 75$ Meterkilogramm, oder

$$\frac{10{,}33\; p\; V}{t} = 75$$

$$t = \frac{10{,}33\; p\; V}{75}$$

sein. Für $p = 4$ Atmosphären erhalten wir also

$$t = \frac{17015}{75} = 227'',$$

d. h. eine Dampfmaschine, welche bei einem Dampfdruck von 4 Atmosphären die Arbeit einer Pferdekraft leisten soll, wird ein Kilogramm Wasserdampf in 227 Secunden oder nahezu 15 Kilogramm Wasserdampf in 1 Stunde consumiren.

Bei geringerer Spannkraft des Dampfes wird zur Erzeugung einer Pferdekraft etwas mehr, bei höherer Spannkraft wird etwas weniger als 15 Kilogramm Wasserdampf per Stunde nöthig sein.

Ein Theil der oben mit E bezeichneten durch den Wasserdampf in einer Dampfmaschine geleisteten Arbeit wird verwendet, um den auf der andern Seite des Kolbens lastenden Druck (bei Hochdruckmaschinen der Druck der Atmosphäre, bei Niederdruckmaschinen ein aliquoter Theil des Atmosphärendrucks) zu bewältigen, ein anderer Theil wird durch Ueberwindung von Reibungswiderständen ꝛc. consumirt. Wie groß der zu nutzbarer Verwendung übrig bleibende Theil von E ist, hängt von der mehr oder minder zweckmäßigen Construction der Maschine ab. Im Durchschnitt wird die nutzbare verwendbare Arbeit der Dampfmaschine nicht viel mehr als $\frac{E}{2}$ betragen.

Einen großen Vortheil hat man bei den Hochdruckmaschinen durch Anwendung der Expansion des Dampfes im Cylinder erlangt, welche dadurch hervorgebracht wird, daß der Dampfzufluß abgesperrt wird, wenn der Kolben erst einen Theil seines Weges, etwa $\frac{1}{2}$, $\frac{1}{3}$ u. s. w., zurückgelegt hat. Daß durch Anwendung des Expansionsprincips bei gleichem Dampfverbrauche ein größerer Effect hervorgebracht wird, läßt sich durch folgende einfache Betrachtung einsehen.

In einen Dampfcylinder ströme während des ganzen Kolbenhubes, wie dies bei gewöhnlichen Maschinen der Fall ist, Dampf ein, dessen Spannkraft wir zu 2 Atmosphären annehmen wollen, so ist am Ende des Kolbenhubes der ganze Cylinder mit Dampf von 2 Atmosphären Spannkraft gefüllt, und während dieses Kolbenhubes ist ein mechanischer Effect hervorgebracht worden, den wir mit E bezeichnen wollen.

Ließe man nun in denselben Cylinder Dampf von doppelter, also von 4 Atmosphären Spannkraft eintreten, so würde der Druck gegen den Kolben doppelt so groß sein, und der mechanische Effect E würde schon hervorgebracht worden sein, wenn der Kolben erst den halben Hub vollendet hat, wenn er in der Mitte des Cylinders angekommen ist. Wird nun in diesem Momente der fernere Zufluß des Dampfes in den Cylinder abgesperrt, so wird der Kolben die übrige Hälfte seines Weges fortsetzen, während der Druck, der ihn treibt, nach und nach bis zur Hälfte abnimmt; denn wenn er am Ende seiner Bahn ankommt, so ist die Spannkraft des Dampfes noch 2 Atmosphären.

Da schon während der ersten Hälfte des Kolbenhubes der mechanische Effect E hervorgebracht worden ist, so ist der ganze Effect, welchen der Dampf während der zweiten Hälfte des Kolbenhubes hervorbringt, während er sich also so ausdehnt, daß seine Spannkraft von 4 Atmosphären bis zu 2 Atmosphären abnimmt, als Gewinn zu betrachten; denn die Quantität des Dampfes, welche am Ende des Kolbenhubes den Cylinder erfüllt, ist gerade eben so groß als ob während des ganzen Kolbenhubes Dampf von 2 Atmosphären Spannkraft eingeströmt wäre.

Die verschiedenen Vorrichtungen, durch welche eine rechtzeitige Absperrung des Dampfes in den Expansionsmaschinen bewirkt wird, können wir hier nicht näher betrachten.

Ausführlicher wird die Berechnung des Effects der Dampfmaschinen im Supplementbande besprochen.

Abhängigkeit des Siedepunktes vom Drucke. Die Verwandlung der Flüssigkeiten in gasförmige Körper nennt man im Allgemeinen Verdampfung. Die Flüssigkeiten verdampfen entweder durch das Kochen, wenn sich durch die ganze Masse der Flüssigkeit Dämpfe bilden, oder durch Verdunsten, wenn die Dampfbildung bloß an der Oberfläche vor sich geht. 267

Wenn man das Kochen einer Flüssigkeit beobachtet, sieht man in der Regel nur eine mehr oder minder heftige Bewegung aller Theilchen; wenn man aber die Flüssigkeit in einem gläsernen Gefäße kochen läßt, so sieht man wie die Dampfblasen sich an den wärmeren Gefäßwänden bilden und in die Höhe steigen. Anfangs klein, nehmen sie an Volumen zu, je mehr sie steigen. An den heißesten Stellen der Wand folgen die Blasen am schnellsten auf einander. Damit sich die Blasen in der Flüssigkeit bilden können, muß der Dampf, welcher die Blasen ausfüllt, offenbar eine Spannkraft haben, welche dem auf ihm lastenden Druck das Gleichgewicht hält. Daraus folgt aber, daß die Temperatur, bei welcher eine Flüssigkeit ins Kochen kommt, von dem Druck abhängig ist, welcher auf ihr lastet.

Am Spiegel des Meeres und unter dem mittleren Drucke von 760 Millimeter kocht das reine Wasser bei 100°; auf dem Gipfel des Montblanc, in einer Höhe von 4775 Metern, wo der Druck der Atmosphäre nur noch 417 Millimeter beträgt, kocht das Wasser schon bei einer Temperatur, bei welcher die Spannkraft des Wasserdampfes 417 Millimeter beträgt, d. h. ungefähr bei 84°. In noch größerer Höhe würde das Wasser bei noch niedrigerer Temperatur sieden. Wenn man die Tafel für die Spannkraft der Dämpfe einer Flüssigkeit hat, so kann man leicht die Temperatur des Siedepunktes bei gegebenem Drucke finden; denn es ist derjenige Temperaturgrad, für welchen die Spannkraft des gesättigten Dampfes jenem Drucke gleich ist.

Bei einem Drucke von 30 Millimetern ist die Siedetemperatur des Wassers 30°, weil bei dieser Temperatur die Spannkraft des gesättigten Wasserdampfes 30 Millimeter ist. Unter einem Drucke von 10 Millimetern siedet das Wasser bei 11°, unter einem Drucke von 5 Millimetern bei 0°.

Die Wahrheit dieser Folgerungen läßt sich leicht durch den Versuch nachweisen. Man bringt warmes Wasser in einem Glasgefäße unter den Recipienten der Luftpumpe. Nach einigen Kolbenzügen nun beginnt das Kochen mit Heftigkeit gerade so, als ob das Wasser an freier Luft über einem lebhaften Feuer stände. Dieses Sieden hört aber bald auf, weil der Dampf den Recipienten erfüllt und selbst auf die Flüssigkeit drückt; ein neuer Kolbenzug aber nimmt diesen Dampf wieder weg und macht, daß das Kochen von Neuem beginnt.

Hierher gehört auch der folgende Versuch. Ein Glasballon *B* mit langem Halse wird über die Hälfte mit Wasser gefüllt; wenn durch Kochen desselben alle Luft ausgetrieben ist, wird das Rohr mit einem wohlschließenden Kork geschlossen und der Apparat umgekehrt in das Wasser eines Gefäßes *V* eingetaucht, wie Fig. 519 (a. f. S.) zeigt. Wenn man ihn sich selbst überläßt, ist kein Sieden zu beobachten; sobald man aber kaltes Wasser auf den oberen Theil gießt, so beginnt es auf der Stelle mit großer Heftigkeit. Das kalte Wasser bringt das

Wasser im Ballon ins Kochen, weil es den Dampf im oberen Theile des Ballons verdichtet und so den auf der Flüssigkeit lastenden Druck vermindert.

Fig. 519.

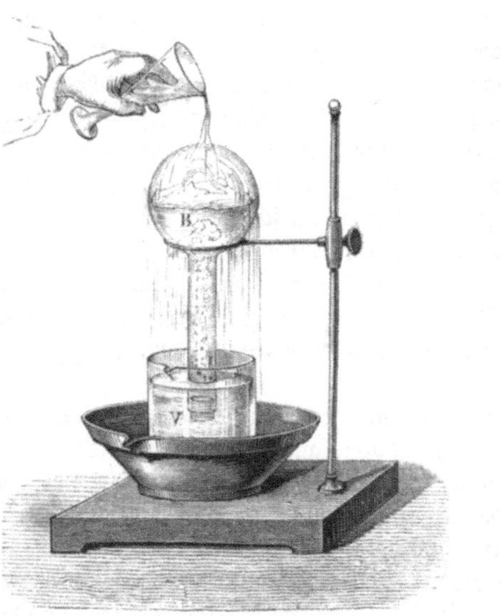

Wenn man den Druck auf die Flüssigkeit vermehrt, so wird dadurch das Kochen verzögert, und die Temperatur steigt, wie wir dies bereits bei dem kleinen Dampfkessel auf Seite 477 gesehen haben. Die ersten derartigen Versuche machte Papin, ein in der Mitte des 17. Jahrhunderts in Marburg lebender Gelehrter, welcher mit dem nach ihm genannten Papinianischen Topfe oder Digestor, der im Wesentlichen nichts Anderes ist als ein kleiner mit einem Sicherheitsventile versehener Dampfkessel, nicht allein die große mechanische Kraft des Dampfes nachwies, sondern auch zeigte, daß man Fleisch, Knochen ꝛc. in einem solchen Topfe bei erhöhter Temperatur und vermehrtem Drucke weit vollständiger extrahiren kann als bei der gewöhnlichen Siedetemperatur.

Wenn man Wasser in einem Gefäße ins Kochen bringt, aus welchem der Dampf nur durch verhältnißmäßig kleine Oeffnungen abziehen kann, so beobachtet man eine Erhöhung des Siedepunktes. Durch eine kleine Oeffnung kann nämlich nur dann aller Dampf, welcher durch die in jedem Momente in die Flüssigkeit übergehende Wärme erzeugt wird, ausströmen, wenn durch die größere Spannkraft des Dampfes eine größere Ausströmungsgeschwindigkeit möglich geworden ist.

In einer flüssigen Masse wirkt auf die Theilchen im Innern nicht allein der Druck, welcher auf der Oberfläche lastet, sondern auch noch das Gewicht einer Flüssigkeitssäule. Hätte man z. B. einen 32 Fuß tiefen mit Wasser gefüllten Kessel, so würde am Boden ein Druck von 2 Atmosphären stattfinden, und hier würden sich also erst bei einer Temperatur von 121,4^0 Dampfblasen bilden können.

Wenn das Wasser in einem etwas tiefen Gefäße von unten erwärmt wird, so werden die am Boden sich bildenden Dampfblasen beim Aufsteigen an Größe zunehmen, weil der auf ihnen lastende Druck abnimmt, vorausgesetzt, daß die ganze Wassersäule, welche sie zu durchsteigen haben, an jeder Stelle bereits bis zu dem Siedepunkt erwärmt ist, welcher dem hier herrschenden Druck entspricht.

Sind aber die oberen Wasserschichten noch nicht bis zu dem entsprechenden Siedepunkte erwärmt, so werden die aufsteigenden Dampfblasen alsbald wieder verdichtet. Daher rührt das eigenthümliche Geräusch, welches man einige Augenblicke vor dem vollständigen Kochen wahrnimmt. Wenn man den Versuch in einem Glaskolben anstellt, so beobachtet man, wie sich die Blasen am Boden bilden, wie sie steigen und alsbald verschwinden. Man sagt alsdann, das Wasser singt. Das Singen ist ein Zeichen des bald erfolgenden vollständigen Kochens.

Fig. 520.

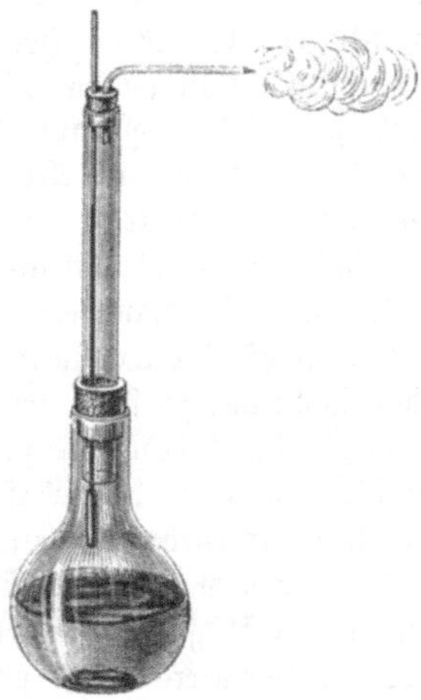

Auch durch Substanzen, welche im Wasser aufgelöst sind, wird das Sieden verzögert; so siedet eine gesättigte Lösung von Kochsalz erst bei 108,4°, eine Lösung von Salpeter bei 116°; eine gesättigte Lösung von essigsaurem Kali erst bei 169°, von salpetersaurem Ammoniak erst bei 180°.

Wenn ohne Weiteres von dem Siedepunkt einer Flüssigkeit die Rede ist, so versteht man darunter die Temperatur, bei welcher sie ins Kochen kommt, wenn sie unter dem normalen Atmosphärendruck (760^{mm} oder 28 Zoll) steht.

So wie der Schmelzpunkt nicht für alle Substanzen derselbe ist, so ist auch bei gleichem Drucke der Siedepunkt verschiedener Flüssigkeiten sehr ungleich. Um ihn zu bestimmen, kann man sich eines nach der Art der Fig. 520 zusammengesetzten Apparates bedienen. Die folgende Tabelle enthält die Siedepunkte mehrerer Flüssigkeiten für einen Barometerstand von 760^{mm}:

Cyangas	—	18°	C.
Schweflige Säure . . .	—	10	„
Schwefeläther	+	37,8	„
Schwefelkohlenstoff . .		47,0	„
Alkohohl		79,7	„
Wasser		100	„
Terpentinöl		157	„
Quecksilber		350	„

Dämpfe im lufterfüllten Raum. In einem lufterfüllten Raum kann sich eben so viel Dampf irgend einer Flüssigkeit bilden, wie bei gleicher Temperatur in einem gleich großen luftleeren. Dieser wichtige Satz läßt sich am einfachsten mit dem in Fig. 521 (a. f. S.) dargestellten, von Babo construirten Apparate nachweisen. Eine mit Aether gefüllte dünnwandige Glaskugel (1 bis $1^1/_2$ Centimeter Durchmesser), welche in einer feinen, nach der 268

Füllung zugeschmolzenen Spitze ausläuft, wird in ein ungefähr 10^{cm} hohes Opodeldokglas *A* gebracht, dessen Hals mit einem wohlschließenden Kork verschlossen ist. Das Innere des Glases *A* ist durch ein kurzes in dem Kork steckendes Glasröhrchen und einen Kautschukschlauch mit einem Manometer in Verbindung gebracht. In den beiden Schenkeln des Manometers steht anfänglich das Quecksilber gleich hoch, weil die Luft in *A* gleiche Dichtigkeit mit der äußeren Luft hat. Sobald man aber durch heftiges Schütteln des Glases *A* (was wegen der Länge des Kautschukschlauches leicht ausführbar ist) das Glaskügelchen zerbricht, bilden sich alsbald Aetherdämpfe in *A*, deren Spannkraft noch zu der Spannkraft der in *A* enthaltenen Luft hinzukommt, wie man daraus sieht, daß das Quecksilber im inneren Schenkel des Manometers sinkt, im äußeren aber steigt. Die Höhendifferenz der beiden Quecksilberkuppen ist das Maß für die Spannkraft der Aetherdämpfe in *A*.

Fig. 521.

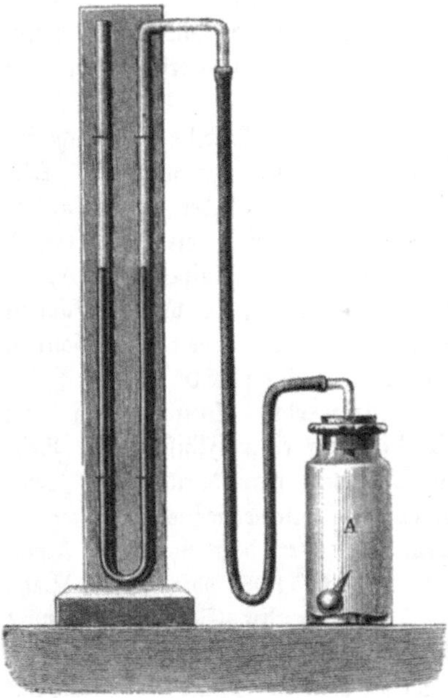

Das Sinken des Quecksilbers im einen und das Steigen im anderen Schenkel des Manometers findet aber nicht rasch, sondern ziemlich langsam statt; erst nach einigen Stunden hat die Höhe der manometrischen Quecksilbersäule ihr Maximum erreicht, und sie zeigt nun eine Spannkraft an, welche gleich ist der Spannkraft, welche der Aetherdampf bei gleicher Temperatur im luftleeren Raum zeigt; bei einer Temperatur von 20^0 wird dieser Spannungsüberschuß auf $434{,}8^{mm}$ steigen (Seite 479).

Aus dem allmäligen Steigen des Quecksilbers im Manometerrohre ergiebt sich aber, daß die Gegenwart der Luft in *A* die Bildung der Aetherdämpfe verzögert. Was hier von den Aetherdämpfen gesagt ist, gilt auch für andere, also auch für Wasserdämpfe.

269 **Latente Wärme der Dämpfe.** Wenn eine Flüssigkeit verdampft, so muß sie Wärme absorbiren; diese beim Verdampfen absorbirte Wärme ist für das Gefühl und für das Thermometer ebenso verschwunden wie die Wärme, welche beim Schmelzen gebunden wird.

Daß bei der Dampfbildung Wärme gebunden wird, geht schon daraus hervor, daß die Temperatur einer Flüssigkeit während des Kochens unverändert bleibt. Die Temperatur des siedenden Wassers bleibt 100^0, wie sehr wir auch das Feuer verstärken mögen; alle Wärme, welche man dem siedenden Wasser zuführt, dient nur dazu, das Wasser von 100° in Dampf von 100° zu verwandeln.

Wie groß die **latente Wärme** des Wasserdampfes ist, d. h. welche Wärmequantität nöthig ist, um 1 Cubikcentimeter Wasser zu verdampfen, kann man **annähernd** auf folgende Weise ermitteln.

In einem Glaskolben *a*, Fig. 522, wird Wasser mittelst einer Weingeistlampe im Kochen erhalten und die in *a* sich bildenden Wasserdämpfe durch ein

Fig. 522.

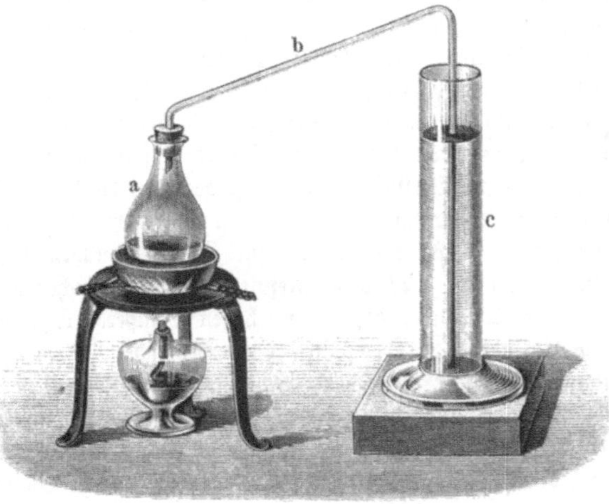

Glasrohr *b* in ein cylindrisches Gefäß *c* geleitet, welches mit kaltem Wasser gefüllt ist. Hier werden nun die Dämpfe wieder verdichtet, die Wärme also, welche bei der Bildung der Dämpfe in *a* gebunden wurde, muß in *c* wieder frei werden, das kalte Wasser in *c* wird also allmälig erwärmt, und aus der hier hervorgebrachten Temperaturerhöhung kann man auf die Größe der latenten Wärme der Dämpfe schließen.

Nehmen wir an, das Kochen im Gefäße *a* habe schon einige Zeit gedauert, so daß alle Luft aus dem Gefäße ausgetrieben ist, und nun erst tauche man das Ende des gekrümmten Rohres in das kalte Wasser des Cylinders *c*, so werden alle Dampfblasen alsbald verdichtet, so wie sie mit dem kalten Wasser in Berührung kommen. In dem Maße aber, als das Wasser in *c* wärmer wird, werden die Dampfblasen größer, bis endlich, wenn auch das Wasser in *c* zur Siedhitze erwärmt ist, die Dampfblasen unverdichtet durch die ganze Flüssigkeitsmasse aufsteigen, also in *c* selbst ein förmliches Kochen stattfindet. In dem Augenblicke, in welchem das Kochen in *c* beginnt, wird der Versuch unterbrochen, indem man das Gefäß *a* entfernt.

Gesetzt nun, in *c* hätten sich zu Anfange des Versuchs 11 Cubikzoll Wasser von 0° befunden, so wird der Cylinder *c* jetzt, nach Beendigung des Versuches, 13,1 Cubikzoll Wasser von 100° enthalten; es sind also 2,1 Cubikzoll Wasser hinzugekommen. Diese 2,1 Cubikzoll Wasser sind im Gefäße *a* verdampft und im Cylinder *c* verdichtet worden; die latente Wärme, welche in *a* gebunden wurde, ist in *c* wieder frei geworden und hat hier die 11 Cubikzoll Wasser von 0° auf 100° erwärmt; dieselbe Wärmemenge also, welche bei der Verdampfung von 2,1 Cubikzoll Wasser absorbirt wird, reicht hin, um die Temperatur von 11 Cubikzoll Wasser (also von einer 5,2mal so großen Wassermasse) von 0° bis 100° zu erhöhen.

Wir haben oben angeführt, daß man als Einheit der Wärmemengen diejenige Wärmequantität annimmt, welche erforderlich ist, um die Temperatur von 1 Gramm Wasser um 1° zu erhöhen; um die Temperatur von 5,2 Gramm Wasser um 1° zu erhöhen, sind also 5,2, und um die Temperatur dieser Wassermasse um 100° zu erhöhen, wären demnach 520 solcher Wärmeeinheiten nöthig.

Die latente Wärme von 1 Gramm Wasserdampf ist demnach gleich 520.

Der eben angeführte Versuch ist nun nicht geeignet, die latente Wärme des Wasserdampfes genau zu bestimmen, er wird immer mehr oder weniger ungenaue Resultate geben; er ist aber sehr geeignet, den Zusammenhang der Sache recht anschaulich zu machen. Was die Resultate dieses Versuches besonders ungenau macht, ist der Umstand, daß bei der hohen Temperatur, zu welcher man das Wasser im Cylinder *c* erheben muß, ein bedeutender Wärmeverlust an die Umgebung stattfindet; dann aber wird auch eine nicht unbedeutende Quantität Wasserdampf schon im Rohr *b* verdichtet, giebt hier schon seine frei werdende Wärme an die Luft ab, und kommt als Wasser im Cylinder *c* an; man begreift also leicht, daß, bis das Wasser in *c* ins Kochen kommt, mehr Wasser aus dem Gefäße *a* herübergekommen sein wird, als es der Fall sein würde, wenn diese beiden Fehlerquellen nicht vorhanden wären; dieser Versuch wird also in der Regel einen zu kleinen Werth für die latente Wärme des Wasserdampfes geben. Wir können hier die genaueren Methoden zur Bestimmung dieser Größe nicht näher auseinandersetzen.

Bei der **Destillation** werden die in irgend einem Gefäße durch Erwärmung gebildeten Dämpfe an einen Ort geleitet, welcher durch kaltes Wasser beständig abgekühlt wird, wodurch dann die Dämpfe wieder condensirt, d. h. in tropfbare Flüssigkeit verwandelt werden.

Eine der einfachsten Vorrichtungen zur Destillation ist die in Fig. 523 abgebildete. Die durch irgend welche fremde, weniger flüchtige Substanzen verunreinigte Flüssigkeit, welche durch Destillation gereinigt werden soll, wird in der Retorte *a* erwärmt, deren Hals in der Vorlage *b* steckt. Diese Vorlage wird dadurch kühl gehalten, daß sie in einer Schale mit kaltem Wasser liegt. Der besseren Abkühlung wegen wird auch Löschpapier oder ein Leinwandlappen auf die Vorlage gelegt und auf diesen fortwährend kaltes Wasser getröpfelt. Die in der Retorte *a* gebildeten Dämpfe werden theils schon in dem Halse der Retorte, theils in der Vorlage selbst verdichtet und sammeln sich in der letzteren.

Fig. 524 stellt einen Apparat dar, wie er zu Destillationen in größerem Maßstabe gebraucht wird. Das Gemisch, aus welchem eine Flüssigkeit durch

Destillation gewonnen werden soll, befindet sich in der meist aus Kupferblech verfertigten Blase *B*. Auf dieser sitzt der Helm *A*, welcher mit einem in das

Fig. 523.

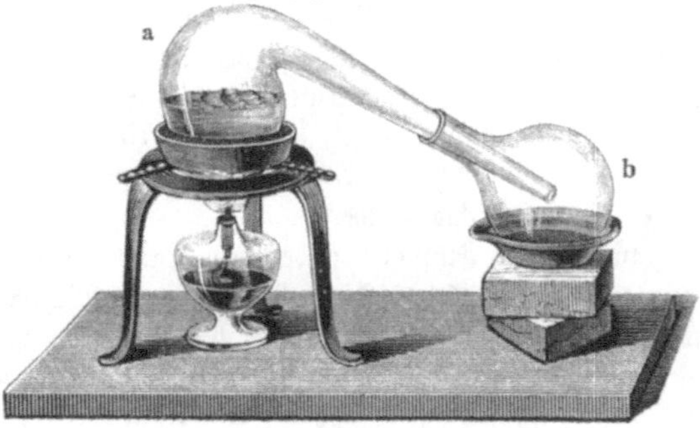

Kühlrohr *D* mündenden Rohre *C* versehen ist. Das schraubenförmig gewundene Kühlrohr befindet sich in einem mit kaltem Wasser gefüllten Bottich. Die

Fig. 524.

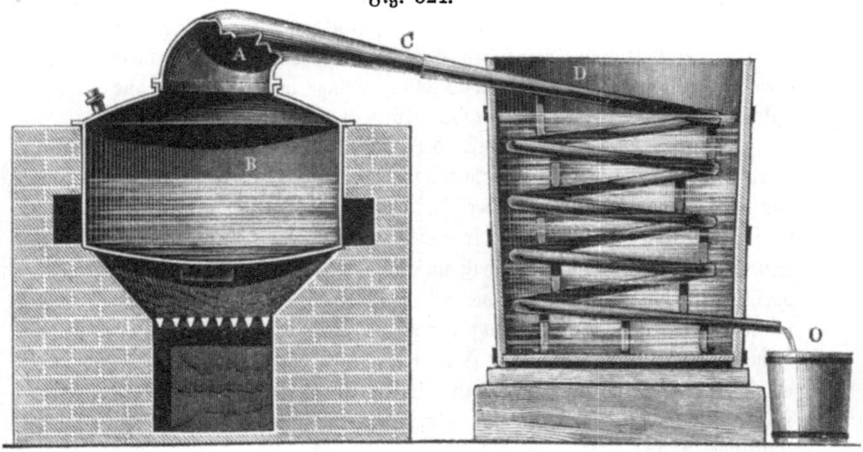

durch Condensation der Dämpfe im Kühlrohre gebildete Flüssigkeit fließt bei *O* aus demselben in ein untergestelltes Gefäß ab.

Bei der Condensation der Dämpfe wird ihre bis dahin gebunden gewesene latente Wärme wieder frei, und diese freigewordene Wärme geht in das Kühlwasser über, woher es kommt, daß dasselbe sehr schnell erwärmt wird. Weil aber die Condensation der Dämpfe im Kühlrohre um so vollständiger erfolgt, je kälter das Kühlwasser ist, so muß dafür gesorgt werden, daß in dem Kühlfasse durch ein besonderes Rohr unten stets kaltes Wasser einströmt, während in gleichem Maße oben das bereits erwärmte Wasser abfließt.

Man könnte nun mit jedem Destillirapparate den Werth der latenten Wärme der Dämpfe bestimmen, wenn es möglich wäre, jederzeit genau zu ermitteln, wie viel Dampf in einer gegebenen Zeit verdichtet worden ist und wie viel Wärme er an das Kühlwasser abgegeben hat; um die latente Wärme der Dämpfe genau zu bestimmen, hat man also nur einen Destillirapparat so einzurichten, daß sich diese Größen mit Genauigkeit ermitteln lassen. Nach diesem Principe ist in der That die latente Wärme der Dämpfe verschiedener Flüssigkeiten ermittelt worden. Es ist die latente Wärme für den Dampf von

Wasser	540
Alkohol	214
Schwefeläther	90,

d. h. um 1 Gramm dieser Flüssigkeiten bei dem Drucke einer Atmosphäre in Dampf zu verwandeln, wird 540-, 214-, 90mal so viel Wärme gebunden, als nöthig ist, um die Temperatur von 1 Gramm Wasser um 1^0 zu erhöhen.

Die latente Wärme der Dämpfe ist nicht für alle Temperaturen dieselbe; sie ist größer für niedrige, geringer für hohe Temperaturen.

270 **Erzeugung von Kälte durch Verdampfung.** Wenn eine Flüssigkeit an freier Luft kocht, so behält sie eine constante Temperatur, weil sie von dem Feuer durch die Wände des Gefäßes stets so viel Wärme empfängt, als durch die Dampfbildung absorbirt wird. Wenn das Kochen aber unter dem Recipienten der Luftpumpe vor sich geht, so sinkt die Temperatur fortwährend, weil alsdann der Dampf die zu seiner Bildung nöthige latente Wärme aus der Flüssigkeit selbst und aus den umgebenden Körpern nehmen muß.

Gießt man etwas Weingeist oder noch besser Schwefeläther auf die Hand, so fühlt man eine merkliche Erkaltung, weil die Flüssigkeit die zu ihrer Verdunstung nöthige Wärme aus der Hand nimmt. — Wenn wir an heißen Tagen in Zugluft treten, so fühlen wir alsbald eine erfrischende Kühle. Es ist dies keinesweges die Folge davon, daß uns der Zug kalte Luft zuführt; die an uns vorüberstreichende Luft mag, wie wir uns durch das Thermometer überzeugen können, sehr warm sein, der Zug bringt uns doch diese Abkühlung, weil er eine lebhafte Verdunstung auf der Haut erhält. — Wir haben das Gefühl einer drückenden Schwüle, wenn wir uns in einer mit Feuchtigkeit gesättigten windstillen Atmosphäre befinden, in welcher keine Verdunstung an unserem Körper stattfinden kann.

Wenn man die Kugel eines Thermometers mit Baumwolle umwickelt, dieselbe mit Schwefeläther befeuchtet und dann rasch das Thermometer hin und her schwenkt, so sinkt es noch einige Grade unter den Gefrierpunkt.

Unter den verschiedenen Methoden, durch rasche Verdampfung von Aether oder Schwefelkohlenstoff Wasser zum Gefrieren zu bringen, ist die folgende die einfachste: Man bringe einige Tropfen Wasser auf ein Brettchen, Fig. 525, setze darauf ein dünnwandiges Schälchen von Kupferblech und gieße etwas Aether oder Schwefelkohlenstoff hinein. Bewirkt man alsdann dadurch eine rasche Verdampfung dieser flüchtigen Flüssigkeit, daß man mit einem gewöhnlichen Küchenblasebalge darauf bläst, so gefriert alsbald das Wasser unter dem Schälchen, so daß dieses mit dem Brette nun fest zusammenhängt.

In Wollaston's Kryophor gefriert das Wasser durch seine eigene Verdampfung. Zwei Glaskugeln *A* und *B*, Fig. 526, sind durch eine möglichst

Fig. 525.

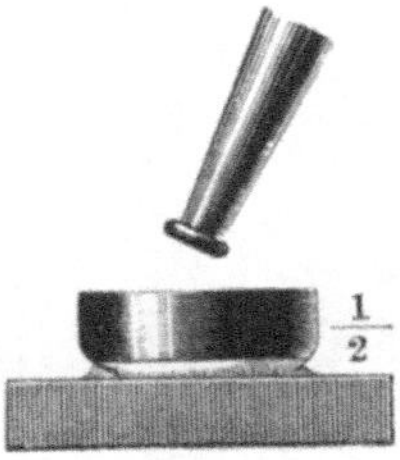

Fig. 526.

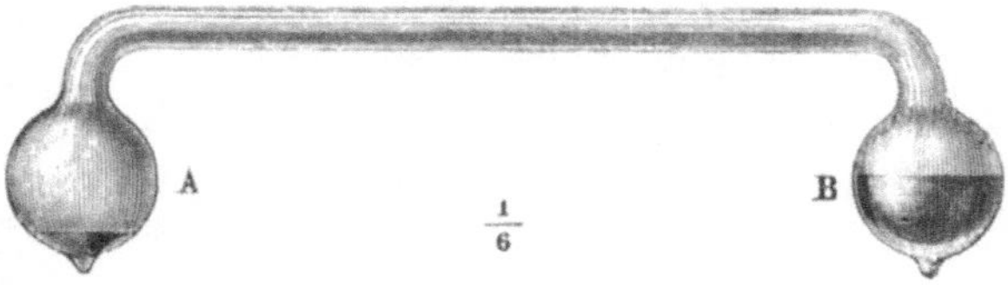

weite Röhre verbunden. Aus dem Innern des Apparates, welcher eine entsprechende Menge Wasser enthält, muß alle Luft ausgetrieben sein, was dadurch erreicht wird, daß man das Wasser in der Kugel *B* in lebhaftem Kochen erhält, während die Dämpfe aus der freien, noch nicht zugeschmolzenen Spitze von *A* entweichen. Nachdem das Kochen einige Zeit fortgedauert hat und dadurch alle Luft ausgetrieben worden ist, wird dann die feine Oeffnung von *A* vor dem Löthrohre zugeblasen. Wenn man nun in dem so hergestellten Apparate alles Wasser in einer Kugel *B* zusammenlaufen läßt und dann die andere Kugel *A* in eine Kältemischung taucht, so wird durch die fortwährend in *A* erfolgende Verdichtung der Wasserdämpfe in der Kugel *B* eine so rasche Verdunstung hervorgerufen, daß das Wasser gefriert.

Die durch Verdampfung einer Flüssigkeit hervorgebrachte Temperaturerniedrigung ist um so bedeutender, je niedriger ihr Siedepunkt liegt und je größer die latente Wärme ihres Dampfes ist. Die bedeutendsten Temperaturerniedrigungen werden durch Verdampfen solcher Flüssigkeiten erzeugt, deren Siedepunkt noch unter 0° liegt; so kann man z. B. durch rasches Verdampfen von schwefliger Säure, deren Siedepunkt — 10° ist, selbst Quecksilber zum Gefrieren bringen. Kohlensäure kann durch starke Compression in einem schmiedeeisernen Recipienten flüssig gemacht werden. Wenn man nun die flüssige Kohlensäure aus einer feinen Oeffnung ausströmen läßt, so ist die bei ihrer raschen Verdampfung stattfindende Temperaturerniedrigung so stark, daß ein Theil der ausströmenden Kohlensäure fest wird und in einem entsprechenden Gefäße als schneeartige Masse gesammelt werden kann, deren Temperatur 90° C. unter dem Gefrierpunkte des Wassers liegt.

Drittes Kapitel.

Specifische Wärme der Körper.

---

271 **Begriff der specifischen Wärme.** Wenn man 1 Pfund Wasser von 10° mit 1 Pfund Wasser von 60° rasch mischt, so wird die Mischung nahezu die mittlere Temperatur von 35° haben. Dieselbe Wärmemenge, welche das eine Pfund Wasser abgab, um von 60 auf 35°, also um 25° zu erkalten, hat auch gerade hingereicht, um die Temperatur des anderen Pfundes Wasser um eben so viel Grade, nämlich von 10 auf 35°, zu erhöhen.

Anders verhält sich die Sache, wenn wir 1 Pfund Wasser mit 1 Pfund irgend einer anderen Substanz mengen. Gießt man z. B. 1 Pfund Wasser von 10° und 1 Pfund Terpentinöl von 60° zusammen, so wird die wohl durch einander gerüttelte Mengung nur eine Temperatur von ungefähr 24° zeigen.

Die Wärmemenge, welche 1 Pfund Terpentinöl bei einer Temperaturerniedrigung von 36° C. abgegeben hat, genügte also nur, um die Temperatur von 1 Pfund Wasser um 14° C. zu erhöhen. Um also die Temperatur des Terpentinöls um eine bestimmte Anzahl von Graden zu erhöhen, bedarf es nur $\frac{14}{36}$ oder ungefähr 0,4 von der Wärmemenge, welche nöthig ist, um in einer gleichen Masse Wasser die gleiche Temperaturerhöhung hervorzubringen.

Aehnlich mit anderen Stoffen. Um gleiche Massen Wasser und Quecksilber um gleich viel Grade zu erwärmen, bedarf man für Quecksilber nur 0,033 der Wärmemenge, welche für Wasser erforderlich ist. Um gleiche Temperaturerhöhung zu bewirken, muß man dem Wasser 30mal so viel Wärme zuführen, als einer gleichen Masse Quecksilber.

Unter der specifischen Wärme eines Körpers versteht man die Zahl der Wärmeeinheiten (Calorien) (Seite 465), welche nöthig sind, um die Temperatur von 1 Gramm der Substanz um 1° C. zu erhöhen.

Den oben gemachten Angaben zufolge wäre also 0,033 die specifische Wärme des Quecksilbers und 0,4 die des Terpentinöls.

Gleichbedeutend mit „specifischer Wärme" wird auch der Ausdruck Wärmecapacität gebraucht.

Ein Versuch, welcher sehr geeignet ist, um die Ungleichheit der specifischen Wärme verschiedener Substanzen anschaulich zu machen, ist folgender: Auf eine Wachsscheibe von 12 bis 14 Centimeter Durchmesser und 4^{mm} Dicke, welche von einem Metallring getragen ist, wie Fig. 527 zeigt, wird eine ungefähr 250 Gramm schwere Kupferkugel und eine ebenso schwere Bleikugel gelegt, welche beide in einem mit kochendem Wasser gefüllten Gefäß gelegen haben. Die Kupferkugel wird in kurzer Zeit die Wachsplatte durchschmolzen haben und herabfallen, während die von der Bleikugel abgegebene Wärme die Wachsplatte nicht ganz zu durchschmelzen vermag.

Fig. 527.

Um den Werth der specifischen Wärme für verschiedene Körper zu ermitteln, hat man hauptsächlich drei Methoden in Anwendung gebracht.

Nach der Methode des Eisschmelzens wird der Körper, dessen specifische Wärme bestimmt werden soll, gewogen und bis zu einer bestimmten Temperatur erwärmt in ein mit Eisstücken gefülltes Gefäß gebracht. Indem er nun erkaltet, wird ein Theil des Eises geschmolzen; aus der Menge des geschmolzenen Eises ergiebt sich dann die Quantität der Wärme, welche der Körper verlor, und daraus dann auch seine specifische Wärme.

Die Erkaltungsmethode gründet sich auf folgendes Princip. Wenn ein erwärmter Körper in einen Raum gebracht wird, in welchem er nur durch Strahlung erkalten kann, so wird er unter übrigens gleichen Umständen um so langsamer erkalten, je größer seine specifische Wärme ist.

Die genauesten Resultate liefert die Mischungsmethode. Diese Methode besteht im Wesentlichen darin, daß man eine gewogene Menge des zu untersuchenden Körpers bis auf eine bestimmte Temperatur erwärmt und dann in ein Gefäß mit Wasser eintaucht, dessen Temperatur durch Abkühlung jenes Körpers erhöht wird; kennt man die Quantität des Kühlwassers und hat man ermittelt, welche Temperaturerhöhung es durch die Abkühlung des eingetauchten Körpers erleidet, so läßt sich daraus die specifische Wärme dieses Körpers berechnen.

Wenn eine 200 Gramm schwere, bis auf 100^0 erwärmte Platinkugel in eine 15^0 warme Wassermasse von 105 Grammen eingetaucht wird, so findet man, daß nach vollständiger Ausgleichung sowohl die Temperatur des Wassers als die der Kugel 20^0 beträgt. Die Temperatur der Kugel ist also um 80^0 erniedrigt, die des Wassers um 5^0 erhöht worden. Die Wärmemenge, welche in diesem Falle dem Wasser zugeführt wurde, ist 105 . 5 Wärmeeinheiten, und wenn wir mit s die Wärmemenge bezeichnen, welche nöthig ist, um die Temperatur von 1 Gramm Platin um 1° zu erhöhen, die Wärmemenge also, welche jedes Gramm Platin bei einer Temperaturerniedrigung von 1° abgiebt, so ist die gesammte Wärmemenge, welche die Platinkugel bei der obigen Operation abgegeben hat, 200.80.s; wir haben also:

$$200 \,.\, 80 \,.\, s = 105 \,.\, 5$$

oder:

$$s = \frac{525}{16000} = 0{,}0328;$$

das Platin bedarf also, um eine gleiche Temperaturerhöhung zu erfahren, einer 0,0328mal so großen Wärmemenge als das Wasser, oder, mit anderen Worten, die specifische Wärme des Platins ist 0,0328.

Bezeichnen wir mit m das Gewicht und mit t die Temperaturerhöhung des Kühlwassers (in dem eben berechneten Beispiele 105 Gramm und 5°), mit m' und t' das Gewicht und die Temperaturerniedrigung des abgekühlten Körpers (in unserem Beispiele 200 Gramm Platin und 80°), so ergiebt sich aus der eben für einen concreten Fall durchgeführten Betrachtungsweise für die Berechnung der specifischen Wärme s des abgekühlten Körpers folgende Formel:

$$s = \frac{m \,.\, t}{m' t'} \quad \ldots\ldots\ldots\ldots \quad 1)$$

das heißt in Worten: man findet die specifische Wärme des abgekühlten Körpers, wenn man sein Gewicht mit seiner Temperaturerniedrigung multiplicirt und mit diesem Producte in das Product dividirt, welches man erhält, wenn das Gewicht des Kühlwassers mit seiner Temperaturerhöhung multiplicirt wird.

272 **Resultate der Versuche über die specifische Wärme.** Die Bestimmung der specifischen Wärme erhielt durch die Arbeiten von Dulong und Petit eine große Wichtigkeit für die Chemie, indem sie fanden, daß das Product, welches man erhält, wenn man die specifische Wärme eines starren Elementes mit seinem Atomgewichte multiplicirt, stets sehr nahe denselben Werth habe, wie man aus folgender Tabelle ersieht, in welcher die specifische Wärme und das Atomgewicht für einige feste Elemente zusammengestellt sind.

	Specifische Wärme s	Atomgewicht p	Atomwärme ps
Eisen	0,114	56	6,37
Zink	0,095	65,2	6,23
Kupfer	0,095	63,4	6,02
Blei	0,031	207	6,50
Silber	0,057	108	6,16
Platin	0,032	197	6,40
Schwefel	0,178	32	5,68
Jod	0,054	127	6,87

Dieses Gesetz, dessen Richtigkeit durch die neueren Untersuchungen Regnault's außer Zweifel gestellt worden ist, macht es möglich, das Atomgewicht eines Körpers aus seiner specifischen Wärme zu berechnen, also auch die auf anderem Wege gefundenen Werthe des Atomgewichtes zu controliren.

Im Mittel haben wir also für feste Elemente

$$s \, . \, p = 6{,}3.$$

Die Atomwärme (das Product ps) ist also für alle festen Elemente nahezu dieselbe.

Für zusammengesetzte Körper gilt das Gesetz

$$PS = nps + n'p's',$$

wenn P das Atomgewicht und S die specifische Wärme des zusammengesetzten Körpers, ps, $p's'$ u. s. w. die Atomwärme der einzelnen Elemente und endlich n und n' die Anzahl der Atome bezeichnet, mit welchen sie in die Verbindung eingehen. So besteht z. B. Kupferglanz aus 2 Atomen Kupfer (also $n = 2$) und 1 Atom Schwefel, wir haben also für Kupferglanz

$$P . S = 2 \, . \, 6{,}02 + 5{,}68 = 17{,}72,$$

während der Versuch für Schwefelkupfer $PS = 19{,}1$ ergiebt.

Für die specifische Wärme einiger Flüssigkeiten fand Regnault folgende Werthe:

Terpentinöl	0,423
Alkohol, specif. Gew. 0,807 . . .	0,602
Schwefelkohlenstoff	0,218.

Specifische Wärme der Gase. Für den Fall, daß die Gase bei der Erwärmung sich frei ausdehnen können, ihre Spannkraft also ungeändert bleibt, ergaben sich folgende Werthe für die specifische Wärme einiger Gase: 273

Sauerstoff	0,218
Stickstoff	0,244
Wasserstoff	3,405
Chlor	0,121
Atmosphärische Luft . .	0,238
Kohlensäure	0,248
Wasserdampf	0,475
Aetherdampf	0,481

Wenn aber ein Gas so eingeschlossen ist, daß es sich bei seiner Erwärmung nicht ausdehnen kann, daß also sein Volumen constant bleibt, während seine Spannkraft (Druck) wächst, so ist die specifische Wärme der Gase geringer als im vorigen Falle, d. h. um 1 Pfund Luft um 1° zu erwärmen, ist weniger Wärme nöthig, wenn sie in einem Raume von unveränderlicher Größe eingeschlossen bleibt, als wenn sie bei unverändertem Drucke sich ausdehnen kann. Bezeichnen wir mit s die specifische Wärme eines Gases bei constantem Druck, mit s' seine specifische Wärme bei constantem Volumen, so ist

$$\frac{s}{s'} = 1{,}41.$$

Fig. 528.

Daraus folgt nun aber auch, daß jede Verdünnung eines Gases von einer Wärmebindung begleitet ist und daß Wärme frei werden muß, wenn man ein Gas comprimirt, wie dies namentlich durch das pneumatische Feuerzeug erläutert werden kann. Dieser Apparat besteht aus einer gläsernen oder messingenen unten geschlossenen Röhre, Fig. 528, in welcher sich ein aus Lederscheiben gebildeter, luftdicht anschließender Kolben leicht auf- und abschieben läßt. Das untere Ende des Kolbens ist etwas ausgehöhlt. Nachdem in diese Höhlung etwas Zunder eingelegt worden ist, wird der Kolben oben in das Rohr eingesteckt, dann durch einen kräftigen Schlag fast bis auf den Boden des Rohres hinabgetrieben und rasch wieder herausgezogen. Man findet nach dieser Operation, daß der Feuerschwamm in der Höhlung des Kolbens brennt; es muß also durch die starke Compression der in der Röhre eingeschlossenen Luft eine bedeutende Menge Wärme frei geworden sein.

Viertes Capitel.

Fortpflanzung der Wärme.

Strahlende Wärme. Die strahlende Wärme durchdringt manche Körper in derselben Weise, wie das Licht durch die durchsichtigen Körper hindurchgeht; die Sonnenstrahlen z. B. treffen unsere Erde, nachdem sie die ganze Atmosphäre durchdrungen haben, sie erwärmen die Erdoberfläche, während die höheren Regionen der Luft kalt bleiben; die Wärmestrahlen gehen also größtentheils durch die Atmosphäre hindurch, ohne von ihr absorbirt zu werden. Wenn man sich dem Feuer eines Heerdes nähert, so empfindet man eine brennende Hitze, und doch ist die Luft zwischen uns und dem Feuer nicht bis zu einem solchen Grade erwärmt; denn wenn man einen Schirm vorhält, verschwindet diese Hitze augenblicklich, was unmöglich wäre, wenn wirklich die ganze uns umgebende Luftmasse eine so hohe Temperatur hätte. Heiße Körper können also nach allen Seiten hin Wärme aussenden, welche durch die Luft hindurchgeht wie die Lichtstrahlen durch durchsichtige Körper; man spricht deshalb von *strahlender Wärme* und von *Wärmestrahlen*, wie man von Lichtstrahlen spricht. 274

Wenn man zwei große sphärische oder parabolische Hohlspiegel von polirtem Messingblech, Fig. 529 (a. f. S.), 5 bis 6 Meter von einander entfernt so aufstellt, daß die Axen beider Spiegel in eine Linie zusammenfallen, wenn man alsdann in den Brennpunkt des einen Spiegels ein Stück Zunder, in den Brennpunkt des anderen aber eine fast weißglühende Eisenkugel oder glühende Kohlen bringt, deren Verbrennung man durch einen Blasebalg lebhaft unterhält, so wird sich der Zunder alsbald entzünden, als ob er mit dem Feuer in Berührung wäre. Dieser Versuch zeigt, daß der glühende Körper Wärmestrahlen aussendet; denn es ist klar, daß der Zunder nicht etwa dadurch angezündet wurde, daß die zwischenliegenden Luftschichten allmälig so stark erhitzt worden sind. Bringt man den Zunder aus dem Brennpunkte weg, so wird er nicht mehr entzündet, wenn man ihn auch dem glühenden Körper weit näher bringt.

Bringt man an die Stelle der glühenden Kugel eine Kugel von 300° und an die Stelle des Zunders ein gewöhnliches Thermometer, so wird das Thermometer rasch steigen; also auch die Kugel von 300° sendet Wärmestrahlen aus.

Fig. 529.

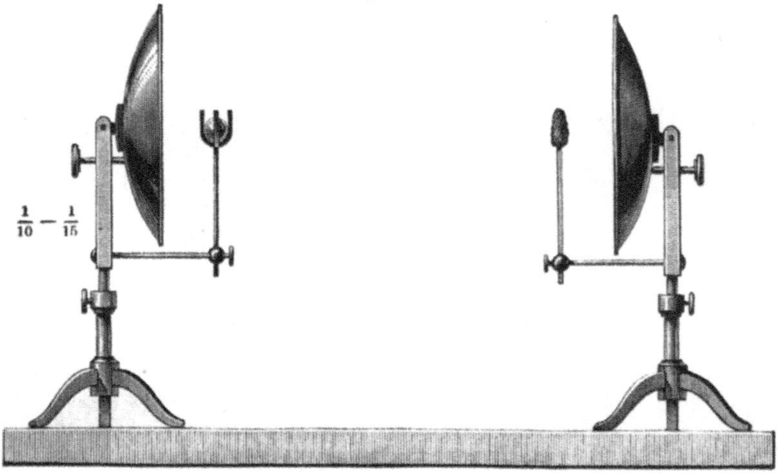

Wenn man die 300° heiße Kugel mit einem Gefäße voll kochenden Wassers oder mit Wasser von 90°, 80° oder 70° vertauscht, so beobachtet man vielleicht gar keine Temperaturerhöhung mehr am Thermometer; dies beweist aber noch nicht, daß die Wände des Gefäßes bei dieser Temperatur keine Wärme mehr ausstrahlen, sondern nur, daß hier das gewöhnliche Thermometer nicht empfindlich genug ist. Man muß deshalb empfindlichere Instrumente zu Hülfe nehmen, etwa Rumford's oder Leslie's Differentialthermometer oder Melloni's Thermomultiplicator.

Rumford's Differentialthermometer, Fig. 530, besteht aus zwei Glaskugeln, *a* und *b*, welche durch eine gebogene Glasröhre, deren horizontaler Theil 3 bis 5 Decimeter lang ist, verbunden sind. In dieser Röhre befindet sich ein Index von gefärbter Flüssigkeit, auf welchen von beiden Seiten die Luft der Kugel drückt; er wird also nur dann an einer bestimmten Stelle stehen bleiben, wenn der Druck von beiden Seiten gleich ist. Wird die eine Kugel mehr erwärmt als die andere, so wird der Index gegen die kältere Kugel hingetrieben.

Leslie's Differentialthermometer, Fig. 531, ist auf ähnliche Weise construirt, nur sind seine Kugeln in der Regel etwas kleiner, die verticalen Arme der sie verbindenden Röhre sind länger und stehen einander näher.

Melloni's Thermomultiplicator besteht aus einer thermo-elektrischen Säule, Fig. 532, wie sie schon früher beschrieben wurde, und aus einem sehr empfindlichen Multiplicator. Die Säule ist sorgfältig an beiden Enden mit Ruß geschwärzt und mit ihrer Fassung *p*, Fig. 533, auf ein Stativ gebracht; die Hülsen *a* und *b* dienen dazu, die Luftströmungen und die Seitenstrahlungen von der Säule abzuhalten; da die Hülse *b*, welche in unserer Figur durch einen Deckel verschlossen erscheint, conisch ist, so dient sie auch, um, wenn es nöthig ist, von dieser Seite her die Wärmestrahlen mehr zu concentriren. Der Kupfer-

Fig. 530.

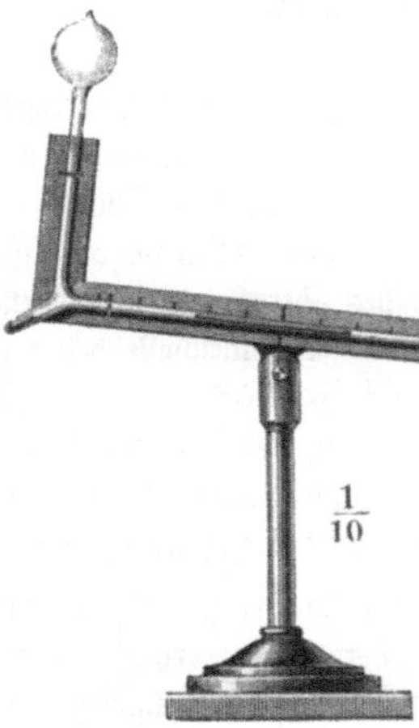

Fig. 532.

Fig. 531.

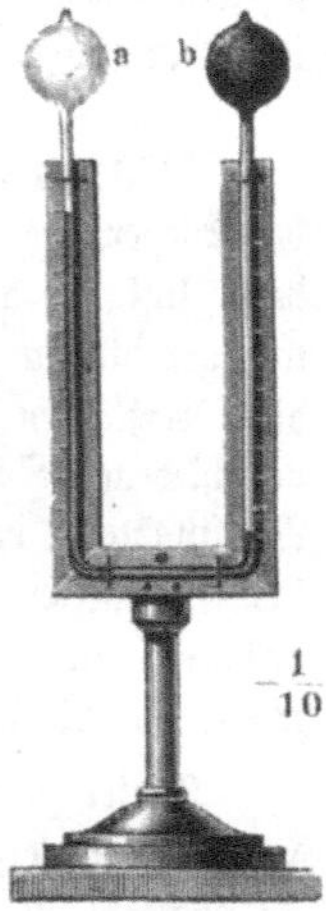

Fig. 533.

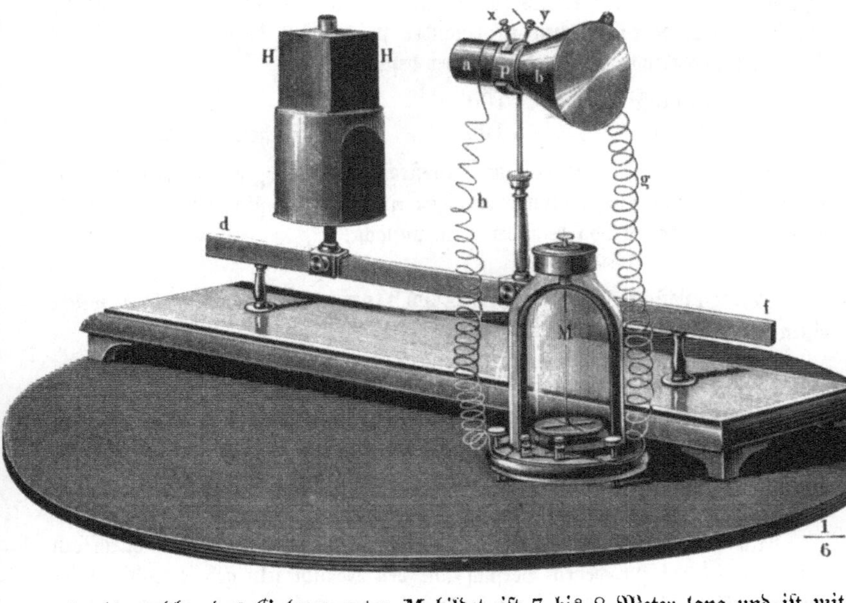

draht, welcher das Galvanometer *M* bildet, ist 7 bis 8 Meter lang und ist mit ungefähr 40 Windungen auf einen Metallrahmen aufgewunden. Im Uebrigen ist die Einrichtung des Multiplicators bereits bekannt.

Um die Verbindung zwischen der thermo-elektrischen Säule und dem Multiplicator herzustellen, dienen die leicht ausdehnbaren Drahtspiralen g und h, Fig. 533, welche bei x und y mit den beiden Enden der thermo-elektrischen Säule in leitender Verbindung stehen. Die geringste Temperaturdifferenz zwischen den beiden geschwärzten Enden der Säule bewirkt nun schon eine Ablenkung der Nadel, die man auf dem getheilten Kreise ablesen kann.

275 **Wärmestrahlungsvermögen der Körper.** Das Vermögen der Körper, die Wärme auszustrahlen, ist sehr ungleich und hängt wesentlich von dem Zustande der Oberflächen ab, im Allgemeinen strahlen die Oberflächen der weniger dichten Körper unter sonst gleichen Umständen mehr Wärme aus als die Oberflächen dichter Körper. Um die Ungleichheit des Strahlungsvermögens verschiedener Oberflächen nachzuweisen, wendet man als Wärmequelle den aus Messingblech verfertigten Leslie'schen Hohlwürfel ***H*** Fig. 533 von 15 bis 18 Centimeter Seitenlänge an, dessen Seitenflächen auf verschiedene Weise präparirt sind. Während die eine rein metallisch und gut polirt ist, ist eine zweite mit Ruß, eine dritte mit Bleiweiß und die vierte mit Tusch überzogen.

Dieser Hohlwürfel wird etwa zur Hälfte mit heißem Wasser gefüllt, welches durch eine untergesetzte Weingeistlampe auf constanter Temperatur erhalten wird. Je nachdem die eine oder die andere Seitenfläche der Thermosäule zugekehrt ist, sind die Ablenkungen der Nadel sehr ungleich; aus den beobachteten Ablenkungen ergiebt sich dann ohne Weiteres das Verhältniß, in welchem die Emissionsfähigkeit der verschiedenen Flächen zu einander steht. Auf diese Weise wurde das Ausstrahlungsvermögen folgender Körper bestimmt:

Kienruß	100	Tusch	85
Bleiweiß	100	Metallfläche . .	12

Wenn man also mit 100 das Ausstrahlungsvermögen des Kienrußes bezeichnet, so ist das Ausstrahlungsvermögen einer polirten Metallfläche gleich 12, also nur 12 Procent von dem der Kienrußfläche.

276 **Absorption der Wärmestrahlen.** Die Wärmestrahlen, welche einen Körper treffen, können entweder

1) in seine Masse eindringen oder
2) an seiner Oberfläche zurückgeworfen werden.

Die in einen Körper eindringenden Strahlen können nun aber entweder von demselben absorbirt und in fühlbare Wärme verwandelt werden, oder sie können, ohne eine Erwärmung in demselben zu bewirken, durch denselben hindurchgehen, wie die Lichtstrahlen durch durchsichtige Körper.

Ein Beweis für die Absorption der Wärmestrahlen wird schon durch den auf Seite 509 besprochenen Versuch mit den Hohlspiegeln geliefert; die Temperaturerhöhung des in den Brennpunkt des einen Hohlspiegels gebrachten Körpers ist lediglich die Folge davon, daß er die auf ihm concentrirten Strahlen absorbirt. Daß dies Absorptionsvermögen mehr oder weniger allen festen und flüssigen Körpern zukommt, geht schon daraus hervor, daß alle, den Sonnenstrahlen ausgesetzt, eine Temperatur annehmen, welche höher ist als die Temperatur der umgebenden Luft.

Das Absorptionsvermögen ist nicht für alle Körper gleich, was schon daraus hervorgeht, daß sie nicht gleiches Emissionsvermögen haben; denn eine Oberfläche, welche leicht Wärmestrahlen aussendet, muß umgekehrt auch die Fähigkeit haben, diese Strahlen einzusaugen. Die Ungleichheit des Absorptionsvermögens läßt sich schon durch einen einfachen Versuch zeigen: Man setze nur ein Thermometer, dessen Kugel geschwärzt ist, den Sonnenstrahlen aus, so wird es weit höher steigen als ein anderes, dessen Kugel nicht geschwärzt ist; die geschwärzte Oberfläche der einen Thermometerkugel absorbirt also offenbar mehr Wärmestrahlen als die glänzende Oberfläche der anderen.

Die von einem Körper absorbirten Wärmestrahlen sind es also, welche ihn erwärmen; wenn demnach ein Körper durch Wärmestrahlung möglichst stark erwärmt werden soll, so muß man ihn mit einem Ueberzuge versehen, welcher die Wärmestrahlen stark absorbirt; man überzieht deshalb auch alle Thermoskope, welche dazu dienen sollen, die Wirkungen der Wärmestrahlung recht merklich zu machen, die Kugeln der Differentialthermometer, die beiden Enden der thermoelektrischen Säule u. s. w. mit Ruß, weil dieser unter allen bekannten Körpern das stärkste Absorptionsvermögen hat.

Wir haben oben gesehen, daß glänzende Metallflächen nur ein sehr geringes Emissionsvermögen besitzen, und daraus folgt, daß sie die Wärmestrahlen auch nur in einem sehr geringen Maße einzusaugen im Stande sind.

Reflexion und Diffusion der Wärmestrahlen. Diejenigen Wärmestrahlen, welche *nicht in die Masse eines Körpers eindringen* (welche also weder absorbirt noch durchgelassen werden), werden an seiner Oberfläche entweder *regelmäßig reflectirt* oder *unregelmäßig zerstreut* (diffundirt). 277

Die *Reflexion der Wärmestrahlen* erfolgt nach denselben Gesetzen wie die der Lichtstrahlen, d. h. der Reflexionswinkel ist dem Einfallswinkel gleich; dies geht schon aus den Versuchen mit den Hohlspiegeln hervor, da ja die Brennpunkte für die Wärmestrahlen mit denen der Lichtstrahlen zusammenfallen.

Je vollständiger die Oberfläche eines Körpers die Wärmestrahlen reflectirt, desto weniger Strahlen kann er absorbiren.

Bei dem in Fig. 529 dargestellten Versuch wird der Feuerschwamm entzündet, weil die Oberfläche der Hohlspiegel den größten Theil der sie treffenden Wärmestrahlen regelmäßig reflectirt, weshalb denn auch die Hohlspiegel selbst keine merkliche Temperaturerhöhung erfahren. — Wären dagegen die Hohlspiegel mit Ruß überzogen, so würden alle sie treffenden Strahlen *absorbirt* werden, alle *Reflexion würde aufhören* und der auf Seite 510 beschriebene Versuch würde nicht mehr gelingen.

Sowie an der Oberfläche eines nicht ganz vollständig polirten Körpers Lichtstrahlen nach allen Seiten unregelmäßig zerstreut werden, so erleiden auch die Wärmestrahlen an der Oberfläche der meisten Körper eine Diffusion. Man kann sich davon durch folgenden Versuch überzeugen. Man lasse durch eine Oeffnung in dem Laden eines dunklen Zimmers Sonnenstrahlen auf eine der Oeffnung gegenüberliegende Wand fallen, so wird der erleuchtete Fleck derselben, welcher von allen Seiten her sichtbar ist, weil er das Sonnenlicht nach allen Seiten hin zerstreut, auch die Wärmestrahlen unregelmäßig zerstreuen, also nach allen Seiten hin Wärmestrahlen aussenden, als ob er selbst eine Wärmequelle wäre. Diese Diffusion der Wärmestrahlen wird sichtbar, wenn man dem hellen Flecke die thermo-elektrische Säule zukehrt; man erhält einen Ausschlag der Nadel, an welcher Stelle des Zimmers man auch das Instrument aufstellen mag; die Wirkung kann also nicht von einer regelmäßigen Reflexion herrühren; daß sie aber auch nicht die Folge einer Erwärmung der von den Sonnenstrahlen beschienenen Stelle der Wand ist, geht daraus hervor, daß die Nadel auf der Stelle wieder auf den Nullpunkt der Theilung zurückgeht, sobald man die Oeffnung im Laden verschließt.

278 Fähigkeit der Körper, Wärmestrahlen durchzulassen.

Daß feste Körper Wärmestrahlen in derselben Weise durchlassen können wie durchsichtige Körper die Lichtstrahlen, geht schon daraus hervor, daß man im Stande ist, brennbare Körper zu entzünden, wenn man sie in den Brennpunkt einer den Sonnenstrahlen ausgesetzten Linse hält. Genauere Untersuchungen darüber wurden erst durch die thermo-elektrische Säule möglich, und Melloni hat mit Hülfe derselben eine Reihe höchst wichtiger Resultate über den Durchgang der Wärmestrahlen durch verschiedene Körper erhalten.

Diejenigen Körper, welche die Wärmestrahlen aufhalten, wie die undurchsichtigen Körper die Lichtstrahlen, nennt Melloni atherman; solche Körper hingegen, welche sich gegen die Wärmestrahlen verhalten wie die durchsichtigen Körper gegen die Lichtstrahlen, nennt er diatherman. Die Luft ist also ein sehr diathermaner Körper, und wir werden sogleich sehen, daß auch sehr viele feste und flüssige Körper, wenn auch nur in sehr ungleichem Maße, diatherman sind.

Die Versuche werden in folgender Weise angestellt. Die Wärmequelle, etwa eine kleine Oellampe, oder ein mit heißem Wasser gefüllter Hohlwürfel von Messingblech, an welchem eine Seite berußt ist, damit sie die Wärme besser ausstrahlt, wird so gestellt, daß das durch die Oeffnung des Schirmes *s*, Fig. 534, auf die Thermosäule fallende Strahlenbündel eine Ablenkung der Nadel von 30° hervorbringt; werden nun die Wärmestrahlen durch eine bei *r* aufgestellte Platte des zu untersuchenden Körpers aufgefangen, so geht die Nadel bald mehr, bald weniger zurück, und so ergiebt sich, daß gleich dicke und gleich durchsichtige Platten verschiedener Stoffe nicht gleiche Mengen strahlender Wärme durchlassen. Bewirkt z. B. die freie Strahlung der Wärmequelle eine Ablenkung von 30°, so wird die Nadel auf 28° zurückgehen, wenn man eine 3 bis 4 Millimeter dicke Steinsalzplatte bei *r* aufstellt, während eine gleich dicke Quarzplatte die Nadel auf 15 bis 16° zurückgehen macht; das Steinsalz läßt also die Wärmestrahlen bei Weitem besser durch als der Bergkrystall. Manche weniger durchsichtige Körper lassen sogar die Wärmestrahlen besser durch als

Fig. 534.

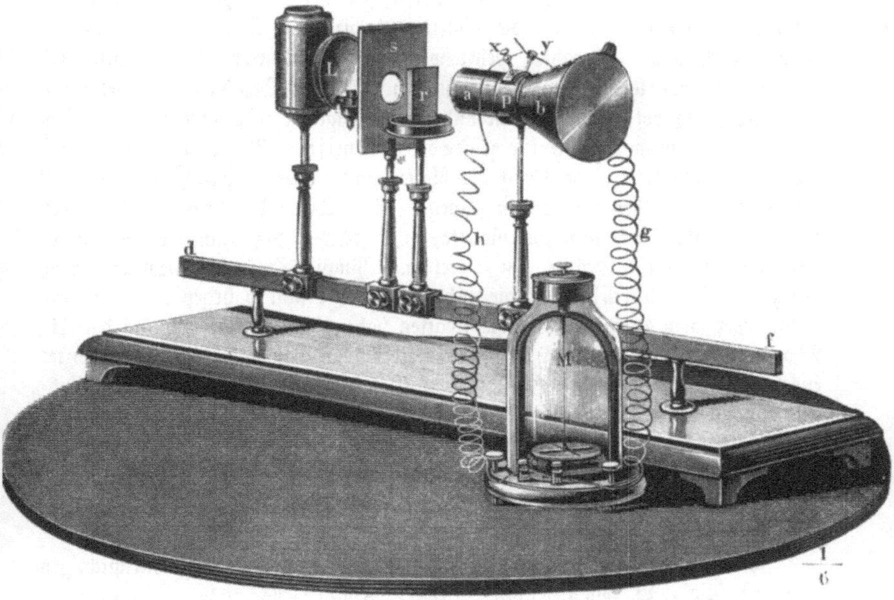

andere, die ganz durchsichtig sind. Während z. B. eine ganz durchsichtige Alaunplatte die Ablenkung der Nadel von 30° auf 3 bis 4° reducirt, bringt eine noch weit dickere Platte von Rauchtopas die Nadel nur auf 14 bis 15° zurück. Ja manche fast ganz undurchsichtige Körper, wie schwarzes Glas und schwarzer Glimmer, lassen noch ziemlich viele Wärmestrahlen durch.

Läßt man die Wärmestrahlen, welche durch eine Glasplatte gegangen sind, auf eine Alaunplatte fallen, so werden sie gänzlich absorbirt, während doch eine Alaunplatte fast alle Wärmestrahlen durchläßt, welche zuvor durch eine Platte von Citronensäure gegangen sind. Diese Erscheinung hat die größte Aehnlichkeit mit dem Durchgange des Lichtes durch gefärbte Mittel; Lichtstrahlen, welche durch ein grünes Glas gegangen sind, werden bekanntlich von anderen grünen Gläsern leicht durchgelassen, sie werden aber absorbirt, wenn man sie auf ein rothes Glas fallen läßt; die Unterschiede zwischen den Wärmestrahlen sind also den Verschiedenheiten der Farben beim Lichte ganz analog.

Aehnliches hat man auch in Beziehung auf das Emissionsvermögen und Absorptionsvermögen der Körper bemerkt.

Die Wärmestrahlen sind brechbar wie die Lichtstrahlen, was sich am besten mit Hülfe eines Prismas von Steinsalz nachweisen läßt. Auch Polarisationserscheinungen hat man bei den Wärmestrahlen nachgewiesen.

279 **Wärmeverhältnisse des Sonnenspectrums.** Das Licht der Sonnenstrahlen ist von *chemischen* und *thermischen* Effecten begleitet. Wir haben bereits oben Seite 328 gesehen, daß die blauen und violetten Strahlen des Spectrums die kräftigsten chemischen Wirkungen hervorbringen, ja daß sich die chemischen Effecte noch über die violette Gränze des Spectrums hinaus erstrecken, d. h. daß es Strahlen giebt, welche noch brechbarer sind, die also noch rascher vibriren als die äußersten sichtbaren violetten Strahlen; die chemischen Wirkungen des rothen und gelben Lichtes sind dagegen sehr unbedeutend. Den Gegensatz zu diesem Verhältnisse zeigen die *thermischen* Wirkungen im Sonnenspectrum. Die wärmende Kraft der blauen und violetten Strahlen ist äußerst gering, die der rothen und gelben dagegen sehr bedeutend. Wie die chemischen Wirkungen sich noch über die violette, so erstrecken sich auch die thermischen noch über die rothe Gränze des Spectrums hinaus, d. h. es giebt Strahlen, welche *weniger brechbar* als die rothen vom Auge nicht wahrgenommen werden, welche aber doch erwärmende Eigenschaften haben, und welche wir als *dunkle Wärmestrahlen* bezeichnen können. Die Wärmestrahlen, welche ein geheizter eiserner Ofen ausstrahlt, sind solche dunkle Wärmestrahlen; ihre Vibrationsgeschwindigkeit ist dem Gesagten zufolge noch geringer, ihre Wellenlänge also noch größer als die der äußersten rothen Strahlen.

In dem Spectrum eines Steinsalzprismas liegt das Maximum des Wärmeeffectes nicht im sichtbaren Theile, sondern in der *ultrarothen* Verlängerung.

Die *leuchtenden* Wärmestrahlen werden von allen farblos-durchsichtigen Körpern, also z. B. von Steinsalz, Quarz, Alaun, Glas u. s. w., ganz gleich gut durchgelassen; die ungleiche Diathermanität dieser Stoffe, welche im vorigen Paragraphen besprochen wurde, kann also nur in einem ungleichen Verhalten derselben gegen *dunkle* Wärmestrahlen ihren Grund haben. Schwarzes Glas und schwarzer Glimmer lassen noch dunkle Wärmestrahlen durch, während sie alle leuchtenden Wärmestrahlen absorbiren.

In Fig. 535 stellt die Curve I die Intensitätsverhältnisse des Wärmespectrums, II die des Lichtspectrums und III die des chemischen Spectrums dar.

Fig. 535.

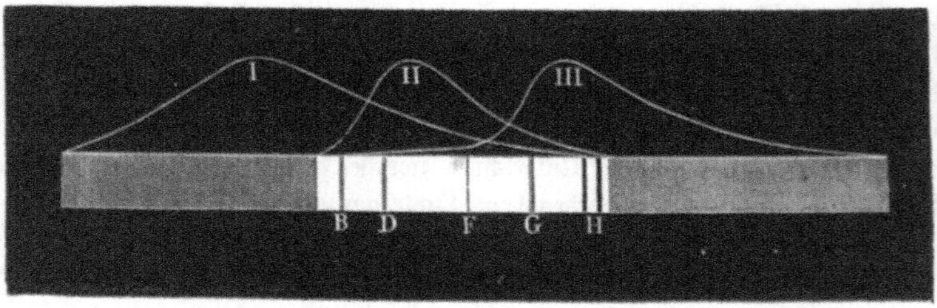

Man ersieht aus dieser Figur, wie das Maximum des thermischen Effectes noch jenseits der rothen Gränze des sichtbaren Spectrums liegt. Die größte

Lichtstärke des Spectrums findet sich im Gelb, in der Nähe der Fraunhofer'schen Linie *D*. Das Maximum des chemischen Effectes endlich liegt im Indigo, zwischen den Fraunhofer'schen Linien *G* und *H*.

Während die Wellenlänge der violetten Strahlen ungefähr 0,0004mm, die der äußersten rothen ungefähr 0,0007mm beträgt, ist nach Esselbach's Messungen die Wellenlänge der äußersten chemischen Strahlen 0,0003mm, und nach meinen Versuchen die Wellenlänge der äußersten dunklen Wärmestrahlen 0,0018mm.

Die Gesammtheit der Sonnenstrahlen umfaßt demnach nahezu $2^1/_2$ Octaven, von welchen nicht ganz eine Octave (von 0,0004 bis 0,0007 Millimeter) auf das sichtbare Spectrum fällt.

Verbreitung der Wärme durch Leitung. Nicht allein durch Strahlung, sondern auch bei unmittelbarer Berührung kann die Wärme von einem Körper zum anderen übergehen und sich alsdann durch seine ganze Masse hindurch verbreiten; doch findet in Beziehung auf die Leichtigkeit, mit welcher die Wärme in einen Körper übergeht und sich durch seine Masse verbreitet, eine große Ungleichheit zwischen verschiedenen Stoffen Statt; in manchen verbreitet sich die Wärme außerordentlich leicht, während in anderen dieselbe weniger leicht von einem Theilchen zum anderen übergeht. Ein Schwefelhölzchen, welches an einem Ende brennt, kann man am anderen Ende noch zwischen den Fingern halten, ohne nur eine Temperaturerhöhung des Holzes zu fühlen; die hohe Temperatur des brennenden Endes theilt sich also nicht so leicht der übrigen Masse des Holzes mit, das Holz ist ein schlechter Wärmeleiter; einen gleichlangen Metalldraht aber, den man an dem einen Ende glühend gemacht hat, kann man am anderen Ende nicht anfassen, ohne sich zu verbrennen, die Wärme verbreitet sich also leicht von dem glühenden Ende aus durch das ganze Stäbchen, das Metall ist also ein guter Wärmeleiter. 280

Ein Stück Eisen und ein Stück wollenes Tuch, welche eine kalte Winternacht hindurch im Freien lagen, haben gewiß eine gleich niedrige Temperatur, und doch fühlt sich das Eisen ungleich kälter an, weil es der Hand die Wärme ungleich rascher entzieht als die Wolle.

Um zu zeigen, wie ungleich die Fähigkeit verschiedener Körper ist, die Wärme fortzuleiten, kann man den in Fig. 536 dargestellten, von Ingenhouß angegebenen Apparat anwenden. In die eine Seitenwand eines Kastens von Blech sind mehrere, aus den zu vergleichenden Substanzen verfertigte Stäbchen eingesteckt, welche sämmtlich gleichen Durchmesser haben müssen und sämmtlich mit einer Schicht von Wachs überzogen sind; wenn man nun kochendes Wasser oder heißes Oel in den Kasten gießt, so wird die Wärme auch mehr oder weniger weit in die Stäbchen vordringen und den Wachsüberzug schmelzen. Nehmen wir an,

Fig. 536.

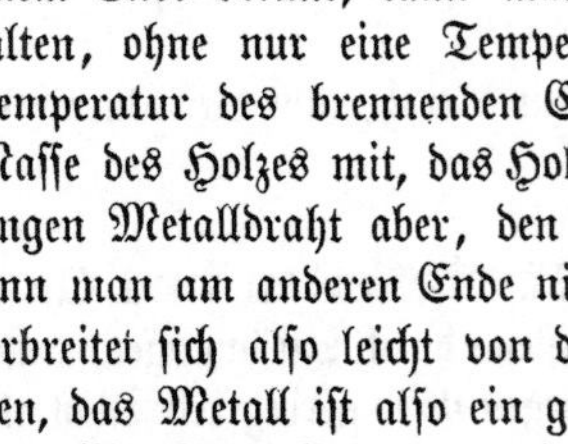

das eine Stäbchen sei von Kupfer, eines von Eisen, ein drittes von Blei, das vierte von Glas, das letzte von Holz, so wird die Wachsschicht des Kupferstäbchens schon vollständig bis ans Ende geschmolzen sein, während bei allen anderen Stäbchen die Schmelzung des Wachses noch nicht so weit vorgeschritten ist; das Kupfer ist also unter diesen fünf Körpern der beste Wärmeleiter. Für das Eisenstäbchen schreitet die Schmelzung des Wachses rascher voran als für das Bleistäbchen, und während das Wachs auf dem Kupferstabe ganz weggeschmolzen ist, ist die Wachsschicht auf dem Glasstabe nur auf eine sehr unbedeutende Strecke geschmolzen, an dem Holzstäbchen ist aber kaum ein Anfang des Schmelzens wahrzunehmen, das Holz ist also in der That unter diesen Körpern der schlechteste Wärmeleiter.

Unter allen Körpern sind die Metalle die besten, Asche, Seide, Haare, Stroh, Wolle u. s. w., überhaupt die lockeren organischen Gebilde, die schlechtesten Wärmeleiter.

Im praktischen Leben machen wir von der guten oder schlechten Wärmeleitungsfähigkeit verschiedener Körper zahlreiche Anwendungen. Gegenstände, die man vor der Erkaltung schützen will, umgiebt man mit schlechten Wärmeleitern; man umwickelt Bäume und Sträuche des Winters mit Stroh, um sie vor dem Erfrieren zu schützen; unsere Kleider halten warm, weil sie aus schlechten Wärmeleitern verfertigt sind. In einem kupfernen Gefäße bringt man unter sonst gleichen Umständen eine Flüssigkeit weit eher ins Kochen als in einem Porzellangefäße von derselben Wanddicke.

Man bekleidet die Wände des Eiskellers mit Stroh, um die Wärme des Bodens von dem Eise abzuhalten.

281 Wärmeleitungsfähigkeit der Flüssigkeiten und Gase.

In den Flüssigkeiten verbreitet sich die Wärme meistens durch Strömungen, welche dadurch entstehen, daß die erwärmten Theilchen wegen ihrer geringeren Dichtigkeit immer in die Höhe steigen. Man kann diese Strömungen leicht sichtbar machen, wenn man Sägespäne in Wasser wirft, welches sich in einem Glasgefäße befindet, und dann von unten her langsam erwärmt, Fig. 537. Man sieht, wie die Strömung in der Mitte aufwärts, an der Seite abwärts gerichtet ist. Wenn man die Flüssigkeit von *oben* her erwärmt, so daß das hydrostatische Gleichgewicht nicht gestört wird, so kann sich die Wärme nur in derselben Weise durch die Masse der Flüssigkeit verbreiten, wie dies bei festen Körpern der Fall ist, nämlich durch Leitung, indem die Wärme von einer Schicht zur anderen übergeht. In solchen Fällen verbreitet sich die Wärme aber nur sehr langsam durch die Masse der Flüssigkeit, *die Flüssigkeiten sind also sehr schlechte Wärmeleiter*.

Um sich von der schlechten Leitungsfähigkeit des Wassers zu überzeugen, kann man den in Fig. 538 abgebildeten Versuch anstellen. In die Seitenwand eines aus dünnem Blech verfertigten Gefäßes wird mittelst eines Korkes auf der Seite ein Thermometer eingesetzt und dann das Gefäß so weit voll Wasser gegossen, daß sich die Thermometerkugel ungefähr 2 Millimeter unter dem Wasserspiegel befindet. Gießt man nun heißes Oel auf das Wasser, oder etwas Weingeist, den man anzündet, so wird es doch eine geraume Zeit dauern, ehe

Fig. 537.

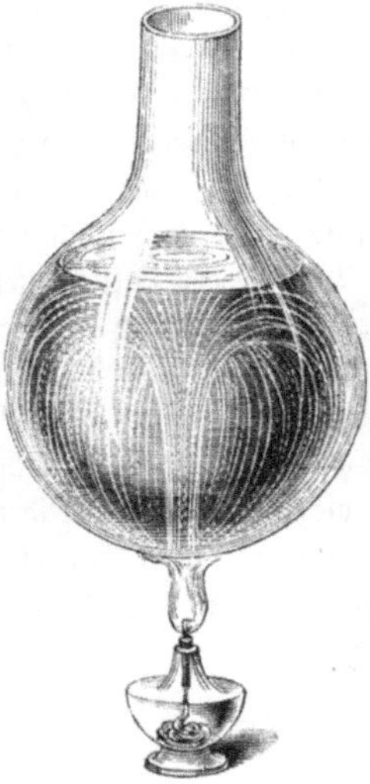

Fig. 538.

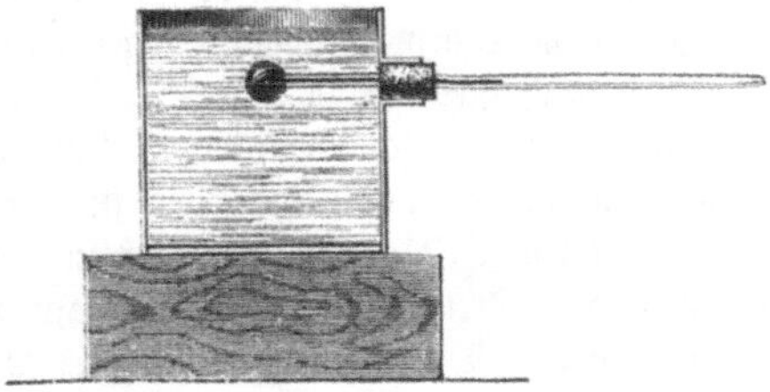

das Thermometer eine merkliche Temperaturerhöhung zeigt.

Wenn man in ein mit kaltem Wasser gefülltes Reagenzröhrchen ein Stückchen Eis wirft, welches mit etwas Draht umwickelt ist, damit es zu Boden sinkt, so kann man in der oberen Hälfte des schräg gehaltenen Röhrchens, Fig. 539, das Wasser mittelst einer Weingeistlampe ins Kochen bringen, ohne daß unten ein merkliches Wegschmelzen des Eises stattfindet.

Fig. 539.

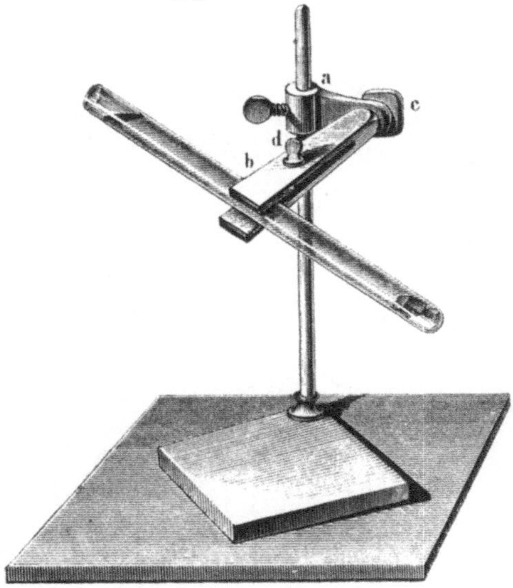

Despretz hat die Leitungsfähigkeit des Wassers bestimmt, indem er Wassersäulen von 1 Meter Höhe und 0,2 bis 0,4 Meter Durchmesser von oben her durch beständige Erneuerung von heißem Wasser erwärmte. Es dauerte ungefähr 30 Stunden, bis die Temperatur der Wassersäule an allen Stellen stabil wurde. Aus diesen Versuchen folgt, daß die Wärmeleitungsfähigkeit des Wassers ungefähr 96 mal geringer ist als die des Kupfers.

Die Luft und die Gase überhaupt sind ebenfalls sehr schlechte Wärmeleiter, doch läßt sich ihr Wärmeleitungsvermögen durch Thermometer, die man etwa in verschiedenen Schichten der zu untersuchenden Luftmasse anbringen wollte, wegen der Wärmestrahlung nicht ermitteln. Daß jedoch die Gase überhaupt und die Luft insbesondere schlechte Wärmeleiter sind, geht daraus hervor, daß Körper, welche von allen Seiten von Luftschichten umgeben sind, nur sehr langsam erwärmt und erkaltet werden können, wenn nur der Wechsel der Luftschichten verhindert wird. Dadurch erklärt sich die Wirksamkeit der doppelten Fenster und der doppelten Thüren, um ein Zimmer warm zu halten. Das schlechte Leitungsvermögen lockerer Körper, wie Stroh, Wolle u. s. w., rührt größtentheils daher, daß die zahllosen Zwischenräume mit Luft ausgefüllt sind. Solche Körper, von denen wir sagen, daß sie warm halten, wie z. B. unsere Kleider, Stroh, sind nicht selbst warm, ihre Wirkung beruht nur auf ihrer schlechten Wärmeleitungsfähigkeit; wenn man Eis in solche Körper einhüllt, so verhindern sie das Schmelzen desselben, weil sie die äußere Wärme abhalten.

Fünftes Capitel.

Quellen der Wärme.

Wärmeerzeugung durch chemische Verbindungen. 282

Nach der Sonne sind für uns die chemischen Verbindungen die wichtigsten Wärmequellen. Fast jeder chemische Proceß ist von einer Wärmeentwickelung begleitet.

Von ganz besonderer Wichtigkeit ist die Entwickelung der Wärme, welche durch Verbrennung, also durch eine rasche Verbindung der Körper mit Sauerstoff, entwickelt wird.

Um die durch Verbrennung entwickelte Wärme zu bestimmen, bediente sich Rumford des in Fig. 540 abgebildeten Apparates; der Kasten *A* ist mit Wasser gefüllt, durch welches ein Schlangenrohr hindurchzieht. Der Eingang in das Schlangenrohr ist durch einen Trichter gebildet, unter welchen die zu verbrennenden Körper gebracht werden. Mit Oel und Alkohol ist der Versuch leicht anzustellen; man füllt sie nämlich in eine kleine Lampe, die man zu Anfang und zu Ende des Versuches wägt, um die Menge des verbrannten Materials zu erfahren. Die Flamme und die Producte der Verbrennung ziehen durch das Schlangenrohr hindurch und erwärmen das Wasser des Apparates. Aus der Temperaturerhöhung, welche das Wasser mit dem ganzen Apparate erfährt, läßt sich dann die Wärmemenge, welche durch die Verbrennung erzeugt wurde, berechnen; doch darf man dabei die Wärme nicht unberücksichtigt

Fig. 540.

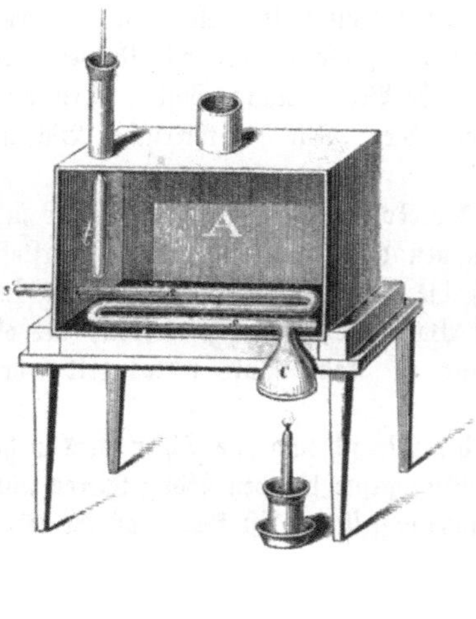

lassen, mit welcher die gasförmigen Producte der Verbrennung aus dem Schlangenrohre austreten.

Durch solche Versuche ergab sich, daß durch die Wärme, welche entwickelt wird bei

der Verbrennung von 1 Gramm	die Temperatur von 1 Kilogramm Wasser erhöht werden kann um
Wasserstoffgas	36,40°
Oelbildendem Gas	12,20
Absolutem Alkohol	6,96
Kohle	7,29
Wachs	10,50
Rüböl	9,31
Talg	8,37

283 **Thierische Wärme.** Die Temperatur der Blutwärme aller Thiere ist fast immer von der Temperatur des Mittels verschieden, in welchem sie leben; der thierische Körper hat also seine eigenthümliche Wärme, er muß sie also auch fortwährend erzeugen können.

Die innere Wärme des Menschen scheint für alle Organe dieselbe und zwar derjenigen gleich zu sein, auf welche ein kleines Thermometer steigt, wenn man die Kugel unter die Zunge bringt und den Mund schließt, bis es nicht mehr steigt; diese Temperatur ist 37° C. Alter und Klima, Gesundheit oder Krankheit können diese Temperatur nur unbedeutend ändern.

Die Blutwärme der Vögel ist größer als bei allen anderen Thieren, sie beträgt im Durchschnitt 42°; die Blutwärme der Säugethiere ist der des Menschen sehr nahe gleich. Bei den Vögeln und Säugethieren ist die Blutwärme von der Temperatur der Umgebung unabhängig; bei den übrigen Thierclassen aber, den Amphibien, Fischen u. s. w., ist die Temperatur des Körpers nur wenig von der Temperatur der Umgebung verschieden.

Welches ist nun die Quelle der thierischen Wärme? Die Luft, welche wir einathmen, wird in derselben Weise verändert wie die Luft, welche zur Verbrennung gedient hat: statt des eingeathmeten Sauerstoffs hauchen wir Kohlensäure aus, es findet also im Körper eine förmliche Verbrennung Statt. Seit Lavoisier diese Entdeckung gemacht hatte, war die Quelle der thierischen Wärme kein Geheimniß mehr.

Durch die Speisen wird dem Blute der Kohlenstoff zugeführt, welcher sich vorzugsweise in den capillaren Verzweigungen der Adern mit dem Sauerstoff der eingeathmeten Luft verbindet; durch die Oxydation des Kohlenstoffs im Thierkörper muß aber nothwendig dieselbe Wärmemenge erzeugt werden, als ob der Kohlenstoff durch schnelle Verbrennung in Kohlensäure verwandelt worden wäre.

In einer kalten Umgebung verliert der Mensch und das Thier stets mehr Wärme, als in wärmerer; da aber die Blutwärme bei den Säugethieren und Vögeln von der Temperatur der Luft unabhängig ist, so ist klar, daß im Körper mehr Wärme erzeugt werden muß, wenn ihm in jedem Augenblicke eine größere Wärmemenge entzogen wird, wenn er also in kalter Luft lebt, als wenn er in wärmerer Umgebung nur wenig Wärme nach außen hin abgiebt. Um aber in gleichen Zeiten mehr Wärme erzeugen zu können, muß dem Körper mehr Kohlenstoff zugeführt werden, durch dessen Oxydation die Wärme erzeugt wird, wie man ja auch bei kaltem Wetter mehr Brennmaterial im Ofen verbrennen muß, um ein Zimmer auf einer bestimmten constanten Temperatur zu erhalten, als bei gelinder Kälte. Dadurch erklärt sich nun, warum der Nordländer mehr Speisen und besonders mehr kohlenstoffhaltige Speisen zu sich nehmen muß als der Bewohner der heißen Zone.

Wärmeentwickelung durch mechanische Mittel. Wir 284
haben bereits in Paragraph 273 ein Beispiel der Wärmeentwickelung auf mechanischem Wege kennen gelernt, nämlich das Freiwerden von Wärme durch Compression der Luft. In gleicher Weise ist die Compression eines jeden Körpers von einer mehr oder minder bedeutenden Wärmeentwickelung begleitet.

Wie die Zusammendrückung eines Körpers, so ist aber auch jede Reibung von einer Wärmeentwickelung begleitet, und in der That ist die Reibung dasjenige Mittel, durch welches sich der Mensch in weitaus den meisten Fällen Feuer zu verschaffen weiß. Durch eine zweckmäßige Reibung von Holzstücken macht der Indianer sein Feuer an. Das Feuerschlagen mit Stahl und Stein beruht lediglich auf der Wärmeentwickelung durch Reibung, und eine geringe Reibung ist es auch, durch welche wir unsere Zündhölzchen zum Brennen bringen.

Die durch Reiben entwickelte Wärme kann unter Umständen sehr bedeutend werden. Ein eiserner Radschuh erhitzt sich oft so, daß er zischt, wenn er mit Wasser in Berührung kommt, ja an einem rasch laufenden Schleifsteine von großem Durchmesser soll ein eiserner Nagel glühend werden.

Die mechanische Wärmetheorie. Wir haben nun die wich- 285
tigsten Gesetze der Wärmeerscheinungen kennen gelernt, ohne daß die Rede davon gewesen wäre, was denn eigentlich die Wärme sei. In dieser Beziehung ist also die Wärmelehre ganz so behandelt worden, wie der erste Theil der Lehre vom Lichte, wo auch die empirischen Gesetze der Spiegelung und Brechung entwickelt wurden, ohne weiter nach dem Wesen des Lichtes zu fragen. Die Aufstellung einer Theorie, aus welcher sich alle Wärmeerscheinungen nicht nur der Art, sondern auch der Größe nach so vollständig ableiten lassen, wie die Lichtphänomene aus der Wellentheorie, ist gerade gegenwärtig das Ziel der Bestrebungen vieler Physiker.

Früher stellte man sich die Wärme als einen imponderabelen Stoff vor, welcher die Körper durchdringt; diese Vorstellung paßt sich mancher Erscheinung, wie z. B. der Wärmebindung, der Wärmecapacität, ganz gut an, sie giebt uns für diese Erscheinungen ein ganz gutes Bild, ja die Ausdrücke sind auch mit Zugrundelegung dieser Ansicht geschaffen. Wenn sich aber auch die Erscheinungen der Wärmecapacität, der latenten Wärme, die Wärmeleitung ganz gut mit der Vorstellung des Wärmestoffes vertragen, so ist doch dem jetzigen Standpunkt unserer physikalischen Kenntnisse gegenüber diese Ansicht völlig unhaltbar geworden.

Die Gesetze der strahlenden Wärme sind denen der Lichtstrahlung so ähnlich, daß die Idee nahe liegt, auch die Wärmestrahlung durch Aethervibrationen zu erklären. Wenn aber die strahlende Wärme durch Vibrationen des Aethers sich fortpflanzt, so müßte die fühlbare Wärme durch Vibrationen der materiellen Theile der Körper selbst hervorgebracht werden.

Diese Ansicht wird aber durch die Thatsache unterstützt, daß durch mechanische Mittel, durch Reibung, durch Compression u. s. w., Wärme erzeugt wird, was sich auf keinerlei Weise durch die ruhende Gegenwart eines imponderabelen Wärmestoffs, sondern nur dadurch erklären läßt, daß man die Wärme als das Resultat von Molekularbewegung betrachtet, daß man sie also auf mechanische Principien zurückführt.

Wenn man die Wärmephänomene auf eine Molekularbewegung zurückführen will, so muß man die Production von Wärme durch mechanische Kräfte als eine Umwandlung von Massenbewegung in Molekularbewegung betrachten, während umgekehrt die Leistung mechanischer Arbeit durch Wärme eine Umwandlung der Molekularbewegung in Massenbewegung ist.

Daraus folgt aber ferner, daß zwischen der erzeugten Wärme und der zu diesem Zweck consumirten mechanischen Arbeit ein unveränderliches Größenverhältniß bestehen, daß es ein mechanisches Aequivalent der Wärme geben müsse. Mayer hat diese Idee zuerst ausgesprochen, eine genaue Bestimmung dieses Aequivalents ist aber nach verschiedenen Methoden namentlich durch Joule und Hirn ausgeführt worden. Als Mittel aus den besten hierher gehörigen Versuchen ergiebt sich das mechanische Aequivalent der Wärme, oder genauer ausgedrückt das Arbeitsäquivalent der Wärmeeinheit gleich

424 Meterkilogramm,

d. h. man muß eine mechanische Arbeit von 424 Meterkilogrammen anwenden, um eine Wärmeeinheit, d. h. so viel Wärme zu produciren als nöthig ist, um die Temperatur von 1 Kilogramm Wasser um 1° C. zu erhöhen.

Wenn man aber durch mechanische Arbeit Wärme erzeugen kann, so muß auch umgekehrt die Wärme im Stande sein mechanische Effecte hervorzubringen, und zwar muß eine Wärmeeinheit im Stande sein eine Arbeit von 424 Meterkilogrammen zu leisten, wie dies gleichfalls durch Versuche bestätigt worden ist. Näheres darüber im Supplementband.

Die Lehre vom mechanischen Aequivalent der Wärme bildet den Ausgangspunkt für die Entwickelung der mechanischen Wärmetheorie, um welche sich namentlich Clausius, Thomsen und Andere verdient gemacht haben.

Die Art und Weise, wie man sich die thermische Molekularbewegung zu denken habe, ist noch nicht ganz festgestellt; nach Clausius kann man sich davon ungefähr folgende Vorstellung machen: Die im Verhältniß zu den

Zwischenräumen verschwindend kleinen Moleküle der Gase und Dämpfe bewegen sich in gerader Linie mit constanter Geschwindigkeit, bis sie gegen andere Gasmoleküle oder eine für sie undurchdringliche Wand stoßen. Der Druck des Gases gegen eine feste Wand hat dann seinen Grund darin, daß die Moleküle fortwährend in großer Zahl gegen die Wand fliegen und von ihr abprallen.

Bei den festen Körpern oscilliren die Moleküle um eine feste Gleichgewichtslage; bei den flüssigen findet eine solche Gleichgewichtslage zwar nicht mehr Statt, allein die Moleküle sind doch trotz ihrer beständigen und mannigfaltigen Bewegungen an bestimmte Abstände gebunden, sie können nicht frei aus einander fahren, wie bei den Gasen.

Die strahlende Wärme wird, vollkommen identisch mit den Lichtstrahlen, durch eine Vibrationsbewegung des Aethers fortgepflanzt, während die Bewegung der ponderabeln Körperatome die Quelle der fühlbaren Wärme ist.

Wie man sich auch die thermische Molekularbewegung denken mag, so ist doch die Temperatur proportional der lebendigen Kraft der einzelnen Moleküle, also proportional dem Quadrat der Geschwindigkeit, mit welcher sie sich bewegen. Der absolute Nullpunkt der Temperatur wird also da liegen, wo die Molekularbewegung aufhört. Mit der Molekularbewegung verschwindet aber auch die Spannkraft der Gase.

Nennen wir p die Spannkraft einer abgesperrten Luftmasse bei 0^0 C., so ist ihre Spannkraft bei t^0 gleich $p(1 + 0{,}00365\,t)$; sie wird also gleich 0, wenn $1 + 0{,}00365\,t = 0$, d. h. wenn $t = -273^0$ C. Der absolute Nullpunkt der Temperatur liegt also 273 Grad Celsius unter dem Gefrierpunkt des Wassers.

Wenn einem Körper Wärme zugeführt wird, so kommt dieselbe keineswegs der Temperaturerhöhung allein zu gut. Die Temperaturerhöhung ist nämlich stets von einer Ausdehnung der Körper begleitet, welche nicht vor sich gehen kann, ohne daß zweierlei Widerstände überwunden werden.

1) Muß der Abstand der Körperatome von einander vergrößert werden und dem wirkt die Molekularattraction entgegen. Die Ueberwindung dieses Widerstandes wird als innere Arbeit bezeichnet.

2) Indem ein Körper sich ausdehnt, hat er den auf ihm lastenden Druck (gewöhnlich den Druck der Atmosphäre) zu überwinden; die dazu erforderliche Arbeit wird äußere Arbeit genannt.

Bei den festen und flüssigen Körpern ist die Ausdehnung so gering, daß die bei ihrer Erwärmung zu leistende äußere Arbeit verschwindend klein ist.

Bei den Gasen dagegen ist der Abstand der Atome bereits so groß, daß die Attraction der Moleküle, also auch die bei ihrer Temperaturerhöhung zu leistende innere Arbeit gleich Null ist.

Wenn also eine Luftmasse so eingeschlossen ist, daß sie sich nicht ausdehnen kann, so wird alle ihr zugeführte Wärme lediglich zu ihrer Erwärmung, d. h. zur Beschleunigung der Molekularbewegung verwendet. Es sei a die Wärmemenge, welche der gegebenen Luftmasse zugeführt werden muß, um dieselbe bei constantem Volumen um t Grade zu erwärmen.

Wird aber dieselbe Luftmasse erwärmt, während sie sich unter constantem Druck frei ausdehnen kann, so sind, wie wir auf Seite 508 gesehen haben, 1,4 a Wärmeeinheiten nöthig, um die gleiche Temperaturerhöhung zu bewirken, von dieser Wärmemenge sind aber 0,4 Wärmeeinheiten für die äußere Arbeit verwendet worden, welche geleistet werden muß, wenn sich die Luft in entsprechender Weise ausdehnen soll.

Die Wärme, welche bei der Schmelzung fester und bei der Verdampfung flüssiger Körper gebunden wird, also der Temperaturerhöhung nicht zu Gute kommt, ist zu Ueberwindung des Zusammenhangs der Theilchen, also zur Leistung innerer Arbeit erforderlich.

Sechstes Buch.

Meteorologie.

Erstes Capitel.

Vertheilung der Wärme auf der Erdoberfläche.

Die Erwärmung der Erdoberfläche durch die Sonnenstrahlen. 286 Die Erwärmung der Erdoberfläche und der Atmosphäre, durch welche allein das Gedeihen der Pflanzen- und Thierwelt möglich ist, haben wir nur den Strahlen der Sonne zu danken, welche somit als die Quelle alles Lebens auf unserem Planeten betrachtet werden muß. —

Indem die Sonnenstrahlen die Atmosphäre durchwandern, erleiden sie eine verhältnißmäßig geringe Absorption, weil die Luft ein sehr diathermaner Körper ist; jedenfalls ist die directe Erwärmung der Luft durch absorbirte Sonnenstrahlen eine sehr unbedeutende. Erst wenn die Sonnenstrahlen die Erdoberfläche selbst treffen, werden sie absorbirt und in fühlbare Wärme verwandelt. Durch den erwärmten Boden wird die Lufthülle der Erde von unten her erwärmt.

Die Erwärmung des Bodens hängt von der Richtung ab, in welcher die Sonnenstrahlen ihn treffen, und da diese Richtung eine nach bestimmten Gesetzen regelmäßig wechselnde ist, so ist klar, daß der Erwärmungszustand der Erdoberfläche und der unteren Schichten der Atmosphäre periodische Variationen erleiden muß, und zwar haben wir eine tägliche und eine jährliche Periode im Gange der Lufttemperatur (der Temperatur der unteren Luftschichten) zu unterscheiden.

Während der Erde durch die Sonnenstrahlen Wärme zugeführt wird, verliert sie dagegen Wärme durch Ausstrahlung gegen die kälteren Himmelsräume. Im Allgemeinen halten sich Ein- und Ausstrahlung das Gleichgewicht, d. h. die Summe der Wärme, welche der Erde durch die Sonnenstrahlen zugeführt wird, ist derjenigen gleich, welche sie durch Ausstrahlung verliert. Dabei ist aber die Wärme über die Erdoberfläche weder gleichförmig noch unveränderlich vertheilt. Die höchste Erwärmung der Erdoberfläche und der unteren Luftschichten finden wir in den Aequatorialgegenden, während es um so kälter wird, je mehr wir uns den Polen nähern. Fassen wir aber die Temperatur irgend eines bestimmten Ortes auf der Erdoberfläche ins Auge, so zeigt sich, daß sie beständigen Schwankungen unterworfen ist, indem in Folge der veränderlichen Stellung der Sonne gegen die Erdoberfläche bald die Einstrahlung, bald die Ausstrahlung das Uebergewicht gewinnt.

Da nun aber die Veränderungen, welche die Stellung der Sonne gegen die Erdoberfläche erfährt, an zwei Perioden, eine tägliche und eine jährliche, gebunden ist, so ist klar, daß auch die Variationen der Temperatur an irgend einem Orte der Erdoberfläche eine tägliche und eine jährliche Periode befolgen müssen.

287 **Die fünf Zonen.** Für verschiedene Gegenden der Erdoberfläche sind die Insolationsverhältnisse äußerst ungleich. Innerhalb der Wendekreise, wo Tag und Nacht das ganze Jahr hindurch fast gleich sind, wo die Sonne bei ihrem höchsten Mittagsstande das Zenith passirt, und wo die niedrigste Mittagshöhe mindestens 44° (die niedrigste Mittagshöhe der Sonne ist für die Wendekreise 43° 42′, für den Aequator 66° 32′) beträgt, wo also täglich die Sonnenstrahlen eine kräftige Wirkung ausüben können, muß auch stets eine hohe Lufttemperatur herrschen. Jener zwischen den Wendekreisen gelegene Aequatorialgürtel wird deshalb auch die heiße Zone genannt. Sie ist der Schauplatz des reichsten Thier- und Pflanzenlebens.

Den Gegensatz der heißen Zone bilden die Umgebungen der Pole.

Innerhalb der beiden von den Polarkreisen (66° 32′ nördlicher und südlicher Breite) begränzten Kugelabschnitte kommt die Sonne Tage, Wochen, Monate lang gar nicht über den Horizont, und auch dann nur, um ihre Strahlen in sehr schräger Richtung auf den Boden zu senden; hier also kann nur eine geringe Wärmeentwickelung stattfinden, und hier starrt deshalb auch fast das ganze Jahr hindurch die Natur in Schnee und Eis.

Der von dem nördlichen Polarkreise eingeschlossene Raum wird die nördliche, der von dem südlichen Polarkreise eingeschlossene Raum wird die südliche kalte Zone genannt.

Der Gürtel zwischen dem nördlichen Wendekreise und dem nördlichen Polarkreise bildet die nördliche gemäßigte Zone, gleichwie die südliche gemäßigte Zone sich vom südlichen Wendekreise bis zum südlichen Polarkreise erstreckt. Je mehr man in diesen gemäßigten Zonen gegen die Polarkreise vordringt, desto mehr nähern sich die Temperaturverhältnisse denen der kalten Zonen.

Im Allgemeinen also sind die Temperaturverhältnisse eines Ortes eine Function seines Abstandes vom Aequator, also seiner geographischen Breite, und wenn sie nur von den Insolationsverhältnissen bedingt wären, wenn nicht andere Factoren modificirend einwirkten, so müßte die mittlere Lufttemperatur gleich sein für alle Orte gleicher geographischer Breite. Wir werden bald sehen, daß und warum dies nicht der Fall ist.

Die täglichen Variationen der Lufttemperatur. Wenn 288
die Sonne, nachdem sie am östlichen Himmel aufgegangen ist, höher und höher über den Horizont sich erhebt, so muß die immer kräftiger wirkende Insolation ein Steigen der Lufttemperatur zur Folge haben. Wenn die Sonne ihren höchsten Stand erreicht hat, so ist jedoch die Temperatur der Erdoberfläche noch keineswegs so hoch gestiegen, daß sie eben so viel Wärme gegen den Himmelsraum ausstrahlen könnte, als sie durch die Sonnenstrahlen empfängt. Deshalb dauert das Steigen der Temperatur noch über Mittag fort, und erst in 1 bis 2 Stunden nach der Culmination der Sonne, wenn ihre Höhe schon merklich abgenommen hat, tritt ein momentaner Gleichgewichtszustand zwischen Ein- und Ausstrahlung ein, das M a x i m u m der täglichen Temperatur findet also erst um 1 bis 2 Uhr Nachmittags Statt. Von da an aber gewinnt bei immer mehr sinkender Sonne die Ausstrahlung das Uebergewicht, die Temperatur sinkt anfangs langsam, dann rascher in den Abendstunden. Während der Nacht, wo gar keine Einstrahlung stattfindet, dauert das Sinken der Temperatur mit abnehmender Schnelligkeit fort, bis sie zur Zeit des Sonnenaufganges ihr M i n i m u m erreicht hat.

Da im Sommer die Sonnenhöhen im Laufe des Tages zwischen weiteren Gränzen variiren (zwischen 0 und 63° für das mittlere Deutschland), als im Winter (zwischen 0 und 17° für den 50. Breitegrad), so ist klar, daß die Gränzen, zwischen welchen die Temperatur im Laufe eines Tages schwankt, im Sommer weiter aus einander liegen als im Winter. In der That beträgt z. B. für München die Differenz zwischen der höchsten und niedrigsten Temperatur des Tages im Monate Januar im Durchschnitt nur 2° C., während im Juli das tägliche Maximum durchschnittlich 6,2° höher ist als das tägliche Minimum.

Aus ähnlichen Gründen müssen nun auch die täglichen Temperaturschwankungen in den Aequatorialgegenden viel bedeutender sein als in höheren Breiten. Auch dies wird durch die Erfahrung bestätigt; so beobachtete z. B. B a r t h auf seiner Reise in das Innere von Afrika vom Aufgang der Sonne bis zum Nachmittage oft ein Steigen von 6 bis 30, ja von 8 bis 43° Celsius.

Im Allgemeinen bestätigt die Erfahrung allerdings die Resultate unserer obigen Raisonnements über den täglichen Gang der Wärme; sobald wir aber einzelne Tage herausgreifen, finden wir häufig solche Störungen des normalen Ganges, daß das Gesetz vollständig verwischt erscheint.

Von der Natur dieser Störungen und ihren Ursachen wird weiter unten die Rede sein.

Die Jahreszeiten. Die Sonne theilt nicht allein mit dem ganzen 289
Himmelsgewölbe die tägliche Umdrehung, sondern sie legt im Laufe eines Jahres am Himmelsgewölbe eine Bahn zurück, welche zur Hälfte nördlich, zur anderen Hälfte südlich von dem Himmelsäquator liegt. Eine Folge davon ist, daß wenigstens in den gemäßigten Zonen Tagesdauer und Mittagshöhe der Sonne ein halbes Jahr lang zunehmen, um dann in der folgenden Jahreshälfte in

gleicher Weise wieder abzunehmen. Dies hat dann den regelmäßigen Wechsel der Jahreszeiten zur Folge, deren Verlauf wir zunächst für die geographische Breite des mittleren Deutschland betrachten wollen.

Am 21. März passirt die Sonne den Himmelsäquator, um von der südlichen auf die nördliche Himmelskugel überzugehen. Tag und Nacht sind gleich lang, und die Mittagshöhe, zu welcher die Sonne ansteigt, beträgt 40°. Nun aber findet eine rasche Zunahme der Mittagshöhe der Sonne sowohl wie auch der Tagesdauer Statt; bei immer kräftiger werdender Insolation bleibt der Boden nun länger und länger dem erwärmenden Einflusse der Sonnenstrahlen ausgesetzt, die Lufttemperatur muß also steigen.

Allmälig wird die Zunahme der Tagesdauer und der Mittagshöhe langsamer, bis endlich am 21. Juni die Sonne ihre größte nördliche Breite erreicht, und somit auch der längste Tag von 16 Stunden und die größte Mittagshöhe der Sonne von $63^1/_2$ Graden eintritt.

Aus demselben Grunde, warum das tägliche Maximum der Temperatur nicht auf die Mittagsstunde fällt, tritt auch das jährliche Temperaturmaximum nicht mit dem längsten Tage ein, sondern später, so daß im Durchschnitt der Juli der heißeste Monat ist.

Nach dem längsten Tage nimmt die Tagesdauer und die Mittagshöhe der Sonne erst langsam, dann rascher ab, und mit der rascheren Abnahme beider stellt sich dann auch ein Sinken der Luftwärme ein. Am 22. September, dem Herbstäquinoctium, passirt die Sonne abermals den Himmelsäquator, um auf die südliche Hemisphäre der Himmelskugel überzugehen. Nun werden die Nächte länger als der Tag, die Mittagshöhe der Sonne nimmt mehr und mehr ab, bis sie am 21. December, als am kürzesten Tage (von 8 Stunden), ihr Minimum von 17 Grad erreicht. Unter diesen Umständen, da die Wirkung der ohnehin sehr schräg auffallenden Sonnenstrahlen nur auf wenige Stunden beschränkt bleibt, und der Boden die lange Nacht hindurch Wärme durch Ausstrahlung verliert, muß die Lufttemperatur bedeutend sinken; doch tritt das Minimum der Jahrestemperatur in der Regel erst gegen die Mitte des Januars ein, da unmittelbar nach dem kürzesten Tage die Zunahme der Tageslänge und der Mittagshöhe der Sonne noch zu unbedeutend ist, um ein Steigen der Temperatur bewirken zu können.

So ist denn im Allgemeinen der Gang der Lufttemperatur im Laufe des Jahres für Deutschland folgender: Von der Mitte Januar an steigt die Temperatur bis gegen die Mitte Juli, um von da allmälig bis zur Mitte Januar wieder abzunehmen. Das Steigen und Fallen der Temperatur ist am langsamsten vor und nach der Zeit des jährlichen Maximums und Minimums, am raschesten um die Zeit der Aequinoctien.

Die drei heißesten Monate, Juni, Juli und August, bilden den Sommer, die Zeit, in welcher die kräftigste Entwickelung der Vegetation vor sich geht. Den Winter bilden die drei kältesten Monate, December, Januar und Februar, während welcher die Vegetation fast gänzlich ruht. Während des Frühlings, März, April und Mai, findet ein allmäliges Erwachen, während des Herbstes,

September, October und November, ein allmäliges Absterben der Pflanzenwelt Statt.

Die Differenz zwischen der mittleren Temperatur des heißesten und des kältesten Monats beträgt für Deutschland im Durchschnitt 16° R.

Der eben beschriebene Wechsel der Jahreszeiten bezieht sich auf Länder mittlerer geographischer Breite; in höheren wie in niederen Breiten gestaltet sich die Sache wesentlich anders.

Unter höheren Breiten wird die Dauer des kürzesten Tages immer geringer, die Sonnenhöhe immer unbedeutender, die Winterkälte muß also gegen die Pole hin immer zunehmen; zugleich aber nimmt die Dauer des Winters zu, denn während der Aequinoctialperiode ist die Wirkung der Sonnenstrahlen in jenen Ländern noch viel zu gering, um Eis und Schnee zu schmelzen oder das Gefrieren des Wassers zu verhindern, der Winter erstreckt sich also noch über einen Theil der Monate, welche bei uns den Frühling und den Herbst ausmachen. Im Sommer aber wird die im Vergleich zu unseren Gegenden geringere Mittagshöhe der Sonne (unter dem 60. Breitengrade z. B., welcher ungefähr über Petersburg und Stockholm geht, ist der längste Tag $18^1/_2$ Stunden, die höchste Mittagshöhe der Sonne $53^1/_2{}^0$) durch die längere Dauer der Sommertage nahezu wieder ausgeglichen, so daß die Sommerhitze immer noch eine sehr bedeutende werden kann. In jenen Gegenden herrscht also ein langer kalter Winter, welcher rasch in einen heißen kurzen Sommer übergeht, so daß die Uebergangs-Jahreszeiten, Frühling und Herbst, mehr und mehr verschwinden.

Innerhalb der Polarkreise fallen endlich die Sonnenstrahlen selbst zur Zeit der größten Sonnenhöhe noch so schräg auf, daß sie trotz der langen Tagesdauer keine kräftige Erwärmung hervorbringen können; statt des Sommers tritt nur eine mehr oder weniger bedeutende Unterbrechung in der Strenge der Winterkälte ein.

Wenden wir uns von Deutschland aus zu südlicheren Ländern, so muß dort aus zweierlei Gründen der Winter immer milder werden, denn einmal erreicht die Sonne selbst zur Zeit des Wintersolstitiums noch eine ziemlich bedeutende Mittagshöhe (unter dem 30. Breitengrade z. B. noch $36^1/_2{}^0$), während zugleich die Dauer der Wintertage größer ist als bei uns (für den 30. Breitengrad z. B. ist die Dauer des kürzesten Tages 10 Stunden 4 Minuten). Während so die Winterwärme steigt, wächst die Sommerwärme nicht in gleichem Maße, denn die Wirkung der größeren Sonnenhöhe wird dadurch zum Theil neutralisirt, daß die Sommertage nicht so lang sind als bei uns.

Die Differenz zwischen Sommer- und Wintertemperatur muß also um so mehr abnehmen, je mehr wir uns von den Polen aus den Wendekreisen nähern.

Innerhalb der Wendekreise aber verschwindet der Charakter unserer Jahreszeiten fast ganz. Auf dem Aequator passirt die Sonne zweimal, im März und September, das Zenith, während die niedrigste Mittagshöhe der Sonne (Ende Juni und December) noch $66^1/_2{}^0$ beträgt. Bedenkt man ferner, daß auf dem Aequator das ganze Jahr hindurch Tag und Nacht gleich sind, so begreift man leicht, daß die jährlichen Temperaturvariationen für die Aequatorialgegenden nur sehr unbedeutend sein können.

Vom Aequator aus gegen die Wendekreise hin wird allmälig der Charakter unserer Jahreszeiten wieder merklich, während er erst in den gemäßigten Zonen entschieden zur Geltung kommt.

In der südlichen gemäßigten Zone wechseln die Jahreszeiten wie bei uns, nur ist begreiflich dort Winter, wenn wir Sommer haben und umgekehrt.

Im Allgemeinen bestätigt die Erfahrung die Resultate der obigen Betrachtung. So beträgt z. B. die Differenz zwischen der mittleren Temperatur des heißesten und des kältesten Monats für

Quito	1,4° R.	München . . .	15,6° R.
Havannah . .	4,5	Prag	18,6
Mexico . . .	6,3	Moskau . . .	23,5
Palermo . . .	11,1	Irkutzk	30,3
Rom	13,7	Jakutzk	50,8

290 **Modificationen normaler Temperaturverhältnisse.** Die durch die Attraction der Sonne vorgeschriebene Bahn eines jeden Planeten wird durch den störenden Einfluß der übrigen kaum alterirt, die Störungen spielen hier nur eine untergeordnete Rolle. Anders ist es mit den klimatischen Verhältnissen. Allerdings ist der Erwärmungszustand der unteren Luftschichten eine Function der Insolationsverhältnisse, aber eine Function, in welcher mehrere mannigfach wechselnde Factoren eintreten, so daß die Störungen den regelmäßigen Gang oft gänzlich maskiren. Wäre die Natur der Erdoberfläche überall dieselbe (d. h. fehlte die Abwechselung zwischen Wasser und Land, zwischen Berg und Thal, zwischen bewaldetem und pflanzenleerem Boden), würde die Wirkung der Insolation nicht durch wechselnde Bewölkung des Himmels modificirt, und würde die Wärme nicht durch Luft und Meeresströmungen von einem Orte zum anderen fortgeführt, so müßten nicht allein alle Orte gleicher geographischer Breite gleiche klimatische Verhältnisse haben, sondern es müßten auch die täglichen und jährlichen Variationen der Lufttemperatur vollkommen regelmäßig verlaufen.

Dem ist aber in der That nicht so. — So hat z. B. Neapel eine mittlere Jahreswärme von 12,25°, während bei gleicher nördlicher Breite Newyork nur eine mittlere Jahreswärme von 8,7° hat. Christiania und Quebec haben fast gleiche mittlere Jahreswärme (4,2 und 4,4) und doch liegt Quebec um mehr als 13 Breitengrade südlicher als Christiania. Ebenso ist an einem und demselben Orte der Gang der Wärme von einem Jahr zum anderen sehr verschieden, und demselben Jahrestage entspricht keineswegs stets dieselbe Temperatur, wie es sein müßte, wenn die Luftwärme allein vom Sonnenstande abhinge. So war z. B. zu Frankfurt am Main — 14° R. die mittlere Temperatur des 22. Januar 1850, + 8,5° R. die desselben Tages im Jahre 1846. — Im Jahre 1846 war zu Frankfurt am Main der 22. Januar um 2° wärmer als der

14. Mai. Ebendaselbst fiel im Jahre 1841 der heißeste Tag auf den 24. Mai (mit 20° R.), im Jahre 1842 aber auf den 19. August (mit 21° R.).

Solche Anomalien zeigen deutlich, wie sehr die Luftwärme außer den Insolationsverhältnissen noch von anderen mächtig influirenden und veränderlichen Factoren bedingt werde. Wenn am 22. Januar 1846 zu Frankfurt am Main eine Wärme von $8^1/_2$° R. herrschte, so konnte diese hohe Temperatur unmöglich direct durch die Sonnenstrahlen hervorgerufen sein, und zwar um so weniger, als jener Tag ein durchaus bewölkter Regentag war; die damals herrschenden Südwestwinde hatten die Wärme offenbar aus südlicheren Gegenden zugeführt; ebenso wie die verhältnißmäßig niedrige Temperatur des 14. Mai nur das Resultat rauher Nordostwinde war.

Aus alle dem geht hervor, daß man die Temperaturverhältnisse eines Ortes nicht aus theoretischen Betrachtungen ableiten, sondern daß man sie nur durch längere Zeit fortgesetzte Beobachtungen ermitteln kann.

Mittlere Temperatur der Tage, der Monate und des Jahres. 291 Wenn man von einer Mitternacht bis zur nächsten alle Stunden ein zweckmäßig aufgestelltes Thermometer beobachtet und aus den 24 Beobachtungen das Mittel nimmt, so erhält man die mittlere Temperatur des Tages.

Solche stündliche Beobachtungen einige Zeit lang mit ununterbrochener Regelmäßigkeit anzustellen, ist ungemein mühsam, selbst wenn sich mehrere Personen in das Geschäft theilen. Man hat deshalb andere Methoden in Vorschlag gebracht, um die mittlere Temperatur eines Tages zu finden. Man erhält dieselbe z. B. sehr nahe richtig, wenn man um 7 Uhr Morgens, um 2 Uhr Nachmittags und um 9 Uhr Abends die Lufttemperatur beobachtet und aus diesen drei Beobachtungen das Mittel zieht. Andere ganz passende Beobachtungsstunden, deren Mittel gleichfalls das Tagesmittel repräsentiren, sind 7 Uhr Morgens und 7 Uhr Abends. Endlich findet man auch das Tagesmittel, wenn man aus dem innerhalb 24 Stunden beobachteten Maximum und Minimum der Temperatur das Mittel nimmt.

Um die höchste und niedrigste Temperatur zu erfahren, welche innerhalb 24 Stunden geherrscht hat, ohne daß man deshalb gerade zur Zeit des Maximums und des Minimums das Thermometer zu beobachten braucht, kann man den Fig. 541 abgebildeten Thermometrographen anwenden; er besteht

Fig. 541.

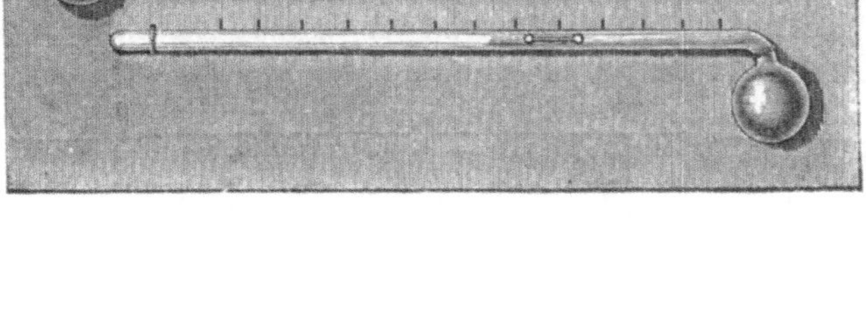

aus zwei Thermometern, deren Röhren wagerecht liegen, und von denen das eine ein Quecksilberthermometer, das andere ein Weingeistthermometer ist. In der Röhre des Quecksilberthermometers liegt ein Stahlstiftchen, welches durch die Quecksilbersäule fortgeschoben wird, wenn sich das Quecksilber in der Kugel dieses Thermometers ausdehnt; wenn nun aber das Thermometer erkaltet, so zieht sich die Quecksilbersäule wieder zurück, das Stahlstäbchen aber bleibt an der Stelle liegen, bis zu welcher es bei dem höchsten Stande des Thermometers geschoben worden war; ein solches Thermometer giebt also das Maximum der Temperatur an, welches innerhalb einer gewissen Periode geherrscht hat.

In der Röhre des Weingeistthermometers liegt ein ganz feines Glasstäbchen, welches an beiden Enden etwas dicker ist, wie man Fig. 541 deutlich sieht; das Glasstäbchen liegt noch in dem Weingeistsäulchen, und wenn der Weingeist in der Kugel erkaltet und sich die Weingeistsäule in der Röhre bis an das erste Knöpfchen des Glasstäbchens zurückgezogen hat, so wird bei fernerem Sinken der Temperatur das Glasstäbchen in Folge der Adhäsion zwischen Weingeist und Glas von der noch weiter sich zurückziehenden Weingeistsäule mitgenommen; wenn aber die Flüssigkeit in der Kugel wieder wärmer wird, so geht beim Steigen des Thermometers die Flüssigkeit an dem Stäbchen vorbei, ohne es fortzuschieben; das Stäbchen, welches von dunkelfarbigem Glase gemacht sein muß, damit man es deutlich sehen kann, bleibt also an der Stelle liegen, welche dem Minimum der Temperatur entspricht, die innerhalb eines gewissen Zeitraumes herrschte.

Während die Kugel des einen Thermometers auf der rechten Seite liegt, liegt die des anderen links; wenn man nun den ganzen Apparat etwas nach der linken Seite neigt und leise daran stößt, so fällt das Stahlstäbchen durch sein Gewicht bis auf die Quecksilbersäule, das Glasstäbchen aber bis an das Ende der Weingeistsäule. Wenn man das so vorgerichtete Instrument stehen läßt, so wird bei jedem Steigen der Temperatur das Stahlstäbchen fortgeschoben, das Glasstäbchen aber bei jedem Sinken der Temperatur zurückgezogen.

Dieses Instrument ist besonders geeignet, um das Maximum und Minimum der täglichen Temperatur anzugeben. Wenn man es etwa jeden Abend in Stand setzt, so kann man den folgenden Abend ablesen, welches die höchste und welches die niedrigste Temperatur während der letzten 24 Stunden war.

Hat man auf die eine oder andere Weise die mittlere Temperatur aller Tage eines Monates ermittelt, so erhält man die *mittlere Temperatur des Monates*, wenn man aus den 30 oder 31 Tagesmitteln wieder das Mittel nimmt.

Die aus den 12 Monatsmitteln gezogene Mittelzahl giebt dann die *mittlere Temperatur des ganzen Jahres* an.

So ergeben sich z. B. aus den zu Berlin angestellten Beobachtungen folgende Mittelwerthe für die Temperatur der einzelnen Monate und des ganzen Jahres von 1829 bis 1834:

	1829	1830	1831	1832	1833	1834	*D*
Januar	— 4,66	— 6,11	— 3,71	— 1,13	— 2,69	— 2,83	— 1,90
Februar	— 2,88	— 3,40	0,60	0,97	3,01	1,16	— 0,15
März	1,38	3,88	3,14	3,16	1,77	3,74	2,74
April	7,19	8,41	9,00	7,20	5,06	6,20	6,88
Mai	9,49	11,22	9,98	9,49	14,38	12,74	10,92
Juni	14,56	14,01	12,60	13,61	15,27	15,17	13,94
Juli	15,43	15,39	15,40	12,64	14,59	18,69	15,04
August	13,85	14,17	14,63	14,65	11,31	16,77	14,43
September . . .	11,59	11,18	10,53	10,53	11,27	12,49	11,75
October	6,35	7,28	9,74	7,62	7,04	7,69	7,97
November . . .	0,71	4,72	2,71	2,62	3,39	3,81	3,25
December . . .	— 6,93	— 0,47	1,43	1,08	3,80	1,68	1,32
Jahr	5,50	6,77	7,16	6,86	7,35	8,58	7,18

Hat man für einen Ort die mittlere Temperatur der einzelnen Monate und des ganzen Jahres während eines längeren Zeitraumes ermittelt, so ergiebt sich das allgemeine Monatsmittel, wenn man die Mitteltemperaturen desselben Monates, wie man sie in den einzelnen Jahren erhalten hat, addirt und die erhaltene Summe durch die Zahl der Beobachtungsjahre dividirt. Auf diese Weise haben sich aus einer Reihe von 24 Beobachtungsjahren die allgemeinen Monatsmittel für Berlin ergeben, wie man sie in der letzten Columne obiger Tabelle unter *D* findet.

Auf gleiche Weise ergiebt sich das allgemeine Jahresmittel, welches für Berlin 7,18° R. ist.

Je länger die Beobachtungsreihen fortgesetzt sind, desto richtiger werden die aus ihnen berechneten allgemeinen Monats- und Jahresmittel.

Jahresisothermen. Um den normalen Gang der Wärme für irgend einen Ort zu ermitteln, muß man durch möglichst lange fortgesetzte Beobachtungen das allgemeine Mittel der einzelnen Monate bestimmen, und um ein wahres Bild der Vertheilung der Wärme auf der Erdoberfläche zu erhalten, muß man die Beobachtungsresultate der verschiedensten Weltgegenden zusammenstellen. Die Zahlen der folgenden Tabelle sind dem reichen Material entnommen, welches Dove gesammelt und in den Abhandlungen der Berliner Akademie veröffentlicht hat. 292

	Geographische Breite.	Mittlere Temperatur des Jahres.	des heißesten Monats.	des kältesten Monats.
Singapore	1° 17′	21,6	22,4	20,6
Guinea	5 30	21,9	23,0	20,0
Paramaribo	5 45	21,5	22,9	20,4
Batavia	6 9	20,6	21,3	19,1
Kouka	13 10	22,9	26,8	17,7
Domingo	18 29	21,9	24,0	20,0
Calcutta	22 38	22,4	25,9	16,6
Rio Janeiro	22 54 S	18,6	21,4	15,6
Havannah	23 9	20,1	22,0	17,5
Cairo	30 2	17,8	23,9	10,7
Bermudas	32 30	15,7	19,9	11,0
Funchal	32 38	15,8	18,6	13,8
Capstadt	33 56 S	15,3	19,5	11,4
Adelaide	34 35 S	16,2	23,3	9,9
Gibraltar	36 7	15,7	21,1	11,4
Algier	36 47	14,3	19,8	9,3
Peking	39 54	10,1	22,0	— 3,0
New-York	40 43	8,7	18,3	— 3,4
Neapel	40 52	12,2	19,0	6,5
Rom	41 54	12,66	19,5	5,8
Albany	42 39	7,2	17,8	— 3,6
Hobart-Town	42 53 S	9,1	13,8	3,6
Sebastopol	44 36	9,3	17,4	1,0
Halifax	44 39	3,6	16,9	— 6,2
Bordeaux	44 50	11,1	18,3	4,0
Astrachan	46 21	8,2	20,3	— 8,6
Quebec	46 48	4,4	18,4	— 8,6
Fort Vancouver	48 37	8,8	15,1	2,7
Paris	48 50	8,6	15,0	1,5
Carlsruhe	49 1	8,3	15,8	— 0,14
Prag	50 5	8,1		
Frankfurt a. M.	50 10	7,8	15,1	— 0,24
Brüssel	50 51	8,3	14,4	1,5
Breslau	51 3	6,6	14,8	— 1,8
Düsseldorf	51 14	8,8	15,3	1,4

	Geographische Breite.	Mittlere Temperatur des Jahres.	des heißesten Monats.	des kältesten Monats.
London	51° 30′	8,3	14,0	2,2
Falklands-Inseln . .	52 0	6,8	10,6	2,4
Irkutzk	52 17	0,3	14,6	— 15,7
Amsterdam	52 23	7,9	14,8	0,5
Berlin	52 30	7,2	15,0	— 1,9
Barnaul	53 24	— 0,3	15,8	— 16,7
Dublin	53 21	7,6	12,7	2,9
Moskau	55 45	3,6	15,3	— 8,2
Edinburg	55 58	6,6	12,8	2,4
Sitcha	57 3	6,0	11,5	1,0
Nain	57 10	— 1,7	4,6	— 13,8
Petersburg	59 56	3,4	14,1	— 8,4
Bergen	60 24	6,6	12,6	1,34
Jakutzk	62 1	— 8,25	16,3	— 34,4
Reikiavik	64 8	3,3	10,7	— 1,0
Archangel	64 32	0,68	12,8	— 11
Fort Franklin . . .	65 12	— 6,6		
Tornea	66 24	— 0,42	13,1	— 12,7
Boothia Felix	69 59	— 12,6		
Ustjansk	70 58	— 12,4		
Nordcap	71 10	0,11	6,4	— 4,4
Melville-Insel . . .	74 47	— 13,7	4,6	— 28,1

Die Temperaturangaben dieser Tabelle beziehen sich auf Reaumur'sche Grade, weil diese Scala für Witterungsbeobachtungen die verbreitetste ist.

Eine südliche Breite ist in dieser Tabelle durch S bezeichnet, wo dagegen keine weitere Bezeichnung beigefügt ist, ist von einer nördlichen Breite die Rede.

Eine klare Uebersicht über die Vertheilung der Wärme auf der Erde hat zuerst Humboldt durch seine isothermischen Linien möglich gemacht, durch welche er alle solche Orte derselben Hemisphäre verband, welche gleiche mittlere Jahreswärme haben.

Denken wir uns z. B., daß ein Reisender, von Paris ausgehend, eine Reise um die Erde in der Weise macht, daß er alle Orte der nördlichen Halbkugel besucht, welche dieselbe mittlere Jahreswärme haben wie Paris, nämlich 10,8° C. oder 8,6° R., so wird der Weg, den er auf diese Weise zurücklegt, eine Linie gleicher mittlerer Jahreswärme, also eine isotherme Linie sein; diese

Linie fällt aber nicht mit dem Breitengrade von Paris zusammen, sie ist unregelmäßig gekrümmt, d. h. sie geht durch Orte, welche eine ganz andere Breite haben als Paris.

Fig. 542.

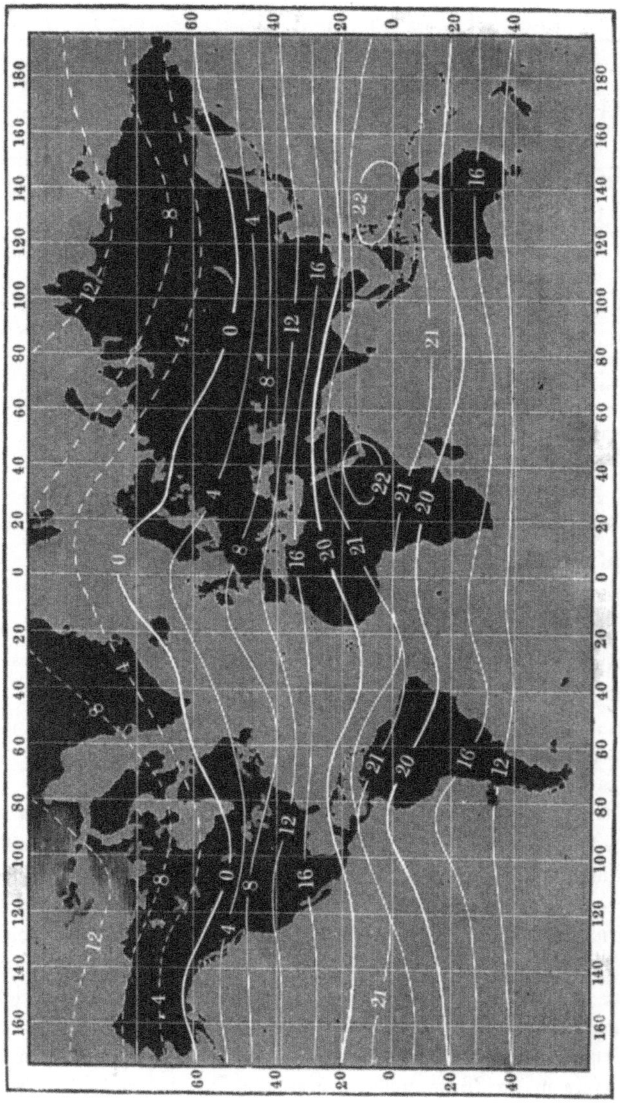

Die Karte Fig. 542 stellt die Erdoberfläche in Aequatorial-Projection mit den Isothermen von 4 zu 4° R. dar; außerdem befinden sich noch innerhalb des

Gürtels, für welchen die mittlere Jahreswärme 20° R. übersteigt, die Curven von 21 und 22° mittlerer Jahreswärme.

Die Anschauung dieser Karte erspart uns eine weitere Beschreibung des Laufes der Isothermen. Man sieht, daß ihre Krümmungen in der nördlichen Halbkugel um so bedeutender werden, je weiter man sich vom Aequator entfernt; die Isotherme von 0° z. B. steigt von dem südlichen Ende der Küste von Labrador über Island nach dem Nordcap, um sich im Innern von Asien wieder bedeutend zu senken.

Da, wo sich die Isothermen am weitesten nach Süden herabsenken, bilden sie einen concaven, da, wo sie am höchsten nach Norden steigen, bilden sie einen convexen Gipfel. Die südlichen Wendepunkte der Isothermen liegen im östlichen Nordamerika und im Innern von Asien, die nördlichen Wendepunkte dagegen liegen an den Westküsten von Europa und Amerika.

Die Temperaturverhältnisse der südlichen Hemisphäre sind uns bei Weitem nicht so vollständig bekannt wie die der nördlichen, doch ist es wohl als ausgemacht zu betrachten, daß die südliche Halbkugel kälter ist als die nördliche; dieser Unterschied möchte aber wohl geringer sein, als man vielfach anzunehmen geneigt ist. Was vielleicht dazu beigetragen hat, die südliche Halbkugel für so bedeutend kälter zu halten als die nördliche, ist wohl der Umstand, daß man die Temperaturverhältnisse der südlichsten Theile von Amerika mit den Temperaturverhältnissen gleicher nördlicher Breiten in Europa verglichen hat, wo ja die Isothermen so außerordentlich weit nach Norden in die Höhe steigen; die Sache stellt sich ganz anders, wenn man die Gegenden von Südamerika mit solchen vergleicht, welche gleich weit vom Aequator an der Ostküste von Nordamerika liegen.

Daß die südliche Halbkugel etwas kälter ist als die nördliche, rührt wohl daher, daß auf der nördlichen das Land, auf der südlichen hingegen das Meer vorherrscht. Das feste Land erwärmt sich durch die Absorption der Sonnenstrahlen weit mehr als das Meer, welches einen großen Theil dieser Strahlen reflectirt.

Isotheren und Isochimenen. Daß nicht alle Orte, welche auf 293
demselben Parallelkreise liegen, gleiches Klima haben, ist bereits angeführt worden, es fragt sich aber nun, ob denn alle Orte, welche auf derselben Isotherme liegen, alle Orte also, für welche die mittlere Jahreswärme gleich ist, auch sonst gleiche klimatische Verhältnisse haben. Man braucht nur die Tabelle auf Seite 538 und 539 anzusehen, um sich zu überzeugen, daß dies nicht der Fall ist. Edinburg und Breslau haben gleiche mittlere Jahreswärme von 6,6°, in Edinburg ist aber die mittlere Temperatur des kältesten Monats 2,4°, in Breslau — 1,8°; Breslau hat also einen weit kälteren Winter als Edinburg, dagegen ist die mittlere Sommertemperatur für Breslau 14,8, für Edinburg nur 12,8°. Bei gleicher mittlerer Jahrestemperatur hat also Edinburg einen gelinderen Winter und einen kühleren Sommer als Breslau.

Um die Wärmeverhältnisse eines Landes zu kennen, reicht es also nicht hin, daß man weiß, welches seine mittlere Jahrestemperatur ist, man muß auch wissen, wie die Wärme auf die verschiedenen Jahreszeiten vertheilt ist. Diese

Vertheilung kann man auf einer Isothermenkarte dadurch zeigen, daß man, nach Humboldt's Beispiele, an den verschiedenen Stellen einer und derselben Isotherme die mittlere Sommer- und Wintertemperatur beischreibt, was in unserer Isothermenkarte wegen ihrer Kleinheit nicht möglich war; man sieht alsdann bald, daß gerade in der Nähe der convexen Gipfel der Isothermen auch die Differenzen zwischen der mittleren Sommer- und Wintertemperatur am geringsten sind; dieselben Ursachen also, welche machen, daß die Isothermen an den Westküsten von Europa und Amerika so hoch nach Norden steigen, machen auch die Differenz zwischen der Sommer- und Wintertemperatur geringer. Eine sehr gute Uebersicht in Beziehung auf die Vertheilung der Wärme zwischen Winter und Sommer gewährt eine Karte, in welcher man alle Orte durch Curven verbindet, welche gleiche mittlere Wintertemperatur, und diejenigen, welche gleiche mittlere Sommertemperatur haben. Die Linien gleicher mittlerer Wintertemperatur heißen Isochimenen, die Linien gleicher mittlerer Sommertemperatur heißen Isotheren. Fig. 543 stellt ein Kärtchen von Europa mit den Isotheren und Isochimenen von 4 zu 4 Grad Reaumur dar.

Fig. 543.

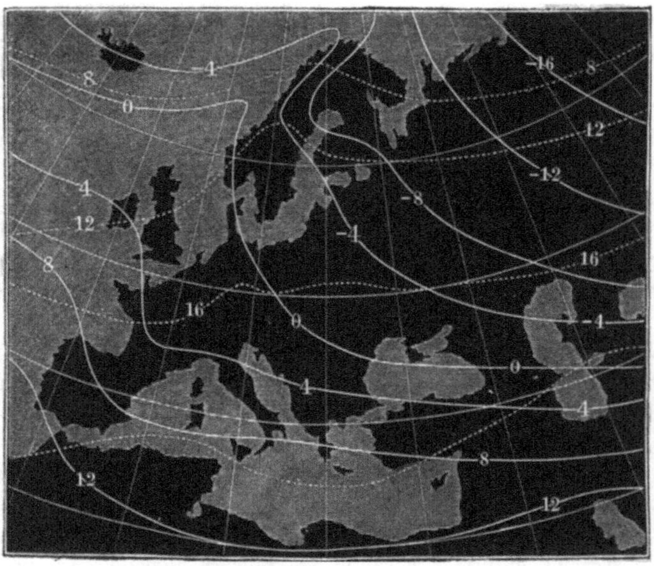

Die ausgezogenen Curven sind die Isochimenen, die punktirten sind die Isotheren. Man sieht aus dieser Karte leicht, daß die Westküste des südlichen Theiles von Norwegen, Dänemark, ein Theil von Böhmen und Ungarn, Siebenbürgen, Bessarabien und die Südspitze der Halbinsel Krim gleiche mittlere Wintertemperatur von 0° haben. Böhmen hat aber einen gleichen Sommer mit dem Ausflusse der Garonne, und in der Krim ist der Sommer noch weit wärmer. Dublin hat gleiche mittlere Wintertemperatur, nämlich 4°, mit Nantes,

Oberitalien und Constautinopel, und gleiche mittlere Sommerwärme mit Drontheim und Finnland.

Die Isothere von 16° geht von dem Ausflusse der Garonne ungefähr über Straßburg und Würzburg nach Böhmen, der Ukraine, dem Lande der Donischen Kosacken und geht etwas nördlich vom Kaspischen Meere vorbei; wie ungleich ist aber die mittlere Wintertemperatur an verschiedenen Orten dieser Isothere! An der Westküste von Frankreich ist sie 4°, in Böhmen 0°, in der Ukraine — 4° und etwas nördlich vom Kaspischen Meere gar — 8°.

Land- und Seeklima. Die Betrachtung der letzten Karte und der 294
Tabelle auf Seite 538 und 539 führt uns zu der wichtigen Unterscheidung zwischen Land- und Seeklima oder, wie man es auch ausdrückt, zwischen Continental- und Küstenklima. Die Differenzen zwischen der Sommer- und Wintertemperatur wachsen mit der Entfernung vom Meere; an den Meeresküsten herrschen kühle Sommer und milde Winter, im Innern des Landes heiße Sommer und kalte Winter. Diese Differenzen treten sehr lebhaft hervor, wenn man die Temperaturverhältnisse der Westküsten von Europa mit denen des nördlichen Asiens vergleicht. Um das Verhältniß der mittleren Jahreswärme zu der Vertheilung der Wärme leicht übersehen zu können, ist in den folgenden, der Tabelle S. 538 entnommenen Beispielen die mittlere Jahreswärme vor, die mittlere Wärme des heißesten Monats über, die mittlere Temperatur des kältesten Monats unter einen Horizontalstrich gesetzt.

Küstenklima:		Continentalklima:	
Nordcap	$0{,}1\,\frac{6{,}4}{-\,4{,}4}$	Jakutzk ...	$-\,8{,}2\,\frac{16{,}3}{-\,34{,}4}$
Reikiavik	$3{,}3\,\frac{10{,}7}{-\,1{,}0}$	Irkutzk ...	$0{,}3\,\frac{14{,}6}{-\,1{,}57}$
		Moskau ..	$3{,}6\,\frac{15{,}3}{-\,8{,}2}$

Welchen Einfluß solche klimatische Verschiedenheiten auf die Vegetation ausüben müssen, ist klar. An mehreren Orten Sibiriens, in Jakutzk z. B., wo die mittlere Jahrestemperatur — 8,2° R. ist, die mittlere Januartemperatur aber — 34,4° R. beträgt, wird während des kurzen, aber heißen Sommers Gerste und Roggen auf einem Boden gebaut, welcher in einer Tiefe von 3 Fuß beständig gefroren bleibt; dagegegen ist auf der Insel Island bei ungleich höherer Jahrestemperatur und bei einer unbedeutenden Winterkälte an den Bau von Cerealien nicht mehr zu denken, weil die niedrige Sommertemperatur nicht hinreicht sie zur Reife zu bringen.

Im nordöstlichen Irland, wo im Winter kaum Eis friert, in gleicher Breite mit Königsberg, gedeiht die Myrthe so kräftig wie in Portugal; auf den Küsten von Devonshire überwintert die Camelia japonica und die Fuchsia coccinea im Freien; der Winter ist in Plymouth nicht kälter als in Florenz und Montpellier: der Weinbau gedeiht aber nicht in England, weil die Rebe wohl eine ziemlich starke Winterkälte vertragen kann, aber eines heißen Sommers bedarf, wenn die Trauben reifen und einen trinkbaren Wein liefern sollen.

Diese Unterschiede rühren daher, daß das feste Land, die Wärmestrahlen leichter absorbirend und ausstrahlend, sich schneller erwärmt und leichter wieder erkaltet, als das Meer, welches, überall von gleichförmiger Natur, wegen seiner Durchsichtigkeit und wegen der bedeutenden specifischen Wärme des Wassers nicht so schnell erwärmt wird, die einmal erlangte Wärme aber auch nicht so schnell abgiebt. Die Temperatur der Meeresoberfläche ist deshalb weit gleichförmiger; sowohl die täglichen als auch die jährlichen Temperaturschwankungen sind ungleich geringer als in der Mitte der großen Continente, und dadurch ist gerade der schon oben erwähnte Unterschied zwischen Land- und Seeklima bedingt, welcher dadurch noch größer wird, daß an den Küsten der nördlich gelegenen Länder der Himmel meistens bedeckt ist, was sowohl den wärmenden Einfluß der Sonnenstrahlen im Sommer mäßigt als auch die starke Erkaltung des Bodens durch Wärmestrahlung im Winter hindert.

295 **Ursachen der Biegung der Isothermen.** Die wichtigsten Ursachen, welche bewirken, daß die Isothermen an den Westküsten von Europa und Amerika so stark nach Norden sich biegen, sind im Wesentlichen folgende.

In der nördlichen gemäßigten Zone sind die Südwest- und Nordostwinde die vorherrschenden. Der Südwestwind kommt aus den Aequatorialgegenden und führt die Wärme der Tropen zum Theil nach den kälteren Ländern; dieser erwärmende Einfluß der Südwestwinde wird aber in solchen Ländern vorzugsweise merklich werden, welche der südwestlichen Luftströmung am meisten ausgesetzt sind, und somit erklärt sich, daß die Westküsten der großen Continente wärmer sind als die Ostküsten, daß die Isothermen in Europa, welches eigentlich nur eine halbinselförmige Verlängerung des asiatischen Continents ist, und an den Westküsten von Nordamerika weiter nach Norden steigen als im Innern von Asien und an den Ostküsten von Nordamerika.

Ein zweiter Umstand, welchem Europa sein verhältnißmäßig warmes Klima verdankt, ist der, daß sich im Süden von Europa, in der Aequatorialzone, nicht ein Meer, sondern ein ausgebreitetes Land, nämlich Afrika, befindet, dessen großentheils kahler und sandiger Boden unter dem Einflusse der senkrecht auffallenden Sonnenstrahlen außerordentlich heiß wird. Ein warmer Luftstrom steigt beständig von den glühenden Sandwüsten in die Höhe, um sich dann in Europa wieder herabzusenken.

Endlich trägt eine unter dem Namen des Golfstromes bekannte Meeresströmung sehr zur Milderung des europäischen Klimas bei. Der Ursprung dieses Stromes ist im mexikanischen Meerbusen zu suchen, wo das Meerwasser bis zu einer Temperatur von 24° R. erwärmt wird. Zwischen Cuba und Florida aus dem mexikanischen Meerbusen heraustretend, folgt der Strom anfangs den amerikanischen Küsten, um sich dann mit stets zunehmender Breite und abnehmender Temperatur östlich nach Europa hinzuwenden. Wenn auch der Golfstrom selbst nicht bis an die Küsten von Europa reicht, so verbreitet sich doch sein warmes Wasser, namentlich unter dem Einflusse der vorherrschenden Südwestwinde, in den europäischen Gewässern, was schon daraus hervorgeht, daß man an den westlichen Küsten von Irland und an den Küsten von Norwegen Früchte von Bäumen findet, die in der heißen Zone Amerikas wachsen; die West- und Südwestwinde bleiben also lange mit einem Meerwasser in Berührung, dessen Temperatur zwischen dem 45. und 50. Breitengrade selbst im Januar nicht unter 7 bis 8°R. sinkt. Unter dem Einfluß dieses Golfstromes ist das nördliche Europa durch ein eisfreies Meer von dem Gürtel des Polarkreises getrennt; selbst in der kältesten Jahreszeit erreicht die Gränze des Polareises nicht die europäischen Küsten.

Während so alle Umstände zusammenwirken, um die Temperatur in Europa zu erhöhen, wirken im nördlichen Asien mehrere Ursachen zusammen, um die Isothermen bedeutend herabzusenken. Im Süden von Asien liegen zwischen den Wendekreisen keine bedeutenden Ländermassen, nur einige asiatische Halbinseln ragen in die heiße Zone hinein; das Meer aber erwärmt sich nicht so stark wie die afrikanischen Wüsten, theils weil das Wasser die Wärmestrahlen ungleich weniger absorbirt, theils aber auch, weil bei der fortwährenden Verdampfung von Wasser auf der Oberfläche des Meeres sehr viel Wärme gebunden wird. Die warmen Luftströme, welche, aus dem Becken des indischen Oceans aufsteigend, die Wärme der Tropen dem inneren und nördlichen Asien zuführen könnten, werden aber durch die ungeheuren Gebirgsketten im Süden von Asien aufgehalten, während das nach Norden hin allmälig sich verflachende Land den Nord- und den Nordostwinden preisgegeben ist. Während sich Europa nicht weit nach Norden erstreckt, ragt Asien weit in das nördliche Eismeer hinein, welches hier, allen wärmenden Einflüssen entzogen, durch welche die Temperatur der europäischen Meere erhöht wird, fast immer mit Eis bedeckt ist. Ueberall reichen die Nordküsten von Asien bis an die Wintergränze des Polareises, und die Sommergränze dieses Eises entfernt sich nur auf kurze Zeit an einigen Stellen von den Küsten; daß aber dieser Umstand die Temperatur bedeutend erniedrigen muß, ist klar, wenn man bedenkt, wie viel Wärme bei der Schmelzung solcher Eismassen gebunden wird.

Die bedeutende Senkung der Isothermen im Innern und an den Ostküsten von Nordamerika rührt zum Theil daher, daß die Südwestwinde hier nicht mehr Seewinde, sondern Landwinde sind, und deshalb hier nicht mehr den mildernden Einfluß ausüben können wie auf den Westküsten. Während die europäischen Küsten vom wärmeren Wasser bespült sind, ziehen sich an den Ostküsten von Nordamerika kalte Meeresströmungen von Norden nach Süden. Eine solche Strömung, von Spitzbergen herkommend, geht zwischen Island und Grönland hindurch und vereinigt sich dann mit den aus der Hudsons- und Baffinsbai kommenden Strömungen, um an der Küste von Labrador herab, bei Neufoundland vorbeizutreiben und sich unter dem 44. Breitegrade unter den Golfstrom zu ergießen. Diese arktische Strömung trägt die Kälte der Polarregionen theils durch die niedrige Temperatur des Wassers, größtentheils aber durch die schwimmenden Eisberge in die südlicheren Gegenden, und so ist diese Strömung ein Hauptgrund der bedeutenden Senkung der Isothermen an den Ostküsten von Amerika.

296 **Temperatur des Bodens.** Wir hatten bisher immer nur die Temperatur der Luft, aber nicht die Temperatur der oberen Bodenschichten besprochen, welche je nach der Natur der Bodenfläche oft bedeutend von der Lufttemperatur verschieden sein kann; ein nackter, des Pflanzenwuchses beraubter steiniger oder sandiger Boden wird durch die Absorption der Sonnenstrahlen weit heißer, ein mit Pflanzen bedeckter Boden, z. B. ein Wiesengrund, wird durch die nächtliche Strahlung weit kälter als die Luft, deren Temperatur schon durch die fortwährenden Luftströmungen mehr ausgeglichen wird. In den afrikanischen Wüsten steigt die Hitze des Sandes oft auf 40 bis 48° R. Ein mit Pflanzen bedeckter Boden bleibt kühler, weil die Sonnenstrahlen ihn nicht direct treffen können; die Pflanzen selbst binden gewissermaßen eine bedeutende Wärmemenge, indem durch die Vegetation eine Menge Wasser verdunstet; sie erkalten aber auch, wie wir bald näher sehen werden, wenn wir die Thaubildung betrachten, bei ihrem großen Emissionsvermögen durch Ausstrahlung der Wärme so stark, daß die Temperatur des Grases oft 6 bis 9 Grad unter die Temperatur der Luft sinkt. Im Innern der Wälder ist die Luft beständig kühl, weil die dichte Laubdecke auf dieselbe Weise abkühlend wirkt wie eine Grasdecke, und weil die an den Gipfeln der Bäume abgekühlte Luft sich niedersenkt.

Wegen des unvollkommenen Wärmeleitungsvermögens kann die Wärme der obersten Bodenschichten nur nach und nach in das Innere eindringen; wenn die Oberfläche aber erkaltet, so verlieren die tieferen Bodenschichten weniger schnell ihre Wärme; in einer geringen Tiefe werden deshalb die Temperaturschwankungen weit geringer sein als an der Oberfläche selbst. In Deutschland verschwinden bei einer Tiefe von 6 Decimetern die täglichen Temperaturschwankungen, und in einer Tiefe von 24 Metern verschwinden sogar die jährlichen Variationen, so daß hier beständig eine Temperatur herrscht, welche nur wenig von der mittleren Temperatur des Ortes abweicht.

Obgleich alle Wärme auf der Oberfläche der Erde nur von der Sonne kommt, so hat doch die Erde auch ihre eigenthümliche Wärme, wie aus der Temperaturzunahme folgt, welche man in großen Tiefen beobachtet hat. Wenn die Wärme nach dem Mittelpunkte der Erde hin auch in größerer Tiefe noch in dem Maße zunähme, welches uns diese Beobachtungen zeigen, so müßte schon in einer Tiefe von 10 000 Fuß die Temperatur des siedenden Wassers herrschen, im Mittelpunkte der Erde aber müßten alle Körper glühend sein und im geschmolzenen Zustande sich befinden. Daß wir von dieser ungeheuern Hitze im Innern der Erde auf der Oberfläche nichts merken, läßt sich durch das schlechte Leitungsvermögen der erkalteten Erdkruste erklären, welche diesen glühenden Kern einschließt.

Die meisten wasserreichen Quellen haben eine Temperatur, welche sich in den verschiedenen Jahreszeiten nur sehr wenig ändert; in unserer Hemisphäre erreichen sie meistens ihre höchste Temperatur im September, die niedrigste im März, die Differenz ihrer höchsten und ihrer niedrigsten Temperatur beträgt in der Regel nur 1 bis 2°.

Quellen, welche aus größeren Tiefen kommen, haben eine weit höhere Temperatur, wie dies bei vielen Salzquellen und sonstigen Mineralquellen der Fall ist. Das Wasser mancher Quellen hat fast die Temperatur des Siedpunktes.

Abnahme der Temperatur in den höheren Luftregionen. 297 Die Erwärmung der Luft hat zwei Ursachen; zunächst absorbirt sie einen Theil der von der Sonne kommenden Wärmestrahlen; weil aber die Luft die Wärmestrahlen ungleich weniger absorbirt als die Erdoberfläche, so ist auch die Erwärmung der Luft durch die Absorption der Wärmestrahlen ungleich geringer als die Erwärmung des Bodens; den bedeutendsten Antheil ihrer Wärme erhält die Atmosphäre von unten her.

Wäre die Luft keine elastische Flüssigkeit, bliebe die Dichtigkeit der Atmosphäre für alle Höhen dieselbe, so würden die am Boden erwärmten Luftschichten bis an die Gränze der Atmosphäre steigen, die obersten Schichten des Luftmeeres, welches unsere Erde einhüllt, würden auch die wärmsten sein. Weil sich aber die warmen Luftschichten bei ihrem Aufsteigen ausdehnen, so wird bei dieser Ausdehnung Wärme gebunden, ihre Temperatur muß sinken, und so kommt es, daß die höheren Luftschichten kälter sind als die tieferen.

Daß eine solche Abnahme der Temperatur in den höheren Luftregionen wirklich stattfindet, davon überzeugt man sich, wenn man zu diesen höheren Regionen aufsteigt, mag man sich nun in einem Luftballon erheben oder den Gipfel hoher Berge besteigen.

In den Alpen entspricht im Durchschnitt eine Erhebung von 180 Metern einer Temperaturerniedrigung von 1°.

Eine Folge der mit der Höhe abnehmenden Temperatur ist, daß die Gipfel hoher Berge stets mit Schnee bedeckt sind.

Die Gränze des ewigen Schnees liegt natürlich um so höher, je mehr man sich der heißen Zone nähert. Die Höhe der Schneegränze ist für

die Küste von Norwegen . .	720	Meter
Island	936	„
Alpen	2708	„
Aetna	2905	„
Himalaya	4500	„
Mexiko	4500	„
Quito	4800	„

Fig. 544 (a. f. S.) stellt die Höhenverhältnisse der Schneegränze in verschiedenen Gegenden dar, und zwar sind Nro. 1, 2 und 3 der Illimani, der

Aconcagua und der Chimborazzo in Südamerika; 4, 5 und 6 der Schamalari, der Dhawalagiri und der Kaukasus in Asien. Nr. 7 stellt die Pyrenäen und 8 die Alpen dar, Nr. 9 den Sulitelma in Norwegen und Nr. 10 die Insel Magerö.

Fig. 544.

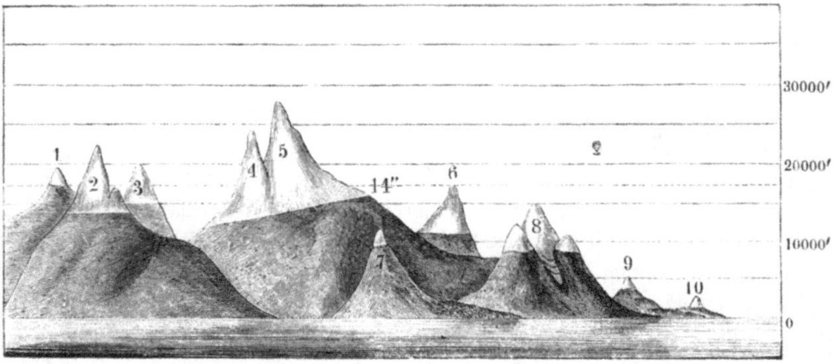

Die auf der rechten Seite der Fig. 544 beigesetzten Zahlen geben die entsprechenden Höhen in Pariser Fuß an.

Zweites Capitel.

Die Atmosphäre, ihr Druck und ihre Strömungen.

Die Lufthülle der Erde. Die feste, zum Theil mit Wasser bedeckte 298
Erdkugel ist mit einer gasförmigen Hülle umgeben, welche man mit dem Namen der Atmosphäre bezeichnet. Das Gasgemenge, aus welchem die Atmosphäre besteht, nennt man die Luft.

Die Hauptbestandtheile der atmosphärischen Luft sind Sauerstoffgas und Stickgas, deren Gemisch noch verhältnißmäßig geringe Quantitäten von Kohlensäure und Wasserdampf beigemengt sind. In 100 Raumtheilen Luft sind 79 Raumtheile Stickgas und 21 Raumtheile Sauerstoffgas enthalten. Dieses Verhältniß ist fast ganz constant. Der Gehalt an Kohlensäure ist an und für sich sehr gering, unterliegt aber verhältnißmäßig größeren Schwankungen als Sauerstoff und Stickstoff, indem 10 000 Raumtheile Luft zwischen 3,3 und 5,3 Raumtheile Kohlensäure enthalten. Noch veränderlicher ist der Gehalt an Wasserdampf, wovon im folgenden Capitel ausführlicher gehandelt werden soll.

Die Luft ist, wie wir früher schon gesehen haben, der Schwere eben so unterworfen, wie die festen und tropfbar-flüssigen Körper. Die Lufttheilchen werden also von der Masse des Erdkörpers angezogen und dadurch auch verhindert, sich von der Erde aus in den Weltraum zu zerstreuen. Durch ihre Schwere wird die Atmosphäre zu einem integrirenden Theile der Erde, sie nimmt Theil sowohl an ihrer jährlichen wie an ihrer täglichen Bewegung.

Weil die Luft expansibel ist und das Volumen, welches eine gegebene Luftmenge einnimmt, von dem Drucke abhängt, welchem sie ausgesetzt ist, so ist klar, daß die Atmosphäre nicht überall gleiche Dichtigkeit haben kann, daß dieselbe vielmehr von unten nach oben fortwährend abnehmen muß.

Daß die tieferen Luftschichten wirklich einen stärkeren Druck auszuhalten haben, das beweisen uns die in verschiedenen Höhen angestellten Barometerbeobachtungen. Am Meeresufer ist die Höhe der Barometersäule im Mittel 760 Millimeter; sobald man sich aber über den Meeresspiegel erhebt, sinkt das Barometer um so mehr, je höher man steigt; zu Potosi, in einer Höhe von 13 220 Fuß, ist der mittlere Barometerstand nur noch 471 Millimeter (17,4 Zoll); in jener Höhe ist also der Luftdruck nur noch 0,62 von demjenigen, welcher am Ufer des Meeres stattfindet.

In Fig. 544 auf Seite 548 ist durch eine punktirte Linie die Höhe angedeutet, in welcher der Luftdruck nur noch halb so groß ist als am Spiegel des Meeres. Diese Linie streift den Gipfel des Kaukasus.

Da mit der Erhebung über den Meeresspiegel der Luftdruck abnimmt und das Barometer sinkt, so kann das Barometer dienen, um Höhenmessungen auszuführen. Näheres über diesen Gegenstand in §. 14, S. 44 des Supplementbandes.

Mit Hülfe der für barometrische Höhenmessungen construirten Formeln kann man berechnen, wie groß der Luftdruck einer jeden beliebigen Höhe über dem Meere ist; für eine Höhe von 160 000 Fuß oder 8 geographischen Meilen ergiebt sich auf diese Weise ein Luftdruck, welcher so gering ist, daß er nur noch einer Quecksilbersäule von 1^{mm} das Gleichgewicht halten kann; in jener Höhe ist also die Dichtigkeit der Luft nur noch $^1/_{760}$ von der auf der Oberfläche des Meeres beobachteten. In einer Höhe von 10 bis 12 geographischen Meilen ist demnach die Luft schon so verdünnt, daß ihr Druck selbst für die empfindlichsten physikalischen Instrumente kaum bemerkbar ist. Was von Luft über die Höhe von 10 bis 12 geographischen Meilen hinausgeht, ist jedenfalls ein verschwindend kleiner Bruchtheil der übrigen Atmosphäre, und deshalb nimmt man in der Regel an, daß die Atmosphäre eine Höhe von 10 bis 12 geographischen Meilen habe.

Eben weil die Luft expansibel ist, kann sie nicht eine scharfe obere Gränze haben wie die Gewässer, welche die Erdoberfläche bedecken. Es findet eben in den höheren Luftregionen ein allmäliger Uebergang zur unendlichen Verdünnung Statt, und deshalb ist auch die Höhe der Atmosphäre keine absolut gegebene und präcis bestimmbare; man kann höchstens sagen, in welcher Höhe die Dichtigkeit der Luft unmerklich wird.

Nehmen wir in diesem Sinne die Höhe der Atmosphäre zu 10 bis 12 geographischen Meilen an, so sehen wir, daß diese Höhe sehr gering ist im Vergleich zum Durchmesser der Erde, welcher nahe 17 000 geographische Meilen beträgt. Um sich ein klares Bild von dem Verhältnisse der Erdkugel zu ihrer Atmosphäre zu machen, denke man sich eine Kugel von 1 Fuß Durchmesser, welche von einer nicht ganz 1 Linie dicken luftigen Hülle umgeben ist.

Aber weit unter der angegebenen Gränze verschwindet die letzte Spur des organischen Lebens, welches weder eine solche Luftverdünnung, noch eine so niedrige Temperatur ertragen kann, wie sie in jenen Höhen herrscht, und welches schwerlich bis auf die Gipfel der höchsten Berge hinaufsteigt.

Variationen des Barometerstandes. Wir haben schon oben gesehen, daß der Luftdruck durch das Barometer gemessen wird. Nun aber beobachtet man beständige Schwankungen an diesem Instrumente, was eine beständige Ab= und Zunahme des Luftdruckes andeutet. 299

Die Variationen des Barometers sind entweder periodische oder zufällige.

Die periodischen Schwankungen treten in den Tropen sehr entschieden auf; das Barometer fällt von 10 Uhr Morgens bis 4 Uhr Nachmittags, steigt dann bis 11 Uhr Nachts, fällt wieder bis 4 Uhr Morgens und steigt abermals bis 10 Uhr Morgens. Der Barometerstand zeigt also zwei tägliche Maxima um 10 Uhr Morgens und um 11 Uhr Nachts, und zwei Minima um 4 Uhr Morgens und um 4 Uhr Abends.

Die Größe dieser täglichen Schwankungen beträgt ungefähr 2 Millimeter.

Auch eine jährliche Periode der Barometerschwankungen zeigt sich in den Tropen ganz entschieden. Das Barometer sinkt nördlich vom Aequator vom Januar bis zum Juli und steigt dann wieder vom Juli bis zum Januar. Im Juli ist der mittlere Barometerstand 2 bis 4 Millimeter niedriger als im Januar.

In höheren Breiten sind die zufälligen Schwankungen des Barometers so bedeutend, daß durch sie die hier sehr geringen periodischen Schwankungen ganz maskirt werden. Um entscheiden zu können, ob mitten in den beständig stattfindenden zufälligen Schwankungen des Barometers sich nicht auch ein periodisches Steigen und Fallen geltend mache, muß man die Mittelzahlen einer großen Reihe von Barometerbeobachtungen mit einander vergleichen, welche regelmäßig zu bestimmten Stunden des Tages angestellt worden sind. Wenn man mehrere Monate lang das Barometer an mehreren bestimmten Stunden des Tages beobachtet und das Mittel aus allen zu derselben Stunde gemachten Beobachtungen nimmt, so reicht dies hin, um die Existenz einer täglichen Periode der Barometerschwankungen auch für unsere Gegenden zu beweisen.

Solche Beobachtungen haben nun gezeigt, daß allerdings auch bei uns periodische Schwankungen stattfinden. Um 9 Uhr Morgens steht in unseren Gegenden das Barometer im Durchschnitt um 0,7 Millimeter höher als um 2 Uhr Nachmittags; auch ist der mittlere Barometerstand des Sommers etwas niedriger als der des Winters.

Ursachen der Barometerschwankungen. Die Ursache aller Barometerschwankungen ist in der ungleichen und stets sich ändernden Wärmevertheilung auf der Erde zu suchen. Da sich die Wärmevertheilung auf der Erde beständig ändert, so wird auch das Gleichgewicht der Atmosphäre in jedem Augenblicke gestört, es entstehen Luftströmungen, welche das gestörte Gleichgewicht wieder herzustellen streben, und so ist denn die Luft in beständiger Bewegung, bald mehr erwärmt und deshalb leichter, bald wieder erkaltet und deshalb dichter; bald mehr, bald weniger Wasserdampf enthaltend, wird auch der Druck der Luftsäule fortwährenden Veränderungen unterworfen sein, welche uns das Barometer anzeigt. 300

Daß wirklich Temperaturveränderungen die Ursache der Barometerschwankungen sind, geht schon daraus hervor, daß sie in den Tropen, wo die Temperatur so wenig veränderlich ist, auch am unbedeutendsten sind; in höheren Breiten dagegen, wo die Variationen der Temperatur immer bedeutender werden, da ist auch die Amplitude der zufälligen Barometerschwankungen sehr groß, ja selbst im Sommer, wo die Temperatur im Allgemeinen weniger veränderlich ist, sind die Oscillationen des Barometers kleiner als im Winter.

Obgleich man im Allgemeinen nachweisen kann, daß die ungleiche und stets sich ändernde Erwärmung der Luft beständige Veränderungen in der Größe des Luftdrucks zur Folge haben muß, so sind wir doch noch weit davon entfernt, alle concreten Fälle stets genügend ableiten zu können.

Wenn an irgend einem Orte die Luft bedeutend erwärmt wird, so dehnt sie sich aus, die Luftsäule erhebt sich über die Luftmasse, welche auf den kälteren Umgebungen ruht, die in die Höhe gestiegene Luft wird also oben nach den Seiten hin abfließen, der Druck der Luft muß also an dem wärmeren Orte abnehmen, das Barometer wird daselbst sinken müssen; in den kälteren Umgebungen aber muß das Barometer steigen, weil sich in den oberen Regionen der erwärmten Gegenden seitwärts abfließende Luft über die Atmosphäre der kälteren Gegenden verbreitet.

Dadurch erklärt sich auch, warum in unseren Gegenden im Durchschnitte bei Südwestwinden das Barometer am tiefsten, bei Nordostwinden am höchsten steht: die Südwestwinde bringen uns warme Luft, während uns die Nordostwinde kältere Luft zuführen; da, wo ein warmer Luftstrom weht, müßte die Atmosphäre eine größere Höhe haben als da, wo der kalte Wind weht, wenn der Druck der ganzen Luftsäule an beiden Orten derselbe sein sollte; wäre dies aber auch wirklich der Fall, so würde die Luft des warmen Stromes oben abfließen, das Barometer also unter dem warmen Luftstrome sinken, unter dem kalten dagegen steigen.

In Europa sind im Durchschnitt die Südwestwinde auch die Regenwinde, weil sie, von wärmeren Meeren kommend, mit Wasserdampf gesättigt sind, welcher sich nach und nach verdichtet und als Regen niederfällt, wenn der Wind zu immer kälteren Gegenden gelangt. In dieser Condensation des Wasserdampfes ist ein zweiter Grund zu suchen, warum das Barometer bei Südwestwinden niedrig steht. So lange nämlich der Wasserdampf als förmliches Gas einen Bestandtheil der Atmosphäre ausmacht, ist ihm ein Theil des atmosphärischen Druckes zuzuschreiben, ein Theil der Quecksilbersäule im Barometer wird durch den Wasserdampf getragen; das Barometer muß also sinken, wenn der Wasserdampf aus der Atmosphäre durch Verdichtung ausgeschieden wird.

Da die Südwestwinde, welche in unseren Gegenden ein Sinken des Barometers bewirken, uns auch eine feuchte Luft zuführen und regnerisches Wetter bringen, während das Barometer steigt, wenn Nordostwinde wehen, welche die Luft trocken und den Himmel heiter machen, so kann man allerdings sagen, daß im Allgemeinen ein hoher Barometerstand schönes Wetter, ein tiefer aber schlechtes Wetter anzeigt. Dies ist aber, wie gesagt, nur eine Durchschnittsregel, denn bei Nordostwind ist der Himmel auch öfters bewölkt, bei Südwestwind auch manchmal heiter; sie ist jedoch in derselben Ausdehnung wahr wie die, daß bei Nordostwind das Barometer hoch, bei Südwestwind dagegen tief steht; dies ist auch nicht immer, sondern nur im Durchschnitt wahr. Wir können uns von solchen Anomalien nicht immer genügende Rechenschaft geben, weil uns die mannigfachen Elemente nicht genügend bekannt sind, welche den Gleichgewichtszustand der Atmosphäre bedingen.

Daß ein hoher Barometerstand im Allgemeinen heiteres Wetter, ein tiefer aber trübes Wetter anzeigt, ist auch nur für solche Orte wahr, an welchen die warmen Winde zugleich die Regen bringenden sind. An dem Ausflusse des La-Plata-Stromes z. B. sind die kalten Südostwinde, welche vom Meere her wehen und das Barometer steigen machen, die Regenwinde, die warmen Nordwestwinde aber, bei welchen das Barometer sinkt, sind trockne Landwinde und bringen heiteres Wetter. Dem Umstande, daß hier der Regen durch kalte Winde gebracht wird, ist die geringere Regenmenge dieser Gegenden zuzuschreiben, während unter gleicher Breite an den Westküsten von Südamerika sehr viel Regen fällt, indem hier der warme Nordwestwind zugleich ein Seewind ist.

Entstehung der Winde. Wie bei dem auf S. 463 beschriebenen Versuch im Kleinen die ungleiche Erwärmung der beiden Räume Luftströmungen veranlaßt, so ist auch die ungleiche stets wechselnde Erwärmung der Erdoberfläche und des über ihr schwebenden Luftmeeres die Ursache der Luftströmungen, die wir Winde nennen. Auch im Großen sieht man die Luft in den stärker erwärmten Gegenden aufsteigen und in der Höhe nach den kälteren abfließen, während unten die Luft von den kälteren Gegenden den wärmeren zuströmt. 301

Ein einfaches Beispiel geben uns die Land- und Seewinde, welche man häufig an den Meeresküsten, namentlich aber auf den Inseln wahrnimmt. Einige Stunden nach Sonnenaufgang erhebt sich ein von dem Meere nach der Küste gerichteter Wind, der Seewind, weil das feste Land unter dem Einflusse der Sonnenstrahlen stärker erwärmt wird als das Meer; über dem Lande steigt die Luft in die Höhe und fließt oben nach dem Meere hin ab, während unten die Luft vom Meere gegen die Küsten strömt. Dieser Seewind ist anfangs schwach und nur an den Küsten selbst fühlbar, später nimmt er zu und zeigt sich dann auch auf dem Meere schon in größerer Entfernung von der Küste; zwischen 2 und 3 Uhr Nachmittags wird er am stärksten, nimmt dann wieder ab, und gegen Untergang der Sonne tritt eine Windstille ein. Nun erkalten Land und Meer durch die Wärmestrahlung gegen den Himmelsraum, das Land erkaltet aber rascher als das Meer, und nun strömt die Luft in den unteren Regionen vom Lande nach dem Meere, während in den oberen Luftregionen eine entgegengesetzte Strömung stattfindet.

Zu den Ursachen, welche Luftströmungen, ja die heftigsten Stürme erzeugen können, ist auch eine schnelle Condensation des atmosphärischen Wasserdampfes zu zählen. Wenn man bedenkt, welch eine ungeheure Wassermasse während eines Platzregens in wenigen Minuten zur Erde fällt, welch ungeheures Volumen dieses Wasser eingenommen haben muß, als es noch in Dampfgestalt in der Atmosphäre schwebte, so ist klar, daß durch die rasche Condensation dieser Wasserdämpfe eine bedeutende Luftverdünnung bewirkt wird und daß die Luft von allen Seiten her mit Gewalt in den verdünnten Raum eindringen muß, um so mehr, als da, wo die Condensation der' Wasserdämpfe stattfindet, die Temperatur der Luft durch die freiwerdende Wärme erhöht und dadurch ein kräftig aufsteigender Luftstrom erzeugt wird.

Oft sieht man die Wolken in anderer Richtung ziehen, als die ist, welche die Windfahnen zeigen, und oft ziehen die höheren Wolken in anderer Richtung als die tiefer schwebenden, woraus hervorgeht, daß in verschiedenen Höhen Luftströmungen nach verschiedener Richtung stattfinden.

302 **Passatwinde und Moussons.** Als Columbus auf seiner Entdeckungsreise nach Amerika seine Schiffe durch einen beständigen Ostwind fortgetrieben sah, wurden seine Gefährten mit Schrecken erfüllt, weil sie fürchteten, nimmer nach Europa zurückkehren zu können. Dieser in den Tropen beständig von Osten nach Westen wehende Wind, welcher so sehr das Erstaunen der ersten Seefahrer des 15. Jahrhunderts erregte, ist der Passatwind. Die Schiffer benutzen diesen Wind, um von Europa nach Amerika zu segeln, indem sie von Madeira aus südlich bis in die Nähe des Wendekreises steuern', wo sie dann durch den Passat nach Westen getrieben werden. Diese Reise ist so sicher und die Arbeit der Matrosen dabei so gering, daß die spanischen Seeleute diesen Theil des atlantischen Oceans den Frauengolf (el golfo de las Damas) nannten. Auch in der Südsee weht dieser Wind; die spanischen Schiffer ließen sich durch ihn in gerader Linie von Acapulco nach Manilla treiben.

Im atlantischen Ocean erstreckt sich der Passatwind bis zum 29., im großen Ocean nur bis zum 25. Grade nördlicher Breite. In der nördlichen Hälfte der heißen Zone ist die Richtung des Passatwindes eine nordöstliche; je mehr er sich aber dem Aequator nähert, desto mehr wird seine Richtung rein östlich. Die Gränze des Passats ist in der südlichen Halbkugel weniger genau bestimmt, dort aber hat der Passat eine südöstliche Richtung, die mehr und mehr östlich wird, je weiter er gegen den Aequator vordringt.

Diese Winde wehen rund um die ganze Erde, doch sind sie in der Regel erst 50 Meilen weit vom festen Lande entschieden merklich.

Da, wo der Nordostpassat der nördlichen und der Südostpassat der südlichen Hemisphäre zusammentreffen, combiniren sie sich zu einem rein östlichen Winde, der aber unmerklich wird, weil die horizontale Bewegung der durch die Intensität der Sonnenstrahlen stark erwärmten und deshalb mächtig aufsteigenden Luft eben durch diese verticale Bewegung neutralisirt wird. Es würde in diesen Gegenden eine fast vollkommene Windstille herrschen, wenn nicht die heftigen Stürme, welche die fast täglich unter Donner und Blitz stattfindenden Regengüsse begleiten, die Ruhe der Atmosphäre störten und das Wehen sanfter regelmäßiger Winde unmöglich machten.

Diese Zone, welche die Passatwinde der beiden Hemisphären trennt, ist die **Region der Calmen.**

Das Kärtchen Fig. 545 dient dazu, die Gegenden zu zeigen, in welchen die Passatwinde herrschen. Die Mitte der Region der Calmen, welche im Durch-

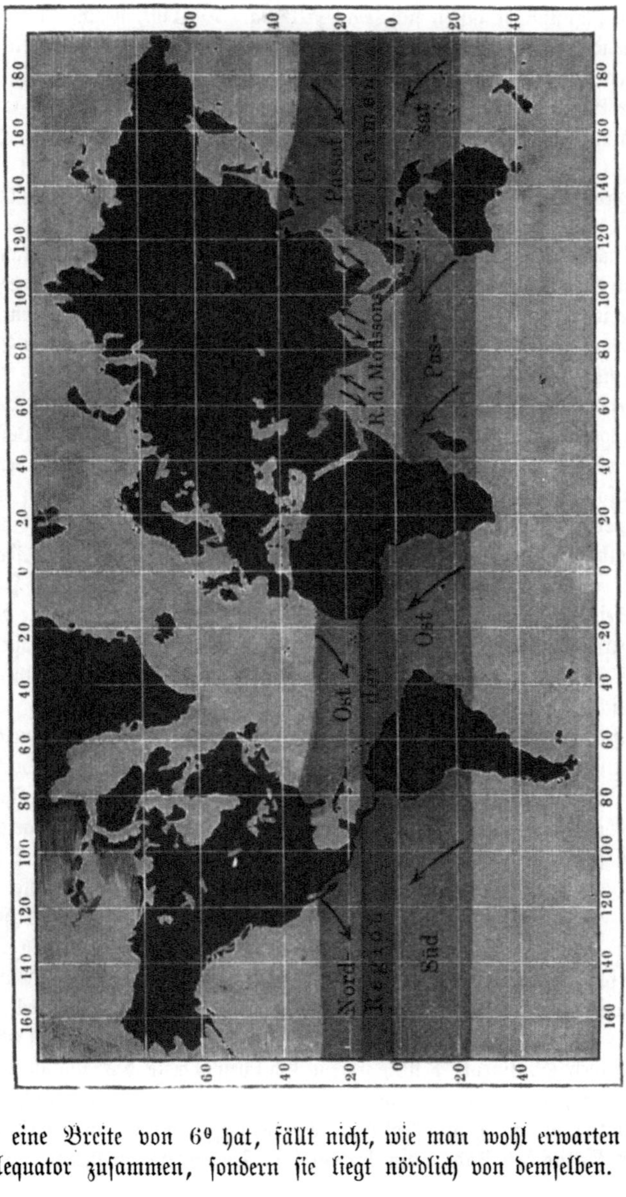

Fig. 545.

schnitt eine Breite von 6° hat, fällt nicht, wie man wohl erwarten sollte, mit dem Aequator zusammen, sondern sie liegt nördlich von demselben. Während unserer Sommermonate ist der Gürtel der Calmen breiter, und seine nördliche Gränze entfernt sich mehr vom Aequator, während die südliche Gränze sich nur wenig ändert.

Die Ursache davon, daß die Region der Calmen auf der nördlichen Hemisphäre liegt, ist wohl in der Configuration der Continente zu suchen.

Die Passatwinde lassen sich leicht erklären. Die Luft, welche in den Aequatorialgegenden stark erwärmt in die Höhe steigt, erhebt sich über die kälteren Luftmassen zu beiden Seiten und strömt oben nach den Polen hin ab, während unten die Luft von den Polen her dem Aequator zufließt. Wenn die Erde keine Axendrehung hätte, so würde der Passatwind auf der nördlichen Halbkugel gerade von Norden nach Süden, auf der südlichen Hemisphäre aber in entgegengesetzter Richtung wehen. Nun aber dreht sich die Erde von Westen nach Osten, und das Luftmeer, welches sie umgiebt, theilt die Rotationsbewegung.

Je näher ein Ort der Erdoberfläche den Polen liegt, desto langsamer wird er sich in dem während 24 Stunden zu beschreibenden Kreise fortbewegen, weil dieser Kreis um so kleiner ist, je weiter man sich vom Aequator entfernt. Demnach ist auch die Rotationsgeschwindigkeit der über der Erde ruhenden Luftmasse in der Nähe der Pole geringer als am Aequator; wenn nun eine Luftmasse aus höheren Breiten dem Aequator zugeführt wird, so langt sie mit geringerer Rotationsgeschwindigkeit über Ländern an, welche sich schneller von Westen nach Osten bewegen; in Beziehung auf diesen unter ihr sich fortbewegenden Boden hat sie also eine Bewegung von Osten nach Westen. Diese Bewegung combinirt sich mit der gegen den Aequator hin fortschreitenden Bewegung auf der nördlichen Halbkugel zu einem Nord-, auf der südlichen aber zu einem Südostwinde.

Die in den Aequatorialgegenden aufsteigende Luft fließt in der Höhe nach beiden Seiten hin ab, um sich nach den Polen hin zu ergießen. Die Richtung dieses oberen Passats ist natürlich der des unteren gerade entgegengesetzt, sie ist in der nördlichen Halbkugel eine südwestliche, in der südlichen Halbkugel eine nordwestliche.

Daß in den oberen Luftregionen wirklich ein Passat weht, welcher dem unteren entgegengesetzt ist, läßt sich durch Thatsachen beweisen; so wurde z. B. am 25. Februar 1835 bei einem Ausbruche des Vulcans von Cosiguina im Staate Guatemala die Asche bis in die Höhe des oberen Passats geschleudert, der sie in südwestlicher Richtung fortführte, so daß sie auf der Insel Jamaica niederfiel, obgleich in den unteren Regionen der Nordostpassat herrschte.

In größerer Entfernung vom Aequator senkt sich der obere Passat mehr und mehr gegen die Erdoberfläche. Auf dem Gipfel des Piks von Teneriffa herrschen fast immer Westwinde, während am Meeresspiegel der untere Passat weht.

Im indischen Ocean ist die Regelmäßigkeit der Passatwinde durch die Configuration der Ländermassen, welche dieses Meer umgeben, namentlich aber durch den asiatischen Continent, gestört. Im südlichen Theile des indischen Oceans, zwischen Neuholland und Madagaskar, herrscht noch das ganze Jahr hindurch der Südostpassat, in dem nördlichen Theile dieses Meeres aber weht während der einen Hälfte des Jahres ein beständiger Südwest-, während der anderen

Hälfte des Jahres ein beständiger **Nordostwind**. Diese regelmäßig abwechselnden Winde werden **Moussons** genannt.

Der Südwestwind weht vom April bis zum October, während der übrigen Monate des Jahres weht der Nordostwind.

Während in den Wintermonaten der asiatische Continent erkaltet, die Sonne aber in den südlicheren Gegenden eine größere Wärme erzeugt, muß natürlich ein Nordostpassat von dem kälteren Asien nach den heißeren Gegenden wehen. In dieser Zeit ist auch im indischen Ocean der Nordostpassat von dem Südostpassat durch die Region der Calmen getrennt.

Während des Sommers wird das Wehen des Südostpassates zwischen Neuholland und Madagaskar nicht gestört, in den nördlichen Theilen des indischen Oceans aber, in welchen im Winter ein Nordostwind geherrscht hatte, wird dieser in einen Südwestwind verwandelt, weil sich nun der asiatische Continent sehr stark erwärmt und also eine Luftströmung nach Norden hin veranlaßt, welche durch die Rotation der Erde in einen Südwestwind verwandelt wird.

Winde in höheren Breiten. Der obere Passat, welcher die Luft 303
von den Aequatorialgegenden zurückführt, senkt sich, wie schon erwähnt wurde, immer mehr und erreicht endlich als Südwestwind den Boden; außerhalb der Region der Passatwinde gehen daher die beiden Luftströmungen, welche die Luft von den Polen zum Aequator und vom Aequator zurück nach den Polen führen, nicht mehr **über** einander, sondern **neben** einander her, sie streben einander gegenseitig zu verdrängen; bald erlangt der Südwest, bald der Nordost die Oberhand, und bei dem Uebergange aus einer dieser Windrichtungen in eine andere sehen wir die Zwischenwinde nach allen Richtungen der Windrose wehen.

Obgleich auch in höheren Breiten Südwest und Nordost die herrschenden Winde sind, so findet zwischen ihnen doch keine so regelmäßige periodische Abwechselung Statt wie bei den Moussons im indischen Oceane.

Die folgende Tabelle giebt die Häufigkeit der Winde in verschiedenen Ländern an; sie giebt nämlich an, wie oft im Durchschnitt unter je 1000 Tagen ein jeder der acht Hauptwinde weht.

Länder.	N.	N.O.	O.	S.O.	S.	S.W.	W.	N.W.
England	82	111	99	81	111	225	171	120
Frankreich . . .	126	140	84	76	117	192	155	110
Deutschland . . .	84	98	119	87	97	185	198	131
Dänemark . . .	65	98	100	129	92	198	161	156
Schweden	102	104	80	110	128	210	159	106
Rußland	99	191	81	130	98	143	166	192
Nordamerika . .	96	116	49	108	123	197	101	210

304 **Gesetz der Winddrehung.** Obgleich bei einer oberflächlichen Betrachtung in unseren Gegenden die Aenderungen in der Windrichtung ganz regellos zu sein scheinen, so haben doch aufmerksamere Beobachter schon lange die Bemerkung gemacht, daß die Winde in der Regel in folgender Ordnung auf einander folgen:

S, SW, W, NW, N, NO, O, SO, S.

Am regelmäßigsten läßt sich diese Drehung des Windes während des Winters beobachten; die mit diesem Umschlagen zusammenhängenden Veränderungen des Barometers und des Thermometers hat Dove sehr schön mit folgenden Worten geschildert:

„Wenn der Südwest, immer heftiger wehend, endlich vollkommen durchgedrungen ist, erhöht er die Temperatur über den Gefrierpunkt, es kann daher nicht mehr schneien, sondern es regnet, während das Barometer seinen niedrigsten Stand erreicht. Nun dreht sich der Wind nach West, und der dichte Flockenschnee beweist ebenso gut den einfallenden kälteren Wind als das rasch steigende Barometer, die Windfahne und das Thermometer. Mit Nord heitert der Himmel sich auf, mit Nordost tritt das Maximum der Kälte und des Barometers ein. Aber allmälig beginnt dieses zu fallen, und feine Cirri zeigen durch die Richtung ihres Entstehens den oben eingetretenen südlicheren Wind, den das Barometer schon bemerkt, wenn auch die Windfahne nichts davon weiß und noch ruhig Ost zeigt. Doch immer bestimmter verdrängt der südliche Wind den Ost von oben herab, bei entschiedenem Fallen des Quecksilbers wird die Windfahne *SO*, der Himmel bezieht sich allmälig immer mehr, und mit steigender Wärme verwandelt sich der bei *SO* und *S* fallende Schnee bei *SW* wieder in Regen. Nun geht es von Neuem an, und höchst charakteristisch ist der Niederschlag auf der Ostseite von dem auf der Westseite gewöhnlich durch eine kurze Aufhellung getrennt."

Nicht immer läßt sich die Drehung des Windes so rein beobachten, wie es eben angeführt wurde, indem häufig ein Zurückspringen des Windes stattfindet; ein solches Zurückspringen wird aber weit häufiger auf der Westseite der Windrose beobachtet als auf der Ostseite. Eine vollständige Umdrehung des Windes in entgegengesetzter Richtung, nämlich von *S* nach *O, N, W,* wird in Europa höchst selten beobachtet.

Die Erklärung dieses Gesetzes ergiebt sich durch die Verallgemeinerung der Erklärung der Passatwinde.

Wird die Luft durch irgend eine Ursache von den Polen nach dem Aequator getrieben, so kommt sie von Orten, deren Rotationsgeschwindigkeit geringer ist, an andere Orte, welche eine größere Rotationsgeschwindigkeit besitzen; ihre Bewegung erhält dadurch eine östliche Richtung, wie wir schon beim Passatwinde gesehen haben. Auf der nördlichen Halbkugel gehen deshalb die Winde, welche als Nordwinde entstehen, bei ihrem allmäligen Fortrücken durch *NO* in *O* über. Ist auf diese Weise ein Ostwind entstanden, so wird dieser, wenn die Ursache fortdauert, welche die Luft nach dem Aequator hintreibt, hemmend auf den Polarstrom wirken, die Luft wird die Rotationsgeschwindigkeit des Ortes annehmen, über welchem sie sich befindet, und wenn nun die Tendenz, nach dem Aequator zu strömen, immer noch fortdauert, so springt der Wind nach Norden zurück und dieselbe Reihe von Erscheinungen wiederholt sich.

Wenn aber, nachdem die Polarströme eine Zeitlang geherrscht haben und die Windrichtung östlich geworden ist, Aequatorialströme eintreten, so wird der Ostwind durch Südost nach Süd umschlagen. Wenn die Luft von Süden nach Norden fortströmt, so gelangt sie mit der größeren Rotationsgeschwindigkeit derjenigen Parallelkreise, welche dem Aequator näher liegen, an Orte, welche eine geringe Rotationsgeschwindigkeit haben; sie wird also der von Westen nach Osten rotirenden Erdoberfläche mit noch größerer Rotationsgeschwindigkeit gleichsam voraneilen, die südliche Windrichtung wird allmälig südwestlich und dann ganz westlich werden müssen. Bei fortdauernder Tendenz der Luft, nach dem Pole zu strömen, wird der Wind alsbald wieder nach Süd zurückspringen, gerade so, wie der Ost nach Norden zurückspringt; wenn aber die Aequatorialströmung durch eine Polarströmung verdrängt wird, so schlägt der Westwind durch Nordwest nach Norden um.

Auf der südlichen Halbkugel muß der Wind in entgegengesetzter Richtung umschlagen.

Wo in den Tropen die Passatwinde wehen, giebt es an der Erdoberfläche selbst gar keine vollständige Drehung, die Richtung des Passats wird nur bei seinem Vordringen immer mehr östlich.

In der Region der Moussons findet im Laufe eines ganzen Jahres nur eine einzige Drehung Statt. Man sieht also, daß die Windverhältnisse der Tropen der einfachste Fall des Drehungsgesetzes sind.

Stürme. Die Stürme sind Folgen einer bedeutenden Störung im Gleich- 305
gewichte der Atmosphäre, und höchst wahrscheinlich rührt diese Störung von einer raschen Condensation der Wasserdämpfe her, wie dies schon oben angedeutet wurde.

Neuere Untersuchungen haben gezeigt, daß die Stürme meistens als große fortschreitende Wirbel zu betrachten sind.

In den Tropen wüthen die Stürme ungleich heftiger als in höheren Breiten; die Zerstörungen der Orkane, welche man in Amerika mit dem Namen der Tornados bezeichnet, sind wahrhaft fürchterlich. So wurden z. B. durch den Sturm, welcher am 26. Juli 1825 Guadalupe verwüstete, solid gebaute Häuser umgerissen; Kanonen wurden bis zur Brüstung der Batterie, auf welcher sie standen, fortgeschleudert, ein Brett von ungefähr 3 Fuß Länge, 8 Zoll Breite und 10 Linien Dicke wurde mit solcher Geschwindigkeit durch die Luft gejagt, daß es den Stamm eines Palmbaumes, welcher ungefähr 17 Zoll im Durchmesser hatte, durch und durch bohrte.

Oft sieht man bei ruhigem Wetter, wie Sand und Staub durch den Wind in wirbelnder Bewegung fortgeführt werden. Bei herannahenden Gewittern sieht man schon größere Luftwirbel der Art, welche Staub, Blätter, Stroh u. s. w. mit in die Höhe nehmen. Die Tromben sind nichts anderes als solche Wirbel in größerem Maßstabe; sie werden in der Regel durch den Kampf zweier in den oberen Luftregionen in entgegengesetzter Richtung wehender Winde erzeugt. Sie bilden gewöhnlich einen Doppelkegel; der obere Theil desselben, dessen Spitze herabgesenkt ist, besteht aus einer Wolkenmasse, während der untere Kegel, dessen Spitze nach oben gerichtet ist, aus Wasser besteht, wenn das Meteor auf dem Meere oder über Seen und Flüssen sich bildet, oder aus Sand und sonstigen festen Körpern, wenn die Trombe über das Land herzieht. Tromben

Fig. 546.

sind im Stande, Bäume zu entwurzeln, Häuser abzudecken, Balken mehrere hundert Schritte weit fortzuschleudern u. s. w. Die Wassertromben sind unter dem Namen der *Wasserhosen* bekannt. Fig. 546 stellt eine im Jahre 1858 in der Nähe von Königswinter beobachtete Wasserhose dar.

Drittes Capitel.

Von der atmosphärischen Feuchtigkeit.

Verbreitung des Wasserdampfes in der Luft. Wenn man an einem heißen Sommertage eine mit Wasser gefüllte Schale ins Freie stellt, so sieht man die Quantität des Wassers rasch abnehmen, es verdunstet, das heißt es geht in Dampfgestalt über und verbreitet sich in der Luft. Der Wasserdampf ist wie jedes andere farblose durchsichtige Gas für unsere Blicke unsichtbar, das Wasser scheint, indem es verdunstet, gänzlich verschwunden zu sein. 306

Das in der Luft verbreitete Wasser wird erst wieder sichtbar, wenn es, in seinen flüssigen Zustand zurückkehrend, Nebel oder Wolken, Thau oder Reif bildet. Wenn man sich von der Existenz des Wasserdampfes in der Luft überzeugen will, muß man ihn auf irgend eine Weise verdichten.

Ganz unmittelbar erhält man die Menge des in einem bestimmten Volumen Luft enthaltenen Wasserdampfes, wenn man die Luft durch ein mit hygroskopischen Substanzen gefülltes Rohr saugt. Um ein regelmäßiges Durchstreichen der Luft durch das Absorptionsrohr zu bewirken, wendet man einen Aspirator an. Es ist dies im Wesentlichen ein bis auf zwei Oeffnungen verschlossenes mit Wasser gefülltes Gefäß; aus der einen Oeffnung fließt durch ein Rohr beständig Wasser ab; die andere Oeffnung ist mit dem Absorptionsrohre in Verbindung, so daß hier eine dem ausfließenden Wasser gleiche Menge getrockneter Luft eintritt. Wie viel Wasserdampf in der durch das Absorptionsrohr gesaugten Luftmenge enthalten war, ergiebt sich, wenn man dies Rohr vor und nach dem Versuche wägt.

Diese Bestimmungsweise des Wassergehaltes der Luft mit dem Aspirator, dem man verschiedene, bald mehr, bald weniger zweckmäßige Formen gegeben hat, ist allerdings etwas umständlich und giebt auch nicht den Wassergehalt der Luft in einem bestimmten Momente, sondern den mittleren Wassergehalt während der ganzen Dauer des Versuches; man hat deshalb kleinere, leichter transportable Apparate construirt, welche unter dem Namen der Hygrometer bekannt sind.

Es ist bekannt, daß viele organische Körper die Eigenschaft haben, Wasserdampf zu absorbiren und sich dabei verhältnißmäßig zu verlängern. Unter anderen sind auch Haare, Fischbein u. s. w. solche hygroskopische Körper, und man benutzte sie deshalb zur Construction von Hygrometern. Das beste Instrument der Art ist das von Saussure angegebene Haarhygrometer, welches Fig. 547 abgebildet ist.

Fig. 547.

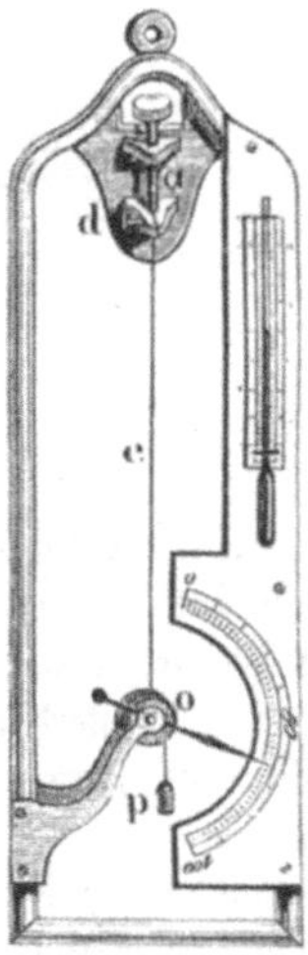

Das Haar ist mit seinem oberen Ende an einem Zängelchen *d* befestigt, das andere Ende aber ist um eine mit zwei Rinnen versehene Rolle geschlungen, während in der anderen Rinne um die Rolle ein Seidenfaden geschlungen ist, an welchem ein kleines Gewicht *p* hängt, durch welches das Haar beständig gespannt erhalten wird. An der Axe der Rolle ist ein Zeiger befestigt, welcher an einem Gradbogen hin- und hergeht, wenn die Rolle durch die Verlängerung oder Verkürzung des Haares gedreht wird.

Wenn sich das Instrument in feuchter Luft befindet, so absorbirt das Haar viel Wasserdampf und wird dadurch länger, in trockener Luft aber verkürzt es sich, wodurch natürlich der Zeiger bald nach der einen, bald nach der anderen Seite gedreht wird.

Die Graduirung des Instrumentes wird auf folgende Weise bewerkstelligt. Zuerst bringt man das Instrument unter eine Glocke, deren innerer Raum durch Chlorcalcium oder durch Schwefelsäure ausgetrocknet wird. Die Stelle der Scala, auf welcher sich der Zeiger unter diesen Verhältnissen feststellt, ist der Punkt der größten Trockenheit, er wird mit 0 bezeichnet.

Nun bringt man das Instrument unter eine Glocke, deren Wände mit Wasser befeuchtet sind, während auch auf dem Boden, auf welchem die Glocke steht, Wasser ausgebreitet ist. Der Raum unter der Glocke sättigt sich bald mit Wasserdampf, und der Zeiger geht nach dem anderen Ende der Scala hin. Der Punkt, wo er sich jetzt feststellt, ist der Punkt der größten Feuchtigkeit, er wird mit 100 bezeichnet.

Der Zwischenraum zwischen diesen beiden Punkten wird in 100 gleiche Theile getheilt, welche man Feuchtigkeitsgrade nennt.

Die Beziehungen zwischen diesen Graden auf den Wassergehalt der Luft müssen an jedem Instrumente durch Versuche ermittelt werden, die wir nicht näher betrachten können.

307 **Daniell's Hygrometer** ist Fig. 548 dargestellt; es besteht aus einer gekrümmten Röhre, welche mit zwei Kugeln endigt; die eine, *a*, ist entweder vergoldet oder mit einer ganz dünnen glänzenden Platinschicht überzogen, die andere

ist mit einem Läppchen feiner Leinwand umwickelt. Die Kugel *a* ist zur Hälfte mit Aether gefüllt und enthält ein kleines Thermometer, dessen Theilung in die Röhre *t* hineinragt. Der Apparat ist vollkommen luftleer. Wenn man nun Aether auf die Kugel *b* tröpfelt, so wird sie durch die Verdampfung des Aethers erkaltet, im Innern derselben werden Aetherdämpfe condensirt und dadurch eine Verdampfung des Aethers in der Kugel *a* bewirkt, indem gewissermaßen der Aether aus der wärmeren Kugel *a* in die kältere *b* überdestillirt. Bei der Dampfbildung in der Kugel *a* wird aber ebenfalls Wärme gebunden, sie erkaltet und beschlägt sich endlich mit einem zarten Thau.

Fig. 548.

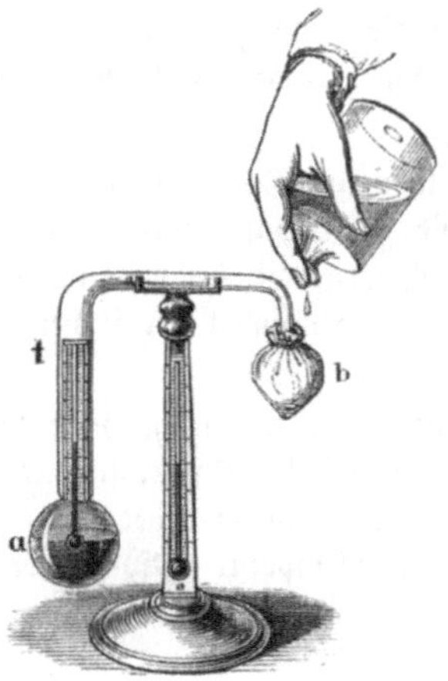

Die Entstehung dieses Thaues läßt sich leicht erklären. Wir haben schon oben gesehen, daß im leeren Raume die Spannkraft des Wasserdampfes für eine bestimmte Temperatur eine gewisse Gränze nicht übersteigen kann, daß aber das Maximum der Spannkraft mit der Temperatur steigt. Für eine Temperatur von 20° z. B. ist das Maximum der Spannkraft des Wasserdampfes 17,4 Millimeter und die entsprechende Dichtigkeit des Wasserdampfes 0,0000173; in einem luftleeren Raume von 1 Cubikmeter können also bei einer Temperatur von 20° höchstens 17,3 Gramm Wasser als Dampf enthalten sein.

Wir haben ferner gesehen, daß in einem lufterfüllten Raume gerade ebenso viel Wasserdampf enthalten sein kann als in einem gleich großen luftleeren Raume, und daß sich in diesem Falle die Spannkraft der Luft und die Spannkraft des in ihr verbreiteten Wasserdampfes summiren. Bei einer Temperatur von 20° können also in einem Cubikmeter Luft ebenfalls 17,3 Gramm Wasser als Dampf enthalten sein.

Die Luft ist mit Wasserdampf gesättigt, wenn der in ihr verbreitete Wasserdampf das ihrer Temperatur entsprechende Maximum der Spannkraft und Dichtigkeit erreicht hat.

Bringt man in eine mit Feuchtigkeit gesättigte Luft einen kälteren Körper, so wird dieser die nächsten Luftschichten erkalten, ein Theil des in ihnen enthaltenen Wasserdampfes wird sich verdichten müssen und setzt sich in Form von feinen Tröpfchen an den kalten Körper an. Auf diese Weise bildet sich der Beschlag an den Fensterscheiben in einem bewohnten erwärmten Zimmer, wenn die Temperatur der äußeren Luft niedrig genug ist, um die Fensterscheiben hinlänglich zu erkalten.

Selten ist die Luft mit Feuchtigkeit gesättigt, d. h. meist ist in derselben nicht ganz so viel Wasserdampf enthalten, als sie bei ihrer Temperatur aufnehmen könnte. Nehmen wir z. B. an, jedes Cubikmeter Luft enthielte bei einer Temperatur von 20⁰ nur 13 Gramm Wasserdampf, so ist sie nicht gesättigt; denn bei dieser Temperatur könnte ja jedes Cubikmeter Luft 17,3 Gramm Wasserdampf enthalten.

Die Temperatur, für welche eben die Verdichtung des Wasserdampfes beginnt, die Temperatur also, für welche die Luft gerade mit Wasserdampf gesättigt ist, heißt der Thaupunkt.

Der Thaupunkt ist es nun, welchen man am Daniell'schen Hygrometer beobachtet; sobald nämlich die Kugel *a* bis zur Temperatur des Thaupunktes erkaltet ist, fängt die Kugel an sich zu beschlagen, die Temperatur des Thaupunktes liest man unmittelbar an dem in die Flüssigkeit der Kugel *a* hineinragenden Thermometer ab.

Wenn man nun eine Tabelle zur Hand nimmt, in welcher man das Maximum des Wassergehaltes in einem Raume von 1 Cubikmeter für jeden einzelnen Temperaturgrad angegeben findet, so kann man in einer solchen Tabelle sogleich finden, welches der dem beobachteten Thaupunkt entsprechende Wassergehalt der Luft ist.

308 **August's Psychrometer** ist Fig. 549 dargestellt; es besteht aus zwei an einem und demselben Gestelle befestigten Thermometern; die Kugel des einen ist mit einem feinen Leinwandläppchen umgeben, während die Kugel des anderen frei bleibt; wenn man die Hülle der einen Thermometerkugel mit Wasser befeuchtet, so wird das Wasser verdunsten, und zwar wird die Verdunstung um so rascher vor sich gehen, je weiter die Luft von ihrem Sättigungspunkte entfernt ist. Die Verdunstung des Wassers ist aber von einer Wärmebindung begleitet, in Folge deren das umwickelte Thermometer sinkt. Wenn die Luft vollkommen mit Feuchtigkeit gesättigt ist, so wird kein Wasser verdampfen können, die beiden Thermometer stehen alsdann gleich hoch; ist aber die Luft nicht mit Wasserdampf gesättigt, so wird das umwickelte Thermometer sinken, und zwar um so tiefer, je weiter die Luft von ihrem Sättigungspunkte entfernt ist. Aus der Temperaturdifferenz der beiden Thermometer kann man auf den Feuchtigkeitszustand der Luft schließen.

Fig. 549.

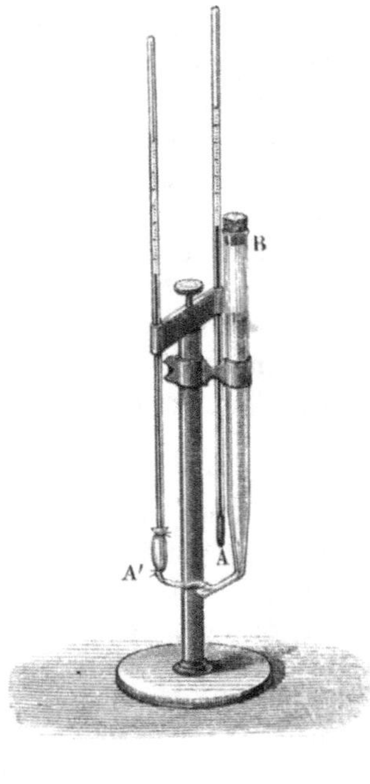

Tägliche und jährliche Variationen im Wassergehalte der Luft. 309 Da bei hoher Temperatur mehr Wasserdampf in der Luft verbreitet sein kann, da mit steigender Wärme das Wasser an der Oberfläche der Gewässer und vom feuchten Boden mehr und mehr verdunstet, so läßt sich wohl erwarten, daß der Wassergehalt der Luft im Laufe eines Tages ab- und zunehmen wird.

Durch Versuche mit den oben beschriebenen Instrumenten hat man ermittelt, daß sich im Allgemeinen die Menge des Wasserdampfes in der Luft vermehrt, wenn von Sonnenaufgang an die Temperatur steigt; jedoch dauert dies nur bis 9 Uhr, wo ein durch die starke Erwärmung des Bodens veranlaßter aufwärtssteigender Luftstrom die Dämpfe mit in die Höhe nimmt, so daß der Wassergehalt der unteren Luftschichten geringer wird, obgleich bei immer zunehmender Wärme die Bildung der Dämpfe fortdauert. Diese Abnahme dauert bis gegen 4 Uhr; jetzt nimmt der Wassergehalt der unteren Luftschichten wieder zu, weil nun die nach oben gerichtete Luftströmung aufhört den sich bildenden Wasserdampf wegzuführen; jedoch dauert diese Zunahme nur bis gegen 9 Uhr Abends, weil nun die immer mehr sinkende Temperatur der Luft der ferneren Dampfbildung eine Gränze setzt.

Im Winter, wo die Wirkung der Sonne weniger intensiv ist, verhält sich die Sache anders; im Januar beobachtete man nur e i n Maximum des Wassergehaltes der Luft um 2 Uhr Nachmittags und e i n Minimum zur Zeit des Sonnenaufgangs.

Wir sagen: „die Luft ist trocken," wenn das Wasser rasch verdunstet und wenn befeuchtete Gegenstände durch dieses rasche Verdunsten schnell trocken werden; dagegen sagen wir: „die Luft ist feucht," wenn befeuchtete Gegenstände an der Luft nur langsam oder gar nicht trocknen, wenn die geringste Temperaturerniedrigung feuchte Niederschläge bewirkt, und wenn etwas kältere Gegenstände sich mit Feuchtigkeit überziehen. Wir nennen also die Luft trocken, wenn sie weit von ihrem Sättigungspunkte entfernt ist, feucht dagegen, wenn der Thaupunkt der Temperatur der Luft sehr nahe liegt; mit diesem Urtheile über die Trockenheit oder Feuchtigkeit der Luft verbinden wir also durchaus kein Urtheil über den absoluten Wassergehalt der Luft. Wenn an einem heißen Sommertage bei einer Temperatur von 25° C. jedes Cubikmeter Luft 13 Gramm Wasserdampf enthält, so sagen wir, die Luft sei sehr trocken; denn bei dieser Temperatur könnte jedes Cubikmeter Luft 22,5 Gramm Wasserdampf enthalten, oder die Luft müßte bis auf 15° erkaltet werden, um bei unverändertem Wassergehalte gesättigt zu sein. Wenn dagegen im Winter bei einer Temperatur von +2° jedes Cubikmeter Luft nur 6 Gramm Wasserdampf enthält, so ist die Luft sehr feucht, weil die Luft für die herrschende Temperatur beinahe vollständig mit Wasserdampf gesättigt ist und die geringste Temperaturerniedrigung schon einen Niederschlag zur Folge hat.

In diesem Sinne können wir sagen, daß zur Zeit des Sonnenaufgangs die Luft am feuchtesten ist, obgleich der absolute Wassergehalt geringer ist als zu jeder anderen Tageszeit. Gegen 3 Uhr Nachmittags ist im Sommer die Luft am trockensten.

Der absolute Wassergehalt der Luft ist wie die mittlere Lufttemperatur im Januar ein Minimum; er nimmt bis zum Juli zu, wo er sein Maximum erreicht, dann aber nimmt er wieder ab bis zum Ende des Jahres.

Obgleich nun der Wassergehalt der Luft im Sommer größer ist als im Winter, so sagt man doch, die Luft sei im Sommer trockener, weil sie im Sommer durchschnittlich weiter von ihrem Sättigungspunkte entfernt ist.

310 **Feuchtigkeit der Luft in verschiedenen Gegenden.** Die Bildung des Wasserdampfes ist vorzugsweise von zwei Bedingungen abhängig, nämlich von der Temperatur und von der Gegenwart von Wasser. Bei einem unbegränzten Wasservorrathe werden sich um so mehr Wasserdämpfe bilden, je höher die Temperatur ist; bei gleicher Temperatur aber werden sich in wasserreichen Gegenden mehr Dämpfe bilden können als in wasserarmen. Daraus folgt nun, daß der absolute Wassergehalt der Luft unter sonst gleichen Umständen von dem Aequator nach den Polen hin abnehmen muß, und daß sie im Inneren der großen Continente trockener, d. h. weiter von ihrem Sättigungspunkte entfernt ist, als auf dem Meere und an den Meeresküsten. Wie sehr die Trockenheit der Luft mit der Entfernung vom Meere zunimmt, beweist schon die Heiterkeit des Himmels der Binnenländer.

311 **Der Thau.** Es ist oben, auf Seite 563, bemerkt worden, wie der feine Thau auf der glänzenden Kugel des Daniell'schen Hygrometers entsteht, wenn diese Kugel erkaltet wird. Ebenso erklärt sich die Thaubildung im Großen.

Wenn im Sommer nach Sonnenuntergang der Himmel heiter und die Luft ruhig bleibt, so werden die verschiedenen Gegenstände auf der Erdoberfläche durch die nächtliche Strahlung gegen den Himmelsraum mehr und mehr erkalten, ihre Temperatur sinkt um 2, 3, ja manchmal um 7 bis 8^0 unter die Temperatur der Luft herab, die kalten Körper erniedrigen auch die Temperatur der sie zunächst umgebenden Luftschichten; und wenn diese bis zum Thaupunkte erkaltet sind, so wird sich ein Theil des in ihnen enthaltenen Wasserdampfes in Form von feinen Tröpfchen an die kalten Körper ansetzen.

Da nicht alle Körper gleiches Wärmestrahlungsvermögen haben, so erkalten auch einige stärker als andere, und so kommt es, daß manche Körper stark mit Thau überzogen sind, während andere fast ganz trocken bleiben. Gras und Blätter erkalten besonders stark durch die nächtliche Strahlung, theils weil sie ein sehr starkes Strahlungsvermögen besitzen, theils aber auch, weil sie frei in die Luft hineinragen, so daß ihnen vom Boden aus nur wenig Wärme zugeleitet werden kann; man findet sie deshalb stärker bethaut als Steine und den nackten Boden.

Eine Wolkendecke, welche den Himmel überzieht, hindert die Thaubildung, weil sie die nächtliche Strahlung hindert. Auch wenn ein nur etwas lebhafter Wind weht, thaut es nicht, weil er beständig von Neuem warme Luft mit den festen Körpern in Berührung bringt, wodurch diesen fortwährend Wärme zugeführt wird und die Luft an ihnen vorbeistreicht, ehe sie bis zum Thaupunkte erkaltet werden kann.

Der Reif ist nichts Anderes als gefrorner Thau. Wenn der Körper, an welchem sich der condensirte Wasserdampf absetzt, unter 0° erkaltet ist, so kann er sich nicht mehr in flüssiger Gestalt, sondern in Form von Eisnadeln absetzen.

Nebel und Wolken. Wenn die Wasserdämpfe, aus einem Topfe 312
mit kochendem Wasser aufsteigend, sich in der kälteren Luft verbreiten, so werden sie alsbald verdichtet, es entsteht der Schwaden, welcher aus einer Menge kleiner hohler Wasserbläschen besteht, die in der Luft schweben. Man nennt diese Schwaden auch öfters Dampf, doch ist es kein eigentlicher Dampf mehr, wenigstens kein Dampf im physikalischen Sinne des Wortes, denn es ist ja ein verdichtetes Wassergas.

Wenn die Verdichtung der Wasserdämpfe nicht durch Berührung mit kalten festen Körpern, sondern durch die ganze Masse der Luft hindurch vor sich geht, so entstehen Nebel, welche im Großen dasselbe sind wie der Schwaden, den wir über kochendem Wasser sehen.

Nebel entstehen jederzeit, wenn die mit Wasserdämpfen gesättigte Luft auf irgend eine Weise durch ihre ganze Masse hindurch unter ihren Thaupunkt erkaltet wird, wenn also die mit Wasserdämpfen gesättigte Luft durch Windströmungen an kältere Orte hingeführt, oder wenn sie mit kälteren Luftmassen gemengt wird.

Die Wolken sind nichts Anderes als Nebel, welche in den höheren Luftregionen schweben, sowie denn Nebel nichts sind als Wolken, welche auf dem Boden aufliegen. Oft sieht man die Gipfel der Berge in Wolken eingehüllt, während die Wanderer auf diesen Bergspitzen sich mitten im Nebel befinden.

Auf den ersten Anblick scheint es unbegreiflich, wie die Wolken in der Luft schweben können, da sie doch aus Bläschen bestehen, welche offenbar schwerer sind als die umgebende Luft. Da das Gewicht dieser kleinen Wasserbläschen im Vergleich zu ihrer Oberfläche sehr gering ist, so muß die Luft ihrem Falle einen bedeutenden Widerstand entgegensetzen; sie können sich jedenfalls nur sehr langsam herabsenken, wie ja auch eine Seifenblase, welche überhaupt mit unseren Dunstbläschen eine große Aehnlichkeit hat, in ruhiger Luft nur langsam fällt. Somit müssen aber doch die Dunstbläschen, wenn auch noch so langsam, sinken, und man sollte demnach meinen, daß bei ruhigem Wetter sich die Wolken doch endlich bis auf den Boden herabsenken müßten.

Die bei ruhigem Wetter allerdings herabsinkenden Dunstbläschen können aber den Boden nicht erreichen, weil sie bald in wärmere, nicht mit Dämpfen gesättigte Luftschichten gelangen, in welchen sie sich wieder in Dampf auflösen und dem Blicke entschwinden; während sich aber unten die Dunstbläschen auflösen, werden an der oberen Gränze neue gebildet, und so scheint die Wolke unbeweglich in der Luft zu schweben.

Wir haben eben die Dunstbläschen in ganz ruhiger Luft betrachtet. In bewegter Luft werden sie der Richtung der Luftströmung folgen müssen; ein Wind, welcher sich in horizontaler Richtung fortbewegt, wird die Wolken auch in horizontaler Richtung fortführen, und ein aufsteigender Luftstrom wird sie mit in die Höhe nehmen, sobald seine Geschwindigkeit größer ist als die Geschwindigkeit, mit welcher die Dampfbläschen in ruhiger Luft herabfallen würden. Sehen wir ja doch auch, wie die Seifenblasen durch den Wind fortgeführt und über Häuser hinweggetragen werden. So erklärt sich denn auch durch die aufsteigenden Luftströme das Steigen des Nebels.

Das Ansehen der Wolken ist, je nachdem sie höher oder tiefer schweben, je nachdem sie mehr oder weniger dicht, auf diese oder jene Weise beleuchtet sind u. s. w., gar mannigfaltig. Howard hat unter den verschiedenen Wolken folgende Hauptarten unterschieden:

1) Die Federwolke, cirrus, besteht aus sehr zarten, bald mehr streifigen, bald mehr locken- oder federartigen Fasern, welche nach schönem Wetter zuerst am Himmel erscheinen. In unserer Fig. 550 sieht man sie in dem Eck oben rechts bis herunter, wo die zwei Vögel schweben. Bei trockenem Wetter sind die Federwolken mehr streifig, bei feuchtem mehr verwaschen.

Fig. 550.

2) Die Haufenwolke, cumulus, welche in unserer Figur gerade unter der Federwolke gezeichnet ist, bildet große halbkugelförmige Massen, welche auf

horizontaler Basis zu ruhen scheinen. Diese Wolken erscheinen vorzugsweise im Sommer; manchmal thürmen sich Haufenwolken zu malerischen Gruppen zusammen und bieten dann, von der Sonne beschienen, den Anblick ferner Schneegebirge.

3) Die **Schichtwolken**, stratus, sind horizontale Wolkenstreifen (in unserer Figur unter den cumulus), welche vorzugsweise bei Sonnenuntergang mit außerordentlicher Farbenpracht erscheinen.

Diese Grundformen gehen auf mannigfaltige Weise in einander über; **Howard** hat diese Uebergangsformen durch die Namen cirro-cumulus, cirro-stratus, cumulo-stratus und nimbus bezeichnet.

Die **fedrige Haufenwolke**, cirro-cumulus, ist der Uebergang der Federwolke zur Haufenwolke; es sind die kleinen, weißen, runden Wölkchen, welche unter dem Namen **Schäfchen** allgemein bekannt sind.

Wenn die Federwolken nicht einzeln zerstreut, sondern zu Streifen von bedeutender Ausdehnung verbunden sind, so bilden sie die **fedrigen Schichtwolken**, cirro-stratus, welche, wenn sie nahe am Horizonte stehen, den Anblick ausgedehnter Schichten bieten; oft überziehen die cirro-stratus den ganzen Himmel mit einem Schleier.

Wenn die Haufenwolken dichter werden, so gehen sie in die **streifigen Haufenwolken**, cumulo-stratus, über, welche oft den ganzen Horizont mit einem blauschwarzen Farbentone überziehen, und endlich in die eigentliche **Regenwolke**, nimbus (in unserer Figur links), übergehen.

Wenn man bedenkt, wie außerordentlich mannigfaltig an Gestalt sowohl als auch an Farbe die verschiedenen Wolken sein können, so begreift man wohl, daß es oft schwierig ist zu unterscheiden, ob das Ansehen einer Wolke sich mehr dem einen oder dem anderen Typus nähert.

Unter allen Wolkenarten sind die Federwolken die höchsten, denn auf hohen Bergen bieten sie noch denselben Anblick wie im Thale. **Kämtz** hat zu Halle ihre Höhe annähernd zu 20,000 Fuß bestimmt. Es ist höchst wahrscheinlich, daß die cirrus nicht aus Nebelbläschen, sondern aus Eisnädelchen bestehen.

Die Haufenwolken bilden sich gewöhnlich, wenn durch den aufsteigenden Luftstrom die Wasserdämpfe in die Höhe geführt und dort, wegen der geringeren Temperatur, verdichtet werden. Daher kommt es, daß sich oft gegen Mittag Wolken bilden, während die Sonne am heiteren Himmel aufgegangen ist, und gegen Abend der Himmel wieder heiter wird, weil die Wolken sich wieder senken, wenn der aufsteigende Strom aufhört; in tieferen, wärmeren Regionen angekommen, lösen sich dann die Wolken wieder auf, wenn die Luft nicht mit Dämpfen gesättigt ist. Wenn aber der Südwestwind mehr und mehr Wasserdämpfe herbeiführt, wenn die Luft mit Dämpfen gesättigt ist, so können die sich senkenden Wolken nicht wieder aufgelöst werden, sie werden dichter und dunkler, während oft hoch über den unteren Wolken eine Schicht von Federwolken schwebt. Die unteren Haufenwolken gehen dann mehr und mehr in cumulo-stratus über, und man hat alsdann Regen zu erwarten.

Wenn durch fortwährende Condensation von Wasserdämpfen die einzelnen

Dunstbläschen größer und schwerer werden, wenn endlich einzelne Bläschen sich nähern und zusammenfließen, so bilden sich förmliche Wassertropfen, welche nun als Regen herabfallen. In der Höhe sind die Regentropfen noch sehr klein, sie werden aber während des Fallens größer, weil sie wegen ihrer geringeren Temperatur die Wasserdämpfe der Luftschichten verdichten, durch welche sie herabfallen.

313 **Regenmenge.** Die Menge des Regens, welcher an irgend einem Orte der Erde im Laufe eines Jahres fällt, ist für die Meteorologie ein höchst wichtiges Element. Die Instrumente, deren man sich zu diesem Zwecke bedient, werden Regenmesser, Ombrometer oder Udometer genannt. Die Fig. 551 stellt einen Regenmesser dar, wie er auf den schweizerischen und badischen

Fig. 551.

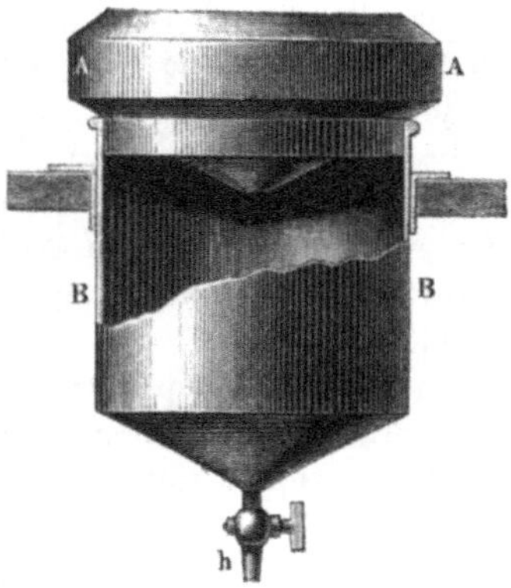

Fig. 552.

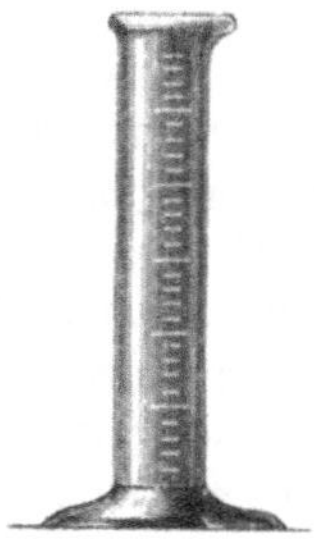

meteorologischen Stationen gebraucht wird. Der Regen fällt in ein Blechgefäß *A*, dessen obere freie Oeffnung einen Flächeninhalt von 500 Quadratcentimeter hat. Aus *A* fällt das Wasser durch eine Oeffnung von 1 Centimeter Durchmesser in das Reservoir *B*, auf welches das Gefäß *A* so aufgesetzt ist, daß es leicht abgenommen werden kann. Das in *B* gesammelte Wasser wird jeden Tag um 2 Uhr Nachmittags durch den Hahn *h* abgelassen und in dem graduirten Glascylinder der Fig. 552 aufgefangen, der so getheilt ist, daß das Wasser, welches den Zwischenraum zwischen zwei auf einander folgenden Theilstrichen ausfüllt, auf einer Fläche von 500 $\square^{cm}$ ausgebreitet, dieselbe mit einer $^1/_{10}$ Millimeter hohen Wasserschicht bedecken würde. Wenn also die in einer bestimmten Zeit gefallene Regenmenge den Cylinder bis zum *n*ten Theilstrich (von unten an gezählt) füllt, so ist in dieser Zeit so viel Regen gefallen, daß er den Boden bis zu einer Höhe von $\frac{n}{10}$ Millimeter mit Wasser bedeckt haben würde, wenn kein Wasser in den Boden eingedrungen, oder abgeflossen oder verdunstet wäre. In diesem Sinne beträgt (in Pariser Zollen ausgedrückt) die jährliche Regenmenge zu

Lissabon	25 Par. Zoll	Bergen	83 Par. Zoll
Dover	44 „	Stockholm . . .	19 „
London	23 „	Petersburg . . .	17 „
Paris	21 „	Genua	44 „
Regensburg . . .	21 „	Rom	29 „

Die Regenmenge ist jedoch nicht gleichförmig über das ganze Jahr vertheilt; in dieser Beziehung läßt sich Europa in drei Provinzen theilen.

In England, auf den Westküsten von Frankreich, in den Niederlanden und Norwegen sind die Herbstregen vorherrschend.

In Deutschland, den westrheinischen Gegenden, Dänemark und Schweden herrschen die Sommerregen vor.

Die Sommerregen fehlen im südöstlichen Frankreich, Italien, dem südlichen Portugal, überhaupt dem Theile Europas, welcher Afrika zunächst liegt, fast ganz.

Die Anzahl der Regentage während eines Jahres nimmt in Europa im Allgemeinen von Süden nach Norden zu. Im Durchschnitte kommen auf das Jahr

im südlichen Europa	120	Regentage
„ mittleren „	146	„
„ nördlichen „	180	„

Daß die Regenmenge nicht allein von der Zahl der Regentage abhängen kann, ist klar; denn es kommt ja nicht allein darauf an, an wie vielen Tagen es regnet, sondern auch wie viel es regnet. Wenn in nördlicheren Gegenden die Zahl der Regentage zunimmt, so nimmt dagegen die Intensität des Regens im Allgemeinen ab, und so erklärt es sich z. B, daß in Petersburg die Zahl der Regentage zwar größer, die Regenmenge aber geringer ist als in Rom.

Mit der Entfernung der Meere nimmt sowohl die Regenmenge als auch die Zahl der Regentage ab; so kommen z. B. im Durchschnitt

in Petersburg	168
„ Kasan	90
„ Jakutzk	60

Regentage auf das ganze Jahr.

So wie unter sonst gleichen Umständen der Regen in wärmeren Gegenden intensiver ist als in kälteren, so ist er auch in der warmen Jahreszeit intensiver als in der kalten. Im Durchschnitt kommen in Deutschland auf den Winter 38, auf den Sommer 42 Regentage; die Zahl der Regentage ist also im Sommer kaum etwas bedeutender als im Winter, und doch ist die Regenmenge im Sommer ungefähr doppelt so groß als im Winter. In den Sommermonaten fällt oft bei einem einzigen Gewitter mehr Regen als sonst in mehreren Wochen.

Regen zwischen den Wendekreisen. Da, wo die Passatwinde 314
mit großer Regelmäßigkeit wehen, ist der Himmel meistens heiter, und es regnet selten, namentlich wenn die Sonne auf der anderen Hemisphäre steht. Auf den Continenten aber wird die Regelmäßigkeit des Passates durch die Intensität des aufsteigenden Luftstromes gestört, sobald sich die Sonne dem Zenith nähert; um

diese Zeit stellt sich auch ein mehrere Monate andauerndes heftiges Regenwetter ein, während die andere Hälfte des Jahres hindurch der Himmel heiter und die Luft trocken ist.

Humboldt hat uns die Erscheinungen der nassen Jahreszeit im nördlichen Theile von Südamerika beschrieben. Vom December bis zum Februar ist die Luft trocken und der Himmel heiter. Im März wird die Luft feuchter, der Himmel weniger rein, der Passatwind weht weniger stark, und oft ist die Luft ganz ruhig. Mit Ende März beginnen die Gewitter; sie bilden sich des Nachmittags, wenn die Hitze am größten ist, und sind von heftigen Regengüssen begleitet. Gegen Ende Aprils fängt eigentlich die nasse Jahreszeit an; der Himmel überzieht sich mit einem gleichförmigen Grau, und es regnet täglich von 9 Uhr Morgens bis 4 Uhr Nachmittags; des Nachts ist der Himmel meistens rein. Der Regen wird am heftigsten, wenn die Sonne im Zenith steht. Allmälig wird die Zeit des Tages, in welcher es regnet, immer kürzer und gegen Ende der Regenzeit regnet es nur Nachmittags.

Die Dauer der Regenzeit ist in verschiedenen Gegenden nicht dieselbe, sie beträgt 3 bis 5 Monate.

In Ostindien, wo die Regelmäßigkeit der Passatwinde durch örtliche Verhältnisse gestört ist und wo statt ihrer die Moussons wehen, finden wir auch anormale Regenverhältnisse; an der steilen Westküste von Vorderindien fällt die Regenzeit mit der Zeit unseres Sommers zusammen, sie fällt nämlich in die Zeit, zu welcher die Südwestmoussons wehen und, mit Feuchtigkeit beladen, an die hohen Gebirge anstoßen. Während es auf der Küste Malabar regnet, ist auf der Ostküste Coromandel der Himmel heiter; hier stellt sich die Regenzeit mit dem Nordostpassat, also gerade zu der Zeit ein, zu welcher auf der Westküste die trockene Jahreszeit herrscht.

In der Region der Calmen findet man diese periodischen Regen nicht, es finden hier fast täglich heftige Regengüsse Statt. Der aufsteigende Luftstrom führt eine Masse von Wasserdämpfen in die Höhe, welche sich in den kälteren Regionen wieder verdichten. Die Sonne geht fast immer bei heiterem Himmel auf, gegen Mittag bilden sich einzelne Wolken, welche dichter und dichter werden, bis ihnen endlich, meist unter heftigen Windstößen und elektrischen Entladungen, eine ungeheure Regenmenge entströmt. Gegen Abend zerstreut sich das Gewölk, und die Sonne geht wieder bei heiterem Himmel unter.

Die jährliche Regenmenge ist im Allgemeinen in den Tropen sehr groß; sie beträgt z. B. in Bombay 73,5, in Kandy 68,9 in Sierra Leone 80,9, zu Rio Janeiro 55,6, auf St. Domingo 100,9, zu Havanna 85,7 und in Granada 105 Pariser Zoll. Bedenkt man nun, daß der Regen meist nur auf wenige Monate vertheilt ist und daß es nur an wenigen Stunden des Tages regnet, so ist klar, daß der Regen sehr stark sein muß. In Bombay fiel an einem Tage 6 Zoll, zu Cayenne in 10 Stunden 10 Zoll Regen. Die Regentropfen sind sehr groß und fallen mit solcher Geschwindigkeit nieder, daß sie auf der nackten Haut ein schmerzhaftes Gefühl erzeugen.

Schnee und Hagel. Ueber die Bildung des Schnees weiß man bis jetzt noch sehr wenig. Wahrscheinlich bestehen die Wolken, in denen sich die Schneeflocken zuerst bilden, nicht aus Dunstbläschen, sondern aus feinen Eiskryställchen, welche durch fortwährende Condensation von Wasserdämpfen größer werden und so Schneeflocken bilden, welche selbst noch beim Herabfallen durch die unteren Luftschichten wachsen. Sind die unteren Luftregionen zu warm, so schmelzen die Schneeflocken, ehe sie den Boden erreichen, es regnet unten, während es oben schneit. 315

Auf die regelmäßige Gestalt der Schneeflocken, welche man am besten beobachten kann, wenn man sie auf einem dunklen, unter 0^0 erkalteten Körper auffängt, hat schon Kepler aufmerksam gemacht. Fig. 553 und Fig. 554 zeigen einige Schneefiguren, welche ich im schneereichen Februar 1855 beobachtet habe.

Fig. 553.

Fig. 554.

Schon eine oberflächliche Betrachtung dieser Figuren zeigt, daß sich alle diese Gestalten im Wesentlichen auf einen regelmäßigen sechsseitigen Stern zurückführen lassen, wonach denn die Schneeflocken dem hexagonalen Krystallsysteme (dem Krystallsysteme des Bergkrystalls) angehören.

Der Graupelregen, den man gewöhnlich im März und im April beobachtet, entsteht auf ähnliche Art wie der Schnee; die Graupelkörner bestehen aus ziemlich fest zusammengeballten Eisnädelchen.

Der Hagel ist eine der furchtbarsten Geißeln für den Landmann und eines der schwierigsten Phänomene für den Meteorologen.

Die gewöhnliche Größe der Hagelkörner ist die einer Haselnuß; sehr häufig fallen kleinere, sie werden aber als weniger gefährlich nicht sonderlich beachtet, oft sind sie aber auch noch weit größer und zerschmettern dann Alles, was sie treffen.

Glaubhafte Naturforscher haben Hagelkörner beobachtet, welche 24 bis 26 Loth wogen.

Die Form der Hagelkörner ist sehr verschieden. In der Regel sind sie abgerundet, manchmal aber auch abgeplattet oder eckig. In der Mitte der Hagelkörner befindet sich in der Regel ein undurchsichtiger Kern, welcher den Graupelkörnern gleicht; dieser Kern ist mit einer durchsichtigen Eismasse umgeben, in welcher sich manchmal einzelne concentrische Schichten unterscheiden lassen; bisweilen beobachtet man abwechselnd durchsichtige und undurchsichtige Eisschichten, endlich hat man auch schon Hagelkörner mit strahliger Structur beobachtet.

Pouillet fand, daß die Temperatur der Hagelkörner — 0,5 bis — 4^0 beträgt.

Der Hagel geht gewöhnlich den Gewitterregen voran, oder er begleitet sie. Nie, oder wenigstens fast nie, folgt der Hagel auf den Regen, namentlich wenn der Regen einige Zeit gedauert hat.

Das Hagelwetter dauert meistens nur einige Minuten, selten dauert es $^1/_4$ Stunde lang. Die Menge des Eises, welches in so kurzer Zeit den Wolken entströmt, ist ungeheuer, die Erde ist manchmal zollhoch damit bedeckt.

Der Hagel fällt häufiger bei Tag als bei Nacht. Die Wolken, welche ihn bringen, scheinen eine bedeutende Ausdehnung und eine bedeutende Tiefe zu haben, denn sie verbreiten in der Regel eine große Dunkelheit. Man glaubt bemerkt zu haben, daß sie eine eigenthümlich grauröthliche Farbe besitzen, daß an ihrer unteren Gränze große Wolkenmassen herabhängen und daß ihre Ränder vielfach zerrissen erscheinen.

Die Hagelwolken scheinen meist sehr niedrig zu schweben. Die Bergbewohner sehen öfters unter sich Wolken, welche die Thäler mit Hagel überschütten.

Einige Augenblicke vor dem Beginne des Hagelwetters hört man ein eigenthümliches, rasselndes Geräusch. Endlich ist der Hagel stets von elektrischen Erscheinungen begleitet.

Ueber die Erklärung des Hagels sind die Naturforscher noch keineswegs einig. Volta's Theorie, nach welcher die ursprünglich kleinen Hagelkörner zwischen entgegengesetzt elektrischen Wolken so lange hin und her tanzen sollen, bis sie endlich herabfallen, wenn sie zu schwer geworden sind, ist ziemlich allgemein als unwahrscheinlich aufgegeben worden.

Viel wahrscheinlicher ist dagegen die fast gleichzeitig (1849) von Fr. Vogel und von Carl Nöllner aufgestellte Hageltheorie. Nach dieser Theorie kann der Bläschendampf, welcher die Wolken bildet, ebenfalls weit unter den normalen Gefrierpunkt des Wassers erkalten, ohne daß ein Erstarren eintritt, wie man dies beim tropfbar-flüssigen Wasser beobachtet (Seite 468). Wenn nun aus einer höheren Wolkenschicht Graupelkörner durch eine in diesem Zustande befindliche Wolke herabfallen, so muß sich auf ihnen Wasser niederschlagen, welches augenblicklich erstarrt. Bei der niedrigen Temperatur der Wolke kann auf diese Art in ganz kurzer Zeit eine massenhafte Eisbildung stattfinden.

Mohr sucht die Hagelbildung auf das Hereinbrechen kalter Luftmassen aus höheren Regionen in tiefere mit Wasserdampf gesättigte Luftschichten zurückzuführen.

Viertes Capitel.

Optische Erscheinungen der Atmosphäre.

Farbe des Himmels. Der heitere Himmel erscheint uns blau, und 316
zwar ist dieses Blau, je nach dem Zustande der Atmosphäre, bald heller und weißlicher, bald dunkler; auf hohen Bergen erscheint der Himmel sehr dunkelblau, ja fast schwarz. Es ist dies leicht zu erklären; wenn die Luft absolut durchsichtig wäre, wenn die einzelnen Lufttheilchen gar kein Licht reflectirten oder vielmehr zerstreuten, so müßte uns der Himmel vollkommen schwarz erscheinen, die Sonne, der Mond, die Sterne würden glänzend auf dem schwarzen Grunde stehen; nun aber reflectiren die Lufttheilchen das Licht, und so kommt es, daß bei Tage der ganze Himmel hell erscheint, weil die von der Sonne erleuchteten Lufttheilchen das Licht nach allen Seiten hin zerstreuen. Diese Erleuchtung der Atmosphäre durch die Sonnenstrahlen ist die Ursache, daß wir die Sterne bei Tage nicht sehen können. Die Lufttheilchen reflectiren vorzugsweise das blaue Licht, und deshalb scheint uns der an und für sich dunkle Himmelsraum mit Blau überzogen. Je höher wir uns in die Atmosphäre erheben, desto dünner wird dieser blaue Ueberzug und desto dunkler wird uns also auch der Himmel erscheinen; so erscheint auch im Zenith der Himmel stets am dunkelsten blau und gegen den Horizont mehr weißlich.

Das reine Blau des Himmels wird besonders durch die in der Luft schwebenden condensirten Wasserdämpfe gebleicht, durch feine Nebel, welche oft den Himmel mit einem leichten Schleier überziehen, ohne doch schon dicht genug zu sein, um als Wolken zu erscheinen.

Die Erscheinungen der Abend- und Morgenröthe wurden dadurch erklärt, daß man sagte, die Luft lasse vorzugsweise die rothen und gelben Strahlen durch, sie reflectire aber die blauen; des Abends und des Morgens haben aber die Sonnenstrahlen einen sehr weiten Weg durch die Atmosphäre zurückzulegen, daher die rothe Färbung der durchgelassenen Strahlen, welche besonders brillant ist, wenn Wolken durch diese Strahlen beleuchtet werden.

Diese Meinung kann nicht ganz richtig sein, indem das Blau des Himmels durchaus nicht die complementäre Farbe des Abendrothes ist. Das Abendroth rührt wahrscheinlich von dem in der Luft enthaltenen theilweise schon wieder condensirten Wasserdampfe her.

Wenn die Sonne am westlichen Horizonte verschwunden ist, so tritt nicht plötzlich die Dunkelheit ein, sondern eine Dämmerung, welche nach Umständen bald längere, bald kürzere Zeit dauert. Diese Dämmerung rührt daher, daß die Luft am westlichen Himmel und die in ihr schwebenden Wassertheilchen noch von der Sonne beschienen werden, nachdem sie unseren Blicken schon verschwunden ist, und daß diese erleuchteten Luft- und Wassertheilchen uns noch ein allmälig mehr und mehr abnehmendes Licht zusenden. In unseren Gegenden dauert die Dämmerung ungefähr, bis die Sonne 18^0 unter dem Horizonte ist. Die längere Dauer der Dämmerung in höheren Breiten rührt besonders daher, daß die Sonnenbahn hier stark gegen den Horizont geneigt ist, daß es also lange dauert, bis sie 18^0 unter dem Horizonte steht. Je mehr wir uns dem Aequator nähern, desto weniger schräg ist die Sonnenbahn gegen den Horizont; unter dem Aequator selbst macht sie einen rechten Winkel mit demselben; in den heißen Ländern ist deshalb die Dämmerung von kürzerer Dauer. In Italien ist sie kürzer als bei uns, in Chili dauert sie nur $1/4$ Stunde, in Cumana nur einige Minuten. Diese kurze Dauer der Dämmerung läßt sich jedoch nicht allein durch die Richtung der Sonnenbahn gegen den Horizont erklären, sie hat zum Theil auch in der außerordentlichen Reinheit des Himmels ihren Grund; denn in unseren Gegenden tragen die zarten, hoch in der Luft schwebenden Nebel, welche bei Tage den Himmel mit einem Schleier überziehen, die Lichtstrahlen aber stark reflectiren, sehr zur Verlängerung der Dämmerung bei.

317 **Der Regenbogen.** Es ist allgemein bekannt, daß man einen Regenbogen sieht, wenn man eine regnende Wolke vor sich und die Sonne im Rücken hat. Der Regenbogen bildet gleichsam die Basis eines Kegels, dessen Spitze das Auge ist und dessen Axe mit der geraden Linie zusammenfällt, welche man durch die Sonne und das Auge legen kann. Unter den eben angegebenen Bedingungen erscheint auch der Regenbogen in dem Staubregen der Wasserfälle und Springbrunnen.

Fig. 555.

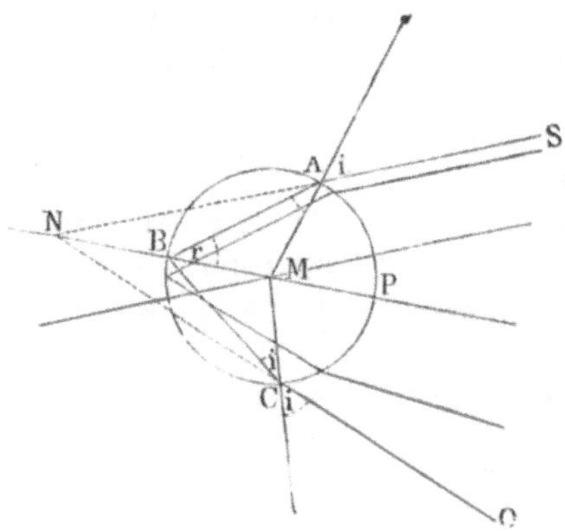

Um den Regenbogen zu erklären, muß man den Weg der Sonnenstrahlen durch die Regentropfen verfolgen.

Wenn ein Sonnenstrahl SA, Fig. 555, einen Regentropfen trifft, so wird er gebrochen, und es ist leicht, die Richtung des gebrochenen Strahles AB zu berechnen oder zu construiren. Der gebrochene Strahl AB wird in B an der Rückwand des Tropfens nach C gespiegelt und tritt dann nach einer zweiten Brechung in der Richtung CO aus. Der austretende Strahl CO macht mit dem einfallenden einen Winkel SNO.

Es fallen aber parallel mit SA noch viele andere Sonnenstrahlen auf den Tropfen, und wenn man für einige derselben den Weg durch den Tropfen berechnet oder construirt, wie dies in unserer Figur noch für einen zweiten geschehen ist, so ergiebt sich, daß die austretenden Strahlen nicht unter einander parallel sind.

Während also ein paralleles Lichtbündel auf den Tropfen trifft, tritt ein stark divergirendes Strahlenbündel aus dem Tropfen aus. Es ist begreiflich, daß durch diese Divergenz der aus dem Tropfen kommenden Strahlen die Stärke des Lichteindruckes, den sie hervorbringen, ganz außerordentlich geschwächt wird, namentlich wenn die Tropfen in einer nur etwas bedeutenden Entfernung vom Auge sich befinden. Unter allen aus dem Tropfen nach zweimaliger Brechung und einmaliger Spiegelung ins Auge kommenden Strahlen können demnach nur diejenigen einen merklichen Lichteindruck machen, für welche diese Divergenz ein Minimum ist, oder mit anderen Worten, nur diejenigen, welche sehr nahe parallel austreten.

Bei genauerer Untersuchung ergiebt sich, daß eine ziemliche Menge parallel einfallender Strahlen den Tropfen in nahe gleicher Richtung verläßt, und zwar für rothes Licht diejenigen, für welche der Winkel SNO nahe $42^0\ 30'$ ist; diese Strahlen werden unter allen aus dem Tropfen kommenden allein einen merklichen Lichteindruck hervorbringen können.

Denkt man sich durch die Sonne und das Auge des Beobachters eine

Fig. 556.

gerade Linie OP, Fig. 556, gezogen und durch dieselbe Verticalebene gelegt; zieht man ferner durch O eine Linie OV so, daß der Winkel $POV = 42^0 30'$, so werden nach dieser Richtung hin sich befindende Regentropfen nach einmaliger innerer Spiegelung wirksame Strahlen ins Auge senden. Aber nicht allein in dieser Richtung empfängt das Auge wirksame Strahlen, sondern, wie leicht begreiflich, von allen Regentropfen, die in der Kegeloberfläche liegen, welche durch Umdrehung der Linie OV um die Axe OP entsteht; das Auge wird also einen lichten rothen Kreis sehen, dessen Mittelpunkt auf der von der Sonne durch das Auge gezogenen Geraden liegt und dessen Halbmesser unter einem Winkel von $42^0\ 30'$ erscheint.

In der erwähnten Richtung sieht man einen Kreis, der als ein rother Ring von $30'$ Breite erscheint, weil die Sonne nicht ein Punkt, sondern eine Scheibe ist, die den scheinbaren Durchmesser von $30'$ hat. Die wirksamen violetten Strahlen treten aber nach einer Richtung aus, welche einen Winkel von $40^0\ 30'$ mit den einfallenden Strahlen macht, das Auge erblickt also einen violetten Ring von $30'$ Breite, dessen Radius nur $40^0\ 30'$ beträgt. Zwischen diesen äußersten Bogen erscheinen die der übrigen prismatischen Farben, und so bildet also gewissermaßen der Regenbogen ein zu einem kreisförmigen Bogen ausgedehntes Spectrum. Die ganze Breite des Regenbogens beträgt ungefähr 2^0, da ja der Halbmesser des rothen Bogens um 2^0 größer ist als der des violetten.

Was die Ausdehnung des farbigen Bogens betrifft, so hängt sie offenbar von der Höhe der Sonne über dem Horizonte ab. Wenn die Sonne eben untergeht, erscheint der Regenbogen im Osten, der Mittelpunkt des Bogens liegt dann gerade im Horizonte, weil die durch die Sonne und das Auge gezogene Linie eine horizontale ist; wenn der Beobachter in der Ebene steht, so bildet der Regenbogen gerade einen Halbkreis, er kann aber mehr als einen Halbkreis übersehen, wenn er auf einer isolirten Bergspitze von geringer Breite steht. Bei Sonnenaufgang erscheint der Regenbogen im Westen. Je höher die Sonne steht, desto tiefer liegt der Mittelpunkt des farbigen Bogens unter dem Horizonte, desto kleiner ist also das dem Auge sichtbare Bogenstück. Wenn die Sonne $42^0\ 30'$ hoch steht, ist für einen in der Ebene stehenden Beobachter gar kein Regenbogen mehr sichtbar, weil alsdann der Gipfel desselben gerade in den Horizont, der ganze Bogen also unter den Horizont fallen würde. Von den Masten der Schiffe sieht man oft Regenbogen, welche einen ganzen Kreis bilden; solche ganz kreisförmige Regenbogen sieht man auch oft an Wasserfällen und Springbrunnen.

Außer dem eben besprochenen Regenbogen sieht man gewöhnlich noch einen zweiten größeren, mit dem ersten concentrischen, bei welchem die Ordnung der Farben die umgekehrte ist; beim äußeren Regenbogen ist nämlich das Roth innen, das Violett außen. Der äußere Regenbogen ist weit weniger lichtstark als der innere, er erscheint weit blasser. Man hatte früher die irrige Ansicht, der zweite Regenbogen sei gleichsam ein Spiegelbild des ersten. Die Entstehung des äußeren Regenbogens beruht auf denselben Principien wie die des inneren; er entsteht durch Sonnenstrahlen, welche in den Regentropfen eine zweimalige Brechung und eine zweimalige innere Reflexion erlitten haben.

In Fig. 557 ist der Gang eines Lichtstrahles dargestellt, welchen derselbe im Regentropfen nimmt, um ihn nach zweimaliger innerer Spiegelung zu verlassen. SA ist der einfallende Sonnenstrahl, welcher nach AB gebrochen, dann in B und C gespiegelt wird und bei D in der Richtung DO wieder austritt. In diesem Falle schneiden sich der einfallende und der austretende Strahl und bilden einen Winkel d mit einander, dessen Größe veränderlich ist, je nachdem der einfallende Strahl den Tropfen an einer anderen Stelle, also unter einem anderen Einfallswinkel trifft.

Fig. 557.

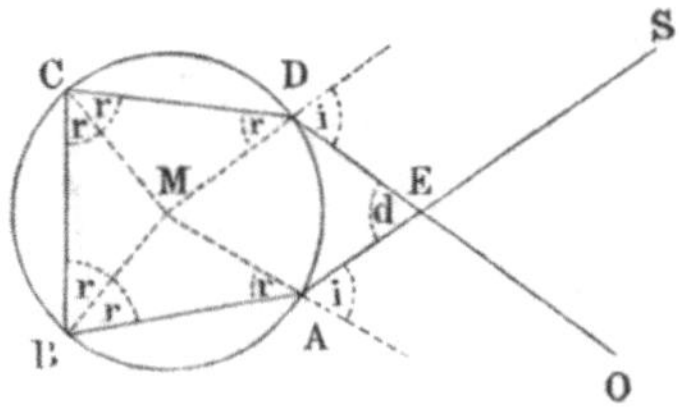

In diesem Falle machen die wirksam austretenden rothen Strahlen einen Winkel von 50°, die wirksam austretenden violetten Strahlen machen einen Winkel von $53\frac{1}{2}^0$ mit den einfallenden; das Auge erblickt also eine Reihe concentrischer farbiger Ringe, deren innerster roth ist und 50° Halbmesser hat, während der äußerste violette Ring einen Halbmesser von $53\frac{1}{2}^0$ hat.

Der äußere Regenbogen ist blasser, weil er durch Strahlen gebildet wird, welche eine zweimalige innere Spiegelung erlitten haben, da das Licht bei jeder Spiegelung eine Schwächung erleidet. Man würde noch einen dritten und einen vierten Regenbogen sehen können, welche durch Strahlen gebildet werden, die eine dreimalige und eine viermalige innere Spiegelung erlitten haben, wenn diese Strahlen nicht zu lichtschwach wären.

Höfe und Nebensonnen. Oft sieht man, wenn der Himmel mit einem leichten Wolkenschleier überzogen ist, dicht um die Sonne und den Mond farbige Ringe. Sehr häufig sieht man diese Ringe nicht vollständig, sondern nur stückweise. Wenn man die Mondhöfe häufiger beobachtet als die Sonnenhöfe, so liegt der Grund darin, daß das Licht der Sonne zu blendend ist; man sieht aber diese auch, sobald man das Bild der Sonne in ruhigem Wasser oder in einem auf der Rückseite geschwärzten Spiegel betrachtet. 318

Diese Höfe haben die größte Aehnlichkeit mit der Glorie, welche man um eine Kerzenflamme sieht, wenn man sie durch eine mit semen lycopodii bestreute Glasplatte betrachtet, und sicherlich sind die Höfe ebenso wie dieses Phänomen zu den Interferenzerscheinungen zu zählen; die Dunstbläschen vertreten die Stelle der feinen Staubtheilchen.

Bisweilen sieht man auch noch zwei größere lichte Kreise um die Sonne und den Mond, welche mit den Höfen nicht zu verwechseln sind; der Halbmesser des kleineren dieser hellen Ringe erscheint unter einem Winkel von 22 bis 23°; der des größeren aber unter einem Winkel von 46 bis 47°; das Roth ist bei denselben nach innen gekehrt, der innere Rand ist schärfer, der äußere mehr verschwommen und weniger deutlich gefärbt. Selten erscheinen die beiden Kreise zu gleicher Zeit. Fig. 558 (a. f. S.) stellt die Erscheinung dar, wie man sie wohl am häufigsten zu beobachten die Gelegenheit hat; es ist nämlich der kleinere Ring von 22 bis 23° Radius; er ist durch einen horizontalen lichten Streifen durchschnitten, welcher sich oft bis zur Sonne selbst erstreckt. Da, wo dieser Streifen den Lichtring durchschneidet, ist er am hellsten; diese hellen Stellen, welche man

Fig. 558.

zu beiden Seiten der Sonne am äußeren Umfange des Ringes sieht, sind die Nebensonnen; bisweilen erscheint eine solche Nebensonne auch vertical über der Sonne im Gipfel des Ringes; oft erscheint hier aber auch ein Berührungsbogen, wie er in Fig. 558 dargestellt ist. Oft sieht man die Nebensonnen auch ohne die Ringe, oder die Ringe ohne die Nebensonnen. Die Ringe und die Nebensonnen erscheinen ebenfalls nie bei ganz heiterem Himmel, sondern nur wenn derselbe mit einem Schleier überzogen ist.

Man hat die erwähnten Ringe durch eine Brechung des Lichtes in den in der Luft schwebenden Eisnadeln erklärt. Da die Eisnadeln sechsseitige Säulen sind, so bilden immer je zwei nicht parallele und nicht zusammenstoßende Säulenflächen einen Winkel von 60° mit einander, die Eisnadeln bilden also gewissermaßen gleichseitige, dreiseitige Prismen, für welche das Minimum der Ablenkung ungefähr 23° beträgt. Solche Strahlen nun, welche in den Eisnadeln das Minimum der Ablenkung erlitten haben, sind den wirksamen Strahlen des Regenbogens analog, weil viele Strahlen sehr nahe in derselben Richtung austreten. Diese Hypothese erklärt also zugleich die Bildung des Ringes, seine Größe und die Anordnung der Farben.

Der Ring von 46° erklärt sich durch die Annahme, daß die Axe der Prismen in der Weise schief steht, daß der rechte Winkel, welchen die Seitenflächen der Säule mit der Basis bilden, der brechende Winkel des Prismas wird. Für ein Eisprisma, dessen brechender Winkel 90° beträgt, ist in der That das Minimum der Ablenkung 46°.

Den Nebensonnenstreifen erklärt man durch die Reflexion der Sonnenstrahlen an den verticalen Flächen der Eisnadeln; er ist da am hellsten, wo er den Ring von 23° durchschneidet, weil hier zwei Ursachen stärkerer Erleuchtung zusammenwirken.

Irrlichter nennt man gewöhnlich kleine Flämmchen, welche in sumpfi- 319
gen Gegenden, Mooren, Kirchhöfen u. s. w., kurz an Orten, wo Fäulniß und Verwesung vor sich gehen, nicht hoch über dem Boden zum Vorschein kommen, eine hüpfende unruhige Bewegung zeigen und bald wieder verschwinden. Während man gewöhnlich von den Irrlichtern als von einer ganz bekannten und erklärten Erscheinung redet, so herrscht doch über dieses Phänomen noch große Ungewißheit, indem nicht einmal das Thatsächliche selbst genügend ermittelt ist, was einestheils daher rührt, daß die Irrlichter sehr selten sind, und daß die meisten Personen, welche solche sahen, nicht immer im Stande waren, genau zu beobachten und das Gesehene vorurtheilsfrei zu erzählen.

Volta meinte, die Irrlichter beständen aus Sumpfgas (Kohlenwasserstoffgas), welches durch einen elektrischen Funken entzündet würde. Aber woher soll der elektrische Funken kommen? Andere meinen, es sei Phosphorwasserstoffgas, welches sich entzündet, sobald es mit der atmosphärischen Luft in Berührung kommt; alsdann aber würde man einen momentanen, von einer Verpuffung begleiteten Lichtblitz und nicht ein länger anhaltendes mattes Licht beobachten. Die wahrscheinlichste Ansicht ist noch die, daß die Irrlichter durch ein phosphorhaltiges Wasserstoffgas erzeugt werden, welches nicht eigentlich als Flamme verbrennt, sondern nur schwach phosphorescirt.

Sternschnuppen, Feuerkugeln und Meteorsteine. Eine 320
allgemein bekannte Erscheinung, welche deshalb auch keiner weiteren Beschreibung bedarf, sind die Sternschnuppen. Durch correspondirende Beobachtungen hat man ermittelt, daß die Höhe der Sternschnuppen bis zu 35 Meilen beträgt, und daß sie sich mit einer Geschwindigkeit von 4 bis 8 Meilen in der Secunde bewegen.

Eine höchst merkwürdige Erscheinung sind die periodisch wiederkehrenden Sternschnuppenschwärme, welche man in der Zeit vom 12. bis 14. November und am 10. August (dem Feste des heiligen Laurentius) beobachtet; das letztere Phänomen wird schon in einem alten englischen Kirchenkalender, unter dem Namen der feurigen Thränen des heiligen Laurentius, als eine wiederkehrende Erscheinung erwähnt. Einer der bedeutendsten Sternschnuppenschwärme wurde den 12. bis 13. November 1833 in Nordamerika beobachtet, wo die Sternschnuppen fast wie Schneeflocken zusammengedrängt erschienen, so daß innerhalb 9 Stunden 240 000 fielen.

Die **Feuerkugeln** scheinen mit den Sternschnuppen gleichen Ursprungs und gleicher Natur zu sein und sich nur durch die Größe der Erscheinung von ihnen zu unterscheiden. Bei den großen Sternschnuppenschwärmen sah man Feuerkugeln unter den Sternschnuppen.

Die Feuerkugeln zerplatzen unter großem Getöse und lassen dann Steinmassen herabfallen, welche unter dem Namen der **Meteorsteine** oder der **Aërolithen** bekannt sind. Auch bei Tage hat man solche Meteorsteine aus kleinen graulichen Wolken ebenfalls unter starkem Getöse herabfallen sehen.

Die frisch gefallenen Meteorsteine sind noch heiß und in Folge der Geschwindigkeit des Fallens mehr oder minder tief in den Boden eingedrungen.

Gegen Ende des vorigen Jahrhunderts war man sehr geneigt, das Herabfallen von Steinmassen aus der Luft für ein Mährchen zu erklären; seitdem aber haben sich Meteorsteinfälle ereignet, welche von mehreren Personen beobachtet und durch sachkundige Männer gehörig constatirt wurden. Dahin gehört besonders der Meteorsteinfall am 26. April 1803 bei Aigle im Departement de l'Orne, welchen **Biot** untersuchte, und der am 22. Mai 1808 zu Stannern in Mähren. Am 13. November 1835 (also zur Zeit der Sternschnuppenperiode) wurde im Departement Ain durch einen Aërolithen ein Haus angezündet.

Die Meteorsteine haben eine eigenthümliche Physiognomie, wodurch sie sich von allen irdischen Fossilien unterscheiden, dennoch aber sind sie unter einander wieder so verschieden, daß **Chladni**, welcher sich so viel mit diesem Gegenstande beschäftigte, es für schwierig hielt, einen allgemeinen Charakter anzugeben; besonders charakteristisch ist aber doch wohl der Gehalt an **gediegenem Eisen**, und eine pechartig glänzende, zuweilen geäderte Rinde, welche fast nie fehlt. Eine weitere Beschreibung würde uns zu tief in mineralogische Details führen.

Man hat an verschiedenen Orten Steinmassen auf dem Boden gefunden, welche dem Gebirgssystem jener Gegenden ganz fremd sind, aber mit notorischen Meteorsteinen die größte Aehnlichkeit haben, und ist deshalb berechtigt, auch diese für Aërolithen zu halten.

Die Masse der Meteorsteine ist oft sehr groß; man hat deren gefunden, welche mehrere Pfunde bis 400 Centner wogen.

Es ist kaum mehr zu bezweifeln, daß die Sternschnuppen, Feuerkugeln und Meteorsteine **kosmischen** Ursprungs, daß sie höchst wahrscheinlich Massen sind, welche wie die Planeten um die Sonne kreisen und, in die Anziehungssphäre der Erde gerathend, herabfallen. Die Feuer- und Lichterscheinung erklärt sich am einfachsten durch die Annahme, daß diese kleinen Weltkörper mit einer Atmosphäre brennbarer Gase umgeben sind, welche sich beim Eintritte in die sauerstoffhaltige Atmosphäre der Erde entzündet. Wenn man annimmt, daß außer unzähligen, einzeln um die Sonne kreisenden Massen der Art ganze Schwärme derselben einen Ring um die Sonne bilden, daß ein solcher Ring an einer bestimmten Stelle die Erdbahn schneidet, so erklären sich dadurch die periodischen Sternschnuppenfälle.

Fünftes Capitel.

Von der atmosphärischen Elektricität und dem Erdmagnetismus.

Atmosphärische Elektricität. Als Wall zum ersten Male 321
an einem großen geriebenen Harzcylinder einen etwas lebhaften Funken und ein stärkeres Geräusch wahrnahm, sprach er alsbald die Idee aus, daß dieser Funken und dieses Knacken den Blitz und den Donner darzustellen schienen. Den Beweis für die Richtigkeit dieser Analogie hat aber erst Franklin geliefert, welcher vorher schon mehrere elektrische Entdeckungen, besonders über die Leydener Flasche und das Vermögen der Spitzen gemacht hatte. Er kam auf den glücklichen Gedanken, die Elektricität in den Gewitterwolken selbst aufzusuchen; er schloß nämlich, daß Metallspitzen, auf hohen Gebäuden aufgestellt, die Elektricität der Wolken aufsaugen müßten. Da sich in Philadelphia damals kein für seine Zwecke passender Thurm befand, so machte Franklin seine ersten Versuche mit einem Drachen, den er steigen ließ, als sich Wolken am Himmel zeigten, von denen sich elektrische Effecte hoffen ließen. Anfangs zogen mehrere Wolken wirkungslos vorüber; endlich fingen die Fasern der Schnur an, sich aufzustellen, und es ließ sich ein Geräusch hören. Dadurch ermuthigt, hielt Franklin den Finger gegen das Ende der Schnur, und siehe da, ein Funken sprang über, dem bald noch mehrere andere folgten.

Franklin hat seinen Versuch im Jahre 1752 angestellt, er wurde überall mit demselben Erfolge wiederholt. De Romas zu Nerac war, durch den ersten Gedanken Franklin's geleitet, ebenfalls auf die Idee gekommen, einen Drachen statt der hochgestellten Spitzen anzuwenden. Ohne von Franklin's Resultaten Kunde zu haben, erhielt er im Juni 1753 sehr kräftige Zeichen von Elektricität, weil er die glückliche Idee hatte, in der Schnur ihrer ganzen Länge nach einen feinen Metalldraht anzubringen. Im Jahre 1757 wiederholte de Romas seine Versuche und erhielt Funken von überraschender Größe.

Diese Versuche beweisen vollständig, daß der Blitz nur ein elektrischer Funken ist.

322 **Elektricität während der Gewitter.** Wenn man den elektrischen Zustand der Wolken untersucht, welche nach und nach über den Drachen hinziehen, so erkennt man, daß sie bald mit positiver oder negativer Elektricität geladen sind, bald sich aber auch im natürlichen Zustande befinden. Obgleich wir über die Vertheilung der Elektricität in den Wolken nichts wissen, so ist doch wohl die Anziehung und Abstoßung der ungleich oder gleich elektrisirten Wolken die Ursache der außergewöhnlichen Bewegungen, welche man während der Gewitter am Himmel beobachtet. Während dieser allgemeinen Bewegung der Atmosphäre sieht man Blitze den Himmel durchzucken und hört den Donner rollen. Diese beiden Erscheinungen wollen wir nun näher betrachten.

Manchmal sieht man den Blitz aus einer Wolke hervorbrechen und den Himmel weithin durchfurchen. Wenn man von hohen Bergen herab diese Erscheinung zu seinen Füßen beobachtet, so kann man ihre Ausdehnung besser schätzen; alle Beobachter stimmen darin überein, daß sie unter solchen Umständen Blitze gesehen haben, welche wenigstens eine Meile lang waren. Man weiß auch, daß aus derselben Wolke nach einander mehrere Blitze hervorsprühen. Endlich ist bekannt, daß die Blitze meistens einen Zickzack bilden; diese Form ist dem Blitze und dem elektrischen Funken gemein.

Um die Länge des Blitzes zu erklären, muß man demnach wohl annehmen, daß auf dem Wege, welchen der Blitz nimmt, die Dampftheilchen schon durch Vertheilung elektrisirt sind, und daß endlich, wenn der Blitz erscheint, sich das gestörte Gleichgewicht von Schicht zu Schicht wieder herstellt, daß gewissermaßen nur Funken von Theilchen zu Theilchen überspringen, daß aber die elektrische Flüssigkeit nicht den ganzen Weg zwischen den weit entfernten Wolken durchläuft.

Der Donner entsteht durch die Vibrationen der gewaltsam erschütterten Luft. Man sieht das Licht gleichzeitig auf der ganzen Bahn des Blitzes, und auf der ganzen Strecke entsteht auch gleichzeitig der Knall; da sich aber der Schall langsamer verbreitet als das Licht, da er in einer Secunde nur 1000 Fuß zurücklegt, so sieht man den Blitz eher als man den Donner hört; ein Beobachter, welcher sich nahe an dem einen Ende der Bahn des Blitzes befindet, wird den in allen Punkten gleichzeitig entstehenden Ton nicht gleichzeitig hören. Nehmen wir an, der Blitz sei 10000 Fuß lang und der Beobachter befinde sich in der Verlängerung seiner Bahn, so wird der Schall von dem entfernteren Ende des Blitzes um 10 Secunden später ankommen, als von dem zunächst gelegenen Ende. Da demnach der Schall von den verschiedenen Stellen des Blitzes nur nach und nach zum Ohre des Beobachters gelangt, so hört er also nicht einen momentanen Knall, sondern, je nach der Länge des Blitzes und seiner Stellung gegen die Bahn desselben, ein länger oder kürzer dauerndes Rollen des Donners, welches wohl noch durch ein Echo in den Wolken verstärkt wird.

Nicht allein bei Gewitterwolken, sondern auch bei heiterem Himmel kann man mit Hülfe guter Elektroskope die Existenz einer elektrischen Spannung in der Atmosphäre nachweisen.

Ueber den Ursprung der atmosphärischen Elektricität wissen wir so nichts Sicheres, obgleich schon mancherlei Hypothesen über diesen Gegenstand aufgestellt worden sind.

Wirkungen des Blitzes auf der Erde. Wenn eine elektrische 323
Wolke über dem Erdboden schwebt, so wird sie vertheilend auf denselben wirken; die der Wolke gleichnamige Elektricität wird abgestoßen, die ungleichnamige aber wird angezogen und vorzugsweise in allen Leitern und Halbleitern angehäuft werden, die sich mehr oder weniger hoch über den Boden erheben.

Eine allmälige Entladung der elektrischen Wolke oder ein Weiterziehen derselben hat zur Folge, daß auch die durch Vertheilung angehäuft gewesene Elektricität sich allmälig verliert, während eine plötzliche Ausgleichung, ein Rückschlag, erfolgt, wenn die elektrische Wolke plötzlich, etwa durch Ueberschlagen eines Blitzes, auf eine andere Wolke entladen wird.

Wenn aber die elektrische Wolke nahe und die durch sie bewirkte elektrische Ladung irgend eines unter ihr auf der Erdoberfläche befindlichen Gegenstandes stark genug geworden ist, so schlägt der Blitz direct zwischen ihnen über. Alles, was sich über die Ebene erhebt, ist vorzugsweise dem Blitzschlage ausgesetzt; daher kommt es, daß so oft Thiere mitten im Felde erschlagen werden; unter sonst gleichen Umständen ist man jedoch auf einem nichtleitenden Boden sicherer als auf einem gut leitenden.

Bäume sind schon durch die Säfte, welche in ihnen circuliren, gute Leiter; wenn eine Gewitterwolke über ihnen hinzieht, so findet in den Bäumen eine starke Anhäufung von Elektricität Statt, und deshalb sagt man mit Recht, daß Bäume den Blitz anziehen; man darf deshalb während eines Gewitters unter Bäumen, namentlich unter einsam stehenden Bäumen, ja selbst unter einsam in der Ebene stehenden Sträuchen keinen Schutz suchen. Warnende Beispiele bietet unter anderen ein Gewitter, welches am 10. Juli 1855 zwischen 7 und 9 Uhr Morgens die ganze badische Rheinebene und einen Theil des Schwarzwaldes überzog. Während desselben erschlug der Blitz bei Thunsel oberhalb Freiburg einen Ackerknecht sammt seinen beiden Pferden auf dem Heimwege; im Amte Durlach suchten vier Personen unter einem 40 Fuß hohen Birnbaume Schutz vor dem Regen; ein Blitzschlag, welcher den Baum traf, tödtete zwei derselben, während die beiden anderen gelähmt wurden. In der Nähe von Bruchsal endlich schlug der Blitz in eine Torfhütte, in welche sich mehrere Torfgräber geflüchtet hatten, und tödtete zwei derselben.

Gebäude sind in der Regel aus Metall, Steinen und Holz zusammengesetzt. Wegen der ungleichen Leitungsfähigkeit dieser Substanzen ist auch die Wirkung der Gewitterwolken auf dieselben sehr verschieden. Wenn der Blitz einschlägt, so trifft er vorzugsweise die besseren Leiter, mögen sie nun frei oder durch schlechtere Leiter eingehüllt sein; die vertheilende Kraft der atmosphärischen

Elektricität wirkt auf den in die Wand eingeschlagenen Nagel eben so gut, wie auf die frei in die Luft ragende Windfahne.

Die mechanischen Wirkungen des Blitzes sind in der Regel sehr heftig. Wenn der Blitz in ein Zimmer einschlägt, so werden die Möbeln umgestürzt und zertrümmert, Metallstücke werden aus der Wand gerissen und fortgeschleudert. Bäume werden vom Blitz gespalten und zersplittert, gewöhnlich aber kann man vom Gipfel bis zum Boden eine mehrere Centimeter breite und tiefe Furche verfolgen, die abgeschälte Rinde und die ausgerissenen Späne findet man weit weggeschleudert, und am Fuße des Baumes sieht man oft ein Loch, durch welches das elektrische Fluidum sich in den Boden verbreitete.

Die physikalischen Wirkungen des Blitzes beweisen eine mehr oder minder bedeutende Temperaturerhöhung. Wenn der Blitz ein Strohdach, trockenes Holz, ja grüne Bäume trifft, so findet eine Verkohlung, meistens sogar eine Entzündung Statt; bei Bäumen findet man jedoch seltener Spuren von Verkohlung. Metalle werden durch den Blitz stark erhitzt, geschmolzen oder verflüchtigt. Wiederholte Blitzschläge bringen auf hohen Bergen sichtbare Spuren von Schmelzung an den Felsen hervor.

324 **Die Blitzableiter** bestehen aus einer zugespitzten Metallstange, welche in die Luft hineinragt, und einem guten Leiter, welcher die Stange mit dem Boden verbindet. Folgende Bedingungen müssen erfüllt sein, wenn sie ihrem Zweck entsprechen sollen:

1) Die Stange muß in eine feine Spitze zulaufen.

2) Die Verbindung mit dem Boden muß vollkommen leitend sein, von der Spitze bis zum unteren Ende der Leitung darf keine Unterbrechung stattfinden.

3) Alle Theile des Apparates müssen die gehörigen Dimensionen haben.

Wenn eine Gewitterwolke über dem Blitzableiter schwebt, so werden die verbundenen Elektricitäten des Stabes und der Leitung zerlegt, diejenige Elektricität wird abgestoßen, welche mit der der Wolke gleichnamig ist, und sie kann sich frei im Boden verbreiten; die entgegengesetzte Elektricität aber wird nach der Spitze gezogen, wo sie frei in die Luft ausströmen kann. Auf diese Weise ist keine Anhäufung von Elektricität im Blitzableiter möglich. Während so der Blitzableiter in Thätigkeit ist, während ihn die entgegengesetzten Elektricitäten in entgegengesetzter Richtung durchströmen, kann man sich ihm ohne Gefahr nähern, man kann ihn ohne Gefahr berühren; denn wo keine elektrische Spannung vorhanden ist, ist auch kein Schlag zu befürchten.

Nehmen wir nun an, eine der drei zuerst genannten Bedingungen sei nicht erfüllt, die Spitze sei stumpf, die Leitung zum Boden sei unvollkommen oder unterbrochen, so ist klar, daß eine Anhäufung von Elektricität im Blitzableiter nicht allein möglich, sondern auch, daß sie unvermeidlich ist; er bildet dann einen geladenen Conductor, in welchem eine ungeheuere Menge von Elektricität angehäuft sein kann; man kann bald schwächere, bald stärkere Funken aus ihm ziehen.

Wenn nur die Spitze stumpf ist, so kann der Blitz leichter einschlagen, allein er wird der Leitung folgen, ohne dem Gebäude zu schaden.

Wenn die Leitung unterbrochen oder die Verbindung mit dem Boden unvollkommen ist, so kann der Blitz ebenfalls einschlagen, er wird sich aber auch seitwärts auf andere Leiter verbreiten und eben solche Zerstörungen anrichten, als ob gar kein Blitzableiter vorhanden wäre.

Noch mehr: ein Blitzableiter, welcher diesen Fehler hat, ist sehr gefährlich, selbst wenn der Blitz nicht einschlägt; denn wenn an irgend einer Stelle der Leitung die Elektricität hinlänglich angehäuft ist, so kann ein Funken seitwärts überschlagen, welcher benachbarte Gegenstände zertrümmern oder entzünden kann.

Fig. 559.

$\frac{1}{8}$

Fig. 559 stellt die Spitze eines Blitzableiters dar, wie sie nach Gay-Lussac's Vorschrift in Frankreich meistens ausgeführt werden. Auf einer ungefähr 20 bis 24 Fuß hohen Eisenstange ist ein 2 Fuß langer, etwas conischer Messingstab aufgeschraubt, in welchen oben mittelst Silber eine ungefähr $1\frac{1}{2}$ Zoll lange Platinnadel eingelöthet ist.

In Deutschland ist die eiserne Stange selbst zugespitzt, die Spitze ist aber vergoldet, damit sie nicht durch Oxydation abgestumpft werde.

Die oben zugespitzte Saugstange des Blitzableiters muß über der höchsten Stelle des zu schützenden Gebäudes aufgerichtet werden. Mit dem Boden wird sie durch eiserne Stangen oder durch hinlänglich dicken Kupferdraht (am zweckmäßigsten ist es, zwei oder drei 1 Linie dicke Kupferdrähte zu einem Drahtseile zu vereinigen) in leitende Verbindung gesetzt.

Es ist wesentlich, daß diese Ableitung möglichst vollständig sei. Wenn irgend ein Brunnen in der Nähe ist, so wird die metallische Leitung bis in das Wasser desselben geführt; wenn aber kein Wasser in der Nähe ist, so sollte die Leitstange wenigstens durch einen langen, mit Kohlenpulver gefüllten Canal zu einer möglichst feuchten Stelle des Bodens geführt werden.

Wie sehr der Blitzschlag guten Leitungen folgt, hatte man z. B. bei einem heftigen Gewitter am 9. Juni 1849 zu Basel zu beobachten Gelegenheit. Der Blitz schlug in den Blitzableiter eines Wohnhauses, verfolgte die Leitung desselben bis in den Boden, sprang aber alsdann auf eine nahe liegende gußeiserne Brunnenleitung über; auf mehr als $\frac{1}{4}$ Stunde Wegs wurden alle gußeisernen Röhrenstücke da, wo sie in einander gesteckt und mit Pech gedichtet waren, zerschmettert, so daß alle durch diese Leitung gespeiseten Brunnen zu laufen aufhörten.

Die Elektricität, welche in reichlichem Maße durch die Spitze ausströmt, wird durch die Gewitterwolke angezogen, und neutralisirt, daselbst angekommen, einen Theil der ursprünglichen Elektricität dieser Wolke. Wenn also eine Gewitterwolke dem Blitzableiter nahe genug ist, um vertheilend wirken zu können, so wird auch sogleich ihre elektrische Kraft durch das Zuströmen der entgegengesetzten Elektricität aus der Spitze geschwächt. Je mehr sich die Wolke nähert, desto stärker wirkt ihre vertheilende Kraft, desto mehr wird sie aber auch durch das Zuströmen der entgegengesetzten Elektricität neutralisirt.

Es versteht sich von selbst, daß die Spitze des Blitzableiters, wenn derselbe wirksam sein soll, nicht von benachbarten Leitern überragt werden darf. Ferner müssen alle bedeutenden Metallmassen der zu schützenden Gebäude mit dem Blitzableiter in leitende Verbindung gebracht werden.

Die Erfahrung zeigt, daß ein mit allen Vorsichtsmaßregeln angelegter Blitzableiter von den angegebenen Dimensionen einen Umkreis von ungefähr 80 Fuß Radius schützt.

Da es also von der größten Wichtigkeit ist, daß die metallische Leitung von der Spitze des Ableiters bis zum Boden ununterbrochen sei, so ist es wünschenswerth, sich davon überzeugen zu können, daß diese Bedingung erfüllt sei. In neuerer Zeit hat man dazu den galvanischen Strom angewandt. Führt man nämlich von dem einen Pole einer galvanischen Kette einen Kupferdraht zum oberen, vom anderen Ende einen solchen zum unteren Ende des Blitzableiters, so ist derselbe in den Schließungsbogen der Kette eingeschaltet. Ein an passender Stelle in diesen Schließungsbogen eingeschaltetes Galvanometer muß unter diesen Umständen den Strom anzeigen, wenn die Leitung nicht unterbrochen ist.

325 **Die magnetischen Curven.** Nach dem, was bereits in Paragraph 184 besprochen wurde, verhält sich die ganze Erdkugel wie ein großer Magnet. An jedem einzelnen Orte der Erdoberfläche ist die magnetische Wirkung des Erdmagnetismus durch die *Declination*, die *Inclination* und die *magnetische Intensität* charakterisirt. Nachdem nun diese Größen für viele möglichst weit von einander entfernte Orte bestimmt worden sind, erhält man ein Bild von der Vertheilung des Magnetismus auf der Erde, wenn man nach Art der Isothermen *magnetische Curven* auf Erdkarten oder auf Erdgloben aufträgt.

Man unterscheidet dreierlei Arten magnetischer Curven, nämlich:

1) die *isogonischen Linien*, Linien gleicher magnetischer Declination,

2) die *isoclinischen Linien*, Linien gleicher magnetischer Inclination, und

3) die *isodynamischen Linien*, Linien gleicher magnetischer Intensität.

Die Fig. 560 ist eine *Declinationskarte*, d. h. sie stellt den Verlauf der *isogonischen Linien* dar und zwar zwischen dem 80. Grade nördlicher und dem 60. Grade südlicher Breite. Die ausgezogenen Curven entsprechen westlicher, die punktirten aber östlicher Declination. Auf den mit 0 bezeichneten Curven zeigt die horizontale Magnetnadel genau nach Norden.

Fig. 561 (a. f. S.) stellt den Verlauf der *isoclinischen Linien* dar.

Der mit 0 bezeichnete magnetische Aequator in Fig. 561 ist etwas stärker gezogen und dadurch vor den übrigen isoclinischen Curven ausgezeichnet. Nördlich von demselben senkt sich das Nordende, südlich das Südende der Inclinationsnadel.

Die magnetischen Pole der Erde sind diejenigen Punkte, für welche sich die Inclinationsnadel senkrecht stellt. Der magnetische Nordpol, welchen Capitain Roß auf der Insel Melville wirklich erreichte, findet sich auf den Karten

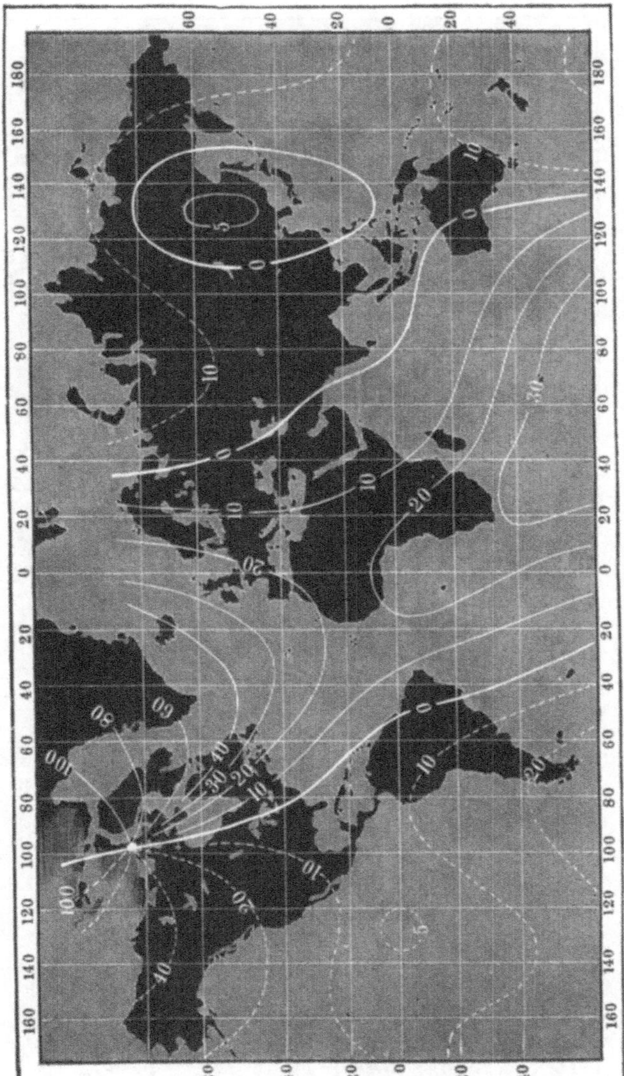

Fig. 560.

Fig. 560 und 561. Der **magnetische Südpol**, dessen Lage nur aus dem Verlauf der magnetischen Curven auf der Südhälfte der Erde erschlossen werden kann, findet sich nicht mehr auf diesen Karten.

Wäre der Erdmagnetismus regelmäßig vertheilt, so müßte der magnetische Aequator einen größten Kreis bilden, ähnlich wie die Ekliptik am Himmelsgewölbe, und die beiden magnetischen Pole der Erde müßten einander diametral gegenüber stehen. Aus Fig. 561 erkennt man den unregelmäßigen Verlauf des

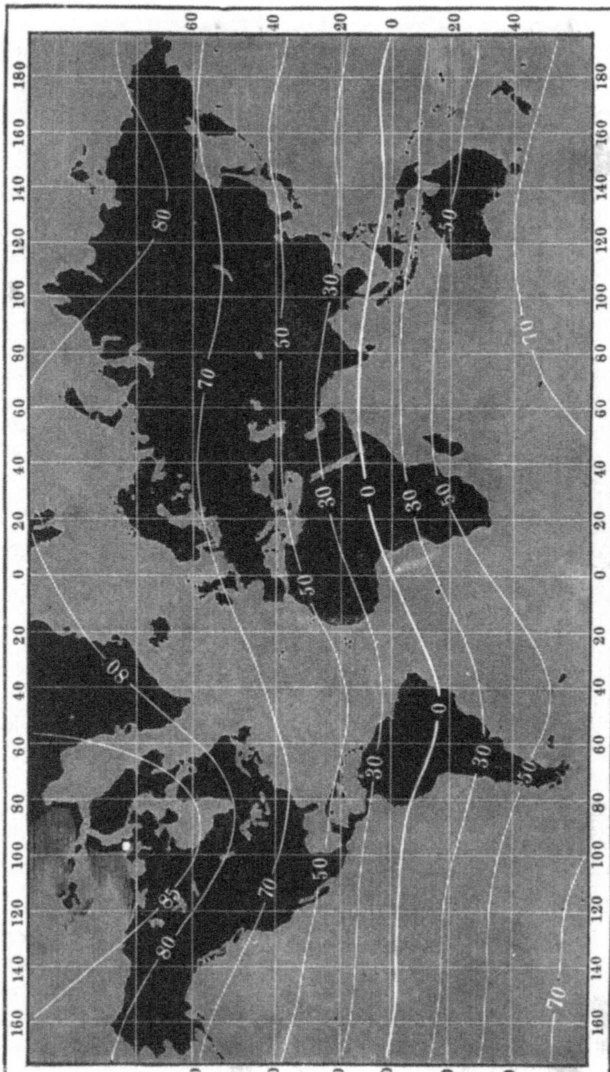

Fig. 561.

magnetischen Aequators, woraus sich denn auch die unregelmäßige Vertheilung des Erdmagnetismus ergiebt, in Folge deren denn auch die beiden magnetischen Pole der Erde keineswegs einander diametral gegenüberstehen.

Nach dem, was bereits in Paragraph 186 über die secularen Variationen des Erdmagnetismus gesagt wurde, ist klar, daß der Verlauf der magnetischen Curven sich allmälig ändern müsse, und in der That zeigen die magnetischen Karten vom Anfang des vorigen Jahrhunderts ein ganz anderes Bild als die obigen Karten, welche für das Jahr 1860 construirt sind. Aus der allmäligen Veränderung in der Lage der magnetischen Curven ergiebt sich auch, daß die magnetischen Pole der Erde nach und nach ihre Stelle ändern müssen.

Die Quelle des Erdmagnetismus ist höchst wahrscheinlich in thermoelektrischen Strömen zu suchen, welche durch die Einwirkung der Sonne auf die Erdoberfläche erregt werden.

Das Nordlicht. Wir haben bereits in Paragraph 186 gesehen, daß unter den Ursachen, welche unregelmäßige Schwankungen, Störungen, der Magnetnadel bewirken, das Nordlicht eine wesentliche Stelle einnimmt. In unseren Gegenden ist das Nordlicht eine ziemlich seltene Erscheinung; in höheren Breiten aber, in den nördlichen Theilen von Europa, Asien und Amerika, sind die Nordlichter nicht allein weit häufiger, sondern auch weit prächtiger. 326

Fig. 562 stellt das Nordlicht dar, wie es bei uns gewöhnlich wahrgenommen wird, wenn es seine volle Ausbildung erreicht; ein aus lichten Streifen

Fig. 562.

gebildeter Bogen, dessen Ränder verwaschen erscheinen und dessen Enden auf dem Horizont aufzustehen scheinen.

Der Gipfel dieses Bogens steht immer nahe in der Richtung des magnetischen Meridians.

In seinem Glanze zeigt der Bogen eine undulatorische Bewegung, d. h. der Glanz der Strahlen wächst der Reihe nach von einem Fuß zum anderen und zwar meist in der Richtung von West nach Ost.

In höheren Breiten steigen die Nordlichter schon hoch über den Horizont herauf, ja sie erreichen das Zenith und gehen selbst über dasselbe hinaus. Manchmal verläßt dann einer der Füße, oder auch beide, den Horizont, und es bildet sich dann die sogenannte Krone. Im hohen Norden erscheint der Lichtbogen oft als ein langes Strahlenband, Fig. 563, welches sich windet und biegt

Fig. 563.

wie eine Schlange oder eine vom Winde bewegte Fahne; die Strahlen, welche nun eine große Lichtstärke erlangt haben, färben sich an der Basis roth, in der Mitte grün, während der übrige Theil ein blaßgelbes Licht behält.

Die Krone verschwindet in der Regel schon nach einigen Minuten.

Nicht immer bildet sich das Nordlicht vollständig, sondern oft nur theilweise aus, indem bald die Krone, bald die Bogen unvollständig sind und die Regelmäßigkeit der Erscheinung in mannigfacher Weise durch Wolken gestört wird. Oft bemerkt man gegen Norden hin die Spuren eines Nordlichts als einen ungewöhnlichen verschwommenen Lichtschimmer.

Aehnliche Erscheinungen sind von den Seefahrern auch in den Polargegenden der südlichen Hemisphäre beobachtet worden; man kann sie Südlichter nennen und das Phänomen der beiden Hemisphären unter dem Namen des Polarlichtes zusammenfassen.

Der Umstand, daß die Nordlichter stets in der Richtung des magnetischen Meridians gesehen werden, daß bei ihrem Erscheinen die Declinationsnadel in ungewöhnlich starkes Schwanken geräth, deutet darauf hin, daß das Nordlicht mit dem Erdmagnetismus und den um die Erde kreisenden elektrischen Strömen in Beziehung steht; weshalb sie denn auch Humboldt sehr treffend als magnetische Gewitter bezeichnete.

Die Erscheinung der Polarlichter ist offenbar einer in der Nähe der magnetischen Pole stattfindenden elektrischen Ausströmung durch die höheren verdünnten Luftregionen zuzuschreiben.

Anhang.

Verhältniß des neueren französischen Maßsystems zu anderen Maßsystemen.

In diesem Werke sind fast durchgängig alle Maßangaben in dem neufranzösischen Systeme ausgedrückt, theils weil nach demselben eine so außerordentlich einfache Beziehung zwischen Maß und Gewicht besteht, welche man bei anderen Maßsystemen nicht findet, eine Einfachheit, welche manche den Gang der physikalischen Betrachtung sonst sehr störenden Rechnungsoperationen unnöthig macht; theils aber auch, weil bei naturwissenschaftlichen Untersuchungen das metrische Maß- und Gewichtssystem fast allgemein angenommen ist, so daß sich fast alle Physiker und Chemiker desselben bedienen, und es gewiß nicht wohl räthlich ist, die nach dem metrischen Systeme gemachten Messungen und Wägungen auf andere Maße zu reduciren.

Nun aber sind doch Manche mit dem metrischen Systeme nicht genug bekannt, um in den nach demselben gemachten Maßangaben sich leicht zurechtzufinden. Um eine solche Orientirung zu erleichtern, soll die folgende Vergleichung der neufranzösischen Maße und Gewichte mit anderen dienen.

Die wichtigsten Notizen über das Metermaß sind schon früher gegeben worden. Es wurde dort bereits mitgetheilt, auf welche Weise die Länge des Meters ermittelt wurde, und daß

$$1^{\text{Meter}} = 10^{\text{Decimeter}} = 100^{\text{Centimeter}} = 1000^{\text{Millimeter}}$$

Die folgende Tabelle dient zur leichteren Reduction von Längenangaben, nach metrischem Systeme in altfranzösisches und rheinländisches Maß.

Tabelle zur Verwandlung des Metermaßes in rheinländisches und altfranzösisches Maß.

Metermaß.	Rheinländisches oder preußisches Maß.			Altfranzösisches Maß.		
1mm			0,459‴			0,443‴
2			0,918			0,887
3			1,376			1,330
4			1,835			1,773
5			2,294			2,216
6			2,753			2,660
7			3,212			3,103
8			3,671			3,546
9			4,129			3,990
1cm			4,588‴			4,433‴
2			9,176			8,866
3		1″	1,764		1″	1,299
4		1	6,353		1	5,732
5		1	10,941		1	10,165
6		2	3,529		2	2,604
7		2	8,117		2	7,031
8		3	0,705		2	11,462
9		3	5,294		3	3,897
1dm		3″	9,882‴		3″	8,330‴
2		7	7,763		7	4,659
3		11	5,646		11	0,989
4	1′	3	3,527	1′	2	9,318
5	1	7	1,408	1	6	5,648
6	1	10	11,290	1	10	2,038
7	2	2	9,172	2	1	10,307
8	2	6	7,054	2	5	6,637
9	2	10	4,935	2	9	2,966
1m	3′	2″	2,817‴	3′	0″	11,296‴
2	6	4	5,634	6	1	10,592
3	9	6	8,451	9	2	9,888
4	12	8	11,268	12	3	9,184
5	15	11	2,085	15	4	8,480
6	19	1	4,902	18	5	7,776
7	22	3	7,719	21	6	7,072
8	25	5	10,536	24	7	6,368
9	28	8	1,353	27	8	5,664
10	31	10	4,170	30	9	4,950

Nach dem Gesetze vom Jahre 1868 soll das Metermaß mit veränderten Namen auch im norddeutschen Bunde eingeführt werden und zwar soll sein

1 Stab = 1 Meter
1 Neuzoll = 1 Centimeter
1 Strich = 1 Millimeter
1 Kette = 10 Meter
1 Neumeile = 7500 Meter

Aus den Verhältnissen der Längenmaße ergeben sich die Verhältnisse der entsprechenden Flächen- und Körpermaße.

Neufranz.	Rheinl.		Altfranz.	
1 Quadratmeter	10,05187	Quadratfuß	9,476817	Quadratfuß
1 Quadratdecimeter	14,619	Quadratzoll	13,947	Quadratzoll
1 Quadratcentimeter . . .	21,051	Quadratlinien	18,650	Quadratlinien
1 Cubikmeter	32,34587	Cubikfuß	29,17385	Cubikfuß
1 Cubikdecimeter	55,894	Cubikzoll	50,412	Cubikzoll
1 Cubikcentimeter	96,584	Cubiklinien	87,112	Cubiklinien.

Das Hohlmaß sowohl wie das Gewicht ist bei dem neufranzösischen Maßsystem unmittelbar vom Körpermaße abgeleitet, was bei den älteren Maßsystemen nicht der Fall ist; und darin liegt ganz besonders ein großer Vorzug des metrischen Systems, welchen jedoch auch einige andere neuere Maß- und Gewichtssysteme bieten, welche auf das Metersystem basirt sind.

Die Einheit des französischen Hohlmaßes ist der Raum, welchen 1 Cubikdecimeter ausfüllt und welcher den Namen Liter führt.

1 Liter = 0,873386 preuß. Quart.

Nach dem neuen Maßsystem des norddeutschen Bundes ist die Einheit der Hohlmaße

1 Kanne = 1 Liter = 2 Schoppen
1 Faß = 100 Liter.

Ebenso ist, wie schon früher bemerkt wurde, die Einheit des Gewichtes beim metrischen Maßsysteme von dem Längenmaße abgeleitet. 1 Gramm ist das Gewicht eines Cubikcentimeters Wasser.

Da nun 1 Cubikdecimeter = 1000 Cubikcentimeter, so ist klar, daß 1 Liter Wasser 1000 Gramm oder, was dasselbe ist, 1 Kilogramm wiegt.

Die Unterabtheilungen des Grammes sind:

das Decigramm = $^1/_{10}{}^{gr.}$
das Centigramm = $^1/_{100}{}^{gr.}$
das Milligramm = $^1/_{1000}{}^{gr.}$

Im norddeutschen Bunde, in Baden, Hessen und der Schweiz ist schon seit längerer Zeit das metrische Pfund ($^1/_2$ Kilogramm oder 500 Gramm) als Landesgewicht angenommen.

Im norddeutschen Bunde ist

1 Pfund = 50 Neuloth
1 Neuloth = 10 Gramm
1 Centner = 50 Kilogramm
1 Tonne = 1000 Kilogramm = 20 Centner.

Die Pfunde anderer Länder weichen bald mehr bald weniger von diesen metrischen Pfunden ab.

So ist z. B. das bayrische Pfund	560	Gramm
englische Handelspfund	453	„
östreichische Handelspfund	560,012	„
altpreußische Handelspfund	467,711	„

Das Pfund ist meistens auf gleiche Weise eingetheilt; es ist nämlich:

1 Pfund = 32 Loth,
1 Loth = 4 Quentchen,
1 Quentchen = 60 Gran;

1 Handelspfund hat also 7680 Gran.

Sammlung

von

Aufgaben

zum

Grundriß der Physik

und

Meteorologie

von

Dr. Johann Müller.

Einleitung.

Specifisches Gewicht.

(Zu §. 9.)

1. Man hat gefunden, daß 6 Cubikcentimeter Kupfer 53 Gramm wiegen, was ist das specifische Gewicht des Kupfers?

2. Ein Marmorblock wiegt 59 Kilogramm, wie viel Cubikdecimeter beträgt sein Rauminhalt, wenn das specifische Gewicht des Marmors gleich 2,84 ist?

3. Wie viel wiegt eine Eisenmasse von 6,8 Cubikdecimetern Inhalt, wenn das specifische Gewicht des Eisens 7,8 ist?

4. Eine Bleikugel soll 500 Gramm wiegen, wie groß muß ihr Durchmesser sein, wenn das specifische Gewicht des Bleies 11,3 ist? (Elemente der ebenen Geometrie und Stereometrie. 3. Aufl. S. 115.)

5. Welchen Raum (in Cubikcentimetern ausgedrückt) nehmen 6 Kilogramm Quecksilber (specif. Gewicht 13,598) ein?

6. Was wiegen 100 Liter absoluten Weingeistes (specif. Gewicht 0,793)?

7. Welchen Raum nehmen 500 Gramm gasförmiger Kohlensäure ein, wenn das specifische Gewicht derselben 0,00198 ist?

8. Welchen Raum nehmen 500 Gramm Wasserstoffgas ein, wenn das specifische Gewicht desselben 0,0000894 ist?

9. In ein verticalstehendes cylindrisches Gefäß von 1 Decimeter innerem Durchmesser werden 12 Kilogramm Quecksilber gegossen. Bis zu welcher Höhe wird es den Cylinder füllen?

10. Ein 21 Kilogramm schwerer cylindrischer Stab von Eisen ist 2,5 Meter lang, wie groß ist sein Durchmesser?

11. Ein Quecksilbersäulchen, welches in einer Capillarröhre eine Länge von 137 Millimeter einnimmt, wiegt 1 Gramm. Wie groß ist der Durchmesser des Röhrchens?

12. Welches ist der Preis einer gußeisernen Röhrenleitung von 2134 Meter Länge, 0,245 Meter innerem Durchmesser und 0,014 Meter Wanddicke, wenn

das specifische Gewicht des Gußeisens 7,2 ist und 1 Kilogramm desselben 6 Kreuzer, oder wenn das Kilogramm Gußeisen $1^1/_2$ Silbergroschen kostet?

Erstes Buch.

Mechanik.

Parallelogramm der Kräfte.

(Zu §. 16.)

Die folgenden 6 Aufgaben sind durch geometrische Construction zu lösen. Zur Ausführung dieser Construction kann man sich in Ermangelung anderer der Maßstäbe und des Transporteurs bedienen, welche meinen Elementen der ebenen Geometrie und Stereometrie (Braunschweig 1869) beigegeben sind.

13. Auf einen materiellen Punkt wirken zwei Kräfte 8 und 5, deren Richtungen einen Winkel von 45° mit einander bilden; wie groß ist ihre Resultirende und welchen Winkel macht sie mit der kleineren der beiden Seitenkräfte?

14. Die Resultirende zweier auf einen Punkt wirkender Kräfte 5 und 7 ist gleich 9; welchen Winkel machen die Richtungen der Seitenkräfte mit einander?

15. Unter welchem Winkel müssen die Seitenkräfte 5 und 7 zusammenwirken, wenn ihre Resultirende gleich 4 sein soll?

16. Jede der beiden Seitenkräfte sei gleich 5, der Winkel, welchen sie mit einander machen, sei 63°; wie groß ist die Resultirende?

17. Jede der beiden Seitenkräfte sei 5; unter welchem Winkel müssen sie zusammenwirken, wenn ihre Resultirende gleich 8, unter welchem Winkel, wenn die Resultirende gleich 2 sein soll?

18. Wie groß müssen zwei gleiche Seitenkräfte sein, deren Resultirende gleich 8 sein soll, wenn sie unter einem Winkel von 50° auf einen materiellen Punkt wirken?

Die Berechnung dieser Aufgaben wird im Supplementband besprochen.

Flaschenzüge.

(Zu §. 17.)

19. Mit welcher Kraft muß an dem Seil bei *a* gezogen werden, um mit Hülfe des Flaschenzuges Fig. 11 auf Seite 27 eine Last von 5 Centnern zu heben?

20. Mit welcher Kraft muß an dem freien Seilende des Flaschenzuges Fig. 12 auf Seite 27 gezogen werden, um mit Hülfe desselben einen 7 Meter langen, 2 Decimeter breiten und 3 Decimeter hohen Balken von Tannenholz zu heben?

(Das specifische Gewicht des trocknen Tannenholzes findet man in der Tabelle auf Seite 10.)

Der Hebel.

(Zu §. 18.)

21. An einem mathematischen Hebel, Fig. 564, dessen Stützpunkt in C ist, sind in A und B die Gewichte P und Q angehängt. Wenn nun $P = 3$

Fig. 564.

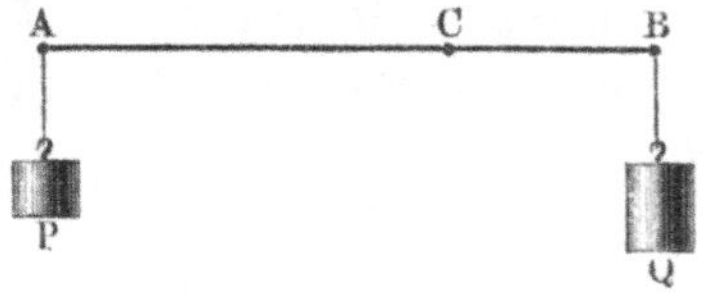

Fig. 565.

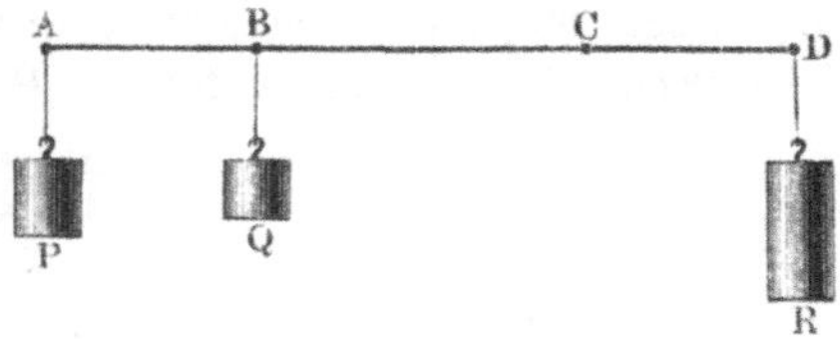

Pfund 6 Loth, $AC = 7{,}3$ Zoll und $CB = 2{,}7$ Zoll ist, wie groß muß Q sein, wenn Gleichgewicht stattfinden soll?

22. Wie groß ist in dem eben betrachteten Falle das statische Moment einer jeden der beiden Kräfte?

23. Das an dem Hebelarm $AC = 53$ Centimeter angehängte Gewicht P sei 134 Gramm. Wie groß muß der Hebelarm BC sein, wenn für eine in B angehängte Last von 250 Grammen Gleichgewicht stattfinden soll?

24. An den Hebelarmen von 18 und 11 Centimetern hängen links vom Unterstützungspunkt C (Fig. 565) eines mathematischen Hebels die Kräfte $P = 93$ und $Q = 64$. Welches ist die Summe der statischen Momente dieser Kräfte und welches Gewicht R muß man auf der anderen Seite von C am Hebelarm 7 anhängen, um ihnen das Gleichgewicht zu halten?

25. An der Pumpe Fig. 109 Seite 101 sei die Länge des Hebelarms, an welchem die Kolbenstange angehängt ist, 7 Zoll, der Hebelarm, an welchem die Hand des Arbeiters angreift, sei 33 Zoll; mit welcher Kraft wird der Kolben gehoben, wenn der Arbeiter den Hebel mit einer Kraft von 25 Pfund niederdrückt?

Der einarmige Hebel.

(Zu §. 19.)

26. An dem einarmigen Hebel Fig. 566 ist in A ein Gewicht von 520 Gramm angehängt, während in B eine nach oben gerichtete Kraft N zieht. Wie groß muß für den Fall des Gleichgewichtes N sein, wenn $AC = 42$ Centimeter und $BC = 18$ Centimeter ist?

Fig. 566.

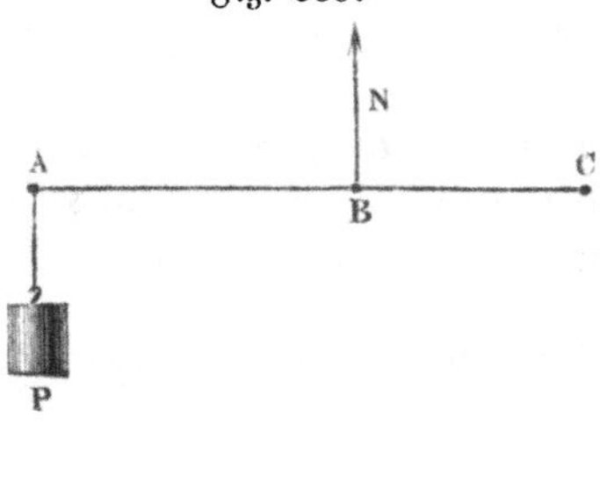

27. An der zur hydraulischen Presse gehörigen Druckpumpe, Fig. 64,

Seite 66, drückt der Arbeiter den einarmigen Hebel bei l an einem Hebelarm von 9 Decimeter angreifend mit einer Kraft von 45 Pfund nieder. Mit welcher Kraft wird der Kolben s niedergedrückt, wenn derselbe an einem Hebelarm von 1,8 Decimetern angehängt ist?

Gleichgewicht am Hebel bei schiefwinkelig angreifenden Kräften.

(Zu §. 20.)

28. An dem geradlinigen mathematischen Hebel AB, Fig. 567, dessen Drehpunkt C um 3 Centimeter von B und um 7 Centimeter von A entfernt

Fig. 567.

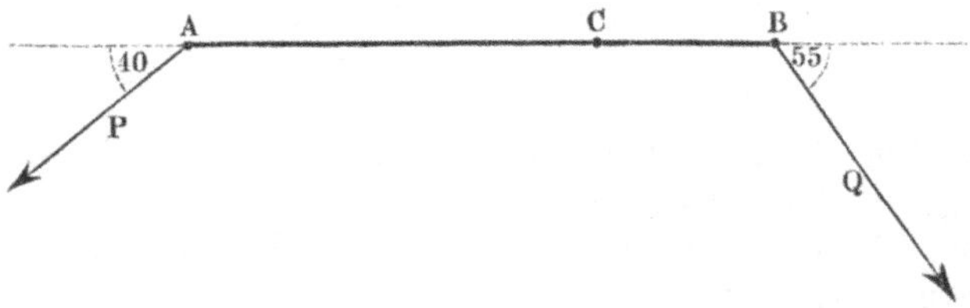

ist, greift bei B eine Kraft Q von 5 Pfund an, deren Richtung mit der Richtung des Hebels einen Winkel von 55 Grad macht. Wie groß muß eine bei A angreifende Kraft P sein, deren Richtung einen Winkel von 40^0 mit der Verlängerung des Hebels macht, wenn sie der Kraft Q das Gleichgewicht halten soll?

29. Wie groß ist für den eben betrachteten Fall das statische Moment einer jeden der beiden Kräfte P und Q?

30. Wenn Größe und Richtung der Kraft Q, sowie auch die Hebelarme AC und BC denselben Werth behalten wie im vorigen Beispiel, unter welchem Winkel müßte eine Kraft $P = 2$ Pfund in A angreifen, wenn sie der Kraft Q das Gleichgewicht halten soll?

Haspel und Räderwerke.

(Zu §. 21.)

31. Die Länge des Kurbelarmes FC am Haspel Fig. 26 Seite 35 sei gleich 15 Zoll, der Radius des Wellbaums sei 3,5 Zoll, welche Last kann mit Hülfe dieses Haspels gehoben werden, wenn an jeder der beiden an der Umdrehungsaxe angebrachten Kurbeln ein Mann mit einer Kraft von 45 Pfund arbeitet?

32. Der Radius des Wellbaums D an dem zusammengesetzten Haspel Fig. 28 Seite 37 sei 5 Zoll, das Rad H habe 60, der in dasselbe eingreifende Trieb habe 12 Zähne; die Länge des Kurbelarms auf jeder Seite der Maschine betrage 12 Zoll.

Wenn nun an jeder dieser Kurbeln ein Mann arbeitet, welchen Druck muß jeder der beiden Arbeiter anwenden, wenn eine Last von 10 Centnern gehoben werden soll?

Schiefe Ebene.

(Zu §. 22.)

33. Welches Verhältniß findet statt zwischen Kraft und Last auf einer schiefen Ebene, welche einen Winkel von 5⁰ mit der Horizontalen macht?

34. Welches Verhältniß findet statt zwischen Kraft und Last auf einer schiefen Ebene, deren Steigung 5, 10, 15 Procent beträgt (d. h. auf einer schiefen Ebene, welche bei einer Länge von 100 Fuß um 5, 10, 15 Fuß steigt)?

35. Wie viel Procent beträgt die Steigung der schiefen Ebene Fig. 29 Seite 38, wenn man mit einem bei P angehängten Gewichte von 150 Gramm das Herabrollen eines 1000 Gramm schweren Körpers a verhindern kann? Welchen Winkel macht für diesen Fall die schiefe Ebene mit der Horizontalen?

36. Ein Pferd kann in gewöhnlichem Schritte gehend eine Zugkraft von ungefähr 150 Pfund ausüben und mit dieser auf einer horizontalen Chaussee eine auf einen Wagen geladene Last von 20 Centnern fortziehen. Um auf diese Weise 40 Centner auf ebener Straße fortzuziehen, hätte man also 2 Pferde nöthig. Wie viel Pferde Vorspann müßte man nehmen, um diese Last auf einer Landstraße hinaufzuziehen, welche 3, 7, 12 Procent Steigung hat?

37. Auf einer horizontalen Eisenbahn kann ein Pferd eine Last von 400 Centnern fortziehen. Wie viel Pferde Vorspann sind nöthig, um diese Last auf einer Eisenbahn in die Höhe zu ziehen, welche 3 Procent Steigung hat?

Die Schraube.

(Zu §. 23.)

38. Der Radius der Spindel an der Schraubenwinde Fig. 34 auf Seite 40 sei 1 Zoll, die Höhe eines Schraubenganges sei $^1/_2$ Zoll. Wie viel Procent beträgt die Steigung der Schraube? Mit welcher am Umfang der Spindel angreifenden Kraft muß dieselbe gedreht werden, wenn eine auf k liegende Last von 3 Centnern gehoben werden soll? Welche Kraft müßte zur Hebung der gleichen Last bei l an einem Hebelarm von 11 Zoll wirken?

39. Der Umfang der Spindel der Schraubenpresse Fig. 35 Seite 42 sei 30^{cm}, die Höhe eines Schraubenganges sei 2^{cm}. Mit welcher Kraft wird die Preßplatte kk niedergedrückt, wenn bei l, an einem Hebelarm von 5 Decimetern, ein Druck von 15 Kilogramm ausgeübt wird?

Der Keil.

(Zu §. 24.)

40. Der Widerstand, welchen der Holzklotz Fig. 36 Seite 42 einem Zerreißen längs der Richtung seiner Axe entgegensetzt, sei gleich dem Druck von

200 Pfund. Mit welcher Kraft muß man gegen den Rücken des Keils drücken, um das Holzstück zu zerreißen, wenn die Länge des Keils 8 Zoll, die Breite des Rückens aber 2 Zoll ist?

41. Der Keil einer Oelpresse ist 12 Zoll lang und sein Rücken ist 3 Zoll breit. Mit welcher Kraft wird der Oelkuchen zusammengepreßt, wenn gegen den Rücken des Keils eine Kraft von 100 Pfund wirkt?

Festigkeit.

(Zu §. 31.)

42. Welches ist das Minimum des Gewichtes, welches man an einen Stab von Kiefernholz, welcher 3 Quadratcentimeter Querschnitt hat, anhängen muß, um ihn zu zerreißen?

43. Welches ist die Gränze der Tragkraft eines runden eisernen Stabes von 1,2 Centimeter Durchmesser?

44. Wie dick muß ein Messingdraht sein, wenn 500 Pfund die Gränze seiner Tragkraft sein soll?

45. Welches ist die Gränze der Tragkraft für ein schmiedeeisernes Rohr, welches 5 Centimeter äußeren und 4 Centimeter inneren Durchmesser hat?

46. Ein Seil von 3 Centimeter Durchmesser riß ab, als man das angehängte Gewicht allmälig bis auf 4000 Kilogramm vermehrt hatte; welches wäre demnach der Festigkeitsmodulus für dieses Seil?

47. Ein Balken von Eichenholz, 12 Centimeter breit, 20 Centimeter hoch, ist einerseits eingemauert und ragt aus der Mauer noch 1 Meter hervor. Welche Last Q müßte man mindestens an dem freien Ende anhängen, um den Balken abzubrechen?

48. Die Tabelle auf Seite 58 des Grundrisses giebt den Festigkeitsmodulus für Quadratmillimeter und Kilogramm. Wie groß ist der Festigkeitsmodulus der in jener Tabelle genannten Substanzen, wenn man den preußischen Quadratzoll (1 Zoll preuß. = 2,6 Centimeter) zur Flächeneinheit und das Pfund (zu 500 Gramm) zur Gewichtseinheit nimmt?

49. Ein 5 Zoll (preuß.) breiter, 10 Zoll hoher Balken von Kiefernholz ist an seinen beiden Enden eingemauert. Das zwischen beiden Mauern befindliche freie Stück des Balkens ist 18 Fuß lang. Welche Last müßte man mindestens auf der Mitte dieses Balkens auflegen, um ihn zu zerbrechen?

Die hydraulische Presse.

(Zu §. 34.)

50. An einer hydraulischen Presse sei der Durchmesser des Pumpenkolbens 1 Zoll (also $r = 0{,}5$ Zoll), der Durchmesser des Druckkolbens sei 12 Zoll (also $R = 6$ Zoll). Es sei ferner $l = 8$ Zoll, $L = 36$ Zoll. Mit welcher Kraft D muß der Arbeiter drücken, damit der Druck K, durch welchen der große Kolben gehoben wird, gleich 40000 Pfund sei?

51. Wie groß ist für die eben angegebenen Dimensionen der hydraulischen Presse der Werth von K, wenn $D = 25$ Pfund ist?

52. Wie groß müßte bei übrigens unveränderten Dimensionen der hydraulischen Presse der Durchmesser des Pumpenkolbens sein, wenn der Arbeiter durch eine Kraft $D = 30$ Pfund einen Druck $K = 50000$ Pfund ausüben sollte?

Boden- und Seitendruck der Flüssigkeiten.

(Zu §§. 37 und 38.)

53. Der Boden eines Wasserständers hat 6 Quadratdecimeter Oberfläche und befindet sich 7 Decimeter unter dem Wasserspiegel, welchen Druck hat der Boden auszuhalten?

54. Ein Glasgefäß, dessen Boden 3 Quadratzoll preußisch beträgt, ist 9 Zoll hoch mit Quecksilber gefüllt; welchen Druck hat der Boden auszuhalten?

55. In einer Röhrenleitung steht eine Wassersäule von 350 Fuß Höhe; wie groß ist der Druck, den jeder Quadratzoll der Wandfläche am unteren Ende der Röhrenleitung auszuhalten hat?

56. Ein cylindrisches, mit Wasser gefülltes Gefäß hat 6 Decimeter Durchmesser. Wie groß ist der Gesammtdruck, den ein ringförmiges Stück der Gefäßwand auszuhalten hat, welches 1 Decimeter hoch ist und dessen obere Gränze 5 Decimeter unter dem Wasserspiegel liegt?

Gewichtsverlust untergetauchter Körper.

(Zu §. 40.)

57. Wie viel wird eine sechspfündige Kugel von Gußeisen noch wiegen, wenn dieselbe in Wasser eingetaucht ist?

58. Wie weit wird ein auf Wasser schwimmender Würfel von trocknem Tannenholz noch aus dem Wasser hervorragen?

59. Mit welcher Kraft wird ein ganz in Wasser untergetauchtes Stück Kork aufwärts getrieben, wenn es in Luft 73 Gramm wiegt?

60. Ein Stück mit gediegenem Silber durchwachsenen Schwerspaths wiegt 1500 Gramm. In Wasser eingetaucht, beträgt sein Gewichtsverlust 230 Gramm. Wie viel gediegen Silber ist in dem Stück enthalten?

61. Wie schwer wird eine in Wasser untergetauchte Kugel von 2 Zoll Durchmesser wiegen, deren Masse 3 Gewichtstheile Blei auf 2 Gewichtstheile Zinn enthält?

NB. Die zur Lösung dieser Aufgaben nöthigen specifischen Gewichte findet man in der Tabelle auf Seite 10.

Nicholson's Aräometer.

(Zu §. 42.)

62. Auf den Teller des Nicholson'schen Aräometers ist ein Stück Aluminium und außerdem so viel Schrot aufgelegt worden, daß das Instrument

bis zur Marke einsinkt. Statt des Aluminiumstückes mußte man 6,85 Gramm auflegen, um ein gleiches Einsinken zu bewirken.

Nachdem jene 6,85 Gramm entfernt und das Aluminiumstück in das Sieb *C* gelegt worden war, mußte man auf den Teller noch 2,57 Gramme auflegen, um das Instrument wieder bis zur Marke einsinken zu machen. Wie groß ist das specifische Gewicht des Aluminiums?

Scalenaräometer.

(Zu §. 43.)

63. Ein für schwerere Flüssigkeiten bestimmtes Volumeter sinkt in drei verschiedenen Mischungen von Wasser und Schwefelsäure ein bis zu den Theilstrichen 72, 85 und 93. Welches ist das specifische Gewicht dieser drei Mischungen?

64. Ein für leichtere Flüssigkeiten bestimmtes Volumeter sinkt in drei verschiedenen Mischungen von Wasser und Weingeist ein bis zu den Theilstrichen 108, 117 und 128. Welches ist das specifische Gewicht dieser Mischungen?

65. An welche Stelle der Volumeterscala fallen die Theilstriche der Densimeterscala, welche den specifischen Gewichten 0,78, 0,93, 1,14 und 1,68 entsprechen?

Capillarerscheinungen.

(Zu §. 48.)

66. Wie hoch steigt das Wasser in einem gläsernen Haarröhrchen von 0,3 Millimeter Durchmesser?

67. Wie hoch steigt Alkohol (specifisches Gewicht 0,8135) in demselben Röhrchen?

68. Wie groß muß der Durchmesser eines gläsernen Haarröhrchens sein, wenn Wasser in demselben 1,5 Decimeter hoch aufsteigen soll?

Das Mariotte'sche Gesetz.

(Zu §. 58.)

69. Eine gegebene Menge Leuchtgas nimmt beim normalen Barometerstande von 760^{mm} ein Volumen von 5240 Cubikfuß ein; wie groß wird das Volumen dieser Gasmenge sein, wenn der Barometerstand auf 740^{mm} fällt? wie groß, wenn das Barometer auf 768^{mm} steigt?

70. Der Strom einer galvanischen Säule hat, durch ein Voltameter geleitet, in drei Minuten 258 Cubikcentimeter Knallgas bei einem Barometerstande von 736^{mm} geliefert; welchen Raum würde diese Gasmenge bei dem normalen Barometerstande von 760^{mm} einnehmen?

71. In einem Glasrohre (Fig. 568) befindet sich, durch Quecksilber ab-

gesperrt, eine Gasmenge, welche das Volumen von 153 Cubikcentimetern einnimmt. Der Barometerstand beträgt gerade 742mm; der Gipfel der Quecksilbersäule im Rohre steht 85mm über dem Quecksilberspiegel im Gefäß; wie groß würde das Volumen dieser Gasmenge unter einem Drucke von 760mm sein?

Fig. 568.

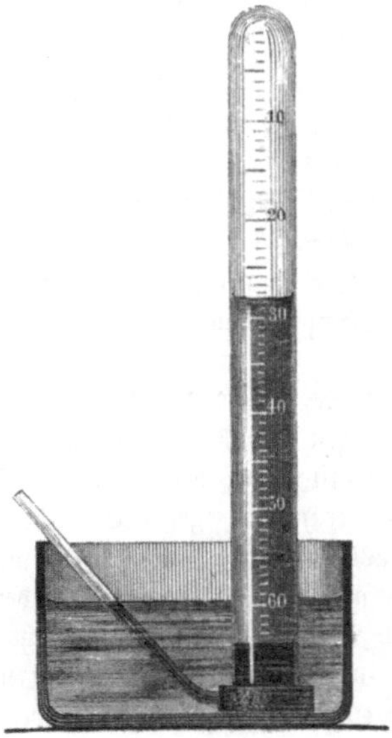

(Bezeichnen wir allgemein mit b den gerade stattfindenden Barometerstand, mit h die Höhe der Quecksilbersäule im Rohre, so ist der Druck, welchem das Gas im oberen Theile der Röhre ausgesetzt ist, offenbar $b - h$; im obigen Beispiele wäre also der Druck, welchem das Gas ausgesetzt ist, $742 - 85 = 657$ Millimeter.)

72. In einem Gasometer sind 1800 Cubikzoll Sauerstoffgas eingeschlossen und durch eine Wassersäule von 21 Zoll (Pariser) comprimirt. Der Barometerstand ist gleich 27 Zoll 9 Linien. Welches Volumen würde obige Gasmasse einnehmen, wenn sie nur dem normalen Barometerstande (28 Zoll Quecksilberdruck) ausgesetzt wäre? (Zunächst muß berechnet werden, wie hoch eine Quecksilbersäule sein muß, wenn sie einer Wassersäule von 21 Zoll Höhe das Gleichgewicht halten soll.)

Messung des Druckes eingeschlossener Gase.

(Zu §. 63.)

73. Die Sperrungsflüssigkeit in dem offenen Manometer, Fig. 132 Seite 116, sei Wasser, dessen Niveau im Schenkel bc sich um 3 Centimeter tiefer stellt als im offenen Schenkel cd, wenn das Manometer bei a mit einem Gasleitungsrohre in Verbindung gesetzt wird. In welchem Verhältniß steht der Druck, welchen das Gas in der Röhrenleitung auszuhalten hat, zu dem äußeren Luftdruck, wenn der Barometerstand 745 Millimeter beträgt?

74. Die gleiche Aufgabe zu lösen für den Fall, daß die Sperrungsflüssigkeit Quecksilber ist, daß das Quecksilber im offenen Schenkel des Manometers 23 Millimeter höher steht als im anderen und daß der Barometerstand 753 Millimeter beträgt.

75. Um die Spannkraft der Dämpfe in Dampfkesseln zu messen, hat man die Hebermanometer auch in größerem Maßstab aus eisernen Röhren construirt, Fig. 569 (a. f. S.). Der kürzere Schenkel c ist durch das Rohr a mit dem Innern des Dampfkessels verbunden. Wie groß ist die Spannkraft des Dampfes

im Kessel, wenn der Gipfel der Quecksilbersäule in dem oben offenen Schenkel *def* um 1,7 Meter höher steht als im Schenkel *c*?

Fig. 569.

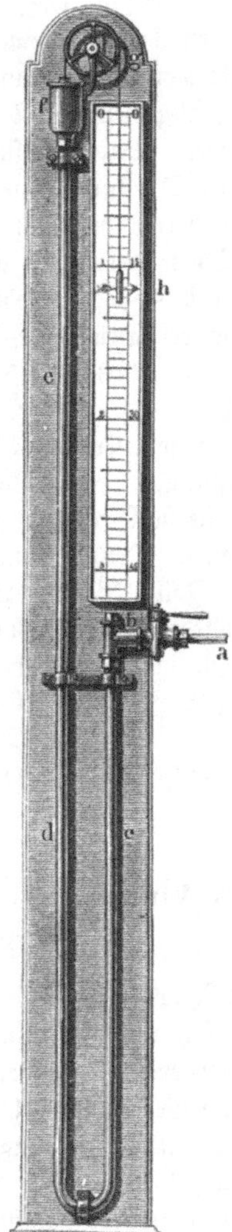

76. Wie groß ist die Spannkraft des Dampfes in dem Dampfkessel, auf welchen das Compressionsmanometer Fig 134 Seite 116 aufgeschraubt ist, wenn die Luft in dem 24 Centimeter langen Compressionsrohre auf $^1/_2$, $^1/_4$, $^1/_6$ ihres ursprünglichen Volumens zusammengepreßt ist?

77. In welcher Höhe über dem unteren Ende des Compressionsrohres Fig. 134 Seite 116 müssen die Theilstriche 2, 4, 8 angebracht sein, wenn sie eine Spannkraft des Dampfes von 2, 4, 8 Atmosphären anzeigen sollen?

78. Die untere Fläche des Ventils Fig. 135 auf Seite 117, gegen welche der Dampf drückt, sei gleich 2 Quadratcentimetern; der Druck, welchen der unbelastete Hebel durch sein eigenes Gewicht auf das Ventil bei *D* ausübt, betrage 600 Gramm. Wie groß ist die Spannkraft des Dampfes für den Fall, daß das Abblasen eintritt, wenn ein Gewicht *P* von 800 Gramm so angehängt wird, daß der Hebelarm, an welchem es wirkt, 8mal so groß ist als der Hebelarm *FD*?

Der Luftballon.

(Zu §. 64.)

79. Ein Ballon von Goldschlägerhaut hat 5 Cubikdecimeter Inhalt und wiegt 3 Gramm. Wie groß ist seine Steigkraft (der Auftrieb), wenn er mit Wasserstoffgas gefüllt ist?

NB. Das specifische Gewicht der atmosphärischen Luft und des Wasserstoffgases findet sich auf Seite 11.

80. Wie groß ist die Steigkraft eines mit Wasserstoffgas gefüllten Ballons von 500 Cubikmeter Inhalt, wenn das Gewicht der Hülle mit allem, was daran hängt, 450 Kilogramm beträgt?

81. Würde derselbe Ballon mit derselben Last noch steigen, wenn er mit Leuchtgas gefüllt wäre?

82. Wie groß ist die Steigkraft eines mit Leuchtgas gefüllten Ballons von 1000 Cubikmeter Inhalt, wenn die Hülle mit allem, was daranhängt, 250 Kilogramm wiegt?

Das Fallgesetz.

(Zu §§. 69 und 70.)

83. Eine Kugel rollt auf auf einer schiefen Ebene herab, welche so geneigt ist, daß die Endgeschwindigkeit der ersten Secunde 8 Decimeter beträgt. Welches ist nun

1) die Endgeschwindigkeit der zweiten, dritten, vierten und fünften Secunde?

2) wie weit rollt die Kugel in 1, 2, 3, 4, 5 Secunden herab?

3) welchen Raum durchläuft sie in der zweiten, dritten, vierten und fünften Secunde?

83 a. Wie groß ist beim freien Fall der in $^1/_{10}$, $^2/_{10}$ .... $^9/_{10}$ Secunden durchlaufene Raum in Metermaß gemessen?

83 b. Um die Tiefe eines Brunnens zu ermitteln, hat man einen Stein hinabfallen lassen, und von dem Moment, wo man ihn losließ, bis zu dem Moment, in welchem man ihn ins Wasser fallen hörte, $3^1/_2$ Secunden gezählt; wie tief ist der Brunnen (ohne den Luftwiderstand und die Fortpflanzungsdauer des Schalls zu berücksichtigen)?

84. Wie viel Zeit würde ein Körper nöthig haben, um eine Höhe von 10 000 Fuß (ohne Luftwiderstand) zu durchfallen?

85. Mit welcher Geschwindigkeit kommt eine Bleikugel auf dem Boden an, welche 10, 20, 500 Fuß hoch herabgefallen ist?

Gleichförmig verzögerte Bewegung.

(Zu §. 71.)

86. Wenn ein schwerer Körper mit einer Geschwindigkeit von 10, 50, 200, 1000 Fuß vertical in die Höhe geworfen wird, so ist die Frage, in wie viel Secunden er den Gipfel seiner Bahn erreichen und wie hoch er steigen wird?

Centralbewegung und Schwungkraft.

(Zu §§. 73 und 74.)

87. Wie groß ist der Fallraum des Mondes gegen die Erde in 1 Secunde (nach Gl. 1 S. 134)?

88. Wie groß ist die beschleunigende Kraft, welche den Mond gegen die Erde treibt (nach Gl. 2 S. 134)?

Um diese beiden Aufgaben auflösen zu können, sind noch folgende Zahlenangaben nöthig: Die Umlaufszeit t des Mondes beträgt 27 Tage 7 Stunden 43 Minuten oder 2 335 380 Secunden. Der Umfang der Erde beträgt 40 000 000 Meter; da aber der Radius der Mondsbahn 60mal so groß ist als der Erdhalbmesser, so ist der Umfang der Mondsbahn 40 000 000 × 60 Meter.

89. Eine Bleikugel wird an einem 3 Fuß langen Faden so im Kreise

herumgeschwungen, daß sie zu jeder Umdrehung $^1/_2$ Secunde Zeit bedarf. Wie groß ist in diesem Falle der Werth von v?

90. Wie groß ist der Werth von v für einen Punkt am Umfange eines Schwungrades, welches einen Halbmesser von 6 Fuß hat und 4 Umdrehungen in 3 Secunden macht?

91. Wie groß ist die Beschleunigung der Schwungkraft für einen auf dem Erdäquator befindlichen Punkt in Folge der täglichen Umdrehung der Erde?

92. Wie schnell müßte sich die Erde um ihre Axe drehen, wenn am Aequator die Centrifugalkraft der Schwerkraft gleich sein sollte?

Die Pendelgesetze.

(Zu §. 75.)

93. Borda fand, daß ein einfaches Pendel, dessen Länge 144 Pariser Zoll betrug, 1818 Schwingungen in der Stunde machte. Wie groß ergiebt sich nach diesem Versuch der Werth von g (die beschleunigende Kraft der Schwere) in Pariser Fußen ausgedrückt?

94. Wie groß ist dem Borda'schen Versuch zufolge die Länge des Secundenpendels?

95. Wie groß ist die Schwingungsdauer eines 100 Fuß langen einfachen Pendels?

96. Wie viel Meter lang müßte den in §. 75 angegebenen Zahlen zufolge ein einfaches Pendel sein, wenn seine Schwingungsdauer 5 Secunden betragen soll?

97. Wie lang ist ein einfaches Pendel, welches halbe Secunden schlägt?

98. Ein im Schiff der Universitätskirche zu Freiburg aufgehängtes Foucault'sches Pendel macht 14 Schwingungen in der Minute; wie lang ist dasselbe?

99. Auf der Oberfläche des Mondes ist der Fallraum der ersten Secunde $\left(\text{also } \frac{g}{2}\right)$ gleich 2,4, auf dem Jupiter ist er 38,5 Pariser Fuß; wie groß würde die Schwingungsdauer des Pariser Secundenpendels auf dem Mond und auf dem Jupiter sein?

Lebendige Kraft.

(Zu §. 79.)

100. Eine 6pfündige Kanonenkugel verläßt das Rohr mit einer Geschwindigkeit von 1200 Fuß; wie groß ist ihre lebendige Kraft?

101. Wie groß ist die lebendige Kraft eines $^1/_4$ Pfund schweren Hammers, welcher mit einer Geschwindigkeit von 25 Fuß auf den Kopf des Nagels aufschlägt?

102. Wie groß ist der Widerstand des Holzes, wenn der Nagel in sechs Schlägen 1 Zoll tief eindringt?

103. Wie tief dringt der Nagel mit einem Schlage ein, wenn der Widerstand des Holzes einem Druck von 12 Pfund gleichgesetzt werden kann?

104. Wie groß ist (in Meterkilogrammen ausgedrückt) die lebendige Kraft, mit welcher ein Gewicht von 50 Kilogramm auf den Boden aufschlägt, wenn es 7 Meter hoch frei herabgefallen ist?

105. Nehmen wir an, das Gewicht von 50 Kilogrammen sei an einem um eine Welle geschlungenen Seile befestigt, so daß durch das Niedersinken des Gewichtes die Welle umgedreht wird. Der Umdrehung der Welle wirkt aber irgend ein Widerstand, etwa Reibung, entgegen, weshalb der Fall des Gewichtes verzögert wird. Wenn nun das Gewicht, nachdem es 7 Meter herabgesunken ist, eine Geschwindigkeit von 5 Metern erlangt hat, wie groß ist die lebendige Kraft, die es noch besitzt?

106. Da nun aber das untere den angegebenen Verhältnissen 7 Meter hoch herabgefallene Gewicht nicht die volle lebendige Kraft besitzt, welche einer Fallhöhe von 7 Metern entspricht (Aufgabe 104), wie viel lebendige Kraft hat es verloren, wie groß ist also die mechanische Arbeit, welche das Gewicht durch Umdrehung der Welle geleistet hat?

Ausflußgeschwindigkeit.

(Zu §. 82.)

107. Wie groß ist die Ausflußgeschwindigkeit, wenn die Druckhöhe der Reihe nach gleich ist 0,1 Meter, 0,5 Meter, 1,6 Meter u. s. w., oder wenn sie 2 Fuß, 7 Fuß, 36 Fuß preuß. Maß beträgt?

108. Wie groß muß die Druckhöhe S sein, um eine Ausflußgeschwindigkeit $v = 0{,}3$ Meter, $v = 1{,}2$ Meter, $v = 7{,}6$ Meter, oder um eine Ausflußgeschwindigkeit $v = 3$ Fuß, $v = 8$ Fuß, $v = 17$ Fuß zu erhalten?

Ausflußmenge.

(Zu §. 84.)

109. Wie groß ist (nach Gl. 1 S. 154) die Ausflußmenge Q für folgende zusammengehörige Werthe des Durchmessers d der Oeffnung und der Druckhöhe s?

$d = 0{,}02$ Meter und $s = 0{,}3$ Meter
$d = 0{,}02$ „ „ $s = 1{,}0$ „
$d = 0{,}04$ „ „ $s = 7{,}0$ „

Ausströmen der Gase.

(Zu §. 94.)

110. Wie groß ist die Ausströmungsgeschwindigkeit für atmosphärische Luft unter dem Drucke einer Wassersäule von 0,2 Metern Höhe, wenn der Barometerstand 760 Millimeter beträgt?

111. Wie groß ist unter dem gleichen Druck die Ausflußgeschwindigkeit der Kohlensäure und des Wasserstoffgases?

Zweites Buch

A k u st i k.

Geschwindigkeit des Schalls.

(Zu §. 103.)

112. Zwischen der Wahrnehmung des Feuers und des Knalles einer abgefeuerten Kanone vergehen $7^1/_2$ Secunden; wie weit ist die Kanone entfernt?

113. Zwischen der Wahrnehmung von Blitz und Donner vergehen 25 Secunden; wie weit ist das Gewitter entfernt?

114. Einen Beobachter in A (Fig. 570) erscheint die von einem Blitzstrahl durchlaufene Strecke CB unter einem Winkel von 30^0; 10 Secunden nach der Wahrnehmung des Blitzes beginnt das Rollen des Donners, welches 7 Secunden lang anhält; wie groß ist die Länge BC des Blitzes?

115. Man läßt einen Stein in einen 475 Fuß tiefen Brunnen fallen; welche Zeit vergeht zwischen dem Augenblick, in welchem man den Stein losläßt, und dem Moment, in welchem man ihn ins Wasser fallen hört?

Fig. 570.

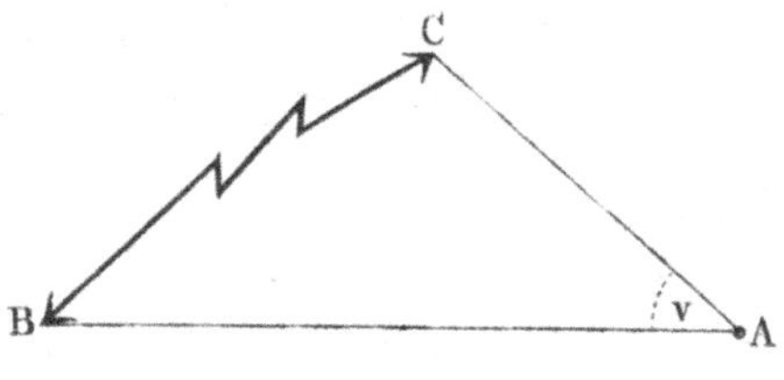

Fig. 571.

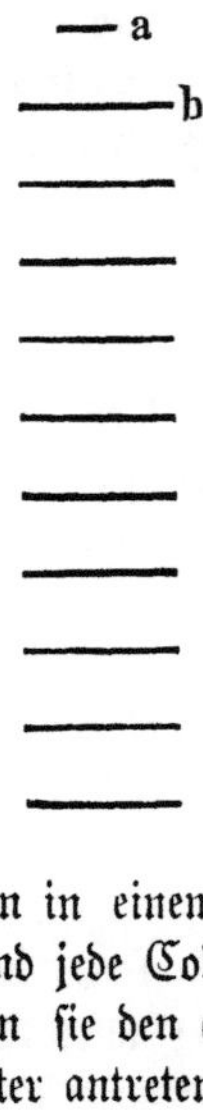

116. Zwischen dem Augenblick, in welchem man einen Stein losläßt, und demjenigen, in welchem man ihn auf den Boden eines Schachtes aufschlagen hört, vergehen $5^1/_2$ Secunden; wie tief ist der Schacht?

117. Ein Regiment ist in Colonnen aufgestellt, wie Fig. 571 andeutet. Der Zwischenraum zwischen je zwei auf einander folgenden Colonnen beträgt 15 Fuß. Wenn nun in einem bestimmten Moment die Tambouren bei a zu schlagen beginnen und jede Colonne in demselben Augenblick mit dem linken Fuß antritt, in welchem sie den ersten Trommelschlag hört, so müssen offenbar die hinteren Reihen später antreten, als

die vorderen. Es ist nun die Frage, die wievielte Colonne beginnt den ersten Schritt in demselben Moment, in welchem die Mannschaft der ersten Reihe *b* den ersten Schritt vollendet hat, also den linken Fuß zum ersten Male wieder aufsetzt, vorausgesetzt, daß die Schrittdauer $^1/_2$ Secunde beträgt?

Wellenlänge und Schwingungszahl der Töne.

(Zu den §§. 105 bis 109.)

118. Wie groß ist die Wellenlänge des Grundtons einer gedeckten Pfeife von 2 Centimeter Länge?

119. Wie groß ist die Schwingungszahl dieses Tones ($n = 341$ Meter).

120. Wie groß ist die Wellenlänge des Grundtones einer offenen 18 Pariser Zoll langen Röhre?

121. Wie groß ist die Schwingungszahl dieses Tones (n gleich 1050 Pariser Fuß)?

122. Welches ist die musikalische Bezeichnung dieses Tones, wenn das Stimmgabel-a, also a_1, 440 Schwingungen in der Secunde macht?

123. Wie groß ist danach die Schwingungszahl der Töne c_1, e_1, g_1 und c_2?

124. Wie lang muß eine offene Pfeife sein, wenn ihr Grundton a_1 sein soll?

125. Wie lang muß eine gedeckte Pfeife sein, deren Grundton C sein soll?

126. Der höchste noch hörbare Ton wird durch 36 000 Schwingungen in der Secunde erzeugt. Wie groß ist die Wellenlänge dieses Tones?

127. Wenn der Ton c in der Secunde 132 Schwingungen macht, welches ist die Schwingungszahl für die reinen Töne d, e, f, g, a, h und c_1 der diatonischen Tonleiter?

128. Welches ist die Schwingungszahl der 12 Töne der chromatischen Tonleiter von c bis c_1 für gleichschwebende Temperatur?

Töne gespannter Saiten.

(Zu §. 112.)

129. Eine Stahlsaite von 1 Meter Länge ist so gespannt, daß sie den Ton c giebt; wie lang müßte dieselbe Saite bei unveränderter Spannung sein, um die Töne d, e, f, g, a, h und c_1 zu geben?

130. Eine Stahlsaite giebt durch eine Kraft von 4 Kilogramm gespannt den Ton c; durch welche Kräfte müßte man diese Saite bei unveränderter Länge spannen, wenn sie die Töne d, e, f, g, a, h und c_1 geben sollte?

131. Eine Stahlsaite von 1,2 Millimeter Durchmesser ist so gespannt, daß sie den Ton c giebt; wie dick müßte die Saite sein, um bei gleicher Länge und gleicher Spannung die große Terz, die Quint und die Octav von c zu geben?

Vibrirende Streifen und Stäbe.

(Zu §. 113.)

132. Ein Stahlstab von der Form Fig. 215 Seite 207, welcher 15 Centimeter lang und 7 Millimeter dick ist, giebt den Ton gis_2. Es wird nun gefragt:

a. wie dick müßte ein Stahlstab bei gleicher Länge sein, wenn er die große Terz, die Quint und die Octav von gis_2 geben sollte?

b. wie lang müßte man einen 7 Millimeter dicken Stab machen, wenn er die obengenannten Töne geben soll?

133. Die Stimmgabel gehört auch in die Kategorie vibrirender Stäbe und annähernd kann man jeden Schenkel betrachten als einen an dem einen Ende festgeklemmten Stab. Welchen Einfluß hat es nun auf die Tonhöhe, wenn man die Schenkel der Stimmgabel verkürzt?

134. Welchen Einfluß hat es auf die Tonhöhe einer Stimmgabel, wenn man ihre Schenkel durch Abfeilen der einander zugekehrten Flächen dünner macht?

Drittes Buch.

O p t i k.

Photometrie.

(Zu §. 125.)

135. Bei unveränderter Erleuchtung von der Rückseite muß man auf der Vorderseite des Bunsen'schen Photometers die Normalkerze in einer Entfernung von 1,8 Fuß, eine Argand'sche Lampe aber in einer Entfernung von 7 Fuß von dem Papierschirm aufstellen, damit der Fettfleck unsichtbar wird. Wie groß ist die Leuchtkraft der Argand'schen Lampe?

136. Eine Wachskerze giebt bei 3 Fuß Entfernung eine eben so starke Erleuchtung wie eine Gasflamme in 9 Fuß Entfernung. Die Wachskerze kostet 0,8 Kreuzer, die Gasflamme 1,2 Kreuzer per Stunde. Wie viel Wachskerzen müßte man anwenden, um eine der Gasflamme gleiche Lichtstärke zu erhalten und wie viel mal theurer würde die Erleuchtung durch Wachskerzen sein?

137. In einem Saale von 20 Fuß Breite und 40 Fuß Länge sind drei Argand'sche Lampen auf der Längsaxe des Saales bei L, L' und L'', Fig. 572, so angebracht, daß der Abstand AL sowohl wie der Abstand EL'', $L'L''$ und $L'L$ gleich 10 Fuß ist. Nimmt man nun die Erleuchtung, welche eine Ar-

gand'sche Lampe in 10 Fuß Entfernung hervorbringt, zur Einheit, wie groß ist alsdann die durch die drei Lampen in den Punkten A, B, C, D ... H hervorgebrachte Erleuchtung?

Fig. 572.

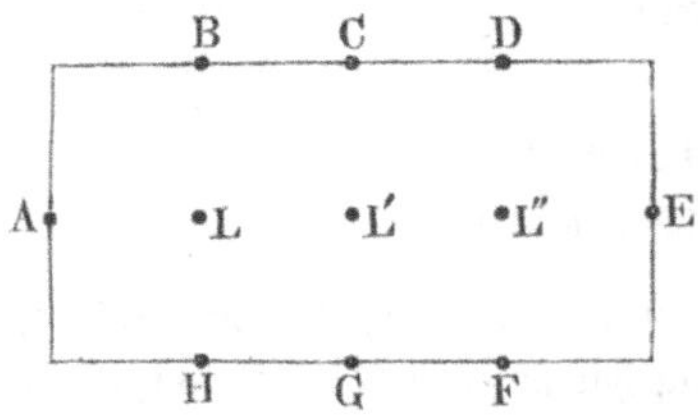

138. Wie groß würde die Erleuchtung in den Punkten A, B, C, D ... H sein, wenn man die drei Lampen in der Mitte des Saales bei L' vereinigte?

139. Um das Verhältniß des Brennwerthes von Oel und Petroleum zu ermitteln, wurden folgende Versuche angestellt:

1.) Um den Oelfleck des Bunsen'schen Photometers, hinter dessen Schirm eine Gasflamme von unveränderter Größe in unveränderter Entfernung aufgestellt war, verschwinden zu machen, mußte man vor dem Schirm eine Petroleumlampe in einem Abstande von 75, eine Oellampe aber in einer Entfernung von 87 Zoll aufstellen.

2.) Vor dem Versuch betrug das Gewicht der Petroleumlampe 1815, das der Oellampe 1641 Gramm. Nachdem beide Lampen 1 Stunde 50 Minuten gebrannt hatten, wog die Petroleumlampe noch 1780, die Oellampe noch 1590 Gramm.

3.) Das specifische Gewicht des Petroleums war 0,805, das des Oels aber 0,905.

4.) Der Schoppen Oel kostet 13, der Schoppen Petroleum kostet 9 Kreuzer. Es wird nun gefragt:

a. Wie verhält sich die Leuchtkraft der zu obigem Versuch gebrauchten Petroleumlampe zu der der Oellampe?
b. Wie viel Petroleum hat in der angegebenen Zeit die Petroleumlampe und wie viel Oel hat die Oellampe consumirt?
c. Was kosten die consumirten Quantitäten Petroleum und Oel?
d. Für wie viel Petroleum hätte auf einer Petroleumlampe in der gegebenen Zeit verbrannt werden müssen, um gleiche Helligkeit mit der Oellampe zu erzielen?
e. In welchem Verhältnisse stehen demnach bei gleicher Lichtstärke die Unterhaltungskosten einer Oel- und einer Petroleumlampe?

Ebene Spiegel.

(Zu den §§. 126 und 127.)

140. Die Scala mn, Fig, 243 Seite 235, eines Poggendorff'schen Spiegelapparates sei in Millimeter getheilt, der Abstand des Maßstabes von der Mitte des Spiegels, also ao, sei 2 Meter. Wie groß ist der Winkel, um welchen der Spiegel aus seiner Mittellage gedreht ist, wenn das Bild des Theilstrichs 1 (d. h. eines von dem Punkt o um 1 Millimeter abstehenden Theilstrichs)

am Fadenkreuz des Fernrohres erscheint, oder mit anderen Worten, wie groß ist v, wenn $n = 1$ Millimeter?

141. Zwei ebene Spiegel machen einen Winkel von 45 Grad mit einander. Es sind die Bilder eines zwischen diesen Winkelspiegeln befindlichen leuchtenden Punktes zu construiren. (Die Zeichnung ist in dem doppelten Maßstab der Fig. 244 Seite 236 auszuführen.)

Hohlspiegel.

(Zu den §§. 129 und 130.)

142. Die Brennweite eines Hohlspiegels sei 9 Zoll, wie groß ist sein Krümmungshalbmesser? Der Krümmungshalbmesser eines Hohlspiegels beträgt 8 Centimeter, die Lage seines Brennpunktes soll durch Construction gefunden werden (vergleiche Fig. 248 auf Seite 238).

143. Auf der Axe dieses Hohlspiegels befindet sich ein leuchtender Punkt A (vergleiche Fig. 251 auf Seite 240), welcher 12 Centimeter von dem Krümmungsmittelpunkt C des Hohlspiegels (also 20 Centimeter von der Mitte d des Spiegels) entfernt ist. Wie weit liegt das Bild a des Punktes A von C entfernt? Diese Aufgabe ist durch Construction zu lösen.

144. Dieselbe Aufgabe zu lösen für den Fall, daß der Abstand des Punktes A von der Mitte d des Spiegels 30, und für den Fall, daß dieser Abstand 12 Centimeter beträgt.

145. Auf der Axe desselben Hohlspiegels liegt ein leuchtender Punkt 6 Centimeter weit von d entfernt, wie groß ist die Entfernung seines Bildes von d?

Auch diese Aufgabe ist durch Construction zu lösen.

146. Ein leuchtender Punkt A (vergleiche Fig. 252 Seite 240) liege auf der Axe eines Hohlspiegels von 4 Centimetern Brennweite 3 Centimeter von der Mitte d des Spiegels entfernt; durch Construction den Punkt a zu finden, von welchem die von A ausgehenden Strahlen nach der Reflexion durch den Hohlspiegel divergiren.

147. Ein Pfeil von 1 Centimeter Höhe befindet sich 65^{mm} weit von der Mitte eines Hohlspiegels von 4^{cm} Brennweite und zwar so, daß die Hälfte seiner Länge über, die Hälfte unter der Axe des Hohlspiegels liegt. Das Bild dieses Pfeils soll construirt werden (vergleiche Fig. 253). Wie hoch ist das Bild?

148. Dieselbe Aufgabe zu lösen für den Fall, daß ein 24^{mm} hoher Pfeil 18 Centimeter weit von der Mitte des Spiegels entfernt ist.

149. Ein Pfeil von 1 Centimeter Höhe liegt 2 Centimeter weit vor der Mitte eines Hohlspiegels von 4^{cm} Brennweite. Das Bild des Pfeils soll construirt werden (vergleiche Fig. 257 Seite 244).

Convexspiegel.

(Zu §. 131.)

150. Der Krümmungshalbmesser eines Convexspiegels beträgt 8 Centimeter. Die Lage seines Hauptzerstreuungspunktes soll durch Construction bestimmt werden (vergleiche Fig. 258).

151. Ein Pfeil von 24^{mm} Höhe liegt 4 Centimeter weit von der Mitte dieses Spiegels entfernt (vergleiche Fig. 259); das Bild des Pfeils soll construirt werden. Wie hoch ist das Bild?

Das Brechungsgesetz.

(Zu §. 133.)

152. Wenn ein Lichtstrahl so auf eine ebene Wasseroberfläche fällt, daß er einen Winkel von 60^0 mit dem Einfallsloth macht, so wird er nach dem Uebergange in Wasser einen Winkel von $40^0\ 14'$ mit dem Einfallsloth machen. Wie groß ist demnach der Brechungsexponent für den Uebergang eines Lichtstrahles aus Luft in Wasser?

153. Für den Uebergang aus Luft in Glas hat man als zusammengehörige Werthe des Einfalls- und Brechungswinkels gefunden $i = 60^0$ und $r = 34^0\,28'$. Wie groß ist demnach der Brechungsexponent des Glases?

154. Wie groß müssen beim Uebergang eines Lichtstrahles aus Luft in Wasser die Einfallswinkel sein, wenn die zugehörigen Brechungswinkel 10, 20, 30 und 40^0 sein sollen?

155. Wie groß sind beim Uebergang aus Luft in Wasser die Brechungswinkel, welche den Einfallswinkeln 10, 20, 30 u. s. w. bis 90^0 entsprechen?

156. Ein Lichtstrahl fällt so auf eine ebene Glasfläche, daß der Einfallswinkel $i = 42^0$ ist; wie groß ist der zugehörige Brechungswinkel?

157. Wie groß ist beim Uebergang aus Luft in Glas der Werth des Brechungswinkels r, welcher den Einfallswinkeln i gleich 5, 15, 25 u. s. w. bis 85^0 entspricht?

NB. Die Aufgaben 154 bis 157 können sowohl durch Rechnung als auch durch Construction gelöst werden. Im ersteren Falle nehme man für den Brechungsexponenten aus Luft in Wasser $n = 1{,}34$ und für den Brechungsexponenten aus Luft in Glas $n = 1{,}53$. Wenn man aber die Aufgaben durch Construction lösen will, so kann man die angenäherten Brechungsexponenten $n = 1{,}33 \ldots = {}^4/_3$ und $n = 1{,}5 = {}^3/_2$ in Anwendung bringen.

158. Wie groß ist für Wasser, Alkohol, Benzol, Crownglas, Flintglas, Schwefelkohlenstoff und Diamant der Werth des Gränzwinkels?

Die Brechungsexponenten dieser Substanzen finden sich in §. 133 des Grundrisses.

159. Wie groß ist der Brechungsexponent für den Uebergang eines Lichtstrahles aus Wasser in Benzol?

160. Wie groß ist der Brechungsexponent für den Uebergang eines Lichtstrahles aus Wasser in Schwefelkohlenstoff?

161. Wie groß ist der Werth des Gränzwinkels für den Uebergang eines Lichtstrahles aus Wasser in Benzol?

162. Wie groß ist der Gränzwinkel für den Uebergang eines Lichtstrahles aus Wasser in Schwefelkohlenstoff?

Ablenkung der Lichtstrahlen durch Prismen.

(Zu §. 135.)

163. Der brechende Winkel g des Glasprismas Fig. 573 sei 60^0. Ein Strahl ln treffe die vordere Fläche ab so, daß der Einfallswinkel i ($i = lno$) gleich 52^0 ist. Durch Construction die Richtung des gebrochenen Strahls nn' und des austretenden Strahls $n'l'$ zu finden unter der Voraussetzung, daß der Brechungsexponent der Prismensubstanz $^3/_2$ ist.

Fig. 573.

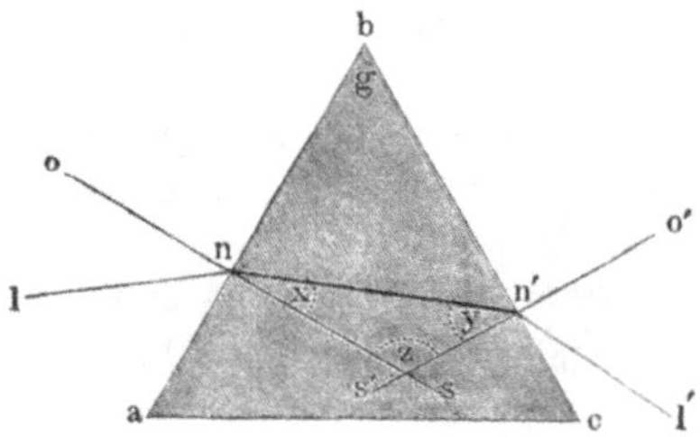

Nach Ausführung der Construction ist der Winkel zu messen, welchen der einfallende Strahl ln mit dem austretenden $n'l'$ macht.

Dieselbe Aufgabe ist auch durch Rechnung unter der Voraussetzung zu lösen, daß der Brechungsexponent des Glases 1,53 ist.

164. Wie groß ist für dasselbe Prisma die Ablenkung D, wenn i gleich $48^0\ 35'$ und wenn $i = 42^0$ ist.

165. Der brechende Winkel eines Flintglasprismas sei 60^0, der Brechungsexponent des Glases 1,63. Durch Rechnung zu bestimmen, wie groß für $i = 52^0$ der Winkel x, der Winkel y und der Winkel i' ($i' = o'n'l'$) ist.

166. Für ein Glasprisma sei $g = 45^0$, $n = 1{,}53$; wie groß werden x, y, i' und D für $i = 39^0$, $i = 31^0$ und für $i = 28^0$ (durch Rechnung zu lösen)?

167. Für ein Glasprisma sei $g = 6^0$ und $n = 1{,}53$; wie groß ist die Ablenkung, welche dieses Prisma hervorbringt, wenn für den einfallenden Strahl $i = 0$, oder $i = 10$, oder $i = 20^0$ ist (durch Rechnung zu lösen)?

Die Lösung dieser Aufgabe wird zeigen, daß die Größe der Ablenkung für die drei gegebenen Werthe von i nahezu dieselbe ist.

168. Welche Beziehung besteht zwischen den Winkeln x, y und g, Fig. 573? Wie groß ist $x + y$ für $g = 60^0$ und für $g = 45^0$?

169. In welchem Verhältniß steht jeder der Winkel x und y zu g für den Fall, daß $x = y$? Wie groß ist x und y, wenn $x = y$ und $g = 60^0$ oder $g = 45^0$?

170. Wenn der gebrochene Strahl nn', Fig. 573, gleiche Winkel mit der

Eintritts- und Austrittsfläche des Prismas macht, wenn also $x = y$, so ist die durch das Prisma hervorgebrachte Ablenkung (der Winkel D, welchen der einfallende Strahl $l\,n$ mit dem austretenden $n'\,l'$ macht) kleiner als für jede andere Richtung des Strahls im Prisma. Wie groß ist nun

a. das Minimum der Ablenkung für ein Prisma, dessen brechender Winkel 60^0 ist, wenn der Brechungsexponent seiner Substanz $^3/_2$ ist (durch Construction zu lösen), oder wenn der Brechungsexponent 1,53 ist (durch Rechnung zu lösen)?

b. dieselben Aufgaben zu lösen, wenn unter sonst gleichen Umständen der brechende Winkel des Prismas 45^0 ist?

c. wie groß ist das Minimum der Ablenkung eines Flintglasprisma, wenn der Brechungsexponent seiner Substanz 1,63 ist für einen brechenden Winkel $g = 60^0$ oder für $g = 45^0$?

d. das Minimum der Ablenkung für ein Wasserprisma, dessen brechender Winkel 60^0 und für ein solches, dessen brechender Winkel 45^0 ist?

Berechnung der Brechungsexponenten.

(Zu §. 134.)

171. Das Minimum der Ablenkung, welches ein Flintglasprisma von 60^0 hervorbringt, ist 48,5 Grad; welches ist der Brechungsexponent dieser Flintglassorte?

172. Ein Crownglasprisma, dessen brechender Winkel 45^0 beträgt, bringt als Minimum eine Ablenkung von 26^0 hervor; welches ist der Brechungsexponent dieser Glassorte?

Sammellinsen.

(Zu den §§. 136 und 137.)

173. Der Krümmungshalbmesser einer gleichgewölbten biconvexen Linse von der Form Fig. 280 S. 258 betrage 4 Centimeter. Wie groß ist die Brennweite der Linse, wenn der Brechungsexponent der Linsensubstanz 1,5 ist?

174. Auf der Axe dieser Linse, deren Durchmesser AB gleich 2 Centimeter sein mag, liege ein leuchtender Punkt S 18 Centimeter weit von der Mitte der Linse entfernt; es soll durch Construction der Vereinigungspunkt R für das von S ausgehende, auf die Linse fallende Strahlenbündel gesucht werden.

175. Dieselbe Aufgabe zu lösen für den Fall, daß der Abstand des leuchtenden Punktes S von der Mitte der Linse 12, 8, 6 und 5 Centimeter beträgt?

176 Ein leuchtender Punkt T (vergleiche Fig. 282 auf Seite 259) liege auf der Axe eben dieser Linse um 2 Centimeter von der Mitte der Linse entfernt (also innerhalb der Brennweite); es soll durch Construction die Lage des Punktes V ermittelt werden, von welchem die Strahlen nach ihrem Durchgang durch die Linse zu divergiren scheinen.

Linsenbilder.

(Zu §. 140.)

177. Von einem Pfeil von 1 Centimeter Höhe, welcher halb über halb unter der Axe der in den Aufgaben 173 bis 176 besprochenen Linse liegt und dessen Mitte um 6 Centimeter von der Mitte der Linse entfernt ist, soll das Bild construirt werden. Wie verhält sich die Größe des Bildes zur Größe des Gegenstandes (vergleiche Fig. 287 Seite 261).

178. Das Bild eines Pfeiles zu construiren, dessen Mitte 18 Centimeter weit von der Mitte der Linse entfernt ist. Die Höhe des Pfeiles, welcher halb über halb unter der Axe liegt, sei 3 Centimeter. Wie groß ist die Höhe des Bildes?

179. Innerhalb der Brennweite dieser Linse befinde sich ein halb über halb unter der Axe liegender Pfeil von 1 Centimeter Höhe, dessen Mitte um 2 Centimeter von der Mitte der Linse entfernt ist (vergleiche Fig. 289 auf Seite 262). Es soll das Bild des Pfeils construirt werden.

Fernrohre.

(Zu §. 165.)

180. Das Objectiv eines Theaterperspectivs hat 8 Centimeter Brennweite, das Ocular hat eine Zerstreuungsweite von 3,5 Centimeter; welches ist die Vergrößerung des Instrumentes?

181. Welches müßte die Zerstreuungsweite des Oculars sein, um mit demselben Objectiv eine 6fache Vergrößerung zu erzielen?

182. Wie groß müßte die Brennweite des Objectivs sein, um mit einem Ocular von 3,5 Centimeter Zerstreuungsweite eine 6fache Vergrößerung zu erhalten?

183. Das Objectiv eines astronomischen Fernrohrs hat 4′ Brennweite; welches ist die Vergrößerung, wenn das Ocular aus einer einzigen Sammellinse von 11 Linien Brennweite besteht?

184. Wie groß müßte die Brennweite der einfachen Ocularlinse sein, wenn für dasselbe Objectiv die Vergrößerung des Fernrohres eine 150fache sein sollte?

Viertes Buch.

Die elektrischen Erscheinungen.

Die Tangentenbussole.

(Zu §. 227.)

185. Nehmen wir als Einheit der Stromstärke diejenige, welche an der Tangentenbussole eine Ablenkung von 45° hervorbringt; wie groß ist alsdann die

Stromstärke, welche den Ablenkungswinkeln 10°, 20°, 30°, 40°, 50°, 60°, 70°, 80° und 85° entspricht?

186. Welche Ablenkung wird bei Zugrundelegung der in der vorigen Aufgabe definirten Stromeinheit ein Strom hervorbringen, dessen Stromstärke $\frac{1}{2}$, 2, 5, 10, 20 ist?

Das Ohm'sche Gesetz.

(Zu §. 229.)

187. Sechs Zinkkohlenbecher sind zur Säule verbunden. Nach den in §. 232 des Grundrisses definirten Einheiten sei die elektromotorische Kraft eines einzelnen Bechers 21, der wesentliche Leitungswiderstand für jeden Becher sei gleich 0,6 und der Leitungswiderstand des gesammten Schließungsbogens sei 2. Wie groß ist die Stromstärke, welche der Apparat unter diesen Umständen liefert?

188. Ein einzelner Becher von der in der Aufgabe 187 besprochenen Art ist durch einen Schließungsbogen geschlossen, dessen Leitungswiderstand gleich 0,3 ist; wie groß ist die Stromstärke?

189. Eine Säule von 10 solchen Bechern und eine Säule von 50 Bechern wird durch denselben Schließungsbogen geschlossen, dessen Leitungswiderstand gleich 0,3 ist; wie groß ist in diesen beiden Fällen die Stromstärke?

190. Welche Stromstärke wird eine Säule von 1, von 10, von 50 Zinkkohlenbechern erzeugen, wenn der Leitungswiderstand im Schließungsbogen gleich 20 ist?

191. Dieselben Aufgaben 187 bis 190 unter der Voraussetzung zu lösen, daß Daniell'sche Becher an die Stelle der Zinkkohlenbecher gesetzt werden und die elektromotorische Kraft e eines solchen Bechers gleich 12, sein wesentlicher Leitungswiderstand aber gleich 1 ist.

Leitungswiderstand der Metalle.

(Zu §. 230.)

192. Wie groß ist der Leitungswiderstand eines 50 Meter langen und 3 Millimeter dicken Eisendrahtes nach der Siemens'schen Quecksilbereinheit?

193. Wie groß ist der Leitungswiderstand eines 20 000 Meter langen Kupferdrahtes von 2,5 Millimeter Durchmesser?

194. Wie dick müßte man einen Eisendraht machen, wenn er bei gleicher Länge den gleichen Leitungswiderstand haben soll, wie der in der vorigen Aufgabe besprochene Kupferdraht?

195. Wie lang müßte ein Neusilberdraht von 0,75 Millimeter Durchmesser sein, wenn sein elektrischer Leitungswiderstand gleich dem des Kupferdrahtes sein sollte, welcher in der 193. Aufgabe besprochen wurde?

196. Um den Leitungswiderstand s einer Magnetisirungsspirale durch den Versuch zu bestimmen, wurde in folgender Weise verfahren:

a. Sechs große Zinkkohlenbecher wurden zu einem einzigen Plattenpaare verbunden und durch eine etwas lange Leitung von dickem Kupferdraht mit der Tangentenbussole (deren Reductionsfactor = 70) verbunden. Der Ausschlag der Tangentenbussole war 53°.

b. Als nun in den Schließungsbogen ein Draht eingeschaltet wurde, dessen Leitungswiderstand gleich 2,5 war, sank die Ablenkung auf 11,5°.

c. Nach Entfernung des Leitungswiderstandes 2,5 wurde die Magnetisirungsspirale eingeschaltet und nun stellte sich die Nadel der Tangentenbussole auf 20°.

Es sind nun folgende Fragen zu beantworten:

α. Wie groß ist der Leitungswiderstand L des Elektromotors sammt der Kupferdrahtleitung, welche ihn mit der Tangentenbussole verbindet?

β. Wie groß ist der Leitungswiderstand s der Magnetisirungsspirale?

197. Ein zweiter Versuch zur Bestimmung des Leitungswiderstandes derselben Magnetisirungsspirale wurde in der Weise angestellt, daß die erwähnten sechs Zinkkohlenbecher zur Säule combinirt wurden. Als die Säule nur durch die Kupferdrahtleitung mit der Tagentenbussole verbunden wurde, war der Ausschlag 63°; durch Einschaltung des Leitungswiderstandes 2,5 sank er auf 39°; als aber statt des Leitungswiderstandes 2,5 die Magnetisirungsspirale eingeschaltet wurde, ergab sich die Ablenkung 48°. Es ist nun die Frage

α. Wie groß ist der Leitungswiderstand L' der Säule sammt der Kupferdrahtleitung, welche sie mit der Bussole verbindet?

β. Wie groß ist der Leitungswiderstand s der Magnetisirungsspirale?

Der Werth von s, wie er sich als Resultat der Aufgabe 197 herausstellt, wird mit dem aus 196 erhaltenen nicht ganz übereinstimmen. Der wahrscheinlichere Werth des fraglichen Leitungswiderstandes ist das Mittel aus den beiden für s erhaltenen Werthen.

198. Bezeichnen wir mit l den Leitungswiderstand der Drahtleitung, welche den Elektromotor mit der Tangentenbussole verbindet, mit r den Leitungswiderstand eines Bechers, so haben wir für den in der Aufgabe 196 betrachteten Leitungswiderstand L

$$L = l + \frac{r}{6},$$

für den in der Aufgabe 197 vorkommenden Widerstand L' aber haben wir

$$L' = l + 6\,r.$$

Wie groß ergeben sich l und r, wenn man für L und L' die oben berechneten Zahlenwerthe einführt?

Aichung der Tangentenbussole.

(Zu §. 233.)

199. In den Schließungsbogen einer Säule von 8 Bunsen'schen Bechern wurde gleichzeitig eine Tangentenbussole und ein Voltameter eingeschaltet. Der

Strom brachte an der Tangentenbussole eine Ablenkung von 24,3 Graden hervor, während in 1 Minute 35 Cubikcentimeter Knallgas im Voltameter entwickelt wurden. Welches ist der Reductionsfactor der Tangentenbussole, d. h. mit welchem Factor muß man die trigonometrische Tangente des Ablenkungswinkels multipliciren, um die in Cubikcentimetern ausgedrückte Gasmenge zu erhalten, welche der entsprechende Strom in 1 Minute liefert?

200. Zur Bestimmung des Reductionsfactors der eben besprochenen Tangentenbussole wurden statt eines einzigen eine Reihe von Versuchen gemacht, bei welchen als Rheomotor (Stromerreger) eine aus Bunsen'schen Bechern gebildete Säule angewendet wurde. Die Resultate dieser Versuchsreihe sind in folgender Tabelle zusammengestellt:

Zahl der Becher.	Ablenkung.	Entwickelte Gasmenge in 1 Minute.
12	28,5	41,7
8	24,3	35,0
6	22,0	30,8
4	18,75	26,0
3	13,75	18,7
2	5,9	7,9

Wie groß ist nach jedem dieser Versuche der Reductionsfactor der Tangentenbussole? Welches ist der Mittelwerth dieses Reductionsfactors?

Fünftes Buch.

Von der Wärme.

Das Thermometer.

(Zu §. 249.)

201. Welcher Grad der Reaumur'schen Scale entspricht dem 23. Grade der Celsius'schen?

202. Welches ist die Temperatur von 78° C. nach dem Fahrenheit'schen Thermometer?

203. Wie viel Grad Celsius sind 61° R.?

204. Die Temperatur von 93° Fahrenheit nach der Celsius'schen Scale auszudrücken.

205. In §. 250 sind zwei Gleichungen entwickelt worden, welche die Beziehungen zwischen der Celsius'schen und Fahrenheit'schen Scale angeben. In gleicher Weise soll nun eine Formel entwickelt werden, nach welcher man die Temperaturangaben der Reaumur'schen Scale auf die Fahrenheit'sche, und eine zweite, nach welcher man die Temperaturangaben der Fahrenheit'schen Scale auf die Reaumur'sche reduciren kann.

206. Welcher Grad der Reaumur'schen Scale entspricht der Temperatur von 105° Fahrenheit?

207. Welcher Grad der Fahrenheit'schen Scale entspricht der Temperatur — 12° R.?

208. Für welche Temperatur fallen die Angaben des Celsius'schen und des Fahrenheit'schen Thermometers zusammen?

209. Für welche Temperatur fallen die Angaben des Reaumur'schen und des Fahrenheit'schen Thermometers zusammen?

Lineare Ausdehnung fester Körper.

(Zu §. 250.)

210. Eine eiserne Gitterbrücke hat bei 0° eine Länge von 200 Fuß; wie lang wird sie sein, wenn sie im Sommer durch den Einfluß der Sonnenstrahlen auf + 40° C. erwärmt wird?

211. Wie lang ist dieselbe Brücke bei einer Temperatur von — 20° C.?

212. Ein Messingstab hat sich bei einer Temperaturerhöhung von 0 bis 90° C. um 2 Millimeter ausgedehnt; wie groß war seine Länge bei 0°?

213. Ein Kupferstab, welcher bei 0° 1,5 Meter lang war, hat sich bei einer Temperaturerhöhung von 100° C. um 2,6 Millimeter ausgedehnt; wie groß ist demnach der Ausdehnungs-Coëfficient des Kupfers?

214. Bezeichnen wir die Länge, welche ein Körper bei 0° einnimmt, mit L_0, seine Länge bei t^0 mit L_t; wie groß ist dann sein Ausdehnungs-Coëfficient?

215 Ein Messingstab hat bei 15° C. eine Länge von 1,8 Meter; wie lang wird er bei 75° C. sein?

216. Ein Eisenstab hat bei — 20° C. eine Länge von 15 Fuß; wie lang wird er bei + 36° C. sein?

217. Es sei L_t die Länge eines Stabes bei t^0, a der Ausdehnungs-Coëfficient der Substanz; wie groß ist seine Länge L bei einer Temperatur von τ^0?

218. An einem aus Zink- und Eisenstäben construirten Compensationspendel, Fig. 489, sei die Länge des Stabes S (von seinem Aufhängepunkte bis zur Mitte der Linse) gleich 1,3 T (d. h. 1,3mal so lang als jeder der Zinkstäbe T); wie groß muß die Länge eines jeden der Eisenstäbe R sein?

219. Die beiden Stäbe T seien von Messing, die Länge des Stabes S sei 1,2 T; wie groß müßte die Länge eines jeden der beiden Eisenstäbe R sein, wenn die Vorrichtung Fig. 489, Seite 457 wirklich ein Compensationspendel bilden sollte?

Das Resultat dieser Rechnung zeigt, warum man aus drei Eisenstäben und zwei Messingstäben nach dem in Fig. 489 dargestellten Schema kein Compensationspendel construiren kann.

Cubische Ausdehnung.

(Zu §. 251.)

220. Wie groß ist der cubische Ausdehnungs-Coëfficient für die in der Tabelle auf Seite 456 aufgeführten Körper? Die erhaltenen Resultate sind gleichfalls tabellarisch zusammenzustellen.

221. Ein Hohlwürfel von Zinkblech hat bei 0° einen Cubikinhalt von 1 badischem Cubikfuß oder 27 Cubikdecimetern; wie groß wird der Rauminhalt dieses Würfels bei 32° C. sein?

222. Ein Glasgefäß mit engem Halse faßt bei 0° bis zu einer Marke am Halse genau 1000 Cubikcentimeter; welches ist der Rauminhalt dieses Gefäßes bei 100° C.?

223. Bei 0° ist das specifische Gewicht des Bleies 11,352; wie groß wird das specifische Gewicht des Bleies bei 100° C. sein?

224. Durch einen directen Versuch (s. Lehrbuch II, Seite 635, 7. Aufl.) fand Kopp den cubischen Ausdehnungs-Coëfficienten für weiches Natronglas gleich 0,000026, für hartes Kaliglas aber gleich 0,000021; wie groß wäre demnach der Längenausdehnungs-Coëfficient dieser Glassorten?

225. Nach Kopp's Versuchen ist der cubische Ausdehnungs-Coëfficient des Quarzes gleich 0,000042; wie groß ist der Längenausdehnungs-Coëfficient dieses Minerals?

Ausdehnung der Flüssigkeiten.

(Zu §. 252.)

226. Das Quecksilber, welches ein Glasgefäß von der Form Fig. 574 bei 0° vollständig bis zur Spitze ausfüllt, wiegt 264 Gramm. Bis auf 100° C. erwärmt, tritt etwas Quecksilber tropfenweise aus der Spitze aus. Nachdem der Apparat so lange der Temperatur von 100° C. ausgesetzt war, daß das Ausfließen von Quecksilber aufgehört hat, daß man also überzeugt sein konnte, alles im Gefäße eingeschlossene Quecksilber sei auf 100° C. erwärmt, wurde abermals gewogen und nun fand man, daß das Gewicht des eingeschlossenen Quecksilbers nur noch 260 Gramm beträgt. Welches ist der Coëfficient der scheinbaren Ausdehnung des Quecksilbers? Wie groß ist die absolute Ausdehnung des Quecksilbers? (Das Gefäß bestand aus weichem Natronglas.)

Fig. 574.

227. Das Quantum Benzol, welches ein Glasgefäß von der Form Fig. 491 auf Seite 460 bei 0° bis zur Marke a füllt, wiegt 19,76 Gramm. Das Gefäß wird sammt seinem Inhalt auf 60,5° erwärmt, alle Flüssigkeit entfernt, welche über a steht, und nun ergiebt eine abermalige Wägung

daß die noch im Gefäß enthaltene Flüssigkeit 18,47 Gramm wiegt. Welches ist der Ausdehnungs-Coëfficient für die scheinbare und welches für die absolute Ausdehnung des Benzols?

228. Welchen Raum nimmt bei 92° C. das Oelquantum ein, welches bei 0° C. genau 1 Liter füllt? (Ausdehnungs-Coëfficient 0,001.)

229. Man kauft bei — 10° C. 1 Liter Weingeist. Welchen Raum nimmt derselbe bei + 32° C. ein? (Ausdehnungs-Coëfficient 0,001.)

230. Bei 0° ist das specifische Gewicht des absoluten Alkohols gleich 0,793; wie groß ist es bei 20° C.?

231. Bei einer Temperatur von 25° C. hat man die Barometerhöhe gleich 752 Millimeter gefunden. Diese Barometerhöhe ist auf 0° zu reduciren, d. h. es ist zu berechnen, wie hoch die Barometersäule bei gleichem Luftdruck sein würde, wenn sie auf 0° erkaltet wäre?

Ausdehnung der Gase.

(Zu §. 253.)

232. Ein gegebenes Quantum Leuchtgas nimmt bei 0° einen Raum von 46 Cubikfuß ein. Welchen Raum wird diese Gasmasse bei unverändertem Druck einnehmen, wenn ihre Temperatur auf 23° C. gesteigert wird?

233. In einem Voltameter hat man bei 18° C. 73 Cubikcentimeter Knallgas aufgefangen. Wie groß wird bei unverändertem Druck das Volumen dieser Gasmenge sein, wenn sie auf 0° erkaltet wird?

234. Das specifische Gewicht der Luft bei 0° und bei einem Barometerstand von 760^{mm} ist 0,001293 (Wasser gleich 1 gesetzt). Wie groß ist das specifische Gewicht der Luft bei unverändertem Druck und einer Temperatur von 93° C.?

Schmelzungswärme.

(Zu §. 255 und 256.)

235. In eine Wassermasse von 461,3 Gramm, deren Temperatur 16,86° ist, werden 43,8 Gramm Schnee von 0° geworfen. Nach vollständiger Schmelzung des Schnees ist die Temperatur des Wassers auf 8,53° erniedrigt. Wie groß ergiebt sich nach diesem Versuch der Werth für die latente Wärme des Wassers?

236. 50,45 Gramm Schnee von — 0,32° C. werden in 462,2 Gramm Wasser von 16,1° C. geworfen. Nach vollendeter Schmelzung findet man die Temperatur des Wassers gleich 6,78° C. Wie groß ist nach diesem Versuch die latente Wärme des Wassers?

237. Ein 92^{gr} schweres Stück Eis von 0° wird in eine 1200^{gr} schwere Wassermasse von 23° C. geworfen. Welches ist die Temperatur des Wassers nach der Schmelzung?

238. In eine Wassermasse von 2000^{gr}, welche eine Temperatur von

25^0 C. hat, werden 1000^{gr} Eisstücke von 0^0 geworfen. Wie viel Eis wird geschmolzen sein, bis das Wasser auf 0^0 erkaltet ist?

NB. Bei Lösung der Aufgaben 237 und 238 soll die latente Wärme des Wassers gleich 79 angenommen werden und vorausgesetzt sein, daß das Wasser nach außen hin weder Wärme abgiebt, noch solche von außen empfängt.

Spannkraft der Dämpfe.

(Zu §. 260 und 261.)

239. Welches ist nach der Gleichung auf Seite 476 die Temperatur, bei welcher das Maximum der Spannkraft des Wasserdampfes gleich ist $^1/_4$, $^1/_2$, $^3/_4$, 1, 3, 5, 10, 20, 30 Atmosphären?

240. Welches ist nach derselben Gleichung die Spannkraft des gesättigten Wasserdampfes für eine Temperatur von 25, 55, 95, 120, 150 und 180 Grad Celsius?

241. Nach den auf Seite 478 gemachten Angaben soll die Beziehung zwischen Spannkraft (p) und Volumen (V) des gesättigten Wasserdampfes graphisch dargestellt werden.

Um diese Aufgabe zu lösen, markire man auf einer horizontalen Linie die Punkte, welche von einer beliebigen Stelle an gemessen 1, 2, 4 und 10 Centimeter nach der Rechten liegen und errichte in jedem dieser Punkte ein Perpendikel. Auf dem Perpendikel von 1 trage man die Länge $164{,}6^{mm}$ (dem Volumen 1646 entsprechend), in den Punkten 2, 4 und 10 aber trage man die Längen 85,1 43,6 und 18,3 (dem Volumen 851, 436 und 183 entsprechend) auf. Die Curve, welche die Gipfelpunkte der so aufgetragenen Ordinaten verbindet, stellt alsdann den fraglichen Zusammenhang graphisch dar. Diese Zeichnung ist mit möglichster Sorgfalt auszuführen.

242. Wie viel Liter gesättigten Dampfes von 3, 5, 6, 7, 8 und 9 Atmosphären Spannkraft liefert 1 Liter Wasser?

Zur Lösung dieser Aufgabe dient die nach der vorigen Aufgabe construirte Figur. Man hat nämlich nur in den Punkten 3, 5, 6, 7, 8 und 9 der Abscissenaxe Perpendikel zu errichten und zu messen, wie viel Millimeter die Länge der Ordinaten der Curve für diese Abscissenpunkte beträgt. Die so erhaltenen Zahlen, welche tabellarisch zusammenzustellen sind, geben die Antwort auf obige Frage. Die Lösung dieser Aufgabe ist mit Sorgfalt auszuführen, weil von den Resultaten derselben später Gebrauch gemacht wird.

243. Für welche Temperaturen würde nach dem Dalton'schen Gesetze die Spannkraft des Aetherdampfes gleich dem Druck von 2, 4, 8 Atmosphären?

244. Dieselbe Aufgabe zu lösen für schweflige Säure, Schwefelkohlenstoff und Terpentinöl.

NB. Die Siedepunkte dieser Flüssigkeiten, welche man zur Lösung dieser Aufgabe kennen muß, findet man auf Seite 497.

Berechnung des Effectes der Dampfmaschinen.

(Zu §. 266.)

245. Wie groß ist nach Gleichung 2) die absolute mechanische Arbeit, welche 1^{kgr} Wasserdampf an den Kolben einer Dampfmaschine übertragen kann, wenn p gleich dem Druck von 3, 5, 8 Atmosphären ist?

(NB. Der Werth von $p\,V$ ergiebt sich aus der Auflösung der Aufgabe 242.)

246. Der Kolben einer Dampfmaschine hat 3 Decimeter Durchmesser, der Kolbenhub ist 9 Decimeter. Wenn nun der Kolben in 3 Secunden einen Auf- und einen Niedergang vollendet und wenn die Spannkraft des Dampfes, welche ihn treibt, gleich dem Druck von 4 Atmosphären ist, wie viel Meterkilogramm nutzbarer Arbeit $\left(\text{gleich } \frac{E}{2} \text{ angenommen}\right)$ vollbringt dann die Maschine in 1 Minute? Wie viel Pferdekräften ist die Maschine unter den gegebenen Umständen gleichzusetzen?

247. Wie viel Kilogramm Wasserdampf consumirt eine Dampfmaschine von 10 Pferdekräften (nutzbarer Arbeit) während einer Stunde, wenn der Dampf, welcher den Kolben treibt, 3, 5, 8 Atmosphären Spannkraft hat?

Verdampfungswärme.

(Zu §. 269.)

248. In einem Kühlfaß von der Form Fig. 524 Seite 501 sind 60 Cubikdecimeter Kühlwasser enthalten, welches zu Anfang der Operation eine Temperatur von 8° C. hatte. In der Blase B befindet sich Wasser, welches überdestillirt werden soll. Nachdem aus dem Kühlrohre bei O 2 Liter destillirten Wassers abgeflossen sind, findet man, daß die Temperatur des Kühlwassers auf 28,5° C. gestiegen ist. Aus diesen Daten ist die latente Wärme des Wasserdampfes zu berechnen.

249. In demselben Apparate, welcher in der vorigen Aufgabe besprochen wurde, wird unter sonst ganz gleichen Umständen aus der Blase B Weingeist destillirt. Nachdem 3 Kilogramm Weingeist überdestillirt sind, ist die Temperatur der 60 Cubikdecimeter Kühlwasser von 8° C. auf 22° C. gestiegen. Wie groß ist nach diesem Versuche die latente Wärme des Weingeistdampfes?

250. Derselbe Versuch wird mit Aether wiederholt und man findet, daß die Temperatur der 60 Kilogramm Kühlwasser von 8° C. auf 17° C. gestiegen ist, nachdem 5 Kilogramm Aether überdestillirt sind. Wie groß ist danach die latente Wärme des Aetherdampfes?

(NB. Bei Auflösung dieser drei Aufgaben soll abgesehen werden von der Wärme, welche das Kühlwasser an die Umgebung verliert oder von der Umgebung etwa aufnimmt.

Bei den beiden letzten Aufgaben muß noch in Rechnung gebracht werden, daß die specifische Wärme des Alkohols und des Aethers geringer ist als die des

Wassers. Wir wollen den Werth für die specifische Wärme des Aethers und des Alkohols gleich 0,5 setzen, also annehmen, daß die Wärmemenge, welche 1 Kilogramm Alkohol oder Aether bei einer Temperaturerniedrigung von 1° C. verliert, gerade hinreicht, um die Temperatur von 1 Kilogramm Wasser um 0,5° C. zu erhöhen.)

251. In einem Kühlapparate von der in Fig. 575 dargestellten Einrichtung sind 420 Gramm Kühlwasser von 10° C. enthalten. Wie hoch wird

Fig. 575.

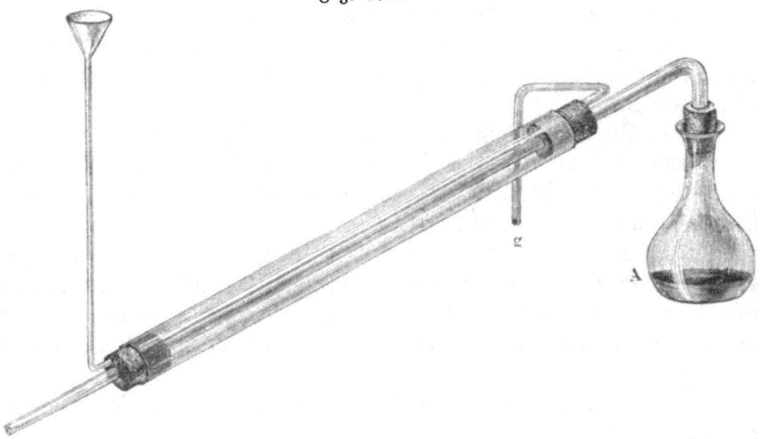

die Temperatur dieses Kühlwassers gestiegen sein, nachdem man a. 15 Gramm Wasser, oder b. 25 Gramm Weingeist, oder c. 35 Gramm Aether aus dem Gefäße *A* überdestillirt hat?

Specifische Wärme.

(Zu §. 271.)

252. Wie viel Wärmeeinheiten sind nöthig, um die Temperatur von 793 Gramm Quecksilber um 45° C. zu erhöhen?

253. Wie viel Wärmeeinheiten sind erforderlich, um 60 Kilogramm Eisen von 10° C. auf 150° C. zu erwärmen?

254. Wie viel Calorien müssen einer Masse von 1523 Gramm Weingeist (specif. Gewicht 0,833) zugeführt werden, wenn seine Temperatur von 15° C. bis auf 63° C. erhöht werden soll?

255. In 180 Gramm Wasser von 19° C. werden einige Stückchen Eisen eingetaucht, welche zusammen 60 Gramm wiegen und welche auf 100° C. erwärmt waren. Nach vollständiger Ausgleichung der Temperatur findet man, daß die Temperatur des Kühlwassers auf 22° C. gestiegen ist; wie groß wäre nach diesem Versuche die specifische Wärme des Eisens?

256. Um die specifische Wärme des Quecksilbers zu ermitteln, wurden 80 Gramm dieses Metalls auf 98° C. erwärmt, in 112 Gramm Wasser von

10° C. gegossen, welches in einem Glaskolben enthalten war. Nach gehörigem Schütteln fand man, daß die Temperatur des Kühlwassers auf 12° C. gestiegen war. Wie groß ist nach diesem Versuch die specifische Wärme des Quecksilbers? (Ohne Rücksicht auf die Wärmezunahme des Glasgefäßes zu nehmen.)

257. Um die specifische Wärme des Benzols zu finden, wurde folgender Versuch angestellt. 43,5 Gramm Benzol von 65° C. wurden in ein Kölbchen gegossen, welches 100 Gramm Wasser von 8° C. enthielt. Nach tüchtigem Schütteln war die Temperatur der Mischung 15,5° C. Aus diesen Daten soll die specifische Wärme des Benzols berechnet werden.

258. Es werden 250 Gramm Wasser von 5° C. und 250 Gramm Terpentinöl von 50° C. zusammengeschüttelt. Welches wird die Temperatur des Gemenges sein?

259. In einer Masse von 500 Gramm Wasser von 10° C. wird eine 83 Gramm schwere, auf eine Temperatur von 340° C. erwärmte eiserne Kugel eingetaucht. Wie hoch wird die Temperatur des Kühlwassers nach vollständiger Abkühlung der Kugel sein?

260. Eine 200 Gramm schwere Platinkugel war in dem Feuer eines Ofens stark erhitzt und dann in einer Wassermasse von 1000 Gramm abgelöscht worden; in Folge davon stieg aber die Temperatur des Wassers von 13° C. auf 20° C. Wie hoch war demnach die Temperatur der Platinkugel vor dem Eintauchen?

Zur Lösung dieser Aufgabe muß natürlich die specifische Wärme des Platins bekannt sein.

261. Ein Eisblock von 0°, in welchen man eine Höhlung gemacht hat, ungefähr wie Fig. 576 zeigt, befindet sich in einem Raume, dessen Temperatur noch etwas unter 0° ist, so daß ein Schmelzen des Eises durch den Einfluß der äußeren Umgebung nicht stattfinden kann. In diese Höhlung wird nun eine 200 Gramm schwere, auf 100° C. erwärmte eiserne Kugel gelegt und dann sogleich die Höhlung durch ein Eisstück zugedeckt. Nachdem die Kugel auf 0° erkaltet ist, findet sich, daß 29,3 Gramm Eis geschmolzen worden sind. Wie groß ist danach die specifische Wärme des Eisens?

Fig. 576.

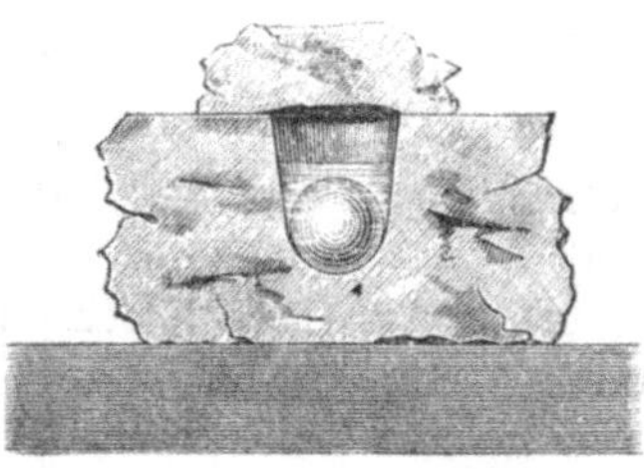

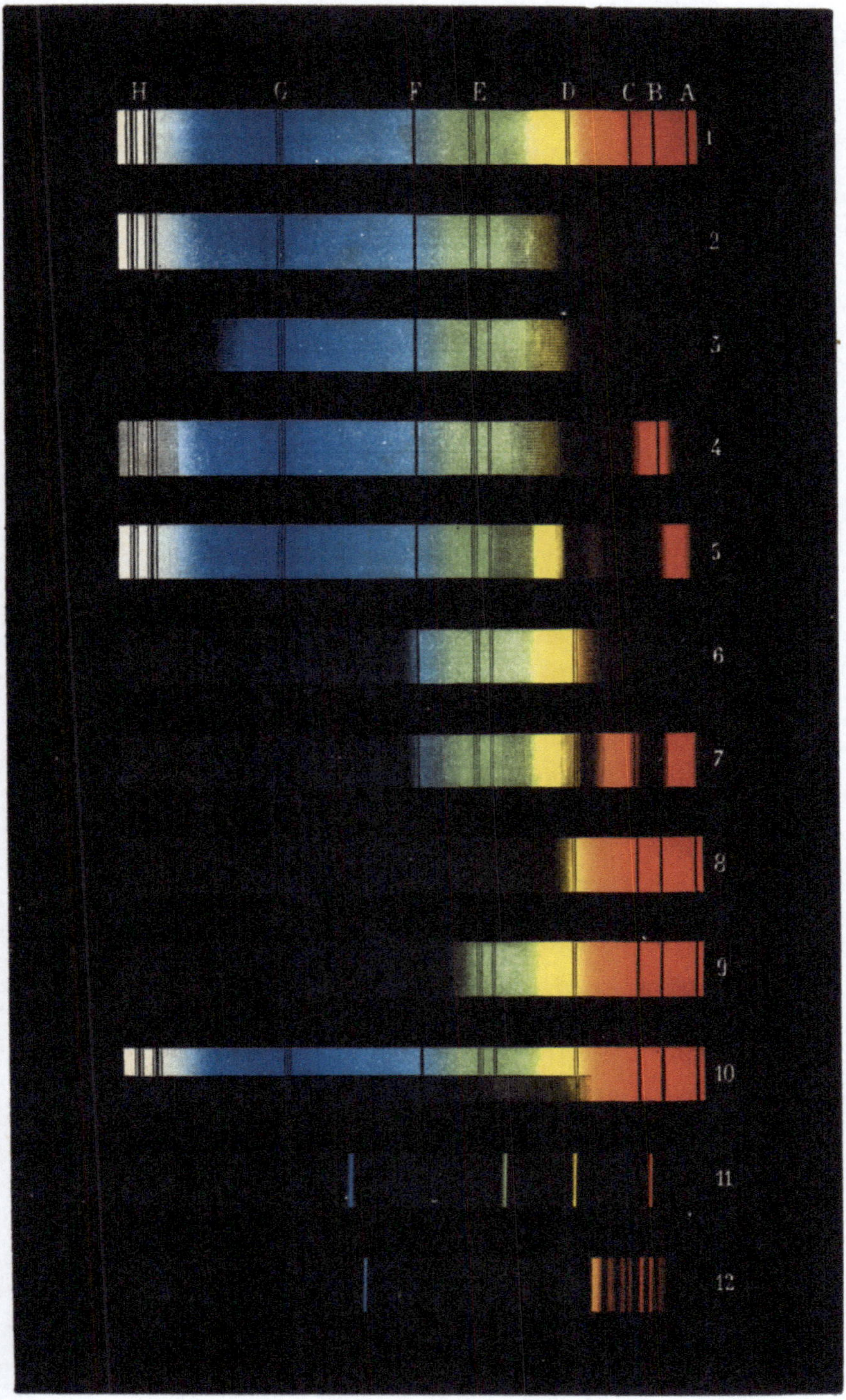

H G F E D C B A
1
2
3
4
5
6
7
8
9
10
11
12

Alphabetisches Inhaltsverzeichniß.

GPSR Compliance

The European Union's (EU) General Product Safety Regulation (GPSR) is a set of rules that requires consumer products to be safe and our obligations to ensure this.

If you have any concerns about our products, you can contact us on ProductSafety@springernature.com

In case Publisher is established outside the EU, the EU authorized representative is:

Springer Nature Customer Service Center GmbH
Europaplatz 3
69115 Heidelberg, Germany

Batch number: 10577917

Printed by Printforce, the Netherlands